# CHEMISCHES ZENTRALBLATT

1830 gegründet
1897—1945 von der Deutschen Chemischen Gesellschaft fortgeführt

Herausgegeben im Auftrage
der Deutschen Akademie der Wissenschaften zu Berlin,
der Chemischen Gesellschaft in der DDR,
der Akademie der Wissenschaften zu Göttingen
und der Gesellschaft Deutscher Chemiker
von Prof. Dr. HEINRICH BERTSCH und Prof. Dr. Dr. h. c. WILHELM KLEMM

Chefredakteure
Dr. HELGA VÖLZ und Dr.-Ing. CHRISTIAN WEISKE

REFÈRAT 0001—2097
SEITE 1—208
140. JAHRGANG

21/1969
21. MAI 1969

AKADEMIE-VERLAG GMBH · BERLIN · VERLAG CHEMIE GMBH · WEINHEIM/BERGSTRASSE

# Inhalt



---

# Namenregister Nr. 21

Ein vollständiger oder gekürzter Abdruck der Referate ist ohne Genehmigung der Redaktion und des Verlages verboten!

# Patentregister

### Australische Patente — Aust.P.

| Nr. | Ref.-Nr. | Bezugspatent |
|---|---|---|
| 270 829 | 2007 | (U.S.P. 3 200 112) |
| 271 679 | 1983 | (Brit.P. 1 010 716) |
| 820 | 1942 | (Brit.P. 941 144) |
| 905 | 2003 | (Brit.P. 964 985) |
| 272 140 | 1961 | (Brit.P. 967 878) |
| 194 | 1997 | (F.P. 1 377 598) |
| 332 | 1971 | (F.P. 85 104) |
| 529 | 1984 | (Brit.P. 1 024 710) |
| 737 | 2000 | (Port.P. 40 517) |
| 899 | 1987 | (Oe.P. 237 592) |
| 970 | 1954 | (D.A.S. 1 194 402) |
| 273 251 | 1985 | (Schwz.P. 420 126) |
| 328 | 1976 | (Oe.P. 232 985) |
| 379 | 1977 | (Oe.P. 240 842) |
| 537 | 1980 | (D.A.S. 1 200 280) |
| 606 | 2008 | (D.A.S. 1 232 144) |
| 747 | 1974 | (Can.P. 687 874) |
| 828 | 1948 | (Brit.P. 986 891) |
| 935 | 2001 | (D.A.S. 1 215 163) |
| 274 096 | 1995 | (F.P. 1 386 310) |
| 579 | 1996 | (D.A.S. 1 225 181) |
| 671 | 1943 | (Brit.P. 1 020 721) |
| 689 | 1949 | (D.A.S. 1 173 075) |
| 696 | 1990 | (Oe.P. 243 242) |
| 799 | 1957 | (Brit.P. 987 960) |
| 814 | 2009 | (D.A.S. 1 227 904) |
| 848 | 1989 | (Can.P. 692 097) |
| 275 204 | 1965 | (Oe.P. 236 358) |
| 563 | 1947 | (Ung.P. 151 457) |

### Belgische Auslegeschriften — Belg.A.S.

| Nr. | Ref.-Nr. | Bezugspatent |
|---|---|---|
| 646 790 | 2015 | |
| 654 216 | 2036 | (D.A.S. 1 254 786) |
| 656 081 | 1992 | (Brit.P. 1 025 430) |
| 673 656 | 2016 | |

### Britische Patente — Brit.P.

| Nr. | Ref.-Nr. | Bezugspatent |
|---|---|---|
| 988 901 | 2021 | |
| 1 002 232 | 2030 | (F.P. 1 366 546) |
| 1 008 176 | 2032 | (F.P. 1 383 356) |
| 1 012 494 | 2029 | (F.P. 1 372 953) |
| 1 025 439 | 2064 | |
| 1 029 226 | 2033 | (Belg.A.S. 648 643) |
| 1 038 750 | 1879 | |
| 1 049 344 | 2058 | |
| 1 053 110 | 2048 | (Schwz.P. 430 007) |
| 1 054 622 | 1988 | (Can.P. 690 877) |
| 1 055 093 | 2062 | |
| 489 | 2018 | |
| 1 063 072 | 2063 | |
| 1 065 439 | 2028 | (D.A.S. 1 259 483) |
| 477 | 2027 | |
| 1 066 376 | 1962 | (D.A.S. 1 237 568) |
| 805 | 1998 | (Schwz.P. 424 779) |
| 1 069 327 | 2035 | (Schwz.P. 430 004) |
| 1 073 348 | 2047 | (Schwz.P. 436 533) |
| 1 080 743 | 1503 | |
| 1 086 495 | 1981 | (D.A.S. 1 242 628) |
| 1 087 817 | 2067 | |
| 1 094 746 | 2023 | |
| 1 097 908 | 1904 | |
| 1 098 001 | 2034 | (Belg.A.S. 658 588) |
| 389 | 1907 | |
| 1 104 913 | 2022 | |
| 1 117 495 | 1906 | |
| 614 | 1905 | |
| 1 120 163 | 1900 | |
| 1 121 920 | 2056 | |
| 1 122 136 | 1914 | |
| 448 | 1878 | |
| 468 | 1902 | |
| 500 | 1892 | |
| 1 124 196 | 1878 | |
| 797 | 1890 | |

### Auslegeschriften der Patentanmeldungen des Deutschen Patentamtes München — D.A.S.

| Nr. | Ref.-Nr. | Bezugspatent |
|---|---|---|
| 1 212 658 | 2041 | (Brit.P. 954 410) |
| 1 214 347 | 2046 | (Schwz.P. 389 133) |
| 1 221 384 | 2021 | |
| 1 231 365 | 2029 | (F.P. 1 372 953) |
| 653 | 1969 | (Brit.P. 978 593) |
| 1 232 914 | 1970 | (U.S.P. 3 099 604) |
| 1 245 349 | 1879 | |
| 1 248 646 | 1975 | (Brit.P. 963 787) |
| 1 262 667 | 2051 | |
| 1 271 860 | 2049 | (Brit.P. 1 068 590) |
| 1 272 618 | 2057 | |
| 1 274 401 | 2052 | |
| 1 275 064 | 1999 | (F.P. 1 393 668) |
| 1 276 633 | 2095 | (Brit.P. 1 051 965) |

### Deutsche Patente — D.P.[DDR]

| Nr. | Ref.-Nr. | Bezugspatent |
|---|---|---|
| 35 079 | 2088 | (D.A.S. 1 203 790) |
| 42 045 | 2071 | (Schwz.P. 393 827) |
| 50 620 | 1487 | |
| 52 243 | 2075 | (Port.P. 42 926) |
| 54 694 | 1926 | |
| 55 023 | 1556 | (D.A.S. 1 243 199) |
| 55 024 | 1508 | |
| 55 025 | 1509 | |
| 026 | 1933 | |
| 56 238 | 1510 | |
| 778 | 1894 | |
| 783 | 1923 | |
| 791 | 1511 | |
| 797 | 1488 | |
| 58 742 | 1929 | |

### Französische Patente — F.P.

| Nr. | Ref.-Nr. | Bezugspatent |
|---|---|---|
| 68 | 1572 | (D.A.S. 1 205 103) [Méd.] (Brit.P. 978 299) [Méd.] |
| 2 672 | 1554 | (Brit.P. 973 923) [Méd.] |
| 3 384 | 1532 | (D.A.S. 1 208 036) [Méd.] |
| 3 723 | 1578 | (D.A.S. 1 201 514) [Méd.] |
| 3 890 | 1571 | (D.P.[DDR] 41 485) [Méd.] |
| 1 231 263 | 1951 | (Can.P. 696 239) |
| 1 241 052 | 1944 | (Can.P. 695 214) |
| 1 298 717 | 2086 | (Brit.P. 917 253) |
| 1 313 376 | 1862 | (Oe.P. 233 144) |
| 1 319 860 | 1946 | (Oe.P. 232 972) |
| 1 320 576 | 1863 | (D.A.S. 1 203 748) |
| 1 321 427 | 1861 | (Brit.P. 949 945) |
| 1 322 840 | 2006 | (Oe.P. 232 982) |
| 1 323 080 | 2002 | (Brit.P. 954 415) |
| 949 | 2096 | (Brit.P. 945 026) |
| 1 324 516 | 1982 | (Brit.P. 950 384) |
| 1 325 463 | 1967 | (Oe.P. 236 359) |
| 1 326 054 | 2084 | (Can.P. 694 406) |
| 1 329 396 | 2078 | (D.P.[DDR] 31 908) |
| 1 330 746 | 1955 | (Brit.P. 969 017) |
| 1 332 610 | 1952 | (Brit.P. 971 952) |
| 1 333 660 | 1964 | (Oe.P. 236 358) |
| 1 334 079 | 2094 | (Brit.P. 073 921) |
| 1 335 097 | 1954 | (Brit.P. 969 815) (Brit.P. 969 816) (Brit.P. 969 817) |
| 758 | 2090 | (D.A.S. 1 207 143) |
| 759 | 2089 | (Oe.P. 235 310) |
| 1 336 725 | 2091 | (D.A.S. 1 200 060) |
| 1 338 065 | 2005 | (Brit.P. 949 153) |
| 1 349 517 | 2085 | (D.A.S. 1 199 050) |
| 1 359 573 | 2088 | (D.A.S. 1 203 790) |
| 1 364 338 | 2083 | (Brit.P. 966 843) |
| 1 372 456 | 1575 | (U.S.P. 3 142 703) |
| 1 374 629 | 2081 | (U.S.P. 3 156 611) |
| 663 | 1535 | (U.S.P. 3 152 178) |
| 1 377 686 | 2070 | (D.P.[DDR] 38 032) |
| 1 379 918 | 2082 | (D.A.S. 1 204 665) |
| 1 380 932 | 2080 | (D.A.S. 1 200 059) |
| 1 385 680 | 1860 | (D.A.S. 1 199 743) |
| 1 388 222 | 1558 | (Port.P. 42 076) |
| 1 393 963 | 1550 | (D.P.[DDR] 37 796) |
| 1 394 768 | 2073 | (Brit.P. 977 127) |
| 1 402 830 | 2072 | (Brit.P. 972 978) |
| 1 403 606 | 1557 | (Brit.P. 969 358) |
| 621 | 2076 | (D.A.S. 1 197 082) |
| 705 | 1574 | (D.A.S. 1 208 040) |
| 1 405 272 | 2077 | (D.A.S. 1 202 560) |
| 1 427 415 | 1925 | |
| 543 | 1921 | |
| 1 428 308 | 1885 | |
| 1 451 424 | 2004 | (D.A.S. 1 211 650) |
| 1 460 224 | 2016 | |
| 1 481 733 | 2020 | |
| 1 499 060 | 2024 | |

### Niederländische Patente — Niederl.P.

| Nr. | Ref.-Nr. | Bezugspatent |
|---|---|---|
| 123 603 | 1529 | |

### Oesterreichische Patente — Oe.P.

| Nr. | Ref.-Nr. | Bezugspatent |
|---|---|---|
| 228 771 | 1956 | (Can.P. 686 293) |
| 776 | 1973 | (Brit.P. 961 576) |
| 239 595 | 2078 | (D.P.[DDR] 31 908) |
| 240 102 | 2079 | (D.P.[DDR] 43 588) |
| 242 666 | 1864 | (Brit.P. 986 852) |
| 244 509 | 1569 | (Brit.P. 985 246) |
| 936 | 1911 | |
| 948 | 1544 | (D.P.[DDR] 39 511) |
| 949 | 1544 | (D.P.[DDR] 39 511) |
| 950 | 1644 | (D.P.[DDR] 39 511) |
| 965 | 1547 | (D.A.S. 1 227 026) |
| 975 | 1939 | |
| 982 | 1561 | (D.A.S. 1 214 245) |
| 245 169 | 1573 | (D.A.S. 1 205 655) |
| 556 | 1912 | |
| 564 | 1545 | (Brit.P. 1 005 025) |
| 572 | 1577 | (Brit.P. 1 012 628) |
| 246 120 | 1896 | |
| 143 | 1536 | (Brit.P. 1 018 807) |
| 144 | 1537 | (Brit.P. 1 025 044) |
| 164 | 1565 | (D.P.[DDR] 42 977) |
| 165 | 1565 | (D.P.[DDR] 42 977) |
| 246 166 | 1559 | (D.A.S. 1 228 272) |
| 169 | 1546 | (D.P.[DDR] 39 644) |
| 344 | 1541 | (Brit.P. 965 637) |
| 734 | 1544 | (D.P.[DDR] 39 511) |
| 247 306 | 1576 | (D.P.[DDR] 39 649) |
| 356 | 1562 | (U.S.P. 318 065) |
| 358 | 1928 | |
| 848 | 1919 | |
| 849 | 1920 | |
| 248 174 | 2070 | (D.P.[DDR] 38 032) |
| 404 | 1886 | |
| 405 | 1887 | |
| 410 | 1897 | |
| 422 | 1542 | (D.P.[DDR] 36 929) (Ung.P. 151 431) |
| 430 | 1534 | (F.P. 1 342 159) (F.P. 82 715) (F.P. 83 531) |
| 439 | 1555 | (D.P.[DDR] 44 971) |
| 443 | 1538 | (D.A.S. 1 229 538) |
| 631 | 1570 | (Schwz.P. 390 933) |
| 249 021 | 1927 | |
| 025 | 1543 | (D.A.S. 1 204 217) (D.A.S. 1 198 353) |
| 055 | 1932 | |
| 067 | 1563 | (U.S.P. 3 247 186) |
| 072 | 1560 | (D.A.S. 1 235 327) |
| 077 | 1539 | (D.A.S. 1 214 214) |
| 666 | 1548 | (D.P.[DDR] 45 356) |
| 670 | 1549 | (D.A.S. 1 228 615) |
| 684 | 1564 | (D.P.[DDR] 42 047) |
| 250 369 | 1937 | |
| 930 | 1901 | |
| 931 | 1893 | |
| 972 | 1567 | (Brit.P. 1 048 868) |
| 973 | 1566 | (Brit.P. 1 042 210) |
| 976 | 1938 | |
| 251 559 | 1540 | (D.A.S. 1 227 447) |
| 560 | 1540 | (D.A.S. 1 227 447) |
| 565 | 1489 | |
| 590 | 1568 | (Brit.P. 1 048 869) |
| 599 | 1553 | (U.S.P. 3 247 221) |
| 252 277 | 1858 | (F.P. 1 331 048) |
| 254 168 | 1918 | |
| 883 | 2004 | (D.A.S. 1 211 650) |
| 255 393 | 1889 | |
| 256 079 | 1910 | |
| 117 | 1936 | |
| 798 | 1881 | |
| 808 | 1940 | |
| 868 | 1899 | |
| 257 555 | 1880 | |
| 568 | 1895 | |
| 258 273 | 1913 | |
| 643 | 2087 | (Port.P. 40 590) |
| 867 | 1882 | |
| 892 | 1909 | |
| 261 983 | 2085 | (D.A.S. 1 199 050) |

### Schweizer Patente — Schwz.P.

| Nr. | Ref.-Nr. | Bezugspatent |
|---|---|---|
| 404 023 | 2031 | (Brit.P. 945 236) |
| 405 563 | 2043 | (Brit.P. 958 924) |
| 407 376 | 2037 | (Brit.P. 972 957) |
| 408 244 | 2038 | (Brit.P. 1 000 521) |
| 411 183 | 2040 | (Brit.P. 933 170) |
| 413 178 | 2039 | (D.A.S. 1 219 609) |
| 435 249 | 1991 | (Brit.P. 1 021 186) |
| 437 323 | 2055 | |
| 439 249 | 1953 | (Brit.P. 1 033 030) |
| 317 | 1968 | (Brit.P. 1 051 045) |
| 441 267 | 1493 | |
| 268 | 1979 | (D.A.S. 1 206 884) |
| 273 | 1966 | (D.A.S. 1 167 815) |
| 280 | 1484 | |
| 317 | 1498 | |
| 340 | 1992 | (Brit.P. 1 025 430) |
| 375 | 1497 | |
| 442 274 | 1483 | |
| 303 | 1499 | |
| 312 | 1519 | |
| 345 | 1480 | |
| 350 | 1503 | |
| 862 | 2050 | |
| 443 258 | 1978 | (D.A.S. 1 168 412) |
| 269 | 1958 | (D.A.S. 1 255 105) |
| 338 | 1480 | |
| 339 | 1480 | |
| 344 | 1516 | |
| 347 | 1531 | |
| 444 159 | 1506 | |
| 168 | 1496 | |
| 172 | 1524 | |
| 173 | 1525 | |
| 174 | 1526 | |
| 182 | 2093 | (Brit.P. 1 030 621) |
| 871 | 1501 | |
| 872 | 1517 | |
| 882 | 1504 | |
| 994 | 2019 | |
| 445 496 | 1994 | (D.A.S. 1 263 007) |
| 522 | 1481 | |

| Nr. | Ref.-Nr. | Bezugspatent |
|---|---|---|
| 446 303 | 1485 | |
| 352 | 1527 | |
| 561 | 2017 | |
| 565 | 2016 | |
| 447 152 | 1495 | |
| 171 | 1500 | |
| 202 | 1521 | |
| 203 | 1522 | |
| 208 | 1486 | |
| 252 | 1507 | |
| 448 039 | 1859 | (Brit.P. 995 209) |
| 448 045 | 1960 | (D.A.S. 1 238 398) |
| 069 | 1494 | |
| 099 | 1512 | |
| 995 | 1476 | |
| 996 | 1477 | |
| 449 619 | 2097 | (Brit.P. 1 052 137) |
| 620 | 2065 | |
| 652 | 1479 | |
| 812 | 2015 | |
| 450 060 | 2054 | |
| 402 | 1491 | |
| 404 | 1492 | |
| 429 | 1502 | |
| 442 | 1518 | |
| 808 | 2062 | |
| 451 105 | 1968 | (Brit.P. 1 012 891)<br>(D.A.S. 1 212 509) |
| 114 | 1478 | |
| 115 | 1478 | |
| 122 | 1520 | |
| 155 | 1530 | |
| 158 | 1514 | |
| 166 | 1993 | (Jap.A.S. 1965/2 663) |
| 169 | 1516 | |
| 172 | 1515 | |
| 179 | 1523 | |
| 593 | 2061 | |
| 907 | 1505 | |
| 921 | 1482 | |
| 451 924 | 1490 | |
| 945 | 1513 | |
| 947 | 1528 | |
| 452 273 | 2060 | |
| 524 | 1972 | (F.P. 1 210 317) |
| 991 | 1950 | (Brit.P. 945 427) |
| 453 373 | 2004 | (D.A.S. 1 211 650) |
| 454 123 | 1986 | (Brit.P. 1 036 980) |
| 469 197 | 2042 | (D.A.S. 1 200 456) |

**Tschechoslowakische Patente — Tschech.P.**

| Nr. | Ref.-Nr. | Bezugspatent |
|---|---|---|
| 120 259 | 1884 | |
| 310 | 1908 | |
| 754 | 1941 | |
| 121 196 | 1883 | |
| 122 147 | 1924 | |
| 761 | 1891 | |
| 949 | 1980 | |
| 123 285 | 1917 | |
| 124 382 | 1908 | |
| 125 587 | 1888 | |

**U.S.A. Patente — U.S.P.**

| Nr. | Ref.-Nr. | Bezugspatent |
|---|---|---|
| 3 225 027 | 2021 | |
| 3 232 927 | 2025 | |
| 2 234 227 | 1506 | |
| 3 249 687 | 2092 | (Schw.P. 428 701) |
| 3 253 014 | 1959 | (Brit.P. 1 012 225) |
| 3 255 181 | 2058 | |
| 3 258 484 | 2068 | |
| 3 282 940 | 2045 | (D.A.S. 1 217 527) |
| 944 | 1506 | |
| 967 | 2044 | (D.A.S. 1 216 461) |
| 3 284 438 | 1581 | |
| 459 | 2069 | |
| 3 297 438 | 1844 | |
| 3 305 356 | 1854 | |
| 563 | 2066 | |
| 3 310 398 | 1846 | |
| 3 314 786 | 1847 | |
| 3 318 688 | 1843 | |
| 698 | 1849 | |
| 3 320 054 | 1853 | |
| 3 321 363 | 1851 | |
| 3 322 531 | 1842 | |
| 3 337 335 | 1852 | |
| 3 340 050 | 1855 | |
| 3 346 380 | 1845 | |
| 3 348 942 | 1848 | |
| 3 351 462 | 1850 | |
| 671 | 1877 | |
| 3 356 443 | 2026 | |
| 3 357 823 | 1856 | |
| 3 370 957 | 2059 | |

**Ungarische Patente — Ung.P.**

| Nr. | Ref.-Nr. | Bezugspatent |
|---|---|---|
| 153 194 | 2074 | (D.P.[DDR] 45 941) |
| 708 | 1857 | (D.A.S. 1 244 746) |
| 905 | 1915 | |
| 154 135 | 1916 | |
| 304 | 1533 | (D.A.S. 1 242 596) |
| 345 | 1922 | |
| 516 | 1931 | |
| 519 | 1934 | |
| 814 | 1935 | |
| 155 239 | 2053 | |

**Sowjetische Patente — UdSSR.P.**

| Nr. | Ref.-Nr. | Bezugspatent |
|---|---|---|
| 178 761 | 1552 | (U.S.P. 3 040 061) |
| 181 115 | 1551 | (D.P.[DDR] 36 367) |
| 560 | 2070 | (D.P.[DDR] 38 032) |

# CHEMISCHES ZENTRALBLATT

Nr. 21 · 21. Mai 1969
Referat 0001—2097
Seite 1—208

## A. Allgemeine, physikalisch-anorganische und anorganische Chemie

### A–1. Physik der Atomkerne

*0001* **Absolutbestimmungen von Aktivierungsquerschnitten für 14,7- und 14,8-MeV-Neutronen.** D. Crumpton, A. J. Cox, P. N. Cooper, P. E. Francois und S. E. Hunt. (J. inorg. nuclear Chem. **31** (1969) 1, 1—8; Phys. Dep., Univ. of Aston in Birmingham, Birmingham, England; engl.) — Die gemessenen absol. Aktivierungsquerschnitte sind für $^{63}$Cu (n, 2n)$^{62}$Cu 603 ± 28 mb bei I u. 615 ± 28 mb bei II, für $^{65}$Cu(n, 2n)$^{64}$Cu 953 ± 54 mb bei I, für $^{92}$Mo(n, 2n)$^{91}$Mo 222 ± 10 mb bei I u. 227 ± 10 mb bei II, für $^{27}$Al(n, α)$^{24}$Na 121 ± 6 mb bei I (I = 14,7 ± 0,2 MeV, II = 14,8 MeV). Vgl. mit dem statist. Modell des Kerns u. der Verdampfungstheorie. Herbert Weber 20

*0002* **Bildungsquerschnitte verschiedener Radionuclide aus Ni, Fe, Si, Mg, O und C für Protonen mit Energien zwischen 0,5 und 2,9 GeV.** Garimella V. S. Rayudu. (J. inorg. nuclear Chem. **30** (1968) 9, 2311—15; Dep. of Chem., Carnegie Inst. of Technol., Pittsburgh, Pa.; engl.) — Bildungsquerschnitte von $^{56}$Co, $^{54}$Mn, $^{52}$Mn, $^{51}$Cr, $^{48}$Cr, $^{48}$V, $^{47}$Sc, $^{44m}$Sc, $^{32}$P, $^{24}$Na u. $^{7}$Be aus Fe; $^{56}$Co, $^{54}$Mn, $^{51}$Cr, $^{48}$V, $^{32}$P, $^{24}$Na u. $^{7}$Be aus Ni; $^{24}$Na, $^{22}$Na u. $^{7}$Be aus Si u. Mg u. $^{7}$Be aus C u. O wurden gemessen für Protonenbeschußenergien von 0,5; 0,8; 1,5; 2,2 u. 2,9 GeV. Die Trends in den gemessenen Wrkg.-Querschnitten werden diskutiert. Einige qual. Folgerungen über die Erzeugung von kosmogen. Aktivitäten in Meteoriten werden gezogen. Herbert Weber 20

*0003* **Identifizierung neuer As-Isotope bei der Spaltung: $^{83}$As und $^{84}$As.** P. del Marmol. (J. inorg. nuclear Chem. **30** (1968) 11, 2873—80; Centre d'Etude de l'Energie Nucl., Mol, Belgium; engl.) — $^{83}$As- u. $^{84}$As-Spaltprod. wurden in kurzen Zeitintervallen aus mit therm. Neutronen bestrahltem $^{235}$U abgetrennt u. durch Trennung u. Messung der Aktivitäten ihrer Br-Enkeltochter-Nuclide gemessen. $^{83}$As hat eine Halbwertszeit von 14,1 ± 1,1 s u. zerfällt vorherrschend zum 70-s $^{83m}$Se; $^{84}$As hat eine Halbwertszeit von 5,8 ± 0,5 s. Die fraktionellen kumulativen Ausb. für therm. Spaltung sind 0,80 ± 0,08 für $^{83}$As u. 0,17 ± 0,02 für $^{84}$As. Herbert Weber 20

*0004* **Zerfallscharakteristik von $^{84}$Se.** K. Rengan und Henry C. Griffin. (J. inorg. nuclear Chem. **30** (1968) 11, 2887—90; Dep. of Chem., Univ. of Mich., Ann. Arbor, Mich.; engl.) — $^{84}$Se wurde unter den Spaltprod. von $^{235}$U identifiziert. Die Se-Fraktion wurde durch Lösungsmittelextraktion aus HBr in 2.6-Dimethyl-4-heptanon erhalten. Die Strahlungen wurden durch β- u. γ-Scintillationsspektroskopie, γ-Spektroskopie mit Ge(Li)-Detektor u. durch Koinzidenzmessungen untersucht. Der Zerfall von $^{84}$Se zeigt eine Halbwertszeit von 3,1 ± 0,2 Min u. enthält einen einzelnen β-Übergang von 1,4 ± 0,05 MeV u. einen koinzidierenden γ-Strahl von 407,7 ± 0,5 keV. Herbert Weber 20

*0005* **Energieniveaus von Zirkonium-Isotopen.** B. L. Berman und R. J. Baglan. (J. inorg. nuclear Chem. **31** (1969) 1, 9—17; Lawrence Radiat. Labor., Univ. of Calif., Livermore, Calif.; engl.) — Ein Bremsstrahlungsbündel aus dem Linearbeschleuniger wurde zur Erzeugung der radioaktiven Nb-Isotope $^{92}$Nb, $^{91}$Nb u. $^{90}$Nb durch die (γ, n)-, (γ, 2n)- u. (γ, 3n)-Rk. an $^{93}$Nb benutzt. Beim Zerfall der Nb-Kerne zu $^{92}$Zr, $^{91}$Zr u. $^{90}$Zr wurden die Energien der γ-Übergänge von diesen Zr-Isotopen gemessen. Damit wurden folgende Energieniveaus bestimmt: für $^{90}$Zr 2186,3; 2318,8; 3447,6; 3590,4 keV; für $^{91}$Zr 1205,0 keV u. für $^{92}$Zr 934,3 u. 1847,2 keV. Herbert Weber 20

*0006* **Zerfall von 9,2-h-$^{135}$Xe.** Jan P. Op de Beeck und W. B. Walters. (J. inorg. nuclear Chem. **30** (1968) 11, 2881—86; Dep. of Chem. and Labor. for Nucl. Sci. MIT, Cambridge, Mass.; engl.) — Der Zerfall wurde mit Ge(Li)-Detektoren u. Koinzidenzverf. untersucht. Quellen von $^{135}$Xe wurden durch Extraktion von Xe aus gereinigten Quellen von 6,7-h-$^{135}$J (aus Spaltprod.) erhalten. Zwei neue γ-Strahlen wurden bei 158,2 u. 407,5 keV beobachtet; ein neues Niveaus in $^{135}$Cs wird bei 407,5 keV vorgeschlagen. Die Niveaus von $^{135}$Cs werden mit denen von $^{133}$Cs verglichen. Herbert Weber 20

*0007* **Neutronendefizit-Isotope von Osmium und Rhenium.** C. A. Hughes. (J. inorg. nuclear Chem. **31** (1969) 1, 19—27; Dep. of Chem. and Biol., Nucl. Stud. Sect., Liverpool Regional Coll. of Technol.; engl.) — Die untersuchten Isotope wurden durch Spallation von Re durch 340-MeV-Protonen erzeugt. $^{180}$Os u. $^{181}$Os zerfallen durch Elektroneneinfang mit Halbwertszeiten von 19,8 bzw. 112,3 Min. Die $^{182}$Os-Halbwertszeit von 22,6 h ist mit einer Positronengruppe von 1,1 MeV assoziiert. $^{177}$Re u. $^{178}$Re sind Positronenemitter (3,2 bzw. 1,95 MeV) mit Halbwertszeiten von 28 bzw. 50 Min. $^{179}$Re als 19-min-Elektroneneinfang-Nuclid wird bestätigt. Beweise für ein Os-Isotop mit 2—3 Min werden gefunden; die Nichtexistenz von 20-h-$^{180}$Re wird bestätigt. Herbert Weber 20

*0008* **Rückstoßeigenschaften und Ladungsverteilung bei der Spaltung von $^{208}$Pb durch 450-MeV-Protonen.** John A. Panontin und Norbert T. Porile. (J. inorg. nuclear Chem. **30** (1968) 11, 2891—2908; Dep. of Chem., Purdue Univ., Lafayette, Ind.; engl.) — Wrkg.-Querschnitte u. Dicktarget-Rückstoßeig. wurden für drei isobare Nuclide mit A = 111 ($^{111g}$Pd, $^{111m}$Pd, $^{111}$Ag u. $^{111}$In) sowie für verschiedene andere Pd- u. Ag-Nuklide ($^{103,109,112}$Pd, $^{112,113}$Ag) bestimmt, die bei der Spaltung von $^{208}$Pd durch 450-MeV-Protonen erzeugt werden. Die Wrkg.-Querschnitte wurden zur Aufstellung einer Gauß-Ladungsverteilung benutzt. Die Analyse zeigt, daß das Neutron-zu-Proton-Verhältnis des wahrscheinlichsten Prod., N/Zp, einen Wert von 1,337 ± 0,008 für A = 103 bis 111 hat; die volle Breite des Halbmax. der Verteilung beträgt 1,88 ± 0,04 Z-Einheiten; der Isobarenspaltungsquerschnitt für A = 111 ist 6,1 ± 0,4 mb. Die Rückstoßdaten wurden dazu benutzt, für eine gegebene Massenkette die Abhängigkeit der mittleren Kaskadendepositionsenergie von der Ordnungszahl zu untersuchen. Ferner werden die mittlere totale Freisetzung von kinet. Energie u. die mittlere Trennungsentfernung zwischen den Ladungszentren der primären Fragmente untersucht. Die Ergebnisse werden mit ähnlichen früheren Daten für $^{238}$U verglichen. Herbert Weber 20

*0009* **Massenverteilung bei der Spaltung von $^{231}$Pa und $^{237}$Np durch Reaktorneutronen.** M. N. Namoodiri, N. Ravindran, M. Rajagopalan und M. V. Ramaniah. (J. inorg. nuclear-chem. **30** (1968) 9, 2305—10; Radiochem. Div., Bhabha Atomic Res. Centre, Trombay, Bombay; engl.) — Radiochem. Unters. unter Benutzung der Vergleichsmethode. Spaltungsausb. von mehr als 20 Nucliden ($^{83}$Br, $^{89,91}$Sr, $^{97}$Zr, $^{99}$Mo, $^{103,106}$Ru, $^{105}$Rh, $^{109,112}$Pd, $^{111,113}$Ag, $^{115}$Cd, $^{121,125}$Sn, $^{127}$Sb, $^{129,132}$Te, $^{140}$Ba, $^{141,143,144}$Ce, $^{147}$Nd, $^{153}$Sm, $^{156}$Eu) wurden erhalten. Die Massenausb.-Kurven zeigen kein Anzeichen für einen dritten Peak im Symmetriebereich. Herbert Weber 20

### A–2. Physik der Atome und Moleküle

*0010* **l-gemittelter Austauschterm in den Hartree-Fock-Gleichungen.** W. R. Garrett und L. D. Mullins. (J. chem. Physics **48** (1968) 9, 4140—43; Health Phys. Div., ORNL, Oak Ridge, Tenn.; engl.) — Mittelung der Hartree-Fock-Gleichungen nach der Meth. von Herman, Callaway u. Acton (1954) u. selbstkonsistente Lsg. der resultierenden Gleichungen. Die *l*-gemittelte Austauschnäherung liefert gegenüber der Slater-Mittelung oder der Austauschnäherung für freie Elektronen verbesserte Ergebnisse. Als Beispiel werden *Ar*, *Ne* u. *Cu*$^{+}$ betrachtet. H. Liepack 22

*0011* **Thermodynamische Funktionen der verallgemeinerten Thomas-Fermi- und Thomas-Fermi-Dirac-Theorien.** J. J. Gilvarry. (J. chem. Physics **48** (1968) 9, 4322–23; Space Sci., Div., Ames Res. Center, Nat. Aeronaut. and Space Administrat., Moffett Field, Calif.; engl.) H. Liepack 22

*0012* **Brachman-Beziehungen im statistischen Atommodell.** J. J. Gilvarry. (J. chem. Physics **48** (1968) 9, 4323–24; engl.) — Vgl. vorst. Referat. — Ableitung der Brachman-Beziehungen für die verallgemeinerten Thomas-Fermi- u. Thomas-Fermi-Dirac-Theorien aus den Gibbsschen Funktionen u. dem Virialtheorem. H. Liepack 22

*0013* **Maxwell-Beziehungen im statistischen Atommodell.** J. J. Gilvarry. (J. chem. Physics **48** (1968) 9, 4324–26; engl.) — Vgl. vorst. Referate. H. Liepack 22

*0014* **Modell-Hamilton-Operatoren für Atome.** Kenneth R. Piech und Kenneth G. Wilson. (J. chem. Physics **48** (1968) 8, 3740–50; Labor. of Nucl. Studies, Cornell Univ., Ithaca, N.Y.; engl.) — Entw. eines Modell-Hamilton-Operators für die Zustände $n = 1$ u. $n = 2$ der Atome der 1. u. 2. Reihe. H. Liepack 22

*0015* **Matrixelemente zwischen Konfigurationen mit verschiedenen nichtabgeschlossenen Schalen.** 1. Mitt. Lloyd Armstrong jun. (Physic. Rev. [2] **172** (1968) 1, 12–17; Westinghouse Res. Labor., Pittsburgh, Pa.; engl.) — Berechnung der Matrixelemente des Coulomb-Operators zwischen Konfig. mit verschiedenen nichtabgeschlossenen Schalen nach dem Formalismus der zweiten Quantisierung. H. Liepack 22

*0016* **Matrixelemente zwischen Konfigurationen mit verschiedenen nichtabgeschlossenen Schalen.** 2. Mitt. Lloyd Armstrong jun. (Physic. Rev. [2] **172** (1968) 1, 18–23; engl.) — 1. vgl. vorst. Referat. H. Liepack 22

*0017* **Korrespondenz-Identitäten.** 1. Mitt. A. Norcliffe und I. C. Percival. (J. Physics, B (Proc. physic. Soc.) [2] **1** (1968) 5, 774–83; Dep. of Phys. Univ. of Stirling; engl.) — Vf. ber. die vollständigen quantendynam. Lsg. der Bewegung eines freien Teilchens in einer Dimension bzw. in einem Ring. Die Beziehungen zwischen Quantenmechanik u. klass. Mechanik, die für kleine Quantenzahlen u. relativ kleine Werte der klass. Wrkg. gelten, werden diskutiert (Korrespondenz-Identitäten). E. Richter 22

*0018* **Korrespondenz-Identitäten.** 2. Mitt. **Bohr-Sommerfeld-Identität für das Wasserstoffatom.** A. Norcliffe und I. C. Percival. (J. Physics, B (Proc. physic. Soc.) [2] **1** (1968) 5, 784–94; Dep. of Phys., Univ. of Stirling; engl.) — 1. vgl. vorst. Referat. — Erklärung der Bohr-Sommerfeld-Identität zwischen den Ergebnissen der alten Quantenmechanik u. den wahren Energiewerten. Das klass. Analogon der Fockschen Theorie des **H**-Atoms wird diskutiert. E. Richter 22

*0019* **Bemerkungen zu einem Valenzelektronenmodell von Atomen.** H. H. Nickle. (Physica Status solidi [Berlin] **30** (1968) 1, K 65–67; Duke Univ., Durham, N.C.; engl.) — Diskussion zu einer Mitt. von Kunz (ibid. **26** (1968), 447). H. Roschkowski 22

*0020* **Korrelationskoeffizienten für Elektronenwellenfunktionen.** Werner Kutzelnigg, Giuseppe Del Re und Gaston Berthier. (Physic. Rev. [2] **172** (1968) 1, 49–59; Lehrstuhl für Theoret. Chem. der Univ. Göttingen, Germany; engl.) — Unters. der Elektronenkorrelation in Atomen u. Molekülen. Als Beispiel werden zwei H-Atome bei großen Abständen betrachtet. H. Liepack 22

*0021* **Elektronenkorrelation und Näherung des separierten Paares. Anwendung auf Be-ähnliche Atomsysteme.** Kenneth J. Miller und Klaus Ruedenberg. (J. chem. Physics **48** (1968) 8, 3414–43; Inst. for Atomic Res., Dep. of Chem. and Phys., Ia. State Univ., Ames, Ia.; engl.) — Entw. einer Meth. zur Best. des besten antisymmetrisierten Prod. von separierten Geminalen für ein mehratomiges Syst. nach dem Variationsprinzip. H. Liepack 22

*0022* **Elektronenkorrelation und extrapolierte Entwicklung für getrennte Paare.** Kenneth J. Miller und Klaus Ruedenberg. (J. chem. Physics 48 (1968) 8, 3444–49; engl.) — Vgl. vorst. Referat. H. Liepack 22

*0023* **Elektronenkorrelation und extrapolierte Entwicklung für getrennte Paare in Be-ähnlichen Atomsystemen.** Kenneth J. Miller und Klaus Ruedenberg. (J. chem. Physics **48** (1968) 8, 3450–64; engl.) — Vgl. vorst. Referat. — Anwendung der l.c. entwickelten Meth. auf $Li^-$, $Be$, $B^+$, $C^{2+}$, $N^{3+}$, $O^{4+}$, $F^{5+}$ u. $Ne^{6+}$. H. Liepack 22

*0024* **Formel für die Spur über Elektronenzustände in einem Gas neutraler Moleküle.** Louis T. Klauder jun. (J. chem. Physics **48** (1968) 9, 4330–31; Phys. Dep., Res. Labor., Gen. Motors Corp., Warren, Mich.; engl.) — Vgl. C. **1968,** 28-0074. — Es wird gezeigt, wie die l.c. benutzte Darst. der Spur abgeleitet werden kann. H. Liepack 22

*0025* **Elektronische Zustandssummen von Atomen und Ionen zwischen 1500°K und 7000°K.** L. de Galan, R. Smith und J. D. Winefordner. (Spectrochim. Acta [Oxford], Part B **23** (1968) 8, 521–25; Dep. of Chem., Univ. of Fla. Gainesville, Fla.; engl.) — Die elektron. Zustandssummen für Atome u. erste Ionen von 73 Elementen werden über den Temp.-Bereich 1500 bis 7000°K berechnet. Die Ergebnisse werden in Form von Polynomen fünften Grades, die für die Werte durch die Meth. der kleinsten Quadrate angepaßt wurden, wiedergegeben. E. Otto 22

*0026* **Optische Dipolübergänge zwischen benachbarten Zuständen.** A. L. Stewart. (J. Physics, B. (Proc. physic. Soc.) [2] **1** (1968) 5, 844–46; Dep. of Appl. Math., Queen's Univ. of Belfast; engl.) — Für opt. Dipolübergänge zwischen Zuständen, die im Grenzfall einer unendlichen Kernladung Z degenerieren, ergibt die Dipollängenformel genauere Ergebnisse als die Geschw.- oder Beschleunigungsformel. Formeln für die Matrixelemente der $2\,^1S$–$2^1P$- u. $2^3S$–$2^3P$-Übergänge von Zwei-Elektronensyst. werden angegeben. E. Richter 22

*0027* **Minima generalisierter Oscillatorstärken.** Yong-Ki Kim, Mitio Inokuti, George E. Chamberlain und S. R. Mielczarek. (Physic. Rev. Letters **21** (1968) **16, 1146**–48; ANL, Argonne, Ill.; engl.) — Theoret. Arbeit mit Diskussion theoret. u. experimenteller Daten eines *Xe*-Übergangs. E. Richter 22

*0028* **Störungskorrekturen zum g-Tensor.** P. W. Atkins und A. M. Jamieson. (Molecular Physics **14** (1968) 5, 425–31; Phys. Chem. Labor., South Parks Road, Oxford; engl.) — Durch Anwendung der Foldy-Wouthuysen-Transformation wird die Dirac-Gleichung des Elektrons gelöst. Ein expliziter Ausdruck für den g-Tensor 3. Ordnung wird angegeben u. mit Ergebnissen nach der Formel von Tippins verglichen. Ein Term, der die Geschw.-Abhängigkeit durch das Bohrsche Magneton enthält, liefert — bes. für hohe Ordnungszahlen — einen wichtigen Beitrag. Dieser Term muß bei der Betrachtung des g-Faktors von atomarem *Wasserstoff* berücksichtigt werden. E. Richter 22

*0029* **Verwendung von Greenschen Funktionen bei Berechnungen von Atomen und Molekülen.** 1. Mitt. **Greensche Funktion des Wasserstoffatoms.** H. F. Hameka. (J. chem. Physics **48** (1968) 10, 4810; Dep. of Chem., Univ. of Pa., Philadelphia, Pa.; engl.) — Erratum zur C. **1969,** 6-0002 referierten Arbeit. H. Liepack 22

*0030* **Stabilität der negativen Ionen $H^-$ und $Li^-$.** William A. Goddard III. (Physics Rev. [2] **172** (1968) 1, 7–12; Gates and Crellin Labor. of Chem., Calif. Inst. of Technol., Pasadena, Calif.; engl.) — Für $H^-$ u. $Li^-$ führt eine Hartree-Fock-Wellenfunktion zu einer höheren Energie als für das neutrale Atom. Die Zulassung einer Aufspaltung der Orbitale führt zur UHF-Wellenfunktion, die niedrigste Energie nach dieser Meth. ist jedoch gerade die Energie des neutralen Atoms. Eine Stabilität des negativen Ions ergibt sich nach Spinprojektion der Slater-Determinante u. Optimalisierung der Orbitale nach der Projektion. Die Stabilität dieser negativen Ionen folgt aus einem Austauschwechselwrkg.-Term u. bes. aus der Kernanziehung in diesem Austauschterm. H. Liepack 22

*0031* **Adiabatische Näherung und notwendige Bedingungen für die Existenz von Bindungszuständen.** F. H. Gertler, H. B. Snodgrass und Larry Spruch. (Physic. Rev. [2] **172** (1968) 1, 110–18; Dep. of Phys., New York Univ., Washington Square, New York, N.Y.; engl.) — Allg. Unters. mit eingehender Behandlung der Coulomb-Wechselwirkungen. Es können weder He + $e^+$ noch $\alpha$ + p + $e^-$ Bindungszustände bilden. Die unteren Grenzen der Energie des Grundzustandes u. des ersten angeregten Zustandes des Syst. H + $e^+$ betragen −0,068 bzw. −0,065 eV; wahrscheinlich hat dieses Syst. keinen Bindungszustand. Es wurde ferner das Syst. H + $e^-$ betrachtet. H. Liepack 22

*0032* **Bindungsenergien von Elektronen in der nächsten inneren Unterschale von Atomen und Ionen von Bor bis Zink.** Wolfgang Lotz. (J. opt. Soc. America **58** (1968) 2, 236–40; Inst. für Plasmaphys., Garching/München, Germany; engl.) — Für zahlreiche Ionisationszustände werden die Bindungsenergien von Elektronen in der nächsten inneren Unterschale für die Elemente B bis Zn (Z = 30) angegeben. Unter vollständiger Berücksichtigung experimenteller Daten werden die Bindungsenergien innerer 2s- u. 3s-Elektronen entlang isoelektron. Sequenzen berechnet. Tabellar. Angabe der ber. u. experimentellen Werte für *B, C, N, O, F, Ne, Na, Mg, Al, Si, P, S, Cl, Ar, K, Ca, Sc, Ti, V, Cr, Mn, Fe, Co, Ni, Cu* u. *Zn*. E. Richter 22

*0033* **Elektronenaffinitäten von Atomen.** Peter Politzer. (Trans. Faraday Soc. **64** (1968) 549, 2241–46; Dep. of Chem., La. State Univ., New Orleans, La.; engl.) — Vf. stellt folgende Beziehung zwischen dem Ionisationspotential (IP), der Elektronenaffinität (EA) eines Atoms bzw. Ions u. dem mittleren Radius (r) des Elektrons mit der höchsten Energie auf: $(IP-EA) = k(l/\langle r\rangle)^n$ (k u. n sind für jede Gruppe des Periodensyst. konst. Parameter). Mit Hilfe dieser Beziehung u. mit Hilfe bekannter Elektronenaffinitäten werden die Elektronenaffinitäten folgender Hauptgruppenelemente ber.: *Ga, In, Tl, Ge, Sn, Pb, As, Sb, Bi, Se, Te* u. *Po*. B. Plewinsky 22

*0034* **Hyperfeinaufspaltung und Wechselwirkungsenergie in H + D und in D + D.** Mac B. Milleur, Larry A. Curtiss, Michael Twerdochlib und Joseph O. Hirschfelder. (J. chem. Physics **48** (1968) 9, 4261–65; Theoret. Chem. Inst., Univ. of Wis., Madison, Wis.; engl.) — Unters. der Hyperfeinwechselwrkg. eines D-Atoms im Grundzustand mit entweder einem H- oder einem D-Atom im Grundzustand. Für H + D existieren 24 Hyperfeinzustände mit 12 Potentialkurven, für D + D 36 Hyperfeinzustände mit 22 Potentialkurven. Bei Abständen $> 9a_0 - 10a_0$ wird der Elektronenspin für die meisten dieser Hyperfeinzustände teilweise entkoppelt, es kann nicht länger von einem elektron. Singulett oder Triplett des Mol. gesprochen werden. H. Liepack 22

*0035* **Natürliche Besetzungsamplituden der He-Atom-Wellenfunktionen vom S-Typ.** George V. Nazaroff. (J. chem. Physics **48** (1968) 8, 3517–24; Dep. of Chem., Mich. State Univ., East Lansing, Mich.; engl.) — Unters. verschiedener angenäherter Singulett-Lsg. der Schrödinger-Gleichung der S-Funktion. Mit der aufgestellten Hypothese, daß die natürlichen Orbitale bei Hinzufügung weiterer Konfig. zu einer Wellenfunktion nur wenig geändert werden, wird die Anwendung des Vielkonfig.-SCF-Formalismus zur Erklärung des beobachteten Verh. der natürlichen Besetzungsamplituden gerechtfertigt. H. Liepack 22

*0036* **Virialtheorem, Variationsprinzip und nichtlineare Parameter in der Quantenmechanik: Anwendung auf die $3^1D$- und $3^3D$-Zustände der isoelektronischen Heliumfolge.** Robert T. Brown. (J. chem. Physics **48** (1968) 10, 4698–4703; Dep. of Space Sci., Rice Univ., Houston, Tex.; engl.) H. Liepack 22

*0037* **Eigenschaften selbstionisierender Zustände des He.** J. Macek. (J. Physics, B (Proc. physic. Soc.) [2] **1** (1968) 5, 831–43; Theoret. Phys. Div., AERE, Harwell, Didcot, Berks.; engl.) — Vf. diskutiert die Eig. der Rydberg-Serien selbstionisierender He-Niveaus, die zum n = 2-Niveau des $He^+$ konvergieren. Die Energien einiger Zustände werden ber. u. mit experimentellen Ergebnissen u. Rechenresultaten anderer Autoren verglichen. E. Richter 22

*0038* **Störungsbehandlung der Hartree-Fock-Gleichungen für schwach quantisierte 2s2p $^3P$- und $^1P$-Zustände von He-ähnlichen Ionen.** C. S. Sharma und R. G. Wilson. (Molecular Physics **15** (1968) 3, 271–78; Dep. of Math., Birkbeck Coll., Univ. of London; engl.) — Die Hartree-Fock(HF)-Gleichungen erster Ordnung für 2s2p $^3P$- u. $^1P$-Zustände von 2-Elektronen-Atom-Syst. werden exakt gelöst. Die Lsg. werden für die Best. der exakten HF-Energien zweiter Ordnung u. der HF-Energien 3. Ordnung mit hinreichender Genauigkeit benutzt. Die Terme nullter u. erster Ordnung werden durch die Annahme der Werte von $\delta(\mathbf{r})$, l/r, r u. $r^2$ ebenfalls für jede Bahn berechnet. Die Schwierigkeiten für die Benutzung der Variations- u. Variations-Störungs-Meth. für derartig hoch angeregte Zustände werden diskutiert. E. Otto 22

*0039* **Mehrkörpertheorie von Brueckner-Goldstone für die Hyperfeinstruktur von Phosphor.** N. C. Dutta, C. Matsubara, R. T. Pu und T. P. Das. (Physic. Rev. Letters **21** (1968) 16, 1139–43; Dep. of Phys., Univ. of Calif., Riverside, Calif.; engl.) — Die Mehrkörper-Störungstheorie von Brueckner u. Goldstone wird zur Unters. der Hyperfeinwechselwrkg. in atomarem P verwendet. Dabei wird ein Korrelationsbeitrag zur Hyperfeinstruktur-Konst. mit positivem Vorzeichen u. von vernünftiger Größe erhalten, der den negativen Kernpolarisationseffekt überwiegt u. somit eine Übereinstimmung mit dem Experiment ergibt. E. Richter 22

*0040* **Bemerkung zu Absorptionsserien und Ionisationspotentialen von atomarem Chlor und Jod.** R. E. Huffman, J. C. Larrabee und Y. Tanaka. (J. chem. Physics **48** (1968) 8, 3835; U.S. Air Force Cambridge Res. Labor., Bedford, Mass.; engl.) — Vgl. von Vf. veröffentlichten Ergebnissen (ibid. **47**, [1967] 856) mit denen von Minnhagen (J. Opt. Soc. Am. **51** [1961] 298; Ark. Fysik **21**, [1962] 415). H. Liepack 22

*0041* **Berechnete g-Werte der Niveaus der $5p^4$-Konfiguration von Te I.** G. W. Charles. (J. opt. Soc. America **58** (1968) 2, 275–76; ORNL, Oak Ridge, Tenn.; engl.) — Ber. u. beobachtete g-Werte der Niveaus $^3P_2$, $^3P_1$ u. $^1D_2$ werden tabellar. zusammengestellt. E. Richter 22

*0042* **Berechnung des magnetischen Momentes des Fluoratoms.** V. Beltrán-López, E. Ley Koo, N. Degovia und E. Blaisten. (Physic. Rev. [2] **172** (1968) 1, 44–49; Reactor, Centro Nucl., Comis. Nac. de Energía Nucl., México, D.F., México; engl.) — Für die beiden Niveaus des niedrigsten Terms von F wurden die $g_J$-Faktoren nach der Theorie von Kambe u. Van Vleck unter Benutzung von Hartree-Fock-Wellenfunktionen verschiedener Genauigkeit berechnet. Für die Wellenfunktionen höchster Genauigkeit sind die Ergebnisse in exakter Übereinstimmung mit dem gemessenen $g_J\,(^{19}F;\,^2P_{3/2})/g_J(^1H;\,^2S_{1/2}) = (2/3) - (497 \pm 1)\cdot 10^{-6}$. Der Beitrag zu $g_J\,(^{19}F;\,^2P_{3/2})$ aus der Breit-Wechselwrkg. beträgt $49 \cdot 10^{-6}$. Für das obere Niveau ist $g_J\,(^{19}F;\,^2P_{1/2}) = 2/3 - (1072 \pm 2)\cdot 10^{-6}$. H. Liepack 22

*0043* **Rumpfpolarisations-Korrekturen zu den Oszillatorstärken von Alkalimetallatomen.** S. Hameed, A. Herzenberg und M. G. James. (J. Physics, B (Proc. physic. Soc.) [2] **1** (1968) 5, 822–30; Theoret. Phys. Dep., The Univ. of Manchester; engl.) — Eine Erniedrigung der Oszillatorstärken der niedrigsten Niveaus eines Alkalimetallatoms durch Wechselwrkg. des Atomrumpfes mit dem Valenzelektron wird betrachtet. Es ergibt sich eine Red. der Oszillatorstärke des niedrigsten ns → np-Übergangs des Valenzelektrons von < 1% für *Li*. Dieser Betrag steigt über die Elemente *Na, K* u. *Rb* bis zu einem Wert von 16% für *Cs* an. E. Richter 22

*0044* **Theorie der reduzierten Dichtematrix: Energieeigenschaften der Be-2-Matrix.** Gene P. Barnett und Oscar R. Platas. (J. chem. Physics **48** (1968) 9, 4265 bis 4271; Lockheed Palo Alto Res. Labor., Palo Alto,

Calif.; engl.) — Energieanalyse der aus der Weiss-Funktion abgeleiteten red. D.-Matrix. 2. Ordnung für Be. H. Liepack 22

*0045* **Relativistische Berechnung innerer diamagnetischer Felder für Atome und Ionen.** F. D. Feiock und W. R. Johnson. (Physic. Rev. Letters **21** (1968) 12, 785–86; Dep. of Phys. Radiat. Labor., Univ. of Notre Dame, Notre Dame, Ind.; engl.) — Unter Verw. der relativist. Elektronentheorie in der Hartree-Fock-Slater-Näherung werden die diamagnet. Abschirmfaktoren für $H$, $He$, $Li^+$, $Be^{2+}$, $B^{3+}$, $C^{4+}$, $Be$, $B^+$, $C^{2+}$, $N^{3+}$, $O^{4+}$, $F^{5+}$, $Ne$, $Mg^{2+}$, $Si^{4+}$, $S^{6+}$, $Ar$, $Ca^{2+}$, $Ti^{4+}$, $Cr^{6+}$, $Fe^{8+}$, $Ni^{10+}$, $Cu^+$, $Ga^{3+}$, $As^{5+}$, $Br^{7+}$, $Kr$, $Sr^{2+}$, $Zr^{4+}$, $Mo^{6+}$, $Ru^{8+}$, $Pd$, $Cd^{2+}$, $Sn^{4+}$, $Te^{6+}$, $Xe$, $Cs^+$, $Ba^{2+}$, $La^{3+}$, $Ce^{4+}$, $Yb^{2+}$, $Hf^{4+}$, $W^{6+}$, $Re^{7+}$, $Ir^{9+}$, $Au^{11+}$, $Au^+$, $Hg^{2+}$, $Tl^{3+}$, $Pb^{4+}$, $Bi^{5+}$, $Hg$, $Tl^+$, $Pb^{2+}$, $Bi^{3+}$ berechnet. Die Resultate stimmen gut mit nicht-relativist. Werten für leichte Atome überein. Relativist. Korrekturen betragen bis zu 62% für Hg. E. Richter 22

*0046* **Analytische Ermittlung von Vielzentrenintegralen von $r_{12}^{-1}$ mit Atomorbitalen vom Slater-Typ.** 1. Mitt. **Dreizentrenintegrale vom (1—2)-Typ.** Harris J. Silverstone. (J. chem. Physics **48** (1968) 9, 4098–4106; Dep. of Chem., Johns Hopkins Univ., Baltimore, Md.; engl.) H. Liepack 22

*0047* **Analytische Ermittlung von Vielzentrenintegralen von $r_{12}^{-1}$ mit Atomorbitalen vom Slater-Typ.** 2. Mitt. **Dreizentren-Kernattraktionsintegrale.** Harris J. Silverstone. (J. chem. Physics **48** (1968) 9, 4106–08; engl.) — 1. vgl. vorst. Referat. H. Liepack 22

*0048* **Analytische Ermittlung von Vielzentrenintegralen von $r_{12}^{-1}$ mit Atomorbitalen vom Slater-Typ.** 3. Mitt. **Dreizentrenintegrale vom Typ (2–2).** Harris J. Silverstone und Kenneth G. Kay. (J. chem. Physics **48** (1968) 9, 4108–15; engl.) — 2. vgl. vorst. Referat. H. Liepack 22

*0049* **Korrespondierende Orbitale und Kofaktoren.** Franklin Prosser und Stanley Hagstrom. (J. chem. Physics **48** (1968) 10, 4807–08; Lockheed Palo Alto Res. Labor., Palo Alto, Calif.; engl.) — Vgl. King et al. ibid. **47**, [1967] 1936. — Vf. vergleichen die Meth. korrespondierender Orbitale u. die Kofaktormeth. u. finden, daß letztere die überlegenere Lsg. des Nichtorthogonalitätsproblems ist. H. Liepack 22

*0050* **Erwiderung auf die Bemerkungen von Prosser und Hagstrom bezüglich korrespondierender Orbitale und Kofaktoren.** Harry F. King und Richard E. Stanton. (J. chem. Physics **48** (1968) 10, 4808–09; Dep. of Chem., State Univ. of N.Y. at Buffalo, Buffalo, N.Y.; engl.) — Vgl. vorst. Referat. H. Liepack 22

*0051* **Multi-Konfiguration-SCF-Theorie mit nichtorthogonalen Orbitalen.** Margaret Lowe Benston und D. P. Chong. (Molecular Physics **14** (1968) 5, 449–56; Labor. für anorgan. Chem., Univ. Göttingen; engl.) — Vf. leiten den Multi-Konfig.-SCF-Operator ab, transformieren die Orbitale in einen orthonormalen Satz u. erhalten Pseudo-Eigenwert-Gleichungen. Mögliche Anwendungen dieser Gleichungen werden diskutiert. E. Richter 22

*0052* **Selbstkonsistente Methoden in der Hückel-Theorie.** Frank E. Harris. (J. chem. Physics **48** (1968) 9, 4027 bis 4028; Quantum Chem. Group, Uppsala Univ., Sweden; engl.) — Unters. der Gleichungen, die die Mol.-Orbitale minimaler Energie für Berechnungen nach der Hückel-Theorie definieren, in denen die Parameter von der Ladungsverteilung abhängen. Diese Gleichungen sind nicht einer Iterationslsg. der gewöhnlichen Hückel-Gleichungen äquivalent, da letztere nicht die Abhängigkeit der Energie von ladungsabhängigen Parametern beschreiben. H. Liepack 22

*0053* **Allgemeine Störungstheorie für die erweiterte Hückel-Methode.** Akira Imamura. (Molecular Physics **15** (1968) 3, 225–37; Dep. of Chem., Cornell Univ., Ithaca, N.Y.; engl.) — Die allg. Störungstheorie für die LCAO-MO-Meth. wird unter Einbeziehung der Änderung des Überlappungsintegrals entwickelt. Die erhaltenen Formeln werden auf die durch Hoffmann erweiterte Theorie von Hückel angewendet. Ferner werden einige interessante Eig. dieser Theorie diskutiert. E. Otto 22

*0054* **4s-Orbitale in Schwefel.** F. Bernardi und C. Zauli. (J. chem. Soc. [London], Sect. A **1968**, 11, 2633 bis 2636; Ist. Chim. Fis. e Spectrosc., Bologna, Italy; engl.) — Die Energien der Spektralterme von den Elektronenkonfig. $s^2p^34s$ u. den Valenzzuständen $3(sp^4)^+$, $4(s^2p^34s)$, $5(sp^34s)^+$, $5(sp^3d)^+$ u. $6(sp^3d4s)$ beim S wurden mit einem orthonormalen Satz von Slater-Funktionen ausgewertet. Die Besetzung eines 4s-Orbitals (ca. 2 eV) ist stets gegenüber der eines 3d-Orbitals begünstigt. Der mittlere Radius r des 4s-Orbitals beträgt hier ca. 3 Å. Beim $6(sp^3d4s)$- u. $5(sp^3d)^+$-Zustand ist r für das 3d-Orbital von der Größenordnung des S–C-Valenzabstandes. Die Punktladungsnäherung für das Potentialfeld, in dem sich das 4s-Elektron bewegt, ist ziemlich ungenau. A. Jaeschke 22

*0055* **Notiz über Bindungsarten in vollständig gefüllten Molekülorbital-Schalen.** C. A. Coulson. (Molecular Physics **15** (1968) 3, 317–19; Math. Inst., Oxford Univ., England; engl.) — Theoret. Unters. u. a. an He. E. Otto 22

*0056* **Hamilton-Operator für Pi-Elektronen.** 2. Mitt. **Berücksichtigung der Self-Consistent-Abschirmung.** Robert A. Harris. (J. chem. Physics **48** (1968) 8, 3600–05; Dep. of Chem., Univ. of Calif., Berkeley, Calif.; engl.) — Ableitung von Hamilton-Operatoren, die die Self-Consistent-Abschirmung in 0. Ordnung u. die Sigma–Pi-Kopplung bis zur 2. Ordnung enthalten. Die Coulomb-Wechselwrkg. zwischen Pi-Elektronen wird durch eine frequenzabhängige, inverse dielektr. Sigma-Matrix modifiziert. Die Art der dielektr. Matrix wird diskutiert. H. Liepack 22

*0057* **Zweidimensionales Doppelminimummodell der Wasserstoffbindung: Der symmetrische Fall.** T. R. Singh und J. L. Wood. (J. chem. Physics **48** (1968) 10, 4567–81; Chem. Dep., Imperial Coll. of Sci. and Technol., London, England; engl.) — Unters. eines linearen AH ··· A-Modells der Wasserstoffbindung unter Berücksichtigung eines Doppelminimums im Potential u. Wechselwrkg. zwischen symm. u. antisymm. Streckbewegungen. Die kombinierten Einfl. von Tunnelung u. Schwingungswechselwrkg. auf den Tunnelungsübergang $\nu_t$, den FIR-Übergang $\nu_\sigma$, den normalen IR-Übergang $\nu_s$ u. die Kombinationsbanden $\nu_s \pm \nu_\sigma$ wurden bestimmt. Der Einfl. der Substitution von H durch D wurde untersucht. Die Gültigkeit der Anwendung der Stepanov-Näherung auf diese Syst. wurde geprüft. H. Liepack 22

*0058* **Nichtbesetzte natürliche Orbitale der Zweielektronen-Wellenfunktionen.** George V. Nazaroff. (J. chem. Physics **48** (1968) 9, 4327–28; Univ. of Wis., Theoret. Chem. Inst., Madison, Wis.; engl.) H. Liepack 22

*0059* **Lokalisierte Orbitale.** 1. Mitt. **$\sigma$-Bindungen.** John H. Letcher und Thomas H. Dunning. (J. chem. Physics **48** (1968) 10, 4538–43; Central Res. Dep., Monsanto Comp., St. Louis, Mo.; engl.) — Beschreibung einer Meth. zur Konstruktion der äquivalenten Orbitale für ein Syst. von $\sigma$-Bindungen mit Anwendung auf $CH_4$, $NH_3$ u. $H_2O$. H. Liepack 22

*0060* **3d-Orbitale und Bindungen von Atomen der zweiten Periode.** 1. Mitt. **$\sigma$-Bindungen.** K. A. R. Mitchell. (J. chem. Soc. [London], Sect. A **1968**, 11, 2676–82; Dep. of Chem., Univ. of B.C., Vancouver, B.C., Canada; engl.) — Der Einfl. der mol. Umgebung auf die Valenzschalenorbitale von Atomen der 2. Periode wird für eine Reihe mol. Syst., in denen diese Elemente in angeregtem Valenzzustand vorliegen, theoret. untersucht. Eine elektrostat. Berechnung zeigt, daß eine elektronegative Umgebung 3d-Orbitale kontrahiert u. 3d-Promotionsenergien vermindert. Der Einfl. des interatomaren Austauschs wird für $SF_6$ auf Grund des oktaedr. Valenzzustands des Schwefels abgeschätzt, woraus hervorgeht, daß 3d-Orbitale des S wesentlich zur Bindung beitragen. Vgl. mit hypothet. Mol. mit sechswertigem S werden durchgeführt. A. Jaeschke 22

*0061* **3d-Orbitale und Bindungen von Atomen der zweiten Periode.** 3. Mitt. **Cyclische Phosphornitridhalo-**

**genide.** K. A. R. Mitchell. (J. chem. Soc. [London], Sect. A **1968,** 11, 2683—88; engl.) — 1. vgl. vorst. Referat. — Die fünf 3d-Orbitale von Pin cycl. Phosphornitridhalogeniden werden bez. der Überlappung mit Orbitalen benachbarter Atome u. bez. der durch die mol. Umgebung verursachten Störungen miteinander verglichen. Die Energie minimalisierende Exponenten werden für die Valenzschalenorbitale des P in den planaren Mol. $(F_2PN)_3$, $(F_2PN)_4$ u. $(Cl_2PN)_3$ abgeschätzt. Jedes 3d-Orbital wird unter der Annnahme, daß 3d-Wechselwrkg. hauptsächlich in den Ringbindungen vorliegen, getrennt behandelt. Die $3d_{xz}$ u. $3d_{x^2-y^2}$-Orbitale von P sind kompakt u. zur Bindung befähigt, die $3d_{z^2}$-, $3d_{yz}$- u. $3d_{xy}$-Orbitale sind verschmiert u. besitzen hohe Energien. A. Jaeschke 22

*0062* **Chemische Einflüsse auf Rumpfelektronen-Bindungsenergien in Jod und Europium.** C. S. Fadley, S. B. M. Hagstrom, M. P. Klein und D. A. Shirley. (J. chem. Physics 48 (1968) 8, 3779—94; Dep. of Chem., Univ. of Calif., Berkeley, Calif.; engl.) — Der Einfl. der chem. Umgebung auf die Verschiebung der Rumpfelektronen-Bindungsenergien wurde theoret. u. durch Messung der Photoelektronenspektren für $EuAl_2$, $EuS$, $EuO$, $Eu_2O_3$, $KJ$, $KJO_3$ u. $KJO_4$ untersucht. Hartree-Fock-Berechnungen für das freie Ion für $F$, $Cl$, $Br$, $J$ u. $Eu$ in verschiedenen Ox.-Zuständen zeigen, daß bei Entfernung eines Valenzelektrons sich die Bindungsenergien aller Rumpfniveaus um angenähert gleiche Beträge verschieben (10—20 eV). Die Verschiebung nimmt mit zunehmender Ordnungszahl ab. Die Entfernung eines „inneren" Valenzelektrons (z. B. 4f in Eu) bewirkt relativ große Verschiebungen (ca. 20 eV). Die Photoelektronenspektroskopie ergab für die Bindungsenergie in J eine Zunahme um ca. 0,8 eV pro Einheitszunahme in der Ox.-Zahl, entsprechend einem Verlust von ca. 0,5 Elektronenladungen aus der Valenzschale pro Einheitszunahme im Oxydationszustand. Zwischen $Eu^{2+}$ u. $Eu^{3+}$ wurde eine Verschiebung von 10 eV gefunden, die auf den Verlust eines vollen 4f-Elektrons bei dieser Änderung des Ox.-Zustandes zurückzuführen ist. H. Liepack 22

*0063* **Einschachtelungstheoreme für untere Grenzen.** P. S. C. Wang. (J. chem. Physics **48** (1968) 9, 4131—33; Univ. of Wis. Theoret. Chem. Inst., Madison, Wis.; engl.) — Ableitung von Ausdrücken für die untere Grenze für Mol.-Berechnungen. Die Anwendung auf den Grundzustand von $H_2^+$ liefert $-1{,}15029$ bzw. $-1{,}10438$ aE für einen abgebrochenen Hamilton-Operator mit ein bzw. zwei Termen (exakte Energie $E_0 = -1{,}10263$). H. Liepack 22

*0064* **Numerische Einzentrum-SCF-Funktion für das Wasserstoffmolekül.** Roger L. Wilkins und Howard S. Taylor. (J. chem. Physics **48** (1968) 10, 4504—08; Aerospace Corp., El Segundo, Calif.; engl.) — Numer. Berechnung für $^1\Sigma_g^+$ von $H_2$. H. Liepack 22

*0065* **Ab initio-Untersuchungen kleiner Moleküle unter Verwendung von Gaußschen 1s-Basisfunktionen.** 3. Mitt. **LCGTO-SCF-MO-Wellenfunktionen der Drei- und Vierelektronensysteme $He_2^+$, $He_2$ und lineares $H_3$, $H_4^+$, $H_4$.** Maurice E. Schwartz und L. J. Schaad. (J. chem. Physics **48** (1968) 10, 4709—15; Dep. of Chem., Vanderbildt Univ., Nashville, Tenn.; engl.) — 2. vgl. C. **1968,** 43-0055. — Unters. der Grundzustände. H. Liepack 22

*0066* **Konfigurationswechselwirkungs-Untersuchung des $H_3^-$-Systems.** 1. Mitt. **1s-Orbitale.** A. Macías. (J. chem. Physics 48 (1968) 8, 3464—68; Chem. Dep., Ind. Univ., Bloomington, Ind.; engl.) — CI-Berechnung zum Grundzustand von $H_3^-$ mit einem auf ident. 1s-Orbitale vom Slater-Typ mit jedem Kern als Zentrum begrenzten Basissystem. Die stabilste Geometrie ist eine lineare symm. Anordnung der Kerne mit einem Abstand von 2,2098 aE, der entsprechende Energiewert beträgt $-1{,}581076$ aE. Das Syst. ist unstabil in Bezug auf $H_2$ + $H^-$. Die Energie des Syst., in dem die Kerne die Ecken eines gleichseitigen Dreiecks besetzen, sowie die Rk. $H_2$ + $H^-$ wurden untersucht. H. Liepack 22

*0067* **Iterationsverfahren zur Berechnung von Energieniveaus eindimensionaler Potentiale.** J. T. Lewis und G. R. Mordaunt. (J. Physics, B (Proc. physic. Soc.) [2] **1** (1968) 5, 768—73; Math. Inst., Oxford; engl.) — Entw. eines Näherungsverf. u. Anwendung auf den Schwingungs-Hamilton-Operator von $He_2$. Die ersten sechs Energieniveaus der $^1\Sigma_u^+$- u. $^3\Sigma_u^+$-Zustände werden berechnet. E. Richter 22

*0068* **Exakte Berechnung der van der Waals-Konstanten für zwei Wasserstoffatome.** Michael O'Carroll und Joseph Sucher. (Physic. Rev. Letters **21** (1968) 16, 1143—46; Center for Theoret. Phys. and Dep. of Phys. and Astronom., Univ. of Md., College Park, Md.; engl.) — Für die van der Waals-Konst. $C_{HH}$, die im London-Potential $V_{HH} = -C_{HH}/R^6$ auftritt, wird eine exakte Formel erhalten. Eine numer. Auswertung ergibt $C_{HH} = 6{,}4990267 \pm 0{,}0000004$. E. Richter 22

*0069* **Das Helium–Helium-Potential im Bereich des Van-der-Waals-Minimums.** J. N. Murrell und G. Shaw. (Molecular Physics **15** (1968) 3, 325—27; The Chem. Labor., The Univ. of Sussex, Brighton; engl.) — Vf. fanden, daß die ber. Coulomb-Energie für den 4-Term der SCF-Funktion von He bei kurzen Distanzen ungenau ist, korrigierten den Fehler u. geben die abgeleiteten Werte an. E. Otto 22

*0070* **Zweideutigkeit in den Kraftfeldern von $PX_5$-Molekülen.** Keith F. Purcell und Russell S. Drago. (J. chem. Physics **48** (1968) 8, 3837—38; Dep. of Chem., Kan. State Univ., Manhattan, Kan.; engl.) — Entgegnungen auf die Kritik von Holmes (ibid. **46** [1967] 3724). H. Liepack 22

*0071* **Säkulargleichung zweiter Ordnung in der Theorie der Molekülschwingungen.** 3. Mitt. **Relative Vorzeichen oder Wechselwirkungsterme in den G-, F- und Σ-Matrizen.** A. Müller und C. J. Peacock. (Molecular Physics **14** (1968) 4, 393—94; Inst. for Inorgan. Chem., Univ. of Göttingen; engl.) — 2. vgl. C. **1969,** 17-0037. — Vf. zeigen, daß unter der unendlichen Zahl von Lsg. für das ($n = 2$)-Problem die Lsg. mit $L_{12} = 0$ physikal. vernünftig ist. E. Richter 22

*0072* **Harmonischer Oszillator in der Atom- und Molekülphysik.** M. Moshinsky und O. Novaro. (J. chem. Physics **48** (1968) 9, 4162—80; Inst. de Fís., Univ. de México, México, D.F.; engl.) — Darst. der Elektronenwellenfunktionen durch die Zustände eines harmon. Oszillators für n Teilchen. Anwendung auf Atome u. zweiatomige Mol. mit bis zu vier Elektronen u. Diskussion von $H_3^+$. H. Liepack 22

*0073* **Schwingungs- und Rotationsenergien für die $B^1\Sigma_u^+$-, $C^1\Pi_u$- und $a^3\Sigma_g^+$-Zustände des Wasserstoffmoleküls.** W. Kołos und L. Wolniewicz. (J. chem. Physics **48** (1968) 8, 3672—80; Labor. of Mol. Struct. and Spectra, Dep. of Phys., Univ. of Chicago, Chicago, Ill.; engl.) — Für den $a^3\Sigma_g^+$-Zustand von $H_2$ wird eine exakte Potentialkurve unter Berücksichtigung der Diagonalkorrekturen für die Kernbewegung ber., die bereits ber. Potentialkurven für $B^1\Sigma_u^+$ werden durch zusätzliche Energiewerte für verschiedene Kernabstände ergänzt. Für beide Zustände sowie für den $C^1\Pi_u$-Zustand werden Schwingungs- u. Rotationsenergien sowie die Rotationskonst. für alle sechs Isotope des Wasserstoffmol. durch Integration der Schrödinger-Gleichung für die Kernbewegung ermittelt. Die theoret. Ergebnisse sind in guter Übereinstimmung mit experimentellen Werten. H. Liepack 22

*0074* **Franck-Condon-Faktoren und r-Zentroide der B–X- und C–X-Systeme des MgF-Moleküls.** R. C. Maheshwari, I. D. Singh und M. M. Shukla. (J. Physics, B (Proc. physic. Soc.) [2] 1 (1968) 5, 993—96; Phys. Dep., Gorakhpur Univ. India; engl.) — Unter Verw. eines Morse-Potentials werden die Franck-Condon-Faktoren u. r-Zentroide, die in naher Beziehung zu den relativen Schwingungsübergangswahrscheinlichkeiten stehen, berechnet. Die Werte der r-Zentroide zeigen, daß die Potentiale weder sehr anharmon. noch sehr breit sind. E. Richter 22

*0075* **Kraftfeld und Molekülkonstanten von $NF_3$.** W. Sawodny, A. Ruoff, C. J. Peacock und A. Müller. (Molecular Physics **14** (1968) 5, 433—40; Labor. für anorgan. Chem., Univ. Stuttgart; engl.) — Unter Verw. genauer Frequenzwerte, Coriolis-Kopplungskonst. u. Zentrifugalverzerrungskonst. werden allg. Valenzkraftfeldkonst. für $NF_3$ berechnet. Die Rechenresultate stehen in bester Übereinstimmung mit experimentellen Ergebnissen. Außerdem werden nach verschiedenen Meth. die mittleren Schwingungsamplituden ber. u. thermodynam. Funktionen für den Temp.-Bereich 200 bis 2000 °K angegeben. E. Richter 22

*0076* **Molekülkonstanten des Kohlenmonoxids.** Jean-Pierre Bouanich, Armand Lévy und Claude Haeusler. (J. Physique **29** (1968) 7, 641—45; Lab. d'Infrarouge, Chim. Phys., Fac. des Sci. de Paris, Équipe de Rech. assoc. au C. N. R. S., Orsay; franz.) — Die Analyse des Schwingungsüberganges 0 → 3 von CO lieferten neue Werte der Rotation–Schwingung-Konst. sowie der Dipolmoment-Funktion. Ferner wurde versucht, durch Vgl. experimenteller u. ber. Linienbreiten eine größenordnungsmäßige Best. des Quadrupolmomentes durchzuführen. Herbert Weber 22

*0077* **Untersuchungen an Selen-Verbindungen.** 46. Mitt. **Korrelation zwischen SO- und SeO-Valenzkraftkonstanten.** R. Paetzold. (Spectrochim. Acta [Oxford], Part A **24** (1968) 6, 717—20; Inst. für Anorg. Chem. der Friedrich-Schiller-Univ., Jena; dt.) — 45. vgl. C. **1968**, **22**-0734. — Auf Grund der ähnlichen Bindungsverhältnisse besteht eine Beziehung zwischen den SO- u. SeO-Valenzkraftkonst., die an sich entsprechenden SO- oder SeO-haltigen Verb. ermittelt werden. Aus einem Vgl. der in früheren eigenen oder fremden Unters. ermittelten SO- u. SeO-Kraftkonst. für 21 Verb.-Paare ergibt sich die Beziehung $f_{SO} = 1{,}687 \cdot f_{SeO} - 2{,}30$. Die Nützlichkeit einer solchen Korrelation wird diskutiert. U. Venzke 22

*0078* **Dispersionskurven und Frequenzverteilung von Polymeren: Einkettenmodell.** Luigi Piseri und Giuseppe Zerbi. (J. chem. Physics **48** (1968) 8, 3561—72; Centro Nazionale di Chim. delle Macromol. del CNR, Sezione I. Ist. di Chim. Ind. del Politecn. di Milano, Milano, Italy; engl.) — Entw. einer allg. Meth. zur Berechnung von Dispersionskurven für eine einzelne Polymerkette, die unmittelbar auf einen Elektronenrechner anwendbar ist. Best. von Dispersionskurven u. der entsprechenden Frequenzverteilungen für Polyäthylen, deuteriertes Polyäthylen, hexagonales Polyoxymethylen, dem deuterierten Deriv. u. für orthorhomb. Polyoxymethylen. H. Liepack 22

*0079* **Relativistischer Effekt und nichtkonservative Spin-Bahn-Kräfte im Strahlungsübergang von Molekülen.** Ying-Nan Chiu. (J. chem. Physics **48** (1968) 8, 3476 bis 3492; Dep. of Chem., The Catholic Univ. of America, Washington, D.C.; engl.) H. Liepack 22

*0080* **Theoretische Interpretation des Einflusses der Masse auf die Coriolis-Kopplungskonstanten für vier Modelle von $XY_n$-Molekülen.** A. Müller, B. Krebs und S. J. Cyvin. (Molecular Physics **14** (1968) 5, 491—94; Inst. of Inorgan. Chem., Univ. of Göttingen, Göttingen; engl.) — Eine theoret. Betrachtung des Einfl. des Massenverhältnisses $m_x/m_y$ auf die Coriolis-Kopplungskonst. des Typs $F_2 \times F_2$ von $XY_4$-Mol. u. Ionen von $T_d$-Symmetrie sowie von $XY_3$-Verb. mit $D_{3h}$-Symmetrie wird auf die Mol.-Typen $XY_3(D_{3h})$, $XY_4(T_\alpha$ oder $D_{4h})$, $XY_6(O_h$ oder $D_{6h})$ u. $XY_8(O_h)$ erweitert. Die theoret. Ergebnisse werden mit experimentellen Daten anderer Autoren verglichen. E. Richter 22

*0081* **Bestimmung der zentrifugalen Verzerrungskoeffizienten asymmetrischer Kreiselmoleküle.** 3. Mitt. **Sextische Koeffizienten.** James K. G. Watson. (J. chem. Physics **48** (1968) 10, 4517—24; Dep. of Chem., Univ., Reading, Berks.; engl.) — 2. vgl. ibid. **48** (1968) 1, 181. — Der Rotations-Hamilton-Operator eines asymm. Kreiselmol. mit Gliedern bis zum 6. Grad in den Komponenten des Gesamtdrehimpulses wird durch eine unitäre Transformation auf einen red. Hamilton-Operator transformiert. Die Beziehungen zwischen den Koeff. beider Darst. werden angegeben. H. Liepack 22

*0082* **Netzintervall zur Berechnung von Absorptionsspektren.** Thomas G. Kyle. (J. opt. Soc. America **58** (1968) 2, 192—95; Dep. of Phys., Univ. of Denver, Denver, Colo.; engl.) — Die Größe des zur Berechnung von Absorptionsspektren benötigten Integrationsnetzes hängt davon ab, wie genau die Relativlagen der Linien bekannt sind; außerdem bestimmt die Halbwertsbreite der Linien die Größe des Integrationsnetzes. Ist die Halbwertsbreite nicht wesentlich größer als die Unsicherheit in der Linienposition, so genügt allg. eine der Halbwertsbreite entsprechende Netzgröße zur Berechnung von Lorentz- u. Doppler-Linien. Atmosphär. Linien erfordern dagegen Netzintervalle, die nur ein Viertel der Halbwertsbreite betragen. E. Richter 22

*0083* **Streuungstheorie der Druckverbreiterung von Rotations- und Schwingungsrotationsübergängen.** C. O. Trindle und K. H. Illinger. (J. chem. Physics **48** (1968) 10, 4415—26; Dep. of Chem., Tufts Univ., Medford, Mass.; engl.) H. Liepack 22

*0084* **Rotations- und Schwingungsrotationslinienverschiebungen und -breiten. Näherung verzerrter Wellen.** K. H. Illinger und C. O. Trindle. (J. chem. Physics **48** (1968) 10, 4427—41; Dep. of Chem., Tufts Univ., Medford, Mass.; engl.) — Vgl. vorst. Referat. — Behandlung der Stoßverbreiterung nach der Näherung verzerrter Wellen. Berechnung der Linienformparameter für *HCl* bei Störung durch *Ar*. H. Liepack 22

*0085* **Erzeugung von Differenzfrequenzen beim Raman-Effekt.** K. W. H. Stevens. (J. Physics, B (Proc. physic. Soc.) [2] **1** (1968) 5, 929—33; Dep. of Phys., Univ. of Nottigham; engl.) — Vf. diskutieren die Bedingungen, unter denen ein Syst. mit einem Niveauabstand von $\hbar(\omega_1 - \omega_2)$ bei Anregung durch zwei kohärente Wellen ($\omega_1$ u. $\omega_2$) bei einer Frequenz $\omega_1 - \omega_2$ strahlt. E. Richter 22

*0086* **Variationsberechnung des Kontaktterms der Spin-Spin-Kopplungskonstanten.** Jacques Paviot und Jean Hoarau. (C. R. hebd. Séances Acad. Sci., Sér. C **267** (1968) 21, 1396—98; Fac. des Sci. de Bordeaux, Inst. de Magnétochim. „Brivazac", Gironde; franz.) — Der Beitrag des Kontaktterms zu den bei der kernmagnet. Resonanz beobachteten Spin–Spin-Koppelungskonst. wird nach einer Variationsmeth. ber., wobei man eine Variationsfunktion benutzt, die sich aus der Form der Störungsfunktion des H-Atoms ergibt. Die Meth. wird zur Berechnung der Koppelungskonst. des HD-Mol. benutzt. U. Venzke 22

*0087* **Obere und untere Variationsgrenzen der dynamischen Polarisierbarkeit bei imaginären Frequenzen.** Saul T. Epstein. (J. chem. Physics **48** (1968) 10, 4716—17; Theoret. Chem. Inst. and Phys. Dep., Univ. of Wis., Madison, Wis.; engl.) H. Liepack 22

*0088* **Effekte des kondensierten Zustandes bei pionischen und myonischen Röntgenspektren.** L. Tauscher, G. Backenstoss, S. Charalambus, H. Daniel, H. Koch, G. Poelz und H. Schmitt. (Physics Letters [Amsterdam] **27 A** (1968) 9, 581—82; CERN, Geneva, Switzerland; engl.) — Messung von Intensitätsverhältnissen für die Targetpaare $Se_{amorph}/Se_{Metall}$, CaO/Ca u. (nur für $\pi$) $TiO_2$/Ti. Herbert Weber 24

*0089* **Röntgen-$L_{2,3}$-Emissionsspektrum des Schwefels in verschiedenen Verbindungen.** A. Meisel, I. Steuer und R. Szargan. (Spectrochim. Acta [Oxford], Part B **23** (1968) 8, 527—33; Physik.-Chem. Inst. der Karl-Marx-Univ. Leipzig; dt.) — Mit einem Hochvakuum-Konkavgitterspektrographen u. photograph. Registrierung wurden die prim. angeregten $S$–$L_{2,3}$-Emissionsbanden von elementarem S sowie von *BaS*, *ZnS*, *CdS*, *SnS*, *PbS*, $MoS_2$, $Sb_2S_3$, $Na_2SO_4$, $K_2SO_4$, $CaSO_4$, $BaSO_4$, $PbSO_4$ u. $CdSO_4$ aufgenommen. Die Entstehung des Spektrums (Zuordnung der Intensitätsmax. zu 3d–2p-, 3p–2p- u. 3s-2p-Elektronenübergängen) u. der Einfl. der chem. Bindung auf die Lage, Form u. Intensität charakterist. Punkte der Spektren werden unter Einbeziehung des Ablaufs chem. Rk. auf der Anode diskutiert. E. Otto 24

*0090* **L-Emissionsspektrum von $^{69}$Tm.** G. B. Deodhar, P. P. Varma und R. B. Singh. (J. Physics, B (Proc. physic. Soc.) [2] **1** (1968) 5, 997—1000; Phys. Dep., Univ. of Allahabad, Allahabad, India; engl.) — Eine Linie bei

1441,20 X.E. entspricht dem Dipolübergang $L_{III}O_I$ ($\beta_\tau$), während die Linien bei 1518,84 u. 1497,32 den Oktopol- bzw. Quadrupolübergängen $L_{II}M_V$ bzw. $L_{III}N_{II}$ zugeordnet werden. Zwei neue Linien (1230,59 u. 1341,15) werden durch die nicht-quadrupolaren Übergänge $L_IO_I$ bzw. $L_{II}N_{II}$ bewirkt. Die Energie des $O_I$-Niveaus von Tm wird neu berechnet. E. Richter 24

*0091* **Röntgenspektren und Elektronenstruktur der Elemente am Ende der ersten langen Periode von $_{29}$Cu bis $_{34}$Se.** V. V. Nemoshkalenko, M. A. Mindlina und B. P. Mamko. (Physica Status solidi [Berlin] **30** (1968) 2, 703—12; Inst. of Metal Phys., Acad. of Sci. of Ukrainian SSR, Kiev; engl.) — Es wird gezeigt, daß die Form der $K\beta_{2,5}$-Banden von *Ni* u. *Zn* eine Feinstruktur besitzt, die früher nicht beobachtet wurde. Der Vgl. der K-, L- u. M-Spektren von metall. *Ni, Cu, Zn* u. *Ge* demonstriert die Lokalisierung der 3d-Bänder. In Ni bilden die Zustände mit d-Symmetrie ein schmales Subband am Fermi-Niveau, in Cu sind diese Zustände zu niedrigen Energien verschoben u. der Prozeß setzt sich mit steigender Ordnungszahl der Elemente fort. Die Form der $K\beta_{2,5}$-Banden von Ni, Cu u. Zn wird durch die Überlappung der $K\beta_5$- u. $K\beta_2$-Banden verursacht u. stellt hauptsächlich die Verteilung der Zustände mit p-Symmetrie im äußeren Energieband dieser Elemente dar. Es wird geschlossen, daß Übergänge in Cu–Ni-Leg. in der äußeren Schale von Ni stattfinden müssen. H. Roschkowski 24

*0092* **Experimentelle Übergangswahrscheinlichkeiten für Triplett–Singulett-Übergänge in He-ähnlichen schweren Ionen.** I. A. Sellin, Bailey L. Donnally und C. Y. Fan. (Physic. Rev. Letters **21** (1968) 11, 717—19; ORNL, Oak Ridge, Tenn.; engl.) — Messung der Übergangswahrscheinlichkeit des $1^1S_0$–$2^3P_1$-Übergangs in den He-ähnlichen Ionen $O^{6+}$ u. $N^{5+}$. Die Ergebnisse sind $(5{,}2 \pm 1) \cdot 10^8\ s^{-1}$ bzw. $(1{,}7 \pm 0{,}3) \cdot 10^8\ s^{-1}$. Sie stimmen gut mit neueren Rechnungen überein. W. Kunath 26

*0093* **Bandbreitenabhängigkeit der gemessenen UV-Absorptionsquerschnitte von Argon.** Robert D. Hudson und Virginia L. Carter. (J. opt. Soc. America **58** (1968) 2, 227—32; Aerospace Corp., Los Angeles, Calif.; engl.) — Der atomare Absorptionsquerschnitt von neutralem Ar zwischen den $^2P_{3/2}$- u. $^2P_{1/2}$-Zuständen des $Ar^+$-Ions wurde bei einer instrumentellen Bandbreite von 0,04 Å gemessen. Für n = 9—20 werden genaue Linienprofile der $(3s)^2(3p)^{5\,2}P_{1/2}nd'$-Übergängen erhalten; außerdem werden Oszillatorenstärken u. Linienlagen für Übergänge mit n = 9—30 angegeben. Der Einfl. der instrumentellen Bandbreite auf die Messung von Absorptionsquerschnitten wird diskutiert, dabei wird gezeigt, daß eine lineare Auftragung des Beerschen Gesetzes nicht notwendig die Erfassung eines wahren Peaks oder eines minimalen Absorptionsquerschnittes anzeigt. E. Richter 26

*0094* **Messung des Verhältnisses Verschiebung/Breite und der Verschiebung einer ArII-Linie als Funktion von Elektronentemperatur und -dichte.** D. E. Roberts und F. L. Curzon. (J. Physics, B (Proc. physic. Soc.) [2] **1** (1968) 5, 973—76; Dep. of Phys., Imperial College, London; engl.) — Genannte Größen werden für die Ar II-Linie bei 3350,9 Å in einem durch Stoßprozesse bestimmten Plasma gemessen. Die Elektronendichte wird aus der Stark-Verbreiterung, die Elektronentemp. aus dem Intensitätsverhältnis der Ar II-Linie u. einer benachbarten Ar III-Linie erhalten. E. Richter 26

*0095* **Atomare Absorptionsquerschnitte von Na für 500 bis 600 Å.** Robert D. Hudson und Virginia L. Carter. (J. opt. Soc. America **58** (1968) 3, 430—31; Aerospace Corp., Los Angeles, Calif.; engl.) — Eine tabellar. Angabe der Absorptionsquerschnitte von Na zwischen 500 u. 700 Å zeigt ein Max. bei ca. 600 Å von $(0{,}25 \pm 0{,}02) \cdot 10^{-18}\ cm^2$. E. Richter 26

*0096* **Isotopieverschiebung bei den Resonanzlinien von $^{131}$Cs.** Harry Hühnermann und Hermann Wagner. (Z. Physik **216** (1968) 1, 28—32; Phys. Inst., Univ. Marburg; engl.) — Obiges Nuklid ($T_{1/2}$ = 9,7 d) dient zur Unters. der Isotopieverschiebung zum stabilen Nuklid $^{133}$Cs bei den Resonanzlinien des Cs I-Spektrums. Ergebnisse: $\Delta\nu s$ (133—131; $6p^2P_{1/2}$—$6s^2S_{1/2}$) = —0,39 (9) mK; $\Delta\nu s$ (133—131; $6p^2P_{3/2}$–$6s^2S_{1/2}$) = 0,28(20) mK. Gerhard Schmidt 26

*0097* **Messung der Lebensdauer des durch Elektronenstöße angeregten $7^3S_1$-Zustandes von Quecksilber und der Kadenz der Besetzung des Niveaus durch den Übergang $9_p{}^1P_1{}^0$–$7_s{}^3S_1$.** Jean Pardies. (C. R. hebd. Séances Acad. Sci., Sér. A et B **237** (1968) 21, B 1144—45; Labor. de Phys. expérimentale de la Fac. des Sci. de Bordeaux, Talence, Gironde; franz.) — Die Unters. der dem Übergang entsprechenden Lichtemission bei 5676 Å werden bei 0—18° unter Hg-Drücken von $1{,}7 \cdot 10^{-4}$ u. $10^{-3}$ Torr nach der in der Kernphysik üblichen Technik der verzögerten Koinzidenzen durchgeführt. Es ergibt sich eine Lebensdauer von $0{,}88 \cdot 10^{-8}$ s, wobei, in Abhängigkeit vom Hg-Druck, 1 bzw. 0,7% der Atome das Niveau $7^3S_1$ erreichen. U. Venzke 26

*0098* **Änderung eines Quecksilber-Linienprofils durch einen Hochleistungs-Laser-Impuls.** P. Platz. (Physics Letters [Amsterdam] **27 A** (1968) 10, 714—15; Dép. de la Phys. du Plasma et de la Fusion Contrôlée, Centre d'Études Nucl., Fontenay-aux-Roses, France; engl.) — An einer kontinuierlich arbeitenden Entladungslampe wird das 5461-Å-Profil mittels Multikanal-Interferometer analysiert. Es war möglich, die Entw. des Linienprofils während des Nd-Laser-Impulses zu verfolgen. Beim Beginn der Laseremission nimmt die Intensität des Linienzentrums schnell auf 0 ab, u. zwar mit einer Zeitkonst. von ca. 10 ns. Wenn die Laserleitung auf ca. 10% ihres maximalen Wertes (10 MW/cm²) abgenommen hat, tritt die Linienzentrenintensität wieder auf. Es konnte bisher nicht entschieden werden, ob die Löschung des Linienzentrums aus Linienverschiebung oder Linienverbreiterung resultiert. Der gegenwärtige Stand der Theorie spricht für die Linienverschiebung. Herbert Weber 26

*0099* **Ultraviolett-Absorptionsspektren von GeI und SiI.** G. A. Oldershaw und K. Robinson. (Trans. Faraday Soc. **64** (1968) 549, 2256—59; Dep. of Chem., Univ., Hull; engl.) — Während der Blitzlichtphotolyse von $GeJ_4$ u. $SiJ_4$ werden die UV-Absorptionsspektren der Verb. aufgenommen. Dabei werden zwei neue UV-Bandensyst. (2850—3200 Å bzw. 2900—3200 Å) festgestellt, die dem Übergang $B^2\Sigma \rightarrow X^2\Pi_{1/2}$ von GeI bzw. SiI zugeordnet werden. B. Plewinsky 26

*0100* **Atomare Absorptionseigenschaften von Germanium.** R. E. Popham und W. G. Schrenk. (Spectrochim. Acta [Oxford], Part B **23** (1968) 8, 543—51; Kansas Agricult. Exper. Stat., Dep. of Chem. Kan. State Univ., Manhattan, Kan.; engl.) — Die atomaren Absorptionseig. von Ge wurden in einer $NO$–$C_2H_2$- u. einer $O_2$–$C_2H_2$-Flamme an wss. Lsg., Lsg. in Aceton, A., Methanol u. Isopropylalkohol untersucht. Für die unaufgelösten 2651,18—2651,58-Å-Dubletts wurden in einer Acetonlsg. die Nachweisgrenzen (zwischen 0,5 u. 5,0 ppm) erhalten. Der Einfl. des organ. Lsgm., das Verhältnis von Brennstoff zu Ox.-Mittel u. die Lage des Hohlkathodenstrahls in der Flamme wurden in die Ge-Absorptionsunters. einbezogen. Elemente, die in Ge-Mineralien vergesellschaftet vorkommen u. gemeinsame anorgan. Säuren (*Fe, Pb, Ag, Cu, Mg, Ca, As, Sn, Al, Zn, Si, Na, K, HCl*, $HNO_3$, $H_2SO_4$ u. $H_3PO_3$) wurden für Interferenzeinfl. bei wss. u. Aceton-Lsg. in beiden Flammenarten untersucht. E. Otto 26

*0101* **Spektren von Ionen der isoelektronischen Fluor I-Folge von ScXIII bis CuXXI.** Leonard Cohen, U. Feldman und S. O. Kastner. (J. opt. Soc. America **58** (1968) 3, 331—34; Goddard Space Flight Center, Greenbelt, Md.; engl.) — Bei der Unters. der Spektren der Ionen *Sc* XIII, *Ti* XIV, *V* XV, *Cr* XVI, *Mn* XVII, *Fe* XVIII, *Co* XIX, *Ni* XX u. *Cu* XXI werden die Linien der $2p^5$–$2p^43s$- u. $2p^5$–$2p^43d$-Übergänge beobachtet u. klassifiziert, ebenso einige Linien des $2s2p^6$–$2s2p^53s$-Übergangs. Auf der Basis von Extrapolationen u. mittels einer Berechnung der intermediären Kopplung werden Zuordnungen getroffen; die Resultate werden mit Literaturdaten verglichen. E. Richter 26

*0102* **Sauerstoff–Argon-Nachleuchten als Quelle für das $O_2$ ($A^3\Sigma_u{}^+$–$X^3\Sigma_g{}^-$)-Herzberg-Bandensystem I.** V. Degen und R. W. Nicholls. (J. Physics, B (Proc. physic. Soc.) [2] **1** (1968) 5, 983—84; Centre for Res. in Experimental Space Sci. and Dep. of Phys., York Univ., Toronto,

Ontario, Canada; engl.) — Das Nachleuchten einer $O_2$–Ar-Mikrowellenentladung (ca. 4% $O_2$, p = 40 Torr) kann als relativ stabile u. intensive spektroskop. Lichtquelle für das genannte Bandensyst. (2500—4900 Å) verwendet werden. Damit läßt sich die Schwingungszuordnung von Broida u. Gaydon bestätigen. E. Richter 26

*0103* **Quecksilber-2537-Å-Emission als Test für $N_2(A^3\Sigma_u^+)$ in aktivem Stickstoff.** D. H. Stedman, J. A. Meyer und D. W. Setser. (J. chem. Physics **48** (1968) 9, 4320—22; Chem. Dep., Kan. State Univ., Manhattan. Kan.; engl.) — Es wird experimentell gezeigt, daß die Hg($^3P_1 \rightarrow {}^1S_0$)-Emission bei 2537 Å zur relativen Messung von [$N_2$-($A^3\Sigma_u^+$)] in akt. Stickstoff verwendet werden kann. H. Liepack 26

*0104* **Fluoreszenzspektren des bei Photonenstoß auf $N_2$ im Vakuum-UV-Bereich entstandenen angeregten Ions $N_2^+$.** D. L. Judge und G. L. Weissler. (J. chem. Physics **48** (1968) 10, 4590—96; Univ. of Southern Calif., Los Angeles, Calif.; engl.) — Unters. des Spektrums zwischen 3500 u. 6500 Å für Energien der auftreffenden Photonen zwischen 18,8 (661 Å) u. 26,8 eV (460 Å). Die Schwingungsprogressionen u. Sequenzen des ersten negativen Syst. $N_2^+$ ($B^2\Sigma_u^+ \rightarrow X^2\Sigma_g^+$) wurden identifiziert. Für Photonenenergien < 18,8 eV wurde keine wesentliche Strahlung beobachtet. Aus Intensitätsmessungen der Banden wurden Franck-Condon-Faktoren für die Übergänge $N_2[X^1\Sigma_g^+ (v'' = 0)] \rightarrow N_2^+ [B^2\Sigma_u^+ (v' = 0, 1)]$ u. $N_2^+$. $[B^2\Sigma_u^+ (v' = 0, 1)] \rightarrow N_2^+ [X^2\Sigma_g^+ (v'' = 0, 1, 2)]$ in hinreichend guter Übereinstimmung mit theoret. Werten unter Verw. von Morse-Potentialen ermittelt. Es wurde ferner der abs. Wrkg.-Querschnitt der Ionisation in Abhängigkeit von der Energie der auftreffenden Photonen für $N_2^+[B^2\Sigma_u^+ (v' = 0)]$ bestimmt; 18,8 eV ist die Schwellenenergie für die Anregung dieses Zustandes. Eine Löschung bei $N_2$-Drücken > 100 $\mu$ ist auf Anregungstransport in Ion-Mol.-Rk. zurückzuführen. H. Liepack 26

*0105* **Anregung mehrfach ionisierten Stickstoffs beim Durchstrahlen dünner Targets.** Uwe Fink, G. N. McIntire und S. Bashken. (J. opt. Soc. America **58** (1968) 4, 475—79; Phys. Dep., Univ. of Ariz., Tucson, Ariz.; engl.) — Auf Energien von 0,5 u. 1 MeV beschleunigte $^{14}N_2^+$-Ionen sowie auf 0,5; 1,0; 1,5 u. 20 MeV beschleunigte $^{14}N^+$-Ionen (Magnet. Trennung, Ionenstrom 1 $\mu$A) wurden auf eine C-Folie (10 $\mu$g/cm²) geschossen u. das austretende Bündel in einer Länge von 3,4 cm (hinter der Folie beginnend) spektroskopiert. Ungefähr 100 Spektrallinien von NII bis NV wurden nachgewiesen. Zusätzlich wurden bisher nicht identifizierte Linien beobachtet u. ihre Wellenlängen gemessen. Löschzeiten für 27 Niveaus des NII bis NV wurden gemessen u. mit ber. Übergangswahrscheinlichkeiten verglichen. Werner Schmidt/Berlin 26

*0106* **Das $c^1\Pi$–$b^1\Sigma^+$-Bandensystem von NH und ND.** F. L. Whittaker. (J. Physics, B (Proc. physic. Soc.) [2] **1** (1968) 5, 977—82; Dep. of Phys., Imperial Coll., London; engl.) — Aus der positiven Säule einer Glimmentladung [He–$N_2$–$H_2$- (bzw. $D_2$)-Mischung] werden Emissionsspektren der NH-Bande 4502 Å bzw. der ND-Bande bei 4484 Å bei hoher Dispersion aufgenommen. Neue Banden bei 5254 bzw. 5015 gehören zu demselben System. Mittels einer Rotationsanalyse werden die Konst. $B_e$, $\alpha_e$, $D_e$, $\omega_e$ u. $\omega_e\chi_e$ für $b^1\Sigma^+$ erhalten. E. Richter 26

*0107* **Erweiterung des $F^2\Sigma \rightarrow X^2\Sigma$-Systems von BaH und BaD.** M. Aslam Khan. (J. Physics, B (Proc. physic. Soc.) [2] **1** (1968) 5, 985—89; Dep. of Phys., Univ. of Karachi, Karachi, Pakistan; engl.) — Im Bereich 3000—4000 Å werden unter Verw. eines Kingschen Ofens die Absorptionsspektren von BaH u. BaD aufgenommen. Die (0,1)-Bande von BaH u. die (1,0)- u. (0,1)-Banden von BaD, die dem $F^2\Sigma \rightarrow X^2\Sigma$-Syst. entsprechen, werden analysiert. Außerdem wird eine neue Bande des BaH bei 3163 Å beobachtet u. als (0,0)-Bande eines neuen Übergangs ($G^2\Sigma \rightarrow X^2\Sigma$) klassifiziert. Die Rotationskonst. werden berechnet. E. Richter 26

*0108* **Emissionsspektrum von ZnBr im Sichtbaren.** M. M. Patel und K. Jacob Rajan. (Indian J. Physics Proc. Indian Assoc. Cultivat. Sci. **42/51** (1968) 2, 125—30; Phys. Dep., M. S. Univ. of Baroda, Baroda, India; engl.) — Das in einer HF-Entladung angeregte Spektrum des ZnBr wird neu untersucht. Ein Bandensyst. im Bereich 4550—3600 Å wird dem Übergang $B^2\Sigma$–$X^2\Sigma$ zugeordnet. Die Schwingungskonst. dieses Syst. sind $\omega_e' = 135,80$ cm⁻¹, $\omega_e'' = 269,80$ cm⁻¹, $\omega_e'\chi_e' = 0,40$ cm⁻¹ u. $\omega_e''\chi_e'' = 1,54$ cm⁻¹. Werner Schmidt/Berlin 26

*0109* **Bandenspektrum von Quecksilberbromid im UV-Bereich.** M. M. Patel und A. B. Darji. (Indian J. Physics Proc. Indian Assoc. Cultivat. Sci. **42/51** (1968) 2, 110—19; Dep. of Phys., Fac. of Sci., M. S. Univ. of Baroda, India; engl.) — Das Bandenspektrum des HgBr-Mol. wird in einer HF-Entladung angeregt u. in 1. u. 2. Ordnung mit einem Gitterspektrographen (3,5 u. 1,85 Å/mm) aufgenommen. Die Banden im Bereich 2900—2760 Å gehören zu einem einzigen Syst., das eine Komponente des Elektronenüberganges $^2\Pi \rightarrow {}^2\Sigma$ mit einem $^2\Pi$-Intervall von 3852 cm⁻¹ bildet. Eine andere Gruppe von Banden im Bereich 2770—2700 Å wird analysiert u. dem Übergang $^2\Sigma \rightarrow {}^2\Sigma$ zugeordnet. Neue Schwingungskonst. dieses Syst. werden berechnet. Werner Schmidt/Berlin 26

*0110* **Fluoreszenz von Stickstoffmonoxid.** 5. Mitt. **Mittlere Lebensdauer des $D^2\Sigma^+$-Zustandes.** A. B. Callear, M. J. Pilling und I. W. M. Smith. (Trans. Faraday Soc. **64** (1968) 549, 2296—2303; Dep. of Chem., Univ. Hull; engl.) — 4. vgl. C. **1967**, 9-0151. — Vf. bestimmen die mittlere Lebensdauer des Zustandes $D^2\Sigma^+$ ($\nu = 0$) u. die Geschw.-Koeff. der Desaktivierung von *NO* $D^2\Sigma^+$ ($\nu = 0$) durch *Ar*, $N_2$, $CO_2$, *He* u. NO durch Messung der wahren Löschhalbwertsdrücke der $\varepsilon$-Banden. Die $\varepsilon$-Fluoreszenzbanden wurden in Magnetfeldern bis zu 7 kG nicht gelöscht. B. Plewinsky 26

*0111* **Messung der Linienstärken bei niedrigen Drücken — Anwendung auf die 2-0-Bande von CO.** C. Laurence Korb, Robert H. Hunt und Earle K. Plyler. (J. chem. Physics **48** (1968) 9, 4252—60; Dep. of Phys., Fla. State Univ., Tallahassee, Fla.; engl.) — Die Messungen erfolgten bei 100—500 $\mu$ Hg, wo das Linienprofil angenähert reine Doppler-Kontur hat, u. bei 2—7 cm Hg, wo sowohl Doppler- als auch Stoßverbreiterung wirksam sind, mit einem Spektrometer hoher Auflösung im nahen IR. Bei höherem Druck mußten sowohl Flügel- als auch Basiskorrekturen vorgenommen werden. Die Verw. des Doppler-Profils bietet wesentliche Vorteile für die genaue Best. der Linienstärken, die Vorteile werden diskutiert. Innerhalb der Meßgenauigkeit kann das wahre Linienprofil bei Drücken von 100—500 $\mu$ Hg nicht von dem angenommenen Doppler-Profil unterschieden werden. Der aus den gemessenen Linienstärken ber. beste Wert der Bandenstärke der ersten Oberschwingungsbande von CO bei 273 °K beträgt 2,06 ± 0,07 cm⁻² atm⁻¹. H. Liepack 26

*0112* **Spektrum des CuO; Untersuchung des orange-roten Systems durch Verwendung von $^{18}O$.** A. Antić-Jovanović, D. S. Pěsić und A. G. Gaydon. (Proc. Roy. Soc. [London], Ser. A **307** (1968) 1491, 399—406; Inst. of Nucl. Sci., Vinca, Belgrade; engl.) — Das Spektrum des CuO wird im gesamten sichtbaren Bereich in einer mit natürlichem Sauerstoff u. mit $^{18}O_2$ betriebenen Bogenentladung beobachtet. Die orange-roten Banden werden $^2\Sigma$–$^2\Pi$-Übergängen zugeordnet. Schwingungsanalysen der Bandenköpfe sowie Mol.-Konst. werden für $Cu^{16}O$ u. $Cu^{18}O$ angegeben. Nach Teilanalysen von Bandensyst. im Grünen u. im Blauen entsprechen diese ebenfalls dem niedrigeren $^2\Pi$-Zustand. Werner Schmidt/Berlin 26

*0113* **d-d-Spektren von Fluoro- und Bromoeisen(III)-Komplexen.** Ina W. Breman, A. M. A. Verwey und S. Balt. (Spectrochim. Acta [Oxford], Part A **24** (1968) 10, 1623—25; Chem. Labor. of the Free Univ., Amsterdam, Netherlands; engl.) — Die sichtbaren Spektren der in wss. Lsg. von $Fe(NO_3)_3$ in Ggw. von $HNO_3$ bei Zugabe von $NH_4F$ gebildeten Fluoreisen(III)-Komplexe u. der in wss. Lsg. von $FeBr_3$ in Ggw. von HBr bei Zugabe von NaBr gebildeten Bromeisen(III)-Komplexe werden untersucht. Für oktaedr. $[Fe(H_2O)_6]^{3+}$, $[FeF(H_2O)_5]^{2+}$, $[FeF_2(H_2O)_4]^+$, $[FeF_3(H_2O)_3]$, $(NH_4)_3[FeF_6]$ u. für $FeF_3$ werden die Krist.-Feldparameter Dq u. die Racah-

Parameter B ermittelt. Das Spektrum von $FeF_3$ unterscheidet sich nicht wesentlich von dem der anderen oktaedr. Fe(III)-Komplexe. U. Venzke 26

*0114* **Gaskinetische elektromagnetische Resonanz.** L. L. Gorelik, V. I. Rukavišnikov und V. V. Sinicyn. (Ž. èksper. teoret. Fiz. **55** (1968) 4 (10), 1238–40; russ., Auszug: engl.) — Für den bes. Fall der Wärmeleitfähigkeit von $NF_3$ wird experimentell gezeigt, daß in einem stationären Magnetfeld u. einem senkrechten elektr. Wechselfeld bei einem bestimmten Verhältnis zwischen ihren Amplituden eine Resonanzabnahme des Übertragungskoeff. von polaren Gasen auftritt, u. zwar bei einer elektr. Feld-Frequenz, die der Frequenz der Mol.-Präzession gleich ist, die durch das Magnetfeld induziert wird. Einige qual. u. quant. Charakteristika des Effektes werden diskutiert. Herbert Weber 28

*0115* **Experimente zum Einfluß elektrischer Felder und einer Mehrfachfolien-Anregung auf Wasserstoffatome bei Strahl-Folien-Anregung.** William S. Bickel. (J. opt. Soc. America **58** (1968) 2, 213–21; Dep. of Phys., Univ. of Ariz., Tucson, Ariz.; engl.) — Vier Experimente, die einzelne oder kombinierte Effekte elektr. Felder u. mehrfacher Anregerfolien beinhalten, werden beschrieben. Die Verw. von Mehrfachfolien zeigt, daß Anregungsgleichgew. in dünnen Kohlefolien nicht auftritt. Mittels der Änderung der Abklinggeschw. des Ly-$\alpha$-Flusses, welcher durch Strahl-Folien-Anregung von H-Atomen im elektr. Feld emittiert wird, werden die relativen Besetzungen der 2s- u. 2p-Niveaus bestimmt. Photoelektr. Messungen des Ly-$\alpha$-Flusses u. photograph. Unters. des Abklingens des Balmer-$\delta$-Flusses, emittiert von Atomen im elektr. Feld, zeigen quasiperiod. Intensitätsschwankungen der Abklingkurve. Diese werden dem Einfl. des elektr. Feldes zugeschrieben, wobei jedoch Diskrepanzen zwischen den experimentellen Frequenzen u. denen nach der Theorie des Stark-Effektes ber. auftreten. E. Richter 28

*0116* **Identifizierung der metastabilen autoionisierten Zustände in Kalium mit einer neuen HF-Spektroskopie-Technik.** G. Sprott und R. Novick. (Physic. Rev. Letters **21** (1968) 6, 336–39; Columbia Radiat. Labor., Dep. of Phys., Columbia Univ., New York, N.Y.; engl.) — Entw. einer neuen magnet. Resonanz-Meth. zur Unters. der metastabilen autoionisierten Zustände in Alkalimetallelementen. Zwei nahezu entartete metastabile Zustände in K wurden entdeckt: ein $(3p^5 4s3d)^4F_{9/2}$- u. ein $(3p^5 4s4p)^4D_{7/2}$-Zustand. Außerdem wurde der Wert $Q = (5{,}3 \pm 0{,}8) \cdot 10^{-26}$ cm² (für den Sternheimer-Effekt unkorr.) für den $^{39}$K-Kern erhalten. W. Kunath 28

*0117* **Anwendung des Effektivtensoroperators auf Level-Crossing.** H. Kretzen und H. Walther. (Physics Letters [Amsterdam] **27 A** (1968) 10, 718–19; Inst. für Experimentalphys. A, TU Hannover, Germany; engl.) — Berechnung der Größe u. Form des Level-Crossing-Signals. Herbert Weber 28

*0118* **Feinstruktur von Helium $3^3$D.** R. D. Kaul. (J. opt. Soc. America **58** (1968) 3, 429; Lewis Res. Center, Nat. Aeronaut. and Space Administrat., Cleveland, O.; engl.) — Mittels Niveaukreuzung wurde der $3^3D_1$–$3^3D_2$-Termabstand des He bestimmt. Die Lebensdauer des $3^3$D-Zustandes wird aus der Breite der beobachteten Kreuzung zu $(1{,}32 \pm 0{,}07) \cdot 10^{-8}$ s bestimmt. E. Richter 28

*0119* **Lebensdauer des $6^1P_1$-Niveaus von Quecksilber. Untersuchung der kohärenten multiplen Streuung des optischen Resonanzlichtes mit 1850 Å.** D. Lecler. (J. Physique **29** (1968) 7, 611–18; Fac. des Sci. de Caen, Labor. de Spectrosc. Atom.; franz.) — Die magnet. Depolarisation (Hanle-Effekt oder Nullfeld-Niveaukreuzung) der opt. Resonanzstrahlung $6^1S_0$–$6^1P_1$ von Hg (1850 Å) wird zur Messung der scheinbaren Lebensdauer (Kohärenzzeit) des $6^1P_1$-Niveaus als Funktion der Dichte von Atomen in der Resonanzzelle gemessen. Die Ergebnisse werden mit der Theorie der Kohärenzverschmälerung verglichen. Der Grenzwert der Kohärenzzeit für eine sehr kleine Dichte von Atomen, der die wahre Lebensdauer des $6^1P_1$-Niveaus von Hg ist, beträgt $\tau = (1{,}36 \pm 0{,}05) \cdot 10^{-9}$ s. Herbert Weber 28

*0120* **Durch ein fiktives rotierendes elektrisches Feld erzeugte Resonanzübergänge zwischen Zeeman-Unterniveaus.** Jacques Dupont-Roc und Claude Cohen-Tannoudji. (C. R. hebd. Séances Acad. Sci., Sér. A et B **267** (1968) 23, B 1275–78; Labor. de Spectroscop. hertzienne de l'E.N.S., Fac. des Sci., Paris; franz.) — Eine nicht in Resonanz stehende in $\vec{e}_\lambda$-Richtung linear polarisierte Lichtstrahlung wirkt auf ein Atomniveau wie ein fiktives in $\vec{e}_\lambda$-Richtung gerichtetes elektr. Feld. Durch Drehen von $\vec{e}_\lambda$ können Resonanzübergänge zwischen Zeeman-Unterniveaus erzeugt werden. Entsprechende Messungen an bei rotierendem Polarisator bestrahltem $^{201}Hg$ werden beschrieben. U. Venzke 28

*0121* **Beobachtung von Lamb-Verschiebungen durch Quantenmischung.** Tetsuo Hadeishi. (Physic. Rev. Letters **21** (1968) 14, 957–61; Lawrence Radiat. Labor., Univ. of Calif., Berkeley, Calif.; engl.) — Magnet. Zeeman-Subniveaus werden zur Beobachtung der Lamb-Verschiebung im Zustand $n = 4$ des $^4He^+$ durch Elektronenstoß angeregt. Quantenmischung entsteht durch zeitliche Änderungen des Fluoreszenzlichtes. Die Theorie von Series (vgl. Phys. Rev. **136** (1964) A684) wird erweitert u. Vorhersagen experimentell bestätigt. Werner Schmidt/Berlin 28

*0122* **Zeeman-Effekt in der (0,0)-Bande von OD.** S. N. Thakur, D. K. Rai und N. L. Singh. (J. chem. Physics **48** (1968) 8, 3389–95; Dep. of Spectroscopy, Banaras Hindu Univ., Varanasi-5, India; engl.) — Die Rotationsstruktur der (0,0)-Bande des $^2\Sigma^+$–$^2\Pi_{inv.}$-Syt von OD wurde mit u. ohne Magnetfeld photographiert. In einigen der Linien wurden die Zeeman-Aufspaltungen klar aufgelöst, während in anderen Fällen nur eine Verschiebung in den Intensitätsmax. beobachtet wurde. Die Aufspaltungen u. Verschiebungen wurden gemessen u. mit den theoret. Unters. von Hill u. Van Vleck verglichen. Es wurde ferner die Polarisation untersucht. H. Liepack 28

*0123* **Stark-Verbreiterung von neutralen Chlor-Linien.** D. E. Roberts. (Physics Letters [Amsterdam] **27 A** (1968) 10, 716–17; Inst. for Aerospace Studies, Toronto, Canada; engl.) — Theoret. Unters. zu früheren experimentell ermittelten Stark-Breiten von vier Cl I-Multipletts. Herbert Weber 28

*0124* **Lichtmodulation in einem optisch gepumpten $^{87}$Rb-Dampf durch Mikrowellen.** B. S. Mathur, H. Tang, R. Bulos und W. Happer. (Physic. Rev. Letters **21** (1968) 15, 1035–38; Columbia Radiat. Labor., Dep. of Phys., Columbia Univ., N.Y., N.Y.; engl.) — Es wird eine merkliche Lichtmodulation bei der 6,835-GHz-Hyperfeinstrukturfrequenz in opt. gepumptem $^{87}$Rb-Dampf beobachtet. Der Frequenzabstand der Niveaus in diesem Übergang übersteigt die spektrale Breite des Profils der verwendeten Lampe. Damit erweisen sich Zweifel an der Durchführbarkeit einer Lichtmodulation unter den angegebenen Bedingungen als grundlos. Werner Schmidt/Berlin 28

*0125* **Über die Quantentheorie der magnetischen Doppelbrechung von diamagnetischen Molekülen.** R. Locqueneux, P. Smet und J. Tillieu. (J. Physique **29** (1968) 7, 631–40; Dép. de Phys., Fac. des Sci. de Lille; franz.) Herbert Weber 28

*0126* **Optischer Faraday-Effekt in atomarem Wasserstoff.** Jack Finkel (J. opt. Soc. America **58** (1968) 2, 207 bis 208; U.S. Naval Ordnance Labor., Silver Spring, Md.; engl.) — Die Verdet-Konst. von atomarem H wird im Spektralbereich 3000–9000 Å ber., wobei sowohl Übergänge ins Kontinuum als auch die Wechselwrkg. des magnet. Moments des Elektronenspins mit dem magnet. Strahlungsfeld berücksichtigt werden. Für die Wellenlängen (Å) 3000, 4000, 5000, 6000, 7000, 8000 u. 9000 werden numer. Resultate angegeben; außerdem wird eine Anwendung des Faraday-Effekts zur Best. der Atomkonz. innerhalb einer $H/H_2$-Mischung diskutiert. E. Richter 28

*0127* **Vollständig gekoppelte Hartree-Fock-Berechnungen von Brechungsindex, dynamischer Polarisierbarkeit und Verdet-Koeffizienten von He, Be und Ne.** V. G. Kaveeshwar, Kwong T. Chung und R. P. Hurst.

(Physic. Rev. [2] **172** (1968) 1, 35–44; Dep. of Phys., State Univ. of New York, Buffalo, N.Y.; engl.) — Berechnungen für He, $Li^+$, $Be^{2+}$, $N^{3+}$; Be, $B^+$, $C^{2+}$, $F^-$; Ne u. $Na^+$, Wird die ber. dynam. Polarisierbarkeit dem experimentellen Wert $\alpha$ bei der Frequenz 0 angepaßt, dann sind die experimentellen u. theoret. Kurven des Brechungsindex in Abhängigkeit von der Frequenz nahezu identisch. Die Anpassung für $\alpha$ beträgt ca. 5% He u. ca. 10% Ne der experimentellen stat. Polarisierbarkeiten. Die ber. Übergangsfrequenzen sind für He, Ne u. Be um ca. 2% zu groß, 17% zu groß u. 9% zu klein. H. Liepack 28

*0128* **Elektrisches Dipolmoment von Carbonylsulfid.** John S. Muenter. (J. chem. Physics **48** (1968) 10, 4544 bis 4547; Dep. of Chem., Harvard Univ., Cambridge, Mass.; engl.) — Durch Messung der reinen Stark-Übergänge mit elektr. Mol.-Strahl-Resonanzmeth. wurde das elektr. Dipolmoment von OCS zu 0,71521 ± 0,00020 D bestimmt. H. Liepack 28

*0129* **Auswahl und Fokussierung polarer zweiatomiger Moleküle nach Zuständen eines positiven induzierten elektrischen Dipolmoments mit einem Zehnpolfeld.** T. G. Waech, K. H. Kramer und R. B. Bernstein. (J. chem. Physics **48** (1968) 9, 3978–82; Chem. Dep. and Theoret. Chem. Inst., Univ. of Wis., Madison, Wis.; engl.) — Mit einem elektr. Zehnpolfeld (Zweipolsymmetrie) war eine Auswahl u. Fokussierung der Rotationszustände J, M = 0, 0; 1, ±1 u. 2, ±2 für geschwindigkeitsgefilterte therm. Mol.-Strahlen von *CsF* u. *RbCl* möglich. Die Vergrößerung der Intensität der getrennten Zustände (Fokussierungseffekt) über die therm. Besetzung hat nur den Faktor ca. 2. H. Liepack 28

*0130* **Energien und Lebensdauer der metastabilen autoionisierten $(1s2s2p)^4P_J$-Zustände von $^6Li$ und $^7Li$; Zuordnung von $Li$-$I^b$-Quartett-Linien.** P. Feldman, M. Levitt und R. Novick. (Physic. Rev. Letters **21** (1968) 6, 331–35; Columbia Radiat. Labor., Dep. of Phys., Columbia Univ., New York, N.Y.; engl.) — Eine Atomstrahl-Meth. mit Zeeman-Löschung wurde entwickelt u. zur Best. der Energien u. Lebensdauern der metastabilen autoionisierten $(1s2s2p)^4P$-Zustände von $^6Li$ u. $^7Li$ benutzt. Die für einige dieser Parameter erhaltenen Werte weichen deutlich von theoret. geschätzten Werten ab. Bisher unbezeichnete Linien im Li-Spektrum wurden identifiziert. W. Kunath 28

*0131* **Nachweis des $^3\Delta_u \rightarrow B^3\Pi_g$-Überganges in $N_2$.** H. L. Wu und W. Benesch. (Physic. Rev. [2] **172** (1968) 1, 31 bis 35; Inst. for Mol. Phys., Univ. of Md., College Park, Md.; engl.) — IR-spektrometr. Unters. einer Gleichspannungsentladung durch strömendes $N_2$ bei 2 bis 10 Torr. Es wurden 11 Mol.-Banden aufgenommen von denen die Banden bei 4435, 4134, 3830, 3514, 2998, 2730 u. 2457 $cm^{-1}$ in Übereinstimmung mit der Schwingungsanalyse dem $^3\Delta_u \rightarrow B^3\Pi_g$-Syst. zugeordnet wurden. Die Schwingungsquantenzahlen für die beobachteten Banden wurden bestimmt u. eine Potentialkurve für den $^3\Delta_u$-Zustand berechnet. Für den $^3\Delta_u$-Zustand ist $T_e$ = 59738 $cm^{-1}$, $\omega_e$ = 1539 $cm^{-1}$ u. $x_e\omega_e$ = 17 $cm^{-1}$. H. Liepack 30

*0132* **FIR-Spektrum von $PF_5$.** Rose Mary Deiters und Robert R. Holmes. (J. chem. Physics **48** (1968) 10, 4796–98; Dep. of Chem., Univ. of Mass., Amherst, Mass.; engl.) — Unters. der Temp.-Abhängigkeit der Absorption bei 301 $cm^{-1}$. Es wurde keine Abnahme der Intensität mit abnehmender Temp. gefunden. Es wird angenommen, daß es sich nicht um eine Fundamentalbande sondern wahrscheinlich um eine Differenzbande $\nu_3 - \nu_2$ handelt. H. Liepack 30

*0133* **IR-Spektrum von Stickstoffdichloridfluorid $NFCl_2$.** R. P. Hirschmann, L. R. Anderson, D. F. Harnish und W. B. Fox. (Spectrochim. Acta [Oxford], Part A **24** (1968) 9, 1267–70; Allied Chem. Corp., Ind. Chem. Div. Morristown, N.J.; engl.) — Das IR-Spektrum von $NFCl_2$ wird im Bereich von 4000–260 $cm^{-1}$ aufgenommen. Alle sechs Grundfrequenzen werden beobachtet u. zugeordnet. Eine Korrelation ergibt sich zwischen $NFCl_2$ u. $CHFCl_2$. U. Venzke 30

*0134* **Ramanspektrum von festem Jodtrichlorid.** H. Stammreich und Y. Kawano. (Spectrochim. Acta [Oxford], Part A **24** (1968) 7, 899–04; Labor. of Mol. Spektroskop., F. F. C. L. Univ. of Sao Paulo, Sao Paulo, Brazil; engl.) — Das Raman-Spektrum von dimerem $JCl_3$ wird als erstes Schwingungsspektrum eines ebenen $X_2Y_6$-Mol. untersucht. Neun Raman-Banden werden beobachtet u. versuchsweise den neun Raman-akt. Normalmoden für die Symmetrie $D_{2h}$ zugeordnet. U. Venzke 30

*0135* **Niederfrequenzspektren von Lithiumhalogenid-Molekülspezies.** M. Freiberg, A. Ron und O. Schnepp. (J. physic. Chem. **72** (1968) 10, 3526–31; Dep. of Chem., Israel Inst. of Technol., Haifa, Israel; engl.) — Die FIR-Spektren (33–300 $cm^{-1}$; Isolierungstechnik mit festem Ar, Kr u. Xe als Matrix) von *LiF*, *LiCl*, *LiBr* u. *LiJ* wurden sowohl von Proben in natürlicher Isotopenzus. (92% $^7Li$, 7% $^6Li$) als auch von Proben mit reinem $^6Li$ aufgenommen. Bei allen Substanzen wurde die $B_{1u}$-Mode als Dimerenschwingung charakterisiert. Bei LiF wurden weitere Banden als „out-of-plane"-$(A_2'')$-Schwingungen eines ebenen cycl. Trimeren charakterisiert. Bei LiBr u. LiCl wurden zusätzliche Banden als Librationen des Monomeren im Lsgm.-Käfig gedeutet, obwohl die Frequenzen sich bei Wechsel der Matrix-Substanz nur wenig ändern. A. Günther 30

*0136* **Theoretische Behandlung des Schwingungsspektrums von $ReO_3Cl$.** A. Muller, B. Krebs und C. Peacock. (Spectrochim. Acta [Oxford], Part A **24** (1968) 10, 1662–66; Anorg.-Chem. Inst. der Univ. Göttingen; dt.) — Eindeutige Zuordnungen können für die $A_1$-Rasse gemacht u. korrekte Kraftkonst. können an Stelle früherer, mehrdeutiger Angaben ber. werden. U. Venzke 30

*0137* **Schwingungsintensitäten.** 16. Mitt. **$COF_2$, $COCl_2$ und $COBr_2$.** M. J. Hopper, Joel W. Russell und John Overend. (J. chem. Physics **48** (1968) 8, 3765–72; Mol. Spectroscopy Labor., Dep. of Chem., Univ. of Minn., Minneapolis, Minn.; engl.) — 15. vgl. ibid. **45** (1966) 9, 3383; 14. vgl. C. **1967**, 47-0139. — Die integrierten Intensitäten der Fundamentalschwingungen wurden gemessen, aus diesen Werten wurden die Ableitungen der Dipolmomente bestimmt. Die numer. Werte von $\partial\mu/\partial r$ für die Carbonylbindung können ohne Klärung der Vorzeichenzweideutigkeit von $\partial p/\partial Q$ ermittelt werden. Für $COF_2$ ist $\partial\mu/\partial r_{CO}$ = 4,70 ± 0,7, für $COCl_2$ $\partial\mu/\partial r_{CO}$ = 4,75 ± 0,2 u. für $COBr_2$ $\partial\mu\partial/r_{CO}$ = 5,25 ± 0,2 D/Å. H. Liepack 30

*0138* **Schwingungszuordnungen bei einigen Phosphornitridhalogeniden.** T. R. Manley und D. A. Williams. (Spectrochim. Acta [Oxford], Part A **24** (1968) 10, 1661 bis 1662; Dep. of Chem. Rutherford Coll. of Technol., Newcastle upon Tyne 1; engl.) — Auf Grund erneuter Unters. des IR-Spektrums von krist. bzw. in $CCl_4$ oder $CHCl_3$ gelöstem $(NPCl_2)_4$ (I) wird eine neue Zuordnung für I u. für $(NPBr_2)_4$ durchgeführt. U. Venzke 30

*0139* **IR-Spektrum von flüssigem Tetrafluorhydrazin.** D. F. Koster und Foil A. Miller. (Spectrochim. Acta [Oxford], Part A **24** (1968) 9, 1487–93; Mellon Inst., Pittsburgh, Pa.; engl.) — Das bei −120° aufgenommene IR-Spektrum von fl. $N_2F_4$ ist mit dem von gasf. u. festem $N_2F_4$ im wesentlichen identisch. Aus einem Vgl. mit dem Raman-Spektrum (aus Literaturangaben) wird geschlossen, daß fl. $N_2F_4$ sowohl Mol. in der gauche-Form (mit $C_2$-Symmetrie) als auch solche in der trans-Form (mit $C_{2h}$-Symmetrie) enthält. Eine Schwingungszuordnung für beide Formen wird durchgeführt. U. Venzke 30

*0140* **Bestimmung der Stärke der 667-$cm^{-1}$-Bande des $CO_2$ bei niedriger Auflösung.** C. N. Harward und R. R. Patty. (J. opt. Soc. America **58** (1968) 2, 188–91; Phys. Dep., N.C. State Univ., Raleigh, N.C.; engl.) — Vf. bestimmen mittels einer 1,25 cm-Absorptionszelle die Absorptionsstärke der 667 $cm^{-1}$-Bande des $CO_2$ zu 240 ± 20 $(atm\text{-}cm)^{-1}_{STP}$ $cm^{-1}$. Darst. des Absorptionskoeff. in Abhängigkeit von der Frequenz werden angegeben u. mit Ergebnissen anderer Autoren verglichen. E. Richter 30

*0141* **Stärken von zweiundvierzig Linien der $\nu_1$- und $\nu_2$-Banden des Wasserdampfs.** Harold J. Babrov und Frank Casden. (J. opt. Soc. America **58** (1968) 2, 179–87; The Warner u. Swasey Company, Control Inst. Div., Flushing, N.Y.; engl.) — Die Absorptionsstärken von 12 Linien des $\nu_1$-Syst. u. von 30 Linien des $\nu_2$-Syst. werden mittels eines auf der Messung der Wachstumskurve beruhenden Verf. im Spektralbereich 3500 bis 4000 $cm^{-1}$ gemessen. Die gemessenen Stärken der 42 Linien werden mit ber. verglichen. E. Richter 30

*0142* **IR-Intensitäten von $\nu_2$ von isotopen Wasser-Spezies in nichtwäßrigen Lösungsmitteln.** C. A. Swenson. (Spectrochim. Acta [Oxford], Part A **24** (1968) 6, 721–26; Dep. of Biochem., Univ. of Ia., Iowa City, Ia.; engl.) — Messungen der IR-Intensitäten von $\nu_2$ werden an $H_2O$, HDO u. $D_2O$ in Aceton, [$D_6$]Aceton bzw. Acetonitril als Lsgm. bei verschiedener Konz. durchgeführt. Die Ergebnisse werden entsprechend dem Beerschen Gesetz aufgetragen u. ausgewertet. Die anomal hohe Intensität von HDO wird durch einen zusätzlichen Rotationsbeitrag der Molekel erklärt. U. Venzke 30

*0143* **Einfluß gelöster Salze auf das IR-Spektrum von flüssigem Ammoniak.** J. Corset, P. V. Huong und J. Lascombe. (Spectrochim. Acta [Oxford], Part A **24** (1968) 3, 1385–96; Dép. de Chim.-Phys. Fac. des Sci. de Bordeaux, Talence; franz.) — Die IR-Spektren von Lsg. von *NaJ*, *KJ*, *RbJ*, *CsJ*, *NaBr*, $NaNO_3$, $LiNO_3$, $Ca(NO_3)_2$, $Sr(NO_3)_2$, $Ba(NO_3)_2$, $KNH_2$ u. *Tetrabutylammoniumchlorid* u. *-bromid* in fl. $NH_3$ werden bei verschiedener Konz. bei 25° unter Druck, das Spektrum von NaBr in festem $NH_3$ auch bei —120°, aufgenommen u. mit dem Spektrum von reinem $NH_3$ verglichen. Die Beeinflussung des Spektrums durch die gelösten Kationen u. Anionen wird dargelegt u. diskutiert. U. Venzke 30

*0144* **Potentialkonstanten von Salpetersäure.** Ann Palm, Alex Castelli und Chester Alexander jun. (Spectrochim. Acta [Oxford], Part A **24** (1968) 10, 1658 bis 1661; Southwest Center for Advanced Studies, Dallas, Tex.; engl.) — An Hand der veröffentlichten Spektren der Grundschwingungsmoden von $H^{14}NO_3$, $D^{14}NO_3$, $H^{15}NO_3$ u. $D^{15}NO_3$ werden die wahrscheinlichsten Valenzkraftkonst. nach der F–G-Matrixmeth. von Wilson ermittelt. U. Venzke 30

*0145* **Hypofluorige Säure: IR-Spektrum und Schwingungspotentialfunktion.** Paul N. Noble und George C. Pimentel. (Spectrochim. Acta [Oxford], Part A **24** (1968) 7, 797–806; Chem. Dep., Univ. of Calif., Berkeley; engl.) — Die IR-Spektren von der Photolyse unterworfenen Mischungen aus $F_2$ u. $H_2O$ (bzw. $D_2O$ oder $H_2{}^{18}O$) in $N_2$ werden bei 14–15°K vor u. nach der Photolyse aufgenommen u. zugeordnet. Einfl. der Diffusion u. Isotopeneffekte werden geprüft. Die bei 3483, 1393,0 u. 884,0 $cm^{-1}$ beobachteten Banden werden gebildetem HFO zugeschrieben, für das die Kraftkonst. ber. werden. Die Bindung ähnelt der in $H_2O$ u. $F_2O$. Die thermodynam. Funktionen u. die spezif. Wärmen von HFO für Temp. zwischen 273,15 u. 2000,00°K sind angegeben. U. Venzke 30

*0146* **IR-Spektren von Permanganaten.** W. P. Doyle und I. Kirkpatrick. (Spectrochim. Acta [Oxford], Part A **24** (1968) 9, 1495–99; Dep. of Chem., Edinburgh Univ., Edinburgh; engl.) — Die IR-Spektren (2000 bis 400 $cm^{-1}$) von $LiMnO_4$ (**I**) u. **I** · $3H_2O$, $NaMnO_4$ (**II**) u. **II** · $2{,}1H_2O$, $KMnO_4$, $RbMnO_4$, $CsMnO_4$, $Mg(MnO_4)_2$ (**III**) u. **III** · $6H_2O$, $Ca(MnO_4)_2$ (**IV**) u. **IV** · $4H_2O$, $Sr(MnO_4)_2$ (**V**) u. **V** · $3H_2O$, $Ba(MoO_4)_2$, $AgMnO_4$, $Zn(MnO_4)_2 \cdot 6H_2O$, $Ni(MnO_4)_2 \cdot 6H_2O$, $Cd(MnO_4)_2 \cdot 7H_2O$ u. $Cu(MnO_4)_2 \cdot 6H_2O$ werden aufgenommen u. die Ergebnisse in Hinsicht auf die Lagensymmetrie der Permanganatgruppe diskutiert. U. Venzke 30

*0147* **Matrixisolierungsuntersuchung des IR-Spektrums des freien Radikals $F_2CN$.** Marilyn E. Jacox und Dolphus E. Milligan. (J. chem. Physics **48** (1968) 9, 4040–46; NBS, Washington, D.C.; engl.) — Das freie Radikal $F_2CN$ konnte durch Rk. photolyt. gebildeter F-Atome mit FCN in Ar- u. $N_2$-Matrizen bei 14°K zur Beobachtung des Elektronenspektrums u. von 6 IR-Absorptionen in hinreichender Konz. stabilisiert werden. Eine Schwingungszuordnung wurde vorgenommen. Die C–N-Bindung hat Doppelbindungscharakter. Als weitere Rk.-Prod. wurden $CF_2NF$, $CF_3NF_2$, $CF_4N$, $CF_3NF$ u. $CF_2NF_2$ beobachtet. H. Liepack 30

*0148* **Raman- und IR-Spektren und Struktur von einigen Ionen mit der Koordinationszahl 8: $Mo(CN)_8{}^{4-}$, $W(CN)_8{}^{4-}$ und $TaF_8{}^{3-}$.** Kenneth O. Hartmann und Foil A. Miller. (Spectrochim. Acta [Oxford], Part A **24** (1968) 6, 669–84; Mellon Inst., Pittsburgh, Pa.; engl.) — Raman- u. IR-Spektren (35–4000 $cm^{-1}$) von festem u. von in W. gelöstem $K_4Mo(CN)_8 \cdot 2H_2O$ (bzw. $D_2O$) u. $K_4W \cdot (CN)_8 \cdot 2H_2O$ (bzw. $D_2O$) sowie von festem $Na_3TaF_8$ werden aufgenommen u. zugeordnet. Daraus ergibt sich für $Mo(CN)_8{}^{4-}$ (**I**) u. $W(CN)_8{}^{4-}$ (**II**) in der wss. Lsg. sowie für $TaF_8{}^{3-}$ im Krist. eine quadrat. archimed. Antiprismenstruktur der Symmetrie $D_{4d}$ u. für **I** u. **II** in den festen Substanzen eine dodekaedr. Struktur der Symmetrie $D_{2d}$. U. Venzke 30

*0149* **FIR-Spektren und Kraftkonstanten von Amminkomplexen des Pt(IV), Pt(II) und Pd(II).** Jiro Hiraishi, Ichiro Nakagawa und Takehiko Shimanouchi. (Spectrochim. Acta [Oxford], Part A **24** (1968) 7, 819–32; Dep. of Chem., Fac. of Sci. Univ. of Tokyo, Tokyo, Japan; engl.) — FIR-Spektren (700–60 $cm^{-1}$) von $[Pt(NH_3)_6]Cl_4$ (**I**), **I** · $H_2O$, $[Pt(NH_3)_6](SO_4)_2 \cdot H_2O$, $[Pt(NH_3)_4]Cl_2 \cdot H_2O$, $[Pd(NH_4)_3]Cl_2 \cdot H_2O$, *cis-* u. *trans-*$[PtCl_2(NH_3)_2]$, *cis-*$[PtBr_2(NH_3)_2]$, *trans-*$[PdCl_2(NH_3)_2]$, $K_2PtBr_4$, $K[PtCl_3(NH_3)]$ (**II**), **II** · $H_2O$, $[Pt(NH_3)_4][PtCl_4]$, $[Pt(NH_3)_4][PtBr_4]$, $[Pd(NH_3)_4][PdCl_4]$ u. $[Pd(NH_3)_4] \cdot [PdBr_4]$ werden aufgenommen u. zugeordnet. Die Art der Koordinationsbindungen wird auf der Basis der erhaltenen Kraftkonst. diskutiert. Die Kraftkonst. für die untersuchten Komplexionen u. für $[Hg(NH_3)_2]^{2+}$, $[Co(NH_3)_6]^{2+}$, $[Co(NH_3)_6]^{3+}$, $[Cr(NH_3)_6]^{3+}$, $[Cu(NH_3)_4]^{2+}$ u. $[Ni(NH_3)_6]^{2+}$ sind tabelliert. U. Venzke 30

*0150* **Schwingungsspektren von Dekacarbonyldimangan und seinen Halogen- und Quecksilberderivaten.** D. M. Adams und A. Squire. (J. chem. Soc. [London], Sect. A **1968**, 11, 2817–19; Dep. of Chem., Univ. of Leicester, Leicester; engl.) — Die Raman- u. IR-Spektren (80 bis 2100 $cm^{-1}$) von $Mn_2(CO)_{10}$, $Mn(CO)_5Cl$, $Mn(CO)_5Br$ u. $Hg[Mn(CO)_5]_2$ in festem Zustand u. in Lsg. wurden aufgenommen u. zugeordnet. A. Jaeschke 30

*0151* **Lösungsmitteleinfluß auf die C–O- und N–O-Dehnungsmoden verschiedener Symmetrie in Übergangsmetallnitrosylcarbonylen.** A. Foffani, A. Poletti und R. Cataliotti. (Spectrochim. Acta [Oxford], Part A **24** (1968) 9, 1437–47; Inst. of Phys. Chem., Univ. of Perugia, Italy; engl.) — Die IR-Spektren von $Co(CO)_3 \cdot NO$, $Co(CO)_2NOL$, $Co(CO)NOL_2$, $Co(CO)NOL'$, $Fe(CO)_2 \cdot (NO)_2$, $Fe(CO)(NO)_2L$, $Fe(NO)_2L_2$ u. $Fe(NO)_2L'$ mit $L = (C_6H_5)_3P$ u. $L' = (C_6H_5)_2P \cdot CH_2 \cdot CH_2 \cdot P(C_6H_5)_2$ sowie von $C_5H_5NiNO$ als Standardsubstanz in den Lsgm. $C_6H_{12}$, $CCl_4$, *Ae.*, *A.*, $CHCl_3$, *Aceton*, $CS_2$, $C_6H_5 \cdot CH_3$, $CH_3CN$, $CH_2Cl_2$, *Dioxan*, $CH_2Br_2$ u. $CH_2J_2$ werden untersucht u. Einfl. der Lsgm. auf die Frequenz der C–O- u. N–O-Valenzschwingungen in den Verb. ermittelt. U. Venzke 30

*0152* **IR-Spektren der Additionsverbindungen von Borfluorid mit Methylsulfid und Methylselenid.** J. LeCalve und J. Lascombe. (Spectrochim. Acta [Oxford], Part A **24** (1968) 6, 737–42; Dép. de Chim. Phys., Labor. de Spectroscop., Infrarouge, Fac. des Sci. de Bordeaux, Talence, France; franz.) — Die IR-Spektren der Komplexe $(CH_3)_2SeBF_3$ u. $(CH_3)_2SBF_3$ im Bereich von 250 bis 1500 $cm^{-1}$ u. bei 3000 $cm^{-1}$ werden bei —180° u. an den fl. Verb. aufgenommen u. zugeordnet. Der Einfl. der Koordination auf die Donator- u. Akzeptorschwingungen wird untersucht. U. Venzke 30

*0153* **Beobachtetes und berechnetes Schwingungsspektrum von trans-Tetrachloro-bis-[pyridin]-silicium(IV) und verwandten Verbindungen.** I. R. Beattie, T. R. Gilson und G. A. Ozin. (J. chem. Soc. [London], Sect. A **1968**, 11, 2772–78; Dep. of Chem., The Univ., Southampton; engl.) — Raman- u. IR-spektroskop. Unters. an $SnCl_4 \cdot$

$2N(CH_3)_3$ u. $SnCl_4 \cdot 2N(CD_3)_3$ werden durchgeführt, um eine Sn–N-Valenzschwingung zu definieren. Aus den Kraftkonst. der Sn–N-Bindung für $SiCl_4 \cdot 2py$ u. $PCl_5 \cdot py$ ber. Daten werden mit den beobachteten Raman- u. IR-Spektren von $SiCl_4 \cdot 2py$, $SiCl_4 \cdot 2C_5D_5N$, $PCl_5 \cdot py$ u. $PCl_5 \cdot C_5D_5N$ verglichen. Aus Schwingungsdaten allein ist es nicht möglich, dem Addukt $SiCl_4 \cdot 2py$ cis- u. trans-Konfig. zuzuordnen. Die IR- u. Raman-Spektren der Spezies $SiCl_3^+ \cdot 3py$ u. $SiCl_2^{2+} \cdot 4py$ (als *Jodide* u. *Perchlorate*) sowie von $SiH_2J_2 \cdot 4py$ u. $SiH_2J_2 \cdot 4C_5D_5N$ werden aufgenommen u. diskutiert. Frühere Zuordnungen beim $SiJ_4 \cdot 4py$, $P(C_6H_5)_5$ u. $PCl_4^+ \cdot 2py$ werden krit. diskutiert. A. Jaeschke

*0154* **Infrarotabsorptionsspektrum von mit Sauerstoff-18 markiertem Dibenzoylmethan und seinem Kupfer-Chelat.** R. A. Durie, Y. Shewchyk und R. A. Friedel. (Spectrochim. Acta [Oxford], Part A **24** (1968) 10, 1543 bis 1548; Coal Res. Labor., CSIRO, Chatswood, New South Wales, Australia; engl.) — Die IR-Spektren von Dibenzoylmethan mit $\geqq$ 25% $^{18}O$ u. von dessen Cu-Chelat mit $\geqq$ 46% $^{18}O$ in KCl-Pastillen bzw. in $C_2Cl_4$-Lsg. werden aufgenommen u. mit den Spektren der entsprechenden Verb. mit $^{16}O$ verglichen. Die Spektren sind identisch.

Versuche: $^{18}O$-markiertes *Dibenzoylmethan*. Benzoesäure wird in Benzoylchlorid überführt u. dann durch Rk. mit Vinylacetat in Ggw. von $AlCl_3$ in Dibenzoylmethan. Das Rk.-Prod. wird mit Ae. extrahiert u. die Lsg. mit einer alkohol. Lsg. von Cu-Acetat versetzt. Aus dem gebildeten Cu-Chelat wird das Dibenzoylmethan durch Behandeln mit Salzsäure freigesetzt. U. Venzke 30

*0155* **Infrarotspektren von Terpyridyl-Seltenerdmetallhalogenid-Komplexen (650—80 cm$^{-1}$).** L. J. Basile, D. L. Gronert und J. R. Ferraro. (Spectrochim. Acta [Oxford], Part A **24** (1968) 6, 707—16; Chem. Div., ANL, Argonne, Ill.; engl.) — Die Spektren von Komplexen der Zus. $M(Terpyridyl)_x \cdot Y_3 \cdot ZH_2O$ mit M = *Nd, Sm, Eu, Gd, Dy, Ho* u. *Er* u. *Y* = *Cl* u. *Br* sowie x = 1 u. 2 u. Z = 0, 1 u. 2 werden aufgenommen u. Zuordnungen zu den Metall–Halogenid-Valenzschwingungen durchgeführt. U. Venzke 30

*0156* **Schwingungsspektren von Organometallverbindungen.** 1. Mitt. **Alkyl- und Arylverbindungen von Quecksilber(II).** J. H. S. Green. (Spectrochim. Acta [Oxford], Part A **24** (1968) 7, 863—84; Chem. Standards Div., Nat. Phys. Labor. Teddington, Middlesex; engl.) — Die Schwingungsspektren von $CH_3 \cdot HgCl$, $CH_3HgBr$, $CH_3HgJ$, $(CH_3Hg)_2O$, $[(CH_3Hg)_3O]ClO_4$, $[(CH_3Hg)_3S]NO_3$, $CH_3Hg(C_6H_5CO_2)$, $CH_3HgC_6F_5$, $(C_2H_5)_2Hg$, $C_2H_5HgBr$, $C_2H_5J$, $(C_6H_5CH_2)_2Hg$, $C_6H_5CH_2HgCl$, $C_6H_5CH_2HgBr$, $CH_2 = CH–CH_2–HgJ$, $(C_6H_5)_2Hg$, $C_6H_5HgCl$, $C_6H_5Hg \cdot Br$, $C_6H_5HgJ$, $(C_6H_5Hg)_2S$, $C_6H_5HgOH$, $(C_6H_5Hg)_2CO_2$, $(C_6H_5Hg)_2O$, $C_6H_5HgCHCl_2$, $C_6H_5HgCHClBr$, $C_6H_5Hg \cdot CHBr_2$, $C_6H_5HgCHClJ$, $C_6H_5HgCHBrJ$, $(C_6F_5)_2Hg$, $C_6 \cdot H_5HgCl$, $C_6H_5HgBr$, $C_6H_5HgJ$, $p$-$CH_3C_6H_4HgCl$, $p$-$CH_3 \cdot C_6H_4J$, $p$-$CH_3OC_6H_4HgCl$ u. $p$-$CH_3OC_6H_4J$ werden aufgenommen u. zugeordnet. Daneben sind Werte für $[CH_3HgNO_3]Cl$, $C_6H_5CH_2Cl$, $C_6H_5CH_2Br$ u. $C_6H_5CH_2J$ aus Literaturangaben tabelliert. Mögliche Strukturen der Verb. werden diskutiert. U. Venzke 30

*0157* **Schwingungsspektren von Organometallverbindungen.** 2. Mitt. **Dialkyl- und Diphenylthallium(III)-verbindungen.** G. B. Deacon und J. H. S. Green. (Spectrochim. Acta [Oxford], Part A **24** (1968) 7, 885—92; Chem. Dep., Monash Univ., Clayton, Victoria, Australia; engl.) — 1. vgl. vorst. Referat. — Die IR-Spektren (3650 bis 200 cm$^{-1}$) von *Dimethylthalliumchlorid*, *-nitrat* u. *-acetat* u. von *Diäthylthalliumbromid*, *Di-n-propyl-* u. *Di-n-butylthalliumchlorid* sowie von *Diphenylthalliumbromid* u. teilweise auch die Raman-Spektren der festen Substanzen werden aufgenommen u. zugeordnet. Die einzelnen Zuordnungen werden diskutiert. U. Venzke 30

*0158* **Schwingungsspektren von Liganden und Komplexen.** 2. Mitt. **IR-Spektren (3650—375 cm$^{-1}$) von Triphenylphosphin, Triphenylphosphinoxid und ihren Komplexen.** G. B. Deacon und J. H. S. Green. (Spectrochim. Acta [Oxford], Part A **24** (1968) 7, 845—52; Chem. Dep., Monash Univ., Clayton, Victoria, Australia; engl.) — 1. vgl. Chem. and Ind. **1965,** 24, 1031. — IR-Spektren (3650—375 cm$^{-1}$) von festem Triphenylphosphin (A) u. von festem bzw. von in $CCl_4$ gelöstem Triphenylphosphinoxid (B) sowie von Komplexen der Zus. $A_2ZnCl_2$, $A_2ZnBr_2$, $A_2ZnJ_2$, $A_2CdCl_2$, $A_2CdBr_2$, $A_2CdJ_2$, $A_2HgCl_2$, $A_2HgBr_2$, $A_2HgJ_2$, $A_2Hg(OOC \cdot CF_3)_2$, $(A \cdot Hg \cdot Cl_2)_2$, $(A \cdot HgBr_2)_2$, $(A \cdot HgJ_2)_2$, $B_2ZnCl_2$, $B_2ZnBr_2$ u. $B_2 \cdot ZnJ_2$ werden aufgenommen u. zugeordnet. Daneben sind Daten für 4 weitere Komplexe aus früheren Unters. tabelliert. Für A wird auch das Raman-Spektrum (unter Anregung bei 4358 Å) aufgenommen. Durch die Koordination bedingte Frequenzverschiebungen für A werden diskutiert.

Versuche: $A_2ZnJ_2$, $A_2CdCl_2$, F. 223—234°, u. $A_2Hg(OOC \cdot CF_3)_2$, F. 222—223°, werden als neue Komplexe nach Standardmeth. dargestellt. U. Venzke 30

*0159* **Schwingungsspektren von Phenylverbindungen der Gruppe IVa bei niederen Frequenzen.** A. L. Smith. (Spectrochim. Acta [Oxford], Part A **24** (1968) 6, 695 bis 706; Dow Corning Corporat., Midland, Mich.; engl.) — Die Schwingungsspektren (600—50 cm$^{-1}$) für $Ph_xSiH_{4-x}$; $Ph_xSi(CH_3)_{4-x}$; $Ph_xSi(OCH_3)_{4-x}$; $Ph_xSnCl_{4-x}$; $Ph_xCH_{4-x}$; $Ph_4M$ u. $PhMCl_3$ (M = C, Si, Ge, Sn; Ph = Phenyl) werden angegeben u. zugeordnet. U. Venzke 30

*0160* **Komplexe Halogenide von Nichtübergangsmetallen.** 2. Mitt. **Schwingungsspektren der Mono- und Dibutylammoniumsalze der Anionen $SbCl_6^{3-}$, $BiCl_6^{3-}$, $BiBr_6^{3-}$, $BiCl_5^{2-}$ und $SbBr_5^{2-}$.** R. A. Walton. (Spectrochim. Acta [Oxford], Part A **24** (1968) 10, 1527—30; Dep. of Chem., Univ. of Reading, Reading, Berks.; engl.) — Raman- u. IR-Spektren von $[(C_4H_9)_2NH_2]_3BiX_6$ (X = *Cl, Br*), $(C_4H_9NH_3)_2BiCl_5$ u. $(C_4H_9NH_3)_2SbBr_5$ werden untersucht. Zuordnungen für Schwingungszustände von $BiCl_6^{3-}$ u. $BiBr_6^{3-}$ entsprechend der regulären $O_h$-Symmetrie werden durchgeführt. Aus den für $[C_4H_9NH_3]_3 \cdot SbCl_6$ erhaltenen Spektren wird geschlossen, daß dieses als $[(C_4H_9NH_3)_2SbCl_5 \cdot (C_4H_9NH_3)Cl]$ vorliegt. U. Venzke 30

*0161* **Schwingungsspektren der Hexachlorouranat- und Hexachlorothorationen; $[UCl_6]^{2-}$ und $[ThCl_6]^{2-}$.** L. A. Woodward und M. J. Ware. (Spectrochim. Acta [Oxford], Part A **24** (1968) 7, 921—25; Inorg. Chem. Labor., Oxford Univ.; engl.) — Raman- u. IR-Spektren von $UCl_6^{2-}$ u. $ThCl_6^{2-}$ in Lsg. von $[(C_2H_5)_3PH]_2[UCl_6]$ bzw. von $[(C_4H_9)_4N]_2[ThCl_6]$ in Methylcyanid werden aufgenommen u. zugeordnet u. Kraftkonst. werden berechnet. U. Venzke 30

*0162* **Schwingungsspektren von Organozinnverbindungen.** 3. Mitt. **IR-Spektren und Normalkoordinatenanalyse von Methylstannan.** H. Kimmel und C. R. Dillard. (Spectrochim. Acta [Oxford], Part A **24** (1968) 7, 909—19; Dep. of Chem., Brooklyn College, Brooklyn, N.Y.; engl.) — 2. vgl. C. **1965,** 49-0162. — Die IR-Spektren von $CH_3SnH_3$, $CH_3SnD_3$ u. $CD_3SnH_3$ werden im Bereich 4000—250 cm$^{-1}$ aufgenommen u. zugeordnet. Rotat. u. Coriolis-Konst., harmon. Kraftkonst., Eigenvektoren u. Potentialenergieverteilungen werden ermittelt. Die Darst. der Verb. wird beschrieben. U. Venzke 30

*0163* **IR-Spektren von koordiniertem Acrylnitril.** M. F. Farona und G. R. Tompkin. (Spectrochim. Acta [Oxford], Part A **24** (1968) 6, 788—90; Dep. of Chem., Univ. of Akron, Akron, O.; engl.) — Die Spektren von Komplexen aus Acrylnitril (**I**) u. $TiCl_4$, $CrCl_3$, $FeCl_2 \cdot 2Fe \cdot Cl_3$, $MnCl_2$, $FeCl_2$, $CoCl_2$, $CuCl_2$, $ZnCl_2$, $CdCl_2$, $SnCl_4$ u. von **I** werden im Bereich von 4000—650 cm$^{-1}$ aufgenommen u. zugeordnet. Der Einfl. der Koordination auf die Verschiebung der Frequenzen wird diskutiert. U. Venzke 30

*0164* **Infrarotspektren von Dioxo-bis-[acetylacetonato]-wolfram(VI) und Dioxo-bis-[acetylacetonato]-molybdän (VI).** B. Šoptrajanov, A. Nikolovski und I. Petrov. (Spectrochim. Acta [Oxford], Part A **24** (1968) 10, 1617 bis 1621; Hemiski inst., Prirodno-matematicki fakultet Skopje, Yugoslavia; engl.) — Die Spektren werden im

Bereich von 4000–300 $cm^{-1}$ aufgenommen. Eine empir. Zuordnung der beobachteten Banden wird durchgeführt. U. Venzke 30

*0165* **Donatoreigenschaften von Sulfiden. 3. Mitt. IR-spektroskopischer Nachweis der Art der Brückenbildung von 2.5-Dithiahexan ($CH_3 \cdot S \cdot CH_2 \cdot CH_2 \cdot S \cdot CH_3$) in dem Komplex $Mo_6Cl_{12} \cdot (DTH)_2$.** R. A. Walton und D. A. Edwards. (Spectrochim. Acta [Oxford], Part A 24 (1968) 7, 833–36; Dep. of Chem., Fac. of Sci. Univ. of Tokyo, Tokyo, Japan; engl.) – 2. vgl. C. **1968, 43-0684.** – Aus einem Vgl. des IR-Spektrums von $Mo_6Cl_{12}(DTH)_2$ (I) (DTH = 2.5-Dithiahexan) mit dem von DTH u. von $Re_3Cl_9 \cdot (DTH)_{1,5}$ im Bereich von 1350–650 $cm^{-1}$ ergibt sich, daß die koordinierten DTH-Mol. eher in der trans-Form als in der üblicheren gauche- u. Chelat-Form vorliegen. Zum weiteren Vgl. werden auch die FIR-Spektren (500–200 $cm^{-1}$) von I u. von $Mo_6Cl_{12} \cdot$ *(Pentamethylensulfid)*$_4$, $Mo_6Cl_{12} \cdot$ *(N.N'-Äthylenthioharnstoff)*$_2 \cdot (C_2H_5OH)_2$ u. $Mo_6Cl_{12}$*(1.4-Thioxan)*$_2$ untersucht. Die Darst. der Komplexe wird beschrieben. U. Venzke 30

*0166* **Infrarot- und Raman-Untersuchung von 1.1'-disubstituierten Ferrocen-Verbindungen.** J. N. Willis jun., M. T. Ryan, F. L. Hedberg und H. Rosenberg. (Spectrochim. Acta [Oxford], Part A 24 (1968) 10, 1561 bis 1572; Air Force Mater. Labor. Wright-Patterson Air Force Base, O.) – Die IR- u. Raman-Spektren von *1.1'-Dichlor-*, *1.1'-Dibrom-* u. *1.1'-Dijodferrocen* werden im Bereich 4000–55 $cm^{-1}$ bzw. 3200–75 $cm^{-1}$ aufgenommen. Es wird der Vers. einer vollständigen Zuordnung für alle Grundschwingungen der Mol. gemacht. Vgl. mit Zuordnungen für 1.1'-Dimethylferrocen u. für monosubstituierte Benzole aus Literaturangaben werden durchgeführt. Die zugeordneten Frequenzen werden an Hand der Ungleichheitsregel von Whiffen u. Steele geprüft. Versuche: *1.1'-Dichlorferrocen*, $C_{10}H_8Cl_2Fe$, F. 80 bis 81°; aus 1.1'-Bis-[chloromercuri]-ferrocen u. $CuCl_2$ mit wss. THF als Lsg.-Mittel. – *1.1'-Dibromferrocen*, $C_{10}H_8 \cdot Br_2Fe$, F. 54–56°; aus Ferrocen-1.1'-diboronsäure u. $CuBr_2$. – *1.1'-Dijodferrocen*, $C_{10}H_8J_2Fe$, aus 1.1'-Bis-[chloromercuri]-ferrocen u. 1.3-Dijod-5.5-dimethylhydantoin in THF. U. Venzke 30

*0167* **FIR-Spektren von 3- und 4-Cyanpyridin- und 3- und 4-Chlorpyridinkomplexen von Kobalt(II), Nickel(II) und Kupfer(II).** J. Burgess. (Spectrochim. Acta [Oxford], Part A 24 (1968) 10, 1645–49; Chem. Dep., Univ. of Leicester; engl.) – Die Spektren von *Co(X-py)*$_4$*(NCS)*$_2$, *Ni(X-py)*$_4$*(NCS)*$_2$, *Cu(X-py)*$_2$*(NCS)*$_2$ u. *Cu(X-py)*$_2$*Cl*$_2$ mit *X = 3-CN, 4-CN, 3-Cl* u. *4-Cl* werden im Bereich von 350–200 $cm^{-1}$ aufgenommen u. zugeordnet. Die beobachteten Frequenzen der Valenzschwingungen zwischen dem Metall u. den Liganden werden miteinander u. mit denen von Komplexen mit Py. u. mit Äthylpyridin verglichen. Ihre Änderung in Abhängigkeit von der Art des Substituenten am Py. wird aufgetragen u. diskutiert. U. Venzke 30

*0168* **IR- und Raman-Untersuchung heterocyclischer Verbindungen. 2. Mitt. IR-Spektren und Normalschwingungen von Benzimidazol und Bis-[benzimidazolato]-Metall-Komplexen.** M. M. Cordes und J. L. Walter. (Spectrochim. Acta [Oxford], Part A 24 (1968) 9, 1421 bis 1435; Dep. of Chem. and Radiat. Labor. Univ. of Notre Dame, Notre Dame, Ind.; engl.) – 1. vgl. C. **1968, 31-0927.** – Die IR-Spektren (4000–33 $cm^{-1}$) von *Benzimidazol*, *1.2-[D$_2$]-Benzimidazol*, *N-Jodbenzimidazol* u. von *Bis-[benzimidazolato]-zink*, *-kupfer*, *-kobalt* u. *-nickel* werden aufgenommen u. versuchsweise zugeordnet. Eine vollständige Normalkoordinatenberechnung wird für Benzimidazol durchgeführt. Die Metall-Stickstoff-Wechselwrkg. in den polymeren Komplexen werden als Fünfkörperprobleme untersucht. Entsprechende Berechnungen werden zum Vgl. für Metallkomplexe des Imidazol durchgeführt. Die Kraftkonst. sind tabelliert, die Strukturen werden diskutiert. U. Venzke 30

*0169* **Spektroskopische Untersuchung einiger C- und N-substituierter Äthylendiamindithiocyanatoplatin(II)-Komplexe. 1. Mitt. IR-Spektren.** R. J. Mureinik und W. Robb. (Spectochim. Acta [Oxford], Part A 24 (1968) 7, 837–44; Nat. Chem. and Phys. Res. Labor., South African Council for Sci. and Industr. Res., Pretoria, South African; engl.) – Die IR-Spektren von 14 Komplexen der Zus. *[Pt(L)(SCN)*$_2$*]* mit *L = Äthylendiamin, Propylendiamin, N-Methyl-, -Äthyl-, -Isopropyl-, -Phenyl-, N.N-Dimethyl-, Di-äthyl-, N.N'-Dimethyl-, -Diäthyl-, N.N-Dimethyl-N'-äthyl-, N.N-Dimethyl-N.'N'-diäthyl-* u. *N.N.N'.N'-Tetramethyläthylendiamin* sowie *1.2-Diaminoisobutan* werden im Bereich 4000–200 $cm^{-1}$ aufgenommen. Der Einfl. der Substituenten am Äthylendiamin auf die Stärke der M–N u. M–S-Bindungen wird hinsichtlich der Elektroneneinflüsse in dem „trans-Effekt" diskutiert. U. Venzke 30

*0170* **Schwingungsspektren von Koordinationsverbindungen der Formel trans-$MX_2Y_2$. 4. Mitt. Einfluß der Koordination auf die inneren Moden bei X = Cl, Br oder J, M = Pd oder Pt und Y = $(CH_3)_2S$, Se oder Te.** J. R. Allkins und P. J. Hendra. (Spectrochim. Acta [Oxford], Part A 24 (1968) 9, 1305–10; Dep. of Chem., Univ. of Md., Coll. Park, Md.; engl.) – 3. vgl. C. **1968,** 21-0137. – Die IR-Spektren (4000–400 $cm^{-1}$) u. teilweise auch die Raman-Spektren von trans-, cis- oder Überbrückungskomplexen der Zus. $[PtX_2Y_2]$ oder $[PdX_2Y_2]$ mit *X = Cl, Br, J* u. *Y =* $(CH_3)_2S$, $(CH_3)_2Se$ u. $(CH_3)_2Te$ werden aufgenommen u. zugeordnet. U. Venzke 30

*0171* **Rotationsähnliche Bewegung von Molekülen in Flüssigkeiten: FIR-Absorption polarer Moleküle in einem inerten Lösungsmittel.** Pabitra Datta und Gordon M. Barrow. (J. chem. Physics 48 (1968) 10, 4662–66; Dep. of Chem., Gase Western Res. Univ., Cleveland, O.; engl.) – Unters. der FIR-Spektren von *HCl*, *DCl*, $NH_3$, $ND_3$, $CH_3CN$, $CH_3J$, $(CH_3)_3CCl$, $C_6H_5CN$ u. $CH_2Cl_2$ in Cyclohexan. Die Absorptionen können prim. rotationsähnlichen Bewegungen zugeschrieben werden, die beobachteten Banden werden unter Hinzuziehung stoßabhängiger, resonanter, rotationsähnlicher Prozesse diskutiert. Ein effektiver Energieabstandsparameter $\nu_0$ u. ein Stoßparameter $\Delta\nu$ werden aus den beobachteten Banden ermittelt, die Werte entsprechen dem verwendeten Modell. Für $CH_3J$ u. $C_6H_5CN$ wurde keine Abhängigkeit der Absorption von der Konz. gefunden. H. Liepack 30

*0172* **Hyperfeinstruktur von $^{15}NH_3$.** Stephen G. Kukolich. (Physic. Rev. [2] **172** (1968) 1, 59–63; Dep. of Phys., MIT, Cambridge, Mass.; engl.) – Messung der Hyperfeinstruktur des Inversionsübergangs für die J–K = 4–4-, 5–5-, 6–6- u. 7–7-Rotationszustände mit einem Maser-Spektrometer. Neben diesen Ergebnissen werden Werte für den J–K = 2–2-Zustand einschließlich des $I_N \cdot$ J-Terms von N, der I · J–H-Term, die H–N-Spin-Spin-Wechselwrkg., die H–H-Spin–Spin-Wechselwrkg. sowie eine skalare gekoppelte Elektron-Spin–Spin-Wechselwrgk. analysiert. Für die Zustände J–K = 2–2, 4–4, 5–5 u. 7–7 lassen sich Kopplungsstärken bestimmen, so daß Übereinstimmung mit ber. Frequenzen innerhalb der experimentellen Genauigkeit vorliegt. Große Abweichungen zwischen ber. u. experimentell ermittelten Frequenzen bleiben für die Zustände J–K = 1–1, 3–3 u. 6–6. H. Liepack 32

*0173* **Kern-Hochfrequenzspektren einer Reihe von tetraederförmigen Molekülen.** Irving Ozier, Lawrence M. Crapo und Sang Soo Lee. (Physic. Rev. [2] **172** (1968) 1, 63–82; Sci. Center/Aerospace and Syst. Group, North Amer. Rockwell Corporat., Thousand Oaks, Calif.; engl.) – Unters. nach der magnet. Molekularstrahlresonanzmeth. für $CH_4$, $SiH_4$, $GeH_4$, $CF_4$, $SiF_4$ u. $GeF_4$. Die mittlere Konst. der Spin-Rotationswechselwrkg. sowie die Anisotropiekonst. der Spin-Rotationsmatrix wurden ermittelt. H. Liepack 32

*0174* **Anomale Zirkularpolarisation der 1,523-$\mu$-He-Ne-Laserlinie.** G. Bouwhuis. (Physics Letters [Amsterdam] **27 A** (1968) 10, 693; Philips Res. Labor., N.V. Philips Gloeilampenfabrieken, Eindhoven, Netherlands; engl.) – Die durchgeführten Messungen schließen den Kernspin von $^{21}Ne$ zur Erklärung des anomalen Verh. aus. Herbert Weber 34

*0175* **Benutzung nichtlinearer optischer Wechselwirkungen zur Messung von Relaxationsgeschwindigkeiten atomarer Multipolmomente.** W. J. Tomlinson und R. L.

Fork. (Physic. Rev. Letters **20** (1968) 13, 647—49; Bell Telephone Labor., Holmdel, N.J.; engl.) — Messung der Intensität, Polarisation u. Frequenzaufspaltung im Ausgang eines $^3$He–$^{20}$Ne-Lasers vom einfachen Wellentyp als Funktion des axialen u. transversalen Magnetfeldes. W. Kunath 34

*0176* **Durch Felder optischer Frequenz im 3,39-$\mu$-He-Ne-Laser erzeugte Zustandsmischungseffekte.** T. F. Johnston jun. und G. J. Wolga. (Physics Letters [Amsterdam] **27 A** (1968) 9, 639—40; Cornell Univ., Ithaca, N.Y.; engl.) — Die Aufspaltung der Hyperfeinstruktur-Niveaus $3p_4$, $3p_2$ von Ne wurde unter Benutzung der Differenzfrequenz-Resonanztechnik von Schlossberg u. Javan untersucht. Für höhere Leistungsniveaus an einem der Felder spaltet sich die Resonanzlinienform in ein Dublett auf, was durch den Dreiniveau-Zustandsmischungseffekt interpretiert wird. Herbert Weber 34

*0177* **Chemischer HF-Laser aus Blitzphotolyse von $F_2O$–$H_2$-Mischungen.** R. W. F. Gross, N. Cohen und T. A. Jacobs. (J. chem. Physics **48** (1968) 8, 3821—22; Aerospace Corp., El Segundo, Calif.; engl.) — Vf. untersuchten stimulierte Impulsemission von schwingungsangeregtem HF, das durch Rk. von $F_2O$ mit $H_2$ gebildet wurde. Die Rk. wurde durch Blitzphotolyse von $F_2O$ ausgelöst. H. Liepack 34

*0178* **Polynomialkoeffizienten. Anwendung auf die Spin-Spin-Kopplung mit n äquivalenten Kernen.** Charles L. Perrin und John E. Sanderson. (Molecular Physics **14** (1968) 4, 395—97; Dep. of Chem., Univ. of Calif., San Diego, La Jolla, Calif.; engl.) — Vf. untersuchen theoret. den Beitrag n äquivalenter Kerne mit (nicht auflösbarer) Hyperfeinaufspaltung zur gesamten ESR- (oder NMR-) Linienbreite. E. Richter 36

*0179* **Quadrupol-Zusammenbruch von Spin-Multipletts bei der kernmagnetischen Resonanz von an $^{10}$B gebundenen Protonen.** Haruyuki Watanabe, Tetsushi Totani, Masako Ohtsuru und Masaji Kubo. (Molecular Physics **14** (1968) 4, 367—72; Shionogi Pharm. Co., Fukushimaku, Osaka; engl.) — An $LiBH_4$ (**I**), $(CH_3)_3 \cdot N \cdot BH_3$ (**II**) u. $N_3(CD_3)_3 \cdot B_3H_3$ (**III**) (mit u. ohne $^{10}$B-Anreicherung) wird die H-NMR untersucht. Das Ausmaß des Zusammenbruchs nimmt mit zunehmendem Feldgradienten am B-Kern in der Reihenfolge **I**, **II**, **III** zu, der Zusammenbruch ist für $^{10}$BH-Signale stärker als für $^{11}$BH-Signale. Mit zunehmender Temp. nimmt der Zusammenbruch ab, da die Korrelationszeit der Mol.-Bewegung abnimmt. E. Richter 36

*0180* **Kernspinrelaxation und chemische Austauscheffekte in $^{19}$F-NMR-Spektrum des Hexafluoroniobat(V)-Ions.** D. W. Aksnes, Sheila M. Hutchinson und K. J. Packer. (Molecular Physics **14** (1968) 4, 301—09; School of Chem. Sci., Univ. Plain, Univ. of East Anglia, Norwich, Norfolk; engl.) — Bei 0, 14, 26, 41, 60, 87, 110 u. 125° werden die $^{19}$F-NMR-Spektren von Lsg., die das $[NbF_6]^-$-Ion enthalten, aufgenommen. Eine Computer-Anpassung der Linienformen zeigt, daß sowohl quadrupol-induzierte Übergänge zwischen den Spinzuständen des $^{93}$Nb-Kerns als auch chem. Austausch der F-Atome durch Modulation der skalaren $^{93}$Nb–$^{19}$F-Kopplung die Linienformen beeinflussen. Die ungewöhnliche Temp.-Abhängigkeit der $^{93}$Nb-Relaxationsgeschw. wird an Hand eines einfachen Modells erklärt. E. Richter 36

*0181* **Kernmagnetische Resonanzuntersuchungen von $\pi$-Bindungen in Aminoboranen.** 2. Mitt. **Schwelle der Inneren Rotation um die Bor-Stickstoff-Bindung.** P. A. Barfield, M. F. Lappert und J. Lee. (Trans. Faraday Soc. **64** (1968) 550, 2571—78; Dep. of Chem., Univ. of Manchester; engl.) — 1. vgl. J. chem. Soc. [London] Sect. A **1968**, 3, 554. — $^1$H-NMR-Spektren werden von den Fl. $PhB(Cl)NMe_2$, $PhB(Br)NMe_2$, $PhB(OMe)NMe_2$, $p\text{-}MeOC_6H_4B(Cl)NMe_2$, $PhB(Me)NMe_2$, $PhB(Cl)N(Me)\cdot Et$, $PhB(Cl)N(Me)Pr$, $PhB(NMe_2)_2$, $PhB(F)NMe_2$, $PhB(Cl)N(Me)Ph$ u. $PhB(Br)N(Me)Ph$ (Me = $CH_3$, Ph = $C_6H_5$, Et = $C_2H_5$ u. Pr = $C_3H_7$) bei Temp. bis zu 470°K aufgenommen. Die Schwellen u. a. kinet. Charakteristika der inneren Rotation um die Bi-N-Bindung werden angegeben. Der Einfl. der verschiedenen Substituenten am B u. am N sowie die Konz.-Abhängigkeit der Spektren von $PhB(Cl)NMe_2$ in $CCl_4$ werden mit der $(p \to p)\pi$-Bindung zwischen N u. B in Zusammenhang gebracht. B. Plewinsky 36

*0182* **Kernmagnetische Resonanzspektren einiger Phosphinkomplexe von Alkyl- und Arylplatin.** F. H. Allen und A. Pidcock. (J. chem. Soc. [London], Sect. A **1968**, 11, 2700—04; Chem. Labor., Univ. of Sussex, Brighton; engl.) — Die Parameter aus den $^1$H- u. $^{31}$P-NMR-Spektren werden für $trans\text{-}\{PtX(CH_3)[P(C_2H_5)_3]_2\}$ (X = $Cl$, $Br$, $J$, $NO_3$, $N_3$, $NCS$, $NCO$, $NO_2$, $CN$), $cis\text{-}\{PtX(CH_3)\cdot [P(C_2H_5)_3]_2\}$ (X = $Cl$, $Br$, $N_3$, $NCS$, $NO_2$, $CH_3$), *cis-* u. $trans\text{-}\{PtCl(C_6H_5)[P(C_2H_5)_3]_2\}$, $\text{-}\{Pt(C_6H_5)_2[P(C_2H_5)_3]_2\}$, $\text{-}\{PtCl_2[P(n\text{-}C_4H_9)_3]_2\}$, $\{PtCl[P(n\text{-}C_4H_9)_3]_3\}^+$, $\{PtX_2(CH_3)_2\cdot [P(C_2H_5)_3]_2\}$ (X = $Cl$, $J$) u. $cis\text{-}\{PtBr(Mes)[P(C_2H_5)_3]_2\}$ (Mes = 2.4.6-Trimethylphenyl) angegeben. Die Pt-P-Kopplungskonst. hängt hauptsächlich von der Kovalenz u. dem s-Charakter der Pt-P-Bindung ab. Die Pt-P-Bindung wird durch den induktiven Effekt einer Methylgruppe in trans-Stellung geschwächt. Der Einfl. verschiedener anion. Liganden ist ähnlich wie bei Methyl-Hg-Verb. u. Pt-Hydriden. A. Jaeschke 36

*0183* **Elektronenspinresonanz von $NO_2$.** 1. Mitt. **ESR-Spektrum von $NO_2$ in einer polykristallinen $N_2O_4$-Matrix.** Tjeerd J. Schaafsma, Gerrit A. v. d. Velde und Jan Kommandeur. (Molecular Physics **14** (1968) 6, 501—15; Labor. of Phys. Chem., Univ., Groningen, Netherlands; engl.) — $NO_2$ wurde durch UV-Photolyse in festem polykrist. $N_2O_4$ bei 77°K erzeugt. Mit Ausnahme der räumlichen Orientierungen in der Wirtsmatrix können die Meßergebnisse durch Wahl geeigneter Bedingungen auf Einkrist.-Matrizen übertragen werden. Die magnet. Parameter werden nach einer Analyse 2. Ordnung erhalten u. zur Berechnung der Spindichte-Verteilung im Mol. benutzt. Ein Vgl. dieser Parameter mit Werten für $NO_2$ in $NaNO_2$, $AgNO_3$, $La_2Mg_3(NO_3)_{12}$, Eis, Ne, Nitromethan nach Arbeiten anderer Autoren zeigt, daß die Wechselwrkg. der Elektronenwolke des $NO_2$-Radikals von der Wirtsmatrix abhängig ist. Werner Schmidt/Berlin 36

*0184* **Elektronenspinresonanz von $NO_2$.** 3. Mitt. **Spin-Spin-Wechselwirkung in einem $NO_2$-Radikal-Paar.** Tjeerd J. Schaafsma und Jan Kommandeur. (Molecular Physics **14** (1968) 6, 525—32; engl.) — 1. vgl. vorst. Ref.; 2. vgl. C. **1969**, 21-0633. — Durch UV-Photolyse werden bei 77°K unter geeigneten Bedingungen neben isolierten Radikalen auch $NO_2$-Radikal-Paare gebildet. Das resultierende dipolare Aufspaltungs-ESR-Spektrum mischt sich mit dem Spektrum der isolierten Radikale. Die Spin-Paare können sich durch gleichzeitige Dissoziation von zwei benachbarten $N_2O_4$-Mol. bilden. Werner Schmidt/Berlin 36

*0185* **EPR-Absorption in Sauerstoff mittels HCN-Laser** K. M. Evenson, H. P. Broida, J. S. Wells, R. J. Mahler und M. Mizushima. (Physic. Rev. Letters **21** (1968) 15, 1038—40; NBS, Boulder, Colo.; engl.) — Paramagnet. Resonanzabsorption zwischen den Niveaus N = 3, J = 4, M = −4 u. N = 5, J = 5, M = −4 des Grundzustandes von $O_2$ wird bei der HCN-Laser-Frequenz 890759 ± G beobachtet. Es handelt sich um die erste Beobachtung der Absorption in einer gasf. Probe nach der Laser-EPR-Methode. Werner Schmidt/Berlin 36

*0186* **Hyperfeinanalyse des EPR-Spektrums von $Fe\cdot(CN)_5NO^{3-}$.** Robert G. Hayes. (J. chem. Physics **48** (1968) 10, 4806—07; Dep. of Chem., Univ. of Notre Dame, Notre Dame, Ind.; engl.) — Diskussion der Ergebnisse von van Voorst u. Hemmerich (ibid. **45** [1966] 3914). In einer Berechnung wird gezeigt, daß die Gesamtspindichte im Nitrosyl-$\pi^*$-Orbital ca. 0,27 beträgt. H. Liepack 36

*0187* **Mössbauer-Untersuchung von löslichem Preußisch Blau, unlöslichem Preußisch Blau und Turnbulls Blau.** A. Ito, M. Suenaga und K. Ōno. (J. chem. Physics **48** (1968) 8, 3597—99; Inst. for Solid State Phys., Univ. of Tokyo, Tokyo, Japan; engl.) — Unters. der Elektronenstrukturen durch den Mössbauer-Effekt von $^{57}$Fe. Unterhalb der Curie-Temp. von 5,5 ± 0,5 °K liegen die Verb. als $Fe^{3+}$ enthaltende Cyanoferrate(II) vor, mit $Fe^{3+}$

mit hohem Spin u. Fe(II) mit kleinem Spin. Preußisch Blau u. Turnbulls Blau haben gleiche Elektronenstruktur. Die Mössbauer-Ergebnisse wurden durch Unters. der paramagnet. Resonanzabsorption bei Zimmertemp. bestätigt. H. Liepack 37

*0188* **Schwingungskorrekturen zur kernmagnetischen Abschirmung und Spin-Rotations-Konstanten für Fluorwasserstoff. Abschirmungsskala für $^{19}F$.** David K. Hindermann und C. D. Cornwell. (J. chem. Physics **48** (1968) 9, 4148—54; Dep. of Chem., Univ. of Wis., Madison, Wis.; engl.) — Theoret. Unters. der Schwingungseinfl. auf Kernabschirmung u. Spin-Rotations-Konst. für ein zweiatomiges Molekül. Die Korrekturen hinsichtlich dieser Effekte werden für $^1H$ u. $^{19}F$ in HF berechnet. Die theoret. ber. Isotopieverschiebung für die $^{19}F$-Abschirmung zwischen DF u. HF ist in guter Übereinstimmung mit dem für den Druck null experimentell ermittelten Wert von 2,5 ± 0,5 ppm. Die Abschirmung für das schwingende Mol. bei 300 °K ist aus dem theoret. ber. Wert für $\sigma_F^d$ u. der experimentell bestimmten Spin-Rotations-Konst. zu $\langle\sigma_F(HF)\rangle$ = 410 ± 6 ppm ber. worden. Mit der gemessenen chem. Verschiebung zwischen monomerem HF u. $SiF_4$ (Gas) als Bezug für bekannte Abschirmungen werden die Kernabschirmungen für gasf. $F_2$, $ClO_2F$, $SF_6$, $ClF_3$, $CCl_3F$, $CF_4$, $CHF_3$, $BF_3$, $SiF_4$, HF u. ClF angegeben. Die Abschirmungskorrektur für das nicht schwingende HF beträgt im Gleichgew.-Kernabstand $\sigma_H(HF)$ = 29,2 ± 0,5 ppm. H. Liepack 38

*0189* **Biquadratische Austauschwechselwirkung in zweikernigen Cr-Komplexverbindungen.** Hironobu Ikeda, Izuru Kimura und Norikiyo Uryû. (J. chem. Physics 48 (1968) 10, 4800; Dep. of Appl. Sci., Fac. of Engng., Kyushu Univ., Fukuoka, Japan; engl.) — Unters. der Wechselwrkg. zur Erklärung der Temp.-Abhängigkeit der magnet. Suszeptibilität von $[(NH_3)_5 \cdot Cr{-}OH{-}Cr(NH_3)_5]_2 \cdot Cl_3(ClO_4)_7H_2O$ u. $[(NH_3)_5Cr{-}OH{-}Cr(NH_3)_4OH]Cl_4H_2O$. Zum Verständnis des magnet. Verh. ist anzunehmen, daß einer Spinkopplung höherer Ordnung eine wesentliche Bedeutung zukommt. H. Liepack 38

*0190* **Restparamagnetismus des Kobalts in einigen Kobalt(III)-Komplexen.** A. Syamal. (Indian J. Physics Proc. Indian Assoc. Cultivat. Sci. **42/51** (1968) 2, 120—24; Chem. Labor., Burdwan Univ., Burdwan, India; engl.) — Messungen der magnet. Suszeptibilität an pulverförmigen Proben werden nach der Gouy-Meth. u. Messungen der Elektronenabsorptionsspektren an wss. Lsg. werden mittels Hilger-Watts-Uvispeck-Spektrophotometer an den folgenden oktaedr. Kobalt(III)-Komplexen durchgeführt: $[Co(BigH)_3](SO_4)_{1,5} \cdot 3{,}5H_2O$; $[Co(APIUH)_2](SO_4)_{1,5} \cdot 2{,}5H_2O$; $[Co(BigH)_2(ophen)]Cl_3$; $[Co \cdot (BigH)_2(dipy)]Cl_3 \cdot 3H_2O$; $[Co(BigH)_2(AEUH)]Cl_3 \cdot 0{,}5H_2O$; $[Co(en)_2(BigH)]J \cdot SO_4$; $[Co(AMUH)_2(BigH)]J_3$; $[Co(AMUH)_2(AEUH)]J_3 \cdot H_2O$; $[Co(NH_3)_2(AMUH)_2] \cdot (SO_4)_{1,5} \cdot 2H_2O$; $[Co(Py)_2AEUH)_2](NO_3)_3$; *cis*-$[Co(NO_2)_2 \cdot (ABIUH)_2]NO_2$; *trans*-$[Co(NO_2)_2(ABIUH)_2]NO_2$; $[Co \cdot (AMUH)_2(ophen)]Cl_3 \cdot 6H_2O$; $[Co(AMUH)_2(dipy)]Cl_3 \cdot 7H_2O$; $[Co(AMUH)_3(en)](SO_4)_{1,5} \cdot 5H_2O$. Es bedeuten BigH = Biguanid, ophen = ortho-Phenantrolin, dipy = 2.2′-Dipyridyl, en = Äthylendiamin, Py = Pyridin, AMUH = 1-Guanyl-O-methylharnstoff, AEUH = 1-Guanyl-O-äthylharnstoff, APIUH = 1-Guanyl-O-isopropylharnstoff, ABIUH = 1-Guanyl-O-isobutylharnstoff. Die beobachteten Werte des Restparamagnetismus sind kleiner als die nach der Ligandenfeldtheorie berechneten. Werner Schmidt/Berlin 38

*0191* **Elektronenbeugungsuntersuchung der Hexafluoride von Wolfram, Osmium, Iridium, Uran, Neptunium und Plutonium.** Masao Kimura, Verner Schomaker, Darwin W. Smith und Bernhard Weinstock. (J. chem. Physics **48** (1968) 9, 4001—12; Gates and Crellin Labor. of Chem., Calif. Inst. of Technol., Pasadena, Calif.; engl.) — Die Ergebnisse bestätigen eine symm. oktaedr. Mol.-Struktur; die Metall–Fluor-Abstände betragen W–F 1,833, Os–F 1,831, Ir–F 1,830, U–F 1,996, Np–F 1,981 u. Pu–F 1,971 Å, die abgeschätzte Fehlergrenze ist ± 0,008 Å (Pu–F ± 0,010 Å). H. Liepack 40

*0192* **Massenspektrometrische Untersuchungen der Bindung in den Fluoriden der Elemente der Gruppe IIA.** D. L. Hildenbrand. (J. chem. Physics 48 (1968) 8, 3657—65; Advanced Res. Labor., Douglas Aircraft Comp., Inc., Huntington Beach, Calif.; engl.) — Massenspektrometr. Unters. der Gleichgew. bei hoher Temp. der Art $M(g) + MF_2(g) = 2MF(g)$ mit M = Mg, Sr u. Ba. Für das angegebene Gleichgew. ist $\Delta H_{298}$ = 25,6, 2,1 u. −6,7 ± 2 kcal, $D^\circ_{298}$ für MgF, SrF bzw. BaF beträgt 110,4 ± 1,2, 129,5 ± 1,6 bzw. 140,3 ± 1,6 kcal. Die Bindungs-Dissoziationsenergien der leichteren Fluoride der Gruppe II sind in qual. Übereinstimmung mit dem einfachen s–p-Valenzzustandsschema der kovalenten Bindung, dieses Modell versagt jedoch für die schwereren Metallfluoride. Eine hinreichende Übereinstimmung scheint sich hier nach einem elektrostat. Modell zu ergeben, das jedes Mol. als ein Syst. von polarisierbaren Ionen annimmt. Die gemessenen Dissoziationsenergien der Monofluoride können hinreichend gut mit den spektroskop. Werten von $D_0^0$ in Einklang gebracht werden, wenn der Grad des Ionencharakters berücksichtigt wird. H. Liepack 42

*0193* **Massenspektrometrische Untersuchung der Photoionisation.** 9. Mitt. **Cyanwasserstoff und Acetonitril.** Vernon H. Dibeler und Susan K. Liston. (J. chem. Physics 48 (1968) 10, 4765—68; Inst. for Basic Stand., NBS, Washington, D.C.; engl.) — 8. vgl. C. **1968,** 38-0173. — Messung der Photoionisationsausb.-Kurven von der Schwelle bis 600 Å für $HCN^+$ u. $CN^+$ aus HCN u. $CH_3CN^+$, $CH_2CN^+$, $CHCN^+$ u. $CH_2^+$ aus $CH_3CN$. Die erste Ionisierungsenergie von HCN beträgt 13,59 eV. Aus der Schwelle für $CN^+$ wurden $\Delta Hf_0^0$ (CN) = 100 kcal/Mol, $D_0(CN)$ = 182,5 kcal/Mol, $D_0(H{-}CN)$ = 119,2 kcal/Mol u. $D_0(NC{-}CN)$ = 126,6 kcal/Mol berechnet. Die Schwellenwerte für die Hauptphotoionen von $CH_3CN$ werden mitgeteilt, dsgl. einige thermodynam. Werte; es ist $\Delta Hf_0^0(CH_2)$ = 94 kcal/Mol. H. Liepack 42

*0194* **Molekülstöße.** 7. Mitt. **Kernspin- und statistische Effekte.** Louis Biolsi und C. F. Curtiss. (J. chem. Physics **48** (1968) 10, 4508—16; Univ. of Wis. Theoret. Chem. Inst., Madison, Wis.; engl.) — 6. vgl. C. **1969,** 13-0121. H. Liepack 44

*0195* **Stoßtheorie von molekularen Prozessen.** R. Wallace. (Molecular Physics **15** (1968) 3, 249—57; Dep. of Chem., Univ. of Manitoba; engl.) — Es wird über Verallgemeinerungen der Diagramm-Darst. von Übergangsamplituden aus früheren Unters. berichtet. Diese Verallgemeinerungen beziehen sich hauptsächlich auf die Einbeziehung von Einfach- u. Mehrfachresonanzen im Rahmen der diagrammat. Störungstheorie. Die Existenz einer Resonanz red. drast. die Anzahl der kennzeichnenden Diagramme. Anwendungen der Diagramme, einschließlich versuchsweiser Anwendung auf mol. Neuordnungsstöße, werden betrachtet. Wechselbeziehungen zwischen Übergangswahrscheinlichkeiten für Prozesse, die aus gewöhnlichen Subprozessen zusammengesetzt sind, werden u. a. an $H_2^+ + h\nu \rightarrow H(ls) + p$ u. $p + H \rightarrow p + H$ demonstriert. E. Otto 44

*0196* **Stoßintegrale für Hochtemperaturgase.** L. D. Higgins und Francis J. Smith. (Molecular Physics **14** (1968) 4, 399—400; Dep. of Computer Sci. and Appl. Math., School of Phys. and Appl. Math., Queen's Univ. of Belfast; engl.) — Berechnung von Stoßintegralen höherer Ordnung nach der Meth. von Smith u. Munn (1964). E. Richter 44

*0197* **Fehlergrenzen für Kräfte großer Reichweite zwischen Atomen.** Roy G. Gordon. (J. chem. Physics **48** (1968) 9, 3929—34; Dep. of Chem., Harvard Univ., Cambridge, Mass.; engl.) — Berechnung der Kräfte großer Reichweite (van der Waals-London) zwischen Atomen. Die Fehlergrenzen der Wechselwrkg.-Konst. werden unter Voraussetzung der Kenntnis folgender Eig. des Atoms angegeben: Energie des ersten angeregten Zustandes, Elektronendichte am Atomkern, Zahl der Elektronen im Atom u. Brechungsindex (Polarisierbarkeit) im opt. Bereich. Die Genauigkeit ist hauptsächlich durch den Brechungsindex bedingt. Die Ergebnisse für

H–H, H–He, H–Ne, H–Ar, H–Kr, H–Xe, He–He, He–Ne, He–Ar, He–Kr, He–Xe, Ne–Ne, Ne–Ar, Ne–Kr, Ne–Xe, Ar–Ar, Ar–Kr, Ar–Xe, Kr–Kr, Kr–Xe u. Xe–Xe sind in Übereinstimmung mit Mol.-Strahl- u. gaskinet. Messungen. H. Liepack 44

*0198* **Austauscheffekte in der entarteten Störungstheorie der zwischenmolekularen Potentiale.** David A. Micha. (J. chem. Physics **48** (1968) 8, 3639–44; Dep. of Phys. and Inst. for Pure and Appl. Phys. Sci., Univ of Calif., San Diego, Calif.; engl.) H. Liepack 44

*0199* **Wechselwirkung eines Dipolmoleküls und eines sphärischen Atoms.** A. D. Buckingham. (J. chem. Physics **48** (1968) 8, 3827–28; School of Chem., Univ. of Bristol, Bristol, England; engl.) — Theoret. Unters. zu den in die Wechselwrkg.-Energie größter Reichweite eingehenden induzierten Dipolen. Als Beispiele werden *KCl, LiJ, CsF* u. *CO* diskutiert. H. Liepack 44

*0200* **Differentielle Wirkungsquerschnitte für elastische Streuung von metastabilem Helium an Helium und Argon.** J. Grosser und H. Haberland. (Physics Letters [Amsterdam] **27 A** (1968) 9, 634–35; Physik. Inst., Univ. Freiburg; engl.) — Die Messungen erlauben Schlußfolgerungen über die Lage u. Tiefe der äußersten Minima der Potentialkurven. Herbert Weber 44

*0201* **Elastische Streuung von Sauerstoffionen an Bor 10 und 11.** Yasuhiko Okuma. (J. physic. Soc. Japan **24** (1968) 4, 677–89; Dep. of Phys., Fac. of Sci., Kyoto Univ., Kyoto; engl.) — Mittels $^{16}O$-Ionenstrahlen definierter Energie untersucht Vf. die elast. Streuung der Syst. $^{16}O + {}^{10}B$ u. $^{16}O + {}^{11}B$. Die Winkelverteilungen für die $^{16}O + {}^{10}B$-Streuung zeigen eine glatte Winkelabhängigkeit, im Fall der $^{16}O + {}^{11}B$-Streuung wird eine Beugungsstruktur beobachtet. Die Anregungskurven beider Syst. weisen eine glatte, nahezu monotone Energieabhängigkeit auf. Zur Erklärung der Ergebnisse wird ein komplexes Modell eines opt. Potentials herangezogen. E. Richter 44

*0202* **Glorienstreuung von Lithium durch eine Reihe von Molekülen. 1. Mitt. Zweiatomige Moleküle.** Reinhard K. B. Helbing und Erhard W. Rothe. (J. chem. Physics **48** (1968) 9, 3945–55; Space Sci. Labor., General Dynamics/Convair, San Diego, Calif.; engl.) — Messung der Geschw.-Abhängigkeit des totalen Wrkg.-Querschnittes für die Streuung von $^{7}Li$ durch $D_2$, $N_2$, $O_2$, *CO*, *NO, HF, HCl, DCl, HBr, HJ, JCl*, $Cl_2$ u. $Br_2$. Ein Glorieneffekt wurde für alle Syst. außer $Cl_2$ u. $Br_2$ gefunden. Die Potentialparameter für diese Syst. wurden abgeleitet. Chem. Rk., zeitabhängige anisotrope Potentiale u. unelast. Prozesse werden als mögliche Mechanismen für die beobachtete Löschung diskutiert. H. Liepack 44

*0203* **Permeabilitäten und Transmissionskoeffizienten verschiedener isotopischer Reaktionen der Art $H + H_2 = H_2 + H$.** Earl M. Mortensen. (J. chem. Physics **48** (1968) 9, 4029–39; Dep. of Chem., Univ. of Mass., Amherst, Mass.; engl.) — Unters. der Rk. $H + H_2$, $D + D_2$, $D + H_2$, $H + D_2$, H + HD u. D + DH für einen linearen Stoß durch numer. Lsg. der Schrödinger-Gleichung. Es wird geschlossen, daß die Nullpunktsenergie des aktivierten Zustandes für Rk., in denen ein leichtes Atom ausgetauscht wird, nicht nach der üblichen Normalmodenbehandlung unter Verw. der Krümmung der Fläche im Sattelpunkt ermittelt werden kann. H. Liepack 44

*0204* **Erzeugung freier Elektronen bei der Reaktion $H + NO_2$.** A. A. Westenberg. (J. chem. Physics **48** (1968) 10, 4809; Appl. Phys. Labor., Johns Hopkins Univ., Silver Spring, Md.; engl.) — Vgl. ibid. **43** [1965] 1550. — Vf. fand l.c. am Endpunkt der Titration von H mit $NO_2$ entsprechend der schnellen Rk. $H + NO_2 \rightarrow NO + OH$ im ESR-Signal einen plötzlichen Abfall der Elektronenkonz. mit weiterer $NO_2$-Zugabe. In Anlehnung an Unters. von Mahan u. Walker (ibid. **47** [1967] 3780) wird dieses Verh. durch Elektronenanlagerung an $NO_2$ gedeutet. H. Liepack 44

*0205* **Dissoziation von HCl hinter Stoßwellen.** Daniel J. Seery und Craig T. Bowman. (J. chem. Physics **48** (1968) 9, 4314–17; United Aircraft Res. Labor., East Hartford, Conn.; engl.) — Unters. der Dissoziation von HCl in HCl-Ar-Mischungen hinter Stoßwellen im Temp.-Bereich 2900–4000 °K aus der Vakuum-UV-Absorptionsspektroskopie. Für die Rk. $HCl + Ar \rightarrow H + Cl + Ar$ gibt eine Geschw.-Konst. von $k_1 = 4{,}2 \cdot 10^{13} \cdot \exp(-81000/RT)$ $cm^3/Mol \cdot s$ die beste Anpassung an die experimentellen Werte. Die scheinbare Aktivierungsenergie für die HCl-Dissoziation war kleiner als die Dissoziationsenergie. H. Liepack 44

*0206* **Einfluß von Sauerstoffatomen auf die Schwingungsrelaxation von Stickstoff.** W. D. Breshears und P. F. Bird. (J. chem. Physics **48** (1968) 10, 4768–73; Univ. of Calif., LASL, Los Alamos, N.Mex.; engl.) — Unters. der Schwingungsrelaxation von Stickstoff in Ggw. von durch $O_3$-Zers. erzeugten O-Atomen hinter Stoßwellen im Temp.-Bereich 3000–4500 °K. Die Relaxation wurde durch Messung des D.-Gradienten nach dem Stoß durch Ablenkung eines Laserstrahls verfolgt. Die Relaxationszeit $P\tau_{N_2-O}$ für $N_2$ verd. in 1 atm O-Atome liegt um nahezu zwei Größenordnungen unter der für reines $N_2$. Die Ergebnisse werden als Beweis eines chem. Effektes gedeutet. H. Liepack 44

*0207* **Schwingungsrelaxationszeiten von $Br_2$ in Ar.** George C. Berend und Sidney W. Benson. (J. chem. Physics **48** (1968) 10, 4793–94; Phys. Sci. Dep., McDonnell Douglas Corp., Santa Monica, Calif.; engl.) — Zur Ermittlung der Trajektorien des Dreikörpersyst. werden die klass. Bewegungsgleichungen unter Benutzung von Morse-Potentialen streng gelöst. Die ermittelten Schwingungsrelaxationszeiten sind kleiner als die Werte von Ip u. Burns. H. Liepack 44

*0208* **Erlangung einer inversen Besetzung von Schwingungsniveaus in mehratomigen Molekülen.** A. S. Birjukov, B. F. Gordiec und L. A. Šelepin. (Ž. èksper. teoret. Fiz. **55** (1968) 4(10), 1456–69; Fiz. inst. im. Lebedeva AN SSSR; russ., Auszug: engl.) — Eine Reihe typ. polyatomarer Mol. wie $N_2O$, $SO_2$, $CS_2$, $C_2N_2$, HCN u. $H_2O$ werden auf der Basis des Relaxationsmodells nach Gordiec et al., das für die Analyse des Betriebes eines $CO_2$-Lasers vorgeschlagen worden war, untersucht. Die Wahrscheinlichkeiten für Stoßübergänge, die die Relaxation der Schwingungsenergie u. das Pumpen bestimmen, werden berechnet. Relaxation für eine Entladung in verschiedenen Mischungen von mol. Gasen werden berechnet. Die Wahrscheinlichkeit der Erzeugung einer inversen Besetzung der Schwingungsniveaus wird untersucht. Die Schätzungen bestätigen den Erzeugungsmechanismus beim $11^10$-$04^00$-Übergang in HCN. Eine Erklärung für den Erzeugungsmechanismus bei einigen Übergängen in $H_2O$ wird vorgeschlagen. Die erhaltenen Ergebnisse können für quant. Analysen u. Forschungen an anderen polyatomaren Mol. benutzt werden. Herbert Weber 44

*0209* **WKB-Berechnung der Schwingungs-Übergangswahrscheinlichkeiten in Molekülstößen.** Hyung Kyu Shin. (J. chem. Physics **48** (1968) 8, 3644–51; Dep. of Chem., Univ. of Nev., Reno, Nev.; engl.) — Vgl. zwischen den Übergangswahrscheinlichkeiten nach der WKB-Näherung u. denen nach anderen Methoden. Die numer. Rechnungen werden für $Cl_2$–$Cl_2$ u. $O_2$–$O_2$ durchgeführt. Die Stoßzahlen nach der WKB-Meth. liegen innerhalb eines Faktors ca. 2 bei den experimentellen Werten für Temp. bis zu 2000 °K bzw. 4000 °K, wenn der Einfl. der Mol.-Orientierung auf den Übergang berücksichtigt wird. H. Liepack 44

*0210* **Energietransport zwischen IR-aktiven Schwingungen in Resonanznähe.** John C. Stephenson, Robert E. Wood und C. Bradley Moore. (J. chem. Physics **48** (1968) 10, 4790–91; Dep. of Chem., Univ. of Calif., Berkeley, Calif.; engl.) — Für die Geschw.-Konst. der Schwingungsenergie-Austauschprozesse in Resonanznähe $^{12}C^{16}O_2(00^01) + X(00^00) \rightarrow {}^{12}C^{16}O_2(00^00) + X(00^01) + \Delta E$, $X = {}^{12}C^{16}O^{18}O$, $^{13}C^{16}O_2$, $^{14}N_2{}^{16}O$ oder $^{15}N_2{}^{16}O$, $\Delta E = 18, 66, 125$ bzw. 193 $cm^{-1}$ wurden sehr große Werte gemessen. Die Wahrscheinlichkeiten des Energieübergangs werden in Abhängigkeit vom Schwingungsenergieunterschied zwischen den Stoßpartnern untersucht. H. Liepack 44

*0211* **Direkte Messung der Rotationsrelaxationszeit in $CO_2$.** T. O. Carroll und S. Marcus. (Physics Letters [Amsterdam] **27 A** (1968) 9, 590—91; Labor. for Plasma Stud., Cornell Univ., Ithaca, N.Y.; engl.) — Mit einem Q-geschalteten Laser wurde die Relaxation der Rotationsniveaubesetzungen direkt beobachtet. Der kurze Strahlungsimpuls innerhalb des akt. Mediums eines $CO_2$-Lasers verursacht Abnahme (Zuwachs) der Besetzung des oberen (unteren) Rotationsniveaus des mol. Laserübergangs. Die Zeitverschiebung $t_d$ zwischen dem Ende des Q-geschalteten Impulses u. dem Minimum des Gewinns an P(J') steht in Beziehung zur Rotationsrelaxationszeit u. zu den Auswahlregeln für Rotationsübergänge. Die quant. Beziehung zwischen der Rotationsrelaxationszeit $\tau$ u. $t_d$ wurde durch Lsg. der Geschw.-Gleichungen für jedes der niedrigsten 20 Rotationsniveaus beider Vibrationszustände des mol. Übergangs gefunden. Herbert Weber 44

*0212* **Elektronenlöschung und Rotationsrelaxationsgeschwindigkeit von $OH^*(^2\Sigma^+)$ aus Vakuum-UV-Photozersetzung von Wasser.** Motohisa Kaneko, Yuji Mori und Ikuzo Tanaka. (J. chem. Physics **48** (1968) 10, 4468—73; Dep. of Chem., Tokyo Inst. of Technol., Ohokayama, Meguro-ku, Tokyo; engl.) — Die Löschung der Fluoreszenz u. die Rotationsrelaxation von OH-Radikalen im elektron. angeregten $^2\Sigma^+$-Zustand wurden in Ggw. von $H_2$, $D_2$, $N_2$, CO u. He untersucht. Die Intensität der Fluoreszenz von $OH^*(^2\Sigma^+)$ wurde in der (0,0)-Bande gemessen. Mit $H_2O$ oder CO als Stoßpartner ist ein einzelner Stoß für die elektron. Löschung ausreichend, für andere Mol. sind nur wenige Stöße ausreichend. Zur Erklärung werden chem. Kräfte großer Reichweite zwischen $OH^*(^2\Sigma^+)$ u. den Fremdgasen angenommen. Die Rotationsrelaxation wurde aus der Intensitätsänderung von K = 20 der (0,0)-Bande bestimmt. In den Syst. OH–zweiatomiges Mol. ist der Wrkg.-Querschnitt am größten für Stöße mit $H_2$ u. von angenähert gleicher Größenordnung für Stöße mit $D_2$, $N_2$ u. CO. H. Liepack 44

*0213* **Quantenmechanische Berechnungen der unelastischen Wirkungsquerschnitte für Rotationsanregung von para- und ortho-$H_2$ nach Stoß mit He.** B. Robert Johnson und Don Secrest. (J. chem. Physics **48** (1968) 10, 4682—93; Dep. of Phys., Univ. of Ill., Urbana, Ill.; engl.) — Ableitung von Gleichungen nach der Meth. der Amplitudendichten zur Berechnung der T-Streumatrix in der Gesamtdrehimpulsdarst. u. Berechnung der Wrkg.-Querschnitte für die Übergänge $J = O \rightarrow J = 2$ bzw. $J = 1 \rightarrow J = 3$ für para- bzw. ortho-$H_2$. H. Liepack 44

*0214* **Abschätzung der Wirkungsquerschnitte für Anregungsübertragung bei Stößen in He.** F. T. Chan. (Physic. Rev. [2] **172** (1968) 1, 96—98; Labor. of Plasma Studies, Cornell Univ., Ithaca, N.Y.; engl.) — Abschätzung nach der Stueckelberg-Formel für $He(1^1S_0) + He(4^3P) \rightarrow He(1^1S_0) + He(4^3S) \pm \Delta E$ u. $He(1^1S_0) + He(4^3P) \rightarrow He(1^1S_0) + He(4^3D) \pm \Delta E'$. Bei 600°K betragen die ber. Wrkg.-Querschnitte $Q_{4P-4S}tr = 0{,}93 \cdot 10^{-15}$ u. $Q_{4P-4D}$ tr $= 2{,}25 \cdot 10^{-15}$ cm². H. Liepack 44

*0215* **Anregungsübertragung für Rb und Cs bei angenähert adiabatischen Stößen mit Edelgasen.** Alan Gallagher. (Physic. Rev. [2] **172** (1968) 1, 88—96; Joint Inst. for Labor. Astrophys., Boulder, Colo.; engl.) — Messung der Wrkg.-Querschnitte für Rb $5^2P_{1/2} \rightleftharpoons 5^2P_{3/2}$ u. Cs $6^2P_{1/2} \rightleftharpoons 6^2P_{3/2}$ bei Stößen mit He, Ne, Ar, Kr, Xe. Die Temp. des Stoßgefäßes lag zwischen 300 u. 900°K. Aus dem systemat. Verh. der verschiedenen Wrkg.-Querschnitte kann die allg. Form eines „universellen" Wrkg.-Querschnittes bestimmt werden, der sich über sechs Größenordnungen erstreckt u. dicht unterhalb der Schwelle für „plötzliche" Stöße beginnt. Der überraschend große Einfl. der opt. Linienverbreiterung auf die Messungen des Anregungsüberganges wurde als Fehlerquelle beseitigt. H. Liepack 44

*0216* **Stoßrohruntersuchung der Strahlungskombination von O-Atomen durch inverse Vordissoziation.** B. F. Myers und E. R. Bartle. (J. chem. Physics **48** (1968) 9, 3935—44; Space Sci. Labor., General Dynamics/Convair, San Diego, Calif.; engl.) — Messungen der abs. Emissionsintensitäten der Strahlungskombination von $O(^3P)$ im Temp.-Bereich 2500—3800°K. Die Emissionsintensität wurde gleichzeitig in sechs Spektralbereichen zwischen 2300 u. 4511 Å aufgenommen. Die abs. Emissionsintensität ist proportional dem Quadrat der O-Atom-Konz. u. durch eine Aktivierungsenergie von 28,9 ± 2,2 kcal/Mol charakterisiert. Die Ergebnisse werden durch inverse Vordissoziation gedeutet, bei der die O-Atome entlang einer abstoßenden Potentialfläche mit einem Übergang zum $B^3\Sigma_u^-$-Zustand des mol. Sauerstoffs u. darauffolgendem Strahlungsübergang zum Elektronengrundzustand des Sauerstoffs kombinieren. Die Geschw.-Konst. für den gesamten Strahlungskombinationsvorgang ist gegeben durch $4{,}3 \cdot 10^6 \cdot \exp(-28900 \pm 2200/RT)$ cm³ Mol⁻¹s⁻¹ für den Wellenlängenbereich 2300—5000 Å. H. Liepack 44

*0217* **Energiespektrum von Protonen, die bei der Stoßdissoziation schneller $H_2^+$-Ionen entstehen.** R. Caudano und J. M. Delfosse. (J. Physics, B (Proc. physic. Soc.) [2] **1** (1968) 5, 813—21; Centre de Phys. Nucl., Univ. de Louvain, Heverle-Louvain, Belgium; engl.) — Vf. messen die Energieverteilungen von Protonen, die bei dissoziativen Stößen von $H_2^+$-Ionen mit *$H_2$*, *Ar* u. *Xe* entstehen, in Vorwärtsrichtung bei 10 keV. Eine experimentelle Meth. zur Best. der entsprechenden kinet. Überschußenergie im Schwerpunktssyst. des $H_2^+$ wird kurz diskutiert. Die gemessenen Energieverteilungen werden durch elektron. u. Schwingungsübergänge zu dissoziativen Zuständen des $H_2^+$-Mol.-Ions erklärt. Einfl. der Parameter der Ionenquelle werden diskutiert. E. Richter 44

*0218* **Dissoziative Anlagerung in CO und NO.** P. J. Chantry. (Physic. Rev. [2] **172** (1968) 1, 125—36; Westinghouse Res. Labor., Pittsburgh, Pa.; engl.) — Messung der Elektronenenergieabhängigkeiten der Wrkg.-Querschnitte u. der Verteilungen der kinet. Energie der Ionen für $O^-$-Bldg. aus CO u. NO. In CO tragen zwei Rk. zu dem einzelnen Max. im Wrkg.-Querschnitt bei, wobei die C-Atome im Grundzustand bzw. im ersten angeregten Zustand ($^1D$) gebildet werden. Die erste Rk. überwiegt u. hat einen maximalen Wrkg.-Querschnitt von $2{,}0 \cdot 10^{-19}$ cm². Die zweite Rk. hat normiert auf die erste einen maximalen Wrkg.-Querschnitt von $9{,}5 \cdot 10^{-21}$ cm². In NO erfolgt die $O^-$-Bldg. ausschließlich über die Rk. $e + NO \rightarrow O^- + N^*$, $N^*$ erster angeregter Zustand ($^2D$). Es wurden keine $O^-$-Ionen beobachtet, die der Bldg. des Grundzustandes von N entsprechen. Auch der zweite angeregte Zustand $N(^2P)$ konnte nicht nachgewiesen werden. H. Liepack 44

*0219* **Quantendefekttheorie.** 6. Mitt. **Extrapolationen entlang isoelektronischer Folgen.** N. A. Doughty, M. J. Seaton und V. B. Sheorey. (J. Physics, B (Proc. physic. Soc.) [2] **1** (1968) 5, 802—12; Dep. of Phys., Univ. Coll. London; engl.) — 5. vgl. C. **1968**, 30-0039. — Quantendefektdaten können innerhalb isoelektron. Folgen extrapoliert werden, um Phasenwerte für die Streuung von Elektronen an Neutralteilchen zu erhalten. Vf. entwickeln eine analyt. Theorie für den Fall zu vernachlässigender Polarisationspotentiale. Es werden Phasenwerte für die Elektron-He-Streuung ber., die Streulänge ergibt sich zu $\lambda = -1{,}12 \pm 0{,}05$. E. Richter 44

*0220* **Oszillatorische Energieabhängigkeit der Elektron-Molekül-Resonanzstreuung.** A. Herzenberg. (J. Physics, B (Proc. physic. Soc.) [2] **1** (1968) 4, 548—58; Dep. of Theoret. Phys., Univ. of Manchester; engl.) — Die Wrkg.-Querschnitte für die Schwingungsanregung von *$N_2$*-Mol., die durch Elektronen beschossen werden, zeigen nach Messungen von Ehrhard u. Willmann Z. Physik **204** (1967) 462] zwischen 2 u. 3 eV ausgeprägte Maxima. Dieser Effekt wird unter der Annahme, daß die Kernwellenfunktion des intermediären $N_2^-$-Ions eine stehende Welle ist, deren Knoten sich langsam beim Energiewechsel bewegen, theoret. behandelt. B. Plewinsky 44

*0221* **Resonanzstreuung und Driftbewegung von Elektronen durch Gase.** Lothar Frommhold. (Physic. Rev. [2] **172** (1968) 1, 118—25; Phys. Dep. and Electron. Res. Center, Univ. of Tex., Austin, Tex.; engl.) — Unters. der

Abhängigkeit der Driftgeschw. von Elektronen in $H_2$, $D_2$ u. $N_2$ von der Dichte. Die reziproken Werte sind eine lineare Funktion der Gasdichte. Es wird angenommen, daß wahrscheinlich ein Elektroneneinfang durch einige Resonanzzustände mit niedriger Energie erfolgt. Bei Elektronenenergien in der Nähe der therm. Energie sollten bei der Elektron–Mol.-Streuung Rotationsresonanzen zu beobachten sein. Bei höheren Elektronenenergien (ca. 1 eV) sind die bekannten -Einteilchen-Resonanzzustände von $H_2$ u. $N_2$ in der Nähe von 2 eV wahrscheinlich für die Verzögerung in der Elektronenbewegung bei höheren D. verantwortlich.
H. Liepack 44

*0222* **Winkelverteilungen für die resonante Streuung von Elektronen an Molekülen.** F. H. Read (J. Physics, B (Proc. physic. Soc.) [2] **1** (1968) 5, 893–908; Schuster Labor., Phys. Dep., Manchester Univ.; engl.) — Ableitung eines allg. Ausdrucks für die Winkelverteilungen für die Resonanzstreuung von Elektronen an Molekülen. Für spezielle Mol.-Typen ($C_{3v}$, $C_{4v}$, $D_{2d}$, $D_3$, $D_{3h}$, $D_{3d}$, $D_{4h}$, $D_{6h}$, $C_{1h}$, $C_{2h}$, $C_{2v}$, $D_{2h}$) werden die Koeff. der Winkelverteilungen angegeben. Literaturdaten für *CO* u. $CO_2$ werden diskutiert. E. Richter 44

*0223* **Polarisation in der Elektronenstreuung bei niedriger Energie: Kohlenstoff und Stickstoff.** Ronald J. W. Henry. (Physic. Rev. [2] **172** (1968) 1, 99–103; Kitt Peak Nat. Observatory, Tucson, Ariz.; engl.) — Berechnung der Wrkg.-Querschnitte für elast. Streuung von Elektronen durch C u. N für Energien bis zu 5,5 bzw. 10 eV. Die Form der Wrkg.-Querschnitte für N ist in guter Übereinstimmung mit der experimentell ermittelten. Die Wrkg.-Querschnitte der Photoablsg. für $C^-$ u. $N^-$ werden für Energien der emittierten Elektronen kleiner als 7 eV mitgeteilt, sie sind für $C^-$ in guter Übereinstimmung mit dem Experiment, wenn Polarisationsterme berücksichtigt werden u. die Dipol-Geschw.-Näherung verwendet wird. Für $N^-$ werden die Wrkg.-Querschnitte der Photoablsg. für Elektronenaffinitäten 0,05–0,15 eV ermittelt. H. Liepack 44

*0224* **Schwingungsanregung des $CO_2$ durch Elektronenstoß.** M. J. W. Boness und G. J. Schulz. (Physic. Rev. Letters **21** (1968) 15, 1031–34; Mason Labor., Yale Univ., New Haven, Conn.; engl.) — Der Elektronenstrahl aus einem elektrostat. Analysator (Halbwertsbreite 0,06 eV, Energien 0,3–4,5 eV) wird mit einem $CO_2$-Mol.-Strahl gekreuzt u. die zur Schwingungsanregung benötigte Energie als Energieverlust mit einem zweiten elektrostat. Analysator gemessen. Für die asymm. Streckschwingung (001) wird ein maximaler Wrkg.-Querschnitt von $3 \cdot 10^{-16}$ cm² bei 0,9 eV erhalten, für die 002-Schwingung liegt der Wert eine Größenordnung niedriger. Sechs Energieverlustmax. werden im Energiebereich 3–4,5 eV (Max. bei 3,8 eV) gefunden, die den symm. Streckschwingungen (100, 200 usw.) entsprechen. Die Daten sind mit der Existenz zweier kurzlebiger Compoundzustände konsistent. Der erste, nahe 0,9 eV, zeigt p-Wellencharakter, der zweite, nahe 3,8 eV, zeigt s-Wellencharakter.
Werner Schmidt/Berlin 44

*0225* **Oktopolübergänge bei der Anregung durch Elektronenstoß.** R. H. Garstang. (J. Physics, B (Proc. physic. Soc.) [2] **1** (1968) 5, 847–49; Joint Inst. for Labor., Astrophys. and Dep. of Phys. and Astrophys., Univ. of Colo., Boulder, Colo., USA; engl.) — Der Beitrag einer direkten elektr. Oktopolanregung zu den generalisierten Oszillatorstärken für Elektronenstoß wird ber., wobei numer. Ergebnisse für den $4^2S$–$4^2F$-Übergang des *K* erhalten werden. Der Beitrag ist zu gering, um den beobachteten Querschnitt dieses Übergangs zu verursachen. E. Richter 44

*0226* **H(2p)-Anregungsresonanzen im (e–H)-System nahe der Schwelle.** J. F. Williams und J. William McGowan. (Physic. Rev. Letters **21** (1968) 11, 719–21; Gulf Gen. Atomic Inc., John Jay Hopkins Labor. for Pure and Appl. Sci., San Diego, Calif.; engl.) — Elektronenstoßmessungen mit hoher Auflsg. zeigen, daß genau oberhalb der Schwelle der Anregung des 2p-Niveaus des H-Atoms eine komplizierte Resonanzstruktur existiert.
W. Kunath 44

*0227* **Verhalten von Wirkungsquerschnitten für die 1s–2p-Anregung durch Elektronenstoß oberhalb der Schwelle.** R. Marriott und Manuel Rotenberg. (Physic. Rev. Letters **21** (1968) 11, 722–23; Inst. for Pure and Appl. Phys. Sci., Univ. of Calif., San Diego, La Jolla, Calif.; engl.) — Berechnungen des 1s–2p-Wrkg.-Querschnitts für die Anregung von H durch Elektronenstoß ergeben eine Struktur bei 10,4 u. 10,6 eV. Die Berechnungen scheinen die neuen Daten von Williams u. McGowan zu bestätigen. Die Struktur wird durch eine Interferenz zwischen der Untergrund-Potentialstreuung u. der Resonanz oberhalb der n = 2-Schwelle erklärt. W. Kunath 44

*0228* **Impulsnäherung für die Anregung von atomarem Wasserstoff.** J. P. Coleman. (J. Physics, B (Proc. physic. Soc.) [2] **1** (1968) 4, 567–74; Dep. of Math., Univ. of Durham; engl.) — Für den Vorgang $H^+ + H(1s) \rightarrow H^+ + H(2s)$ werden die Wrkg.-Querschnitte mit Hilfe der Näherung gequantelter Impulse für die Protonenenergien 1–500 keV berechnet. B. Plewinsky 44

*0229* **Klassische Wirkungsquerschnitte der Ionisation durch Elektronen entarteter Niveaus von angeregten Zuständen von atomarem Wasserstoff.** A. E. Kingston. (J. Physics, B (Proc. physic. Soc.) [2] **1** (1968) 4, 559 bis 566; School of Phys. and Appl. Math., Queen's Univ. of Belfast; engl.) — Die Berechnungen werden auf der Grundlage der Theorie von Gryzinski [Physic. Rev. **138** (1965) A 336] durchgeführt u. mit den quantenmechan. Bornschen Wrkg.-Querschnitten verglichen.
B. Plewinsky 44

*0230* **Wirkungsquerschnitte der Elektronenstoßionisation.** 5. Mitt. **Klassische Berechnungen und Vergleich.** Sin-Shong Lin und Fred E. Stafford. (J. chem. Physics **48** (1968) 9, 3885–90; Dep. of Chem., Northwestern Univ., Evanston, Ill.; engl.) — 4. vgl. C. **1968, 38-0172.** — Berechnung der abs. Wrkg.-Querschnitte für Einfachionisation durch Elektronenstoß für alle Elemente des Periodensyst. mit den Ordnungszahlen 41–98 nach den Gleichungen von Gryzinski. Die Diskrepanzen gegenüber den Ergebnissen von Mann u. den experimentellen Werten werden diskutiert. H. Liepack 44

*0231* **Primärer Ionisationskoeffizient von Neon.** B. A. Willis und C. Grey Morgan. (J. Physics, D (Brit. J. appl. Physics) [2] **1** (1968) 9, 1219–21; Dep. of Phys., Univ. College of Swansea; engl.) — Für die Bereiche $8 < E/p_0 < 70$ V cm$^{-1}$ Torr$^{-1}$ u. $4 < p_0 < 105$ Torr ($E$ = Feldstärke; $p_0$ = Gasdruck korr. auf 273 °K) werden prim. Townsend-Ionisationskoeff. $\alpha$ von spektroskop. reinem Ne aus Messungen der räumlichen Abhängigkeit kleiner Ionenströme zwischen ebenen Au-Elektroden bestimmt. $\alpha/p_0$ ist eine Funktion von $E/p_0$ allein. Für den gleichen $E/p_0$-Bereich wird auch der sek. Ionisationskoeff. $\omega/\alpha$ bestimmt. Werner Schmidt/Berlin 44

*0232* **Elektronenstoß-Ionisationsquerschnitte und Ionisationsgeschwindigkeits-Koeffizienten für Atome und Ionen von Wasserstoff bis Calcium.** Wolfgang Lotz. (Z. Physik **216** (1968) 3, 241–47; Inst. für Plasmaphys., Garching bei München; engl.) — Unter Benutzung der vom Vf. früher ermittelten empir. Formel werden Elektronenstoß-Ionisationsquerschnitte für Einzelionisation vom Grundzustand für freie Atome u. für alle Ionisationsstufen von H bis Ca (Z = 20) bestimmt. Ionisationsgeschw.-Koeff. werden für diese Elemente unter der Annahme einer Maxwell-Verteilung der stoßenden Elektronen wiedergegeben. Multiple Ionisation, Erniedrigung des Ionisationspotentials oder Stoßgrenzen werden nicht berücksichtigt.
Herbert Weber 44

*0233* **Messung der Querschnitte für die Ionisation von $Li^+$- und $Ba^+$-Ionen durch Elektronenstoß.** B. Peart und K. T. Dolder. (J. Physics, B (Proc. physic. Soc.) [2] **1** (1968) 5, 872–78; Dep. of Atomic Phys., Univ. of Newcastle upon Tyne; engl.) — Die Querschnitte der Rk. $Li^+ + e = Li^{2+} + 2e$ werden für Energien zwischen dem Schwellenwert u. 3 keV gemessen. Der Querschnitt erreicht ein Max. von $4{,}15 \cdot 10^{-18}$ cm² bei 325 eV. Die entsprechende Rk. für $Ba^+$ wird im Bereich zwischen

Schwellenwert u. 2 keV untersucht. Bei 18 eV tritt eine abrupte Zunahme des Wrkg.-Querschnitts auf, welche als Einsatz der Autoionisation gedeutet wird.
E. Richter 44

*0234* **Messungen der Wirkungsquerschnitte für die Ionisation von $Mg^+$ zu $Mg^{2+}$ durch Elektronenstoß.** S. O. Martin, B. Peart und K. T. Dolder. (J. Physics, B (Proc. physic. Soc.) [2] **1** (1968) 4, 537–42; Dep. of Atomic Phys., Univ. of Newcastle upon Tyne; engl.) — Die Messungen werden für die Rk. $Mg^+ + e \rightarrow Mg^{2+} + 2e$ bis zur Elektronenenergie von 2 keV durchgeführt. Der Wrgk.-Querschnitt $\sigma$ erreicht bei der Energie von 35 eV seinen Maximalwert von $4{,}85 \cdot 10^{-17}$ cm² ($\pm$ 11%). Für $E > 11$ gilt die Beziehung $\sigma \cdot E = 9{,}8 \cdot 10^{-16} \lg \cdot (0{,}216\,E)$ cm², wobei E die Energie der einfallenden Elektronen in Einheiten der Ionisationsenergie von $Mg^+$ (15,03 eV) ist.
B. Plewinsky 44

*0235* **Korrelation der Exzeßenergien der Elektronenstoß-Dissoziationen mit den Translationsenergien der Produkte.** Max A. Haney und J. L. Franklin. (J. chem. Physics **48** (1968) 9, 4093–97; Dep. of Chem., Rice Univ., Houston, Tex.; engl.) — Die Translationsenergien der Prod. einmol. Elektronenstoßdissoziationen wurden bei den Auftrittspotentialen der Fragmentionen für folgende Prozesse untersucht: $CH_3CH{=}CH_2 \rightarrow C_2H_2^+ + CH_4$, $\rightarrow CH_3^+ + C_2H_3$, cyclo-$C_3H_6 \rightarrow C_2H_2^+ + CH_4$, $\rightarrow CH_2^+ + C_2H_4$, $\rightarrow C_2H_3^+ + CH_3$, $CH_3NH_2 \rightarrow CH_3^+ + NH_2$, $\rightarrow NH_2^+ + CH_3$, $CH_3NO_2 \rightarrow CH_3^+ + NO_2$, $CH_3NCO \rightarrow CH_3^+ + NCO$, $CH_3CN \rightarrow CH_2^+ + HCN$, $CH_3OH \rightarrow CH_2^+ + H_2O$, cyclo-$C_2H_4S \rightarrow H_2S^+ + C_2H_2$, $\rightarrow C_2H_3^+ + SH$, $CH_2Cl_2 \rightarrow CH_2^+ + Cl_2$, $C_2N_2 \rightarrow CN^+ + CN$, $C_2H_2 \rightarrow CH^+ + CH$. Die Exzeßenergien für jeden Prozeß wurden aus den gemessenen Auftrittspotentialen u. den bekannten Bldg.-Wärmen der Prod. u. Rk.-Partner im Grundzustand bestimmt. Der Vgl. mit den Aussagen der statist. Theorie ergibt Übereinstimmung, wenn die klass. Zustandsdichte verwendet wird. Die Anwendung der Meth. zur genauen Best. der Bldg.-Wärmen von Radikalen u. Radikalionen wird demonstriert.
H. Liepack 44

*0236* **Photoelektrischer Effekt in Gasen bei Bestrahlung mit Laserlicht hoher Intensität.** E. Panarella. (Physics Letters [Amsterdam] **27 A** (1968) 10, 657–59; Nat. Res. Council, Ottawa, Canada; engl.) — Frühere experimentelle u. theoret. Unters. hatten gezeigt, daß bei adiabat. Kompression eines Lichtpaketes in der Bewegungsrichtung ein Frequenzanstieg auftritt, d. h. ein Anwachsen der Photonenenergie. Bei Fokussierung eines Laserbündels mittels einer Linse tritt eine transversale Kompression (senkrecht zur Bewegungsrichtung) auf. Es kann angenommen werden, daß auch für eine transversale Kompression eine Erhöhung der Photonenenergie stattfindet. Vf. diskutiert dieses Postulat u. benutzt es zur Erklärung experimenteller Ergebnisse über den Gasdurchschlag bei Bestrahlung mit intensiven Laserbündeln.
Herbert Weber 44

*0237* **Mehrphotonenionisation von atomarem Wasserstoff im Grundzustand.** Y. Gontier und M. Trahin. (Physic. Rev. [2] **172** (1968) 1, 83–87; Centre d'Etudes Nucl. de Saclay, Serv. de Phys. Appl., Serv. de Phys. des Interactions Electron., Gif-sur-Yvette, France; engl.) — Diskussion der allg. Theorie der Mehrphotonenionisation von H-Atomen durch gleichzeitige Absorption mehrerer Photonen. In der nichtrelativist. Dipolnäherung führen die Berechnungen zu einer Rekursionsbeziehung bez. der Winkelfunktionen; die numer. Ergebnisse werden als Dispersionskurven der Übergangsrate $\sigma_n/J^{N-1}$ für Wellenlängen von 1000–7200 Å mitgeteilt.
H. Liepack 44

*0238* **Photodissoziation von $H_2^+$ und $D_2^+$: Theorie.** Gordon H. Dunn. (Physic. Rev. [2] **172** (1968) 1, 1–7; Joint Inst. for Labor. Astrophys., Boulder, Colo.; engl.) — Beschreibung der Theorie u. Berechnungen für die Wrkg.-Querschnitte der Photodissoziation von $H_2^+$ ($D_2^+$) von jedem der 19 (27) Schwingungsniveaus der Ionen. Zum Vgl. mit den Experimenten werden die Wrkg.-Querschnitte über eine angenommene Franck-Condon-Verteilung der Anfangsschwingungszustände summiert. Für die Photodissoziation von den niedrigsten Schwingungsniveaus ergibt sich sehr gute Übereinstimmung, für die von den höheren Niveaus weniger gute.
H. Liepack 44

*0239* **Schwankungen in den Kurven der Wirkungsquerschnitte für die Photoionisation von Molekülen.** D. R. Bates und U. Öpik. (J. Physics, B (Proc. physic. Soc.) [2] **1** (1968) 4, 543–47; Dep. of Appl. Mathem., Queen's Univ. of Belfast; engl.) — Die Wrkg.-Querschnitte der Photoionisation für die 1sσ-, 2sσ- u. 3sσ-Zustände von $H_2^+$ werden für Auslösungsenergien bis zu 16 ryd berechnet. Diese Kurven zeigen im Gegensatz zu den Vorstellungen anderer Autoren keine Schwankungen.
B. Plewinsky 44

*0240* **Photoionisation von Dämpfen hoher Temperatur.** 2. Mitt. **Schwefelmolekülspezies.** J. Berkowitz und C. Lifshitz. (J. chem. Physics **48** (1968) 10, 4346–50; ANL, Argonne, Ill.; engl.) — 1. vgl. C. **1967**, 28-0168. — Messung der Photoionisationsausb.-Kurven von Schwefelmol.-Spezies mit Einkrist. von rhomb. Schwefel u. rhomboedr. Schwefel als Dampfquellen. Die Ionisationspotentiale (eV) betragen: $S_2$ 9,36 ± 0,02, $S_3$ 9,68 ± 0,03, $S_5$ 8,60 ± 0,05, $S_6$ 9,00 ± 0,03, $S_7$ 8,67 ± 0,03, $S_8$ 9,04 ± 0,03. Es wurden keine anderen Strukturen als Ringe nachgewiesen. Die Schwelle für dissoziative Ionisation von $S_8$ ist in sehr guter Übereinstimmung mit Ergebnissen aus thermodynam. Messungen.
H. Liepack 44

*0241* **Messung der Schwellenelektronen bei der Photoionisation von $H_2$ und $D_2$.** Don Villarejo. (J. chem. Physics **48** (1968) 9, 4014–26; Dep. of Phys., Univ. of Chicago, Chicago, Ill.; engl.) — Messungen mit einem differentiellen Elektronenenergie-Analysator, mit dem Photoelektronen nachgewiesen werden konnten, die mit einer kinet. Anfangsenergie nahe null ($\lesssim$ 0,1 eV) gebildet wurden. Mit variierender Photonenenergie wurde ein Spektrum von „Schwellen"-Photoelektronen aufgenommen, das die Schwingungsstruktur der $H_2^+$ u. $D_2^+$ wiedergibt. Aus diesen Spektren wurden Werte für $I(H_2)$, $I(D_2)$, $\omega_e(H_2^+)$, $\omega_e(D_2^+)$, $\omega_e x_e(H_2^+)$ u. $\omega_e x_e(D_2^+)$ abgeleitet. In einigen Fällen konnten relative Schwingungsübergangswahrscheinlichkeiten ermittelt werden. Es wird gefolgert, daß bei Berechnungen bez. der Elektronenübergänge in leichten Mol. die Schwingungs-Rotationswechselwrkg. zu berücksichtigen ist.
H. Liepack 44

*0242* **Wirkungsquerschnitte der Photoionisation für N und $O^+$.** Ronald J. W. Henry. (J. chem. Physics **48** (1968) 8, 3635–38; Kitt Peak Nat. Observatory, Tucson, Ariz.; engl.) — Berechnung der Wrkg.-Querschnitte der Photoionisation von N für Wellenlängen > 150 Å u. von $O^+$ für Wellenlängen > 100 Å.
H. Liepack 44

*0243* **Spektroskopie innerer Atomniveaus: Elektrische Feldaufspaltung innerer $p_{3/2}$-Niveaus in schweren Atomen.** T. Novakov und J. M. Hollander. (Physic. Rev. Letters **21** (1968) 16, 1133–36; Lawrence Radiat. Labor., Univ. of Calif., Berkeley, Calif.; engl.) — Mittels Photoelektronenspektroskopie u. innerer Konversionsspektroskopie wird die durch innere elektr. Feldgradienten verursachte Aufspaltung von inneren $p_{3/2}$-Niveaus beobachtet. Es werden die Elemente *Ta, Pt, Au, Th, U* u. *Pu* sowie einige Verb. von U u. Th ($UO_2$, $UO_3$, *Uranylnitrat, Uranylacetat*) untersucht. Im Falle von Th, U u. Pu tritt eine Aufspaltung der $p_{3/2}$-Niveaus auf. Die Größe der Aufspaltung hängt vom Element bzw. der Verb. ab, sie kann durch Anwendung starker äußerer Felder beträchtlich vergrößert werden. Experimente zur Spektroskopie der inneren Konversion an schweren Elementen werden zitiert.
E. Richter 44

*0244* **Energieanalyse von Elektronen aus Penning-Ionisationsprozessen.** V. Fuchs und A. Niehaus. (Physic. Rev. Letters **21** (1968) 16, 1136–39; Phys. Inst. der Univ. Freiburg, Freiburg, Germany; engl.) — Mittels einer Gegenfeldmeth. wird die Energie von Elektronen, die bei Stößen metastabiler Edelgasatome (A) mit Gasatomen (B) entstehen, gemessen. Die erhaltenen Energieverteilungen zeigen einen merklichen Einfl. der Wechselwrkg.-Kräfte zwischen den Stoßpartnern. Untersucht wurden die Stoßpaare A + B mit A = *He, Ne, Ar, Kr* u. B = Ar, Kr, *Xe, Hg*, $C_2H_2$.
E. Richter 44

*0245* **Streuung von $Li_7^+$-Ionen an freien Atomen und Molekülen.** G. Forst. (Molecular Physics **15** (1968) 3, 329—31; Fachschule für Optik u. Fototechn., Berlin-Charlottenburg; dt.) — Die Winkelverteilungen von 30-keV-$Li_7^+$-Ionen bei Streuung an freien Edelgasatomen (*He, Ne, Ar, Kr, Xe*), an Tetraedermol. ($CH_4$, $CCl_4$, $SnCl_4$, $SnBr_4$) u. an hantelförmigen, zweiatomigen Mol. ($H_2$, $O_2$, $N_2$, $Br_2$, $J_2$) zeigen charakter. Intensitätsmax. bei Streuwinkeln der Größenordnung von $10^{-4} < \vartheta < 10^{-3}$ rad. Die Streuwinkelmax. hängen von der opt. Polarisierbarkeit der Streuer in einfacher Art ab u. können durch die Polarisation der Streuungsatome oder — mol. durch die $Li_7^+$-Ionen erklärt werden. E. Otto 44

*0246* **Streuung niederenergetischer Wasserstoffionen ($H^+$, $H_2^+$, $H_3^+$) und Wasserstoffatome an aufgedampften Metallfilmen.** Kenji Morita, Hideo Akimune und Tokuo Suita. (Jap. J. appl. Physics **7** (1968) 8, 916—26; Dep. of Nucl. Engng., Fac. of Engng., Osaka Univ., Osaka; engl.) — Teilchenenergien liegen im Bereich 6—40 keV, als Targets werden *Cu*- u. *Au*-Filme (1000 Å) verwendet. Unter gleichen Geschw. der einfallenden Teilchen sind die Energiespektren u. Intensitäten der gestreuten Protonen für alle 4 Projektile gleich. Die Halbwertsbreite der Energieverteilung der entstehenden Protonen nimmt linear mit steigender Auftreffenergie zu. Ladungsaustauschstöße u. der elektron. Energieverlust des Protons werden bei der Diskussion der Ergebnisse in Betracht gezogen. Werner Schmidt/Berlin 44

*0247* **Berechnungen über den Elektroneneinfang aus D, He, N, O und Ar durch Protonen.** R. A. Mapleton. (J. Physics, B (Proc. physic. Soc.) [2] **1** (1968) 1, 529—36; Air Force Cambridge Res. Labor., Laurence G. Hanscom Field, Bedford, Mass.; engl.) — Wrkg.-Querschnitte werden für $H^+ + He(1s^2) \rightarrow He(1s) + He^+(1s)$ für Stoßenergien E im Bereich 0,1 MeV $\leqq$ E $\leqq$ 100 MeV u. für $H^+ + D(1s) \rightarrow H(1s;2s) + D^+$ im Bereich 10 keV $\leqq$ E $\leqq$ 100 MeV berechnet. OBK-Wrkg.-Querschnitte von *N* u. *O* sowie von allen Unterschalen von *Ar* werden zur Abschätzung des gesamten Wrkg.-Querschnittes für das Einfangen durch Protonen im Energiebereich von 20 keV $\leqq$ E $\leqq$ 100 MeV verwendet. Diese Abschätzungen stimmen befriedigend mit Literaturdaten überein. B. Plewinsky 44

*0248* **Einfang einzelner Elektronen durch langsame Protonen in Helium.** R. K. Colegrave und D. B. L. Stephens. (J. Physics, B (Proc. physic. Soc.) [2] **1** (1968) 5, 856—62; Dep. of Math., Chelsea Coll. of Sci. and Technol., London; engl.) — Die Meth. des gestörten stationären Zustands wird auf die Rk. $He(1s^2) + H^+ \rightarrow He^+(1s) + H(1s)$ angewandt, wobei jedoch eine Impulsübertragung vernachlässigt wird. Der differentielle Wrkg.-Querschnitt bei kleinen Ablenkwinkeln steht mit experimentellen Ergebnissen von Helbig u. Everhart für Energien unterhalb 5 keV in brauchbarer Übereinstimmung. E. Richter 44

*0249* **Dissoziative Elektronenanlagerung in $J_2$-Dampf bei 295 °K.** Frank K. Truby. (Physic. Rev. [2] **172** (1968) 1, 24—30; Sandia Labor., Albuquerque, N.Mex.; engl.) — In einem Mikrowellenhohlraum, in dem die Anfangsionisation durch einen einzelnen Lichtimpuls von einer $H_2$-Lampe erzeugt wurde, wurde die Zweikörper-Elektronenanlagerung für $J_2$ in Ggw. von He untersucht. Der Elektronenanlagerungskoeff. beträgt $k = 1{,}8 \cdot 10^{-10}$ cm$^3$ s$^{-1}$ bei 295 °K. Es wurde ferner bei der gleichen Temp. der Koeff. der ambipolaren Diffusion von Jodionen in He zu $D_a+/p = 730$ cm$^2$/s Torr bestimmt. Die Zerfallsgeschw. der Elektronendichte waren größer als die in der Einzelimpulstechnik für einen gegebenen $J_2$-Dampfdruck beobachteten. Mögliche Einfl. der Ggw. negativer Ionen auf die Elektronendiffusionsgeschw. werden diskutiert. H. Liepack 44

*0250* **Bildung und Zerfall schneller metastabiler Heliumatome bei Stößen mit Ladungsaustausch.** H. B. Gilbody, R. Browning, G. Levy, A. I. McIntosh und K. F. Dunn. (J. Physic, B (Proc. physic. Soc.) [2] **1** (1968) 5, 863—71; Dep. of Pure and Appl. Phys., Queen's Univ. of Belfast; engl.) — Vf. untersuchen Stöße, bei denen Einfang u. Verlust eines Elektrons während der Wechselwrkg. von 60- bis 450-keV-He-Strahlen mit Wasserstoff auftreten. Die Verlustquerschnitte für ein Elektron $\sigma_{0^*1}$ u. $\sigma_{01}$ für metastabiles He u. He im Grundzustand werden bestimmt; dabei ergibt sich, daß $\sigma_{0^*1}$ im untersuchten Energiebereich zwischen 3- u. 13mal größer ist als $\sigma_{01}$. Die Querschnitte $\sigma_{10^*}$ u. $\sigma_{10}$ für den Einfang eines Elektrons in metastabiles He u. He im Grundzustand werden im Bereich 75—250 keV bestimmt. E. Richter 44

*0251* **Ladungsaustauschreaktionen in Xenon–Methan-Mischungen.** James King jun. und Daniel D. Elleman. (J. chem. Physics **48** (1968) 10, 4803—04; Jet Propulsion Labor., Calif. Inst. of Technol., Pasadena, Calif.; engl.) — Es wurden die Doppelresonanzspektren von $Xe^+$–$CH_4^+$–$CH_3^+$ aufgenommen. Danach können folgende Rk. auftreten: $Xe^+(^2P_{1/2}) + CH_4 \rightarrow CH_4^+ + He$, $\Delta H = -7$ kcal/Mol; $CH_4^+ + Xe \rightarrow Xe^+(^2P_{3/2}) + CH_4$, $\Delta H = -23$ kcal/Mol; $CH_3^+ + Xe \rightarrow Xe^+(^2P_{3/2}) + CH_3$, $\Delta H = +50$ kcal/Mol. H. Liepack 44

*0252* **Energieabhängigkeit der Ladungsaustauschreaktionen im thermischen Bereich und im Bereich niedriger Elektronenvolt.** Fred A. Wolf und B. R. Turner. (J. chem. Physics **48** (1968) 9, 4226—33; Gulf Gen. Atomic Inc., John Jay Hopkins Labor. for Pure and Appl. Sci., San Diego, Calif.; engl.) — Mitt. einer Meth. zur Extrapolation von bei auftreffenden kinet. Energien > 1 eV gemessenen Ladungsaustausch-Wrkg.-Querschnitten auf niedrigere Energien. Anwendung auf Ladungsaustauschrk. von $O^-$, $O_2^-$, $O_3^-$ u. $OH^-$ mit $NO_2$; $O^+$, $O_2^+$, $N^+$ u. $N_2^+$ mit NO; $N^+$ mit $O_2$. H. Liepack 44

*0253* **Existenz dreiatomiger Moleküle in einem Molekularstrahl, der durch Ladungsaustausch eines Strahls von dreiatomigen Wasserstoffionen erhalten wird.** F.-Marcel Devienne. (C. R. hebd. Séances Acad. Sci., Sér. A et B **267** (1968) 23, B 1279—81; Labor. de Phys. mol. des Hautes énergies, Peymeinade, Alpes-Maritimes; franz.) — Ein aus einem Strahl von $H_3^+$-Ionen durch Ladungsaustausch erhaltener Molekularstrahl, der durch Ladungsaustausch mit einem Restgas oder mit $He^+$-Ionen erneut ionisiert wird, bildet wieder $H_3^+$-Ionen, während nur H- u. $H_2$-haltige Molekularstrahlen dieses nicht tun. Dieses Verh. wird als Beweis für das Vorliegen von $H_3^0$-Mol. in dem Molekularstrahl angesehen. Die benutzte Meßanordnung wird beschrieben. U. Venzke 44

*0254* **Einflüsse der Schwingungsanregung auf Ladungsaustauschprozesse unter Beteiligung von $H_2^+$ und $D_2^+$ zwischen 70 und 1000 eV.** Howard C. Hayden und Robert C. Amme. (Physic. Rev. [2] **172** (1968) 1, 104—09; Univ. of Denver, Denver, Colo.; engl.) — Messung der Wrkg.-Querschnitte des Ladungsaustausches für $H_2^+$ in $H_2$, $D_2$ u. Ar sowie für $D_2^+$ in $H_2$ in Abhängigkeit von der Energie der auftreffenden Ionen sowie der Elektronenenergie in der Ionenquelle. Die Ionenenergien lagen für $H_2^+ + H_2$ im Bereich 70—1000 eV u. $H_2^+ + D_2$, $H_2^+$ + Ar u. $D_2^+ + H_2$ im Bereich 250—1000 eV. Die Energie der ionisierenden Elektronen lag zwischen 16 u. 21 eV. Die Wrkg.-Querschnitte für $H_2^+$ in $H_2$ nahmen bei Zunahme der Elektronenenergie im 5-eV-Intervall um 5—10% ab. Das für $H_2^+ + H_2$ in der Kurve Wrkg.-Querschnitt in Abhängigkeit von der Energie beobachtete Minimum lag bei niedrigeren Elektronenenergien als nach anderen Messungen, wodurch die Möglichkeit eines Beitrages exothermer Effekte durch hochangeregte auftreffende Ionen ausgeschlossen wurde. Der Mangel an Übereinstimmung zwischen experimentellen Ergebnissen u. Theorie wird diskutiert. Im Wrkg.-Querschnitt für $H_2^+$ + Ar wurde im angegebenen Elektronenenergieintervall mit 700-eV-Ionen eine Gesamtänderung von 20% beobachtet. H. Liepack 44

*0255* **Elektronenverlust von Jod-Ionen zwischen 13,7 und 64 MeV.** A. Möller, N. Angert, B. Franzke und Ch. Schmelzer. (Physics Letters [Amsterdam] **27 A** (1968) 9, 621—22; Inst. für Angew. Phys., Univ. Heidelberg; dt.) — Bei den Messungen der Umladungsquerschnitte für Elektronenverlust von J-Ionen in $N_2$ wurden die Ionenladung $\varrho$ u. die Ionenenergie zwischen folgenden

Werten variiert: von $\varrho = 6$ bei 13,7 MeV über $\varrho = 6 \ldots 10$ bei 31 MeV bis $\varrho = 13$ bei 64 MeV. Der Wrkg.-Querschnitt für Verlust eines Elektrons steigt in diesem Energie-Ladungs-Bereich mit der Ionengeschwindigkeit. Die Wahrscheinlichkeit, daß bei einem inelast. Stoß des Ions mit einem Targetatom die zum Elektronenverlust erforderliche Energie übertragen wird, wächst mit der Ionengeschw. u. bestimmt also hier entscheidend die Größe der Verlustquerschnitte. Mit zunehmender Ionenladung nimmt der Verlustquerschnitt wegen der wachsenden Elektronen-Bindungsenergien im Ion erwartungsgemäß ab. Der Anteil der Mehrfach-Verluste an den Elektronenverlust-Prozessen ist bei J-Ionen erheblich größer als bei leichten Ionen. Herbert Weber 44

*0256* **Energieabhängigkeit der Energieverteilung auf Produkte direkter Reaktionen; Untersuchungen mit gekreuzten Strahlen und ein neues Modell.** P. Hierl, Z. Herman, J. Kerstetter und R. Wolfgang. (J. chem. Physics **48** (1968) 9, 4319–20; Dep. of Chem., Yale Univ., New Haven, Conn.; engl.) — Mit sich kreuzenden Mol.-Strahlen wurden Ion-Mol.-Rk. $Ar^+ + D_2 \rightarrow ArD^+ + D$ u. $Ar^+ + H_2 \rightarrow ArH^+ + H$ untersucht, bei denen nicht ein langlebiger Zwischenkomplex auftritt. Die Verteilung der Rk.-Energie auf innere u. Translationsenergien der Prod. wurde in Abhängigkeit von der kinet. Anfangsenergie ermittelt. Die Übereinstimmung einer entwickelten Theorie mit den experimentellen Ergebnissen deutet an, daß die Dynamik der direkten Rk. von Kräften großer Reichweite bestimmt wird. H. Liepack 44

*0257* **Reaktionen negativer Ionen in der Gasphase. 3. Mitt. Bildung von OCN⁻.** John G. Dillard, J. L. Franklin und William A. Seitz. (J. chem. Physics **48** (1968) 8, 3828–29; Dep. of Chem., Rice Univ., Houston, Tex.; engl.) — 2. vgl. C. **1969**, 17-0158. — Unters. der Bldg. von $OCN^-$ u. $CN^-$ durch Ion-Mol.-Rk. in Mischungen von CNCl mit $SO_2$ u. $N_2O$ in einem Bendix-Flugzeit-Massenspektrometer. Die Rk. wurden bei niedrigen Elektronenenergien untersucht, bei denen die Primärionen nur durch dissoziativen Resonanzeinfang gebildet werden. Die RGK wurden bestimmt. H. Liepack 44

*0258* **Nachweis der Existenz eines $He_3^+$-Ions.** P. L. Patterson. (J. chem. Physics **48** (1968) 8, 3625–31; Joint Inst. for Laboratory Astrophys., Boulder, Colo.; engl.) — Unters. der Ionenbeweglichkeiten von $He^+$ u. $He_2^+$ in He im Temp.-Bereich 300–76°K bei Drücken von 1–30 Torr. Unterhalb 200°K erfolgte eine Konversion des $He_2^+$ in ein Ion, das als $He_3^+$ angenommen wird. Bei 76°K war die Bldg.-Geschw. des $He_3^+$ aus $He_2^+$ größer als die der Drei-Teilchen-Bldg. von $He_2^+$ aus $He^+$. Der Geschw.-Koeff. letzterer Rk. beträgt $(1{,}7 \pm 0{,}4) \cdot 10^{-31}$ cm⁶/s bei 76°K. Zwischen 135 u. 200°K waren $He_2^+$ u. $He_3^+$ im Gleichgewicht. Aus der Gleichgew.-Konst. in Abhängigkeit von der Temp. wurde die Dissoziationsenergie des $He_3^+$ zu $0{,}17 \pm 0{,}03$ eV bestimmt. H. Liepack 44

*0259* **Longitudinale und transversale Diffusionskoeffizienten von massenidentifizierten $N^+$- und $N_2^+$-Ionen in Stickstoff.** J. T. Moseley, R. M. Snuggs, D. W. Martin und E. W. McDaniel. (Physic. Rev. Letters **21** (1968) 13, 873–75; School of Phys., Ga. Inst. of Technol., Atlanta, Ga.; engl.) — Die longitudinalen u. transversalen Diffusionskoeff. der massenspektrometr. identifizierten $N^+$- u. $N_2^+$-Ionen in Stickstoff wurden bei Raumtemp. im Bereich E/N von $12 \cdot 10^{-17}$ bis $300 \cdot 10^{-17}$ V · cm² gemessen. Für E/N unterhalb $30 \cdot 10^{-17}$ V · cm² sind beide Koeff. gleich, bei höherem E/N werden sie mit zunehmendem E/N größer. W. Kunath 46

*0260* **Sichtbare Nachleuchtemission von Krypton.** R. Turner und H. D. Riccius. (J. chem. Physics **48** (1968) 10, 4351–56; Interferometry Sect., Div. of Appl. Phys., Nat. Res. Council, Ottawa, Canada; engl.) — Das frühe Nachleuchten einer gepulsten Kr-Entladung wurde im sichtbaren Spektralbereich untersucht. Für diffuse u. kontrahierte Entladungen wurde das Abklingen der Atom- u. Mol.-Emission gemessen. Aus der Druckabhängigkeit des beobachteten exponentiellen Abklingens folgt, daß die Lebensdauer des frühen Nachleuchtens durch Zweikörperstöße bestimmt ist. Als vorwiegender Zweikörperprozeß wird eine stoßinduzierte Schwingungsrelaxation der Kr-Mol.-Ionen angenommen. Aus $(9{,}0 \pm 0{,}5) \cdot 10^2 p^2$ als Koeff. dieses Prozesses folgt $(1{,}4 \pm 0{,}07) \cdot 10^{-18}$ cm² als Wrkg.-Querschnitt für die Schwingungsrelaxation. H. Liepack 46

*0261* **Messungen der Stark-Verbreiterung zweier Linien von neutralem He in einem Plasma.** J. R. Greig, C. P. Lim, G. A. Moo-Young, G. Palumbo und Hans R. Griem. (Physic. Rev. [2] **172** (1968) 1, 148–53; Univ. of Md., College Park, Md.; engl.) — Unters. der Verbreiterung der Linien $\lambda$ 3889 Å (nur Breite) u. $\lambda$ 5016 Å (Verschiebung u. Breite) von neutralem He in einem Plasma, das in einer T-Röhre in einer $He$–$H_2$-Gasmischung elektromagnet. erzeugt wurde. Aus der Verbreiterung von $H_\beta$ wurde die Elektronendichte im Plasma bestimmt, die Temp. wurde aus dem Verhältnis der Intensität von $H_\beta$ zu der des unterliegenden Kontinuums ermittelt. Die Verbreiterung der Linie 3889 Å nahm linear mit der Elektronendichte zu. Mit Ausnahme für konst. Korrekturfaktoren von 0,9–1,0 stimmt diese Verbreiterung gut mit Berechnungen auf Grund der verallgemeinerten Stoßtheorie überein. Für die Linie 5016 Å ergeben alle Berechnungen wesentlich breitere Linien für Elektronendichten $> 10^{17}$ cm⁻³ als sie experimentell ermittelt wurden. Bei niedrigen Dichten sind die Abweichungen klein ($\lesssim 20\%$). H. Liepack 46

*0262* **Laborbeobachtungen von Plasma-Satelliten an den $2^1P$–$4^1D$- und $2^3P$–$4^3D$-Linien des Heliums.** H.-J. Kunze und Hans R. Griem. (Physic. Rev. Letters **21** (1968) 15, 1048–52; Univ. of Md., College Park, Md.; engl.) — Während der Implosionsphase einer $\Theta$-Pinch-Entladung bei niedriger D. in vorgeheiztem He ($T_e \approx 1$ eV bei $N_e \approx 5 \cdot 10^{13}$ cm⁻³) zeigen oben genannte HeI-Linien Satellitenlinien, die 0,3–0,6 Å von den verbotenen 2P-nF-Übergängen verschoben sind. Diese Satelliten werden, wie von Baranger u. Mozer (vgl. Phys. Rev. **123** (1961) 25) vorhergesagt, durch Einfl. nichttherm. longitudinaler Plasmaschwingungen auf Atomspektren hervorgerufen. Werner Schmidt/Berlin 46

*0263* **Atomübergänge in einer gestörten Glimmentladung.** J. H. Williamson und H. A. Baldis. (J. Physics, B (Proc. physic. Soc.) [2] **1** (1968) 5, 909–13; Dep. of Phys., Univ. of Brit. Columbia, Vancouver, Canada; engl.) — Durch Störung einer Glimmentladung durch ein elektr. HF-Feld wurden die Übergänge zwischen angeregten Zuständen des Wasserstoffs untersucht. Bei 4, 8 u. 15 MHz werden relative Phasen u. der Modulationsgrad des Lichts der ersten vier Balmer-Linien gemessen. Die aus einem Modell resultierenden Vorhersagen stehen mit den Experimenten in guter Übereinstimmung. E. Richter 46

*0264* **Einfluß der Neutralgas-Temperatur auf die Parameter von Ionisationswellen in Neon.** K. Mašek und V. Peřina. (Czechoslov. J. Physics, Sect. B **18** (1968) 3, 363–75; Inst. of Phys., Czechoslov. Acad. Sci., Prague; engl.) — Der Einfl. der Abkühlung des Neutralgases bis zu einer Temp. von 77°K auf die Parameter von Ionisationswellen, die in der positiven Säule einer Gleichstrom-Glimmentladung in Ne angeregt werden, wird untersucht. Nach der Kühlung zeigte sich eine Abnahme der Gruppengeschw., Phasengeschw., Frequenz u. Relaxationszeit der Wellen der Varietät p u. ein Anstieg dieser Größen im Fall der Varietäten r u. s. Die Ergebnisse wurden mit der Lebensdauer metastabiler Atome im Fall der p-Welle u. der von Atomionen im Fall der r-Welle verglichen. Die Änderungen der Lebensdauer mit der Temp. entsprechen den Änderungen der Relaxationszeiten der Wellen; die Lebensdauer der metastabilen Atome ist 5–7mal länger, die Lebensdauer der Atomionen stimmt mit der Relaxationszeit ziemlich gut überein. Herbert Weber 46

*0265* **Messungen von Anregungstemperaturen in der Hochstromhohlkathode.** P. A. Büger und W. Scheuermann. (Z. Physik **216** (1968) 3, 248–60; Nat. Phys. Res. Labor., Pretoria, South Africa; dt.) — Als Hohlkathode (HK) wurde eine Hochstromentladungslampe konstruiert, die bis zu 2 A eine ruhige Entladung garantiert

u. die es ermöglicht, durch einfache Anpressung der zu untersuchenden Probe Spektralanalysen durchzuführen. Messungen der Anregungstemp. $T_a$ im negativen Glimmlicht mit einer Gastemp. von ca. 1500°K zeigten Werte für $T_a$ von ca. 5000°K, wenn die atomaren Spektrallinien als Indikatoren benutzt werden. Von Ionenlinien wird jedoch eine Temp. von 30000 bis 100000°K abgeleitet, in Abhängigkeit von der Natur des Entladungsgases. Diese große Differenz zeigt, daß keine Maxwell-Verteilung in der HK-Entladung vorliegt. Eine mögliche Erklärung könnte sein, daß zwei energet. verschiedene Typen von Elektronen an der Ionisation bzw. Rekombination beteiligt sind. Die vom Gas emittierten Spektrallinien dürften durch Anregung mittels Stoß erster Art entstehen, die vom Metalldampf emittierten aber vor allem über die Anregung durch Stoß zweiter Art. Der Temp.-Abfall mit steigendem Druck wird dadurch hervorgerufen, daß die freie Weglänge der Elektronen kleiner wird u. diese so zwischen Zusammenstößen weniger Energie aufnehmen können u. daß die Barkhausensche Schwingungsbewegung der Elektronen mit steigendem Druck stärker gedämpft wird. Dagegen nimmt die Stoßzahl mit wachsendem Druck zu, u. es wird zu mehr Stößen zweiter Art kommen. Interessante Aspekte, vor allem für die Analyse von Gasgemischen, liefert die Erhöhung der Anregungstemp., die auftritt, wenn man den Durchmesser der Kathodenbohrung verkleinert. Die zur Best. der Anregungstemp. verwendeten Linien waren die von FeI, ArI, ArII u. OII.

Herbert Weber 46

*0266* **Zerfall metastabiler Helium-Moleküle ($^3\Sigma_u^+$) und -Atome ($^3$S) im Nachleuchten.** Kenneth H. Ludlum, James M. Caffrey jun. und Lewis P. Larson. (J. opt. Soc. America **58** (1968) 2, 269–71; Texaco Res. Center, Beacon, N.Y.; engl.) — Im Nachleuchten einer gepulsten Entladung in reinem bzw. verunreinigtem He untersuchen Vf. die Übergänge $He_2{}^3\Pi_g \rightarrow He_2{}^3\Sigma_u^+$ bei 4650 Å u. $He\,^3P \rightarrow He\,^3S$ bei 3889 Å. Der wahrscheinlichste Mechanismus für den ersten Übergang scheint eine direkte Konversion zum $^1\Sigma_g^+$-Grundzustand durch Ladungsaustausch, verursacht durch Rk. zwischen Metastabilen, zu sein.

E. Richter 46

*0267* **Einfluß von Sauerstoffverunreinigungen auf Entladungen und Nachleuchten von Stickstoff.** B. Brocklehurst und R. M. Duckworth. (J. Physics, B (Proc. physic. Soc.) [2] **1** (1968) 5, 990–92; Dep. of Chem., Univ. of Sheffield; engl.) — Die Intensität der ersten negativen Banden in einer Mikrowellenentladung in strömendem $N_2$ wird mehr als die Intensitäten anderer Syst. durch $O_2$-Spuren verringert. Dieses wird einer Entfernung von $N_2^+$-Ionen zugeschrieben. Unters. des Nachleuchtens werden durch Rekombination von N-Atomen, die durch $N_2^+$ im rosa Nachleuchten bewirkt wird, interpretiert.

E. Richter 46

*0268* **Rekombination, Anlagerung und ambipolare Diffusion von Elektronen im photoionisierten NO-Nachleuchten.** Charles S. Weller und Manfred A. Biondi. (Physic. Rev. [2] **172** (1968) 1, 198–206; Dep. of Phys., Univ. of Pittsburgh, Pittsburgh, Pa.; engl.) — Das Nachleuchten des photoionisierten Plasmas von NO wurde durch Mikrowellen- u. massenspektrometr. Meth. untersucht. Die Messungen erfolgten in NO–Ne-Mischungen im Bereich 5–65 mTorr NO, 2–7 Torr Ne. Mit einem differentiell gepumpten Massenspektrometer u. Vielkanalanalysator wurde ein zeitliches Spektrum der zur Wand diffundierenden Ionen ermittelt. Die zur Ermittlung des Elektron–Ion-Rekombinationskoeff. für $NO^+$ aufgenommenen Abklingkurven der Elektronendichte sind infolge der Umwandlung von $NO^+$ zum dimeren $(NO)_2^+$ schwierig zu deuten. Bei hinreichend niedrigen D. von NO wird die $(NO)_2^+$-Konz. vernachlässigbar u. der $NO^+$-Wandstrom gibt das Abklingen der Elektronendichte. Es wurde der Zweikörper-Rekombinationskoeff. $\alpha(NO^+)$ bei 200, 300 u. 450°K bestimmt. Für höhere D. von NO wurde $\alpha(NO)_2^+$ bei 300°K ermittelt. Die Koeff. der Dreikörper-Elektronenanlagerung u. der ambipolaren Diffusion wurden in reinem NO bei 0,1–5 Torr u. T = 300°K ermittelt.

H. Liepack 46

*0269* **Spektrum des Nachleuchtens einer Quecksilberhochfrequenzentladung.** James A. Aubrecht, Bruce M. Whitcomb, Richard A. Anderson und Robert C. Pickett. (J. opt. Soc. America **58** (1968) 2, 196–203; Univ. of Mo. at Rolla, Mo.; engl.) — Das kurzzeitige Nachleuchten einer Hochfrequenzentladung in Hg wird in Abhängigkeit von der Temp. des Hg-Dampfes u. der Hochfrequenzleistung untersucht. Unterhalb 333°K klingen alle Atomlinien exponentiell ab, eine Bandenemission wird nicht beobachtet. Zwischen 333 u. 428°K klingen die Atomlinien zunächst ab, nehmen dann zu u. fallen schließlich mit einer kleinen Abklingkonst. ab. Auch in diesem Temp.-Bereich werden keine Mol.-Banden beobachtet. Zwischen 428 u. 468°K nimmt die Intensität der Atomlinien ab u. eine erste Bandenemission tritt auf. Bei 488°K wird die Intensität der Bandenemission vergleichbar mit der der atomaren Emission. Das Abklingen der $6^1P_1$-, $6^3P_0$- u. $6^3P_2$-Zustände wird untersucht. Eine Theorie, welche die atomare Emission für alle Temp. bis zu 433°K erklärt, wird angegeben. Diese Theorie ergibt einen elektron. ambipolaren Diffusionskoeff. von 853,1 $cm^2\,s^{-1}$ u. eine Lebensdauer des $6^3P_2$-Zustandes von $46{,}8 \cdot 10^{-6}$ s.

E. Richter 46

*0270* **Doppler-Verbreiterung von Heliumionenlinien in einem Niederdruck-Heliumbogen.** Kiyohiko Okazaki und Kōzō Andō. (Jap. J. appl. Physics **7** (1968) 8, 910 bis 915; Inst. of Phys. and Chem. Res. Honkomagome, Bunkyo-ku, Tokyo; engl.) — Die Ergebnisse von Messungen an einem Plasma (Elektronentemp. $10^5$°K, Elektronendichte $10^{14}$ $cm^{-3}$) zeigen, daß das Profil von HeII 4686 Å durch Doppler-Verbreiterung erklärt werden kann, wenn die Feinstruktur berücksichtigt wird. Das Profil von HeII 3203 Å ist hauptsächlich durch Doppler-Verbreiterung bestimmt, einige Prozent werden durch Stark-Effekt hervorgerufen.

Werner Schmidt/Berlin 46

*0271* **Experimenteller Test der Theorie der $H_\beta$-Stark-Verbreiterung bei hohen Elektronendichten.** J. C. Morris und R. U. Krey. (Physic. Rev. Letters **21** (1968) 15, 1043 bis 1045; Avco Corporat., Wilmington, Mass.; engl.) — Für eine Temp. von 16700°K u. eine Elektronendichte von $2 \cdot 10^{17}$ $cm^{-3}$ wird in einem bogenerzeugten Plasma das $H_\beta$-Profil ausgemessen. Die Werte ergeben sich in Übereinstimmung mit der Theorie.

Werner Schmidt/Berlin 46

*0272* **Experimenteller Test der Theorie der $H_\beta$-Stark-Verbreiterung bei hohen Elektronendichten.** J. B. Shumaker jun. und C. H. Popenoe. (Physic. Rev. Letters **21** (1968) 15. 1046–48; NBS, Wash. D.C.; engl.) — $H_\beta$-Spektrallinienprofile, die in Hochstrombögen bei Atmosphärendruck u. Fowler-Milne-Normalelektronendichten gemessen wurden, stimmen mit theoret. Werten innerhalb 10% überein.

Werner Schmidt/Berlin 46

## A–3. Physik der Festkörper und Flüssigkeiten

### Struktur

*0273* **Korrelierte–nichtkorrelierte Reaktionskinetik in einem diskreten Gitter.** James W. Corbett. (Physic. Rev. Letters **21** (1968) 12, 817–19; Gen. Electr. Res. and Dev. Center, Schenectady, N.Y.; engl.) — Vf. entwickelt eine neue Technik, die einen allg. Formalismus zur Behandlung diffusionsbestimmter Rk.-Kinetik in einem diskreten Gitter liefert. Als Beispiel werden Berechnungen für die Rk. Zwischengitteratom–Leerstelle in einem kub. raumzentrierten Gitter angegeben.

E. Richter 51

*0274* **Vielphononenstreuung von Elektronen niedriger Energie.** Robert F. Barnes, Max G. Lagally und Maurice B. Webb. (Physic. Rev. [2] **171** (1968) 3, 627–33; Univ. of Wis., Madison, Wis.; engl.) — Unters. der Vielphononenstreuung durch (111) von *Ni* bei der Beugung langsamer Elektronen. Die beobachtete diffuse Intensität läßt sich in den auf Vielphononenstreuung zurückzuführenden gleichförmigen Untergrund u. eine Restintensität aufspalten, die die erwarteten Eig. der Einphononstreuung aufweist. Die Unters. von Oberflächenstörstellen u. amorphen Schichten adsorbierter Fremdatome als Quellen diffuser Streuung wird diskutiert. H. Liepack 51

*0275* **Pseudopotential-Näherung für die Beugungsintensität langsamer Elektronen an Kristallen.** Kanji Hirabayashi. (J. physic. Soc. Japan **24** (1968) 4, 846—54; Tokyo Shibaura (Toshiba) Electric Co., Ltd. Kawasaki; engl.) — Mittels des Pseudopotential-Formalismus wird die Theorie der Beugung langsamer Elektronen formuliert. Als Beispiel wird die Intensität der 00-Welle von der (0001)-Fläche von Graphit berechnet. E. Richter 51

*0276* **Elektronenbeugungskontrast von drei sich überlappenden parallelen Stapelfehlern.** P. Humble. (Physica Status solidi [Berlin] **30** (1968) 1, 183—92; CSIRO, Div. of Tribophys., Univ. of Melbourne; engl.) — Der zu erwartende Beugungskontrast wird theoret. ber. u. die Ergebnisse werden mit Vers.-Daten an einer verformten *Cu*-Leg. mit 8 Atom-% *Si* verglichen. Der schwache Streifenkontrast ist allg. nachweisbar. Der Einfl. von Versetzungsspannungsfeldern auf diesen schwachen Kontrast wird besprochen, u. einige Ergebnisse für den Kontrast von 2 parallelen Stapelfehlern werden mitgeteilt. H. Roschkowski 51

*0277* **Feinstruktur der aus der Gegenwart ebener Grenzflächen und Versetzungen resultierenden Flecke bei der Elektronenbeugung.** 4. Mitt. **Keilkristalle.** R. de Ridder, J. van Landuyt, R. Gevers und S. Amelinckx. (Physica Status solidi [Berlin] **30** (1968) 2, 797—815;. Rijksuniversitair Centrum, Antwerpen; engl.) — 3. vgl. ibid. **26** (1968) 577; 2. vgl. C. **1967,** 34-0239. — Theoret. Berechnung der Feinstruktur u. Vgl. mit Vers.-Daten von *MgO*-Krist. u. Zwillingsgrenzen in *Stahl*. H. Roschkowski 51

*0278* **Beobachtung von Schwingungen in Rockingkurven von nach Laue reflektierten und gebeugten Strahlen von dünnen Si-Einkristallen.** M. Lefeld-Sosnowska und C. Malgrange. (Physica Status solidi [Berlin] **30** (1968) 1, K 23—25; Chaire de Phys. Theor., Coll. de France, Paris; engl.) — Intensitätsschwingungen der Röntgenbeugungs-Rockingkurven von dünnen Si-Einkrist. werden beschrieben. H. Roschkowski 51

*0279* **Abhängigkeit des Extinktionsabstands von der Abweichung von der Bragg-Bedingung bei Silicium.** C. D. Cann und S. S. Sheinin. (Physica Status solidi [Berlin] **30** (1968) 2, 791—96; Dep. of Phys., Univ. of Alberta; Edmonton; engl.) — Es wurde die Abhängigkeit der (111)- u. (220)-Extinktionsabstände in Si von der Abweichung von der exakten Bragg-Bedingung untersucht. Die Ergebnisse für die (220)-Reflexion zeigen gute Übereinstimmung mit der dynam. Zweistrahltheorie sowie mit Mehrstrahltheorien. Für die (111)-Reflexion befinden sich jedoch die Ergebnisse nur in schlechter Übereinstimmung mit der Zweistrahltheorie u. nur in teilweiser Übereinstimmung mit der Mehrstrahltheorie. H. Roschkowski 51

*0280* **Fehler im Absorptionsfaktor infolge Divergenz des auf eine flache Probe einfallenden Röntgenbündels.** Sukeaki Hosoya. (Jap. J. appl. Physics **7** (1968) 8, 962—63; Inst. for Solid State Phys., Univ. of Tokyo, Roppongi, Minato-ku, Tokyo; engl.) — Es wird das Verhältnis von Absorptionsfaktor eines divergenten Bündels zu dem eines parallelen Bündels als Funktion von sin $\Theta$ ($\Theta$ Einfallswinkel) aufgetragen. Fehler in der integrierten Intensität werden größer als 1% sogar für den Fall sin $\Theta \approx 0{,}1$. Werner Schmidt/Berlin 51

*0281* **Präzisionsmessung von Schichtdicken.** T. O. Meyer und H. H. Soonpaa. (Solid State Commun. **6** (1968) 8, 527—31; Univ. of N. Dak.; engl.) — Die übliche, für die Dickenmessung an dünnen Schichten durch Lichtabsorption bekannte Meth. der „direkten Zählung" wird in dieser Arbeit für Röntgenstrahlinterferenzen entwickelt. Dabei wird der Abstand der Nebenmax. eines gebeugten Röntgenstrahls direkt mit der Krist.-Schichtdicke in Zusammenhang gebracht. Die Meth. wird an $Bi_8Te_7S_5$-Krist. mit Schichtstrukturen angewendet u. führt zu einer genauen Best. der Zahl der Atomlagen. K. H. Härdtl 51

*0282* **Methode zur Herstellung dünner Folien für elektronenmikroskopische Durchstrahlungsuntersuchungen von strukturell heterogenen Proben.** George Martin. (Thin Films **1** (1968) 1, 101—08; North Amer. Aviat. Inc., Los Angeles Div.; engl.) — Vf. beschreibt eine Meth., die eine Kombination von elektrolyt. u. Strahlätzung darstellt u. die zur Abtragung von Material von aus mehreren Phasen bestehenden Proben geeignet ist. Elektronenstrahlgeschweißte Proben von Maraging-Stahl werden mit dem Fl.-Strahl eines Säuregemisches ($H_3PO_4$–HCl bzw. $H_3PO_4$–HCl–$CH_3COOH$) unter gleichzeitigem Anlegen von Gleichspannung zwischen Strahl u. Probe (bis 100 V, bis 0,6 A) soweit abgetragen, daß eine elektronenmkr. Unters. der verschiedenen wärmebeeinflußten Zonen der Probe möglich ist. Herbert Müller 51

*0283* **Zur Frage der isomorphen Phasenübergänge.** V. L. Pokrovskij und G. V. Ujmin. (Ž. èksper. teoret. Fiz. **55** (1968) 4 (10), 1555—60; Inst. teoret. fiz. AN SSSR; russ., Auszug: engl.) — Es wird theoret. gezeigt, daß ein isomorpher Phasenübergang in Metallen auftreten kann. Die möglichen T–P-Diagramme für solche Übergänge werden erhalten. Die krit. Temp. u. Drücke werden untersucht. Herbert Weber 52

*0284* **Ordnungseinstellung von $Ni_3V$.** L. E. Tanner. (Physica Status solidi [Berlin] **30** (1968) 2, 685—701; Ledgemont Labor., Kennecott Copper Corp., Lexington, Mass.; engl.) — Stöchiometr. $Ni_3V$ durchläuft einen Übergang (A 1 $\rightarrow$ $DO_{22}$) von der kub. Struktur zur tetragonalen Ordnung mittels Keimbldg. u. Wachstum. Elektronenbeugungsmikroskopie sowie Messungen des elektr. Widerstands u. therm. Analysen zeigen, daß der Prozeß in 3 Stufen vor sich geht. 1. Keimbldg. kohärenter Partikeln der Ordnungsphase in Cluster mit gemeinsamer Orientierung, 2. Zusammenwachsen dieser Keime zu isolierten Zellen u. 3. Wachstum dieser Zellen. H. Roschkowski 52

*0285* **Phasenübergänge in supraleitenden Ti–Nb-Legierungen.** B. A. Hatt und V. G. Rivlin. (J. Physics, D (Brit. J. appl. Physics) [2] **1** (1968) 9, 1145—49; Fulmer Res. Inst., Ltd., Stoke Poges, Bucks.; engl.) — Es werden Röntgenstrukturunters. an Ti–20,7 Atom-% Nb u. an Ti–25 Atom-% Nb vor u. nach Alterungs- (335°, 400°) u. Abschreckbehandlungen (900°, 1400°) durchgeführt. Spannungen durch Kaltverformung führen bei der Alterung zu Ausscheidung von $\alpha$-Ti. $\alpha$-Ti-Ausscheidungen tragen zur Flußhaftung bei. Abschrecken der $\beta$-Phase bewirkt einen Phasenübergang zu $\alpha''$, einer orthoromb. metastabilen Phase, durch welche hohe Ströme aufrecht erhalten werden. Kurzzeitige Niedertemp.-Alterung bewirkt $\alpha'' \rightarrow \beta$-Übergang, weiteres Altern ergibt $\beta \rightarrow \omega$-Übergang, eine hexagonale metastabile Phase. Ti–25 Atom-% Nb zeigt eine neue metastabile Phase mit tetragonaler Struktur. Werner Schmidt/Berlin 52

*0286* **Martensitcharakter des polymorphen Überganges in KCl bei hohem Druck.** L. D. Livšic, Ju. N. Rjabinin, L. V. Larionov und A. S. Zverev. (Ž. èksper. teoret. Fiz. **55** (1968) 4(10), 1173—85; Inst. fiz. Zemli AN SSSR; russ., Auszug: engl.) — Die Charakteristik des polymorphen Übergangs in KCl bei Drücken bis zu 30 kbar u. Temp. bis zu 300° wird untersucht. Es wird gezeigt, daß die polymorphe Umwandlung zwischen —77° u. +30° folgende Charakteristiken besitzt: Selbstinhibition des Prozesses bei einem konst. Druck; Koexistenz von zwei Phasen in einem breiten Druckbereich; wesentliche Hysterese; Schallphänomene („clicks") während der Umwandlung; Auftreten eines lamellaren Mikroreliefs auf der Oberfläche der Einkristalle. Diese Fakten sind typ. für Martensitumwandlungen. Es wird gezeigt, daß bei steigender Temp. der Übergang in KCl sich mehr den Phasenumwandlungen mit einer „normalen" (nichtmartensit.) Kinetik nähert. Herbert Weber 52

*0287* **Phasenuntersuchungen von $Pb_{1-x}Sn_xSe$-Legierungen.** John C. Woolley und Orazio Berolo. (Mater. Res. Bull. **3** (1968) 5, 445—50; Phys. Dep., Univ. of Ottawa, Ottawa, Canada; engl.) — Mit Hilfe von Röntgenstrahl-Pulveraufnahmen werden im T-x-Phasendiagramm des $Pb_{1-x}Sn_xSe$-Syst. die Grenzen der PbSe-

Struktur mit NaCl-Gitter bestimmt. Maximale Löslichkeit von SnSe in der NaCl-Struktur von PbSe wird zu x = 0,45 bestimmt. Die Ergebnisse werden mit kürzlich erschienenen Werten von DTA-Messungen verglichen, wobei Übereinstimmung festgestellt wird.
K. H. Härdtl 52

*0288* **Charakteristischer struktureller Phasenübergang in Verbindungen vom Perowskit-Typ.** K. A. Müller, W. Berlinger und F. Waldner. (Physic. Rev. Letters **21** (1968) 12, 814—17; IBM Zürich Res. Labor., Rüschlikon, Switzerland; engl.) — Die tetragonale Rotation von $TiO_6$-Oktaedern in $SrTiO_3$ u. die trigonale Rotation von $AlO_6$-Oktaedern in $LaAlO_3$ wurde durch EPR unterhalb der Phasenübergänge beider Verb. gemessen. Die normalisierten Drehwinkel beider Verb. zeigen als Funktion der red. Temp. quant. Übereinstimmung.
E. Richter 52

*0289* **Phasenübergänge in unter hohen Drücken synthetisiertem $Pb_2(NiW)O_6$.** Schōichiro Nomura, Takehiko Nakagawa, Osamu Fukunaga und Shinroku Saito. (J. physic. Soc. Japan **24** (1968) 4, 957—58; Dep. of Phys. Electron., Fac. of Engng., Tokyo Inst. of Technol., Ookayama, Meguro-ku, Tokyo; engl.) — Gemischte Pulver von PbO, NiO u. $H_2WO_4$ wurden in einem Pt-Rohr bei Drücken von 30—36 kbar auf 800 bis 1200° erhitzt. Optimale Bedingungen lagen bei 800° u. 30 kbar. Die Gitterkonst. wurden durch Röntgenpulveraufnahmen bestimmt: Bei Raumtemp. kub. mit a = 7,977 $\pm$ 0,001 Å, bei 173 °K tetragonal mit a = 8,006 $\pm$ 0,002; c = 7,920 $\pm$ 0,002; c/a = 0,989 $\pm$ 0,001. Die DK bei 100 kHz wird im Temp.-Bereich 50—400 °K gemessen.
E. Richter 52

*0290* **Druckeinfluß auf den Metall-Nichtmetall-Übergang und die Leitfähigkeit von $Fe_3O_4$.** G. A. Samara. (Physic. Rev. Letters **21** (1968) 12, 795—97; Sandia Labor., Albuquerque, N.Mex.; engl.) — Messungen des Druckeinfl. auf die Übergangstemp. u. der elektr. Leitfähigkeit an Magnetit (Tieftemp.-Phase) sprechen dafür, daß der Metall-Nichtmetall-Übergang in $Fe_3O_4$ bei ca. 120 °K vom Mott-Wigner-Typ ist. $Fe_3O_4$ wäre somit die erste Substanz, in der ein derartiger Übergang beobachtet wurde.
E. Richter 52

*0291* **Theorie der Keimbildungsgeschwindigkeiten.** J. S. Langer. (Physic. Rev. Letters **21** (1968) 14, 973—76; Carnegie-Mellon Univ., Pittsburgh, Pa.; engl.) — Für eine Klasse einfacher, nicht-trivialer Modelle von Phasenübergängen wird ein allg. Berechnungsverf. der Keimbldg.-Geschw. entwickelt.
Werner Schmidt/Berlin 54

*0292* **Verallgemeinerte Theorie der Keimbildungskinetik.** 1. Mitt. **Allgemeine Formulierungen.** Andrzej Ziabicki. (J. chem. Physics **48** (1968) 10, 4368—74; Dep. of Techn. Phys., Inst. of Gen. Chem., Warsaw, Poland; engl.) — Die klass. Keimbldg.-Theorie von Frenkel, Turnbull u. Fisher wird erweitert, um in einer eindeutigen formalen Behandlung die Bldg. anisodiametr. u. anisotroper Keime in isothermen u. nicht isothermen Bedingungen zu beschreiben. Die Differentialgleichung für die Verteilung der Cluster-Dimensionen wird abgeleitet.
H. Liepack 54

*0293* **Verallgemeinerte Theorie der Keimbildungskinetik.** 2. Mitt. **Athermische Keimbildung unter Einbeziehung sphärischer Cluster.** Andrzej Ziabicki. (J. chem. Physics **48** (1968) 10, 4374—80; engl.) — 1. vgl. vorst. Referat. — Unters. der Effekte der atherm. Keimbldg. unter Einbeziehung sphär., isotroper Cluster nach der l.c. entwickelten allgemeinen Formulierung. Die Formeln für abs. u. relative atherm. Keimbldg., Konz. der atherm. Keime nach schneller Abkühlung u. die Verzögerungsänderung in Folge der Ggw. dieser Keime werden abgeleitet u. untersucht. Einige atherm. Keimbldg.-Charakteristiken für Na-Disilicat werden berechnet.
H. Liepack 54

*0294* **Exakte Berechnung der Zustandssumme für ein Modell zweidimensionaler Polymerkristallisation durch Kettenfaltung.** Robert Zwanzig und John L. Lauritzen jun. (J. chem. Physics **48** (1968) 8, 3351—60; Inst. for Fluid Dynam. and Inst. for Mol. Phys., Univ. of Md., College Park, Md.; engl.) — Behandlung des Problems nach der statist. Gleichgew.-Mechanik.
H. Liepack 54

*0295* **Wachstum von Uran unter Bestrahlung bei 25°.** C. Weinberg, J. Dural und R. R. Conte. (Physics Letters [Amsterdam] **27 A** (1968) 10, 690—91; Centre d'Études Nucl., Fontenay-aux-Roses; franz.) — Unters. zur anisotropen Deformation von $\alpha$-U bei Bestrahlung mit Spaltfragmenten. Es dehnt sich bes. entlang der [010]-Richtung aus. Dieses Wachstum folgt bei starken Bestrahlungen dem Gesetz log $(l/l_0) = G\tau$, wobei l die Länge entlang [010] für einen Abbrand $\tau$ u. $l_0$ die Anfangslänge sind. Vf. haben das Wachstum von $\alpha$-U als Funktion des „Burn-up" $\tau$ für sehr niedrige Dosen gemessen. Der Wachstumskoeff. G ergibt sich als stark abhängig von $\tau$. Der Anfangswert ist G $\approx$ 45000.
Herbert Weber 54

*0296* **Züchtung von hexagonalen Germaniumdioxideinkristallen aus Schmelzlösungen und ihre Charakterisierung.** C. B. Finch und G. W. Clark. (Amer. Mineralogist **53** (1968) 7/8, 1394—98; Metals and Ceram. Div., ORNL, Oak Ridge, Tenn.; engl.) — Einkrist. von hexagonalem $GeO_2$ bis 2 · 2 · 3 mm³ wurden aus $Li_2O \cdot 2MoO_3$- u. $Li_2O \cdot 2WO_3$-Schmelzen durch Abkühlen von 1100 auf 950° mit $\leqq$ 1°/Std. gewonnen. Die Krist. sind opt. klar u. enthalten 50 ppm Mo (oder W) u. 30 ppm Li.
Erwin Riedel 54

*0297* **Kristallisation von Vanadinoxid aus der Dampfphase durch Hydrolyse von Vanadinoxidchlorid.** Humihiko Takei. (Jap. J. appl. Physics **7** (1968) 8, 827—36; Central Res. Labor., Tokyo Shibaura (TOSHIBA) Electr. Co., Ltd., 1 Komukai Toshiba-cho, Kawasaki, Japan; engl.) — Durch Zers. von $VOCl_3$-Dampf in einer feuchten Inert- oder einer reduzierenden Atmosphäre werden Einkrist. von $V_2O_5$, $VO_2$, $V_3O_5$, $V_2O_3$ u. $VO$ präpariert. $V_2O_5$ u. $VO_2$ kristallisieren in Whiskerform, während $V_3O_5$ u. $V_2O_3$ in dendrit. Form entstehen. Dünne einkrist. VO-Schichten wachsen epitakt. auf MgO-Substrat, $VO_2$-Schichten auf $TiO_2$ oder $GeO_2$.
Werner Schmidt/Berlin 54

*0298* **Züchtung von $Pb(Zr\text{-}Ti)O_3$-Einkristallen nach der Flußmittelmethode.** Kaoru Tsuzuki, Kōichirō Sakata, Shuzō Hasegawa und Gisaku Ōhara. (Jap. J. appl. Physics **7** (1968) 8, 953; Res. Inst. of Elektr. Commun., Tohoku Univ., Sendai; engl.) — $Pb(Zr_xTi_{1-x}) \cdot O_3$-Einkrist. werden mit folgenden x-Werten u. dazugehörigen Flußmitteln hergestellt: 0,02 $PbO\text{–}PbMoO_4\text{–}Li_2MoO_4$ (2:3:5); 0,05 $Li_2MoO_4\text{–}PbMoO_4$ (1:2); 0,13 $PbO\text{–}PbCl_2$ (1:4); 0,17 $PbMoO_4$; 0,20 $PbO\text{–}PbMoO_4\text{–}Li_2MoO_4$ (3:5:2); 0,26 $KF\text{–}PbF_2$ (2:3); 0,28 $PbO\text{–}PbMoO_4$ (2:3); 0,31 $Li_2MoO_4\text{–}PbF_2$ (4:1); 0,40 $NaF\text{–}PbF_2$ (1:2); 0,42 $KF\text{–}PbF_2\text{–}Pb_3(PO_4)_2$ (4:5,6:0,4). Ausgangsmaterial ist eine Mischung aus Flußmittel u. $Pb(Zr_{0,5}Ti_{0,5})O_3$.
Werner Schmidt/Berlin 54

*0299* **Wachstum und spektrale Eigenschaften von Silberazid-Kristallen.** Robert L. Brooks. (Mater. Res. Bull. **3** (1968) 5, 389—96; Basic Res. Labor., USAMERDC, Fort Belvoir, Va.; engl.) — Es werden Züchtungsverf. von $AgN_3$-Krist. beschrieben, die es ermöglichen, Krist. mit Flächen bis zu 1 cm² herzustellen. Diese Krist. eignen sich ausgezeichnet für opt. Untersuchungen. Die IR- u. Raman-Spektren werden aufgenommen u. diskutiert.
K. H. Härdtl 54

*0300* **Retention von Zusätzen in $Y_2O_3$, $Gd_2O_3$, $La_2O_3$ und $\alpha$-$Al_2O_3$.** R. C. Pastor, H. Kimura, L. Podoksik, O. Cernichiari und M. A. Pearson. (J. chem. Physics **48** (1968) 8, 3830—31; Korad Corp., Santa Monica, Calif.; engl.) — Unters. des Retentionskoeff. für 10 4f(III)-Zusätze (Pr bis Tm) in $Y_2O_3$, für Nd(III) u. Eu(III) in $Gd_2O_3$ u. $La_2O_3$ u. Cr(III) u. Cr(IV) in $\alpha$-$Al_2O_3$.
H. Liepack 54

*0301* **Bedeutung der Abscheidungsparameter während des Wachstums dünner Schichten.** M. J. Stowell. (Thin Films **1** (1968) 1, 55—74; Tube Investm. Res. Labor., Hinxton Hall, Cambridge; engl.) — Theoret. Unters. des Einfl. der Koaleszenz einer Inselstruktur auf die Rekristallisation während des Schichtwachstums unter Berücksichtigung eines einfachen Modells des Wachstums halbkugelförmiger Inseln. Aus dem Vgl.

theoret. u. experimenteller Ergebnisse folgt, daß die Abscheidungsparameter die Bldg. epitakt. Schichten beeinflussen u. daß in einigen Fällen epitakt. Wachstum mehr durch Abscheidung- als durch Keimbldg.-Bedingungen bestimmt wird. Herbert Müller 54

*0302* **Molekulare Struktur und Rißbildung für Filme, die durch Gasphasenreaktion von $SiH_4$ und $NH_3$ entstehen.** Yoshio Watanabe. (Jap. J. appl. Physics **7** (1968) 8, 960; Elektr. Commun. Labor., Musashino, Tokyo; engl.) — Die Filme werden auf Si-Substraten bei 700 oder 1100° in strömendem $SiH_4$–$NH_3$–$N_2$–$H_2$-Gemisch hergestellt u. anschließend im Vakuum bei 1200° 30 Min lang geheizt. IR-Spektren zeigen für jede Probe die Streckschwingung des Si–N–Si-Syst. (11,6 $\mu$). 2 Absorptionsbanden bei 3 $\mu$ u. 8,5 $\mu$ weisen auf N–H hin. Der Anteil dieser Gruppen im 700°-Film ist größer als im 1100°-Film. Rißbldg. wird nach der Wärmebehandlung gefunden u. auf eine Verdichtung im Film zurückgeführt (Zerfall des N–H u. Bldg. von $Si_3N_4$). Werner Schmidt/Berlin 54

*0303* **Bildung formanisotroper Inseln beim Schichtwachstum auf isotropen einkristallinen Unterlagen.** Rolf Niedermeyer. (Thin Films **1** (1968) 1, 25—44; TH Clausthal, Clausthal-Zellerfeld; dt.) — Vf. wendet die Theorie eindimensionaler Versetzungen von Frank u. Van Der Merwe [1949] auf begrenzte Atomanordnungen auf einem unendlich ausgedehnten Substrat mit unterschiedlicher Gitterkonst. an. Es wird gezeigt, daß beim Wachstum zweidimensionaler größerer Schichten nur eine geringe Anzahl mechan. stabiler Konfig. auftreten kann. Die Auswahlmöglichkeiten dieser Konfig. hängen stark von der Kettenlänge ab; aus Betrachtungen der Energie folgt, daß bei eindimensionaler Anordnung zwei kurze Ketten energet. günstiger sind als eine lange Kette. Bei lateralem Wachstum kann in Schichten eine rechteckige Form der Inseln gegenüber einer quadrat. Form bevorzugt sein. Die Ergebnisse werden zur Diskussion des Wachstums von Oxiden auf der (100)-Fläche von Fe benutzt. Herbert Müller 54

*0304* **Epitaktisches Wachstum von Ge-Schichten auf Si-Substraten durch Vakuumverdampfung.** Kentaro Ito und Kiyoshi Takahashi. (Jap. J. appl. Physics **7** (1968) 8, 821—26; Dep. of Electr., Fac. of Engng., Tokyo Inst. of Technol. Ohokayama, Meguro-ku, Tokyo; engl.) — Es wird das beginnende Wachsen von Ge-Filmen auf (111)-Si durch Reflexionselektronenbeugung untersucht. Es können Einkrist.-Ge-Filme auf gereinigten Si-Substraten erhalten werden. An der Grenzfläche Ge–Si entstehen jedoch schlecht angepaßte Versetzungen. Die Existenz derartiger Versetzungen erklärt auch die ebenfalls gemessenen Strom-Spannungscharakteristiken von p-Ge–n-Si-Heteroübergängen. Werner Schmidt/Berlin 54

*0305* **Epitaktische Silberhalogenidfilme.** L. E. Brady, J. W. Castle und J. F. Hamilton. (Appl. Physics Letters **13** (1968) 2, 76—78; Res. Labor., Eastman Kodak Co., Rochester, N.Y.; engl.) — Kontinuierliche orientierte Filme aus AgBr u. AgCl mit {200}- oder {111}-Oberflächen werden durch Vakuumverdampfung mit Dicken von 0,1 $\mu$ u. darüber hergestellt. Diskontinuierliche, aber selbsttragende AgJ-Filme können nur in der {111}-Orientierung hergestellt werden. Sie enthalten anscheinend hexagonales u. auch kub. AgJ. Die Ionenleitfähigkeit von AgBr-Filmen wird gemessen. W. Kunath 54

*0306* **Mechanische Wechselwirkung von Punktdefekten.** R. Siems. (Physica Status solidi [Berlin] **30** (1968) 2, 645—58; Inst. für theoret. Phys. C, TH Aachen; engl.) — Punktdefekte werden durch Kräftemultipole beschrieben u. ihre Wechselwrkg. mit Hilfe der Elastizitätstheorie untersucht. Explizite Ausdrücke werden für die Wechselwrkg. in elast. isotropen Stoffen abgeleitet. Vgl. mit gittertheoret. abgeleiteten Beziehungen aus der Literatur. H. Roschkowski 56

*0307* **Aktivierungsenergie und Entropie der Temperungskinetik.** P. H. Fang. (Physics Letters [Amsterdam] **27 A** (1968) 10, 697—98; Nat. Aeronaut. and Space Adm., Goddard Space Flight Center, Greenbelt, Md.; engl.) — Anomal kleine Geschw.-Konst., die bei Temperungsexperimenten an E-Zentren in Si beobachtet wurden, werden unter Annahme einer Verteilung der Aktivierungsenergie der Temperung erklärt. Herbert Weber 56

*0308* **Elektronenmikroskopische Untersuchungen von ZnS-Kristallen.** P. Golob, E. Krautz und U. Kümmel. (Z. angew. Physik **25** (1968) 4, 222—27; Inst. für Angew. Phys., TH Graz; dt.) — An über 40 ZnS- u. CdS-Krist. wurden sowohl unbehandelte als auch geätzte Oberflächen elektronenmkr. untersucht. Die bei vielen Krist. beobachteten Streifungen beruhen teils auf eindimensionaler Fehlordnung, teils auf Wachstumsstufen. Die mittleren Streifenbreiten lagen bei 800 Å bis 200 Å. Bei geringer Cd-Dotierung wird die hexagonale Struktur von ZnS-Krist. stabilisiert. Gerhard Schmidt 56

*0309* **Störstellen-Leerstellen-Assoziation in $Mn^{2+}$-dotiertem NaCl.** N. Brown und I. M. Hoodless. (Solid State Commun. **6** (1968) 9, 597—98; Suppl. zu: J. Physics Chem. Solids, Univ. Chem. Labor., Univ. Canterbury, Kent, England; engl.) — Mit Hilfe von Ionenleitfähigkeits- u. $Mn^{2+}$-Diffusionsmessungen wird die Störstellen-Leerstellen-Assoziation $Mn^{2+}$-dotierter NaCl-Krist. gemessen. Die Ergebnisse werden mit einer einfachen Assoziationstheorie analysiert, wobei gute Übereinstimmung zwischen den aus beiden Meßmeth. erhaltenen Assoziationsenthalpien (0,28 eV) erzielt wird. K. H. Härdtl 56

*0310* **Xenon-Leerstellen-Defektcluster in Kupfer.** A. Anderman und W. G. Gehman. (Physica Status solidi [Berlin] **30** (1968) 1, 283—89; Atom. Internat.-Div. of North Amer. Rockwell Corp., Canoga Park, Calif.; engl.) — Die Stabilität von substitutionellen Xe-Atomclustern in Cu wurde mit Hilfe einer elektron. Rechenanlage untersucht. Es ergab sich, daß die Xe-Cluster ohne die gleichzeitige Ggw. von den Clustern angegliederten Leerstellen instabil gegen den Zerfall in isolierte Defekte sind. Die Stabilität der verschiedenen Cluster ist um so größer, je größer das Verhältnis von Leerstellen zu Xe-Atomen ist. Die stabilisierende Wrkg. der Leerstellen hängt wesentlich von ihrer räumlichen Verteilung ab. H. Roschkowski 56

*0311* **Ursprung von Lamellen in hochohmigem KTN.** S. A. Levy und R. Gashler. (Mater. Res. Bull. **3** (1968) 5, 417—26; Bell Telephone Labor., Murray Hill, N.J.; engl.) — Es werden hochohmige (> $10^{12}$ $\Omega$cm) $KTa_{0,65} \cdot Nb_{0,35}O_3$(KTN)-Krist. untersucht, um den Perfektionsgrad zu charakterisieren u. die Art u. räumliche Verteilung von Fehlstellen zu identifizieren. Die zur Verfügung stehenden Krist. weisen doppelbrechende Lamellen auf, die die opt. Anwendungsmöglichkeiten begrenzen. Bei Verw. von Ätz-, Röntgenbeugungs- u. opt. Unters.-Meth. können folgende Fehler als Ursachen für die Lamellen eliminiert werden: Durch therm. Verspannung verursachte plast. Deformation, Zwillingsbldg., Kleinwinkelkorngrenzen, Ordnungs–Fehlordnungs-Domänen u. zweite Phasen. Opt. Messungen der räumlichen Verteilung der paraelektr./ferroelektr. Übergangstemp. $T_c$ zeigen, daß $T_c$ parallel zur Ziehrichtung zykl. variiert. Die Lamellen u. die $T_c$-Änderungen haben beide ihre Ursache in zykl. Änderungen des Nb/Ta-Verhältnisses. K. H. Härdtl 56

*0312* **Störstellenniveau von Pb in ZnTe.** Ken Suto und Masaharu Aoki. (J. physic. Soc. Japan **24** (1968) 4, 955—56; Dep. of Electronic Engng., Univ. of Tokyo, Tokyo; engl.) — Das Leerstellenmodell von H. Watanabe et al. wird an Hand von EPR-Messungen an mit Pb, *Ge* u. *Sn* dotierten ZnTe-Krist. geprüft u. für zutreffend befunden. Außerdem werden Daten von EPR-Unters. *In*- bzw. *Sb*-dotierter ZnTe:Pb-Krist. diskutiert. E. Richter 56

*0313* **Verteilungskoeffizienten verschiedener Verunreinigungen in Alkalimetallhalogeniden.** Motoji Ikeya, Noriaki Itoh und Tokuo Suita. (Jap. J. appl. Physics **7** (1968) 8, 837—45; Dep. of Nucl. Engng., Nagoya Univ., Nagoya; engl.) — Nach der Zonenschmelzmeth. in entsprechenden Halogenatmosphären werden Verteilungskoeff. für einwertige (Li, K, Rb, Ag, (s)) u. zweiwertige (Ca, Cd, Sr, Mn, Ni, Pb, Zn) Verunreinigungen in *NaCl*, *KCl*, *NaBr* u. *KBr* bestimmt. Für Pb-dotiertes KCl wird

Abhängigkeit der Verunreinigungsverteilung von der Durchlaufgeschw. u. von der Verunreinigungskonz. gemessen. Für die 2wertigen Verunreinigungen werden Energien der festen Lsg. berechnet.
Werner Schmidt/Berlin 56

*0314* **Geordnete Anordnung von Sauerstoff in der festen Zwischengitterlösung des Systems Sauerstoff–Zirkonium.** Sadae Yamaguchi. (J. physic. Soc. Japan **24** (1968) 4, 855–68; Res. Inst. for Iron, Steel an Other Metals, Tohoku Univ., Sendai; engl.) — Für Proben der Zus. 11–27 Atom-% O wird die Krist.-Struktur der festen Zwischengitter-Lsg. des Syst. Zr–O mittels Röntgen-, Elektronen- u. Neutronenbeugung untersucht. Dabei wird im Bereich $ZrO_x$ ($0,25 < x < 0,35$) eine neue Überstruktur mit einer von früher gefundenen Überstrukturen abweichenden O-Anordnung beobachtet. Die Anordnung des Sauerstoffs in der Überstruktur wird durch eine Stapelfolge oktaedr. Zwischengitterplätze beschrieben. Die wahre Verteilung der O-Atome zeigt allerdings keine derartige ideale Anordnung. E. Richter 56

*0315* **Ätzgrübchen in Manganferrit-Einkristallen.** Masahiro Mizushima. (Jap. J. appl. Physics **7** (1968) 8, 893–98; Sendai Factory, SONY Corporat., Sendai, Miyagi; engl.) — Es werden Ätzfiguren auf {100}- u. {110}-Flächen bei Ätzung in 10% $H_2SO_4$ mit Zn-Pulver u. Ätzfiguren auf {111}-Flächen bei Ätzung in HCl erhalten. Die Ätzbilder erscheinen plast. bei Probenbehandlung bei 1350°. Nach den Beobachtungen sind die Gleitflächen des Manganferrits {110} mit ⟨110⟩-Burgers-Vektoren. Werner Schmidt/Berlin 56

*0316* **Versetzungen in einem inhomogenen, anisotropen Medium.** J. Gemperlová und I. Saxl. (Czechoslov. J. Physics, Sect. B **18** (1968) 9, 1085–93; Nucl. Res. Inst., Czechosl. Acad. Sci., Rez, Czechosl.; engl.) — Nach einem Fourier-Transformationsverf. werden allg. Ausdrücke für das Spannungsfeld einer Versetzung nahe einer Korngrenze abgeleitet. Als Beispiel wird das Spannungsfeld einer Schraubenversetzung nahe einer Korngrenze explizit angegeben. Werner Schmidt/Berlin 56

*0317* **Versetzungen in nach der Czochralski-Methode gewachsenen GaAs-Einkristallen.** L. Pekárek. (Czechoslov. J. Physics, Sect. B **18** (1968) 9, 1172–76; Popov Res. Inst. of Radiocommun., Prague; engl.) — Es werden Abhängigkeiten der Versetzungsdichte von der Krist.-Form, vom Anschmelzen des Impfkrist., von der Polarität des Impflings, vom As-Dampfdruck, vom Temp.-Gradienten im Tiegel u. von der Wachstumsgeschw. für [111]-orientierte GaAs-Krist. gemessen. Vom Zentrum zur Kante des Einkrist. steigt die Versetzungsdichte um eine Größenordnung an. Die Versetzungsdichte längs des Krist. ist vom Anschmelzen u. von der Polarität des Impfkrist. abhängig, ebenso existiert ein Einfl. bei verschiedenen Krist.-Formen. Bei einem bestimmten Winkel im Zusammenhang mit dem Krist.-Durchmesser steigt die Versetzungsdichte. In Einkrist., in denen der krit. Winkel nicht überschritten ist, beträgt die mittlere Versetzungsdichte $5 \cdot 10^2$ bis $5 \cdot 10^3$ $cm^{-2}$. Der Zentralbereich der Krist. ist in einigen Krist. versetzungsfrei.
Werner Schmidt/Berlin 56

*0318* **Elektronenmikroskopische Beobachtungen von Versetzungen in Nickel und Ni–Mo-Legierungen.** C. R. Brooks, J. E. Spruiell und C. K. H. DuBose. (Mater. Res. Bull. **3** (1968) 5, 381–88; Chem. and Metallurgical Engng. Dep., Univ. of Tenn., Knoxville, Tenn.; engl.) — Durch Verformung induzierte Versetzungen in fehlgeordneten kub. flächenzentrierten Ni–Mo-Leg. mit 10- u. 20 Atom-% Mo beschränken sich auf Gleitebenen u. sammeln sich leicht an Barrieren. Es wird angenommen, daß Mo die Stapelfehlerenergie erniedrigt, was eine genügend große Trennung der partiellen Versetzungspaare verursacht. Die Stapelfehler lassen sich jedoch nicht mkr. auflösen, so daß die Trennung kleiner als 10 Å sein muß. Die Mikrostruktur von verformtem, geordnetem $Ni_4Mo$ wird durch zahlreiche lange Bänder charakterisiert, die vermutlich von Kontrasteffekten verursacht werden. Die Versetzungen beschränken sich auf einzelne Gleitebenen u. erscheinen fast immer in Paaren.
K. H. Härdtl 56

*0319* **Perfekte Versetzungen im Wurtzitgitter.** Yu. A. Osipiyan und I. S. Smirnova. (Physica Status solidi [Berlin] **30** (1968) 1, 19–29; Inst. of Solid State Phys., Acad. of Sci. of USSR, Chernogolovka; engl.) — Theoret. eingehende Analyse der möglichen Typen perfekter Versetzungen in der Wurtzitstruktur. Eine mögliche elektr. Aktivität der Versetzungen wird besprochen.
H. Roschkowski 56

*0320* **Einfluß von Versetzungen auf die Intensitätssprünge der Interferenz-Transmission von Röntgenstrahlen nahe der K-Absorptionskante in Ge.** L. I. Datsenko, M. Ya. Skorokhod und A. D. Vasilkovskii. (Physica Status solidi [Berlin] **30** (1968) 1, 231–37; Inst. of Semiconductors, Acad. of Sci. of Ukrainian SSR, Kiev; engl.) — Im lang- bzw. kurzwelligen Bereich um die K-Absorptionskante wurden die Intensitäten $i_1$ bzw. $i_2$ unter Verw. eines Einkrist.-Spektrometers im Fall der Laue-Beugung an den Ebenen (111), (110) u. (100) gemessen. Ein Anstieg von $i_2$ u. eine Abnahme von $i_1$ mit steigender Versetzungsdichte im Krist. wurde beobachtet. Der Logarithmus des Intensitätssprungs ist linear von der Krist.-Dicke abhängig. H. Roschkowski 56

*0321* **Orientiertes Wachstum von Halbleitern.** 6. Mitt. **Stapelfehlordnung von epitaktischem Indiumphosphid.** H. Holloway. (J. Physics Chem. Solids **29** (1968) 11, 1977–86, 4 Tafeln; Sci. Labor., Ford Motor Comp., Dearborn, Mich.; engl.) — 5. vgl. C. **1968,** 46-0142. — Mit HCl-Transport epitakt. aus Ge-Substraten abgeschiedene InP-Schichten zeigen eine Stapelfehlordnung, die sich bei Elektronenbeugungsaufnahmen in Streifen längs der ⟨1,1,1⟩-Richtung des reziproken Gitters äußert. Knoten erhöhter Intensität werden an reziproken Gitterpunkten für verzwillingten Sphalerit u. häufig auch an der Hälfte der Punkte eines Wurtzit-Gitters gefunden. Ein Vgl. der beobachteten Intensitätsverteilungen mit Rechnungen, die auf Jagodzinskis Zwei-Parameter-Modell basieren, führt zu dem Schluß, daß die Schichten inhomogen sind u. Bereiche mit stark unterschiedlichen Fehlerhäufigkeiten aufweisen. K. H. Härdtl 56

*0322* **Elektronenbeugung von periodischen Anordnungen von Stapelfehlern; Anwendung auf Antiphasendomänengrenzen in geordneten Kupfer–Gold-Legierungen (CuAu).** A. G. Fitzgerald. (Thin Films **1** (1968) 1, 83–100; Lawrence Radiat. Labor., Univ. of Calif., Berkeley, Calif.; engl.) — Theoret. Deutung der Elektronenbeugungsdiagramme von CuAu-II-Schichten unter Berücksichtigung der Beugung an einem Krist. mit period. Anordnungen von Stapelfehlern u. dem Auftreten von Fraunhofer-Effekten an ebenen Fehlern.
Herbert Müller 56

*0323* **Stapelordnung hoher Periodenzahl in Au–Mg-Legierungen nahe $Au_3Mg$.** H. Sato und R. S. Toth. (J. Physics Chem. Solids **29** (1968) 11, 2015–28; Sci. Labor., Ford Motor Comp., Dearborn, Mich.; engl.) — Der Mechanismus der Stabilisierung von Strukturen mit Stapelordnung hoher Periodenzahl wird als weiterer Schritt zum Verständnis für die Bldg.-Ursachen spezif. Krist.-Strukturen untersucht. Als Beispiel dienen die in dieser Arbeit eingehend untersuchten Au–Mg-Legierungen. Als wesentliche Ursache für die Ausbldg. von Überstrukturen wird das Bestreben der Leg. angesehen, günstige Brillouin-Zonenbegrenzungen an der Fermi-Oberfläche zu erzeugen. K. H. Härdtl 56

*0324* **Stapelfehlerdichten in hexagonalen Ag–Sb-Legierungen ($\beta$-Phase).** M. De und S. Sen. (J. Physics, D (Brit. J. appl. Physics) [2] **1** (1968) 9, 1141–44; Dep. of Gen. Phys. and X-rays, Indian Assoc. for the Cultiv. of Sci., Jadavpur, Calcutta, India; engl.) — Aus Röntgenbeugungsmessungen wird die größte Stapelfehlerdichte für eine Leg.-Zus. (Ag–11,23 Atom-% Sb) gefunden, die der prim. kub.-flächenzentrierten Phasengrenze am nächsten liegt. Sie fällt fast linear mit ansteigendem Lsg.-Geh. ab. Eine qual. Interpretation dieses Verh. ergibt sich aus der Differenz der Freien Energien zwischen kub.-flächenzentrierter u. hexagonaler Phase.
Werner Schmidt/Berlin 56

*0325* **Widerlegung der alternativen Schroeer-Triftshäuser-Interpretation neuerer Messungen an Kobaltoxid.** Hang Nam Ok und James G. Mullen. (Physic. Rev. Letters **21** (1968) 12, 823–25; Solid State and Mater. Programme, Princeton Univ., Princeton, N.J.; engl.) — Die Interpretation (Mikrokrist.-Modell) von D. Schroeer und W. Triftshäuser [ibid. **20** (1968) 1242] zu den Ergebnissen ($^{57}$Fe-Mössbauer-Spektren in CoO) der Vf. [vgl. C. **1967**, 33-0068 u. Phys. Rev. **168**, 550, 563 (1968)] wird widerlegt. E. Richter 56

*0326* **Domänengrenzen in Vanadin.** F. Secco D'Aragona, R. C. Rau und R. L. Ladd. (Physica Status solidi [Berlin] **30** (1968) 1, K 1–3, 1 Tafel; Gen. Electr. Co., Cincinnati, O.; engl.) — An V-Einkrist. wurden transmissionselektronenmkr. Streifendefekte nachgewiesen, die als Domänengrenzen erklärt werden. Eine Bewegung dieser Grenzen unter der Einw. des Elektronenstrahls wurde beobachtet. H. Roschkowski 56

*0327* **Kristallographie von Antiphasengrenzen in Fe–Si-Legierungen.** A. Gemperle. (Physica Status solidi [Berlin] **30** (1968) 2, 541–50; Inst. of Phys., Czechoslovak Acad. of Sci., Prague; engl.) — Die Antiphasen-Domänengrenzen in Fe-Leg. mit 11,2–15,4 Atom-% Si wurden transmissionselektronenmkr. untersucht. Beide Grenztypen, 1/4 $a_0$'[111] u. 1/2 $a_0$'[100], haben einen ausgeprägten kristallograph. Charakter u. liegen ungefähr in (100)-Ebenen. Durch diese Eig. unterscheiden sich Fe–Si-Leg. von anderen Leg. mit der gleichen Struktur. Das Verh. der Grenzen beider Typen wird mit bekannten Theorien verglichen. H. Roschkowski 56

*0328* **Beobachtung von {111}-Atomebenen in Silicium.** V. A. Phillips und J. A. Hugo. (Appl. Physics Letters **13** (1968) 2, 67–68; Gen. Electr. Res. and Dev. Center, Schenectady, N.Y.; engl.) — Die {111}-Atomebenen von Si mit einem Gitterabstand von 3,138 Å wurden im Philips EM 300-Elektronenmikroskop abgebildet. Dabei wurde die Zweistrahl-Technik bei schräger Beleuchtung angewendet. Das Präp. bestand aus einem Einkristallplättchen, das chem. dünn geätzt worden war. W. Kunath 58

*0329* **Strukturelle Klassifizierung verschiedener Verbindungen von Fluor mit Eisen und einwertigen Kationen. Anwendung zur Deutung ihrer magnetischen Eigenschaften.** J. Portier, A. Tressaud, R. de Pape und P. Hagenmuller. (Mater. Res. Bull. **3** (1968) 5, 433–36; Serv. de chim. minérale struct. de la Fac. des Sci. de Bordeaux, Talence, Gironde; franz.) — Die Strukturen der im Syst. $FeF_3$–$FeF_2$–MF (M = Li, Na, K, Rb, Tl) auftretenden Phasen unterscheiden sich durch die Art, in welcher die $FeF_6$-Oktaeder miteinander verknüpft sind. Die Strukturen können folgende Formen annehmen: Dreidimensionale $(FeF_3)_n$-Netzwerke, Doppelschichten von $(Fe_2F_7)_n$, Einfachschichten von $(FeF_4)_n$, mit Brücken verbundene $(Fe_3F_{14})_n$-Ketten, isolierte $(FeF_5)_n$-Ketten oder isolierte $FeF_6$-Oktaeder. Diese Klassifikation, die auf andere Verb. der Übergangsmetalle, Al u. Ga, erweitert werden kann, trägt den magnet. Eig. der Fe–F-Verb. Rechnung. K. H. Härdtl 58

*0330* **Ternäre Hydride mit kubischer Perowskitstruktur.** 1. Mitt. **Neutronenbeugungsuntersuchung von $LiBaH_3$ und $LiBaD_3$.** A. J. Maeland und A. F. Andresen. (J. chem. Physics **48** (1968) 10, 4660–61; Inst. for Atomenergi, Kjeller, Norway; engl.) — Die Struktur von $LiBaH_3$ u. $LiBaD_3$ ist vom umgekehrten Perowskittyp, Raumgruppe Pm3m: Ba in (0, 0, 0), Li in (1/2, 1/2, 1/2), H oder D in (1/2, 1/2, 0; 0, 1/2, 1/2; 1/2, 0, 1/2). *$LiSrH_3$* u. *$LiEuH_3$* sind vermutlich isostrukturell. Die Gitterkonst. für $LiBaH_3$ beträgt 4,023 ± 0,001 Å, für $LiBaD_3$ ist sie etwas kleiner. Der totale Neutronenstreuquerschnitt für Wasserstoff beträgt 30 ± 2 b. H. Liepack 58

*0331* **Bestimmung der Kristallstruktur von $MnAs_{0,9}P_{0,1}$.** Hideaki Ido und Takanobu Suzuki. (J. physic. Soc. Japan **24** (1968) 4, 964–65; Dep. of Appl. Phys., Tohoku Gakuin Univ., Sendai; engl.) — Mittels Röntgen-Pulveraufnahmen bestimmen Vf. die Krist.-Struktur von $MnAs_{0,9}P_{0,1}$ bei 119 °K u. 298 °K. Bei 298 °K wird eine rhomb. Struktur mit a = 3,597, b = 6,218 u. c = 5,630 Å gefunden (MnP-Typ). Die Gitterparameter bei 119 °K sind a = 3,475, b = 6,143 u. c = 5,539 Å, auch hier wird eine MnP-Struktur vermutet. E. Richter 58

*0332* **$ANb_2O_6$- und $ATa_2O_6$-Phasen.** F. Galasso, G. Layden und G. Ganung. (Mater. Res. Bull. **3** (1968) 5, 397–408; United Aircraft Res. Labor., East Hartford, Conn.; engl.) — Aus $BaB_2O_4$-Schmelzen züchten Vf. die Hochtemp.-Modifikation von *$BaNb_2O_6$*. Die Krist.-Symmetrie ist orthorhomb. u. die Struktur besteht aus einem Zick-Zack-Muster von $NbO_6$-Oktaederpaaren mit gemeinsamen Kanten, die an den Ecken mit Winkeln von nahezu 60 u. 120° verknüpft sind u. Ringe aus jeweils 6 Oktaedern bilden. Die Ba-Atome befinden sich im Inneren der Ringe. Die Strukturen von $ANb_2O_6$ u. $ATa_2 \cdot O_6$ mit A = Ba, *Ca* u. *Sr* werden miteinander verglichen. K. H. Härdtl 58

*0333* **Kohlenstoffverbindungen der Übergangsmetalle.** 14. Mitt. **Kristallstruktur von Tricarbonylexo-7-phenylcycloheptatrien-(1.3.5)-chrom.** P. E. Baikie und O. S. Mills. (J. chem. Soc. [London], Sect. A **1968,** 11, 2704 bis 2709; Dep. of Chem., Univ. of Manchester, Manchester; engl.) — 13. vgl. ibid. **1968,** 6, 1282; 12. vgl. C. **1969,** 1-0167. — Die Titelverb. wurde röntgenograph. mit Hilfe von 993 Intensitäten untersucht (R = 7,5 bzw. 9,9%); sie krist. in der Raumgruppe $P2_1/n$ mit a = 10,21 ± 0,02, b = 14,01 ± 0,03, c = 9,96 ± 0,02 Å, $\beta$ = 105°20′ ± 10′ (monoklin); Z = 4, $D_{exp}$ 1,47, $D_R$ 1,47. Die Struktur enthält Mol. der Formel $C_{16}H_{12}CrO_3$. Die C–C-Abstände im Ring zeigen, abgesehen von denen des Methylen-C, für ein Syst. konjugierter Einfach- u. Doppelbindungen typ. period. Änderungen. Der konjugierte Mol.-Teil ist fast eben, u. das Cr-Atom liegt in trans-Stellung zum Methylen-C. A. Jaeschke 58

*0334* **Struktur und Stabilität von Carboxylat-Komplexen.** 1. Mitt. **Kristall- und Molekularstrukturen von Kupfer(II)-glykolat, -DL-lactat, -2-hydroxy-2-methylpropionat, -methoxyacetat und -phenoxyacetat.** C. K. Prout, R. A. Armstrong, J. R. Carruthers, J. G. Forrest, P. Murray-Rust und F. J. C. Rossotti. (J. chem. Soc. [London], Sect. A **1968,** 11, 2791–2813; Chem. Crystallograph. Labor. and Inorg. Chem. Labor., South Parks Road, Oxford; engl.) — Die Krist.-Strukturen von Bis-[glykolato]-Cu(II) (**I**; monoklin, a = 793 (± 0,02 Å), b = 5,80, c = 8,68, $\gamma$ = 111,1 ± 0,3°, $D_{exp}$ 2,164 ± 0,01, $D_R$ 2,165, Z = 2, Raumgruppe $P2_1/a$, opt. zweiachsig), *Aquo-bis-[DL-lactato]-Cu(II)-hemihydrat* (**II**; monoklin, a = 10,53 ± 0,03, b = 20,55 ± 0,05, c = 5,66 ± 0,02 Å, $\gamma$ = 119,3 ± 0,30°, $D_{exp}$ 1,71 ± 0,03, $D_R$ 1,671, Z = 4, Raumgruppe A2), *Diaquo-bis-[2-hydroxy-2-methylpropionato]-Cu(II)* (**III**; 1. monoklin, a = 10,8 ± 0,05, b = 5,80 ± 0,03, c = 39,98 ± 0,1, $\alpha$ = 110 ± 1°, Raumgruppe $P2_1/c$, 2. monoklin a = 10,25 ± 0,05, b = 5,80 ± 0,03, c = 11,24 ± 0,05, $\alpha$ = 105,9 ± 0,5°, $D_{exp}$ 1,647 ± 0,01, $D_R$ 1,581, Z = 2, Raumgruppe C2/m), *Diaquo-bis-[methoxyacetato]-Cu(II)* (**IV**; monoklin, a = 6,92 (± 0,02), b = 7,26, c = 10,10 ± 0,03 Å, $\gamma$ = 96,7 ± 0,3°, $D_{exp}$ 1,820 ± 0,005, $D_R$ 1,819, Z = 2, Raumgruppe $P2_1/n$, opt. zweiachsig) u. *Diaquo-bis-phenoxyacetato]-Cu(II)* (**V**; monoklin, a = 16,26 ± 0,04, b = 7,28 ± 0,03, c = 23,99 ± 0,06 Å, $\gamma$ = 110,4 ± 0,3°, $D_{exp}$ 1,531 ± 0,01, $D_R$ 1,510, Z = 6, Raumgruppe $P2_1/n$, opt. zweiachsig) wurden durch dreidimensionale Röntgenstrukturanalysen bestimmt. Die Krist. wurden aus wss. Lsg. (pH < 5) gezüchtet. Alle Komplexe enthalten trans-Chelatringe, die, abgesehen vom bogenförmigen **II**, koplanar sind. Die Cu-Ionen liegen, außer bei **II** u. **IV**, in tetraedr. verzerrter Umgebung. Bei **II** liegen sie in einer fast quadrat.-pyramidalen fünffach koordinierten Umgebung u. bei **IV** in einem zusammengedrückten Oktaeder. A. Jaeschke 58

*0335* **Farbisomerie und Struktur von Kupfer-Koordinationsverbindungen.** 17. Mitt. **Kristallstruktur des Pyridinsolvats von Bis-[N-phenylsalicylaldiminato]-kupfer(II).** D. Hall, Sylvia V. Sheat-Rumball und T. N. Waters. (J. chem. Soc. [London], Sect. A **1968,** 11, 2721–24; Chem. Dep. Univ. of Auckland, New Zealand; engl.) — 16. vgl. C. **1969.** 1-0179. — Eine dreidimensionale Röntgenstrukturanalyse ergab für das Solvat Bis-

[N-phenylsalicylaldiminato]-Cu(II) · py monokline Krist.-Struktur mit a = 28,79 ± 0,05, b = 8,95 ± 0,03, c = 19,77 ± 0,05 Å, $\beta$ = 94°50′ ± 10′, $D_{\cdot exp}$ 1,39, $D_{\cdot R}$ 1,40, Z = 8, Raumgruppe $C_c^{-2}$ oder $C_c$. Es liegt eine tetragonal-pyramidale Koordination vor, in der das py-Mol. die Lage an der Spitze einnimmt. Die Bindungslängen entsprechen ziemlich genau dem unsolvatisierten Komplex, dagegen bestehen Unterschiede in den Bindungswinkeln. A. Jaeschke 58

*0336* **Kristall- und Molekularstruktur von zwei kristallographischen Modifikationen des trans-Dijodo-bis-[dimethylphenylphosphin]-palladium(II).** N. A. Bailey und R. Mason. (J. chem. Soc. [London], Sect. A **1968**, 11, 2594–2605; Dep. of Chem., Univ. of Sheffield, Sheffield; engl.) – Die Modifikation I (rote Nadeln) krist. rhomb. mit a = 8,79 ± 0,01, b = 13,06 ± 0,02 u. c = 17,82 ± 0,04 Å in der Raumgruppe $P2_12_12_1$ ($D_2^4$), Z = 4, $D_{\cdot exp}$ = 2,06, $D_{\cdot R}$ = 2,067, wie die Röntgenstrukturanalyse zeigt. J-Brücken liegen zwischen Pd-Atomen u. kurze intramol. Pd–H-Wechselwrkg. folgen aus der Lage der Phenylringe an den P-Liganden. Die Modifikation II (gelbe Plättchen) krist. monoklin mit a = 10,20 ± 0,01, b = 10,71 ± 0,02, c = 10,23 ± 0,02 Å u. $\beta$ = 111,7 ± 0,05° in der Raumgruppe $P2_1/c$, Z = 2, $D_{\cdot exp}$ = 2,03, $D_{\cdot R}$ = 2,035. Der Komplex hat $C_i$-Symmetrie, u. eine oktaedr. Koordination wird durch intermol. Wechselwrkg. mit H-Atomen am $\beta$-C-Atom des Phenylrings des P-Liganden hervorgerufen. A. Jaeschke 58

*0337* **Kristallstruktur von Augelith.** T. Araki, J. J. Finney und T. Zoltai. (Amer. Mineralogist **53** (1968) 7/8, 1096–1103; Dep. of Geol. and Geophys., Univ. of Minn., Minneapolis, Minn.; engl.) – Ein Augelith, $Al_2(PO_4)(OH)_3$, aus Mono County, Calif., hat die Raumgruppe C2/m u. die Gitterparameter a = 13,124, b = 7,988, c = 5,066 Å, $\beta$ = 112,25°. Dreidimensionale Patterson-Synth., Fourier-Synth., Meth. der kleinsten Quadrate führen zu R = 6,6%. Al hat 2 Koordinationen. Al(1) ist an vier OH, u. zwei O, Al(2) an drei OH u. zwei O koordiniert. P ist von vier O umgeben. Beschreibung der Struktur. Angabe von Atomabständen u. Bindungswinkeln. Erwin Riedel 58

*0338* **Substitutionen des Typs ($Sb_{0,5}{}^{5+}Fe_{0,5}{}^{3+}$) ⇌ ($Ti^{4+}$): Kristallstruktur von Melanostibian.** Paul B. Moore. (Amer. Mineralogist **53** (1968) 7/8, 1104–09; Dep. of Geophys. Sci., Univ. of Chicago, Ill.; engl.) – Dreidimensionale Strukturanalyse zeigt, daß Melanostibian, $Mn^{2+}(Sb_{0,5}{}^{5+}Fe_{0,5}{}^{3+})O_3$ ein ungeordnetes, mit der Ilmenit–Pyrophanit-Gruppe isostrukturelles Gitter besitzt. Raumgruppe $R\bar{3}$, Z = 6, $a_{hex}$ = 5,226, $c_{hex}$ = 14,325 Å. Atomkoordinaten: (6) Mn 0,0, 0,1378; (6) (Sb, Fe) 0,0, 0,3476; (18) O, 0,2873, −0,0252, 0,2559. Erwin Riedel 58

*0339* **Kristallstruktur von Chlorophoenicit.** Paul B. Moore. (Amer. Mineralogist **53** (1968) 7/8, 1110–19; Dep. of Geophys. Sci., Univ. of Chicago, Ill.; engl.) – Chlorophoenicit $(Mn,Mg)_3Zn_2(OH)_6[(As_{0,5}H_{0,5})(O,OH)_3]_2$ hat die Raumgruppe C2/m, Z = 2, a = 22,98, b = 3,32, c = 7,32 Å, $\beta$ = 106,0°. Angabe der Atomkoordinaten. Beschreibung der Struktur. Rh01, hk0 = 0,122 für 330 Reflexe. Erwin Riedel 58

*0340* **Bestimmung und Verfeinerung der Struktur von Heulandit.** A. B. Merkle und M. Slaughter. (Amer. Mineralogist **53** (1968) 7/8, 1120–38; Dep. of Geol., Univ. of Mo., Columbia; engl.) – Heulandit ist monoklin, Raumgruppe Cm, Z = 4 $[(Ca,Na_2)Al_2Si_7O_{18} \cdot 6\,H_2O]$; a = 17,73, b = 17,82, c = 7,43 Å, $\beta$ = 116°20′. Die Verfeinerung der Struktur mit der Meth. der kleinsten Quadrate führt zu R = 0,14. Angabe der Atomparameter u. Atomabstände. Beschreibung u. Diskussion der Struktur. Wesentliches Merkmal sind große Kanäle in 3 Raumrichtungen. Erwin Riedel 58

*0341* **Kristallstruktur von Staurolith.** J. V. Smith. (Amer. Mineralogist **53** (1968) 7/8, 1139–55; Dep. of Geophys. Sci., Univ. of Chicago, Ill.; engl.) – Staurolith ist pseudoorthorhomb.; C2/m, a = 7,8713, b = 16,6204, c = 5,6560 Å, $\beta$ = 90°. Obwohl die Struktur durch Naray-Szabó et al. (1958) richtig beschrieben wurde (alternierende Schichten von Cyanit u. $AlFe_2O_2OH$), sind einige Details komplexer. In einer Probe vom St. Gotthard wurden 2 neue Oktaederplätze U(1) u. U(2) bei (0,5, 0, 0) u. (0,5, 0, 0,5) gefunden, die schwach besetzt sind. Chem. u. Mössbauer-Daten zeigen uneinheitliche Besetzungen: Fe-Platz 0,6 Fe, 0,3 Mg oder Al; Si-Platz 0,93 Si, 0,06 Al; U-Plätze 0,04 Fe, 0,02 Mn; Al-Plätze Al etwas durch Mg u. Fe substituiert. Diskussion der Rolle von Protonen u. der Struktur. Angabe von Atomparametern u. Bindungsabständen. Erwin Riedel 58

*0342* **Kristallstruktur und Kationenverteilung von Glaukophan.** J. J. Papike und Joan R. Clark. (Amer. Mineralogist **53** (1968) 7/8, 1156–73; U.S. Geol. Surv., Washington, D.C.; engl.) – Glaukophan von Tiburon Peninsula, Calif., wurde untersucht. Chem. Zus.: $(Na_{1,84}Ca_{0,20})(Mg_{2,38}Fe^{2+}_{0,70}Fe^{2+}_{0,30}Al_{1,58}Ti_{0,06}Mn_{0,01})(Si_{7,92} \cdot Al_{0,08})(O^{2-}, OH^-, F^-, Cl^-)_{24}$. a = 9,541, b = 17,740, c = 5,295 Å, $\beta$ = 104°40′. Die für die Verfeinerung benutzte Raumgruppe ist C2/m. Besetzungen der Kationenplätze: M(1) 0,84Mg + 0,16 $Fe^{2+}$; M(2) 0,91 Al + 0,09 $Fe^{3+}$; M(3) 0,81 Mg + 0,29 $Fe^{2+}$; M(4) 0,98 Na + 0,02 Ca. Angabe von Atomparametern, Bindungsabständen u. Bindungswinkeln. Diskussion der Struktur. Erwin Riedel 58

*0343* **Strukturmodell des hydratisierten Elektrons.** 2. Mitt. Makoto Natori. (J. physic. Soc. Japan **24** (1968) 4, 913–16; Dep. of Appl. Phys., Fac. of Engng., Univ. of Tokyo, Tokyo; engl.) – 1. vgl. C. **1967, 42-0096.** – Das Tetraedermodell für die Elektronenbindung in W. wird neu untersucht. Für vier Typen des W.-Mol. werden Energieniveaus, Oszillatorstärken u. die Konst. der ESR-Hyperfeinaufspaltung für verschiedene Tetraedergrößen berechnet. E. Richter 60

*0344* **Nicht-Gleichgewichte dichter Flüssigkeiten und die Prigogine-Theorie.** P. Allen und G. H. A. Cole. (Molecular Physics **14** (1968) 5, 413–24; Phys. Dep., Univ. of Hull; engl.) – Vf. wenden die Theorie von Prigogine auf die Ableitung der Mol.-Struktur einer einfachen dichten Fl. außerhalb des Gleichgew. an. Der gegenwärtige Stand der Theorie dichter Fl. wird erläutert. E. Richter 60

*0345* **Zell-Theorie für flüssiges Wasser.** Mariana Weissmann und L. Blum. (Trans. Faraday Soc. **64** (1968) 550, 2605–10; Chem. Dep., Syracuse Univ., Syracuse, N.Y.; engl.) – Die Zell-Theorie von Fl. wird unter der Annahme ausschließlich elektrostat. intermol. Kräfte auf fl. W. angewendet. B. Plewinsky 60

*0346* **Struktur und elektrische Eigenschaften von flüssigem Zink.** B. F. Wingfield und J. E. Enderby. (Physics Letters [Amsterdam] **27 A** (1968) 10, 704–05; Univ. of Sheffield, UK; engl.) – Der Strukturfaktor a(X) für fl. Zn bei seinem Schmelzpunkt weicht von dem für andere fl. Metalle ab (X = Impulsübertragung dividiert durch das Doppelte des Fermi-Wellenvektors $2k_F$). Dieses Verh. zeigt eine Abweichung von dem nach einem Hartkugelmodell erwarteten. Der Strukturfaktor wurde bei drei Temp. (450, 550 u. 620°) nach der Meth. der Neutronenbeugung bestimmt. a(X) ist prakt. temperaturunabhängig für 0,5 < X < 1. Die Ergebnisse werden nach der Pseudopotentialtheorie der Metalle diskutiert. Vf. folgern, daß die Energie- u. Vol.-Abhängigkeit des Pseudopotentials genau bestimmt werden muß, wenn eine quant. Theorie des Elektronentransports in fl. Zn entwickelt werden soll. Herbert Weber 60

## Mechanische und thermische Eigenschaften

*0347* **Bestimmung des kritischen Verhaltens in der Gitterstatistik aus Reihenentwicklungen.** 1. Mitt. Anthony J. Guttmann, Barry W. Ninham und Colin J. Thompson. (Physic. Rev. [2] **172** (1968) 2, 554 bis 558; Appl. Math. Dep., Univ. of New South Wales, Kensington, N.S.W., Australia; engl.) – Entw. einer Meth. zur Best. des krit. Punktes u. des krit. Exponenten für Terme in einer Reihenentw. für eine beschränkte Klasse von Funktionen. Als Beispiel werden die Hochtemp.-Suszeptibilitätsreihen für das Ising-Modell u. die

analoge kettenerzeugende Funktion für das Problem des ausgeschlossenen Vol. betrachtet.
Herbert Weber 72

*0348* **Richtungsthermodynamik von kubisch flächenzentriertem festem ortho-$H_2$.** R. A. Tahir-Kheli. (Solid State Commun. **6** (1968) 8, 579–83; Dep. of Phys., Temple Univ., Philadelphia, Pa.; engl.) — Es wird eine verbesserte Näherung zur Berechnung der Richtungsthermodynamik von festem ortho-$H_2$ mit kub. flächenzentriertem Gitter gegeben. Dazu wird ein Hamilton-Operator verwendet, der die elektr. Quadrupol–Quadrupol- u. Krist.–Feld-Terme beschreibt.
K. H. Härdtl 72

*0349* **Formalismus zur Berechnung von Einteilchen-Wellenfunktionen in Kristallen unter Berücksichtigung von Vielkörperaspekten.** H. Bross. (Z. Physik **215** (1968) 5, 485–504; Sekt. Phys., Univ. München; engl.) — Beschreibung einer Verallgemeinerung der MAPW-Meth., die die Berechnung der Einelektronen-Wellenfunktionen in Krist. erlaubt. Sie vermeidet die Divergenzen, die für die Hartree-Fock-Approximation charakterist. sind.
Herbert Weber 72

*0350* **Integrale des Produktes von Atomorbitalen und die Summen der ebenen Wellen über der Brillouin-Zone.** M. Miąsek. (Acta physica polon. **33** (1968) 5, 785–802; Inst. of Phys., Polish Acad. of Sci., Warsaw; engl.) — W-Integrale werden als geeignete Summen von eindimensionalen Integralen für kub.-flächenzentrierte, kub.-körperzentrierte u. NaCl-Typ-Gitter unter Berücksichtigung von nur s- u. p-Atomorbitalen behandelt.
Herbert Weber 72

*0351* **Matrixelemente für die $d^5$-Konfiguration in einem schwach oktaedrischen Feld unter Benutzung der Methoden von Racah.** Wai-Kee Li. (Spectrochim. Acta [Oxford], Part A **24** (1968) 10, 1573–79; Chem. Dep., Univ. of Mich., Ann Arbor, Mich.; engl.) — Die Matrixelemente für die Spin–Bahn- u. Krist.–Feld-Wechselwrkg. in einem schwach kub. Feld werden für die $d^5$-Konfig. berechnet. Diese Matrizen können zur Analyse der Spektren von $d^5$-Komplexen mit oktaedr. oder fast oktaedr. Symmetrie benutzt werden. U. Venzke 72

*0352* **Treessche Korrekturmatrizen für $d^5$-Konfiguration in kubischer Symmetrie.** Anjani K. Mehra. (J. chem. Physics **48** (1968) 10, 4384–86; Dep. of Phys., Indian Inst. of Technol., Kanpur, India; engl.) — Mitt. einer Meth. zur Auffindung der Matrixelemente des Treesschen Korrekturterms in kub. Symmetrie im Schema eines starken Feldes. H. Liepack 72

*0353* **Anharmonische Potentialparameter für das Buckingham-Potential für festes Neon.** R. K. Gupta und N. P. Gupta. (Physica Status solidi [Berlin] **30** (1968) 1, K 41–43; Phys. Dep., Univ. of Jodhpur; engl.)
H. Roschkowski 72

*0354* **SCF-Näherungen in ungeordneten Legierungen.** P. L. Leath. (Physic. Rev. [2] **171** (1968) 3, 725–27; Dep. of Phys., Rutgers — State Univ., New Brunswick, N.J.; engl.) — Es wird eine Beziehung zwischen den Berechnungen der Phononenfrequenzspektren von Taylor sowie Davies u. Langer gefunden.
H. Liepack 72

*0355* **Korrelationsfunktionen fehlgeordneter binärer Legierungen.** 2. Mitt. Philip C. Clapp und S. C. Moss. (Physic. Rev. [2] **171** (1968) 3, 754–63; Ledgemont Labor., Kennecott Copper Corporat., Lexington, Mass.; engl.) — 1. vgl. ibid. **142** (1966) 418.
H. Liepack 72

*0356* **Korrelationsfunktionen fehlgeordneter binärer Legierungen.** 3. Mitt. S. C. Moss und Philip C. Clapp. (Physic. Rev. [2] **171** (1968) 3, 764–77; Dep. of Metallurgy and Mater. Sci., Center for Mater. Sci. and Engng., MIT, Cambridge, Mass.; engl.) — 2. vgl. vorst. Referat. — Anwendung der von Vf. linearisierten Näherung für die Korrelationsfunktionen bin. Leg. auf die experimentelle Messung der diffusen Streuung von Röntgenstrahlen, therm. Neutronen u. Elektronen. Es wurden Größenordnungen, Vorzeichen u. Reichweite der paarweisen Wechselwrkg. für verschiedene Leg. u. Leg.-Syst. bestimmt. Das Syst. *Cu–Au* scheint durch eine oszillator. Wechselwrkg. bis mindestens zu drittnächsten Nachbarn charakterisiert zu sein. Die Werte für *CuPt* können durch Wechselwrkg.-Energien zwischen erst- u. zweitnächsten Nachbarn erklärt werden, desgleichen die Ergebnisse für $Au_3Mn$, $Ni_4Mo$ u. *CuNi*. Die Ergebnisse für *β-CuZn* werden unter der Annahme einer möglichen oszillator. Wechselwrkg. großer Reichweite diskutiert.
H. Liepack 72

*0357* **Metall–Metall-Bindung in $La_4Re_6O_{19}$ und rutilähnliche Doppeloxide.** T. P. Sleight, C. R. Hare und A. W. Sleight. (Mater. Res. Bull. **3** (1968) 5, 437–44; Dep. of Chem., State Univ. of N.Y. at Buffalo, Buffalo, N.Y.; engl.) — Mit Hilfe erweiterter Hückel-Rechnungen wird die Existenz einer Re–Re-Doppelbindung zwischen benachbarten Oktaedern in $La_4Re_6O_{19}$ begründet. Aus Analogiegründen sind diese Doppelbindungen auch in den verzerrten Rutilen $MoO_2$, $WO_2$ u. α-$ReO_2$ wahrscheinlich anwesend. Quant. Energiediagramme werden nicht gegeben, doch kann qual. gezeigt werden, daß die Mol.-Niveaus mit vorwiegend Metall–Metall-Bindungscharakter sehr empfindlich vom Metall–Metall-Abstand u. O–Brückenionen-Abstand abhängen.
K. H. Härdtl 72

*0358* **Ursprung des Kristallfeldes in $Ti^{3+}$-substituierten Alaunen.** Gerald F. Dionne und John A. MacKinnon. (Physic. Rev. [2] **172** (1968) 2, 325–30; Lincoln, Labor., MIT, Lexington, Mass.; engl.) — Die Beziehung zwischen den Krist.-Feld-Energieniveauaufspaltungen u. den Krist.-Struktur-Details für verschiedene $Ti^{3+}$-substituierte Alaune wird untersucht, um das bes. Verh. der paramagnet. Resonanz dieser Salze zu erklären. Mit neueren Daten für $KAl(SO_4)_2 \cdot 12\,H_2O$ u. $NaAl(SO_4)_2 \cdot 12\,H_2O$ u. früheren Ergebnissen für Rb-, Tl- u. Cs-Alaune wird gefunden, daß eine klare Korrelation zwischen der Größe der Krist.-Feld-Komponente niedrigerer Symmetrie u. den betreffenden Al–S-Entfernungen aus röntgenkristallograph. Unters. besteht. Nach einer Unters. der Einheitszelle wird gefolgert, daß die wahrscheinliche Ursache des orthorhomb. Charakters des Krist.-Feldes eine Verschiebung des $(Ti \cdot 6\,H_2O)^{3+}$-Ions von seiner trigonalen Symmetrieachse ist. Als Grund für die Verzerrung werden die Lagen der umgebenden $(SO_4)^{2-}$-Gruppen u. der Radius des $Ti^{3+}$-Ions, der wesentlich größer ist als der des $Al^{3+}$-Ions, angesehen.
Herbert Weber 72

*0359* **Elastische Stärke von Punktfehlstellen.** J. R. Hardy. (J. Physics Chem. Solids **29** (1968) 11, 2009 bis 2014; Lawrence Radiat. Labor., Univ. of Calif., Livermore, Calif.; engl.) — Vf. beschreibt eine allg. Meth. zur genauen Berechnung der elast. Stärke von Punktfehlstellen in kub. Krist. in Abhängigkeit von den interatomaren Kraftkonstanten. Die Meth. basiert auf der Anwendung der Gittertheorie u. gilt für elast. isotrope u. anisotrope Kristalle. Die resultierende Stärke bestimmt das asymptot. Verspannungsfeld im Fernbereich der Fehlstelle u. die durch die Fehlstelle verursachte makroskop. Vol.-Änderung. Als Beispiel wird die mit einer Vol.-Änderung verbundene Leerstellenbldg. in Natrium ber. u. zu 39% eines Atomvol. pro Leerstelle gefunden.
K. H. Härdtl 72

*0360* **Tunnelzustände von $CN^-$-Ionen in RbCl-Kristallen.** R. W. Dreyfus. (J. Physic. Chem. Solids **29** (1968) 11, 1941–58; IBM, T. J. Watson Res. Center, Yorktown Heights, N.Y.; engl.) — Substitutionelle $CN^-$-Störstellen verhalten sich in RbCl-Krist. wie gehemmte Rotatoren. Die Energieniveaus derartiger Rotatoren lassen sich durch ihre Energieabstände in zwei Gruppen einteilen. Relativ große Energieabstände von 19 $cm^{-1}$ werden durch die Anregung der $CN^-$-Ionen in Torsionsschwingungen verursacht. Diese Torsionsschwingungen überstreichen kleine Winkel bez. spezif. Krist.-Achsen. Zwischen den Wellenfunktionen der Torsionsschwingungen für unterschiedliche Achsen bestehen Überlappungen, die für die zweite Gruppe der Energieniveaus verantwortlich sind u. die durch ein tunnelartiges Verh. entstehen. Ihre Aufspaltung untersucht Vf. mit paraelektr. Resonanzmessungen mittels Mikrowellen. Die Energieminima liegen auf den ⟨110⟩-Achsen. Der kleinste Abstand der Tunnelzustände beträgt 0,16 $cm^{-1}$, die gesamte Breite der Tunnelzustände wird zu 0,7 $cm^{-1}$ gefunden. Die $CN^-$-

Ionen zeigen ein Dipolmoment von 0,49 Debye-Einheiten. K. H. Härdtl 72

*0361* **Auf Versetzungen in anisotropen Bikristallen und Halbräumen einwirkende Kräfte.** J. Gemperlová. (Physica Status solidi [Berlin] **30** (1968) 1, 261–74; Inst. of Phys., Czechoslovak Acad. of Sci., Prague; engl.) — Theoret. Berechnungen mit Hilfe einer anisotropen Elastizitätstheorie. Numer. Daten werden für die auf Versetzungen in *Nb, Mo, Cr, Ta, Na*, eine *Fe*-Leg. mit 3,1% *Si* u. eine *Cu*-Leg. mit 45,6% *Zn* einwirkenden Kräfte angegeben. H. Roschkowski 72

*0362* **Atomistische Berechnung der Core-Struktur, Core-Energie und Peierls-Spannung einer Stufenversetzung in NaCl.** F. Granzer, G. Wagner und J. Eisenblätter. (Physica Status solidi [Berlin] **30** (1968) 2, 587–600; Inst. für angew. Phys., Univ. Frankfurt/Main; dt.) H. Roschkowski 72

*0363* **Spannungsgleichungen eines ferromagnetischen Festkörpers, der Gitterstörungen enthält.** M. Kleman. (J. Physique **29** (1968) 7, 684–86; Dép. de Phys. appl., I. R. S. I. D., Saint-Germain-en-Laye; franz.) — Spannungsgleichungen eines ferromagnet. Mediums werden aufgestellt, indem die totale Energie bez. der neun Verzerrungen $e_{ij}$ u. $\omega_i$ zum Minimum gemacht wird. Diese Gleichungen stellen eine erste Stufe bei der Integration der Brown-Gleichungen dar. Die Meth. kann auf Festkörper angewendet werden, die Gitterstörungen enthalten, da die unabhängigen Variablen in diesem Fall Störungen sind. Spannungen im allg. Fall werden aus einer verallgemeinerten Spannungsfunktion abgeleitet. Herbert Weber 72

*0364* **Berechnung der Bildungsenergie eines Schottky-Defektes in Germanium.** C. J. Hwang und L. A. K. Watt. (Physic. Rev. [2] **171** (1968) 3, 958–69; Dep. of Electr. Engng., Univ. of Wash., Seattle, Wash.; engl.) — Berechnung nach dem ersten Hauptsatz unter Verw. der Valenzbindungsmeth. von Heitler u. London. Die Bldg.-Energie einer Leerstelle folgt aus der Differenz zwischen der Grundzustandsenergie des Krist. mit dem Defekt u. der des perfekten Kristalles. Der tetraedr. Valenzzustand von Ge wird als Bezugsniveau für die verschiedenen Energien verwendet. Das numer. Ergebnis hängt von dem gewählten Wert für die Kohäsionsenergie von Ge ab. Unter Verw. eines Mittelwertes aus drei bekannten Werten folgt die Bindungsenergie eines Schottky-Defektes zu $E_v = 2{,}21 \pm 0{,}18$ eV in guter Übereinstimmung mit experimentellen Werten. H. Liepack 72

*0365* **Theoretische Berechnungen der Kinetik des Ordnung-Unordnung-Überganges in Kohlenmonoxid und der Energieniveaus eines zweidimensionalen behinderten Rotators mit zweifachem Minimum.** R. F. Curl jun., H. P. Hopkins jun. und Kenneth S. Pitzer. (J. chem. Physics **48** (1968) 9, 4064–70; Dep. of Chem., Rice Univ., Houston, Tex.; engl.) — Unters. der Kinetik des Ordnung–Unordnung-Übergangs in festem *CO* durch einen Tunnelmechanismus sowie Berechnung der Energieniveaus des zweidimensionalen behinderten Rotators mit zweifachem Minimum in Abhängigkeit von der Schwellenhöhe. H. Liepack 72

*0366* **Ableitung von Phononendispersionsbeziehungen aus Elektronenzuständen in Isolatoren.** B. Gliss und H. Bilz. (Physic. Rev. Letters **21** (1968) 13, 884–87; Inst. für Theoret. Physik, Frankfurt, Germany; engl.) — Unters. des Elektronenanteils an den Kraftkonst. der Gitterschwingungen in Isolatoren mit Hilfe des Formalismus der Greenschen Funktionen. Anwendung auf *LiF*. W. Kunath 72

*0367* **Behandlung der Schwingungen von Kristallen mit Substitutionsdefekten mit einem Schalenmodell.** 2. Mitt. **Theorie der defektinduzierten Einphononenabsorption.** D. Strauch. (Physica Status solidi [Berlin] **30** (1968) 2, 495–505; Inst. für theoret. Phys., Univ., Frankfurt/Main; engl.) — 1. vgl. C. **1968**, 33-0343. H. Roschkowski 72

*0368* **Gruppentheoretische Untersuchung der Gitterschwingungen in Molekülkristallen.** S. H. Chen und V. Dvorak. (J. chem. Physics **48** (1968) 9, 4060–63; Phys. Dep., Univ. of Waterloo, Waterloo, Ontario, Canada; engl.) — Beschreibung einer prakt. Meth. zur Unters. der äußeren Schwingungen von Mol.-Krist., die sich für Neutronen- u. Raman-Spektroskopie eignet. Als Beispiele werden $(CH_2)_6N_4$, *Adamantan* u. $NH_4Cl$ betrachtet. H. Liepack 72

*0369* **Beobachtung von Mikrosekunden-Wärmeimpulsen in starken Magnetfeldern.** J. K. Wigmore. (Appl. Physics Letters **13** (1968) 2, 73–75; IBM Thomas J. Watson Res. Center, Yorktown Heights, N.Y.; engl.) — Unters. von Phononenimpulsen mit einer Dauer von 0,1 $\mu$s in Magnetfeldern bis zu 30 Oe mit Hilfe eines n-Ge-Lawinen-Detektors. Die mittlere freie Weglänge von Phononen in $MgO:Fe^{2+}$ wurde als Funktion des Magnetfeldes gemessen. W. Kunath 72

*0370* **Untersuchung der thermischen Variation der mittleren quadratischen Atomverschiebungen in Zn und Berechnung der damit verbundenen Debye-Temperatur.** Earl F. Skelton und J. Lawrence Katz. (Physic. Rev. [2] **171** (1968) 3, 801–08; Dep. of Phys. and Astronomy, Labor. for Crystallogr. Res., Rensselaer Polytechn. Inst., Troy, N.Y.; engl.) — Die beiden Hauptkomponenten der mittleren quadrat. Atomverschiebungsdifferenzen infolge therm. Schwingungen in Zn wurden aus Röntgenbeugungsintensitäten von Einkrist. über einen Bereich von 4,85–600°K bestimmt. Der Absolutwert der Komponenten der mittleren quadrat. Atomverschiebungen parallel zur hexagonalen Achse u. in der Basisebene wurde berechnet. Die Röntgen-Debye-Temp. $\Theta^M(0)$ beträgt 219,6°K, $\Theta^M(600) = 187$°K. Die therm. Variation von $\Theta^M(T)$ scheint durch einen Vol.-Ausdehnungseffekt über einen begrenzten therm. Bereich (100°K $< T <$ 400°K) erklärt werden zu können. Bei höheren Temp. scheinen zusätzliche anharmon. Effekte vorzuliegen. Die anharmon. Effekte für konst. Vol. wurden berechnet. H. Liepack 72

*0371* **Gitterdynamik von Nb–Mo-Legierungen.** B. M. Powell, P. Martel und A. D. B. Woods. (Physic. Rev. [2] **171** (1968) 3, 727–36; Chalk River Nucl. Labor., Chalk River, Ontario, Canada; engl.) — Messung der Frequenz-Wellenvektor-Dispersionsbeziehungen für die Normalschwingungen von Nb–Mo-Leg. bei 296°K sowie der reinen Metalle unter Verw. kohärenter Einphononstreuung therm. Neutronen. Aus den für die beiden reinen Metalle sehr unterschiedlichen Phononendispersionsbeziehungen wird geschlossen, daß die über Elektron–Phonon-Wechselwrkg. eingehende Elektronenstruktur eine wesentliche Rolle bei der Best. der Dynamik dieser Metalle spielt. Die beobachteten Neutronengruppen, die den Phononen in den Leg. entsprechen, sind nicht wesentlich breiter als für die reinen Metalle. Die zwischenatomaren Kräfte in den Metallen sind oszillator. u. von großer Reichweite. Für verschiedene Zweige der Dispersionskurven wurden vermutete Kohn-Anomalien beobachtet. Die Lagen von verschiedenen dieser Anomalien entsprechen der ber. Elektronenbandstruktur für *W*. Die aus dieser Korrelation ermittelten Dimensionen der Fermi-Fläche sind in Übereinstimmung mit anderen Informationen über die Fermi-Fläche. H. Liepack 72

*0372* **Frequenzspektrum von wasserstoffhaltigen molekularen Festkörpern aus unelastischer Neutronenstreuung. Hexagonales $H_2O$-Eis.** Henry Prask, Henri Boutin und Sidney Yip. (J. chem. Physics **48** (1968) 8, 3367–76; Explov. Res. Labor., FRL, Picatinny Arsenal, Dover, N.J.; engl.) — Mitt. einer einfachen Meth. zur Ermittlung der Beziehung zwischen der Energieverteilung der gestreuten Neutronen u. dem mol. Frequenzspektrum. Die Meth. vernachlässigt die Translation–Rotation-Kopplung, sie ist von prakt. Bedeutung für Syst. mit nicht wesentlicher Überlappung von Translations- u. Librationsfrequenzen. Anwendung auf die Streuung kalter Neutronen durch hexagonales Eis bei 150°K. Aus der thermodynam. Frequenzverteilung werden Momente, spezif. Wärme u. die quadrat. Mittelwerte der Schwingungsamplituden berechnet. H. Liepack 72

*0373* **Schwingungsspektren von Vanadinhydrid in drei Kristallphasen aus der unelastischen Neutronenstreuung.**

J. J. Rush und H. E. Flotow. (J. chem. Physics 48 (1968) 8, 3795–3804; Center for Radiat. Res., NBS, Washington, D.C.; engl.) — Die Spektren sind im allg. in zwei breite Banden oberhalb u. unterhalb ca. 300 $cm^{-1}$ aufgespalten, die in erster Linie mit opt. H-Schwingungen bzw. Schwingungen des Metallatoms zusammenhängen. Es wurden Pseudofrequenzverteilungen für die H-Schwingungen abgeleitet. Es liegen breite opt. Schwingungsbanden mit Max. bei 970 ± 50 u. ca. 1400 $cm^{-1}$ in der $\alpha$-Phase, 440 ± 20, 970 u. ca. 1400 $cm^{-1}$ in der $\beta$-Phase u. ca. 1300 $cm^{-1}$ in der $\gamma$-Phase vor. Die Breite der 440-$cm^{-1}$-Bande nimmt mit der H-Konz. zu. Die Schwingungsspektren des Metallatoms zeigen ebenfalls Änderungen in den Lagen der Max. u. in den Breiten bei Änderung der Phasenverteilung. Die Abhängigkeit der Neutronenspektren von der Temp. u. der Zus. zwischen $VH_{0,20}$ u. $VH_{1,71}$ fällt gut mit dem Phasendiagramm zusammen. Es wird angenommen, daß der $\alpha$-Phasen-Wasserstoff nur Tetraederplätze besetzt, während in der $\beta$-Phase sowohl Oktaeder- als auch Tetraederplätze besetzt sind. Die Ergebnisse für $VH_{1,49}$ u. $VH_{1,71}$ deuten an, daß in der $\gamma$-Phase der Wasserstoff reguläre Tetraederplätze entsprechend den F-Plätzen in der $CaF_2$-Struktur besetzt. H. Liepack 72

*0374* **Theorie lokalisierter Schwingungen von Zwischengitteratomen in kubisch-raumzentrierten Gittern.** G. Blaesser, J. Peretti und G. Toth. (Physic. Rev. [2] 171 (1968) 3, 665–73; Reactor Phys. Dep. and Exp. Neutron Phys. Div., EURATOM, Ispra, Varese, Italy; engl.) — Best. der Frequenzen lokalisierter Schwingungen in der harmon. Näherung nach einer neuen Meth., die die Lsg. einer Säkulardeterminante vermeidet. Für den Fall eines Zwischengitteratoms in einem kub.-raumzentrierten Gitter werden explizite Formeln angegeben. Als Beispiel werden die Frequenzen lokalisierter Schwingungen in *VH* behandelt. H. Liepack 72

*0375* **Mössbauer-Effekt im kubisch-primitiven Gitter mit linearem Defekt.** J. Celý. (Physica Status solidi [Berlin] 30 (1968) 2, 671–83; Nat. Sci. Fac., Purkyně Univ., Brno; engl.) — Der Mössbauer-Effekt im kub.-primitiven Gitter mit einem linearen Defekt wird für Atome innerhalb u. außerhalb des gestörten Bereichs theoret. untersucht. H. Roschkowski 72

*0376* **Mössbauer-Messungen mit $^{40}K$.** P. K. Tseng, S. L. Ruby und D. H. Vincent. (Physic. Rev. [2] 172 (1968) 2, 249–58; Univ. of Mich., Ann Arbor, Mich.; engl.) — Der 29,4-keV-$\gamma$-Strahl, der aus dem Neutroneneinfang $^{39}K(n, \gamma)^{40}K$ hervorgeht, wurde mittels Mössbauer-Effekt untersucht. Verschiedene K-Verb. wurden als Neutronentargets benutzt, d. h. als $\gamma$-Quellen für Mössbauer-Messungen: KF, KCl, $KC_8$, $K[NiF_3]$, $K[CoF_3]$, $KO_2$, $KAlSi_3O_8$, $KN_3$, KOH, KCN, KH, KF · HF. Als Absorber diente KCl mit Anreicherung auf 1,9% $^{40}K$. Alle Spektren zeigen eine einzelne Absorptionslinie bei v = 0, deren Breite nicht mehr als das 1,3fache des Minimums beträgt, das aus der Lebensdauer erwartet wird. Background u. rückstoßfreie Fraktion variieren stark von einem Fall zum anderen. Quadrupolaufspaltung u. Isomerieverschiebungen sind klein, wenn nicht Null. Die rückstoßfreie Fraktion wurde als Funktion der Temp. für ein KF-Target gemessen. Durch Analyse der Ergebnisse auf der Grundlage einer einfachen Theorie der zweiatomigen Festkörper wird ein Wert für die effektive Debye-Temp. von K in diesen Targets erhalten. Herbert Weber 72

*0377* **Mössbauer-Untersuchungen des Systems $SrTiO_3$: $^{57}Fe$.** V. G. Bhide und H. C. Bhasin. (Physic. Rev. [2] 172 (1968) 2, 290–94; Nat. Phys. Labor., New Delhi, India; engl.) — Mössbauer-Unters. mit $SrTiO_3$:$^{57}Fe$ als Absorber zeigten, daß Fe im $SrTiO_3$-Gitter im wesentlichen an dem $Ti^{4+}$-Platz in seinem Hochspin-$Fe^{3+}$-Zustand auftritt u. gewöhnlich mit einer ladungskompensierenden Sauerstoffleerstelle assoziiert ist, in Übereinstimmung mit EPR-Ergebnissen. Beim Glühen der Proben in $H_2$ transformiert sich das Quadrupolaufspaltungs-Spektrum von $Fe^{3+}$ in Assoziation mit einer Sauerstoff-Leerstelle in ein Zeeman-Aufspaltungs-Spektrum mit Hyperfein- u. Isomerenverschiebungscharakteristik des Fe-Metalls, woraus auf die Bldg. von kolloidalem Fe geschlossen wird. Das Vakuumglühen der früher luftgeglühten Proben wandelt einen Teil der $Fe^{3+}$-Ionen in $Fe^{2+}$ um (Erzeugung von weiteren Sauerstoff-Leerstellen). Herbert Weber 72

*0378* **Mössbauer-Effekt für $^{57}Fe$ in $Al_2O_3$. — Einflüsse der Verschiedenheit der Wärmebehandlungen.** V. G. Bhide und S. K. Date. (Physic. Rev. [2] 172 (1968) 2, 345–50; engl.) — Vgl. vorst. Referat. — Die Red. des $Al_2O_3$:$^{57}Fe$-Syst. in einer $H_2$-Atmosphäre verursacht die Bldg. von metall. Fe-Clustern, die Hyperfeinaufspaltungsspektren liefern. Durch Glühen in Luft werden diese Cluster zuerst zu $Fe_2O_3$ umgewandelt, das sich nachfolgend im Gitter auflöst u. $Fe^{3+}$ an $Al^{3+}$-Stellen bildet. Glühen im Vakuum stabilisiert den $Fe^{2+}$-Zustand zusätzlich zum normalen $Fe^{3+}$-Zustand. Die Suszeptibilitätsdaten zeigten die Bldg. von Austausch gekoppelten Paaren, die das effektive magnet. Moment an $Fe^{3+}$-Ionen red., wenn die Konz. ansteigt. Herbert Weber 72

*0379* **Mössbauer-Untersuchung von $SnCl_2$ und $Dy(ClO_4)_3$ in Eis.** I. Dézsi, N. A. Eissa, L. Keszthelyi, B. Molnár und D. L. Nagy. (Physica Status solidi [Berlin] 30 (1968) 1, 215–18; Central Res. Inst. for Phys., Budapest; engl.) — Es wurden feste, gefrorene Lsg. von $SnCl_2$ u. $Dy(ClO_4)_3$ mit Hilfe des Mössbauer-Effekts untersucht. In beiden Lsg. wurde das Verschwinden des Mössbauer-Effekts unterhalb von −90° beobachtet. Bei $SnCl_2$ geht dem eine Linienverbreiterung voraus. H. Roschkowski 72

*0380* **Untersuchungen von $GeJ_4$- und $SiJ_4$-Kristallen durch den Mössbauer-Effekt in $^{129}J$.** S. Bukshpan. (J. chem. Physics 48 (1968) 9, 4242–46; Nucl. Phys. Dep., Soreq Nucl. Res. Center, Yavne, Israel; engl.) — Unters. des Mössbauer-Effekts des 27,7-keV-$^{129}J$-Überganges in $GeJ_4$- u. $SiJ_4$-Kristallen. Mit den aus der Temp.-Abhängigkeit des rückstoßlosen Anteils bestimmten charakterist. Mössbauer-Temp. u. einem einfachen Modell für den Mössbauer-Faktor in einem Mol.-Krist. wurden die Debye-Temp. zu $\Theta_D(GeJ_4) = 71$ °K u. $\Theta_D(SiJ_4) = 70$ °K bestimmt. Die abs. rückstoßlosen Anteile wurden berechnet. Aus den Intensitäten der verschiedenen Übergänge in den Spektren folgt das Vorliegen des Goldanski-Effektes. Der Charakter der Ge–J- u. Si–J-Bindung wird aus Quadrupolkopplung u. Isomerieverschiebung bestimmt. H. Liepack 72

*0381* **Untersuchung einer Störstellenschwingung durch Messungen der spezifischen Wärme.** J. P. Harrison, P. P. Peressini und R. O. Pohl. (Physic. Rev. [2] 171 (1968) 3, 1037–46; Labor. of Atomic and Solid State Phys., Cornell Univ., Ithaca, N.Y.; engl.) — Unters. der niederfrequenten Störstellenschwingung in *KCl:Li* durch Messung der spezif. Wärme zwischen 0,06 u. 2,0 °K für Li-Konz. von $2 \cdot 10^{17} - 8 \cdot 10^{18}$ $cm^{-3}$. Die Anomalie der spezif. Wärme ist vom Schottky-Typ. In mit $^6LiCl$ dotierten Krist. hat die Anomalie ein Max. bei einer Temp. 40% höher als in mit $^7LiCl$ dotierten Kristallen. Dieser große Isotopieeffekt bestätigt die Richtigkeit des Modelles von Lombardo u. Pohl, nach dem die Schwingung durch Tunnelung von Substitutions-$Li^+$ zwischen verschiedenen äquivalenten Gleichgew.-Plätzen verursacht wird. Der Einfl. eines stat. elektr. Feldes auf die Anomalie der spezif. Wärme wurde untersucht. Als Erklärung wird eine Polarisation der Tunnelungszustände angenommen. Die Nullfeld-Tunnelaufspaltung beträgt $10^{-4}$ eV, die Potentialminima, zwischen denen das Ion tunneln kann, werden um 1,2 Å in ⟨111⟩ vom Zentrum der K-Leerstelle verschoben. Die effektive positive Ladung e* des Li-Ions beträgt 0,5 e mit einem Fehler von ±10%. Bei höheren Konz. wird die Anomalie verbreitert, was durch eine konzentrationsabhängige Spannungsverbreiterung der Tunnelungszustände gedeutet wird. Die Ergebnisse liefern keinen Beweis für eine Dipol–Dipol-Wechselwrkg. vom ferroelektr. Typ. In *KBr:Li* wurden durch Messungen der spezif. Wärme keine Tunnelungszustände beobachtet. H. Liepack 74

*0382* **Instabilitäts-Moden vor dem Schmelzen.** B. J. Alder, W. R. Gardner, J. K. Hoffer, N. E. Phillips und D. A. Young. (Physic. Rev. Letters **21** (1968) 11, 732-34; Lawrence Radiat. Labor., Livermore, Calif.; engl.) — Die Wärmekapazität von kub.-raumzentriertem $^4He$ zeigt einen unerwarteten Anstieg im 0,02°K-Intervall unterhalb der Diskontinuität beim Schmelzen. Das beweist das Auftreten neuer Bewegungs-Moden, die mit dem Aufbrechen des Krist. verbunden sind. W. Kunath 74

*0383* **Spezifische Wärme und Quasikettendynamik diamantähnlicher Strukturen.** V. V. Tarassov und A. F. Demidenko. (Physica Status solidi [Berlin] **30** (1968) 1, 147—55; Mendeleev Chem.-Technol. Inst., Dep. of Phys., Moscow; engl.) — Die spezif. Wärmen von *Si, Ge, GaAs, GaP, AlSb, InAs* u. *InSb* wurden auf der Grundlage der Quasikettendynamik kovalenter Krist. nach Tarassov (ibid. **20** (1967) 1,45) berechnet. Es wird gezeigt, daß die charakterist. Frequenzen $\nu_3$ u. $\nu_1$ den Dispersionsfrequenzen an den Punkten $\Gamma$ (0, 0, 0), X (1, 0, 0) u. L (0,5; 0,5; 0,5) der Brillouin-Zone entsprechen, die aus der unelast. Streuung langsamer Neutronen abgeleitet wurden. H. Roschkowski 74

*0384* **Bestimmung der charakteristischen Debye-Temperatur von Vanadin aus der Bloch-Grüneisen-Beziehung.** D. G. Westlake und L. C. R. Alfred. (J. Physics Chem. Solids **29** (1968) 11, 1931—34; ANL, Argonne, Ill.; engl.) — Die Bloch-Grüneisen-Beziehung ist bei Temp. zwischen 22 u. 200°K in ausgezeichneter Übereinstimmung mit dem experimentell bestimmten idealen elektr. Widerstand von V. Daraus läßt sich die charakterist. Debye-Temp. zu 320°K erhalten. Bei höheren Temp. zeigt die theoret. Kurve eine positive Abweichung von der experimentellen Kurve. K. H. Härdtl 74

*0385* **Spezifische Wärme von verdünnten Cu(Fe)-Legierungen weit unterhalb der Kondo-Temperatur.** M. D. Daybell, W. P. Pratt jun. und W. A. Steyert. (Physic. Rev. Letters **21** (1968) 6, 353—56; Univ. of Calif., LASL, Los Alamos, N.Mex.; engl.) — Messung der spezif. Wärme von zwei verd. Leg. von Fe in Cu u. von reinem Cu bei Temp. bis herab zu $2 \cdot 10^{-3}$ $T_K$, wobei die Kondo-Temp. $T_K \approx 20$°K beträgt. Die Messungen ergeben eine Auswahl unter den theoret. Modellen des quasi-gebundenen Zustandes u. deuten auf die Existenz eines großen Betrages an Entropie bei noch tieferen Temp. hin. W. Kunath 74

*0386* **Spezifische Wärme der Heuslerschen Legierungen $Cu_2MnAl$ und $Cu_2MnSn$ bei tiefen Temperaturen.** N. G. Fenander, L. Wiktorin und H. P. Myers. (J. Physics Chem. Solids **29** (1968) 11, 1973—76; Dep. of Phys., Chalmers Univ. of Technol., Gothenburg, Sweden; engl.) — Die spezif. Wärme $\varkappa$ von $Cu_2MnAl$ u. $Cu_2MnSn$ wird zwischen 1,5 u. 4,2°K gemessen. $\varkappa$ kann in Gitter-, Elektronen- u. Kernanteile aufgespalten werden. Die Ergebnisse stützen das Modell der Resonanz-gebundenen Zustände der Mn-3d-Elektronen. Zusammen mit bekannten NMR-Ergebnissen für $Cu_2MnAl$ kann das Hyperfeinfeld am Al-Kern zu 158 kOe ber. werden. Für $Cu_2MnSn$ ergibt sich unter der Annahme, daß das Hyperfeinfeld an allen Gitterplätzen gleich groß ist, ein Wert von 310 kOe. Diese Ergebnisse sind in guter Übereinstimmung mit den theoret. Berechnungen. K. H. Härdtl 74

*0387* **Spezifische Wärme von nahezu magnetischen Zentren in Pd–Ni-Legierungen.** G. Chouteau, R. Fourneaux, R. Tournier und Pascal Lederer. (Physic. Rev. Letters **21** (1968) 15, 1082—85; Centre de Rech. sur les Très Basses Temp., Centre Nat. de la Rech. Sci., Grenoble, France; engl.) — Die spezif. Wärme von 11 Pd–Ni-Leg. mit Ni-Geh. zwischen 0,2—15 Atom-% werden zwischen 0,4 u. 3°K gemessen u. nach der Beziehung $c = \gamma T + \beta T^3$ analysiert. Es wird nach eingehenden Kontrollvers. eine Variation des $T^3$-Termes mit der Ni-Konz. in Pd–Ni-Leg. festgestellt. Werner Schmidt/Berlin 74

*0388* **Spezifische Wärme von Cer(III)-Magnesiumnitrat: Zusammenhang mit der Tieftemperatur-Thermometrie.** B. M. Abraham und Y. Eckstein. (Physic. Rev. Letters **20** (1968) 13, 649—51; ANL, Argonne, Ill.; engl.) — Die Wärmekapazität eines Ce(III)–Mg-Nitrat-Thermometers wurde im Bereich von $T^* = 3{,}86 \cdot 10^{-3}$°K bis $35{,}25 \cdot 10^{-3}$°K gemessen. Der Entmagnetisierungsfaktor für einen Zylinder aus Pulver wurde ermittelt. Makroskop. Körner aus Ce–Mg-Nitrat verhalten sich therm. wie Einkristalle. W. Kunath 74

*0389* **Spezifische Wärmen der Perowskitverbindungen $GdCrO_3$, $SmCrO_3$ und $SmAlO_3$.** André de Combarieu, Jean Mareschal, Jean-Claude Michel, Jean Peyrard und Jean Sivardière. (C. R. hebd. Séances Acad. Sci., Sér. A et B **267** (1968) 21, B 1169—72; Centre d'Études Nucl. de Grenoble, Isère; franz.) — Aus dem Verlauf der bei tiefen Temp. gemessenen spezif. Wärmen ergeben sich für $GdCrO_3$ u. $SmAlO_3$ $\lambda$-Übergänge für magnet. Ordnungsvorgänge mit Néel-Temp. von $T_N = 2{,}42$°K bzw. 1,30°K u. für $SmCrO_3$ eine Schottky-Anomalie mit $T_{max} = 3{,}5$°K. Die Ergebnisse werden diskutiert u. die Néel-Temp. der Chromate (III), Ferrate (III) u. Aluminate von Nd, Gd, Tb, Dy, Ho u. Er miteinander verglichen. U. Venzke 74

*0390* **Relaxationszeiten und Normalmodenfrequenzen.** Donald B. DuPré, J. M. Deutch und Arthur V. Tobolsky. (J. chem. Physics **48** (1968) 8, 3829—30; Frick Chem. Labor., Princeton Univ., Princeton, N.J.; engl.) — Es wird gezeigt, daß in einem gleichförmig gedämpften harmon. Festkörper eine einfache Beziehung zwischen Normalmodenfrequenzen u. entsprechenden Relaxationszeiten existiert. H. Liepack 76

*0391* **Drehung der Polarisationsebene einer Ultraschallwelle, die sich in einem paramagnetischen Kristall ausbreitet.** R. Guermeur, J. Joffrin, A. Levelut und J. Penné. (Solid State Commun. **6** (1968) 8, 519—22; Labor. d'Ultrasons, Fac. des Sci. de Paris; franz.) — Vf. beobachten die Drehung der Polarisationsebene einer transversalen Ultraschallwelle mit der Frequenz 9375 MHz, die sich bei 4,2°K parallel zu einem angelegten magnet. Gleichfeld in $Ni^{2+}$-dotiertem MgO ausbreitet. Die Ni-Konz. betrug $2 \cdot 10^{-3}$. Der Effekt wird mit Hilfe der EPR von $Ni^{2+}$-Paaren demonstriert. Der gemessene Rotationswinkel liegt bei ca. 5°/cm. K. H. Härdtl 76

*0392* **Ultraschallverstärkung in Halbmetallen in gekreuzten elektrischen und magnetischen Feldern.** Seiichirou Inoue und Mikio Tsuji. (J. physic. Soc. Japan **24** (1968) 4, 706—13; Dep. of Appl. Sci., Fac. of Engng., Kyushu Univ., Fukuoka; engl.) — Die Theorie von Liu u. Toxen der Ultraschalldämpfung wird auf den Fall der Ggw. magnet. u. elektr. Felder ausgedehnt. Dabei wird bes. die Wrkg. einer endlichen Lebensdauer der Leitungselektronen auf die Ultraschallverstärkung in Halbmetallen betrachtet (de Haas u. Riesenquanten-Oszillationen). E. Richter 76

*0393* **Ultraschalldämpfung von Seltenerdmetallen im schraubenförmigen Spinzustand.** M. Tachiki, M. Levy, R. Kagiwada und M. C. Lee. (Physic. Rev. Letters **21** (1968) 16, 1193—95; Fac. of Sci., Osaka, Univ., Toyonaka, Osaka, Japan; engl.) — Vf. geben Theorie u. Experimente zur Ultraschalldämpfung von Seltenerdmetallen (*Dy* u. *Ho*) an. Im schraubenförmigen Spinzustand der Metalle wird die an das Spinsyst. übertragene Schallenergie durch Spinrotation um die c-Achse an das Gitter abgegeben. Dadurch läßt sich die starke Zunahme der Dämpfung an Dy- u. Ho-Einkrist. unterhalb ihrer Néel-Temp. erklären. E. Richter 76

*0394* **Amplitudenunabhängige longitudinale Ultraschalldämpfung in normalem Blei bei tiefen Temperaturen.** W. A. Fate. (Physic. Rev. [2] **172** (1968) 2, 402—12; Rensselaer Polytechnic Inst., Troy, N.Y.; engl.) — Die amplitudenunabhängige Dämpfung der longitudinalen Ultraschallfortpflanzung in der [001]-Richtung in Einkrist.-Pb wurde unter Benutzung der Impulsechometh. bei Frequenzen zwischen 10 u. 210 MHz im Temp.-Bereich 1—8°K gemessen. Die Unters. beschränkt sich auf leicht kaltbearbeitetes hochreines Pb u. getempertes Sn- u. Tl-dotiertes Pb. Eine Meth. zur Best. der mittleren freien Weglänge der Elektronen aus Dämpfungsdaten im normalen Zustand wird wiedergegeben. Die phononenbegrenzte mittlere freie Weglänge ergab sich als proportional zu $T^{-a}$ mit $a = 4{,}02 \pm 0{,}05$. Die Größe der Sommerfeld-Wilson-Deformationspotentialkonst. ergab sich zu |C| = (1,63 ± 0,25) eV. Die Folgerungen der Ergebnisse bei der Anwendung auf die Mason-Theorie werden diskutiert. Herbert Weber 76

*0395* **Amplitudenunabhängige longitudinale Ultraschalldämpfung in supraleitendem Blei.** W. A. Fate, R. W. Shaw und G. L. Salinger. (Physic. Rev. [2] **172** (1968) 2, 413—23; engl.) — Vgl. vorst. Referat. Herbert Weber 76

*0396* **Anisotropie und Temperaturabhängigkeit der Ultraschalldämpfung im gemischten Zustand von Niob.** M. Gottlieb, M. Garbuny und C. K. Jones. (Physics Letters [Amsterdam] **27 A** (1968) 10, 710—11; Westinghouse Res. Labor., Pittsburg, Pa.; engl.) — Messungen der Ultraschalldämpfung nahe $H_{c2}$ für reines Nb zeigen eine Abhängigkeit von der Magnetfeldorientierung u. der Temp., die nicht durch gegenwärtige Theorien erklärt werden kann. Mit zylindr. Proben u. longitudinalem Schall von 150—510 MHz wurden konventionelle Impulsechomessungen durchgeführt. Die Drehung des Magnetfeldes in der Ebene senkrecht zur Richtung der Schallfortpflanzung zeigt keine wesentliche Orientierungsabhängigkeit der Dämpfungsneigung. Letzteres ist in Einklang mit den mitgeteilten Anomalien, die eher mit der Fluxoidstruktur als mit Fermi-Oberflächen-Effekten verbunden sind. Herbert Weber 76

*0397* **Aktivierungsenergien für die Zener-Relaxation in α-Ag-Cd-Legierungen.** T. J. Turner, C. M. Dozier und G. P. Williams jun. (Physica Status solidi [Berlin] **30** (1968) 1, 87—91; Dep. of Phys., Wake Forest Univ., Winston-Salem, N.C.; engl.) — Mit einer Torsionsapp. wurden die Aktivierungsenergien der Zener-Relaxation für Ag-Leg. mit 15,0—39,6 Atom-% Cd gemessen u. mit den Ergebnissen aus Diffusionsmessungen verglichen. Über den größten Teil des Bereichs sind die Relaxationsenergien ca. 1,5 kcal/Mol kleiner als die Energie der schneller diffundierenden Atome. Dieser Energieunterschied steigt jedoch an, sobald man sich der Löslichkeitsgrenze nähert. Ebenso wie in früheren Arbeiten sind die Relaxationszeiten näherungsweise gleich dem extrapolierten mittleren Verweilzeiten der schneller diffundierenden Atome. Dieses deutet darauf hin, daß durch die Zener-Relaxation die Diffusion der beweglicheren Komponente in der „Lsg." gemessen wird. H. Roschkowski 76

*0398* **Mechanische Dämpfung in Eis-Einkristallen.** Gerhard Dantl. (Z. Physik **215** (1968) 5, 481—84; I. Physik. Inst., Univ. Göttingen; dt.) — Die Dämpfung von vielfach reflektierten Ultraschallimpulsen wurde in Eis-Einkrist. für Longitudinal- u. Transversalwellen gemessen. Der Frequenzbereich erstreckte sich von 5—200 MHz, die Temp. vom F. bis —120°. Zwei Tatsachen sprechen dafür, daß es sich bei der gemessenen Absorption nicht um Energieverluste, sondern um ein Streuphänomen handelt: die Temp.-Unabhängigkeit der Dämpfung u. die relativ großen Dämpfungswerte von Transversalwellen. An verschiedenartig gezüchtetem einkrist. Eis wurde elektronenmkr. beobachtet, daß sich Mikrobereiche mit einem mittleren Durchmesser $L \approx 5\ \mu m$ ausbilden. Es ist zu vermuten, daß diese Mikrobereiche Streuzentren für Schallwellen darstellen. Die angegebene Frequenzabhängigkeit widerspricht dieser Vermutung nicht. Herbert Weber 76

*0399* **Ultraschallgeschwindigkeit und -dämpfung in CN⁻-enthaltenden Alkalimetallhalogeniden. 1. Mitt. Experimentelle Ergebnisse.** N. E. Byer und H. S. Sack. (Physica Status solidi [Berlin] **30** (1968) 2, 569—77; Dep. of appl. Phys., Cornell Univ., Ithaca, N.Y.; engl.) — Die Ultraschallgeschw. u. -dämpfung im mit $CN^-$ dotiertem *KCl*, *KBr*, *KJ* u. *NaCl* wurde als Funktion des Wellentyps, der Temp., Konz., Frequenz, plast. Verformung u. Vorspannung gemessen. Die Ergebnisse können nicht mittels rotationssymm. Dipoltensoren mit der $CN^-$-Achse in einer der [100]-Gleichgew.-Lagen erklärt werden. Ein therm. aktiviertes Relaxationsmax. wurde für ein $CN^-$-Doppelion mit einer Aktivierungsenergie von 0,008 eV gefunden. In NaCl orientiert sich das $CN^-$ mittels therm. Aktivierung im Gegensatz zum Tunneln in den K-Halogeniden. H. Roschkowski 76

*0400* **Ultraschallgeschwindigkeit und -dämpfung in CN⁻-enthaltenden Alkalimetallhalogeniden. 2. Mitt. Theoretische Erklärung.** N. E. Byer und H. S. Sack. (Physica Status solidi [Berlin] **30** (1968) 2, 579—86; engl.) — 1. vgl. vorst. Referat. — Die l.c. beschriebenen Vers.-Daten werden mit Hilfe der Theorie elast. Dipole gedeutet, wobei angenommen wird, daß die Gitterrelaxation senkrecht zu der $CN^-$-Achse asymm. ist. Dies führt zu einem dreiachsigen Dipoltensor mit Gleichgew.-Lagen längs [001], [110] u. [1$\bar{1}$0] oder äquivalenten Richtungen. Höhere Niveaus (gehinderter Rotor) müssen bei der Erklärung der Resultate ebenfalls berücksichtigt werden. H. Roschkowski 76

*0401* **Erzeugung einer Ultraschallwelle in Korund durch Strahlungsdruck.** Edouard Bridoux, Pierre Théry, Michel Moriamez und Maurice Martin. (C. R. hebd. Séances Acad. Sci., Sér. A et B **267** (1968) 23, B 1260—62; Labor. d'Ultrasons et d'Hypersons, Fac. des Sci. de Lille, Lille-Distribut. Nord; franz.) — Es wird eine Anordnung beschrieben, in der an einem Ende eines Korund-Stabes in einem Hohlraum unter dem Einfl. eines intensiven elektr. Hochfrequenzfeldes (2 GHz) bei Temp. zwischen 4 u. 77 °K eine Ultraschallwelle von 1860 MHz erzeugt wird, die sich fortpflanzt u. von einer piezoelektr. CdS-Schicht am anderen Ende der Probe angezeigt u. reflektiert wird. Der für die Deformation der Probe aus Messungen der absoluten Stärke der beobachteten Ultraschall-„Echos" u. der Intensität des elektr. Feldes in dem Hohlraum ber. Wert entspricht dem theoret. erwarteten. U. Venzke 76

*0402* **Stochastisches Modell des Kriechens.** P. Feltham. (Physica Status solidi [Berlin] **30** (1968) 1, 135—46; Dep. of Phys., Brunel Univ., London; engl.) — Ein Modell des Kriechens wird entwickelt, in welchem Fließeinheiten, z. B. Versetzungssegmente in Krist., Hindernisse in begrenzten Energiebereichen durch therm. Aktivierung überwinden. Das Modell ermöglicht Aussagen über die Anwendbarkeit der Temp.-Wechselmeth. bei der Best. von Aktivierungsenergien. H. Roschkowski 78

*0403* **Nicht konservative Prozesse während des Versetzungsgleitens bei erhöhten Temperaturen.** H. Bethge und U. Messerschmidt. (Physica Status solidi [Berlin] **30** (1968) 2, K 87—89, 1 Tafel; Inst. für Festkörperphys. u. Elektronenmikroskopie, DAW, Berlin; engl.) — Unters. der Versetzungsbewegung in *NaCl*-Einkrist. nach Verformung im Vakuum zwischen 150 u. 300° beim Hochtemp.-Anlassen. Die für die Klettergeschw. der Versetzungen erhaltenen Vers.-Daten stimmen nicht mit bekannten Theorien überein. H. Roschkowski 78

*0404* **Innere Reibung in III–V-Verbindungen unterhalb Raumtemperatur.** W. Hermann. (Solid State Commun. **6** (1968) 9, 641—44; Suppl. zu: J. Physics Chem. Solids Philips Zentrallabor. GMBH., Labor. Aachen; engl.) — In *InSb*, *GaSb* u. *Ge* werden unterhalb Raumtemp. Max. der inneren Reibung gefunden. Die Aktivierungsenergie beträgt 0,4 eV u. der Frequenzfaktor ca. $10^{14}\ s^{-1}$. Die Größe u. Lage der Max. ist sehr stark von der Oberflächenbeschaffenheit u. der Vorgeschichte der Proben abhängig. K. H. Härdtl 78

*0405* **Innere Reibung in Uran in Abhängigkeit von der Deformationsamplitude.** Christiane Terras und Gérard Delarue. (C. R. hebd. Séances Acad. Sci., Sér. C **267** (1968) 21, 1388—91; C.E.A., Centr d'Études de Bruyères-le-Châtel, Montrouge, Hauts-de-Seine; franz.) — Die Unters. werden an Proben durchgeführt, die nach Tempern bei 450° a) langsam abgekühlt oder b) in W. abgeschreckt werden, sowie an Proben, die vor dem Tempern unter Zug verschieden stark gedehnt sind. Danach wird die in Abhängigkeit von der maximalen Deformationsamplitude ε bei ε-Werten zwischen $10^{-6}$ u. $10^{-4}$ untersuchte innere Reibung $Q^{-1}$ durch Abschrecken stark erhöht. Eine geringe Dehnung erhöht die innere Reibung ebenfalls, eine stärkere beeinflußt sie dagegen weniger. U. Venzke 78

*0406* **Kriechen von α-Eisen im Temperaturbereich 220 bis 900°.** J. Čadek und K. Milička. (Czechoslov. J. Physics, Sect. B **18** (1968) 9, 1156—71; Inst. of Metallurgy, Czechosl. Acad. Sci., Brno; engl.) — Bei Temp. $T < 800\,°K$ hängt die scheinbare Aktivierungsenergie des Kriechens von 99,9% reinen Fe-Proben von der Spannung ab. Im Bereich $1042\,°K \geq T \geq 800\,°K$ ist das Kriechen hauptsächlich temperaturabhängig. Bei 1042 °K (Curie-Temp.) beträgt die scheinbare Aktivierungsenergie 175 kcal/Mol. Die Spannungsabhängigkeit der minimalen Kriechgeschw. läßt sich weder durch eine Potenzfunktion ($\sigma^n$) noch durch eine einfache exp ($\beta\sigma$)-Funktion beschreiben. Die minimale Kriechgeschw. ist durch Gleitbewegungen von Versetzungen, abhängig von der Gitterselbstdiffusion, bestimmt.
Werner Schmidt/Berlin 78

*0407* **Aktives Gleitvolumen und die temperaturabhängigen Prozesse in Stufe I von Einkristallen aus Kupferlegierungen.** Ch. Schwink und H. Traub. (Physica Status solidi [Berlin] **30** (1968) 1, 387—97; Inst. A für Phys., TU, Braunschweig; engl.) — Der Bereich leichten Gleitens von Einkrist. von *Cu*-Leg. mit 29(%) *Zn*; 6 oder 2 *Ge* oder mit 2 *Ga* bei 85—400 °K wird untersucht. Aus sorgfältigen Messungen der Geschw.-Abhängigkeit der Fließspannung u. mkr. Unters. der Entw. der Gleitbänder wird geschlossen, daß das „akt. Gleitvol." dieser Krist. von Verformungsgeschw. u. Temp. abhängt. Die nähere Analyse liefert Werte für die Zahl, die Aktivierungsenergie u. das Aktivierungsvol. der für den therm. aktivierten Prozeß verantwortlichen Gleithindernisse. Es wird vermutet, daß es sich dabei um statist. Ansammlungen der jeweils zulegierten Atome handelt.
H. Roschkowski 78

*0408* **Röntgenographische Untersuchung des Übergangs vom Bereich I zum Bereich II der Verfestigungskurve kubisch-flächenzentrierter Kupfer-Gallium-Einkristalle.** P. Gassenmeier und M. Wilkens. (Physica Status solidi [Berlin] **30** (1968) 2, 833—43; Inst. für Phys., MPI für Metallforsch., Stuttgart; dt.) — Mittelorientierte Einkrist. einer Cu-Leg. mit 2,5 bzw. 5 Atom-% Ga wurden im Zugvers. bei 78 °K verformt. Aus den verformten Einkrist. wurden parallel zu verschiedenen kristallograph. Ebenen Oberflächen herauspräpariert u. mit einem Röntgenrückstrahlverf. abgebildet. Es wird gefunden, daß mit Beginn des Übergangs Bereich I/Bereich II Versetzungsschichten parallel zur Hauptgleitebene verstärkt auftreten. Aus Richtung u. Vorzeichen der in den Versetzungsschichten enthaltenen Drehachsen wird geschlossen, daß die zum Aufbau der Schichten erforderliche Sekundärgleitung jeweils in der von der äußeren Schubspannung begünstigten Richtung erfolgt u. damit wohl nicht durch Versetzungsaufstauung im Primärgleitsyst. induziert wird.
H. Roschkowski 78

*0409* **Festigkeit von dünnen, im Vakuum abgeschiedenen Silberschichten.** A. M. Weinstein, C. D'Antonio und P. L. Ferraglio. (Thin Films **1** (1968) 1, 75—81; Dep. of Phys. and Engng. Metallurg., Polytechn. Inst. of Brooklyn, Brooklyn, N.Y.; engl.) — Auf mit Kollodium überzogene Glasträger werden bei Restgasdrücken von $3 \cdot 10^{-6}$ Torr mit Geschw. von 18—40 Å/s 900—3250 Å dicke Ag-Schichten in Form von 1—2 mm breiten Streifen aufgedampft. Nach Ablösen vom Träger werden die Streifen in einer Mikroapp. zur Best. der Zugfestigkeit $\sigma$ montiert. Außerdem werden die Schichten elektronenmkr. untersucht. $\sigma$ steigt mit abnehmender Schichtdicke d von $\sigma = 16{,}1$ (kg/mm²) bei d = 3250 Å auf $\sigma = 28{,}5$ bei d = 900 Å an; die Meßwerte können mit einer Gleichung vom Petch-Typ beschrieben werden. Die Schichten zeigen mit abnehmendem d eine ansteigende Zahl von Hohlräumen, die den effektiven Querschnitt vermindern; durch eine entsprechende Korrektur werden die $\sigma$-Werte bis zu 14% größer. Die Erhöhung von $\sigma$ mit fallendem d ist offenbar auf den Einfl. der dicht benachbarten Grenzflächen auf die Versetzungsbeweglichkeit zurückzuführen.
Herbert Müller 78

*0410* **Kompressibilität von Pd–Ni-Legierungen.** Eiji Tatsumoto, Tetsuhiko Okamoto, Shoji Ishida und Junji Ishida. (Z. physic. Soc. Japan **24** (1968) 4, 950; Fac. of Sci. and Fac. of Den. Educat., Hiroshima Univ., Hiroshima; engl.) — Vf. messen die lineare Kompressibilität von Pd–Ni-Leg. bei Raumtemp. als Funktion der Zus. (0—100 Atom-% Pd). Außerdem wird für eine Probe der Zus. 79,5 Atom-% Pd–20,5 Atom-% Ni die lineare Kompressibilität als Funktion der Temp. im Bereich −80 bis +67,5° untersucht. Die Ergebnisse werden mit früheren Messungen an Cu–Ni-Leg. verglichen.
E. Richter 78

*0411* **Elastizitätskonstanten von Argon.** M. Gsänger, H. Egger und E. Lüscher. (Physics Letters [Amsterdam] **27 A** (1968) 10, 695—96; Phys. Dep., TH München, Germany; engl.) — Messungen der longitudinalen Schallgeschw. wurden an zwei Ar-Einkrist. durchgeführt. Die Elastizitätskonst. wurden im Bereich 4,2—76,8 °K bestimmt. Die Debye-Temp., die nach der Fedorov-Meth. ber. wurde, ergibt sich zu 96,6 ± 1,3 °K. Der Wert für $c_{11}$ von $(5{,}29 \pm 0{,}16) \cdot 10^{10}$ bei T = 4,2 °K u. $(3{,}35 \pm 0{,}10) \cdot 10^{10}$ bei T = 76,8 °K liegt um den Faktor 1,2 bis 1,4 höher als die theoret. Voraussagen. Das Verhältnis $c_{11}/c_{12} = 3{,}91$ bei 4,2 °K kann nicht mit einem Lennard-Jones-Potential in der quasiharmon. Approximation erklärt werden. Vorl. Ergebnisse mit unelast. Neutronenstreuung sind in Einklang mit den gegenwärtigen Ergebnissen.
Herbert Weber 78

*0412* **Anomale Duktilität von LiF-Kristallen bei tiefen Temperaturen.** T. Okada und K. Ozawa. (Physica Status solidi [Berlin] **30** (1968) 1, K 69—71; Japan Atom. Energ. Res. Inst., Tokai-mura, Ibaraki-ken; engl.) — An LiF-Krist. wurde eine anomal hohe Duktilität bei tiefen Temp. festgestellt, für die noch keine Erklärung gefunden werden konnte.
H. Roschkowski 78

*0413* **Elastische Eigenschaften von $Ba_2NaNb_5O_{12}$.** E. G. Spencer und L. G. Van Uitert. (Physics Letters [Amsterdam] **27 A** (1968) 9, 626—27; Bell Telephone Labor., Inc., Murray Hill, N.J.; engl.) — Krist. von $Ba_2NaNb_5O_{12}$ erwiesen sich als elastoopt. u. stark piezoelektr.; sie haben akust. Q-Werte in der Größenordnung $10^5$ bei 500 MHz. Die Dämpfung der Fortpflanzung elast. Wellen ist unterhalb ca. 100 °K anisotrop.
Herbert Weber 78

*0414* **Elastizitätsmoduln von Ferriten bei niedrigen Temperaturen.** B. P. Nagi Reddy. (J. Physics, D (Brit. J. appl. Physics) [2] **1** (1968) 9, 1213—14; Dep. of Phys., Sri Venkateswara Univ. College, Tirupati (A.P.), India; engl.) — Nach der Meth. des piezoelektr. Oszillators werden im Temp.-Bereich 80—303 °K Elastizitätsmoduln polykrist. Ni–Zn- u. Mn–Zn-Ferrite gemessen. Elastizitäts- u. Torsionsmodul von Ni–Zn-Ferrit steigen mit fallender Temp., für Mn–Zn-Ferrit nehmen sie mit fallender Temp. bis 257 °K ab u. steigen dann unterhalb dieser Temperatur.
Werner Schmidt/Berlin 78

*0415* **Interferometrisches Verfahren zur Messung der thermischen Ausdehnung kleiner Proben optischer Materialien.** Stanley S. Ballard, James Steve Browder, Hoyt M. Kaylor und John L. Streete. (J. opt. Soc. America **58** (1968) 2, 155—59; Dep. of Phys., Univ. of Fla., Gainesville, Fla.; engl.) — Vf. beschreiben ein interferometr. Verf. zur Messung des linearen Ausdehungskoeff. von opt. Materialien, die nur in kleinen Proben vorliegen (1,5 cm oder weniger). Messungen im Temp.-Bereich 0—90° werden für verschiedene Proben (Pyrex-Glas, AgBr u. CdF) durchgeführt.
E. Richter 80

*0416* **Anderson-Grüneisen-Parameter δ für ein allgemeines zwischenatomares Potential.** V. K. Mathur, S. P. Singh und D. R. Vij. (J. chem. Physics **48** (1968) 10, 4784—86; Dep. of Phys., Kurukshetra Univ., Kurukshetra, India; engl.) — Ableitung eines Ausdrucks für den Anderson-Grüneisen-Parameter unter Annahme eines allg. Typs für das zwischenatomare Potential eines zweiatomigen Kristalls. Der Ausdruck wird für *Alkalimetallhalogenide* spezialisiert u. δ für Alkalimetallhalogenide vom NaCl-Typ berechnet.
H. Liepack 80

*0417* **Phononenleitfähigkeit und akustische Dämpfung in Si.** R. P. Singh und G. S. Verma. (Physic. Rev. [2] **171** (1968) 3, 838—42; Dep. of Phys., Univ. of Allahabad,

Allahabad, India; engl.) — Aus der Phononenleitfähigkeit in Ggw. von Punktdefektstreuung wurden Werte für die Nichtlinearitätskonst. D, die die Elastizitätskonst. dritter Ordnung enthält, für Si abgeleitet. Im Gegensatz zu anderen Aussagen folgt eine Temp.-Abhängigkeit von D. H. Liepack 82

*0418* **Wärmeleitfähigkeit von Terbium-Polykristallen und -Einkristallen zwischen 1 und 4 °K.** A. G. Karagezjan und K. V. Rao. (Ž. èksper. teoret. Fiz. **55** (1968) 4 (10), 1168—72; Erevanskij gos. univ.; russ., Auszug: engl.) — Anomalien in der Wärmeleitfähigkeit von polykrist. u. Einkrist.-Tb wurden bei der Temp. des fl. He beobachtet. Die Leitfähigkeit eines Tb-Einkrist. in einem Magnetfeld wird zur Unters. der magnet. Anisotropieeffekte gemessen. Die Messungen der elektr. u. therm. Leitfähigkeit liefern für die Lorentz-Zahl den Wert $2{,}55 \cdot 10^{-8}$ W · Ohm/Grad², das ist der kleinste Wert der bisher für Seltenerdmetalle bei 4,2 °K beobachtet wurde. Es wird versucht, die beobachteten Anomalien durch Phänomene zu erklären, die mit der Ggw. von Verunreinigungen in den Metallen verbunden sind. Herbert Weber 82

*0419* **Experimentelle und theoretische Untersuchung der Streuung von Phononen durch U-Zentren in Alkalimetallhalogenidkristallen.** Lee G. Radosevich und Charles T. Walker. (Physic. Rev. [2] **171** (1968) 3, 1004—23; Dep. of Phys., Northwestern Univ., Evanston, Ill.; engl.) — Messung der therm. Leitfähigkeit von *KCl*, *KBr* u. *KJ* mit $H^-$ u. $D^-$ im Temp.-Bereich 0,35—100 °K. Die therm. Leitfähigkeit von *RbCl* mit $H^-$ wurde zwischen 1,2 u. 100 °K gemessen. Die im Vgl. zu den reinen Krist. kleineren Werte der therm. Leitfähigkeit auf der Seite tiefer Temp. des Max. scheinen auf KH- oder RbH-Ausscheidungen oder „Blasen" von $H_2$-Gas zurückzuführen zu sein. Auf der Seite hoher Temp. wurde in KJ mit $H^-$ oder $D^-$ eine resonante schwache Einsenkung in der Leitfähigkeitskurve gefunden, die Resonanz war massenunabhängig. Die Berechnungen von Krumhansl zur Streuung von Phononen durch Defekte vom Leerstellentyp erklären nicht die experimentell beobachteten Resonanzen der dotierten KJ-Kristalle. Die Relaxationsgeschw. der therm. Leitfähigkeit der Konfig. $A_{1g}$, $E_g$, $F_{1g}$, $F_{2g}$, $F_{1u}$ u. $F_{2u}$ der kub. Gruppe für KCl, KBr u. KJ mit U-Zentren wurden nach einem Modell unter Berücksichtigung zentraler u. nichtzentraler Kraftkonst. zwischen erstnächsten Nachbarn berechnet. Danach sind die $E_g$- u. $F_{1u}$-Moden starke Streuer der Phononen bei niedrigen Frequenzen. Die Ergebnisse lassen eine Beziehung zwischen Resonanzen in der therm. Leitfähigkeit u. in Unters. von IR-Nebenbanden vermuten. H. Liepack 82

*0420* **Messung der thermischen Leitfähigkeit dünner Magnetit-Filme.** J. Lis und P. O. Kellard. (J. Physics, D (Brit. J. appl. Physics) [2] **1** (1968) 9, 1117—23; Heat Transfer Sect., Central Electr. Res. Labor., Leatherhead, Surrey; engl.) — Gemessen wird an Fe-Oxid-Filmen (Dicken 0,027—0,48 mm) im Temp.-Bereich 50—80°, Probenmaterial 2,5% Cr-1% Mo-Stahl u. Ducol W30-Stahl. Die gefundenen Werte der therm. Leitfähigkeit $k_0$ betragen 0,00625—0,0139 $\mathrm{Wcm^{-1}\,°C^{-1}}$. $k_0$ hängt von der Oxidporosität P ab. Werner Schmidt/Berlin 82

*0421* **Atomwanderung in einatomigen Kristallen.** C. P. Flynn. (Physic. Rev. [2] **171** (1968) 3, 682—98; Dep. of Phys., and Mater. Res. Labor., Univ. of Ill., Urbana, Ill.; engl.) — Entw. einer Theorie des Diffusionssprungprozesses in einatomigen Kristallen. Die Theorie behandelt große Atomverschiebungen, die Diffusionssprünge als Summierung von Phononenamplituden verursachen. Die Elastizitätstheorie gibt befriedigende quant. Beiträge zur Bewegungsenergie, Bewegungsentropie, zum Bewegungsvol. u. zum Isotopieeffekt. Für die Diffusionsgeschw. sehr leichter Verunreinigungen wird eine quantenmechan. Berechnung durchgeführt. Für Temp. unterhalb der charakterist. Temp. lokalisierter Moden ergeben sich anomale Isotopieeffekte. Die Ausheilung von Strahlungsschäden bei tiefer Temp. wird diskutiert. Als Beispiele werden *Cu*, *Ag*, *Au*, *Ni*, *Al*, *Pb*, *Li*, *Na*, *K*, *Cr*, *V*, *Fe*, *Mo*, *Ta*, *Nb*, *W*, *C*, *Si* u. *Ge* betrachtet. H. Liepack 84

*0422* **Fremddiffusion in kubisch-flächenzentrierten Metallen.** M. C. Naik, M. S. Anand, A. R. Paul und R. P. Agarwala. (Physica Status solidi [Berlin] **30** (1968) 1, 319—28; Bhabha Atom. Res. Centre, Chem. Div., Trombay, Bombay; engl.) — Es wird versucht, die Gibbssche Freie Enthalpie der Selbst- u. Fremddiffusion in kub.-flächenzentrierten Metallen (*Ag*, *Cu*, *Au*, *Ni*, *Pb*, *Al*) mit einigen ihrer Parameter (Atomradius r, F. der gelösten Komponente $T_m'$ sowie Kompressibilitäten von gelöstem Stoff k' bzw. des Lsgm. k) sowie der elektrostat. Wechselwrkg. ($\beta Z$) von Lsgm. u. gelöstem Stoff in Beziehung zu bringen. Es wird eine lineare Beziehung der Form $\Delta G = A + B(T_m'r/(k' + 2k) - \beta Z$ erhalten mit den Konst. A u. B, die für jedes Lsgm. charakterist. sind. H. Roschkowski 84

*0423* **Relaxationsvorgang bei der Diffusion von Wasserstoff und Deuterium mit großer Reichweite in Niob.** G. Schaumann, J. Völkl und G. Alefeld. (Physic. Rev. Letters **21** (1968) 13, 891—93; Inst. für Festkörper- u. Neutronenphys., Kernforschgs.-Anlage Jülich, Jülich, Germany; engl.) — Es wurde eine neue Meth. zur Best. der Diffusions-Koeff. von Wasserstoff u. Deuterium in Nb entwickelt. Die Aktivierungsenergien sind für beide Isotope verhältnismäßig klein u. unterscheiden sich um ca. 20%, wohingegen $D_0$ innerhalb der experimentellen Fehlergrenze denselben Wert besitzt. Die Aktivierungsenergie für die Diffusion von Wasserstoff ist gleich der Energiedifferenz $\hbar\omega_H = 114 \pm 6$ meV zwischen dem Grundzustand u. dem ersten angeregten Zustand des Wasserstoffatoms in Lösung. W. Kunath 84

*0424* **Durchgang von Wasserstoff durch Wolfram und Molybdän.** R. Frauenfelder. (J. chem. Physics **48** (1968) 9, 3955—65; Westinghouse Res. Labor., Pittsburgh, Pa.; engl.) — Unters. des Durchgangs durch geschmiedete u. aufgedampfte W-Proben sowie gezogene Mo-Proben für Drücke zwischen $10^{-6}$ u. 200 Torr u. Temp. zwischen 1050 u. 2400 °K unter UHV-Bedingungen mit massenspektroskop. Nachweis. Es werden Ausdrücke für die Durchgangsgeschw. abgeleitet. H. Liepack 84

*0425* **Durchlässigkeit, Diffusion und Lösung von Stickstoff in Wolfram und Molybdän.** R. Frauenfelder. (J. chem. Physics **48** (1968) 9, 3966—71; engl.) — Vgl. vorst. Referat. — Messungen im Druckbereich $5 \cdot 10^{-5}$ bis 500 Torr bei Temp. zwischen 100 u. 2500 °K. Es wurden folgende Werte für Durchlässigkeitskonst. P(Torr · Liter/cm · s · $\mathrm{Torr^{1/2}}$), Diffusionskonst. D($\mathrm{cm^2/s}$) u. Löslichkeitskonst. S(Torr · Liter/cm³ · $\mathrm{Torr^{1/2}}$) ermittelt: $P(W) = 1{,}6 \cdot 10^{-4} \exp(-52000/RT)$, $D(W) = 5{,}4 \exp(-62000/RT)$, $S(W) = 3{,}0 \cdot 10^{-5} \exp(+10000/RT)$, $P(Mo) = 6{,}1 \cdot 10^{-3} \exp(-47500/RT)$, $D(Mo) = 2{,}3 \cdot 10^{-2} \exp \cdot (-33000/RT)$ u. $S(Mo) = 2{,}6 \cdot 10^{-1} \exp(-14500/RT)$. Für Mo ist die Diffusionskonst. in Übereinstimmung mit der Zener-Theorie der atomaren Zwischengitterdiffusion. Für W sind der Frequenzfaktor von D sowie die Aktivierungsenergie der Diffusion anomal groß u. nicht in Übereinstimmung mit der Zener-Theorie. H. Liepack 84

*0426* **Geschwindigkeit der Wasserdiffusion durch Germaniumoxid.** Z. Balej und S. Koc. (Czechoslov. J. Physics, Sect. B **18** (1968) 3, 382—88; Inst. of Solid State Phys., Czechosl. Acad. Sci., Prague; engl.) — Die Diffusion von W. durch einen Oxidfilm auf Ge wurde untersucht. Die Ursachen der Sorptions-Nichtgleichgew. zwischen der Oxidschicht auf Ge u. der umgebenden feuchten Atmosphäre werden untersucht. Die Änderungen der Konz. des W.-Dampfes wurden mittels der Änderungen der Oberflächenleitfähigkeit des darunterliegenden halbleitenden Materials ermittelt. Die Analyse der Ergebnisse führt zu dem Schluß, daß der Diffusionskoeff. von W. im Oxidfilm auf Ge-Oberfläche von der Konz. des W.-Dampfes in der Umgebung abhängt u. mit steigender Konz. abnimmt. Herbert Weber 84

*0427* **Ionendiffusion und Desakkomodation in Ferriten.** Seiya Ogawa, Tomoen Nakajima, Tatsuji Sasaki und Masaru Takahashi. (Jap. J. appl. Physics **7** (1968) 8, 899—903; Dep. of Material Res., Fujitsu Labor., Kami-kodanaka, Kawasaki, Kanagawa; engl.) — An polykrist. Proben von *Mn–Zn-*, *Mn-*, *Ni–Zn-*, *Zn-* u. *Fe-Ferriten* wird die Beziehung zwischen Desakkomodation DA (allmählicher Abfall der Anfangspermeabilität mit der Zeit nach der Entmagnetisierung) u. Kationenleerstellendichte untersucht. Die Relaxationszeit von DA I bei ca. 250° stimmt mit einem aus der Kationendiffusion bei erhöhter Temp. abgeleiteten Wert überein. Die Größen von DA II u. DA III bei Raumtemp. entsprechen nicht der Leerstellendichte. Bei DA III könnte es sich um eine Wanderung der Leerstelle selbst handeln. Werner Schmidt/Berlin 84

*0428* **Diffusionsprozeß bei der Aufnahme von überschüssigem Calcium durch Calciumfluorid.** Carl Wagner. (J. Physics Chem. Solids **29** (1968) 11, 1925—30; Max-Planck-Inst. für phys. Chem., Göttingen; engl.) — Für den Diffusionsprozeß während der Aufnahme von überschüssigem Ca bei der Temperung von $CaF_2$ in Ca-Dampf werden Gleichungen abgeleitet. Dabei hängen die Diffusionskoeff. von der Konz. des überschüssigen Ca ab. Die dem Fickschen zweiten Gesetz entsprechenden Differentialgleichungen werden numer. integriert, wofür eine neue Meth. ausgearbeitet wurde. K. H. Härdtl 84

*0429* **Selbstdiffusion in α-Silber–Cadmium-Legierungen.** A. B. Gardner, R. L. Sanders und L. M. Slifkin. (Physica Status solidi [Berlin] **30** (1968) 1, 93—96; Dep. of Phys., Univ. of N.C., Chapel Hill, N.C.; engl.) — In Ag–Cd-Leg. mit 31—37 Atom-% Cd wurde die Diffusion von $^{110}Ag$ u. $^{115}Cd$ untersucht. Die Ergebnisse werden mit Zener-Relaxationsmessungen von Turner et al. (C. **1969**, 21-0397) verglichen. H. Roschkowski 84

*0430* **Dekanalisierungszylinder aus Versetzungen.** Y. Quéré. (Physica Status solidi [Berlin] **30** (1968) 2, 713—22; CEN, Fontenay-aux-Roses; engl.) — Ein in einem Krist. kanalgeleitetes Teilchen kann beim Passieren einer Versetzung aus dem Kanal abgeleitet werden. Eine Beziehung für den Durchmesser eines Zylinders, der diese Versetzungen simuliert u. jedes Teilchen beim Aufprall ablenkt, wird entwickelt. H. Roschkowski 86

*0431* **Bildung von Strahlungsdefekten durch sich in Kanälen bewegende Teilchen.** M. A. Kumakhov. (Physica Status solidi [Berlin] **30** (1968) 1, 379—85; Inst. of Nucl. Phys., Moscow State Univ.; engl.) — Es wird die Wechselwrkg. von sich in Kanälen eines Festkörpers fortbewegenden Ionen mit den Kettenkernen untersucht, die den Kanal aufbauen. Als Wechselwrkg.-Potentiale werden Born-Mayer-Potentiale für Cu–Cu, Moliere-, Firsov- u. Lindhard-Potentiale berücksichtigt. Die auf die Kettenkerne übertragene Energie wird bestimmt. In einigen Fällen kann diese Energie die Schwellenenergie für Atomverlagerung übersteigen. Leichte kanalisierte Ionen verursachen keine Verlagerungen. H. Roschkowski 86

*0432* **Zerstäubungs- und Tiefenverteilungserscheinungen. 3. Mitt. Problem der Tiefenverteilungen in Oxiden nach Markierung mit hoher Dosis.** R. Kelly. (Physica Status solidi [Berlin] **30** (1968) 1, 37—48; Inst. for Mater. Res., McMaster Univ., Hamilton, Ontario; engl.) — $Al_2O_3$, *MgO*, *NiO*, $SiO_2$, $TiO_2$ u. $UO_2$ wurden durch Beschuß mit $^{85}Kr$-haltigem Kr markiert u. die Tiefenverteilungsparameter bestimmt. Die Energie- u. Temp.-Abhängigkeit der Tiefenverteilung u. der Zerstäubung wurden ermittelt. H. Roschkowski 86

*0433* **Energiestruktur in der axialen Kanalleitung von 30-keV-Protonen durch Gold.** L. T. Chadderton und M. G. Anderson. (Physics Letters [Amsterdam] **27 A** (1968) 10, 665—66; Sci. Center, North Amer. Rockwell Corporat., Thousand Oaks, Calif.; engl.) — Die Struktur, die in den energieanalysierten Spektren für die Transmission von 30-keV-Protonen durch einen dünnen Au-Krist. auftritt, wird der Auswahl diskreter Kanalleitungsbahnen für den [110]-Axialkanal zugeschrieben. Herbert Weber 86

*0434* **Tieftemperatur-Neutronenstrahlungsschäden und Erholung von Magnesium.** J. Delaplace, J. Hillairet, J. C. Nicoud, D. Schumacher und G. Vogl. (Physica Status solidi [Berlin] **30** (1968) 1, 119—26; Centre d'Et. Nucl., Dep. de Métallurg., Grenoble; engl.) — In bei 4,2 °K mit Neutronen bestrahltem Mg wurde die Defektbldg. u. die nachfolgende Erholung bei Temp. bis zu 350 °K durch Messung des elektr. Widerstands untersucht. Vorl. Meßdaten werden auch für die gespeicherte Energie, u, die innere Reibung abgegeben u. elektronenmkr. Unters. an bestrahlten Mg-Proben besprochen. Die Haupterholungsmax. liegen bei 90—160 °K. H. Roschkowski 86

*0435* **Charakteristik der Neutronenschädigung in Si.** L. J. Cheng und J. Lori. (Physic. Rev. [2] **171** (1968) 3, 856—62; Chalk River Nucl. Labor., Chalk River, Ontario, Canada; engl.) — Die Entstehung u. Ausheilung von Doppelleerstellen u. A-Zentren in mit Spaltneutronen bestrahltem Si wurde durch Messungen der Absorption in den 1,8-, 3,9- u. 12-$\mu$-Banden untersucht. Die Bldg.-Rate der Doppelleerstellen betrug ca. 5,7 $cm^{-1}$, wurde durch die Ggw. von B (ca. $2 \cdot 10^{17}$ Atome/$cm^3$) erhöht, jedoch nicht durch die Ggw. von O (ca. $1 \cdot 10^{18}$ Atome/$cm^3$). Die Ausheilung der Doppelleerstellen in neutronenbestrahltem Si erforderte eine Aktivierungsenergie von 1,2 eV wie in elektronenbestrahltem Si, die meisten Doppelleerstellen werden durch Diffusion nach Senken entfernt. Die lokalen Defektkonz. in den geschädigten Bereichen können bis zu ca. $10^{20}$ Defekte/$cm^3$ betragen, wobei die Doppelleerstellen ihre individuellen Eig. im Hinblick auf ihre IR-Absorption u. ihre Ausheileig. behalten. Die Bldg.-Rate der A-Zentren war extrem niedrig. Es wurde ferner die Absorption in der Nähe der Kante untersucht. Ca. 95% der kantennahen Bande verschwand nach dem Ausheilen in dem gleichen Temp.-Bereich wie die Doppelleerstellen. Es wird angenommen, daß der durch Spaltneutronen geschädigte Bereich in Si reich an Doppelleerstellen u. noch krist. ist. H. Liepack 86

*0436* **Wirkung der Bestrahlung mit schnellen Neutronen bei Raumtemperatur auf die Gitterparameter von Si- und Ge-Kristallen.** T. O. Baldwin. (Physic. Rev. Letters **21** (1968) 13, 901—03; Solid State Divis., ORNL., Oak Ridge, Tenn.; engl.) — Messung der Änderung der Gitterparameter von nahezu perfekten Si- u. Ge-Krist. bei Bestrahlung mit $4,2 \cdot 10^{19}$ Neutronen/$cm^3$ ($E > 0,6$ MeV) bei ca. 40°. Es folgt eine Ausdehnung $\Delta a/a$ von ca. $1 \cdot 10^{-4}$ in beiden Kristallen. Außerdem wird die Änderung der Gitterparameter beim Tempern von bestrahltem Ge untersucht. W. Kunath 86

*0437* **Einfluß einer Neutronenbestrahlung auf die Martensitumwandlung in der $\beta_1$-Kupfer–Zink-Legierungsphase.** R. E. Hummel und J. W. Koger. (Physica Satus solidi [Berlin] **30** (1968) 2, 515—23; Dep. of Metallurg. and Mater. Engng., Univ. of Fla., Gainesville, Fla.; engl.) — Die charakterist. Eig. der martensit. Umwandlung von $\beta_1$-Messing (39,4 Gew.-% Zn) vor u. nach Neutronenbestrahlung werden mittels Widerstandsmessungen bestimmt. Die angewendeten Dosen lagen bei $5 \cdot 10^{16}$—$5 \cdot 10^{18}$ n/$cm^2$ ($E > 1$ MeV). Neutronenbestrahlung vermindert die Einsetztemp. der martensit. Umwandlung ($M_s$) bis um maximal 8° u. vergrößert die maximale Umwandlungsgeschwindigkeit. $M_s$ wurde zusätzlich vermindert, wenn die Proben nach der Bestrahlung bei 150° angelassen wurden. H. Roschkowski 86

*0438* **Bestimmung der mittleren Anzahl der Ersetzungsstöße in einem elektronenbestrahlten kubisch-flächenzentrierten Kristall ($Ni_3Mn$).** D. Becker, F. Dworschak, C. Lehmann, K. T. Rie, H. Schuster, H. Wollenberger und J. Wurm. (Physica Status solidi [Berlin] **30** (1968) 1, 219—29; Van-de-Graaff-Labor. Aachen der KFA Jülich; engl.) — An geordnetem $Ni_3Mn$ u. *Ni* wurden die Schädigungsraten des elektr. Widerstands u. der Sättigungsmagnetisierung bei Bestrahlung mit Elektronen von 1,0 bzw. 3,0 MeV bei tiefen Temp. bestimmt. Der quant. Einfl. von Frenkel-Paaren auf die Schädigungsraten wird in Ni u. $Ci_3Mn$ als gleich angesehen. Die Differenz der Schädigungsraten in Ni u. $Ni_3Mn$ ergibt dann den reinen Entordnungseffekt infolge von Ersetzungsstößen. Durch Verw. experimentell ermittelter Beziehungen zwischen dem Fernordnungsparameter S u. dem elektr. Widerstand sowie der Sättigungsmagnetisierung wird die Änderung des Ordnungsgrades berechnet. Aus diesem

wird dann eine mittlere Zahl von 2,2 ± 2,2 Ersetzungsstößen pro erzeugtem Frenkel-Paar abgeleitet.
H. Roschkowski 86

*0439* **Beobachtungen über mechanische Zwillingsbildung in Gadolinium.** O. N. Srivastava und J. Kumar. (Physics Letters [Amsterdam] **27 A** (1968) 10, 675—76; Phys. Dep., Banaras Hindu Univ., Varanasi-5, India; engl.) — Einkrist.-Filme, die für die Transmissions-Elektronenmikroskopie geeignet sind, wurden einer intensiven Elektronenbestrahlung innerhalb des Elektronenmikroskops ausgesetzt. Es treten mehrere Bänder auf, die unterschiedliche Helligkeit zeigen. Beugungsbeziehungen zwischen Matrix u. Band zeigen deutlich, daß die Bänder $(10\bar{1}2)$ $[10\bar{1}1]$-Zwillinge sind. Mechan. Zwillingsbldg. unter dem Einfl. des Elektronenbündels im Elektronenmikroskop war früher für In u. Sn mitgeteilt worden. Es war angenommen worden, daß Verunreinigungsschichten an der Folienoberfläche Spannungen induzieren, die für die Zwillingskeimbldg. verantwortlich sind. Nach den neuen Unters. ist es wahrscheinlich, daß die Spannungen, die für die Keimbldg. von mechan. Zwillingen verantwortlich sind, nicht durch Verunreinigungsschichten verursacht werden, da die kontaminierten u. die frischen Filme in gleicher Weise Zwillinge bilden. Es wird angenommen, daß die Spannungen, die hier Zwillingskeimbldg. auslösen, therm. Ursprungs sind.
Herbert Weber 86

*0440* **Energieabhängigkeit der Erholung von Strahlungsschäden in bei 4,2 °K mit Elektronen bestrahltem n-Ge.** Rudolf E. Penczer und Henry M. DeAngelis. (Physic. Rev. [2] **171** (1968) 3, 862—66; Air Force Cambridge Res. Labor., Bedford, Mass.; engl.) — Die in n-Ge durch Elektronenbestrahlung erzeugten Schäden werden in zwei Stufen um ca. 35 u. 65 °K teilweise ausgeheilt. Eine kleine, aber konst. Erniedrigung in der Leitfähigkeit wird durch Beschuß mit Elektronen von 0,7 bis 1,2 MeV hervorgerufen. Die Erholung des Anteiles der durch Bestrahlung induzierten Leitfähigkeitsänderung wurde in jeder Stufe in Abhängigkeit von der Elektronenenergie für eine Probe mit kleiner Restschädigung u. für eine mit großer Restschädigung untersucht. Die Erholung bei 65 °K nimmt in beiden Fällen mit der Energie zu. Die Defekterholung bei 35 °K hat in beiden Fällen Energiemaxima. Die Ergebnisse entsprechen dem Modell von MacKay u. Klontz mit der zusätzlichen Annahme, daß der 65 °K-Defekt durch Ionisation von ein oder zwei Elektronen, die durch den 65 °K-Defekt eingefangen sind, in den 35 °K-Defekt übergehen kann.
H. Liepack 86

*0441* **Stufe III der Erholung von elektronenbestrahltem Kupfer.** R. Brugière und P. Lucasson. (Physica Status solidi [Berlin] **30** (1968) 2, K 139—43; Labor. de Chim. Phys., Fac. des Sci., Paris; engl.) — Cu-Proben wurden bei 113 °K mit Elektronen beschossen u. danach isotherm oder isochron angelassen. Die Erholungsvorgänge wurden durch Messung des elektr. Widerstands untersucht. Es wird gezeigt, daß die in Stufe **III** wirksamen beweglichen Defekte bei elektronenbestrahltem Cu ident. mit denen bei Kaltverformung oder Bestrahlung sind. Die Art des Defekts (oder der Defekte) ist noch nicht geklärt.
H. Roschkowski 86

*0442* **Degradation von Elektronen niedriger Energie in Alkalimetallhalogeniden.** N. Itoh. (Physica Status solidi [Berlin] **30** (1968) 1, 199—207; Solid State and Mater. Programme, Princeton Univ., Princeton, N.J.; engl.) — Die Degradation niederenerget. Elektronen in *KCl* u. *KBr* wurde mit Hilfe der Gryzinskischen Querschnitte (Physics Rev. **138** (1965), A 336) u. der Monte-Carlo-Meth. berechnet. Das Bremsvermögen, die Reichweite u. das Energiespektrum wurden im Energiebereich 100—15000 eV bestimmt u. mit anderen theoret. sowie experimentellen Ergebnissen verglichen. Die Ausb. der durch Auger-Prozesse u. durch direkte Prozesse erzeugten Doppelionisierung wurden ebenfalls erhalten. Es zeigt sich, daß sie mit zunehmender Energie der einfallenden Elektronen im ersten Fall zunimmt, im zweiten Fall dagegen abnimmt, wenn die Energie ungefähr das dreifache der direkten Doppelionisierungsenergie übertrifft.
H. Roschkowski 86

*0443* **Oberflächendissoziation von Kaliumchlorid durch Beschuß mit niederenergetischen Elektronen.** P. W. Palmberg und T. N. Rhodin. (J. Physics Chem. Solids **29** (1968) 11, 1917—24; Dep. of Appl. Phys., Cornell Univ., Ithaca, N.Y.; engl.) — Es wird die Oberflächendissoziation von im Hochvakuum gespaltenen KCl-Krist. bei Beschuß mit niederenerget. Elektronen beobachtet. Die Meth. verwendet ein Massenspektrometer zur Messung der Desorptionsrate sowie Auger-Elektronenspektroskopie zur Best. der Oberflächenzusammensetzung. Von der Oberfläche desorbieren K, Cl u. $Cl_2$ als neutrale Teilchen. Oberhalb 100° erfolgt die Desorption ins Vakuum in erster Linie durch Fehlstellenerzeugung im Vol. mit anschließender Diffusion zur Oberfläche u. nur zum geringeren Teil durch direkte Dissoziation an der Oberfläche. Die Ergebnisse der Auger-Elektronenspektroskopie deuten darauf hin, daß bei mäßiger Bestrahlung bei Raumtemp. oder darunter die erzeugten Oberflächenfehlstellen hauptsächlich $Cl^-$-Leerstellen sind.
K. H. Härdtl 86

*0444* **Einfluß der Oberflächen dünner Schichten auf die Energieverluste schneller Elektronen in Al.** A. Imbusch. (Z. Physik **216** (1968) 1, 94—102; I. Phys. Inst., TU Berlin; dt.) — Das Energieverlustspektrum von 30-keV-Elektronen in Al-Schichten wird für Verlustenergien zwischen 0,5 u. 18 eV in Abhängigkeit von der Schichtdicke mit hoher Auflsg. gemessen. Durch Mitberücksichtigung von Retardierungseffekten bei der Dispersion läßt sich die Aufspaltung des Oberflächenplasmaverlustes befriedigend erklären. Am Beispiel des Interbandverlustes von Al wird gezeigt, daß Energieverluste im Bereich zwischen 0 u. ~2 eV Oberflächenverluste im Sinne der dielektr. Theorie sind.
Gerhard Schmidt 86

*0445* **Positronenlebensdauern in festen und flüssigen Metallen.** W. Brandt und H. F. Waung. (Physics Letters [Amsterdam] **27 A** (1968) 10, 700—01; Dep. of Phys., New York Univ., New York, N.Y.; engl.) — Änderungen der Positronenlebensdauern in Na u. Ga beim Schmelzen wurden gemessen. Die Ergebnisse sind in Widerspruch zu den Voraussagen des Modells des freien Elektronengases u. unterstützen die Schlußfolgerung, die aus Daten über die Winkelkorrelation der Photonen bei der Positronenvernichtung erhalten wurden, wonach das Modell der freien Elektronen keine befriedigende Beschreibung der Positronenvernichtung in fl. Metallen liefert. Die beobachteten Änderungen scheinen durch das Anwachsen der Leerstellenkonz. beim Schmelzen bedingt zu sein.
Herbert Weber 86

*0446* **Fermi-Fläche und konventionelle Positronenvernichtungsexperimente: Kupfer als Testfall.** S. Berko, S. Cushner und J. C. Erskine. (Physics Letters [Amsterdam] **27 A** (1968) 10, 668—69; Brandeis Univ., Waltham, Mass.; engl.) — Präzisionsmessungen der Winkelverteilung der Vernichtungsstrahlung von Cu-Einkrist. unter Benutzung konventioneller Langspalt-Geometrie u. äußerer Quellen werden quant. mit den Querschnittsflächen der Cu-Fermi-Oberfläche verglichen. Vf. folgern, daß in der Approximation niedrigster Ordnung die Positronenvernichtungs-Experimente unter Benutzung konventioneller Langspalt-Geometrie dahingehend interpretiert werden können, daß sie Querschnittsflächen der Fermi-Oberfläche im Fall von Cu u. wahrscheinlich bei den meisten anderen einwertigen Metallen u. ihren Leg.-Syst. ergeben. Die Einbeziehung von Effekten höherer Ordnung wird jedoch zur Erklärung von feineren Einzelheiten der Ergebnisse erforderlich sein.
Herbert Weber 86

### Optische Eigenschaften

*0447* **Berechnung der Elektronenzustände gemischter fehlgeordneter Systeme nach einem optischen Modell.** Gregoire Nicolis, Stuart A. Rice und Joshua Jortner. (J. chem. Physics **48** (1968) 8, 3544—51; Dep. of Chem. Univ. of Chicago, Chicago, Ill.; engl.) — Unters. der Normalmoden einfacher fehlgeordneter Syst. nach einem Dispersionsoszillator-Modell mit Dipolkopplung der ungestörten Elektronenzustände. Ableitung einer

Gleichung für die Normalmodenfrequenzen. u für die Anregungsamplituden. Diese Gleichung gibt die lokale Struktur der Fl. in expliziter Weise wieder. Die Art der Resonanz- u. lokalisierten Verunreinigungsmoden werden für den bes. Fall eines isotop. fehlgeordneten gleichförmigen Syst. diskutiert. Der Beitrag der therm. Bewegung der Atome zur Dämpfung der Normalmoden wird diskutiert. H. Liepack 91

*0448* **Berücksichtigung der Austauschwechselwirkung im Zweiteilchenbild der Exzitonen und ihr Einfluß auf die Exzitonenspektren.** K. Dos, A. Haug und P. Rohner. (Physica Status solidi [Berlin] **30** (1968) 2, 619—25; II. Inst. für theoret. Phys., TU, Berlin; dt.) — Die Berücksichtigung der Austauschwechselwrkg der Elektronen liefert einen zusätzlichen Term in der Zweiteilchengleichung für Exzitonen, der zu einer wesentlichen Modifizierung der Exzitonenspektren führt. Dadurch können sowohl die Nullfeldaufspaltung der Exzitonenlinien als auch Abweichungen von der Wasserstoffähnlichkeit der Spektren gedeutet werden. Vgl. mit Vers.-Daten zu den Exzitonenniveaus für *ZnS* aus der Literatur. H. Roschkowski 91

*0449* **Theorie der Magnetfeldeinflüsse auf die gegenseitige Vernichtung von Triplettexzitonen.** R. E. Merrifield. (J. chem. Physics **48** (1968) 9, 4318—19; Central Res. Dep., E. I. du Pont de Nemours & Co., Experimental Stat., Wilmington, Del.; engl.) H. Liepack 91

*0450* **Polaritonendispersion in zweiachsigen und einachsigen Kristallen.** L. Merten. (Physica Status solidi [Berlin] **30** (1968) 2, 449—54; Phys. Inst., Univ., Münster/Westf.; engl.) — Es werden die vollständigen Dispersionsgleichungen für Polaritonen in zwei- u. einachsigen Krist. angegeben. Allg. Aussagen über ihre Frequenzen u. Polarisationsrichtungen werden in den Grenzflächen für den Wellenvektor $k \to 0$ bzw. $k \to \infty$ erhalten. H. Roschkowski 91

*0451* **Elektronischer Raman-Effekt.** 2. Mitt. **Asymmetrie des Streutensors für elektronische Raman-Übergänge.** O. Sonnich Mortensen und J. A. Koningstein. (J. chem. Physics **48** (1968) 9, 3971—77; E.W.R. Steacie Building of Chem., Carleton Univ., Ottawa, Ontario, Canada; engl.) — Allg. Formulierung der elektron. Raman-Streuung für dreiwertige Seltenerdmetallionen in Kristallen. Die vibron. Kopplung ist unwesentlich. Der antisymm. Teil des Streutensors, der für Schwingungs-Raman-Streuung verschwindet, gewinnt für verschiedene elektron. Raman-Übergänge an Bedeutung. H. Liepack 91

*0452* **Theorie des Raman-Effekts in Metallen.** D. L. Mills, A. A. Maradudin und E. Burstein. (Physic. Rev. Letters **21** (1968) 16, 1178—82; Dep. of Phys., Univ. of Calif., Irvine, Calif.; engl.) — Die Theorie der Raman-Lichtstreuung durch opt. Phononen in Metallen wird dargelegt. Dabei wird eine detaillierte Theorie der inelast. Lichtstreuung an einer metall. Oberfläche entwickelt, u. die zum Raman-Effekt beitragenden Mechanismen werden diskutiert. E. Richter 91

*0453* **Cauchy-Analyse von Banden des imaginären dielektrischen Indexes.** G. Andermann und L. R. Brantley. [J. opt. Soc. America **58** (1968) 2, 171—74; Dep. of Chem. and Hawaii Inst. of Geophys., Univ. of Hawaii, Honolulu, Hawaii; engl.) — Vf. geben ein einfaches Verf. zum Gebrauch des Cauchy-Lorentz-Ausdrucks zur Berechnung der mol. Parameter eines Syst. vieler Banden im IR an. Die Cauchy-Funktion beschreibt genau das Spektrum des imaginären dielektr. Indexes für ein Syst. gedämpfter Oszillatoren. Daher lassen sich äußerst präzise Ausdrücke der Übergangsstärken u. der Dämpfungskonst. berechnen. Diskussion des Beispiels $NaClO_3$. E. Richter 91

*0454* **Einfluß des elektrischen Feldes auf die kritische Opaleszenz einer binären Dipolmischung.** Martin J. Cooper. (J. chem. Physics **48** (1968) 9, 4272—77; NBS, Washington, D.C.; engl.) — Unters. des Einfl. eines zeitabhängigen äußeren elektr. Feldes auf die Eig. des krit. Mischungspunktes einer bin. Dipolmischung nach einem modifizierten van-der-Waals-Modell. Die den Einfl. des elektr. Feldes auf die Lichtstreuung durch krit. Opaleszenz charakterisierende Relaxationszeit wird auf die freie Relaxation der Konz.-Schwankungen zurückgeführt. H. Liepack 91

*0455* **Messung der Dämpfung optischer Oberflächenwellen an ebenen Flüssigkeit–Luft-Grenzflächen.** R. H. Dungan und H. C. Bryant. (J. opt. Soc. America **58** (1968) 2, 283—84; Dep. of Phys. and Astronomy, The Univ. of N.Mex., Albuquerque, N.Mex.; engl.) — Vf. messen die charakterist. Dämpfungslängen opt. Oberflächenwellen an W., W. mit einer monomol. Schicht von Ölsäure, Methanol u. Freon TF. Die Dämpfungslängen hängen nicht allein vom Vol.-Brechungsindex der Fl. ab. E. Richter 91

*0456* **Formen metalloptischer Gleichungen zur Bestimmung der Meßunsicherheit der optischen Konstanten.** H. Böhme. (Z. angew. Physik **25** (1968) 4, 208; Phys.-Techn. Bundesanstalt Braunschweig; dt.) — Nach Aufstellung einfacher Fehlerbest.-Gleichungen wird die Fehlerrechnung für die Meth. der Best. der opt. Konst. aus Messungen des Intensitätsverhältnisses $i_\parallel^{\prime\prime}/i_\perp^{\prime}$ durchgeführt. Gerhard Schmidt 92

*0457* **Schwellenbedingung der erzwungenen Klein- und Weitwinkel-Brillouin-Streuung.** Toshio Ito und Hiroshi Takuma. (J. physic. Soc. Japan **24** (1968) **4**, 965; Dep. of Pure and Appl. Sci., Univ. of Tokyo; engl.) — Vf. untersuchen die erzwungene Vorwärts- u. Rückwärts-Brillouin-Streuung an $CS_2$ u. $(C_2H_5)_2O$ u. diskutieren die Schwellenwerte. E. Richter 92

*0458* **Spektrale Verteilung des durch monodisperse starre Stäbe gestreuten Lichts.** R. Pecora. (J. chem. Physics **48** (1968) 9, 4126—28; Dep. of Chem., Stanford Univ., Stanford, Calif.; engl.) — Unters. der spektralen Verteilung des von einer unendlich verd. Lsg. monodisperser, opt. isotroper. starrer Stäbe gestreuten Lichts. Die Rotationsdiffusionsbeiträge zur gesamten Streuintensität wurden berechnet. H. Liepack 92

*0459* **Verschwinden der ersten Stokes-Linie in Vorwärtsrichtung bei stimulierter Brillouin-Streuung.** C. S. Wang. (Physics Letters [Amsterdam] **27 A** (1968) 9, 633—34; Dep. of Phys., Univ. of Calif., San Diego, La Jolla, Calif.; engl.) — Theoret. Untersuchung. Herbert Weber 92

*0460* **Komplexer Brechungsindex und ein Zweibändermodell in der Theorie des Hypochromismus.** R. K. Bullough. (J. chem. Physics **48** (1968) 8, 3712—22; NORDITA, and Kemisk Labor. III, H. C. Ørsted Inst., Copenhagen Ø, Denmark; engl.) H. Liepack 92

*0461* **Theorie gyrotroper Doppelbrechung.** R. M. Hornreich und S. Shtrikman. (Physic. Rev. [2] **171** (1968) 3, 1065—74; Dep. of Electronics, Weizman Inst. of Sci., Rehovoth, Israel; engl.) — Allg. Unters. mit Anwendung auf $Cr_2O_3$ u. $MnTiO_3$. H. Liepack 92

*0462* **Nichtlineare optische Suszeptibilitäten in Halbleitern der Gruppe IV und III—V.** Sudhanshu S. Jha und N. Bloembergen. (Physic. Rev. [2] **171** (1968) **3**, 891—98; Div. of Engng. and Appl Phys. Harvard Univ., Cambridge, Mass.; engl.) — Der Beitrag der Valenzelektronen zur nichtlinearen opt. Suszeptibilität kann auf Grund einfacher tetraedr. Bindungsorbitale abgeschätzt werden. Der Koeff. für die Erzeugung der zweiten Harmon. in III—V-Verb. ist in befriedigender Übereinstimmung mit der theoret. Abschätzung. Das gleiche Modell läßt sich auf die Nichtlinearität dritter Ordnung anwenden, die die Streuprozesse zwischen vier Lichtwellen beschreibt. Es ergibt sich befriedigende Übereinstimmung mit Werten für die Kombinationsfrequenzerzeugung in *Si* u. *Ge*. Die viel größeren Effekte in n-leitendem *InAs* u. *InSb* sind auf Leitungselektronen zurückzuführen. Ihr Beitrag wurde exakt unter der Annahme der Kane-Theorie für die Bandstruktur berechnet. Der Beitrag der Valenzelektronen ist jedoch nicht vernachlässigbar. H. Liepack 92

*0463* **Brechungsindex und Niederfrequenz-Dielektrizitätskonstante von 6H SiC.** W. J. Choyke und Lyle Patrick. (J. opt. Soc. America **58** (1968) 3, 377—80; Westinghouse Res. Labor., Pittsburgh, Pa.; engl.) — Der Brechungsindex von 6H SiC wurde mittels einer

Interferenzmeth. im Bereich von 0,51—3,69 eV gemessen. Der Brechungsindex wächst in diesem Spektralbereich von 2,530 auf 2,868. Die Reststrahl- u. Zwischenbandbeiträge werden ber., woraus sich die DK für tiefe Frequenzen zu 9,8 ergibt. Die Diskrepanz zwischen dem ber., u. dem gemessenen (10,2) Wert wird diskutiert.
E. Richter 92

*0464* **Änderung des Brechungsindex von Diamant mit dem hydrostatischen Druck bis 7 kbar.** E. D. Schmidt, J. L. Kirk und K. Vedam. (Amer. Mineralogist **53** (1968) 7/8, 1404—06; Mater. Res. Labor., Pa. State Univ., University Park, Pa.; engl.) — Mit steigendem Druck nimmt der Brechungsindex linear um $0{,}85 \cdot 10^{-4}$/kbar ab. Berechnung von elasto-opt. Konstanten
Erwin Riedel 92

*0465* **Optische Eigenschaften von Zn.** L. P. Mosteller jun. und F. Wooten. (Physic. Rev. [2] **171** (1968) 3, 743—49; Lawrence Radiat. Labor., and Dep. of Appl. Sci., Univ. of Calif., Livermore, Calif.; engl.) — Messung des Reflexionsvermögens der Basisebene von Zn-Einkrist. hoher Reinheit (99,999%) nach Spalten bei Drücken $< 10^{-9}$ Torr im Wellenlängenbereich $1150 < \lambda < 5600$ Å bei 96 °K. Die Form der Kurve des Reflexionsvermögens für den UV-Bereich entspricht den Berechnungen auf Grund eines Modells freier Elektronen unter Verw. einer Relaxationszeit $\tau_c = 3{,}2 \cdot 10^{-14}$ s u. einer opt. Masse $m_a = 2{,}04$. Die Abweichung der Größenordnung des gemessenen Reflexionsvermögens von der nach dem Modell freier Elektronen ber. wird auf Interbandübergänge zurückgeführt. Die Plasmaresonanz liegt bei 10,1 eV. Aus den Vers. geht die Notwendigkeit einer atomar sauberen Oberfläche für Reflexionsmessungen im Vakuum-UV hervor.
H. Liepack 92

*0466* **Optische Eigenschaften einiger Übergangsmetalle.** D. W. Juenker, L. J. Le Blanc und C. R. Martin. (J. opt. Soc. America **58** (1968) 2, 164—71; Dep. of Phys., Univ. of Vt., Burlington, Vt.; engl.) — Aus der Messung der Abhängigkeit der Reflexion vom Einfallswinkel werden im Spektralbereich 537—5770 Å die opt. Konst. von *Mo, Ta, W* u. *Re* bestimmt. Die Spektren von Real- u. Imaginärteil der DK ähneln sich für alle vier Metalle, es treten drei breite, sich teilweise überlappende Absorptionsbanden zwischen 13 u. 26 eV, zwischen 7 u. 15 eV u. unterhalb 10 eV auf.
E. Richter 92

*0467* **Optische Eigenschaften von Pt.** A. Y-C. Yu, W. E. Spicer und G. Hass. (Physic. Rev. [2] **171** (1968) 3, 834—38; Stanford Electron. Labor., Stanford, Calif.; engl.) — Aus dem Reflexionsvermögen von durch Elektronenzerstäubung hergestellten Pt-Proben wurden die opt. Funktionen $\varepsilon_1$, $\varepsilon_2$, $\alpha$ u. $-\mathrm{Im}(1/\varepsilon)$ ermittelt. Der Absorptionskoeff. $\alpha$ zeigt kleine Max. bei $h\nu = 0{,}4$, 7,7 u. 10,5 eV ein breites Max. mit dem Zentrum bei ca. 4 eV. Der Imaginärteil der dielektr. Funktion $\varepsilon_2$ hat eine Struktur bei $h\nu = 6{,}5$ u. ca. 11 eV.
H. Liepack 92

*0468* **UV-Reflexionsspektren von KF-, $CaF_2$- und $BaF_2$-Einkristallen.** Takeo Miyata und Tetsuhiko Tomiki. (J. physic. Soc. Japan **24** (1968) 4, 954; Matsushita Res. Inst. Tokyo, Inc., Ikuta, Kawasaki; engl.) — Vf. messen im Bereich 8,5—13,4 eV die Reflexionsspektren frisch gespaltener Einkrist.-Flächen bei Raumtemp.: KF (100)-Fläche, $CaF_2$ u. $BaF_2$ (111) Fläche.
E. Richter 92

*0469* **Optische Konstanten von Natriumchlorid und Kaliumchlorid im fernen Ultraviolett.** D. M. Roessler und W. C. Walker. (J. opt. Soc. America **58** (1968) 2, 279—81; Dep. of Phys., Univ. of Calif., Santa Barbara, Calif.; engl.) — Aus einer Kramers-Kronig-Analyse der experimentellen Reflexionsspektren von NaCl u. KCl erhalten Vf. die Indizes für Brechung (n) u. Absorption (k) im Fernen Ultraviolett (5—25 eV).
E. Richter 92

*0470* **Optische Eigenschaften von unter Vakuum gespaltenen Kaliumfluorideinkristallen im fernen Ultraviolett.** Guy Stephan und Simone Robin. (C. R. hebd. Séances Acad. Sci., Sér. A et B **267** (1968) 23, B 1286—89; Labor. de Spectroscop. de la Fac. des Sci , Rennes, Ille-et-Vilaine; franz.) — Ausgehend von Messungen des Reflexionsvermögens von nichtpolarisiertem Licht unter einem Einfallswinkel von 15° im Bereich von 7—45 eV wird die komplexe (DK) $\varepsilon$ u. die Funktion $-\mathrm{Im}\varepsilon^{-1}$ für im Vakuum in der Meßapp. gespaltene KF-Einkrist. mit Hilfe einer Kramers-Kronig-Transformation berechnet. Die Analogie zwischen dem durch $2pF^-$-Elektronen (Valenzband) u. dem durch $3pK^+$-Elektronen der inneren Schale bedingten Reflexionsspektrum wird aufgezeigt u. die Lage der X-Exzitonen bestimmt. Die Kurven der opt. Verluste stimmen mit denen der Energieverluste der Elektronen gut überein.
U. Venzke 92

*0471* **Infrarot-Reflexionsvermögen von halbleitendem $FeSi_2$.** U. Birkholz, H. Finkenrath, J. Naegele und N. Uhle. (Physica Status solidi [Berlin] **30** (1968) 1, K 81—84; Inst. für angew. Phys., Univ., Karlsruhe; engl.)
H. Roschkowski 92

*0472* **Anomale Verschiebung der Absorptionskante in magnetischem $HgCr_2S_4$.** G. Harbeke, S. B. Berger und F. P. Emmenegger. (Solid State Commun. **6** (1968) 8, 553—55; Labor. RCA Ltd., Zürich; engl.) — Die Absorptionskante u. die diffuse Reflexion von $HgCr_2S_4$ werden zwischen 20 u. 400 °K gemessen. Unterhalb 280 °K nimmt die Bandkante von einem Wert von 1,4 eV auf 1,05 eV bei 20 °K ab. Diese anomale Kantenverschiebung, die in allen ferromagnet. Cr-Spinellen unterhalb der Curie-Weiss-Temp. beobachtet wird, kann qual. durch die magnetoelast. Vol.-Änderungen erklärt werden.
K. H. Härdtl 92

*0473* **Optische Eigenschaften von $As_2Se_3$, $(As_xSb_{1-x})_2Se_3$ und $Sb_xS_3$.** A. Efstathiou und E. R. Levin. (J. opt. Soc. America **58** (1968) 3, 373—77; RCA-AED Phys. Res. Labor., David Sarnoff Res. Center Princeton, N.J.; engl.) — Bandabstand, Reflexionsvermögen u. Brechungsindex von Aufdampfschichten genannter Verb. wurden aus Transmissionsdaten (0,4—2,2 $\mu$) erhalten. In den Mischungen von $As_2Se_3$ u. $Sb_2Se_3$ nahm der opt. Bandabstand mit wachsendem Sb/As-Verhältnis ab, der Brechungsindex dagegen zu. Der Bandabstand von $SbS_3$ nahm ebenso mit wachsendem Sb-Geh. ab. Die DK für einige repräsentative Zus. wurde aus Kapazitätsmessungen erhalten.
E. Richter 92

*0474* **Reflexionsspektren der rhomboedrischen Kristalle $Bi_2Te_3$, $Bi_2Se_3$ und $Sb_2Te_3$ im Bereich von 0,7—12,5 eV.** V. V. Sobolev, S. D. Shutov, Yu. V. Popov und S. N. Shestatskii. (Physica Status solidi [Berlin] **30** (1968) 1, 349—55; Inst. of appl. Phys., Acad. of Sci. of Moldavian SSR, Kishinev; engl.) — Die Reflexionsspektren werden für Polarisation $E \perp c$ aufgenommen, die komplexen Strukturen der Reflexionsmax. sind in allen 3 untersuchten Verb. ähnlich. Eine anomale Abnahme der Interbandlücken in $Sb_2Te_3$ relativ zu $Bi_2Te_3$ wird festgestellt. Die Ergebnisse werden mit Hilfe bekannter Bandstrukturmodelle für $Bi_2Te_3$ besprochen.
H. Roschkowski 92

*0475* **Extinktionskoeffizient von Bentonit, bestimmt aus der Opazität von Bentonit–Wasser-Suspensionen.** H. D. Weymann und M. C. Chuang. (J. opt. Soc. America **58** (1968) 2, 271—72; Dep. of Mechanical and Aerospace Sci., Univ. of Rochester, Rochester N.Y.; engl.) — Vf. geben die Transmission einer $4{,}8 \cdot 10^{-2}$ cm dicken Bentonit–Wasser-Dispersion als Funktion der Bentonit-Konz. (1—5 Gew.-%) an u. ber. den Extinktionskoeff. (Fehler ca. 30%) zwischen 435,8 u. 546,1 nm zu $k_1 = 2{,}5 \cdot 10^{-2}$. Die App. wird beschrieben.
E. Richter 92

*0476* **Infrarot-Absorption infolge von Verunreinigungen.** I. Karasová. (Czechoslov. J. Physics, Sect. B **18** (1968) 3, 322—29; Inst. of Phys., Slovak Acad. Sci., Bratislava; engl.) — Die IR-Absorption infolge von großen nichtisotop. Defekten in Krist. wird mittels der Matrixmeth. berechnet. Die Beziehung zwischen der „Resonanzmode" u. der Schwingung der Defektmol. wird behandelt.
Herbert Weber 92

*0477* **Infrarot-Absorption von glasigem $SiO_2$.** M. Miler. (Czechoslov. J. Physics, Sect. B **18** (1968) 3, 354—62; Inst. of Radio Engng. an Electron., Czechoslov. Acad. Sci., Prague; engl.) — Das IR-Reflexionsvermögen von glasigem $SiO_2$ wurde im Bereich 2—35 $\mu$m bei Raumtemp. gemessen. Die Reflexionskurve wurde mittels Kramers-Kronig-Analyse behandelt, u. die opt.

Konst. wurden bestimmt. Zusätzlich zu den drei bekannten Peaks bei 9, 12,5 u. 22,5 μm zeigt die Absorptionskurve weitere Peaks bei 17,5 u. 11 μm. Eine Korrelation mit Transmissionsmessungen zeigt, daß in diesem Bereich die Transmissionskurve eine Abnahme zeigt. Es wird versucht, das Spektrum gemäß dem Matossi-Modell der Schwingungen des freien Tetraeders $SiO_4$ zu interpretieren. Herbert Weber 92

*0478* **Absorption von Quarzglas und Weichglas im fernen Infrarot.** W. Bagdade und R. Stolen. (J. Physics Chem. Solids **29** (1968) 11, 2001—08; Dep. of Phys., Univ. of Calif., Berkeley, Calif.; engl.) — Vf. messen die IR-Absorption im Spektralbereich 10—100 $cm^{-1}$ in Quarzglas u. Weichglas. Der Absorptionskoeff. von Weichglas beträgt ca. 10/cm u. nimmt mit dem Quadrat der Frequenz zu. Für Quarzglas ist die Absorption kleiner, sie ändert sich oberhalb 30 $cm^{-1}$ ebenfalls mit $\omega^2$, nimmt jedoch bei niedrigeren Frequenzen schneller als $\omega^2$ ab. Die Stärke der Absorption u. ihre Temp.-Unabhängigkeit deutet darauf hin, daß für beide Materialien die Absorption durch die Fehlordnung verursacht wird. Es wird ein Modell mit gleichmäßig verteilten Ladungen in einem kontinuierlichen Medium angegeben, womit sich die experimentellen Beobachtungen auch quant. deuten lassen. K. H. Härdtl 92

*0479* **Erzeugung der Zweiten Harmonischen von Licht an der Grenzfläche von Alkalihalogeniden und Gläsern.** Charles C. Wang und A. N. Duminski. (Physic. Rev. Letters **20** (1968) 13, 668—71; Sci. Labor., Ford Motor Company, Dearborn, Mich.; engl.) — Messungen zur Erzeugung der 2. Harmon. von Licht an den Grenzflächen von $CaF_2$, $BaF_2$, *NaF*, *LiF*, geschmolzenem *Quarz*, *BSC-Glas*, *KBr*, *KCl*, *NaCl*, *KJ*, *MgO*, *Si*, *Ge*, *Au* u. *Ag*. Die Intensität der 2. Harmon., die von der Oberfläche durchsichtiger Stoffe reflektiert wurde, war um einige Größenordnungen kleiner als die, die an den Oberflächen von Halbleitern u. Metallen erzeugt wurde. Die Entstehung der 2. Harmon. bei der Transmission durch dünne Plättchen aus Glas u. LiF wurde ebenfalls untersucht. W. Kunath 92

*0480* **Erzeugung des zweiten harmonischen Lichtes in Kristallen mit natürlicher optischer Aktivität.** H. J. Simon und N. Bloembergen. (Physic. Rev. [2] **171** (1968) 3, 1104—14; Gordon McKay Labor., Harvard Univ., Cambridge, Mass.; engl.) — In $NaClO_3$- u. $NaBrO_3$-Einkrist. wurde die zur zirkularen Polarisation des auftreffenden Laserstrahls entgegengesetzte zirkulare Polarisation der zweiten Harmon. sowie die Differenz in den Kohärenzlängen für die im entgegengesetzten Sinn zirkularen Polarisationen bei Fortpflanzung des fundamentalen u. zweiten harmon. Bündels in [111]-Richtung beobachtet. Die nichtlineare Suszeptibilität der Krist. wurde gemessen u. mit der nichtlinearen Suszeptibilität von α-Quarz verglichen. Das relative Vorzeichen der Suszeptibilitäten wurde bestimmt. Das Vorzeichen von nichtlinearer Suszeptibilität, piezoelektr. Konst., opt. Aktivität wird diskutiert. Unter Berücksichtigung des Krist.-Feldpotentials dreifacher Symmetrie wird die Frage der Erhaltung des Drehimpulses gelöst. H. Liepack 92

*0481* **Experimentelle Untersuchung der Erzeugung der optischen zweiten Harmonischen in Silber.** H. Sonnenberg und H. Heffner. (J. opt. Soc. America **58** (1968) 2, 209—12; Stanford Univ., Stanford, Calif.; engl.) — Vf. geben genaue quant. und qual. Meßergebnisse der Einfallswinkelabhängigkeit der Erzeugung der zweiten Harmon. (Rubin-Laserlicht an reinen Ag-Oberflächen) an. Eine Übereinstimmung zwischen Theorie u. Experiment ergibt sich nur, wenn zusätzlich zu den Effekten freier Elektronen auch noch die Einfl. gebundener Elektronen berücksichtigt werden. E. Richter 92

*0482* **Magnetozwischenband-Beitrag zur Erzeugung der Dritten Harmonischen in InSb unter Benutzung eines $CO_2$-Lasers.** N. Van Tran, J. H. McFee und C. K. N. Patel. (Physic. Rev. Letters **21** (1968) 11, 735—38; Bell Telephone Labor., Holmdel, N.J.; engl.) — Beobachtung einer erhöhten Erzeugung der Dritten Harmon. in InSb in Ggw. eines Magnetfeldes. Die Werte des Magnetfeldes, die dem Max. bei der Erzeugung der Dritten Harmon. entsprechen, sind um 7% kleiner als die, die den Resonanzen der Zwischenband-Magnetoabsorption in InSb entsprechen. W. Kunath 92

*0483* **Anomaler Franz-Keldysh-Effekt bei der Elektroreflexion von Halbleitern.** F. Evangelisti und A. Frova. (Solid State Commun. **6** (1968) 9, 621—25; Suppl. zu: J. Physics Chem. Solids, Ist. di Fis. dell'Univ. di Roma, Rome; engl.) — Zur Erklärung gewisser Eig. der Elektroreflexion von Halbleitern berücksichtigen Vf. die Inhomogenität des elektr. Feldes in Richtung normal zur Halbleiteroberfläche. Das auf die Absorptionskante von Ge angewendete Modell führt zu Ergebnissen, die in guter Übereinstimmung mit den Experimenten sind. Aus dem Modell ergibt sich ferner, daß die aus Elektroreflexionsmessungen abgeleiteten effektiven Massen stark verfälscht sein können. K. H. Härdtl 92

*0484* **Quadratischer elektrooptischer Effekt (Kerr-Effekt) in Alkalimetallhalogeniden vom NaCl-Typ.** S. Haussühl und H. Hesse. (Physica Status solidi [Berlin] **30** (1968) 1, 209—14; Inst. für Kristallogr., Univ., Köln; engl.) — Der quadrat. elektroopt. Effekt wurde an *MeX* (Me = *Li*, *Na*, *K*, *Rb*; X = *F*, *Cl*, *Br*, *J* mit Ausnahme von *LiJ*) mit Hilfe eines dynam. Verf. gemessen, mit dem Gangunterschiede bis zu $5 \cdot 10^{-8}$ Wellenlängen nachgewiesen werden konnten. Die beobachtete Anisotropie bestätigt den Tensorcharakter des Effekts. Die Konst. liegen in der Größenordnung von $10^{-18}$ $cm^2/V^2$. Sie zeigen einen typ. Verlauf innerhalb der isotypen Reihe u. eine enge Beziehung zu den piezoopt. Konstanten. H. Roschkowski 92

*0485* **Modulation der Strahlung im nahen IR durch akustoelektrische Domänen in n-GaAs bei Raumtemperatur.** D. Boccon-Gibod. (Physica Status solidi [Berlin] **30** (1968) 2, 525—31; Labor. d'Et. et de Rech. Gén., La Radiotechn. Compelec, Suresnes; engl.) H. Roschkowski 92

*0486* **Magneto-optische Eigenschaften im Ultravioletten von Seltenerdmetallorthoferriten.** Frederic J. Kahn, P. S. Pershan und J. P. Remeika (Physic. Rev. Letters **21** (1968) 12, 804—07; Div. of Engng. and Appl. Phys., Harvard Univ., Cambridge, Mass.; engl.) — Vf. messen den komplexen polaren Kerr-Effekt (Rotation u. Elliptizität) an $EuFeO_3$, $SmFeO_3$, $GdFeO_3$, $TbFeO_3$, $DyFeO_3$, $HoFeO_3$, $ErFeO_3$, $TmFeO_3$, $YbFeO_3$, $LuFeO_3$ u. $YFeO_3$ im Bereich 1,8—5,5 eV. Außerdem werden zur Unterscheidung der Beiträge oktaedr. u. tetraedr. koordinierter $Fe^{3+}$-Ionen Unters. an $Eu_3Fe_{5-x}Ga_xO_{12}$ (x = 0—1,9) durchgeführt. Die beobachteten Resonanzen werden identifiziert u. mit Ladungsübertragung oder mit durch Ladungsübertragung verstärkte Krist.-Feldübergänge, verbunden mit oktaedr. koordinierten $Fe^{3+}$-Ionen, erklärt. E. Richter 92

*0487* **Bestimmung von Bandparametern aus Messungen der Faraday-Rotation.** M. Balkanski und E. Amzallag. (Physica Status solidi [Berlin] **30** (1968) 2, 407—39; Labor. de Phys. des Solides, Fac. des Sci., Paris; engl.) — Übersicht (Best. an Si, Ge, II—VI-, III—V- u. IV—VI-Materialien u. Theorie) an Hand von 96 Literaturangaben. H. Roschkowski 92

*0488* **Bestimmung der kritischen Punkte durch differentielle optische Spektroskopie.** R. Braunstein, P. Schreiber und M. Welkowsky. (Solid State Commun. **6** (1968) 9, 627—30; Suppl. zu: J. Physics Chem. Solids; Dep. of Phys., Univ. of Calif., Los Angeles, Calif.; engl.) — Die Singularitäten von Phononen-begleiteten Übergängen in Si u. das Reflexionsvermögen in der Nähe der Plasmakante von Ag werden mit der Meth. der differentiellen Spektroskopie bestimmt, wobei im Gegensatz zu anderen differentiellen Meth. die Frequenz des Lichtes moduliert wird. Mit dieser Meßmeth. ist es in einfacher Weise möglich, erste oder höhere Ableitungen beliebiger opt. Spektren zu erhalten. K. H. Härdtl 94

*0489* **Polarisationsabhängigkeit der Zweiphotonenabsorption in Festkörpern.** Todd R. Bader und Albert Gold. (Physic. Rev. [2] **171** (1968) 3, 997—1003; Inst. of Optics, Univ. of Rochester, Rochester, N.Y.; engl.) —

Berechnung der Polarisationsabhängigkeit der Zweiphotonenabsorptionsrate für alle 32 kristallograph. Punktgruppen. Die in Tabellenform mitgeteilten Ergebnisse sind anwendbar zur Unters. von Übergängen bei Punktdefekten sowie von Band–Band- u. Exzitonen-Übergängen in der Mitte der Brillouin-Zone.
H. Liepack 94

*0490* **Theorie der Vielphotonenmagnetoabsorption in Halbleitern.** Margaret H. Weiler, M. Reine und Benjamin Lax. (Physic. Rev. [2] **171** (1968) 3, 949—58; Francis Bitter Nat. Magnet Labor., MIT, Cambridge, Mass.; engl.) — Berechnung direkter Zwischenbandübergänge, die durch ein starkes oszillierendes elektr. Feld in Ggw. eines longitudinalen oder transversalen magnet. Feldes induziert werden, wobei die größten Innerbandeffekte des elektr. Feldes in den ursprünglichen Wellenfunktionen enthalten sind. H. Liepack 94

*0491* **Elektronen- und Schwingungsspektren von Festkörpern.** S. G. Davison und Y. C. Cheng. (Physics Letters [Amsterdam] **27 A** (1968) 9, 592—93; Dep. of Appl. Math. and Phys., Univ. of Waterloo, Ontario, Canada; engl.) — Nach einem kurzen Überblick zur Literatur über Elektronen- u. Phononenspektren von Festkörpern wird ein vereinheitlichtes Bild der Elektronen- u. Schwingungsspektren von Festkörpern wiedergegeben u. diskutiert, wobei die Rolle der Oberfläche bes. berücksichtigt wird. Herbert Weber 94

*0492* **Polarisation der optischen Absorptions- und Emissionsbanden infolge von Donator–Akzeptor-Assoziation in Kristallen vom Wurtzittyp.** R. Boyn. (Physica Status solidi [Berlin] **30** (1968) 1, 305—10; Bereich Halbleiterphys., Sektion Phys., Humboldt-Univ., Berlin; engl.) — Es werden die Orientierungsmöglichkeiten von Donator–Akzeptor-Assoziaten in Krist. mit Wurtzitstruktur u. die Polarisation von Absorptions- u. Emissionsbanden diskutiert, die auf elektr. Dipolübergängen in solchen Assoziaten beruhen. Es ergibt sich, daß derartige Banden im allg. stärker polarisiert sind, wenn das entsprechende Assoziat Zwischengitterstörstellen enthält, als wenn es sich um 2 Defekte auf Gitterplätzen handelt.
H. Roschkowski 94

*0493* **Optische Absorption der neutralen Leerstelle in Diamant.** M. Lannoo und A. M. Stoneham. (J. Physics Chem. Solids **29** (1968) 11, 1987—2000; Inst. Supér. d'Electron. du Nord, Lille, France; engl.) — Es wurde angenommen, daß die opt. Absorption der neutralen Leerstelle in Diamant zwischen dem $^1E$-Grundzustand u. dem angeregten $^1T_2$-Zustand stattfindet. Beide Zustände sind entartet u. sollten Jahn-Teller-Aufspaltung zeigen. Vf. berechnen den Huang-Rhys-Faktor für den Übergang sowie die ersten u. zweiten Momente des Absorptionsbandes. Ebenso wird das Verh. der Null-Phonon-Linien bei mechan. Verspannung diskutiert. Das Modell nimmt an, daß die Leerstelle mit den 6 Normalschwingungen der Leerstellennachbarn wechselwirkt. Die rechner. Ergebnisse werden mit den Beobachtungen des GR1-Bandes verglichen, das der neutralen Leerstelle zugeschrieben wird. Die erzielte Übereinstimmung unterstützt die Identifizierung. Auch ist die unpolarisierte Lumineszenz mit den Ergebnissen des Modells konsistent. Doch unterscheidet sich die beobachtete Druckverschiebung der Null-Phononen-Linie von der berechneten.
K. H. Härdtl 94

*0494* **Einfluß von Kompression und Zusammensetzungsänderungen auf die Art der Cr-Plätze in einfachen Gläsern.** R. E. Tischer. (J. chem. Physics **48** (1968) 9, 4291—99; Res. and Dev. Labor., Corning Glass Works, Corning, N.Y.; engl.) — Unters. des Einfl. von Drücken bis zu 50 kbar u. von Zus.-Änderungen auf die Absorptionsspektren (4000—50000 $cm^{-1}$) von Cr enthaltenden *Silicat-*, *Phosphat-* u. *Boratgläsern*. Die Absorptionseig. werden unter der Annahme erklärt, daß im Mittel die $Cr^{3+}$ von 6 O-Ionen in oktaedr. Anordnung umgeben sind. Die Spektren deuten an, daß eine willkürliche Verteilung der Cr–O-Abstände um einen mittleren Abstand existiert u. daß nur kleine Verzerrungen von der kub. Symmetrie vorliegen. Die Variation der Ligandenfeld-Parameter u. die lokalen Kompressibilitäten hängen hauptsächlich von der Zahl der O-Ionen pro Vol.-Einheit im Glas ab. Die Gläser mit offenerer Packung zeigen kleinere Krist.-Feldstärken, größere Kompressibilitäten u. größere Verzerrungen von der oktaedr. Symmetrie als dichter gepackte Gläser. Die Kompressibilitäten der Cr-Plätze sind sehr viel kleiner als die Vol.-Kompressibilitäten der Gläser. H. Liepack 94

*0495* **Anregungsspektrum von einfachionisiertem Zink in Germanium mit und ohne einaxialen Druck.** F. Barra und P. Fisher. (Physics Letters [Amsterdam] **27 A** (1968) 10, 711—12; Dep. of Phys., Purdue Univ., Lafayette, Ind.; engl.) — Im Spektrum von $Zn^-$ in Ge treten vier Linien bei Energien von 80,73 $\pm$ 0,02, 78,32 $\pm$ 0,01, 78,16 $\pm$ 0,05 bzw. 74,99 $\pm$ 0,01 meV auf. Die Abstände u. das Druckverh. der Anregungslinien von $Zn^-$ in Ge bestätigen, daß dieser Akzeptor heliumartig ionisiert ist, u. zwar mit $T_d$-Platz-Symmetrie (unverzerrter substitutioneller Gitterplatz im Kristall).
Herbert Weber 94

*0496* **Theorie der Absorption und Infrarotemission von $Cr^{3+}$-Ionen in $ZnWO_4$.** M. L. Reynolds, W. E. Hagston und G. F. J. Garlick. (Physica Status solidi [Berlin] **30** (1968) 2, 507—14; Phys. Dep., Univ. of Hull; engl.) — Der Einfl. von Feldern niedriger Symmetrie (in Krist.-Feldnäherung) auf die Energieniveaus von Cr(III)-Ionen im $ZnWO_4$-Gitter wird besprochen. Die Berechnungen zeigen, daß das früher (ibid. **30** (1968) 113) angegebene opt. Spektrum mit Hilfe eines auf $Cr^{3+}$ einwirkenden Feldes rhom. Symmetrie erklärt werden kann, wenn die Effekte einer tetragonalen Verzerrung in den angeregten Zuständen berücksichtigt werden.
H. Roschkowski 94

*0497* **Optische Absorptionsspektren von Co und Ni in $ZnWO_4$.** M. L. Reynolds, W. E. Hagston und G. F. J. Garlick. (Physica Status solidi [Berlin] **30** (1968) 2, 735—39; engl.) — Vgl. vorst. Referat. — Die opt. Absorptionsspektren von mit $Co^{2+}$ oder $Ni^{2+}$ dotierten $ZnWO_4$-Krist. wurden aufgenommen. Die Energiezustände stimmen mit der Annahme eines trigonalen Feldes überein, das auf die Störstellenzentren einwirkt. Keine assoziierten Lumineszenzübergänge von 1. Anregungszuständen in Grundzustände konnten an den Krist. beobachtet werden. H. Roschkowski 94

*0498* **Nullphononenübergänge von mit $Eu^{2+}$ und $Sm^{2+}$ dotierten Alkalimetallhalogeniden.** G. Baldini und M. Guzzi. (Physica Status solidi [Berlin] **30** (1968) 2, 601 bis 612; Ist. di Fis., Univ. degli Stud., Milano; engl.) — Die Theorie der Elektronen–Phononen-Kopplung für Störstellenzentren in Ionenkrist. wird verwendet, um die wichtigsten Parameter zu ermitteln, die die opt. Eig. der Nullphononenlinien bedingen. Die Absorptions- u. Emissionsspektren von *NaCl*, *KCl* oder *KBr* mit $Eu^{2+}$- oder $Sm^{2+}$-Dotierung bei 15—175 °K wurden gemessen. Im allg. stimmen die Vers.-Daten gut mit der Theorie überein. Ein zusätzlicher Mechanismus für die therm. Entanregung der Nullphononenlinie wird entwickelt.
H. Roschkowski 94

*0499* **Spektren von Samarium(II), Europium(II) und Ytterbium(II) in geschmolzenem Lithiumchlorid–Kaliumchlorid.** K. E. Johnson, J. R. Mackenzie und J. N. Sandoe. (J. chem. Soc. [London], Sect. A **1968**, **11**, 2644—47; Dep. of Chem., Sir John Cass Coll., London; engl.) — Lsg. von Sm(II)-, Eu(II)- u. Yb(II)-Chloriden in geschmolzenem LiCl–KCl wurden durch direkte Zugabe der Dichloride oder durch Zusatz der Trichloride u. anschließende elektrolyt. Red. oder Red. mit Mg (Zn) hergestellt. Die Absorptionsspektren dieser Schmelzen wurden zwischen 10000 u. 45000 $cm^{-1}$ aufgenommen u. mit denen der wss. Lsg. verglichen. In beiden Lsgm. liegt eine ähnliche Koordination der Ionen mit der Krist.-Feldaufspaltung des 5d-Niveaus des angeregten Zustands bei 11 kK vor. Die Vers.-Methodik wird beschrieben.
A. Jaeschke 94

*0500* **Ladungsübergangsspektren $Mn^{2+}$-dotierter Alkalimetallhalogenide.** Anjani Mehra. (Jap. J. appl. Physics **7** (1968) 8, 963—64; Dep. of Phys., Indian Inst. of Technol., Kanpur, India; engl.) — Es werden Absorptionsspektren im Bereich 2200—3500 Å an mit 1 Mol.-% Mn dotiertem KCl- u. RbBr-Krist. gemessen. Für KCl werden Bandenmax. bei 40800 u 36800 $cm^{-1}$ u. für RbBr bei 43500, 39200, 36900 u. 33500 $cm^{-1}$ beobachtet. Es ist ganz sicher, daß diese Banden nicht Übergängen in der $d^5$-Konfig. entsprechen. Sie sind vom gleichen Typ wie die von Kuwabara u. Aoyagi (vgl. Jap. J. appl. Physics 4 (1965) 627) für $Mn^{2+}$ in NaCl beobachteten u. sind auch Ladungsübergangsprozessen zuzuordnen. Werner Schmidt/Berlin 94

*0501* **Greek-Banden von Silber in Alkalimetallhalogeniden.** Kazuko Kojima, Masatoki Sakurai und Tadanobu Kojima. (J. physic. Soc. Japan 24 (1968) 4, 815—17; Second Dep. of Phys., Fac. of Sci., Tohoku Univ., Sendai; engl.) — Ag-dotierte *KBr*-Krist. zeigen zwei ausgeprägte Absorptionspeaks bei 6,24 u. 6,53 eV ($G_1$ bzw. $G_2$). Die Oszillatorstärken dieser Banden sind von der Temp. den fl. He bis Raumtemp nahezu konstant. Ag-dotiert *KJ*-Krist. zeigen entsprechende Peaks bei 5,06 u. 5,50 eV. Die Banden scheinen durch Bldg. eines eingefangenen Exzitons an einem auf einem Kationenplatz befindlichen Ag-Ion zu entstehen. Die Aufspaltung in zwei Peaks wird durch Spin-Bahn-Wechselwrkg. erklärt. E. Richter 94

*0502* **Durch elektrische Felder verursachter Dichroismus von $CN^-$-Molekülen in Alkalimetallhalogeniden.** R. L. Pompi und V. Narayanamurti. (Solid State Commun. 6 (1968) 9, 645—48; Suppl. zu: J. Physics Chem. Solids; Labor. of Atomic and Solid State Phys., Cornell Univ., Ithaca, N.Y.; engl.) — Vf. messen den Einfl. elektr. Felder auf die IR-Absorptionsbande von $CN^-$-Mol. in KCl-, KBr- u. RbCl-Kristallen. Die Messungen werden zwischen 1,2 u. 4,2 °K durchgeführt u. zeigen, daß der Absorptionskoeff. bei paralleler Orientierung von Lichtvektor u. elektr. Feldvektor mit dem Quadrat der elektr. Feldstärke abnimmt. Die Meßergebnisse lassen sich unter der Annahme einer kleinen tetragonalen Verzerrung des Devonshire-Potentials deuten. K. H Härdtl 94

*0503* **Einfluß elektrischer Felder auf Farbzentren.** E. Reguzzoni und G. Samoggia. (Solid State Commun. 6 (1968) 9, 675—78 Suppl. zu: J. Physics Chem. Solids; Ist. di Fis. dell'Univ. di Pavia, Italia; engl.) — Wird die Ionisationswahrscheinlichkeit einer opt. angeregten Fehlstelle durch ein von außen angelegtes elektr. Wechselfeld moduliert, so kann eine entsprechende Modulation des Absorptionskoeff. erreicht werden. Mit diesem Effekt lassen sich die verschiedenen opt. Übergänge in F-Aggregat-Zentren mit hoher Empfindlichkeit nachweisen. Vf. berichten über erste Resultate, die an F-, M- u. R-Zentren in KCl-Krist. bei 77 °K erhalten wurden. K. H. Härdtl 94

*0504* **Empirische Beziehungen für die Emissionsenergien und Lebensdauern des F-Zentrums.** R. L. Gilbert. (Physica Status solidi [Berlin] 30 (1968) 1, 173—82; Solid State Div., ORNL, Oak Ridge, Tenn.; engl.) — Ableitung entsprechender Beziehungen u. Angabe numer. Daten für *RbJ, KJ, RbBr, KBr, NaCl, RbCl, KCl, RbF, KF, NaF, CsJ, CsBr* u. *CsCl*. H. Roschkowski 94

*0505* **Optische, ESR- und elektrische Untersuchungen kolloidaler und F-Aggregatzentren in hochreinen KCl-Kristallen.** 1. Mitt. **Kolloidale Zentren.** S. C. Jain und G. D. Sootha. (Physic. Rev. [2] 171 (1968) 3, 1075—82; Nat. Phys. Labor., New Delhi, India; engl.) — Unters. der kolloidalen opt. Absorptionsbande, die sich in additiv verfärbten hochreinen u. „reinen" Krist. beim Abschrecken von 300° im Dunkeln ausbildet. Die Unters. zeigen, daß die Absorption auf eine Vielzahl von Zentren zurückzuführen ist, die durch opt. Unters. allein nicht unterschieden werden können. H. Liepack 94

*0506* **Optische, ESR- und elektrische Untersuchungen kolloidaler und F-Aggregatzentren in hochreinen KCl-Kristallen.** 2. Mitt. **F-Aggregatzentren.** S. C. Jain und G. D. Sootha. (Physic. Rev. [2] 171 (1968) 3, 1083—89; engl.) 1. vgl. vorst Referat. — Unters. der M-, R-, X- u. Scottschen R-Zentren in hochreinen, „reinen" u. Cd-dotierten Kristallen. H. Liepack 94

*0507* **Bildungs- und Umwandlungsmechanismus von Farbzentren in CsBr- und CsCl-Kristallen.** F. Lihl und N. Vana. (Z. angew. Physik 25 (1968) 4, 228—35; Inst. für Angew. Phys., TH Wien; dt.) — Die Krist. werden bei 80 °K mit 380-keV-Elektronen bestrahlt u. mittels einer Kombination von therm. u. opt. Ausbleichen der Bldg.- u. Umwandlungsmechanismus der F-, M-, R- u. α'-Zentren untersucht. Eine bei 280 nm in CsBr u. bei 265 nm in CsCl auftretende Bande wurde als α'-Bande bezeichnet u. einem Zentrum zugeordnet, das als Anionenleerstellenkomplex gedeutet wurde. Gerhard Schmidt 94

*0508* **Konversion von $F_3^+$-Zentren und Zerstörung von R-Zentren in LiF mit R-Licht.** K. L. Vander Lugt und Y. W. Kim. (Physic. Rev. [2] 171 (1968) 3, 1096 bis 1103; Dep. of Phys., Wayne State Univ., Detroit, Mich.; engl.) — Durch $R_1$- u. $R_2$-Bleichung bestrahlter LiF-Einkrist. in der Nähe von 300 °K wurde die Existenz eines neuen Farbzentrums nachgewiesen, dessen Hauptabsorptionsbande den Bereich der $R_1$- u. $R_2$-Banden überdeckt. Das neue Zentrum steht nicht in Beziehung zu einem der bekannten Farbzentren u. erleichtert die Konversion der $F_3^+$-Zentren in R-Zentren entsprechend dem Mechanismus $F_3^+ + e \rightarrow R$, wobei das Elektron durch Photoionisation des neuen Farbzentrums durch das R-Bleichen geliefert wird. Das R-Bleichen zerstört ebenfalls die R-Zentren durch zwei konkurrierende Mechanismen: 1. Aufspaltung eines R-Zentrums in ein M- u. ein F-Zentrum u. 2. Umwandlung eines R-Zentrums in ein anderes Farbzentrum dessen Absorptionsbande (550 nm) im Bereich der N-Bande liegt. H. Liepack 94

*0509* **F-Zentrenerzeugung durch ultraviolette Bestrahlung in KCl und NaCl.** F. T. Goldstein. (Solid State Commun. 6 (1968) 8, 565—67; Mater. Phys. Div., A. E. R. E., Harwell, Didcot, Berks.; engl.) — Vf. beschreibt die F-Zentrenerzeugung in nominell reinen KCl- u. NaCl-Krist. bei Bestrahlung mit UV-Licht, das im Bereich der Grund-Absorptionsbande absorbiert wird. K. H. Härdtl 94

*0510* **Mollwo-Ivey-Gesetz für die $L_1$-Absorptionsbande in KCl:RbCl.** Hiroshi Ohkura und Jun Yagi. (J. physic. Soc. Japan 24 (1968) 4, 959—60; Dep. of Appl. Phys., Osaka City Univ., Sugimoto-cho, Sumiyosi-ku; engl.) — Vf. geben zwei empir. Beziehungen für die Peaklage der $L_1$-Absorptionsbande in additiv verfärbten Krist. einer Mischung von KCl:RbCl an: $E_{max} = 343\ d^{-4,0}$ (d = mittlere Gitterkonst.) u. $E_{max} = 8,00\ r^{-1,9}$ (r = mittlerer Kationenradius). E. Richter 94

*0511* **Berechnung von L-Banden in KCl.** L. J. Page, J. A. Strozier jun. und E. H. Hygh. (Physic. Rev. Letters 21 (1968) 6, 348—50; Dep. of Phys., Univ. of Ut., Salt Lake City, Ut.; engl.) — Der Wrkg.-Querschnitt der Absorption für Übergänge aus dem Grundzustand des F-Zentrums zum Leitungsband wurde für KCl berechnet. Die Absorptionsbanden $L_1$, $L_2$, $L_3$ u. $L_4$ sind in dem Wrkg.-Querschnitt leicht zu identifizieren. Eine neue Bande $L_5$ wurde berechnet. W. Kunath 94

*0512* **Nachweis für zwei Arten von M-Zentren in hochreinen KCl-Kristallen.** S. C. Jain, P. C. Mehendru und G. D. Sootha. (J. Physics Chem. Solids 29 (1968) 11, 2072—75; Nat. Phys. Labor., New Delhi, India; engl.) — Vf. schließen aus dem unterschiedlichen Bleichverh. additiv verfärbter u. durch Röntgenbestrahlung verfärbter KCl-Krist. auf das Auftreten zweier Arten von M-Zentren. K. H. Härdtl 94

*0513* **Durch Synchrotron-Strahlung bei 80 °K erhaltene $L_{23}$-Absorptionsspektren von $Cl^-$ in Alkalimetallchloriden.** Yasuo Iguchi, Takasi Sagawa, Shigeru Sato, Makoto Watanabe, Hiroshi Yamashita, Arisato Ejiri, Michio Sasanuma, Shun-ichi Nakai, Masatoshi Nakamura, Shigeo Yamaguchi, Yoshio Nakai und Takanori Oshio. (Solid State Commun. 6 (1968) 8, 575—78; Inst. for optical Res., Kyoiku Univ., Tokyo; engl.) — Unter Verw. der Synchrotron-Strahlung, die von einem 1,3-eV-Elektronen-Synchrotron emittiert wird, messen Vf. die $L_{23}$-Absorptionsspektren von $Cl^-$ in den Alkalimetallchloriden *LiCl, NaCl, KCl, RbCl* u. *CsCl* bei 80 °K im Energiebereich 200—280 eV. Die festgestellten Absorptionsbanden werden mit Röntgen-

Excitonen, der elektron. Bandstruktur u. Elektronenanregungen.gedeutet. K. H. Härdtl 94

*0514* **Faraday-Drehung des $U_2$-Zentrums in KCl, KBr und KJ.** J. Ingels und G. Jacobs. (Physica Status solidi [Berlin] **30** (1968) 1, 163—72; Labor. voor Kristallogr. en Stud. van de Vaste Stof, Rijksuniv., Gent; engl.) — Die Extinktion u. Faraday-Rotation der $U_2$-Bande in KCl, KBr u. KJ wird gemessen. Die Spin–Bahn-Aufspaltung des 1. angeregten Zustands wird zu —0,234; —0,179 u. —0,644 eV bestimmt. Der magnet. Zirkulardichroismus wird berechnet. H. Roschkowski 94

*0515* **Faraday-Rotation der CaO–F-Bande und das Nullphonon-Maximum bei 3557 Å.** James C. Kemp, William M. Ziniker, James A. Galze und Jack C. Cheng. (Physic. Rev. [2] **171** (1968) 3, 1024—36; Dep. of Phys., Univ. of Oreg., Eugene, Oreg.; engl.) — Die in CaO-Krist. nach Neutronenbestrahlung sowie bei CaO-Überschuß mit dem Zentren bei 3,65 eV (3350 Å) beobachtete Absorptionsbande wird dem F-Zentrum zugeordnet. Es wird ferner nachgewiesen, daß ein scharfes Max. neben dieser Bande bei 3557 Å eine Nullphonon-Linie des F-Zentrums ist. Es wurden Vers. zur Faraday-Rotation sowohl an der F-Bande als auch an der 3557-Å-Linie durchgeführt, die die Rotationsmax. direkt auf paramagnet. Zentren zurückführen. Die Ergebnisse werden nach einem Jahn-Teller-Modell diskutiert, die Spin–Bahn-Parameter werden berechnet. H. Liepack 94

*0516* **Faraday-Rotation und magnetischer Dichroismus in Rb[Ni(Co)$F_3$].** R. V. Pisarev, I. G. Siny, N. N. Nesterova, G. A. Smolensky und P. P. Syrnikov. (Physica Status solidi [Berlin] **30** (1968) 1, 367—72; Inst. of Semiconductors, Acad. of Sci. of USSR, Leningrad; engl.) — Faraday-Rotation u. magnet. Dichroismus von hexagonalem Rb[Ni(Co)$F_3$] mit ca. 23% Co im Spektralbereich 0,28—12 werden untersucht. Die Ergebnisse bestätigen die Zugehörigkeit der Krist. zu den Ferrimagneten mit „leichter Achse". Die Absorptionslinien werden durch Elektronenübergänge zwischen Krist.-Feldniveaus der 3d-Konfig. von $Ni^{2+}$ u. $Co^{2+}$ erklärt. Unterhalb $T_c$ wird eine starke anomale Verteilung der Faraday-Rotation u. des magnet. Dichroismus beobachtet u. gedeutet. H. Roschkowski 94

*0517* **Untersuchung des Einelektron-Spektrums von Si mit hoher Auflösung.** Luis R. Saravia und David Brust. (Physic. Rev. [2] **171** (1968) 3, 916—24; Dep. of Phys., Northwestern Univ., Evanston, Ill.; engl.) — Unters. des Beitrages des Einteilchen-Zwischenbandübergangs zum opt. Absorptionsspektrum von Si. Es werden $\varepsilon_2(\omega)$-Kurven ermittelt, die eine Verbesserung im theoret. Auflösungsvermögen um einen Faktor ca. $10^2$ zeigen. Das Verf. ermöglicht eine sorgfältige Unters. verschiedener Modelle, die zur Erklärung der 3,4-eV-Fundamentalkante in Si vorgeschlagen wurden. Es werden starke Änderungen in der Linienform gefunden, die von der relativen Lage von $\Gamma_{25'} \to \Gamma_{15}$ u. $L_{3'} \to L_1$ abhängen. H. Liepack 94

*0518* **Absorption von Cäsium in dünnen Schichten zwischen 2300 und 11000 Å.** Roger Payan und David Roux. (C. R. hebd. Séances Acad. Sci., Sér. A et B **267** (1968) 21, B 1173—76; Centre d'étude des Couches minces de Marseille, Labor. assoc. au C.N.R.S., Marseille; franz.) — Die opt. Absorption $2\nu\varkappa d/\lambda$ von 1—20 nm dicken Cs-Schichten wird im Bereich von 1,13—5,4 eV bei Temp. zwischen —90 u. —140° untersucht. Die im Sichtbaren bei 2 eV ermittelte Absorptionsbande entspricht der Theorie von Drude. Die im UV erhaltenen Ergebnisse stimmen mit von Mayer u. Hietel für massives Cs erhaltenen Daten überein. U. Venzke 94

*0519* **Optischer Nachweis von Oberflächenzuständen an gespaltenen (111)-Flächen von Ge.** G. Chiarotti, G. Del Signore und S. Nannarone. (Physic. Rev. Letters **21** (1968) 16, 1170—72; Ist. di Fis. dell' Univ. di Roma, Rome, Italy; engl.) — Die opt. Absorption einer gespaltenen Ge-Oberfläche zeigt eine Bande bei Energien, die kleiner als der Bandabstand sind. Bei Ox. der Oberfläche verschwindet diese Bande wieder. Vf. nehmen an, daß die Bande durch opt. Anregung eines Oberflächenzustands entsteht, der ca. 0,16 eV unter dem Boden des Leitungsbands liegt. E. Richter 94

*0520* **Temperaturabhängigkeit der Absorptionskante realer Germanium-Einkristalle.** G. G. Tsebulya, M. P. Lisitsa und V. N. Malinko. (Solid State Commun. **6** (1968) 9, 599—602; Suppl. zu: J. Physics Chem. Solids, Inst. of Semiconductors, Ukrainian Acad. of Sci., Kiev, USSR; engl.) — Vf. leiten eine Formel für die opt. Absorption in der Nähe der Absorptionskante realer Krist. mit nichtperiod. Potential ab. Opt. Absorptionsmessungen im Bandkantenbereich von Ge-Krist. werden zwischen 4 u. 400°K beschrieben, wobei gute Übereinstimmung zwischen den theoret. u. experimentellen Ergebnissen festgestellt werden kann. Die Temp.-Abhängigkeit der verschiedenen in der Formel verwendeten Parameter wird diskutiert. K. H. Härdtl 94

*0521* **Einfluß der antiferromagnetischen Ordnung auf das Lichtabsorptionsspektrum von kristallinem Sauerstoff.** Yu. G. Litvinenko, V. V. Eremenko und T. I. Garber. (Physica Status solidi [Berlin] **30** (1968) 1, 49—60; Phys.-techn. Inst. of low Temp., Acad. of Sci. of Ukrainian SSR, Kharkov; engl.) — Das opt. Doppelübergangsspektrum von krist. $O_2$ wird bei 5—27°K u. $N_2$-Konz. von 0—40% bei 15000—31000 $cm^{-1}$ untersucht. Ein starker Gesamtintensitätsabfall der Banden u. eine Bandenverschiebung u. -verbreiterung werden im untersuchten Temp.-Bereich gefunden. Mit dem Einbau von $N_2$ treten neue Absorptionsbanden in der Nähe der reinen $O_2$-Banden auf. Die einzelnen Banden werden interpretiert. Ein konsistentes Niveaudiagramm, das auf der Berücksichtigung der Austauschaufspaltung des $^3\Sigma_g^-$-Grundzustands der $O_2$-Mol. u. der Magnonenanregung bei Lichtabsorption basiert, wird zur Erklärung der Strukturen der „Doppelübergänge" u. ihres Bandenverh. bei magnet. Ordnungsprozessen vorgeschlagen. H. Roschkowski 94

*0522* **Beobachtung zur thermodynamischen Unterscheidung zwischen Brillouin-Zonenzentrum- und -Zonengrenzen-Exzitonenzuständen in $MnF_2$.** R. E. Dietz, A. E. Meixner, H. J. Guggenheim und A. Misetich. (Physic. Rev. Letters **21** (1968) 15, 1067—70; Bell Telephone Labor., Murray Hill, N.J.; engl.) — Es wird eine Differenz im Abfall opt. angeregter Zustände ($^4T_1$) des $MnF_2$, die als Null-Magnon-Linie u. Magnon-Nebenbande klassifiziert werden, beobachtet. Nach der Theorie ergeben sich daraus thermodynam. Unterschiede für Zonenzentrum- u. Zonengrenzen-Exzitonen. Werner Schmidt/Berlin 94

*0523* **Exziton-Magnon-Wechselwirkung in magnetischen Isolatoren.** S. Freeman und J. J. Hopfield. (Physic. Rev. Letters **21** (1968) 13, 910—13; RCA Labor., Princeton, N.J.; engl.) — Theoret. Unters. des Ein-Exziton, Ein-Magnon-Syst. in einem antiferromagnet. Isolator. Anwendung auf $MnF_2$. W. Kunath 94

*0524* **Gebundener Exziton-Magnon-Zustand in $MnF_2$ und die Exziton-Dispersion in $MnF_2$ und $RbMnF_3$.** Richard S. Meltzer, Ming Y. Chen, Donald S. McClure und Marian Lowe-Pariseau. (Physic. Rev. Letters **21** (1968) 13, 913—14; James Franck Inst., Univ. of Chicago, Chicago, Ill.; engl.) — Unters. der Absorption von $MnF_2$ u. $RbMnF_3$ im 4000-Å-Bereich. Eine scharfe Linie am Rand einer Magnon-Nebenbande wird einem gebundenen Exziton-Magnon-Zustand zugeordnet. W. Kunath 94

*0525* **Optisches Reflexionsspektrum von CdSb- und ZnSb-Einkristallen.** E. M. Averbakh, V. V. Sobolev, N. N. Syrbu und Ya. A. Ugar. (Physica Status solidi [Berlin] **30** (1968) 2, K 145—47; Inst. of appl. Phys., Acad. of Sci. of MoldavianSSR, Kishinev; engl.) — Ein Vgl. der Reflexionsspektren von CdSb u. ZnSb bei ca. 0,5—5 eV u. 300 bzw. 77°K weist auf die Ähnlichkeit der Bandstrukturen beider Verb. hin. Die Bandstruktur beider Verb. ist sehr komplex. H. Roschkowski 94

*0526* **Zeeman-Effekt und Symmetrie des $SnO_2$-Eigenexzitons.** Masahiro Nagasawa und Shigeo Shionoya. (Physic. Rev. Letters **21** (1968) 15, 1070; Wireless Res.

Labor., Matsushita Elektr. Ind. Co., Ltd., Kadoma, Osaka, Japan; engl.) — Bei 1,8°K wird der Zeeman-Effekt für $SnO_2$-Eigenexzitonen gemessen u. danach die Anisotropie der Exzitonenspektren identifiziert. Die erhaltenen Exzitonensymmetrien u. Bandensymmetrien sind konsistent mit dem Valenzband der O-2p-Funktionen u. dem Leitungsband der Sn-5s-Funktionen.
Werner Schmidt/Berlin 94

*0527* **Gebundene Exzitonenkomplexe in CdSe-Kristallen.** E. F. Gross, B. S. Razbirin, V. P. Fedorov und Yu. P. Naumov. (Physica Status solidi [Berlin] **30** (1968) 2, 485—94; Ioffe Phys.-techn. Inst., Leningrad; engl.) — Die Emissions- u. Absorptionsspektren von gebundenen Exzitonenkomplexen in CdSe-Einkrist. wurden bei der Temp. des fl. He untersucht. Aus einer Analyse der Spektren werden einige Schlüsse auf die Natur der Defekte gezogen, die die gebundenen Exzitonenkomplexe bilden. Eine Analogie zwischen den gebundenen Exzitonen in CdS u. CdSe wird aufgezeigt.
H. Roschkowski 94

*0528* **Dynamisches Verhalten der Exzitonen in CdS-Einkristallen.** 1. Mitt. **Beziehung zwischen der Exzitoneneigenabsorption und -emission.** J. Voigt und F. Spiegelberg. (Physica Status solidi [Berlin] **30** (1968) 2, 659—70; Bereich Halbleiteropt., Sektion Phys., Humboldt-Univ., Berlin; engl.) — Die Exzitonenabsorption u. -emission werden an denselben, sehr dünnen CdS-Einkrist. bei 77°K-Raumtemp. gemessen. Die Nullphononenlinie in der Emission wird durch Reabsorptionsprozesse stark verfälscht. Nach einer Reabsorptionskorrektur der Emissionsdaten stimmen die Aussagen der Absorptions- u. Emissionsunters. hinsichtlich der Exziton-Phonon-Wechselwrkg. überein. Aus der Temp.-Abhängigkeit der Gesamtemission wird auf ein Quasigleichgew. zwischen Exzitonen u. Elektron-Loch-Paaren geschlossen. Bandenformen u. Intensitätsverhältnisse der Ein- u. Zweiphononsatelliten in der Emission werden untersucht.
H. Roschkowski 94

*0529* **Optische Absorption von synthetischem $MoS_2$.** A. Clark und R. H. Williams. (J. Physics, D (Brit. J. appl. Physics) [2] **1** (1968) 9, 1222—24; Phys. Dep., Univ. College of North Wales, Bangor, Caerns; engl.) — Absorptionsmessungen im Bereich 5400—6600 Å an hexagonalen u. rhomb. $MoS_2$-Krist. ergeben eine Verschiebung der Exzitonenbanden zu niedrigeren Energien für den rhomb. Kristall.
Werner Schmidt/Berlin 94

*0530* **Optische Bandlücke von $Tl_2Te_3$.** E. Cruceanu, St. Slădaru und T. Boţilă. (Physica Status solidi [Berlin] **30** (1968) 2, K 149—51; Inst. of Phys., Acad. of the Socialist Republic of Romania, Bucharest; engl.) — Die Transmissions- u. Reflexionsspektren von $Tl_2Te_3$ bei 0,6—12 $\mu$m wurden bei 103 u. 303°K gemessen. Aus dem Absorptionskoeff. wird für 303°K die Bandlücke zu 0,70 $\pm$ 0,01 eV berechnet. Der Temp.-Koeff. beträgt $-2{,}68 \cdot 10^{-4}$ eV/Grad. H. Roschkowski 94

*0531* **Druckinduzierter Dichroismus der Absorptionskante von $SrTiO_3$.** A. Feldman und D. Horowitz. (Solid State Commun. **6** (1968) 9, 607—12; Suppl. zu: J. Physics Chem. Solids N.B.S., Washington, D.C.; engl.) — Vf. berichten über Messungen des druckinduzierten Dichroismus von $SrTiO_3$ bei 300°K mit Hilfe der Rotations-Transmissionsmethode. Druck- u. Deformations-Absorptionskoeff. werden für Photonenenergien zwischen 3,15 u. 3,22 eV bestimmt. Zusammen mit den von Casella abgeleiteten Auswahlregeln machen die Ergebnisse es unwahrscheinlich, daß der Übergang $X_{5'} \rightarrow X_3$ für die Kantenabsorption von $SrTiO_3$ verantwortlich ist. K. H. Härdtl 94

*0532* **Einfluß einer festen Verdünnung auf die Kristallspektren von Kupferkaliumsulfat.** S. C. Mathur und P. R. Suri. (J. Physics Chem. Solids **29** (1968) 11, 2068—70; Dep. of Phys., Indian Inst. of Technol., New Delhi; engl.) — Vf. messen bei 22° die Absorptionsspektren von $CuK_2(SO_4)_2 \cdot 6H_2O$ (A) sowie von Mischkrist. der Zus. A + 5,15 B (B = $ZnK_2(SO_4)_2 \cdot 6H_2O$) u. A + 13,93 B. Während A nur ein Max. bei 0,81 $\mu$m zeigt, werden in den Mischkrist. deren drei gefunden, die bei 0,77; 0,8 u. 0,85 bzw. 0,745; 0,78 u. 0,855 $\mu$m liegen. Diese Max. werden mit den Krist.-Feldspektren der $Cu^{2+}$-Ionen beschrieben u. diskutiert. K. H. Härdtl 94

*0533* **Komplexe Halogenide der Übergangsmetalle.** 3. Mitt. **Elektronenspektren und Ligandenfeldparameter der oktaedrischen und tetraedrischen Halogenokomplexe von Mangan(II).** J. J. Foster und Naida S. Gill. (J. chem. Soc. [London], Sect. A **1968**, 11, 2625—29; Dep. of Chem., Australian Nat. Univ., Canberra; engl.) — 2. vgl. C. **1963**, 5390. — Die Elektronenspektren (16000—33000 $cm^{-1}$) der Mn(II)-Verb. $MnX_2$ ($X = F, Cl, Br, J$), $(CH_3NH_3)_2 \cdot MnCl_4$ (**I**), $\alpha$-$Cs_2MnCl_4$, $K_4MnCl_6$, $KMnCl_3$, $[(CH_3)_4N] \cdot MnBr_3$ (**II**) u. $[(CH_3)_4N]MnCl_3$ (**III**), in denen Mn oktaedr. von Halogenatomen umgeben ist, wurden aufgenommen, analysiert, u. Werte für die Racah-Parameter B u. C u. die Ligandenfeldparameter $\Delta$ wurden berechnet. Die $\Delta$-Werte betragen 7500, 5200—6200, 5600—5800 u. 5500 $cm^{-1}$ für die F-, Cl-, Br- bzw. J-Verb. u. werden mit denen der tetraedr. umgebenen Ionen $MnX_4^{2-}$ (X = Cl, Br, J) verglichen. Röntgenunters. zeigen, daß **I** in der tetragonalen $K_2NiF_4$-Struktur mit a = 7,20, c = 19,37 Å u. **II** u. **III** in der hexagonalen $CsNiCl_3$-Struktur mit a = 9,44 bzw. 9,13 u. c = 6,76 bzw. 6,49 Å kristallisieren.
A. Jaeschke 94

*0534* **Absorptionsspektrum von Manganacetattetrahydrat.** Anjani Mehra und Putcha Venkateswarlu. (J. chem. Physics **48** (1968) 10, 4381—83; Dep. of Phys., Indian Inst. of Technol., Kanpur, India; engl.) — Unters. des Absorptionsspektrums von $Mn(CH_3COO)_2 \cdot 4H_2O$ bei 300 u. 77°K im sichtbaren Bereich. Die den Bandenlagen entsprechenden Parameter bei 300°K betragen B = 820, C = 3000, Dq = 760 u. $\alpha$ = 76 $cm^{-1}$. Es gibt zwei Arten von $Mn^{2+}$-Plätzen im Krist.; die auf sie zurückzuführenden Feinstrukturlinien im 77°K-Spektrum werden diskutiert.
H. Liepack 94

*0535* **Durch elektrische Felder verursachte Verschiebung einer Resonanz im fernen Infrarot von KBr:Li⁺.** R. D. Kirby und A. J. Sievers. (Solid State Commun. **6** (1968) 9, 613—15; Suppl. zu: J. Physics. Chem. Solids; Labor. of Atomic and Solid State Phys., Cornell Univ., Ithaca, N.Y.; engl.) — Mit $^7Li^+$-Ionen dotierte KBr-Krist. zeigen bei 16,1 $cm^{-1}$ eine scharfe Absorptionslinie. Bei Anlegung eines elektr. Feldes von 75 kV/cm in [100]-Richtung wird eine Verschiebung der Absorptionslinie um 0,08 $\pm$ 0,03 $cm^{-1}$ in Richtung höherer Frequenzen beobachtet, wenn Polarisationsrichtung des IR-Lichtes u. Feldrichtung parallel sind. Im senkrechten Fall verschiebt sich die Absorptionslinie um 0,05 $\pm$ 0,03 $cm^{-1}$ zu niedrigeren Frequenzen. Diese Verschiebungen sind mit einem Modell einer Resonanzschwingung konsistent, jedoch nicht mit einem Tunnelmodell.
K. H. Härdtl 94

*0536* **Anharmonische Verbreiterung resonanter Schwingungen.** K. H. Timmesfeld. (Physica Status solidi [Berlin] **30** (1968) 1, 73—85; Inst. für theoret. Phys., Univ., Frankfurt/Main; engl.) — Um die starke Temp.-Abhängigkeit der IR-Absorptionsbande von $Cu^+$ in NaCl zu beschreiben, wird ein Modell untersucht, in dem $Cu^+$ durch harmon. u. kub. anharmon. Kräfte an seine nächsten Nachbarn gekoppelt ist. Das Problem wird mit Hilfe retardierter Greenscher Funktionen durch Lösen einer Dyson-Gleichung behandelt, die einen Massenoperator 2. Ordnung in der kub. Anharmonizität enthält. Der reine Krist. wird durch ein Debye-Modell beschrieben.
H. Roschkowski 94

*0537* **Absorption und Infrarotemission von mit Nickel und Kobalt dotierten Alkalimetallhalogeniden.** M. L. Reynolds, W. E. Hagston und G. F. J. Garlick. (Physica Status solidi [Berlin] **30** (1968) 1, 97—103; Phys. Dep., Univ. of Hull; engl.) — Unters. der Absorptions- u. Emissionsspektren von $NaCl{:}Co^{2+}$, $NaCl{:}Ni^{2+}$ sowie von $KX{:}Co^{2+}({:}Ni^{2+})$ mit $X = J, Br, Cl$ bei 4,2; 77 u. 300°K u. Wellenzahlen von ca. $(5—25) \cdot 10^{-3}$ $cm^{-1}$ zeigen, daß die Beobachtungen mit einer gestörten oktaedr. u. tetraedr. Koordination der Übergangsmetallionen übereinstimmen. H. Roschkowski 94

*0538* **Momententheoreme für vibronische Exzitonenspektren von Molekülkristallen.** R. E. Merrifield. (J. chem. Physics **48** (1968) 8, 3693—96; Central Res. Dep.,

E. I. du Pont de Nemours and Comp., Experimental Stat., Wilmington, Del.; engl.) — Mittlere Energie u. 2. Moment einer Absorptionsbande können exakt ohne Kenntnis der Energien u. Eigenzustände der oberen Niveaus des Übergangs ber. werden. Die Anwendung dieses Theorems auf Exzitonenspektren von Mol.-Krist. mit zwei Mol. pro Elementarzelle zeigt, daß der rein elektron. Teil der zwischenmol. Kopplung aus den Spektren bestimmt werden kann. Das 2. Moment der Absorptionsbande ist unabhängig von der zwischenmol. Kopplungsstärke. Diese Aussagen sind unabhängig von der vibron. Kopplungsstärke u. davon, ob die Schwingungen harmon. sind oder nicht. Es wird eine Form des Theorems der mittleren Energie für endliche Temp. abgeleitet, mit dem die Verbreiterung der Exzitonenspektren in Folge der Wechselwrkg. mit Gitterschwingungen diskutiert wird.
H. Liepack 94

*0539* **Untersuchung der IR-Emission über die Temperaturabhängigkeit der integrierten Intensitäten eines Molekülkristalls.** Byron K. Leles und Vernon D. Neff. (J. chem. Physics **48** (1968) 8, 3557—61; Dep. of Chem., Kent State Univ., Kent, O.; engl.) — Experimentelle Unters. des Einfl. des Terms der spontanen Emission auf die integrierte Intensität von IR-Absorptionsbanden von *Cu-Phthalocyanin* bei Temp. bis zu 600°. Unter der Annahme einer harmon. Potentialfunktion u. Beibehaltung nur linearer Terme im Dipolmoment-Operator werden Ausdrücke für die Temp.-Abhängigkeit der fundamentalen Absorptionen abgeleitet. Diese Ausdrücke entsprechen ausgezeichnet den experimentellen Ergebnissen. H. Liepack 94

*0540* **Gitterschwingungen von Molekülkristallen.** 2. Mitt. **Cyanamid und Cyanamid-$D_2$.** J. R. Durig, M. Walker und F. G. Baglin. (J. chem. Physics **48** (1968) 10, 4675—82; Dep. of Chem., Univ. of S.C., Columbia, S.C.; engl.) — Messung der FIR-Spektren (33—500 $cm^{-1}$) von krist. $NH_2CN$ u. $ND_2CN$ sowie der Raman-Spektren von 40—1600 $cm^{-1}$ für beide Moleküle. Es konnte keine Inversionsverdopplung nachgewiesen werden. 14 der 15 vorhergesagten IR-akt., jedoch nur 4 der vorausgesagten Raman-akt. Gitterschwingungen wurden identifiziert. Die Kraftkonst. wurden nach einem modifizierten Born–von Karman-Valenzkraftfeld u. der Wilson-FG-Meth. abgeschätzt. Das Verzerrungsmoment u. die effektiven Ladungen wurden nach Szigeti u. Kurosawa berechnet. Die Ergebnisse geben halbquant. den Unterschied in den Bandenintensitäten zwischen inner- u. zwischenmol. Schwingungen wieder.
H. Liepack 94

*0541* **Untersuchung der Doppelsulfate $Na_2M(II)(SO_4)_2$, ihrer Hydrate und Deuterohydrate [M(II) = Fe, Co, Ni, Zn] durch Infrarot-Absorptionsspektroskopie.** Louis Cot, Michèle Tiesi und Maurice Maurin. (C. R. hebd. Séances Acad. Sci., Sér. C **267** (1968) 21, 1407—09; Labor. de Chim. minérale, Fac. des Sci., Montpellier, Hérault; franz.) — In den an den Doppelsulfaten mit 0; 2 u. $4H_2O$ (bzw. $D_2O$) im Bereich von 4000—400 $cm^{-1}$ ermittelten Spektren werden die den $SO_4^{2-}$- u. die den W.-Gruppen entsprechenden Schwingungsbanden untersucht. Eine Diskussion der Resultate zeigt den Einfl. der Koordinationsphäre der W.-Mol. auf die Symmetrie der $SO_4^{2-}$-Gruppen in den Salzhydraten u. ergibt für die Stärke der Bindungskräfte zwischen M(II) u. dem Sauerstoff der W.-Mol. die Reihenfolge $Ni^{2+} > Co^{2+} > Fe^{2+}$.
U. Venzke 94

*0542* **IR-Absorptionseigenschaften von LiH–LiD-Mischkristallen.** S. S. Jaswal und J. R. Hardy. (Physiv. Rev. [2] **171** (1968) 3, 1090—95; Behlen, Labor. of Phys., Univ. of Nebr., Lincoln, Nebr.; engl.) — Berechnung der Normalmoden von reinem LiH u. LiD. Das Frequenzspektrum von LiH hat eine Lücke, substituierte $D^-$-Ionen rufen eine lokale Mode in dieser Lücke hervor, für die Frequenz u. Amplitude an der Störstelle ber. wurden. Die mit dieser lokalen Mode zusammenhängende IR-Absorptionsfrequenz sowie die integrierte Absorption wurden in Abhängigkeit vom $D^-$-Geh. für den Grenzfall niedriger $D^-$-Konz. berechnet. Ähnliche Berechnungen wurden für $H^-$-Störstellen in LiD durchgeführt.
H. Liepack 94

*0543* **Absorption infraroter Strahlung durch $CO_2$ und $H_2O$.** 2. Mitt. **Absorption durch $CO_2$ zwischen 8000 und 10000 $cm^{-1}$** (1—25 $\mu$). Darrell E. Burch, David A. Gryvnak und Richard R. Patty. (J. opt. Soc. America **58** (1968) 3, 335—41; Aeronutronic Div. of Philco-Ford Corp., Newport Beach, Calif.; engl.) — 1. vgl. ibid. **57** (1967) 885. — Bei Probenweglängen von 16,5 bis 933 m u. Drücken von 1 bis 14,6 atm werden die Transmissionsspektren von reinem $CO_2$ im genannten Spektralbereich gemessen. Die wichtigsten Absorptionsbanden werden identifiziert u. die Absorptionsstärken bestimmt. Die mittlere Breite der P8-P32-Linien der $02^03$-Bande wurde zu 0,092 $cm^{-1}$ erhalten. E. Richter 94

*0544* **IR-Dispersion und Gitterschwingungen von $LaF_3$.** H. E. Rast, H. H. Caspers, S. A. Miller und R. A. Buchanan. (Physic. Rev. [2] **171** (1968) 3, 1051—57; Naval Weapons Center Corona Labor., Corona, Calif.; engl.) — Unters. der IR-Emission orientierter $LaF_3$-Einkrist. im Bereich 4—125 $\mu m$. Es wurden elf Übergänge identifiziert, deren Momente senkrecht zur opt. Achse ($E_u$, x, y) sind sowie fünf zusätzliche Banden mit den Momenten parallel zur opt. Achse ($A_{2u}$, z). Die in der Nähe von 4,2, 77 u. 373°K bestimmten Werte wurden nach der Kramers-Kronig-Theorie sowie nach der Dispersionstheorie klass. Oszillatoren analysiert. Die Ergebnisse bestätigen die Krist.-Struktur $D_{3d}^4(P\bar{3}c1)$, die nur schwach von einer Elementarzelle der Symmetrie $D_{6h}^3$ ($P6_3$/mcm) abweicht. Die IR-Ergebnisse sind in guter Übereinstimmung mit Raman-Untersuchungen.
H. Liepack 94

*0545* **Infrarot-Reflexionsspektren von $Ga_{1-x}In_xAs$: Neuer Typ von Mischkristallverhalten.** M. H. Brodsky und G. Lucovsky. (Physic. Rev. Letters **21** (1968) 14, 990—93; Night Vision Labor., Ft. Belvior, Va.; engl.) — An 6 verschiedenen einkrist., epitakt. auf Cr-dotiertem GaAs aufgewachsenen $Ga_{1-x}In_xAs$-Mischkrist.-Filmen (x = 0,22; 0,33; 0,39; 0,40; 0,5; 0,72) sowie an GaAs u. InAs werden im Bereich 175—350 $cm^{-1}$ Reflexionsspektren aufgenommen. An zwei Banden wird ein neuer Typ von Mischkrist.-Verh. festgestellt. Eine Bande liegt nahe dem InAs-Reststrahlenbereich u. eine zweite verschiebt sich monoton mit x zwischen dem InAs- u. dem GaAs-Reststrahlenbereich.
Werner Schmidt/Berlin 94

*0546* **Schwingungsspektren von $Cs_3Tl_2Cl_9$, $Au_2Cl_6$, $Nb_2Cl_{10}$, $Nb_2Br_{10}$, $Ta_2Cl_{10}$, $Ta_2Br_{10}$.** I. R. Beattie, T. R. Gilson und G. A. Ozin. (J. chem. Soc. [London], Sect. A **1968**, 11, 2765—71; Dep. of Chem., The Univ., Southampton; engl.) — Raman- u. IR-Spektren (40—450 $cm^{-1}$) wurden für die Titelverb. aufgenommen u. werden zusammen mit geeigneten Normalkoordinaten-Berechnungen angegeben. Beim $Cs_3Tl_2Cl_9$ werden die Zuordnungen der Raman-akt. Banden durch Messungen an orientierten Einkrist. bestätigt. Schwingungsdaten werden für $MX_6^-$-Spezies (M = Nb oder Ta; X = Cl oder Br) angegeben. A. Jaeschke 94

*0547* **Temperaturabhängigkeit der Absorption von Natriumnitrit im fernen Infrarot.** H. Vogt und H. Happ. (Physica Status solidi [Berlin] **30** (1968) 1, 67—72; Phys. Inst., Univ., Freiburg i. Br.; engl.) — Mit steigender Temp. nimmt die bei 350—1100 $\mu m$ gemessene IR-Absorption von ferroelektr. $NaNO_2$ infolge Ein- u. Mehrphononabsorption zu. Das von der Mehrphononabsorption in Alkalimetallhalogeniden bekannte Temp.-Gesetz $\varkappa = AT + BT^2$ gibt den Verlauf der gemessenen Isochromaten im allg. nur für Temp. unterhalb 400°K wieder. Oberhalb dieses Temp.-Bereichs ist zusätzliche Einphononabsorption zu erwarten, da das für den OD-Übergang von $NaNO_2$ charakterist. Umklappen von $NO_2^-$-Ionen die Translationssymmetrie des Gitters aufhebt.
H. Roschkowski 94

*0548* **Schwingungsspektren und Strukturen von Ionenflüssigkeiten.** 2. Mitt. **Reine Alkalimetallnitrate.** Ken Williamson, Paul Li und J. Paul Devlin. (J. chem. Physics **48** (1968) 9, 3891—96; Dep. of Chem., Okla. State Univ., Stillwater, Okla.; engl.) — 1. vgl. C. **1967**, 24-0324. — Aus IR-spektroskop. Unters. der Totalreflexion u. Messung der Transmissionsspektren dünner

Schichten wurden die Spektren der geschmolzenen Nitrate von Li, Na u. K im Bereich 250–4000 cm$^{-1}$ ermittelt. Es wird eine Zuordnung auf Grund einer gestörten rhomb. Gitterstruktur vorgenommen. Die Ordnung in den Schmelzen scheint für $LiNO_3$ etwas größer zu sein als für die anderen Salze. H. Liepack 94

*0549* **IR-Untersuchungen der Seltenerdmetallsulfate (4000–80 cm$^{-1}$).** C. Postmus und J. R. Ferraro. (J. chem. Physics **48** (1968) 8, 3605–11; Chem. Div., ANL, Argonne, Ill.; engl.) — Unters. der IR-Spektren von $X_2(SO_4)_3 \cdot 8H_2O$ für *X* = *Y, Pr, Nd, Sm, Eu, Gd, Tb, Dy, Ho, Er, Tm* u. *Lu*, der 9-, 5-, 11- bzw. 6-Hydrate der *La-, Ce-, Yb-* u. *Sc*-Sulfate, der Dihydrate sowie der Anhydrate. Die Abhängigkeit der Symmetrieänderung der Sulfatgruppe vom $H_2O$ u. von der Koordination zum Metall wird diskutiert. Aus Deuterierungsunters. wurden die verschiedenen Librationsschwingungen des koordinierten $H_2O$ zugeordnet. H. Liepack 94

*0550* **IR-Spektren einiger Scheelit-Strukturen.** R. K. Khanna und E. R. Lippincott. (Spectrochim. Acta [Oxford], Part A **24** (1968) 7, 905–08; Dep. of Chem., Univ. of Md., College Park, Md.; engl.) — Die IR-Spektren von pulverförmigem bzw. einkrist. $CaWO_4$, $CaMoO_4$, $PbWO_4$ u. $PbMoO_4$ im Bereich von 1000 bis 60 cm$^{-1}$ bzw. 2000–1000 cm$^{-1}$ werden aufgenommen u. zugeordnet. U. Venzke 94

*0551* **Mehrphononen-Raman-Prozesse in ultramikroskopischen Streuzentren von LiF-Einkristallen.** G. Heilmann. (Z. Physik **215** (1968) 5, 431–36; Inst. für Experimentalphys. I der Univ. Saarbrücken; dt.) — Stokes-Raman-Spektren von ultramkr. Streuzentren in LiF-Einkrist., die durch einen fokussierten 2-mW-He–Ne-Gaslaser bei 632,8 nm Wellenlänge angeregt wurden, zeigen eine auffällige Differenz in ihrer Struktur gegenüber früheren Spektren, die mit einem 20 mW-Laser erhalten wurden [vgl. ibid. **214** (1968) 402]. Dabei erscheinen zehn weitere Linien, die einmal nach dem errechneten Gitterspektrum von LiF in ihrer Lage nach den Auswahlregeln von Burstein, Johnson u. Loudon den theoret. zu erwartenden Linien des Raman-Spektrums zweiter Ordnung des idealen LiF-Gitters entsprechen u. weiter eine bessere Zuordnung der Drei-Phononen-Prozesse ermöglichen. Die bei den verschiedenen Leistungen der Laser aufgenommenen Raman-Spektren zeigen in dem Bereich, den Drei-Phononen-Prozesse verursachen, Unterschiede, wie sie bei nichtlinearen Prozessen zu erwarten sind. Herbert Weber 94

*0552* **Raman-Effekt von $CeCl_3$ und $PrCl_3$.** T. C. Damen, A. Kiel, S. P. S. Porto und S. Singh. (Solid State Commun. **6** (1968) 9, 671–73; Suppl. zu: J. Physics Chem. Solids; Bell Telephone Labor., Inc., Holmdel, N.J.; engl.) — Die Raman-Spektren von $CeCl_3$ u. $PrCl_3$ werden untersucht. Alle sechs Raman-akt. Gitterschwingungen werden beobachtet u. zugeordnet. Eine $A_g$-Schwingung ist mit einer $E_{1g}$-Schwingung nahezu entartet, woraus sich auch erklären läßt, daß in $LaCl_3$ bisher nur fünf Raman-Linien gefunden wurden. K. H. Härdtl 94

*0553* **Raman-Spektren von AlN, kubischem BN und BP.** O. Brafman, G. Lengyel, S. S. Mitra, P. J. Gielisse, J. N. Plendl und L. C. Mansur. (Solid State Commun. **6** (1968) 8, 523–26; Dep. of Electrical Engng., Univ. of R.I., Kingston, R.I.; engl.) — Es werden die durch einem He–Ne-Laser angeregten Raman-Spektren von AlN mit Wurtzit-Struktur u. von BN u. BP mit Zinkblende-Struktur gemessen. Dabei werden folgende Raman-Linien gefunden: Für AlN: $A_1(TO) = E_1(TO) = 667$ cm$^{-1}$, $A_1(LO) = E_1(LO) = 910$ cm$^{-1}$ u. $E_2 = 655$ cm$^{-1}$. Für kub. BN: TO = 1056 cm$^{-1}$ u. LO = 1304 cm$^{-1}$. Für BP wird nur eine Linie bei 829 cm$^{-1}$ beobachtet. Das Intensitätsverhältnis zwischen LO- u. TO-Linien wird diskutiert. K. H. Härdtl 94

*0554* **Raman-Streuung an InSb-Oberflächen bei Photonenenergien nahe dem verbotenen Band $E_1$.** A. Pinczuk und E. Burstein. (Physic. Rev. Letters **21** (1968) 15, 1073–75; Phys. Dep. and Labor. for Res. on the Struct. of Matter, Univ. of Pa., Philadelphia, Pa.; engl.) — Es wird die durch ein elektr. Feld induzierte u. resonanzverstärkte Raman-Streuung durch LO-Phononen ($q \approx 0$) in den von InSb-Oberflächen erhaltenen Spektren (Anregung durch He–Ne-Laser bei 6328 Å) beobachtet. Für die Resonanzverstärkung sind Exzitonen verantwortlich. Die Ergebnisse weisen auf die Möglichkeit hin, elektron. Oberflächenzustände durch Raman-Spektroskopie zu untersuchen. Werner Schmidt/Berlin 94

*0555* **Raman-Effekt in ZnS-Einkristallen vom Wurtzit- und Zinkblende-Typ.** O. Brafman und S. S. Mitra. (Physic. Rev. [2] **171** (1968) 3, 931–34; Dep. of Electr. Engng., Univ. of R.I., Kingston, R.I.; engl.) — Die Einkrist. wurden durch einen He–Ne-Laser (6328 Å) u. einen Ar-Ionenlaser (4880 u. 5145 Å) angeregt. Es wurden alle Raman-aktiven langwelligen Phononenfrequenzen bestimmt; diese sind für die kub. Modifikation TO = 276 u. LO = 351 cm$^{-1}$ u. für die hexagonale Modifikation $E_2 = 72$, $E_2 = 286$, $A_1(TO) = E_1(TO) = 273$ u. $A_1(LO) = E_1(LO) = 351$ cm$^{-1}$. Die $E_2$-Schwingung mit der niedrigsten Frequenz des Mischkristallsyst. $Cd_x \cdot Zn_{1-x}S$ zeigt eine monotone Abhängigkeit von x. Das Verhältnis der Intensität der LO-Bande zu der der TO-Bande scheint von der Wellenlänge der anregenden Strahlung abhängig zu sein. H. Liepack 94

*0556* **Raman-Spektrum von kristallinem Natriumnitrat.** D. L. Rousseau, R. E. Miller und G. E. Leroi. (J. chem. Physics **48** (1968) 8, 3409–13; Frick Chem. Labor., Princeton Univ., Princeton, N.J.; engl.) — Beobachtung der Raman-Streuung durch krist. $NaNO_3$ in allen Polarisationsorientierungen. Mit Ausnahme kleiner Intensitätsbeiträge in einigen Orientierungen, die wahrscheinlich auf Depolarisationseffekte in dem doppelbrechenden Krist. zurückzuführen sind, genügen die Polarisierbarkeitsaktivitäten für innere u. äußere Moden den erwarteten Symmetrie-Auswahlregeln. Die Banden bei 185 u. 98 cm$^{-1}$ werden als Raman-akt. Librations- u. Translationsgittermoden angenommen. Diese Zuordnung wird durch Vgl. der Gitterspektren von $Na^{14}NO_3$ u. $Na^{15}NO_3$ bei 35 °K bestätigt, wobei eine Isotopieverschiebung nur der niederfrequenten Bande beobachtet wurde. Eine Mischung zwischen diesen $E_g$-Gittermoden wurde nicht beobachtet. H. Liepack 94

*0557* **Einkristall-Raman-Spektroskopie durch Laser-Anregung.** I. R. Beattie und T. R. Gilson. (Proc. Roy. Soc. [London], Ser. A **307** (1968) 1491, 407–29; Dep. of Chem., Univ. of Southampton; engl.) — Chem. Aspekte der Einkrist.-Raman-Spektroskopie durch Laser-Anregung werden dargelegt. Für Raman-Spektren von $(NH_4)_2[PtCl_4]$-, $K_2[PdCl_4]$-, $K_2[PtCl_6]$-, $K_2[PdCl_6]$-, $Cs \cdot [GeCl_3]$- u. $(NH_4)_2[TeCl_6]$-Einkrist. werden eindeutige Zuordnungen angegeben. Spektren der Einkrist. von $Hg_2Cl_2$, $Hg_2Br_2$, $Hg_2J_2$, $Ga_2Cl_6$, $Al_2Br_6$, $MoO_3$, *Anatas*, *Rutil* ($TiO_2$) u. *Cassiterit* ($SnO_2$) werden diskutiert u. Doppelbrechung, Krist.-Fehler, Dichroismus, Resonanz-Raman-Effekt, Zwillingsbldg., Enantiomorphie, innere Reflexion u. Abhängigkeit der relativen Intensität vom phys. Zustand behandelt. Werner Schmidt/Berlin 94

*0558* **Raman-Effekt des Lithiumacetatdihydratkristalls in polarisiertem Licht.** Michel Cadène, Michel Abenoza und Louis Martin. (C. R. hebd. Séances Acad. Sci., Sér. A et B **267** (1968) 21, B 1161–64; Dép. de Phys. cristalline, Fac. des Sci., Montpellier; franz.) — Die an Einkrist. u. der gelösten Substanz unter dem polarisierten Licht eines Ar-Lasers erhaltenen Raman-Frequenzen u. ihre Intensitäten u. Zuordnungen sind angegeben. Die Benutzung von polarisiertem Licht ermöglicht es, die Schwingungstypen der inneren u. äußeren Moden zu bestimmen u. die früher nach IR-spektroskop. Unters. aufgestellte Hypothese über die Krist.-Struktur zu bestätigen. U. Venzke 94

*0559* **Beweis einer Kopplung zwischen Ein- und Zwei-Phononen-Anregungen in Quarz.** J. F. Scott. (Physic. Rev. Letters **21** (1968) 13, 907–10; Bell Telephone Labor., Holmdel, N.J.; engl.) — Unters. des Raman-Spektrums von Quarz im Temp.-Bereich von 6–900 °K. Es wird gezeigt, daß das Spektrum im Bereich 130 bis

200 $cm^{-1}$ von zweiter Ordnung ist. Anomalien in der Temp.-Abhängigkeit u. den Auswahlregeln werden durch eine anharmon. Wechselwrkg. zwischen einem weichen opt. Phonon u. einer Anregung zweier akust. Phononen erklärt. W. Kunath 94

*0560* **Strahlungslose Energieübertragung bei elektronischer Anregung zwischen Verunreinigungsmolekülen in Kristallen.** A. S. Davydov. (Physica Status solid [Berlin] **30** (1968) 1, 357—66; Inst. of theoret. Phys., Acad. of Sci. of Ukrainian SSR, Kiev; engl.) — Entw. einer entsprechenden Theorie. H. Roschkowski 96

*0561* **Rekombination freier Exzitonen unter Phononenbeteiligung in Verbindungshalbleitern.** B. Segall und G. D. Mahan. (Physic. Rev. [2] **171** (1968) 3, 935—48; Gen. Electr. Res. and Dev. Center, Schenectady, N.Y.; engl.) — Unters. opt. Kantenübergänge in „direkten" Halbleitern unter Berücksichtigung des wechselwirkenden Exziton–Phonon-Syst., bes. der Rekombination freier Exzitonen unter Beteiligung longitudinaler opt. Phononen. Die Emissionsspektren von *CdS* unter Beteiligung von ein u. zwei LO-Phononen werden für verschiedene Temp. bis zu 77 °K unter Verw. von nur experimentell bestimmten Parametern u. Berücksichtigung der Anisotropie des Valenzbandes berechnet. Mit Ausnahme für das Ein-LO-Phonon-Max. bei T = 77 °K, wo Polaritoneneffekte von Bedeutung sind, sind ber. Linienformen u. Breiten sowie das Intensitätsverhältnis der Max. in guter Übereinstimmung mit den beobachteten Spektren. Die entsprechenden Berechnungen für ZnO bei 77 °K sind ebenfalls in guter Übereinstimmung mit den experimentellen Ergebnissen. Das auf einen Prozeß unter Beteiligung eines akust. Phonons zurückzuführende Null-LO-Phonon-Exzitonenmax. wird in der Näherung schwacher Exziton–Photon-Kopplung für Deformationspotential- u. piezoelektr. Kopplungen berechnet. Die Breiten der ber. Linien sind um Größenordnungen kleiner als die beobachteten Breiten, was auf die verwendete Näherung der schwachen Kopplung zurückgeführt wird. H. Liepack 96

*0562* **Photolumineszenz in Gegenwart gekreuzter Felder.** G. Richter und M. Schleifstein. (Physica Status solidi [Berlin] **30** (1968) 2, K 97—100; Phys.-techn. Inst., DAW, Berlin; engl.) — Eine Möglichkeit zur Beobachtung der direkten Trägerrekombination in *Ge* durch Lumineszenzunters. im gekreuzten äußeren Feld (gesteuerte Beeinflussung der Trägerbewegung) wird theoret. erörtert. H. Roschkowski 96

*0563* **Mikrowellen-modulierte Fluoreszenz in $CaF_2:Eu^{2+}$.** L. L. Chase. (Physic. Rev. Letters **21** (1968) 13, 888—91; Bell Telephone Labor., Murray Hill, N.J.; engl.) — Durch Mikrowellenabsorption in den Spinniveaus des angeregten Zustands eines Ionensyst. kann die zirkular-polarisierte Fluoreszenz aus dem Zustand im rechten Winkel zu einem angelegten stat. Magnetfeld moduliert werden. Diese Modulation wird in der breiten vibron. Nebenbanden-Fluoreszenz des $Eu^{2+}$-Ions in $CaF_2$ für eine Modulationsfrequenz von 9,5 GHz nachgewiesen. W. Kunath 96

*0564* **Konkurrierende Anregungsmechanismen für die blaue Fluoreszenz in $CdF_2$:1% $Er^{3+}$.** E. Chicklis und L. Esterowitz. (Physic. Rev. Letters **21** (1968) 16, 1149—51; Melpar Inc., Falls Church, Va.; engl.) — Vf. weisen experimentell die gleichzeitige Existenz zweier einzelner Doppelresonanzprozesse nach, welche die blaue Fluoreszenz bei 0,41 $\mu$ in $CdF_2$:1% $Er^{3+}$ bewirken. Somit stehen die Resultate in Widerspruch zu den Folgerungen von Feofilov u. Ovsyankin, die den kooperativen Prozeß für die langwellige sichtbare Fluoreszenz verantwortlich machen. E. Richter 96

*0565* **Wahrscheinlichkeiten spontaner Emission und Quantenausbeuten für angeregte Zustände von $Pr^{3+}$ in $LaF_3$.** M. J. Weber. (J. chem. Physics **48** (1968) 10, 4774—80; Raytheon Res. Div., Waltham, Mass.; engl.) — Berechnung der Wahrscheinlichkeiten spontaner Emission für elektr. u. magnet. Dipolübergänge aus den Zuständen $^3H_5$, $^3H_6$, $^1G_4$, $^1D_2$, $^3P_0$, $^3P_1$, $^1I_6$ u. $^3P_2$ von $Pr^{3+}$ in $LaF_3$ nach der Judd-Ofelt-Theorie unter Verw. experimentell ermittelter Intensitätsparameter. Für die Zustände $^1D_2$ u. $^3P_0$ wurden die Quantenausb. bestimmt. Obwohl die Lebensdauern bei tiefen Temp. u. kleinen Pr-Konz. gemessen wurden, bei denen konkurrierender strahlungsloser Zerfall durch Mehrphononenemission u. Ionenpaarrelaxation vernachlässig bar sein sollten, waren die Quantenausb. < 1. Die über die Einstein-Beziehungen u. gemessene integrierte Absorption u. relative Fluoreszenzintensitäten ermittelten Strahlungslebensdauern stimmen mit den beobachteten Lebensdauern überein. Die Ursachen der Diskrepanzen werden diskutiert. H. Liepack 96

*0566* **Thermische Aktivierungsenergie und Mechanismus der Emission von Exoelektronen von NaCl.** 2. Mitt. R. Seidl. (Czechoslov. J. Physics, Sect. B **18** (1968) 9, 1177—82; Inst. of Solid State Phys., Czechosl. Acad. Sci. Prague; engl.) — 1. vgl. ibid. **18** (1968), 5, 601. — Aus der therm. Entfärbung der F-Zentren in NaCl nach Lumineszenzunters. wird ein Energiewert erhalten, der sich als therm. Dissoziationsenergie der F-Zentren deuten läßt. Dasselbe gilt für die gemessene therm. Aktivierungsenergie des die Elektronenemission leitenden inneren Prozesses (direkte therm. Ionisation der F-Zentren). Die Ergebnisse stützen quant. Vorstellungen von Bohun (1954) zur Exoelektronenemission für den vorliegenden Fall. Werner Schmidt/Berlin 96

*0567* **Lumineszenz von NaCl:Ag bei Anregung mit extremer Ultraviolettstrahlung.** Ryumyo Onaka und Hirohisa Ogawa. (J. physic. Soc. Japan **24** (1968) 4, 811—14; Inst. for Opt. Res., Kyoiku Univ., Hyakumintyo, Sinzyuku-ku, Tokyo; engl.) — Unters. der Lumineszenz von NaCl:Ag bei Anregung mit UV-Strahlung des Bereiches 12—25 eV. Die Spektren der langsamen Komponenten sowie die Anregungs- u. Elektrophotolumineszenzspektren werden aufgenommen; sie zeigen alle bei ca. 17 eV starke Änderungen, welche einer Auger-Anregung der Valenzelektronen durch Photoelektronen hoher Energie zugeschrieben werden. E. Richter 96

*0568* **Thermolumineszenz von $Z_1$-Zentren in mit Ca dotierten KCl-Kristallen nach Röntgenbestrahlung.** K.-J. Berg und K.-P. Meyer. (Physica Status solidi [Berlin] **30** (1968) 2, K 161—64; Sektion Phys., Martin-Luther-Univ., Halle; engl.) H. Roschkowski 96

*0569* **Theorie der Lichtemission durch Störstellenzentren aus Ungleichgewichts-Schwingungszuständen.** K. Peuker und E. D. Trifonov. (Physica Status solidi [Berlin] **30** (1968) 2, 479—84; Leningrad State Univ.; engl.) — Entw. der Theorie u. Anwendung auf das Lumineszenzspektrum von $KCl:NO_2^-$. H. Roschkowski 96

*0570* **Lumineszenzzentren in reinen AgCl-Kristallen.** K. Vacek. (Czechoslov. J. Physics, Sect. B **18** (1968) 9, 1150—55; Fac. of Math. and Phys., Charles Univ., Prague; engl.) — Für die blau-grüne Lumineszenz (470—477 nm) in reinen AgCl-Krist. wird der Temp.-Einfl. (4—30 °K, 108—173 °K) u. der Einfl. plast. Deformation des Krist. auf die Bandbreite der Emission gemessen. Die Ergebnisse stützen die angenommene Existenz zweier Lumineszenzzentren in den Temp.-Bereichen 20—30 °K u. 130—160 °K. Werner Schmidt/Berlin 96

*0571* **Defektenergieniveaustruktur von $PbJ_2$-Einkristallen.** A. E. Dugan und H. K. Henisch. (Physic. Rev. [2] **171** (1968) 3, 1047—51; Mater. Res. Labor., Pa. State Univ., University Park, Pa.; engl.) — Das Photolumineszenzspektrum zeigt charakterist. Merkmale bei 2,41, 2,31, 2,16, 2,13, 2,10, 1,99, 1,97, 1,94 u. 1,85 eV u. das Photoleitungsspektrum bei 3,06, 2,41, 2,16 u. 1,99 eV. Die Unters. der Temp.-Löschung des Photostroms deutet Sensibilisierungszentren bei ca. 0,46 eV oberhalb der oberen Kante des Valenzbandes an. Es wird ein Schema für die Defektenergieniveaus mitgeteilt. Die Ergebnisse lassen ferner auf opt. Phononen von ca. 0,03 eV schließen, die mit den Emissionsmax. bei 2,16 u. 1,99 eV zusammenhängen. H. Liepack 96

*0572* **Quantenausbeute und Strahlungs-Lebensdauer in Galliumarsenid.** P. Leclerc und M. Voos. (J. Physique

29 (1968) 7, 664–70; Co. Gén. de Télégraphie Sans Fil, Orsay, France; franz.) — Unter Berücksichtigung der Band–Band-Absorption von Licht im angeregten Vol. eines Halbleiters mit direktem verbotenem Band erlaubt die theoret. Unters. der strahlenden Rekombination die Best. der Strahlungs-Lebensdauer von Minoritätsträgern, die in ein solches Vol. injiziert werden. Diese Lebensdauer wird als „effektiv" bezeichnet, u. es wird gezeigt, daß sie von der Photonenlebensdauer abhängt u. daß ihre Änderung mit der Temp. viel schneller ist als die der spontanen Lebensdauer. Diese Berechnung wird auf p-Typ-GaAs angewendet; sie ist eine gute Bestätigung der experimentellen Ergebnisse, die mit GaAs-Dioden erhalten wurden, für die auch nichtstrahlende Rekombination untersucht wurde. Durch Messung der Quantenausb. u. der totalen Lebensdauer ist es möglich, die effektive Strahlungslebensdauer sowie die Nichtstrahlungslebensdauer in einer elektrolumineszierenden GaAs-Diode zu bestimmen. Die erhaltene Vol.-Quantenausb. ist 10% bei 300 °K u. 70% bei 77 °K. Die effektive Strahlungslebensdauer beträgt $58 \cdot 10^{-9}$ s bei 300 °K u. $2{,}85 \cdot 10^{-9}$ s bei 77 °K. Die Nichtstrahlungslebensdauer (einige ns) scheinen von der Temp. unabhängig zu sein.
Herbert Weber 96

*0573* **Lumineszenz in der Nähe der Bandenkante in GaAs:Zn.** George W. Arnold und David K. Brice. (Appl. Physics Letters **13** (1968) 2, 51–53; Sandia Labor., Albuquerque, N.Mex.; engl.) — Der Laser-Übergang in mit Zn dotiertem GaAs wurde in drei Komponenten mit Energien bei 1,504, 1,489 u. 1,484 eV aufgelöst. Die Temp.-Abhängigkeit der Intensität der Übergänge weist auf ein einfaches Lumineszenz-Zentrum mit einem Grundzustand u. drei angeregten Zuständen hin.
W. Kunath 96

*0574* **Bandabstand von GaP von 0–200 °K und Lichtemission aus Dioden bei hohen Temperaturen.** M. R. Lorenz, G. D. Pettit und R. C. Taylor. (Physic. Rev. [2] **171** (1968) 3, 876–81; IBM Watson Res. Center, Yorktown Heights, N.Y.; engl.) — Der indirekte Bandabstand $E_g$ von GaP im Temp.-Bereich 0–900 °K wurde aus Absorptionsmessungen bestimmt. Unterhalb 400 °K wurde $E_g$ aus der Absorption infolge der Erzeugung von Exzitonen an auf P-Plätzen substituierten isolierten N-Atomen ermittelt. Oberhalb 400 °K wurde $E_g$ durch numer. Anpassung der Eigenkantenabsorption an einen theoret. Ausdruck mit $E_g$ als einzigen verfügbaren Parameter bestimmt. Bei 300 °K ist $E_g$ gleich 2,261 eV. Die Lichtemission aus Dioden wurde zwischen 300 u. 900 °K untersucht. Die Emissionskurve, die parallel zum Bandabstand bei ca. 45 meV niedrigerer Energie verläuft, wird einer Exzitonenrekombination zugeschrieben.
H. Liepack 96

*0575* **Infrarot- und sichtbare Photolumineszenz von $In_{1-x}Ga_xP$.** A. M. White, E. W. Williams und P. Porteous. (Physica Status solidi [Berlin] **30** (1968) 2, K 125–26; Roy. Radar Establ., Malvern, Worcs.; engl.) — Die Photolumineszenzspektren von $In_{1-x}Ga_xP$-Proben mit Emissionslinien bei 1,35–2,00 eV werden beschrieben. IR-Photolumineszenz wurde nur an Proben mit höheren Gitterparametern als 5,66 Å (InP: 5,87; GaP: 5,45 Å) beobachtet. Die Probe mit a = 5,66 Å hat bei Gültigkeit der Vegardschen Regel x ca. 0,5.
H. Roschkowski 96

*0576* **Abklingzeiten der ultravioletten und grünen Emissionslinien in ZnO.** T. Skettrup und L. R. Lidholt. (Solid State Commun. **6** (1968) 8, 589–92; Phys. Labor. III, Technical Univ. of Denmark, Lyngby; engl.) — Mit Hilfe eines gepulsten Stickstoff-Lasers als Anregungsquelle werden bei 4,2 u. 77 °K die Abklingzeiten der UV- u. grünen Emissionslinien von ZnO bestimmt. Für die UV-Linien werden Abklingzeiten im Bereich von $10^{-9}$ s gefunden, während die grüne Lumineszenz ca. 50 mal langsamer abklingt.
K. H. Härdtl 96

*0577* **Lumineszenz in MgO.** W. A. Sibley, C. M. Nelson und Y. Chen. (J. chem. Physics **48** (1968) 10, 4582–89; Solid State Div., ORNL, Oak Ridge, Tenn.; engl.) — Unters. der Phosphoreszenz u. durch Röntgenstrahlen angeregten Lumineszenz einer Reihe nominell reiner MgO-Kristalle. Eine Folge von Emissionsmax. um 1,4 eV wird auf $Mg(OH)_2$-Störstellen zurückgeführt, die 1,7-eV- u. 2,5-eV-Lumineszenz wird $Cr^{3+}$ bzw. $Ni^{2+}$ zugeordnet. Es wird ferner der Einfl. von Elektronen- u. Neutronenbestrahlung diskutiert.
H. Liepack 96

*0578* **Fluoreszenz von dreiwertigem Erbium im Kristallgitter von Zinksulfid (Wurtzit).** Marguerite Bancie-Grillot. (C. R. hebd. Séances Acad. Sci., Sér. A et B **267** (1968) 21, B 1157–60; Labor. de Recomb. radiatives dans les Solides, Fac. des Sci., Tour, Paris; franz.) — Die Fluoreszenzspektren von $Er^{3+}$ unter dem Einfl. des Krist.-Feldes von ZnS werden bei 77 u. 290 °K im Bereich von 520–570 nm aufgenommen. Bei 77 °K werden hauptsächlich $^4S_{3/2} \rightarrow {}^4I_{15/2}$-Übergänge der Stark-Unterniveaus beobachtet, bei 290 °K sind die therm. besetzten $^2H_{11/2}$-Unterniveaus stark an der Emission beteiligt.
U. Venzke 96

*0579* **Thermolumineszenz und thermisch stimulierte Ströme in mit Wismut dotierten ZnS-Kristallen.** D. N. Bose. (Physica Status solidi [Berlin] **30** (1968) 1, K 57 bis 60; Mater. Res. Labor., Pa. State Univ., University Park, Pa.; engl.) — Undotierte, nicht lumineszierende ZnS-Einkrist. wurden in einer $K_2Cr_2O_7$–$H_2SO_4$-Lsg. geätzt, auf beiden Seiten mit Bi bedampft, bei 400–600° diffusionsgeglüht u. an den Proben die Thermolumineszenz u. der Thermostrom gemessen. Beide Effekte scheinen nicht auf Träger aus einem Haftniveau, sondern auf Träger aus 2 Haftniveaus zurückzuführen zu sein.
H. Roschkowski 96

*0580* **Elektrolumineszenzresonanz.** L. Sodomka, L. Dvořák und Z. Kupka. (Czechoslov. J. Physics, Sect. B **18** (1968) 9, 1142–49; Nat. Sci. Fac., Palacký Univ., Olomouc; engl.) — Es wird ein nicht-monotoner Verlauf der Elektrolumineszenzemission von *ZnS:Cu,Mn*-Zellen als Funktion der Frequenz mit relativen Max. bei 16 u. 25 kHz gefunden u. nach Harman (vgl. J. Elektrochem. Soc. **104** [1957] 114) als Elektrolumineszenzresonanz gedeutet. Von der Zelle abgestrahlte akust. Wellen erzeugen ein zusätzliches Feld, das im Resonanzfall die Lumineszenzstrahlung erhöht. Indirekt bestimmte Schalldrücke haben die Größenordnung $10^4 N/m^2$ u. Amplituden von $10^{-5}$ m.
Werner Schmidt/Berlin 96

*0581* **Oszillationen der Excitonenemission in den Anregungsspektren von ZnSe und CdS.** Y. S. Park und J. R. Schneider. (Physic. Rev. Letters **21** (1968) 12, 798 bis 800; Aerospace Res. Labor., Wright-Patterson Air Force Base, O.; engl.) — Im Anregungsspektrum gebundener Excitonenkomplexe in ZnSe (4000–4450 Å) u. CdS (4400–4850 Å) werden period. Oszillationen mit einer den LO-Phononen entsprechenden Energie beobachtet. Die Ergebnisse werden durch direkte oder phononenunterstützte Erzeugung freier Excitonen u. nachfolgende Bldg. gebundener Excitonenkomplexe erklärt.
E. Richter 96

*0582* **Lumineszenz anorganischer Nitritsalze.** H. J. Maria, A. T. Armstrong und S. P. McGlynn. (J. chem. Physics **48** (1968) 10, 4694–97; Coates Chem. Labor., La. State Univ., Baton Rouge, La.; engl.) — Unters. von $NaNO_2$, $KNO_2$, $Ba(NO_2)_2$, $Cd(NO_2)_2$, $AgNO_2$, $Hg(NO_2)_2$, $TlNO_2$ u. $Pb(NO_2)_2$. Die Salze zeigen eine Lumineszenz mit langer Lebensdauer mit einem Zentrum bei ca. 5500 Å. Diese Emission ist charakterist. für Krist. u. erstarrte glasige Lsg.; sie hat ihren Ursprung in einem Triplettzustand ($T_1$), es ist eine Phosphoreszenz vom mol. Typ $T_1 \rightarrow S_0$, $S_0$ Singulett-Grundzustand. Die verstärkte Spin–Bahn-Kopplung zeigt sich durch 1. Abnahme in der Phosphoreszenzlebensdauer, 2. Zunahme in der relativen Quantenausb. $\Phi_p/\Phi_f$ von Phosphoreszenz zu Fluoreszenz, 3. Zunahme des $T_1 \leftarrow S_0$-Absorptionsvermögens, das für die Gelb-Orange-Färbung der Nitrite der schweren Metalle verantwortlich ist.
H. Liepack 96

*0583* **Fluoreszenz von $Eu^{3+}$-aktivierten Natriumlanthanidtitanaten ($NaLn_{1-x}Eu_xTiO_4$).** G. Blasse und A. Bril. (J. chem. Physics **48** (1968) 8, 3652–56; Philips Labor., Eindhoven, Netherlands; engl.) — Unters. der Fluoreszenz von $NaLn_{1-x}Eu_xTiO_4$, Ln = La, Gd, Y, Lu, mit geordneter $Sr_2TiO_4$-Struktur. Die nichtaktivierten Wirtsgitter zeigen eine breite Emissionsbande mit Max.

bei ca. 450 nm. Die Löschtemp. dieser Fluoreszenz liegt unterhalb Zimmertemperatur. Die relativen Intensitäten der $Eu^{3+}$-Emissionslinien hängen stark vom jeweiligen Ln ab. Dieses Verh. hängt mit der unterschiedlichen linearen Komponente des Krist.-Feldes zusammen. Die Fluoreszenzausb. sind nicht sehr hoch, was auf die anisotrope Krist.-Struktur zurückgeführt wird.
H. Liepack 96

*0584* **Beeinflussung des Chrom-Spektrums in Strontiumtitanat durch ein elektrisches Feld.** S. E. Stokowski und A. L. Schawlow. (Physic. Rev. Letters **21** (1968) **14**, 965–67; Dep. of Phys., Stanford Univ., Stanford, Calif.; engl.) — Bei Anlegen eines elektr. Feldes (4 kV/cm) an einen $SrTiO_3:Cr^{3+}$-Krist. verschieben sich die R-Linien des Cr um 2 $cm^{-1}$, u. die integrierte Intensität wächst um 8%. Der Intensitätsanstieg wird einem elektr. Dipolübergang zugeschrieben, der möglich wird, wenn das $Cr^{3+}$-Ion durch das angelegte Feld aus dem Symmetriezentrum verschoben wird.
Werner Schmidt/Berlin 96

*0585* **Fluoreszenz von Europium- und Samarium-Ionen in Kaliumtantalat und Kaliumtantalat–Kaliumniobat-Mischkristallen.** F. M. Lay. (J. Physics Chem. Solids **29** (1968) 11, 2043–51; Center for Mater. Sci. and Engng., MIT, Cambridge, Mass.; engl.) — Vf. untersucht die Fluoreszenzspektren von $Eu^{3+}$- u. $Sm^{3+}$-Ionen in $KTaO_3$-Krist. u. $KTaO_3$–$KNbO_3$(KTN)-Mischkristallen. Bei den kristallograph. Übergängen konnten keine Aufspaltungen der Energieniveaus oder Intensitätsänderungen beobachtet werden. Bei steigendem Nb-Geh. erscheinen dagegen neue Linien, die möglicherweise durch die Substitution von Ta durch Nb in KTN in der Nähe der Eu- oder Sm-Ionen verursacht sein können. Es wird vermutet, daß die $Sm^{3+}$-Ionen substitutionell auf K-Plätze eingebaut werden.
K. H. Härdtl 96

*0586* **Experimentelle Beobachtungen der Absorptions-, Infrarotemissions- und Anregungsspektren von $Cr^{3+}$-Ionen in $ZnWO_4$.** M. L. Reynolds, W. E. Hagston und G. F. J. Garlick. (Physica Status solidi [Berlin] **30** (1968) 1, 113–17; Phys. Dep., Univ. of Hull; engl.) — Die Aufnahme der Spektren bei 4,2; 77 u. 300°K u. Wellenzahlen von ca. $(5-30) \cdot 10^3$ $cm^{-1}$ ergibt im Gegensatz zu Rubin, daß der niedrigste angeregte Zustand von $Cr^{3+}$ $^4T_2(F)$ ist u. daß die Emission aus dem $^4T_2$–$^4A_2$-Übergang resultiert. Die Energie des $^4T_2$-Zustands ist stark vom Krist.-Feldparameter abhängig. Das $Cr^{3+}$-Zentrum hat rhomb. Symmetrie mit tetragonaler Verzerrung im angeregten Zustand.
H. Roschkowski 96

*0587* **Optische Abkühlung in Nd-dotiertem Yttriumaluminiumgranat.** T. Kushida und J. E. Geusic. (Physic. Rev. Letters **21** (1968) 16, 1172–75; Bell Telephone Labor., Murray Hill, N.J.; engl.) — Ein Lumineszenzprozeß, bei dem die Anregungsenergie kleiner als die Energie der emittierten Photonen ist, kann als „Abkühlungsprozeß" angesehen werden, da ein bestimmter Betrag innerer Energie das Strahlungsfeld unterhält. Ein derartiger Prozeß wird bei intensiver 1,064-$\mu$-Laserbestrahlung von Yttriumaluminiumgranat-Einkrist. (rein oder Nd-dotiert) beobachtet. Zusätzlich zu dieser ersten Beobachtung dieses Effekts ergeben die Messungen einen genauen Wert der Quantenausb. des Nd-dotierten Yttriumaluminiumgranats.
E. Richter 96

*0588* **Oberflächen-Elektrolumineszenz von Einkristallen von Seignettesalz.** B. Sujak und J. Kusz. (Acta physica polon. **33** (1968) 5, 845–51; Dep. of Solid State Phys., Wrocław Univ., Dep. of Exper. Phys., Higher School of Pedagogy, Opole; engl.) — Während der Polarisation von Seignettesalz-Kristallproben treten Lichtimpulse auf. Der niedrigste Wert des polarisierenden elektr. Feldes $E_p$, bei dem die Probenoberfläche zu leuchten beginnt, hängt von der kristallograph. Ebene ab. Sie ist am kleinsten für Proben, die entlang der (100)-Ebene geschnitten wurden. Die erhaltenen Ergebnisse lassen darauf schließen, daß die beobachteten Lichtimpulse auf Oberflächenentladungen des Gases zurückgeführt werden können, in dem sich die Probe befindet. Eine mögliche Beziehung zum Barkhausen-Rauschen wird erwähnt.
Herbert Weber 96

*0589* **Anregungsenergietransport Chrom–Chrom vom Kation zum Anion in $[Cr(urea)_6][Cr(CN)_6] \cdot 3H_2O$.** Hans Gausmann und Hans L. Schläfer. (J. chem. Physics **48** (1968) 9, 4056–60; Inst. für Physikal.-Chem. der Univ. Frankfurt am Main, Germany; engl.) — Unters. der Lumineszenz von krist. $[Cr(urea)_6][Cr(CN)_6] \cdot 3H_2O$ (urea = Harnstoff) mit Anregung bei 580 u. 435 nm. Die Ergebnisse deuten einen Anregungsenergietransport vom Cr(III) im Kation zum Cr(III) im Anion an.
H. Liepack 96

*0590* **Saphir-Lumineszenz bei Röntgenstrahlanregung.** W. A. Runciman. (Solid State Commun. **6** (1968) 8, 537–39; Solid State Phys. Div., A. E. R. E., Harwell, Didcot, Berks.; engl.) — Vf. bestrahlt zwei nominell reine Saphir-Krist. ($Al_2O_3$) bei 4,2 u. 77°K mit Röntgenstrahlen u. beobachtet die bei 165 u. 250 nm emittierten Lumineszenzbanden. Es wird angenommen, daß die Bande bei 165 nm eine Eigenbande ist u. somit als erstes Beispiel einer Festkörperlumineszenz im Vakuum-UV gelten kann.
K. H. Härdtl 96

*0591* **Abklingen der freien Kernpräzession bei kernmagnetischer Resonanz in einem System mehrerer Spezies.** D. Demco. (Physics Letters [Amsterdam] **27 A** (1968) 10, 702–03; Solid State Labor., Univ. of Cluj, Cluj, Romania; engl.) — Ableitung einer theoret. Formel für „free induction decay" in einem Syst. mehrerer Spezies in einem starren Gitter. Dipol- u. kleine Austausch-Wechselwrkg. zwischen Spins werden berücksichtigt.
Herbert Weber 98

*0592* **Theorie der Spin-Gitter-Relaxation in klassischen Flüssigkeiten.** Hans Sillescu und Daniel Kivelson. (J. chem. Physics **48** (1968) 8, 3493–3505; Dep. of Chem., Univ. of Calif., Los Angeles, Calif.; engl.) — Theoret. Unters., die auf NMR- u. ESR-Spektren anwendbar ist.
H. Liepack 98

*0593* **Einflüsse anisotroper Molekül-Rotationsdiffusion auf die kernmagnetische Relaxation in Flüssigkeiten.** Wesley T. Huntress jun. (J. chem. Physics **48** (1968) 8, 3524–33; Dep. of Chem., Stanford Univ., Stanford, Calif.; engl.) — Die Gleichungen für die Relaxationszeit eines Kernspins in einem Mol., das Diffusionsreorientierung unterliegt, werden zur Berücksichtigung vollständiger anisotroper Reorientierung für eine Zahl von Relaxationsmechanismen erweitert. Der Rotationsdiffusionstensor kann durch Messung der NMR-Relaxationszeiten eines geeigneten Syst. von Kernen in dem Mol. ermittelt werden.
H. Liepack 98

*0594* **Diffusionskoeffizienten und kernmagnetische Suszeptibilität verdünnter $^3$He-HeII-Lösungen.** J. E. Opfer, K. Luszczynski und R. E. Norberg. (Physic. Rev. [2] **172** (1968) 1, 192–98; Dep. of Phys., Washington Univ., Saint Louis, Mo.; engl.) — Messungen des Spindiffusionskoeff. u. der kernmagnet. Suszeptibilität für molare Konz. zwischen 0,030 u. 3,0% bei Temp. $> 0,4$°K. Der reziproke Spindiffusionskoeff. ändert sich linear mit der $^3$He-Konzentration. Der konst. Term wurde als reziproker bin. Diffusionskoeff. identifiziert. Die Ergebnisse für den bin. Diffusionskoeff. sind in Übereinstimmung mit anderen Messungen. Zwischen 0,8 u. 1,6°K ändert sich der bin. Diffusionskoeff. exponentiell mit der reziproken Temp. entsprechend der Rotonenanregungsenergie von 8,65°K. Die Suszeptibilität zeigt nur kleine Abweichungen vom Verh. eines idealen Fermi-Gases. Es liegt hinreichend gute Übereinstimmung zwischen der gemessenen u. ber. Temp.-Abhängigkeit der Suszeptibilität vor.
H. Liepack 98

*0595* **Untersuchung der Koordinationszahl von Al(III), Be(II), Ga(III), In(III) und Mg(II) in Wasser und Mischungen wässeriger Lösungsmittel aus der protonenmagnetischen Resonanz.** Anthony Fratiello, Robert E. Lee, Vone M. Nishida und Ronald E. Schuster. (J. chem. Physics **48** (1968) 8, 3705–11; Dep. of Chem., Calif. State Coll. at Los Angeles, Los Angeles, Calif.; engl.) — Messung der Kationenkoordinationszahl von $AlCl_3$, $AlBr_3$, $Al(ClO_4)_3$, $Al(NO_3)_3$, $BeCl_2$, $GaCl_3$, $Ga(ClO_4)_3$, $InCl_3$, $In(ClO_4)_3$ u. $Mg(ClO_4)_2$ in $H_2O$ u. wss. Aceton-Lösungen. Bei tiefen Temp. zeigten die Lsg. dieser Elektrolyte getrennte Protonenresonanzsignale für die Hauptmenge des

W. u. für die $H_2O$-Mol. der ersten Solvatationshülle der Kationen. Die Integration dieser Signale liefert ein direktes Maß der Koordinationszahl des Kations. Al(III) u. Ga(III) sind in allen Lsg. unabhängig vom Anion durch 6 $H_2O$-Mol. solvatisiert, Be(II) durch 4 $H_2O$-Mol.; In(III) u. Mg(II) konnten nur in den wss. Acetonlsg. untersucht werden, die KZ betrug 6. Mit der möglichen Ausnahme von Be(II) konnte keine Kontakt-Ionenpaarung nachgewiesen werden. H. Liepack 98

*0596* **NMR- und EPR-Linienverbreiterungseffekte des Vanadylions in N.N-Dimethylformamid.** Robert B. Jordan und Neil S. Angerman. (J. chem. Physics **48** (1968) 9, 3983—88; Dep. of Chem., Univ. of Alberta, Edmonton, Alberta, Canada; engl.) — Die Temp.-Abhängigkeit der NMR-Linienbreiten des Formyl-Protons in Lsg. von $VO^{2+}$ in N.N-Dimethylformamid (DMF) deutet an, daß die Protonenrelaxation durch Dipol–Dipol-Wechselwrkg. der äußeren Sphäre, chem. Austausch bzw. Dipol–Dipol-Wechselwrkg. der inneren Sphäre in den Temp.-Bereichen —55 bis +6°, +7 bis 107° bzw. 108 bis 150° bestimmt ist. Bei 25° beträgt die Geschw.-Konst. für chem. Austausch $(2{,}3/n) \cdot 10^3\,s^{-1}$, $\Delta H = 7{,}25$ kcal/Mol u. $\Delta S = (-18{,}2-4{,}58 \log n)$ EE, n Zahl der austauschenden DMF-Moleküle. Die Linienbreiten des EPR-Spektrums von $VO^{2+}$ in DMF-Lsg. werden nach der Theorie von Kivelson gedeutet. Die Rotations-Korrelationszeit beträgt $\tau_c = 1{,}2 \cdot 10^{-10}$ s. H. Liepack 98

*0597* **Protonen-Relaxationsuntersuchungen von Dimethylsulfoxid in verdünnten Lösungen von Nickel(II)-Ionen.** S. Blackstaffe und R. A. Dwek. (Molecular Physics **15** (1968) 3, 279—84; Phys. Chem. Labor., South Parks Road, Oxford; engl.) — Messungen der Kernrelaxationszeiten der Protonen in DMSO wurden in Lsg. mit niedriger $Ni^{2+}$-Konz. zwischen 12 u. 112° ausgeführt. Die Ergebnisse werden mit chem. Austausch zwischen der Koordinationsphäre des paramagnet. Ions u. dem Vol. des Lsgm. erklärt. Der Einfl. der Bedingungen der Außensphäre auf die beobachteten Relaxationsgeschw. wird betrachtet, u. die Begrenzugsparameter für den Austauschprozeß werden erhalten. Die Vers. wurden mit Lsg. von $Ni(ClO_4)_2$ ausgeführt, wobei für $Ni^{2+}$ die Koordinationszahl sechs u. die Bldg. des Komplexes $[Ni(CH_3)_2SO]_6(ClO_4)_2$ angenommen wird. E. Otto 98

*0598* **Kernmagnetische Relaxation von $^{19}F$ in Folge von Cu(II) in wässerigen Lösungen von $F^-$ und HF.** Maurice Eisenstadt und Harold L. Friedman. (J. chem. Physics **48** (1968) 10, 4445—58; Hudson Labor. of Columbia Univ., Dobbs Ferry, N.Y.; engl.) — Unters. des Einfl. von $Cu^{2+}$ auf $T_1$ u. $T_2$ für Fluoridkonz. von pH 0,5—6. Die Effekte sind auf eine starke Wechselwrkg. infolge der Elektronenüberlappung in $CuF^+$ zurückzuführen. Der anisotrope Teil des Hyperfeintensors in $CuF^+$ beträgt $8 \cdot 10^8$, der isotrope Anteil $1 \cdot 10^9$ rad/s. Für die Lebensdauer des $CuF^+$-Komplexes bestimmenden Prozesse wurden folgende Geschw.-Konst. ermittelt: $CuF^+ \rightarrow Cu^{2+} + F^-$, $k = 1 \cdot 10^8$/s, $CuF^+ + H^+ \rightarrow Cu^{2+} + HF$, $k = 5 \cdot 10^9$/s · M, $CuF^+ + F^- \rightarrow F^- + CuF^+$, $k = 1 \cdot 10^8$/s · M, $CuF^+ + HF_2^- \rightarrow HF_2^- + CuF^+$, $k = 1 \cdot 10^9$/s · M, die letzten beiden sind $F^-$-Austauschreaktionen. H. Liepack 98

*0599* **Messung der Spinrelaxation in komplexen Systemen.** R. L. Vold, J. S. Waugh, M. P. Klein und D. E. Phelps. (J. chem. Physics **48** (1968) 8, 3831—32; Dep. of Chem., MIT, Cambridge, Mass.; engl.) — Es wird eine neue Meth. beschrieben, die bei der Messung der longitudinalen Relaxation einzelner Linien die Schwierigkeiten des komplizierten oder nicht gut charakterisierten Anfangszustandes u. die Störung des Spinsyst. durch Messung der Wiederherstellung des Gleichgew. umgeht. Als Beispiel wird die Fläche der longitudinalen Protonenrelaxation für $1{,}5 \cdot 10^{-3}$ m $FeCl_3$ in einer 1:1-*Aceton*-$H_2O$-Mischung untersucht. H. Liepack 98

*0600* **Berechnung der Quadrupolverbreiterung von (111) [110]-Versetzungen in kubischen Kristallen.** O. Kanert. (Physica Status solidi [Berlin] **30** (1968) 1, 127—34; Phys. Inst., Westfäl. Wilhelms-Univ., Münster; engl.) — Es wird der spannungsbedingte elektr. Feldgradient in der Umgebung einer Schraubenversetzung u. einer Stufenversetzung ber., die zu einem Gleitsyst. vom Typ (111) [110] gehören. Für den Fall der statist. Verteilung dieser Versetzungen wird die Verteilungsfunktion der resultierenden Quadrupolfrequenzen angegeben u. in einer normierten Darst. für eine Reihe von Fällen explizit berechnet. H. Roschkowski 98

*0601* **Beobachtung molekularer Bewegung in festem $H_2$ unterhalb 4,2 °K.** L. I. Amstutz, J. R. Thompson und H. Meyer. (Physic. Rev., Letters **21** (1968) 16, 1175 bis 1177; Dep. of Phys., Duke Univ., Durham, N.C.; engl.) — NMR-Messungen in festem $H_2$ bei niedrigen ortho-Konz. im Bereich 0,4—4,2 °K zeigen, daß die Gleichgew.-Verteilung zweier ortho-Mol. im Gitter von der Temp. abhängt u. bei einer gegebenen Temp. etwa exponentiell mit der Zeit erreicht wird. Es wird vermutet, daß der Umordnungsprozeß durch ortho–para-Austausch entsteht. E. Richter 98

*0602* **Protonen-Spin-Gitter-Relaxation in hexagonalem Eis.** D. E. Barnaal und I. J. Lowe. (J. chem. Physics **48** (1968) 10, 4614—18; Dep. of Phys., Univ. of Pittsburgh, Pittsburgh, Pa.; engl.) — Messung von $T_1$ an zonengereinigten Eis-Einkristallen. Die Aktivierungsenergie für den $T_1$-Prozeß beträgt $14{,}1 \pm 0{,}1$ kcal/Mol. Es wurde keine Anisotropie in $T_1$ beobachtet. Aus einer theoret. Berechnung von $T_1$ werden die Mol.-Verschiebungszeiten berechnet. H. Liepack 98

*0603* **NMR der festen Phasen von HCl, HBr und HJ.** D. J. Genin, D. E. O'Reilly, E. M. Peterson und T. Tsang. (J. chem. Physics **48** (1968) 10, 4525—32; ANL, Argonne, Ill.; engl.) — Messung der Protonenrelaxationszeiten, zweiten Momente u. Deuteronen-Linienaufspaltung von 50—200 °K. In Phase I jedes Halogenids konnten zwei Arten der Mol.-Bewegung nachgewiesen werden: 1. eine schnelle Rotationsreorientierung, 2. eine Translationsdiffusion der Moleküle. Phase III von HBr zeigt ein Zwischenplateau im zweiten Protonenmoment, HBr u. HJ haben gut ein definiertes Minimum in der Relaxationszeit $T_{1\varrho}$ im rotierenden Bezugssystem. Diese Effekte werden durch einen „Einzelebenen-Reorientierungsprozeß" gedeutet. Ähnliche Minima von $T_{1\varrho}$ wurde in Phase II von HJ u. in einer Zwischenphase von HBr beobachtet, die „Zweiebenen-" u. „Dreiebenen Reorientierungsprozessen" zugeschrieben werden. Die Aufspaltung der Deuteronenresonanz von DBr u. DJ ist temperaturabhängig, jedoch nicht so stark, wie für gleiche Platzbesetzungswahrscheinlichkeit zu erwarten wäre. Es wird angenommen, daß in der ferroelektr. Phase II von HCl die Mol. einem Einzelebenen-Reorientierungsprozeß unterliegen, jedoch mit ungleichen Orientierungsplatzwahrscheinlichkeiten. Die Korrelationszeiten für diese Bewegungen stimmen größenordnungsmäßig mit den Korrelationszeiten aus Messungen der dielektr. Verluste überein. H. Liepack 98

*0604* **Bestimmung der Loch-Phonon-Kopplungskonstante von Germanium durch Zyklotronresonanz.** H. Fujiyasu, K. Murase und E. Otsuka. (Physics Letters [Amsterdam] **27 A** (1968) 9, 597—98; Dep. of Phys., Osaka, Univ., Toyonaka, Osaka; engl.) — Halbwertsbreite der Valenzband-Zyklotron-Übergangslinie ($N = 0$ bis $N = 1$, $M_J = -1/2$) wurde für Germanium zwischen 1,5 u. 4,2 °K unter einaxialer Kompression gemessen. Die gefundene Loch-Phonon-Kopplungskonst. ist $D^2 = 44\,(eV)^2$. Herbert Weber 98

*0605* **Kombinierte Resonanzen in Germanium unter dem Einfluß von Mikrowellen: g-Faktor des freien Loches.** J. C. Hensel. (Physic. Rev. Letters **21** (1968) 14, 983 bis 986; Bell Telephone Labor., Murray Hill, N.J.; engl.) — In einaxial verformtem Ge wird kombinierte Spin-Zyklotronresonanz für die $M_J = \pm 1/2$-Valenzbänder beobachtet. Daraus wird der g-Faktor des freien Loches $g = 2K = 7{,}20 \pm 0{,}08$ ermittelt. Werner Schmidt/Berlin 98

*0606* **Elektronenspin-Korrelationen in Aluminium.** D. P. Tunstall und D. Brown. (Physics Letters [Amsterdam] **27 A** (1968) 10, 723—24; School of Phys. Sci., Univ. of St. Andrews, Scotland; engl.) — Der Parameter $\delta$

(Verhältnis der Kernspin-Gitter-Relaxation im hohen Feld zu dem im Nullfeld) wurde gemessen (vorl. Mitteilung). Herbert Weber 98

*0607* **Kernmagnetische Resonanz in „kubischem" Indium.** D. L. Radhakrishna Setty. (J. physic. Soc. Japan **24** (1968) 4, 722—25; Tata Inst. of Fundamental Res., Bombay, India; engl.) — In-Leg. mit 4,5—12,2 Atom-% Cd können bei u. oberhalb 100° in kub. Phase auftreten. Die Knight-Verschiebung der $^{115}$In-Resonanz der kub. Phase wird für die Konz. 5, 8 u. 11 Atom-% Cd bestimmt u. auf die Cd-Konz. Null extrapoliert. Es ergibt sich ein Wert von $+0{,}83 \pm 0{,}02\%$. Die Ergebnisse werden unter Betrachtung der Fermi-Fläche der freien Elektronen in In diskutiert. E. Richter 98

*0608* **Relaxation von Domänenwand-Kernspins über Magnonenwechselwirkungen in Fe.** M. B. Stearns. (Physics Letters [Amsterdam] **27 A** (1968) 10, 706—07; Sci. Labor., Ford Motor Co., Dearborn, Mich.; engl.) — Die Lage u. Temp.-Abhängigkeit der Longitudinalrelaxationsraten $T_1$ von $^{57}$Fe-Kernen in Domänenwänden zeigt, daß der hauptsächliche Relaxationsmechanismus unterhalb 295 °K Emission oder Absorption eines einzelnen Bulk-Magnons ist. Experimente zur Best. von $T_1$ wurden durch Messung (bei Resonanz) der Abklingamplitude der freien Kernpräzession des zweiten NMR-Impulses durchgeführt. Die Ergebnisse zeigen, daß die gleichen Bereiche u. Eig. des Magnonenspektrums für Magnon–Kern-Wechselwrkg. im untersuchten Temp.-Bereich verfügbar sind. Herbert Weber 98

*0609* **Spinwellen-Resonanz in dünnen Filmen von hexagonalem Kobalt.** H. Puszkarski. (Acta physica polon. **33** (1968) 5, 769—84; Dep. of Theoret. Phys., A. Mickiewicz Univ., Poznán; engl.) — Anwendung der Quantentheorie der SWR auf einen dünnen *Co*-Film, der senkrecht zur hexagonalen Achse geschnitten ist. Herbert Weber 98

*0610* **Linienbreite der ferrimagnetischen Zwei-Magnonen-Resonanz des hexagonalen Ferrits $Zn_2Y$.** Masaru Mita. (J. physic. Soc. Japan **24** (1968) 4, 725—28; Dep. of Phys., Fac. of Sci. and Technol., Sci. Univ. of Tokyo, Noda, Chiba; engl.) — Vf. diskutiert die durch Oberflächenverunreinigungen verursachte Linienbreite der Mikrowellenresonanzabsorption in hexagonalem $Zn_2Y$ auf der Grundlage eines Relaxationsmechanismus mit zwei Magnonen. Die beobachteten Max. der Linienbreite werden mittels einer theoret. Berechnung analysiert. E. Richter 98

*0611* **Übergang von gebundenen zu virtuellen 4f-Verunreinigungsniveaus in Metallen.** J. A. Blodgett und C. P. Flynn. (Physic. Rev. Letters **21** (1968) 12, 800—02; Dep. of Phys. and Mater. Res. Labor., Univ. of Ill., Urbana, Ill.; engl.) — Vf. untersuchen die Knight-Verschiebung an *Gd*-dotierten fl. *Al–Cu-* u. *Al–Ag*-Leg. im Zus.-Bereich 0—100 Atom-% Al. Dabei wird ein Übergang beobachtet, bei dem ein Transport von Gd-4f-Elektronen von gebundenen zu virtuellen Niveaus auftritt. E. Richter 98

*0612* **Ferromagnetische Resonanz in verdünnten Eisen–Silicium-Legierungen.** J. J. M. Franse und H. W. De Wijn. (Physics Letters [Amsterdam] **27 A** (1968) 10, 691—92; Natuurkundig Labor., Univ. Amsterdam, Amsterdam, Netherlands; engl.) — Ferromagnet. Resonanz wurde an zwei Einkrist. von Fe–Si-Leg. mit 3,9% u. 5,6% Si (Gew.-%) gemessen. Für ein äußeres Feld parallel zur (110)-Ebene wurde die für Resonanz erforderliche Feldstärke als Funktion der Orientierung in der Ebene bei 294 u. 77 °K gemessen. Bei 23 GHz wurden der g-Wert u. die Anisotropiekonst. $K_1$ von Fe mit 3,9 bzw. 5,6% Si untersucht. Herbert Weber 98

*0613* **Hyperfeinfeld-Spektren von binären Fe–Co-Legierungen: Kernmagnetische Resonanz von $^{57}$Fe und $^{59}$Co.** Mark Rubinstein. (Physic. Rev. [2] **172** (1968) 2, 277—83; U.S. Naval Res. Labor., Washington, D.C.; engl.) — Die Verteilung von Hyperfeinfeldern in Fe-reichen Fe–Co-Leg. wurde mittels Spinecho-Verf. u. NMR-Verf. der kontinuierlichen Wellen untersucht. $^{57}$Fe- u. $^{59}$Co-Hyperfeinfeldspektren wurden untersucht. Die anomal große relative Intensität der prominenten Satellitenlinie, die in Leg. mit einer niedrigen Konz. von Co-Atomen beobachtet wurde, wird als Ergebnis einer Nahentartung von zwei Resonanzen angesehen; diese Resonanzlinien gehen von Kernplätzen aus, die nächste Nachbarn u. übernächste Nachbarn zu einem Co-Verunreinigungsatom sind. Es wird angenommen, daß die Verteilung der Hyperfeinfelder in diesen Leg. prim. das Ergebnis von Änderungen im Rumpfpolarisationsbeitrag zum Hyperfeinfeld ist, wobei die Änderungen im Beitrag der Leitungselektronen-Polarisation wesentlich kleiner ist. Herbert Weber 98

*0614* **Grundzustand der magnetischen Verunreinigung; NMR-Untersuchungen von verdünnten Cu-Legierungen.** A. J. Heeger, L. B. Welsh, M. A. Jensen und G. Gladstone. (Physic. Rev. [2] **172** (1968) 2, 302—19; Dep. of Phys. and Labor. for Res. on the Struct. of Matter, Univ. of Pa., Philadelphia, Pa.; engl.) — NMR-Unters. von verd. Leg. von Cu, die 3d-Übergangselemente als Verunreinigungen enthalten, bei Temp. oberhalb 0,03 °K. Der Verunreinigungsbeitrag $\Delta H$ zur $^{63}$Cu-NMR-Linienbreite wurde in angelegten Magnetfeldern bis zu 50 kOe für *CuFe* u. bis 11 kOe für *CuCr*, *CuMn* u. *CuCo* gemessen. *CuFe* u. *CuCr* zeigen verschiedene ausgeprägte Eigenschaften. $\Delta H$ ist stark red. gegenüber dem Wert, der aus Hochtemp.-Linienbreiten-Messungen erwartet wird. $\Delta H$ ist linear in der Konz. u. im Feld, jedoch unabhängig von der Temp. bei niedriger Temperatur. Die erhaltenen Kondo-Temp. werden mit den nach anderen Meth. erhaltenen verglichen. $\Delta H$ ist proportional zu früher veröffentlichten Suszeptibilitätsdaten für *CuFe*-Legierungen. Die Einfl. der Ordnung kurzer Reichweite auf $\Delta H$ werden in einer *CuMn*-Leg. (200 ppm) unterhalb der „Ordnungs"-Temp. untersucht. Die Daten zeigen eine starke feldabhängige Linienbreite u. sind in Einklang mit einer Sättigung der Verunreinigungsspins entlang ihrer lokalen Quantisierungsachse. Die Feldabhängigkeit von *CuCo* ist in Einklang mit $T_K > 1000$ °K. Eine Bewegungsgleichung-Berechnung der anfänglichen Suszeptibilität u. der Spinpolarisation um die Verunreinigung wird durchgeführt. Überschuß-Knight-Verschiebungen für die Cu-Leg. u. für $^{51}$V in *AuV* (0—10%) werden ber.; sie sind in befriedigender Übereinstimmung mit dem Experiment. Diese Übereinstimmung spricht für die Existenz der erweiterten Reichweite der Quasiteilchenpolarisation u. liefert die erste indirekte Messung der Kohärenzlänge für das Problem der magnet. Verunreinigung. Herbert Weber 98

*0615* **Knight-Verschiebungen von in Edelmetallen gelösten Stoffen.** Lawrence H. Bennett, R. W. Mebs und R. E. Watson. (Physic. Rev. [2] **171** (1968) 3, 611—26; Inst. for Mater. Res., NBS, Washington, D.C.; engl.) — Messung der Knight-Verschiebungen für *Cu, Cd, Al, In, Sn* u. *Ga* in *Au*; *Hg*, In u. Al in *Ag*; In in *Cu* u. Sn in *Ag–Au-Legierungen*. In Zusammenfassung mit Ergebnissen für andere gelöste Stoffe wurde ein Valenzeffekt gefunden, der von entgegengesetztem Sinn für Cu u. Ag einerseits u. Au andererseits ist. Die Cd-Resonanzlinienbreiten für Au–Cd-Leg. zeigen eine merkliche Verbreiterung mit der Konz.-Zunahme oder der Testfrequenz. Es wurden Hyperfeinfeldwerte für das freie Atom ermittelt u. die paramagnet. Spinsuszeptibilitäten der Wirte bestimmt. Die Folgerungen der Theorie starrer Bänder für Gittervolumeneffekte wurden untersucht. Es wird ein Überblick über die Austauschverstärkung der Spinsuszeptibilität gegeben, die Knight-Parameter $\xi$ werden tabellar. zusammengestellt u. diskutiert. H. Liepack 98

*0616* **Entstehung der Lösungsmittel-Knight-Verschiebungen in Legierungen.** R. E. Watson, L. H. Bennett und A. J. Freeman. (Physic. Rev. Letters **20** (1968) 13, 653—56; Brookhaven Nat. Labor., Upton, N.Y.; engl.) — Theoret. Unters. der Knight-Verschiebungen in Ag u. fl. Cu beim Zusatz von nichtmagnet. Fremdatomen. W. Kunath 98

*0617* **ESR-Spektren dreiwertiger Ionen der Seltenerdmetalle in $CaF_2$ mit $H^-$-Ionen.** A. Kafri, D. Kirö, S. Yatsiv und W. Low. (Solid State Commun. **6** (1968) 8,

573–74; Dep. of Phys., Hebrew Univ. Jerusalem, Israel; engl.) — Die ESR-Spektren von $Ce^{3+}$–$H^-$-, $Ce^{3+}$–$D^-$- u. $Nd^{3+}$–$H^-$-Komplexen in $CaF_2$ bestätigen die Annahme, daß die $H^-$- u. $D^-$-Ionen auf Zwischengitterplätzen sich befinden, die den Seltenerdmetallionen benachbart sind. Sie dienen dort als Ladungskompensatoren für die dreiwertigen Ce- bzw. Nd-Ionen, die substitutionell $Ca^{2+}$-Plätze besetzen. K. H. Härdtl 98

*0618* **ESR von Dysprosium in kubischen Feldern in $SrF_2$.** Hirotsugu Arai, Katsutoshi Muto, Kenzo Awazu und Sadao Shimoji. (J. physic. Soc. Japan **24** (1968) 4, 949; Central Res. Labor., Mitsubishi Electric Corporat., Amagasaki, Hyogo; engl.) — Vf. messen die ESR-Spektren von $Dy^{3+}$ in $SrF_2$ u. *$CaF_2$*. Die Zunahme des Parameters x (vgl. Lea et al. J. Phys. Chem. Solids **23** [1962] 1381) von $CaF_2:Dy^{3+}$ zu $SrF_2:Dy^{3+}$ beträgt nur etwa 40% des Erwartungswerts nach dem Punktladungsmodell. E. Richter 98

*0619* **Beobachtung von Phononen, die durch Spin–Gitter-Relaxation erzeugt werden.** C. H. Anderson und E. S. Sabisky. (Physic. Rev. Letters **21** (1968) 14, 987–90; RCA Labor., Princeton, N.J.; engl.) — Durch kontinuierliche Spinresonanzsättigung an einem Ende eines $TM^{2+}$-dotierten $SrF_2$-Krist. werden Phononen erzeugt, die nach Diffusion durch den Krist. durch opt. Kontrolle der räumlichen Verteilung der Spintemp. nachgewiesen werden. Die experimentellen Ergebnisse werden als Funktion eines Phononentransmissionskoeff. in das He ($\approx$ 4%) u. einer durch diffuse Streuung ($\approx$ 25%) bestimmten mittleren freien Weglänge interpretiert. Werner Schmidt/Berlin 98

*0620* **Kernmagnetische Relaxation von $^{19}F$ in mit Seltenerdmetallen dotiertem $LaF_3$.** L. Shen. (Physic. Rev. [2] **172** (1968) 2, 259–64; Dep. of Phys., Washington Univ., St. Louis, Miss.; engl.) — Kernrelaxationszeiten $T_1$ u. $T_2$ wurden für $^{19}F$-Kerne in gepulverten $LaF_3$-Proben gemessen, die $Pr^{3+}$- u. $Nd^{3+}$-Ionen enthielten. Resonanzfrequenzen von 15,9 u. 30,0 MHz wurden angewendet; die Probentemp. lagen zwischen 150 u. 800 °K. Die nominalen Ionenkonz. erstreckten sich von 0,1–10 Atom-%. Die Abhängigkeiten von $T_2$ u. $T_1$ von den Dotierungsionen, der Dotierungskonz., dem angelegten Feld u. der Temp. wurden untersucht. Die $T_2$-Daten bestätigen das Zwei-Untergitter-Modell von Goldman u. Shen. Die $T_1$-Daten zeigen, daß die Spin–Gitter-Relaxation aus der Spindiffusion u. der atomaren Diffusion zu Verunreinigungsstellen hervorgeht. Herbert Weber 98

*0621* **Temperaturabhängige Spin–Gitter-Relaxationszeiten für Leitungselektronen in Lithiumteilchen in neutronenbestrahltem Lithiumfluorid.** A. J. Watts und J. E. Cousins. (Physica Status solidi [Berlin] **30** (1968) 1, 105–12; Phys. Dep., Exeter Univ., Exeter, Devon; engl.) — Messungen der Leitungselektronenspinresonanz-Linienbreiten von Li-Teilchen in neutronenbestrahltem LiF werden als Funktion der Temp. bei 9,27 GHz durchgeführt. Im Temp.-Bereich 20–500 °K treten keine irreversiblen Effekte auf. Ein Relaxationsmechanismus wird besprochen. H. Roschkowski 98

*0622* **Paramagnetische Resonanz-Untersuchung von Einkristallen von $Li[UF_6]$, $Na[UF_6]$ und $Cs[UF_6]$.** M. Drifford, P. Rigny und P. Plurien. (Physics Letters [Amsterdam] **27 A** (1968) 9, 620–21; Dep. of Phys. Chem., Centre d'Ét. Nucl. de Saclay, Gif-sur-Yvette; engl.) — Die paramagnet. Resonanzabsorption der Einkrist. wurde als Funktion der Orientierung des äußeren Magnetfeldes untersucht. Die Unters. zeigt, daß die $UF_6^-$-Ionen in diesen Verb. axial verzerrt sind; die Deformationsachse ist die trigonale Achse in $Li[UF_6]$ u. $Cs[UF]_6$ u. die [111]-Achse im kub. $Na[UF_6]$. Es kann festgestellt werden, daß in den drei Krist. die Linienbreiten sehr stark orientierungsabhängig sind. Letzteres kann Winkelvariationen der elektron. Spin–Spin-Wechselwrkg. u./oder der Suprahyperfeinwechselwrkg. zwischen den Elektronenspins u. den $^{19}F$-Kernspins entsprechen. Herbert Weber 98

*0623* **Paramagnetische Resonanz von in Alkalimetallhalogenidkristallen stabilisierten Silberatomen.** P. G. Baranov, R. A. Zhitnikov und N. I. Melnikov. (Physica Status solidi [Berlin] **30** (1968) 2, 851–58; Ioffe Phys.-techn. Inst., Leningrad; engl.) — Stabilisierte Ag-Atome werden durch Röntgenbestrahlung bei 77 °K von mit $Ag^+$ dotiertem *LiCl, NaCl* u. *KCl* erhalten. Die stabilisierten Atome werden mit Hilfe der paramagnet. Resonanzspektren untersucht. Die Ag-Atome besetzen die Kationenplätze in den untersuchten Verbindungen. Die Abhängigkeit der Hyperfein- u. Superhyperfein-Wechselwrkg.-Konst. von den umgebenden $Cl^-$-Ionen wurde untersucht. Eine Temp.-Abhängigkeit der Hyperfein- u. Superhyperfeinstrukturkonst. von Ag-Atomen in LiCl:Ag wird besprochen. H. Roschkowski 98

*0624* **Theoretische Untersuchung der Eigenschaften von in Alkalimetallhalogenidkristallen stabilisierten Kupfer- und Silberatomen.** P. G. Baranov, R. A. Zhitnikov und N. I. Melnikov. (Physica Status solidi [Berlin] **30** (1968) 2, 859–66; engl.) — Vgl. vorst. Referat. — Theoret. Analyse der Hyperfein- u. Superhyperfeinwechselwrkg. von in Alkalimetallhalogeniden stabilisierten Cu- u. Ag-Atomen an Hand früherer experimenteller Daten (vgl. auch Zhitnikov et al., ibid. **26** (1968) 371). H. Roschkowski 98

*0625* **ESR-Untersuchungen an zweiwertigem Eisen in $Cs_3[ZnCl_5]$.** J. C. M. Henning und H. Van den Boom. (Physics Letters [Amsterdam] **27 A** (1968) 10, 685–86; Philips Res. Labor., N. V. Philips' Gloeilampenfabrieken, Eindhoven, Netherlands; engl.) — In Fe-dotiertem $Cs_3[ZnCl_5]$ liegen die meisten der $Fe^{+2}$-Ionen auf substitutionellen Gitterplätzen (Zn-Plätzen) vor. Ein wesentlicher Bruchteil besetzt jedoch Zwischengitterplätze. Das ESR-Spektrum eignet sich zur Unters. der Natur der Zwischengitterplätze. Herbert Weber 98

*0626* **Resonanz höherer Harmonischer in antiferromagnetischem $CoCl_2 \cdot 6H_2O$.** Koichi Katsumata und Muneyuki Date. (J. physic. Soc. Japan **24** (1968) 4, 751–56; Dep. of Phys., Fac. of Sci., Osaka Univ., Toyomaka, Osaka; engl.) — Vf. beschreiben eine eigenartige antiferromagnet. Resonanz im Mikrowellenbereich, die lediglich nahe der krit. Hyperbel bei der halben Frequenz der Resonanz des krit. Feldes beobachtbar ist. Diese Resonanz wird der zweiten harmon. Schwingung der Resonanz des krit. Feldes, verbunden mit magnetostriktiver u. anisotroper Austauschkopplung, zugeschrieben. E. Richter 98

*0627* **Austauschwechselwirkung hohen Grades zwischen Seltenerdmetallionen.** J. M. Baker, R. J. Birgenau, M. T. Hutchings und J. D. Riley. (Physic. Rev. Letters **21** (1968) 9, 620–23; Clarendon Labor., Oxford, England; engl.) — Vf. trennen in den EPR-Spektren von $Ce^{3+}$- u. $Nd^{3+}$-Paaren in *$LaCl_3$* u. *$LaBr_3$* Beiträge der Form $J_+^5(1)J_-^5(2)$ u. $J_z^e(1)J_\pm^5(2)$ zu den Wechselwrkg.-Tensoren von der anisotropen Superaustauschwechselwrkg. hohen Grades. E. Richter 98

*0628* **Spin–Gitter-Relaxation und Molekülbewegung in flüssigem Phosphortrichlorid, Phosphoroxidchlorid und Phosphoroxidfluorid.** D. W. Aksnes, M. Rhodes und J. G. Powles. (Molecular Physics **14** (1968) 4, 333–40; Phys. Labor., Univ. of Kent at Canterbury, Canterbury, England; engl.) — Vf. messen die $^{31}P$-Spin–Gitter-Relaxationszeit bei 9 MHz in $PCl_3$, $POCl_3$ u. $POF_3$ sowie die $^{19}F$-Spin–Gitter-Relaxationszeit in $POF_3$. Die $^{31}P$-Relaxationszeiten werden durch die Spin–Rotations-Wechselwrkg. bestimmt. Numer. Werte für die $^{31}P$-Spin–Rotationskonst. werden angegeben: $PCl_3$ (14 kHz), $POCl_3$ (18 kHz) u. $POF_3$ (24 kHz); die $^{19}F$-Spin–Rotationskonst. in $POF_3$ beträgt ca. 14 kHz. E. Richter 98

*0629* **NMR-Untersuchung von stark stickstoffdotiertem Siliciumcarbid.** Michael N. Alexander. (Physic. Rev. [2] **172** (1968) 2, 331–40; Labor. of Atomic and Solid State Phys., Cornell Univ., Ithaca, N.Y.; engl.) — Proben von stark N-dotiertem SiC (SiC:N) wurden unter Benutzung von Impuls-NMR bei einer Resonanzfrequenz von 8,5 MHz untersucht. Für $^{29}Si$ u. $^{13}C$ wurden Knight-Verschiebung, Spin–Gitter-Relaxationszeit $T_1$ u. die Abklingzeit $T_2^*$ der freien Kernpräzession gemessen. Die untersuchten Proben hatten N-Donator-Konz. $n_d$ von

1,9 · $10^{19}$ bis 6,0 · $10^{20}$ $cm^{-3}$. Proben mit $n_d < 10^{20}$ waren vom 6H-Polytyp u. Proben mit $n_d > 10^{20}$ waren vom kub. Polytyp. Die Messungen an den kub. SiC:N-Proben zeigten ein wesentlich verschiedenes Verh. der Elektronenwechselwrkg. mit den Si- u. C-Untergittern. Die NMR-Eig. der 6H-SeC:N-Proben werden durch Kernwechselwrkg. mit paramagnet. Elektronen beherrscht, die bei der Temp. des fl. He an Donatorstellen oder Donatorkomplexen lokalisiert sind. Herbert Weber 98

*0630* **Quanteneffekte in der Zictotronresonanz in p-InSb.** Kenneth J. Button, Benjamin Lax und C. C. Bradley. (Physic. Rev. Letters **21** (1968) 6, 350—52; Francis Bitter Nat. Magnet Labor., MIT, Cambridge, Mass.; engl.) — Zyclotronresonanzmessungen von Quanteneffekten in den entarteten Valenzbändern von InSb. Bei der Unters. des Absorptionsspektrums einer 0,337 mm-monochromat. Strahlung, die durch orientierte Einkrist. aus p-InSb als Funktion von Magnetfeldintensitäten bis zu 175 kG hindurchgeschickt wurde, konnten 7 Übergänge festgestellt werden. Die tieferen Quantenzustände der Valenzbänder waren von therm. angeregten Defektelektronen aus einem Akzeptorniveau besetzt. Absorptionslinien wurden bei Temp. zwischen 20 u. 80°K beobachtet. W. Kunath 98

*0631* **Einfluß der Wechselwirkung zwischen Elektron und optischem Phononen auf das kombinierte Resonanzspektrum von InSb.** B. D. McCombe und R. Kaplan. (Physic. Rev. Letters **21** (1968) 11, 756—59; Naval Res. Labor., Washington, D.C.; engl.) — Unters. des Einfl. der Kopplung von Elektron u. opt. Phonon auf die kombinierte Resonanz sowohl des freien als auch des lokalisierten Elektrons in InSb. Die Ergebnisse bestätigen nicht die Existenz einer starken Elektron-TO-Phonon-Wechselwirkung. W. Kunath 98

*0632* **Messung der g-Wert-Anisotropie des Leitungsbandes in InSb.** B. D. McCombe. (Solid State Commun. **6** (1968) 8, 533—36; Naval Res. Labor., Washington, D.C.; engl.) — Der Höchstwert der prozentualen Anisotropie des g-Wertes der zwei niedrigsten Landau-Niveaus im InSb-Leitungsband wird in Magnetfeldern über 40 (KG) mit „kombinierten Resonanzen" gemessen. Die Ergebnisse stimmen verhältnismäßig gut mit den Berechnungen von Ogg sowie von Pidgeon et al. überein. K. H. Härdtl 98

*0633* **Elektronenspinresonanz von $NO_2$.** 2. Mitt. **Rotation des $NO_2$ in polykristallinem $N_2O_4$.** Tjeerd J. Schaafsma und Jan Kommandeur. (Molecular Physics **14** (1968) 6, 517—23; Labor. of Phys. Chem., Univ., Groningen, Netherland; engl.) — 1. vgl. C. **1969,** 21-0183. — Der Einfl. der Mol.-Rotation auf das ESR-Spektrum wird diskutiert. Beobachtungen zu diesem Effekt erfordern eine geeignete Temperung der die Radikale enthaltenden Probe sowie eine langsame Abkühlung auf 77°K. Nach Computer-Simulation des Spektrums bei dieser Temp. führt ein Teil des Radikals eine hochfrequente Rotation aus, der Rest des Mol. bleibt unbeweglich. Die Temp.-Abhängigkeit des gut aufgelösten Spektrums spricht für eine gehemmte Rotation. Der Rotationseinfl. ist unterschiedlich für verschiedene Teile des Spektrums. Werner Schmidt/Berlin 98

*0634* **Zur Spin-Phonon-Wechselwirkung im äußeren elektrischen Feld.** H. Böttger. (Physica Status solidi [Berlin] **30** (1968) 2, K 119—23; Phys.-techn. Inst., DAW, Berlin; dt.) — Der Einfl. eines äußeren elektr. Feldes auf die Spin–Phonon-Wechselwrkg. von Ionen in einem Krist.-Feld ohne Inversionssymmetrie wird theoret. untersucht. Für $Cr^{3+}$ in $Al_2O_3$ werden numer. Abschätzungen angegeben. H. Roschkowski 98

*0635* **Theorie der optischen und magnetischen Eigenschaften strahlungsinduzierter Molekülionen in Aluminiumoxid.** J. T. Fournier und R. H. Bartram. (J. Physics Chem. Solids **29** (1968) 11, 2029—41; Phys. Dep. and Inst. of Mater. Sci., Univ. of Conn., Storrs, Conn.; engl.) — Vf. untersucht theoret. die elektron. Struktur eines $AlO^{3-}$-Mol.-Ions, das in einer doppelten Anionenleerstelle von neutronenbestrahltem $Al_2O_3$ stabilisiert wird. Die Valenzelektronen werden explizit mit der LCAO-MO-Näherung behandelt. Zur näherungsweisen Beschreibung der elektron. Wechselwrkg. wird ein effektives Ein-Elektronenpotential verwendet u. die Krist.-Feldeffekte werden mit einem Modell punktförmiger Ionen beschrieben. Das Modell ist mit dem EPR-Spektrum dieser Fehlstelle konsistent. K. H. Härdtl 98

*0636* **Temperaturabhängigkeit der Hyperfeinkopplung von $^{155}Gd^{3+}$ in Thoriumoxid.** R. Calvo und R. A. Isaacson. (Physics Letters [Amsterdam] **27 A** (1968) 10, 713 bis 714; Univ. of Calif., San Diego, La Jolla, Calif.; engl.) — Messungen zwischen 1,4 u. 300°K an einer $ThO_2$-Probe mit 0,1% $Gd^{3+}$. Das Gd war zu 95% am Isotop 155 angereichert. Unter Benutzung einer Probe mit schmalen EPR-Linien wurden reproduzierbare Daten erhalten. Der für die Debye-Temp. erhaltene Wert stimmt gut mit dem Wert $\Theta = 390°K$ aus Elastizitätskonst. überein. Diese Übereinstimmung zeigt, wie gut ein Debye-Modell für die Gitterschwingungen die Form der Temp.-Abhängigkeit der Hyperfeinkonst. A von der Temp. wiedergeben kann. Herbert Weber 98

*0637* **Frequenzabhängigkeit der Phonon–Photon-Doppelquantenübergänge im Mikrowellenbereich.** Paul H. Carr und Alan J. Budreau. (Physic. Rev. Letters **21** (1968) 14, 976 79; Air Force Cambridge Res. Labor., Office of Aerospace Res., L. G. Hanscom Field, Bedford, Mass.; engl.) — Es wird die Frequenzabhängigkeit von Phonon–Photon-Doppelquantenübergängen in *MgO*:$Fe^{2+}$ untersucht. 8,7-GHz-Photonen werden zum Nachw. von 9,3-, 4,7- u. 3,1-GHz-Phononen benutzt. Die Übergangswahrscheinlichkeit für gleichzeitige Absorption von Phonon u. Photon nimmt mit abnehmender Phononenfrequenz merklich ab. Für 4,7- u. 3,1-GHz-Phononen wird ein neuer Typ eines Phonon–Photon-Überganges beobachtet. Werner Schmidt/Berlin 98

*0638* **$^{33}S$-NMR in paramagnetischem α-MnS.** Kenneth Lee. (Physic. Rev. [2] **172** (1968) 2, 284—87; Varian Assoc., Palo Alto, Calif.; engl.) — Die Temp.-Abhängigkeit der $^{33}S$-NMR wurde im paramagnet. Zustand des kub. antiferromagnet. α-MnS untersucht. Im Temp.-Bereich 175—300°K werden eine Curie-Weiss-Temp. von —630°K u. eine transferierte Hyperfeinkopplungskonst. $A^{33}$ von $+(1{,}65 \pm 0{,}04) \cdot 10^{-4}$ $cm^{-1}$ gemessen. Die effektive Fraktion von Valenzelektronen, die zum Hyperfeinfeld beitragen, wird diskutiert. Herbert Weber 98

*0639* **Magnetische Kristallanisotropie von Europiumselenid.** R. F. Brown, A. W. Lawson und Glen E. Everett. (Physic. Rev. [2] **172** (1968) 2, 559—64; Dep. of Phys., Univ. of Calif., Riverside, Calif.; engl.) — Die magnetokrist. Anisotropiekonst. erster u. zweiter Ordnung von EuSe wurden mittels ferromagnet. Resonanz bei Mikrowellenfrequenzen u. 1,3°K an Einkrist.-Kugeln von ca. 100 μ Durchmesser gemessen. Die Winkelabhängigkeit des Resonanzfeldes für Rotation in einer {110}-Ebene liefert $K_1/M$ u. $K_2/M$. Die Linienbreite der ferromagnet. Resonanz war 60 Oe. $K_1/M$ u. $K_2/M$ wurden zu $-50 \pm 6$ u. $-83 \pm 16$ Oe gemessen. Die kub. Krist.-Feld-Aufspaltungsparameter $b_4$ u. $b_6$ wurden auf der Basis des Wolf-Einzel-Ion-Mechanismus bestimmt. Die Ergebnisse werden mit denen von EuO u. EuS sowie von kub. Wirtsgittern mit $Eu^{2+}$-Dotierung verglichen. Herbert Weber 98

*0640* **Antiferromagnetische Resonanz in EuTe.** J. W. Battles und G. E. Everett. (Solid State Commun. **6** (1968) 8, 569 71; Dep. of Phys., Univ. of Calif., Riverside, Calif.; engl.) — Durch Unters. der Richtungsabhängigkeit der antiferromagnet. Resonanz wird gezeigt, daß EuTe in der „leichten" Ebene antiferromagnet. ist mit einer sehr kleinen ebenen Anisotropie ($H_A < 10$ Gauss). Den vielen Zweigen wird durch Annahme von Domänen mit ungefähr gleichem Vol., die jeder Raumdiagonale zugeordnet sind, Rechnung getragen. K. H. Härdtl 98

*0641* **EPR-Untersuchung der Protonen-Bewegung in $KH_2PO_4$–$KH_2AsO_4$-Mischkristallen.** R. Blinc und P. Cevc. (Solid State Commun. **6** (1968) 9, 635—37; Suppl.

zu: J. Physics Chem. Solids; Univ. of Ljubljana, Nuclear Inst. J. Stefan, Ljubljana, Yugoslavia; engl.) — Mit Hilfe von Lebensdauer-Effekten in der Protonen-Hyperfeinstruktur von EPR-Spektren als Detektor für die Protonen-Bewegung wird die Änderung der Austauschfrequenz zwischen den verschiedenen „Slater"-Anordnungen in Abhängigkeit von der Curie-Temp. in einer Reihe von $\gamma$-bestrahlten, paraelektr. $KH_2PO_4$–$KH_2AsO_4$-Mischkrist. untersucht. Dabei ergibt sich, daß die Protonen-Austauschfrequenz um so niedriger ist, je höher die Curie-Temp. liegt. Für bestimmte Orientierungen ergeben sich Domänen-Aufspaltungseffekte, die vom elektr. Felde reversibel abhängen.

K. H. Härdtl 98

*0642* **Einaxiale Druckabhängigkeit von EPR und NMR in $MnCO_3$.** I. Amity und D. Shaltiel. (Physics Letters [Amsterdam] **27 A** (1968) 9, 595—96; Dep. of Phys., Hebrew Univ., Jerusalem; engl.) — Die magnetoelast. Anisotropie in der [111]-Ebene von $MnCO_3$ wurde durch Messung des Einfl. von einaxialen Druck auf die NMR u. EPR von Mn untersucht. Die Experimente wurden bei 4,12°K u. 20,0°K durchgeführt. Die beiden Meth. gaben innerhalb der experimentellen Fehler gleiche Ergebnisse. Herbert Weber 98

*0643* **NMR-Untersuchung von ferroelektrischem $LiNbO_3$ und $LiTaO_3$.** 2. Mitt. G. E. Peterson und P. M. Bridenbaugh. (J. chem. Physics **48** (1968) 8, 3402—06; Bell Telephone Labor., Inc., Murray Hill, N.J.; engl.) — 1. vgl. C. **1968**, 25-0384. — Unters. der $^7Li$-NMR in einem $LiTaO_3$-Einkrist. u. Best. des elektr. Feldgradienten am Li-Platz. Die Nettoladung auf dem Ta beträgt +1,21, auf dem 0—0,74. Das Tantalat-Ion ist also vorwiegend kovalent gebunden. Es wurde ferner die $^{93}Nb$-Resonanz in einem $LiNbO_3$-Einkrist. untersucht, die Quadrupolkopplungskonst. beträgt 22,02 MHz.

H. Liepack 98

*0644* **Elektronen-Spin-Resonanz von röntgenbestrahlten Ammoniumparamolybdattetrahydrateinkristallen.** C. R. Byfleet, F. G. Herring, W. C. Lin, C. A. Mc Dowell und D. J. Ward. (Molecular Physics **15** (1968) 3, 239—47; Dep. of Chem., Univ. of British Columbia, Vancouver, Canada; engl.) — Die durch Röntgenbestrahlung von $(NH_4)_6Mo_7O_{24} \cdot 4H_2O$-Einkrist. erzeugten paramagnet. Arten sind durch ESR-Spektroskopie untersucht worden. Einer der sieben Mo-Kerne zeigt ein Ansteigen der Hyperfeinkopplung mit dem Spin des ungepaarten Elektrons. Der Hyperfeinkopplungstensor u. der g-Tensor sind für die Hauptachsen unterschiedlich u. für ihre Best. in diesem Fall wird eine allg. Meth. angegeben. Die Elektronenstruktur der paramagnet. Arten ist durch die MO-Theorie in halbquant. Weise diskutiert worden. Der Bindungskoeff. $\alpha$ für die ungerade Elektronenbahn u. die Kontaktspindichte $\varkappa$ werden abgeschätzt u. mit denen der entsprechenden anion. Mo-Komplexe $[Mo_7 \cdot O_{24}H]^{6-}$ verglichen. E. Otto 98

*0645* **Mikrowellen-optische Doppelresonanz unter Verwendung von zirkular polarisiertem Licht: Spektrum von $Yb^{3+}$ in $CaWO_4$.** A. Kiel und G. R. Crane. (J. chem. Physics **48** (1968) 8, 3751—56; Bell Telephone Labor., Inc., Holmdel, N.J.; engl.) — Beschreibung einer Doppelresonanzmeth. mit Verw. von zirkular polarisiertem Licht u. paramagnet. Resonanz im Mikrowellenbereich. Die Verw. der Zirkularpolarisation ermöglicht in vielen Fällen eine eindeutige Best. der untersuchten Zustände. In den meisten Fällen, in denen Kramers-Dubletts untersucht wurden, ergaben sich hinreichende Signalstärken. Anwendung der Meth. auf $CaWO_4:Yb^{3+}$. Einer der Übergänge weist einen beachtlichen Dipolcharakter auf. Die Satellitenstruktur der Übergänge wird diskutiert, die Natur dieser Extralinien bleibt jedoch noch ungeklärt. H. Liepack 98

*0646* **Linienbreite magnetisch verdünnter Tutton-Salze.** H. A. Farach, H. Panepucci und J. Chagalj. (J. Physics Chem. Solids **29** (1968) 11, 2070—72; Phys. Dep., Univ. of S.C., Columbia, S.C.; engl.) — Vf. messen die Linienbreite der EPR von $(Cu + Zn)K_2(SO_4)_2 \cdot 6H_2O$ mit einer Konz. von 0,1% $Cu^{2+}$ bei 77°K. Die beobachtete Linienbreite ist isotrop u. liegt bei 3,5 G. Theoret. Berechnungen lassen eine anisotrope Linienbreite zwischen 2,3 u. 3,4 G erwarten. Diese Diskrepanz wird mit der Mosaikstruktur der Einkrist. gedeutet, wobei bereits eine durchschnittliche Dispersion von 0,005 radians in der Orientierung der Mikrokrist. genügt, um die experimentellen Ergebnisse zu deuten. K. H. Härdtl 98

*0647* **Ferromagnetische Resonanz von $Ga_{0,85}Fe_{1,15}O_3$.** M. P. Petrov, S. A. Kizhaev und G. A. Smolenskii. (Physica Status solidi [Berlin] **30** (1968) 2, 871—74; Inst. of Semiconductors, Acad. of Sci. of USSR, Leningrad; engl.) — Die Winkelabhängigkeiten der Lage u. Breite der ferromagnet. Resonanzlinie in $Ga_{0,85}Fe_{1,15}O_3$ werden untersucht. Eine anomale Winkelabhängigkeit der Linienbreite wird aufgefunden. Die Anisotropiefelder für mittlere u. leichte magnet. Richtungen werden berechnet. Der Einfl. eines elektr. Felds auf die ferromagnet. Resonanzlinie wird besprochen.

H. Roschkowski 98

*0648* **Details der magnetischen Relaxationen vom Richter-Typ in $Mn_xFe_{3-x}O_{4+\gamma}$.** Nobuyoshi Yamada und Shuichi Iida. (J. physic. Soc. Japan **24** (1968) 4, 952; Dep. of Phys., Fac. of Sci., Univ. of Tokyo, Tokyo; engl.) — Vf. erweitern bisherige Messungen der magnet. Relaxation vom Richter-Typ an $Mn_xFe_{3-x}O_{4+\gamma}$ auf einen größeren Temp.-Bereich (4,2—400°K) sowie auf einen größeren Zus.-Bereich ($0 \leq x \leq 1,7$).

E. Richter 98

*0649* **Thermische Effekte der absorbierten Mikrowellen-Leistung bei den Messungen ferromagnetischer Resonanz.** Z. Smetana und J. Dušek. (Czechoslov. J. Physics, Sect. B **18** (1968) 3, 389—92; Inst. of Solid State Phys., Czechosl. Acad. Sci., Prague; engl.) — Vf. behandeln das mögliche plötzliche Ansteigen der Probentemp. bei Messungen der ferromagnet. Resonanz, wenn die absorbierte Mikrowellen-Leistung einen bestimmten Grenzwert übersteigt u. wenn nicht für geeignete Wärmeübertragung gesorgt wird. Bei der durchgeführten Unters. betrug diese Grenze ca. 1 $\mu$W. Die Messungen wurden bei einer Frequenz von 9220 MHz mit Einkrist.-Proben von $Mn_xFe_{3-x}O_4$ ($1,2 < x < 1,6$) in Form von Kugeln von ca. 0,3 mm Durchmesser durchgeführt. Die Abhängigkeit des „asymm." Verhältnisses a/b u. des Resonanzmagnetfeldes $H_0$ von der Größe der in der Probe absorbierten Mikrowellen-Leistung sowie die Temp.-Abhängigkeit von $H_0$ in den Richtungen [100], [111] u. [110] wurden untersucht. Herbert Weber 98

*0650* **Einfache Theorie der Linienverbreiterung durch Inhomogenitäten in $Mn_xFe_{3-x}O_4$-Ferriten.** V. Kopský. (Czechoslov. J. Physics, Sect. B **18** (1968) 9, 1094—1110; Inst. of Solid State Phys., Czechosl. Acad. Sci., Prague; engl.) — Unter der Annahme, daß die Mn-reichen Bereiche (Cluster) mit lokaler tetragonaler Symmetrie in der Probe durch Ausrichtung tetragonal verzerrter $Mn^{3+}$-Ionen entstehen, wird eine Theorie der Verbreiterung der ferromagnet. Resonanz in $Mn_xFe_{3-x}O_4$, $x \geq 1$ angegeben. Es ergeben sich lokale Anisotropiefelder, die zu einer 2-Magnon-Streuung führen. Clustergröße u. infolgedessen ihr Beitrag zur Linienbreite hängen von der therm. Behandlung ab. Werner Schmidt/Berlin 98

*0651* **Paramagnetische Relaxation in Neodymäthylsulfat: Phononen-Reabsorption und spektrale Spindiffusion.** F. J. Schedewie. (Physica Status solidi [Berlin] **30** (1968) 1, 251—59; Phys. Inst., Univ., Karlsruhe; engl.) — Die Abklingfunktion der Magnetisierung eines Nd-Äthylsulfat-Einkrist. bei tiefen Temp. wurde mit Hilfe des Faraday-Effekts u. einer Mikrowellen-Impulsmeth. gemessen. Bei Temp. unter 2°K u. Magnetfeldern unter 2 kGauss verläuft die magnet. Relaxation nicht exponentiell. Dieses kann durch das gleichzeitige Auftreten von Spin–Gitter- u. Kreuzrelaxation gedeutet werden. Für die Temp.-Abhängigkeit der Relaxationszeit bei 2 kGauss findet man ein $T^{-3}$-Gesetz. Das deutet auf die Ggw. eines Phonon-Engpasses hin, dessen Ursache in der vielfachen Reabsorption der im direkten Prozeß erzeugten Phononen durch das Spinsyst. liegt. Auf Grund dieser Modellvorstellungen kann die wahre Spin–Gitter-Relaxationszeit $T_1$ quant. ber. werden.

H. Roschkowski 98

*0652* **Messungen der Spin-Gitter-Relaxationszeit an $Er^{3+}$-dotiertem La-Äthylsulfat.** C. R. Viswanathan und G. Kaelin. (Physic. Rev. [2] **171** (1968) 3, 992—93; School of Engng. and Appl. Sci., Univ. of Calif., Los Angeles, Calif.; engl.) — Messung von $T_1$ im Temp.-Bereich 1,1—3,7°K für Konz. von 0,2, 10 u. 100%. Die Die Ergebnisse deuten einen phononenbegrenzten Prozeß ($1/T_1 \sim T^2$) bei Temp. unterhalb 2,4°K u. einen Orbach-Prozeß bei höheren Temp. an. Die Werte lassen sich durch eine Kurve der Form $1/T_1 = DT^2 + 1{,}6 \cdot 10^{11} \exp[(-44 \cdot 1{,}44)/T]$ wiedergeben, wobei D von 2,5 $s^{-1}(°K)^{-2}$ für 0,2% auf 22 $s^{-1}$ $(°K)^{-2}$ für 100% zunimmt. H. Liepack 98

*0653* **ESR-Untersuchung des Dihydrogen-tetramethylen-diamintetrachlorocuprat, $H_2[Cu(NH_2(CH_2)_4NH_2)Cl_4]$.** P. V. Gopalakrishna Murty. (Indian J. Physics Proc. Indian Assoc. Cultivat. Sci. **42/51** (1968) 2, 136—37; Dep. of Phys., Andhra Univ., Waltair, India; engl.) — ESR-Messungen werden bei Raumtemp. bei einer Frequenz von 9,533 GHz an dem monoklinen Krist. durchgeführt. Die Resonanzlinien werden in Form ihrer Abgeleiteten in Stufen von 10° für die ac- u. bc-Ebene aufgenommen. Die für die bc-Ebene ber. g-Werte zeigen keine Winkelabhängigkeit, g = 2,112. Die g-Werte der ac-Ebene variieren von 1,98—2,114. Die g-Werte einer willkürlichen 2. Ebene senkrecht zu bcc variieren von 2,02 bis 2,062. Werner Schmidt/Berlin 98

*0654* **ESR organischer Halbleiter, α-Cu-Phthalocyanin.** Martin Abkowitz, Inan Chen und James H. Sharp. (J. chem. Physics **48** (1968) 10, 4561—67; Res. Labor., Xerox Corp., Rochester, N.Y.; engl.) — Unters. verschiedener Konz. polykrist. Pulvers von α-Cu-Phthalocyanin verd. in nichtparamagnet. metallfreien α-Phthalocyanin-Matrizen durch 8-mm-ESR bei Zimmertemperatur. Es wird ein neuer Superhyperfeinterm abgeleitet. H. Liepack 98

*0655* **Festkörpereffekt in mit $Cu^{2+}$ dotierten Rochellesalz-Einkristallen.** H. Schulze und G. Völkel. (Physica Status solidi [Berlin] **30** (1968) 1, K 9—11; Phys. Inst., Karl-Marx-Univ., Leipzig; engl.) — EPR-Messungen der durch den von Leifson et al. (Physics Rev. **122** (1961), 1781) beschriebenen Festkörpereffekt in $NaKC_4H_4O_6$-Einkrist. mit $Cu^{2+}$-Konz. von $10^{18}$ $cm^{-3}$ bedingten dynam. Protonenpolarisation werden kurz erläutert. H. Roschkowski 98

*0656* **Spannungseinfluß auf die Trigonalaufspaltungen von $d^3$-Ionen in Sapphir ($\alpha$-$Al_2O_3$).** Elsa Feher und M. D. Sturge. (Physic. Rev. [2] **172** (1968) 2, 244—49; Bell Telephone Labor., Murray Hill, N.J.; engl.) — Der Einfl. von einaxialem Druck auf die Trigonalaufspaltungen des Grundzustands ($^4A_2$) u. des ersten angeregten Zustandes ($^2E$) der $(3d)^3$-Ionen $V^{2+}$, $Cr^{3+}$ u. $Mn^{4+}$ in $Al_2O_3$ wurde gemessen. Kompression entlang der c-Achse ändert die Grundzustands-Aufspaltung 2D um einen Betrag, der nahezu unabhängig von der Ionenladung ist. Der Einfl. auf die Aufspaltung für den angeregten Zustand variiert dagegen stark in der isoelektron. Folge, wobei sich der Spin beim Übergang von $Cr^{3+}$ nach $Mn^{4+}$ ändert. Zur Interpretation der Daten nehmen Vf. versuchsweise an, daß v' in $Al_2O_3$ vorherrschend von Wechselwrkg. langer Reichweite abhängt, während der Diagonal-Trigonal-Feldparameter v mehr von der unmittelbaren Umgebung des chromophor. Ions abhängt. Daten werden ferner für den Einfl. von Druck senkrecht zur c-Achse auf die $^2E$-Aufspaltung u. bez. der Verschiebung des $^2E$-Niveaus als Ganzes unter Druck wiedergegeben. Die Änderung von D durch einaxiale Kompression wurde im X-Band (9000 MHz) gemessen. Herbert Weber 98

*0657* **ESR-Untersuchungen der strahlungsinduzierten Nb-Zentren in $Nb_2O_5$-$Na_2O$-$SiO_2$-Gläsern.** Y. M. Kim, D. E. Reardon und P. J. Bray. (J. chem. Physics **48** (1968) 8, 3396—3402; Dep. of Phys., Brown Univ., Providence, R.I.; engl.) — Die Gläser wurden mit $2 \cdot 10^7$ r bei der Temp. des fl. $N_2$ γ-bestrahlt u. untersucht. Ein durch einen axialsymm. g-Tensor u. Hyperfeinwechselwrkg. mit dem $^{93}Nb$ (I = 9/2)-Kern charakterisiertes breites Spektrum wird einem $Nb^{4+}$-Zentrum zugeschrieben, das in einer Nb-O-Einheit gebildet wird. Ein weiteres, angenähert im Zentrum des breiten Spektrums lokalisiertes enges Spektrum kann in ein scharfes zentrales Spektrum, ein asymm. Spektrum auf der Seite hoher Feldstärke u. ein 10-Linien-Spektrum zerlegt werden. Das scharfe zentrale u. das asymm. Spektrum werden zwei verschiedenen, in der Si-O-Einheit gebildeten Zentren zugeschrieben. Als Modell für das 10-Linienspektrum wird ein Loch in einer $NbO_6$-Einheit angenommen. H. Liepack 98

*0658* **ESR-Untersuchungen des Kupfer(II)-Ions in verschiedenen Oxidgläsern.** H. Imagawa. (Physica Status solidi [Berlin] **30** (1968) 2, 469—78; Central Res. Labor., Tokyo Shibaura Electr. Co., Ltd.; engl.) — Die ESR-Spektren des Cu(II)-Ions in Gläsern der Zus. $x\,Li_2O \cdot (1-x)\,B_2O_3$; $x\,Na_2O \cdot (1-x)\,B_2O_3$, $28Na_2O$, $72SiO_2$ u. $Mg(PO_3)_2$ werden mit Hilfe einer LCAO MO-Meth. analysiert. Es wird gefunden, daß sich der kovalente Charakter der $B_{2g}\pi$-Bahn mit der Bindungsstärke des Netzwerkbildners ändert. Es zeigt sich bes. eine Schwächung der B-O-Bindungen in den Alkalimetallboratgläsern mit zunehmendem Alkaligeh. oder mit zunehmendem Verhältnis von $BO_4$-Tetraedern zu $BO_3$-Dreiecken. Mkr. Schwankungen in der Glasstruktur werden als wesentlich für die Erklärung der Liniengestalt in der Hyperfeinstruktur angesehen. Zwei verschiedene Zustände des Cu(II)-Ions wurden in einigen abgeschreckten Gläsern beobachtet. H. Roschkowski 98

*0659* **Optische parametrische Schwingung mit hohem Wirkungsgrad und Leistungsbegrenzung in $LiNbO_3$.** L. B. Kreuzer. (Appl. Physics Letters **13** (1968) 2, 57-59; Bell Telephone Labor., Inc., Murray Hill, N.J.; engl.) — Wrkg.-Grade von 36% wurden bei der Umwandlung von Pumpleistung in Leistung eines opt. parametr. Oszillators (OPO) beobachtet, der mit der 2. Harmon. eines gepulsten Lasers vom einfachen Schwingungstyp gepumpt wurde. Die Feldamplituden nähern sich stationären Zustandswerten. Der OPO begrenzt die Leistung bei der Pump-Wellenlänge. W. Kunath 100

*0660* **Photoreduktion $Nd^{3+}$-$Nd^{2+}$ in $SrF_2$-Kristallen (Typ I) unter den Bedingungen stimulierter Emission.** A. A. Kaminskii und L. Li. (Physica Status solidi [Berlin] **30** (1968) 1, K 77—79; Inst. of Crystallogr., Acad. of Sci. of USSR, Moscow; engl.) — Die Photored. von $Nd^{3+}$ zu $Nd^{2+}$ in $SrF_2$-Laserkrist. wird untersucht. Die Red. führt zu einer Zunahme der Anregungsschwelle. H. Roschkowski 100

*0661* **Cer-stabilisiertes $UO_2^{2+}$: $Nd^{3+}$-Laser-Glas.** C. B. Greenberg und P. W. French. (J. opt. Soc. America **58** (1968) 4, 472—75; PPG Ind., Pittsburgh Plate Glass Comp., Pittsburgh, Pa.; engl.) — Nichtstabilisiertes $UO_2^{2+}$:$Nd^{3+}$-Laser-Glas zeigt eine starke Grundzustandsabsorption bei 1,06 μm. Diese Absorption ist durch eine Verschiebung des $UO_2^{2+}$ nach $U^{5+}$ u./oder $U^{4+}$ charakterisiert. Durch Zusatz von $CeO_2$ läßt sich das U-haltige Glas stabilisieren. Dadurch konnte der Prozentsatz des tatsächlich als $UO_2^{2+}$ vorliegenden U in einem $Na_2O \cdot 3SiO_2$-Glas von 63 auf 91% gesteigert werden. Werner Schmidt/Berlin 100

### Elektrische Eigenschaften

*0662* **Röntgenbestimmung der Elektronenimpulse in Li, Be, B, Na, Mg, Al und LiF.** Walter C. Phillips und R. J. Weiss. (Physic. Rev. [2] **171** (1968) 3, 790—800; Electron. Res. Center, Nat. Aeronaut. and Space Admin., Cambridge, Mass.; engl.) — Durch Messungen der Compton-Linienform mit hoher Auflsg. wurden Einzelheiten der Elektronenimpulsdichte für den Grundzustand untersucht. Für Li, Na, Mg u. Al wurde eine scharfe Diskontinuität in der Impulsdichte in der Nähe der Fermi-Fläche gefunden, für Be war die Diskontinuität, falls vorhanden, zu klein um wahrgenommen zu werden. Oberhalb des Fermi-Impulses zeigten diese Metalle in ihren Valenzelektronen Impulsdichten-Ausläufer bei hohem Impuls, die auf Elektron-Elektron-Korrelationen zurückgeführt werden. Die Impulsdichte in Be u. Al hängt stark von der kristallograph. Orientierung ab, während die in Li u. Na gemessene D. im wesentlichen

Kugelsymmetrie zeigt. In Be u. B sind die gemessenen Valenzelektronendichten mehr 2p-ähnlich als 2s-ähnlich. Die gemessene Impulsdichte von LiF ähnelt mehr einer Überlagerung von ber. freiem $Li^+$ u. $F^-$ als $Li^0$- u. $F^0$-Impulsdichten. H. Liepack 111

*0663* **Das Fluktuationsspektrum von Elektronen in einem stationären Nichtgleichgewichtszustand.** W. A. Schlup. (Physik kondens. Materie 8 (1968) 3, 167–93; IBM-Forsch.-Labor., Rüschlikon, Schweiz; dt.) — Die Boltzmann-Gleichung wird zur Berechnung der Zeitkorrelationsfunktion u. des Schwankungsspektrums von Elektronen mit klass. Statistik benutzt. Es werden allg. Operatorausdrücke für das Fluktuationsspektrum u. die differentielle Leitfähigkeit angegeben, die im Rahmen der üblichen Approximationsmeth. zur stationären Lsg. der Boltzmann-Gleichung ausgewertet werden können. In der Relaxationsapproximation wird die exakte Lsg. für eine polynomiale Bandstruktur berechnet. Für parabol. u. biparabol. sphär. Bänder wird das Ergebnis explizit diskutiert. U. Venzke 111

*0664* **Elektron–Phonon-Wechselwirkungen in festen Alkalimetallen.** 1. Mitt. **Streuungs- und Transportkoeffizienten.** John E. Robinson und John D. Dow. (Physic. Rev. [2] **171** (1968) 3, 815–26; ANL, Argonne, Ill.; engl.) — Berechnungen für *Li, Na, K, Rb* u. *Cs.* H. Liepack 111

*0665* **Bildpotential für ein Medium mit wellenlängen- und frequenzabhängiger Dielektrizitätsfunktion.** J. S. Helman und W. Baltensperger. (Physik kondens. Materie 8 (1968) 3, 194–201; Seminar für Theoret. Phys., ETH, Zürich; engl.) — Für das quasistat. Bildpotential, induziert durch eine Ladung in einem Halbraum mit wellenlängen- u. frequenzabhängiger Dielektrizitätsfunktion, wird eine Integralgleichung abgeleitet. Diese läßt sich exakt lösen unter der Annahme, daß die Dielektrizitätsfunktion lokal ist in Richtung senkrecht zur Oberfläche. Diese Lsg. wird auf den Fall eines Metalles, Halbleiters u. Isolators angewendet; der Schottky-Effekt wird beschrieben. U. Venzke 111

*0666* **Analyse der thermoelektrischen Kraft in einem Zweibändermodell.** P. Leonard. (Physics Letters [Amsterdam] **27 A** (1968) 9, 641–42; Labor. de Phys. des Solides, Inst. de Phys., Strasbourg; franz.) — Analyse am Beispiel von Ni-Legierungen. Herbert Weber 112

*0667* **Messung der Volumenabhängigkeit der absoluten thermoelektrischen Kraft von flüssigem Quecksilber.** R. Schmutzler und F. Hensel. (Physics Letters [Amsterdam] **27 A** (1968) 9, 587–88; Inst. für Phys. Chem. u. Elektrochem., Univ. Karlsruhe; engl.) — Messung der abs. Thermo-EMK von fl. Hg bis zu Drücken von 1000 bar im Temp.-Bereich von 20–120°. Herbert Weber 112

*0668* **Thermokraft von Al und verdünnten Al-Legierungen.** R. P. Huebener. (Physic. Rev. [2] **171** (1968) 3, 634–41; ANL, Argonne, Ill.; engl.) — Die Thermokraft verd. Lsg. von Al mit *Ag, Zn, Mg* u. *Au* wurde gegen reines Al zwischen 4,2 u. 460°K gemessen. Die Konz. der gelösten Stoffe waren im allg. $\leq 0{,}1$ Atom-%. Die abs. Thermokraft von hochreinem Al wurde zwischen 4,2 u. 300°K gemessen. Die Phononendrag-Komponente $S^g$ in Al ist negativ mit einem Max. bei ca. 70°K. Bei Temp. oberhalb 40–80°K in Abhängigkeit von der Zus. zeigen die Leg. die übliche Red. der Phononendrag-Thermokraft. Bei tieferen Temp. wurde jedoch in allen Proben eine Zunahme in $|S^g|$ als Folge der Leg. beobachtet. Diese Anomalie wird auf die Anisotropie der Elektronenstreuung zurückgeführt. Die Ergebnisse können mit einer Relaxationszeit für Elektron–Phonon-Streuung erklärt werden, die im dritten Band kleiner ist als in dem Hauptbereich der Fermi-Fläche, in Kombination mit einer isotropen Elektron-Störstelle-Wechselwirkung. Die Elektronendiffusionskomponente $S^e$ in Al ist negativ. Alle Leg. zeigen eine positive Änderung in $S^e$. H. Liepack 112

*0669* **Thermokraft von verdünnten Legierungen bei tiefen Temperaturen.** P. E. Nielsen und P. L. Taylor. (Physic. Rev. Letters **21** (1968) 13, 893–95; Dep. of Phys., Case Western Res. Univ., Cleveland, O.; engl.) — Es wird gezeigt, daß der überwiegende Anteil an der Thermokraft von verd. Leg. bei tiefen Temp. durch den virtuellen Rückstoß der gelösten Ionen entsteht. Anwendung auf verd. Leg. von *Na, Rb* u. *Cs* in *K.* W. Kunath 112

*0670* **Energie- und Winkelverteilungen der Sekundär-Ionen-Emission.** 2. Mitt. **Natur und Energieverteilung der Sekundärionen.** Jean-François Hennequin. (J. Physique **29** (1968) 7, 655–63; Labor. de Phys. des Solides assoc. au C.N.R.S., Fac. des Sci., Orsay; franz.) — 1. vgl. C. **1968**, 20-0351. — Nach einem Überblick über verschiedene Ergebnisse zur Natur der Sekundärionen wird über neue Messungen zur Energieverteilung u. zur mittleren Energie der von einigen Metallen (Mg, Al, Si, Ti, Fe, Ni, Cu) als Funktion von Emissions- u. Beschußwinkeln u. für verschiedene Energien der Primärionen (bes. für 8-keV-$Ar^+$) berichtet. Das Vorliegen eines mechan. Emissionsprozesses durch Impulsübertragung folgt aus der Ggw. von Ionen erhöhter Energie unter den Sekundärionen, ferner aus dem sehr großen Wert der mittleren Energie der Emission unter großen Emissionswinkeln. Vf. zeigen, wie die Unters. der Winkelverteilung der Ionenemission die Basis einer kinet. Theorie der Emission liefert, die zumindestens für die schnellen Ionen gültig ist. Ein therm. Prozeß kann im Fall der langsamen Ionen nicht ausgeschlossen werden u. scheint auch zur Interpretation der Existenz der mehratomigen Ionen erforderlich zu sein. Herbert Weber 114

*0671* **Innerer photoelektrischer Zweiquanteneffekt in Na.** M. C. Teich und G. J. Wolga. (Physic. Rev. [2] **171** (1968) 3, 809–14; Cornell Univ., Ithaca, N.Y.; engl.) — An einer frisch niedergeschlagenen Na-Fläche wurde photoelektr. Zweiphotonenemission beobachtet. Die Zweiquantenausb. $\Lambda(\lambda, T)$ dieses Prozesses wurde zu $\Lambda(8450\,Å,\ 300°K) \sim 8 \cdot 10^{-16} I_0$ A/W bestimmt, $I_0$ Intensität der auftretenden Strahlung in W/cm². Es wird angenommen, daß die Erscheinung auf einen Vol.-Effekt zurückzuführen ist. Die Zweiquantenausb. für Na, *Au*, *$Cs_3Sb$*, *$K_3Sb$*, *Anthracen*, *Tetracen* u. *Perylen* werden verglichen. H. Liepack 114

*0672* **Photoemissionsuntersuchung der d-Bänder von Nickel und Kupfer.** D. E. Eastman und W. F. Krolikowski. (Physic. Rev. Letters **21** (1968) 9, 623–27; IBM Watson Res. Center, Yorktown Heights, N.Y.; engl.) — Vf. berichten über Messungen der opt. Zustandsdichte von Ni u. Cu: im Gegensatz zu früheren Messungen zeigen beide Metalle scharfe Max. am oberen Ende des d-Bandes. Die opt. Zustandsdichte des d-Bandes ist in Übereinstimmung mit einem einfachen „starres-Band-Modell". Die Austauschaufspaltung von Ni wird zu $\delta E_{ex} \simeq 0{,}4 \pm 0{,}2$ eV berechnet. E. Richter 114

*0673* **Röntgenstrahl-Photoelektronenspektroskopie für Eisen, Kobalt, Nickel, Kupfer und Platin.** C. S. Fadley und D. A. Shirley. (Physic. Rev. Letters **21** (1968) 14, 980–83; Dep. of Chem. and Lawrence Radiat. Labor., Univ. of Calif., Berkeley, Calif.; engl.) — Zustandsdichten u. Energieniveaus der Rumpfelektronen werden für Fe, Co, Ni, Cu u. Pt durch Röntgenstrahl-Photoelektronenspektroskopie (Elektronenanregung in Kontinuumszustände durch MgK$\alpha$-Strahlung u. magnet. Analyse im Berkeley-Spektrometer) bestimmt. Die Probenoberflächen werden durch Heizen in $H_2$ ($10^{-2}$ Torr) gereinigt. Die Zustandsdichten sind in guter Übereinstimmung mit der Theorie aber nicht mit Werten nach UV-Photoemissionsmessungen. Die Niveaus für Fe- u. Co-Metallatomrümpfe zeigen keine Aufspaltungen durch Austausch. Werner Schmidt/Berlin 114

*0674* **Photoemission aus AgPd.** C. Norris und P. O. Nilsson. (Solid State Commun. **6** (1968) 9, 649–51; Suppl. zu: J. Physics Chem. Solids Phys. Dep., Chalmers Univ. of Technol., Gothenburg, Sweden; engl.) — Es wird die Energieverteilung der aus Ag u. $Ag_{0,85}Pd_{0,15}$-Leg. durch Photoeffekt emittierten Elektronen gemessen. Die Ergebnisse bestätigen die Existenz von gebundenen Resonanzzuständen der Pd-4d-Elektronen, die knapp unterhalb des Fermi-Niveaus liegen. K. H. Härdtl 114

*0675* **Plasmaresonanz in der Photoemission von Silber.** J. Hofmann und W. Steinmann. (Physica Status solidi [Berlin] **30** (1968) 1, K 53—56; Sektion Phys., Univ., München; engl.) — Das Photoelektronenausb.-Spektrum von dünnen Ag-Filmen auf Quarz bei Einfallswinkeln von 0—60° im Vakuum von $2 \cdot 10^{-9}$ Torr wurde gemessen. Die beobachteten Plasmaresonanzeffekte werden besprochen. H. Roschkowski 114

*0676* **Photostimulierte Exoemission von Elektronen aus NaCl- und KCl-Kristallen, die durch Bestrahlung mit Elektronen angeregt wurden.** B. Sujak und R. Gajda. (Acta physica polon. **33** (1968) 5, 853—63; Dep. of Solid State Phys., Wrocław Univ.; engl.) — Unters. zur angeregten Emission von Elektronen aus der Oberfläche von Alkalimetallhalogeniden, die durch die Konz. u. Verteilung von akt. Haftstellen (durch Elektronenbesitz) in der Oberflächenschicht bedingt ist. Durch vorhergehenden Beschuß der Krist.-Oberfläche mit Elektronen u. Variierung des Flusses u. der Energie ist es möglich, den Einfl. von Haftstellen auf die Kinetik der Exoemission von Elektronen zu untersuchen. Der Einfl. der Energie der anregenden Elektronen, des äußeren elektr. Feldes, der Intensität von Licht u. der Polarisationszeit auf die Emissionskinetik wird behandelt. Ein Teil der beobachteten Phänomene kann durch die Ggw. von inneren Feldern im Krist. u. durch gegenseitige Wechselwrkg. dieser Felder mit dem äußeren elektr. Feld sowie durch die Ggw. eines negativen Ladungsüberschusses in der Sub-Oberflächenschicht des Krist. erklärt werden. Herbert Weber 114

*0677* **Tribo-photostimulierte Exoemission von Elektronen und Triboluminescenz von gefärbten NaCl-Einkristallen.** M. Piróg und B. Sujak. (Acta physica polon. **33** (1968) 5, 865—73; Dep. of Exper. Phys., Higher Pedagog. Coll., Opole; engl.) — Unters. zur Lumineszenz u. zur photostimulierten Exoemission von Elektronen während der plast. Deformation von NaCl-Einkristallen. Die Messungen wurden bei verschiedenen Anstiegsraten der Kompressionskraft durchgeführt. Die benutzten Proben waren durch Röntgenstrahlen gefärbt. Es wurde gefunden, daß während der plast. Deformation u. bei den benutzten Kraftanstiegsraten eine starke Abhängigkeit zwischen der totalen Zahl der emittierten Elektronen u. der totalen Menge des Lumineszenzlichtes besteht. Wenn die totale Anzahl der emittierten Elektronen bei gegebener Kraftanstiegsrate ansteigt, nimmt der totale Betrag des Lumineszenzlichtes ab. Aus den Ergebnissen läßt sich folgern, daß die Lumineszenz der Dissoziation von F-Zentren im gesamten Vol. der Probe entspricht, während für das Auftreten der Exoemission von Elektronen die Dissoziation von F-Zentren in der Oberflächenschicht des Krist. verantwortlich ist. Herbert Weber 114

*0678* **Natur der „Exoelektronen", die während der Erstarrung von Metallen im Vakuum emittiert werden.** B. Sujak und B. Całusiński. (Acta physica polon. **33** (1968) 5, 839—44; Dep. of Solid State Phys., Wrocław Univ.; engl.) — Aus den durchgeführten Messungen bei der Erstarrung von Sn, Bi u. ihren Leg. wird gefolgert, daß „Exoelektronen" tatsächlich Elektronen sind. Herbert Weber 114

*0679* **Feldemission durch einen Supraleiter.** A. Léger. (J. Physique **29** (1968) 7, 646—54; Labor. de Phys. de l'École Normale Supérieure; franz.) — Die Feldemissionscharakteristik für ein Metall während des Übergangs vom normalen Zustand zum Supraleiter wurde berechnet. Experimentell wurde die Änderung des Emissionsstromes in Verb. mit den N–S-Phasenübergang bei einem stationären elektr. Feld an Ta untersucht. Der Übergang wurde durch ein magnet. Wechselfeld moduliert. Herbert Weber 114

*0680* **Einfluß dielektrischer Eigenschaften auf die Elektronenemission im System Metall–Dielektrikum–Metall: Haftstellen, Diskussion des Durchlässigkeitsverhältnisses.** R. Hrach. (Czechoslov. J. Physics, Sect. B **18** (1968) 9, 1117—32; Fac. of Math. and Phys., Charles Univ., Prague; engl.) — Es wird der Einfl. von Haftstellen auf den Emissionsstrom von Sandwich-Kathoden untersucht. Dabei wird angenommen, daß der Leckstrom durch die Fowler-Nordheim-Gleichung beschrieben wird. Nach einem einfachen Modell wird der Elektroneneinfang durch lokalisierte Zustände im verbotenen Band des Dielektrikums behandelt, ebenso die Freisetzung von Elektronen, therm. oder durch ein Feld, sowie der Durchgang dieser Elektronen durch die metall. Deckelelektrode u. der Austritt ins Vakuum. Das Durchlässigkeitsverhältnis $\alpha$ wird für ideale Dielektrika, für Dielektrika unter Einschluß elast. Streuung u. für den Fall elektroopt. Phononwechselwrkg. berechnet. Bei gleicher Intensität verschiedener Streuprozesse red. Haftstellen den Emissionsstrom am meisten. Werner Schmidt/Berlin 114

*0681* **Ionische, kovalente und metallische Oberflächenzustände eines eindimensionalen Mathieu-Potentials mit beliebigem Abbruch.** Jules D. Levine. (Physic. Rev. [2] **171** (1968) 3, 701—12; RCA Labor., Princeton, N.J.; engl.) H. Liepack 116

*0682* **Bestimmung einiger Streufaktoren für den Fall der gemischten Streuung von Ladungsträgern an Gitterschwingungen und ionisierten Verunreinigungen.** R. Kužel. (Czechoslov. J. Physics, Sect. B **18** (1968) 3, 330—44; Fac. of Math. and Phys., Charles Univ., Prague; engl.) — Theoret. Unters. zu Halbleiterparametern. Herbert Weber 116

*0683* **Einfang von freien und Freigabe lokalisierter Träger in Festkörpern.** V. V. Antonov-Romanovskii. (Physica Status solidi [Berlin] **30** (1968) 1, 341—47; Lebedev Phys. Inst., Moscow; engl.) — Theoret. Analyse mit Anwendung auf die Alkalimetallhalogenide. H. Roschkowski 116

*0684* **Plasmaschwingungen in Halbleitern mit nicht dem Standard entsprechendem Dispersionsgesetz in Gegenwart elektrischer und magnetischer Felder.** L. A. Almasov und I. M. Dykman. (Physica Status solidi [Berlin] **30** (1968) 2, 767—78; Inst. of Semiconductors, Acad. of Sci. of Ukrainian SSR, Kiev; engl.) — Theoret. Unters. mit Anwendung auf *p-Ge*. H. Roschkowski 116

*0685* **Plasmafrequenz als Test des Zwischentalüberganges im Gunn-Effekt.** M. A. Omar. (Physic. Rev. [2] **171** (1968) 3, 925—34; Dep. of Phys., Univ. of Colo., Boulder, Colo.; engl.) — Es wird ein Test vorgeschlagen, nach dem der Zwischentalübergang von Elektronen in Halbleitern unter dem Einfl. eines starken elektr. Feldes bestimmt werden kann. Der gleiche Vers. kann ebenfalls zur Best. der Elektronentemp. verwendet werden. Der Test beruht auf der Tatsache, daß sich beim Erfolgen des Überganges die Plasmafrequenz der Elektronen wesentlich infolge der starken Unterschiede der Massen der verschiedenen Täler ändert. H. Liepack 116

*0686* **Nichtlineare Theorie der Ultraschallwellenverstärkung und Stromsättigung in piezoelektrischen Halbleitern.** P. K. Tien. (Physic. Rev. [2] **171** (1968) 3, 970 bis 986; Bell Telephone Labor., Holmdel, N.J.; engl.) H. Liepack 116

*0687* **Tunnelübergänge in Halbleitern in hohen gekreuzten elektrischen und magnetischen Feldern.** V. M. Stučebnikov, V. I. Tichonov und A. É. Junovič. (Ž. èksper. teoret. Fiz. **55** (1968) 4 (10), 1205—14; Mosk. gos. univ.; russ., Auszug: engl.) — Die Strom–Spannung-Charakteristik von Tunneldioden in einem stationären transversalen Magnetfeld bis zu 160 kOe wird untersucht. In kommerziellen Ge- u. GaAs-Tunneldioden ist der Einfl. des Magnetfeldes auf den Tunnelstrom klein. Eine wesentliche Abnahme des Tunnelstromes wurde in GaSb-Tunneldioden beobachtet, die nach dem Diffusionsverf. hergestellt wurden. Die Phänomene können befriedigend durch die existierende Theorie des direkten Tunnelüberganges in gekreuzten elektr. u. magnet. Feldern beschrieben werden. Herbert Weber 116

*0688* **Photoeffekt in Halbleitern und verwandten Bauelementen mit quadratischer Volumenrekombination.** S. Deb und M. K. Mukherjee. (J. Physics, D (Brit. J. appl. Physics) [2] **1** (1968) 9, 1133—40; Dep. of Electron. and Telecommun. Engng., Jadavpur Univ., Calcutta, India; engl.) — Es wird eine theoret. Analyse 1. Ordnung unter Verw. der Laplace-Transformation für oben

genannte Photoeffekte durchgeführt. Die Überschußladungsträgerverteilung, die aus der Rekombination resultiert, wird für verschiedene typ. Fälle angegeben.
Werner Schmidt/Berlin 116

*0689* **Ladungsanhäufungseffekt in Selenkristallen unter einem angelegten Feld.** M. Ya. Bakirov und G. I. Ibaeev. (Physica Status solidi [Berlin] **30** (1968) 1, K 73—75; Inst. of Phys., Acad. of Sci. of Azerbaidzhan SSR, Baku; engl.) — Die Unters. der Strom–Spannung-Charakteristik eines Se-Einkrist. mit injizierenden Kontakten zeigte die Ggw. einer ausgeprägten Hysterese, die auf eine Ladungsanhäufung im Krist. zurückgeführt wird. H. Roschkowski 116

*0690* **Galvanomagnetische Untersuchung des Metall-Nichtmetall-Übergangs in Si.** W. D. Straub, H. Roth, W. Bernard, S. Goldstein und J. E. Mulhern jun. (Physic. Rev. Letters **21** (1968) 11, 752—56; Naval Res. Labor., Washington, D.C.; engl.) — Galvanomagnet. Messungen wurden in Magnetfeldern bis zu 150 kOe u. Temp. bis herab zu 1,3 °K an Si vom n- u. p-Typ in einem Konz.-Bereich durchgeführt, der dem Metall–Nichtmetall-Übergang entspricht. Eine abnorm große positive magnet. Widerstandsänderung ist mit einem entsprechenden Anwachsen des Hall-Koeff. mit dem Magnetfeld verbunden. Ausdrücke für den Widerstand u. den Hall-Koeff. werden abgeleitet.
W. Kunath 116

*0691* **Elektron–Phonon-Matrixelemente in n-Typ-Silicium.** N. O. Folland. (Physics Letters [Amsterdam] **27 A** (1968) 10, 708—09; Kan. State Univ., Manhattan, Kan.; engl.) — Vf. betrachten ein Si-Modell auf der Basis der Bandstruktur u. des Phononenspektrums, das für niedrige Temp. (nur Emissionsprozesse werden betrachtet) gültig ist. Vor der Rekombination haben die Elektronen eine Boltzmann-Verteilung um das Leitungsbandminimum (Symmetrie $\Delta_1$). In Si ist die Rekombination mindestens ein Prozeß zweiter Ordnung. Die Übergangsrate für unabhängige Rekombinationen mit $n > 2$ wird behandelt. Abs. Größen der Elektron–Phonon-Matrixelemente, die die Streuung opt. Moden in n-Typ-Si bestimmen, werden aus Tieftemp.-Strahlungsrekombinations-Intensitäten bestimmt. Die Ergebnisse sind in Einklang mit der Long-Analyse der Si-Beweglichkeitsdaten. Herbert Weber 116

*0692* **Rekombinationszentren in γ-bestrahltem Bor-dotiertem p-Si.** Kenshiro Nakashima und Yoshio Inuishi. (Jap. J. appl. Physics **7** (1968) 8, 965—66; Dep. of Elektr. Engng., Fac. of Engng., Osaka Univ., Miyakojima, Osaka; engl.) — Es wird die Temp.-Abhängigkeit der Lebensdauer von Minoritätsladungsträgern in p-Si vor u. nach der Bestrahlung ($1 \cdot 10^7$ rö) u. während des isochron. Temperns (40—300°) gemessen. 2 Arten von Rekombinationszentren führen zur Rekombination nahe Raumtemp.: ein A-Zentrum ($E_c$ —0,17 eV) u. ein ($E_v$ +0,3 eV)-Zentrum. Das A-Zentrum heilt bei 250° aus, das ($E_v$ +0,3 eV)-Zentrum bleibt noch stabil. Werner Schmidt/Berlin 116

*0693* **Einfluß des elektrischen Felds in einer Raumladungsschicht auf die Kante der Photoempfindlichkeit von p–n-Übergängen von Si.** A. A. Gutkin und T. Janicki. (Physica Status solidi [Berlin] **30** (1968) 2, 827—32; Inst. of Electron. Technol., Pol. Acad. of Sci., Warsaw; engl.) H. Roschkowski 116

*0694* **In der Beizschicht auf Silicium gebildetes Siliciumnitrid.** Shumpei Yamazaki, Yogoro Kato, Tomohide Okamoto und Ichiro Taniguchi. (Jap. J. appl. Physics **7** (1968) 8, 846—53; Creative Sci. Educat. Labor. Uenohara, Karuizawa, Nagano Pref.; engl.) — Die Beizschichten auf Si werden durch Rk. zwischen Si u. einer HF-NO-Ar-Gasmischung hergestellt. Nachfolgende Rk. freier, chem. unstabiler Si-Atome in der Beizschicht mit $NH_3$ bei Temp. von 700—1100° führt zur Bldg. von $Si_3N_4$. Die $Si_3N_4$-Schichten auf Si haben $V_{FB}$-Anfangswerte von 1—3 V u. $N_{FB}$-Werte der Größenordnung $10^{10}$ cm$^{-2}$ V$^{-1}$. Spezif. Widerstände liegen zwischen $10^6$—$10^9$ Ωcm. Doppelschichtige $Si_3N_4$-Filme haben günstigere spezif. Widerstände von $10^{14}$—$5 \cdot 10^{14}$ Ωcm. $V_{FB}$ u. $N_{FB}$ ändern sich dabei nicht.
Werner Schmidt/Berlin 116

*0695* **$\Delta_1$-Leitungsbandminimum von Ge aus Untersuchungen von p-n-Übergängen bei hohem Druck.** A. Jayaraman, B. B. Kosicki und J. C. Irvin. (Physic. Rev. [2] **171** (1968) 3, 836—38; Bell Telephone Labor., Murray Hill, N.J.; engl.) — Unters. bei hydrostat. Drücken bis zu 1,5 kbar. Der Energieabstand $\Delta E$ zwischen den $L_1$- u. $\Delta_1$-Minima beträgt beim Druck 0,18 ± 0,01 eV. Die beobachteten Verschiebungen geben Anfangsdruckkoeff. von $5{,}0 \pm 0{,}1 \cdot 10^{-3}$ u. $-1{,}3 \pm 0{,}3 \cdot 10^{-3}$ eV/kbar für die $L_1$- u. $\Delta_1$-Minima.
H. Liepack 116

*0696* **Veränderung der Photoelektronenbeweglichkeit mit der Photonenenergie in Germanium und Silicium.** E. E. Godik. (Physica Status solidi [Berlin] **30** (1968) 2, K 127—29; Inst. of Radioengng. and Electron., Acad. of Sci. of USSR, Moscow; engl.) H. Roschkowski 116

*0697* **Rauscheigenschaften von n-leitendem, Au-dotiertem Si.** M. B. Colligan und K. M. van Vliet. (Physic. Rev. [2] **171** (1968) 3, 881—90; Dep. of Electr. Engng., Univ. of Minn., Minneapolis, Minn.; engl.) — Es wurden Dunkelmessungen von ca. 230—315 °K u. Messungen unter Lichteinwrkg. zwischen 110 u. 240 °K durchgeführt. Die Ergebnisse können durch Modelle unter Beteiligung von drei u. vier Energieniveaus erklärt werden. Die Modelle für nichttherm. u. therm. Gleichgew.-Bedingungen entsprechen einander. Die aus den Modellen für Rekombination von Trägern durch Au-Akzeptorniveaus bestimmten Einfangquerschnitte stimmen mit bekannten Ergebnissen überein. Der Betrag des Rauschens änderte sich mit dem Quadrat des Stromes u. war um einen Faktor 2—5 kleiner als nach der Theorie. Zur vollständigen Erklärung der Rauschspektren ist ein weiteres Energieniveau M anzunehmen, das etwas unter dem Au-Akzeptorniveau liegt. Dieses Niveau könnte auf eine Paarung von Au-Atomen u. ionisierten flachen Donatorstörstellen zurückgeführt werden. H. Liepack 116

*0698* **Multiplikationseigenschaften sphärischer $p^+n$-Übergänge in Si.** H. Sigmund. (Z. angew. Physik **25** (1968) 4, 186—93; Inst. für Techn. Eletronik, TH München; dt.) — Wiedergabe eines Verf. zur Herst. legierter Multiplikationsdioden, deren $p^+n$-Geometrie näherungsweise als Kreiskegel mit abgerundeter Spitze beschrieben werden kann, sowie Unters. des Multiplikationsverh. im Proportionalbereich ($U < U_d$) u. im Auslösebereich der Multiplikation ($U > U_d$). Bei einem Multiplikationsfaktor von $M \approx 100$ ist eine Abweichung vom theoret. Verlauf $1/M(U)$ zu beobachten.
Gerhard Schmidt 116

*0699* **Transversale magnetische Widerstandsänderung und Hall-Effekt in p-Ge.** Jean W. Gallagher. (Physic. Rev. [2] **171** (1968) 3, 987—91; Univ. of Colo., Boulder, Colo.; engl.) — Messung der transversalen magnet. Widerstandsänderung u. des Hall-Koeff. von p-Ge hohen Widerstandes in gepulsten Magnetfeldern bis zu 165 kG u. bei Temp. zwischen 18 u. 77 °K. Das Verhältnis der magnet. Widerstandsänderung hat für alle vier untersuchten Orientierungen angenähert die gleiche Abhängigkeit von Feld u. Temp., d.h. bei Feldern oberhalb 100 kG u. Temp. unterhalb 50 °K Proportionalität zu $H^{0,8}T^{1,3}$. Ein ähnliches Verh. wurde für n-Ge beobachtet. Aus den Messungen ist damit kein Unterschied zu den Strukturen der Leitungs- u. Valenzbänder von Ge zu erkennen. Der Hall-Koeff. nimmt mit der Feldstärke bei Temp. unterhalb 25 °K zu. Dieses Verh. ist auf eine Abnahme der Löcherdichte im Valenzband infolge einer Änderung der Ionisierungsenergie zurückzuführen.
H. Liepack 116

*0700* **Auswirkungen der Ungleichgewichts-Erschöpfung in Germanium an der Grenzfläche zu einem Elektrolyten.** P. P. Konorov, V. N. Shvetsov und S. V. Shegolikhina. (Physica Status solidi [Berlin] **30** (1968) 2, 845—50; Fac. of Phys., Leningrad State Univ.; engl.) — Ein Ungleichgew.-Trägerverarmungseffekt wurde in dünnen, hochohmigen, n-Ge-Proben im Verlauf ihrer anod. Polarisation in 0,1 n wss. $Na_2SO_4$-Lsg. durch Messungen der Leitfähigkeit u. des Hall-Effekts nach-

gewiesen. Es wird gezeigt, daß die Diffusionsverarmung durch Minoritätsträger, die sich prakt. über die ganze Probe ausbreiten, stattfindet, wenn die Dicke der Probe viel kleiner als die Diffusionslänge der Minoritätsträger ist. Ein weiteres Ansteigen der Polarisation führt wahrscheinlich zur Zerstörung der Inversionsschicht, die während der anod. Polarisation auf der Oberfläche des n-Ge gebildet wurde. In diesem Fall dringt das Feld tief in die Probe ein u. verursacht das Auftreten eines Bereichs in der Nähe der Grenzfläche, der sowohl von Elektronen als auch Löchern verarmt ist.
H. Roschkowski 116

*0701* **Quantenvariation der Trägermassendichte von Bi bei hohen Magnetfeldern.** D. L. Carter. (Physics Letters [Amsterdam] **27 A** (1968) 10, 679–80; Tex. Instruments Inc., Dallas, Tex.; engl.) — Alfvèn-Wellen-Fortpflanzung bei 70 GHz u. magnet. Wechselfeldern bis 100 kG für die Hauptrichtungen in Einkrist. von reinem Bi wurden bei der Temp. des fl. He beobachtet. Die Einstellung der Magnetfelder entlang der trigonalen Achse ist ziemlich krit., da sich die Zyklotronmassen hier mit dem Winkel sehr stark ändern. Vf. stellen fest, daß das 2-Bänder-Modell von magnet. Quantenniveaus in Bi nach Smith et al. für hohe Magnetfelder parallel zur trigonalen Richtung versagt. Herbert Weber 116

*0702* **$F^-$-Leerstellen-Leitfähigkeit in $BaF_2$-Kristallen.** E. Barsis und A. Taylor. (J. chem. Physics **48** (1968) 10, 4357–61; Dep. of Engng. Phys., Cornell Univ., Ithaca, N.Y.; engl.) — Die Ionenleitfähigkeit des Syst. $BaF_2$–BaO wurde zwischen ca. 150 u. 700° untersucht. Unter Verw. der Debye-Hückel-Theorie für starke Elektrolyte zur Berücksichtigung von Assoziationseffekten zwischen Sauerstoff u. beweglichen Leerstellen folgt für die Beweglichkeit der $F^-$-Leerstelle $\mu T = 6{,}4 \cdot 10^2 \exp \cdot$ zwischen Sauerstoff u. beweglichen Leerstellen folgt für die Beweglichkeit der $F^-$-Leerstelle $\mu T = 6{,}4 \cdot 10^2 \exp \cdot (-0{,}56 \pm 0{,}03/kT)\ cm^2\ V^{-1}\ s^{-1}$ u. 0,56 ± 0,04 eV für die Assoziationsenergie zwischen Sauerstoff u. Leerstelle. Die Löslichkeit von Sauerstoff in $BaF_2$ ist äquivalent einer Konz. freier Elektronen 12 exp(–0,68/kT).
H. Liepack 116

*0703* **Zwischengitterleitfähigkeit in $BaF_2$-Kristallen.** E. Barsis und A. Taylor. (J. chem. Physics **48** (1968) 10, 4362–67; Dep. of Engng. Phys., Cornell Univ., Ithaca, N.Y.; engl.) — Vgl. vorst. Referat. — Unters. des Verh. von Zwischengitter-$F^-$ in $BaF_2$ durch Messung der Ionenleitfähigkeit von mit verschiedenen Mengen $GdF_3$ dotierten $BaF_2$-Kristallen. Die Zwischengitterbeweglichkeit ist gegeben durch $\mu = (4 \cdot 10^3/T)\exp(-0{,}79 \pm 0{,}03/kT)$, die Assoziationsenergie zwischen $Gd^{3+}$ u. Zwischengitterplatz beträgt 0,44 ± 0,04 eV. Sehr ähnliche Ergebnisse folgten für KF- u. NaF-dotierte Kristalle.
H. Liepack 116

*0704* **Elektrische Leitfähigkeit von Kaliumchlorid.** Robert G. Fuller, Michael H. Reilly, Charles L. Marquardt und John C. Wells jun. (Physic. Rev. Letters **20** (1968) 13, 662–64; U.S. Naval Res. Labor., Wash., D.C.; engl.) — Die elektr. Leitfähigkeit von reinem KCl-Krist. wurde zwischen 480° u. 750° gemessen. Aus dem Vier-Defekte-Modell in der Formulierung von Teltow lassen sich die gemessenen Daten nicht exakt herleiten. W. Kunath 116

*0705* **Durch Ausscheidung beeinflußte Tieftemperatur-Leitfähigkeit von mit Ca dotierten NaCl-Kristallen.** G. Hensel und J. Ziller. (Physica Status solidi [Berlin] **30** (1968) 2, K 165–68; Sektion Phys., Martin-Luther-Univ., Halle; engl.) — Die elektr. Leitfähigkeit von mit $Ca^{2+}$ oder $Ba^{2+}$ dotierten NaCl-Krist. wurde bei 60° nach verschiedenen Anlaßbehandlungen gemessen. In beiden Krist. treten Ausscheidungen auf. Die Konz.-Abhängigkeit der Leitfähigkeit wird besprochen.
H. Roschkowski 116

*0706* **Berechnung der Gunn-Schwelle in GaAs.** W. Heinle. (Physics Letters [Amsterdam] **27 A** (1968) 9, 628–29; AEG-Telefunken Res. Inst., Ulm; engl.) — Eine Niederenergie-Approximation der Verteilungsfunktion der schweren Elektronen liefert eine Schwelle für den Gunn-Effekt im GaAs. Herbert Weber 116

*0707* **Einfluß der Nichtparabolizität auf die Gunn-Effekt-Charakteristik in GaAs in der Versetzungs-Maxwell-Approximation.** W. Heinle. (Physics Letters [Amsterdam] **27 A** (1968) 9, 629–30; engl.) — Vgl. vorst. Referat. — Die Berechnung der stat. Driftgeschw. als Funktion der Feldcharakteristik in GaAs nach Butcher u. Fawcett wurde erweitert, um die Nichtparabolizität des Zentraltales einzuschließen. Herbert Weber 116

*0708* **Degradation Ge- und Zn-dotierter GaAs-Tunneldioden.** Hidekichi Satoh und Tetsuji Imai. (Jap. J. appl. Physics **7** (1968) 8, 875–80; Elektr. Commun. Labor., Nippon Telegraph. and Telephone Public Corp., Musashino, Tokyo; engl.) — Ge-dotierte u. Zn-dotierte GaAs-Tunneldioden zeigen bei Vorwärtsbetrieb die gleiche Degradationsgeschw. des Spitzenstromes. Temperung bei 300° ergibt einen monotonen Abfall des Tunnelstromes für Ge-dotierte Dioden mit der Temperungszeit. Dagegen zeigt die Zn-dotierte Diode einen anomalen Anstieg des Tunnelstromes nach der Temperung. Die aus den Daten ber. Diffusionskonst. ist von der Form $D = D_0 \cdot \exp(-\Delta E/kT)$, wobei $D_0 = 54\ cm^2/s$ u. $\Delta E = 2{,}3 \pm 0{,}1$ eV für die Ge-dotierte Diode ist.
Werner Schmidt/Berlin 116

*0709* **Beweis für Loch–Phonon-Wechselwirkung nach Tunneleffekt-Messungen an GaAs–Pb-Übergängen.** D. C. Tsui. (Physic. Rev. Letters **21** (1968) 14, 994–96; Bell Telephone Labor., Murray Hill, N.J.; engl.) — An Pb-beschichteten (2000 Å) GaAs-Proben werden Strom–Spannung (I–V)-Charakteristiken aufgenommen. Die Auftragung $d^2I/dV^2$ einer Messung bei 1°K für einen p-(Zn-dotiert) GaAs–Pb-Übergang zeigt symm. zur Vorspannung Null Strukturen bei Vorspannungsenergien, die der transversalen opt. Phononenenergie von massivem GaAs entsprechen. Dieses Verh. wird als Loch–TO–Phonon-Wechselwrkg. durch Deformationspotentialkopplung in GaAs gedeutet.
Werner Schmidt/Berlin 116

*0710* **Neue Art anomaler magnetischer Widerstandsänderung beim zweidimensionalen Transport in InAs.** S. Kawaji und Y. Kawaguchi. (J. physic. Soc. Japan **24** (1968) 4, 963; Dep. of Phys., Fac. of Sci., Gakushuin Univ., Mejiro, Tokyo; engl.) — Vf. messen die magnet. Widerstandsänderung von n-Inversionsschichten in p-InAs unterhalb 4,2°K in Feldern von 0–25 kG u. beobachten eine neue Anomalie, die auf der Grundlage eines Spin-Austausch-Mechanismus diskutiert wird.
E. Richter 116

*0711* **Resonanz- und „Round-Trip"-Gain für akustoelektrische Domänen in n-InSb.** V. Dolat, J. B. Ross und R. Bray. (Appl. Physics Letters **13** (1968) 2, 60–62; Dep. of Phys., Purdue Univ., Lafayette, Ind.; engl.) — Experimente im Zusammenhang mit der Bldg. akustoelektr. Domänen von verstärktem akust. Fluß, um 1. den Resonanzcharakter der Ausb.-Kurve u. 2. die Möglichkeit von „round-trip-gain" zu demonstrieren. Die Spannungsänderung an der Probe aus n-InSb beim Fließen von konst. Stromimpulsen wird gemessen.
W. Kunath 116

*0712* **Instabilitäten von Löcherwellen in einem Lawinenhalbleiterplasma im Magnetfeld.** Munecazu Tacano und Shoei Kataoka. (J. physic. Soc. Japan **24** (1968) 4, 958; Electrotechn. Labor., Tanashi, Tokyo; engl.) — Experimentelle Unters. des Schwingungsspektrums von Schallwellen in n-*InSb* bei Anwendung magnet. Felder (6 kGauß). E. Richter 116

*0713* **Strombestimmter negativer Widerstand und Instabilitäten in InSb.** Munecazu Tacano und Shoei Kataoka. (J. physic. Soc. Japan **24** (1968) 4, 960; Electrotechn. Labor., Tanashi, Tokyo; engl.) — Zur Erklärung von Instabilitäten (bes. im Lawinendurchschlagsbereich) in InSb wird ein negativer Widerstand vom S-Typ angenommen. E. Richter 116

*0714* **Beobachtung quantisierter galvanomagnetischer Erscheinungen in n-Indiumantimonid.** H. R. Huff, S. Kawaji und H. C. Gatos. (Physica Status solidi [Berlin] **30** (1968) 2, 613–18; Dep. of Metallurg. and Center for Mater. Sci. and Engng., MIT, Cambridge, Mass.; engl.) — Quantisierungseffekte der galvanomagnet.

Vol.-Eig. von n-InSb wurden in Verb. mit den Transporteig. der Oberflächen von Verb.-Halbleitern untersucht. Die transversale u. longitudinale magnet. Widerstandsänderung wurde bei 4,2; 50 u. 77°K gemessen. Die erstere nimmt mit wachsendem Feld bei allen Temp. zu u. ist für eine gegebene Temp. um eine Größenordnung höher als die letztere, die bei den höheren Temp. gesätt. wird. Der Elektronenstreumechanismus bei den verschiedenen Temp. wird besprochen.
H. Roschkowski 116

*0715* **Berechnung der GaSb-Bandstruktur mit Hilfe eines nichtlokalen Pseudopotentials.** H. I. Zhang und J. Callaway. (Solid State Commun. **6** (1968) 8, 515—18; Dep. of Phys., La. State Univ., Baton Rouge, La.; engl.) — Vf. bestimmen die Parameter eines lokalen sowie nichtlokalen Pseudopotentials für GaSb. Die damit erhaltene Bandstruktur ist in guter Übereinstimmung mit den experimentellen Ergebnissen. K. H. Härdtl 116

*0716* **Elektronenübergänge in Bi–Sn-, Bi–Pb- und Bi–Sb–Pb-Legierungen unter Druckeinwirkung.** N. V. Brandt und Ja. G. Ponomarev. (Ž. èksper. teoret. Fiz. **55** (1968) 4 (10), 1215—37; Mosk. gos. univ.; russ., Auszug: engl.) — Der Einfl. von hydrostat. Druck bis zu 20 katm. auf die galvanomagnet. Eig. der Leg. von Bi mit 2,4% Sb u. 0,02% Pb, mit 0,04 oder 0,05% Pb bzw. mit 0,02% Sn (in schwachen Magnetfeldern) wird bei Temp. zwischen 4,2 u. 295°K u. verschiedenen Orientierungen von Strom und Feld bez. der kristallograph. Achsen untersucht. Die durch Druck induzierten Elektronenübergänge nach Lifshits werden nachgewiesen u. untersucht; sie stehen in Beziehung mit qual. Änderungen im Energiespektrum, mit dem Verschwinden der Elektronenoberflächen u. dem Auftreten neuer Lochoberflächen (nach Golin). Es wird gezeigt, daß das Elektronenenergiespektrum der Leg. das gleiche bleibt wie in reinem Bi (die maximale Breite des Leitungsbandbodens der Leg. überschreitet nicht den Wert von $2 \cdot 10^{-3}$ eV) u. daß der Haupteffekt der Akzeptorverunreinigung eine Verschiebung des Fermi-Niveaus ist. Erstmalig wurde eine Leg. mit einer Einzel-Ellipsoid-(Loch-) Fermi-Oberfläche durch Kombination der Effekte der Verunreinigung u. des Druckes auf Bi erhalten. Es wird gezeigt, daß die Relaxationszeit der Löcher isotrop ist. Bei niedrigen Temp. ist der Hauptstreumechanismus von Stromträgern in Bi-Leg. die Streuung an ionisierten Verunreinigungen.
Herbert Weber 116

*0717* **Nichtohmsche Leitfähigkeit in $Bi_{88}Sb_{12}$.** G. A. Antcliffe. (Physics Letters [Amsterdam] **27 A** (1968) 9, 606—07; Tex. Instrum. Inc., Dallas, Tex.; engl.) — Durch Anlegung von Stromimpulsen bis zu 350 A u. von 1 $\mu$s Dauer an $Bi_{88}Sb_{12}$-Einkrist. wurden Selbstmagnetfeldeffekte in $Bi_{88}Sb_{12}$ bei 4,2°K beobachtet. Eine Trägermultiplikation wird vorgeschlagen, um einen abnehmenden spezif. Widerstand bei höheren elektr. Feldern zu erklären. Herbert Weber 116

*0718* **Symmetrie von Elektronenzuständen in GaP.** Thomas N. Morgan. (Physic. Rev. Letters **21** (1968) 12, 819—23; IBM Watson Res. Center, Yorktown Heights, N.Y.; engl.) — Vf. zeigt, daß die Symmetrie gebundener Elektronenzustände von der Wahl des Nullpunktes der Gruppenberechnungen u. somit von der Lage der Verunreinigung im Krist.-Gitter abhängt. Dieses erklärt möglicherweise die Diskrepanz zwischen der hohen Strahlungsausb. bei Donatoren der Gruppe VI u. isoelektron. Zentren der Gruppe V in GaP u. der niedrigen Strahlungsausbeute von Donatoren der Gruppe IV (Si) in GaP. E. Richter 116

*0719* **Lebensdauern der Stromträger in InP.** G. G. Kovalevskaya und S. V. Slobodchikov. (Physica Status solidi [Berlin] **30** (1968) 2, 441—47; Ioffe Phys.-techn. Inst., Acad. of Sci. of USSR, Leningrad; engl.) — Die Lebensdauern der Elektronen u. Löcher in p- u. n-InP werden im Temp.-Bereich 78—300°K gemessen. Mögliche Mechanismen für den Einfang u. die Rekombination unter Beteiligung verschiedener Haftzentren werden besprochen. Die Lebensdauern von Elektronen u. Löchern in InP beider Leitungstypen unterscheiden sich bei tiefen Temp. beträchtlich.
H. Roschkowski 116

*0720* **Optische Absorption und Leitung durch $Co^{2+}$ in ZnO-Kristallen.** Yasuo Kanai. (J. physic. Soc. Japan **24** (1968) 4, 956; SONY CORPORATION Res. Labor., Hodogaya, Yokohama; engl.) — Vf. mißt im Spektralbereich 300—1100 nm die opt. Absorption (Transmission) u. die Photoleitfähigkeit $Co^{2+}$-haltiger ZnO-Krist. bei Raumtemperatur. Die Absorption im Bereich 550—660 nm entspricht der charakterist. Bande des $Co^{2+}$ in ZnO. Im gleichen Bereich wird auch eine ausgeprägte Photoleitung beobachtet, die bei undotierten Proben fehlt. Ähnliche Experimente mit $Ni^{2+}$ in ZnO bei Raumtemp. zeigen keine Photoleitung durch $Ni^{2+}$.
E. Richter 116

*0721* **Widerstandsänderung in kleinen Magnetfeldern von $SnO_2$-Einkristallen.** Masahiro Nagasawa und Shigeo Shionoya. (J. Physics Chem. Solids **29** (1968) 11, 1959—72; Inst. for Solid State Phys., Univ. of Tokyo, Roppongi, Minato-ku, Tokyo; engl.) — Vf. messen Hall-Effekt, magnet. Widerstandsänderung u. planaren Hall-Effekt bei 77°K an n-leitenden $SnO_2$-Einkrist., die durch Transportrk. hergestellt wurden. Die Ergebnisse lassen sich am besten mit dem Modell eines einzigen, sphär. Energietales u. mit Streuung an akust. Phononen deuten. Es wird angenommen, daß die Energiefläche des Leitungsbandes eher sphär. als stark anisotrop ist u. einen Anisotropiefaktor von ca. 0,75 aufweist.
K. H. Härdtl 116

*0722* **Bandstruktur und elektrische Leitfähigkeit von NiO.** Julius Feinleib und David Adler. (Physic. Rev. Letters **21** (1968) 14, 1010—13; Lincoln Labor., Mass. Inst. of Technol., Lexington, Mass.; engl.) — Es wird vorgeschlagen, daß die elektr. Leitung in NiO vorwiegend durch Löcherleitung im Sauerstoff-2p-Band erfolgt. Es wird ein Bandstruktur-Diagramm angegeben, das prim. lokalisierte 3d-Zustände berücksichtigt.
Werner Schmidt/Berlin 116

*0723* **Elektrischer Leitungsmechanismus in Granaten.** D. Elwell und A. Dixon. (Solid State Commun. **6** (1968) 8, 585—87; Dep. of Phys., Portsmouth Coll. of Technol., Portsmouth, England; engl.) — Es werden Messungen der elektr. Leitfähigkeit u. der Thermokraft an monokrist. Granaten der Zus. $Y_3Fe_5O_{12}$, $Y_3Fe_{4,5}Ga_{0,5} \cdot O_{12}$, $Y_3Fe_{4,96}Hf_{0,04}O_{12}$ u. $Ca_{2,6}Bi_{0,4}V_{1,3}Fe_{3,7}O_{12}$ durchgeführt. Aus der Temp.-Abhängigkeit dieser Meßgrößen ergibt sich, daß die Beweglichkeit therm. aktiviert ist, so daß die Leitung besser mit lokalisierten Elektronen als mit einem Bandmodell beschrieben werden kann.
K. H. Härdtl 116

*0724* **Messungen der Photoleitfähigkeit und des Photo-Hall-Effektes von Galliumsulfid-Einkristallen.** A. H. M. Kipperman und G. A. van der Leeden. (Solid State Commun. **6** (1968) 9, 657—62; Suppl. zu: J. Physics Chem. Solids, Solid State Group, Technol. Univ., Eindhoven, Niederlande; engl.) — An p- u. n-leitenden GaS-Einkrist. werden bei Raumtemp. mit einer Vierpunktmeth. Photoleitfähigkeit u. Hall-Effekt gemessen. Einige der n-leitenden Proben zeigen in der Leitfähigkeits-Lichtintensitätskurve einen superlinearen Bereich. Die Hall-Beweglichkeiten der n- u. p-leitenden Proben werden bei Beleuchtung zu 25 bzw. 5 $cm^2/Vs$ gefunden. Die Anisotropie der Dunkelleitfähigkeit wird in der ab-Fläche u. in Richtung der c-Achse gemessen u. zu ca. 100 bestimmt. K. H. Härdtl 116

*0725* **Durch Laseranregung nachgewiesenes Verhalten von Löchern und Elektronen in CdS.** Keiji Maeda und Akinobu Kasami. (J. physic. Soc. Japan **24** (1968) 4, 831—45; Central Res. Labor., Tokyo Shibaura Electric Co., Kawasaki; engl.) — Vf. messen die Photoleitfähigkeit von CdS unter Anregung mit einem Ar-Laser bei Raumtemperatur. Bei starker, gleichförmiger Anregung erreicht die Konz. der Photoelektronen einen von der Anregungsintensität unabhängigen Wert. Bei intensiver Oberflächenanregung wird eine logarithm. Änderung der Photoleitung mit der Anregungsintensität beobachtet. Diese Ergebnisse werden mit einem Modell zweier Rekombinationszentren gedeutet. Die Lebensdauer von

Löchern, die ambipolare Diffusionslänge u. die Oberflächenrekombinationsgeschw. werden bestimmt. E. Richter 116

0726 **Untersuchung der Beweglichkeit bei entarteten, Indium-dotierten, aufgedampften CdS-Schichten.** A. J. Learn und J. A. Scott-Monck. (J. Physics Chem. Solids **29** (1968) 11, 2065—68, 1 Tafel; TRW Systems Group, Redondo Beach, Calif.; engl.) — Vf. dampfen gleichzeitig aus getrennten Quellen CdS u. In auf, um CdS-Schichten mit gezielten In-Dotierungen zu erhalten. Die damit gewonnenen Schichten zeigen Ladungsträgerkonz. zwischen $10^{19}$ u. $10^{20}$ $cm^{-3}$ mit Beweglichkeiten von ca. 50 $cm^2$/Vsec. Die Beweglichkeit sinkt exponentiell mit der Temp., woraus geschlossen wird, daß die Eig. der Schichten weitgehend durch die Korngrenzen bestimmt werden. Der Einfl. der Temp. der Schichten wird elektr. u. elektronenmikroskop. verfolgt. K. H. Härdtl 116

0727 **Kritische Bedingungen für Übergänge zwischen stationären und nicht stationären Hochfelddomänen in Halbisolatoren.** G. Döhler. (Physica Status solidi [Berlin] **30** (1968) 2, 627—36; Phys. Dep., Univ. of Del., Newark, Del.; engl.) — Die Analyse einer Fluktuation in der Nähe der singulären Punkte der Poisson- u. Transportgleichung für einen Halbleiter mit negativer differentieller Leitfähigkeit, die auf fehlangeregte Rekombination zurückzuführen ist, ergibt ein Kriterium für die Übergänge zwischen stationären u. nicht stationären Hochfelddomänen. Für bestimmte Sättigungsströme ergeben sich bestimmte krit. Spannungen u. Frequenzen der Stromoszillationen, die gut mit den an *CdS*-Krist. mit Feldtilgung erzielten experimentellen Ergebnissen übereinstimmen. H. Roschkowski 116

0728 **Übergang zwischen stationären und beweglichen Starkfelddomänen in CdS in einem Bereich von N-förmiger negativer differentieller Leitfähigkeit infolge von Felddämpfung.** K. W. Böer und P. Voss. (Physica Status solidi [Berlin] **30** (1968) 1, 291—304; Phys. Dep., Univ. of Del., Newark, Del.; engl.) — In CdS werden instabile, wandernde Domänen beobachtet, die in einem Strom-Spannungs-Bereich existieren, der zwischen dem Bereich der stationären, an den Elektroden anliegenden Domänen u. dem Übergangsbereich zu undeformierten, wandernden Domänen liegt. Verwendet werden mit *Ag*, *Al* u. *Cu* dotierte Kristalle. H. Roschkowski 116

0729 **Stationäre Domänen hoher Feldstärke im Bereich negativer differentieller Leitfähigkeit in CdS-Einkristallen.** K. W. Böer und P. Voss. (Physic. Rev. [2] **171** (1968) 3, 899—903; Phys. Dep., Univ. of Del., Newark, Del.; engl.) — In CdS-Einkrist. mit einem N-förmigen Bereich negativer differentieller Leitfähigkeit wurden stationäre Domänen hoher Feldstärke angrenzend an die Elektroden beobachtet. Mit zunehmender Spannung nehmen die Breiten dieser stufenähnlichen Domänen zu, bis sie den gesamten Krist. erfüllen. Dann bildet sich eine Domäne noch höherer Feldstärke an der Anode aus u. nimmt in der Breite zu. Diese Domänen können nach einer Theorie des Vf. erklärt werden. Sie ermöglichen die Best. der Elektronendichten an der Grenze Kathode–CdS u. im feldgelöschten Bereich. Die Unters. dieser stationären Domäne liefert eine neue Meth. für Unters. der Austrittsarbeit (Metall–Halbleiter). H. Liepack 116

0730 **Räumliche und zeitliche Verteilung der elektrischen Felder in halbleitendem CdS.** R. K. L. Gay und H. L. Hartnagel. (Physica Status solidi [Berlin] **30** (1968) 2, 755—58; Dep. of Electron. and Electr. Engng., Univ. of Sheffield; engl.) — Eine einfache Analyse, die den Energieaustausch einschließt, zeigt, wie Hochfeld-Domänen in halbleitendem CdS auf Grund elektroakust. Wechselwrkg. auftreten können. H. Roschkowski 116

0731 **Durch einen modulierten Elektronenstrahl in CdS-Kristallen erzeugte Photoleitung.** W. Stössel und W. Zimmermann. (Physica Status solidi [Berlin] **30** (1968) 1, 311—18; Inst. für angew. Phys., Univ., Karlsruhe; engl.) — In CdS-Krist. wird ein modulierter Photostrom durch Bestrahlung mit einem in der Intensität modulierten Elektronenstrahl erzeugt. Aus der Frequenzabhängigkeit des Photowechselstroms wird eine Relaxationszeit ber., aus deren Abhängigkeit von der Bestrahlungsstärke die energet. Lage u. die Konz. der an den Relaxationsprozessen beteiligten Haftstellen ermittelt wird. H. Roschkowski 116

0732 **Photoleitfähigkeit von CdS nahe der Absorptionskante.** C. E. Reed und C. G. Scott. (J. Physics, D (Brit. J. appl. Physics) [2] **1** (1968) 9, 1125—31; Dep. of Phys., Univ. of Hull; engl.) — Durch verschiedene Bestrahlungsarten (nahe den Elektroden an der Probe, von der Krist.-Rückseite u. Bestrahlung mit hinter dem Krist. befindlichen Reflektor) im Bereich 4800—5500 Å werden 3 Mechanismen für die Photoleitfähigkeit von CdS festgelegt: 1. Erzeugung photoangeregter Ladungsträger in Verb. mit Excitonenerzeugung, 2. Anregung von Störstellenzentren, 3. Erzeugung eines Oberflächenphotostromes neben einem fluoreszenzangeregten Strom durch Rekombination im Oberflächenbereich. Werner Schmidt/Berlin 116

0733 **Niederfrequente Photostromschwingungen in CdS-Kristallen mit thermisch induzierter differentieller Leitfähigkeit.** R. Koepp und A. Urbelis. (Physica Status solidi [Berlin] **30** (1968) 1, K 5—8, 2 Tafeln; Bereich Halbleiteropt., Sektion Phys., Humboldt-Univ., Berlin; engl.) — Die Beobachtung derartiger Schwingungen unter Joulescher Erhitzung der Krist. wird kurz beschrieben. H. Roschkowski 116

0734 **Einige Transportkoeffizienten von Cadmiumsulfid.** M. Sodha und S. Sharma. (Physica Status solidi [Berlin] **30** (1968) 1, 239—45; Phys. Dep., Indian Inst. of Technol., Hauz Khas, New Delhi; engl.) — Die Abhängigkeit des Hall-Koeff., der Hall-Beweglichkeit u. des Koeff. der magnet. Widerstandsänderung vom elektr. u. magnet. Feld u. vom Streumechanismus in CdS wird untersucht. Die Streuung der Ladungsträger durch akust. Moden des Gitters sowie durch piezoelektr. Potentiale wird berücksichtigt. H. Roschkowski 116

0735 **Elektrische und optische Eigenschaften von $Cu_2S$-Aufdampfschichten.** B. Selle und J. Maege. (Physica Status solidi [Berlin] **30** (1968) 2, K 153—55; Phys.-techn. Inst., DAW, Berlin; dt.) — Thermo-EMK, Hall-Konst., Temp.-Abhängigkeit der elektr. Leitfähigkeit u. Spektralabhängigkeit der Absorptionskonst. sowie Brechungsindex von $Cu_2S$-Filmen auf Glassubstraten werden bestimmt. Für Raumtemp. wird eine Bandlücke von 1,22 eV erhalten. H. Roschkowski 116

0736 **Photoelektronische Eigenschaften von ZnSe-Kristallen.** Gerald B. Stringfellow und Richard H. Bube. (Physic. Rev. [2] **171** (1968) 3, 903—15; Dep. of Mater. Sci., Stanford Univ., Stanford, Calif.; engl.) — Unters. von Lumineszenz, Photoleitfähigkeit u. opt. Absorption an Einkrist. von p-leitendem ZnSe:Cu u. n-leitendem selbstaktiviertem ZnSe(SA). Die Ergebnisse für ZnSe:Cu lassen sich unter der Annahme von Cu-Störstellen verschiedener Wertigkeit erklären, wobei die substituierenden $Cu^+$ u. $Cu^{2+}$ auf dem Zn-Untergitter für die roten u. grünen Lumineszenzbanden verantwortlich sind. Die grüne Lumineszenzemission (2,34 eV) erfolgt vom Leitungsband zu einem leeren $(Cu_{Zn})^x$-Zentrum. Eine der roten Emissionsbanden (1,97 eV) erfolgt vom Leitungsband zu einem leeren $Cu_{Zn}'$-Zentrum; eine zweite rote Bande (1,95 eV) entspricht einem Übergang von einem flachen Niveau in der Nähe des Leitungsbandes zu dem leeren $Cu_{Zn}'$-Zentrum. Das $Cu_{Zn}'$-Zentrum ist ebenfalls hauptverantwortlich für die Photoleitfähigkeit vom n-Typ in p-leitendem ZnSe:Cu u. ist das vorwiegend die p-Leitfähigkeit bestimmende Akzeptorzentrum. Die opt. Absorption im IR erfolgt durch einen inneren Übergang innerhalb der $(Cu_{Zn})^x$ mit einer (Ar) $3d^9$-Elektronenkonfig. u. einen Übergang vom Valenzband zu dem leeren $Cu_{Zn}'$-Zentrum. Das sensibilisierende Zentrum für die Photoleitfähigkeit vom n-Typ in n-leitendem ZnSe·(SA) ist nicht gleich dem $Cu_{Zn}'$ in p-leitendem ZnSe:Cu, es liegt dichter am Valenzband u. hat einen Einfangquerschnitt für Elektronen $10^{-3}$mal dem des sensibilisierenden $Cu_{Zn}'$-Zentrums. H. Liepack 116

*0737* **Zyklotronresonanz thermisch angeregter Löcher in ZnTe.** R. A. Stradling. (Solid State Commun. **6** (1968) 9, 665–69; Suppl. zu: J. Physics Chem. Solids Clarendon Labor., Univ. of Oxford, Oxford, England; engl.) – Bei Temp. zwischen 45 u. 65 °K wird zum ersten Mal die Zyklotronresonanz von therm. angeregten Löchern in ZnTe beobachtet. Die damit erhaltene Valenzbandstruktur ist der von Si sehr ähnlich. Die effektiven Massen der leichten u. schweren Massen betragen 0,154 bzw. ca 0,68 $m_0$. Die Valenzbandparameter ergeben sich aus den Messungen zu $A = -4{,}0$; $|B| = 2{,}3$ u. $|C| = 2{,}0$.
K. H. Härdtl 116

*0738* **Kommentar zum Vergleich galvanomagnetischer und de Haas-van Alphen-Daten für n-$Bi_2Te_3$.** L. P. Caywood jun. und G. R. Miller. (Physic. Rev. Letters **21** (1968) 14, 1002–03; Univ. of Ut., Salt Lake City, Ut.; engl.) – Für galvanomagnet. bestimmte u. nach de Haas-van Alphen-Experimenten bestimmte Fermi-Flächen-Formen des n-$Bi_2Te_3$ existieren große Diskrepanzen. Als Ergänzung zu einer Erklärung von Mallinson et al. (ibid. **24 A** (1967) 713) wird eine zusätzliche Interpretation durch Neuberechnung der galvanomagnet. Daten mit Berücksichtigung des Fehlens einer vollständigen Entartung gegeben. Dadurch verringern sich die Diskrepanzen u. die verbleibende Differenz läßt sich durch Zweitband-Effekte erklären.
Werner Schmidt/Berlin 116

*0739* **Überschußladungsträgerkonzentration in kationengesättigten festen Lösungen von $Pb_xSn_{1-x}Te$.** Koichi Sugiyama. (Jap. J. appl. Physics **7** (1968) 8, 961–62; Elektr. Commun. Labor. Musashino, Tokyo; engl.) – Aus Messungen der Hall-Konst. werden Ladungsträgerkonz. von $Pb_xSb_{1-x}Te$-Proben mit folgenden (1–x)-Werten ber.: 0,094; 0,119; 0,155; 0,169; 0,191; 0,242. Proben mit (1–x) > 0,17 sind p-leitend im untersuchten Temp.-Bereich 500–850°. Werner Schmidt/Berlin 116

*0740* **Transporteigenschaften von Silbertellurid im festen und flüssigen Zustand.** Nguyen van Dong und Pham Ngu Tung. (Physica Status solidi [Berlin] **30** (1968) 2, 557–67; Serv. d'Électron. Phys., CEN de Saclay, Gif-sur-Yvette; engl.) – Elektr. Widerstand, Hall-Koeff. u. Thermokraft von $Ag_2Te$-Proben mit Stöchiometrieabweichungen (32,8–33,8 Atom-% Te) im festen u. fl. Zustand wurden gemessen. Die Analyse der Vers.-Daten zeigt, daß im festen Zustand die Transporteig. von einem ambipolaren Prozeß beherrscht werden, wobei die Elektronenbeweglichkeit um ca. den Faktor 10 höher als die Lochbeweglichkeit ist. Die Temp.-Abhängigkeit der Elektronenbeweglichkeit wird von einem $T^{-3}$-Gesetz beherrscht. Beim Schmelzen aller Proben treten diskontinuierliche Änderungen der untersuchten Eig. auf. Fl. $Ag_2Te$ verhält sich als Halbleiter.
H. Roschkowski 116

*0741* **Elektrische und strukturelle Eigenschaften einiger ternärer Titanchalkogenide.** R. H. Plovnick, D. S. Perloff, M. Vlasse und A. Wold. (J. Physics Chem. Solids **29** (1968) 11, 1935–40; Dep. of Chem., Brown Univ., Providence, R.I.; engl.) – Elektr. Widerstand u. Thermokraft der Verb. $MTi_2X_4$ (M = Fe, Co, Ni; X = S, Se) zeigen metall. Verhalten. Dies wird auf der Basis der geringen Ti–Ti-Abstände (3,4 Å für die S- u. 3,6 Å für die Se-Verb.) gedeutet. Die Verb. haben, wie röntgenograph. Unters. zeigen, bei Raumtemp. die monokline $Cr_3S_4$-Struktur (Raumgruppe 12/m), für die geordnete Leerstellenschichten, alternierend mit Metallschichten, charakterist. sind. In $NiTi_2S_4$ u. $NiTi_2Se_4$ tritt bei ca. 340 °K eine reversible Transformation zu einer fehlgeordneten trigonalen Struktur mit Raumgruppe P3ml auf. Beim Übergang nimmt der elektr. Widerstand beider Verb. infolge der Fehlordnung der Leerstellen um ca. den Faktor 2 zu. K. H. Härdtl 116

*0742* **Bändermodell für Übergangsmetallchalkogenide mit Schichtstrukturen und besetzten trigonalen-bipyramidalen Plätzen.** John B. Goodenough. (Mater. Res. Bull. **3** (1968) 5, 409–16; Lincoln Labor., MIT, Lexington, Mass.; engl.) – Aus Symmetrieüberlegungen lassen sich die besetzten d-Bänder von supraleitendem $NbSe_2$ u. halbleitendem $WSe_2$ als $< \pm 2, \pm 1/2|$ identifizieren, die vom nächst höheren Band $< \pm 2, \pm 1/2|$ durch den Energieabstand $E_g = 2k_c\lambda - W_b$ getrennt sind. $W_b$ bedeutet die mittlere Bandbreite u. $k_c\lambda$ den effektiven Spin–Bahn-Kopplungsparameter.
K. H. Härdtl 116

*0743* **Besonderheiten des Energiespektrums und der Kantenabsorption in den Kettenverbindungen $A^VB^{VI}C^{VII}$.** D. V. Chepur, D. M. Bercha, I. D. Turyanitsa und V. Yu. Slivka. (Physica Status solidi [Berlin] **30** (1968) 2, 461–68; Phys. Dep., Chair of Semiconductors, Uzhgorod; engl.) – Besonderheiten der Bandstruktur von *SbSJ, SbSeJ, SbTeJ, BiSJ, BiSeJ, BiTeJ, SbSBr, SbSeBr, BiSBr, BiSeBr, BiTeBr* u. *BiSCl* werden mit Hilfe einer gruppentheoret. Analyse diskutiert. Die Bandstruktureigenheiten spiegeln sich sowohl in der Absorptionskante der Verb., als auch in ihrem Photoleitungsspektrum wieder. H. Roschkowski 116

*0744* **Halbleitereigenschaften von Kaliumpermanganat.** V. V. Boldyrev, G. B. London und V. K. Zhuravlev. (Physica Status solidi [Berlin] **30** (1968) 1, K 13–15; Inst. of chem. Kinetics and Combust., Acad. of Sci. of USSR, Novosibirsk; engl.) – Die elektr. Leitfähigkeit u. die Thermo-EMK von reinen $KMnO_4$-Einkrist. u. von mit Manganat(VI)-Ionen dotierten Proben wurde gemessen. Außerdem werden beide Meßwerte an wärmebehandelten oder $\gamma$- bzw. röntgenbestrahlten reinen $KMnO_4$-Einkrist. untersucht. H. Roschkowski 116

*0745* **Ionenströme in $K_2[CoF_4]$-Einkristallen.** H. B. Lal. (Indian J. Physics Proc. Indian Assoc. Cultivat. Sci. **42/51** (1968) 2, 144–46; Phys. Dep., Univ. of Gorakhpur, Gorakhpur, U.P. India; engl.) – Es werden Entladungsströme parallel zur c-Achse als Funktion der Zeit für verschiedene Feldstärken (5,7–20 kV/cm) bei 20° gemessen. Nach einem anfänglichen Abfall stabilisieren sich die Ströme auf $10^{-6}$ A (0,04 $cm^2$ Krist.-Fläche) nach $10^3$ bis $10^4$ s. Als Folge des Stromflusses tritt an der Anodenseite des Krist. eine partielle Schwärzung auf. Bei konst. Feld tritt jedoch kein merklicher Stromabfall auf. Die elektr. Leitfähigkeit wächst mit ansteigender Feldstärke. Es wird angenommen, daß die beobachteten Ströme ion. sind mit einem elektron. Anteil. Bei hohen Feldstärken treten eigenleitende Ionenströme auf (Dissoziation des Krist.). Die Durchschlagsfeldstärke wird graph. zu 32 kV/cm ermittelt. Werner Schmidt/Berlin 116

*0746* **Messung der Leitfähigkeit von Eis mit Hilfe von Schutzelektroden.** B. Bullemer, I. Eisele, H. Engelhardt, N. Riehl und P. Seige. (Solid State Commun. **6** (1968) 9, 663–64; Suppl. zu: J. Physics Chem. Solids, Phys.-Dep. der TH München; engl.) – Vol.- u. Oberflächenpotential werden bei Leitfähigkeitsmessungen an Eis-Krist. unabhängig voneinander untersucht. Sie sind meistens deutlich verschieden. Die Vol.-Leitfähigkeit von reinem Eis beträgt bei $-10°$ $1{,}5 \cdot 10^{-10}$ $(\Omega\ cm)^{-1}$, die zugehörige Aktivierungsenergie $8{,}5 \pm 0{,}5$ kcal/Mol.
K. H. Härdtl 116

*0747* **Experimente über die Natur der Ladungsträger in Eis.** B. Bullemer, H. Engelhardt, L. Knoblauch, R. Riehl und C. Schröder-Etzdorf. (Solid State Commun. **6** (1968) 8, 545–47; Phys.-Dep. der TH München; engl.) – Eine Serie von Experimenten zur Leitfähigkeit des Eises wird beschrieben. Durch eine Schutzringanordnung kann die Vol.-Leitfähigkeit von der Oberflächenleitfähigkeit getrennt werden. Aus dem Verh. des Vol.-Stromes ergeben sich als Majoritätsladungsträger Protonen. K. H. Härdtl 116

*0748* **Trigonale Verzerrung der Bänder und Hall-Effekt in Graphit.** Shusuke Ono und Ko Sugihara. (J. physic. Soc. Japan **24** (1968) 4, 818–25; Wireless Res. Labor., Matsushita Electric Ind. Co., Ltd. Kadoma, Osaka; engl.) – Unter Berücksichtigung eines Band-Parameters zur Charakterisierung der trigonalen Band-Verzerrung werden der spezif. elektr. Widerstand u. der Hall-Koeff. von Graphit berechnet.
E. Richter 116

*0749* **Photothermische Ionisation und photoneninduzierte Tunnelung im Akzeptor-Photoleitungsspektrum von halbleitendem Diamant.** A. T. Collins und E. C. Lightowlers. (Physic. Rev. [2] **171** (1968) 3, 843–55;

Wheatstone Labor., King's Coll., Strand, London, England; engl.) — Im Photoleitungsspektrum von halbleitendem Diamant wurde bei Energien unterhalb der Ionisierungsschwelle eine Struktur beobachtet. Die Photoleitungsmax. in diesem Spektralbereich fallen exakt mit den Max. im Absorptionsspektrum zusammen, die auf Übergänge zu angeregten Zuständen der Al-Akzeptorzentren (Ionisationsenergie 0,373 eV) zurückzuführen sind. Das Akzeptorspektrum ist in den Photoleitungsmessungen im allg. besser aufgelöst als in Absorptionsmessungen. Die Messungen im Temp.-Bereich 4—150°K zeigen, daß für das Auftreten des Spektrums der angeregten Zustände in der Photoleitung ein Zweistufenprozeß vorwiegend verantwortlich ist: Opt. Anregung der Löcher vom Grundzustand zu den angeregten Zuständen u. darauffolgende therm. Anregung in das Valenzband. Dieser Prozeß wird als „phototherm. Ionisation" bezeichnet. Ein elektr. Feld bewirkt lediglich eine Verbreiterung des Spektrums bei hohen Feldstärken, die in der Größenordnung mit dem auf das Loch in einem angeregten Zustand wirkenden Bindungsfeld vergleichbar sind. Nahe 4°K konnte noch eine probenabhängige Reststruktur beobachtet werden, die sich entweder als Minima oder Max. über dem Ausläufer niedriger Energie des Photoionisationskontinuums zeigten. Dieser Ausläufer niedriger Energie ist vermutlich auf direkte Photoanregung schwach gestörter Akzeptorzentren zurückzuführen, u. Minima auf diesem Ausläufer können wegen der starken konkurrierenden Absorption in angeregten Zustände auftreten. In vielen Proben schien jedoch Tunnelung von den angeregten Zuständen möglich zu sein, was zu den beobachteten Max. führte. Bei Diamanten, in denen normalerweise keine Tunnelung auftrat, konnte diese durch gleichzeitige Bestrahlung der Krist. mit Strahlung einer Energie innerhalb des Photoleitungskontinuums induziert werden. Damit wurde die Zahl der ionisierten Zentren u. die Wahrscheinlichkeit des Tunnelns erhöht. H. Liepack 116

*0750* **Einfluß von Wasserstoff auf die elektrischen Eigenschaften von Rutil.** G. J. Hill. (J. Physics, D (Brit. J. appl. Physics) [2] **1** (1968) 9, 1151—62; Electr. Res. Assoc., Leatherhead, Surrey;) engl. — Wasserstoff in $TiO_2$ (Rutil) zeigt zwei Einfl. auf die elektr. Eig.: 1. Nach Verneuil gezüchtete Krist. enthalten Wasserstoff, der 3wertige Verunreinigungen (Al) kompensiert. Überschußwasserstoff wirkt als Elektronendonator, wodurch die Leitfähigkeit ansteigt. 2. Entfernung des Wasserstoffs oberhalb 650° im Vakuum verursacht Strukturänderungen, die erhöhte Leitfähigkeit u. erhöhte dielektr. Verluste zur Folge haben. Bei 650° ändert sich auch die Aktivierungsenergie der Diffusion (Messungen im Bereich 450—800° an Al-dotiertem $TiO_2$). Der Wasserstoff befindet sich in der Basisfläche des Rutilgitters. Werner Schmidt/Berlin 116

*0751* **Elektrische Sprungleitung und thermischer Durchschlag in natürlichem und synthetischem Glimmer.** A. T. Davidson und A. D. Yoffe. (Physica Status solidi [Berlin] **30** (1968) 2, 741—54; Surface Phys., Cavendish Labor., Cambridge; engl.) — Die elektr. Leitfähigkeit u. der Durchschlag von dünnen Glimmerkrist. wurden bei 4—520°K gemessen u. mit opt. Absorptionsdaten u. elektronenmkr. Beobachtungen verglichen. Gleichstromleitfähigkeit u. therm. Durchschlag hängen von der Fe- u. Ti-Konz. im Glimmer ab. In synthet. Glimmern wurde Lawinen-, in natürlichen Glimmern therm. Durchschlag beobachtet. H. Roschkowski 116

*0752* **Schottky-Barrieren im System Au–Ag-Legierung–Silicium.** Tetsuya Arizumi, Masataka Hirose und Naseem Altaf. (Jap. J. appl. Physics **7** (1968) 8, 870—74; Dep. of Elektr. Engng., Fac. of Engng., Nagoya Univ., Nagoya; engl.) — Spannungs–Strom- u. Kapazitäts-Spannungs-Charakteristiken werden an mit einer Au–Ag-Leg. beschichteten n-Si-Probe gemessen. Die Barrierenhöhe des Au–Ag-Leg.–Si-Kontaktes variiert von (0,67 ± 0,02) eV bis (0,80 ± 0,02) eV linear mit der Zus. des Leg.-Filmes (0—100 Atom-% Au). Dieses Verh. wird mit der linearen Abhängigkeit der Austrittsarbeit von der Zus. in Zusammenhang gebracht. Werner Schmidt/Berlin 116

*0753* **Elektronentunnelung in MIS-Strukturen des Typs Al–$Al_2O_3$–ZnTe.** W. Ludwig, W. Gericke und H. Treptow. (Physica Status solidi [Berlin] **30** (1968) 1, K61—64; Phys.-techn. Inst., DAW, Berlin; engl.) — Die Strom–Spannungs-Charakteristik eines MIS (Metall–Isolator–Halbleiter)-Tunnelübergangs für einen Halbleiter mit p-Leitung u. breiter Bandlücke wird berechnet. Anwendung auf den Tunnelübergang Al–$Al_2O_3$–ZnTe. H. Roschkowski 116

*0754* **Rauschen in dünnen Metall-Oxid-Metall-Filmen, Al–$Al_2O_3$–Al.** G. Lecoy und L. Gouskov. (Physica Status solidi [Berlin] **30** (1968) 1, 9—17; Centre d'Ét. d'Électron. des Solides, Fac. des Sci., Montpellier; engl.) — Die Existenz eines Tunnelstroms durch den Oxid-Zwischenfilm der Struktur wird bewiesen. Rauschmessungen bei hohen u. niedrigen Frequenzen werden beschrieben. H. Roschkowski 116

*0755* **Phänomene der Energieresonanz zwischen 77 und 290°K in den Al/$Al_2O_3$/Au-Strukturen.** A. Tosser. (J. Physique **29** (1968) 7, 671—83; Labor. de Phys. Expér., Fac. des Sci., Caen; franz.) — Eine Näherungstheorie der Energieresonanz in Tunnel-Wellenfunktionen an Grenzflächen-Haftstellen erlaubt die Erklärung experimenteller Daten über die inverse Leitung u. Elektrolumineszenz in Al/$Al_2O_3$/Au-Strukturen zwischen 77 u. 290°K. Vf. berechnen die geometr. Lage von in $Al_2O_3$ defundierten Au-Ionen, die Grenzflächen-Haftstellen erzeugen. Diese Ergebnisse sind in Übereinstimmung mit der Hypothese über die Natur des photovoltaischen Effektes, der bei 290°K beobachtet worden war. Herbert Weber 116

*0756* **Relaxationseffekte bei epitaktischen Si–MOS-Strukturen.** H. Wienhold. (Physica Status solidi [Berlin] **30** (1968) 1, K 17—21; VEB Halbleiterwerk Frankfurt/Oder, Betriebsteil Stahnsdorf; engl.) — Vol.-Trägerlebensdauer, Oberflächenrekombinationsgeschw. u. Oberflächenladungsdichte von Si-Epitaxieschichten, die durch das $CO_2$-Verf. in situ ox. wurden, werden gemessen. H. Roschkowski 116

*0757* **Experimente mit Tunnelübergängen unter Benutzung ferromagnetischer Metalle.** J. E. Christopher, R. V. Coleman, Acar Isin und R. C. Morris. (Physic. Rev. [2] **172** (1968) 2, 485—98; Dep. of Phys., Univ. of Va., Charlottesville, Va.; engl.) — Ergebnisse über Tunnelstromfluß in Übergängen unter Benutzung ferromagnet. Metalle als Elektroden oder als Verunreinigungen an der Barriere-Elektrode-Grenzfläche werden mitgeteilt. Oxide von ferromagnet. Metallen u. Al-Oxid wurden benutzt, um isolierende Barrieren in Kombination mit einer zweiten Elektrode aus Al, Ag oder Fe zu bilden. Daten werden für verschiedene Typen von Übergängen unter Benutzung von Fe u. Fe-Oxid im Widerstandsbereich (für Vorspannung Null bei 4,2°K) von $10^{-1}\,\Omega$ bis über $10^8\,\Omega$ mitgeteilt. Die allgemeinste Eig. ist ein sehr starkes nichtohmsches Verh. bei niedriger Vorspannung u. eine sehr starke Temp.-Abhängigkeit der Tunnelleitung, bes. im Bereich der He-Temperatur. Daten über Al–$Al_2O_3$–Al-Übergänge, die mit Fe-Verunreinigungen an der $Al_2O_3$–Al-Grenzfläche dotiert waren, zeigen eine starke Null-Vorspannungs-Anomalie, die einem Widerstandsminimum entspricht. Dieses Verh. scheint allg. durch einen anomalen Streumechanismus bei Null-Vorspannung erklärbar zu sein u. wird mit dem Verh. von ident. undotierten Al–$Al_2O_3$–Al-Übergänge verglichen. Eig. von Übergängen mit Fe-Oxid-Barrieren sind möglicherweise mit den bes. Eig. des magnet. $Fe_3O_4$ in Beziehung zu bringen. Vorl. Daten über Übergänge mit $CoO_x$ u. $NiO_x$-Barrieren zeigen ähnliche Effekte. Herbert Weber 116

*0758* **Temperaturabhängigkeit des Tunnelstroms von Metall-Dielektrikum-Metall-Strukturen.** R. Hrach. (Czechoslov. J. Physics, Sect. B **18** (1968) 3, 402—18; Dep. of Electron. and Vacuum Phys., Fac. of Math. and Phys., Charles Univ., Prague; engl.) — Unter der Annahme einer Tunnelübertragung von Elektronen wird eine allg. Formel für den Strom abgeleitet, der zwischen den Metallelektroden einer Metall–Dielektrikum–Metall-Struktur fließt. Obgleich die Temp.-Abhängigkeit des

Tunnelstroms sehr schwach ist, ist es möglich, sie zur Best. der dielektr. Parameter zu benutzen. Die Metall–Dielektrikum-Austrittsarbeit u. die Dicke der dielektr. Schicht lassen sich ermitteln. Herbert Weber 116

*0759* **Temperaturabhängigkeit des Drainstromes von MOS-Transistoren.** J. Stillger. (Z. angew. Physik **25** (1968) 4, 177–82; Forsch.-Labor. München, Siemens AG; dt.) — Best. des Temp.-Koeff. des Drainstromes durch die Temp.-Abhängigkeit der Einsatzspannung u. der Beweglichkeit der Inversionsladungsträger sowie Aufstellung einer Beziehung zur Deutung des charakterist. unterschiedlichen Verh. bei (111)- u. (100)-Oberflächenorientierung. Aus Messungen von Strom u. Steilheit als Funktion der Gatespannung wird die Temp.-Abhängigkeit von n-Channel-MOS-Transistoren ermittelt. Gerhard Schmidt 116

*0760* **Strukturabhängigkeit der d-Bänder in Übergangsmetallen.** R. A. Deegan. (Physic. Rev. [2] **171** (1968) 3, 659–64; Cavendish Labor., Univ. of Cambridge, Cambridge, England; engl.) — Entw. eines einfachen Schemas zur Berechnung der Abhängigkeit der d-Bandstruktur von der Lage der Atome im Kristall. Die Genauigkeit für die Beschreibung der d-Bänder der kub.-flächenzentrierten u. kub.-raumzentrierten Phasen von *Fe* beträgt ca. 0,01 Ry. H. Liepack 118

*0761* **Leitungselektronenaustausch und die lokalen Pseudopotential-Formfaktoren in den Alkalimetallen.** Warren D. Grobman. (Physic. Rev. [2] **171** (1968) 3, 673–81; Dep. of Phys., Princeton Univ., Princeton, N.J.; engl.) — Abschätzung der Größenordnung des Fehlers bei Vernachlässigung des Austauschpotentials der Leitungselektronen im Krist.-Potential bei Berechnung der lokalen Pseudopotential-Formfaktoren in den Alkalimetallen. Für *Na* sind die Fehler in $V_{110}$ in der Größenordnung von 15%. H. Liepack 118

*0762* **Fermi-Impuls von Al von 0–100 kbar.** J. J. Burton und G. Jura. (Physic. Rev. [2] **171** (1968) 3, 699 bis 701; Inorg. Mater. Res. Div., Dep. of Chem., Lawrence Radiat. Labor., Univ. of Calif., Berkely, Calif.; engl.) — Best. des Fermi-Impulses von Al von 0–100 kbar bei Zimmertemp. aus der Positronenvernichtung. Im angegebenen Druckbereich läßt sich der Fermi-Impuls von Al sehr gut durch das Modell freier Elektronen beschreiben, nach dem der Fermi-Impuls eines Metalles gegeben ist durch $p_F = \hbar(3\pi^2 Z/V)^{1/3}$, Z Zahl der Leitungselektronen pro Elementarzelle im Gitter u. V Vol. der Elementarzelle. H. Liepack 118

*0763* **Berechnung der Bandstruktur und der Fermi-Fläche von Lithium unter Benutzung eines Modellpotentials.** V. Cápek. (Czechoslov. J. Physics, Sect. B **18** (1968) 3, 313–21; Fac. of Math. and Phys., Charles Univ., Prague; engl.) — Die D. von Zuständen des Leitfähigkeitsbandes u. andere Eig. von Li werden auf der Basis eines Modellpotentials in Form von sphär. l-abhängigen Potentialtöpfen berechnet. Herbert Weber 118

*0764* **Selbstkonsistente Energiebänder von metallischem Cu aus der APW-Methode.** 2. Mitt. E. C. Snow. (Physic. Rev. [2] **171** (1968) 3, 785–89; LASL, Univ. of Calif., Los Alamos, N.Mex.; engl.) — Berechnung von Bandstruktur, Fermi-Fläche u. Zustandsdichten. H. Liepack 118

*0765* **Leitfähigkeiten in normalen Metallen nach Messungen an Supraleitern.** Göran Grimvall. (Physik kondens. Materie 8 (1968) 3, 202–08; Inst. of Theoret. Phys., Göteborg, Sweden; engl.) — Die elektr. Leitfähigkeit bei hohen Temp. wird für *Pb, In* u. *Sn*, ausgehend von Experimenten im supraleitenden Zustand (Inversion der „gap equation"), berechnet. Ein Hauptresultat ist der Mittelwert $1 - \cos\Theta$ ($\Theta$ = Streuwinkel). Das Ergebnis wird im einzelnen diskutiert. U. Venzke 118

*0766* **Anormale Konzentrationsabhängigkeit des Widerstands in verdünnten magnetischen Legierungen.** H. Suhl. (Physic. Rev. Letters **20** (1968) 13, 656–57; Dep. of Phys., Univ. of Calif., San Diego, La Jolla, Calif.; engl.) — Theoret. Untersuchung. W. Kunath 118

*0767* **Beweis für Elektron–Elektron-Streuung im spezifischen elektrischen Widerstand einfacher Metalle bei niedrigen Temperaturen.** James C. Garland und R. Bowers. (Physic. Rev. Letters **21** (1968) 14, 1007–09; Labor. of Atomic and Solid State Phys., Cornell Univ., Ithaca, N.Y.; engl.) — Messungen der Temp.-Abhängigkeit (1–4°K) des spezif. elektr. Widerstandes von polykrist. *Al, In, Na* u. *K* zeigen das Vorhandensein eines $T^2$-Termes für In u. Al nicht dagegen für Na u. K. Dieses Verh. wird durch Elektron–Elektron-Wechselwrkg. gedeutet. Werner Schmidt/Berlin 118

*0768* **Temperaturabhängigkeit des elektrischen Widerstands von Versetzungen in Aluminium.** Hiroshi Maeta. (J. physic. Soc. Japan **24** (1968) 4, 757–62; Labor. of Crystal Phys., Fac. of Sci., Hiroshima Univ., Hiroshima; engl.) — Bei reinem Al nimmt das Verhältnis des Versetzungswiderstandes bei Raumtemp. zu dem Versetzungswiderstand bei der Temp. des fl. $N_2$ mit abnehmender Versetzungsdichte von 1,0 auf 1,2 zu. Die gemessene Änderung des Widerstandsverhältnisses wird diskutiert. E. Richter 118

*0769* **Anomalien im elektrischen Widerstand von Al:Mn- und Al:Cr-Legierungen.** A. D. Caplin und C. Rizzuto. (Physic. Rev. Letters **21** (1968) 11, 746–48; Dep. of Phys., Imp. Coll., London; engl.) — Messungen des durch die Verunreinigungen hervorgerufenen Widerstands von verd. Al:Mn- u. Al:Cr-Leg. bei tiefen Temp. ergeben eine Abhängigkeit $\varrho(T) = \varrho_0[1 - (T\Theta)^2]$, wobei $\Theta \approx 530$°K für Mn u. 1200°K für Cr ist. Dieses Verh. wird mit der erhöhten Pauli-Suszeptibilität dieser Leg. bei hohen Temp. in Zusammenhang gebracht, wobei das Konzept der lokalisierten Spinfluktuation angewendet wird. W. Kunath 118

*0770* **Zwei-Strom-Leitung in Nickel.** A. Fert und J. A. Campbell. (Physic. Rev. Letters **21** (1968) 16, 1190–92; Phys. des Solides, Fac. des Sci., Orsay, France; engl.) — Messungen des spezif. Widerstands bei tiefen Temp. an stark verd. Ni-Leg. (*Ti-, Cr-, Mn-* u. *Co*-Dotierung) zeigen, daß Spin-↑- u. Spin-↓-Elektronen den Strom parallel tragen. Daraus ergeben sich wichtige Folgerungen für die Interpretation von Transport-Eig. reiner sowie legierter Ferromagnetika. E. Richter 118

*0771* **Anomalie des elektrischen Widerstands im System Palladium–Wasserstoff.** T. Skoskiewicz und B. Baranowski. (Physica Status solidi [Berlin] **30** (1968) 1, K 33–35; Inst. of Phys. Chem., Pol. Acad. of Sci., Warsaw; engl.) — $H_2$ wurde bei Drücken von ca. 10000 atm bei Raumtemp. in Pd eingeführt u. die Anomalie des elektr. Widerstands der Proben bei Temp. zwischen 4,2 u. 80°K in Abhängigkeit vom Wasserstoffgeh. untersucht. Die bei mittleren H-Geh. beobachtete Widerstandsanomalie verschwindet bei sehr hohen H-Geh. wieder. Es wird vermutet, daß in den Proben mit anomalem Widerstandsverh. Inseln von stöchiometr. *PdH* vorliegen. H. Roschkowski 118

*0772* **Piezowiderstand von n-$Mg_2$Sn.** L. D. Crossman und G. C. Danielson. (Physic. Rev. [2] **171** (1968) 3, 867–75; Inst. for Atomic Res. and Dep. of Phys., Ia. State Univ., Ames, Ia.; engl.) — Die Tensorkomponenten des Piezowiderstandes für n-$Mg_2$Sn wurden von 50 bis 300°K gemessen. Der Piezowiderstandseffekt ist größer als in Ge oder Sn. Die Tensorkomponenten des Elastowiderstandes wurden ermittelt, sie genügen den Bedingungen $m_{11} = -2m_{12}$, $m_{11}$ groß u. $m_{44}$ klein im Temp.-Bereich 50–200°K. Diese Beziehungen bestätigen, daß n-$Mg_2$Sn ein Vieltalhalbleiter ist mit Ellipsoiden konst. Energie in ⟨100⟩-Richtungen. Aus der linearen Temp.-Abhängigkeit von $m_{11}$ u. $m_{12}$ im Bereich 60–175°K geht hervor, daß im Temp.-Bereich der Störstellenleitung Zwischentalstreuung unwesentlich ist. Die Trägerbeweglichkeit ist relativ unempfindlich gegenüber Änderungen im Probenvolumen. Das Deformationspotential wurde bestimmt. H. Liepack 118

*0773* **Beobachtung eines Kondo-Effektes in einem konzentrierten System.** A. S. Edelstein. (Physics Letters [Amsterdam] **27 A** (1968) 9, 614–15; IBM Watson Res. Center, Yorktown Heights, N.Y.; engl.) — Widerstandsmessungen an La–Ce-Filmen zeigten, daß die Kondo-Temp. 10°K beträgt. Ein Widerstandsminimum wurde an einer Probe mit 20 Atom-% Ce beobachtet. Herbert Weber 118

*0774* **Magnetischer Durchschlag in Beryllium.** N. E. Alekseevskij und V. S. Egorov. (Ž. èksper. teoret. Fiz. **55** (1968) 4 (10), 1153–59; Inst. fiz. problem AN SSSR; russ., Auszug: engl.) — Der Widerstand von Einkrist.-Be in einem supraleitendem Magneten wird untersucht. Oszillationen des Widerstandes, die von der Richtung u. Stärke des Magnetfeldes abhängen, werden beobachtet. Die Oszillationsamplitude steigt bei Feldstärken der Größenordnung 50 kOe stark an. Die größten Amplituden werden für Oszillationen bei H‖[0001] infolge des Auftretens offener Trajektorien in der hexagonalen Ebene beobachtet (durch magnet. Breakdown induziert). Die Existenz von Oszillationen in einem breiten Bereich von Magnetfeldrichtungen wird diskutiert. Die Größe der Energielücke zwischen den zweiten u. dritten Bändern in der [11$\bar{2}$0]-Richtung beträgt $6 \cdot 10^{-3}$ Ry. Herbert Weber 118

*0775* **Übergänge zwischen magnetischen Oberflächenzuständen in Ag.** J. O. Henningsen. (Physics Letters [Amsterdam] **27 A** (1968) 10, 693–94; Phys. Labor. I, TU of Denmark, Lyngby, Denmark; engl.) — Niederfeld-Oszillationen in der Mikrowellen-Oberflächenimpedanz wurden in Ag nachgewiesen u. als Übergänge zwischen magnet. Oberflächenzuständen interpretiert. Messungen wurden bei 47 GHz in einem konventionellen Reflexionsspektrometer mit Magnetfeldmodulation bei 725 Hz durchgeführt. Es wird angenommen, daß die Oszillationen aus einem Teil der Fermi-Oberfläche herrühren, der die Schnittpunkte mit der Linie K der Brillouin-Zone umgibt. Berechnungen nach einem APW-Fermi-Oberflächen-Modell liefern Peakpositionen, die um weniger als 10% von den beobachteten abweichen. Elektronen könnten an der Oberfläche infolge einer nichtverschwindenden Wahrscheinlichkeit der Spiegelreflexion entlangspringen. Sie befinden sich somit in einem Potentialtopf, der durch die Oberfläche des Metalls u. an der anderen Seite durch das Magnetfeld begrenzt ist. Herbert Weber 118

*0776* **Helikonwellen, Oberflächenmodenverluste und genaue Bestimmung der Hall-Koeffizienten von Al, In, Na und K.** John M. Goodman. (Physic. Rev. [2] **171** (1968) 3, 641–58; Labor. of Atomic and Solid State Phys., Cornell Univ., Ithaca, N.Y.; engl.) — Es wird eine quant. experimentelle Bestätigung der Genauigkeit der von Legéndy (ibid. **135** [1964] A 1713) angegebenen Lsg. u. damit der Gültigkeit der verwendeten Grenzbedingung gegeben. Die aus den Beobachtungen ermittelten Hall-Koeff. stimmen mit den theoret. Werten innerhalb der experimentellen Genauigkeit von ca. 0,5% überein. H. Liepack 118

*0777* **Gantmakher-Schwingungen in der Nachbarschaft eines Helikonwellen-Fensters in Kupfer.** P. R. Antoniewicz, L. T. Wood und J. D. Gavenda. (Physic. Rev. Letters **21** (1968) 14, 998–1001; Dep. of Phys., Univ. of Tex., Austin, Tex.; engl.) — Starke Gantmakher-Kaner-Größeneffekt-Schwingungen werden in sehr reinem Cu im Magnetfeld parallel zur [110]-Richtung beobachtet. Ihre Periode entspricht einem Extremwert für $\partial A/\partial k_z$ für diese Richtung (A Wrkg.-Querschnittsfläche der Fermi-Fläche). Die große Amplitude wird gedämpften Helikonwellen unterhalb der gewöhnlichen Helikonwellen-Absorptionskante zugeschrieben. Ähnliche Ergebnisse werden für die Feldrichtung parallel [111] erhalten. Werner Schmidt/Berlin 118

*0778* **Untersuchung des Hochfrequenz-Größeneffektes in K.** P. S. Peercy, W. M. Walsh jun., L. W. Rupp jun. und P. H. Schmidt. (Physic. Rev. [2] **171** (1968) 3, 713–24; Bell Telephone Labor., Murray Hill, N.J.; engl.) — Es wurden Messungen bei Frequenzen bis zu 35 MHz durchgeführt. Zur Erklärung des Effektes wird ein geometr. Modell vorgeschlagen, das wesentlich von dem nach Koch u. Wagner abweicht. Die Beobachtungen von Koch u. Wagner werden bestätigt, nach denen die Fermi-Fläche sphär. u. in der Nähe der Grenzpunkte durch eine Spindichte- oder Ladungsdichte-Welle nicht verzerrt ist. H. Liepack 118

*0779* **Magnetische Widerstandsänderung von K.** John R. Reitz und A. W. Overhauser. (Physic. Rev. [2] **171** (1968) 3, 749–53; Sci. Labor., Ford Motor Co., Dearborn, Mich.; engl.) — Die bis weit in den Bereich hoher Magnetfeldstärke beobachtete lineare magnet. Widerstandsänderung von K-Einkrist. entspricht nicht den allg. angenommenen Vorstellungen im Hinblick auf die Bänderstruktur von K. Die lineare Abhängigkeit des Widerstandes von der Feldstärke ist jedoch in Übereinstimmung mit einem Ladungsdichtewellenmodell für das Metall. Die Ladungsdichtewelle modifiziert die Fermi-Fläche durch Einführung mehrerer Energielücken, die die Fermi-Fläche aufschneiden. Die nach dem Modell zu erwartende größte magnet. Widerstandsänderung für Krist. mit Magnetfeldorientierung in [100] oder [111] sowie der kleinste Effekt für Krist. mit H parallel [110] wurden experimentell beobachtet. H. Liepack 118

*0780* **Elektrischer Widerstand von polykristallinem Kupfer im transversalen Magnetfeld und unter mechanischem Zug bei 4,2°K.** G. Bogner, H. Franksen und C. P. Parsch. (Z. angew. Physik **25** (1968) 4, 182–85; Forsch.-Labor., Siemens AG Erlangen; dt.) — Polykrist. Cu-Sorten in Form von dünnen Drähten mit Restwiderstandsverhältnissen r = R(300°K)/R(4,2°K) von 50 bis 1000 wurden in Magnetfeldern bei bis 80 kOe u. unter Zugbelastungen bis nahe 40 kp/mm² vermessen. Die spezif. magnet. Widerstandsänderung nimmt nach einer anfänglichen quadrat. Abhängigkeit bei kleinen Feldern mit steigendem Feld nahezu linear zu, mit einer mittleren Steigung von $4{,}3 \cdot 10^{-10}$ Ω cm pro kOe. Gerhard Schmidt 118

*0781* **Longitudinale magnetische Widerstandsänderung von reinen Kupfereinkristallen.** Alan F. Clark und Robert L. Powell. (Physic. Rev. Letters **21** (1968) 12, 802–04; Cryogenics Div., Inst. for Basic Standards, NBS, Boulder, Colo.; engl.) — Vf. messen die longitudinale magnet. Widerstandsänderung von reinem einkrist. Cu entlang der [100]-Richtung. Die Temp.-Abhängigkeit des Sättigungsverhältnisses wird zwischen 4 u. 35°K angegeben. E. Richter 118

*0782* **Anomaler Hall-Effekt in Einkristall-Dysprosium.** J. J. Rhyne. (Physic. Rev. [2] **172** (1968) 2, 523–29; U.S. Naval Ordnance Labor., White Oak, Silver Spring, Md.; engl.) — Der „anomale" oder magnetisierungsabhängige Beitrag zum Hall-Effekt in Einkrist.-Dy wurde von 340–4°K untersucht. Im paramagnet. Bereich mit H entlang ⟨11$\bar{2}$0⟩-Richtungen ist der Hall-Widerstand linear in H u. zeigt eine Temp.-Abhängigkeit, hauptsächlich infolge der magnet. Suszeptibilität. Unterhalb der Néel-Temp. (178°K) ändert der anomale Koeff. $R_s$ den Spin, läuft durch ein Max. nahe 120°K (wo $R_s = +21 \cdot 10^{-12}$Ωcm/G) u. nimmt auf Null bei 30°K ab. Herbert Weber 118

*0783* **Widerstandsanomalien in der Nähe magnetischer kritischer Punkte.** Michael E. Fisher und J. S. Langer. (Physic. Rev. Letters **20** (1968) 13, 665–68; Baker Labor., Cornell Univ., Ithaca, N.Y.; engl.) — Theoret. Unters. zum magnet. Widerstand $\varrho$ mag von Metallen in der Nähe des krit. Punktes. Er wird hervorgerufen durch Spin-Fluktuationen kurzer Reichweite. Daher sollte sich d$\varrho$ mag/dT in der stat. Näherung wie die magnet. spezif. Wärme ändern. W. Kunath 118

*0784* **Einfluß kleiner magnetischer Wechselfelder auf den peak-Effekt in Supraleitern 2. Art.** C. C. Chang, J. B. McKinnon und A. C. Rose-Innes. (Solid State Commun. **6** (1968) 9, 639–40; Suppl. zu: J. Physics Chem. Solids Univ. of Manchester, Inst. of Sci. and Technol., Manchester, England; engl.) — Vf. zeigen, daß der peak-Effekt in Supraleitern 2. Art durch Anwendung kleiner magnet. Wechselfelder von wenigen Gauß beträchtlich verstärkt werden kann. Die an $Ti_{80}$–$Nb_{20}$- u. $Nb_{47}$–$Ta_{53}$-Leg. durchgeführten Experimente zeigen, daß der peak-Effekt durch ein starkes pinning des Flußliniengitters in der Nähe von $H_{c2}$ verursacht wird. K. H. Härdtl 120

*0785* **Abhängigkeit der Freien Energie in Supraleitern II. Art vom Spannungszustand.** K. Yamafuji, F. Irie und C. L. Bauer. (Physic. Rev. Letters **20** (1968) 13, 658—60; Dep. of Electr., Kyushu Univ., Fukuoka, Japan; engl.) — Unters. der Änderung der totalen Gibbsschen Freien Energie im Zwischenzustand von Supraleitern II. Art in Ggw. innerer Spannungsfelder.
W. Kunath 120

*0786* **Supraleitfähigkeit in einfachen Metallen.** J. P. Carbotte und R. C. Dynes. (Physic. Rev. [2] **172** (1968) 2, 476—84; Theoret. Phys. Inst., McGill Univ., Montreal, Quebec, Canada; engl.) — Vers. zur direkten Berechnung der Supraleitungseig. einer Reihe von einfachen Metallen aus Daten für den Normalzustand. Die ber. Lücken für Pb sowie für Al sind in Übereinstimmung mit dem Experiment. Für Na u. K wird vorausgesagt, daß die Übergangstemp. viel niedriger als $10^{-5}$ °K ist, falls überhaupt Supraleitung auftritt.
Herbert Weber 120

*0787* **„Elektrische Felder" in Supraleitern.** J. Bok und J. Klein. (Physic. Rev. Letters **20** (1968) 13, 660—62; Groupe de Phys. des Solides, Ecole Normale Supérieure, Paris, France; engl.) — Experimenteller Beweis der Existenz des von London vorhergesagten elektr. Feldes in einem Supraleiter I. Art in Ggw. eines quasistat. magnet. Feldes. Messungen an *Pb* bei 4,2 °K sowie an *Nb* u. *PbIn* unterhalb $H_{c1}$. W. Kunath 120

*0788* **Energielücken-Anisotropie in supraleitendem Indium.** T. D. Clark. (Physics Letters [Amsterdam] **27 A** (1968) 9, 608—09; Mullard Res. Labor., Salfords, Surrey, UK; engl.) — Eine Struktur, die mit einem lokalen Max. der Energielückenoberfläche im k-Raum von In identifiziert wird, wird in den Kurven dV/dI über V von Al–$Al_2O_3$–In-Tunnelübergängen beobachtet.
Herbert Weber 120

*0789* **Spezifische Wärme eines sphärischen Supraleiters 2. Art.** Paul Zoller und J. R. Dillinger. (Physic. Rev. [2] **172** (1968) 2, 390—92; Dep. of Phys., Univ. of Wis., Madison, Wis.; engl.) — Messungen der spezif. Wärme an einer sphär. *In–Pb*-Leg. mit 7,05 Gew.-% Pb werden diskutiert, bes. bez. des Unterschiedes im Einfl. der Irreversibilität auf die Best. der Maki-Parameter in kalorimetr. u. Magnetisierungsmessungen.
Herbert Weber 120

*0790* **Unterschiede in der Druckabhängigkeit der Supraleitungsübergangstemperatur des Lanthans durch Cer- und Gadolinium-Verunreinigungen.** B. Coqblin und C. F. Ratto. (Physic. Rev. Letters **21** (1968) 15, 1065—67; Labor. de Phys. des Solides, Fac. des Sci., Orsay, France; engl.) — Die unterschiedlichen Druckabhängigkeiten (für La–Gd-Leg., 0—1,5% Gd, ist die Steigung in der Auftragung $T_c$ gegen die Gd-Konz. unabhängig vom Druck, $dT_c/dc = -400$ °K; für La–Ce-Leg., 0—1,5% Ce, dagegen $dT_c/dc = -170$ °K bei Normaldruck, $-240$ °K bei 5 kbar, $-320$ °K bei 10 kbar) werden durch elektron. Strukturunterschiede des Ce u. des Gd erklärt. Die Eig der La–Gd-Leg. lassen sich durch das Ionen-Modell, die der La–Ce-Leg. durch Resonanzstreuung beschreiben.
Werner Schmidt/Berlin 120

*0791* **Beziehung zwischen der kritischen Temperatur und den magnetischen Eigenschaften eines Supraleiters mit magnetischen Verunreinigungen im Normalzustand.** A. M. Toxen, P. C. Kwok und R. J. Gambino. (Physic. Rev. Letters **21** (1968) 12, 792—94; IBM Watson Res. Center, Yorktown Heights, N.Y.; engl.) — An einer Reihe von $LaSn_3$-Proben, an denen bis zu 12,5 Atom-% La durch Gd ersetzt wurden, wurden die krit. Temp. u. die Magnetisierung im Normalzustand gemessen. Für verd. Proben folgt die Änderung der krit. Temp. der Abrikosov-Gorkov-Theorie, bei höheren Gd-Konz. werden Abweichungen davon beobachtet. Ein vereinfachtes Modell zur Korrelation von krit. Feld u. Magnetisierung im Normalzustand wird angegeben. Die Ergebnisse zeigen, daß Spin–Spin-Korrelationen, auch beim Fehlen einer magnet. Einstellung, bei der Best. der Eig. von Supraleitern mit magnet. Verunreinigungen eine wichtige Rolle spielen. E. Richter 120

*0792* **Kurven des kritischen Feldes für lückenlose Supraleiter.** W. R. Decker und D. Finnemore. (Physic. Rev. [2] **172** (1968) 2, 430—36; Inst. for Atomic Res. and Dep. of Phys., Ia. State Univ., Ames, Ia.; engl.) — Messungen für reines *Th* u. *Th–Gd*-Leg. (0,0—0,2 At.-% Gd) bei magnet. Verunreinigungskonz. bis zu 60% der krit. Konz., die zur vollständigen Löschung der Supraleitfähigkeit erforderlich ist. Diese Proben zeigen einen Meissner-Effekt u. Typ-I-Magnetübergänge, die bis mindestens 1% von $H_c$ reversibel sind.
Herbert Weber 120

*0793* **Einfluß von hohem Druck auf die Energielücke von Zinn.** A. A. Galkin, A. A. Dikii und V. M. Svistunov. (Physica Status solidi [Berlin] **30** (1968) 2, K 107 bis 110; Phys.-techn. Inst., Ukrainian Acad. of Sci., Donetsk; engl.) — Die Energielücke von supraleitendem Sn bei 1,3—4,2 °K u. Drücken bis zu 11 katm wird an Sandwichproben der Art Al–Isolator–Sn u. Sn–Isolator–Sn mit Hilfe der Tunnelstrommeth. bestimmt.
H. Roschkowski 120

*0794* **Einfluß von Aluminiumbeimischung auf die Supraleitungs-Eigenschaften von Zinn.** C. Sułkowski und J. Mazur. (Acta physica polon. **33** (1968) 5, 827—30; Low Temp. Labor., Inst. of Low Temp. and Struct. Invest., Polish Acad. of Sci., Wrocław; engl.)
Herbert Weber 120

*0795* **Supraleitungs-Übergangstemperaturen von Blei–Thallium-Legierungen.** Eckhard Nembach. (Physic. Rev. [2] **172** (1968) 2, 425—26; Inorg. Mater. Res. Div., Lawrence Radiation Labor., Univ. of Calif., Berkeley, Calif.; engl.) — Messungen im Zus.-Bereich 47—53 Atom-% Tl. Im Gegensatz zu Claeson (C. **1967**, 40-0416) wird keine Einsenkung in $T_c$ als Funktion der Zus. gefunden. Das Verh. bei den Claeson-Proben mit 49—50 Atom-% Tl scheint auf Probeninhomogenität zurückzuführen zu sein. Herbert Weber 120

*0796* **Widerstandsminimum in Supraleitern Zweiter Art.** Carl J. Axt und W. C. H. Joiner. (Physic. Rev. Letters **21** (1968) 16, 1168—70; Phys. Dep., Univ. of Cincinnati, Cincinnati, O.; engl.) — Vf. beobachteten ein Widerstandsminimum in einer $Pb_{60}Tl_{40}$-Leg. u. vergleichen das Ergebnis mit einer Theorie von J. R. Clem (Dissipation, verbunden mit Temp.-Gradienten entlang der sich bewegenden Fl.). Das Minimum verschwindet für eine Probe einer $Pb_{95}Tl_{05}$-Leg. mit größerer freier Elektronenweglänge, die therm. Dissipation bleibt jedoch ausgeprägt erhalten. E. Richter 120

*0797* **Elektronen-Strömungswiderstand und Fließspannung in Niob und Blei bei 4,2 °K.** H. Kojima und T. Suzuki. (Physic. Rev. Letters **21** (1968) 13, 896—98; Inst. for Solid State Phys., Univ. of Tokyo Roppongi, Minatoku, Tokyo, Japan; engl.) — Die Fließspannungen von supraleitendem Nb u. Pb bei 4,2 °K nehmen zu, wenn durch ein äußeres Magnetfeld der Übergang vom supraleitenden zum Normalzustand erfolgt. Das Verhältnis des Zuwachses zur Fließspannung beträgt 2,9% für Pb u. 0,6% für Nb. Es wird geschlossen, daß die Leitungselektronen in den normalen Metallen die Bewegung von Versetzungen behindern.
W. Kunath 120

*0798* **Gleichungen für den kritischen Zustand von supraleitenden Niob-Drähten.** M. A. R. Le Blanc und C. T. M. Chang. (Solid State Commun. **6** (1968) 9, 617—20; Suppl. zu: J. Physics Chem. Solids Electronics Sci. Labor., Univ. of Southern Calif., Los Angeles, Calif.; engl.) — Unter der Annahme von $j_c = \alpha(1 - |B|/H_{c2})$ können Gleichungen abgeleitet werden, die bei stimulierter unendlich ausgedehnter stabförmiger Geometrie genau die Abhängigkeit von $I_c$ (krit. Leitungsstrom) vom Magnetfeld H beschreiben. Gleichzeitig kann in einfacher Weise der pinning-Parameter $\alpha$ gemessen werden. K. H. Härdtl 120

*0799* **Widerstand und Hall-Effekt in supraleitendem Nb.** A. T. Fiory und B. Serin. (Physic. Rev. Letters **21** (1968) 6, 359—61; Dep. of Phys., Rutgers Univ., New Brunswick, N.J.; engl.) — Messung des elektr. Widerstandsfeldes u. des Hall-Feldes in reinem Nb im gemischten Zustand als Funktion des Magnetfeldes bei hohen Stromdichten u. verschiedenen Temperaturen. Aus der Unters. der Wirbelbewegung in Ggw. einer

Pinning-Kraft folgt, daß bei hoher Stromdichte der differentielle Widerstand unabhängig von der Pinning-Kraft wird. Der Flux-Flow-Widerstand ist proportional zu $B/H_{c2}$, u. der Hall-Widerstand ist gleich RB. Die Hall-Tangente im gemischten Zustand ist konst. u. gleich dem Wert bei $H_{c2}$. W. Kunath 120

*0800* **Oberflächen-Impedanz von Nb nahe $H_{c2}$.** W. D. Hibler III und B. W. Maxfield. (Physic. Rev. Letters **21** (1968) 11, 742–45; Labor. of Atomic and Solid State Phys., Cornell Univ., Ithaca, N.Y.; engl.) — Messung der Magnetfeld- u. der Winkelabhängigkeit der Oberflächen-Impedanz von supraleitendem Nb nahe $H_{c2}$ u. Vgl. mit Vorhersagen auf Grund der Theorie von Caroli u. Maki. W. Kunath 120

*0801* **Einfluß eines statischen Magnetfeldes auf die Wechselstromverluste in einem Typ-II-Supraleiter.** C. Dammann, J. Maldy und E. Santamaria. (Physics Letters [Amsterdam] **27 A** (1968) 9, 631–32; Centre de Rech. de la Co. Gén. d'Électricité, Marcoussis, France; engl.) — Messungen an *Nb*. Herbert Weber 120

*0802* **Stabilität des „Flux-Flow"-Zustandes in supraleitenden NbTi-Streifen.** D. M. Kroeger und M. S. Lubell. (Appl. Physics Letters **13** (1968) 2, 63–65; ORNL, Oak Ridge, Tenn.; engl.) — Messungen an 0,117 mm dicken Nb–25% Ti-Streifen. W. Kunath 120

*0803* **Hochfeld-Charakteristiken von $Nb_3(Al, Ge)$.** L. D. Hartsough, V. F. Zackay und E. R. Parker. (Appl. Physics Letters **13** (1968) 2, 68–71; Inorg. Mater. Res. Div., Lawrence Radiat. Labor., Dep. of Mineral Technol., Coll. of Engng., Univ. of Calif., Berkeley, Calif.; engl.) — Die I(H)-Kurve wurde für $Nb_3(Al_{0,8}Ge_{0,2})$ gemessen u. mit der der bin. Verb. $Nb_3Al$ verglichen. Die Kurve für die Nb–Al–Ge-Leg. besitzt einen Peak, u. das krit. Magnetfeld $H_r(I = 0)$ beträgt ungefähr 220 kG bei 4,2°K. Die Zus. der tern. Leg. liegt näher bei dem idealen Atomverhältnis 3:1 als die der bin. Legierung. W. Kunath 120

*0804* **Beziehung zwischen Supraleitfähigkeit und Gitterinstabilität in den β-W-Verbindungen.** J. Labbé. (Physic. Rev. [2] **172** (1968) 2, 451–55; Labor. de Phys. des Solides assoc. au Centre Nat. de la Rech. Sci., Fac. des Sci. d'Orsay, Orsay, France; engl.) — In früheren Arbeiten war von Vf. et al. gezeigt worden, daß die meisten der ungewöhnlichen Eig. der intermetall. $A_3B$-Verb. mit β-W-Struktur unter Annahme eines eindimensionalen Modells (lineare Kette) zur Berechnung der d-Band-Struktur in der Approximation der engen Bindung erklärt werden können. Die Temp. $T_0$, bei der der Schermodul $1/2(C_{11}-C_{12})$ in der kub. Phase u. im normalen Zustand einiger hochsupraleitender β-W-Verb. verschwindet, wird als Funktion der kleinen Anzahl Q von Elektronen (oder Löchern) im nahezu leeren (oder nahezu vollen) d-Unterband berechnet. Es wird gezeigt, daß $T_0$ viel empfindlicher als $T_c$ gegenüber dem Wert von Q u. damit gegenüber der exakten chem. Zus. der $A_3P$-Phase ist. Das Fehlen eines martensit. Phasenüberganges in einigen Stoffen, wenn der extrapolierte Wert von $^1/_2$ ($C_{11}$ bis $C_{12}$) gegen Null geht, wird diskutiert. Bei Zimmertemp. soll $^1/_2(C_{11}-C_{12})$ für kleine Werte von Q ein Minimum haben. Numer. Ergebnisse für $Nb_3Sn$ u. $V_3Si$ werden wiedergegeben. Herbert Weber 120

*0805* **Isotopieeffekt für supraleitendes α-Uran.** H. Capellmann und J. R. Schrieffer. (Physic. Rev. Letters **21** (1968) 15, 1060–61; Dep. of Phys., Univ. of Pa., Philadelphia, Pa.; engl.) — Berechnungen zeigen, daß der von Fowler et al. (vgl. ibid. **19** (1967) 892) beobachtete große, positive Isotopieeffekt an α-U nicht notwendig auf die Existenz eines neuen Kopplungsmechanismus zur Erzeugung von Supraleitung hinweist. Werner Schmidt/Berlin 120

*0806* **Lokale Spinschwankungen und Supraleitfähigkeit in verdünnten Ir-Legierungen.** G. Morandi. (Solid State Commun. **6** (1968) 8, 561–64; Dep. of Phys., Imperial Coll. of Sci. and Technol., London; engl.) — Es wird das Verh. der Übergangstemp. zur Supraleitung $T_c$ in Abhängigkeit von der Störstellenkonz. in verdünnten Ir-Leg. untersucht, die stark Austausch-verstärkte, nichtmagnet. Verunreinigungen enthalten. Es wird gefunden, daß der Einfl. der Verunreinigungen eine schnelle Abnahme von $T_c$ verursacht, bis die Supraleitung bei einer krit. Konz. völlig unterdrückt wird. Diese krit. Konz. liegt bei ca. der Hälfte derjenigen Konz., die zu einer magnet. Instabilität des Modells führt. K. H. Härdtl 120

*0807* **Gemischter Zustand in supraleitenden dünnen Filmen.** F. E. Harper und M. Tinkham. (Physic Rev. [2] **172** (1968) 2, 441–50; Dep. of Phys., Univ. of Calif., Berkeley, Calif.; engl.) — Krit. Magnetfelder von supraleitenden, im Vakuum aufgedampften *Sn*-Filmen wurden für alle Winkel zwischen dem Magnetfeld u. der Filmoberfläche bei Temp. von 0,4 $T_c$ bis $T_c$ gemessen. Herbert Weber 120

*0808* **Experimentelle Beobachtung eines Entpaarungsphänomens in supraleitenden dünnen Filmen.** Anil Kumar Bhatnagar und Edward A. Stern. (Physic. Rev. Letters **21** (1968) 15, 1061–64; Phys. Dep., Univ. of Md., College Park, Md.; engl.) — Der allmähliche Abfall eines Supraleitungsstromes auf Null als Folge einer Entpaarung wird an einem dünnen *Sn*-Film als Funktion eines äußeren Magnetfeldes beobachtet. Die Beobachtungen sind in Übereinstimmung mit der Theorie. Werner Schmidt/Berlin 120

*0809* **Überschußströme in supraleitenden Tunnelübergängen.** J. M. Rowell und W. L. Feldmann. (Physic. Rev. [2] **172** (1968) 2, 393–401; Bell Telephone Labor., Murray Hill, N.J.; engl.) — Diskussion von I–V-Charakteristiken am Beispiel eines Pb-I-Pb-Übergangs bei 1°K (I = Isolatorschicht). Herbert Weber 120

*0810* **Widerstandsanomalien in Metall–Halbleiter-Tunnelübergängen.** Nobuo Tsuda. (J. physic. Soc. Japan **24** (1968) 4, 962; Inst. for Solid State Phys., Univ. of Tokyo, Roppongi, Minatoku, Tokyo; engl.) — An M–*Si*-Übergängen mit M = $V_3Sn$, *W* u. *Au* wurden Widerstandspeaks vom Λ-Typ bei der Messung der Abhängigkeit des dynam. Widerstands dV/dI (1 kHz) von der Spannung gefunden. Die Widerstandspeaks werden als Funktion der Temp. (1–50°K) u. des Magnetfeldes angegeben. Die Ursache der Anomalien wird diskutiert. E. Richter 120

*0811* **Anomales supraleitendes Verhalten von Sn–Sn-Tunnel-Übergängen mit Verunreinigungen im isolierenden Oxid.** L. Y. L. Shen. (Physic. Rev. Letters **21** (1968) 6, 361–63; Bell Telephone Labor., Murray Hill, N.J.; engl.) — Pt, Ni u. Al wurden mit Hilfe einer Wechselstromentladungs-Meth. als Verunreinigungen in Sn–Sn-Übergänge eingeführt. Zusätzlich zu einer Nullpotential-Widerstandsanomalie zeigen die Übergänge eine anomale Spannungsverschiebung in ihren I–V-Charakteristiken zwischen dem normalen u. supraleitenden Zustand. W. Kunath 120

## Dielektrische und magnetische Eigenschaften

*0812* **Temperaturkoeffizient der Kapazität.** A. G. Cockbain und P. J. Harrop. (J. Physics, D (Brit. J. appl. Physics) [2] **1** (1968) 9, 1109–15; Allen Clark Res. Centre, The Plessey Co. Ltd., Caswell, Towcester, Northants; engl.) — Es wird eine theoret. Analyse des Temp.-Koeff. der Kapazität (TCC) durchgeführt, in der 5 Fallunterscheidungen für DK (ε) u. dielektr. Verluste (tg δ) gemacht werden: 1. ε = 1, Vakuum, TCC = o; 2. $1{,}5 < \varepsilon < 2{,}5$, $\text{tg}\,\delta < 0{,}1\%$, TCC ≈ $-\alpha$ (α = Ausdehnungskoeff.); 3. $2{,}5 < \varepsilon < 10$ TCC undefiniert; 4. $\varepsilon \geqq 10$, $\text{tg}\,\delta \geqq 0{,}1\%$, TCC ≈ $G - \alpha\varepsilon$ (G-Konst.); 5. $\varepsilon \geqq 10$, $\text{tg}\,\delta > 0{,}1\%$, TCC = $0{,}05\,\text{tg}\,\delta - \alpha\varepsilon$. Werner Schmidt/Berlin 132

*0813* **Mechanismus der stoßinduzierten elektrischen Polarisation in Wasser.** Y. Horie. (J. Physics, D (Brit. J. appl. Physics) [2] **1** (1968) 9, 1183–90; Dep. of Math., Univ. of Strathclyde; engl.) — Nach der Vorstellung eines lokal krist. Zustandes für W.-Mol. wird ein Modell für die stoßinduzierte Polarisation in W. vorgeschlagen. Bei Stoßstärken von 100 kbar beträgt der Strom 3,3 mA · $cm^{-2}$ mit einer Anstiegszeit von der Größenordnung 1 ns. Das Modell reproduziert Charakteristiken der Messungen von Eichelberger u. Hauver. Werner Schmidt/Berlin 132

*0814* **Statische dielektrische Funktion eines Halbleiters mit dem Bandabstand Null.** L. Liu und David Brust. (Physic. Rev. Letters **20** (1968) 13, 651—53; Dep. of Phys., Northwestern Univ., Evanston, Ill.; engl.) — In speziellen Halbleitern mit dem Bandabstand Null wie $\alpha$-Sn gilt für die stat. dielektr. Funktion $\varepsilon(q) \to \varepsilon_0[1 + \lambda/q]$, wenn $q \to 0$. W. Kunath 132

*0815* **Exzitonen und Plasmonen in Isolatoren.** Toru Miyakawa. (J. physic. Soc. Japan **24** (1968) 4, 768—86; Dep. of Electr. Engng., Defense Acad., Hashirimizu, Yokosuka; engl.) — Theoret. Unters. der Relation zwischen Exzitonen u. Plasmonen in Isolatoren. Experimentelle Daten aus Energieverlustspektren von Alkalimetallhalogeniden werden analysiert, indem opt. Daten sowie Ergebnisse von Bandstrukturberechnungen herangezogen werden (*LiF, LiCl, LiBr, LiJ, NaF, NaCl, NaBr, NaJ, KF, KCl, KBr, KJ, RbF, RbBr, RbCl, RbJ, CsF, CsCl, CsBr* u. *CsJ* sowie *TlCl, TlBr* u. *MgO*). E. Richter 132

*0816* **Relaxationseffekte in NaCl- und KCl-Kristallen, die Nickel und Kupfer enthalten.** M. Kaderka. (Czechoslov. J. Physics, Sect. B **18** (1968) 9, 1222—24; Inst. of Solid State Phys., Czechosl. Acad. Sci., Prague; engl.) — Es wird die Temp.-Abhängigkeit (0—150°) der dielektr. Verluste an getempertem (700°, 1 min) u. nicht getempertem NaCl-0,0042 Mol.-% Ni, NaCl-0,0115 Mol.-% Cu, KCl-0,024 Mol.-% Ni u. KCl-0,002 Mol.-% Cu gemessen. Für NaCl ergeben sich ohne Wärmebehandlung kleine Max. der Relaxationsverluste bei 37 (NaCl:Ni) u. 62° (NaCl:Cu), nach dem Tempern wird ein Anstieg der Max. von nahezu 2 Größenordnungen beobachtet. Für KCl zeigt sich nur ein ausgeprägtes Max. bei ≈ 50° u. bereits für ungetemperte Proben. Nach dem Tempern verdoppeln sich die Verluste. Aus den Max. werden Dipolkonz. (zweiwertige Kationen u. Kationenleerstellen) berechnet. Werner Schmidt/Berlin 132

*0817* **Dielektrische Eigenschaften von $Nb_3O_7Cl$-Kristallen.** M. L. A. Robinson. (J. Physics Chem. Solids **29** (1968) 11, 2064—65; Labor. RCA Ltd., Zürich; engl.) — An $Nb_3O_7Cl$-Krist. wird in Abhängigkeit von der Krist.-Orientierung die DK, der Brechungsindex u. durch Absorptionsmessungen der opt. Bandabstand bestimmt. Für die a-Achse ergaben sich die Werte: 25 ± 5; 1,98 ± 0,01 u. 3,30 eV. Für die b-Achse: 85 ± 5; 2,21 ± 0,02 u. 3,35. Für die c-Achse 40 ± 5; 2,20 ± 0,02 u. 3,46. Die Krist. hatten im Dunkeln einen spezif. elektr. Widerstand von ca. $10^{11}$ Ωcm. Die DK-Werte waren im Frequenzbereich 20 Hz bis 100 MHz innerhalb 10% konstant. Elektroopt. Effekte zweiter Ordnung konnten bis zu Feldstärken von $10^6$ V/cm nicht beobachtet werden. K. H. Härdtl 132

*0818* **Neutronenstreuung und dielektrische Eigenschaften von Kristallen des Perowskittyps.** W. Cochran. (Physica Status solidi [Berlin] **30** (1968) 2, K 157—60; Dep. of Nat. Philos., Univ., Edinburgh; engl.) — Durch Neutronenbeugungsunters. an $KNb_{0,37}Ta_{0,63}O_3$-Einkrist. wird im Gegensatz zu Comes et al. (C. R. hebd. Acad. Sci. **266** (1968) 959) gezeigt, daß für die Erklärung der Beugungsabb. keine Defektstruktur der Proben außer der angenommen werden muß, die durch Fluktuationen der Atompositionen durch „weiche" Schwingungen entsteht u. die auch verantwortlich für die dielektr. Eig. der Krist. ist. H. Roschkowski 132

*0819* **Dielektrische Dispersion und ihre Temperaturänderung in Calcit-Einkristallen.** K. Suryanarayana Rao und K. V. Rao. (Z. Physik **216** (1968) 3, 300—06; Dep. of Phys., Karnatak Univ., Dharwar, India; engl.) — Die Änderung der DK u. des dielektr. Verlustes von Calcit-Einkrist. mit der Frequenz u. der Temp. in den Bereichen $10^2$—$2,4 \cdot 10^{10}$ Hz bzw. —193 bis 450° wurden in zwei Orientierungen des Krist. untersucht, nämlich mit elektr. Feld parallel bzw. senkrecht zur opt. Achse. Die DK bei 25° in beiden Orientierungen ($E\|$ 7,8 u. $E_\perp$ 8,2) ist frequenzunabhängig. Der dielektr. Verlust zeigt ein Minimum im Bereich $10^5$—$10^8$ Hz. Die DK als Funktion der Temp. zeigt zwei unterschiedliche Bereiche: frequenzunabhängig (—193 bis 50°) u. frequenzabhängig (50—450°). Die Eigenleitfähigkeit mit größerer Aktivierungsenergie ($E\|$ 0,91 eV u. $E_\perp$ 1,05 eV) wird der Bewegung von Gitterleerstellen im Krist. zugeschrieben. Herbert Weber 132

*0820* **Dielektrische Relaxation in Hydroxylapatit.** J. Arends, B. S. H. Royce, J. Siegel und R. Smoluchowski. (Physics Letters [Amsterdam] **27 A** (1968) 10, 720—21; Solid State Labor., Princeton Univ., Princeton, N.J.; engl.) — Messungen über dielektr. Verluste an Hydroxylapatit, $Ca_{10}(PO_4)_6(OH)_2$, zeigen, daß bei Raumtemp. die Frequenz der Dipolreorientierung $3,5 \cdot 10^4$ Hz beträgt; die Aktivierungsenergie ist 0,2 eV. Die mittlere Kettenlänge, über die ferroelektr. Ordnung auftritt, ergibt sich zu 1000—5000 Å. Aus Röntgen- u. Neutronenbeugungsunters. ist bekannt, daß die $OH^-$-Ionen in Reihen parallel zur c-Achse auftreten. Die Werte der therm. Schwingungsamplituden der $OH^-$ zeigen, daß die Ionen sich entlang der c-Richtung frei bewegen können. Vf. nehmen an, daß die Ggw. von Leerstellen die Reorientierung eines $OH^-$-Dipols an einer Leerstelle triggern kann. Der Reorientierungsprozeß setzt sich dann durch die Kette fort. Herbert Weber 132

*0821* **Beziehungen der atomaren Verschiebung zu Curie-Temperatur und spontaner Polarisation in Verschiebungs-Ferroelektrika.** S. C. Abrahams, S. K. Kurtz und P. B. Jamieson. (Physic. Rev. [2] **172** (1968) 2, 551—53; Bell Telephone Labor., Murray Hill, N.J.; engl.) — Theoret. Unters. zum Phasenübergang von nichtpolar zu polar in verschiebungsferroelektr. Krist., der mit der Verschiebung $\Delta z$ einiger Atome aus ihren Hochtemp.-Symmetrielagen verbunden ist. Herbert Weber 134

*0822* **Spin-Gitter-Relaxation durch die ferroelektrische Mode in $KH_2PO_4$.** R. Blinc und S. Zumer. (Physic. Rev. Letters **21** (1968) 14, 1004—06; ANL, Argonne, Ill.; engl.) — Der beobachtete anomale Abfall der $^{31}P$-Kernspin-Gitter-Relaxationszeit beim Annähern an den Curie-Punkt in einem sehr reinen $KH_2PO_4$-Krist. wird durch magnet. Dipolkopplung zur temperaturabhängigen ferroelektr. Mode erklärt. Werner Schmidt/Berlin 134

*0823* **Verschwinden einer Vibrationsmode beim ferroelektrischen Phasenübergang von $KH_2PO_4$.** Ch. Schenk, E. Wiener, B. Weckermann und W. Kley. (Physic. Rev. [2] **172** (1968) 2, 576—78; Div. of Neutron Phys., EURATOM, Ispra, Italy; engl.) — Mit einem Spektrometer für kalte Neutronen wurden die Laufzeitspektren von $KH_2PO_4$-Einkrist. mit verschiedenen Orientierungen des Impulsaustauschvektors bez. der kristallograph. Achsen gemessen. Für den Fall, daß der Impulsaustauschvektor hauptsächlich in die Richtung der Wasserstoffbindung zeigt, wurde die Temp.-Abhängigkeit des Spektrums untersucht. Es wurde gefunden, daß unterhalb der Curie-Temp. eine Bandmode von 50 $cm^{-1}$ verschwindet, u. der quadrat. Mittelwert der Verschiebung der Protonen in der Richtung ihrer Bindungen wird stark erniedrigt. Herbert Weber 134

*0824* **Polarisationsrelaxation im ferroelektrischen Übergangsbereich von $KD_2PO_4$.** Eliyahu Litow und Edwin A. Uehling. (Physic. Rev. Letters **21** (1968) 12, 809—12; Dep. of Phys., Univ. of Wash., Seattle, Wash.; engl.) — Aus experimentellen Ergebnissen bez. der Fortpflanzungseig. einer Schallwelle, welche mechan. u. elektr. Verschiebungen koppelt, erhalten Vf. die Polarisationsrelaxationszeit u. die dielektr. Suszeptibilität von $KD_2 \cdot PO_4$ im paraelektr. u. ferroelektr. Bereich als Funktion der Temperatur. Die Ergebnisse werden mit aus anderen Messungen gewonnenen Resultaten verglichen. E. Richter 134

*0825* **Einfluß des OH-Radikals und der Stöchiometrie von $BaTiO_3$ auf den ferroelektrischen Übergang.** Guy Chanussot und Gilles Ormancey. (C. R. hebd. Séances Acad. Sci., Sér. A et B **267** (1968) 21, B 1165—68; Labor. de Diélectr. et Ferroélectr., Équipe de Rech. assoc. au C. N. R. S., Fac. des Sci. Dijon, Côte-d'Or; franz.) — Die Unters. werden an etwa 50 verschiedenen $BaTiO_3$-Krist. mit OH- (oder $Fe^{3+}$)-Dotierungen oder O- u. Ti-Fehlstellen nach einer pyroelektr. Meth. unter opt. Beobachtung der Domänenstruktur durchgeführt. U. Venzke 134

*0826* **Dielektrische, thermische und pyroelektrische Eigenschaften von ferroelektrischem $LiTaO_3$.** A. M. Glass. (Physic. Rev. [2] **172** (1968) 2, 564—71; Bell Telephone Labor., Murray Hill, N.J.; engl.) — Messungen der DK, der spezif. Wärme u. des pyroelektr. Koeff. $dP_s/dT$ wurden von 25—700° durchgeführt. Bei jeder dieser Messungen wurden ausgeprägte Anomalien bei der ferroelektr. Curie-Temp. $T_C$ = 618° beobachtet, die einen Übergang zweiter Ordnung andeuten. Aus den pyroelektr. Messungen u. aus der spezif. Wärme wurde die Temp.-Abhängigkeit der spontanen Polarisation innerhalb 5% Genauigkeit erhalten. Herbert Weber 134

*0827* **Gadoliniummolybdat, ein neuartiger Typus eines ferroelektrischen Kristalls.** L. E. Cross, A. Fouskova und S. E. Cummins. (Physic. Rev. Letters **21** (1968) 12, 812—14; Mater. Res. Labor. and Dep. of Electr. Engng., Pa. State Univ., University Park, Pa.; engl.) — Vf. zeigen, daß die ferroelektr. Eig. von $Gd_2(MoO_4)_3$ aus einem Mechanismus resultieren, der grundsätzlich vom bei konventionellen Ferroelektrika angenommenen Mechanismus abweicht. In diesem Krist. entsteht die spontane Polarisation aus einer elast. Instabilität, die eine spontane Deformationskomponente in der ursprünglich paraelektr. Phase erzeugt. Die DK des Krist. ist niedrig u. temperaturunabhängig, dagegen zeigt die elast. Konst. $c_{66}E$ eine starke Temp.-Abhängigkeit mit einer ausgeprägten Anomalie am Curie-Punkt. E. Richter 134

*0828* **Wasserstoffbindungsnetzwerk von Kupferformiattetrahydrat im antiferroelektrischen Zustand aus der magnetischen Deuteronenresonanz.** Gen Soda und Takehiko Chiba. (J. chem. Physics **48** (1968) 9, 4328 bis 4329; Inst. for Solid State Phys., Univ. of Tokyo, Roppongi, Minato-ku, Tokyo, Japan; engl.) — Es wurden Messungen der magnet. Deuteronenresonanz an $Cu(DCOO)_2 \cdot 4D_2O$-Einkrist. durchgeführt, um die Änderungen in der Struktur u. die Bewegung der Krist.-W.-Mol. beim Phasenübergang ($T_c$ = 246,1 ± 0,2 °K) zu untersuchen. Der Quadrupolkopplungstensor an jedem Deuteron in der antiferroelektr. Phase wurde bei 153 °K bestimmt. Es wird angenommen, daß die Deuteronen der $D_2O$-Mol. gewöhnliche Wasserstoffbindungen mit O ··· O-Abständen von ca. 2,8 Å in der antiferroelektr. Phase bilden. Jede Schicht des H-Bindungsnetzwerks hat $2_1$-Symmetrie, die beiden aufeinander folgenden Schichten der $D_2O$-Mol. sind antiparallel angeordnet. Die Elementarzellendimension ist in der c-Achsen-Richtung verdoppelt, Raumgruppe $P2_1/n$. H. Liepack 134

*0829* **Temperaturabhängigkeit der Dielektrizitätskonstante von Rochellesalz bei 9 GHz.** D. C. Dale und W. N. Honeyman. (J. Physics Chem. Solids **29** (1968) 11, 2063 bis 2064; Dep. of Appl. Phys., Brighton Coll. of Technol. Moulsecoomb, Brighton, Sussex; engl.) — Vf. messen die DK von Rochelle-Salz bei 9,070 GHz zwischen 10 u. 45°. Als Meßsignal dient das von einem „unendlich" langen Krist. in einem Wellenleiter reflektierte Signal. Der Realteil der DK zeigt ein ausgeprägtes Max. von 63 ± 3 am oberen Curie-Punkt von 26°. K. H. Härdtl 134

*0830* **Thermodynamik und paramagnetische Eigenschaften disperser Metalle.** J. Czerwonko. (Physica Status solidi [Berlin] **30** (1968) 2, 723—34; Inst. of theoret. Phys., Univ., Wroclaw; engl.) — Entw. einer statist. Thermodynamik des Elektronengases in dispersen Metallen, Berechnung der thermodynam. Funktionen u. Anwendung der Theorie auf magnet. Messungen aus der Literatur. H. Roschkowski 136

*0831* **Kollektive Anregung und magnetische Ordnung in Materialien mit Singulett-Kristallfeld-Grundzustand.** Yung-Li Wang und Bernard R. Cooper. (Physic Rev. [2] **172** (1968) 2, 539—51; Gen. Electric. Res. and Dev. Center, Schenectady, N.Y.; engl.) — Theoret. Unters. der tiefliegenden magnet. angeregten Zustände („Frenkel-Spin-Exzitonen") in Seltenerdmetallverb. mit einem Singulett-Krist.-Feld-Grundzustand. Herbert Weber 136

*0832* **Einfluß von Verunreinigungen auf die Eigenschaften nahezu ferromagnetischer Systeme: Spin-Bahn-Wechselwirkungen.** W. F. Brinkman und S. Engelsberg. (Physic. Rev. Letters **21** (1968) 16, 1187—90; Bell Telephone Labor., Murray Hill, N.J.; engl.) — Eine theoret. Unters. der spinabhängigen u. spinunabhängigen Verunreinigungsstreuung in wandernden Fermi-Syst. ergibt bei tiefen Temp. eine stärkere Temp.-Abhängigkeit der spezif. Wärme als für reine Systeme. Bei tiefsten Temp. wird jedoch die Potenzreihenentw. erhalten. E. Richter 136

*0833* **Stabilität der schraubenförmigen Spin-Struktur in MnP.** Shôzô Takeuchi und Kazuko Motizuki. (J. physic. Soc. Japan **24** (1968) 4, 742—50; Fac. of Engng. Sci., Osaka Univ., Toyomaka; engl.) — Unter Verw. sieben verschiedener Austauschkonst. wird die schraubenförmige, sich entlang der rhomb. a-Achse ausbreitende Spinanordnung in MnP erklärt. Dabei wird nur isotrope Austauschwechselwrkg. angenommen. Die Vorzeichen u. Relativbeträge der gewählten Austauschkonst. werden diskutiert u. der Stabilisierungsbereich der schraubenförmigen Spinanordnung im Parameterraum wird bestimmt. E. Richter 136

*0834* **Bedingungen für die Aufspaltung paramagnetischer Magnonen in stark anisotropen ferromagnetischen Kristallen.** Jean-Louis Dormann, Henri Le Gall und Bernard Lemaire. (C. R. hebd. Séances Acad. Sci., Sér. A et B **267** (1968) 21, B 1117—20; Labor. de Magnét. et de Phys. du Solide, C.N.R.S., Bellevue; franz.) — Die Bedingungen für das Auftreten von Aufspaltungswechselwrkg. parametr. angeregter Spinwellen in ferromagnet. Krist. werden am Beispiel von $LiF_5O_8$- u. $NiFe_2O_4$-Einkrist. definiert. Die Berechnung wird unter Berücksichtigung der Orientierung des Krist. in Hinsicht auf die Ausbreitungsrichtung der Magnonen durchgeführt. U. Venzke 136

*0835* **Nachweis von Ferromagnetismus durch wandernde d-Elektronen.** H. S. Jarrett, W. H. Cloud, R. J. Bouchard, S. R. Butler, C. G. Frederick und J. L. Gillson. (Physic. Rev. Letters **21** (1968) 9, 617—20; Central Res. Dep., E. I. du Pont de Nemours and Co., Wilmington, Del.; engl.) — Vf. beschreiben ein metall. ferromagnet. Syst. ($Fe_{1-x}Co_xS_2$ bzw. $Co_{1-x}Ni_xS_2$) mit einem einzelnen, doppelt-degenerierten Band. Die Elektronen in diesem Band sind (der Theorie der elektr. Leitfähigkeit entsprechend) beweglich, das magnet. Moment entspricht jedoch dem eines isolierten Ions. E. Richter 136

*0836* **Kritische Relaxation oberhalb des Néel-Punktes in den Antiferromagnetika und Helimagnetika.** J. Villain. (J. Physique **29** (1968) 7, 687—93; Serv. de Phys. du Solide et de Résonance Magnet., Centre d'Études Nucl. de Saclay, Gif-sur-Yvette; franz.) — Theoret. Untersuchung. Herbert Weber 136

*0837* **Anomale Temperatureffekte für das kritische Feld bei magnetischen Übergängen erster Ordnung.** R. B. Flippen. (Physic. Rev. Letters **21** (1968) 15, 1079—81; Central Res. Dep., E. I. Du Pont de Nemours and Company, Exper. Stat., Wilmington, Del.; engl.) — Impulsfeld-Messungen des Überganges antiferromagnet.–ferromagnet. in $Fe_{2-x}Mn_xAs$ (x = 1,31; 1,19) zeigen die Existenz eines Schwellenfeld-Temp.-Punktes oberhalb der Nullfeld-Übergangstemperatur. Unterhalb dieses Punktes kann der Übergang antiferromagnet.–ferromagnet. durch Impulse von $22 \cdot 10^{-6}$ – $440 \cdot 10^{-6}$ s Anstiegszeit nicht induziert werden, obgleich der Übergang durch stat. Felder erzeugt werden kann. Ähnliches Verh. wird für $Mn_{1,8}Cu_{0,2}Sb$ u. $Rb[FeF_3]$ beobachtet. Werner Schmidt/Berlin 136

*0838* **Symmetrie der Wellenfunktionen in der Bändertheorie der ferromagnetischen Metalle** L. M. Falicov und J. Ruvalds. (Physic. Rev. [2] **172** (1968) 2, 498—507; Dep. of Phys. and James Franck Inst., Univ. of Chicago, Chicago, Ill.; engl.) — Unters. zu den Symmetrie-Eig. der Elektronenzustände (vgl. nachst. Ref.). Herbert Weber 136

*0839* **De Haas-van Alphen-Effekt, Austauschaufspaltung, Spin-Bahn-Wechselwirkung und magnetischer Durchschlag in ferromagnetischem Nickel.** J. Ruvalds und L. M. Falicov. (Physic. Rev. [2] **172** (1968) 2, 508 bis 513; engl.) — Vgl. vorst. Referat. — Theoret. Unters.

über die detaillierte Bandstruktur von ferromagnet. Ni in der Nähe des Symmetriepunktes X in der Brillouin-Zone. Herbert Weber 136

*0840* **Anisotropie des Leitungselektronen-g-Faktors für Pt.** L. R. Windmiller und J. B. Ketterson. (Physic. Rev. Letters **21** (1968) 15, 1076–78; ANL, Argonne, Ill engl.) — Es wird ein direkter Beweis für die Anisotropie des Leitungselektronen-g-Faktors in Pt mit de Haas-van Alphen-Spinaufspaltungen erbracht. Die Änderung des g-Faktors ist von derselben Größenordnung wie die effektive Zyklotron Masse. Der g-Faktor wird für ein Magnetfeld in der (100)-Ebene für die $\Gamma$-zentrierte Oberfläche bestimmt. Es wird eine Formel zur Berechnung des g-Faktors einer allg. Bandstruktur in Ggw. von Spin-Bahn-Kopplung abgeleitet. Werner Schmidt/Berlin 136

*0841* **Magnetothermodynamik von $CuSO_4 \cdot 5H_2O$-Einkristallen.** 2. Mitt. **Felder ‖ zur magnetischen $\alpha$-Achse. Thermodynamische Temperatur und Wärmekapazität ohne Wärmeleitung unterhalb 0,4°K. Kalorimetrische Wärmekapazität von 0,4—4,2°K mit Feldern von 1 bis 3 kG.** W. F. Giauque, R. A. Fisher, E. W. Hornung und G. E. Brodale. (J. chem. Physics **48** (1968) 8, 3728 bis 3734; Low Temp. Labor., Dep. of Chem. and Chem. Engng., Univ. of Calif., Berkeley, Calif.; engl.) — Vgl. ibid **46** (1967) 6, 2413. — Die Unters. zeigen, daß die Meth. der reversiblen Thermodynamik benutzt werden können, wenn die elektron. Entropie in der Größenordnung von 0,05 Gibbs/Mol u. das Feld nicht unter 1 kG red. ist. Ist die Entropie $\gtrsim$ 0,1 Gibbs/Mol, so ist das Feld reversibel auf null zu reduzieren. H. Liepack 136

*0842* **Magnetothermodynamik von $CuSO_4 \cdot 5H_2O$-Einkristallen.** 3. Mitt. **Eigenschaften über den Bereich 0,4 bis 4,2°K mit Feldern bis 90 kg ‖ zur magnetischen $\gamma$-Achse.** W. F. Giauque, E. W. Hornung, G. E. Brodale und R. A. Fisher. (J. chem. Physics **48** (1968) 9, 3906–18; Low Temp. Labor., Dep. of Chem., Univ. of Calif., Berkeley, Calif.; engl.) — 2. vgl. vorst. Referat. — Messung der Wärmekapazität u. des magnet. Moments. Aus der in bezug auf Diamagnetismus u. einen im allg. unbedeutenden temperaturunabhängigen Paramagnetismus korr. magnet. Sättigung wurde das gyromagnet. Verhältnis zu $g_\gamma = 2{,}269$ berechnet. Der abgeschätzte „Ausläufer" oberhalb 4°K der Elektronenentropie beträgt innerhalb der Genauigkeitsgrenze Rln 2. Aus der Wärmekapazität bei 90 kG folgt, daß die Kernspinpolarisation bis herab zu 0,7 °K in therm. Gleichgew. ist. H. Liepack 136

*0843* **Magnetothermodynamik von $\alpha$-$NiSO_4 \cdot 6H_2O$.** 3. Mitt. **Ableitung der Molekularfeldparameter des Spin-Hamilton-Operators aus experimentellen Werten.** R. A. Fisher und E. W. Hornung. (J. chem. Physics **48** (1968) 9, 4284–91; Low Temp. Labor., Dep. of Chem. and Chem. Engng., Univ. of Calif., Berkeley, Calif.; engl.) — 2. vgl. C. **1969,** 13-0792. — Deutung der magnetothermodynam. Werte für $\alpha$-$NiSO_4 \cdot 6H_2O$ mit Magnetfeldern parallel zu [001] u. [110] nach dem Mol.-Feld-Modell für $Ni(H_2O)_6^{2+}$-Komplexe. H. Liepack 136

*0844* **De-Haas-van Alphen-Effekt in Zink in gepulsten Magnetfeldern.** 3. Mitt. **Messung der Oszillations-Amplituden.** V. A. Ventcel'. (Ž. èksper. teoret. Fiz. **55** (1968) 4 (10), 1191–96; russ., Auszug: engl.) — 2. vgl. C. **1968,** 25-0526. — Die experimentell gemessenen Abhängigkeiten der Amplituden der Schwingungen, die mit den „Schmetterlings"- u. „Zigarren"-Querschnitten in Verb. stehen, von der Richtung u. Größe eines Magnetfeldes u. von der Temp. werden mit theoret. Voraussagen verglichen. Bestehende theoret. Auffassungen vom magnet. Breakdown erklären nicht die Winkelabhängigkeit der Schwingungsamplituden in der $(11\bar{2}0)$-Ebene. Eine qual. Erklärung wird vorgeschlagen für ein magnet. Breakdown für Trajektorien, die nahe der Kante der Brillouin-Zone verlaufen. Herbert Weber 136

*0845* **De Haas-van Alphen-Effekt und Fermi-Oberfläche in Niob.** G. B. Scott, M. Springford und J. R. Stockton. (Physics Letters [Amsterdam] **27 A** (1968) 10, 655 bis 656; School of Math. and Phys. Sci., Univ. of Sussex, Brighton, UK; engl.) — De Haas-van Alphen-Oszillationen in Nb wurden für Magnetfeldrichtungen in den {110}-Ebenen untersucht. Die Ergebnisse werden nach einem Modell für die Fermi-Oberfläche interpretiert, das von Mattheiss für Übergangsmetalle der Gruppe VB vorgeschlagen worden war. Herbert Weber 136

*0846* **Messung des de Haas-van Alphen-Effektes im Übergangsmetalloxid $ReO_3$.** S. M. Marcus. (Physics Letters [Amsterdam] **27 A** (1968) 9, 584–85; Central Res. Dep., E. I. du Pont de Nemours and Co., Exper. Stat., Wilmington, Del.; engl.) — Drei Gruppen von Oszillationen wurden beobachtet. Herbert Weber 136

*0847* **Durch Magnetfelder induzierte Quadrupolaufspaltung.** R. M. Golding. (Molecular Physics **14** (1968) 5, 457–64; Phys. Div., ANL, Argonne, Ill.; engl.) — Vf. leitet den allg. Ausdruck für die magnetfeldinduzierte Quadrupolaufspaltung für $d^n$-Übergangsmetallionen im oktaedr. Krist.-Feld ab. Dabei kann das effektive Feld sowohl äußerlichen als auch mol. Ursprungs sein. Die Temp.-Abhängigkeit der induzierten Quadrupolaufspaltung von $^{57}Fe^{2+}$- u. $^{57}Fe^{3+}$-Ionen im oktaedr. Krist.-Feld wird ber. u. das zu erwartende Mössbauer-Spektrum diskutiert. E. Richter 136

*0848* **Spinrelaxation in Mössbauer-Spektren von magnetisch geordneten Systemen.** Lionel M. Levinson und Marshall Luban. (Physic. Rev. [2] **172** (1968) 2, 268 bis 276; Dep. of Electronics, Weizmann Inst. of Sci., Rehovoth, Israel; engl.) — Ableitung einer allg. Formel für Mössbauer-Absorptionsspektren von magnet. geordneten Syst. in Ggw. von Elektronenspinrelaxation. Herbert Weber 136

*0849* **Magnetisch induzierte Quadrupolwechselwirkungen in $FeCr_2S_4$.** Gilbert R. Hoy und K. P. Singh. (Physic. Rev. [2] **172** (1968) 2, 514–19; Dep. of Phys., Boston Univ., Mass.; engl.) — Der Effektivfeldparameter bei $^{57}Fe$-Kernen im kub. normalen Spinell $FeCr_2S_4$ wurde im Temp.-Bereich von 60–298°K unter Benutzung des Mössbauer-Effektes untersucht. Eine nicht verschwindende Quadrupolwechselwrkg. tritt unterhalb der Effektivmagnetfeld-Übergangstemp. (ca. 172°K) auf. Die Werte des effektiven inneren Magnetfeldes K, des elektr. Feld-Gradienten u. der relativen Orientierung von H bez. der Hauptachsen des Tensors des elektr. Feld-Gradienten werden als Funktion der Temp. bestimmt. Voraussagen auf der Grundlage der Theorie einer magnet. induzierten Quadrupolwechselwrkg. erklären die beobachteten Spektren nicht. Herbert Weber 136

*0850* **Quadrupol-Hyperfeinanisotropie in $Fe(NH_4SO_4)_2 \cdot 6H_2O$ und Vergleich mit der magnetischen Suszeptibilität.** R. Ingalls, K. Ôno und Louis Chandler. (Physic. Rev. [2] **172** (1968) 2, 295–301; Dep. of Phys., Univ. of Wash., Seattle, Wash.; engl.) — Die Quadrupol-Hyperfeinanisotropie (d. h. das Intensitätsverhältnis der Kerne des Quadrupoldupletts im $^{57}Fe$-Mössbauer-Spektrum) wurde bei 300 u. 4,2°K mit dünnen Platten von Einkrist. gemessen. Die Orientierung der Achsen der elektr. Feld-Gradienten der zwei $Fe^{2+}$-Plätze wird bestimmt u. auf die Krist.-Achsen bezogen. Die Quadrupoldaten werden ferner mittels eines rhomb. Krist. Feldes für das $Fe^{2+}$-Ion hinreichend gut erklärt. Vf. finden, daß die Achsen der Suszeptibilität u. des lokalen elektr. Feld-Gradienten nicht koinzidieren, wahrscheinlich weil die Krist.-Feld-Symmetrie niedriger als rhomb. ist (Folge der Dipolmomente an den benachbarten Wassermolekülen). Herbert Weber 136

*0851* **Mössbauer-Resonanzabsorption in Germaniumverbindungen mit $B8_2$-Struktur.** G. Albanese und M. Musci. (Physica Status solidi [Berlin] **30** (1968) 1, K 37 bis K 40; Ist. di Fis., Univ. di Parma; engl.) — Quadrupolaufspaltung u. Isomerieverschiebung relativ zu $^{57}Co$ in Cu werden für Verb. der Art $(Fe_{0,95}M_{0,05})_{1,67}Ge$ mit M = *Ti, V, Cr, Mn, Fe* gemessen. Das Mössbauer-Absorptionsspektrum der Verb. mit M = Mn bei 85 u. 270°K ist angegeben. Die Ergebnisse zeigen, daß die Isomerieverschiebung u. die inneren magnet. Felder von der Ordnungszahl des 3d-Elements M sowie von dessen Konz. im Bereich der $B8_2$-Strukturunabhängigkeit sind. H. Roschkowski 136

*0852* **Magnetische und elektrische Eigenschaften des geordneten Perowskits $Sr_2(FeMo)O_6$ und verwandter Verbindungen.** Takehiko Nakagawa. (J. physic. Soc. Japan **24** (1968) 4, 806–11; Dep. of Phys. Electron., Tokyo Inst. of Technol., Ookayama, Meguro-ku, Tokyo; engl.) — Eine Reihe gemischter Metalloxide mit Perowskit-Struktur ($A_2(FeMo)O_6$ mit A = Ba, Sr u. Ca) wird synthet. dargestellt, die ferrimagnet. Néel-Temp. der drei Verb. werden zu 351, 450 u. 398°K bestimmt. Die Sättigungsmomente betragen 3,6–3,2 $\mu_B$. An den Sr- u. Ca-Verb. werden die Mössbauer-Absorptionsspektren von $^{57}Fe$ bei Raumtemp. gemessen sowie die Werte des inneren magnet. Feldes bei 0°K zu −570 kOe bzw. −490 kOe bestimmt. Aus Leitfähigkeitsmessungen an allen drei Verb. wird auf metall. Leitung geschlossen. E. Richter 136

*0853* **Temperaturabhängigkeit der $^{57}Fe$-Hyperfeinstruktur in den geordneten Legierungen $FePd_3$ und FePd nahe der Curie-Temperatur.** G. Longworth. (Physic. Rev. [2] **172** (1968) 2, 572–76; Calif. Inst. of Technol., Pasadena, Calif.; engl.) — Die Temp.-Abhängigkeit der $^{57}Fe$-Hfs in geordnetem $FePd_3$ u. FePd sowie in fehlgeordnetem $Fe_{0,222}Pd_{0,778}$ wurde unter Benutzung des Mössbauer-Effektes nahe der Curie-Temp. $T_c$ gemessen. Diese Messungen lieferten Werte für den krit. Exponenten $\beta$ von 0,371; 0,377 bzw. 0,394 (± 0,02) im Temp.-Bereich 0,85 < $T/T_c$ < 0,99. Die Werte zeigen, daß die magnet. Austauschwechselwrkg. langer Reichweite, die aus verd. Fe–Pd-Leg. bekannt ist, keinen wesentlichen Einfl. auf $\beta$ hat, wenn sie in den konzentrierten Leg. überhaupt existiert. Die Daten werden bez. einer Magnetisierungsverteilung diskutiert, die aus der räumlichen Verteilung der Fe-Atome in den ungeordneten Leg. resultiert. Herbert Weber 136

*0854* **Einfluß von Hochfrequenz-Magnetfeldern auf den Mössbauer-Effekt in magnetischen $^{57}Co$-Quellen.** Gilbert J. Perlow. (Physic. Rev. [2] **172** (1968) 2, 319–24; ANL, Argonne, Ill.; engl.) — Die beschriebenen Vers. zeigen die Destruktion des Mössbauer-Hyperfeinspektrums durch die Wrkg. eines Hochfrequenz-Magnetfeldes. Zwei mögliche Mechanismen für den Effekt werden betrachtet: Magnetostriktion u. Domänenwandpassage. Berechnungen machen die Magnetostriktion ziemlich unwahrscheinlich, so daß als wahrscheinliche Ursache die Fluktuationen in der $\gamma$-Energie infolge der Änderung in der Richtung des Hyperfeinfeldes nach dem Durchgang durch eine Domänenwand in Betracht kommen. Als Quellen dienten Supermalloy u. Permalloy mit eindiffundiertem $^{57}Co$. Herbert Weber 136

*0855* **Neutronenbeugungsuntersuchung eines $^{160}Gd$-Einkristalls.** V. M. Kučin, V. A. Somenkov, S. S. Šil'štejn und Ju. B Patrikeev. (Ž. èksper. teoret. Fiz. **55** (1968) 4(10), 1241–47; russ., Auszug: engl.) — Der $^{160}Gd$-Isotopen-Einkrist. wird bei Temp. von der des fl. $N_2$ bis zur Zimmertemp. nach Neutronenbeugungsverf. untersucht. Es wird gezeigt, daß Gd für alle Temp. unterhalb $T_c$ eine normale ferromagnet. Substanz ist. Die Richtung des magnet. Momentes hängt jedoch stark von der Temp. ab. Die Verteilung der Spindichte im metall. Gd ist in guter Übereinstimmung mit der Berechnung für $Gd^{3+}$. Herbert Weber 136

*0856* **Magnetische Struktur von $TbAg_2$.** Masao Atoji. (J. chem. Physics **48** (1968) 8, 3380–83; Chem. Div., ANL, Argonne, Ill.; engl.) — Neutronenbeugungsmessungen zeigen, daß $TbAg_2$ mit tetragonaler $CaC_2$-Struktur unterhalb der Néel-Temp. von 35°K antiferromagnet. wird. Die geordnete magnet. Struktur besteht aus den ferromagnet. Schichten, die senkrecht zur a-Achse sind (flächenzentrierte Beschreibung), die Momentrichtungen der benachbarten ferromagnet. Schichten sind einander entgegengesetzt. Alle Momente sind in Richtung der c-Achse ausgerichtet, das Sättigungsmoment pro Tb beträgt 8,95 ± 0,05 $\mu_B$. Diese geordnete Struktur ist ident. der kommensurablen Struktur von $TbAu_2$ bei Temp. < 42,5°K, die inkommensurable, transversalen Wellen ähnliche Spinausrichtung im Bereich von 42,5–55°K von $TbAu_2$ war in $TbAg_2$ nicht nachweisbar. Es wurde ferner kein nachweisbares Moment für Ag in $TbAg_2$ beobachtet. H. Liepack 136

*0857* **Magnetische Struktur von $DyC_2$.** Masao Atoji. (J. chem. Physics **48** (1968) 8, 3384–88; Chem. Div., ANL, Argonne, Ill.; engl.) — Neutronenbeugungsunters. von $DyC_2$ mit tetragonaler raumzentrierte $CaC_2$-Struktur ergaben eine Spinausrichtung einer linearen transversalen Welle unterhalb der Néel-Temp. von 59°K. Diese Welle des stat. Moments pflanzt sich in Richtung der a-Achse fort u. ist in c-Richtung polarisiert. Die quadrat. Mittelwerte u. Max. der Sättigungsmomente pro Dy betragen 8,37 u. 11,8 $\mu_B$. Die Wellenlänge der Momentwelle beträgt ca. das 1,3fache des a-Abstandes u. ist prakt. temperaturunabhängig. Unterhalb 31°K existiert gleichzeitig eine zusätzliche Spinausrichtung mit einem sehr kleinen Moment. Die kristallograph. Parameter für den Bereich 300–5°K werden mitgeteilt. Die Amplitude der kohärenten Streuung therm. Neutronen durch Dy beträgt (1,70 ± 0,01) · $10^{-12}$ cm. H. Liepack 136

*0858* **Bestimmung der Austauschintegrale in $CrF_2$ und $FeF_2$ durch paramagnetische Neutronenstreuung.** I. Madhay Rao, M. G. Natera, N. S. Satya Murthy, B. A. Dasannacharya und P. K. Iyengar. (Solid State Commung. **6** (1968) 8, 593–95; Bhabha Atomic Res. Centre, Trombay, Bombay, India; engl.) — Mit Hilfe der Flugzeit-Meßtechnik kalter Neutronen werden die Austauschintegrale J polykrist. $CrF_2$- u. $FeF_2$-Proben in ihrer paramagnet. Phase bestimmt. J ergibt sich zu 2,0 u. 3,0°K für $CrF_2$ bzw. $FeF_2$. K. H. Härdtl 136

*0859* **Magnetische Anisotropie in $Al_2O_3$:$V^{3+}$ bei niedrigen Temperaturen.** Alfred R. Smith und Raymond W. Mires. (Physic. Rev. [2] **172** (1968) 2, 265–68; Dep. of Phys., Tex. Tedchn. Coll., Lubbock, Tex.; engl.) — Messungen zwischen 1,5 bis 5°K. Herbert Weber 136

*0860* **Kristallfeldberechnung der magnetischen Hauptsuszeptibilitäten und der Veränderung der Anisotropie mit der Temperatur von wasserfreiem Neodymchlorid.** S. P. Taneja und S. P. Puri. (Physics Status solidi [Berlin] **30** (1968) 1, 193–97; Dep. of Phys., Univ. of Roorkee, India; engl.) — Für 5–300°K wurden die Hauptwerte der Suszeptibilität von $NdCl_3$-Einkrist. unter der Annahme ber., daß ein einziges geeignetes, trigonales Feld mit $C_{3h}$-Symmetrie in der Nachbarschaft der $Nd^{3+}$-Ionen existiert. Darüber hinaus wurde die Abhängigkeit der magnet. Anisotropie von der Temp. untersucht u. gefunden, daß diese mit fallender Temp. abnimmt. Die g-Werte für das niedrigste Niveau, $g_{\parallel}$ = 4,103 u. $g_{\perp}$ = 1,746 stimmen gut mit Werten überein, die aus der paramagnet. Resonanzabsorption erhalten wurden. H. Roschkowski 136

*0861* **Experimenteller Test des Preisach-Neel-Modells von wechselwirkenden Eindomänenkörnern.** D. J. Dunlop. (Physics Letters [Amsterdam] **27A** (1968) 9, 617–18; Dep. of Phys., Univ. of Toronto, Toronto; engl.) — Die vier untersuchten Proben enthielten ultrafeine $Fe_3O_4$- oder $\gamma$-$Fe_2O_3$-Teilchen. Teilchenkoerzivität u. Wechselwrkg.-Feld-Spektren, die aus den experimentellen Preisach-Diagrammen (Verteilungsfunktion der oberen u. unteren Schaltfelder der Teilchen) dieser vier Proben bestimmt wurden, haben die Eig., die durch das Preisach-Néel-Modell der wechselwirkenden Eindomänenteilchen vorausgesagt werden. Herbert Weber 136

*0862* **Domänenwandbeobachtung und dynamische Effekte in der Legierung $Ni_3Mn$ unter hoher Spannung.** Pierre Coulomb und François Reynaud. (C. R. hebd. Séances Acad. Sci., Sér. A et B **267** (1968) 21, B 1121–24; Labor. d'Optique électr. du C.N.R.S., Toulouse; franz.) — Die Domänenwände von $Ni_3Mn$ können mit Hilfe eines unter einer Spannung von 1000 kV arbeitenden Elektronenmikroskops in den Dunkelfeldern der (001)-, (005)- u. bes. der (003)-Reflexionen beobachtet werden, im Einklang mit der dynam. Theorie für mehrere Strahlenbündel. U. Venzke 136

*0863* **Bemerkung zu den magnetischen Domänen in Haematit.** K. Siratori und A. Tasaki. (Physics Letters [Amsterdam] **27A** (1968) 10, 667–68; Dep. of Phys., Fac. of Sci., Osaka Univ., Toyomaka, Osaka, Japan; engl.) — Vf. teilen mit, daß das von Eaton et al. (ibid.

**26 A** (1968) 520) vorgeschlagene neue Modell der magnet. Domänenwände in $\alpha$-$Fe_2O_3$ in Widerspruch zur Natur des Dzyaloshinskii-Moriya-Wechselwrkg.-Terms ist.
Herbert Weber 136

*0864* **Durch Kleinwinkel-Elektronenbeugung untersuchte Domänenwände in dünnen ferromagnetischen Filmen.** Th. Ricker. (Physica Status solidi [Berlin] **30** (1968) 2, K 93–95, 1 Tafel; AEG-Telefunken Forsch.-Inst., Ulm/Donau; engl.) — An im Vakuum kondensierten Filmen einer Ni-Leg. mit 19% Fe werden Magnetisierungsrichtungen u. damit die magnet. Struktur innerhalb der Domänenwände durch Kleinwinkel-Elektronenbeugung untersucht. Die erhaltenen Abb. werden kurz hinsichtlich des vorliegenden Wandtyps besprochen.
H. Roschkowski 136

*0865* **Elektronenoptische Untersuchung des magnetischen Streufelds über Bloch-Wänden in zylindrischen Nickelkristallen.** Ch. Schwink und O. Schärpf. (Physica Status solidi [Berlin] **30** (1968) 2, 637–44; Inst. A für Phys., TU, Braunschweig; engl.) — Ein elektrostat. Elektronenmikroskop mit hoher Vergrößerung zur Messung niedriger magnet. Felder geringer räumlicher Ausdehnung wird beschrieben. Es wird zur Messung der Streufelder über den „konvexen" 71°-Bloch-Wänden zylindr. Ni-Krist. angewendet. Die Felder haben demnach Dipolcharakter, ihr Max. beträgt ca. 25 Oe. Es wird vermutet, daß derartige Dipolfelder allg. für die Ausbldg. starker Pulvermusterlinien verantwortlich sind.
H. Roschkowski 136

*0866* **Versetzungstheorie der Suszeptibilität und Koerzitivkraft von siliciumhaltigem Eisen.** D. D. Mishin. (Physica Status solidi [Berlin] **30** (1968) 1, 31–35; Ural State Univ., Sverdlovsk; engl.)
H. Roschkowski 136

*0867* **Magnetisierung von Cermagnesiumnitrat in hohen Feldern: Zusammenhänge mit der Tieftemperaturthermometrie.** S. J. Williamson und J. A. Cape. (Physic. Rev. Letters **21** (1968) 6, 370–73; Sci. Center, North Amer. Rockwell Corporat., Thousand Oaks, Calif.; engl.) — Messung der Magnetisierung von Einkrist. aus $Ce_2 \cdot (NO_3)_6Mg_3(NO_3)_6 \cdot 24H_2O$ im Temp.-Bereich 1,2°K $<$ T $<$ 4,2°K in Feldern bis zu 52 kG. Die Ergebnisse weichen für große Werte H/T von den Vorhersagen des einfachen Ionenkrist.-Feldmodells ab. Übereinstimmung herrscht im Bereich H/T $<$ 7 kG/°K. Damit wird eine der Annahmen für die magnet. Temp.-Skala für T $\geqq 6 \cdot 10^{-3}$°K bestätigt.
W. Kunath 136

*0868* **Reversible Magnetisierungskurve und Magneto striktion von einachsigen ferromagnetischen Kristallen mit inneren Spannungen.** A. Seeger und H. Kronmüller. (Physica Status solidi [Berlin] **30** (1968) 2, K 101–06; Inst. für Phys., MPI für Metallforsch., Stuttgart; engl.) — Entw. einer entsprechenden Theorie in Zusammenhang mit einer Mitt. von Köster (ibid. **30** (1968) 455) u. Anwendung auf Vers.-Daten an Co.
H. Roschkowski 136

*0869* **Magnetisierung und Magnetostriktion von hexagonalen Kobalteinkristallen mit inneren Spannungen.** E. Köster. (Physica Status solidi [Berlin] **30** (1968) 2, 455–60; Inst. für Phys., MPI für Metallforsch., Stuttgart; engl.) — Die Magnetisierung u. magnetostriktive Längenänderung in schwachen Magnetfeldern wurden an einem plast. verformten Co-Einkrist. gemessen. Die Ergebnisse stimmen mit theoret. Berechnungen von Kronmüller et al. (Mater. Sci. Engng. **1** (1966) 91) überein. Daraus wird abgeleitet, daß die Abschlußstruktur der ferromagnet. Bereiche an der Krist.-Oberfläche, verglichen mit der Bereichsstruktur im Krist.-Vol., keinen merklichen Einfl. auf die Magnetisierungsvorgänge hat.
H. Roschkowski 136

*0870* **Kopplung von Phononen an magnetische Zustände.** J. E. Rives und D. Walton. (Physics Letters [Amsterdam] **27 A** (1968) 9, 609–10; Solid State Div., ORNL, Oak Ridge, Tenn.; engl.) — Die Magnetfeld-Abhängigkeit der Wärmeleitfähigkeit von $MnCl_2 \cdot 4H_2O$ zeigt starke Magnon-Phonon-Kopplung bei Temp. unterhalb der Néel-Temp., aber sehr schwache Spin-Phonon-Kopplung oberhalb dieser Temperatur. Es scheint, daß Modulation der Austauschwechselwrkg. für die starke Kopplung verantwortlich ist u. daß dieser Mechanismus oberhalb der Übergangstemp. fehlt. Somit unterscheidet sich die Kopplung von Phononen an magnet. Zustände von geordneten u. ungeordneten magnet. Syst. qualitativ. Die Wellenlängen der Anregungen in den geordneten Bereichen, die Paramagnonen, werden im allg. viel kürzer als die Phonon-Wellenlängen sein, u. es wird keine Kopplung von Phononen u. Paramagnonen stattfinden.
Herbert Weber 136

*0871* **Elektromagnetischer Aspekt magnetostriktiv induzierter longitudinaler Schwingungen (Procopiu-Effekt mit einer zylindrischen, an einem Ende freien, ferromagnetischen Probe).** B. F. Rothenstein, J. Artzner und T. Wächter. (Physica Status solidi [Berlin] **30** (1968) 2, K 91–92, 1 Tafel; Polytechn. Inst., Timisoara; engl.) — Unters. an einem *Cu*-Draht mit *Ni*-Beschichtung
H. Roschkowski 136

*0872* **Anomale Volumenmagnetostriktion von Invar-Legierungen.** Yosiaki Tino und Takao Maeda. (J. physic. Soc. Japan **24** (1968) 4, 729–37; Dep. of Phys., Fac. of Sci., Sci. Univ. of Tokyo, Shinjuku-ku, Tokyo; engl.) — An kaltverformten sowie an geglühten Invar-Proben (Ni–Fe-Leg. mit 20–45 Atom-% Ni) wurde die Temp.-Änderung der Vol.-Magnetostriktion gemessen. Dabei wurde bes. das Verh. dicht unterhalb u. oberhalb der ferromagnet. Curie-Temp. untersucht. Außerdem wurden die Mössbauer-Spektren der Leg. als Funktion der Temp. aufgenommen u. der Einfl. eines äußeren Magnetfeldes auf die Spektren betrachtet. Die Ursachen der anomalen Vol.-Magnetostriktion werden diskutiert.
E. Richter 136

*0873* **Magnetostriktion und thermische Ausdehnung von Pd und paramagnetischen Pd: Ni-Legierungen.** E. Fawcett, E. Bucher, W. F. Brinkman und J. P. Maita. (Physic. Rev. Letters **21** (1968) 16, 1183–86; Bell Telephone Labor., Murray Hill, N.J.; engl.) — Die Magnetostriktion von Pd:Ni-Leg. (0,6–1,89% Ni) zeigt, daß die Vol.-Ableitung der lokalisierten Austauschverstärkung groß u. positiv ist, im Gegensatz zum entsprechenden Parameter in Pd. Die therm. Ausdehnung bei niedriger Temp. hat eine logarithm. Singularität nahe der krit. Konz. u. zeigt eine theoret. vorhergesagte Anomalie in der Temp.-Abhängigkeit. E. Richter 136

*0874* **Mikroskopischer Ursprung des Piezomagnetismus von $\alpha$-$Fe_2O_3$.** R. L. Townsend, T. G. Phillips und R. L. White. (Solid State Commun. **6** (1968) 9, 603–05; Suppl. zu: J. Physics Chem. Solids Stanford Electronics Labor., Stanford Univ., Stanford, Calif.; engl.) — Die piezomagnet. Konst. von $\alpha$-$Fe_2O_3$ werden aus der Druckabhängigkeit des g-Faktors von $Fe^{3+}$ in $Al_2O_3$, die mit ESR-Messungen bei 26 GHz bestimmt wird, vorhergesagt. Die vorhergesagten Konst. [$P_{11} = 2{,}6 \cdot 10^{-5}$, $P_{14} = 2{,}4 \cdot 10^{-4}$ (emu/g)/(kg/cm²)] sind in annehmbarer Übereinstimmung mit den beobachteten Konst. ($P_{11} = 3{,}6 \cdot 10^{-5}$, $P_{14} = 6{,}4 \cdot 10^{-5}$). K. H. Härdtl 136

*0875* **Transversale Spannung in einem longitudinalen Magnetfeld in Wismut.** Takeo Hattori. (J. physic. Soc. Japan **24** (1968) 4, 762–67; Labor. RCA, Inc., Tokyo; engl.) — Vf. beobachtet das Auftreten einer transversalen Spannung in Richtung der bin. Achse in Wismut bei Anlegen eines longitudinalen Magnetfeldes in Richtung der Winkelhalbierenden. Diese transversale Spannung wird von Verunreinigungen relativ wenig beeinflußt u. kann zur Best. des Neigungswinkels von Energieellipsoiden bez. der Krist.-Achsen in Halbmetallen verwendet werden. Die anomale longitudinale magnet. Widerstandsänderung wird diskutiert. E. Richter 136

*0876* **Magnetoelastische Kopplungskonstanten von Haematit.** R. Z. Levitin, A. S. Pachomov und V. A. Shchurov. (Physics Letters [Amsterdam] **27 A** (1968) 9, 603–04; Phys. Fac., Moscow State Univ.; engl.) — Die Magnetostriktion von Haematit-Einkrist. wurde bei 100–300°K in Feldern bis zu 150 kOe gemessen; magnetoelast. Konst. wurden definiert. Es wird gezeigt, daß die magnetoelast. Energie von Haematit klein ist im Vgl. zur einaxialen Anisotropieenergie. Herbert Weber 136

*0877* **Magnetoelastische Kopplungskoeffizienten von Ca-Bi-V-Fe-Granat.** V. S. Mandel, E. M. Smokotin,

G. A. Petrakovskii und B. M. Lebed. (Physica Status solidi [Berlin] **30** (1968) 2, K 111—13; Inst. of Semiconductors, Acad. of Sci. of USSR, Leningrad; engl.) — Die magnetoelast. Kopplungskoeff. von Ferriten des Syst. $Ca_{2x}Bi_{3-2x}Fe_{5-x}V_xO_{12}$ (x z. B. 1,25—1,38) werden mit Hilfe eines ferromagnet. Resonanzverf. bestimmt. Die erhaltenen Daten gleichen denen für Yttriumeisengranat. H. Roschkowski 136

*0878* **Winkel-Spin-Ordnung in einem hexagonalen Ferrit des Z-Typs.** V. A. Sizov, R. A. Sizov und I. I. Jamzin. (Ž. èksper. teoret. Fiz. **55** (1968) 4(10), 1186—90; Inst. kristallogr. AN SSSR; russ., Auszug: engl.) — Neutronenbeugung an hexagonalen Einkrist. von $(Sr_{0,8}Ba_{0,2})_3Zn_2 \cdot Fe_{24}O_{41}$ wird bei 293°K gemessen. Es wird eine winkelabhängige Magnetstruktur beobachtet, die als Ergebnis einer antiparallelen Ordnung der Projektionen der totalen magnet. Momente der Blöcke auftritt, in die sich die Krist.-Einheitszelle infolge der Lokalisierung der $Zn^{2+}$-Ionen in bestimmten tetraedr. Positionen aufteilt. Herbert Weber 136

*0879* **Mechanismus der induzierten Anisotropie für Magnesiumferrite im Bereich hoher Temperaturen.** R. Gerber. (Czechoslov. J. Physics, Sect. B **18** (1968) 9, 1204—10; Inst. of Solid State Phys., Czechosl. Acad. Sci. Prague; engl.) — Nach einem einfachen Mechanismus wird Größe u. Typ der induzierten Anisotropie für $Mg_{0,78} \cdot Fe_{2,22}O_{4,026}$-Einkrist. im Temp.-Bereich 400—500°K erklärt. Die experimentell gefundene, zur F-Anisotropie beitragende Energie $l_p \approx 7 \cdot 10^{-16}$ erg entspricht gut dem theoret. auf der Basis der Energieniveauaufspaltung für $Fe^{3+}$-Ionen im Krist.-Feld ber. Wert von $1,6 \cdot 10^{-16}$ erg. Werner Schmidt/Berlin 136

*0880* **Induzierte Anisotropie in $Mn_{1+x}Fe_{2-x}O_4$-Einkristallen bei tiefen Temperaturen.** Masahiro Mizushima. (J. physic. Soc. Japan **24** (1968) 4, 825—31; Sendai Factory-SONY CORPORATION, Sendai, Miyagi; engl.) — $Mn^{3+}$, Ionen enthaltende Mn-Ferrit-Einkrist. zeigen bei Abkühlung von Raumtemp. auf 77°K in einem Magnetfeld eine erzwungene einachsige Symmetrie. Eine Gleichung zur Beschreibung der Anisotropie wird angegeben u. ein Modell vorgeschlagen, bei dem die induzierte Anisotropie durch vorzugsweise orientierte, lokalisierte Jahn-Teller-Wechselwrkg. entsteht. E. Richter 136

*0881* **Austauschanisotropie in Einkristallen hexagonaler Ferrite mit M-Struktur.** A. D. Š. Čurova, T. M. Perekalina und V. P. Čeparin. (Ž. èksper. teoret. Fiz. **55** (1968) 4(10), 1197—1204; Inst. kristallogr. AN SSSR; russ., Auszug: engl.) — Die magnet. Anisotropie von Einkrist. der hexagonalen Ferrite $BaCo_xTi_xFe_{12-2x}O_{19}$ u. $SrCo_{1,5}Ti_{1,5}Fe_9O_{19}$ wird untersucht. Eine sin $\vartheta$-Komponente wurde in der Fourier-Entw. der Drehmomentkurve für $BaCo_{1,4}Ti_{1,4}Fe_{9,2}O_{19}$ bei 77°K gefunden. Für alle Krist. mit einer kleinen kristallograph. Anisotropie wurde eine Rotationsmagnethysterese beobachtet, die bei starken Magnetfeldern nicht verschwindet. Die Ergebnisse werden vom Standpunkt der Existenz einer Austauschanisotropie in den untersuchten Krist. diskutiert. Herbert Weber 136

*0882* **Bei Zimmertemperatur induzierte Anisotropie in Ni–Fe-Ferriten mit Co-Zusätzen.** Gh. Maxim und V. Petrescu. (Physica Status solidi [Berlin] **30** (1968) 1, K 49—51; Forsch.-Zentrum für Phys., Akad. der Sozialist. Rep. Rumänien, Iassy; dt.) — An polykrist. Ferritscheiben der Zus. $Co_xNi_{0,5-x}Fe_{2,5}O_{4+\gamma}$ in verschiedenen Ox.-Stufen werden Messungen der bei Raumtemp. durch Magnetfeldtemperung induzierten Anisotropie in Abhängigkeit vom Co-Geh. ($O \leq x \leq 0,15$) durchgeführt. Die Co-Zusätze rufen eine zusätzliche Anisotropie hervor, deren Ursache kurz besprochen wird. H. Roschkowski 136

*0883* **Resonante und nichtresonante Mikrowellenverluste in $TmFeO_3$.** F. B. Hagedorn, E. M. Gyorgy, R. C. Le Craw, J. C. Hensel und J. P. Remeika. (Physic. Rev. Letters **21** (1968) 6, 364—66; Bell Telephone Labor., Murray Hill, N.J.; engl.) — Experimentelle u. theoret. Unters. ergaben, daß sich ein Paar benachbarter Resonanzverlust-Max. bei Mikrofrequenzen in $TmFeO_3$ in ein einfaches Nichtresonanzverlust-Max. umwandelt, wenn das angelegte Magnetfeld um nur 3 Grad gedreht wird. W. Kunath 136

*0884* **Zeichenumkehr der Samarium-Teilgittermagnetisierung in SmIG.** J. J. van Loef. (Solid State Commun. **6** (1968) 8, 541—43; Reaktor Inst., Delft, The Netherlands; engl.) — Durch einen Vgl. der Gesamtmagnetisierung u. der Teilmagnetisierung des Fe-Teilgitters in $Sm_3Fe_5O_{12}$ (SmIG) wird die Temp. bestimmt, bei welcher die Sm-Teilgittermagnetisierung ihr Vorzeichen umkehrt. Sie ergibt sich zu (150 ± 15)°K u. ist mit den Vorhersagen von White u. van Vleck konsistent, sofern Krist.-Feldeffekte berücksichtigt werden. K. H. Härdtl 136

*0885* **Starke Bahnanisotropie der Austauschwechselwirkung in $Fe^{+}$:EuGaG.** N. L. Huang und J. H. Van Vleck. (Solid State Commun. **6** (1968) 8, 557—59; Harvard Univ., Cambridge, Mass.; engl.) — Um die beobachteten Parameter g u. D des Spin-Hamilton-Operators von $Fe^{3+}$-dotiertem $Eu_3Ga_5O_{12}$ zu deuten, führen Vf. zusätzlich zu dem isotropen Austausch eine Bahnanisotropie der Austauschwechselwrkg. ein, die nach den Meßergebnissen sehr stark sein muß. K. H. Härdtl 136

*0886* **Neue Berechnung der magnetischen Suszeptibilität für die Takano-Ogawa-Theorie des Kondo-Effektes in verdünnten Legierungen.** A. P. Klein. (Physic. Rev. [2] **172** (1968) 2, 520—23; Dep. of Phys., Rutgers-State Univ., New Brunswick, N.J.; engl.) Herbert Weber 136

*0887* **Ferrimagnetismus im $RbMg_{1-x}Co_xF_3$-System.** M. W. Shafer und T. R. Mc Guire. (Physics Letters [Amsterdam] **27A** (1968) 10, 676—77; IBM Watson Res. Center, Yorktown Heights, N.Y.; engl.) — Ferrimagnetismus wurde für hexagonale Zus. zwischen x = 0,35 u. x = 0,68 beobachtet. Herbert Weber 136

*0888* **Änderung der Curie-Temperatur mit dem hydrostatischen Druck und anomale Kompressibilität in Gd.** Nobuo Iwata, Tetsuhiko Okamoto und Eiji Tatsumoto. (J. physic. Soc. Japan **24** (1968) 4, 948; Fac. of Sci. and Fac. of Gen. Educat., Hiroshima Univ., Hiroshima; engl.) — Durch Messung der magnet. Widerstandsänderung bei verschiedenen hydrostat. Drücken bestimmen Vf. die Druckabhängigkeit der Curie-Temp. von Gd (Druckbereich 1 bar bis 5,14 kbar). Außerdem wird im Temp.-Bereich —100 bis +60° die lineare Kompressibilität untersucht, um Aussagen über die mit dem magnet. Übergang verbundene thermodynam. Anomalie zu erhalten. Die bei $T_c$ zu erwartende Anomalie wird beobachtet u. die Änderung der linearen Kompressibilität zu $0,3 \cdot 10^{-7}$ bar$^{-1}$ berechnet. E. Richter 136

*0889* **Frequenzabhängige magnetische Suszeptibilitäten und renormierte Spinwellenenergien von $GdCl_3$.** Egon Becker. (Physik kondens. Materie **8** (1968) 3, 216—40; Inst. für Techn. Phys., TH Darmstadt; dt.) — $GdCl_3$ ist ein Ferromagnet mit zwei äquivalenten magnet. Untergittern, bei dem Dipol–Dipol- u. Austausch-Wechselwrkg. von gleicher Größenordnung sind. Die zeit- u. temperaturabhängigen Greenschen Funktionen dieses Syst. werden in der Callenschen Entkopplungsapproximation bestimmt u. daraus die komplexen transversalen Suszeptibilitäten $\chi_{xx}(\omega, H_0)$ u. $\chi_{yx}(\omega, H_0)$ berechnet. Aus den Greenschen Funktionen folgen die durch Magnetisierung u. Spinkorrelation renormierten Anregungsenergien des opt. u. akust. Spinwellen-Zweiges. Es wird das Spinwellenspektrum in der ganzen Brillouin-Zone analyt. u. für große Wellenlängen numer. berechnet. Es zeigt eine ungewöhnliche Winkelabhängigkeit. U. Venzke 136

*0890* **Wirkung von hydrostatischem Druck auf die Néel-Temperatur von Ho und Er.** Tetsuhiko Okamoto, Hironobu Fujii, Yasuharu Hidaka und Eiji Tatsumoto. (J. physic. Soc. Japan **24** (1968) 4, 951; Fac. of Gen. Educat. and Fac. of Sci., Hiroshima Univ., Hiroshima; engl.) — Vf. messen im Druckbereich 0 bis 5 kbar die Änderung der Néel-Temp. mit dem hydrostat. Druck. Für Ho ergibt sich eine lineare Druckabhängigkeit mit $\Delta T_N/dp = -0,40 \cdot 10^{-3}$ Grad · bar$^{-1}$, für

Er gilt entsprechend $-0{,}24 \cdot 10^{-3}$ Grad · $bar^{-1}$. Die Suszeptibilität u. die anomale therm. Ausdehnung beider Metalle werden diskutiert. E. Richter 136

*0891* **Experimenteller Nachweis der Interbandmischung in intermetallischen Verbindungen der Seltenerdmetalle.** H. W. de Wijn, K. H. J. Buschow und A. M. van Diepen. (Physica Status solidi [Berlin] **30** (1968) 2, 759–66; Natuurk. Labor., Univ., Amsterdam; engl.) — Die Knight-Verschiebungen u. magnet. Suszeptibilitäten von *YCu, GdCu, TbCu, HoCu* u. *ErCu* werden untersucht. Die phänomenolog. Austauschkonst. zwischen den Spins der 4f-Elektronen u. den Spins der Leitungselektronen wurden bestimmt. Die paramagnet. Curie-Temp. der Verb. $GdCu_{1-x}Ga_x$ wurden ebenfalls gemessen. Die Knight-Verschiebungen u. die Curie-Temp. werden mit der Ruderman-Kittel-Kasuya-Yosida-Theorie diskutiert. Für verschiedene Serien der Intermetallverb. mit Seltenerdmetallen wurden das s–f-Austauschintegral $\Gamma = 2J(0)$ u. der Fermi-Wellenvektor bestimmt. H. Roschkowski 136

*0892* **Metamagnetisches Verhalten von EuSe.** C. Kuznia und G. Kneer. (Physics Letters [Amsterdam] **27A** (1968) 10, 664–65; Forsch.-Labor. München der Siemens AG; engl.) — Die Magnetisierung eines EuSe-Einkrist. wurde als Funktion der Temp. sowie wachsender u. abnehmender äußerer Felder gemessen. Es wurden ein 50-Hz-Wechselfeld bis zu 300 Oe u. ein langsam variierendes Feld bis zu $\pm 4$ kOe benutzt. Es gibt zwei Diskontinuitäten in der Magnetisierung, die bei den Feldern $H_{c1}$ u. $H_{c2}$ auftreten. Sie deuten zwei metamagnet. Übergänge an. Unter Annahme von zwei Gruppen von Spins kann das metamagnet. Verh. von EuSe wie folgt interpretiert werden: Bei niedrigen Feldern hat Gruppe 1 eine Struktur langer Wellenlängen mit Null-Gesamtmagnetisierung. Es wird ferromagnet. mit einer mittleren Sättigungsmagnetisierung von 2,2 $\mu_B$/Ion für Felder oberhalb $H_{c1}$. Die antiferromagnet. Gruppe 2 zeigt einen Flop in eine ferromagnet. Phase bei $H_{c2}$, wobei die Gesamtmagnetisierung auf 7 $\mu_B$/Ion ansteigt. Die Sättigungsmagnetisierung der Gruppe 1 beträgt die Hälfte derjenigen der Gruppe 2. Es müssen daher in Gruppe 2 doppelt so viel Spins als in Gruppe 1 vorliegen, wenn die Sättigungsmomente beider Ionen als gleich angenommen werden. Herbert Weber 136

*0893* **Kristallographische und magnetische Untersuchung von Seltenerdmetalldoppeloxiden vom Typ $LaTO_3$ mit T = Ho, Y, Er, Tm, Yb und Lu.** Jean Michel Moreau. (Mater. Res. Bull. **3** (1968) 5, 427–32; C. E. N. Grenoble; franz.) — Vf. mißt die Gitterkonst. u. die magnet. Suszeptibilität von Verb. mit Bruttoformel $LaTO_3$. Die Verb. mit T = Ho, Y, Er, Tm, Yb u. Lu sowie von $PrLuO_3$ krist. in einer orthorhomb. verzerrten Perowskit-Struktur mit 4 Mol. pro Einheitszelle mit Raumgruppe $P_{bnm}(D_{2h}^{16})$. Die magnet. Suszeptibilität $\chi$ von $LaYO_3$ u. $LaLuO_3$ ist innerhalb der Meßgenauigkeit gleich Null. Die Verb. mit T = Ho, Er, Tm u. Yb sind bei Raumtemp. paramagnetisch. $1/\chi$ ergibt sich in Abhängigkeit von der Temp. als Gerade, woraus folgende Curie-Temp. abgeleitet werden können: $LaHoO_3$: $-4°$; $LaErO_3$: $+7°$; $LaTmO_3$: $-16°$ u. $LaYbO_3$: $-20°$. Magnetisierungsmessungen werden bei tiefen Temp. an $LaErO_3$ durchgeführt. K. H. Härdtl 136

*0894* **Magnetische Eigenschaften von Verbindungen mit Laves-Phasen, die Aluminium und zwei Seltenerdmetalle enthalten.** W. M. Swift und W. E. Wallace. (J. Physics Chem. Solids **29** (1968) 11, 2053–61; Dep. of Chem., Univ. of Pittsburgh, Pittsburgh, Pa.; engl.) — Die magnet. Eig. intermetall Syst. der Zus. $Ln_xLn'_{1-x}Al_2$ (Ln u. Ln′ = *Ce, Dy, Er, Gd, Ho, Eu, Nd, Pr* u. *Tb*) werden beschrieben. Alle Verb. besitzen die $MgCu_2$-Struktur (kub. Laves-Phase). Oberhalb der Übergangstemp. zeigen alle Verb. Curie-Weiss-Verh. u. das effektive Moment ist in guter Übereinstimmung mit dem Wert für das freie Ion. Das paramagnet. Moment deutet darauf hin, daß alle Ln- u. Ln′-Ionen im dreiwertigen Zustand sind mit Ausnahme von Eu, das zweiwertig ist. Im magnet. geordneten Zustand sind die Spins stets ferromagnet. gekoppelt, wenn Ln u. Ln′ dreiwertig sind. Die Sättigungsmomente sind jedoch in vielen Fällen kleiner als die erwarteten gJ-Werte, vermutlich infolge von Krist.-Feldeinflüssen. $CeAl_2$ ist unterhalb 4 °K antiferromagnetisch. $Ce_{1-x}Eu_xAl_2$ ist für $x \leq 0{,}8$ bei 4 °K antiferromagnet. u. zwischen $0{,}2 \leq x \leq 0{,}6$ paramagnetisch. K. H. Härdtl 136

*0895* **Magnetische Suszeptibilität von CdSb, dotiert mit Mn, Fe, Ni und La.** M. Matyás und M. Klígl. (Czechoslov. J. Physics, Sect. B **18** (1968) 3, 376–81; Inst. of Solid State Phys., Czechosl. Acad. Sci., Prague; engl.) — Unters. der Temp.-Abhängigkeit der magnet. Suszeptibilität. Durch Analyse der gemessenen Kurven mit der Annahme, daß die Verunreinigungen substitutionell sind, u. unter Benutzung von Hall-Konst.-Messungen konnten die magnet. Momente von Fe- u. Ni-Verunreinigungen bestimmt werden sowie einige Informationen bez. der Bindung dieser Atome mit ihren nächsten Nachbarn erhalten werden. Die Verunreinigungen Mn u. La werden in CdSb nur teilweise als substitutionelle Verunreinigungen gelöst; der Hauptteil bildet wahrscheinlich mit Sb eine neue Phase, die stark paramagnet. ist u. den Diamagnetismus der ursprünglichen Halbleiterverb. überdeckt. Herbert Weber 136

*0896* **Elementare magnetische Eigenschaften einiger U–Ga-Verbindungen.** V. Ansorge und A. Meňovský. (Physica Status solidi [Berlin] **30** (1968) 1, K 31–32; Fac. of Math. and Phys., Charles Univ., Prague; engl.) — *UGa*, $UGa_2$ u. $UGa_3$ wurden aus stöchiometr. Mengen der Elemente in Quarzröhren bei 230° im Vakuum erhalten. Die magnet. Suszeptibilität von $UGa_2$ u. $UGa_3$ bei 145–290°K wurde gemessen. Für $UGa_3$ hängt sie in diesem Bereich nicht von der Temp. ab u. beträgt $4{,}35 \cdot 10^{-6}$ (CGS-Einheiten). Für $UGa_2$ befolgt die Suszeptibilität das Curie-Weiss-Gesetz. H. Roschkowski 136

*0897* **Magnetische Eigenschaften von Uranoxidselenid.** A. Murasik, W. Suski, R. Troć und J. Leciejewicz. (Physica Status solidi [Berlin] **30** (1968) 1, 61–66; Inst. of Nucl. Res., Swierk Res. Establ., Otwock; engl.) — UOSe ist bei 4,2 °K antiferromagnet. u. besitzt eine magnet. Elementarzelle von doppelter Größe der kristallograph. Zelle in c-Richtung. Die magnet. Momente sind längs der c-Achse angeordnet, $\mu = (2{,}21 \pm 0{,}05)$ BM. Die magnet. Struktur ist vom UOS-Typ. Die Temp.-Abhängigkeit von $1/\chi$ zeigt bei 300°K eine Änderung des Verlaufs. Das effektive Moment u. die Weiß-Konst. unterhalb dieses Punkts betragen 2,87 BM bzw. −10 °K. Oberhalb 300 °K ist das effektive Moment 3,30 BM u. die Weiß-Konst. −120 °K. H. Roschkowski 136

*0898* **Antiferromagnetische Ordnung in Uranmonoarsenid und -monoantimonid.** J. Leciejewicz, A. Murasik und R. Troć. (Physica Status solidi [Berlin] **30** (1968) 1, 157–62; engl.) — Vgl. vorst. Referat. — Durch Neutronenbeugung wurde gefunden, daß die magnet. Struktur von UAs bei 78 °K von erster Art ist mit einem Sättigungsmoment von $1{,}93 \pm 0{,}05$ BM. Zwischen 78 u. 4 °K tritt eine magnet. Phasenumwandlung auf. Bei 4 °K ist die magnet. Elementarzelle in einer Richtung gegenüber der kristallograph. verdoppelt, wobei die Momente längs der tetragonalen Achse ausgerichtet sind. Die Folge der ferromagnet. Schichten, die senkrecht zur tetragonalen Achse angeordnet sind, ist $+ - - +$. Das magnet. Moment beträgt bei 4,2 °K $2{,}20 \pm 0{,}05$ BM. Die magnet. Struktur von USb ist bei 4 u. 78 °K von erster Art. Die Werte für das magnet. Sättigungsmoment betragen bei 4 u. 78 °K $2{,}16 \pm 0{,}05$ bzw. $2{,}08 \pm 0{,}05$ BM. H. Roschkowski 136

*0899* **Magnetische Symmetrie von Uranverbindungen des Typs $UX_2$.** J. Przystawa. (Physica Status solidi [Berlin] **30** (1968) 2, K 115–17; Inst. of theoret. Phys., Wrocław Univ., Worcław; engl.) — Diskussion der magnet. Strukturen (Shubnikov-Gruppen) von $UP_2$, $UAs_2$, $USb_2$ im Vgl. mit *UOS, UOSe, UOTe* u. $UBi_2$. H. Roschkowski 136

*0900* **Cer–Kobalt–Kupfer-Legierungen als Permanentmagnetmaterial.** Yoshio Tawara und Harufumi

Senno. (Jap. J. appl. Physics 7 (1968) 8, 966–67; Wireless Res. Labor., Matsushita Electr. Ind. Co., Ltd., Osaka; engl.) — Durch teilweise Substitution von Co durch Cu in $CeCO_5$ wird ein neues Permanentmagnetmaterial erhalten. Für eine $Ce_{1,05}Co_{4,25}Cu_{0,75}$-Probe beträgt die Koerzitivkraft 5000 Oe u. das Energieprod.-Max. 8,0 · $10^6$ G · Oe. Die Probe wird bei 1400° in einem $Al_2O_3$-Tiegel erschmolzen u. im Vakuum anschließend bei 1000° 4 Std. lang geglüht u. abgekühlt.
Werner Schmidt/Berlin 136

*0901* **Verlauf des magnetischen Übergangs erster Ordnung in der festen Lösung $Mn_3Cu_{1-x}Zn_xN$.** Roland Madar, Michel Barberon, Gérard Lorthioir, Éliane Fruchart und Robert Fruchart. (C. R. hebd. Séances Acad. Sci., Sér. C **267** (1968) 21, 1404–06; Centre d'Études de Chim. métallurg. du C. N. R. S., Vitry-sur-Seine, Val-de-Marne; franz.) — $Mn_3CuN$ mit einer „ferro"-paramagnet. Umwandlung bei −124° u. $Mn_3ZnN$ mit einer antiferro-paramagnet. Umwandlung bei −83° bilden eine kontinuierliche Reihe von Mischkrist. vom Perowskit-Typ. Für $Mn_3Cu_{1-x}Zn_xN$ mit x = 0,0; 0,1; 0,2 ... 1,0 werden die Gitterkonst., die magnet. Umwandlungstemp. $\Theta_t$ u. der Temp.-Verlauf der in einem Feld von 26 kOe bestimmten magnet. Momente ermittelt. In Abhängigkeit von der Zus. durchläuft $\Theta_t$ ein Minimum bei einem x-Wert von 0,4. Die Meßergebnisse werden diskutiert. U. Venzke 136

*0902* **Beiträge zum Invarproblem.** J. Mathon und E. P. Wohlfarth. (Physica Status solidi [Berlin] **30** (1968) 2, K 131–33; Dep. of Math., Imp. Coll., London; engl.) — Ableitung eines Modells für die Zusammenhänge der Sättigungsmagnetisierung u. Curie-Temp. von Fe-Ni-Invarleg. mit ihrer Zusammensetzung.
H. Roschkowski 136

*0903* **Magnetische Eigenschaften von $CoBr_2 \cdot 6H_2O$.** T. E. Murray und G. K. Wessel. (J. physic. Soc. Japan **24** (1968) 4, 738–42; Phys. Dep., Syracuse Univ., Syracuse, N.Y.; engl.) — An Einkrist. von $CoBr_2 \cdot 6H_2O$ werden die magnet. Suszeptibilität u. die antiferromagnet. Resonanz gemessen. Die Experimente zeigen, daß die antiferromagnet. Eig. dieser Verb. denen des entsprechenden Chlorids stark ähneln. Die g-Faktoren der Hauptachsen werden im para- u. antiferromagnet. Bereich gemessen, außerdem wird das krit. antiferromagnet. Feld bestimmt. E. Richter 136

*0904* **Druckwirkung auf die magnetischen Eigenschaften von $Au_4Mn$.** Minoru Matsumoto, Takejiro Kaneko und Kazuo Kamigaki. (J. physic. Soc. Japan **24** (1968) 4, 953; Res. Inst. for Iron, Steel and Other Metals, Tohoku Univ., Sendai; engl.) — Vf. messen den Einfl. von hydrostat. Druck (bis herauf zu 4,0 kbar) auf die Sättigungsmagnetisierung von $Au_4Mn$ von der Temp. des fl. $N_2$ bis zu Zimmertemperatur. Die relative Änderung des Austauschkoeff. wird zu 9,78 · $10^{-12}$ $cm^2$ $dyn^{-1}$ bestimmt. E. Richter 136

*0905* **Untersuchung der Magnetisierung dünner Legierungsschichten durch Lorentz-Ablenkung.** S. Mader und A. S. Nowick. (Thin Films **1** (1968) 1, 45–53; IBM Watson Res. Center, Yorktown Heights, N.Y.; engl.) — Nach dem von S. Mader et al. (Acta Metallurg [New York] **15** [1967] 203) beschriebenen Verf. werden bei Restgasdrücken von $10^{-7}$ Torr 300–500 Å dicke Schichten von Co u. Fe sowie von Co–Au-Leg. mit 25–65 (Atom-%) Au bzw. Fe–Au-Leg. mit bis 80 Au aufgedampft; die Leg.-Schichten werden durch gleichzeitiges Aufdampfen der Komponenten bei Trägertemp. von ca. 80°K erhalten. Während Co- u. Fe-Schichten krist. aufwachsen, werden Co–Au- bzw. Fe–Au-Schichten amorph abgeschieden, u. sie krist. bei Erwärmung auf 410°K bzw. auf Temp. unterhalb 300°K. Von den Schichten wird mit Hilfe der Lorentz-Mikroskopie die Sättigungsmagnetisierung $M_s$ bestimmt. Die Abweichungen der $M_s$-Werte von denen der entsprechenden kompakten Materialien werden unter Berücksichtigung von Schichtstruktur u. -geometrie diskutiert. Herbert Müller 136

## A–4. Thermodynamik, Mechanik der Gase und Flüssigkeiten, Gleichgewichte

*0906* **Struktur der H-Funktion für ein Hartkugelgas.** S. Harris. (J. chem. Physics **48** (1968) 8, 3723–25; Coll. of Engng., State Univ. of N.Y. at Stony Brook, Stony Brook, N.Y.; engl.) H. Liepack 141

*0907* **Konvexität der H-Funktion: Schwach gekoppelte Master-Gleichung.** S. Harris. (J. chem. Physics **48** (1968) 9, 4012–13; engl.) — Vgl. vorst. Referat. — Wenn die kinet. Beschreibung durch die schwach gekoppelte Master-Gleichung (Pauli-Gleichung) gegeben ist, dann ist die geeignete H-Funktion, die mit der thermodynam. Entropie in Beziehung steht, eine konvexe Funktion der Zeit. H. Liepack 141

*0908* **Relativistische Transformation für die Temperatur.** L. G. Taff. (Physics Letters [Amsterdam] **27 A** (1968) 9, 605–06; City Coll., City Univ. of New York; engl.) — Eine relativist. Transformation für die Temp. wird aus der statist. Mechanik eines idealen relativist. Gases abgeleitet. Die Zustandsgleichung wird für zwei Koordinatensyst. ber., von denen sich eins gleichförmig relativ zum anderen bewegt. Entropien werden aus den Zustandsgleichungen berechnet. Die Temp.-Transformation wird durch Gleichsetzung der Entropien erhalten.
Herbert Weber 144

*0909* **Superpositionsnäherung und die Integralgleichung von Kirkwood-Salsburg.** H. S. Chung und W. F. Espenscheid. (Molecular Physics **14** (1968) 4, 317–26; Central Res. Div. Labor., Mobil Res. and Dev. Corp., Princeton, N.J.; engl.) — Entw. der Kirkwood-Salsburg-Integralgleichung für die radiale Verteilungsfunktion in Dichtepotenzen u. Vgl. der Koeff. $g_k(x)$ dieser Reihe mit den exakten Größen. Dieser Formalismus ergibt korrekt $g_1(x)$, $g_2(x)$ sowie die ersten vier Virialkoeffizienten. Numer. Werte von $g_3(x)$ u. dem 5. Virialkoeff. werden für Mol., die mit einem Gauß-, Starre-Kugel- oder Rechteckpotential wechselwirken, angegeben.
E. Richter 144

*0910* **Radiale Verteilungsfunktion und direkte Korrelationsfunktion für ein eindimensionales Gas mit Rechteckmuldenpotential.** Shigetoshi Katsura und Yoshio Tago. (J. chem. Physics **48** (1968) 9, 4246–51; Dep. of Appl. Phys., Tohoku Univ., Sendai, Japan; engl.) — Unters. nach der klass. statist. Mechanik.
H. Liepack 144

*0911* **Born-Green-Yvon- und Kirkwood-Hierarchien im Gleichgewicht.** L. S. García-Colín und E. Braun. (J. chem. Physics **48** (1968) 10, 4596–98; Reactor, Centro Nucl., Comision Nacional de Energía Nucl., México; engl.) — Es wird gezeigt, daß die Born-Green-Yvon- u. Kirkwood-Hierarchien für die Verteilungsfunktion des n-ten Körpers in der Gleichgew.-Theorie von Fl. nicht äquivalent sind. Die resultierenden Integralgleichungen für die Paarkorrelationsfunktion nach Anwendung der Superpositionsnäherung sind verschieden. Der Unterschied ist nicht auf die Näherung zurückzuführen.
H. Liepack 146

*0912* **Statistische Theorie der Diffusionsprozesse in kondensierten Systemen.** N. P. Kowalenko und W. Ebeling. (Physica Status solidi [Berlin] **30** (1968) 2, 533–40; Lehrst. für theoret. Phys., Univ., Odessa; dt.) — Auf der Grundlage der klass. statist. Mechanik u. der Meth. der Projektionsoperatoren von Zwanzig wird eine Diffusionsgleichung abgeleitet, die den Einfl. räumlicher u. zeitlicher Dispersion berücksichtigt. Im Falle einer geringen räumlichen Inhomogenität unterscheidet sich diese Gleichung von der gewöhnlichen Diffusionsgleichung durch ihren nicht-Markoffschen Charakter.
H. Roschkowski 144

*0913* **Dritte Virialkoeffizienten für Mischungen aus Lennard-Jones-6–12-Molekülen.** Daniel E. Stogryn. (J. chem. Physics **48** (1968) 10, 4474–4503; Douglas Advanced Res. Labor., Huntington Beach, Calif.; engl.) — Allg. Unters. u. Berechnungen der dritten Virialkoeff. für Mehrkomponentenmischungen (Gase).
H. Liepack 146

*0914* **Ein Algorithmus zur Anwendung auf Multiterm-Lennard-Jones-Potentiale.** R. C. Ahlert, G. Biguria

und J. W. Gaston. (A.I.Ch.E. Journal **14** (1968) 5, 816—17; Rutgers Univ., New Brunswick, N.J.; engl.) — Es wird eine Lösungsmeth. für das 2-Teilchen-Cluster-Integral angegeben unter Benutzung eines erweiterten Lennard-Jones-Potentials, das aus einem abstoßenden u. N anziehenden Termen besteht. Als Beispiel wird die Berechnung des 2. Virialkoeff. von *Methan* angeführt.
A. Becker 146

*0915* **Spektroskopische Methode für die Bestimmung der Temperatur in heißen Gassystemen.** R. Bleekrode. (Physics Letters [Amsterdam] **27A** (1968) 10, 673—74; Philips Res. Labor., N. V. Philips Gloeilampenfabrieken, Eindhoven, Netherlands; engl.) — Beschreibung einer Meth. zur Messung der Translationstemp. in heißen Gasen unter Benutzung der Elektronenanregungstemp. mit Beschreibung der Energieverteilung über die Energieniveaus eines Atoms als geeigneter Parameter. Die Energieverteilung wird mittels einer quant. spektroskop. Meth. bestimmt, die abs. Werte der Energieniveaubesetzungen liefert. Messungen wurden mit einer Niederdruck-Acetylen-$O_2$-Flamme durchgeführt, die Spuren von $Fe(CO)_5$ enthielt u. bei Drücken von 5 Torr brannte. Absorption wurde in verschiedenen Linien des FeI-Spektrums gemessen u. zwar für eine Reihe von $a^5D$- u. $a^5F$-Multiplettniveaus. Die Energieverteilung über die relevanten Energieniveaus wird durch Stöße von Fe-Atomen mit den umgebenden Gasmol. bestimmt. Die für die Flamme erhaltene Temp. $T = 2400 \pm 200$°K ist in guter Übereinstimmung mit einem Wert, der auf der Basis von Linienumkehrunters. erwartet wird.
Herbert Weber 146

*0916* **Behandlungsmethoden für eine konvektive Diffusionsgleichung.** W. E. Schiesser. (A.I.Ch.E. Journal **14** (1968) 5, 817—19; Lehigh Univ., Bethlehem, Pa.; engl.) — Mathemat. Behandlung der Überlagerung von Konvektions- u. Diffusionsvorgängen. A. Becker 146

*0917* **„Transportkoeffizienten im kritischen Bereich von Gasen".** M. Fixman. (J. chem. Physics **48** (1968) 9, 4329—30; Dep. of Chem., Yale Univ., New Haven, Conn.; engl.) — Vgl. C. **1968** 41-0401.
H. Liepack 146

*0918* **Neue zwischenatomare Potentialfunktion für Helium.** D. E. Beck. (Molecular Physics **14** (1968) 4, 311—15; School of Phys. Sci., St. Andrews Univ., St. Andrews, Scotland; engl.) — Angabe einer neuen Potentialfunktion u. Diskussion der abstoßenden u. anziehenden Anteile. Durch geeignete Anpassung der Potentialparameter ergibt sich der experimentell bestimmte 2-Virialkoeff. von He. E. Richter 146

*0919* **Größeneffekt der thermischen Leitfähigkeit von Helium I in der Nähe des λ-Punktes.** M. Archibald, J. M. Mochel und L. Weaver. (Physic. Rev. Letters **21**, (1968) 16, 1156—58; Dep. of Phys. and Mater. Res. Labor., Univ. of Ill., Urbana, Ill.; engl.) — Die Wärmeleitfähigkeit von He I wird entlang der Dampfdruckkurve im Bereich $3 \cdot 10^{-6}$°K $< T - T_\lambda <$ 1°K unter Verw. der Parallelplattenmeth. gemessen. Dabei wird gefunden, daß der Exponent einer Potenzdarst. der Temp.-Leitfähigkeit mit $T - T_\lambda$ vom Abstand der Platten abhängt. Diese Ergebnisse lassen die Existenz einer relativ temperaturunabhängigen charakterist. Länge in He I nahe des λ-Punktes vermuten, welche $10^4$—$10^5$mal größer als die Kohärenzlänge ist. E. Richter 146

*0920* **Wärmeleitfähigkeit von He I nahe des suprafluiden Übergangs.** Guenter Ahlers. (Physic. Rev. Letters **21** (1968) 16, 1159—62; Bell Telephone Labor., Murray Hill, N.J.; engl.) — Die Wärmeleitfähigkeit von He I wird beim Sättigungsdampfdruck von $10^{-7}$—$5 \cdot 10^{-3}$°K oberhalb $T_\lambda$ gemessen. Die Ergebnisse stimmen mit theoret. Vorhersagen genau überein u. ergeben einen krit. Exponenten von $0{,}334 \pm 0{,}005$ (Vorhersage $^1/_3$).
E. Richter 146

*0921* **Geschwindigkeiten des zweiten Schalls in He II nahe $T_\lambda$.** D. L. Johnson und M. J. Crooks. (Physics Letters [Amsterdam] **27A** (1968) 10, 688—89; Dep. of Phys., Univ. of B.C., Vancouver, B.C.; engl.) — Messungen in He II bei Temp. innerhalb 40 μGrad des λ-Übergangs. Bei Temp. innerhalb 150 μGrad des Übergangs ist die Geschw. kleiner als die von der Theorie vorausgesagte. Herbert Weber 146

*0922* **Ionenbeweglichkeit in $^3$He im kritischen Bereich.** E. Achter. (Physics Letters [Amsterdam] **27A** (1968) 10, 687—88; James Franck Inst. and Dep. of Chem., Univ. of Chicago, Chicago, Ill.; engl.) — Die Abnahme der Ionenbeweglichkeit im fl. $^3$He, die in der Nähe des krit. Punktes gefunden wurde, kann quant. als Folge des Peaks in der Kompressibilität in der Nähe des krit. Punktes (Anstieg der Überschußdichte um das Ion infolge von elektrostriktiven Kräften) erklärt werden.
Herbert Weber 146

*0923* **Zweiter Schall in $^3$He-$^4$He-Lösungen.** R. A. Guyer, P. V. E. McClintock und K. H. Mueller. (Physics Letters [Amsterdam] **27A** (1968) 9, 611—12; Dep. of Phys., Duke Univ., Durham, N.C.; engl.) — Die theoret. Analyse zeigt, daß die Geschw. des 2. Schalls in fl. $^3$He-$^4$He-Lsg. ein anomales Verh. infolge der anziehenden $^3$He-$^3$He-Wechselwrkg. zeigen sollte.
Herbert Weber 146

*0924* **Zweite Virialkoeffizienten nichtpolarer Gase bei mittleren Temperaturen.** M. P. Saksena und V. P. S. Nain. (Indian J. Physics Proc. Indian Assoc. Cultivat. Sci. **42/51** (1968) 2, 103—09; Dep. of Phys., Univ. of Rajasthan, Jaipur, India; engl.) — Mit der Annahme eines sphär. harten Kernes innerhalb jedes Mol. wird ein modifiziertes Lennard-Jones-(12—6)-Potential vorgeschlagen sowie eine Näherung für den zweiten Virialkoeff. abgeleitet. Experimentelle Daten werden für *Ar* (142,6—873,2°K), $N_2$ (277,6—673°K), $CO_2$ (273,2 bis 873,2°K) u. $CH_4$ (273,2—510,9°K) mit ber. Werten verglichen. Werner Schmidt/Berlin 146

*0925* **Thermodiffusionsfaktoren aus Messungen an einer Trennschaukel: Ne–Ar und Ne–Xe.** V. K. Saxena, V. P. S. Nain und S. C. Saxena. (J. chem. Physics **48** (1968) 8, 3681—85; engl.) — Vgl. vorst. Referat. — Die Messungen erfolgten bei ca. 45° in Abhängigkeit von der Zusammensetzung. Die Ergebnisse sind im allg. in guter Übereinstimmung mit den existierenden experimentellen Werten u. im gesamten Zus.-Bereich in angenäherter Übereinstimmung mit theoret. Ergebnissen auf Grund der Chapman-Enskog-Theorie u. eines modifizierten Buckingham-exp-6-Potentials. H. Liepack 146

*0926* **Tieftemperaturviskositäten von Argon, Krypton und Xenon.** A. G. Clarke und E. B. Smith. (J. chem. Physics **48** (1968) 9, 3988—91; Phys. Chem. Labor., Oxford, England; engl.) — Messung der Viskositäten im Temp.-Bereich 114—374°K relativ zu der von Stickstoff bei 273,15°K. H. Liepack 146

*0927* **Ursprung der Temperaturabhängigkeit der Ultraschall-„Rotationsrelaxations"-Zeit.** L. M. Raff und T. G. Winter. (J. chem. Physics **48** (1968) 9, 3992—4000; Dep. of Chem. and Phys., Okla. State Univ., Stillwater, Okla.; engl.) — Unters. des Ursprungs der anomalen Temp.-Abhängigkeit der Rotationsgleichgew.-Zeit für die Syst. $H_2$, $D_2$ u. $N_2$. Die Konst. $k_{ij}$ der Übergänge j → i wurden nach einem einfachen Stoßmodell ermittelt. Je nach dem i-j-Abstand ergeben sich positive u. negative Temp.-Koeffizienten. Positive Koeff. liegen bei großem Rotationsabstand vor, negative bei kleinem Abstand. Die ber. Ultraschallgeschw.-Dispersionskurven entsprechen den experimentellen mit angenähert quant. Genauigkeit über einen Temp.-Bereich von 700°K. Die Ultraschallfrequenz, bei der die Dispersion mit zunehmender Temp. abnimmt sowie dieser Effekt selbst, scheinen nicht von dem negativen Temp.-Koeff. abzuhängen. Der mit dem Gesamtprozeß der Ultraschall-Gleichgew.-Einstellung zusammenhängende scheinbare negative Temp.-Koeff. ist auf den Mehrniveaucharakter des Syst. zurückzuführen u. auf die lineare Zunahme des Abstandes benachbarter Niveaus mit der Rotationsquantenzahl. Die Gleichgew.-Einstellung kann nicht durch einen einfachen Relaxationsausdruck mit einer einzelnen Zeitkonst. beschrieben werden. Der irreführende Charakter des Terms „Rotations-Relaxationszeit" wird herausgestellt.
H. Liepack 146

*0928* **Bildung von Dimeren in Quadrupol-Gasen.** Y. Singh und A. Das Gupta. (J. Physics, B (Proc. physic.

Soc.) [2] **1** (1968) 5, 914—21; Dep. of Phys., Univ. of British Columbia, Vancouver, Canada; engl.) — Vf. ber. die Gleichgew.-Konst. für die Bldg. Dimerer in Quadrupol-Gasen. Für $N_2$, $CO_2$ u. $C_6H_6$ wird auf der Basis von 12-6-5- u. Lennard-Jones-12-6-Potentialen der Anteil von Dimeren aus dem Beitrag der Dimeren zum 2. Virialkoeff. bestimmt. Die Ggw. merklicher Quadrupolmomente im Mol. erhöht die Neigung zur Dimerenbldg. beträchtlich. E. Richter 146

*0929* **Wärmeleitfähigkeit und Viskosität mäßig dichter Quadrupol-Gase.** Y. Singh und P. K. Bhattacharyya. (J. Physics, B (Proc. Physics Soc. [2] **1** (1968) 5, 922—28; engl.) — Vgl. vorst. Referat. — Vf. untersucht den Einfl. einer Quadrupol-Quadrupol-Wechselwrkg. auf die anfängliche Druckabhängigkeit der Viskosität u. Wärmeleitung unter der Annahme einer gleichen Wahrscheinlichkeit für alle relativen Orientierungen der wechselwirkenden Quadrupole. Die quant. Übereinstimmung zwischen Theorie u. Experiment ($CO_2$, $C_2H_4$, $C_6H_6$) ist gut. E. Richter 146

*0930* **Kinetische Theorie nichtsphärischer Moleküle.** A. Bjerre. (J. chem. Physics **48** (1968) 8, 3540—44; Dep. of Phys. Chem., Univ. of Aarhus, Aarhus, Danmark; engl.) — Reihenentw. der Transportkoeff. eines Modells für ebene Mol. nach der kinet. Theorie der nichtsphär. Mol. nach Curtiss. Numer. Berechnungen für $C_2H_4$, $C_6H_6$ u. $SO_2$. H. Liepack 146

*0931* **Angenäherte radiale Verteilungsfunktion.** R. E. Caligaris, V. Kuz und A. E. Rodriguez. (J. chem. Physics **48** (1968) 10, 4794—95; Dep. de Fis., Univ. Nacional de La Plata, La Plata, Republica Argentina; engl.) — Ableitung einer Näherungsgleichung für die radiale Verteilungsfunktion einer klass. Fl. im thermodynam. Gleichgewicht. H. Liepack 146

*0932* **Verteilungsfunktion klassischer Flüssigkeiten harter Kugeln.** 1. Mitt. Yong-Teh Lee, Francis H. Ree und Taikyue Ree. (J. chem. Physics **48** (1968) 8, 3506 bis 3516; Dep. of Phys., Univ. of Ut., Salt Lake City, Ut.; engl.) H. Liepack 146

*0933* **„Reibungskonstantenformalismus".** John A. Palyvos und H. Ted Davis; A. F. Collings. (J. chem. Physics **48** (1968) 8, 3835—37; Dep. of Chem. Engng., Univ. of Minn., Minneapolis, Minn.; engl.) — Kritik u. Erwiderung zu C. **1968,** 40-0395. H. Liepack 146

*0934* **Transportkoeffizienten einer normalen Fermi-Flüssigkeit bei endlichen Temperaturen.** K. S. Dy und C. J. Pethick. (Physic. Rev. Letters **21** (1968) 13, 876 bis 878; Dep. of Phys. and Mater. Res. Labor., Univ. of Ill., Urbana, Ill.; engl.) — Berechnung der Korrekturen für die therm. Leitfähigkeit u. die Spin-Diffusionskoeff. einer normalen Fermi-Fl. für endliche Temp. mit Hilfe einer Störungstheorie. Die Anwendung auf fl. $^3He$ führt zu einer Abschätzung des Landau-Parameters $F_1^a$. W. Kunath 146

*0935* **Nullschall in klassischen Flüssigkeiten.** K. S. Singwi, K. Sköld und M. P. Tosi. (Physic. Rev. Letters **21** (1968) 13, 881—84; Argonne Nat. Labor., Argonne, Ill., and Phys. Dep., Northwestern Univ., Evanston, Ill.; engl.) — Berechnungen zur Nullschall-Mode bei kurzen Wellenlängen u. hohen Anregungsfrequenzen in klass. Flüssigkeiten. Anwendung auf inelast. Neutronenstreuung in fl. *Ar*. W. Kunath 146

*0936* **PVT-Eigenschaften von Wasser.** 2. Mitt. **Virialkoeffizienten im Bereich 150—450° ohne unabhängige Messung der Dampfvolumina.** G. S. Kell, G. E. McLaurin und E. Whalley. (J. chem. Physics **48** (1968) 8, 3805—13; Div. of Appl. Chem., Nat. Res. Council, Ottawa; Canada; engl.) — Ermittlung der Zustandsgleichung bei 25°-Intervallen durch Messung der in ein Gefäß hoher Temp. injizierten W.-Masse als Funktion des Drucks. Es werden die 2. u. 3. Virialkoeff. u. empir. Gleichungen für diese angegeben. Das Stockmayer-Potential entspricht recht gut dem 2. Virialkoeff., gibt jedoch eine falsche Form für den 3. Virialkoeffizienten. H. Liepack 146

*0937* **Ultraschall-Absorptionseigenschaften von Lösungen.** 3. Mitt. **Lithiumchlorid in Alkoholen.** M. J. Blandamer, D. E. Clarke, N. J. Hidden und M. C. R. Symons. (Trans. Faraday Soc. **64** (1968) 550, 2683—90; Dep. of Chem., Univ., Leicester; engl.) — Bei 25° werden die Ultraschall-Absorptionseig. (4,5—230 MHz) von LiCl in *Isopropanol*, *n-Butanol*, *Isobutanol*, *sek.-Butanol*, *n-Amylalkohol*, *n-Propanol*, *Isoamylalkohol* u. *Benzylalkohol* untersucht. Bei niedrigen Konz. wird eine, bei höheren Konz. werden zwei Relaxationsfrequenzen beobachtet, die der Bldg. u. der Dissoziation von Zweifach- ($Li^+Cl^-$) bzw. Dreifachionen ($Li^+Cl^-Li^+$ oder $Cl^-Li^+Cl^-$) zugeordnet werden. B. Plewinsky 146

*0938* **Ultraschall-Absorptionseigenschaften von Lösungen.** 4. Mitt. **Mischungen von tert.-Butylalkohol + Wasser.** M. J. Blandamer, D. E. Clarke, N. J. Hidden und M. C. R. Symons. (Trans. Faraday Soc. **64** (1968) 550, 2691—97; Dep. of Chem., The Univ. Leicester; engl.) — 3. vgl. vorst. Referat. — Die Unters. werden zwischen 5 u. 60° im Frequenzbereich 1,5—230 MHz an tert.-Butylalkohol–$H_2O$- u. tert.-Butylalkohol–$D_2O$-Mischungen ($0{,}04 \leqq x \leqq 0{,}45$; x = Molenbruch des Alkohols) durchgeführt. B. Plewinsky 146

*0939* **Schwingungsrelaxation in den Tetrachloriden von C, Si, Ge, Sn und Ti.** R. A. Rasmussen. (J. chem. Physics **48** (1968) 8, 3364—66; Univ. of Calif., San Diego, Marine Phys. Labor. of the Scripps Institut. of Oceanography, San Diego, Calif.; engl.) — Unters. der Absorption von Schallwellen im Frequenzbereich von 7,8 bis 31 MHz in fl. $CCl_4$, $SiCl_4$, $GeCl_4$, $SnCl_4$ u. $TiCl_4$. Für die starke Dämpfung ist die therm. Relaxation verantwortlich. Ein Vgl. mit Relaxationszeiten in Dampf- u. fl. Phasen zeigt, daß die Stoßwirksamkeit in Fl. wesentlich kleiner ist u. in der Ordnung zunehmender Kraftkonst. abnimmt. H. Liepack 146

*0940* **Verdampfungsentropie und Struktur von Flüssigkeiten.** Leo H. Thomas. (J. chem. Soc. [London], Sect. A **1968,** 11, 2609—15; Dep. of Chem., Glamorgan Coll. of Technol., Treforest, Glamorgan; engl.) — Auf Grund von Literaturdaten fand Vf., daß die molare Verdampfungsentropie kugelförmiger Mol. oder solcher mit effektiver sphär. Feldsymmetrie als Funktion der Mol.-Nummer (Summe der Atomnummern) ber. werden kann. Nichtshpär. Mol. ist ein asphär. Faktor zuzuordnen. Für viele Stoffe wird eine Genauigkeit von $< 1\%$ für die Berechnung der latenten Wärmen erzielt. A. Jaeschke 148

*0941* **Massenspektrometrische Bestimmung der Dissoziationsenergien gasförmiger Indiumsulfide, -selenide und -telluride.** R. Colin und J. Drowart. (Trans. Faraday Soc. **64** (1968) 550, 2611—21; Labor. de Chim. Phys. Mol. Univ. Libre de Bruxelles, Brussels 5, Belgium; engl.) — Die Sättigungsdampfdrücke über anfangs aus $In_2S_3$, $InSe$ u. $In_2Te_3$ bestehenden Proben werden im Temp.-Bereich von 1000—1800°K gemessen. Für die gasf. Verb. $InS$, $InSe$, $InTe$, $In_2S$, $In_2Se$, $In_2Te$, $In_2S_2$, $In_2Se_2$, $In_2Te_2$, $InTe_2$, $Se_2$ u. $Te_2$ werden die Dissoziationsenergien bestimmt. Der Wert der Bldg.-Enthalpie von festem $In_2S_3$ beträgt $-82{,}8 \pm 4{,}5$ kcal/mol. B. Plewinsky 150

*0942* **Thermische Eigenschaften von Übergangsmetallverbindungen.** 1. Mitt. **Spezifische Wärme, Entropie und Standardbildungswärme von Tris-[acetylacetonato]-chrom (III).** T. P. Melia und R. Merrifield. (J. chem. Soc. [London], Sect. A **1968,** 11, 2819—20; Dep. of Chem. and Appl. Chem., Univ. of Salford, Salford; engl.) — Mit Hilfe eines adiabat. Vakuumkalorimeters wurde die spezif. Wärme der Titelverb. zwischen 80 u. 300°K gemessen. Werte bei $< 80$°K wurden durch Extrapolation ermittelt. Werte für die Entropie, die Enthalpie u. die Freie Enthalpie wurden daraus abgeleitet u. werden für 10°-Intervalle zwischen 0 u. 300°K tabellar. angegeben. Die Standard-Bldg.-Wärme u. die Entropie für die Titelverb. ergeben sich bei 298,16°K u. 1 atm. zu $\Delta H^0 = -344{,}7 \pm 1{,}0$ kcal $Mol^{-1}$ u. $S^0_{298,16} - S^0_0 = 142{,}4 \pm 1{,}0$ cal $grad^{-1}$ $Mol^{-1}$. A. Jaeschke 150

*0943* **Thermochemie von Jadeit.** T. Hlabse und O. J. Kleppa. (Amer. Mineralogist **53** (1968) 7/8, 1281—92; Dep. of Chem., Univ. of Chicago, Chicago, Ill.; engl.) —

Kalorimetr. wurden in Oxidschmelzen bei 964°K die Enthalpieänderungen der folgenden Mineralrk. bestimmt: Albit = Jadeit + Quarz, $\Delta H^0_{964} = +0{,}27 \pm 0{,}50$ (kcal/Mol). Albit + Nephelin = 2 Jadeit, $\Delta H^0_{964} = -6{,}85 \pm 0{,}25$. Vgl. mit thermochem. Werten anderer Vf. bei Zimmertemp. u. bei hoher Temp. u. hohen Drücken. Dabei muß die Umwandlung Tiefalbit → Hochalbit beberücksichtigt werden. Erwin Riedel 150

*0944* **Besonderheiten der thermodynamischen Eigenschaften von $^3$He-$^4$He-Lösungen während des HeI-HeII-Überganges.** V. N. Grigor'ev, B. N. Esel'son, È. A. Masimov, G. A. Michajlov und P. S. Novikov. (Ž. èksper. teoret. Fiz. **55** (1968) 4 (10), 1160—67; Fiz. techn. inst. nizkich temp. AN Ukr. SSR; russ., Auszug: engl.) — Das Fl.-Dampf-Phasendiagramm für $^3$He-$^4$He-Lsg. wurde durch NMR-Meth. untersucht. Die Temp.-Abhängigkeit des Verteilungskoeff. α wird für sechs Lsg. mit verschiedenen $^3$He-Konz. (15—44,3%) gemessen. Singularitäten an den α(T)-Kurven bei $T_\lambda$, die durch die Theorie vorausgesagt werden, werden gefunden. Teile der Fl.-Dampf-Phasendiagramme in der Nähe der Lsg.-λ-Punkte werden untersucht. Diskontinuitäten der spezif. Wärme bei den λ-Punkten der Lsg. werden auf der Basis der erhaltenen Daten berechnet. Mit steigender Konz. nimmt der Sprung der spezif. Wärme für die HeI-HeII-Übergänge ab. Schmelz- u. Verdampfungsdiskontinuitäten werden berechnet. Herbert Weber 152

*0945* **Schmelzen von Argon bei hohen Temperaturen.** R. K. Crawford und W. B. Daniels. (Physic. Rev. Letters **21** (1968) 6, 367—69; Princeton Univ, Princeton, N.J.; engl.) — Messungen des Molvol. von Ar in den fl. u. festen Phasen entlang der Schmelzkurve bei Temp. u. Drücken bis zu 200°K u. 6,3 kbar mit Hilfe einer Wäge-Technik. Ein einfaches Schmelzmodell wird angegeben. W. Kunath 152

*0946* **Stoßkompression von Ar und Xe. 3. Mitt. Konversion von Xe zu einem metallähnlichen Zustand.** Marvin Ross. (Physic. Rev. [2] **171** (1968) 3, 777—84; Lawrence Radiat. Labor., Univ. of Calif., Livermore, Calif.; engl.) — 3. vgl. C. **1968**, 49/50-0363. — Es wurden Vers. durchgeführt, bei denen fl. Ar u. Xe bis zu dem zwei- bis dreifachen Wert der Anfangsdichten stoßkomprimiert wurden. Für Xe ergab sich eine überraschend große Kompressibilität im Bereich hoher Temp. u. Kompression. Die Rechenergebnisse für Ar u. Xe deuten an, daß der Abstand zwischen dem gefüllten Valenzband u. dem leeren Leitungsband in Xe schnell mit zunehmender D. abnimmt. Es wurde eine theoret. Hugoniot-Kurve ber., die in guter Übereinstimmung mit dem Experiment ist. Es wird angenommen, daß der höchste Druckpunkt von Xe (500 kbar u. 18000°K) eine metallähnliche Form von Xe ähnlich der von Cs dargestellt. In diesem Zustand sind die Leitungsbänder ähnlich wie in einem Metall teilweise gefüllt, er wird erreicht durch eine Kombination von Temp. u. Druck. H. Liepack 152

*0947* **Polarisierbarkeit, Dielektrizitätskonstante, Druck und Dichte von festem Parawasserstoff auf der Schmelzkurve.** B. A. Younglove. (J. chem. Physus **48** (1968) 9, 4181—86; Inst. for Materials Res., NBS, Boulder, Colo.; engl.) — Messung der DK zwischen 18 u. 320 atm (14,4—22,2°K) u. Berechnung der Polarisierbarkeiten. Es wurden ferner neue Schmelzdruckwerte unterhalb 17°K ermittelt. H. Liepack 132

*0948* **Druckeinfluß auf das Volumen der Hochdruckphase (VII) von $H_2O$ und $D_2O$.** W. Holzapfel und H. G. Drickamer. (J. chem. Physics **48** (1968) 10, 4798 bis 4800; Dep. of Chem. and Chem. Engng., Univ. of Ill., Urbana, Ill.; engl.) — Röntgenbeugungsmessung des Vol. von Eis VII bei Drücken bis zu 165 kbar u. von $D_2O$ bis zu 220 kbar. Die auf $V/V_F = 1{,}0$ u. $P_F = 22$ kbar normierten Werte genügen der Murnaghan-Gleichung, deren Parameter angegeben werden. H. Liepack 132

*0949* **Gefrieren unterkühlter Wasserproben durch physikalische Einflüsse.** T. C. Bhadra. (Indian J. Physics Proc. Indian Assoc. Cultivat. Sci. **42/51** (1968) 2, 91 bis 102; Nat. Center for Atmospheric Res. Boulder Colo., USA; engl.) — Aus den Experimenten ergibt sich eine normale mittlere Gefriertemp. von —6,8°. Abweichungen vom Normalverh. werden wie folgt erhalten: Starke Bewegung durch Luftblasen ergibt Keimbldg. im Temp.-Bereich —0,9 bis 1,9°; Ultraschall (1 MHz) bewirkt Keimbldg. bei —1° (bzw. —5° bei 125 kHz). Entgaste Proben gefrieren bei —3,5 bis —1,8°. Werner Schmidt/Berlin 152

*0950* **Experimentelle Bestimmung des Tripelpunktes und der Schmelzdruckkurve von Graphit bis zu 1000 atm.** Glen J. Schoessow. (Physic. Rev. Letters **21** (1968) 11, 738—41; Univ. of Fla., Gainesville, Fla.; engl.) — Der Druck am Tripelpunkt von Graphit wurde zu 103 atm (abs.) bestimmt, wobei vier Güteklassen untersucht wurden. Die Temp. am Tripelpunkt schwankte von einer Güteklasse zur anderen in einem Bereich von 4183 ± 10 bis 4299 ± 25°K. Die Schmelztemp. der einen Güteklasse stieg mit zunehmendem Druck von 4247°K bei 103 atm bis 4306°K bei 1000 atm. W. Kunath 152

*0951* **Schmelzkurven für Graphit, Wolfram und Platin bis zu 60 kbar.** L. F. Vereščagin und N. S. Fateeva. (Ž. èksper. teoret. Fiz. **55** (1968) 4 (10), 1145—52; Inst. fiz. vysokich davlenij AN SSSR; russ., Auszug: engl.) — Schmelzkurven werden für Graphit bis zu 60 kbar, für W bis zu 50 u. für Pt bis zu 40 kbar nach einem opt. Verf. auf der Grundlage der Temp.-Strahlung gemessen. Die Ergebnisse sind in guter Übereinstimmung mit denen, die nach der Meth. der Thermoanalyse erhalten wurden (Pt). Die Übereinstimmung ist weniger gut für Daten aus elektr. Messungen (Graphit). Die Abhängigkeit des Anstieges der Schmelztemp. vom Druck wird untersucht. Sie ist quadrat. für Graphit u. linear für W u. Pt. Herbert Weber 152

*0952* **Gleichgewichtsverteilung von Tropfen in der Keimbildungstheorie.** J. Lin. (J. chem. Physics **48** (1968) 9, 4128—30; Dep. of Chem., Boston Coll., Chestnut Hill, Mass.; engl.) — Ableitung der Gleichgew.-Verteilung von Tröpfchen in der Theorie der irreversiblen Keimbildung. H. Liepack 152

*0953* **Flüssigkeit-Dampf-Gleichgewicht des Systems Stickstoff + Sauerstoff bei Drücken bis zu 10 atm.** P. L. Thorpe. (Trans. Faraday Soc. **64** (1968) 549, 2273 bis 2280; Brit. Oxygen Co. Ltd., R u D Centre, Deer Park, Road, London; engl.) — Das Gleichgew. wird im Temp.-Bereich 80—105°K untersucht. Die relative Flüchtigkeit, der Kondens.-Druck u. die Freie Mischungs-Überschußenthalpie werden als Funktion des Druckes, der Temp. u. der Zus. angegeben. B. Plewinsky 154

*0954* **Regel des geometrischen Mittels: Ihre Bedeutung in der Behandlung thermodynamischer und kinetischer Deuteriun-Isotopeneffekte in Lösungen.** V. Gold. (Trans. Faraday Soc. **64** (1968) 550, 2770—79; Chem. Dep., BNL, Upton; engl.) — Vf. behandelt die Theorie des Deuteriumaustausches zwischen W. u. einem ein austauschbares Wasserstoffatom enthaltenden gelösten Stoff ($HOD + SH \rightleftharpoons H_2O + SD$) u. untersucht die Deuteriumfraktionierung zwischen *tert.-Butylalkohol* u. Wasser. Der Deuteriumaustausch zwischen einem Wasserstoffion (als $L_3O^+$ vorliegend, wobei L = H oder D ist) u. W. wird theoret. untersucht. B. Plewinsky 154

*0955* **Methoden zur Vorhersage des Auftretens und des Typs von Phasengleichgewichten flüssig-flüssig in binären Systemen.** Richard Kaplan. (A. I. Ch. E. Journal **14** (1968) 5, 821—24; Yale Univ., New Haven, Conn.; engl.) — Es werden Meth. verschiedener Autoren zur Vorhersage des Auftretens u. des Typs von Phasengleichgew. fl.-fl. oberhalb des krit. Punktes besprochen, u. es wird eine Regel angegeben, nach der bei bin. Mischungen mit He der Typ des Gleichgew. fl.-fl. aus der krit. Temp. des Mischungspartners vorhergesagt werden kann. A. Becker 154

*0956* **Vorhersage von Mehrkomponenten-Mischungswärmen für einfache flüssige Systeme unter Verwendung binärer Daten.** Maria C. P. Schweickart, Kenneth R. Hall und Clarence E. Schwartz. (A. I. Ch. E. Journal **14** (1968) 5, 833—34; Univ. of Va., Charlottesville, Va.; engl.) — Es wird eine Gleichung für Mehrkomponen-

ten-Mischungswärmen abgeleitet, die auf dem Gittermodell für Fl. beruht. Ihre Brauchbarkeit wird durch Berechnung der Mischungswärmen für die Syst. Bzl.–Cyclohexan–Äthylacetat, n-Octan–Äthylbenzol–Cellosolve, Äthanol–Cyclohexan–Bzl., n-Heptan–Cyclohexan–Bzl. u. Vgl. mit experimentellen Werten bewiesen.
A. Becker 154

*0957* **Mischungsenthalpien in geschmolzenen ternären Nitraten.** S. V. Meschel und O. J. Kleppa. (J. chem. Physics **48** (1968) 11, 5146–54; James Franck Inst. and The Dep. of Chem., Univ. of Chicago, Chicago, Ill.; engl.) — Best. der tern. Mischungsenthalpien der Syst. *(LiNaK)*$NO_3$, *(LiNaRb)*$NO_3$ u. *(LiKRb)*$NO_3$ sowie von *(AgNaK)*$NO_3$, *(AgLiNa)*$NO_3$, *(AgNaCs)*$NO_3$, *(AgLiK)* · $NO_3$, *(AgLiRb)*$NO_3$ u. *(AgLiCs)*$NO_3$. Für die drei nur Alkalimetallnitrate enthaltenden Syst. können die tern. Mischungsenthalpien in sehr guter Näherung durch die aus den bin. Komponenten ber. Beiträgen dargestellt werden. Dies gilt jedoch nicht für die Ag-Nitrat enthaltenden Syst., deren Mischungsenthalpien stärker negativ als die aus den bin. Komponenten ber. sind. Diese tern. Exzeßenthalpien nehmen im Betrag in regulärer Form mit zunehmender Differenz der Größe zwischen den beiden Alkalimetallkationen zu. Es wird eine Deutung auf Grund des Einfl. dieses Kationen auf den Kovalenzbeitrag zu der $Ag^+$–$NO_3^-$-Bindung gegeben.
H. Liepack 154

*0958* **Löslichkeiten von Perchloraten von Eisen(II)-Komplexen mit substituierten 1.10-Phenanthrolinen in wäßrigem tert.-Butylalkohol.** J. Burgess. (J. chem. Soc. [London], Sect. A **1968**, 11, 2728–30; Chem. Dep., Univ. of Leicester, Leicester; engl.) — Die Löslichkeiten der Perchlorate von *Tris-[5-Nitro-* u. *Tris-[4.7-Dimethyl-1.10-phenanthrolin]–Fe(II)*-Kationen in $H_2O$-tert.-Butanol in Abhängigkeit von der Mischungszus. werden bei 35° bestimmt. Außerdem werden die Löslichkeitsprod., Lsg.-Enthalpien u. Lsg.-Entropien bei 20–35° von $[FeL_3] \cdot (ClO_4)_2$ (*L = 3-Sulfo-, 4.7-Dihydroxy-, 5-Methyl-, 5-Chlor-, 5-Nitro-, 4.7-Dimethyl-, 5-Phenyl-, 4.7-Diphenyl-* u. unsubstituiertes *1.10-Phenanthrolin*) bestimmt.
A. Jaeschke 154

*0959* **Extraktion von Alkali- und Erdalkalimetallen durch Dialkylphosphorsäuren.** Yvon Mogno und Tivadar Kikindai. (C. R. hebd. Séances Acad. Sci., Sér. C **267** (1968) 21, 1373–76; Labor. de Chim. nucl. appl., École Centrale des Arts et Manufactures, Paris; franz.) — Die untersuchten Extraktionen von $Li^+$, $Na^+$, $K^+$, $Rb^+$, $Cs^+$, $Mg^{2+}$, $Ca^{2+}$ u. $Sr^{2+}$ aus den wss. salzsauren Lsg. ihrer Chloride mit Hilfe von *Di-n-butyl-* u. *Di-(2-Äthylhexyl)-phosphorsäure* in Lsg. von *Hexan, Dodekan, Toluol, Benzol* u. *o-Dichlorbenzol* erfolgen nicht nach einem einheitlichen Schema, da die Struktur der gebildeten Chelatkomplexe sich mit der Konz. des Extraktionsmittels ändert u. die Art des Verd.-Mittels den Wert des Verteilungskoeff. bestimmt.
U. Venzke 154

*0960* **Komplexe doppelt chelatbildender Liganden.** 1. Mitt. **Proton- und Kupfer(II)-Komplexe von L-β-(3.4-Dihydroxyphenyl)-alanin (DOPA).** J. E. Gorton und R. F. Jameson. (J. chem. Soc. [London], Sect. A **1968**, 11, 2615–18; Chem. Dep., Univ., Dundee; engl.) — Die 4 Dissoziationskonst. von $[HDOPA]^+$ wurden bei $25 \pm 0{,}02°$ ($\mu = 1$, $KNO_3$) mit Hilfe einer Glaselektrode bestimmt. Die Rk. von DOPA mit Cu(II)-Ionen wurde potentiometr. mit Hilfe der Glas- u. der Cu-Amalgamelektrode untersucht, auch die Dimerisierung der $Cu^{II}$–DOPA-Komplexe wurde untersucht. Die Stabilitätskonst. der $Cu^{II}$–DOPA-Komplexe bei Chelatbldg. an der Alaninbzw. an der Brenzcatechinseite u. die Dimerisationskonst. bei 20° wurden erhalten.
A. Jaeschke 156

*0961* **Komplexe Ionen in geschmolzenen Salzen. Jodo- und Cyano-Komplexe von Silber in geschmolzenem LiCl + KCl (59:41 Mol-%).** S. H. White, D. Inman und B. Jones. (Trans. Faraday Soc. **64** (1968) 550, 2854 bis 2851; Dep. of Chem., City Univ., London; engl.) — Die Unters. werden bei 370–464° durchgeführt. Die Stabilitätskonst. der komplexen Ionen werden angegeben. Bei 450° wird der Aktivitätskoeff. von *AgCl* in LiCl + KCl in Abhängigkeit von der *KJ*-Konz. bestimmt.
B. Plewinsky 156

## A–5. Elektrochemie

*0962* **Ionenpaar-Theorie konzentrierter Elektrolyte.** 1. Mitt. **Grundlegende Annahmen.** Frank H. Stillinger jun. und Ronald Lovett. (J. chem. Physics **48** (1968) 9, 3858–68; Bell Telephone Labor., Inc., Murray Hill, N.J.; engl.) — Formulierung der statist. Thermodynamik von Elektrolyten unter Beschränkung auf das symm. „primitive Modell", wobei alle Ionen eindeutig gepaart sind. Das Verh. der resultierenden Fl. „polarer Mol." kann durch eine wellenlängenabhängige DK $\varepsilon(k)$ beschrieben werden. Es wird eine strenge Formel vom Kirkwood-Typ für $\varepsilon(k)$ abgeleitet. Aus der dielektr. Funktion wird ein Ausdruck für die Freie Energie eines Elektrolyten konstruiert u. eine exakte Bedingung für das zweite radiale Moment der Ionenatmosphärendichten des primitiven Modells aufgestellt. Für starre sphär. Ionen vom ⌀ a haben die Ionenatmosphären notwendig ungleiches Ladungsvorzeichen, wenn $\varkappa a > 6^{1/2}$, $\varkappa^{-1}$ Debye-Länge.
H. Liepack 162

*0963* **Ionenpaar-Theorie konzentrierter Elektrolyte.** 2. Mitt. **Näherungsberechnung der dielektrischen Funktion.** Ronald Lovett und Frank H. Stillinger jun. (J. chem. Physics **48** (1968) 9, 3869–84; Bell Telephone Labor., Inc., Murray Hill, N.J.; engl.) — 1. vgl. vorst. Referat. — Berechnung der wellenlängenabhängigen dielektr. Funktion $\varepsilon(k)$ durch eine selbstkonsistente Drehmomentberechnung für Ionenpaare in einem äußeren Feld. Aus dem Ergebnis wird die Komponente größter Reichweite der Ladungsdichte der Ionenatmosphäre ermittelt. Aus der strengen Bedingung für das zweite Moment werden die Komponenten kurzer Reichweite berechnet. Neben den üblichen Termen enthalten Freie Energie u. Aktivitätskoeff. negative Terme, die sich mit der Potenz 4/3 der Konz. ändern.
H. Liepack 162

*0964* **Molvolumina von Ionen.** 2. Mitt. E. Glueckauf. (Trans. Faraday Soc. **64** (1968) 549, 2423–32; AERE, Harwell, Berks.; engl.) — 1. vgl. C. **1965**, 42-0279. — Vf. entwickelt eine neue Beziehung zur Best. der Molvol. von Ionen in wss. Lsg., die für alle Ionenarten bis zu Temp. von 200° gilt. Das Molvol. wird für die Kationen $Li^+$, $Na^+$, $K^+$, $Rb^+$, $Cs^+$, $Mg^{2+}$, $Ca^{2+}$, $Sr^{2+}$ u. $Ba^{2+}$ sowie für die Anionen $ClO_4^-$, $J^-$, $Br^-$, $Cl^-$, $F^-$ u. $SO_4^{2-}$ berechnet. Die Ergebnisse werden mit Literaturdaten verglichen.
B. Plewinsky 162

*0965* **Kathodisches Verhalten von Natriumperrhenat an der Quecksilbertropfelektrode.** (C. R. hebd. Séances Acad. Sci., Sér. C **267** (1968) 21, 1384–87; Labor. d'Électrochim. et de Chim. phys. du Corps Solide, Fac. des Sci., Strasbourg; franz.) — Die elektrochem. Red. von $NaReO_4$ wird polarograph. in wss. 1 m KCl-Lsg. untersucht. Die Rk. ist irreversibel u. führt zu metall. Re. Aus Messungen der elektr. Leitfähigkeit wird der Diffusionskoeff. $D(ReO_4^-) = 15{,}22 \cdot 10^{-6}\ cm^2 \cdot s^{-1}$ bestimmt. Zwei mögliche Rk.-Mechanismen ($ReO_4^- + 7e + 4H_2O \rightarrow Re + 8OH^-$ oder $ReO_4^- + 7e + 8H^+ \rightarrow Re + 4H_2O$) werden vorgeschlagen. Es ergibt sich ein Durchtrittskoeff. von $\alpha = 0{,}135 \pm 0{,}005$.
U. Venzke 170

*0966* **Diffusion von molekularem Wasserstoff oder die Hydridkomponente der Überspannung an „schwarzen" Edelmetallelektroden.** M. N. Hull und F. A. Lewis. (Trans. Faraday Soc. **64** (1968) 549, 2463–68; Chem. Dep., Queen's Univ. of Belfast; engl.) — Vgl. der Parameter der Überspannung an „schwarzen" Kathoden von *Pt, Pd* u. *Ni* zeigen, daß der langsamste Teilschritt bei der kathod. Entladung von Wasserstoff bei niedrigen Stromdichten die Diffusion von mol. Wasserstoff von der Kathode durch die Brunner-Nernst-Schicht sein kann. Unter diesen Bedingungen zeigt ein zusätzlicher Beitrag zur gesamten scheinbaren Überspannung den Wasserstoffgeh. auf der Elektrode, der sich im stationären Gleichgew. mit der Konz. von Wasserstoffmol. an der inneren Grenze der Brunner-Nernst-Schicht befindet, an. Vf. bezeichnen diesen Beitrag zur Überspannung als $\eta_{H_2}$.
B. Plewinsky 170

*0967* **Diffusion von molekularem Wasserstoff oder die Hydridkomponente der Überspannung an „blanken" Edelmetallelektroden.** M. N. Hull und F. A. Lewis.

(Trans. Faraday Soc. **64** (1968) 549, 2469—71; engl.) — Vgl. vorst. Referat. — *Pt*- u. *Ir*-Kathoden, die durch anod. Ox. vorbehandelt wurden, zeigen eine derartig hohe katalyt. Aktivität, daß der langsamste Teilschritt bei der elektrolyt. Entladung von Wasserstoff die Diffusion von Wasserstoff-Mol. von der Kathode weg ist.
B. Plewinsky 170

*0968* **Schwankungen der Überspannung an Metallkathoden und Änderungen der Oberflächenkonzentration von Wasserstoffatomen.** M. N. Hull und F. A. Lewis. (Trans. Faraday Soc. **64** (1968) 549, 2472—75; engl.) — Vgl. vorst. Referate. — Schwankungen der gesamten scheinbaren Wasserstoffüberspannung an platinierten *Pt*-Kathoden bei niedriger Stromdichte werden mit unregelmäßigen Änderungen der Wasserstoffkonz. an der Elektrodenoberfläche in Zusammenhang gebracht. Unter analogen experimentellen Bedingungen werden bei Verw. palladinierter *Pd*-Kathoden keine Schwankungen der Überspannung beobachtet. B. Plewinsky 170

*0969* **Polarographische Untersuchung der Kinetik der Reaktion von Mangan(III) und Eisen(II) in wäßriger Lösung mit der Platin-Elektrode.** D. R. Rosseinsky und M. J. Nicol. (Trans. Faraday Soc. **64** (1968) 549, 2410—14; Univ., Exeter; engl.) — Durch Messung des Fe(II)-Diffusionsstromes wird die Geschw.-Gleichung der Rk. $Mn^{3+} + Fe^{2+} \rightarrow Mn^{2+} + Fe^{3+}$ bestimmt. Im Temp.-Bereich von 0,3—15° wird die Abhängigkeit der RGK von der $HClO_4$-, $Al(ClO_4)_3$-, $Zn(ClO_4)_2$- u. $NaClO_4$-Konz. ermittelt. B. Plewinsky 172

*0970* **Polarographische Untersuchungen in geschmolzenem $LiNO_3 + NaNO_3 + KNO_3$. 2. Mitt. Stabilitätskonstanten von Halogenokomplexen.** D. Inman, D. G. Lovering und R. Narayan. (Trans. Faraday Soc. **64** (1968) 549, 2476—86; Dep. of Chem., City Univ., London; engl.) — 1. vgl. C. **1969,** 4-0592. — Die Stabilitätskonst. der *Chloro-*, *Bromo-*, *Fluoro-* u. *Cyano*-Komplexe von *Ni*(II), *Co*(II), *Cd*(II) u. *Pb*(II) werden bei 145° in dem eutekt. Lsgm. $LiNO_3 + NaNO_3 + KNO_3$ sowie in geschmolzenem $LiNO_3 + KNO_3$ u. in $LiNO_3$ bestimmt. Die Stabilität der Komplexe nimmt in folgender Reihenfolge zu: $Cl(Ni^{II}) < Br(Ni^{II}) \sim Cl(Pb^{II}) < Br(Pb^{II}) < Cl(Cd^{II}) < Br(Cd^{II})$ bzw. $F(M^{II}) \ll Cl(M^{II}) < Br(M^{II}) \gg CN(M^{II})$ (M = Ni, Co, Cd u. Pb).
B. Plewinsky 172

*0971* **Polarographische Untersuchungen in geschmolzenem $LiNO_3 + NaNO_3 + KNO_3$. 3. Mitt. Adsorption komplexer Ionen an der Hg-Tropfelektrode.** D. Inman, D. G. Lovering und R. Narayan. (Trans. Faraday Soc. **64** (1968) 549, 2487—95; Chem. Dept., The City Univ., London; engl.) — 2. vgl. vorst. Referat. — Vf. untersuchen die Polarogramme der Syst. $Cd^{2+} + Br^-$, $Pb^{2+} + Br^-$, $Co^{2+} + Br^-$, $Ni^{2+} + Br^-$, $Cd^{2+} + Cl^-$, $Pb^{2+} + Cl^-$ u. $Co^{2+} + Cl^-$ (Metallionenkonz. $\geq 10^{-3}$ molal) in geschmolzenem $LiNO_3 + NaNO_3 + KNO_3$. Bei den Polarogrammen der Syst. $Cd^{2+} + Br^-$, $Pb^{2+} + Br^-$ u. $Co^{2+} + Br^-$ werden Maxima beobachtet, die mit Adsorptionsvorgängen der in der Schmelze vorhandenen Komplexionen an der Hg-Tropfelektrode in Zusammenhang gebracht werden. B. Plewinsky 172

## A-6. Kolloidchemie, Grenzflächen

*0972* **Elektrische Doppelbrechung kolloider Suspensionen von Bentonit.** Ştefan Procopiu und Margareta Ţibu. (C. R. hebd. Séances Acad. Sci., Sér. C **267** (1968) 21, 1369—72; Iassy, Roumanie; franz.) — Die elektr. Doppelbrechung koll. Suspensionen von Bentonit ist positiv oder negativ, je nachdem ob die Suspension aus Agglomeraten oder aus feinverteilten Partikeln besteht. Die Dimensionen der Mizellen hängen vom $p_H$-Wert ab.
U. Venzke 184

*0973* **Konvektive Diffusion in Systemen rotierender Scheiben mit einer unvollkommen semipermeablen Grenzfläche.** Dale W. Zeh und William N. Gill. (A. I. Ch. E. Journal **14** (1968) 5, 715—19; Charkson Coll. of Technol., Potsdam, N.Y.; engl.) — Lsg. der Diffusions- u. Impulsgleichungen für rotierende Scheibensyst. mit unvollkommen semipermeabler Grenzfläche werden entwickelt mit direkter Anwendung auf die umgekehrte Osmose oder Hyperfiltrationsvorgänge der *Salzwasser*-Reinigung. Es werden sowohl exakte als auch sehr genaue Näherungslsg. erhalten, die zur experimentellen Best. von Membraneig. geeignet sind. A. Becker 188

*0974* **Wechselwirkungsenergie bei der Oberflächendiffusion.** Sun-Tak Hwang. (A. I. Ch. E. Journal **14** (1968) 5, 809—11; Univ. of Ia., Iowa City, Ia.; engl.) — Es werden verschiedene Beziehungen zwischen Gas-Festkörper-Wechselwrkg.-Energien u. krit. Konst. von Gase aufgestellt. Sie sind nützlich zur Vorhersage der Größe der Oberflächendiffusion beim Strömen von Gas durch ein mikroporöses Medium u. werden hier auf die Durchlässigkeit von *Vycor-porous-Glas* für verschiedene Gase angewendet. A. Becker 200

*0975* **Untersuchung „nicht-Fickscher" Diffusionsanomalien durch Zeitverzögerungen.** 3. Mitt. **Einfache abstandsabhängige Anomalien in mikroporösen Medien.** J. H. Petropoulos und P. P. Roussis. (J. chem. Physics **48** (1968) 10, 4619—24; Phys. Chem. Labor., Democritos Nucl. Res. Center, Aghia Paraskevi, Athens, Greece; engl.) — 2. vgl. C. **1968,** 40-0377. — Anwendung der l.c. entwickelten Meth. auf ein mikroporöses Medium mit in Strömungsrichtung variierender Porosität. Es wird angenommen, daß die Diffusion in einem derartigen Medium sowohl in Poren als auch in adsorbierten Phasen ohne empfindliche Störung des Adsorptionsgleichgew. erfolgen kann u. daß die zugehörigen Diffusions- u. Verteilungskoeff. konst. sind. Der Fall einer Knudsenschen Gasdiffusion durch kompaktes, mikroporöses Pulver unter einaxialer Kompression wird eingehend untersucht. Die Verzögerungsanomalien können auf abstandsabhängige „nicht-Ficksche" Diffusion zurückgeführt werden u. halbquant. oder qual. gedeutet werden.
H. Liepack 200

*0976* **Anwendung des Einzeltabletten-Reaktors zur direkten Untersuchung der Massenübertragung.** 1. Mitt. **Massenübertragung in porösen Medien.** J. R. Balder und E. E. Petersen. (J. Catalysis **11** (1968) 3, 195—201; Dep. of Chem. Engng., Univ. of Calif., Berkeley, Calif.; engl.) — An Einzeltabletten aus *Pt* auf $\eta$-$Al_2O_3$ wurde in einer speziellen App. die Durchlässigkeit für *Ar*, *Cyclopropan* (**I**), *He*, $H_2$, $N_2$ u. *Propan* (**II**) u. die Diffusionskoeff. bei Gegendiffusion der Gaspaare H + **II** u. He + **I** gemessen. Die effektiven Knudsen-Diffusionskoeff. u. die D'Arcy-Flußparameter wurden aus den Durchlässigkeitsmessungen, der effektive, mol. Diffusionskoeff. aus den Gegendiffusionsmessungen berechnet. Es ergab sich gute Übereinstimmung mit den nach dem „staubigen Gas"-Modell aufgestellten Flußgleichungen.
A. Becker 200

*0977* **Anwendung des Einzeltabletten-Reaktors zur direkten Untersuchung der Massenübertragung.** 2. Mitt. **Messung der Zusammensetzung im Zentrum der Katalysator-Tablette.** J. R. Balder und E. E. Petersen. (J. Catalysis **11** (1968) 3, 202—10; engl.) — 1. vgl. vorst. Referat. — In einem Reaktor, der es ermöglichte, die RG u. die Zus. im Zentrum der Katalysator-Tablette zu messen, wurde die Hydrogenolyse von *Cyclopropan* an *Pt* auf $Al_2O_3$ untersucht. Der aus diesen Experimenten ber. effektive Diffusionskoeff. lag 25% unter dem l.c. bestimmten Wert. Dies wird auf nichtuniforme Aktivität des Katalysators durch Vergiftung zurückgeführt. An einem Katalysator aus einer mechan. Mischung von Platinschwarz u. $Al_2O_3$ der nicht vergiftet wurde, bestand gute Übereinstimmung zwischen kinet. u. physikal. Diffusionskoeffizienten. A. Becker 200

*0978* **Anwendung der Präkristallisationstheorie auf die Freie Oberflächenenergie der Grenzfläche Wasser–Eis.** N. K. Gilra und Narsingh Dass. (J. physic. Soc. Japan **24** (1968) 4, 910—12; Dep. of Phys., Univ. of Roorkee, Roorkee, India; engl.) — Theoret. Arbeit.
E. Richter 202

*0979* **Kontaktwinkel zwischen schwarzen Filmen und der Flüssigkeit.** T. Kalarov, A. Scheludko und D. Exerowa. (Trans. Faraday Soc. **64** (1968) 550, 2864—73; Inst. of Phys. Chem., Bulgarian Acad. of Sic., Sofia, Bulgaria; engl.) — Die Messungen werden an wss. Lsg.

von *Na-Laurylsulfat* (2,77 · $10^{-4}$ n) bei verschiedenen *NaCl*-Konz. (0—0,5 n) durchgeführt. Die Kontaktwinkel wachsen um den Faktor 10 beim Übergang von 1. zu 2. schwarzen Filmen. Die Ausdehnungsgeschw. der schwarzen Filme wird untersucht. B. Plewinsky 202

*0980* **Kinetik der Adsorption an einer Flüssigkeit-Flüssigkeit-Grenzfläche. Bedeutung der Diffusion, der Energieschwelle und der Anzahl freier Plätze bei geringer Desorption.** J. F. Baret, L. Armand, M. Bernard und G. Danoy. (Trans. Faraday Soc. **64** (1968) 549, 2539—48; Labor. de Phys. Ind., Fac. des Sci., Marseille; engl.) — Vf. vereinfachen die allg. Gleichung, die die Adsorptionskinetik an einer Grenzfläche beschreibt (J. F. Baret, J. Chim. Physique **65** (1968) 895), für den Fall geringer Desorption. Die Theorie wird auf die Adsorption von *Chlorophyll* (Mischungsverhältnis von Chlorophyll a zu Chlorophyll b ca. 2,5) an der Grenzfläche *Paraffinöl* (Primol 342)/*Wasser* angewendet. Die Temp.-Abhängigkeit u. der Einfl. von *Laurylalkohol* auf die Adsorptions-Kinetik von Chlorophyll, die durch Messung der Grenzflächenspannung verfolgt wird, werden untersucht. B. Plewinsky 202

*0981* **Numerische Versuche zur Streuung von Edelgasen durch Silbereinkristalle.** Richard A. Oman. (J. chem. Physics **48** (1968) 9, 3919—29; Res. Dep., Grumman Aircraft Engng. Corp., Bethpage, N.Y.; engl.) — Beschreibung eines dreidimensionalen numer. Versuchs. Die Meth. ermöglicht die Best. der relativen Bedeutung verschiedener Variabler bei den Wechselwirkungen. Die Fälle *Ne* auf kub.-flächenzentriertem (111), *He* u. *Ar* auf (111) u. Ne auf (100) werden eingehender untersucht. H. Liepack 204

*0982* **Adsorption von Xenon an epitaktisch auf Natriumchlorid abgeschiedenen Nickelfilmen.** B. G. Baker und L. A. Bruce. (Trans. Faraday Soc. **64** (1968) 549, 2533 bis 2538; Commonwealth Sci. and Ind. Res. Organizat., Div. of Tribophys., Univ. of Melbourne, Victoria, Australia; engl.) — Die Adsorption von Xe an dieser Oberfläche wird im Temp.-Bereich 77—90°K untersucht. Die Adsorptionswärme u. -entropie, die als Funktion der Bedeckung angegeben werden, werden mit den bei der Xe-Adsorption an Ni-Filmen auf Pyrex-Glas erhaltenen Werten verglichen. B. Plewinsky 204

*0983* **Bestimmung von Magnetisierung-Volumen-Adsorptions-Isothermen des Systems Nickel–Wasserstoff durch ferromagnetische Resonanz.** A. A. Andreev und P. W. Selwood. (J. Catalysis **11** (1968) 3, 261—63; Dep. of Chem., Univ. of Calif., Santa Barbara, Calif.; engl.) — Es wird eine Theorie gegeben für die ESR-Unters. der Chemisorption von $H_2$ an *Ni*, aus der sich die integrale ferromagnet. Resonanz-Absorption ergibt. Für eine Ni–$SiO_2$-Probe mit einem mittleren Partikeldurchmesser von 30 Å wird die Isotherme der Magnetisierung gegen das Vol. von adsorbiertem $H_2$ konstruiert. Daraus wird der Wert für die Zahl der pro chemisorbiertes H-Atom gepaarten Spins zu $\varepsilon = 0{,}51$ geschätzt, dessen Signifikanz allerdings nicht sicher ist. Diese Abschätzung von $\varepsilon$ ist nicht möglich an Proben, die magnet. Anisotropie oder Skineffekte zeigen. Das wurde gezeigt an der Magnetisierungs-Vol.-Kurve einer Probe vom Teilchendurchmesser 60 Å. Hier steigt die Magnetisierung mit dem Vol. adsorbierten $H_2$ an durch eine Verminderung der magnet. Anisotropie. Es werden Kriterien für die Abwesenheit solcher Effekte aufgestellt. A. Becker 204

*0984* **Oberflächenreaktionsfähigkeit von bestrahltem Magnesiumoxid. Einfluß der Dosis auf die Fehlstellenkonzentration, die spezifische Oberfläche und die Kinetik der Chemisorption.** R. L. Nelson, J. W. Hale, B. J. Harmsworth und A. J. Tench. (Trans. Faraday Soc. **64** (1968) 549, 2521—32; Chem. Div., A. E. R. E., Harwell, Berks.; engl.) — Mit Hilfe der ESR wird die Bldg. von F-, V- u. S-Zentren in Abhängigkeit von der γ- u. Neutronen-Dosis bei der Bestrahlung von MgO im Vakuum sowie der Einfl. der Punktdefekt-Konz. auf die Chemisorption von *Sauerstoff* untersucht. Der Einfl. der Neutronenstrahlung auf die spezif. Oberfläche von MgO wird durch Adsorption von Kr (bei 77°K) an dem bestrahlten pulverförmigen MgO bestimmt. B. Plewinsky 204

*0985* **Facettierung bei der CO-Adsorption an Mo(111).** Gilbert C. Barton und John Ferrante. (J. chem. Physics **48** (1968) 10, 4791—93; Lewis Res. Center, Nat. Aeronaut. and Space Administrat., Cleveland, O.; engl.) — Durch Leed-Unters. wird gezeigt, daß durch schwaches Heizen von Mo(111) mit adsorbiertem CO eine facettierte Oberfläche mit „(433)"-Flächen entsteht. H. Liepack 204

*0986* **Chemisorption von Schwefelwasserstoff an einem Nickel-Trägerkatalysator.** Jens R. Rostrup-Nielsen. (J. Catalysis **11** (1968) 3, 220—27; Haldor Topsøe Res. Labor., Vedbek, Denmark; engl.) — Die Chemisorption von $H_2S$ wurde bei 550—645° an Katalysatoren von 10% Ni auf Mg–Al-Spinell untersucht. Die S-Aufnahme ist eine Funktion des Verhältnisses $p_{H_2S}/p_{H_2}$. Bei Verhältnissen über 5 · $10^{-6}$ wurde eine Sättigungsschicht beobachtet, bei mehr als $10^{-3}$ wurde $Ni_2S_3$ gebildet. Der S-Geh. der Sättigungsschicht steht in Beziehung zur Ni-Oberfläche, die durch volumetr. $H_2$-Chemisorptionsmessungen bei —72° bestimmt wurde. A. Becker 204

*0987* **Thermodynamik der Adsorption aus Lösungen.** 3. Mitt. **Das Parallelschicht-Modell.** S. G. Ash, D. H. Everett und G. H. Findenegg. (Trans. Faraday Soc. **64** (1968) 550, 2639—44; Dept. of Phys. Chem., The Univ., Bristol; engl.) — 2. vgl. C. **1966, 26**-0511. — Numer. Lsg. der Adsorptionsgleichung, die unter Anwendung des Parallelschicht-Modells die Adsorption aus der Lsg. eines Polymeren an einer festen Oberfläche im Gleichgew.-Zustand beschreibt, werden für den allg. Fall der Adsorption aus nichtatherm. Lsg. angegeben. B. Plewinsky 204

*0988* **Mehrschichten-Theorie für die Adsorption aus Lösungen. Mischungen von Monomeren und Dimeren.** S. G. Ash, D. H. Everett und G. H. Findenegg. (Trans. Faraday Soc. **64** (1968) 550, 2645—66; Dep. of Phys. Chem., Univ., Bristol; engl.) — Vgl. vorst. Referat. — Eine Mehrschichten-Theorie wird für die Adsorption aus Lsg., die Mol. verschiedener Größe enthalten, entwickelt. Die Behandlung wird auf der Grundlage eines statist. quasikrit. Modells von Mischungen für eine ebene homogene Grenzfläche durchgeführt. Sie berücksichtigt alle möglichen Konfig. der Mol. im Grenzflächengebiet. Das Modell wird für Mischungen von Monomeren u. Dimeren angewendet u. numer. ausgewertet. B. Plewinsky 204

*0989* **Bestimmung von Adsorptionsgeschwindigkeitskonstanten aus der Chromatographie.** P. Schneider und J. M. Smith. (A.I.Ch.E. Journal **14** (1968) 5, 762—71; Univ. of Calif., Davis, Calif.; engl.) — Es wird eine neue Meth. zur Best. von Adsorptionsgleichgew.-Konst., -Geschw.-Konst. u. Intrapartikel-Diffusionskoeff. beschrieben u. angewendet auf die Adsorption von *Äthan*, *Propan* u. *n-Butan* an *Silicagel*. Die Meth. beruht auf einer Theorie, die die Zeitpunkte der aus dem Adsorbenten ausströmenden Konz.-Welle in Beziehung setzt zu den Geschw.-Konst., die mit den verschiedenen Stufen des Adsorptionsvorganges verbunden sind. Es muß bei Konz. gearbeitet werden, die eine lineare Adsorptionsisotherme ergeben. Intrapartikeldiffusion war einer der Hauptwiderstände bei allen Partikelgrößen u. bei der höchsten (R = 0,5 mm) war sie der geschwindigkeitsbestimmende Schritt. Aus den chromatograph. bestimmten Konst. ist es möglich, Durchbruchskurven für die Adsorption der KW-Stoffe an Silicagel vorherzusagen. A. Becker 204

*0990* **Ton-Organische Untersuchungen.** 14. Mitt. **Selektive Adsorption von Alkohol–n-Alkylbromid-Mischungen durch Montmorillonit.** Annerose Heydemann und G. W. Brindley. (Amer. Mineralogist **53** (1968) 7/8, 1232—43; Dep. of Miner. and Geochem., Pa. State Univ., University Park, Pa.; engl.) — 11. vgl. C. **1968, 9**-0807. — Es wurde an Mischungen von n-$C_4H_9OH$ mit n-$C_4H_9Br$, n-$C_6H_{13}Br$ u. n-$C_8H_{17}Br$ mit Li-, Na-, Mg- u. Ca-Montmorillonit gemessen. Die Änderung der Zus. der fl. Phase wurde durch Messungen der Brechungsindizes verfolgt. Die Adsorptionsisothermen können für Alkohol u. Bromid getrennt angegeben werden. Unter allen Bedingungen wird Alkohol bevorzugt adsorbiert.

Erwin Riedel 204

*0991* **IR-Untersuchung von Benzonitril($C_6H_5CN$)-Montmorillonit-Komplexen.** J. M. Serratosa. (Amer. Mineralogist **53** (1968) 7/8, 1244–51; Environmental Health Engng., Univ. of Tex., Austin, Tex.; engl.) — In Mg-gesätt. Montmorilloniten ist Mg quadrat. von Benzonitril koordiniert.

Erwin Riedel 204

## A–8. Darstellung und Reaktionen von Elementen und anorganischen Verbindungen

### Nichtmetalle

*0992* **Bis-[trifluormethyl]-aminotrimethylsilan.** H. G. Ang. (J. chem. Soc. [London], Sect. A **1968,** 11, 2734–35; Univ. Chem. Labor., Lensfield Road, Cambridge; engl.) — Die bei 20° instabile Titelverb. $(CF_3)_2NSi(CH_3)_3$ **(I)** wird aus $(CF_3)_2NCl$ u. $Hg[Si(CH_3)_3]_2$ bei −126° dargestellt u. durch IR- u. Massenspektren charakterisiert. Daneben entstehen als weitere flüchtige Verb. *Perfluor-2-azapropen* **(II)** u. die schwer trennbaren $(CH_3)_3SiCl$ u. $(CH_3)_3SiF$ **(III)**. Bei 20° zersetzt sich **I** zu den Verb. **II** u. **III**, die auch bei der Rk. von **I** mit $PF_5$ entstehen. Bei der Rk. von $[(CF_3)_2N]_2Hg$ mit $(CH_3)_3SiCl$ bildet sich **II**, **III** u. $HgCl_2$. Im Temp.-Bereich −30 bis 10° entspricht der Dampfdruck von **I** der Gleichung $\log p$ (Torr) = 7,0 − 1470/T ($\Delta H_{Verdampf.}$ = 6,74 kcal).

A. Jaeschke 261

*0993* **Bildung von Polyhalogensiloxanen bei Einschiebungsreaktionen von Perhalogenketonen und cyclischen Silthianen.** E. W. Abel, D. J. Walker und J. N. Wingfield. (J. chem. Soc. [London], Sect. A **1968,** 11, 2642 bis 2644; School of Chem., Univ. of Bristol, Bristol; engl.) — Die Perhalogenketone $(CF_3)_2CO$ **(I)**, $(CF_3)(CF_2Cl)CO$ **(II)** u. $(CF_2Cl)_2CO$ **(III)** verursachen die Spaltung der Si–S-Bindungen in cycl. Silthianen unter Bldg. von z. T. telomeren Polyhalogensiloxanen. So hat $[-(CH_3)_2SiOC \cdot (CF_3)_2S(CH_2)_2SC(CF_3)_2O-]$ einen Polymerisationsgrad von ca. 9, der in diesen Verb. mit sinkendem F- u. steigendem Cl-Geh. abnimmt. $[-(CH_3)_2SiOC(CF_3)_2S(CH_2)_3SC(CF_3)_2 \cdot O-]$ ist monomer. $[-(CH_3)_2SiOC(CF_3)_2SC(CF_3)_2O-]$ hat anscheinend sehr labile Si–O-Bindungen, da es monomer dest., als Fl. jedoch unverzüglich eine Ringerweiterung erleidet. $^1H$- u. $^{19}F$-Spektren der Verb. vgl. Original.

Versuche: $CH_3(CH_2{=}CH)Si[N(C_2H_5)_2]_2$ **(IV)**, $Kp._7$ 94°, aus $HN(C_2H_5)_2$ u. Butyl-Li in Hexan [Bldg. von $LiN(C_2H_5)_2$] u. $CH_3(CH_2{=}CH)SiCl_2$, ($n_D^{23}$ =) 1,4468, 60% (Ausb.). — $CH_3(CH_2{=}CH)SiSCH_2CH_2S$ **(VII)**, $Kp._7$ 89°, aus **IV** u. Äthandithiol-(1.2), 1,5663, 79%. — $(CH_3)_2 \cdot SiOC(CF_3)_2SC(CF_3)_2O$, Kp. 147°, a) aus **IV** u. Hexamethylcyclotrisilthian **(V)**, 1,3452, 91%, b) aus **I** u. Tetramethylcyclodisilthian **(VI)**, ($Kp._{10}$ 38°) 80%. — $(CH_3)_2SiOC(CF_3)(CF_2Cl)SC(CF_3)(CF_2Cl)O$, $Kp._{10}$ 91°, a) aus **II** u. **VI**, 1,3908, $D._4^{20}$ 1,65, 60%; b) aus **II** u. **V**, ($Kp._9$ 79°) 61%. — $(CH_3)_2SiOC(CF_2Cl)_2SC(CF_2Cl)_2O$, $Kp._{0,005}$ 65°, aus **III** u. **V**, 1,4537, 65%. — $(CH_3)_2 \cdot SiOC(CF_3)_2S(CH_2)_3SC(CF_3)_2O$, F. 46° ($Kp._{10}$ 120°), aus $(CH_3)_2SiS(CH_2)_3S$ u. **I**, 76%. — $[-CH_3(CH_2{=}CH)SiOC \cdot (CF_3)_2S(CH_2)SC(CF_3)_2O-]_n$, aus **VII** u. **I**, 1,4208, ca. 100%. — $[-(CH_3)_2SiOC(CF_2Cl)_2S(CH_2)_2SC(CF_2Cl)_2O-]_n$ aus $(CH_3)_2SiS(CH_2)_2S$ **(VIII)** u. **III**, 1,4789, ca. 100%. — $[-(CH_3)_2SiOC(CF_3)(CF_2Cl)S(CH_2)_2SC(CF_3)(CF_2Cl)O-]_n$ aus **II** u. **VIII**, 1,4400, ca. 100%. — $(CH_3)_2SiOC(CF_3)_2S \cdot (CH_2)_2SC(CF_3)_2O$, F. 36° ($Kp._{0,04}$ 66°), in 60%ig. u. $[-(CH_3)_2SiOC(CF_3)_2S(CH_2)_2SC(CF_3)_2O-]_n$ ($n_D^{22}$ 1,4126) in 40%ig. Ausb. aus **I** u. **VIII**.

A. Jaeschke 261

*0994* **Phosphornitridderivate.** 16. Mitt. **Triphosphornitrid- und Tetraphosphornitridfluoridchloride.** J. Emsley und N. L. Paddock. (J. chem. Soc. [London], Sect. A **1968,** 2590–94; Dep. of Chem., King's Coll., Strand, London; engl.) — 15. vgl. C. **1969,** 20-0179. — Die Verb. $N_3P_3F_nCl_{6-n}$ (n = 1–5) u. $N_4P_4F_nCl_{8-n}$ (n = 1–7) wurden durch Rk. von $N_3P_3Cl_6$ mit NaF bzw. $KSO_2F$ in $C_6H_5NO_2$ u. $CH_3NO_2$ oder mit $PbF_2$ u. von $N_4P_4Cl_8$ mit $KSO_2F$ (Erhitzen) dargestellt. Die Kinetik der Fluorierung von $N_3P_3Cl_6$ mit $KSO_2F$ wurde in Bzl. untersucht. Es erfolgt bevorzugt geminale Substitution oder Substitution am nächsten P-Atom. $\pi$-induktive Effekte scheinen von Bedeutung zu sein. Die $^{19}F$-NMR-Spektren aller Verb. wurden untersucht.

A. Jaeschke 264

### Metalle

*0995* **Propyl- und tert.-Butyl-Beryllium-Komplexe.** G. E. Coates und P. D. Roberts. (J. chem. Soc. [London], Sect. A **1968,** 11, 2651–55; Chem. Dep., The Univ., Durham; engl.) — Ae.-freie Be-Dialkyle $R_2Be$ (R = $C_2H_5$, n-$C_3H_7$, n-$C_4H_9$, iso-$C_4H_9$) werden beim Erhitzen der Ae.-Komplexe bei niedrigem Druck unter Rückfluß erhalten. In Bzl.-Lsg. sind alle dimer. Beim Be(iso-$C_3H_7$)$_2$ u. Be(iso-$C_4H_9$)$_2$ wird die Temp.-Abhängigkeit der $^1H$-NMR-Spektren untersucht. Die Halogenide (tert.-$C_4H_9$)BeX · Ae. (X = Cl, Br) sind in Bzl. dimer, das Chlorid ist in Ae. monomer. 1:1-Komplexe zwischen Be(tert.-$C_4H_9$)$_2$ u. $M(CH_3)_3$ (M = N, P) werden beschrieben. Im Gegensatz zum Be(tert.-$C_4H_9$)$_2$-Komplex ändert sich das $^1H$-NMR-Spektrum beim 1:1-Komplex von ten (Tetramethyläthylendiamin) mit Be(iso-$C_3H_7$)$_2$ nicht mit der Temperatur. Die Komplexe (tert.-$C_4H_9$)$BeZCH_2CH_2N(CH_3)_2$ (Z = O, S), $RBeN(CH_3)CH_2CH_2N(CH_3)_2$ (R = n-$C_3H_7$, iso-$C_3H_7$) u. $CH_3ZnSCH_2CH_2N(CH_3)_2$ sind in Bzl.-Lsg. dimer.

Versuche: Dialkylberyllium: *-äthyl-*, $C_4H_{10}$ · Be: aus Be($C_2H_5$)$_2$ · Ae. in 24 Std. bei 50° u. $10^{-3}$ Torr; — *-n-propyl-* **(I)**, $C_6H_{14}Be$, aus n-$C_3H_7MgBr$ u. $BeCl_2$ in Ae. zunächst (n-$C_3H_7$)$_2$Be · 2Ae. **(II)**, dann Erhitzen auf 60° bei $10^{-3}$ Torr; — *-n-butyl-*, $C_8H_{18}Be$, analog; — *-iso-butyl-*, $C_8H_{18}Be$, analog über das Ätherat *(iso-$C_4H_9$)$_2$Be · 0,5Ae.* — *(n-$C_3H_7$)$_2$Be(bipy)*, $C_{16}H_{22}BeN_2$, Zers. bei > 90°, aus Py. u. **II** zunächst krist. Komplex (F. ca. 10°), der mit bipy behandelt wird. — *-(tert.-$C_4H_9$)BeCl · Ae.* aus dem Ae.-Komplex von (tert.-$C_4H_9$)$_2$Be **(III)** u. $BeCl_2$ beim Erhitzen. — *(tert.-$C_4H_9$)BeBr · Ae.* analog; — *-(tert.-$C_4H_9$)$_2$ · Be · N($CH_3$)$_3$*, F. 45–46°, aus **III** u. $N(CH_3)_3$; — *(tert.-$C_4H_9$)$_2$Be · P($CH_3$)$_3$*, F. 44–46°, analog: — *-(tert.-$C_4H_9$)$_2$ · Be · ten*, Zers. bei > 86°, aus (tert.-$C_4H_9$)$_2$Be · Ae. u. ten in Methylcyclohexan; — *(iso-$C_3H_7$)$_2$Be · ten*, F. 76–78° analog in Ae.; — *(n-$C_3H_7$)BeN($CH_3$)$CH_2CH_2N(CH_3)_2$*, $C_8H_{20}BeN_2$, (Zers. 60°), aus **I** u. N.N.N'-Trimethyläthylendiamin in Hexan; — *(iso-$C_3H_7$)BeN($CH_3$)$CH_2$ · $CH_2N(CH_3)_2$*, $C_8H_{20}BeN_2$, F. 165–167° (Zers.), analog; — *(tert.-$C_4H_9$)$BeOCH_2CH_2N(CH_3)_2$*, $C_8H_{19}BeNO$, F. 98 bis 101° (Zers.), analog in Pentan; — *(tert.-$C_4H_9$)$BeSCH_2$ · $CH_2N(CH_3)_2$*, $C_8H_{19}BeNS$, F. 99–101°, analog; — $CH_3ZnSCH_2CH_2N(CH_3)_2$, $C_5H_{13}NSZn$, F. 250° (Zers.), analog.

A. Jaeschke 281

*0996* **Trimeres Methylaminogallan, $[CH_3NHGaH_2]_3$, und verwandte Verbindungen.** A. Storr. (J. chem. Soc. [London], Sect. A **1968,** 11, 2605–08; Dep. of Chem. Univ. of B.C., Vancouver, B.C., Canada; engl.) — Die neuen Verb. $[CH_3NHGaH_2]_n$ u. $[CH_3NHGaD_2]_n$ wurden dargestellt u. NMR-, IR-spektroskop. u. bez. des Mol.-Gew. untersucht. Sie sind trimer in Bzl., u. das $^1H$-NMR-Spektrum zeigt die Ggw. zweier Isomerer des Sechsrings (Ga–N)$_3$, der offenbar in Sesselform vorliegt. Das NMR-Spektrum von $[(CH_3)_2NGa(CH_3)_2]_n$ deutet auf (Ga–N)$_2$-Ringe u. das von $[CH_3NHGa(CH_3)_2]_n$ ebenfalls auf (Ga–N)$_3$-Ringe. Die Verb. werden mit ähnlichen B-Syst. verglichen.

Versuche: $[CH_3NHGaH_2]_3$: Kondens. von $CH_3 \cdot NH_2$ **(I)** auf $(CH_3)_3N \cdot GaH_3$ **(II)** bei −196° u. Erwärmen auf 20° bis zum Ende der $H_2$-Entw.; — $[CH_3NHGaD_2]_3$, analog aus **I** u. $(CH_3)_3N \cdot GaD_3$; — $H_2NGaH_2$, polymer, analog aus $NH_3$ u. **II**; — $CH_3NAlH$, polymer, analog aus $(CH_3)_3N \cdot AlH_3$ **(III)** u. **I**; — $HNAlH$, polymer, analog aus $NH_3$ u. **III**.

A. Jaeschke 295

*0997* **Reaktionen zwischen Oximen und Organoderivaten von Elementen der Gruppe III.** 2. Mitt. **Pyridin-2-carbaldoxim.** I. Pattison und K. Wade. (J. chem. Soc. [London], Sect. A **1968,** 11, 2618–22; Chem. Dep., Durham Univ., Durham; engl.) — 1. vgl. ibid. **1967,** 1333. — Pyridin-2-carbaldoxim (I) reagiert mit $B(CH_3)_3$

in Toluol bei 90° unter $CH_4$-Entw. zu krist. $(2\text{-}C_5H_4N)CH{=}NOB(CH_3)_2$, das in Bzl. monomer vorliegt. Für diese Verb. wird eine Ringstruktur mit dem Oximatrest in anti-Konfig. am 4fach koordinierten B (mit O u. Py.–N) vorgeschlagen. Leichter werden die Alkylgruppen von $Al(CH_3)_3$, $Al(C_2H_5)_3$, $Ga(CH_3)_3$, $In(CH_3)_3$ u. $Tl(CH_3)_3$ durch I bei oder unterhalb 0° unter Bldg. der Oximate $[(2\text{-}C_5H_4N)CH{=}NOMR_2]_n$ (M = Metall, R = Alkyl) abgespalten, die in Bzl. im allg. dimer (n = 2) sind. ¹H-NMR- u. IR-Spektren deuten auf eine Ringstruktur dieser Verb. mit zentralen MONMON-Ringen, bei denen die in syn-Konfig. stehenden Oximatreste über O mit Mol.-eigenem M u. über N mit dem anderen M verbunden sind. Dabei ist M offenbar jeweils 5fach koordiniert. $Al(CH_3)_3$ u. syn-Benzaldoxim bilden $[C_6H_5CH{=}NOAl(CH_3)_2]_x$.
A. Jaeschke 297

*0998* **Reaktionen von Monogermylarsin und Monogermylphosphin mit Wasser und Schwefelwasserstoff.** J. E. Drake und C. Riddle. (J. chem. Soc. [London], Sect. A **1968**, 11, 2709–15; Dep. of Chem., Univ., Southampton; engl.) — Wie ¹H-NMR-spektroskop. Unters. zeigen, beschleunigt $H_2O$ die Umwandlung (bei 20°) von $(GeH_3)AsH_2$ (**I**) bzw. $(GeH_3)PH_2$ (**II**) zu $(GeH_3)_3As$ bzw. $(GeH_3)_3P$ über die Zwischenprod. $(GeH_3)_2AsH$ bzw. $(GeH_3)_2PH$, die ebenfalls beide isoliert wurden. Andererseits reagieren **I** u. **II** mit $H_2S$ über $(GeH_3)SH$ zu $(GeH_3)_2S$. A. Jaeschke 326

*0999* **Darstellung und Eigenschaften von Trigermylarsin und -stibin.** E. A. V. Ebsworth, D. W. H. Rankin und G. M. Sheldrick. (J. chem. Soc. [London], Sect. A **1968**, 11, 2828–30; Univ. Chem. Labor., Lensfield Road, Cambridge; engl.) — $(GeH_3)_3As$ u. $(GeH_3)_3Sb$ wurden in hohen Ausb. aus $GeH_3Br$ u. $(SiH_3)_3As$ bzw. $(SiH_3)_3Sb$ in Ampullen bei 0° dargestellt. Bei den Rk. von $GeH_3Br$ mit $KAsH_2$ oder $Li_3Sb$ war der Umsatz wesentlich geringer. Daraus wird auf einen katalyt. Einfl. der $SiH_3$-Gruppe geschlossen. ¹H-NMR-, IR- u. Raman-Spektren wurden aufgenommen u. zugeordnet.
A. Jaeschke 326

*1000* **Synthese und Charakterisierung einiger Organosilyl-, Organogermyl- und Organostannylarsine.** E. W. Abel, R. Honigschmidt-Grossich und S. M. Illingworth. (J. chem. Soc. [London], Sect. A **1968**, 11, 2623–25; Dep. of Inorg. Chem., Univ. of Bristol, Bristol; engl.) — Die Verb. $(CH_3)_nSi[As(CH_3)_2]_{4-n}$ (n = *1, 2, 3*), $(CH_3)_3GeAs(CH_3)_2$ u. $(CH_3)_3SnAs(CH_3)_2$ wurden dargestellt, u. ihre IR- u. ¹H-NMR-Spektren werden angegeben u. diskutiert. Die unterschiedliche Wrkg. von $CS_2$ auf die Verb. $(CH_3)_3MAs(CH_3)_2$ (M = Si, Ge, Sn) wird diskutiert. Die Sn–As-Bindung ist gegenüber W. stabil.

Versuche: $(CH_3)_3SiAs(CH_3)_2$, $C_5H_{15}AsSi$, aus $(CH_3)_2AsLi$ (aus n-Butyl-Li in Hexan u. $(CH_3)_2AsH$ (**I**) u. Ae. bei −80°) u. $(CH_3)_3SiCl$ in Ae. bei −80°, Kp. 139°, (Ausb.) 88%. — $(CH_3)_2Si[As(CH_3)_2]_2$, $C_6H_{18}As_2Si$, analog mit $(CH_3)_2SiCl_2$, $Kp._{0,02}$ 46–48°, 61%; — $(CH_3)Si\cdot[As(CH_3)_2]_3$, $C_7H_{21}As_3Si$, analog mit $CH_3SiCl_3$, $Kp._{0,02}$ 82°, 66%; — $(CH_3)_3GeAs(CH_3)_2$, $C_5H_{15}AsGe$, analog mit $(CH_3)_3GeCl$, $Kp._{99-101}$ 85–87°, 91%; — $(CH_3)_3SnAs\cdot(CH_3)_2$ (**II**), $C_5H_{15}AsSn$, a) aus **I** u. $(CH_3)_2NSn(CH_3)_3$, $Kp._{7,5-8}$ 52–53°, $n_D^{19}$ 1,5483, $D._4^{20}$ 1,57, 80%; b) aus NaOH, $(CH_3)_3SnCl$ u. **I** in W., $Kp._{10}$ 57°, 46%. — **II** + $CS_2$ ergibt ein *1:1-Addukt*; — $CH_3OPb(CH_3)_3$ + **I** ergibt in THF bei −20° $Pb(CH_3)_4$ u. $(CH_3)_2As{-}As(CH_3)_2$.
A. Jaeschke 327

*1001* **Alkalimetallhexaalkoxoniobate und -tantalate.** R. C. Mehrotra, M. M. Agrawal und P. N. Kapoor. (J. chem. Soc. [London], Sect. A **1968**, 11, 2673–76; Res. School of Inorg. Polymers., Dep. of Chem., Univ. of Rajasthan, Jaipur, India; engl.) — Die Verb. $MM'(OR)_6$ mit M = *Li, Na* u. *K*; M' = *Nb* u. *Ta* u. R = $CH_3$, $C_2H_5$, *iso*-$C_3H_7$ u. *tert.*-$C_4H_9$ wurden sämtlich aus den Nb- bzw. Ta-Pentaalkanolaten u. dem Alkalimetall (Molverhältnis 1:1) im entsprechenden Alkohol dargestellt. Einige Ta-Verb. können durch Subl. gereinigt werden, während die Nb-Deriv. sich zu den Pentaalkoxoverb. zersetzen. Elektr. Leitfähigkeiten u. Molgew. wurden bestimmt. $MNb(OC_2H_5)_6$ (M = *Li, Na*) reagiert mit Acetylaceton (Hacac) zu $MNb(OC_2H_5)_5acac$.
A. Jaeschke 332

*1002* **Einige Dithiolatoderivate des Wismuts.** P. Powell. (J. chem. Soc. [London], Sect. A **1968**, 11, 2587–88; Dep. of Chem., Royal Holloway Coll., Englefield Green, Surrey; engl.) — Bi-Komplexe mit Äthandithiol-(1.2) ($H_2etd$) u. Toluoldithiol-(3,4) ($H_2tol$) wurden dargestellt u. ihre Akzeptoreig. wurden untersucht. Ihre geringe Löslichkeit zeigt, daß sie polymerer Struktur sind. Einige Addukte mit py, bipy u. phen wurden dargestellt.

Versuche: *BiCl(etd)* (**I**) aus $BiCl_3$ in konz. HCl u. $H_2etd$ in $CH_3OH$, 82% (Ausb.); — *BiBr(etd)* aus wss. HBr-Lsg. von Bi analog **I**, 96%; — $BiCl(etd)(py)_2$ aus **I** in heißem py, F. 100–102° (py, Zers.), 85%; — $BiBr\cdot(etd)(py)_2$ analog, F. 130–132° (Zers.), 93%; — *BiCl(tol)* (**II**) aus $BiCl_3$ u. $H_2tol$ in $CH_3OH$, F. 233–234°, 86%; — *BiBr(tol)* analog, F. 222–223°, 87%; — $BiCl(tol)(py)_2$ aus **II** in heißem py, F. 135–139° (Zers.); — $BiCl(tol)\cdot(bipy)$ aus **II** in Aceton mit bipy, F. 191–192°, 98%; — Analog *BiBr(tol)(bipy)*, F. 198–199° (Zers.), 100%; *BiCl(tol)(phen)*, 100%. A. Jaeschke 334

*1003* **Heteropolyanionen mit zwei verschiedenen Heteroatomen.** 2. Mitt. **Dem 18-Wolframatodiphosphatanion verwandte Anionen.** S. A. Malik und T. J. R. Weakley. (J. chem. Soc. [London], Sect. A **1968**, 11, 2647–50; Chem. Dep., Dundee Univ., Dundee, Scotland; engl.) — 1. vgl. C. **1969**, 4-0742. — Elf verschiedene Heteropolywolframatanionen, $X_2ZW_{17}O_{62}H_2^{x-}$ (X = P oder As, Z = Mn, Co, Ni oder Zn) wurden dargestellt, indem heiße konz. 18-Wolframatodiphosphatlsg. mit einem geringen Überschuß eines $Z^{2+}$-Salzes in Lsg. u. danach mit einem großen Überschuß heißer konz. $CH_3COOK$-Lsg. in verd. Essigsäure behandelt wurden. Die $Co^{II}$ u. $Mn^{II}$ enthaltenden Anionen wurden elektrolyt. bei 20° oder durch $K_2S_2O_8$ bei 80–90° oxydiert. Die Stabilität der Anionen gegenüber Säuren u. Basen u. die Redox-Potentiale u. magnet. Momente der Heteroatome Z sowie spektrale Daten im sichtbaren Bereich werden angegeben. Nachst. Verb. wurden dargestellt u. untersucht: $K_8[P_2Mn^{II}W_{17}O_{62}H_2]\cdot 18H_2O$, $[(CH_3)_2NH_2]_8[P_2Mn^{II}W_{17}O_{62}H_2]\cdot 20H_2O$, $[C(NH_2)_3]_7[P_2Mn^{III}W_{17}O_{62}H_2]\cdot 9H_2O$, $[C(NH_2)_3^+$ = Guanidiniumion], $K_8[P_2Co^{II}W_{17}O_{62}H_2]\cdot 18H_2O$, $Rb_8\cdot[P_2Co^{II}W_{17}O_{62}H_2]\cdot 18H_2O$, $K_7[P_2Co^{III}W_{17}O_{62}H_2]\cdot 22H_2O$, $[(CH_3)_2NH_2]_7[P_2Co^{III}W_{17}O_{62}H_2]\cdot 20H_2O$, $K_8[P_2Ni^{II}W_{17}\cdot O_{62}H_2]\cdot 17H_2O$, $[(CH_3)_2NH_2]_8[P_2Ni^{II}W_{17}O_{62}H_2]\cdot 11H_2O$, $K_8[P_2ZnW_{17}O_{62}H_2]\cdot 18H_2O$, $[(CH_3)_2NH_2]_8[As_2Mn^{II}W_{17}\cdot O_{62}H_2]\cdot 30H_2O$, $[C(NH_2)_3]_7[As_2Mn^{III}W_{17}O_{62}H_2]\cdot 15H_2O$, $K_8[As_2Co^{II}W_{17}O_{62}H_2]\cdot 18H_2O$, $[(CH_3)_2NH_2]_8[As_2Co^{II}\cdot W_{17}O_{62}H_2]\cdot 22H_2O$, $K_7[As_2Co^{III}W_{17}O_{62}H_2]\cdot 22H_2O$ u. $[(CH_3)_2NH_2]_8[As_2Ni^{II}W_{17}O_{62}H_2]\cdot 20H_2O$.
A. Jaeschke 337

*1004* **Reaktion von Phosphorliganden mit Hydridotricarbonyl-π-cyclopentadienylmolybdän oder -wolfram.** Alison Bainbridge, P. J. Craig und M. Green. (J. chem. Soc. [London], Sect. A **1968**, 11, 2715–18; Dep. of Inorg. Chem., Univ. of Bristol, Bristol; engl.) — Die Rk. von $HM(CO)_3(\pi\text{-}C_5H_5)$ (M = Mo oder W) mit Phosphinen oder Phosphiten (L) in $CH_3CN$ bzw. Bzl. führt zur Bldg. der luftstabilen krist. Komplexe $HM(CO)_2(\pi\text{-}C_5H_5)L$. Geschw.-Messungen der Rk. zwischen $P(C_6H_5)_3$ u. $DW\cdot(CO)_3(\pi\text{-}C_5H_5)$ bzw. $HW(CO)_3(\pi\text{-}C_5H_5)$ zeigen, daß die Rk. bimol. ist u. kein Isotopeneffekt vorliegt, so daß anscheinend eine direkte Verdrängung des CO erfolgt. Den ¹H-NMR- u. den IR-Spektren zufolge handelt es sich allg. um cis-Komplexe. Die Hydridokomplexe reagieren stereospezif. mit $CCl_4$ bzw. $J_2$ (in $CCl_4$) zu *cis*-$XM(CO)_2(\pi\text{-}C_5H_5)L$ (M = *W* oder *Mo*; X = *Cl* bzw. *J*).

Versuche: Alle Komplexe wurden aus $CH_2Cl_2$/n-Hexan umkristallisiert. $HMo(CO)_2(\pi\text{-}C_5H_5)L$: (L=) $P(C_6H_5)_3$, F. 171–173°, (Ausb.) 72%; — $P(OCH_2)_3\cdot CCH_3$, F. 188°, 70%; $P(OC_6H_5)_3$, F. 100°, 70%; — $P\cdot(OCH_3)_3$, F. 42°, 88%. — $HW(CO)_2(\pi\text{-}C_5H_5)L$: (L=) $P(C_6H_5)_3$, F. 172°, 30%; — $P(OC_6H_5)_3$, F. 110–112°, 40%; — $P(OCH_2)_3CC_2H_5$, F. 226–227°, 36%; — $P\cdot(n\text{-}C_4H_9)_3$, F. 38°, 45%. — $ClMo(CO)_2(\pi\text{-}C_5H_5)L$: (L=) $P(C_6H_5)_3$, F. 205–208°, 64%; — $P(OC_6H_5)_3$, F. 131–132°, 20%; — $P(OCH_3)_3$, F. 98–100°, 55%; — $JMo(CO)_2(\pi\text{-}C_5H_5)L$: (L=) $P(C_6H_5)_3$, F. 223°, 80%; — $P(OC_6H_5)_3$, F. 146°, 45%. A. Jaeschke 337

*1005* **Mechanismus der Phasenübergänge von $UO_{2,25}$.** K. Goto. (Solid State Commun. 6 (1968) 9, 653–55;

Suppl. zu: J. Physics Chem. Solids Section of Inorg. and Metallurg. Chem., Showa Denko K.K., 2-Chome, Tamagawa, Ota-ku, Tokyo; engl.) — Der bei Messungen der spezif. Wärme beobachtete Phasenübergang von $U_4O_9$ sowie der Unterschied zwischen $UO_{2+x}$ u. den beiden $U_4O_9$-Phasen werden diskutiert. Die $U^{4+}$- u. $U^{5+}$-Ionen sind in $U_4O_9$ geordnet u. in $UO_{2+x}$ fehlgeordnet. Der bei 330°K in $U_4O_9$ beobachtete Phasenübergang ist ein Übergang von einer vollständig geordneten zu einer unvollständig geordneten Phase. K. H. Härdtl 339

*1006* **Chemie mehrkerniger Verbindungen.** 11. Mitt. **Einige Lewis-Basen-Addukte von Quecksilber(II)-halogeniden und Zinn(IV)-chlorid mit substituierten Metallcarbonylen von Chrom, Molybdän, Wolfram und Eisen.** K. Edgar, B. F. G. Johnson, J. Lewis und S. B. Wild. (J. chem. Soc. [London], Sect. A **1968**, 11, 2851 bis 2855; Dep. of Chem., Univ. Coll., London; engl.) — 10. vgl. ibid. A **1968**, 1013. — Die Rk. von Hg-Halogeniden ($HgX_2$) mit substituierten Carbonylderiv. von Metallen der Gruppe VI wurde in $CH_2Cl_2$, Ae. bzw. A. untersucht. Dabei wurden die Verb. *(mes)M(CO)*$_3$ · *2 HgX*$_2$ (mes = *Mesitylen*; M = *Cr*, X = *Cl*; *M* = *Mo*, X = *Cl*, *Br*), *(mes)Mo(CO)*$_3$ · *HgX*$_2$ (X = *Cl*, *Br*), *(chept)Mo(CO*$_3$*)* · *HgX*$_2$ (chept = *Cycloheptatrien-(1.3.5)*; X = *Cl*, *Br*), *(bipy)M(CO)*$_3$ · *HgX*$_2$ (M = *Mo*, X = *Cl*, *Br*; M = *W*, X = *Cl*), *(bipy)W(CO)*$_4$ · *2HgCl*$_2$, *(diphos)M(CO)*$_4$ · *HgCl*$_2$ (diphos = *1.2-Bis-[diphenylphosphino]-äthan*; M = *Mo*, *W*), *(diphos)*$_2$*M(CO)*$_2$ · *2HgX*$_2$ (M = *Mo*, *W*, X = *Cl*, *Br*, *J* jeweils) u. *(bipy)M(CO)*$_3$ · *SnCl*$_4$ (M = *Mo*, *W*), isoliert. $P(C_6H_5)_3Fe(CO)_4$ ergibt mit $HgCl_2$ in $CH_2Cl_2$ *P(C*$_6$*H*$_5$*)*$_3$ · *Fe(CO)*$_4$ · *2HgCl*$_2$. Leitfähigkeits-, IR-Daten u. einige magnet. Momente werden angegeben. Viele dieser Verb. werden am besten als Lewis-Säure-Base-Addukte mit dem Übergangsmetall als Donator gegenüber dem Hg(II)-Halogenid formuliert. A. Jaeschke 354

*1007* **Synthese, Struktur und Eigenschaften von π-Cyclooctenyl-π-cyclooctadien-(1.5)-kobalt.** S. Otsuka und M. Rossi. (J. chem. Soc. [London], Sect. A **1968**, 11, 2630—33; Dep. of Chem., Fac. of Engng. Sci., Osaka Univ., Toyonaka, Osaka; engl.) — Die Titelverb. (I) wird dargestellt u. ihre Struktur wird massenspektrometr., NMR-spektroskop. u. durch chem. Rk. nachgewiesen. Sie ist therm. stabil u. zeigt keine Tendenz zur Valenztautomerie. Der Komplex besitzt reakt. H-Atome an den Liganden.

Versuche: **I**, $Co(C_8H_{13})(C_8H_{12})$, F. 62—65°, aus $CoCl_2$, cis, cis-Cyclooctadien-(1.5), Py. in THF mit metall. Na bei 0—5°, braune Krist. bei —80°, (Ausb.) 25%; Rk. mit $CHCl_3$ zu Cycloocten u. Cyclooctadien-(1.5), mit $(C_6H_5)_2PCH_2$–$CH_2$–$P(C_6H_5)_2$ (dp) zu *CoH(dp)*$_2$. — *Bis-[cyclooctadien-(1.5)]-Nickel*, analog **I** aus $NiCl_2$, 39%. A. Jaeschke 355

*1008* **Chemie der Metallcarbonyle.** 52. Mitt. **Von Oktafluor-4.4′-bipyridyl und einigen in 4-Stellung substituierten Tetrafluorpyridinen abgeleitete Komplexe.** M. Green, Alison Taunton-Rigby und F. G. A. Stone. (J. chem. Soc. [London], Sect. A **1968**, 11, 2762—2765; Dep. of Inorg. Chem., Univ., Bristol; engl.) — 51. vgl. C. **1969**, 21-1012. — Oktafluor-4.4′-bipyridyl (**I**) wird dargestellt. Die Rk. von **I**, 4-(pentafluorphenyl-(**II**), 4-Phenyl- (**III**), 4-Amino- (**IV**) u. 4-Bromtetrafluorpyridin (**V**) mit den Anionen $[Re(CO)_5]^-$ u. $[(\pi\text{-}C_5H_5)Fe(CO)_2]^-$ ergibt Komplexe, die σ-Bindungen zwischen Polyfluorheterocyclen u. Re bzw. Fe enthalten. Außerdem wird ein analoger Ni-Komplex dargestellt. $^{19}F$-NMR-, IR- (600—3100 $cm^{-1}$) u. Massenspektren werden aufgenommen u. chem. Verschiebungen ($^{19}F$) sowie Kopplungskonst. werden bestimmt.

Versuche: **I**, $C_{12}F_8N_2$, F. 81—82°, aus $(CH_3)_3$·SnBr u. Li in THF [Bldg. von $(CH_3)_3SnLi$] u. Pentafluorpyridin bei —78°, (Ausb.) 65%. — Nachst. Komplexe werden durch Rk. der aus $Re_2(CO)_{10}$ u. $[(\pi\text{-}C_5H_5)Fe(CO)_2]_2$ mit Na-Amalgam in THF erhaltenen Anionen $[Re(CO)_5]^-$ bzw. $[(\pi\text{-}C_5H_5Fe(CO)_2]^-$ mit den Pyridinen **I**—**V** in THF dargestellt: *2.2′-Bis-[dicarbonylcyclopentadienylferrio]-hexafluor-4.4′-dipyridyl* (**VI**), $C_{24}H_{10}F_6Fe_2N_2O_4$, F. 181 bis 183°, 30%. — *2-(Pentacarbonylrhenio)-heptafluor-4.4′-dipyridyl* (**VII**), $C_{15}F_7N_2O_5Re$, F. 157—158°, 71%. — *Dicarbonylcyclopentadienyl-[4-tetrafluorpyridyl-(4)-tetrafluorphenyl]-eisen*, $C_{18}H_5F_8FeNO_2$, F. 163—164°, 17%. — *Pentacarbonyl-[4-tetrafluorpyridyl-(4)-tetrafluorphenyl]-rhenium*, $C_{16}F_8NO_5Re$, F. 171,5—172,5°, 25%. — *Dicarbonylcyclopentadienyl-[4-phenyltrifluorpyridyl-(2)]-eisen*, $C_{18}H_{10}F_3FeNO_2$, F. 113—115°, 13%. — *Pentacarbonyl-[4-phenyltrifluorpyridyl-(2)]-rhenium*, $C_{16}H_5F_3$·$NO_5Re$, F. 154—155°, 7%. — *Dicarbonylcyclopentadienyl-[4-aminotrifluorpyridyl-(2)]-eisen*, $C_{12}H_7F_3FeN_2O_2$, F. 181—183°, 41%. — **VI** aus **VII** mit $[(\pi\text{-}C_5H_5)Fe(CO)_2]^-$, 12%. — *Bis-[tetrafluorpyridyl-(4)]-bis-[triphenylphosphin]-nickel*, $C_{46}H_{30}F_8N_2NiP_2$, F. > 200°, aus $NiCl_2[P(C_6H_5)_3]_2$ u. Tetrafluorpyridyl-(4)-MgBr (aus 4-Bromtetrafluorpyridin u. Mg in THF) in THF, Zusatz von wss. HBr u. Eindampfen der organ. Phase, 37%. A. Jaeschke 356

*1009* **Nickel(II)- und Kupfer(II)-Komplexe von 2.4.4-Trimethyl-1.5-diazapenten-(1).** David E. Goldberg. (J. chem. Soc. [London], Sect. A **1968**, 11, 2671—2673; Unit. of Nitrogen Fixat., Univ. of Sussex, Brighton; engl.) — $[Ni(NH_3)_6](ClO_4)_2$ u. $[Cu(NH_3)_4](ClO_4)_2$ reagieren mit wasserfreiem Aceton zu vierzähnigen β-Aminoketiminkomplexen. Ein sechsfach koordiniertes Thiocyanatoderiv. der Ni-Spezies wird ebenfalls beschrieben. Magnet. Eig. (Suszeptibilität), IR- u. UV-Spektren werden angegeben.

Versuche: *Bis-[2.4.4-trimethyl-1.5-diazapenten-(1)]-nickel(II)-perchlorat* (**I**), aus $Ni(ClO_4)_2$ u. $NH_3$ im Überschuß mit Aceton. — *Dithiocyanato-bis-[2.4.4-trimethyl-1.5-diazapenten-(1)]-Nickel(II)*, quant. aus **I** in A. mit KSCN. — *Bis-[2.4.4-trimethyl-1.5-diazapenten-(1)] Kupfer(II)-perchlorat*, analog **I** unter Zugabe von etwas Pyridin. A. Jaeschke 358

*1010* **Die dimorphen Formen des Bis-[picolinato]-Kupfer-(II).** R. D. Gillard, S. H. Laurie und F. S. Stephens. (J. chem. Soc. [London], Sect. A **1968**, 11, 2588—89; Univ. Chem. Labor., Univ. of Kent at Canterbury; engl.) — 2 Formen des $Cu(pic)_2 \cdot 2H_2O$ (Hpic = α-Picolinsäure) wurden neu untersucht. Die Form **I** (α-Form nach Cox et al., J. chem. Soc. **1936, 775**) geht in wenig W. bei 50 bis 60° in 4 Tagen in die stabile Form **II** über. Sämtliche 1:2-Addukte mit Thioharnstoff (aus den Komponenten in A. bei 60°) u. 1:1-Addukte mit KSCN (aus den Komponenten in wss. A. bei 70°) von **I**, **II** u. wasserfreiem $Cu(pic)_2$ (**III**, β-Prod. nach Cox) wurden dargestellt. Auf Grund von Elektronenbeugungs-, IR-Spektren u. Röntgenunters. ergab sich, daß **I**, **II** u. **III** trans-Konfig. besitzen u. daß sich **I** u. **II** lediglich in der Lage des Krist.-$H_2O$ im Gitter unterscheiden. **I** u. **II** krist. triklin in der Raumgruppe P1 (Z = 1) mit a 9,21 (bzw. 9,19), b 7,24 (7,73), c 5,14 (5,10) Å, α 91°51′ (110°36′), β 95°14′ (93°42′) u. γ 103°35′ (101°53′); $D_{\cdot exp}$ 1,74 $gcm^{-3}$. A. Jaeschke 358

*1011* **Komplexe von Triäthanolamin mit Kobalt(II)-, Nickel(II)- und Kupfer(II)-Salzen.** M. N. Hughes und K. J. Rutt. (J. chem. Soc. [London], Sect. A **1968**, 11, 2788—2790; Chem. Dep., Queen Elizabeth College, Campden Hill Road, London; engl.) — Unten genannte Komplexe wurden bez. der magnet. Momente, der elektr. Leitfähigkeiten (in Lsg.), der Elektronen- u. IR-Spektren (666—222 $cm^{-1}$) sowie durch Röntgen-Pulveraufnahmen untersucht. Sie wurden, abgesehen von *[CuL*$_6$*]Cl*$_2$ [L = *N(CH*$_2$*CH*$_2$*OH)*$_3$], durch Zugabe von L zu einer A.-Lsg. des Metallsalzhydrats im Molarverhältnis 2:1 dargestellt. $[CuL_6]Cl_2$ (unverzerrt oktaedr.) entstand bei großem Überschuß an L. aus $NiX_2$ (X = Cl, Br u. $NO_3$) u. Co·$(NO_3)_2$ gebildeten Komplexe *[ML*$_2$*]X*$_2$ sind oktaedr., die aus $CoX_2$ (X = Cl u. Br) verzerrt oktaedrisch. Die Komplexe $[CuL_2]X_2$ (X = Cl u. Br) sind beide sechsfach koordiniert, jedoch hat das Bromid auf Grund von OH-Brücken ein geringeres magnet. Moment. $[NiL(H_2O)_2]$·$OH(ClO_4)$ wurde ebenfalls dargestellt. A. Jaeschke 358

*1012* **Chemie der Metallcarbonyle.** 51. Mitt. **Organozinn-Carbonylrutheniumkomplexe.** J. D. Cotton, S. A. R. Knox und F. G. A. Stone. (J. chem. Soc. [London], Sect. A **1968**, 11, 2758—62; Dep. of Inorg. Chem., The Univ., Bristol; engl.) — 50. vgl. ibid. **1968**, 9, 2162. —

Komplexe vom Typ $(R_3Sn)_2Ru(CO)_4$ (R = *Alkyl, Aryl*) u. $R_{10}Sn_4Ru_2(CO)_6$ (R = *Alkyl*) mit Sn–Ru-Bindungen werden aus $Ru_3(CO)_{12}$ u. $R_3SnCl$, $R_3SnH$ bzw. $R_2SnH_2$ dargestellt. Der Rk.-Verlauf unterscheidet sich von dem früher untersuchten bei Fe-Carbonylen. So existieren von den Verb. $(R_3Sn)_2Ru(CO)_4$ cis- u. trans-Isomere. $^1H$-NMR-, IR- u. Massenspektren werden angegeben.

Versuche: Aus $Ru_3(CO)_{12}$ u. Na in fl. $NH_3$ entsteht durch Zugabe von $R_3SnCl$ in THF nach Abdampfen des $NH_3$ $[(CH_3)_3Sn]_2\ Ru(CO)_4$ (**I**), $C_{10}H_{18}O_4RuSn_2$, Kp.$_{0,01}$ 80°, (Ausb.) 33%; $[(C_2H_5)_3Sn]_2Ru(CO)_4$, $C_{16}H_{30}O_4RuSn_2$, Kp.$_{0,01}$ 100°, 49%; $[(C_6H_5)_3Sn]_2Ru(CO)_4$ (**II**), $C_{40}H_{30}O_4 \cdot RuSn_2$, F. 180—182°, 6%; $[(C_6H_5CH_2)_3Sn]_2Ru(CO)_4$, $C_{46} \cdot H_{42}O_4RuSn_2$, F. 99—101°, 9%; $[(C_3H_7)_3Sn]_2Ru(CO)_4$, $C_{22}H_{42}O_4RuSn_2$, Kp.$_{0,01}$ > 150° (Zers.); analog: $[(CH_3)_3 \cdot Pb]_2Ru(CO)_4$ (auf Grund des IR-Spektrums). — Beim Erhitzen von $Ru_3(CO)_{12}$ in Hexan mit $R_3SnH$ entsteht: *Bis-μ-[dimethylstannylen]-bis-[tricarbonyl-(trimethylstannyl)-ruthenium]* (**III**), $C_{16}H_{30}O_6Ru_2Sn_4$, F. 190—192°, 3% (bildet sich auch zu 1% aus **I** bei 44std. Erhitzen auf 80° in Hexan); $[(C_4H_9)_3Sn]_2Ru(CO)_4$, $C_{28}H_{54}O_4RuSn_2$, Kp.$_{0,01}$ > 150° (Zers.), 65%; *Bis-μ-[dibutylstannylen]-bis-[tricarbonyl-(tributylstannyl)-ruthenium]*; bzw. **II**. — Aus $(CH_3)_2SnH_2$ bzw. $Sn_2(CH_3)_6$ bilden sich in heißem Hexan **I** u. **III**. A. Jaeschke 363

*1013* **Chemie mehrkerniger Verbindungen.** 12. Mitt. **Mehrkernige Hydridocarbonyle von Ruthenium.** B. F. G. Johnson, R. D. Johnston, J. Lewis und B. H. Robinson. (J. chem. Soc. [London], Sect. A **1968**, 11, 2856—2859; Dep. of Chem., Univ. Coll., London; engl.) — 11. vgl C. **1969**, 21-1006. — Die mehrkernigen Hydridocarbonyle von Ru, α-, β-$H_4$ $Ru_4(CO)_{12}$, $H_2Ru_4(CO)_{13}$, $D_2Ru_4(CO)_{13}$ u. β-$D_4Ru_4(CO)_{12}$ wurden dargestellt. Die Ggw. von Hydrido-Liganden in diesen Verb. wurde NMR- u. massenspektrometr. bestätigt. Mögliche Strukturen werden, auch auf Grund von IR-Daten, diskutiert.

Versuche: $H_2Ru_4(CO)_{13}$ u. $H_4Ru_4(CO)_{12}$, a) aus $Ru_3(CO)_{12}$ u. $Na[BH_4]$ in THF beim 1std. Sieden, Entfernen des THF, Extraktion des Rückstands mit heißem Cyclohexan, Einengen, Trennung der Hydride an Silicagel mit Hexan ($R_F$ $H_4Ru_4(CO)_{12}$:$H_2Ru_4(CO)_{13}$ = 4:1); langsame Verdampfung des Lsgm. der gelben Fraktion ergab β-$H_4Ru_4(CO)_{12}$ (Ausb. 40%) u. der roten Fraktion ergab $H_2Ru_4(CO)_{13}$ (24%), Reinigung durch Subl. bei 80°/0,1 Torr bzw. 60°/0,1 Torr; b) aus $Ru_3(CO)_{12}$ in $CH_3OH$ u. wss. 1 m KOH, Neutralisation mit 2 m $H_2SO_4$, Trennung u. Reinigung analog a): β-$H_4Ru_4(CO)_{12}$ (29%) u. $H_2Ru_4(CO)_{13}$ (11%); bei Verw. von 3 m KOH entsteht allein β-$H_4Ru_4(CO)_{12}$ (63%); c) aus $Ru_3(CO)_{12}$ in THF u. Na-Amalgam, konz. $H_3PO_4$, Extraktion der Lsg. mit warmem Cyclohexan, Trennung analog a): α-$H_4Ru_4(CO)_{12}$ (54%) u. $H_2Ru_4(CO)_{13}$ (33%). — α-$H_4Ru_4(CO)_{12}$, F. 147° (Zers.), aus $RuCl_3 \cdot 3H_2O$ in konz. HCl, Eindampfen, Auflösen des Rückstands in A., Durchleiten von CO, Schütteln im Autoklaven mit Ag-Pulver unter 40 atm CO u. 40 atm $H_2$ bei 75—100°, Umkrist. aus $CH_2Cl_2$ (10 bis 30%). — $D_2Ru_4(CO)_{13}$ u. β-$D_4Ru_4(CO)_{12}$, analog a) mit $Na[BD_4]$. A. Jaeschke 363

*1014* **Chemie mehrkerniger Verbindungen.** 14. Mitt. **Sechskernige Carbidocarbonylrutheniumverbindungen.** B. F. G. Johnson, R. D. Johnston und J. Lewis. (J. chem. Soc. [London], Sect. A **1968**, 11, 2865—68; engl.) — 12. vgl. vorst. Ref.; 13. vgl. C. **1969**, 21-1017. — Die Verb. $Ru_6C(CO)_{14}L$ (L = *Mesitylen*, m = *Xylol* bzw. *Toluol*) wurden aus $Ru_3(CO)_{12}$ u. L bei anschließender Chromatographie mit Silicagel in 15,8, 16,4 bzw. 14,0%ig. Ausb. dargestellt, wobei jeweils auch $Ru_6C(CO)_{17}$ (**I**) entstand. **I** wurde auch durch Erhitzen von $Ru_3(CO)_{12}$ in n-Octan oder n-Nonan (Ausb. 18,7%) erhalten, wobei sich auch $H_2Ru_4(CO)_{13}$ u. β-$H_4Ru_4(CO)_{12}$ bildete. Auf Grund der Massenspektren werden die neuen Verb. als Carbide analog $Fe_5C(CO)_{15}$ formuliert. Die NMR- u. IR-Spektren werden diskutiert. A. Jaeschke 363

*1015* **Kationische π-Schwefelkohlenstoffkomplexe von Rhodium und Iridium; Thiocarbonylkomplexe von Iridium.** M. P. Yagupsky und G. Wilkinson. (J. chem. Soc. [London], Sect. A **1968**, 11, 2813—2817; Inorg. Chem. Res. Labor., Imperial Coll., London; engl.) — Die Wechselwrkg. von trans-Chlorocarbonyl-bis-[triphenylphosphin]-Ir(I) mit $CS_2$ u. $P(C_6H_5)_3$ in $CH_3OH$ ergibt eine das Ion $\{Ir^{III}(CO)(\pi\text{-}CS_2)[P(C_6H_5)_3]_3\}^+$ (isoliert als Tetraphenylborat) enthaltende violette Lösung. Ähnlich blaue oder grüne kation. Spezies wurden aus trans-$IrCl(CS)[P(C_6H_5)_3]_2$, -$RhCl(CO)[P(C_6H_5)_3]_2$, -$Rh \cdot Cl(CS)[P(C_6H_5)_3]_2$, $RhCl[P(C_6H_5)_3]_3$ u. $IrCl[P(C_6H_5)_3]_3$ erhalten. Die Beziehung derartiger Spezies zur Bldg. von CS-Komplexen wird diskutiert. trans-$IrCl(CS)[P(C_6H_5)_3]_2$ u. daraus $IrCl(CS)(CO)[P(C_6H_5)_3]_2$, $IrCl(CS)SO_2[P(C_6H_5)_3]_2$ u. $IrH(CS)[P(C_6H_5)_3]_3$ wurden dargestellt.

Versuche: $\{Ir(CO)(\pi\text{-}CS_2)[P(C_6H_5)_3]_3\}[B(C_6H_5)_4]$, F. 105°, aus trans-$IrCl(CO)[P(C_6H_5)_3]_2$, suspendiert in $CS_2/CH_3OH$ (1:1) mit $P(C_6H_5)_3$, dazu $CH_3OH$-Lsg. von $Na[B(C_6H_5)_4]$, (Ausb.) 95%. — $\{Rh(CO)(\pi\text{-}CS_2)[P(C_6H_5)_3]_3 \cdot\}[B(C_6H_5)_4]$, F. ca. 100°, analog, 95%. — $\{Ir(CS)(\pi\text{-}CS_2) \cdot [P(C_6H_5)_3]_2\}[B(C_6H_5)_4]$: analog aus trans-$IrCl(CS)[P \cdot (C_6H_5)_3]_2$, 95%. — $\{Rh(CS)(\pi\text{-}CS_2)[P(C_6H_5)_3]_2\}[B(C_6H_5)_4]$ analog aus trans-$RhCl(CS)[P(C_6H_5)_3]_2$. — $\{Ir(\pi\text{-}CS_2) \cdot [P(C_6H_5)_3]_3\}[B(C_6H_5)_4]$ aus $IrCl[P(C_6H_5)_3]_3$ u. $P(C_6H_5)_3$ in $CS_2/CH_3OH$, zunächst als *$CS_2$-Solvat*. — $\{Rh(\pi\text{-}CS_2)[P \cdot (C_6H_5)_3]_3\}[B(C_6H_5)_4]$ analog aus $RhCl[P(C_6H_5)_3]_3$ (**I**) — $Rh(\pi\text{-}CS_2)[P(C_6H_5)_3]_2 \cdot SnCl_3$ aus **I** in $P(C_6H_5)_3$-haltigem $CS_2$ mit A.-Lsg. von $SnCl_2$, 90%. — $CS_2$ u. $IrCl[P(C_6H_5)_3]_3$ reagieren bei 0° in 12 Std. zu $IrCl(CS_2)[P(C_6H_5)_3]_3$ u. bei 0,5std. Rückflußkochen unter $N_2$ zu $IrCl(CS_2)_3[P \cdot (C_6H_5)_3]_2$. — *trans*-$IrCl(CS)[P(C_6H_5)_3]_2$ (**II**) a) aus $IrCl \cdot [P(C_6H_5)_3]_3$ in $CS_2$ nach Rückflußkochen u. $CH_3Cl$-Zugabe, 20%; b) aus $[IrClC_8H_{12}]$ ($C_8H_{12}$-Cyclooctadien) u. $P(C_6H_5)_3$ in $CHCl_3/CS_2$ bei 0,5std. Rückflußkochen. — $IrCl(CS)SO_2[P(C_6H_5)_3]_2$ aus **II** mit $SO_2$ in $CH_2Cl_2$. — $IrCl(CS)(CO)[P(C_6H_5)_3]_2$ aus **II** u. CO in $CH_2Cl_2$ oder Toluol. — $IrH(CS)[P(C_6H_5)_3]_3$ aus **II**, $Na[BH_4]$ u. $P(C_6H_5)_3$ in Äthanol. A. Jaeschke 364

*1016* **Die Reaktion von Hydridocarbonyl-tris-[triphenylphosphin]-rhodium mit Kohlenmonoxid und der Reaktionsprodukte, Hydridodicarbonyl-bis-[triphenylphosphin]-rhodium und dimere Spezies, mit Wasserstoff.** D. Evans, G. Yagupsky und G. Wilkinson. (J. chem. Soc. [London], Sect. A **1968**, 11, 2660—65; Inorg. Chem. Labor., Imp. Coll., London; engl.) — Die Wechselwrkg. von CO u. $RhH(CO)[P(C_6H_5)_3]_3$ (**I**) wurde IR- u. NMR-spektroskop. untersucht. **I** dissoziiert in Lsg. zum quadrat. Komplex trans-$RhH(CO) \cdot [P(C_6H_5)_3]_2$ (**II**), wobei anfangs der Komplex $RhH(CO)_2[P(C_6H_5)_3]_2$ gebildet wird. In Ggw. von CO gibt letzterer Wasserstoff ab unter Bldg. von gelbem $[P(C_6H_5)_3]_2(CO)Rh(CO)_2Rh(CO) \cdot [P(C_6H_5)_3]_2$ (**III**). Mit Wasserstoff erhält man wieder **II**. In Inertgas verliert **III** CO u. bildet ein rotes solvatisiertes dimeres, $[P(C_6H_5)_3]_2 \cdot LRh(CO)_2RhL[P(C_6H_5)_3]_2$ (L = $CH_2Cl_2$ oder A.), das mit CO wieder zu **III** reagiert.

Versuche: **I** a) aus trans $RhCl(CO)[P(C_6H_5)_3]_3$ u. $P(C_6H_5)_3$ in A., dazu $Na[BH_4]$, (Ausb.) 90%; b) aus $RhCl_3 \cdot 3H_2O$ in A. u. $P(C_6H_5)_3$, HCHO u. $Na[BH_4]$, 72%. — $RhD(CO)[P(C_6H_5)_3]_3$, durch H–D-Austausch bei **I** mit $D_2$ in Bzl., 100%. — **III** aus 50 mg **I** mit CO in Cyclohexan, 25 mg. — $[P(C_6H_5)_3]_2LRh(CO)_2 \cdot RhL[P(C_6H_5)_3]_2$: (L =) $C_2H_5OH$, aus **I** u. CO in Bzl., 80%; -$CH_2Cl_2$, analog, 80%. A. Jaeschke 364

*1017* **Chemie mehrkerniger Verbindungen.** 13. Mitt. **Darstellung und einige Reaktionen von Dodekacarbonyltriosmium.** B. F. G. Johnson, J. Lewis und P. A. Kilty. (J. chem. Soc. [London], Sect. A **1968**, 11, 2859 bis 2864; Dep. of Chem., Univ. Coll., London; engl.) — 12. vgl. C. **1969**, 21-1013. — $Os_3(CO)_{12}$ u. die trimeren Deriv. $Os_3(CO)_{10}XY$ (X = *H*, Y = *H*, *OH* bzw. *$OCH_3$*; X = Y = *$OCH_3$*) wurden durch Rk. von $OsO_4$ mit CO in $CH_3OH$ im Autoklaven (75—220 atm, 75—175°) dargestellt. Die Rk. von $Os_3(CO)_{12}$ mit KOH in $CH_3OH$, mit Na-Amalgam in THF bzw. mit $Na[BH_4]$ in THF jeweils unter $N_2$ ergab $H_2Os_4(CO)_{13}$, $H_2Os_3(CO)_{10}$, $H_4Os_4 \cdot (CO)_{12}$ u. $HOs_3(CO)_{10}OH$, die Rk. mit Halogenen in sd. Bzl. die Verb. $Os_3(CO)_{12}X_2$ (X = *Cl*, *Br* bzw. *J*). Massen-, IR- u. NMR-Spektren deuten auf eine cycl. Konfig. der Verb. $Os_3(CO)_{10}XY$, die möglicherweise eine Os=Os-Doppelbindung enthalten. Die vierkernigen Hydride ähneln $H_2Ru_4(CO)_{13}$ u. β-$H_4Ru_4(CO)_{12}$ (l.c.). Bei der Verb. $Os_3(CO)_{12}X_2$ scheint die lineare Anordnung X–Os–Os–X mit der Mol.-Symmetrie $D_{4h}$ vorzuliegen. Bei der therm. Zers. von $Os_3(CO)_{12}X_2$ wird massenspektrometr. die Bldg. von $Os_2(CO)_8X_2$ u. $Os_2(CO)_6X_4$ nachgewiesen. A. Jaeschke 366

*1018* **Komplexe von Osmium-, Ruthenium-, Rhenium- und Iridiumhalogeniden mit einigen tertiären Monophosphinen und Monoarsinen.** J. Chatt, G. J. Leigh, D. M. P. Mingos und Rosemary J. Paske. (J. chem. Soc. [London], Sect. A **1968**, 11, 2636–2641; A. R. C. Unit of Nitrogen Fixat. u. Chem. Labor., Univ. of Sussex, Brighton; engl.) – Die Darst. u. einige physikal. Eig. (Mol.-Gew., magnet. Moment) von Komplexen des Typs $[MX_3L_3]$ (M = Re, Ru oder Os) u. $[MX_4L_2]$ (M = Re, Os oder Ir, X = Halogen, L = tert. Phosphin oder Arsin) werden beschrieben.

Versuche: mer-$[OsCl_3L_3]$: (L =) $P(C_2H_5)_3$, F. 99–100° (A.), aus $P(C_2H_5)_3$ u. $OsO_4$ in A. u. konz. HCl beim Erhitzen, (Ausb.) 55%; – Analog: $P(n\text{-}C_3H_7)_3$, F. 165–168° (Zers.), 22%; – $P(n\text{-}C_4H_9)_3$, F. 132 bis 134° (Zers.), 10%; – $P(CH_3)_2C_6H_5$, F. 200–204° (Zers.), 85%; – $P(C_2H_5)_2C_6H_5$, F. 191–195° (Zers.), 83%; – $P(n\text{-}C_3H_7)_2C_6H_5$, F. 198–199°, 80%; – $P(n\text{-}C_4H_9)_2C_6H_5$, F. 160–164°, 75%; – $PC_2H_5(C_6H_5)_2$, F. 163–164°, 88%; – $As(CH_3)_2C_6H_5$, F. 185–186°, 90%; – $As(n\text{-}C_3H_7)_3$, F. 159–160°, unter Zusatz von $N_2H_4$ zur Red., 90%. – mer-$[OsBr_3L_3]$ analog mit konz. HBr: (L =) $P(n\text{-}C_3H_7)_3$, F. 169–170°, 70%; – $P(CH_3)_2C_6H_5$, F. 179–182° (Zers.), 75%; – $P(C_2H_5)_2C_6H_5$, F. 160 bis 162° (Zers.), 25%; – $P(n\text{-}C_4H_9)_2C_6H_5$, F. 158–160° (Zers.), 70%; – $As(n\text{-}C_3H_7)_3$, F. 169–170°, 70%; – trans-$[OsCl_4L_2]$: aus mer-$[OsCl_3L_3]$ u. $CCl_4$ beim Erhitzen: (L =) $P(n\text{-}C_3H_7)_3$, F. 187–191°, 90%; – $P(CH_3)_2C_6H_5$, F. 206–207°, 45%; – $P(n\text{-}C_3H_7)_2C_6H_5$, F. 194–196°, 75%; – $P(n\text{-}C_4H_9)_2C_6H_5$, F. 185–196°, 75%; – $As(n\text{-}C_3H_7)_3$, F. 155–156°, 85%; – $As(CH_3)_2C_6H_5$, F. 177–178°, 60%. – *trans*-$\{OsBr_4[P(n\text{-}C_3H_7)_3]_2\}$, F. 203–204°, aus $P(n\text{-}C_3H_7)_3$ u. $OsO_4$ in 40%ig. wss. HBr u. A., 35%. – mer-$[RuCl_3L_3]$: (L =) $P(CH_3)_2C_6H_5$, F. 175–177° (Zers.), aus $P(CH_3)_2C_6H_5$ u. $RuCl_3$-Hydrat in A. u. konz. HCl (Ausb.) 100%; – Analog: $P(C_2H_5)_2C_6H_5$, F. 159–162° (Zers.), 70%; – $P(n\text{-}C_4H_9)_2C_6H_5$, F. 136–139° (Zers.), 50%; – $P(C_6H_5)_3$, F. 160–170° (Zers.), 75%. – mer-$[RuBr_3L_3]$: aus mer-$[RuCl_3L_3]$ u. LiBr in A.: (L =) $P(CH_3)_2C_6H_5$, F. 168 bis 171° (Zers.), (Ausb.) 86%; – $P(C_2H_5)_2C_6H_5$, F. 173 bis 176° (Zers.), 63%. – mer-$[ReCl_3L_3]$: (L =) $P(CH_3)_2C_6H_5$, F. 155–160° (Zers.), aus $P(CH_3)_2C_6H_5$ u. $\{ReOCl_3[P(C_6H_5)_3]_2\}$ in Bzl., 95%; – Analog $P(C_2H_5)_2 \cdot C_6H_5$ (I), F. 150–155° (Zers.), 50%; – $P(n\text{-}C_3H_7)_2C_6H_5$, F. 136–137° (Zers.), 67%; – $P(n\text{-}C_4H_9)_2C_6H_5$, F. 111 bis 114° (Zers.), 46%; – $PCH_3(C_6H_5)_2$, F. 202–205° (Zers.), 50%. – trans-$[ReCl_4L_2]$: (L =) $P(C_2H_5)_2 \cdot C_6H_5$, F. 164–167° (Zers.), aus I durch Erhitzen in $CCl_4$, 95%; – Analog $P(CH_3)_2C_6H_5$, F. 198–201° (Zers.), 80%; – $P(n\text{-}C_3H_7)_2C_6H_5$, F. 207–209° (Zers.), 88%; – $P(n\text{-}C_4H_9)_2C_6H_5$, F. 187–188° (Zers.). – trans-$[IrCl_4L_2]$: (L =) $P(n\text{-}C_3H_7)_3$, F. 147–149° (Zers.), aus $[PH(n\text{-}C_3H_7)_3]\{IrCl_4 \cdot [P(n\text{-}C_3H_7)_3]_2\}$ in $CHCl_3$ beim Durchleiten von $Cl_2$, 80%; – Analog $P(C_6H_5)_3$, F. 161 bis 163° (Zers.), 80%; – $P(CH_3)_2C_6H_5$, F. 152–154° (Zers.), 83%; – $P(C_2H_5)_2C_6H_5$, F. 147–148°, 90%; – $As(n\text{-}C_3H_7)_3$, F. 144–145° (Zers.), 82%. A. Jaeschke 367

*1019* **Hydrolyse von Monochlorphosphin- und Monochlorarsinkomplexen des Platin(II): Phosphinito- und Arsinito-Gruppen als Brücken.** J. Chatt und B. T. Heaton. (J. chem. Soc. [London], Sect. A **1968**, 11, 2745–57; Chem. Labor., Univ. of Sussex, Brighton; engl.) – Komplexe des Typs cis-$[PtX_2(MR_2Cl)(M'R'_3)]$ (A) (X = *Cl, Br, J*; M = *P, As*; M' = *P, As*; R u. R' = Alkyl, Phenyl) werden dargestellt u. hydrolysiert. Die ersten Hydrolyseprod. sind die Verb. cis-$[PtX_2(MR_2OH) \cdot (M'R'_3)]$ (B), die bes. für M–P als Dimere mit H-Brücken vorliegen. Diese bilden bei weiterer Hydrolyse unter HCl-Abgabe die zweikernigen Komplexe $[(R'_3M')XPt(R_2MO)_2 \cdot PtX(M'R'_3)]$ (C) mit Phosphinito- bzw. Arsinitobrücken, von denen letztere nicht weiter hydrolysiert werden. Dagegen ergeben erstere C die isomeren Hydroxide α- u. β-$[(R_3'M')(OH)Pt(R_2PO)_2Pt(OH)(M'R_3')]$ (D). Bei Behandlung mit konz. Halogenwasserstoffsäure entstehen aus C u. D (M = P) die Komplexe B (M = P) u. aus C (M = As) die Verb. A(M = As). C u. D reagieren mit $NaSC_2H_5$ zu Komplexen mit Thiolatobrücken u. endständigen $[R_2MO]$-Gruppen. Die Strukturen werden durch [1]H-NMR- u. IR-Spektren bestimmt u. die P–O-Valenzfrequenz wird der Lage im Komplex zugeordnet. Das Pt(II)-Syst. mit Phosphinit-Brücken ist stärker als das mit Jodid-, jedoch schwächer als das mit Äthylthiolat-Brücken. $(C_6H_5)_2POH$ ist im Gleichgew. mit $(C_6H_5)_2 \cdot HPO$ in genügender Menge vorhanden, um mit $\{Pt_2Cl_4 \cdot [P(C_6H_5)_3]_2\}$ den Komplex B(M = M' = *P*, R = $C_6H_5$, R' = $C_2H_5$) zu bilden. Wie auch aus der bes. Stabilität von D hervorgeht, scheint im $Pt(R_2MO)_2Pt$-Ring eine erhebliche Konjugation aufzutreten.

Versuche: cis-$[PtCl_2(MR_2Cl)(M'R_3')]$: aus Di-μ-chloro-bis-[trialkylarsin- bzw. -phosphin]-diplatin-(II) u. Halogenphosphin bzw. -arsin in Bzl., Ausb. 90 bis 100%, (M =) *P*, (R =) $C_6H_5$, (M' =) *P*, (R' =) $CH_3$ **(I)**, F. 213–215°; – *As*, $C_6H_5$, *P*, $CH_3$ **(III)**, F. 228–233°; – *P*, $C_6H_5$, *P*, $C_2H_5$ **(IV)**, F. 170–172°; – *As*, $C_6H_5$, *P*, $C_2H_5$ **(VI)**, F. 165–169°; – *P*, $C_6H_5$, *As*, $C_2H_5$ **(VII)**, F. 161–165°; – *P*, $C_6H_5$, *P*, $C_2H_5$ **(VIII)**, F. 159–164°; – *P*, $C_6H_5$, *P*, $C_4H_9$ **(IX)**, F. 134–137°; – *As*, $CH_3$, *P*, $C_6H_5$, F. 204–220° (Zers.). – *cis*-$\{PtBr_2[As(C_6H_5)_2Br] \cdot [P(C_2H_5)_3]\}$, F. 152–154°, aus *cis*-$\{PtCl_2[As(C_6H_5)_2OH] \cdot [P(C_2H_5)_3]\}$ (0,3 g) in sd. Aceton mit konz. HBr, Ausb. 0,3 g. – cis-$\{PtCl_2[MR_2(OCH_3)](M'R_3')\}$: aus einer Lsg. von cis-$[PtCl_2(MR_2Cl)(M'R_3')]$ in $CH_3OH$ mit $Na \cdot OCH_3$ bei 20° in 18 Std. (Schütteln), Eindampfen (20°/20 Torr), Extraktion mit Bzl., Eindampfen, Krist. aus $CH_3OH$, Ausb. 70–90%: (M =) *P*, (R =) $C_6H_5$, (M' =) *P*, (R' =) $C_2H_5$, F. 220–222°; – *As*, $C_6H_5$, *P*, $C_2H_5$, F. 168–170°; – *P*, $C_2H_5$, *P*, $C_2H_5$, F. 184–185°; – *As*, $CH_3$, *P*, $C_6H_5$, F. 215–220°. – cis-$[PtX_2(MR_2OH)(M'R_3')]$: (X =) *Cl*, (M =) *P*, (R =) $C_6H_5$ (M' =) *P*, (R' =) $CH_3$, F. 227–233° (Aceton/PAe.), aus **I** (1,3 g) in sd. Aceton mit konz. HCl, 1,1 g; – *Br*, *P*, $C_6H_5$, *P*, $CH_3$, F. 204–209°, aus **II** (0,9 g) in sd. Aceton mit konz. HBr, 0,8 g; – *Cl*, *As*, $C_6H_5$, *P*, $CH_3$, F. 253–258°, aus **III** (0,6 g) in sd. Aceton mit konz. HCl, 0,5 g; – *Cl*, *P*, $C_6H_5$, *P*, $C_2H_5$ **(X)**, F. 164–174°, a) aus **IV** (1,6 g) in Bzl. mit 0,1 n NaOH, Einengen der Bzl.-Schicht u. Zusatz von wss. HCl, 1,3 g; b) aus **IV** in sd. Aceton mit 18%ig. H Cl c) aus einer Suspension von $\{Pt_2Cl_4[P(C_2H_5)_3]_2\}$ (0,79 g) in Bzl. unter $N_2$ mit $(C_6H_5)_2HPO$ bei 20° in 18 Std. (Schütteln), 0,8 g; – *Br*, *P*, $C_6H_5$, *P*, $C_2H_5$, F. 189–190°, aus **V** (0,2 g) in A. mit HBr bei 20° in 72 Std.; – *J*, *P*, $C_6H_5$, *P*, $C_2H_5$, F. 174–177°, analog mit HJ; – *Cl*, *As*, $C_6H_5$, *P*, $C_2H_5$, F. 154–155°, aus **VI** (0,2 g) in sd. Aceton mit konz. HCl, 0,12 g; – *Br*, *As*, $C_6H_5$, *P*, $C_2H_5$, F. 167°, analog; – *Cl*, *P*, $C_2H_5$, *P*, $C_2H_5$, F. 150–154°, analog **X** a) aus **VIII** (0,25 g), 0,2 g; – *Cl*, *P*, $C_6H_5$, *As*, $C_2H_5$, F. 180 bis 184°, aus **VII** (1,5 g) in sd. Aceton mit konz. HCl, 1,3 g; – *Cl*, *P*, $C_6H_5$, *P*, $C_4H_9$, F. 133–135°, analog **X** a) aus **IX** (1,4 g), 1,3 g. – *cis*-$\{PtCl_2[P(C_6H_5)_2OD][P \cdot (C_2H_5)_3]\}$, aus **VIII** mit 0,1 m DCl in $D_2O$. – $[(R'_3M') \cdot XPt(R_2MO)_2PtX(M'R_3')]$ aus einer Lsg. von cis-$[PtX_2 \cdot (MR_2OH)(M'R_3')]$ in $CH_3OH$ mit $NaOCH_3$ bei 20° in 18 Std., Extraktion des Abdampfrückstands mit Bzl., 90%: (M =) *P*, (R =) $C_6H_5$, (M' =) *P*, (R' =) $CH_3$, X = *Cl* **(XII)**, *cis*-, F. 217–222°; – X = *Br*, *cis*- **(II)**, F. 147–149°; – *P*, $C_6H_5$, *P*, $C_2H_5$, *trans*-, X = *Cl* **(XI)**, F. 180–181°; – X = *Br*, F. 185–186°; – X = *J*, F. 205–207°; – *As*, $C_6H_5$, *P*, $C_2H_5$, *trans*-, X = *Cl*, F. 211 bis 212°; – X = *Br*, F. 183–185°; – *P*, $C_6H_5$, *As*, $C_2H_5$, *trans*-, X = *Cl*, F. 175°; – *P*, $C_2H_5$, *P*, $C_2H_5$, *trans*-, X = *Cl*, F. 66–68°; – *P*, $C_6H_5$, *P*, $C_2H_5$, (X =) *OH*, α-**(Va)**, F. 171–175°, aus **IV** (1,2 g) in Bzl. mit 0,1 n NaOH bei 20° in 4 Std., dann aus der Bzl.-Schicht mit PAe., 0,8 g, oder durch Schütteln von Bzl.-Lsg. von **X** bzw. **XI** mit NaOH-Lsg.; – β- **(Vb)**, F. 155°, aus vorst. Verb. in Bzl. oder aus Bzl.-Lsg. von **IV**, **X** bzw. **XI** mit Überschuß an NaOH-Lsg., ca. 90%; – *P*, $C_6H_5$, *P*, $CH_3$, *OH*, α-, F. 213–215°, analog **V** aus **XII** (0,13 g), 0,08 g; – $[(C_2H_5)_3P(R_2MO)Pt(SR')_2Pt(R_2MO)P(C_2H_5)_3]$: (M =) *P*, (R =) $C_6H_5$, (R' =) $C_2H_5$ **(XIII)**, F. 183–187°, aus **XI** in A. mit $NaSC_2H_5$ bei 20° in 18 Std. oder aus **V** u. $NaSC_2H_5$ in $CH_3OH$; – *P*, $C_2H_5$, $C_2H_5$, F. 170–172°, analog **XIII**; *As*, $C_6H_5$, $C_6H_5$, F. 52–56°, analog **XIII**. – *Chloro-(diphenylphosphinito)-triäthylphosphin-p-toluidin-*

*platin*, F. 103—106°, aus **XI** (0,2 g) in A. mit p-Toluidin bei 20° in 18 Std., 0,1 g. A. Jaeschke 368

### A-9. Geochemie

*1020* **Synthese der Scandium-Analogen von Aegirin, Spodumen, Andradit und Melanotekit.** Jun Ito und Clifford Frondel. (Amer. Mineralogist **53** (1968) 7/8, 1276 bis 1280; Dep. of Geol. Sci., Harvard Univ., Cambridge, Mass.; engl.) — Angabe der Darst.-Bedingungen, opt. Daten u. Röntgendaten für $NaScSi_2O_6$, $LiScSi_2O_6$, $Ca_3 \cdot Sc_2Si_3O_{12}$ u. $Pb_2Sc_2Si_2O_9$. Gitterkonst. werden auch für Mischkrist. zwischen $NaScSi_2O_6$ u. Aegirin, $Ca_3Sc_2Si_3O_{12}$ u. Andradit sowie $Pb_2Sc_2Si_2O_9$ u. Melanotekit angegeben. Diskussion der Rolle von Sc als Spurenelement. Erwin Riedel 380

*1021* **Zink- und manganhaltige Amphibole aus Franklin, New Jersey.** Cornelis Klein jun. und Jun Ito. (Amer. Mineralogist **53** (1968) 7/8, 1264—75; Dep. of Geol. Sci., Harvard Univ., Cambridge, Mass.; engl.) — Chem. Analysen, opt. u. Röntgendaten von 3 Cummingtoniten (maximale ZnO-Geh. 10,8 u. MnO-Geh. **13,79** Gew.-%), 9 Amphibolen der Tremolit-Aktinolith-Reihe (9,54 ZnO, 5,42 MnO) u. 1 Magnesiariebeckit (7,84 ZnO u. 4,16 MnO). Erwin Riedel 380

*1022* **Häufigkeitsverteilung der Zusammensetzungen von Baryt-Coelestin-Serien.** Jeffrey S. Hanor. (Amer. Mineralogist **53** (1968) 7/8, 1215—22; Scripps Institution of Oceanograph., Univ. of Calif., San Diego, Calif.; engl.) — $BaSO_4$ u. $SrSO_4$ bilden lückenlos Mischkrist., die jedoch in der Natur selten gefunden werden. Modellvorstellungen führen zu Häufigkeitsverteilungen der Zus., die eine Mischungslücke vortäuschen. Erwin Riedel 380

*1023* **Braitschit, ein neues wasserhaltiges Calcium-Seltenerdmetallborat-Mineral aus dem Paradox-Bassin, Grand County, Utah.** Omer B. Raup, Arthur J. Gude, E. J. Dwornik, Frank Cuttitta und Harry J. Rose jun. (Amer. Mineralogist **53** (1968) 7/8, 1081—95; U.S. Geol. Surv., Denver, Colo.; engl.) — Krist. von Braitschit sind farblos bis weiß, kommen in hexagonalen Plättchen mit Pinakoiden u. Prismen vor. D. 2,903, opt. einachsig positiv, $\varepsilon = 1{,}647$, $\omega = 1{,}646$. Hexagonal mit a = 12,156, c = 7,377 Å, Z = 1. Angabe der Analysendaten, die zu 7 $(Ca, Na_2) \cdot SE_2O_3 \cdot 11 B_2O_3 \cdot 7 H_2O$ (SE = Seltenerdmetall) führen. Diese Zus. steht in Widerspruch zur hexagonalen Symmetrie. Erwin Riedel 380

*1024* **Eukryptit und Bikitait von King's Mountain, North Carolina.** Peter B. Leavens, C. S. Hurlbut jun. und Joseph A. Nelen. (Amer. Mineralogist **53** (1968) 7/8, 1202—07; Dep. of Geol., Univ. of Del., Newark, Del.; engl.) — Eukryptit hat die Zus. $(Li_{5,80}Na_{0,06})Al_{5,98} \cdot Si_{6,05}O_{24}$; a = 13,490, c = 9,016 Å; $\omega_D = 1{,}572$, $\varepsilon_D = 1{,}587$, opt. positiv. Bikitait: $Li_{2,10}Al_{2,00} \cdot Si_{3,97}O_{12} \cdot 1{,}95\,H_2O$; a = 8,614, b = 4,957, c = 7,603 Å, $\beta = 114°19'$; $n\alpha = 1{,}509$, $n\beta = 1{,}520$, $n\gamma = 1{,}522$, opt. negativ. 2V = 45°, $r < v$, ∢ X c = 29°. Erwin Riedel 380

*1025* **Faujasite mit hohen und niedrigen Siliciumdioxidgehalten. Eine Substitutionsreihe.** Alan C. Wright, J. Paul Rupert und W. T. Granquist. (Amer. Mineralogist **53** (1968) 7/8, 1293—1303; Nat. Lead Co., Houston, Tex.; engl.) — In synthet. Faujasiten mit $SiO_2/Al_2O_3$-Molverhältnissen von 2,44—4,93 ändern sich die Gitterkonst. a sowie die Lage einiger IR-Banden linear mit dem Molenbruch $AlO_2^-$. Natürlicher Faujasit aus Limburgit, Südwestdeutschland, liegt nahe dem Endpunkt der Reihe mit hohem $SiO_2$-Gehalt. Die geringe Abweichung der Gitterkonst. u. der IR-Banden von der entsprechender synthet. Prod. wird durch die Ggw. von amorphem $SiO_2$ erklärt. Vorschlag einer einheitlichen Nomenklatur, z. B. Faujasit, Na (2,44), mit der Bezeichnung des austauschfähigen Kations u. der Lage im $SiO_2/Al_2O_3$-Bereich. Erwin Riedel 380

*1026* **Poughit, ein neues Tellurmineral aus Mexico und Honduras.** Richard V. Gaines. (Amer. Mineralogist **53** (1968) 7/8, 1075—80; Hoffecker Road, R.D. 1, Pottstown, Pa.; engl.) — Das Mineral der Zus. $Fe_2(TeO_3)_2(SO)_4 \cdot 3 H_2O$ wurde in der Moctezuma-Mine, Sonora, gefunden. Es ist ident. mit einem unbenannten Mineral aus Honduras (Frondel et al. 1944). Es krist. orthorhomb. mit a = 9,66, b = 14,20, c = 7,86 Å; Raumgruppe Pmnb; Härte 2,5; D. = 3,75. Zweiachsig negativ mit 2V = 15 bis 20°; $\alpha = 1{,}72$, $\beta = 1{,}985$, $\gamma = 1{,}990$; starker Pleochroismus, X farblos, Y grüngelb, Z gelb; X parallel b, Y parallel a. Erwin Riedel 380

*1027* **Synthetischer Trechmannit.** George W. Roland. (Amer. Mineralogist **53** (1968) 7/8, 1208—14; Dep. of Geol. Sci., Lehigh Univ., Bethlehem, Pa.; engl.) — $Ag \cdot AsS_2$-Glas, das bei 290° in 315 Std. krist., ist ident. mit Trechmannit. $a_{hex} = 13{,}967$, $c_{hex} = 9{,}135$ Å. Erwin Riedel 380

*1028* **Polarisierte optische Absorptionsspektren von Turmalin, Cordierit, Chloritoid und Vivianit: Elektronische Eisen(II)-Eisen(III)-Wechselwirkung als eine Ursache des Pleochroismus.** G. H. Faye, P. G. Manning und E. H. Nickel. (Amer. Mineralogist **53** (1968) 7/8, 1174 bis 1201; Dep. of En., Mines and Resources, Ottawa, Ontario; engl.) — Messung der Spektren im Bereich 7000 bis 30000 $cm^{-1}$. Im nahen IR zeigt jedes Spektrum ein d-d-Bandensyst., das einem $^5T_2 \rightarrow {}^5E$-Übergang von $Fe^{2+}$ auf Pseudo-Oktaederplätzen zugeordnet wird. In den Spektren von Vivianit u. Chloritoid erfolgt Aufspaltung des Bandensyst. durch Jahn-Teller-Effekt. Eine starke pleochroit. Bande ist die Folge einer Wechselwrkg. von benachbarten $Fe^{2+}$- u. $Fe^{3+}$-Ionen. Erwin Riedel 380

## B. Physikalische organische Chemie

### B-1. Optische, elektrische und magnetische Eigenschaften, Spektren

*1029* **Empirische Formulierung der Wirkungsquerschnitte für die Photonenabsorption.** Éliane Abillon. (C. R. hebd. Séances Acad. Sci., Sér. A et B **267** (1968) 18, B 938—41; Dép. de Biol., Centre d'Et. nucl. de Saclay, Gif-sur-Yvette, Essonne; franz.) — Es wird eine empir. Gleichung aufgestellt, die die Wrkg.-Querschnitte der Photonenabsorption für die K- u. L-Schale eines beliebigen Atoms in Abhängigkeit von der Energie des eingestrahlten Photons u. der Bindungsenergien $E_K$ u. $E_L$ der Elektronen dieser Schalen. Die Anwendung dieser Beziehung auf Mol. wird an *Methan*, *A.* u. *Dimethoxymethan*, deren Wrkg.-Querschnitte experimentell bekannt sind, geprüft. J. Richter 402

*1030* **Brillouin-Streuung von Licht in einem flüssigen Kristall.** G. Durand und D. V. G. L. Narasimha Rao. (Physics Letters [Amsterdam] **27 A** (1968) 7, 455 bis 456; Gordon McKay Labor., Harvard Univ., Cambridge, Mass.; engl.) — Die stimulierte u. spontane Brillouin-Streuung von Licht an *Kohlensäurecholesteryl-[2-(2-Äthoxyäthoxy)-äthyl]-ester* wird unter Verw. eines Rubin-Kryptocyanin-Q-Lasers im Temp.-Bereich 20—60° untersucht. Im Bereich der Übergangstemp. von der cholester. zu isotropen Phase wurde eine Dispersion der Überschallwellen beobachtet. W. Sobieski 402

*1031* **Gast-Wirt-Wechselwirkungen in nematischen flüssigen Kristallen. Ein neuer elektrooptischer Effekt.** G. H. Heilmeier und L. A. Zanoni. (Appl. Physics Letters **13** (1968) 3, 91—92; RCA Labor., Princeton, N.J.; engl.) — Es wird an *Methylrot* in nemat. *p-n-Butoxybenzoesäure* gezeigt, daß die Orientierung des Gastmol. (dichroit. Farbstoff) in einem elektr. Feld (ca. $10^4$ V/cm) durch die Orientierung des nemat. Wirtmol. bestimmt wird. Die reversible Farbänderung beim Anlegen des Feldes wird untersucht. W. Sobieski 402

*1032* **Brillouin-Streuung in relaxierenden Flüssigkeiten.** A. B. Bhatia und E. Tong. (Physic. Rev. [2] **173** (1968) 1, 231–40; Theoret. Phys. Inst., Dep. of Phys., Univ. of Alberta, Edmonton, Alberta; engl.) — Nach der van Hove-D.-Korrelationsfunktion wird das Intensitätsspektrum von an einer relaxierenden Fl. gestreutem Licht ber. u. die Meth. mit anderen Arbeiten verglichen. Das Auftreten von Brillouin-Komponenten bei hochviskosem *Glycerin* wird nach der vorgelegten Theorie erklärt. W. Sobieski 402

*1033* **Rayleigh-Streuung: Orientierungsrelaxation in Flüssigkeiten.** D. A. Pinnow, S. J. Candau und T. A. Litovitz. (J. chem. Physics **49** (1968) 1, 347–62; Phys. Dep., Catholic Univ. of America, Washington, D.C.; engl.) — Nach der Meth. der Rayleigh-Streuung wird die Orientierungsrelaxation von Fl. untersucht. Unter Verw. eines 6328 Å-He–Ne-Lasers werden die Streuspektren nachst. Verb. gemessen u. die scheinbaren Aktivierungsenthalpien von Scherviskosität u. von Orientierungs- u. dielektr. Relaxationsprozessen angegeben: *Äthyl-, n-Butyl-, n-Hexyl-, n-Octyl-, n-Decyl-, n-Dodecyl-, n-Tetradecyl-, n-Hexadecylbromid, Äthylen-, Diäthylen-, Triäthylen-, Tetraäthylenglykol, n-Octanol, Glycerin* u. *Butandiol-(1.3).* D. Schmitt 402

*1034* **Anwendung der Messung der elektrischen Doppelbrechung auf die Untersuchung der Dipolwechselwirkungen in reinem und in mit einem nichtpolaren Lösungsmittel verdünntem Nitrobenzol.** Philippe Renault und Jean Gerbier. (C. R. hebd. Séances Acad. Sci., Sér. A et B **267** (1968) 17, B 886–89; Labor. de Phys. mol., Fac. des Sci., Limoges, Haute-Vienne; franz.) J. Richter 402

*1035* **ORD und Stereochemie organischer Verbindungen.** 14. Mitt. **Nitrobenzylidenderivate von d-Weinsäurediäthylester.** Yojiro Tsuzuki, Motoo Koyama und Koko Tanabe. (Bull. chem. Soc. Japan **41** (1968) 4, 1008–13; Dep. of Chem., Sci. Univ. of Tokyo, Kagurazaka, Shinjuku-ku, Tokyo; engl.) — 13. vgl. C. **1969**, 6-0812. — ORD-Kurven u. NMR-Daten sind angegeben von nachst. d-Weinsäurediäthylestern: *O.O'-o-Nitrobenzyliden-* (**I**, F. 60°), *O.O'-m-Nitrobenzyliden-* (**II**, F. 42–43°), *O.O'-p-Nitrobenzyliden-* (**III**, F. 57–58°), *O.O'-[2.5-Dimethylbenzyliden]-* ($Kp._3$ 183–184°), *O.O'-m-Methylbenzyliden-* ($Kp._3$ 165–166°), *O.O'-p-Methylbenzyliden-* ($Kp._5$ 189,5–190°), *O.O'-o-Jodbenzyliden-* (F. 34°), *O.O'-p-Jodbenzyliden-* ($Kp._6$ 198°), *O.O'-o-Chlorbenzyliden-* (F. 34–35°), *O.O'-p-Chlorbenzyliden-* ($Kp._4$ 186–187°), *O.O'-Methylen-* ($Kp._{12}$ 120–122°), *O.O'-Äthyliden-* ($Kp._{17}$ 132–134°), *O.O'-Vinyliden-* ($Kp._{36}$ 169°), *O.O'-Benzyliden-* (F. 48–49°), *O.O'-α-Naphthylmethylen-* (F. 63–64°) u. *O.O'-[2-Nitro-3.6-dimethylbenzyliden]-* (**IV**, F. 46,5 bis 47,5°). Detailliert untersucht wurden **I–IV**, deren UV-Spektren ebenfalls abgebildet sind. W. Sobieski 404

*1036* **Zirkulardichroismus von Tyrosyl- und Tryptophanyldiketopiperazinen.** Harold Edelhoch, R. E. Lippoldt und Meir Wilchek. (J. biol. Chemistry **243** (1968) 18, 4799–4805; Clin. Endocrin. Branch, Nat. Inst. of Arthritis and Metabol. Diseases, Bethesda, Md.; engl.) — CD-Spektren im nahen UV u. ORD-Kurven werden bestimmt von *L-Tyr-L-Tyr, L-Trp-L-Tyr, L-Trp-L-Trp, L-Tyr-L-Trp, Cyclo(-Gly-L-Tyr-), Cyclo(-L-Tyr-L-Tyr-), Cyclo(-Gly-L-Trp-), Cyclo(-L-Trp-L-Trp-)* u. *Cyclo (-L-Tyr-D-Trp-).* Die beobachtete stärkere opt. Aktivität der cycl. gegenüber den linearen Dipeptiden wird auf die starre Konform. der Diketopiperazinform zurückgeführt. W. Sobieski 404

*1037* **Optische Rotationsdispersion.** 107. Mitt. **Faktoren, die die relative Stabilität von Hydrindanonen bestimmen. Synthesen von 17-Alkyl-15-ketosteroiden.** A. R. Van Horn und Carl Djerassi. (J. Amer. chem. Soc. **89** (1967) 3, 651–64; Stanford, Calif., Stanford Univ., Dep. of Chem.; engl.) — 106. vgl. Bull. Soc. chim. France **1966**, 2378; 101. vgl. C. **1966**, 31-0663. — Folgende 17-Alkyl-15-ketosteroide (**A**) werden ausgehend von $\Delta^{15}$-5α-Androstenon-(17) (**I**) in einer mehrstufigen Rk.-Folge dargestellt: *5α.14β-, 17β-Methyl-5α.14α-* (F. 133,5 bis 135°), *17β-Methyl-5α.14β-* (F. 83–85°), *17α-Methyl-5α.14β-androstanon-(15), 5α.14α-* (F. 128,5–130°), *5α.14β-* (F. 105,5–107,5°), *20-Methyl-5α.14α-* (F. 138,5 bis 140,5°) u. *20-Methyl-5α.14β-pregnanon-(15)* (F. 99–101°) sowie *5α.14α-Ergostanon-(15)* (F. 143–144°). Wesentlicher Rk.-Schritt der Synth. ist die Darst. von *15β-Benzyloxy-5α-androstanon-(17)* (**II**, F. 114,5–115,5°), durch basenkatalysierte Addition von Benzylalkohol an **I**. Die Stereochemie von **II** ist durch die Identität des durch Hydrogenolyse u. nachfolgende $LiAlH_4$-Red. von **II** erhaltenen *15β.17β-Dihydroxy-5α-androstans* mit dem bei der $LiAlH_4$-Red. von 15β.16β-Oxido-5α-androstanon-(17) gebildeten Prod. sichergestellt. Die ORD-Spektren der **A** werden gemessen u. die Zus. der bei der basenkatalysierten Äquilibrierung der **A** erhaltenen Gemische der 14α.14β-Epimeren bestimmt. Die Lage des Epimerengleichgew. wird vorwiegend durch ster. Wechselwrkg. zwischen der Alkylgruppe an C-17 u. der angulären $CH_3$-Gruppe an C-18 beeinflußt. Außerdem werden die ORD-Spektren (s. Orig.) von *$\Delta^{16}$-5α.14β-, $\Delta^{16}$-5α.14α-, $\Delta^{16}$-17-Methyl-5α.14α-* u. *$\Delta^{16}$-17-Methyl-5α.14β-androstenon-(15)* untersucht. G. O. Jäger 404△

*1038* **Kinetik der Photochromie von Spiropyranverbindungen. Phänomene der Verfärbung und Entfärbung.** Jean Arnaud, Constant Wippler und Françoise Beaure D'Augeres. (J. Chim. physique Physico-Chim. biol. **64** (1967) 7–8, 1165–73; Paris, Comp. de Saint Gobain; franz.) — Zwecks qual. Deutung der Phänomene beschreiben Vf. am Beispiel von *6'-Nitro-* u. *6'-Cyan-1.3.3-trimethylindolin-2-spiro-2'-benzopyren* ein Rk.-Schema. J. F. Cordes 406△

*1039* **Kriterien für die Maximierung der statischen Besetzung des niedrigsten angeregten Triplettzustandes.** Bryan R. Henry und Michael Kasha. (J. molecular Spectroscopy **26** (1968) 4, 536–42; Inst. of Mol. Biophys., Fla. State Univ., Tallahassee, Fla.; engl.) — Es werden allg. die Triplett–Triplett-Absorptionen im ungestörten Zustand oder bei Spin-Orbital-Störungen diskutiert u. als Beispiel die Daten von *Anthracen, Pyren* u. *Phenanthren* mit u. ohne Zusatz von Alkalihalogeniden angegeben. D. Schmitt 408

*1040* **Einfluß der Umgebung auf die Phosphoreszenz.** 2. Mitt. **„Aktivierungsvolumen" für den Triplettverfall von aromat. KW-Stoffen.** B. A. Baldwin und H. W. Offen. (J. chem. Physics **48** (1968) 12, 5358–60; Dep. of Chem., Univ. of Calif., Santa Barbara, Calif.; engl.) — 1. vgl. ibid. **46** (1967) 4609. — Die Kinetik des Triplettzerfalls wird von nachst. Verb. bei Raumtemp. als Funktion des Druckes bis zu 32 kbar durch Unters. der Phosphoreszenz u. Best. der Aktivierungsvol. ermittelt: *$H_8$-* u. *$D_8$-Naphthalin, $H_{10}$-* u. *$D_{10}$-Phenanthren, $H_{12}$-* u. *$D_{12}$-Chrysen, $H_{12}$-* u. *$D_{12}$-Triphenylen, $H_{10}$-* u. *$D_{10}$-Pyren, $H_{14}$-* u. *$D_{14}$-p-Terphenyl, Coronen, 1.2-Benzanthracen, Fluoren, Acenaphthen, Acenaphthylen* u. *Fluoranthen.* W. Sobieski 408

*1041* **Kinetik angeregter Moleküle** 6. Mitt. **Energieübertragung von Hexafluoraceton zu Hexafluorbiacetyl.** John S. E. McIntosh und Gerald B. Porter. (J. chem. Physics **48** (1968) 12, 5475–79; Dep. of Chem., Univ. of Brit. Columbia, Vancouver, B.C.; engl.) — 5. vgl. J. physic. Chem. **70** (1966) 5, 1622. — In Mischungen von Hexafluoraceton (**I**) mit Hexafluorbiacetyl (**II**) wird sowohl Singulett- wie Triplett-Energieübertragung beobachtet, indem **II** bei niedrigen **II**-Drücken die **I**-Phosphoreszenz unter Bldg. sensibilisierter **II**-Phosphoreszenz löscht. Bei hohen **II**-Drücken tritt eine analoge Einw. auf die **I**-Fluoreszenz ein. Aus Phosphoreszenz- u. Fluoreszenz-Messungen wird die Kinetik der Energieübertragung bestimmt. W. Sobieski 408

*1042* **Orientierung von Luminophormolekülen in festen Lösungen in Polymeren.** Ja. A. Terskoj und N. D. Ževandrov. (Ž. prikl. Spektroskopii **7** (1967) 1, 88–93; russ.) — Untersucht wurden die Absorptions- u. Fluoreszenzspektren der festen Zweikomponentenlsg. von *1.3.5-Triphenylpyrazolin, Trimethoxybenzanthron* (**I**) u. *1.4-Bis-[5-phenyloxazolyl-(2)]-benzol* (**II**) in Polystyrol u. Polymethylmethacrylat. G. Ewald 408

*1043* **Darstellung von hochreinem Anthracen: Zonenreinigung und Triplett-Lebensdauer.** Y. Lupien und D. F.

Williams. (Molecular Crystals 5 (1968) 1, 1—7; Div. of Pure Chem., Nat. Res. Council of Canada, Ottawa; engl.) — Die Triplett-Lebensdauer wird als Indikator zum Verfolgen des Zonenreinigungsprozesses von natürlichem u. synthet. Anthracen verwendet. W. Sobieski 408

*1044* **Triplett-Excitonen in Anthracen. Überblick.** P. Avakian und R. E. Merrifield. (Molecular Crystals 5 (1968) 1, 37—77; Central Res. Dep. E. I. du Pont de Nemours and Co., Exper. Station, Wilmington, Del.; engl.) — 116 Literaturhinweise. W. Sobieski 408

*1045* **Lumineszenz von Pyren in viskosen Lösungen.** J. B. Birks, B. N. Srinivasan und S. P. McGlynn. (J. molecular Spectroscopy 27 (1968) 1—4, 266—84; Coates Chem. Labor., La. State Univ., Baton Rouge, La.; engl.) — Untersucht werden die normale, die verzögerte mol. u. die Excimeren-Fluoreszenz sowie die Phosphoreszenz der Titelverb. in Propylenglycol im Bereich von 295—200°K. D. Schmitt 408

*1046* **Energieübertragung in festen Polyacen-Lösungen. 7. Mitt. Literaturübersicht für 1967.** F. R. Lipsett. (Molecular Crystals 5 (1968) 1, 9—35; Nat. Res. Council of Canada, Ottawa; engl.) — 6. vgl. C. **1969**, 10-0835. — Ca. 650 Literaturhinweise. W. Sobieski 408

*1047* **Lumineszenzeigenschaften eines Borsäure-Leuchtstoffs von 5.6-Benzochinolin.** I. Burić, B. Drašković und Ž. Kućer. (Czechoslov. J. Physics, Sect. B **18** (1968) 8, 1055—60; Inst. of Phys., Belgrad; engl.) — Abklingen u. Spektren der Lumineszenz u. Phosphoreszenz des Titelphosphors komplexer Struktur werden untersucht. W. Sobieski 408

*1048* **Laserwirkung von Rhodamin-C-Lösungen bei Anregung mit Impulslampen.** B. I. Stepanov, A. N. Rubinov und V. A. Mostovnikov. (Ž. prikl. Spektroskopii **7** (1967) 1, 116—17; russ.) G. Ewald 408

*1049* **Chemisch induzierte dynamische Kernpolarisation.** Ronald G. Lawler. (J. Amer. chem. Soc. **89** (1967) 21, 5519—21; Metcalf Res. Labor., Brown Univ., Providence, R.I.; engl.) — Der Titeleffekt wird bez. einer Besetzungsdifferenz zwischen zwei Zeeman-Niveaus bei Polarisation von Protonen, die dynam. an Elektronenspinzustände gekoppelt sind, diskutiert u. bei Rk. freier Radikale (Rk. von *n-Butyl-Li* mit *n-Butylbromid*) demonstriert. W. Sobieski 410

*1050* **Dielektrische Sättigung von Flüssigkeitsgemischen unter Berücksichtigung der Molekülanisotropie.** Jean-Marie Thiébaut, André Weisbecker und Chantal Ginet. (C. R. hebd. Séances Acad. Sci., Sér. C **267** (1968) 11, 661—64; Labor. de Chim. théor. de la Fac. des Sci. de Nancy; franz.) — Untersucht wurden mit Hilfe der Onsager-Gleichung die Syst. *Chloroform*(**I**)*—1.1.1-Trichloräthan* u. **I**—*Tetrachlorkohlenstoff*. J. Richter 410

*1051* **Schwingungsintensitäten. 15. Mitt. Fehlerbehandlung und ihre Anwendung auf Methylhalogenide.** Joel W. Russell, C. D. Needham und John Overend. (J. chem. Physics **45**, 3383—98, 1966; Mol. Spectroscopy Labor., School of Chem., Univ. of Minn., Minneapolis, Minn.; engl.) — 11. vgl. C. **1961**, 2514. — Es wird die Abschätzung statist. Fehler bei Ableitungen des Dipolmoments ($\partial p/\partial S^j$) unter Berücksichtigung von Beiträgen statist. Fehler von experimentellen Daten der Schwingungsintensität, intramol. Kraftkonst., Mol.-Geometrie u. harmon. Frequenzen beschrieben. Werte sind angegeben für *Methylfluorid*, *-chlorid*, *-bromid* u. *-jodid*. S. Lampenscherf 410

*1052* **Dielektrische Eigenschaften von Aminosäure-Lösungen. 1. Mitt. Dielektrische Dispersion in wäßrigen ε-Aminocapronsäure-Lösungen.** J. C. W. Shepherd und E. H. Grant. (Proc. Roy. Soc. [London], Ser. A **307** (1968) 1490, 335—44; Dep. of Phys., Queen Elizabeth Coll., London; engl.) — Die Messungen der komplexen DK wurden an 1 m, 2 m u. 3 m Lsg. bei 70—2000 MHz u. 10—40° durchgeführt. D. Schmitt 410

*1053* **Dielektrische Eigenschaften von Aminosäure-Lösungen. 2. Mitt. Dielektrische Dispersion in wäßrigen Prolin- und Hydroxyprolin-Lösungen.** J. C. W. Shepherd und E. H. Grant. (Proc. Roy. Soc. [London], Ser. A **307** (1968) 1490, 345—57; engl.) — 1. vgl. vorst. Referat. — Die komplexe DK von 1 m Prolin (**I**) u. 1 m Hydroxyprolin-Lsg. werden zwischen 300 u. 2000 MHz u. von 3 m u. 6 m **I**-Lsg. zwischen 80 u. 2000 MHz im Temp.-Bereich 0—50° bestimmt. D. Schmitt 410

*1054* **Phasenänderung und dielektrische Absorption in den Verbindungen Hexadecanol(1)–Harnstoff und Hexadecandiol-(1.16)–Harnstoff.** Madeleine Jaffrain und Paul Schuster. (C. R. hebd. Séances Acad. Sci., Sér. A et B **267** (1968) 19, B 1011—14; Labor. de Phys. expér. mol., Fac. des Sci., Paris; franz.) J. Richter 410

*1055* **Experimentelle kritische Exponenten für ferroelektrisches Triglycinsulfat.** J. A. Gonzalo. (Physic. Rev. Letters **21** (1968) 11, 749—51; Puerto Rico Nucl. Center, Mayagüez, Puerto Rico; engl.) — Durch Best. der Polarisation P als Funktion des elektr. Feldes E in der Nähe der Übergangstemp. wird das Verh. von P, $\partial P/\partial E$ u. $\partial P/\partial T$ im krit. Bereich untersucht u. eine Best. der krit. Exponenten durchgeführt. W. Sobieski 410

*1056* **Dipolmomente und Strukturen einiger Aryliden-campher.** Jean Sotiropoulos, Pierre Bedos, Danielle Mermillod-Blardet und Pierre Mauret. (C. R. hebd. Séances Acad. Sci., Sér. C **265** (1967) 1, 5—8; Toulouse, Fac. des Sci.; franz.) — Untersucht wurden *3-Benzyliden-* sowie *3-*[*p-Chlor-*, *3-*[*o-Chlor-* u. *3-*[*2.4-Dichlorbenzyliden*]*-campher*. J. F. Cordes 410△

*1057* **Drehvermögen und magnetische Rotationsdispersion sekundärer Alkohole.** Marc Gabriel, Jean Grange und Dominique Larcher. (C. R. hebd. Séances Acad. Sci., Sér. A et B **267** (1968) 19, B 1015—17; Fac. des Sci., Labor. de Phys. expér., Nancy, Meurthe-et-Noselle; franz.) — Untersucht wurden *Propanol-*(*2*), *Butanol-*(*2*), *Pentanol-*(*2*), *Pentanol-*(*3*), *Hexanol-*(*2*), *Hexanol-*(*3*), *Heptanol-*(*2*), -(*3*), -(*4*), *Octanol-*(*2*), -(*3*), -(*4*), *Nonanol-*(*2*), -(*4*), -(*5*), *Decanol-*(*2*) u. *Undecanol-*(*2*). J. Richter 412

*1058* **Lösungsmitteleinflüsse auf Ladungsübergangsspektren mit Schlußfolgerungen für die Elektronenübertragungsreaktion im angeregten Zustand.** Noboru Mataga, Tadashi Okada und Noriyuki Yamamoto. (Bull. chem. Soc. Japan **39**, 2562, 1966; Dep. of Chem., Fac. of Engng. Sci., Toyonaka, Osaka, Univ. of Osaka; engl.) — Vf. untersuchen die Lsgm.-Abhängigkeit des Ladungsübergangsfluoreszenzspektrums am Beispiel des *Pyren–N.N-Dimethylanilin*-1:1-Komplexes, der nur im angeregten Elektronenzustand gebildet wird. Es besteht eine starke Wechselwrkg. zwischen Lsgm. u. Komplex, die bei stark polaren Lsgm. zu einer vollständigen ion. Dissoziation u. damit zum völligen Erlöschen der Fluoreszenz führt. U. Feist 418

*1059* **Besonderheiten der Phosphoreszenzspektren von Naphthalin–$D_8$-Naphthalin-Mischkristallen.** V. I. Mel'nyk und M. T. Špak. (Ukrains'kyj fiz. Ž. **13** (1968) 1, 160—62; Inst. fiz. AN Ukr. RSR; Kyïv; ukrain.) I. Zoll 418

*1060* **Spektralverschiebung und -verbreiterung der Fluoreszenz von Anthracen und Tetracen in Wirtskristallen bei hohem Druck.** Peter F. Jones. (J. chem. Physics **48** (1968) 12, 5448—56; Aerospace Corp., El Segundo, Calif.; engl.) — Die Fluoreszenzspektren von Anthracen (**I**) in *Biphenyl-*, *p-Terphenyl-* (**II**), *Naphthalin-* (**III**) u. *Phenanthren*(**IV**)-Krist. u. von Tetracen in **I**-, **II**-, **III**- u. **IV**-Krist. werden als Funktion des Druckes bis zu 50 kbar untersucht. W. Sobieski 418

*1061* **Die Lumineszenz des heteropolaren Excimeren in festem Cyclohexan.** Noboru Mataga, Tadashi Okada und Hiroo Oohari. (Bull. chem. Soc. Japan **39**, 2563, 1966; Dep. of Chem., Fac. of Engng. Sci., Toyonaka, Osaka, Osaka Univ.; engl.) — Es wurden die Fluoreszenzemissions- u. Anregungsspektren sowie die Fluoreszenzanstiegs- u. -zerfallskurven der Komplexe zwischen *Anilin*, *Naphthylaminen*, *N-Methylanilin*, *N.N-Dimethylbenzylamin*, *Dimethylanilin*, *N.N-Dimethyltoluidinen* u. *Pyren* untersucht. U. Feist 418

*1062* **Optische Absorptionsspektren strahlenchemisch erzeugter Molekelanionen einiger Heteroaromaten.** Jürgen

Wendenburg und Hermann Möckel. (Z. Naturforsch. **23b** (1968) 9, 1171–75; Hahn-Meitner-Inst. f. Kernforsch., Sektor Strahlenchem., Berlin; dt.) — Die Monoanionen von nachst. Verb. werden in einer Matrix von 2-Methyltetrahydrofuran bei 77° durch $^{60}$Co-$\gamma$-Bestrahlung erzeugt u. durch ihre opt. Absorptionsspektren (Abb.) nachgewiesen: *Fluoren, Carbazol, Dibenzofuran, Dibenzothiophen, Inden, Indol, Cumaron, Thionaphthen, Diphenyloxid, Diphenylsulfid, Chinolin, Isochinolin, Acridin* u. *α.α'-Dipyridyl.* W. Sobieski 418

*1063* **Untersuchung von Singulett → Triplett-Übergängen nach der Phosphoreszenzanregungsmethode. 3. Mitt. Aromatische Ketone und Aldehyde.** David R. Kearns und W. Alan Case. (J. Amer. chem. Soc. **88**, 5087–97, 1966; Dep. of Chem., Univ. of Calif., Riverside, Calif.; engl.) — Die Singulett → Triplett-Absorptionsspektren nachst. Verb. werden untersucht: Benzophenone: *unsubstituiert, p.p'-Dibrom-, p.p'-Dimethoxy-, p-Hydroxy-*; Acetophenone: *unsubstituiert, 4-Brom-, α.4-Dibrom-, 4-Hydroxy-, 4-Methoxy-*; Butyrophenone: *unsubstituiert, p-Chlor-, p-Methyl-, p-Acetamido-, p-Hydroxy-* sowie *Benzaldehyd, 4-Brombenzaldehyd* u. *2-Naphthaldehyd.* Die Ergebnisse werden nach Mechanismen strahlungsloser Interkombination in Carbonylverb. diskutiert. S. Lampenscherf 418

*1064* **Polarisation des T ← $S_0$-Übergangs beim 9.10-Anthrachinon.** H. H. Dearman, N. Sundarachari und D. Ülkü. (J. chem. Physics **45**, 4363–64, 1966; Dep. of Chem., Univ. of N.C., Chapel Hill, N.C.; engl.) — Vf. untersuchen das UV-Spektrum des 9.10-Anthrachinon-Einkristalls bei 77°K in polarisierten Licht. Das Übergangsmoment verläuft parallel zur Sauerstoff–Sauerstoff-Richtung. U. Feist 418

*1065* **n ← π*-Lumineszenz der Dämpfe einiger carbonylhaltiger Verbindungen.** N. A. Borisevič und V. V. Gruzinskij. (Doklady Akad. Nauk SSSR **175** (1967) 4, 852–55; Inst. fiz. AN Beloruss.SSR; russ.) — Vf. untersuchen die Temp.-Abhängigkeit der Absorptions- u. Lumineszenzspektren von *Anthrachinon* u. *Benzophenon.* J. Polaczek 418△

*1066* **Spektroskopische Untersuchungen an Purinen. 1. Mitt. Faktoren, die die ersten angeregten Niveaus von Purin beeinflussen.** Jaroslav Drobnik und Leroy Augenstein. (Photochem. and Photobiol. **5**, 13–30, 1966; East Lansing, Mich., Mich. State Univ., Biophys. Dep.; engl.) — Die Absorptions- u. Emissionsspektren von ungeladenem Purin werden in Lsgsm. unterschiedlicher DK u. H-Bindungstendenz untersucht, um Aussagen über die Wechselwrkg. zwischen gelöstem Mol. u. Lsgm. zu erhalten. Die beobachteten Fluoreszenz- u. Phosphoreszenz-Eig. (u. Übergänge) werden diskutiert. D. Leupold 418

*1067* **Spektroskopische Untersuchungen an Purinen. 2. Mitt. Eigenschaften von am $C_{(2)}$ und $C_{(6)}$-substituierten Purinen.** Jaroslav Drobnik und Leroy Augenstein. (Photochem. and Photobiol. **5**, 83–97, 1966; engl.) — 1. vgl. vorst. Referat. — Untersucht werden die Absorptions- u. Emissionsspektren von *2-Amino-* **(I)**, *2.6-Bis-[diäthylamino]-purin* **(II)**, *Desoxyguanosin* **(III)** u. *Azaguanin* **(IV)** u. die Anregungsspektren von **IV** in verschiedenen Lsgm. u. bei verschiedener Temp. sowie der Einfl. von 2- u. -6-Substitution auf die Absorptions- u. Fluoreszenz-, Phosphoreszenzeig. u. n-π*- u. π-π*-Zustände. Angegeben sind ferner die Absorptions- u. Fluoreszenzmaxima bei Raumtemp. u. 77°K von **I-IV**, *Purin, Adenin, 6-Methylaminopurin, Azaadenin, 2.6-Diaminopurin* u. *Guanin.* D. Leupold 418

*1068* **Emission von Aggregaten in Uraninlösungen.** D. D. Pant und H. C. Pant. (Indian J. pure appl. Physics **6** (1968) 5, 238–43; Dep. of Phys., D.S.B. Government Coll., Naini Tal; engl.) — Es werden die Fluoreszenz- u. Lumineszenzspektren in W. u. Glycerin bei verschiedenen Konz. u. pH von Uranin gemessen. Die Daten werden bestimmten Mol.-Aggregaten zugeordnet. D. Schmitt 418

*1069* **Über die n-π*-Bande im Absorptionsspektrum der Dithiobenzoesäure.** K. Issleib und W. Gründler. (Z. Chem. **6**, 318–19, 1966; Halle (Saale), Martin-Luther Univ., Inst. für Anorg. Chem.; dt.) J. Fabian 418

*1070* **Vakuum-UV-Absorptionsspektren von sublimierten Filmen von Nucleinsäure-Basen.** Takenori Yamada und Hideo Fukutome. (Biopolymers **6** (1968) 1, 43–54; Dep. of Phys., Fac. of Sci., Kyoto Univ., Kyoto, Japan; engl.) — Untersucht wurden *Adenin, Guanin, Cytosin, Thymin* u. *Uracil.* D. Schmitt 418

*1071* **CH-Bindungsmomente und IR-Intensitäten von Benzol-Derivaten. 1. Mitt. Einführung.** E. D. Schmid, V. Hoffmann, R. Joeckle und F. Langenbucher. (Spectrochim. Acta [London] **22**, 1615–19, 1966; Freiburg/Br., Univ., Inst. für Phys. Chem.; dt.) — Es wird gezeigt, daß die CH-Valenzschwingungen in Bzl.-Deriv. in den CH-Bindungen lokalisiert sind u. daß die Gesamtintensität der CH-Valenzschwingung $J_{CH}$ durch die Summe der Quadrate der Änderung des Dipolmoments mit der Valenzkoordinate in guter Näherung gegeben ist. Außerdem wird eine Beziehung allg. Gültigkeit zwischen $J_{CH}$ u. der Taft-Substituentenkonst. gefunden u. der Substituenteneffekt auf den CH-Dipol von Bzl.-Deriv. diskutiert. F. Langenbucher 420

*1072* **CH-Bindungsmomente und IR-Intensität von Benzol-Derivaten. 2. Mitt. CH- und CD-Valenzschwingungen deuterierter Benzol-Monoderivate.** D. E. Schmid und F. Langenbucher. (Spectrochim. Acta [London] **22**, 1621–32, 1966; dt.) — 1. vgl. vorst. Referat. — Die IR-Absorptionsdaten der CH- u. CD-Valenzschwingungen nachst. Verb., deren [4-D]- u. [2.4.6-$D_3$]-Deriv. in $CCl_4$-Lsg. werden bestimmt: *Toluol, Benzylalkohol, Anilin, Biphenyl, Benzylchlorid, Methylbenzoat, α.α-Dichlortoluol, Jod-, Brom-, Chlor-, Fluor-, Nitrobenzol* u. *Benzonitril.* Die beobachteten Intensitäten werden als Summe der o-, m- u. p-Beiträge der CH- oder CD-Oszillatoren gedeutet u. mit den Taft-Substituentenkonst. korreliert. Die Isotopen-Intensitätssummenregel ist für alle CH- u. CD-Valenzschwingungen verifiziert. F. Langenbucher 420

*1073* **CH-Bindungsmomente und IR-Intensität von Benzol-Derivaten. 3. Mitt. CH-Valenzschwingungen p-disubstituierter Benzol-Derivate.** E. D. Schmid und V. Hoffmann. (Spectrochim. Acta [London] **22**, 1633–43, 1966; dt.) — 2. vgl. vorst. Referat. — Die IR-Absorptionsdaten nachst. Verb. werden bestimmt, die Spektren sind abgebildet von den Toluolen: *p-Amino-, p-Hydroxy-, p-Dichlormethyl-, p-Brom-, p-Chlor-, p-Nitro-, p-Chlormethyl-*; den Benzolen: *p-Bis-[chlormethyl]-, p-Bis-[dichlormethyl]-, p-Dijod-, p-Bis-[trichlormethyl]-, p-Dibrom-, p-Dichlor-, p-Difluor-, p-Dinitro-, p-Jodfluor-, p-Chlornitro-, p-Dichlormethylnitro-, p-Jodnitro-, p-Bromnitro-, p-Fluornitro-* sowie von *p-Xylol, Terephthalsäuredinitril, p-Chlor-, p-Brom-, p-Methyl-, p-Nitro-, p-Aminobenzonitril, p-Jod-, p-Bromanilin, p-Chlor-* u. *p-Nitrophenol.* Die Wechselwrkg. zwischen den Substituenten u. aromat. CH-Bindungen werden untersucht u. Beziehungen zwischen den IR-Intensitäten u. Hammett-σ-Konst. aufgestellt. Die l.c. gemachte Annahme einer $C^+$–$H^-$-Polarität in ungestörtem Bzl. konnte bestätigt werden. F. Langenbucher 420

*1074* **CH-Bindungsmomente und IR-Intensität von Benzol-Derivaten. 4. Mitt. CH-Valenzschwingungen 2-, 3- und 4-substituierter Pyridinderivate.** E. D. Schmid und R. Joeckle. (Spectrochim. Acta [London] **22**, 1645–58, 1966; dt.) — 3. vgl. vorst. Referat. — Die IR-Absorptionsspektren nachst. Pyridine in $CCl_4$ werden untersucht, die Spektren sind abgebildet, die Daten tabelliert: *unsubstituiert, 2-Äthyl-, 2-Methyl-, 2-β-Hydroxyäthyl-, 2-Aminomethyl-, 2-Hydroxymethyl-, 2-Amino-, 2-Chlormethyl-, 2-Cyanmethyl-, 2-Acetyl-, 2-Dichlormethyl-, 2-Formyl-, 2-Trichlormethyl-, 2-Brom-, 2-Chlor-, 2-Fluor-, 2-Cyan-, 3-Methyl-, 3-Aminomethyl-, 3-Hydroxymethyl-, 3-Amino-, 3-Chlormethyl-, 3-Cyanmethyl-, 3-Acetyl-, 3-Formyl-, 3-Jod-, 3-Brom-, 3-Chlor-, 3-Cyan-, 4-Äthyl-, 4-Methyl-, 4-Aminomethyl-, 4-Hydroxymethyl-, 4-Amino-, 4-Chlormethyl-, 4-Cyanmethyl-, 4-Acetyl-, 4-Formyl-, 4-Brom-, 4-Chlor-* u. *4-Cyan-*. Die Intensitäten der CH-Valenzschwingungen werden mit den Taft-Substituentenkonst. korreliert u. die monosubstituierten Pyridine

bez. der Mol.-Symmetrie als o-, m- u. p-Dideriv. von Bzl. aufgefaßt. Der Einfl. des Ring-N-Atoms auf die CH-Bindungsmomente wird diskutiert.
F. Langenbucher 420

*1075* **CH-Bindungsmomente und IR-Intensitäten von Benzol-Derivaten.** 5. Mitt. **Theorie.** E. D. Schmid. (Spectrochim. Acta [London] 22, 1659–75, 1966; dt.) — 4. vgl. vorst. Referat. — Zusammenfassung u. Deutung der in den vorst. Mitt. gefundenen empir. Korrelationen zwischen den IR-Intensitäten der CH-Valenzschwingungen u. den Taft-Substituentenparametern.
F. Langenbucher 420

*1076* **Intermolekulare Kräfte und Schwingungsspektren von kristallinem Benzol und Naphthalin.** Nathan Rich und David A. Dows. (Molecular Crystals 5 (1968) 1, 111 bis 133; Dep. of Chem., Univ. of Southern Calif. Los Angeles, Calif.; engl.) — Unter Verw. von semiempir. Potentialfunktionen werden die durch intermol. Kräfte induzierten Aufspaltungen der Schwingungsübergänge u. die ber. mit den experimentellen IR-Spektren verglichen. W. Sobieski 420

*1077* **Absorptionsspektren von 2.3-Dimethylnaphthalin-Einkristallen im nahen IR.** T. Luty und J. W. Rohleder. (Acta physica polon. 34 (1968) 2 (8), 257–66; Chem. Phys. Labor., Dep. of Phys. Chim., Wrocław TU; engl.) — Im Bereich von 5500 bis 6200 $cm^{-1}$ werden die Banden zugeordnet. Scheinbare u. wahre Bandengröße u. -Halbwertsbreite sind angegeben.
D. Schmitt 420

*1078* **IR-Spektrum von Cyclopropan. Spektren der dampfförmigen und festen Verbindung, Zuordnung, bei $H_6$- und $D_6$-Cyclopropan.** J. L. Duncan und D. C. McKean. (J. molecular Spectroscopy 27 (1968) 1–4, 117–42; Dep. of Chem., Univ. of Aberdeen, Old Aberdeen, Scotland; engl.) D. Schmitt 420

*1079* **Untersuchung der Reaktion von atomarem und molekularem Fluor mit Kohlenstoffatomen mit Hilfe der Matrix-Isolierungsmethode: IR-Spektrum von normalem und $^{13}$C-substituiertem $CF_2$ und $CF_3$.** Dolphus E. Milligan und Marilyn E. Jacox. (J. chem. Physics 48 (1968) 5, 2265–71; Nat. Bur. of Stand., Washington, D.C.; engl.) — Durch Photolyse von *Cyanazid* entstehende C-Atome reagieren mit $F_2$ bei 14°K in Ar-Matrix zu *$CF_2$*. Durch Verw. von $C^{13}$ gelingt es, das vollständige Valenzkraft-Potential zu berechnen. Thermodynam. Daten wurden ermittelt. F. Langenbucher 420

*1080* **Rotationsisomere bei 1-Fluor-2-halogenäthanen.** M. F. El Bermani und Neville Jonathan. (J. chem. Physics 49 (1968) 1, 340–46; Chem. Dep. Univ., Southamton; engl.) — Von nachst. Verb. werden die IR- u. Raman-Spektren in der festen, fl. u. Dampfphase analysiert u. bez. des Vorliegens von Rotationsisomeren diskutiert: *1-Fluor-2-chlor-*, *1-Fluor-2-brom-* u. *1-Fluor-2-jodäthan.* Banden u. Zuordnungen, Temp.-Abhängigkeiten der $\nu$(C–x)-Banden u. $\Delta$H-Werte für trans-gauche-Gleichgew. in der fl. u. Dampfphase sind tabelliert.
D. Schmitt 420

*1081* **Lösungsmitteleinfluß auf die Frequenzen der nichtebenen $\gamma$(CH)-Deformationsschwingung 2-substituierter Thiophene.** 2. Mitt. Jean-Jacques Péron und Pierre Saumagne. (C. R. hebd. Séances Acad. Sci., Sér. A et B **267** (1968) 9, B 484–86; Labor. de Spectrochim. mol., Fac. des Sci., Brest; franz.) — 1. vgl. ibid. **1967**, **797**. — Vf. untersuchten den Einfl. von Aceton auf die $\gamma$(CH) nachst. Thiophene in Abhängigkeit vom Substituenten u. stellen eine Beziehung zu Tafts $\sigma_I$-Konst. her: *2-Äthyl-*, *2-Methyl-*, *2-Hydroxymethyl-*, *2-Methoxy-*, *2-Cyanmethyl-*, *2-Acetyl-*, *2-Carbäthoxy-*, *2-Formyl-*, *2-Jod-*, *2-Brom-*, *2-Chlor-*, *2-Cyan-*, *2-Nitro-*. J. Richter 420

*1082* **IR-Spektren substituierter Benzhydrazide im Bereich 4000–600 $cm^{-1}$.** G. Arnold und C. Schiele. (Z. Naturforsch. **23b** (1968) 9, 1192–97; AEG-Telefunken-Forsch.-Inst., Ulm/Donau; dt.) — Die IR-Spektren von *p-Nitro-*, *3.4-Methylendioxy-*, *p-Methoxy-*, *p-Hydroxy-* u. *p-Aminobenzhydrazid* werden bez. des Substituenteneinfl. auf die charakterist. Frequenzen der $H_2$N–NH–CO-Gruppe untersucht. W. Sobieski 420

*1083* **Torsionsbanden in Spektren von Thiolen und Aminen im fernen IR.** D. W. Scott und G. A. Crowder. (J. molecular Spectroscopy **26** (1968) 4, 477–84; Bartlesville Petroleum Res. Center, Bureau of Mines, U.S. Dep. of the Interior, Bartlesville, Okla.; engl.) — Untersucht wurden die Spektren der Mercaptane: *Methyl-*, *Äthyl-*, *Isopropyl-*, *tert.-Butyl-* u. *Cyclohexyl-* sowie der Amine: *n-Propyl-*, *Isopropyl-* u. *tert.-Butyl-* in Lsg., als Fl. u. Gas. Die Kraftkonst. der Torsion der Amine sind angegeben. D. Schmitt 420

*1084* **IR-Absorptions- und Raman-Streuspektrum von festem Trimethylenoxid.** Jacques Le Brumant. (C. R. hebd. Séances Acad. Sci., Sér. A et B **267** (1968) 18, B 946 bis 949; Labor. de Phys. expér. mol., Fac. des Sci., Paris; franz.) J. Richter 420

*1085* **Analyse der IR- und Raman-Spektren von $H_2$- und $D_2$-1.3.5-Triazin.** L. A. Franks, A. J. Merer und K. K. Innes. (J. molecular Spectroscopy **26** (1968) 4, 458 bis 464; Vanderbilt Univ., Nashville, Tenn.; engl.)
D. Schmitt 420

*1086* **IR-Spektren von 2-Äthyl- und 4-Äthylpyridin.** S. M. Pandey. (Indian J. pure appl. Physics **6** (1968) 5, 262; Dep. of Phys., Univ. of Gorakhpur; engl.)
D. Schmitt 420

*1087* **Ramaneffekt von Glycerin, 4880 Å-Laser mit ionisiertem Argon.** Luu Dang Vinh, Louis Cambon und Robert Lafont. (C. R. hebd. Séances Acad. Sci., Sér. A et B **267** (1968) 19, B 1024–27; Dép. de Phys. Crist., Fac. des Sci., Montpellier, Hérault; franz.) — Es werden die Schwingungen von fl. Glycerin zugeordnet sowie Symmetrie, Kraftkonst., Bindungswinkel u. -längen bestimmt. J. Richter 420

*1088* **Spektroskopische Untersuchung einiger neuer substituierter Urethane, Hydrazide und Hydrazidone.** D. Bărcă-Gălăţeanu, Cătălina Demetrescu, Dan Iordache und Paraschiva Volatie. (Rev. roum. Physique **12** (1967) 10, 973–78; Polytechn. Inst., Bucharest; engl.) — Die IR-Absorptionscharakteristiken von nachst. Verb. werden bestimmt: N-[p-Brosylphenyl]-carbaminsäureester: *-isopropylester*, *-isobutylester*, *-2-äthylhexylester*, *-tert.-butylester*, *-chlormethylester*, *-2-chlorpropylester*, *-allylester*, *-o-tolylester*, *-o-nitrophenylester*, *-m-nitrophenylester*, *-2-phenyläthylester*, *-o-methoxy-p-allylphenylester*. p-Brosylbenzoesäurehydrazide: *unsubstituiert*, *N′-[α-Benzoylamino-β-(p-methoxyphenyl)-acryloyl]-*, *N′-[α-Benzoylamino-β-(p-dimethylamino-phenyl)-acryloyl]-*, *N′-[α-Benzoylamino-β-(o-acetoxyphenyl)-acryloyl]-*, *N′-[p-Diäthylaminobenzyliden]-*, *N′-[3.4-Methylendioxybenzyliden]-* sowie von *Bzl.*, *Brombenzol*, *Diphenylsulfon* u. *p-Tosylbenzoesäure.*
W. Sobieski 420

*1089* **Schwingungsspektren, Kraftkonstanten und mittlere Schwingungsamplituden von Harnstoff und Deutero-Harnstoff.** P. G. Puranik und Lalitha Sirdeshmukh. (Proc. Indian Acad. Sci., Sect. A **67** (1968) 2, 99–108; Principal, Nizam Coll., Osmania Univ., Hyderabad; engl.) — Schwingungsspektren wurden zwischen 400 u. 4000 $cm^{-1}$ untersucht. Kraftkonst. u. mittlere Schwingungsamplituden wurden auf Grund eines allgemeinen Potentialansatzes nach der F–G-Matrixmethode berechnet. F. Langenbucher 420

*1090* **Schwingungen des Kristallgitters von Harnstoff.** José-Luis Arnau und Paul-Antoine Giguère. (C. R. hebd. Séances Acad. Sci., Sér. A et B **267** (1968) 16, B 793 bis 795; Centre de Rech. sur les Atomes et les Mol., Fac. des Sci., Univ. Laval, Québec; franz.) — Gemessen wurden das IR- u. Raman-Spektrum. J. Richter 420

*1091* **Sterische Struktur von L-Prolin-Oligopeptiden.** 1. Mitt. **IR-Absorptionsspektren von den Oligopeptiden und Poly-L-prolin.** T. Isemura, H. Okabayashi und S. Sakakibara. (Biopolymers **6** (1968) 3, 307–21; Div. of Phys. Chem. and Peptide Center, Inst. for Protein Res. Osaka, Univ., Kitaku, Osaka; engl.) — Untersucht werden die Spektren von: *L-Prolin*, *tert.-Pentyloxycarbonyl* (tPoc)-*L-prolin*, *tPoc-L-Pro-L-Pro*, *tPoc-L-Pro-L-Pro-L-Pro*, *tPoc-L-Pro-L-Pro-L-Pro-L-Pro*, *tPoc-L-Pro-L-Pro-L-Pro-L-Pro-L-Pro*, *tPoc-L-Pro-L-Pro-L-Pro-L-Pro-L-Pro-L-Pro*, *tPoc-L-*

*Pro-L-Pro-L-Pro-L-Pro-L-Pro-L-Pro-L-Pro-L-Pro* sowie von Poly-L-Prolin **I** u. **II**. D. Schmitt 420

*1092* **Bestimmung der Pyranose- und Furanosestruktur cyclischer Acetate von Hexulosen durch IR-Spektroskopie.** J. R. Patil und J. L. Bose. (Carbohydrate Res. [Amsterdam] **7** (1968) 4, 405—09; Nat. Chem. Labor., Poona, India; engl.) — Die IR-Spektren nachst. Verb. werden untersucht u. bez. der chem. Struktur der Verb. diskutiert: α-L-Sorbofuranosen: *2.3;4.6-Di-O-isopropyliden-, 2.3;4.6-Di-O-isopropyliden-1-O-methyl-, 1-O-Acetyl-2.3;4.6-di-O-isopropyliden-, 1.2;4.6-Di-O-isopropyliden-, 2.3;4.6-Di-O-isobutyliden-, 4.6-O-Cyclohexyliden-2.3-O-isopropyliden-, 2.3;4.6-Di-O-cyclohexyliden-, 1-O-Acetyl-2.3;4.6-di-O-cyclohexyliden-, 2.3-O-Isopropyliden-, 2.3-O-Isobutyliden-, 2.3;4.6-Di-O-methylen-, 2.3-O-Cyclohexyliden-, 2.3;4.6-Di-O-isobutyliden-* (F. 105°), *1.2-O-Isopropyliden-; 1.2;3.4-Di-O-Isopropyliden-β-L-sorbofuranose; 1.2-O-Isobutyliden-, 1.2-O-Cyclohexyliden-, 1.2-O-Isopropyliden-α-L-sorbopyranose; L-Sorbopyranose, 2.3;4.5-Di-O-isopropyliden-β-D-, 1.2;4.5-Di-O-isopropyliden-α-D-fructopyranose, β-D-Arabinopyranose, 1.2;3.4-Di-O-isopropyliden-β-D-arabinopyranose, α-D-Xylopyranose, 1.2;3.5-Di-O-isopropyliden-α-D-xylofuranose* u. *2.3;4.6-Di-O-isopropyliden-L-xylo-hexulofuranonsäure* (*Di-O-isopropyliden-2-oxo-L-gulonsäure*). W. Sobieski 420

*1093* **Einfluß von Gasadsorption auf die Absorptionsspektren von Carotin-Filmen.** T. N. Misra und B. Rosenberg. (J. chem. Physics **48** (1968) 12, 5734—35; Biophys. Dep., Mich. State Univ., East Lansing, Mich.; engl.) — Es wird Einfl. von auf festen (krist.) *all-trans-β-Carotin*-Filmen adsorbiertem *Aceton*-Dampf bei 25° auf das Absorptionsspektrum im Sichtbaren u. im IR-Bereich untersucht. W. Sobieski 420

*1094* **Untersuchungen an Komplexen und Liganden.** 3. Mitt. **p.p'-disubstituierte Derivate von Biphenyl, Diphenyläther und α.ω-Diphenylalkanen.** David A. Thornton. (J. South African chem. Inst. **20** (1967) 2, 123—31; Grahamstown, Rhodes Univ., Dep. of Chem.; engl.) — 2. vgl. C. **1968**, 49/50-0578. — IR-spektroskop. wurden untersucht u. die Banden zugeordnet von: *p.p'-Acetyl-, p.p'-Äthylcarbonyl-* u. *p.p'-Propylcarbonylbiphenyl, -diphenyläther, -diphenylmethan, -α.ω-diphenyläthan* u. *-α.ω-diphenylpropan*, sowie von *p.p'-Bis-[β-Hydroximinopropionyl]-biphenyl, -diphenylmethan, -α.ω-diphenyläthan* u. *α.ω-diphenylpropan* U. Goetze 420

*1095* **Torsion–Schwingung–Rotation-Wechselwirkungen in Methanol.** 1. Mitt. **Mikrowellenspektrum.** R. M. Lees und J. G. Baker. (J. chem. Physics **48** (1968) 12, 5299 bis 5318; Div. of Pure Phys., Nat. Res. Council of Canada, Ottawa; engl.) — Das Spektrum von $CH_3OH$, $CD_3OH$ u. $CH_3OD$ wird im Bereich 90—200 GHz analysiert. W. Sobieski 422

*1096* **NMR-Bestimmung der Quadrupolkopplung des Stickstoffs von Glykokoll.** Lars-Olov Andersson, Michel Gourdji, Lucien Guibé und Warren George Proctor. (C. R. hebd. Séances Acad. Sci., Sér. A et B **267** (1968) 16, B 803—05; Varian A. G. Res. Labor., Zürich; franz.) J. Richter 422

*1097* **Elektronengekoppelte Proton–Spin–Spin-Wechselwirkungen in gesättigten KW-Stoff-Molekülen.** 2. Mitt. **Einfluß von Bindungsbeziehungen.** Eiko Hiroike. (J. physic. Soc. Japan **25** (1968) 2, 516—19; Chem. Res. Inst. of Non-Aqueous Solutions, Tohoku Univ., Sendai; engl.) — 1. vgl. C. **1969**, 14-1028. — Die Titelphänomene werden theoret. unter Verw. von weitreichenden Kopplungen in ungesätt. KW-Stoffen im Vgl. zum *Methan*-Mol. untersucht. W. Sobieski 424

*1098* **NMR-Untersuchung schwacher intermolekularer Kräfte: Mediumeffekte auf gesättigte heterocyclische Ringe.** Harold Finegold. (J. physic. Chem. **72** (1968) 9, 3244—50; U.S. Dep. of Agricult., Agricult. Res. Serv., Human Nutrition Res. Div., Beltsville, Md.; engl.) — Die NMR-Daten von *1.3.2-Dioxafluolanon-(2) syn-* u. *anti-dl'-4-Methyl'-1.3.2-dioxafluolanon-(2)* u. *1.3-Dioxolon-(2)* in einer Reihe von Lsgm. sind angegeben u. werden bez. des Titelphänomens diskutiert. D. Strauch 424

*1099* **Viskosität und Protonenspin-Gitter-Relaxation in einigen flüssigen Gemischen.** Ezio Ragozzino. (Ricerca sci. **37** (1967) 11, 939—42; Univ. di Napoli, Ist. di Fis. Sperimentale; ital.) — Die Messungen der Protonenspin-Gitter-Relaxationszeit u. der Viskosität von *W.–Dioxan* (**I**) u. *A.*–**I**-Gemischen bei ≈ 27° u. 16 MHz werden ausgewertet. A. Babczyński 424△

*1100* **NMR von Verbindungen p-DC$_6$H$_4$X.** Gordana Hajdukovic. (C. R. hebd. Séances Acad. Sci., Sér. A et B **267** (1968) 15, B 700—03; Phys. expér. mol., Fac des Sci., Paris; franz.) — Vf. untersuchte die chem. Verschiebung der o- u. m-Protonen von *[p-D]-N.N-Dimethylanilin, [p-D]-Toluol, [p-D]-Fluor-, -Chlor-, -Brom-* u. *-Jodbenzol* als reine Substanzen u. gelöst in $CCl_4$ oder $C_6H_6$. J. Richter 424

*1101* **NMR von Phosphor-Verbindungen. Analyse des ABC$_3$MX-Systems und Vorzeichenbestimmung von Kopplungskonstanten in Äthylphenylphosphin.** J. P. Albrand, D. Gagnaire und J. B. Robert. (J. molecular spectroscopy **27** (1968) 1—4, 428—31; Labor. de Chim. Organ. Phys., Centre d'Etudes Nucléaires, Grenoble, France; engl.) D. Schmitt 424

*1102* **$^1$H-NMR-Spektren von monosubstituiertem Methylcyclohexan und Zusammensetzung der Monobromidfraktionen seiner Photobromierungsprodukte.** U. Ch. Agaev, S. D. Mechtiev, B. D. Lavruchin und E. I. Fedin. (Doklady Akad. Nauk Azerbajdž. SSR **22** (1967) 5, 11 bis 16; INChP; russ.) — Untersucht werden *1-, 2-, 3-* u. *4-Brommethylcyclohexan, Cyclohexylmethylbromid* u. die Monobromidfraktionen der Photobromierungsprod. von Methylcyclohexan wurden aufgenommen. C. Kozák 424△

*1103* **Differentielle Abschirmung in verschiedenen Ionisationszuständen einer Reihe von Chinoliziniumsalzen.** Giovanni Casini und Felice Liberatore. (Chim. e Ind. [Milano] **49** (1967) 3, 288—89; Ist. di Chim. farmaceut. e tossicolog. delle Univ., Roma u. Bari; ital.) — Vf. untersuchten die $^1$H-NMR-Spektren folgender Chinolizinium-Verb: *2-Carboxy-3-hydroxy-4-carbäthoxy-, 3-Hydroxy-2.4-dicarboxy-, 2-Carboxy-3-hydroxy-, 2-Carbäthoxy-3-hydroxy-* u. *2-Carbäthoxy-3-acetoxy-*. J. F. Cordes 424△

*1104* **Hohe Auflösung der $^1$H-NMR freier Stickoxid-Radikale bei 310 MHz.** Jean-Jacques Dunand. (C. R. hebd. Séances Acad. Sci., Sér. A et B **267** (1968) 1, B 82 bis 85; Labor. de Résonance magnét. et de Chim. organ. phys., Centre d'Ét. nucl., Grenoble, Isére; franz.) — Vf. beschreibt die NMR-Spektren folgender 2.2.6.6-Tetramethylpiperidin-1-oxyle: *unsubstituiert, 4-Hydroxy-, 4-Hydroxy-4-phenyl-* sowie von *2.2.5.5-Tetramethyl-1-aza-3-oxacyclopentan-1-oxyl*. J. Richter 424

*1105* **Protonenresonanz von Pyrylium- Thiapyrylium-, Selenapyrylium-Ionen und ihren Methylderivaten.** I. Degani, F. Taddei und C. Vincenzi. (Boll. sci. Fac. Chim. ind. Bologna **25** (1967) 1—2, 61—70; Cagliari, Ist. di Chim. farmaceut. e tossicolog.; ital.) — Vf. berichten über eine semiquant. Best. der Beiträge zur Protonenabschirmung in den genannten Ionen sowie ihren 2-, 3- u. *4-Methyl*-Derivaten. J. F. Cordes 424△

*1106* **NMR-Untersuchungen.** 9. Mitt. **Chemische Verschiebung des Formylprotons in aliphatischen Aldehyden.** R. E. Klinck und J. B. Stothers. (Canad. J. Chem. **44**, 45—51, 1966; London, Canada, Ontario, Univ. of Western Ontario, Dep. of Chem.; engl.) — 8. vgl. C. **1969**, 20-1007. — Es werden die chem. Verschiebungen des Formylprotons in nachst. Aldehyden in Abhängigkeit von der Anisotropie benachbarter Gruppen, der Konjugationswechselwrkg. der Aldehydgruppe mit ungesättigten Bindungen u. vorhandenen Ringströmen interpretiert: *Acet-, Propion-, n-Butyr-, Isobutyr-, n-Valer-, Croton-, p-N.N-Dimethylaminozimt-, α-Methylzimt-, α-Amylzimt-, Zimtaldehyd; Cyclopentan-, -hexan-, -heptancarbaldehyd; Δ$^3$-Cyclohexen-, 1-Methylcyclopentan-, 1-Methylcyclohexan-, Δ$^1$-Cyclopenten-, Δ$^1$-Cyclohexen-, Δ$^1$-Cyclohepten-, 6-Methyl-Δ$^{1.3}$-cyclohexadien-, 2-Chlor-Δ$^1$-cyclopenten-, 2-Chlor-Δ$^1$-cyclohexen-, 2-Chlor-Δ$^1$-cyclohepten-1-carbaldehyd; Octanal, Dodecanal, Hydroxycitronellal, Ci-*

*tronellal, 2-Äthylbutanal, 2-Phenylpropanal, 4-Cyano-2.2-dimethylbutanal, 2.2.4-Trimethylpentanal-(3), Acrolein, $\Delta^{2.4}$-Hexadienal, Citral a* u. *b, Furfural, 2-Methyl-$\Delta^{2}$-butenal* u. *Phenylpropinal.* H. Frischleder 424

*1107* **Kernmagnetische Relaxationsuntersuchungen· Kern-Overhauser-Effekt in Methacrylsäuremethylester.** Toshio Fukumi, Yoji Arata und Shizuo Fujiwara. (J. molecular spectroscopy **27** (1968) 1–4, 443–49; Dep. of Chem., Fac. of Sci., Univ. of Tokyo, Hongo, Tokyo; engl.) D. Schmitt 424

*1108* **Lösungsmitteleffekte auf die chemischen $^{14}$N-Verschiebungen in Formamiden.** Hirotake Kamei. (Bull. chem. Soc. Japan **41** (1968) 4, 1030; Electrochem Labor., Tanashi, Tokyo; engl.) – Nach einer Doppelresonanzmeth. werden die Verschiebungen von *Formamid, N-Methyl-, N.N-Dimethyl-, N-Äthyl-* u. *N.N-Diäthylformamid* in Aceton u. Methanol bestimmt u. bez. der so beobachteten geringen Verschiebung durch die Lsgm. diskutiert. W. Sobieski 424

*1109* **Triterpene. 10. Mitt. NMR-Spektroskopie von Triterpenen. Substituenteneinfluß auf die Resonanzfrequenzen der Methylgruppen in der $\Delta^{12}$-Oleanen-Reihe.** R. Savoir, R. Ottinger, B. Tursch und G. Chiurdoglu. (Bull. Soc. chim. belges **76** (1967) 5–6, 335–67; Serv. de Chim. Organ. E. P., Labor. de Chim. Alicycl., Univ. Libre de Bruxelles; franz.) – 9. vgl. C. **1967,** 56-0302. – Folgende Verb. wurden untersucht: *Oleanolsäuremethylester* (F. 197–198°), *Oleanonsäuremethylester* (**I**; F. 183 bis 184,5°, aus vorst. Verb.; ORD; 78%), *3.3-Äthylendioxyoleanen-28-säuremethylester* (F. 229–231°, aus vorst. Verb.; $[\alpha]_D$ +41°, c = 0,959; 84%), *3.3-Äthylendioxy-28-hydroxyoleanen* (F. 238–240°, aus vorst. Verb.; $[\alpha]_D$ +38°, c = 0,764; 82%), *3-Oxo-28-hydroxyoleanen* (F. 194,5–196°, aus vorst. Verb.; $[\alpha]_D$ +96,5°, c = 0,968; 80%), *3-Oxo-28-tosyloxyoleanen* (F. 162–164°, $[\alpha]_D$ +68,6°, c = 0,998; 71%), *o-Acetyloleanolsäure* (F. 264 bis 267°), *3β-Acetoxyoleanen-28-al* (**II**; F. 222–226°, aus vorst. Verb., $[\alpha]_D$ +67°, c = 0,947; 44%), *Oleanonsäure* (F. 226–229°, aus Oleanolsäure; $[\alpha]_D$ +98°, c = 0,935; 72%), *Oleanen-28-säure* (F. 268–270,5°, aus **I**; $[\alpha]_D$ +81°, c = 1,011; 82%), *Oleanen-28-säureamid* (F. 220 bis 223°, $[\alpha]_D$ +73°, c = 0,994), *Oleanen-28-säurenitril* (F. 254–256°, aus vorst. Amid; $[\alpha]_D$ +90°, c = 0,991; 93%), *3β-Acetoxyoleanen-28-säuremethylester* (F. 220 bis 221°), *Oleanen-28-säuremethylester* (F. 170,5–172°, $[\alpha]_D$ +76°, c = 0,914), *28-Tosyloxyoleanen* (F. 147–148,5° aus vorst. Verb.; $[\alpha]_D$ +65,9 c = 1,096; 81%), *28-Jodoleanen* (**III**; aus vorst. Verb.; 37%), *β-Amyrin* (*3β-Hydroxyoleanen*, F. 194,5–198°, aus **II**; $[\alpha]_D$ +92°, c = 0,922), *β-Amyrinbenzoat, β-Amyrenon* (*3-Oxooleanen*, F. 173–176°, aus vorvorst. Verb.; $[\alpha]_D$ +118,4°, c = 1,019; 83%), *Oleanen* (F. 160–162°, aus vorst. Verb. oder aus **III**; $[\alpha]_D$ +97,7°, c = 1,052; 82 bzw. 72%), *3β-Acetoxyoleanen* (F. 234–236°, $[\alpha]_D$ +77,8, c = 1,060), *3β-Acetoxy-19α-hydroxyoleanen-28-säuremethylester* (F. 125 bis 128°, aus nachst. Verb.; $[\alpha]_D$ +39°, c = 0,932; 84%), *Siaresinolsäuremethylester* (F. 183,5–185°, $[\alpha]_D$ +46°), *3β-Acetoxy-19-oxooleanen-28-säuremethylester*, F. 236 bis 239°, aus vorvorst. Verb.; $[\alpha]_D$ +109°, c = 1,039); Oleanen-28-säuremethylester: *3β.21β-Dihydroxy-, 3β-Acetoxy-21β-hydroxy-, 3β.21β-Diacetoxy-, 3β.29-Dihydroxy-, 3β.29-Diacetoxy-; 3β-Hydroxyoleanen-28.29-disäure-28-methylester, 3β-Hydroxy-* u. *3β-Acetoxyoleanen-28.29-disäuredimethylester, 3-Oxo-* u. *3β-Acetoxyoleanen-28.21β-olid, 3-Oxooleanen-28.29-disäure-28-methylester, 3β.28-Dihydroxyoleanen, 3-Oxooleanen-29α-säuremethylester.* J. Richter 424

*1110* **Triterpene. 12. Mitt. NMR-Spektroskopie von Triterpenen. Die Methylgruppen in der Ursen-Reihe.** R. Savoir, R. Ottinger, B. Tursch und G. Chiurdoglu. (Bull. Soc. chim. belges **76** (1967) 5–6, 371–73; franz.) – 10. vgl. vorst. Ref.; 11. vgl. C. **1968,** 39-1370. – Vf. bestimmten die $CH_3$-Signale nachst. Verb. u. vergleichen sie mit denen der entsprechenden Oleanenderiv.: *3β-Hydroxy-$\Delta^{12}$-ursen, 3β-Acetoxy-$\Delta^{12}$-ursen-28-säure; $\Delta^{12}$-*Ursen-28-säuremethylester: *unsubstituiert, 3β-Hydroxy-, 3β-Acetoxy-* u. *3-Oxo-.* J. Richter 424

*1111* **Flavanderivate. 21. Mitt. NMR-Spektren, Konfiguration und Konformation von Flavanderivaten.** J. W. Clark-Lewis. (Austral. J. Chem. **21** (1968) 8, 2059–75; Flinders Univ. of South Australia, Bedford Park, S.A.; engl.) – 20. vgl. C. **1968,** 48-1465. – Die NMR-Spektren von nachst. Verb. werden analysiert: *5.7.3'.4'-Tetramethoxy-$\Delta^{2}$-flaven, Isochromeno-[4'.3':2.3]-, 7-Methoxyisochromeno-[4'.3':2.3]-, 6.7'.7'-Trimethoxyisochromeno-[4'.3':2.3]-$\Delta^{2}$-chromen, $\Delta^{3}$-Flacven, 3'.4'-Dimethoxy-6-methyl-, 7.8.4'-Trimethoxy-, 7.8.3'.4'-Tetramethoxy-, 5.7.3'.4'-Tetramethoxy-, 3-Äthoxy-7.3'.4'-trimethoxy-, 3.5.7.4'-Tetramethoxy-, 3.5.7.3'.4'-Pentamethoxy-$\Delta^{3}$-flaven; 3.7-Dimethoxy-$\Delta^{3}$-chromen-2-spiro-1'-phthalan, 2.3-cis-* u. *2.3-trans-3-Methoxyflavanon, 2.3-cis-3-Bromflavanon-2'-carbonsäure, 2.3-cis-3-Brom-2'-hydroxymethylflavanon, 2.3-cis-* u. *2.3-trans-3.5.7.3'.4'-Pentamethoxyflavanon, 2.3-cis-* u. *2.3-trans-3.7.8.3'.4'-Pentamethoxyflavanon; 2.3-trans-3.5.7.4'-Tetramethoxy-, 2.3-trans-3-Hydroxy-7.8.3'.4'-tetramethoxy-, 2.3-trans-3-Hydroxy-5.7.3'.4'-tetramethoxyflavanon; Peltogynontrimethyläther, 2.3-cis-3-Acetoxy-7.8.3'.4'-tetramethoxy-, 2.3-cis-3-Acetoxy-4'-methoxy-6-methyl-, 2.3-cis-3.5.7.4'-Tetramethoxyflavan; 2.3-trans-* u. *2.3-cis-3-Äthoxy-7.3'.4'-trimethoxyflavan, 2.3-trans-2'-Hydroxymethylflavanol-*(*3*); Isochromano-[4'.3':2.3]-chromane: *2.3-cis-3-Hydroxy-, 2.3-trans-3-Hydroxy-, 2.3-cis-3-Hydroxy-7-methoxy-, 2.3-trans-3-Hydroxy-7-methoxy-, 2.3-cis-3-Hydroxy-7.6'.7'-trimethoxy-, 2.3-trans-3-Hydroxy-7.6'.7'-trimethoxy-, 2.3-cis-3.7-Dimethoxy-;* 5.7.3'.4'-Tetramethoxyisoflavane: *2.3-cis-(+)-2-Äthoxy-, 2.3-cis-2-Hydroxy-, 2.3-trans-2-Hydroxy-, 2.3-cis-(+)-2-Acetoxy-, 2.3-cis-2-Acetoxy-6-chlor-, 2.3-trans-(±)-2-Acetoxy-, 2.3-trans-(−)-2-Acetoxy-;* Flavane: *3.4-cis-4-Hydroxy-7-methoxy-, 3.4-cis-4-Hydroxy-7.4'-dimethoxy-, trans-trans-3.4-Diacetoxy-, trans-trans-3.4-Dibenzoyloxy-, trans-trans-3.4-Diacetoxy-7-benzyloxy-3'.4'-dimethoxy-, trans-trans-3-Acetoxy-4-äthoxy-7.3'.4'-trimethoxy-, trans-trans-3.4-Diacetoxy-5.7.3'.4'-tetramethoxy-, 2.3-trans-3.4-cis-3.4.5.7.3'.4'-Hexaacetoxy-, 2.3-trans-3.4-cis-3.4-Diacetoxy-5.7.3'.4'-tetramethoxy-, 2.3-trans-3.4-cis-3.4-Diacetoxy-7.8.3'.4'-tetramethoxy-; trans-trans-3-Brom-4'-methoxy-6-methyl-, trans-trans-3-Brom-3'.4'-dimethoxy-6-methyl-, cis-cis-3-Methoxy-, cis-cis-3.5.7.3'.4'-Pentamethoxy-, cis-cis-3.7.8.3'.4'-Pentamethoxyflavanol-*(*4*)*; trans-trans-Flavandiol-*(*3.4*)*, trans-trans-5.7.3'.4'-Tetramethoxy-, 2.3-trans-3.4-cis-7.3'.4'-Trimethoxy-, 2.3-trans-3.4-cis-5.7.3'.4'-Tetramethoxyflavandiol-*(*3.4*)*; trans-trans-4-Äthoxy-7.3'.4'-trimethoxy-, 2.3-trans-3.4-cis-7-Benzyloxy-4-äthoxy-3'.4'-dimethoxy-, 2.3-trans-3.4-cis-4-Äthoxy-7.8.3'.4'-tetramethoxy-, 2.3-cis-3.4-trans-4-Äthoxy-3'.4'-dimethoxy-6-methylflavanol-*(*3*)*; Peltogynol-trimethyläther, Peltogynoltrimethylätheracetat, 3'.4'-Dimethoxy-6-methylflavandiol-*(*3.4*)*-carbonat; 2.4-cis-, 2.4-trans-Flavanol-*(*4*)*, 2.4-cis-, 2.4-trans-4-Acetoxyflavan; 2.4-cis-4-Benzoyloxy-, 2.4-cis-4-Acetoxy-4'-methoxy-6-methyl-, 2.4-trans-4-Äthoxy-, 2.4-trans-4-Äthoxy-5.7.3'.4'-tetramethoxyflavan, 2.4-cis-5.7.3'.4'-Tetramethoxy-, 2.4-cis-6.4'-Dimethoxyflavanol-*(*4*)*, 5.7.3'.4'-Tetramethoxyflavanol-*(*3*)*; 3-Acetoxy-5.7.3'.4'-tetramethoxy-, 3.5.7.3'.4'-Pentaacetoxy-, 7-Methoxy-3.5.3'.4'-tetraacetoxy-, 7.4'-Dimethoxy-3.5.3'-triacetoxyflavon, 5.7.3'.4'-Tetramethoxyflavonol-3-triacetylrhamnosid* u. *2.3-trans-3.4-cis-[7.8.4'-Trimethoxyflavanylidendioxy-*(*3.4*)*]-7.8.4'-trimethoxyflaven* (?). W. Sobieski 424

*1112* **Substituenteneinflüsse auf die chemischen Verschiebungen der Brückenkopfprotonen von Benzonorbornenen.** Naoki Inamoto, Shozo Masuda, Kazuo Tori, Katsutoshi Aono und Hiroshi Tanida. (Canad. J. Chem. **45** (1967) 11, 1185–93; Shionogi Res. Labor., Shionogi and Co., Ltd., Fukushimaku, Osaka, Japan; engl.) – Durch partielle Analyse der NMR-Spektren einer Reihe von 6-substituierten Benzonorbornadienen (**A**), Benzonorbornenen (**B**), syn- u. anti-Benzonorbornenolen-(9) (**C**) u. 5-substituierten Indanolen-(2) (**D**) werden die Substituenteneinfl. auf die chem. Verschiebung der $C_{(9)}$-Brückenkopfprotonen bei den **A** u. **B** bzw. der $C_{(2)}$-Protonen bei den **D** ermittelt. Ferner wird die Relation zwischen diesen chem. Verschiebungen u. den Hammett-Konst. untersucht. Die Substituenteneinfl. auf die chem. Verschiebung der $CH_3$- bzw. $CH_2$-Protonen bei 5- u. 6-substituierten 2-Methylbenzoselen-, -thi- u. oxazolen bzw. 1-substituierten 3.4-Methylendioxybenzolen werden gleichfalls in Beziehung zu den jeweiligen Hammett-

Konst.? gesetzt. Die NMR-Spektren folgender Verb. werden untersucht: **A**: *6-Methoxy-*, *6-Methyl-*, unsubstituiert, *6-Chlor*, *6-Brom-*, *6-Acetyl-*, *6-Cyano-* (F. 65—66°), *6-Nitro-*. **B**: unsubstituiert, *6-Methoxy-* (Kp.$_{11}$ 115—116°), *6-Methyl-* (Kp.$_{17}$ 105—106°), *6-Chlor-* (Kp.$_5$ 86,5°), *6-Brom-* (Kp.$_5$ 110°), *6-Acetyl-*, *6-Cyano-* (Kp.$_5$ 121°), *6-Nitro-*. Syn- u. anti- **C**: unsubstituiert, *6-Methoxy-*, *6-Methyl-* (syn. F. 86,5—87,5°), *6-Chlor-*, *6-Nitro-*. **D**: unsubstituiert, *5-Methoxy-* (F. 72—73°), *5-Äthyl-* (F. 76,5 bis 77,5°), *5-Acetyl-* (F. 71—72°) → *2-Acetat* (F. 64,5 bis 65,5°), *5-Nitro-* (F. 97—99°) → *2-Acetat* (F. 86,5—87,5°). G. O. Jäger 424△

*1113* **EPR kurzlebiger phosphoreszierender Moleküle.** Jean-Philippe Grivet. (C. R. hebd. Séances Acad. Sci., Sér. A et B **267** (1968) 15, B 692—95; Labor. de Biophys., Muséum nat. d'Hist. naturelle, Paris; franz.) — Vf. bestimmten die Intensität des EPR-Signals glasiger Lsg. von *Deuteronaphthalin*, *Phenazin*, *Chlorophyl b* u. *Benzophenon*. Ferner wird eine Verbesserung der Meth. zum Auffinden kurzlebiger Species beschrieben. J. Richter 426

*1114* **Einfluß von Lösungsmittelvorbehandlung und Elektrolytzusatz auf die ESR-Spektren aromatischer Radikal-Anionen.** K. W. Bödddeker, G. Lang und U. Schindewolf. (Angew. Chem. **80** (1968) 23, 998—99; dt., int. Edit. **7** (1968) 12, 954—55; Inst. für Kernverf.-Technik, Univ. Karlsruhe; engl.) — Das ESR-Verh. der durch K/Na-Red. in THF/DME erzeugten Radikal-Anionen von *Bzl.*, *D-Bzl.* u. *Toluol* wird in Abhängigkeit von Lsgm.-Vorbehandlung u. Elektrolytzusatz untersucht. In über $LiAlH_4$ getrockneten Äthern u. Ggw. von LiCl werden bei $C_6H_6$ u. $C_6H_5D$ bereits bei tiefer Temp. „neue" charakterist. ESR-Spektren beobachtet, deren Feinstruktur auf eine bevorzugte Besetzung des symm. ($E_{2u}$) der am Grundzustand von $C_6H_6$-beteiligten Zustände hinweist. In K/Na-vorbehandelten Äthern u. Ggw. von LiCl wird die für eine Assoziation mit Alkalimetall-Kationen typ. Querstellaufspaltung im „normalen" $C_6H_6$-Spektrum beobachtet. Autorreferat 426△

*1115* **EPR-Untersuchungen über die Addition und Substitution von H-Atomen an Pyrimidin-Derivate.** Janko N. Herak und Walter Gordy. (J. Amer. chem. Soc. **89** (1967) 15, 3818—21; Dep. of Phys., Duke Univ., Durham, N.C.; engl.) — Die ESR der bei 200—300°K erzeugten Radikale wurden bei 77°K von folgenden Verb. gemessen: *Uracil*, *5-Nitro-*, *5-Amino-*, *6-Amino-*, *5-Acetyl-*, *5-Methyl-*, *6-Methyluracil*, Uracil-5-carbonsäure, -6-carbonsäure u. -5-sulfamsäure. K. Vacek 426

*1116* **Reaktionen resonanzstabilisierter Anionen.** 29. Mitt. **Elektronen-Übertragungs-Prozesse.** 7. Mitt. **Bildung von paramagnetischen und Kondensations-Produkten aus Nitrosobenzol in alkalischer Lösung.** Glen A. Russell, Edwin J. Geels, F. J. Smentowski, K.-Y. Chang, James Reynolds und Gerd Kaupp. (J. Amer. chem. Soc. **89** (1967) 15, 3821—28; Dep. of Chem. Iowa State Univ., Ames, Ia.; engl.) — 8. vgl. C. **1968**, 58-0207. — Die ESR-Aufspaltungskonst. von Radikalen vom Nitrosobenzolbezw. Nitroxidtyp, die bei folgenden Rk. entstehen, wurden gemessen: bei der Red. von *Nitrosobenzol*, [*2.4.6-D$_3$*]-, *p-Methoxy-*, *p-Äthoxy-* u. *p-Chlornitrosobenzol* mit Natriumdithionit in Ggw. von Basen in DMSO; bei der Rk. von *Nitrobenzol* (**I**) u. *Phenylhydroxylamin* (**II**) u. bei der Ox. von **I**, **II** u. *Anilin* in Ggw. von K-tert.-Butylat (Prod.-Ausb. sind angegeben). K. Vacek 426

*1117* **ESR-Identifizierung des Septett-Grundzustands eines Trinitrens.** E. Wasserman, K. Schueller und W. A. Yager. (Chem. Physics Letters [Amsterdam] **2** (1968) 4, 259—60; Bell Telephone Labor., Murray Hill N.J.; engl.) — Das ESR-Spektrum des durch 3650 Å Bestrahlung von *1.3.5-Triazido-2.4.6-tricyanbenzol* in 2-Methyltetrahydrofuran bei 77°K erhaltenen Trinitrens wird untersucht u. bez. der Septettstruktur der Absorptionen analysiert. W. Sobieski 426

*1118* **ESR des D-Tropenylradikals. Einfluß des D-Substituenten.** Walter V. Volland und Gershon Vincow. (J. chem. Physics **48** (1968) 12, 5589—95; Dep. of Chem., Univ. of Wash., Seattle, Wash.; engl.) — Das ESR-Spektrum des $C_7H_6D$-Radikals (durch therm. Spaltung von [x.x'-$D_2$]-Bitropenyl) wird analysiert. W. Sobieski 426

*1119* **Massenspektrometrische Untersuchung fluorhaltiger Verbindungen. 1. Mitt. Vergleichende Untersuchung von Methylacetylen und Difluormethylacetylen.** M. M. Gil'burd, B. G. Syrvatka, V. U. Ševčuk, A. L. Bel'ferman und F. B. Moin. (Chim. vysokich Énerg. **1** (1967) 5, 411—18; russ.) G. Ewald 428

*1120* **Cumarine.** 5. Mitt. **Massenspektren von Columbianetin und seinen Estern.** M. Shipchandler und T. O. Soine. (J. pharmac. Sci. **57** (1968) 5, 741—46; Dep. of Med. Chem., Coll. of Pharm., Univ. of Minn., Minneapolis, Minn.; engl.) — Untersucht wurden die Massenspektren von *Columbianetin*, *Columbianetin-D-glucosid*, *-angelat*, *-β-D-gentiobiosid*, *-acetat*, *-tiglat*, *-3-bromangelat*, *Marmesin* u. *Rutaretin*. D. Schmitt 428

*1121* **Cumarine.** 6. Mitt. **Revidierte Struktur von Columbianin durch massenspektrometrische Untersuchungen.** M. Shipchandler und T. O. Soine. (J. pharmac. Sci. **57** (1968) 5, 747—52; engl.) — 5. vgl. vorst. Referat. — Durch Unters. der Massenspektren von *Columbianetin-β-D-glucopyranosid*, dessen *Tetraacetat* [F. 163,5—164,5° (Cyclohexan/Äthylacetat)], *Columbianetin-β-D-gentiobiosid* (**I**) u. dessen *Heptaacetat* sowie durch partielle Hydrolyse von Columbianin wird dessen Struktur im Gegensatz zu früheren Unters. als **I** erkannt. D. Schmitt 428

*1122* **Fragmentierungen in den Massenspektren von 2-Oxoindolyl-(3)-Derivaten.** J. A. Ballantine, R. G. Fenwick und M. Alam. (Org. Mass Spectrometry **1** (1968) 3, 467—81; Dep. of Chem., Univ. Coll. of Swansea, Wales; engl.) — Die Massenspektren nachst. Verb. werden bei hoher Auflsg. u. Verw. D-markierter Verb. untersucht u. die Fragmentierungswege diskutiert: *Isatin*, *N-Acetyl-*, *N-Methylisatin*, *Oxindol*, *N-Acetyl-*, *N-Methyloxindol*, *2-Oxoindolyl-(3)-glyoxylsäuremethylester*, *1-[2-Oxoindolinyliden-(3)]-propanon-(2)*, *1.3-Bis-[2-oxoindolinyliden-(3)]-propanon-(2)* [F. 230° (Aceton)] u. *2-Oxo-5-[2-oxoindolinyliden-(3)]-2.5-dihydrofuran*. W. Sobieski 428

*1123* **Fluorierte Tropyliumionen in den Massenspektren von aromatischen Polyfluorverbindungen.** M. I. Bruce und Mair A. Thomas. (Org. Mass Spectrometry **1** (1968) 3, 417—23; Dep. of Inorgan. Chem., Univ., Bristol; engl.) — Die Massenspektren von nachst. Verb. werden untersucht u. bez. der Fragmentierung u. der entstandenen Pentafluortroplyium- bzw. Pentafluorphenyl-pentafluortropylium-Kationen diskutiert: *2.3.4.5.6-Pentafluortoluol*, *-α-bromtoluol*, *-α-vinyltoluol*, *Pentafluorphenylacetylchlorid*, *1.2-Bis-[pentafluorphenyl]-äthan*, *Perfluortoluol*, *Bis-[pentafluorphenyl]-methan*, *-brommethan*, *1.1.2.2-Tetrakis-[pentafluorphenyl]-äthan* u. *Bis-[pentafluorphenyl]-carbinol*. W. Sobieski 428

*1124* **Massenspektren von Dialkylketonen und ihre theoretische Interpretation.** K. Chirota und M. Chatada. (Kinetika i. Kataliz **8** (1967) 4, 748—59; Dep. of Chem., Fac. of Sci., Osaka Univ., Toyonaka-shi, Osaka; russ.) — Vf. untersuchten massenspektrometr. unter Verw. von deuterierten Verb. die Struktur u. die Zus. der Ionen, die beim Zerfall der folgenden Ketone gebildet werden: *Methyl-n-propylketon*, *Methylisopropylketon*, *Methyl-n-butylketon*, *4-Methylpentanon-(2)*, *3-Methylpentanon-(2)*, *3.3-Dimethylbutanon-(2)*, *Diäthylketon*, *Di-n-propylketon*, *Äthyl-n-butylketon*. Die beobachtete C–C-Bindungsaufspaltung wird nach der MO-Meth. gedeutet. G. Ewald 428

*1125* **MO-Theorie von Massenspektren.** 10. Mitt. **Wahrscheinlichkeit der Aufspaltung von Skelettbindungen in den Massenspektren von Äthylacetaten.** Toshiro Isoya, Tadashi Nagumo und Kozo Hirota. (Z. physik. Chem. [Frankfurt/M.] [N.F.] **61** (1968) 1—4, 1—9; Asahi Kasei Kogyo K.K. Itabashi, Tokyo; engl.) — 5. vgl. C. **1967**, 37-0891. — Mit Hilfe der MO-Theorie werden die Aufspaltungswahrscheinlichkeiten u. Elektronendichten am höchstbesetzten Orbital von nachst. Acetaten ber.: *Methyl-* u. $CD_3COO$-Deriv., *Äthyl-* u.

$CD_3COO$-Deriv., *n-Propyl-*, *n-Butyl-*, *n-Pentyl-* u. *Isopropyl-*. D. Schmitt 428

*1126* **Massenspektren einiger C (19) -modifizierter Cholesterylderivate.** Alijca M. Kirkien-Konasiewicz, Robert M. Moriarty, Alexander G. Loudon und Peter M. Cardnell. (Org. Mass. Spectrometry **1** (1968) 4, 567–81; Trinity Coll., Washington, D.C.; engl.) — Untersucht werden die Massenspektren von nachst. Cholesterinen: *19-Methoxy-*, *19-Methoxy-3-O-tosyl-*, *19-Methoxy-3-O-acetyl-*, *19-Hydroxy-*, *19-Hydroxy-3-O-methyl-*, *19-Hydroxy-3-O-tosyl-*, *19-Hydroxy-3-O-acetyl-*, *19-Chlor-3-O-acetyl-*, *19-Acetoxy-3-O-acetyl-*, *19-Tosyloxy-3-O-acetyl-*, *19-Acetoxy-3-O-tosyl-* sowie von *Cholesterin-19-al*, *-19-aläthylendithioacetal*, *3-O-Acetylcholesterin-19-al*, *-19-aläthylendithioacetal*, *3-O-Tolsylcholesterin-19-al*, *6-Hydroxy-3.5-methylen-4-norcholestan-19-al*, *6.19-Epoxy-3.5-methylen-4-norcholestan*, *3.19-Epoxy-19-methoxy-$\Delta^5$-cholesten*, *3-Acetoxy-5.10-methylen-19-norcholestan*, *3β.6α-Dihydroxy-19-nor-$\Delta^{5,10}$-cholesten* u. *$\Delta^4$-Androsten-3.17-dion*. D. Strauch 428

*1127* **Untersuchung der Aminosäuresequenz in Peptiden durch Massenspektrometrie.** 2. Mitt. **$D_5$-Benzoylpeptidmethylester.** J. P. Kamerling, W. Heerma, Th. J. Penders und J. F. G. Vliegenthart. (Org. Mass Spectrometry **1** (1968) 3, 345–50; Labor. of Organ. Chem. and Analyt. Chem., Univ., Utrecht; engl.) — 1. vgl. C. **1967,** 56-0066. — Die Massenspektren von *$D_5$-* u. *$H_5$-Benzoylvalyl-[O-$D_5$-* u. *$H_5$-benzoyl]-tyrosylprolinmethylester* sowie der Gemische von *Benzoylglutamoylmethylester-[N(1′) -äthoxycarbonyl]-histidin-methylester-* **(I)** mit *Äthoxycarbonylglutamoylmethylester - [N(1′) - äthoxy - carbonyl]-histidinmethylester* **(II)** u. von *[Benzoyl-$D_5$]*-**I** mit **II**; außerdem von *Benzoylvalyl-O-benzoyltyrosylprolinmethylester* **(III)** u. *Bis-[Benzoyl-$D_5$]*-**III** werden untersucht u. bez. der Verw. von $C_6H_5CO$- u. $C_6D_5CO$-Deriv. in der Analyse von Massenspektren diskutiert. W. Sobieski 428

*1128* **Untersuchung der Aminosäuresequenz in Peptiden durch Massenspektrometrie.** 3. Mitt. **Äthoxycarbonylpeptidmethylester.** J. P. Kamerling, W. Heerma und J. F. G. Vliegenthart. (Org. Mass Spectrometry **1** (1968) 3, 351–64; engl.) — 2. vgl. vorst. Referat. — Die Spektren nachst. Verb. werden untersucht u. bez. der Verw. von $C_2H_5OCO$-Deriv. in der Analyse der Massenspektren diskutiert: *Äthoxycarbonylprolylvalinmethylester*, *Äthoxycarbonyltryptophylglycinmethylester*, *Äthoxycarbonylglycylserinmethylester*, *Bis-[äthoxycarbonyl]-cystindimethylester*, *Äthoxycarbonyl-γ-glutamoylmethylester-[S-äthoxy-carbonyl]-cysteinylglycinmethylester*, *Äthoxycarbonyl-α-glutamoylmethylester-[N(1′)-äthoxycarbonyl]-histidylphenylalaninmethylester*, *Äthoxycarbonylvalyl-[O-äthoxycarbonyl]-tyrosylprolinmethylester* u. *Äthoxycarbonylvalyl-[N-äthoxycarbonyl]-lysylvalyl-[O-äthoxycarbonyl]-tyrosylprolinmethylester*. W. Sobieski 428

## B–2. Strukturforschung

*1129* **Untersuchung quasiaromatischer Ringe.** D. N. Šigorin, E. A. Gastilovič, T. S. Kopteva und N. M. Viktorova. (Ž. fiz. Chim. **42** (1968) 9, 2328–29; Naučno-issledovatel'skij fiz.-chim. inst. im. Karpova, Moskva; russ.) — Zur Bestätigung der Annahme, daß die potentielle Energie der OH-Gruppe im Acetylaceton zwei Minima aufweist, wird die IR-Bande der OH-Gruppe der Enolform von *Dipivaloylmethan* untersucht. Die Aufspaltung weist auf einen Tunneleffekt hin. I. Uhlig 432

*1130* **UV-Spektren nicht alternierender KW-Stoffe: Bedeutung von Nicht-Nachbar-Resonanzintegralen und von Konfigurationswechselwirkung.** R. D. Brown, F. R. Burden und G. R. Williams. (Austral. J. Chem. **21** (1968) 8, 1939–51; Dep. of Chem., Monash Univ., Clayton, Vic.; engl.) — Berechnungen nach der VESCF-Meth. werden durchgeführt an *Methylencyclopropen*, *Fulven*, *Heptafulven*, *Triapentafulvalen*, *Fulvalen*, *Sesquifulvalen*, *Heptafulvalen*, *Dimethylencyclobuten* u. *Azulen*. W. Sobieski 432

*1131* **Instabile Intermediäre. Elektronenstruktur von „Benzynen" und „Hetarynen".** Teijiro Yonezawa, Hideyuki Konishi und Hiroshi Kato. (Bull. chem. Soc. Japan **41** (1968) 4, 1031; Fac. of Engng., Kyoto Univ., Sakyo-ku, Kyoto; engl.) — Nach einer semiempir. SCF-MO-Meth. werden Daten für *Benzyn*, *2.3-* u. *3.4-Pyridyn*, *4.5-Pyrimidyn*, *2.3-* u. *3.4-Thiophyn* berechnet. W. Sobieski 432

*1132* **Elektronenstruktur und -spektren organischer Moleküle. 7. Mitt. Elektronenspektren von Diaminopyridinen.** J. Budziński und J. S. Kwiatkowski. (Theoret. chim. Acta [Berlin] **11** (1968) 4, 358–60; Dep. of Phys., Higher Agricult. School, Szczecin, Poland; engl.) — 6. vgl. C. **1968,** 47-0909. — PPP-Berechnungen werden an *2.3-*, *2.4-*, *2.5-*, *2.6-*, *3.4-* u. *3.5-Diaminopyridin* durchgeführt. W. Sobieski 432

*1133* **Konformationsenergie von Perfluoralkanen.** 4. Mitt. **Bevorzugte Konformation von isotaktischem Polyhexafluorpropylen.** T. W. Bates. (Trans. Faraday Soc. **64** (1968) 552, 3180–82; Dep. of Chem., Dartmouth, Hanover, N.H.; engl.) — 1. vgl. C. **1969,** 17-1131. — Nach einer semiempir. Energiebeziehung werden die intramol. Energien der Titelverb. **(I)** als Funktion der Konform. an der Modellverb. *2.4-Dimethylpentan* berechnet. Die stabilste Helix-Konform. von krist. **I** wird diskutiert. D. Schmitt 434

*1134* **Beitrag der inneren Rotation zu den Rotationskoeffizienten von Phenol.** C. R. Quade. (J. chem. Physics **48** (1968) 12, 5490–93; Dep. of Phys., Tex. Technol. Coll., Lubbock, Tex.; engl.) — Die Rotationsparameter für $C_6H_5{}^{16}OH$, $C_6H_5{}^{18}OH$ u. $C_6D_5OH$ im Torsionszustand werden nach der Theorie der inneren Rotation für Mol. mit zweifacher Barriere ber. u. bez. des Einfl. der inneren Rotation auf die Rotationsenergie diskutiert. W. Sobieski 434

*1135* **Kernresonanzuntersuchung der Konformationsisomerisierung in Acetondiperoxid.** R. W. Murray, P. R. Story und M. L. Kaplan. (J. Amer. chem. Soc. **88,** 526–29, 1966; Murray Hill, N.J., NBell Telephone Lab., Inc.; engl.) — Es wurden die $^1H$-NMR-Spektren von Acetondiperoxid (1.1.4.4-Tetramethyl-2.3.5.6-tetraoxacyclohexan, dargestellt durch Ozonisierung von Tetramethyläthylen) bei verschiedener Temp. zwischen −16° u. +30° aufgenommen. Aus den temp.-abhängigen Spektren wurden die Isomerisierungsgeschw., die Aktivierungsenergie, die freie Energie sowie die Enthalpie- u. Entropieänderung bestimmt. H. Frischleder 434

*1136* **Polyensäuren.** 10. Mitt. **Konformation von Hexenolacton und Konfiguration der abgeleiteten Sorbinsäure, nachgewiesen durch NMR-Spektroskopie.** J. A. Elvidge und P. D. Ralph. (J. chem. Soc. [London], Sect. B **1966,** 243–44; London, Imp. Coll., Chem. Dep.; engl.) — 9. vgl. C. **1968,** 26-0889. — *6-Methyl-5.6-dihydropyron-(2)* **(I)** ergibt je nach Konfig. der Methylgruppe bei der Einw. von Methylat *cis-αβ-trans-γδ-Sorbinsäure* u. *cis-trans-Pentadien-on-(1.3)-carbonsäure*. Hieraus wird auf die Konfig. von **I** geschlossen. G. O. Jäger 434

*1137* **Konformation der $C_{15}$-Lupinalkaloide.** M. Wiewiorowski, O. E. Edwards und M. D. Bratek-Wiewiorowska. (Canad. J. Chem. **45** (1967) 13, 1447–57; Div. of Pure Chem., Nat. Res. Council of Canada, Ottawa, Canada; engl.) — Durch Analyse der NMR- bzw. IR-Spektren (zwischen 2000 u. 3000 $cm^{-1}$) von *(+)-Lupanin* **(I)**, *17β-D-*, *17α-D-*, *17$D_2$-*, *13-Hydroxy-* u. *17β-D-13α-Hydroxylupanin* können Vf. zeigen, daß Ring C in **I** in Lsg. vorwiegend in der Boot-Konform. vorliegt. Analoge Unters. an den durch Red. vorst. Verb. dargestellten deuterierten *Sparteinen* (*Spartein*, *α-Isospartein*, *15-Oxospartein*, *17-Oxospartein*) werden ebenfalls durchgeführt. Neben der Unters. von *13β-Hydroxylupanin* werden noch folgende Verb. synthetisiert: 17-Hydroxylupanin, $C_{15}H_{24}N_2O_2$, F. 163°; *16-Dehydro-13-hydroxylupaniniumbromid*, $C_{15}H_{23}BrN_2O_2$, F. 256° u. *16-Dehydroaphylliniumchloridmonohydrat*, $C_{15}H_{23}ClN_2O \cdot H_2O$, F. 98–102°. G. O. Jäger 434△

*1138* **Thermische Effekte in cholesterischen flüssigen Kristallen.** F. M. Leslie. (Proc. Roy. Soc. [London], Ser. A **307** (1968) 1490, 359–72; Univ., Newcastle upon Tyne; engl.) — Diskutiert werden Entropie u. ungewöhnliche

Bewegungen in fl. Krist. beim Erwärmen unter Verw. verschiedener Theorien. D. Schmitt 436

*1139* **Orientierungsfluktuation und Rayleigh-Diffusion in einem nematischen Kristall.** Pierre-Gilles de Gennes. (C.R. hebd. Séances Acad. Sci., Sér. A et B **266** (1968) 1, B15–17; Fac. des Sci., Orsay, Essonne; franz.) – Untersucht wurde *p-Azoxyanisol.* J. F. Cordes 436△

*1140* **Polymorphie von kristallinen Methylchlormethan-Verbindungen.** Reuben Rudman und Ben Post. (Molecular Crystals **5** (1968) 1, 95–110; Phys. Dep. Polytechn. Inst. of Brooklyn, N.Y.; engl.) – Die Polymorphie von *Tetrachlorkohlenstoff, Methylchloroform, 2.2-Dichlorpropan, tert.-Butylchlorid* (I) u. *Neopentan* wird an Einkrist. der verschiedenen Modifikation der Verb. röntgenograph. (Tieftemp.) untersucht u. die Krist.-Struktur der zwischen –54 u. –90° stabilen Phase von I bestimmt. W. Sobieski 438

*1141* **Röntgen- und γ-Strahlungsschäden in Anthracen-Einkristallen.** L. A. Harrah und R. C. Hughes. (Molecular Crystals **5** (1968) 1, 141–43; Sandia Labor., Albuquerque, N.Mex.; engl.) – Das Verh. der Krist. bei 50kV-Röntgen- ($2-8 \cdot 10^6$ rad.) u. $^{60}$Co-γ-Bestrahlung ($1{,}5 \cdot 10^8$ rad) wird durch ESR-Messungen untersucht u. bez. des Dibenzocyclohexadienyl-Radikals diskutiert. W. Sobieski 438

*1142* **Gitterparameter und Raumgruppe von 4.4'-Bis-[dimethylamino]-diphenylamin-Zwillingskristallen.** D. Hlavatá. (Acta crystallogr. [Copenhagen], Sect. B **24** (1968) 3, 465; Inst. of Macromol. Chem., Czech. Acad. of Sci., Prague; engl.) W. Sobieski 438

*1143* **Verfeinerung der Kristallstruktur des 1:1-Komplexes Pyren-Tetracyanäthylen.** Isao Ikemoto und Haruo Kuroda. (Acta crystallogr. [Copenhagen], Sect. B **24** (1968) 3, 383–87; Dep. of Chem., Fac. of Sci., Univ. of Tokyo; engl.) – Die Krist.- u. Strukturdaten sind einschließlich der Bindungslängen u. -winkel angegeben. W. Sobieski 438

*1144* **Molekularstruktur eines Azidopurins.** Jenny Pickworth Glusker, Dick van der Helm, Warner E. Love, Jean A. Minkin und A. L. Patterson. (Acta crystallogr. [Copenhagen], Sect. B **24** (1968) 3, 359–66; Inst. for Cancer Res., Fox Chase, Philadelphia, Pa.; engl.) – Die aus 6-Hydrazinopurin durch Rk. mit $HNO_2$ erhaltene Verb. $C_5H_3N_7$ [F. 193–195° (A., Zers.)] wird durch Röntgenstrukturanalyse als *7H-Tetrazolo-[5.1:i]-purin* erkannt. Die Strukturdaten sind angegeben. W. Sobieski 438

*1145* **Gitterparameter und Raumgruppe von aromatischen Schiffschen Basen.** H. B. Bürgi, J. D. Dunitz und C. Züst. (Acta crystallogr. [Copenhagen], Sect. B **24** (1968) 3, 463–64; Organ. Chem. Labor., ETH Zürich; engl.) – Die kristallograph. Daten sind angegeben für die Aniline: *N-Benzyliden-, N-[p-Chlorbenzyliden]-, N-[p-Chlorbenzyliden]-p-chlor-, N-Benzyliden-p-brom-, N-[p-Hydroxybenzyliden]-, N-[p-Hydroxybenzyliden]-p-brom-, N-[p-Nitrobenzyliden]-, N-[p-Nitrobenzyliden]-p-nitro-, N-[p-Nitrobenzyliden]-p-methyl-, N-[p-Methylbenzyliden]-p-nitro-, N-[p-Methylbenzyliden]-p-methyl-, N-Benzyliden-p-carboxy-* u. *N-[p-Carboxybenzyliden]-.* W. Sobieski 438

*1146* **Kristallstruktur des 1.2.8.9-Tetraazacyclotetradecadien-(1.8)-diol-(3.10)-diacetats.** R. Allmann und I. Kawada. (Angew. Chem. 80 (1968) 23, 1001–02; dt.; int. Edit. **7** (1968) 12, 944–45; engl.; Min. Inst., Univ. Marburg.) – Krist.-Daten, Bindungsabstände u. -winkel der Verb. $C_{14}H_{24}N_4O_4$ sind angegeben. Autorreferat 438△

*1147* **Verfeinerung der Kristallstruktur von Phenochinon und monoklinem Chinhydron.** Tosio Sakurai. (Acta crystallogr. [Copenhagen], Sect. B **24** (1968) 3, 403–12; Inst. of Phys. and Chem. Res., Rikagaku Kenyusho, Yamatomachi, Kita-adachigun, Saitama; engl.) – Strukturdaten sind einschließlich der Bindungslängen u. -winkel angegeben. W. Sobieski 438

*1148* **Rotationsisomere in DL-α-Amino-n-buttersäure-Kristallen.** Tadayoshi Ichikawa, Yoichi Iitaka und Masamichi Tsuboi. (Bull. chem. Soc. Japan **41** (1968) 4, 1027–28; Fac. of Pharm. Sci., Univ. of Tokyo, Hongo, Bunkyo-ku, Tokyo; engl.) – Vorl. Mitt. über Krist.-Struktur-Unters. der Titelverb. in deren monokliner Modifikation drei Rotationsisomere nebeneinander nachgewiesen wurden. Die tetragonale Modifikation weist nur eine Konform. auf. W. Sobieski 438

*1149* **Kristallstruktur von Galaktit.** Helen M. Berman und R. D. Rosenstein. (Acta crystallogr. [Copenhagen], Sect. B **24** (1968) 3, 435–41; Cryst. Labor., Univ. of Pittsburgh, Pa.; engl.) – Die Strukturdaten, einschließlich der Bindungslängen u. -winkel der Titelverb. (F. 188°) sind angegeben. W. Sobieski 438

*1150* **Kristallstruktur der α' -und β-Form von D-Mannit.** Helen M. Berman, G. A. Jeffrey und R. D. Rosenstein. (Acta crystallogr. [Copenhagen], Sect. B **24** (1968) 3, 442–49; Cryst. Labor., Univ. of Pittsburgh, Pa.; engl.) – Die Strukturdaten, einschließlich der Bindungslängen u. -winkel sind angegeben. W. Sobieski 438

*1151* **Struktur von 3-Methoxy-5β.19-cyclo-5.10-seco-$\Delta^{1.10.2.4}$-androstatrien-17β-ol-p-brombenzoat.** Håkon Hope und Arild T. Christensen. (Acta crystallogr. [Copenhagen], Sect. B **24** (1968) 3, 375–82; Dep. of Chem., Univ. of Calif., Davis, Calif.; engl.) – Die Krist.-Struktur der Titelverb. wird bestimmt. Die Strukturdaten sind einschließlich der Bindungsabstände u. -winkel angegeben. W. Sobieski 438

*1152* **Kristall- und Molekularstruktur von 3β-Acetoxy-17α-hydroxy-16β-brom-5α-pregnan-11.20-dion.** Jean M. Ohrt, Barbara A. Haner, A. Cooper und Dorita A. Norton. (Acta crystallogr. [Copenhagen], Sect. B **24** (1968) 3, 312–19; Center for Cryst. Res. Roswell Park, Memorial Inst., Buffalo, N.Y.; engl.) – Die Krist.-Daten der monoklinen u. rhomb. Modifikation werden bestimmt, von Krist. der rhomb. Form wird eine Krist.-Strukturanalyse durchgeführt u. bez. der Mol.-Geometrie u. Mol.-Pakkung sowie der H-Bindungen zwischen der 11-CO- u. der 17-OH-Gruppe benachbarter Mol. diskutiert. W. Sobieski 438

*1153* **Kristallstruktur von Protopin, $C_{20}H_{19}NO_5$.** S. R. Hall und F. R. Ahmed. (Acta crystallogr. [Copenhagen], Sect. B **24** (1968) 3, 337–46; Pure Phys. Div., Nat. Res. Council of Canada, Ottawa; engl.) – Die Strukturdaten, einschließlich der Bindungslängen u. -winkel, werden röntgenograph. bestimmt. W. Sobieski 438

*1154* **Kristallstruktur von Cryptopin, $C_{21}H_{23}NO_5$.** S. R. Hall und F. R. Ahmed. (Acta crystallogr. [Copenhagen], Sect. B **24** (1968) 3, 346–55; engl.) – Vgl. vorst. Referat. W. Sobieski 438

*1155* **Ein blaues stabiles freies Radikal aus der Oxydation von Tri-O-methylplicatasäuremethylester.** Eric P. Swan und William C. Landgraf. (Canad. J. Chem. **45** (1967) 13, 1491–95; Forest Prod. Labor., Dep. of Forestry and Rural Dev. of Canada, Vancouver, B. C.; engl.) – Bei der Ox. von *3-Methoxycarbonyl-3-hydroxy-4-[3.4.5-trimethoxyphenyl]-6.7-dimethoxytetralon-(2)* mit $Na_5JO_6$–$Na_2S_2O_3$ wird ein blaugefärbtes stabiles freies Radikal erhalten, dessen Struktur durch Vers. mit Modellverb. u. durch UV-, NMR- u. EPR-Spektren als *1-[2-Oxo-3-hydroxy-3-methoxycarbonyl-4-(3.4.5-trimethoxyphenyl)-6.7-dimethoxytetralinyl]-3-methoxycarbonyl-3-hydroxy-4-(3.4.5-trimethoxyphenyl)-6.7-dimethoxy-3.4-dihydronaphthalin-2-oxyl* [„*Plicatoxy*", *Diäthanolat*, F. 175–177° (Zers., $CH_2Cl_2/CH_3COOH/((CH_3)_2O)$] erkannt wird. Untersucht wird auch die analoge Ox. der Modellverb. *Pyrogallol, 2.6-Dimethoxyphenol* u. *Guajacylaceton.* Dargestellt wurde außerdem *2.2'-Dihydroxy-3.3'-dimethoxy-5.5'-diacetonylbiphenyl* [F. 267° (Methanol), UV-, NMR-Daten]. W. Sobieski 439

## B–3. Thermodynamik

*1156* **Phasenübergang im Hydrochinon-HCN-Clathrat.** Takasuke Matsuo, Hiroshi Suga und Syûzô Seki. (J. physic. Soc. Japan **25** (1968) 2, 641; Dep. of Chem., Fac. of Sci., Osaka Univ., Toyonaka, Osaka; engl.) – DK u. spezif. Wärme der Titelverb. werden bestimmt.

Der bei ca. 180° beobachtete Phasenübergang wird mit elektr. Dipol-Wechselwrkg. erklärt. W. Sobieski 442

*1157* **Volumetrisches Verhalten von verdünnten wäßrigen Na-Alkylsulfat-Lösungen.** F. Franks, M. J. Queckenden, J. R. Ravenhill und H. T. Smith. (J. physic. Chem. **72** (1968) 7, 2668—69; Biophys. Chem. Labor., Unilever Res. Labor., Colworth House, Sharnbrook, Bedford; engl.) — Bestimmt werden die scheinbaren Molvol. von verd. wss. *Na-Decyl-*, *Na-Dodecyl-* (**I**) u. *Na-Tetradecylsulfat*-Lsg. bei 5 u. 25° sowie die scheinbare molere Kompressibilität von **I** bei 25°. Die Ergebnisse werden bez. der Änderung von Micelleneig. diskutiert. W. Sobieski 442

*1158* **Nichtisotherme instationäre Messung der aktivierten Diffusion von Gasen in Festkörpern am Beispiel der Steinkohle.** Peter Hanbaba, Harald Jüntgen und Werner Peters. (Ber. Bunsenges. physik. Chem. **72** (1968) 4, 554—62; Bergbau-Forsch. GmbH, Essen-Kray; dt.) — Es wird eine Meth. zur Messung der Diffusionskoeff. der aktivierten Diffusion von Gasen in porösen Festkörpern angegeben, wobei die bei gleichzeitiger Resorption ablaufende instationäre Diffusion der Gase aus dem Festkörper heraus bei einem zeitproportionalen Temp.-Anstieg gemessen wird. Die Meth. wird an der Best. der Desorption (Aktivierungsenergie u. Koeff. der Diffusion) von *Methan*, *Äthan*, *Propan*, *n-Butan* u. *Isobutan* aus Steinkohlen demonstriert. W. Sobieski 448

*1159* **Ultraschallabsorptionseigenschaften von Lösungen. 5. Mitt. Mischungen von Wasser, n-Propylalkohol und Wasser mit Isopropylalkohol.** M. J. Blandamer, N. J. Hidden, M. C. R. Symons und N. C. Treloar. (Trans. Faraday Soc. **64** (1968) 552, 3242—46; Dep. of Chem., Univ., Leicester; engl.) — Die Daten wurden bestimmt bei 1,5—230 MHz u. 0, 10 u. 20°. D. Schmitt 448

*1160* **Ultraschallabsorptionseigenschaften von Lösungen. 6. Mitt. Tetraalkylammoniumsalze in Wasser und Tetra-n-butylammoniumbromid in Formamid, Methylformamid und DMF.** M. J. Blandamer, M. J. Foster, N. J. Hidden und M. C. R. Symons. (Trans. Faraday Soc. **64** (1968) 552, 3247—54; engl.) — 5. vgl. vorst. Referat. — In W. wurden analog l.c. untersucht: *Tetraäthyl-*, *Tetra-n-propyl-* u. *Tetra-n-butylammoniumbromid*. D. Schmitt 448

*1161* **Temperatureffekt auf die Rotations- und Schwingungsrelaxationszeiten einiger KW-Stoffe.** G. L. Hill und T. G. Winter. (J. chem. Physics **49** (1968) 1, 440—44; Dep. of Phys., Okla. State Univ., Stillwater, Okla; engl.) — Ultraschallabsorption u. -Geschw. wurden in *Methan*, *Äthan*, *Propan* u. *Äthylen* gemessen u. bez. der Titeleffekte diskutiert. D. Schmitt 448

*1162* **Messung der Fortpflanzungsgeschwindigkeit des Schalls in n-Nonan entlang der Sättigungslinie.** Ju. A. Neručev, V. V. Zotov und M. F. Otpuščennykov. (Ukraïns'kyj fiz. Ž. **13** (1968) 4, 692—94; Kurs'kyj ped-inst.; ukrain.) I. Zoll 448

*1163* **Ultraschallrelaxation in Äthanol-Äthylhalogenid-Mischungen.** V. A. Solovyev, C. J. Montrose, M. H. Watkins und T. A. Litovitz. (J. chem Physics **48** (1968) 5, 2155—62; Dep. of Phys., Catholic Univ. of America, Washington, D.C.; engl.) — Bei Ultraschallunters. an Mischungen aus A. u. *Äthylchlorid* (**I**), *-bromid* u. *-jodid* wurden in den Ultraschallabsorptionskoeff.-Konz.-Kurven bei niedrigen A.-Konz. Maxima beobachtet. Am Syst. I wurde außerdem die Abhängigkeit der Ultraschallabsorption von der Temp. u. von der Frequenz untersucht. K. H. Bielicki 448

*1164* **Viskosität-Temperatur-Beziehung für Diäthylphthalat.** F. Bueche und M. Davison. (J. chem. Physics **45**, 4361—62, 1966; Dayton, O., Univ., Dep. of Phys.; engl.) — Die Viskosität $\eta$ wurde zwischen —80 u. +70° mit unterschiedlichen Viskosimetern gemessen u. die Beziehung $\log \eta = 1{,}06 - [(4{,}13\,t + 165)/106 + t)]$ bzw. $\log \eta = F + G/(T - T_0)^2$ mit $F = 2{,}52$, $G = 41\,000$ u. $T_0 = 129\,°K$ aufgestellt. Unterhalb 0° werden die Meßwerte besser durch die zweite, oberhalb 0° besser durch die erste Gleichung dargestellt. Für die außerdem zwischen —30 u. +50° bestimmte D. gilt die Beziehung $\varrho = 1{,}134 - 0{,}000\,83\,t$ g/cm³. G. Opel 448

## B-4. Phasengleichgewichte, chemische Gleichgewichte und ihre Energetik

*1165* **Löslichkeit von Acetylen in 1.2-Dichloräthan bei Temperaturen unter 0°.** G. Boda und A. Š. Kiš. (Ž. fiz. Chim. **41** (1967) 8, 2086—88; Borsodi Vedi Kombinat, Kazincbarcika, Ungarn; russ.) — G. Ewald 454

*1166* **Gleichgewicht Flüssigkeit-Flüssigkeit-Gas im System Tetrafluoräthylen-Methanol.** E. S. Lebedeva und S. M. Chodeeva. (Ž. fiz. Chim. **41** (1967) 8, 2081—83; Gos. inst. azotnoj prom, Moskva; russ.) G. Ewald 454

*1167* **Flüssigkeit-Dampf-Gleichgewichte in binären Systemen aus Acrylnitril, Propionitril, Acetonitril und Wasser.** M. Taramasso und M. De Maldè. (Chim. e Ind. [Milano] 49 (1967) 8, 820—25; Milano, SNAM Progetti S.p.A.; ital.) J. F. Cordes 454△

*1168* **Gleichgewicht-Flüssigkeit-Dampf im System Acrylsäure-Wasser.** A. F. Frolov, M. A. Loginova, B. F. Ustavščikov und V. A. Dmitričeva. (Ž. fiz. Chim. **41** (1967) 8, 2088—89; Jaroslavskij technol. inst.; russ.) G. Ewald 454

*1169* **Verteilungskoeffizienten von Isovaleriansäureäthylester, Äthylacetat und n-Butylacetat zwischen wäßrigen Schwefelsäurelösungen und einigen organischen Lösungsmitteln.** N. B. Librovič, P. I. Valov und M. I. Vinnik. (Ž. fiz. Chim. **41** (1967) 8, 2094—96; Moskva, Inst. chim. fiz. AN SSSR; russ.) G. Ewald 454

*1170* **Gesetzmäßigkeiten der Gleichgewichtssorption von organischen Ionen durch Ionenaustauscher.** G. S. Libinson und I. M. Vagina. (Ž. fiz. Chim. **41** (1967) 11, 2933—37; VNII antibiotikov, Moskva; russ.) — Die Vf. deuten die in (ibid. **41** 2060, 1967) beschriebenen Veränderungen der Selektivität der Sorption von *Cycloserin*, *Anilin*, *2-Naphthylamin*, *Acridin*, *Neutralrot* u. *Methylenblau* an ionenaustauschenden Sulfoharzen KU-2. C. Kozák 456△

*1171* **Adsorption organischer Verbindungen an Styrol-Divinylbenzol-Copolymere mit großer Oberfläche.** Richard L. Gustafson, Robert L. Albright, Joel Heisler, Joseph A. Lirio und Octavius T. Reid jun. (Ind. Engng. Chem., Product Res. Development **7** (1968) 2, 107—15; Res. Div., Rohm and Haas Co., Philadelphia, Pa.; engl.) — Die Bindung nachst. Verb. an Amberlite XAD-1, Amberlite XAD-2 u. EXP-500 wird untersucht. Angegeben sind die Freundlich- bzw. Langmuir-Adsorptionsisothermen von *Valeriansäure*, *n-Buttersäure* (**I**), *Propionsäure*, *Na-Naphthalinsulfonat* (**II**), *Na-Antrachinonsulfonat* (**III**), *Na-Benzolsulfonat* (**IV**), *Coffein*, *Phenylalanin*, *Glycin*, *Theophyllin*, *Na-Cholat*, *Phenylpropanolamin* u. *-hydrochlorid*, *Pyrilammoniummaleat*, *Gerbsäure*, *Phenol*, *Resorcin* u. ABS (Na-Alkylbenzolsulfonat). Die thermodynam. Daten der Adsorption von **I**—**IV** sind ebenfalls angegeben. W. Sobieski 456

*1172* **Oberflächeninstabilität während der Absorption von $CO_2$ durch Monoäthanolaminlösung.** P. V. Danckwerts und A. Tavares da Silva. (Chem. Engng. Sci. **22** (1967) 11, 1513—14; Dep. of Chem. Engng., Cambridge; engl.) — Um die Grenzflächeninstabilität zu erklären, die bei der Absorption von $CO_2$ in 1 m-Monoäthanolamin-lsg. beobachtet werden (Kovektionszellen vom Bérnard-Typ), wird die Änderung der Grenzflächenspannung bei der Absorption nach der Tropfengew.-Meth. u. nach der Meth. des oszillierenden Strahls bestimmt. K. Strenge 456

*1173* **Umwandlungsenthalpie von Palmitinsäure in einem Adsorptionsfilm an der Phasengrenzfläche Wasser-Dekalin.** Gabriella Gabrielli und Marta Puggelli. (Ricerca sci. **37** (1967) 9, 770—76; Firenze, Univ., Ist. di Chim.-Fis.; ital.) — Vf. bestimmten aus der Änderung des Kurvenverlaufs der Grenzflächenspannung in Abhängigkeit von der Temp. um 64° mit Hilfe der für bidimensionale

Schichten gültigen Clapeyron-Gleichung die Enthalpieänderung, die auf der Existenz zweier Filmtypen mit unterschiedlicher Mol.-Anordnung beruht.
J. F. Cordes 456△

*1174* **Infrarotspektroskopische Bestimmungen der thermodynamischen Größen für die Bildung von H-Brücken-Komplexen mit Wasserstoffbrücken aus einem Protonenakzeptor- und einem oder zwei Protonendonatormolekülen.** Francis Cruege, Paul Pineau und Jean Lascombe. (J. Chim. physique Physico-Chim. biol. **64** (1967) 7—8, 1161—64; Dép. de Chim. Phys., Fac. des Sci. de Bordeaux, Talence, Gironde; franz.) — Vf. bestimmten die Assoziationskonst. der Komplexe aus *p-Chlorphenol, o-Kresol, 2.6-Xylenol, Pyrrol* einerseits u. *Tetramethylharnstoff, Triäthylamin, Py., Dibutyläther, 1.4-Dioxan, Tetrahydropyran,* Tetrahydrofuran bzw. *Cyclohexanon* andererseits. J. F. Cordes 458△

*1175* **Minimaler Wassergehalt von „umgekehrten" Mizellen- und mesomorphen Strukturen.** Per Ekwall und Leo Mandell. (Acta chem. scand. **22** (1968) 2, 699—702; Ytkemiska Labor., Royal Swedish Acad. of Engng. Sci., Stockholm; engl.) — Der Bereich der Lsg. mit „umgekehrter" Mizellenstruktur u. von Mesophasen wird in nachst. Syst. untersucht: *Na-Caprylat* (**I**) — *n-Decanol* (**II**)-*W.*, **I**-*n-Nonanol*-*W.*, **I**-*n-Octanol* (**III**)-W., **I**-*n-Heptanol*-*W.*, **I**-*n-Hexanol*-*W.*, **I**-*n-Pentanol*-*W.*, **I**-*n-Butanol*-*W.*, **I**-*n-Propanol*-*W.*, **I**-A.-W., *Na-Nonylat*-**II**-W., *Na-Heptylat*-**II**-W., *K-Oleat*-**II**-W., *K-Caprat*-**III**-W., *K-Caprylat*-**II**-W. u. *Li-Caprylat*-**II**-W. Die Phasendiagramme der **II** enthaltenden Syst. sind abgebildet.
W. Sobieski 458

*1176* **Untersuchung des 2.5-Dimethoxysemichinon-Radikalanions in protischer und aprotischer Lösung.** Patrick Ackermann. (C. R. hebd. Séances Acad. Sci., Sér. A et B **267** (1968) 2, B 156—58; Labor. d'Électron. et Résonance magnét., Fac. des Sci., Clermont-Ferrand, Piny-de-Dôme; franz.) — Die Solvatisierung des Radikals über H-Brücken an den chinonartigen O-Atomen ist die Ursache für Änderungen der Hyperfeinwechselwrkg. je nach dem Charakter des Mediums, so daß hier mit Hilfe der EPR zwischen prot. u. aprot. Lsgm. unterschieden werden kann. J. Richter 458

*1177* **Physikalisch-chemische Untersuchung des Systems $CH_3CONH_2$–$Br_2$ in Dichloräthan als Lösungsmittel.** E. Ja. Gorenbejn und A. E. Gorenbejn. (Ž obšč. Chim. **37(99)** (1967) 5, 969—74; Ukrain. sel'skochoz. akad.; russ.) — Vf. untersuchten zwischen 18 u. 30° bei der Einw. von $Br_2$ auf *Acetamid* in $C_2H_4Cl_2$ die Komplexbldg. durch Best. der elektr. Leitfähigkeit der entstandenen Lsg., durch D.- u. Viskositätsmessungen sowie durch Ermittlung der Kettenspannung in der Konz.-Kette $Pt/(CH_3CONH_2)_2Br_2 + C_2H_4Cl_2//(CH_3CONH_2)_2Br_2 + C_2H_4Cl_2/Pt$ u. durch Best. der Zers.-Spannung von 6,17 bis 37,63%ig. $(CH_3CONH_2)_2Br_2$-Lösungen.
E. Winkler 458

*1178* **Spektroskopische Untersuchung der Assoziation von o-, m- und p-Nitroanilin mit verschiedenen Protonenakzeptoren und Diskussion der Molekülstruktur von o-Nitroanilin.** Jacques Lauransan und Paul Pineau. (C. R. hebd. Séances Acad. Sci., Sér. A et B **267** (1968) 18, B 950—53; Dép. de Chim. phys., Fac. des Sci. de Bordeaux, Talence, Gironde; franz.) — Im Gegensatz zu den beiden anderen Isomeren (1:2-Komplexe) bildet o-Nitroanilin anscheinend nur 1:1-Komplexe, wofür eine intramol. Chelatisierung zwischen $NH_2$- u. $NO_2$-Gruppe verantwortlich gemacht wird. J. Richter 458

*1179* **Gleichgewichte in Tetraalkylammoniumbromid-Lösungen.** Henry E. Wirth. (J. physic. Chem. **71** (1967) 9, 2922—29; Syracuse, Univ., Syracuse, N.Y.; engl.) — Das beobachtete scheinbare Molvol. wss. $(CH_3)_4NBr$-Lsg. (0—5 m) kann mit einer Ionenassoziation ($K_A$) erklärt werden. Bei $(C_2H_5)_4NBr$ u. $(n\text{-}C_3H_7)_4NBr$ wird darüber hinaus das scheinbare Molvol. auch durch Bldg. von Dimeren (Quadrupolionen) u. Mizellen beeinflußt. Die $K_A$-Werte u. die Gleichgew.-Konst. der Dimerenbldg. $K_D$ werden bestimmt.
K. Jasche 458△

*1180* **Mizellbildung und Krafft-Punkte in der homologen Reihe der Na-n-alkylsulfate einschließlich der ungeradzahligen Glieder.** Hermann Lange und Milan Johann Schwuger. (Kolloid-Z., Z. Polymere **223** (1968) 2, 145 bis 149; Phys.-chem. Labor., Henkel & Cie. GmbH, Düsseldorf; dt.) — Die Löslichkeits- u. Oberflächenspannungs-Konz.-Messungen wurden an nachst. Na-n-alkylsulfaten durchgeführt: *n-Nonyl-, n-Decyl-, n-Undecyl-, n-Dodecyl-, n-Tridecyl-, n-Tetradecyl-, n-Pentadecyl-, n-Hexadecyl-, n-Heptadecyl-* u. *n-Octadecyl-*.
W. Sobieski 458

*1181* **Einfluß der Lösungsmitteldielektrizitätskonstante auf die Assoziation von Farbstoffmolekülen.** L. V. Levšin und T. D. Slabnova. (Vestnik Moskovskogo Univ., Ser. III **22** (1967) 4, 73—77; russ.) — Mit Hilfe von Elektronenabsorptions- u. IR-Spektren wird die Assoziation von *Rhodamin 6 G* (**I**) sowie die H-Bindungen zwischen den Lsgm. u. **I** untersucht. J. Polaczek 458△

*1182* **NMR-Untersuchung der Keto-Enol-Tautomerie in β-Dicarbonylen. 3. Mitt. Untersuchung der chemischen Protonenverschiebung und der Gleichgewichtskonstanten bei verschiedenen Temperaturen.** Jane L. Burdett und Max T. Rogers. (J. physic. Chem. **70**, 939—41, 1966; Dep. of Chem., Mich. State Univ., East Lansing, Mich.; engl.) — 2. vgl. C. **1967**, 11-0940. — Die chem. Verschiebungen der Enolhydroxyl- sowie der Keto- u. Enol-α-H-Protonen in den NMR-Spektren nachst. β-Dicarbonylverb. werden bei Temp. von —33° bis +106° bestimmt: *Acetylaceton* (**I**); *α-Chlor-* (**II**), *Hexafluor-, Trifluor-* u. *α-Methylacetylaceton* (**III**); *Acetoessigsäure-n-butylester, -tert.-butylester* u. *-methylester*; *α-Brom-, α-n-Butyl-, α-Chlor-* (**IV**), *α-Cyan-, α-Äthyl-, α-Fluor-, Trifluor-* (**V**) u. *α-Methylacetoessigsäureäthylester*; *Aceto-* u. *Benzoylessigsäureäthylester*; *Acetoessigsäuremethylester*; *α-Chloracetoessigsäure-tert.-butylester.* Für die Tautomeriegleichgew. der reinen Fl. **I** — **V** werden log $K_e$, $\Delta F$, $\Delta H$ u. $\Delta S$ bei 33° bestimmt. Für die hohen negativen Enolisierungsentropien ist wahrscheinlich die starke innere H-Brücke der cis-Enolform verantwortlich, die sich mit steigender Temp. abschwächt. G. Kirsten 460△

*1183* **Struktur der Anile von 9-Hydroxyphenanthraldehyd-(10) und 2-Hydroxyanthraldehyd.** O. A. Osipov, V. I. Minkin und V. N. Šejnker. (Ž obšč. Chim. **38(100)** (1968) 8, 1903—04; russ.) — Durch IR-, UV- u. NMR-Spektroskopie wird das Benzoid-Chinoid-Gleichgew. von *9-Hydroxy-10-[phenyliminomethyl]-phenanthren* (F. 160°) u. *2-Hydroxy-1-[phenyliminomethyl]-anthracen* (F. 169°) in verschiedenen Lsgm. untersucht. Ferner wird *2-Methoxy-1-[phenyliminomethyl]-anthracen* (F. 167°) dargestellt. I. Uhlig 460

*1184* **Konduktometrische Untersuchung der Protonierung von elektroneutralen organischen Basen in wäßrigen Lösungen von Mineralsäuren. 2. Mitt. Aliphatische Alkohole.** Ju. L. Chaldna und Ch. I. Kuura. (Ž. fiz. Chim. **41** (1967) 6, 1506—09; Tartuskij gos. univ.; russ.) — Vf. untersuchen in wss. $H_2SO_4$ die Komplexbldg. von gesätt. aliphat. Alkoholen mit hydratisierten Protonen.
E. Winkler 462

*1185* **Aciditätskonstanten von aromatischen Carbonsäuren im $S_1$-Zustand.** E. Vander Donckt und G. Porter. (Trans. Faraday Soc. **64** (1968) 552, 3215—17; Davy Faraday Res. Labor. of the Royal Institution, London; engl.) — Die pK-Werte von *Benzoesäure* (**I**), *Naphthoesäure-(1)* (**II**) u. *-(2)* (**III**), *Anthroesäure-(1), -(2)* u. *-(9)* im angeregten Zustand werden bestimmt u. bez. eines Gleichgew. zwischen neutralem Mol. u. Kation diskutiert. Außerdem sind die Absorptions- u. Fluoreszenzmax. von **I**—**III** angegeben. D. Schmitt 462

*1186* **Aciditätskonstanten von Anthracen-Derivaten im angeregten Singulett- und Triplett-Zustand.** E. Vander Donckt und G. Porter. (Trans. Faraday Soc. **64** (1968) 552, 3218—23; engl.) — Vgl. vorst. Referat. — Diskutiert werden die Daten für *Anthroesäure-(1), -(2)* u. *-(9)* sowie für *2-Aminoanthracen.* D. Schmitt 462

*1187* **Sulfoxide. 16. Mitt. Konjugationseffekte von Thia-, Sulfinyl- und Sulfonylgruppen auf die Dissoziation p-substituierter Phenole.** Shigeru Oae, Masakuni Yoshihara und Waichiro Tagaki. (Bull. chem. Soc. Japan **40** (1967) **4**, 951—58; Dep. of Appl. Chem., Fac. of Engng., Osaka City Univ., Sugimoto-cho, Sumiyoshi-ku, Osaka; engl.) — 15. vgl. C. **1967**, 56-0132. — Hammett-σ-Konst., pKa-Werte, UV- u. IR-Daten werden bestimmt von *Phenol*, *Bis-[4-hydroxyphenyl]-sulfid* [F. 149 bis 150° (Bzl./n-Hexan)], *-sulfoxid*, *-sulfon*, *Bis-[4-hydroxy-2-methylphenyl]-sulfid*, *-sulfoxid*, *-sulfon*, *Bis-[4-hydroxy-2.6-dimethylphenyl]-sulfid*, *-sulfoxid*, *-sulfon*, *Bis-[2-hydroxy-4.6-dimethylphenyl]-sulfid* u. *-sulfoxid*. Dargestellt wurden außerdem *Bis-[4-nitrobenzoyloxy-2-methylphenyl]-sulfid* [F. 176,5—177° (Bzl.)], *-sulfoxid* [F. 178—180° (Chloroform/n-Hexan)], *-sulfon* (F. 220—221°), *Bis-[4-nitrobenzoyloxy-2.6-dimethylphenyl]-sulfid* (F. 224 bis 246°), *-sulfoxid*, *-sulfon* (F. 250—251°), *Bis-[4-acetoxy-2.6-dimethylphenyl]-sulfid* (F. 164—165°) u. *-sulfoxid* [F. 156—158° (Bzl./n-Hexan). W. Sobieski 462

*1188* **Sulfoximine. 3 Mitt. pKa-Werte von Arylmethylsulfoximinen.** S. Oae, K. Tsujihara und N. Furukawa. (Chem. and Ind. **1968**, **45**, 1569; Dep. of Applied Chem., Fac of Engng., Osaka City Univ., Sugimoto-cho, Sumiyoshi-ku, Osaka; engl.) — Für nachst. Methylsulfoximine sind die pKa-Werte bei 25° in W. angegeben: *Phenyl-*, *p-Tolyl-*, *m-Tolyl-*, *p-Chlorphenyl-*, *m-Chlorphenyl-*, *p-Nitrophenyl-*, *m-Nitrophenyl-* u. von *Dibutylsulfoximin*. D. Schmitt 462

*1189* **Eine Kernresonanzmethode zur Bestimmung relativer Aciditäten schwacher Säuren in flüssigem Ammoniak.** Thomas Birchall und William L. Jolly. (J. Amer. chem. Soc. **88**, 5439—43, 1966; Dep. of Chem., Univ. of Calif., Berkeley, Calif.; engl.) — Die relative Acidität der Aniline: *3.4-*, *2.4-* u. *2.5-Dichlor-*, *3.5-Bis-[trifluormethyl]-*, *3-Trifluormethyl-*, *4-Cyan-*, *4-Fluor-*, *4-Chlor-*, *4-Äthyl-*, *4-Methyl-*, *3.5-Dimethyl-*, *2.5-Dimethyl-* sowie *unsubstituiert* wurde in fl. $NH_3$ unter Druck mittels NMR-Messungen ermittelt u. mit Hammett-σ-Konst. verglichen. U. Feist 462

*1190* **Bestimmung von Gleichgewichtskonstanten durch Messung kolligativer Eigenschaften.** Alan D. Adler, John A. O'Malley und Albert J. Herr jun. (J. physic. Chem. **71** (1967) 9, 2896—2902; Univ. of Pa., Philadelphia, Pa.; engl.) — Bei Rk., in denen keine Molzahländerung eintritt, können die Gleichgew.-Konst. durch Messung irgendeiner der kolligativen Eig. bei Konz.-Veränderungen ermittelt werden. Aus der Unters. der Siedepunktserhöhung eines Lsgm. in Abhängigkeit von der Stöchiometrie einer reakt. Species als gelöster Stoff wird eine allg. Theorie entwickelt u. eine Verallgemeinerung auf andere Typen kolligativer Eig. diskutiert. Es werden experimentelle Ergebnisse entsprechender Unters. von *Benzoesäure* u. *ms-Tetraphenylporphin* in Bzl wiedergegeben Ebenso werden die für solche ebullioskop. Messungen geeigneten App u Meßinstrumente besprochen. K. Jasche 463△

## B–5. Elektrochemie

*1191* **Beziehungen zwischen optischen und elektrochemischen Ladungsübertragungsprozessen in organischen Systemen.** M. E. Peover. (Electrochim. Acta [London] **13** (1968) 5, 1083—94; Div of Mol. Sci., Nat. Phys. Labor. Teddington, Großbritannien; engl.) — Die genannten Beziehungen werden krit. diskutiert u. auf aromat. Heterocyclen u. Singulett–Triplett-Übergänge in polycycl. aromat. KW-Stoffen erweitert. Diskutiert werden außerdem der elektrochem. Beitrag zu intermol. Ladungsübertragungs-Übergängen u. dessen Rolle in Elektrodenprozessen. Angegeben sind die Ionisationspotentiale in der Gasphase, die Elektronenaffinitäten u. Solvatationsenergien der Anionen u. Kationen in Acetonitril von *Naphthalin* (**I**), *Triphenylen* (**II**), *Phenanthren* (**III**), *Chrysen*, *Anthracen* (**IV**), *Pyren* (**V**), *1.2-Benzanthracen* (**VI**), *Acetophenon*, *Benzaldehyd*, *1.4-Benzochinon*, *Pyrrol*, *Py.*, *Bzl.* *Anilin*, *p-Toluidin*, *N.N-Dimethylanilin* u. *Diphenylamin*; ein Vgl. der Energien der (1)p-Bande mit polarograph. Daten von **I—VI**, *Tetracen*, *Perylen*, *3.4-Benzopyren Fluoranthen*, *1.2;5.6-Dibenzanthracen*, *Coronen* u. *1.2-Benzopyren*; die Abhängigkeit der Ladungsübertragungsenergie von Einelektronen-Red.-Potential der Acceptorkomponente nachst. Komplexe in Acetonitril: *Hexamethylbenzol* mit 1.4-Benzochinonen: *unsubstituiert* (**VII**), *2.3-Dichlor-5.6-dicyan-*, *Nitro-*, *Cyan-*, *2.6-Dichlor-* (**VIII**), *Trifluormethyl-*, *Chlor-* (**IX**), *Acetyl-*, *Phenyl-*, *Methoxy-*, *Dimethylamino-* u. mit *Tetracyanäthylen*, *Chloranil*, *Dibrompyromellitsäureanhydrid*, *Pyromellitsäureanhydrid*, *1.3.5-Trinitrobenzol* (**X**; ?), *Tetracyanbenzol* (**XI**), *p-*, *o-*, *m-Dinitrobenzol* (**XII**), *Tetrachlorphthalsäureanhydrid* *Phthalsäureanhydrid*, *p-Chlornitrobenzol* (**XIII**), *Anthrachinon* (**XIV**) u. der Komplexe von *Tetramethyl-p-phenylendiamin* mit **VII—XIV**, *Dinitrodurol*, *Nitrobenzol*, *1-Hydroxy-9.10-anthrachinon* u. *9.10-Phenanthrachinon*. Angegeben sind ferner aus Literaturdaten die Abhängigkeit der Energie der ¹p-Bande von der Elektronenaffinität in der Gasphase u. vom Red.-Potential für einige kondensierte Aromaten, die Abhängigkeit der Energie der langwelligsten Absorptionsbande vom Ox.- u. Red.-Potential für einige mehrkernige Heterocyclen sowie die Abhängigkeit der Energie der ³p-Bande von Halbstufenpotentialen für einige mehrkernige Aromaten. W. Sobieski 465

*1192* **Verhalten von p-Chinonen im aprotischen und protonenliefernden Medium.** St. Lazarow, A. Trifonov und Tz. Popov. (Z. physik. Chem. [Leipzig] **238** (1968) 3/4, 145—60; Sofia, Inst. f. Organ. Chem., Bulg. Akad. d. Wiss.; dt.) — Mit Hilfe elektrochem. Meth. (Polarographie, Chronopotentiometrie, Potentiometrie) u. der EPR untersuchten Vf. die Anfangsphase der Rk. von *p-Benzochinon*, *p-Naphthochinon* u. *9.10-Anthrachinon* mit OH′-Ionen in wss. Lsg., in DMSO u. in DMF. J.-J. Heinrich 465

*1193* **Spektroskopische Untersuchungen der Umwandlung von Methan bei stillen elektrischen Entladungen.** Ju. N. Žitnev, M. P. Popovič und Ju. V. Filippov. (Vestnik Moskovskogo Univ., Ser. II **22** (1967) 4, 117—18; Kaf. fiz. chimii; russ.) — Die Unters. werden im Bereich zwischen 3100—6000 Å durchgeführt. Die Ergebnisse weisen auf die Bldg. des CH-Radikals hin. J. Polaczek 466△

*1194* **Elektrochemische Daten von Nitrobenzol als Lösungsmittel.** Jacques-Émile Dubois und Albert Marie de Ficquelmont. (J. Chim. physique Physico-Chim. biol. **64** (1967) 5, 904—05; Paris, Fac. des Sci., Labor. de Chim. Organ. Phys.; franz.) — Die Schwankungen der Anoden- u. Kathodenspannungen u. die Bereichsbreite der Elektroaktivität von Nitrobenzol für reine Lsg. von Tetra- u. Trialkylammoniumsalzen sowie die Spannung der Bezugselektrode $Ag–Ag^+$ werden ermittelt. A. Babczyński 468△

*1195* **Emissionsabklingzeiten und Diffusion von Singulett-Excitonen in Anthracen-Kristallen.** Masao Tomura, Yoshihiro Takahashi, Atsuo Matsui und Yasuhiro Ishii. (J. physic. Soc. Japan **25** (1968) 2, 647; Dep. of Appl. Phys., Osaka City Univ., Sumiyoshiku, Osaka; engl.) — Die Titelphänomene werden an reinen u. mit *Tetracen* dotierten Anthracen-Krist. untersucht. W. Sobieski 470

*1196* **Photoeffekt in konzentrierten Lösungen aromatischer Kohlenwasserstoffe.** 1. Mitt. **Photoleitfähigkeit einer Pyrenlösung in Benzol.** S. D. Babenko und V. A. Benderskij. (Élektrochimija **3** (1967) 9, 1099 bis 1104; Inst. chim. fiz. AN SSSR, Moskva; russ.) E. Winkler 472

*1197* **Photoeffekt in konzentrierten Lösungen aromatischer Kohlenwasserstoffe. 2. Mitt. Temperaturabhängigkeit der Photo- und Dunkelleitfähigkeit einer Lösung von Pyren in Benzol.** S. D. Babenko und V. A. Benderskij. (Élektrochimija **3** (1967) 9, 1104—06; russ.) — 1. vgl. vorst. Referat. E. Winkler 472

*1198* **Photoerzeugung von Löchern und Elektronen in Anthracen-Kristallen.** Masazumi Yoshida, Sai Sakai, Horoyuki Mitsudo und Yuzuru Ooshika. (J. physic. Soc. Japan **25** (1968) 2, 638; Fac. of Sci., Kaoansei Gakuin Univ., Nishinomiya; engl.) — Bei UV-Bestrahlung werden Photoströme von Elektronen u. Löchern in Abhängigkeit von der Lichtintensität bei Krist. verschiedener Vorbehandlung beobachtet u. untersucht. W. Sobieski 472

*1199* **Elektrochemische Reduktion von Riboflavin in DMSO.** Shankar V. Tatwawadi, K. S. V. Santhanam und Allen J. Bard. (J. electroanalyt. Chem. Interfacial Electrochem. [Lausanne] **17** (1968) 3—4, 411—20; Austin, Tex., Univ. of Tex., Dep. of Chem.; engl.) — Die Red. von Riboflavin an einer Hg-Elektrode in DMSO wird mit Hilfe von Gleich- u. Wechselstrompolarographie, cycl. Voltammetrie u. Coulometrie, die red. Lsg. werden durch ESR-Spektroskopie u. Spektrophotometrie untersucht. J. J. Heinrich 476

*1200* **Einfluß des Äthanolgehaltes in Wasser-Äthanol-Gemischen auf die polarographischen Reduktionsstufen ungeladener organischer Verbindungen beim Fehlen einer im Ablauf der Elektrodenreaktion vorausgehenden Protonisierung.** S. G. Majranovskij und A. D. Filonova. (Élektrochimija **3** (1967) 11, 1397—1402; Inst. org. chimii AN SSSR im. Zelinskogo, Moskva; russ.) — Vf. untersuchten die polarograph. Red. von $CH_3J$ in alkohol. 0,1 n KCl-Lsg. u. von $C_4H_9Br$ in alkohol. 0,05 n $(CH_3)_4 \cdot$ NBr-Lsg. bei 25°. E. Winkler 478

*1201* **Elektrochemisches Verhalten von Benzol in Fluorwasserstoff.** G. N. Kochanov und S. A. Per'kova. (Elektrochimija **3** (1967) 8, 977—80; Moskva; russ.) — Vf. untersuchten durch Aufnahme von Strom–Spannungs- bzw. -Potentialkurven die elektrochem. Fluorierung von Bzl. u. Toluol bei 0° in HF unter Verw. von Ni-Elektroden. E. Winkler 478

*1202* **Rotationsbewegung der Elektrode in dielektrischen Flüssigkeiten.** I. M. Solodovničenko und V. P. Žmuro. (Ž. fiz. Chim. **41** (1967) 8, 2037—40; Dnepropetovskij inženerno-stroit. inst.; russ.) — Vf. untersuchten in *Bromoform*, *Chloroform*, *Essigsäureisoamylester*, *Cyclohexanon* u. *Nitrobenzol* die Rotation einer Elektrode, die sich gegenüber einer zweiten koaxialen Elektrode befindet. Die Intensität des Effektes hängt von der Temp., der Art der Fl. u. dem Vorzeichen des Elektrodenpotentials ab. E. Winkler 478

*1203* **Polarographie halogenorganischer Verbindungen. 4. Mitt. Mechanismus der Elektroreduktion von Hexachlorbutadien.** L. G. Feoktistov, A. S. Solonar' und Ju. S. Ljalikov. (Ž. obšč. Chim. **37**(**99**) (1967) 5, 983—86; Inst. élektrochimii AN SSSR; russ.) — 2. vgl. C. **1967**, 15-0932. — Mit Hilfe von Messungen des latenten Grenzstromes u. coulometr. wird der Mechanismus der elektrolyt. Red. von Hexachlorbutadien (F. 21—22°) an der Hg-Tropfelektrode in $(CH_3)_4$NBr-Lsg. bei 20° untersucht. E. Winkler 478

*1204* **Polarographie halogenorganischer Verbindungen. 5. Mitt. Reduktion von Oktachlorcyclopenten und Hexachlorcyclopentadien und die Bildung des Pentachlorcyclopentadienylanions.** L. G. Feoktistov und A. S. Solonar'. (Ž. obšč. Chim. **37**(**99**) (1967) 5, 986—92; russ.) — 4. vgl. vorst. Referat. — Vf. untersuchen polarograph. die kathod. Red. von Oktachlorcyclopenten (F. 38,5°) u. der zweiten Titelverb. in 0,1 m KCl-Lsg. in 80%ig. A. mit u. ohne Zusatz von HCl. Die pH-abhängige Red. verläuft unter der Bldg. des intermediären im Titel genannten Anions. E. Winkler 478

*1205* **Reaktionsfähigkeit von Nitroverbindungen. 4. Mitt. Kinetik des Zerfalls aromatischer Nitroalkohole in alkalischem Medium. Berechnung.** V. N. Lejbzon, V. M. Belikov und L. M. Kozlov. (Élektrochimija **3** (1967) 4, 424—31; Inst. élementorg. soed. AN SSSR, Moskva; russ.) — 3. vgl. ibid. **3** (1967) 3, 305. — Vf. untersuchten bei 25° polarograph. den Zerfall von *1-Phenyl-2-Nitroäthylalkohol* in Veronal-Pufferlösung. E. Winkler 478

*1206* **Vergleich des Verhaltens von Methanol an glatten und platinierten Pt-Elektroden.** V. F. Stenin und B. I. Podlovčenko. (Vestnik Moskovskogo Univ., Ser. II **22** (1967) 4, 21—24; Kaf. élektrochimii; russ.) — Vf. untersuchten bei 20—80° die galvanostat. Potential-Zeit-Kurven u. die stationären Polarisationskurven von 1 n $H_2SO_4$-Lsg. mit $10^{-2}$—1 Mol/Liter $CH_3OH$. E. Winkler 478

*1207* **Verhalten der Pt-Ru-Elektrode in Lösungen von gesättigten Alkoholen und von Acetaldehyd.** V. S. Éntina, O. A. Petrij und Ju. N. Žitnev. (Elektrochimija **3** (1967) 3, 344—48; Mosk. gos. univ. im. Lomonosova; russ.) E. Winkler 478

*1208* **Untersuchung der Adsorption aliphatischer Alkohole an Quecksilber durch Messung der Differentialkapazität. 1. Mitt. Untersuchung des Einflusses der Länge der Kohlenstoffkette und der Temperatur.** B. B. Damaskin, A. A. Survila und L. E. Rybalka. (Élektrochimija **3** (1967) 2, 146—52; Mosk. gos. univ. im. Lomonosova; russ.) — Vf. untersuchten die Adsorption gesätt. aliphat. Alkohole an der Hg-Elektrode durch Messungen der Differentialkapazität in Abhängigkeit vom Potential. E. Winkler 478

*1209* **Polarographie von Chlorderivaten des Anthrachinons.** L. Ja. Chejfec, V. D. Bezuglyj, N. S. Dokunichin und V. N. Kolokolov. (Ž. obšč. Chim. **37**(**99**) (1967) 2, 299—303; russ.) — Untersucht wird die Beziehung zwischen Struktur u. polarograph. Verh. von *Anthrachinon*, Mono- u. Dichloranthrachinonen, *Anthracen*, *Anthron* u. *9.10-Dimethoxyanthracen*. E. Winkler 478

*1210* **Polarographisches Verhalten von Perinaphthenon. Reduktion in wäßrig-alkalischen Lösungen.** Mario Cardinali, Italo Carelli und Antonio Trazza. (Ricerca sci. **37** (1967) 11, 956—62; Fac. di Ing., Univ. di Roma; ital.) A. Babczyński 478△

*1211* **Elektrochemische Oxydation von Adenin: Reaktionsprodukte und Mechanismus.** Glenn Dryhurst und Philip J. Elving. (J. electrochem. Soc. **115** (1968) 10, 1014—20; Dep. of Chem., Univ. of Mich., Ann Arbor, Mich.; engl.) W. Sobieski 478

*1212* **Adsorption von Ameisensäure an der Pt-Elektrode. Natur der adsorbierten Teilchen.** N. Minakšisundaram, Ju. B. Vasil'ev und V. S. Bagockij. (Élektrochimija **3** (1967) 2, 193—99; Inst. élektrochimii AN SSSR, Moskva; russ.) E. Winkler 478

*1213* **Reduktion isomerer Crotonsäurenitrile an der Hg-Tropfelektrode.** A. P. Tomilov, S. K. Smirnov, I. G. Sevast'janova und O. G. Strukov. (Ž. vses. chim. Obšč. im. D. I. Mendeleeva **12** (1967) 3, 357—59; russ.) E. Winkler 478

*1214* **Relative Lage von Energietermen photochemisch aktiver organischer Farbstoffe.** A. Stanienda. (Z. Naturforsch. **23b** (1968) 2, 147—52; II. Chem. Inst., Humboldt-Univ., Berlin; dt.) — Die anod. u. kathod. Halbstufenpotentiale nachst. Verb. werden bestimmt oder ber.: *Porphin*, *Tetraazaporphin*, *Mg(II)-Tetraazaporphin*, *Protoporphyrin IX-dimethylester*, *Mg(II)-Protoporphyrin-IX-dimethylester*, *Fe(III)-Protoporphyrin IX-hydroxid*, *-fluorid*, *Uroporphyrin I-oktamethylester*, *Deuteroporphyrin IX-*, *Mesoporphyrin IX-*, *Hämatoporphyrin-IX-dimethylester*, *Phäophytin a*, *Mg(II)-Phäophytin a* (*Chlorophyll a*), *Phthalocyanintetrasulfonsäure* (Na-Salz), *meso-Tetraphenylporphin*, *Ätioporphyrin I*, *Koproporphyrin I-tetramethylester*, *3.3'-Diäthyl-*, *3.3'-Diäthyl-8-aza-* u. *3.3'-Diäthyl-9-azathiacarbocyanin*. Die Daten werden mit denen photochem. Rk. verglichen u. bez. der Energien angeregter Zustände u. des Einfl. von Metallionen auf Farbstoffe mit H-Bindungen diskutiert. H. J. Haink 478

## B-6. Kinetik, Katalyse

*1215* **Entfernungseffekte. 1. Mitt. Art der Effekte von entfernten Substituenten.** N. Bodor. (Rev. roum. Chim. **13** (1968) 5, 555—60; Chem.-pharm. Inst., Cluj; engl.) — Untersucht wird die Übertragung von induktiven σ-Effekten sowie Feldeffekten zwischen dem $C_{(4)}$-(Rk.-Zentrum) u. $C_{(17)}$-Atom durch theoret. u. experimentelle Best. der RGK der $CH_3O$-Substitution von *4-Chlortestosteron* [F. 188—190° (wss. Methanol)], *4-Chlorprogesteron* [F. 219—220° (Methanol)], *4-Chlor-Δ⁴-androsten-3.17-dion* (F. 185—187°) u. *4-Chlortestosteron-17-nitrat* (F. 165—167°). Dargestellt wurden außerdem *4β.5-Epoxyandrostan-3.17-dion* [F. 192—194° (Methanol), *4-Methoxytestosteron* (F. 223—225°), *4-Methoxy-Δ⁴-androsten-3.17-dion* [F. 141—143° (Aceton)], *4-Methoxyprogesteron* [F. 162—163° (Aceton)] u. *4-Methoxytestosteron-17-nitrat* (F. 151—152°). W. Sobieski 481

*1216* **Anwendung der Potenzreihe auf ein Problem der chemischen Kinetik.** Guy-Marie Côme. (C. R. hebd. Séances Acad. Sci., Sér. C **267** (1968) 18, 1093—96; Labor. de Chim. gén., Nancy; franz.) — Vf. zeigt am Beispiel des Mechanismus der basenkatalysierten Addition von *Acetessigester* an *Methylvinylketon*, daß die direkte numer. Integration des Syst. der Differentialgleichungen u. Optimierung der RGK-Werte schneller u. sicherer zum Ziel führt als die o. g. Methode.
J. Richter 481

*1217* **Methode zur Abschätzung der Arrheniusschen A-Faktoren für unimolekulare Vier- und Sechszentrenreaktionen.** H. E. O'Neal und S. W. Benson. (J. physic. Chem. **71** (1967) 9, 2903—21; Stanford Res. Inst., Menlo Park, Calif.; engl.) — Die Arrheniusschen A-Faktoren für unimol., einen cycl. Übergangszustand durchlaufende Gasphasenrk. werden vom Gesichtspunkt der Theorie des Übergangszustands untersucht. Auf der Grundlage weniger einfacher Regeln über die Zuordnung von Spreiz- („bending"), Streck- („stretching") u. Torsionsfrequenzen werden die A-Faktoren quant. mit einer mittleren experimentellen Ungenauigkeit von $+0{,}3$ log A-Einheiten (in $s^{-1}$) abgeschätzt. Untersucht wurden folgende Rk.: Vierzentren-Eliminierungsrk. (Dehydrohalogenierung) u. Sechszentren - Eliminierungen (Esterpyrolysen, „En"-Rk. u. Cope-Umlagerungen).
K. Jasche 481△

*1218* **Berechnung der Geschwindigkeitskonstanten von Elementarreaktionen.** 1. Mitt. **Einige Gesetzmäßigkeiten der Werte der Präexponentialfaktoren und der Aktivierungsenergien. Einige Gesetzmäßigkeiten in den Werten der vorexponentiellen Faktoren und der Aktivierungsenergie.** L. I. Avramenko und R. V. Kolesnikova. (Izvest. Akad. Nauk SSSR, Ser. chim. **1967,** 5, 996—1003; Inst. chim. fiz. AN SSSR; russ.) — Die Vf. systematisieren die Literaturdaten über die Geschw.-Konst. der Rk. von OH-Radikalen u. O-Atomen mit verschiedenen organ. u. anorgan. Molekülen in der Gasphase.
J. Polaczek 482△

*1219* **Einige radikalische Reaktionen.** V. O. Lukaševič und E. N. Dokunichina. (Doklady Akad. Nauk SSSR **176** (1967) 4, 837—40; NII org. poluprod. i krasitelej; russ.) — Vf. untersuchen mit Hilfe von ESR den Mechanismus der Rk. zwischen Chinonen, Anilen, aromat. Ketonen, Nitro-, Nitroso- u. Azoverb. u. *Na-*, *K-* bzw. *Li-Amalgam*. Die Rk. verläuft unter der Bldg. von intermediären freien Radikalen. C. Kozák 482△

*1220* **Ionen-Molekül-Reaktionen in aromatischen Verbindungen.** 1. Mitt. **Benzol.** L. I. Virin, Ju. A. Safin und R. V. Džagacpanjan. (Chim. vysokich Energ. **1** (1967) 5, 417—20; NII chlornoj prom., Moskva; russ.) — Vf. untersuchten die Rk. der Ionen $C_6H_5^+$, $C_4H_3^+$, $C_3H_3^+$ u. $C_3H_2^+$ mit Bzl. u. bestimmten die RGK.
G. Ewald 482

*1221* **Reaktionen von in der Dampfphase erzeugten und in flüssiges Isobutylen injizierten tert.-Butylcarboniumionen.** N. S. Viswanathan und Larry Kevan. (J. Amer. chem. Soc. **89** (1967) 10, 2482—83; Dep. of Chem., Univ. of Kan., Lawrence, Kan.; engl.) — Die Rk. von tert.-Butylcarboniumionen (durch Photolyse von dampfförmigem Isobutylen (**I**)) mit fl. **I** (Injektion durch ein elektr. Feld) wird untersucht u. bez. der entstehenden $C_8$-Carboniumionen u. deren Neutralisation diskutiert.
W. Sobieski 482

*1222* **Ionen-Molekül-Reaktionen oxydierter Spezies. Protonenübertragungsreaktionen unter Beteiligung von $CHO^+$.** Howard Pritchard und A. G. Harrison. (J. chem. Physics **48** (1968) 12, 5623—30; Dep. of Chem., Univ., Toronto, Ontario; engl.) — Die Kinetik der Protonenübertragung von $CHO^+$ auf *Formaldehyd, Acetaldehyd, Äthylenoxid, Dimethyläther, Vinylformiat* u. $D_2O$ wird durch Unters. der Ionenrk. in den Massenspektren der Verb. bestimmt. W. Sobieski 482

*1223* **Reaktion von $O(^3P)$-Atomen mit Formaldehyd.** H. Niki. (J. chem. Physics **45,** 2330—32, 1966; Dearborn, Mich., Ford Motor Comp., Scientific Labor.; engl.) — Vgl. Erratum: ibid. **47** (1967) 3102. — Massenspektrometr. Unters. der Kinetik der Rk. von $O(^3P)$ mit HCHO.
E. Kluge 482

*1224* **Aliphatische Semidione.** 5. Mitt. **Radikalanionen, die sich von vicinalen Triketonen ableiten.** Glen A. Russell und Steven A. Weiner. (J. Amer. chem. Soc. **89** (1967) 25, 6623—28; Ames, Ia., Ia. State Univ., Dep. of Chem.; engl.) — 4. vgl. C. **1968,** 49/50-0764. — Untersucht werden mittels ESR-spektroskop. Meth. die bei der Red. vicinaler Tricarbonylverb. bzw. bei der Ox. Hydroxy-substituierter Dicarbonylverb. gebildeten Radikalanionen (RA). Folgende Verb. (Bedingungen: a) K-tert.-Butylat/DMS; b) K/Hexamethylphosphoramid; c) K-tert.-Butylat/DMS/$O_2$; d) elektrochem. Red.; e) K-tert.-Butylat/DMF; RA der Carbonylverb.) werden untersucht: *1.3-Diphenylpropantrion-(1.2.3)* [**I**; a) → RA des *Benzoylameisensäure-tert.-butylesters*, analog mit K-Isopropylat bzw. Na-Methylat in DMS → RA des *Benzoylameisensäureisopropyl-* bzw. *-methylesters*; b) u. d) → RA des *Benzils* (**II**); **I** u. **II** in Ggw. von Base RA von **I**], *1.4-Diphenylbutantetraon-(1.2.3.4)* [a) → **II**], *2.3-Dihydrophenalentrion-(1.2.3)* [a) → RA des *Acenaphthenchinons*], *Pentantrion-(2.3.4)* [a) → RA des *Diacetyls* (**III**)], *α-Hydroxy-* [a) → **II**] u. *α-Acetoxy-1.3-diphenylpropandion-(1.3)* [a) → RA des *Phenylglyoxals* (**IV**)], *2-Hydroxy-* [a) → RA des *1-Phenylpropandions-(1.2)*] u. *2-Acetoxy-1-phenylbutandion-(1.3)* [a) → **IV**], *3-Hydroxy-* u. *3-Acetoxypentandion-(2.4)* [a) → **III**], *2-Acetoxy-5.5-dimethylcyclohexandion-(1.3)* u. *4.4-Dimethyl-2-hydroxycyclopentanon* [a) → RA des *Cyclopentandions-(1.2)*], *α-Hydroxy-* u. *α-Acetoxybenzoylessigsäureäthylester* [c) → RA des *Benzoylameisensäureäthylesters*], *α-Hydroxy-* u. *α-Acetoxyacetessigsäureäthylester* [c) → RA des *Butandion-(2.3)-carbonsäureäthylesters* + *2.5-Diäthoxycarbonyl-p-benzosemichinon*], *α-Hydroxyacetessigsäuremethylester* (analog vorst. Verb.), *Mesoxalsäurediäthylester* [**V**; a) → RA von **V**], *Oxalsäurediäthylester* [c) → RA von **V**], cycl.-Resorcinoxalat [**VI**; K/DMF → RA von **VI**], *Dihydroxymaleinsäure-* u. *Acetyltartronsäurediäthylester* [c) → RA von **V**]. *Oxalsäurediphenyl-* u. *-dibenzylester* bzw. *Äthylenglykoloxalat* geben nach Meth. b bzw. d keine paramagnet. Produkte. Mechanismen für Rk. einer Reihe α-substituierter β-Diketone u. α-substituierter β-Ketoester mit Basen werden diskutiert. G. O. Jäger 482△

*1225* **Das Succinimidylradikal-Problem. Leichtigkeit der Bildung von N- sowie O-π- und σ-Radikalen.** E. Hedaya, R. L. Hinman, V. Schomaker, S. Theodoropulos und L. M. Kyle. (J. Amer. chem. Soc. **89** (1967) 19, 4875—84; Union Carbide Res. Inst., Tarrytown, N.Y.; engl.) — Als potentielle Quelle des Succinimidylradikals werden *N.N'-Bis-[succinimid]* (**I**) u. *N-[tert.-Butylperoxycarbonyl]-succinimid* (**II**) synthetisiert u. in ihrer Reaktivität geprüft: Rk. von Bernsteinsäurediäthylester mit Hydrazinhydrat (**III**) → *N-Aminosuccinimid* (**IV**), Umsetzung mit Benzaldehyd (**V**) → *N-Benzylidenaminosuccinimid*, $C_{11}H_{10}N_2O_2$, F. 175°. — Rk. von N-Carbäthoxysuccinimid mit **III** → *N-Amino-N'-carbäthoxysuccinamid*, $C_7H_{13}N_3O_4$, F. 138—140°, Umsetzung mit **V** → *N-Benzylidenamino-N'-carbäthoxysuccinamid*, $C_{14}H_{17}N_3O_4$, F. 179—180°; 100%. — Rk. von **IV** mit Bernsteinsäureanhydrid → **I**, $C_4H_4NO_2$, F. 309—310°; 26%. — Red. von **I** mit $LiAlH_4$ → *N.N'-Bipyrrolidin*, Kp.$_{10}$ 96—98° [*Pikrat*, $C_8H_{16}N_2 \cdot C_6H_3N_3O_7$, F. 165—167°]. — Rk. von cycl.-Bernsteinsäurehydrazid mit Succinylchlorid (**VII**) → *Perhydro-1.4.6.9-tetraoxopyridazino-[1.2-a]-pyridazin* (**VIII**), $C_4H_4NO_2$, F. 250—251°; 59%. — $LiAlH_4$-Red. von **VIII**, Umlagerung von **VIII** [a) in Dioxan/**VII** b) in Dioxan/HCl c) therm.] → **I** [a) 87%, b) 100%, c) 100%]. — Rk. von tert.-Butylhydroperoxid mit Phosgen → *tert.-Butylchlorperformiat*, Zugabe von Succinimid-K → **II**, $C_9H_{13}NO_5$, F. 102—103° (Pentan/$CH_2Cl_2$); 56%.
K. Jasche 482△

*1226* **Studien zum Vorgang der Wasserstoffübertragung.** 22. Mitt. **Asymmetrische katalytische Hydrierung mit einem homogen gelösten optisch aktiven Phosphin-Rhodium-Komplex.** L. Horner, H. Siegel und H. Büthe. (Angew. Chem. **80** (1968) 24, 1034—35; dt.; int. Edit. **7** (1968) 12, 942; engl.; Inst. für Organ. Chem., Univ. Mainz.) — 21. vgl. Tetrahedron Letters [London] **1968,** 5889; 17. vgl. C. **1968,** 64-0251. — Die Hydrierung von *α-Äthylstyrol* zu *(S)-(+)-2-Phenylbutan* [7—8%

(opt. Ausb.)] u. von *α-Methoxystyrol* zu *R-(+)-1-Methoxy-1-phenyläthan* (3—4%) in Bzl. bei Normaldruck u. Raumtemp. mit einem in situ aus (S)-(+)-Methyl-phenyl-n-propylphosphin u. [Rh(Hexadien-1.5)Cl]$_2$ dargestellten Rh-Phosphin-Komplex wird untersucht. Die Konfig. der bevorzugt gebildeten opt.-akt. Hydrierungsprod. kann aus der Konform. der Phosphinliganden am Komplex abgeleitet werden. Autorreferat 483△

*1227* **Dampfphasen-Hydrierung von Benzol am Pt/Asbest-Katalysator mit Kontrolle des Katalysatorpotentials.** N. I. Utegulov, V. A. Druz' und D. V. Sokol'skij. (Ž. fiz. Chim. **41** (1967) 12, 3128—30; Kazachskij gos. univ. im. Kirova, Alma-Ata; russ.) C. Kozák 483△

*1228* **Anwendung markierter Atome zur Untersuchung der Wechselbeziehung und der Reihenfolge von Reaktionen in einigen erdölchemischen Prozessen.** I. V. Kalečic. (Kinetika i Kataliz **8** (1967) 5, 1114—24; Inst. nefte-i uglechim. sinteza pri Irkutskom gos. univ.; russ.) — Vf. entwickelte eine Meth., die es erlaubt, die relativen Intensitäten komplizierter erdölchem. Rk. zu bestimmen. Untersucht wurden bin. u. tern. Gemische von KW-Stoffen. Nach den z. T. früher beschriebenen Ergebnissen berechnete Vf. die relativen Intensitäten der Hydrierung, Isomerisierung, Hydro- u. Dehydroisomerisierung u. des KW-Stoff-Zerfalls in Ggw. von $WS_2$ bei der destruktiven Hydrierung u. unter Bedingungen des Platformings am Katalysator AP-56. G. Ewald 483

*1229* **Selektivität und Stereospezifität bei Hydrierung von Butin-(2)-diol-(1.4) auf Pd-, Ni und Co-Skelettkatalysatoren.** L. Ch. Frejdlin, I. F. Žukova und E. F. Litvin. (Izvest. Akad. Nauk SSSR, Ser. chim. **1967**, 2, 310—17; Inst. org. chimii im. Zelinskogo AN SSSR; russ.) J. Polaczek 483△

*1230* **Hydrierung von Tetrahydrodioxo-(dihydroanthrylen)-triptycen auf Ni- und Pd-Katalysatoren.** E. I. Klabunovskij, R. Ju. Mamedzade und A. A. Balandin. (Izvest. Akad. Nauk SSSR, Ser. chim. **1967**, 2, 300—06; Inst. org. chimii im. Zelinskogo AN SSSR; russ.) — Untersucht werden *2.3;5.6-Bis-[9.10-dihydroanthrylen-(9.10)]-cyclohexen-(2)-dion-(1.4)* u. *Diäthylmaleat* in DMF u. Dioxan. J. Polaczek 483△

*1231* **Stereospezifität bei der Übertragung von Wasserstoffatomen auf Vinylradikale, die sich von cis- und trans-α-Chlorperzimtsäure-tert.-butylester ableiten.** Lawrence A. Singer und Noland P. Kong. (J. Amer. chem. Soc. **89** (1967) 20, 5251—56; Chicago, Ill., Univ. of Chicago, Dep. of Chem.; engl.) — Es wird die Stereochemie der H-Übertragung von *Cumol* u. *Dihydroanthracen* auf *α-Chlor-β-phenylvinylradikale*, die bei der therm. Zers. von *cis-* u. *trans-α-Chlorperzimtsäure-tert.-butylester* erzeugt werden, durch Best. des trans-cis-Verhältnisses des gebildeten *β-Chlorstyrols* untersucht. Dazu werden cis- u. trans-α-Chlorperzimtsäure-tert.-butylester ($C_{13}H_{15}ClO_3$, F. 34—37° für die cis-Form) dargestellt. G. O. Jäger 483△

*1232* **Gasphasenoxydation von Propylen in einem inerten Fließbettreaktor unter Druck. Einfluß der Reaktionsbedingungen auf die Bildung von Oxydationsprodukten.** Etsuro Echigoya, Mitsuo Masai und Kiyoshi Morikawa. (Bull. chem. Soc. Japan **41** (1968) 4, 904—09; Res. Labor. of Resources Utilization, Tokyo Inst. of Technol., Ookayama, Meguro-ku, Tokyo; engl.) — Der Einfl. von Druck (1,5—4,5 atm), Temp. (300—400°) u. $O_2$-Konz. (x = 0,1—0,35) auf die Ox. wird untersucht. W. Sobieski 484

*1233* **Mechanismus der Gasphasenoxydation von Propylen in einer Propylenüberschußatmosphäre unter Druck.** Mitsuo Masai, Etsuro Echigoya und Kiyoshi Morikawa. (Bull. chem. Soc. Japan **41** (1968) 4, 910—19; engl.) — Vgl. vorst. Referat. — Der Mechanismus der analog l.c. durchgeführten Ox. bei Zusatz von tert.-Butylhydroperoxid, Acetaldehyd (I), Propionaldehyd sowie den Rk.-Prod. von I + $O_2$ u. Allylbromid + $O_2$ zum Rk.-Gemisch wird untersucht. W. Sobieski 484

*1234* **Kinetische Untersuchung der Gasphasenoxydation von Propylen in einer Propylenüberschußatmosphäre unter Druck.** Mitsuo Masai, Etsuro Echigoya und Kiyoshi Morikawa. (Bull. chem. Soc. Japan **41** (1968) 4, 920—28; engl.) — Vgl. vorst. Referat. W. Sobieski 484

*1235* **Geschwindigkeitskonstanten der Reaktionen von Sauerstoffatomen mit n-Octan und cis- und trans-Buten-(2).** L. I. Avramenko, R. V. Kolesnikova und G. I. Savinova. (Izvest. Akad. Nauk SSSR, Ser. chim. **1967**, 2, 253—59; Inst. chim. fiz. AN SSSR; russ.) J. Polaczek 484△

*1236* **Kinetische Gesetzmäßigkeiten der durch Kobaltstearat katalysierten Oxydation in offenen Systemen.** I. P. Skibida, Z. K. Majzus und N. M. Émanuėl'. (Kinetika i Kataliz **8** (1967) 4, 766—72; Inst. chim. fiz. AN SSSR; russ.) — Untersucht wurde die Ox. von *n-Decan* (I) durch Luft hinsichtlich der Anreicherung von Hydroperoxid u. Säure im Syst. in Abhängigkeit von der Füllung des Rk.-Gefäßes sowie hinsichtlich der Abhängigkeit der stationären Hydroperoxidkonz. von der Zugabegeschw. G der Lsg. des Katalysators in I. G. Ewald 484

*1237* **Reaktionen resonanzstabilisierter Anionen.** 27. Mitt. **Oxydation von Carbanionen.** 2. Mitt. **Oxydation von p-Nitrotoluol und Derivaten in basischer Lösung.** Glen A. Russell, Anthony J. Moye, Edward G. Janzen, S. Mak und Erach R. Talaty. (J. org. Chemistry **32** (1967) 1, 137—46; Dep. of Chem., Ia. State Univ., Ames, Ia.; engl.) — 24. bzw. 1. vgl. C. **1969**, 18-1091. — Die Rk. von p-Nitrotoluol (I) u. einer Reihe von Kern- u./oder α-substituierten I-Deriv. mit $O_2$ im Syst. tert.-Butanol/K-tert.-Butylat werden bzgl. der Rk.-Prod., der RG, der Stöchiometrie u. des Einfl. der Reagentienkonz. untersucht. Rk. werden mit folgenden Verb. durchgeführt (→ Rk.-Prod.): I [→ *4.4'-Dinitrobibenzyl*, *4.4'-Dinitrostilben*, *p-Nitrobenzoesäure* (II)], *o-Nitrotoluol*, *p-Nitroäthylbenzol* [→ II], *p-Nitrocumol* [→ *p-Nitro-α.α-dimethylbenzylalkohol*], *2.4-Dinitrotoluol* [→ *2.4-Dinitrophenol*], *2.4.6-Trinitrotoluol*, *2.4-Dinitrocumol*, *4-Nitrodiphenylmethan* [F. 31—32°, aus p-Nitrobenzylalkohol u. Bzl. in Ggw. von $H_2SO_4$; → *p-Nitrobenzophenon* (III)], *4.4'-Dinitrodiphenylmethan* [→ *4.4'-Dinitrobenzophenon*], *2.2'.4.4'-Tetranitrodiphenylmethan* [F. 173,5—175° ($CH_3$·COOH), durch Nitrierung von Diphenylmethan mit $KNO_3$; → *2.2'.4.4'-Tetranitrobenzophenon*], *4-Nitrotriphenylmethan* [→ III], *4.4'.4''-Trinitrotriphenylmethan* [F. 212,5—214° ($CHCl_3$/Ae.) durch Nitrierung von Triphenylmethan bei 0°], *p-Nitrophenylacetonitril*, *p-Nitrobenzylphenyläther*, *p-Nitrobenzylalkohol* u. *p-Nitrophenylessigsäure*. Der Einfl. der verschiedenen Substituenten auf die Ox.-Geschw. wird interpretiert. G. O. Jäger 484△

*1238* **Beitrag zu Stereochemie und Mechanismus der Reduktion von Endionsystemen durch Zink und durch Lithium/Ammoniak.** S. K. Pradhan, G. Subrahmanyam und Howard J. Ringold. (J. org. Chemistry **32** (1967) 10, 3004—07; Shrewsbury, Mass., Worcester Foundation of Experimental Biol.; engl.) — Bei der Red. von *Cholesten-(4)-dion-(3.6)* (I) u. *4-Methylcholesten-(4)-dion-(3.6)* (II) mit Zn-Staub in Ae. können die prim. gebildeten Diendiole bei Anwesenheit von Acetanhydrid (AA) als *3.6-Diacetoxycholestadien-(3.5)* (III) u. *-4-methylcholestadien-(3.5)* (IV) abgefangen werden. In Abwesenheit von AA werden aus I bzw. II *5α-* (V, F. 169—171°) bzw. *4β-Methyl-5α-cholestandion-(3.6)* (VI, F. 179—182°) erhalten. **III** entsteht aus **V** nur beim Erhitzen mit Isopropenylacetat in Ggw. von p-Toluolsulfonsäure. **VI** wird auch bei der Einw. von Li/$NH_3$ auf **II** erhalten. $NaBH_4$-Red. von **IV** liefert ein chromatograph. trennbares Gemisch aus *4β-* u. *4α-Methyl-5α-cholestandiol-(3.6)*, das durch $CrO_3$-Ox. in **VI** bzw. das entsprechende 4α-Isomere übergeführt wird. Ein Mechanismus der Zn-Red. der Endione **I** u. **II** wird diskutiert. G. O. Jäger 484△

*1239* **Mechanismus der Reaktion von Peroxyessigsäure mit Propylen.** P. I. Valov, É. A. Bljumberg und T. V. Filippova. (Kinetika i Kataliz **8** (1967) 4, 760 bis 765; Inst. chim. fiz. AN SSSR; russ.) — Die Rk. verläuft über einen 1:2-π-Komplex. Die RGK des monomol. Zerfalls des Komplexes sowie die Gleichgew.-Konst.

seiner Bldg. wurden in Abhängigkeit von der Temp. bestimmt. G. Ewald 484

*1240* **Alkalisulfidreduktion aromatischer Nitroverbindungen. 8. Mitt. Beziehung zwischen Natriummonosulfid und -hydrogensulfid bei der Reduktion von Natrium-m-nitrobenzolsulfonat.** Shizunobo Hashimoto und Junzo Sunamoto. (Bull. chem. Soc. Japan **39,** 1207—11, 1966; Doshisha Univ., Karasuma-imadegawa, Kamikyo-ku, Kyoto; engl.) — 9. vgl. J. Soc. org. synth. Chem., Japan **24** (1966) 12, 1225. — Die Korrelation zwischen NaHS u. $Na_2S$ bei der Red. von Na-m-nitrobenzolsulfonat (I) wurde auf Grund kinet. Unters. der Red. von I mit wss. Lsg. von NaHS u. $Na_2S$ bestimmt. K. Jasche 484△

*1241* **Chromsäureoxydation von endo-5.6-Trimethylennorbornylalkoholen.** Irvin Rothberg und Robert V. Russo. (J. org. Chemistry **32** (1967) 6, 2003—04; Dep. of Chem., Rutgers, State Univ., Newark, N.J.; engl.) — Bestimmt werden die RGK der Ox. in 75% $CH_3COOH$ u. 0,1 m $HClO_4$ von *exo-* u. *endo-Norbornanol-(2), endo-* u. *exo-5.6-Trimethylennorbornanol-(2-exo), endo-* u. *exo-5.6-Trimethylennorbornanol-(2-endo), Cyclopentanol, endo-5.6-Trimethylennorbornanol-(8-exo), -(8-endo), -(9-exo)* u. *(9-endo).* W. Sobieski 484

*1242* **IR-Spektraluntersuchung der Reaktion von Farbstoffen mit Reduktionsmitteln. 2. Mitt. Triphenylmethanfarbstoffe.** A. N. Sidorov und A. T. Vartanjan. (Ž. fiz. Chim. **41** (1967) 10, 2693—40; russ.) — 1. vgl. Doklady Akad. Nauk SSSR, **172** (1966) 1117. — Untersucht wurden die IR-Absorptionsspektren von Schichten aus *Malachitgrün, Fuchsin, Aurin, Nachtblau, Patentblau* u. *Säureviolett* u. deren Rk.-Prod. mit *Hydrazin* u. *D-Hydrazin* sowie deren H-D-Austausch mit $D_2O$. C. Kozák 484△

*1243* **Gleichgewichte in den Alkylierungsreaktionen aromatischer Verbindungen in Gegenwart von $AlCl_3$.** N. N. Lebedev und M. M. Orešin. (Neftechimija **7** (1967) 1, 26—31; Mosk. chim.-technol. inst.; russ.) — Vf. untersuchen die Alkylierung von Monoalkylbenzolen (AB): 2 $C_2H_5R \rightleftharpoons C_6H_6 + C_6H_4R_2$ in Ggw. nachst. Katalysatoren: *2 $AlCl_3$ · 6 Toluol · HCl, 2 $AlCl_3$ · 6 Äthylbenzol · HCl* u. *2 $AlCl_3$ · 6 Isopropylbenzol · HCl.* Außer den Gleichgew.-Konst. werden auch die Verteilungskoeff. der AB u. von *Cyclohexan* zwischen den Katalysatorkomplexen u. der KW-Stoffschicht bestimmt. Der Einfl. der Struktur der Alkylgruppe auf die Rk. wird diskutiert. J. Polaczek 486△

*1244* **Mechanismus der Desalkylierung von Toluol auf Ni-Katalysatoren.** G. N. Masljanskij und G. L. Rabinovič. (Neftechimija **7** (1967) 1, 32—36; VNII neftechim. processov, Leningrad; russ.) J. Polaczek 486△

*1245* **Säurekatalysierte Bromierung aromatischer Verbindungen mit $KBrO_3$ in wäßriger Essigsäure.** Yoshiaki Furuya, Atsushi Morita und Iwao Urasaki. (Bull. chem. Soc. Japan **41** (1968) 4, 997—1000; Dep. of Indust. Chem., Fac. of Engng., Univ., Kumamoto; engl.) — Die Kinetik der Titelrk. von *Bzl., Toluol, Brom-* u. *Chlorbenzol* (detailliert von Bzl.) wird untersucht. W. Sobieski 487

*1246* **Reaktion des Epichlorhydrin in wäßriger HCl.** I. Ondruš. (Chem. Zvesti **22** (1968) 9, 662—73; Forschungsinst. für Petrochem., Nováky; dt.) — Es wird die Kinetik dieser Rk. zu Glycerinmono- u. 1.3-dichlorhydrin untersucht. D. Strauch 487

*1247* **Pyrimidinreaktionen. 13. Mitt. Umwandlung einfacher Alkoxy- und Alkylthiopyrimidine in Butylaminopyrimidine.** D. J. Brown und R. V. Foster. (Austral. J. Chem. **19** (1966) 1487—93; Canberra, John Curtin School of Med. Res., Dep. of Med. Chem.; engl.) — 12. vgl. C. **1968,** 32-1006. — Es wird die Kinetik der Bldg. von *2-* u. *4-Butylaminopyrimidin* aus den Pyrimidinen *2-* u. *4-Methoxy-* (I), *2-Äthoxy-, 2-Propoxy-, 2-Isopropoxy-, 2-Butoxy-, 2-sek.-Butoxy-, 2-Isobutoxy-, 2-* u. *4-Methylthio-, 2-* u. *4-Äthylthio-, 2-Isopropylthio-* u. *Butylamin* in Abwesenheit von Lsgm. zwischen 130 u. 190° durch UV-spektroskop. bzw. gaschromatograph. Verfolgung des Rk.-Ablaufs untersucht. Für die therm. Umlagerung von I in *1.6-Dihydro-1-methyl-6-oxopyrimidin* werden in Ggw. von Dimethylanilin, N-Pentylmorpholin u. Triäthylamin RGK bestimmt. UV-Daten u. pKa-Werte sind tabelliert. G. O. Jäger 488

*1248* **S-Derivate von Thioharnstoff. Alkalische Hydrolyse von 2-Amino-5-[guanylmercaptomethyl]-$\Delta^2$-thiazolindihydrobromid.** V. M. Fedoseev und G. N. Šalaeva. (Vestnik Moskovskogo Univ., Ser. II **22** (1967) 4, 39—42; Kaf. radiochimii; russ.) J. Polaczek 488△

*1249* **Geschwindigkeit der Hydrolyse von N-Salicylidenanilin in Wasser-Methanol-Lösungen.** Ignazio Renato Bellobono und Giorgio Favini. (J. chem. Physics **48** (1968) 12, 5738—40; Ist. di Chim. Fis., Univ. di Milano; engl.) — Die RGK der Hydrolyse bei 25° werden durch Unters. des Absorptionsspektrums der Lsg. bestimmt. W. Sobieski 488

*1250* **Untersuchungen von Umlagerungen mit $^{14}C$. 26. Mitt. Solvolysen von 2-[β-Naphthyl]-1-$^{14}C$-äthyl-p-toluolsulfonat.** C. C. Lee und A. G. Forman. (Canad. J. Chem. **44** (1966) 841—43; Saskatoon, Saskatchewan, Univ. of Saskatchewan, Dep. of Chem. and Chem. Engng.; engl.) — 25. vgl. Tetrahedron Letters [London] **1966,** 1381; 24. vgl. C. **1968,** 3-0942. — Prod.-Ausb. für die Acetolyse u. Formolyse der Titelverb. (F. 67—68°) werden angegeben. G. O. Jäger 488

*1251* **Stereochemie nucleophiler Substitutionsreaktionen am tertiären Kohlenstoffatom.] 1. Mitt. Solvolyse von p-Nitrobenzoesäure- und Phthalsäuremono-2-phenylbutyl-(2)-ester.** Leo H. Sommer und Francis A. Carey. (J. org. Chemistry **32** (1967) 3, 800—05; Dep. of Chem., Pa. State Univ., University Park, Pa.; engl.) — Es werden Rk. von opt. akt. *p-Nitrobenzoesäure-* (I) u. *Phthalsäuremono-[2-phenylbutyl-(2)]-ester* mit $CH_3COOH$, $CH_3OH$ bzw. $NaN_3$ als nucleophilen Reagentien in verschiedenen Lsgm. untersucht. Der relative Anteil von Inversions- u. Racemisierungsprod. wird bestimmt u. die Abhängigkeit des stereochem. Rk.-Verlaufs von der Art des Nucleophils u. der DK des Lsgm. wird untersucht. Im Rahmen der Unters. wurden folgende zwei Verb. synthetisiert: (—)-I, $C_{17}H_{17}NO_4$, F. 73—83° u. (—)-*N-p-Nitrobenzoylamino-2-phenylbutan,* $C_{17}H_{18}N_2O_3$, F. 121—122°. G. O. Jäger 488△

*1252* **Durch Molybdat katalysierte Hydrolyse von Phosphatestern von α-Hydroxysäuren.** Zelda B. Rose und Lewis I. Pizer. (J. biol. Chemistry **243** (1968) 18, 4806 bis 4809; Inst. of Cancer Res., Philadelphia, Pa.; engl.) — Die Rk.-Geschw. der Hydrolyse wird untersucht von *2-Phospho-, 2.3-Diphospho-, 3-Phosphoglycerinsäure, Phosphoglykolsäure* u. *Phosphomilchsäure* sowie von *Fructose-6-phosphat, -1.6-diphosphat* u. *Glucose-6-phosphat.* W. Sobieski 488

*1253* **Glycopeptide. 15. Mitt. Hydrolytische Stabilität der Esterbindung in O-Glycylderivaten von Monosacchariden.** N. K. Kočetkov, V. A. Derevickaja und L. M. Lichošerstov. (Izvest. Akad. Nauk SSSR, Ser. chim. **1967,** 2, 367—71; Inst. chimii prirodnych soedinenij AN SSSR; russ.) — 14. vgl. ibid. **1966,** 10, 1772; 9. vgl. C. **1967,** 5-1188. J. Polaczek 488△

*1254* **Lösungsmitteleffekt bei hohem Druck. 2. Mitt.** Yasuhiko Kondo, Miyoji Uchida und Niichiro Tokura. (Bull. chem. Soc. Japan **41** (1968) 4, 992—96; Dep. of Appl. Chem., Fac. of Engng., Osaka Univ., Higashinoda, Miyakojima, Osaka; engl.) — 1. vgl. ibid. **40** (1967) 1408. — RGK u. Aktivierungsvol. $\Delta V_0^*$ der Rk. von *Triäthylamin* mit *Äthyljodid* bei 45° im Druckbereich 300—1500 atm in verschiedenen Lsgm. werden ermittelt u. die beobachteten Lsgm.-Effekte auf $\Delta V_0^*$ untersucht. Die bei der Rk. in Toluol bei 30° unter hohem Druck beobachtete anomale Beschleunigung wird diskutiert. W. Sobieski 489

*1255* **Katalytische D-Austauschreaktion mit organischen Verbindungen. 42. Mitt. Picoline, Lutidine, Thiophen und Furan auf Übergangsmetallen der VIII. Gruppe.** G. E. Calf und J. L. Garnett. (Austral. J. Chem. **21** (1968) 5, 1221—31; Univ. of New South Wales, Kensington; engl.) — 40. vgl. C. **1969,** 2-1117. — Untersucht wurden α-, β- u. γ-*Picolin*; *2.4-, 2.5-* u. *2.6-Lutidin*; *Thiophen,*

*Furan, Pyridazin, Chinolin, Isochinolin* u. die Katalysatoren: *$FeCl_3$, $CoCl_2$, $NiCl_2$, $RuCl_3$, $RhCl_3$, $K_2PtCl_4$, $K_2PtCl_6$, $K_2PdCl_4$, $H_2PtCl_6$, $(NH_4)_2IrCl_4$, $(NH_4)_2IrCl_6$, PdO, $PtO_2 \cdot 2H_2O$, $PtO_2 \cdot xH_2O$, $RuO_2 \cdot H_2O$, $Rh_2O_3$, $IrO_2 \cdot 2H_2O$.* K. Jasche 489△

*1256* **Sulfoxid. 21. Mitt. Konkurrierende O-Austausch- und Racemisierungsreaktion von Diarylsulfoxiden in Phosphorsäure.** Norio Kunieda und Shigeru Oae. (Bull. chem. Soc. Japan **41** (1968) **4**, 1025–26; Dep. of Appl. Chem., Fac. of Engng., Osaka City Univ., Sumiyoshi-ku, Osaka; engl.) — Die Kinetik beider Titelrk. von $^{18}$O-markiertem *p-Tolylphenyl-, p-Tolyl-m-tolyl-, p-Tolyl-p-chlorphenyl-* u. *p-Tolyl-o-chlorphenylsulfoxid* in 85%ig. $H_3PO_4$ wird untersucht. W. Sobieski 489

*1257* **Hydroformylierung von Halogenolefinen.** V. Macho und J. Střešinka. (Chem. Zvesti **22** (1968) 9, 656–61; Res. Inst. for Petrochem., Nováky; engl.) — Die Kinetik der Titelrk. mit $Co_2(CO)_8$ wurde von *Allylchlorid* (**I**), *Vinylchlorid* (**II**), *4-Chlorphenyläther* u. *2.4-Dichlorphenylallyläther* allein u. in Ggw. von *Propylen* (**III**) sowie von **III** in Ggw. von **I**, **II** u. Dichloräthan untersucht. D. Strauch 490

*1258* **Nucleophile Reaktivität.** 8. Mitt. **Vergleich der 1.2- mit der 1.4-Eliminierung.** R. F. Hudson, J. Arendt und A. Mancuso. (J. chem. Soc. [London], Sect. B **1967**, 10, 1069–72; Univ. of Kent, Canterbury, Chem. Labor.; engl.) — 7. vgl. C. **1967**, 12-0962. — Untersucht wird die Rk. von *Äthylendijodid, trans-1.4-Dijodbuten-(2)* u. *cis-* u. *trans-$\Delta^2$-Buten-1.4-di-[methansulfonat]* mit NaJ sowie von *Äthylendichlorid* u. *-dibromid, 1.4-Dichlor-* u. *1.4-Dibrombuten-(2)* mit NaOH in A. bei 30°. K. Jasche 490△

*1259* **Spaltung von CC-Bindungen bei Cyclopropanen. 7. Mitt. Stereochemie des Deuteriumangriffs auf eine gespannte Bindung bei exo-Tricyclo-[3.2.1.0$^{2,4}$]-octan.** Robert T. LaLonde, Jan-yih Ding und Michael A. Tobias. (J. Amer. chem. Soc. **89** (1967) 25, 6651–58; Syracuse, N.Y., State Univ. Coll. of Forestry at Syracuse Univ., Dep. of Chem.; engl.) — 6. vgl. C. **1966**, 48-0875. — Zur Best. der Stereochemie des elektrophilen Angriffs von $D^+$ auf die C(2)–C(4)-Bindung von *exo-Tricyclo-[3.2.1.0$^{2,4}$]-octan* (**I**) wird die Rk. von **I** mit $D_2SO_4$ in $CH_3COOD$ untersucht. Das als Hauptprod. gebildete *$D_{(4)}$-exo-2-Acetoxybicyclo-[3.2.1]-octan* (**II**) wird über den entsprechenden Alkohol in das zugehörige Keton bzw. den KW-Stoff übergeführt. Der D-Geh. an Position 4 des Ketons wird massenspektrometr. zu 86% bestimmt. Die zwei prinzipiell möglichen Fragmentierungswege von Bicyclo-[3.2.1]-octanon-(2) werden durch massenspektroskop. Unters. an markierten Ketonen gesichert. Durch IR-spektroskop. Unters. an *exo-* u. *endo-$D_{(2)}$-Bicyclo-[3.2.1]-octan* im $\nu_{CD}$-Bereich können Vf. den aus **II** erhaltenen KW-Stoff als exo-Isomeres (D in axialer Stellung) identifizieren. G. O. Jäger 490△

*1260* **Reaktion von Styrylpyridinmethojodiden mit Anilin.** P. J. Grisdale, J. C. Doty, T. H. Regan und J. L. R. Williams. (J. org. Chemistry **32** (1967) 8, 2401–05; Rochester, N.Y., Eastman Kodak Co., Res. Labor.; engl.) — Es werden die Rk. von *cis-* u. *trans-2-* (**I**), *trans-4-* (**II**) u. *trans-3-Styryl-* (**III**), *trans-2-* (**IV**) u. *trans-4-[4-Chlorstyryl]-* (**V**), *trans-2-* (**VI**) u. *trans-4-[4-Nitrostyryl]-pyridinmethojodid* (**VII**) u. *trans-2-Styrylchinolinmethojodid* (**VIII**) mit Anilin (**IX**) untersucht. Beim Kochen von **I** mit **IX** werden neben *2-Methylpyridin, N-Methyl-* u. *N.N-Dimethylanilin* als Hauptprod. *2.4'-* (**X**, F. 131–132°) u. *4.4'-Diaminotriphenylmethan* (**XI**, F. 142–144°) gebildet. **X** u. **XI** entstehen auch bei den analogen Rk. von **II** u. **VIII** mit **IX**, während aus **III** nur ein *Solvat* von **III** mit **IX** [F. 71–73° (Cyclohexan)] erhalten wird. Die Konstit. von **X** bzw. **XI** sind durch IR-, UV-, NMR- u. massenspektroskop. Unters. sowie durch Überführung von **X** in *9-Phenylacridin* gesichert. Aus **V** u. **IX** entsteht ein Gemisch aus *2.4'-* u. *4.4'-Diamino-4''-chlortriphenylmethan*. Die bei den Rk. von cis- u. trans-**I**, **II**, **IV**, **V**, **VI** u. **VII** mit **IX** zunächst gebildeten Addukte 4-(A) u. 2-[$\beta$-Anilino-$\beta$-aryl]-äthylpyridinmethojodide (**B**) — können unter milden Rk.-Bedingungen isoliert werden: **A**: *$\beta$-Phenyl-*, $C_{20}H_{21}JN_2$, F. 176 bis 138°; *$\beta$-[4-Chlorphenyl]-*, $C_{20}H_{20}ClJN_2$, F. 151°; *$\beta$-[4-Nitrophenyl]-*, $C_{20}H_{20}JN_3O_2$, F. 149°. — **B**: *$\beta$-Phenyl-* (**XII**), $C_{20}H_{21}JN_2$, F. 172–174°; *$\beta$-[4-Chlorphenyl]-* $C_{20}H_{20}ClJN_2$, F. 166°; *$\beta$-[4-Nitrophenyl]-*, $C_{20}H_{20}JN_3O_2$, F. 195°. — Ferner wurde *N-Benzylidenanilin* (F. 43 bis 44°) durch Sublimieren von **XII** dargestellt. G. O. Jäger 490△

*1261* **Nucleophile Substitution und Eliminierung.** 8. Mitt. **Beweis für das Verschmelzen der Mechanismen in konkurrierenden $S_N2$- und E2-Prozessen.** G. M. Fraser und H. M. R. Hoffmann. (J. chem. Soc. [London], Sect. B **1967**, 5, 425–27; W. Ramsay and R. Forster Labor., Univ. Coll., London; engl.) — 7. vgl. C. **1969**, **7**-1108. — Das Verhältnis $k_T/k_{Br}$ (mit T = Toluol-p-sulfonat) für die Rk. $C_2H_5O^- + RX \rightarrow ROC_2H_5$ + Olefin + $X^-$ in $C_2H_5OH$ mit X = Br oder T u. R = $CH_3$, $C_2H_5$, n-$C_3H_7$, i-$C_3H_7$, i-$C_4H_9$ u. Neopentyl wird für den $S_N2$- u. den E2-Mechanismus bestimmt. Ebenso für die Rk. $(CJ_3)_3CO^-$ + RX $\rightarrow$ RO–C$(CH_3)_3$ + Olefin + $X^-$ mit R = $CH_3$, $C_2H_5$, n-$C_3H_7$, i-$C_4H_9$ u. n-$C_{18}H_{37}$ in $(CH_3)_3COH$. L. Leonhardt 490

*1262* **Verhalten von Keten gegenüber Tetrahydropyran und Kohlenhydraten verwandten $\alpha$-Methoxyhemiacetalhalogeniden.** Charles D. Hurd und A. J. Richardson. (J. org. Chemistry **32** (1967) 11, 3516–20; Evanston, Ill., Northwestern Univ., Dep. of Chem.; engl.) — Es wird die Rk. von Keten mit *2.3-Dimethoxy-* (**I**), *2-Acetoxy-3-methoxy-* (**II**), *2-Chlor-3-methoxy-* (**III**) u. *2-Brom-3-methoxytetrahydropyran* (**IV**), sowie von *Tetra-O-methyl-D-glucopyranosylacetat* (**V**) u. *-bromid* (**VI**) in Ggw. von $ZnCl_2$ untersucht. Während **I**, **II** u. **V** nicht mit Keten reagieren, kann bei **III** u. **IV** die Bldg. des *Lactons* der *[3-Hydroxypyranyl-(2)]-essigsäure* u. bei **VI** die Bldg. eines analogen Lactons nachgewiesen werden. Im Rahmen dieser Arbeit wurden folgende neue Verb. synthetisiert: [Tetrahydropyranyl-(2)]-essigsäuren: *Methylester*, $C_8H_{14}O_3$, $Kp._{0,04-0,1}$ 52–54°. *3-Methoxy-*, $C_8H_{14}O_4$, F. 55–69°; *Methylester*, $C_9H_{16}O_4$, $Kp._{0,06}$ 65°. — *[Tetrahydropyranyl-(2)]-malodinitril*, $C_8H_{10}N_2O$, $Kp._{0,04}$ 90 bis 93°. — Pentanale: *5-Acetoxy-* [$\rightarrow$ *Äthylmercaptal*, $C_{11}H_{22}O_2S_2$, $Kp._{0,07}$ 107–110°]. *5-[Tetrahydropyranyl-2-oxy]-*, $C_{10}H_{18}O_3$, $Kp._{0,1}$ 64–68°, [$\rightarrow$ *Äthylmercaptal*, $C_{14}H_{28}O_2S_2$, $Kp._{0,25}$ 138°]. — *Bis-[3-methoxytetrahydropyranyl-(2)]-äther*, $C_{12}H_{22}O_5$, $Kp._{0,02}$ 88–90°. — Tetrahydropyrane: *3-Methoxy-2-hydroxy-*, $C_6H_{12}O_3$, $Kp._{0,05}$ 60°. *2-Methoxy-3-hydroxy-*, $C_6H_{12}O_3$, $Kp._{19}$ 92–93°. *2.3-Dimethoxy-*, threo, erythro-Isomerengemisch, $C_7H_{14}O_3$, $Kp._{29}$ 80–83°. *3-Methoxy-2-acetoxy-*, $C_8H_{14}O_4$, $Kp._{0,03}$ 50–51°. — *[3-Methoxytetrahydropyranyl-(2)]-malonsäurediäthylester*, $C_{13}H_{22}O_6$, $Kp._{0,14}$ 112°. — *Tetra-O-methyl-D-glucopyranosylpropionat*, $C_{13}H_{24}O_7$, $Kp._{0,04}$ 105–107°. G. O. Jäger 490△

*1263* **1.3-Acylwanderungen bei der thermischen Zersetzung von N-Acyltriazenen.** David Y. Curtin und J. Douglas Druliner. (J. org. Chemistry **32** (1967) 5, 1552–57; Noyes Chem. Labor., Univ. of Ill., Urbana, Ill.; engl.) — Durch Kupplung aromat. Diazoniumfluoroborate mit metallierten Acetanilidderiv. werden folgende N-Acetyl-diaryl-triazene dargestellt: *N-Acetyldiphenyltriazen, N-Acetyl-N-[p-chlorphenyl]-N'-[p-methoxyphenyl]-triazen* (F. 117°, Zers.), *N'-Acetyl-N-[p-chlorphenyl]-N'-[p-methoxyphenyl]-triazen* (F. 141–141,5°), *N-Acetyl-N-[p-trifluoromethylphenyl]-N'-[p-methoxyphenyl]-triazen* (F. 100–110°, Zers.), *N-Acetyl-N-[p-trifluoromethylphenyl]-N'-[p-methoxyphenyl]-triazen, N-Acetyl-N-[p-nitrophenyl]-N'-[p-methoxyphenyl]-triazen* (F. 120 bis 195°). Diese Verb. wurden der therm. Zers. unterworfen, die dabei entstehenden Prod. untersucht u. der Mechanismus dieser Rk. bestimmt. K. Jasche 492△

*1264* **Isomerisierung des Cyclohexylkations bei der Reaktion von $^{14}C_{(1)}$-Cyclohexylamin mit salpetriger Säure.** T. N. Šatkina, E. V. Leont'eva und O. A. Reutov. (Doklady Akad. Nauk SSSR **177** (1967) 1, 143 bis 144; Inst. èlementoorg. soedin. AN SSSR; russ.) G. Ewald 492

*1265* **Einfluß von o-Substituenten auf die Gleichgewichtsumwandlung von Chinondiaziden zu Oxyphenyldiazoniumsalzen.** G. A. Nikiforov, L. G. Plechanova und

V. V. Eršov. (Izvest. Akad. Nauk SSSR, Ser. chim. **1967**, 2, 452—54; Inst. chim. fiz. AN SSSR; russ.) — UV-spektroskop. untersucht wird die Umwandlung von *2-Brom-4-diazo-2.5-cyclohexadienon* u. einigen 2-Alkyl-4-diazo-2.5-cyclohexadienonen zu den entsprechenden 3-substituierten 4-Hydroxyphenyldiazoniumchloriden.
J. Polaczek 492△

*1266* **Nachweis einer säurekatalysierten α.β-Epimerisierung in Pyridinnucleotiden.** D. W. Miles, D. W. Urry und H. Eyring. (Biochemistry [Washington] **7** (1968) 6, 2333—38; Inst. for Biomed. Res., Educat. and Res. Foundation, American Med. Assoc., Chicago, Ill.; engl.) — Das CD- u. ORD-Verh. von *α-DPNH*, *β-DPNH*, *β-Desamino-DPNH* (*Dihydronicotinamid-Hypoxanthindinucleotid*) u. *1.4-Dihydronicotinamidribonucleotid* wird untersucht u. bez. einer α.β-Epimerisierung an der Nicotinamid-Ribosidbindung neben der Addition der 5.6-Doppelbindung des Dihydropyridins in Ggw. von Säuren u. mehrbas. Anionen diskutiert. W. Sobieski 492

*1267* **Struktur und Stereochemie der Produkte der Benzilsäureumlagerung von 3α.17β-Diacetoxy-11-hydroxy-5β-androsten-[9(11)]-on-(12).** Paul Kurath. (J. org. Chemistry **32** (1967) 11, 3626—35; North Chicago, Ill., Abbott Labor., Org. Chem. Dep.; engl.) — Bei der Benzilsäureumlagerung von *3α.17β-Diacetoxy-11-hydroxy-5β-androsten-[9(11)]-on-(12)* (**I**; F. 247—248°) wird das *11a.17-Lacton* der *3α.11α.17β-Trihydroxy-13α-C-nor-5β-androstancarbonsäure-(11β)* (**II**; F. 187—188°) erhalten. Konstit. u. Konfig. von **II** sind durch UV-, NMR-, IR- u. massenspektroskop. Unters., Darst. des *3α.11α-Di-O-acetyl-* (F. 179—180°) u. des *3α-O-[p-Brombenzoyl]-deriv.* (F. 250—251°), Überführung von **II** in das *11a.17-Lacton* der *11α.17β-Dihydroxy-3-oxo-13α-C-nor-5β-androstancarbonsäure-(11β)* (**III**; F. 247—249°) u. dessen *11α-O-Acetylderiv.* (F. 176—179°), sowie durch Abbau von **II** zu *3α.17β-Dihydroxy-13α-C-nor-5β-androstanon-(11)* (**IV**; F. 185—185,5°) gesichert. Bei der Umlagerung von **I** zu **II** findet eine Retro-Aldolkondens. statt, die zu einer Epimerisierung an C(13) führt. Die Darst. von **I** aus *3α.17β-Diacetoxy-11α-brom-* (F. 166—167°) u. *3α.17β-Diacetoxy-11β-brom-5β-androstanon-(12)* (F. 186—188°) wird beschrieben. Die Massenspektren von **II**, **III** u. **IV** sind graph. wiedergegeben. Ferner wurden folgende neue Verb. dargestellt: 5β-Androstanone-(11): *3α.12β.17β-Trihydroxy-* (F. 235—236°), *3α.12β.17β-Triacetoxy-* (F. 155—156°), *3α.17β-Diacetoxy-* (F. 180—181°), *3α.17β-Diacetoxy-12β-hydroxy-* (F. 189—190°). — Das Tri-O-acetylderiv. von **I** (F. 188—189°). — *3α.11α.17β-Trihydroxy-13α-C-nor-5β-androstancarboxaldehyd-(11β)*, *11α.17-Hemiacetal* ($[\alpha]_D^{25}$ —50°, c = 1,014). — *17β-Formyloxy-3α-hydroxy-13α-C-nor-5β-androstanon-(11)* ($[\alpha]_D^{24}$ —4°, c = 0,972]. G. O. Jäger 492△

*1268* **Pyrolyse von reinem Isopentan.** André Combes, René Martin, Marjan Dzierzynski und Michel Niclause. (J. Chim. physique Physico-Chim. biol. **64** (1967) 5, 869—79; Labor. de Chim. Gén. et de Chim. Radicalaire, ENSJC, Nancy; franz.) — Untersucht wurde die Kinetik u. ihre Beeinflussung durch Modifizierung der Reaktorwände. A. Babczyński 493△

*1269* **Das Trichlormethyl-Radikal als Reaktionszwischenprodukt.** Ralf Steudel. (Z. Naturforsch. **23b** (1968) 9, 1163—70; Inst. für Anorgan. u. Analyt. Chem., TU Berlin; dt.) — Pyrolyse (Pyr) u./oder Plasmalyse (Pl, Glimmentladung) nachst. Verb. in der Gasphase werden unter Strömungsbedingungen bei 0,05—0,1 Torr untersucht u. die Rk.-Prod. massenspektrometr. direkt oder nach Einfrieren bei —190° IR-spektroskop. identifiziert: *Tetrachlorkohlenstoff* (**I**, Pyr u. Pl), *Hexachloräthan* (**II**, Pyr), *Chloroform* (**III**, Pyr u. Pl), *Thiophosgen* (**IV**, Pyr u. Pl), *Tetrachloräthylen* (Pl), *Hexachlorsilaäthan* (Pyr u. Pl), *Dichlordibrommethan* (Pyr), *Tetrabromkohlenstoff* (Pyr) u. *Trichlorfluormethan* (Pyr + Ag). Bei den Rk. von **I**—**IV** konnte das $CCl_3$-Radikal als Zwischenprod. isoliert werden. Die Rk.-Mechanismen werden auf der Grundlage der qual. u. halbquant. Prod.-Analyse diskutiert. Dargestellt wurden u. a. *Selenkohlenstoff* u. *Selenophosgen* (durch Pl eines $CCl_4$-Se-Gemisches bei 250°).
W. Sobieski 493

*1270* **Kohlenstoff-Isotopeneffekte bei der Zersetzung von Oxalsäure in Glycerinlösungen.** Warren E. Buddenbaum, M. A. Haleem und Peter E. Yankwich (J. physic. Chem. **71** (1967) 9, 2929—33; Univ. of Ill., Urbana; engl.) — Bei der Zers. von Oxalsäure in 96%ig. Glycerin werden zwischen 98 u. 135° Best. des intramol. Isotopeneffektes u. der zwei abgeleiteten intermol. Isotopeneffekte durchgeführt. Die Ergebnisse werden im Lichte vereinfachter Berechnungen über ein „Acht-Atom-Modell" u. der Analyse abnormer Temp.-Effekte bei der kinet. Isotopen-Fraktionierung geprüft.
K. Jasche 493△

*1271* **Chemie des Myons. 1. Mitt. Untersuchung der Temperaturabhängigkeit chemischer Wechselwirkungen des Myons.** G. G. Mjasiščeva, Ju. V. Obuchov, V. S. Roganov und V. G. Firsov. (Chim. vysokich Ėnerg. **1** (1967) 4, 387—89; Inst. teoret. i ėksp. fiz.; russ.) — Vf. bestimmten die abs. Werte der RGK der chem. Rk. des Myons aus dem Asymmetriekoeff. der Winkelverteilung der Zerfallspositronen in *W.*, *Cyclohexan* u. *Bromoform* bei verschiedenen Temperaturen.
G. Ewald 494

*1272* **Chemie des Myons. 2. Mitt. Reaktionsfähigkeit des Myons bei der Reaktion mit halogenaromatischen Verbindungen.** G. G. Mjasiščeva, Ju. V. Obuchov, V. S. Roganov und V. G. Firsov. (Chim. vysokich Ėnerg. **1** (1967) 4, 390—93; russ.) — 1. vgl. vorst. Referat. — Wie vorst. wird die Rk.-Fähigkeit des Myons gegenüber *Fluor-*, *Chlor-*, *Brom-*, *Jodbenzol* u. ihren Gemischen mit *Cyclohexan* untersucht. G. Ewald 494

*1273* **Intrapartikeldiffusion bei der katalytischen Verbrennung von Methan, Äthan und Propan.** N. T. Thomas und Ken Nobe. (Environment Sci. Technol. **2** (1968) 8, 622—27; Univ. of Calif., Los Angeles, Calif.; engl.) — Der Einfl. der Porendiffusion auf die Kinetik der Verbrennung der Titelverb. an $CuO–Al_2O_3$-Kontakten wird untersucht. W. Sobieski 494

*1274* **Asymmetrische Hydrierung mit modifiziertem Raney-Nickel.** 9. Mitt. Yoshiharu Izumi, Tadashi Tanabe, Shinichi Yajima und Masami Imaida. (Bull. chem. Soc. Japan **41** (1968) 4, 941—43; Div. of Organ. Chem., Inst. for Protein Res., Osaka Univ., Kita-ku, Osaka; engl.) — 8. vgl. ibid. **39** (1966) 10, 2223. — Raney-Ni wird mit *$L_s$-3.3-Dimethyl-2-hydroxybuttersäure* u. *L-tert.-Leucin* zu einem Katalysator für asymm. Hydrierung modifiziert u. auf die Hydrierung von *Acetessigsäuremethylester* zu 3-Hydroxybuttersäuremethylester analog l.c. angewandt. Der Einfl. von pH-Wert u. Temp. bei der Modifizierung sowie von α-Alkylsubstituenten (Vgl. mit l.c. untersuchten Verb.) auf die Aktivität des Katalysators wird diskutiert.
W. Sobieski 495

*1275* **Chemie heißer Tritiumatome in binären Systemen. Mögliche Reaktionsmechanismen von abgebremsten Tritonen.** È. S. Filatov, L. Koltai und An. N. Nesmejanov. (Chim. vysokich Ėnerg. **1** (1967) 5, 428—35; Mosk. gos. univ. im. Lomonosova; russ.) — Vf. untersuchten die Verteilung von Tritium (T) zwischen fl., flüchtigen u. „polymeren" Prod., die nach der Kernrk. $^6Li(n,\alpha)T$ in fl. Gemischen von *n-Dibutyläther* mit *Bzl.*, *Propanol* u. *Cyclohexan* gebildet werden.
G. Ewald 496

*1276* **Mechanismus der Bildung von Hydroperoxiden bei der strahlenchemischen Oxydation von n-Heptan und n-Nonan (Einfluß der Temperatur und der Dosisleistung).** V. V. Saraeva, V. E. Pospelov und N. A. Bach. (Neftechimija **7** (1967) 4, 596—602; Mosk. gos. univ. im. Lomonosova; russ.) G. Ewald 498

*1277* **Einfluß der Dosisleistung auf die Radiolysekinetik von Cyclohexan. Cyclohexan als chemisches Dosimetersystem.** V. I. Makarov und L. S. Polak. (Neftechimija **7** (1967) 2, 219—23; Inst. neftechim. sintesa im. Topčieva AN SSSR; russ.) G. Ewald 498

*1278* **Bildung von Radikalen bei der photochemischen Oxydation von Benzol in der Gasphase.** T. A. Garibjan, G. L. Grigorjan, A. A. Mantasjan und A. B. Nalbandjan. (Doklady Akad. Nauk SSSR **177** (1967) 1, 149—51; Labor. chim. fiz. AN Arm. SSR; russ.) G. Ewald 498

1279 **Existenz eines Radikals mit 13 äquivalenten Protonen unter den Radiolyseprodukten eines Durol-Einkristalls.** Jacques Heurtaux und Michel Martin-Bouyer. (C. R. hebd. Séances Acad. Sci., Sér. A et B **267** (1968) 14, B 629—31; Inst. d'Ét. nucléaires d'Alger; franz.) J. Richter 498

1280 **Photochemische Aktivität aromatischer Acetylenderivate in fester Matrix.** T. S. Žuravleva und D. N. Šigorin. (Ž. fiz. Chim. **41** (1967) 12, 3108—10; NI fiz.-chim. inst. im. Karpova, Moskva; russ.) — Mit Hilfe von ESR-Spektren wird die Bldg. von Radikalen aus den Lsgm. durch UV-Bestrahlung der festen Lsg. von nachst. Luminophoren: *Phenylacetylen, Methyl-, Äthyl-* u. *Diphenylacetylen* in Matrizen aus *Methanol, A., Isopropanol + Isopentan* (3:7), *Methylcyclohexan + Isopentan* (1:3) untersucht. C. Kozák 498△

1281 **Hochenergetische Methylradikale: Photolyse von $CH_3Br$ bei 1850 Å.** P. C. Kobrinsky und R. M. Martin. (J. chem. Physics **48** (1968) 12, 5728—29; Dep. of Chem., Univ. of Calif., Santa Barbara, Calif.; engl.) — Die Quantenausb. der $CH_4$-Bldg. aus *Methylbromid* in Ggw. von 3% $Br_2$ bei 1850-Å- u. 2537-Å-Bestrahlung wird bestimmt. W. Sobieski 498

1282 **Bildung von Radikalen bei der Tieftemperaturradiolyse einiger stickstoffhaltiger Verbindungen.** 2. Mitt. **Nitroverbindungen.** V. I. Trofimov und I. I. Čcheidze. (Chim. vysokich Énerg. **1** (1967) 5, 466—71; Inst. chim. fiz. AN SSSR; russ.) — Vf. bestimmten die Radikalausb. u. analysierten die ESR-Spektren unmittelbar während der Bestrahlung von *Nitromethan, Nitroäthan, 2-Nitropropan, Nitroäthylen* u. *2-Nitropropylen.* G. Ewald 498

1283 **Photoinduzierte Reaktionen.** 6. Mitt. **Photochemische Entstehung des keto-Tautomeren des Phenols aus 2.4.6-Tri-tert.-butyl-4-methoxycyclohexadien-(2.5)-on.** Teruo Matsuura und Katsuyuki Ogura. (J. Amer. chem. Soc. **89** (1967) 15, 3846—50; Dep. of Synthetic Chem., Fac. of Engng., Kyoto Univ., Kyoto, Japan; engl.) — 5. vgl. C. **1969**, 12—1273. — Spektrophotometr. wurde die Bldg. von *2.4.6-Tri-tert.-butyl-3-methoxy-hexadien-(2.5)-on* (F. 87—87,5°) u. seines Phenoltautomeren *2.4.6,-Tti-tert.-butyl-3-methoxyphenol* (F. 125—127°) sowie die Bldg. der Zwischenprod. untersucht. K. Vacek 498

1284 **Photoinduzierte Reaktionen.** 7. Mitt. **Photochemische Bildung und Reaktionen im Grundzustand von Bicyclo-[2.1.0]-pentanon-(2).** Teruo Matsuura und Katsuyuki Ogura. (J. Amer. chem. Soc. **89** (1967) 15-3850—57; engl.) — Vgl. vorst. Referat. — Bei der Photolyse von *2.4.6-Tri-tert.-butyl-4-methoxycyclohexadien-(2.5)-on* in Lsg. von $CH_3COOH$–A.–W. entstehen *trans-* (F. 80—81°) u. *cis-2.5-Di-tert.-butyl-4-[tert.-butylcarbonyl]-cyclopenten-(2)-on* (F. 79,5—80,5°), *trans-* (F. 101—102°) u. *cis-1.3-Di-tert.-butyl-5-[tert.-butyl-carbonyl]-bicyclo-[2.1.0]-pentanon-(2)* (F. 141—141,5°) sowie *α.γ-Di-tert.-butyl-γ-[3.3-dimethyl-Δ¹-butenyl-(1)]-crotono-γ-lacton.* Die Arbeit enthält Unters. der photochem. u. chem. Rk. der Rk.-Produkte. K. Vacek 498

1285 **Photochemie von β.γ-ungesättigten bicyclischen Ketonen. Eine neue Synthese überbrückter Cyclobutanone.** William F. Erman und Herbert C. Kretschmar. (J. Amer. chem. Soc. **89** (1967) 15, 3842—46; Procter & Gamble Co., Miami Valley Labor., Cincinnati, O.; engl.) — IR- u. NMR-spektroskop. sowie gaschromatograph. wurden die Folgeprod. bei der Photolyse von *Bicyclo-[3.3.1]-nonen-(2)-on-(9),* (F. 100—101,5°), *Bicyclo-[3.2.1]-octen-(2)-on-(8)* (Kp.$_4$ 70°) u. *1.1.5-Trimethylbicyclo-[3.1.1]-hepten-(4)-on-(7)* untersucht. K. Vacek 498

1286 **Photochemische Umwandlungen ungesättigter bicyclischer Ketone. Verbenon und seine photodynamischen Produkte aus der UV-Bestrahlung.** William F. Erman. (J. Amer. chem. Soc. **89** (1967) 15, 3828—41; Procter & Gamble Co., Miami Valley Labor., Cincinnati, O.; engl.) — Bei der UV-Bestrahlung ($\lambda > 300$ mμ) von (—)-*Verbenon* in Cyclohexan als Lsgm. entsteht als Hauptprod. *Chrysanthenon* (**II**). Die Photolyse der Nebenprod. wurde untersucht. Die Identifizierung sämtlicher Prod. wurde mit Hilfe von IR-, NMR-Spektren u. chromatograph. vorgenommen. Der Mechanismus der Photoumwandlung **I** → **II** wird diskutiert. K. Vacek 498

1287 **Mechanismen photochemischer Reaktionen in Lösung.** 37. Mitt. **Lösungsmitteleffekte bei der Photolyse von Tetramethyloxetanon.** Peter J. Wagner, Charles A. Stout, Scott Searles jun. und George S. Hammond. (J. Amer. chem. Soc. **88** (1966) 6, 1242—44; Pasadena, Calif., Calif. Inst. of Technol.; engl.) — 35. vgl. C. **1968,** 10-0966. — Untersucht wurde die Photolyse (3130 Å) der Titelverb. (F. 48°) in folgenden Lsgm.: *Acetonitril, A., Isopropanol, Pentanol-(2), 3-Methylpentanol-(3), Cyclohexan, n-Hexan* u. *Piperylen.* G. O. Jäger 498

1288 **Strahlenchemische Untersuchungen von Lösungen einiger Aminosäuren und Peptide.** A. Sultanov, D. R. Chalikov und A. P. Ibragimov. (Uzbekskij biol. Ž. **11** (1967) 1, 3—6; Inst. zool. i parazitol. AN Uzb.SSR; russ.) G. Ewald 498

1289 **Einfluß des Mediums auf die Ausbeute von Photolyseprodukten von Leukoverbindungen der Triphenylmethanfarbstoffe.** D. N. Šigorin und M. A. Pak. (Ž. fiz. Chim. **41** (1967) 11, 2948—51; Moskva, NI fiz.-chim. inst. im. Karpova; russ.) — Der Mechanismus der UV-Photolyse unter Bldg. von Kationenradikalen wird aufgestellt u. am Beispiel der Leukobase von Kristallviolett in verschiedenen Lsgm. bei 77 bzw. 293° durch fluoreszenzspektroskop. Unters. bestätigt. C. Kozák 498△

## C. Präparative organische Chemie, Naturstoffe

1290 **Regeneration von Carbonylverbindungen aus Oximen mit Eisenpentacarbonyl und Bortrifluorid.** Howard Alper und John T. Edward. (J. org. Chemistry **32** (1967) 9, 2938; Montreal, Can., McGill Univ., Dep. of Chem.; engl.) — Kochen eines Oxims mit äquival. $Fe(CO)_5$ (**I**) in Ggw. von $BF_3$ in Butyläther liefert die entsprechende Carbonylverb. unter wasserfreien Bedingungen in 55—81%ig. Ausbeute. Die Rk. gelingt nur mit gleichzeitigem Einsatz von **I** u. $BF_3$.

Versuche: *Cyclohexanon,* durch 20std. Kochen des Oxims mit **I** in Ggw. von $BF_3$ in Butyläther unter $N_2$; 81% (Ausb.). — *4-Methyl-4-trichlormethylcyclohexadienon-(1),* analog vorst. Verb.; 72%. — *Fluorenon*; 69%. — *Δ⁴-Cholestenon-(3)*; 67%. — *Santonin*; 67%. — *O-Methylpodocarpinal*; 55%. H. Gleinig 510△

1291 **Molekularsiebe bei Veresterungsreaktionen.** Robert L. Stern und Eliot N. Bolan. (Chem. and Ind. **1967** 20, 825—26; Dep. of Chem., Northeastern Univ., Boston, Mass.; engl.) — Am Beispiel der Veresterung von Benzoesäure mit Butanol-(2) unter Zusatz von $H_2SO_4$ wird gezeigt, daß Molekularsiebe das Gleichgew. der Veresterungs-Rk. unter Aufnahme von $H_2O$ zugunsten des Esters verschieben. Die Ausb. u. Rk.-Zeit liegt günstiger als bei den bisherigen Methoden. In analoger Weise wird auch die Bldg. von *Benzoesäuremethylester, Benzoesäureäthylester, Essigsäurecyclohexylester, Zimtsäureäthylester, Adipinsäurediäthylester, Trichloressigsäuremethylester, Benzoesäure-tert.-butylester* u. *2.4.6-Trinitrobenzoesäureäthylester* untersucht. W. Kohl 510

1292 **Produkte der Elektroreduktion von Dieldrin, Endrin und β-Chlordan bei kontrolliertem Potential.** Andrzej Cisak. (Roczniki Chem. [Ann. Soc. chim. Polonorum] **41** (1967) 4, 809—16; Warszawa, Univ., Dep. of Inorg. Chem.; engl.) — Die Elektroreduktion von

Dieldrin (**I**), Endrin (**II**) u. β-Chlordan (**III**) führt jeweils zur Cl-Eliminierung u. H-Aufnahme. Aus **I** entsteht bei −1,7 V $C_{12}H_9Cl_5O$, aus **II** bei −1,7 V $C_{12}H_9Cl_5O$, bei −2,4 V $C_{12}H_{11}Cl_3O$ u. aus **III** bei −2,4 V $C_{12}H_9Cl_3$. Die Struktur dieser Verb. wird an Hand von UV- u. IR-Spektren diskutiert. Die Red. des Hexachlorcyclopentanringes erfolgt durch sukzessiven Ersatz des Cl durch H, abweichend von Hexachlorcyclohexanring, bei dem alle Cl-Atome gleichzeitig reagieren u. Bzl. als einziges Endprod. erhalten wird. Bei der Rk. von Dichlorcyclopentan mit benachbartem Cl wird dieses abgespalten unter Bldg. von C=C-Bindungen. Die ster. Konfig. der Substanz bleibt erhalten. Die verwendete Apparatur wird beschrieben. L. Redinger 510

*1293* **Mechanismus der Decarboxylierung von Indol-2-carbonsäuren.** S. Ghosal. (Indian J. Chem. **5** (1967) 12, 650–52; Varanasi, Banaras Hindu University, Dep. of Pharmaceutics; engl.) — Die Decarboxylierung von Skatol-2-carbonsäure, Indol-2-carbonsäure, 5-Methoxyindol-2-carbonsäure u. 1-Methyl-5-methoxy-indol-2-carbonsäure in Ggw. von Cu, 2 n HCl, Äthylenglykol oder Chinolin wird untersucht. Meth. u. Mechanismus der Rk. s. Original. L. Biste 510

*1294* **Neues Peptidkupplungsreagens.** D. S. Kemp und S. W. Chien. (J. Amer. chem. Soc. **89** (1967) 11, 2743 bis 2745; Dep. of Chem., Mass. Inst. of Technology, Cambridge, Mass.; engl.) — 2.3-Dihydroxybenzaldehyd wird in 75%ig. Ausb. zum *7-Hydroxy-2-äthyl-benzisoxazolium-tetrafluoroborat* (F. 136–137°) umgesetzt, das mit Carbonsäure-Na-Salzen in einer mit einem Py.-Puffer auf pH 4,5 gehaltenen u. mit Äthylacetat überschichteten wss. Lsg. *3-Acyloxy-2-hydroxy-N-äthyl-benzamide* [**A**, *3-Acetyl-* (**I**), F. 136–137°; 77%. *3-Benzyloxycarbonyl(Z)-Gly-* (**III**), F. 121–122°; 85%. *3-[Z-Gly-L-Phe]-* (**II**), F. 115–116°, aus Z-Gly-2-Phe-OH; $[\alpha]_D^{22}$ −29,2° (c = 2; $CH_2Cl_2$)], liefert. Die Azlactonbldg. liegt bei < 0,5%, Racemisierung wird nicht nenneswert beobachtet [**II** racemisiert nach 12 Std. in abs. DMF/Triäthylamin nur zu 0,5% (ermittelt als *Z-Gly-DL-Phe-Gly-OC₂H₅*)]. O-(Z-Gly-L-Phe)-N-äthyl-salicylamid racemisiert unter ident. Bedingungen 4000mal schneller. Die Struktur von **I** wird durch Acetylierung von 2.3-Dihydroxy-N-äthyl-benzamid (zu 73%) sowie durch Rk. mit äther. $CH_2N_2$-$HBF_4$ u. nachfolgende Hydrolyse zum *3-Hydroxy-2-methoxy-N-äthyl-benzamid* bewiesen. Die Basenstabilität der **A** gestattet ihre Verw. in Kupplungsrk. mit Aminosäuresalzen: Rk. von **III** mit überschüssigem L-Phe-OH-Tetramethylammoniumsalz ergibt nach Zugabe von wss. $NaHCO_3$, Äthylacetat-Extraktion u. Ansäuern 91% *Z-Gly-L-Phe-OH*, F. 129–130°; $[\alpha]_D^{23}$ +39,9° (c = 2; A.). **II** kondensiert mit Glycintetramethylammoniumsalz in DMS zu 89% *Z-Gly-L-Phe-Gly-OH*, F. 162–163°; $[\alpha]_D^{22}$ −14,8° (c = 1,3; A.), dessen opt. Reinheit > 99,5% beträgt. H.-J. Schönherr 510

*1295* **Bildung von 2-Methylpentandiol-(2.4) bei einer Meerwein-Ponndorf-Verley-Reduktion.** Carl H. Snyder. (J. org. Chemistry **32** (1967) 9, 2904–05; Dep. of Chem., Univ. of Miami, Coral Gables, Fl.; engl.) — Vgl. ibid. **31** (1966) 4220. — Vf. können zeigen, daß bei Meerwein-Ponndorf-Verley-Red. immer dann *2-Methylpentandiol-(2.4)* (**I**, $C_6H_{14}O_2$; $n_D^{20}$ 1,4285) als Nebenprod. entsteht, wenn das entstandene Aceton nicht kontinuierlich aus dem Rk.-Gemisch entfernt wird. Die gaschromatograph. bestimmten Ausb. an **I** steigen mit der Konz. an Al-Triisopropylat an. Rk.-Mechanismen werden diskutiert. G. O. Jäger 520△

## C–1. Acyclische Verbindungen

*1296* **Telluriumchlorid-alkoxide.** R. C. Mehrotra und S. N. Mathur. (Indian J. Chem. **5** (1967) 5, 206–08; Dep. of Chem., Rajasthan Univ., Jaipur; engl.) — Titelverb. vom Typ $TeCl_H(OR)_{4-H}$ (R = $C_2H_5$ oder i-$C_3H_7$) u. *Trialkoholate* (**A**) vom Typ $TeCl_4 \cdot 3ROH$ (R = $CH_3$, $C_2H_5$, n-$C_3H_7$, i-$C_3H_7$, n-$C_4H_9$, i-$C_4H_9$, sek.-$C_4H_9$ u. i-$C_5H_{11}$) werden durch die Rk. von *Te-Tetra-alkoxiden* (**B**) mit Acetylchlorid bzw. durch die Rk. von $TeCl_4$ mit den Alkoholen erhalten. Rk. zwischen **B** u. wasserfreiem HCl führt zu **A**.

Versuche (durch Rk. zwischen $Te(OC_2H_5)_4$ (**I**) u. $CH_3COCl$ (**II**), Zugabe von **II** zu einer gekühlten Lsg. von **I** in Bzl. u. 4std. Kochen bei 80–90°) *Te(OC₂H₅)₃Cl*, $Kp._{0,4}$ 135°; 97% (Ausb.). — *Te(OC₂H₅)₂Cl₂*; 94%. — *Te(OC₂H₅)Cl₃ · 0,5CH₃COOC₂H₅*; 100%. — *TeCl₄ · 0,5CH₃COOC₂H₅*; 97% (gibt bei Subl. 120°/0,5 mm $TeCl_4$) 97%. — *Te(O-i-C₃H₇)₃Cl*, $Kp._{0,2}$ 117°; 91%. — *Te(O-i-C₃H₇)₂Cl₂*; 100%. — *Te(O-i-C₃H₇)Cl₃ · 0,5CH₃ · COO-i-C₃H₇*; 95%. — *TeCl₄ · 0,5CH₃COO-i-C₃H₇*; 96 bis 98% (gibt bei Subl. $TeCl_4$). — *TeCl₄ · 3CH₃OH*, durch Rk. von $TeCl_4$ mit Methanol u. von **B** mit HCl-Gas; 88%. — *TeCl₄ · 3C₂H₅OH*; 85%. — *TeCl₄ · 3n-C₃H₇OH*; 89%. — *TeCl₄ · 3i-C₃H₇OH*; 89%. — *TeCl₄ · 3n-C₄H₉OH*; 100%. — *TeCl₄ · 3i-C₄H₉OH*; 100%. — *TeCl₄ · 3sek.-C₄H₉OH*; 92%. — *TeCl₄ · 3i-C₅H₁₁OH*; 100%. — *TeCl₄ · 3C₂H₅OH*, aus **I** u. HCl-Gas; 100%. — *TeCl₄ · 3i-C₃H₇OH*, aus Te(O-i-$C_3H_7$)$_4$ u. HCl-Gas; 100%. W. Kohl 640

*1297* **Chemische Umwandlungen von α-Alkoxyacroleinen. 2. Mitt. Synthese und einige Eigenschaften von α-Methoxyacrolein.** M. F. Šostakovskij, N. A. Kejko, A. P. Čičkarev und A. Ch. Filippova. (Izvest. Akad. Nauk SSSR, Ser. chim. **1967**, 10, 2351–54; Irkutskij inst. org. chim. Sibir. otd. AN SSSR; russ.) — *α-Methoxyacrolein* (**I**) wird dargestellt u. in *2.2-Dimethoxy-*, *2-Methoxy-2.3-dichlorpropanal* u. *2-Formyl-2.5-dimethoxy-2.3-dihydro-4H-pyran* übergeführt. Die Polymerisation von **I** in Ggw. von $ZnCl_2$ (40°, 5 Std.), Na (1½ Std., 75°) oder Azodiisobutyronitril (60°, 9 Std.) liefert polymeres **I**.

Versuche: *α-Methoxyacrolein* (**I**), $C_4H_6O_2$, $Kp._{13}$ 32,5°, durch Zugabe von 10%ig. $NaHCO_3$-Lsg. zu 43,9 g $(C_2H_5)_2NH \cdot HCl$, 12 g Paraformaldehyd, 0,2 g Hydrochinon u. 28,6 ml des Azeotrops aus Methoxyacetaldehyd u. W. (pH 2–3) bis zum pH 7–7,1 u. 1½std. Erhitzen auf 60°; $D._4^{20}$ 1,086; $n_D^{20}$ 1,4458; 69,9% (Ausb.). — *2.2-Dimethoxypropanal*, $C_5H_{10}O_3$, $Kp._6$ 27,5–28°, durch 4std. Kochen von **I** mit abs. $CH_3OH$, Bzl., Hydrochinon u. konz. $H_2SO_4$; $D._4^{20}$ 0,9996; $n_D^{20}$ 1,3990; 38,9%. — *2-Methoxy-2.3-dichlorpropanal*, $C_4H_6Cl_2O_2$, $Kp._3$ 37,5 bis 38°, durch 2std. Einleiten von $Cl_2$ in 15,5 g **I** bei −5°; $D._4^{20}$ 1,3201; $n_D^{20}$ 1,4627; 10,3 g. — *2-Formyl-2.5-dimethoxy-2.3-dihydro-4H-pyran*, $C_8H_{12}O_4$, $Kp._{5,5}$ 79,5 bis 85,5°, durch 1std. Erhitzen von 22,5 g **I** auf 115°; $D._4^{20}$ 1,1601; $n_D^{20}$ 1,4635; 15,9 g. Helmut Schäfer 690△

*1298* **Reaktion von Perfluornitrosoalkanen mit Phosphorigsäureestern.** B. L. Djatkin, E. P. Mocalina, Ju. S. Konstantinov, S. R. Sterlin und L. I. Knunjanc. (Izvest. Akad. Nauk SSSR, Ser. chim. **1967**, 10, 2297–2305; Inst. elementoorg. soed. AN SSSR; russ.) — 2-Nitrosoperfluorpropan (**I**), Nitrosoperfluorcyclobutan (**II**) u. α-Nitroso-β-nitroperfluoräthan (**III**) reagieren mit Triäthylphosphit (**IV**) unter Bldg. von *Diäthylfluorphosphat* (**V**) u. entsprechend *O-Äthylhexafluoracetonoxim*, *O-Äthylperfluorcyclobutanonoxim* u. *polymerem Difluornitroacetonitril-N-oxid*. Bei der Rk. von **I**, **II** u. **III** mit Diäthylphosphit (**VI**) entstehen *1:1-Komplexe* von **V** mit *Perfluoracetonoxim* (**VII**), *Perfluorcyclobutanonoxim* bzw. *Nitrodifluoracethydroxamsäurefluorid*. Die Rk. von 2-Nitroso-2-[trifluormethyl]-perfluorpropan (**VIII**) mit **IV** liefert *N-[Perfluor-tert.-butyl]-triäthoxyphosphinimin*, das in *N-[Perfluor-tert.-butyl]-amidodiäthylphosphat* übergeführt wird. Bei Einw. von Triphenylphosphin (**IX**) auf **VIII** u. **I** werden *N-[Perfluor-tert.-butyl]-triphenylphosphinimin* bzw. **VII** erhalten. Die Struktur der Verb. wird NMR-, IR-analyt. u. durch Gas–Fl.-chromatograph. Vgl. bestätigt.

Versuche: *O-Äthylhexafluoracetonoxim*, $C_5H_5F_6 \cdot NO$, Kp. 64,5–65,5°, durch tropfenweise Zugabe von 6,5 g **IV** zu 7,8 I in 10 ml $CHCl_2F$ bei −78°; $D._4^{20}$ 1,2832; $n_D^{20}$ 1,3089; 74,3% (Ausb.). Daneben *Diäthylfluorphosphat* (**V**), $Kp._{17}$ 71–73°; $n_D^{20}$ 1,3750; 93,2%. — *O-Äthylperfluorcyclobutanonoxim*, $C_6H_5F_6NO$, Kp. 92,5–94°, analog aus **II** u. **IV** in $CCl_2F_2$; $D._4^{20}$ 1,3301; $n_D^{20}$ 1,3425; 56,2%. — *Polymeres Difluornitroacetonitril-N-oxid*, $C_2F_2 \cdot N_2O_3$, F. 188–188,5° (Zers.; Bzl.), aus 11,2 g **III** u. 10,6 g **IV** in Trifluortrichloräthan; 5,0 g. — *Perfluoracetonoxim* (**VII**), Kp. 68–70°, durch 12std. Stehen von 4,8 g **I** mit 8 g **IX** in 30 ml abs. Ae.; 70%. *Diäthylfluorphosphat(V)-Komplex*, $C_7H_{11}F_7NO_4P$, $Kp._7$ 58–58,5°, durch 12std. Stehen von **I** mit **VI** im Rohr bei 20°; $D._4^{20}$ 1,3112; $n_D^{20}$

1,3367; 56,5%. — *Perfluorcyclobutanonoxim, Diäthylfluorphosphat(V)-Komplex*, $C_8H_{11}F_7NO_4P$, Kp.$_{7,5}$ 71 bis 75°, Kp.$_6$ 62—63°, durch Zugabe von **II** zu **VI** bei 0° u. 12std. Stehen bei 20°; D.$_4^{20}$ 1,3365; n$_D^{20}$ 1,3525; 64,6%. — *Nitrodifluoracethydroxamsäurefluorid' Diäthylfluorphosphat(V)-Komplex*, $C_6H_{11}F_4N_2O_6P$, Kp.$_7$ 68—70°, Kp.$_2$ 46—47°, analog aus **III** u. **VI**; D.$_4^{20}$ 1,3342; n$_D^{20}$ 1,3680; 73%. — *N-[Perfluor-tert.-butyl]-triäthoxyphosphinimin*, $C_{10}H_{15}F_9NO_3P$, Kp.$_{6,5}$ 70—71°, durch Einleiten von **VIII** in **IV** in abs. Ae. bei —78° u. 12std. Stehen; D.$_4^{20}$ 1,3582; n$_D^{20}$ 1,3540; 70,6%. — *N-[Perfluor-tert.-butyl]-amidodiäthylphosphat*, $C_8H_{11}F_9NO_3P$, Kp.$_8$ 105—106°' F. 31,5—32°, durch 1std. Einleiten von HCl in 2,45 g vorst. Verb. in 5 ml Ae. bei 0° u. 2 Tage langes Stehen bei 0°; 69%. — *N-[Perfluor-tert.-butyl]-triphenylphosphinimin*, $C_{22}H_{15}F_9NP$, F. 146—147,5° ($CH_3OH$), durch langsame Zugabe von **VIII** zu **IX** in abs. Ae. in der Siedehitze u. 12std. Stehen; 74,8%; daneben *Triphenylphosphinoxid*. Helmut Schäfer 710△

*1299* **Radikalumlagerung bei der Telomerisation von Äthylen mit Aceton.** M. Ja. Chorlina und R. Ch. Frejdlina. (Izvest. Akad. Nauk SSSR, Ser. chim. **1967**, 4, 933—35; Inst. élementoorg. soed. AN SSSR; russ.) — Bei der Telomerisation von Äthylen in Aceton in Ggw. von Di-tert.-butylperoxid bei 140° oder in Ggw. von Dicyclohexylperoxydicarbonat bei 55—60° im Autoklaven u. gaschromatograph. Analyse wurden *Pentanon-(2), Heptanon-(2), Nonanon-(2), Heptanon-(4), 3-Äthylpentanon-(2)* u. *3-Äthylheptanon-(2)* [*2.4-Dinitrophenylhydrazon*, $C_{15}H_{22}N_4O_4$, F. 53—54° (A.)] isoliert. H. Dalmer 710△

*1300* **Alkylierung von Acetylaceton mit Isopropylalkohol mittels Bortrifluorid.** Timothy F. Crimmins und Charles R. Hauser. (J. org. Chemistry **32** (1967) 8, 2615—16; Duke Univ., Durham, N.C.; engl.) — Rk. von Acetylaceton (**I**) mit Isopropanol (**II**) in Ggw. von $BF_3$ liefert einen *$BF_2$-Komplex* des *3-Isopropylacetylacetons* (**III**), der durch heiße Na-Acetat-Lsg. zu **III** zersetzt wird. Isopropylierung des $BF_2$-Komplexes von **I** gelang nicht. Alkal. Spaltung von **III** gibt *Methylisobutylketon*. Rk. von **III** mit $N_2H_4$ liefert *3.5-Dimethyl-4-isopropylpyrazol*. Ein Rk.-Mechanismus wird diskutiert.

Versuche: *3-Isopropylacetylaceton* (**III**), Kp.$_{19}$ 79°, a) durch Sättigen von **I** u. **II** mit $BF_3$ bei 0—10°, Stehen über Nacht im Kühlschrank, 1std. Kochen mit 4 m Na-Acetat-Lsg.; n$_D^{29}$ 1,4250; 58%; b) analog a), Stehen über Nacht im Kühlschrank, Absaugen, Waschen mit W., Trocknen, Kristallisation aus Chlf./Hexan [→ *$BF_2$-Komplex* von **III**; 42%] u. Zers. mit Na-Acetat-Lsg.; 79%. — *Methylisobutylketon*, Kp. 115—118°, durch 1,5std. Kochen von **III** mit NaOH in W.; 54%. — *$BF_2$-Komplex von* **I**, F. 43—44° (wss. Methanol), durch Sättigen von **I** in Acetanhydrid mit $BF_3$ bei 0—10° u. 3std. Erhitzen auf dem Dampfbad; 20%. — *3.5-Dimethyl-4-isopropylpyrazol*, $C_8H_{14}N_2$, Kp.$_{15}$ 142—143°, durch Zugabe von 64%ig. $N_2H_4$ in A. zu **III** in abs. A. unter Eiskühlung, 18std. Kochen u. Vakuumdest.; 57%. H. Miele 720△

*1301* **Darstellung von α-Ketoaldehydderivaten aus β-Ketosulfoxiden.** T. L. Moore. (J. org. Chemistry **32** (1967) 9, 2786—89; Cincinnati, O., The Procter and Gamble Co., Miami Valley Labor.; engl.) — Nach den Verf. von Becker et al. [J. Amer. chem. Soc. **85** (1963), 3410] u. Corey et al. [J. Amer. chem. Soc. **86** (1964) 1639] erhaltene *β-Ketosulfoxide* (**A**) werden durch Kochen mit $J_2$ in $CH_3OH$ bzw. durch säurekatalysierte Umlagerung in die entsprechenden *α-Ketoacetale* (**B**) bzw. *α-Ketoaldehyd-Hydrate* übergeführt. Die säurekatalysierte Umlagerung liefert jedoch schwer trennbare Gleichgew.-Gemische der Prod., wohingegen $J_2$, zugleich als Säurekatalysator u. als Oxydator wirkend, eine Verlagerung des Gleichgew. zum α-Ketoacetal bewirkt, indem Methylmercaptan in *Dimethylsulfid* übergeführt u. aus dem Gleichgew.-Syst. eliminiert wird. Ein Enolisierungs-Mechanismus wird diskutiert.

Versuche: *β*-Ketosulfoxide (**A**), durch 2 Std. Rk. von NaH in PAe. mit DMS bei 65° unter $N_2$, Zutropfen des entsprechenden Alkansäuremethylesters bei 20°: *1-Methylsulfinylundecanon-(2)* (**I**), F. 77—78° (Ligroin); 89% (Ausb.). — *1-Methylsulfinylpentadecanon-(2)*, F. 88—89°; 93%. — *1-Methylsulfinyldodecen-(11)-on-(2)*, F. 73—74°; 90%. — *1-Methylsulfinyl-cis-nonadecen-(10)-on-(2)*, F. 54—55°; 78%. — *1-Methylsulfinylacetophenon*, F. 88—89°; 70%. — α-Ketoacetale (**B**), a) durch 1½std. Kochen des entsprechenden **A** mit $J_2$ in $CH_3OH$; b) durch Zutropfen des Alkansäuremethylester zur Lsg. des Methylsulfinylcarbanions analog **A** bei 15 bis 20°, ½std. Rühren bei Raumtemp., Zusetzen von $J_2$ in methanol. $H_2SO_4$ u. 1std. Erwärmen auf 60°: *2-Oxoundekanal-(1), Dimethylacetal*, Kp.$_{0,15}$ 85°, nach a) oder b); 85 bzw. 63%. *Bis-[2.4-dinitrophenylhydrazon]*, $C_{23}H_{28}N_8O_8$, F. 171°, a) durch Umsetzen mit 2.4-Dinitrophenylhydrazon; b) aus 0,1 g **I** analog a); 0,16 g. *Disemicarbazon*, $C_{13}H_{26}N_6O_2$, F. 230—230,5°, a) mit Semicarbazidhydrochlorid; b) aus 0,1 g **I** analog a); 0,12 g. *Dioxim*, F. 93,5 bis 94,5°. *Bisulfitderiv.*, F. 175° (Zers.). — *2-Oxopentadekanal. Dimethylacetal*, Kp.$_{0,15}$ 120°, nach a); 87%. *Bis-[2.4-dinitrophenylhydrazon]*, F. 161—164°. *Dioxim*, F. 120 bis 121°. *Bisulfitderiv.*, F. 158° (Zers.). — *$\Delta^{11}$-2-Oxododecenal. Dimethylacetal*, Kp.$_{0,1}$ 95°, nach a); 92%. *Bis-[2.4-dinitrophenylhydrazon]*, F. 139—142°. — *cis-$\Delta^{10}$-Nonadecenon-(2)-al-(1). Dimethylacetal*, nach a); 100%. *Bis-[2.4-dinitrophenylhydrazon]*, F. 134—138°. — *Benzoylformaldehyd. Dimethylacetal*, Kp.$_{0,25}$ 74°, nach a); 88%. *Bis-[2.4-dinitrophenylhydrazon]*, F. 276—278°. H. Gleinig 740△

*1302* **Neue Methode zur Herstellung höherer Ester der Methacrylsäure durch Veresterung der Methacrylsäure am Kationenaustauscher KU-2.** V. I. Isaguljanc und V. A. Trofimov. (Ž. prikl. Chim. **40** (1967) 1, 232—34; russ.) — Die Rk.-Bedingungen der Titelrk. werden eingehend untersucht. Optimale Esterausb. werden bei einer Katalysatormenge an KU-2 von 10% (bezogen auf die Summe der Rk.-Teilnehmer) erreicht.

Versuche: Methacrylsäurealkylester: durch Erhitzen von Methacrylsäure, KU-2 u. 1% Hydrochinon in Toluol auf 110°, Zugabe des Alkohols (10—15% Überschuß) u. azeotrope Abdest. des Rk.-W. bei 120—155° (2—2,5 Std.): *-isoamyl-*, Kp.$_{10}$ 63—65°; n$_D^{20}$ 1,4262; D.$_4^{20}$ 0,8890; 82,1% (Ausb.) *-n-octyl-*, Kp.$_3$ 96—102°; n$_D^{20}$ 1,4380; D.$_4^{20}$ 0,8800; 82,8%. *-n-nonyl-*, Kp.$_3$ 108 bis 113°; n$_D^{20}$ 1,4405; D.$_4^{20}$ 0,8773; 84,8%. *-n-decyl-*, Kp.$_3$ 115—119°; n$_D^{20}$ 1,4410; D.$_4^{20}$ 0,8765; 81,1%. L. Berseck 810△

*1303* **Umlagerung von Alkoxyperfluorisobutylenen in α-Alkylhexafluorisobutyrylfluorid.** S. T. Kočarjan, E. M. Rochlin, I. D. Rubin, P. V. Petrovskij, E. I. Fedin und I. L. Knunjanc. (Izvest. Akad. Nauk SSSR, Ser. chim. **1967**, 10, 2366; Inst. élementoorg. soed. AN SSSR; russ.) — 1-Methoxy-2-trifluormethyl-perfluorpropen-(1) wird beim Erhitzen mit katalyt. Mengen $(C_2H_5)_3N$ auf dem sd. W.-Bad zu *α-Methylperfluorisobutyrylfluorid* (Kp. 46—53°; 64% Ausb.) isomerisiert. Helmut Schäfer 810△

*1304* **Neue Methode zur Synthese optisch aktiver Diglyceride.** Jul. G. Molotkovskij, L. F. Nikulina und L. D. Bergel'son. (Izvest. Akad. Nauk SSSR, Ser. chim. **1967**, 4, 927—29; Inst. chim. prirodnych soed. AN SSSR; russ.) — Durch Rk. von D-α.β-O-Isopropylidenglycerin mit Triphenylchlormethan (**I**) wird *D(R)-α-O-Trityl-β.γ-O-isopropylidenglycerin*, $C_{25}H_{26}O_3$, F. 89 bis 90° (Hexan); $[\alpha]_D^{20}$ +15,5° [c = 8,4; Dioxan] erhalten. Daraus entsteht durch Hydrolyse *L(R)-α-O-Tritylglycerin* (**II**), $C_{22}H_{22}O_3$, F. 95—96° ($CHCl_3$/Hexan); $[\alpha]_D^{20}$ +9,55° (c = 5,6; Dioxan). Durch Ox. von D-α.β-O-Isopropylidenglycerinaldehyd mit wss. $KMnO_4$ u. nachfolgende Methylierung des *K-Salzes* entsteht *D-α.β-O-Isopropylidenglycerinsäuremethylester*, der bei der Hydrolyse mit verd. HCl *D-Glycerinsäuremethylester* [n$_D^{20}$ 1,4468; D.$_4^{20}$ 1,2792; $[\alpha]_D^{20}$ —4,7] liefert. Daraus entsteht durch Rk. mit **I** *β-O-Trityl-D(R)-glycerinsäuremethylester* [$C_{23}H_{22}O_4$, F. 127—128° (Ae.); $[\alpha]_D^{18}$ —5,3° (c = 5,7; Dioxan)]. Dieser liefert bei der Red. mit $AlH_3$ *D(S)-α-O-Tritylglycerin* [**III**; $C_{22}H_{22}O_3$, F. 93—94° ($CHCl_3$/Hexan); $[\alpha]_D$ —9,6° (c = 5,2; Dioxan)]. **III** u. **II** liefern bei der Rk. mit Stearoylchlorid in Py. *L(R)-α-O-Trityl-β.γ-di-O-stearoylglycerin* u. *D(S)-α-O-Trityl-β.γ-di-O-stearoylglycerin* [$C_{58}H_{90}O_5$, F. 52—52,5° (Aceton); $[\alpha]_D^{20}$ +7° (c = 6,4; Dioxan)]. Daraus werden durch Chromatographie an Silicagel *L(R)-α.β-Di-O-stearoylglycerin* [F. 75—76° ($CHCl_3$/Hexan); $[\alpha]_D^{20}$ +2,5° (c = 8,8; $CHCl_3$)] u. *D(S)-α.β-Di-O-stearoylglycerin* [**IV**, F. 71,5—72° ($CHCl_3$/Hexan); $[\alpha]_D^{20}$ —2,6° (c = 8,6; $CHCl_3$)] erhalten. **II** liefert bei der Rk. mit Linolenoylchlorid in Py. *D(S)-α-O-Trityl-β.γ-di-O-linolenoylglycerin* [$C_{58}H_{78}O_5$; $[\alpha]_D^{20}$ +7,15 (c = 1,26; Dioxan)], das durch Abspaltung der Tritylgruppe *D(S)-α.β-Di-O-linolenoylglycerin* [$[\alpha]_D^{20}$ —4° (c = 1,37; $CHCl_3$)] liefert. Daraus entsteht durch Hydrierung an Pt **IV**. H. Dalmer 810△

*1305* **Der Dimethylformamid-Säurehalogenid-Komplex und seine Anwendung auf die Synthese von Acylaziden.** Donald E. Horning und Joseph M. Muchowski. (Canad. J. Chem. **45** (1967) 11, 1247—51; Bristol Labor. of Canada, Candiac, Quebec; engl.) — Die günstigen Bedingungen für die Bldg. des Säurechlorid–DMF-Komplexes (**K**) u. seine Verw. zur Synth. von *Acylaziden*, bes. *3-Brompropionylazid*, werden untersucht. **K** entsteht auch aus carbonsauren Salzen u. N.N-Dimethylchlorformiminiumchlorid, wodurch eine direkte Überführung von Carbonsäuren in ihre *Azide* ermöglicht wird.

Versuche: *N.N-Dimethyl-N'-phenylformamidin* (**II**), $Kp._{0,2}$ 90°, a) durch Zugabe des betreffenden Säurehalogenids (**A**) zu abs. DMF, 1std. Rühren, langsame Zugabe von Anilin (**I**) u. 1std. Rühren; b) aus Benzoylchlorid bei 0°; 41,7%. *Pikrat*, F. 159—161° (A.). — 3-Alkyl-1-phenylharnstoffe (**B**, rohe F. u. Rohausb.), durch Zugabe von **A** zu DMF bei 0°, 1std. Rühren bei 0°, Zugabe von $NaN_3$, 1,5—2std. Rühren, Gießen in Eis-W., Extrahieren mit Toluol, Schütteln mit Eis-W., Trocknen mit $Na_2SO_4$ bei 0°, 1std. Erhitzen (Dampfbad) bzw. Kochen, Kühlen, Zugabe von **I**, $^1/_4$std. Kochen, Kühlen auf 0°, Filtrieren u. Eindampfen der Mutterlauge im Vakuum: *3-Methyl-*, F. 147—149°; 60,5%. — *3-Äthyl-*, F. 97—97,5°; 74%. — *3-n-Butyl-*, F. 127—128°; 81%. — *3-tert.-Butyl-*, F. 165—166°; 74%. — *3-Benzyl-*, F. 169—169,5°; 77,5%. — *3-Benzhydryl-*, F. 218—220°; 88%. — *3-Phenyl-*, F. 240—242°; 92%. — *3-[4-Chlorphenyl]-*, F. 245—247°; 89%. — *3-[4-Methoxyphenyl]-*, F. 192—194°; 100%. — *3-[3-Nitrophenyl]-*, F. 203—205°; 86%. — *2-Bromäthylisocyanat*, $C_3H_4BrNO$ (enthält 3,5% Toluol), $Kp._{21}$ 59—61°, analog vorst. Verb. mit der äquivalenten Menge $NaN_3$ (10 Min. lange Zugabe) < 5°; 46,2%. — *3-[2-Brom-äthyl]-1-phenyl-harnstoff*, $C_9H_{11}Br \cdot N_2O$, F. 109—111°, a) durch Zugabe von **I** zu vorst. Verb. in abs. Bzl.; 84%; b) analog vorvorst. Verb.; 66,5%. — Isocyanate (Ausb. als **B** bestimmt), durch Zugabe von abs. DMF zu abs. Toluol/12,5%ig. $COCl_2$-Lsg. in Bzl. < 5°, Rühren bis zum Ende der Gasentw. (ca. $^1/_2$ Std.), Absaugen des Lsgm., Aufschlämmen in DMF, Kühlen auf 0°, Zugabe des Triäthylammoniumsalzes der Carbonsäure in DMF < 5° in 5—10 Min., 1std. Rühren bei 0°, Zugabe von $NaN_3$, 1,5—2std. Rühren u. Aufarbeiten: *Methyl-*; 55,8% (aus Na-Acetat 50,3%). — *2-Bromäthyl-*; 28%. — *Benzyl-*; 70,4%. — *Benzhydryl-*; 78,1%. — *Phenyl-*; 83,4%. H. Miele 880△

*1306* **Basenkatalysierte Reaktionen von Isocyanaten. Synthese von 2.4-Dialkylallophansäureestern.** Henri Ulrich, B. Tucker und A. A. R. Sayigh. (J. org. Chemistry **32** (1967) 12, 3938—41; Upjohn Co., Donald S. Gilmore Res. Labor., North Haven, Conn.; engl.) — Aus Phenolen, K-tert.-Butylat u. Isocyanaten in Bzl. unterhalb von 80° entstehen *N-substituierte Carbaminsäurephenylester* (**A**). Als Basen sind auch $CH_3ONa$ bzw. Na-2.6-Di-tert.-butyl-4-methylphenolat geeignet. Aus **A** u. 1 Val Isocyanat bzw. Phenolen u. 2 Val Isocyanat werden analog *2.4-Dialkylallophansäurearylester* (**B**) erhalten, die zum Strukturbeweis auch aus Phenolen u. 2.4-Dialkylallophansäurechloriden dargestellt. Aus **B** u. 1 Val Isocyanat bzw. Phenolen u. 3 Val Isocyanat entstehen in Ggw. von Base *Isocyanursäuretriester*. **B** zerfallen oberhalb von 200° in die *Phenole* u. *Isocyanate*. Methylisocyanat (**I**) reagiert mit N-Phenylcarbaminsäure-2.6-di-tert.-butyl-4-methylphenylester (**II**) zu *2-Methyl-4-phenyl-* u. *2.4-Dimethylallophansäure-2.6-di-tert.-butyl-4-methylphenylester* (**III**). Analog wird aus Cyclohexylisocyanat (**IV**) u. N-Methylcarbaminsäure-2-chlor-3.4-dimethylphenylester (**V**) ein *Gemisch* erhalten, aus dem *N-Cyclohexylcarbaminsäure-2-chlor-3.4-dimethylphenylester* isoliert wird. **I** gibt mit 1 bzw. $^1/_2$ Val p-Methylthiophenol (**VI**) in Ggw. von K-tert.-Butylat *N-Methylthiocarbaminsäure-p-tolylester* bzw. *2.4-Dimethylthioallophansäure-p-tolylester* (**VII**). **VII** wird zum Strukturbeweis auch aus **VI** u. 2.4-Dimethylallophansäurechlorid (**VIII**) dargestellt. Dodecanthiol-(1) (**IX**) bildet mit 2 Val **I** in Ggw. von K-tert.-Butylat *2.4-Dimethylthioallophansäure-n-dodecylester*. Aliphat. Alkohole geben mit **I** in Ggw. von K-tert.-Butylat *Gemische* von **A**, **B** u. *Isocyanursäuretrimethylester* (**X**).

Versuche: *N-Methylcarbaminsäure, 2.6-Di-tert.-butyl-4-methylphenylester*, F. 202—203° (Bzl./Ligroin), aus **I** u. 2.6-Di-tert.-butyl-4-methylphenol in Bzl. in Ggw. von K-tert.-Butylat bei 20—50°; 91,7% (Ausb.). *Phenylester*, F. 78—80° (Bzl.); 69%. *p-Nitrophenylester*, F. 158 bis 161°; 93,5%. *1.2.3.4-Tetrahydronaphthyl-(1)-ester*, F. 132—135°; 78,5%. — *N-Phenylcarbaminsäure-2.6-di-tert.-butyl-4-methylphenylester* (**II**), $C_{22}H_{29}NO_2$, F. 133 bis 134°; 97,5%. — *2.4-Dimethylallophansäure. Phenylester* (**XI**), $C_{10}H_{12}N_2O_3$, F. 96—98° ($CH_3OH$), aus Phenol u. **I** in sd. Bzl. in Ggw. von K-tert.-Butylat; 92,5%. *2-Chlor-4.5-dimethylphenylester* (**XII**), $C_{12}H_{15}ClN_2O_3$, F. 117 bis 118° ($CH_3OH$), aus **V** u. **I** in sd. Bzl. in Ggw. von K-tert.-Butylat; 55,8%. *3-tert.-Butylphenylester* (**XIII**), $C_{14}H_{20} \cdot N_2O_3$, F. 79—80°, a) analog **XI**; 99,3%; b) aus 3-tert.-Butylphenol, Triäthylamin u. **VIII** in Bzl.; 98,5%. *4-Methyl-2.6-di-tert.-butylphenylester* (**III**), $C_{19}H_{30}N_2O_3$, F. 195—197°, analog **XI** bzw. **XII**; 89,4% bzw. 59%. *1.2.3.4-Tetrahydronaphthyl-(1)-ester*, $C_{14}H_{18}N_2O_3$, F. 124—126°, analog **XII**; 50,7%. *p-[2.4-Dimethylallophanoyloxy]-phenylester*, $C_{14}H_{18}N_4O_6$, F. 253—255°, analog **XIII**; 31,6%; daneben 13,7% *2.4-Dimethylallophansäure-4-hydroxyphenylester* ($C_{10}H_{12}N_2O_4$, F. 183—184°). *Isopropylester*, $C_7H_{14}N_2O_3$, $Kp._{0,2}$ 63—65°, aus Isopropanol u. **I** in sd. Bzl. in Ggw. von K-tert.-Butylat; 47,5% (daneben 22% *N-Methylcarbaminsäureisopropylester* ($Kp._{0,2}$ 42 bis 46°) u. 30% **X**). *Methylester*, F. 47°; 33% [daneben 28% *N-Methylcarbaminsäuremethylester* ($Kp._{1,2}$ 42—47°) u. 39% **X**]. *tert.-Butylester*, $C_8H_{16}N_2O_3$, $Kp._{0,1}$ 67—71°; 17% [daneben 22% *N-Methylcarbaminsäure-tert.-butylester* ($C_3H_{13}NO_2$, $Kp._{0,1}$ 41—45) u. 61% **X**]. — *4-Phenyl-2-methylallophansäure-2.6-di-tert.-butyl-4-methylphenylester*, $C_{24}H_{32}N_2O_3$, F. 178—180° ($CH_3OH$), aus **II** u. **I** in sd. Bzl. in Ggw. von K-tert.-Butylat; 15,6%; daneben 9% **III**. — *N-Cyclohexylcarbaminsäure-2-chlor-3.4-dimethylphenylester*, $C_{15}H_{20}ClNO_2$, F. 123—124° ($CH_3OH$), aus **V** u. **IV** in sd. Bzl. in Ggw. von K-tert.-Butylat; 23%. — *Methylisocyanat* (**I**), Kp. 41—42°, aus **III** bei 240—277°; 86,5%. — *N-Methylthiocarbaminsäure-p-tolylester*, $C_9H_{11} \cdot NOS$, F. 78—81° (Bzl.), aus **VI** u. **I** in Bzl. bei 25—47° in Ggw. von K-tert.-Butylat; 98,8%. — *2.4-Dimethylthioallophansäure, p-Tolylester* (**VII**), $C_{11}H_{14}N_2O_2S$, F. 89 bis 91° (Bzl.), a) aus vorst. Verb., K-tert.-Butylat u. **I** in sd. Bzl.; 42,2% [daneben 48,3% *Isocyanursäuretrimethylester* (**X**), F. 174—175°]; b) aus **VIII**, Triäthylamin u. 1 Val **VI** in Bzl.; 60,5%. *n-Dodecylester*, $C_{16}H_{32}N_2O_2S$, aus **I** u. **IX** in Bzl. bei 28—43° in Ggw. von K-tert.-Butylat; 99,5%; daneben wenig **X**.

Hans Köhne/Berlin 880△

*1307* **Neue Methode zur Darstellung von Hexafluoraceton-N-fluorimin.** B. L. Djatkin, K. N. Makarov und I. L. Knunjanc. (Izvest. Akad. Nauk SSSR, Ser. chim. **1967**, 11, 2582; Inst. ėlementoorg. Soed. AN SSSR; russ.) — Durch 16std. Erhitzen von Perfluordimethylketen mit $N_2F_4$ (1:2 Mol) im Autoklaven auf 170° wird *α-Difluoramino-hexafluorisobutyrylfluorid* [$C_4F_9NO$, Kp. 34—35°; 95% (Ausb.)] dargestellt u. durch Hydrolyse (7,13 g mit 5 ml 50%ig. wss. Aceton behandeln) in *Hexafluoraceton-N-fluorimin* (75%) übergeführt.

Helmut Schäfer 910△

*1308* **Gesetzmäßigkeiten der nucleophilen Anlagerung an monosubstituierte Diacetylene.** B. P. Gusev, E. A. Ėl'perina und V. F. Kučerov. (Izvest. Akad. Nauk SSSR, Ser. chim. **1967**, 10, 2345—50; Inst. org. chim. im. Zelinskogo AN SSSR; russ.) — Diacetylene mit Elektronendonator-Substituenten lagern Amine an der nichtsubstituierten C≡C-Bindung an. Die dabei erhaltenen *Enamine* werden sehr leicht hydratisiert. Einige *β-Ketoaldehydenamine* werden synthetisiert.

Versuche: *1.5-Bis-[dimethylamino]-penten-(1)-on-(3)*, $C_9H_{18}N_2O$, Kp.$_{0,7}$ 119—120°, durch 24std. Stehen von 2 g 5-Dimethylaminopentadiin-(1.3) (**I**) mit 30 ml 30%ig. wss. Dimethylamin (**II**) bei 20°; $n_D^{20}$ 1,5390; 1,1 g (Ausb.); daneben *1-Dimethylaminopentadien-(1.4)-on-(3)*, $C_7H_7NO$, Kp.$_{0,7}$ 99—100°; $n_D^{20}$ 1,5930; 0,25 g. — *1.5-Bis-[dimethylamino]-penten-(1)-in-(3)*, $C_9H_{16}N_2$, Kp.$_{0,5}$ 68—69°, durch 3std. Erhitzen von 3 g **I** mit 50 ml 17%ig. wss. **II** im Rohr auf 100°; $n_D^{20}$ 1,5339; 1,5 g; liefert beim Stehen mit W. Gemisch aus vorst. u. vorvorst. Verbindung. — *2.5-Bis-[diäthylamino]-penten-(1)-in-(3)*, $C_{13}H_{24}N_2$, Kp.$_{0,35}$ 98—90°, a) durch 24std. Stehen von 5-Diäthylaminopentadiin-(1.3) (**III**) mit 50%ig. wss. Diäthylamin (**IV**) bei 20°; $n_D^{20}$ 1,5156; b) durch 2std. Kochen von 1-Dimethylaminobuten-(1)-in-(3) mit Paraformaldehyd, **IV** u. Cu-Acetat in Dioxan; 2,5 g. — *1.5-Bis-[diäthylamino]-penten-(1)-on-(3)*, $C_{13}H_{26}N_2O$, Kp.$_{0,5}$ 129—130°, durch 1std. Erhitzen von 3,2 g **III** mit 30 ml 50%ig. **IV** auf 100°; $n_D^{20}$ 1,5240; 3 g; daneben *1-Diäthylaminopentadien-(1.4)-on-(3)*, $C_9H_{15}NO$, Kp.$_{0,7}$ 110—111°; $n_D^{20}$ 1,5860; 0,3 g. — *1-Dimethylamino-5-methyl-5-[α-äthoxyäthoxy]-hexen-(1)-in-(3)* (**V**), $C_{13}H_{23}NO_2$, Kp.$_{0,5}$ 83 bis 84°, durch 2 Tage langes Stehen von 4,5 g 5-Methyl-5-[α-äthoxyäthoxy]-hexadiin-(1.3) (**VI**) mit 50 ml 30%ig. wss. **I** bei 20°; $n_D^{20}$ 1,5034; 4,3 g. *Pikrat*, F. 128—129° (A.). — *5-Methylhexen-(4)-in-(1)-ol-(3)*, Kp.$_8$ 59—60°, $C_7H_{10}O$, aus β.β-Dimethylacrolein nach Jones u. Combie (1942); $n_D^{20}$ 1,4728. — *5-Methylhexen-(4)-in-(1)-on-(3)*, $C_7H_8O$, Kp.$_8$ 51—52°, durch 8std. Schütteln von 0,8 g vorst. Verb. mit 10 g $MnO_2$ in 50 ml $CHCl_3$; $n_D^{20}$ 1,4920; 0,25 g. — *1-Dimethylamino-5-methylhexadien-(1.4)-on-(3)* (**VII**), $C_9H_{15}NO$, F. 101—102° (A.), a) durch Kondens. von 0,25 g vorst. Verb. mit **II**; 0,2 g; b) durch Erhitzen von 9 g **VI** mit 30%ig. **I** im Rohr auf 100°; 3,4 g [daneben 2 g *1-Dimethylaminobuten-(1)-on-(3)* (**VIII**)]; c) durch Erhitzen von **V** mit **I**. — *1-Dimethylamino-5-methylhexin-(2)-ol-(5)*, $C_9H_{17}NO$, Kp.$_9$ 95—96°, durch Mannich-Rk. mit 2-Methylpentin-(4)-ol-(2); $n_D^{20}$ 1,4702. — *1-Dimethylamino-5-methylhexanol-(5)*, $C_9H_{21}NO$, Kp.$_{0,5}$ 55—56°, a) durch Hydrierung vorst. Verb. an Pd; b) durch Hydrierung von 2,4 g **V** in 20 ml A. an 5%ig. Pd/$CaCO_3$; $n_D^{20}$ 1,4486; 1,4 g. *Methojodid*, F. 128—129° (Aceton). — *5-Methylhexin-(1)-on-(3)*, $C_7H_{10}O$, Kp.$_{35}$ 56—57°, durch $CrO_3$-Ox. von 18 g 5-Methylhexin-(1)-ol-(3) in $H_2SO_4$; $n_D^{20}$ 1,4212; 10,8 g. — *1-Dimethylamino-5-methylhexen-(1)-on-(3)*, $C_9H_{17}NO$, Kp.$_{0,5}$ 85°, a) durch Rk. von 10,8 g vorst. Verb. mit **II**; 10,3 g; b) durch Hydrierung von 4,6 g **VII** in $CH_3OH$ an Pd/$CaCO_3$; $n_D^{20}$ 1,5244; 4,3 g. *Pikrat*, $C_{15}H_{20}N_4O_8$, F. 102 bis 103° (A.). — *1.3.5-Tris-[β.β-dimethylacryloyl]-benzol*, $C_{21}H_{24}O_3$, F. 113—114°, durch 40 Min. langes Erhitzen von 3,5 g **VII** in 10 ml Dioxan mit 30 ml 4%ig. $H_2SO_4$ auf dem W.-Bad; 0,9 g; daneben *2.2-Dimethyl-2.3-dihydropyron-(4)*, $C_7H_{10}O_2$, Kp.$_8$ 60—61°; $n_D^{20}$ 1,4760; 1,5 g. — *2.2-Dimethyltetrahydropyron-(4)*, Kp. 178—179°, durch Hydrierung vorst. Verb. in A. an $PtO_2$; $n_D^{20}$ 1,4470. *Semicarbazon*, F. 164—165°. — *1-Dimethylaminohexen-(1)-ol-(5)-on-(3)*, $C_8H_{15}NO_2$, Kp.$_{0,5}$ 109—110°, durch 2 Tage langes Stehen von 4 g Hexadiin-(1.3)-ol-(5) mit 50 ml 30%ig. **II** bei 20°; $n_D^{20}$ 1,5615; 1,2 g; daneben 0,9 g **VIII**. Helmut Schäfer 920△

*1309* **Anhydride, Amino- und Guanidoderivate von Kohlenhydraten und mehrwertigen Alkoholen.** 21. Mitt. **Aminoderivate des 2.4-Methylen-3-methylxylits.** A. N. Anikeeva, L. G. Revel'skaja, N. A. Chrenova und S. N. Danilov. (Ž. obšč. Chim. **37(99)** (1967) 5, 997 bis 1000; russ.) — 20. vgl. ibid. **36** (1966) 194. — *1.5-Diamino-1.5-didesoxy-2.4-O-methylen-3-O-methylxylit* (**I**) wurde auf folgendem Wege synthetisiert: 1.5-Di-O-trityl-2.4-O-methylenxylit (**II**) wurde mit Dimethylsulfat (**III**) in *1.5-Di-O-trityl-2.4-O-methylen-3-O-methylxylit* (**IV**) übergeführt. Die Einw. von Essigsäure (**V**) auf **IV** lieferte *2.4-O-Methylen-3-O-methylxylit* (**VI**), das mit p-Toluolsulfochlorid (**VII**) *1.5-Di-O-tosyl-2.4-O-methylen-3-O-methylxylit* (**VIII**) gab. Die Rk. von Phthalimid-K (**X**) mit **VIII** lieferte das entsprechende *1.5-Bis-phthalimidoderiv.* (**XI**), dessen Verseifung zu **I**-*Dihydrochlorid* führte. Aus **VIII** entstand bei Einw. von $NH_3$ *1.5-Imino-1.5-didesoxy-2.4-O-methylen-3-O-methylxylit* (**IX**).

Versuche: 2.4-O-Methylenxylite: *1.5-Di-O-trityl-* (**II**), $C_{44}H_{40}O_5$, F. 209°, durch Zugabe von Tritylchlorid zu 2.4-O-Methylenxylit in Py., 3std. Erhitzen auf 60° u. Stehen über Nacht; 91% (Ausb.). — *1.5-Di-O-trityl-3-O-tosyl-*, $C_{51}H_{46}O_7S$, F. 89—90°, aus **II** u. **VII** in Py.; 68%. — *1.5-Di-O-trityl-3-O-methyl-* (**IV**), $C_{45}H_{42}O_5$, F. 230—231°, durch 72std. Rühren von **II**, **III**, BaO u. $Ba(OH)_2$ in DMF; 76%. — *3-O-Methyl-* (**VI**), $C_7H_{14}O_5$, F. 105—106°, durch 1std. Erhitzen von **IV** in 80%ig. **V**; 67%. — *1.5-Di-O-tosyl-3-O-methyl-* (**VIII**), F. 137—138°, aus **VI** u. **VII**. — *1.5-Imino-1.5-didesoxy-3-O-methyl-* (**IX**), durch Einleiten von $NH_3$ in **VIII** in $CH_3OH$ bei 0°, 30std. Erhitzen auf 140°, Abdest. des Lsgm. im Vakuum, Verdünnen mit W. u. Zugabe von $Ba(OH)_2$. *Oxalat*, $C_9H_{15}NO_7$, F. 159—161°, aus **IX** u. Oxalsäure in Aceton; 58%. *Pikrat*, $C_{13}H_{16}N_4O_{10}$, F. 230—231°. — *1.5-Tosylimino-1.5-didesoxy-3-O-methyl-*, $C_{14}H_{19}NO_5S$, F. 152 bis 153°, aus **IX** u. **VII** in Py.; 51,4%. — *1.5-Bis-phthalimido-1.5-didesoxy-3-O-methyl-* (**XI**), $C_{23}H_{20}N_2O_7$, F. 279—280°, durch 3std. Erhitzen von **VIII** u. **X** in DMF auf 140° u. Zugabe von W.; 87%. — *1.5-Diamino-1.5-didesoxy-3-O-methyl-* (**I**), *Dihydrochlorid*, $C_7H_{18}Cl_2N_2O_3$, durch 72std. Erhitzen von **XI** mit 20%ig. HCl auf 140° im Rohr; 36%. N. Kucharczyk 920△

*1310* **Hydroxylaminderivate.** 10. Mitt. **Synthese von Aminocarbohydroxamsäureestern.** R. M. Chomutov, E. S. Severin, G. K. Kovaleva und N. V. Gnucev. (Izvest. Akad. Nauk SSSR, Ser. chim. **1967,** 8, 1823 bis 1829; Inst. mol. biol. AN SSSR; russ.) — Es werden *Aminosäure-O-alkylhydroxamsäuren* dargestellt.

Versuche: *DL-Alanin, O-Methylhydroxamsäure*, $C_4H_{10}N_2O_2$, F. 127—128° (A.–W.; Methanol–Äthylacetat), a) durch Zugabe von 1,0 g O-Methylhydroxylamin (**I**) in 5 ml A. zu 1,15 g N-Carboxy-DL-alaninanhydrid in 10 ml abs. A. bei 0° u. 1½std. Rühren bei 0—20° (Meth. **A**); 70% (Ausb.); b) durch Hydrierung von 2,5 g $N_{(α)}$-Z-DL-alanin-O-methylhydroxamsäure (Z = Carbobenzoxy) in 30 ml $CH_3OH$ in Ggw. von wenig Essigsäure an Pd-Schwarz bis zur Beendigung der $CO_2$-Abspaltung (Meth. **B**); 0,86 g. *Hydroxamsäure*, $C_3H_8N_2O_2$, F. 169 bis 170°, nach **A**; 77%. *O-Äthylhydroxamsäure*, $C_5H_{12}N_2O_2$, F. 131° (A.–W.), nach **B**; 67%. *O-[β.β.β-Trichloräthyl]-hydroxamsäure, Hydrobromid*, $C_5H_{10}BrCl_3N_2O_2$, durch 15—20 Min. langes Stehen von 1 mMol des $N_{(α)}$-Z-Deriv. mit 1,2 ml HBr in Eisessig bei 20°; hygroskop.; 35%. — Nach **A**: *L-Valin, O-Methylhydroxamsäure*, $C_6H_{14}N_2O_2$, F. 95—96°, aus 0,9 g N-Carboxy-L-valinanhydrid (**II**) u. 0,45 g **I**; 0,42 g. *O-Benzylhydroxamsäure*, $C_{12}H_{18}N_2O_2$, F. 96°, aus **II** u. O-Benzylhydroxylamin (**III**); 37,8%. — *L-Leucin, O-Methylhydroxamsäure*, $C_7H_{16}N_2O_2$, F. 110 bis 111°, aus N-Carboxy-L-leucinanhydrid (**IV**) u. **I**; 64%. *O-Benzylhydroxamsäure*, $C_{13}H_{20}N_2O_2$, F. 81—82°, aus **IV** u. **III**; 60,7%. — *N-(α)-Z-DL-alanin* (**V**), *O-Methylhydroxamsäure*, $C_{12}H_{16}N_2O_4$, F. 113—114° (Bzl.), durch langsame Zugabe von Dicyclohexylcarbodiimid (**VI**) in THF zu **V** u. **I** in abs. THF bei 0°, 2 std. Rühren bei 20°, Eindampfen, Lösen des Rückstandes in 0,2 n NaOH u. Sättigen mit $CO_2$ (Meth. **C**); 75%. Nach **C**: *O-Äthylhydroxamsäure*, $C_{13}H_{18}N_2O_4$, F. 114—116° (Dichloräthan), aus **V**, O-Äthylhydroxylamin u. **VI**; 94%. *O-[β.β.β.-Trichloräthyl]-hydroxamsäure*, $C_{13}H_{15}Cl_3N_2O_4$, F. 135—140° (Äthylacetat), aus **V**, O-[β.β.β-Trichloräthyl]-hydroxylaminhydrat u. **VI**; 54%. — *$N_{(α)}$-Z-L-alanin* (**VII**), *O-Methylhydroxamsäure* (**VIII**), $C_{12}H_{16}N_2O_4$, F. 112—113° (Bzl.), aus **VII**, **I** u. **VI**; 70%. — *$N_{(α)}$-Z-L-valin* (**IX**), *O-[β-Carbobenzoxyäthyl]-hydroxamsäure* (**X**), $C_{23}H_{28}N_2O_6$, F. 104—106° (Bzl.–Heptan), aus β-Aminooxypropionsäurebenzylester, **IX** u. **VI**; 80%. — *$N_{(α)}$-Z-DL-glutaminsäure* (**XI**), *Anhydrid*, F. 107—108° ($CHCl_3$–Ae.), aus **XI** u. **VI**; 50%. — *$N_{(α)}$-Z-γ-carboxy-L-α-aminobuttersäure-O-methylhydroxamsäure* (**XII**), $C_{14}H_{18}N_2O_6$, F. 176—177° (Äthylacetat), a) durch Zugabe von Chlorkohlensäureisobutylester zu N-Z-L-glutaminsäure (**XIII**) u. $(C_2H_5)_3N$ in THF bei —40°, 10 Min. langes Rühren bei —35° bis —20°, tropfenweise Zugabe von **I** in THF, 20 Min. langes Rühren u. Verdünnen mit 100 ml abs. Ae.; 55—60%; b) durch Zugabe von **XIII**-Anhydrid in $CHCl_3$ zu **I** in $CHCl_3$ bei 0° u. ½std. Rühren; 58%; daneben *$N_{(γ)}$-Z-γ-carboxy-L-γ-aminobuttersäure-O-methylhydroxamsäure*; Öl; 35%. —

$N_{(\alpha)}$-*Z-γ-carboxy-DL-α-aminobuttersäure-O-methylhydroxamsäure*, F. 146°, aus **XI**-Anhydrid u. **I** nach vorst. Meth.; 50%; daneben $N_{(\alpha)}$-*Z-γ-carboxy-DL-γ-aminobuttersäure-O-methylhydroxamsäure*; Öl; 40%. — *L-Alanin-O-methylhydroxamsäure*, $C_4H_{10}N_2O_2$. F. 126—127° (A.–W.), aus **VIII** nach **B**; 72%. — *L-Valin-O-[β-carboxyäthyl]-hydroxamsäure*, $C_8H_{16}N_2O_4$, F. 154° (Isopropanol), aus **X** nach **B**; 80%. — *γ-Carboxy-L-α-aminobuttersäure-O-methylhydroxamsäure*, $C_6H_{12}N_2O_4$, F. 142—143° (A.), aus **XII** nach **B**; fast 100%. — Analog aus den entsprechenden N-Z-aminocarbonsäurehydroxamsäuren: *γ-Carboxy-L-γ-aminobuttersäure-O-methylhydroxamsäure*, $C_6H_{12}N_2O_4$, F. 138—139° (A.).; fast 100%. — *γ-Carboxy-DL-α-aminobuttersäure-O-methylhydroxamsäure*, $C_6H_{12}N_2 \cdot O_4$, F. 142—143° (A.); fast 100%. — *γ-Carboxy-DL-γ-aminobuttersäure-O-methylhydroxamsäure*, $C_6H_{12}N_2O_4$, F. 147—148° (A.); fast 100%. Helmut Schäfer 950△

*1311* **Diastereomere von 2-Amino-3-methylaminobuttersäure, Aza-Analoga von Isoleucin.** Tommy J. McCord, David C. Foyt, Joel L. Kirkpatrick und Alvie L. Davis. (J. med. Chem. **10** (1967) 3, 353—55; Abilene Christian Coll. Abilene, Tex.; engl.) — Bei Kondens. von 2-Benzamidocrotonsäure mit Methylamin erhält man ein Gemisch zweier diastereomerer Racemate der *2-Benzamido-3-methylaminobuttersäure*, das man durch fraktionierte Krist. aus A. in die Formen A u. B trennen kann. Die Hydrolyse beider Formen einzeln mit HCl gibt die entsprechenden Diastereomeren der *2-Amino-3-methylaminobuttersäure* (*4-Azaisoleucin*). Form B des 4-Azaisoleucins ist ein Hemmstoff für *E. coli 9723* (0,4 mg/ml), dessen Hemmwrkg. sich durch Isoleucin aufheben läßt. Form A ist im gleichen Fall unwirksam.

Versuche: *2-Benzamido-3-methylaminobuttersäure*, $C_{12}H_{16}N_2O_3$, durch 12tägige Einw. von 40%ig. Methylamin-Lsg. auf 2-Benzamidocrotonsäure bei 40° u. fraktionierte Krist. mit A./$H_2O$. *Form A*; F. 201—202° (wss. A.); 40% (Ausb.). *Form B*, F. 176—178° (wss. A.); 19%. — *4-Azaisoleucin* (*2-Amino-3-methylaminobuttersäure*). *Dihydrochlorid*, $C_5H_{12}N_2O_2 \cdot 2$ HCl, durch Hydrolyse vorst. Diastereomeren mit 3 n HCl. *Form A*, F. 179 bis 181°; 57%. *Form B*, F. 187—189°; 59%. R. Hintsche 950

*1312* **Darstellung von Mono- und Di-Chloroboranen in situ und ihre Reaktivität gegenüber Olefinen.** George Zweifel. (J. organometallic Chem. [Amsterdam] **9** (1967) 2, 215—21; Dept. Chem., Univ. of California, Davis, Calif.; engl.) — Bei Behandlung von Boran (**I**) in THF mit HCl (**II**) im Verhältnis 1:1 entsteht unter sofortiger $H_2$-Entw. $ClBH_2$. Läßt man $BH_3$ u. HCl im Verhältnis 1:2 reagieren, so entsteht $BCl_2H$. Die Hydroborierung von Hexen-(1) mit diesen Reagentien verläuft in einer anti-Markownikoff-Addition der B–H-Bindung an das Olefin. Die Chloroborane zeigen eine niedrigere Reaktivität gegenüber Olefinen, als $BH_3$ u. Alkylborane. Die Rk. von Olefinen mit $BClH_2$ im Verhältnis 1:1 vorzugsweise *Monoalkylchloroborane*. Durch Hydrolyse der Hydroborierungsprod. von Hexen-(1) erhält man in 67% Ausb. *n-Hexylborsäure*. H. Markert 980

*1313* **Äthinylsilane in der natriumorganischen Synthese.** M. F. Šostakovskij, N. V. Komarov und O. G. Jaroš. (Izvest. Akad. Nauk SSSR, Ser. chim. **1967**, 11, 2575—77; Irkutskij inst. org. chim. Sibirskogo otd. AN SSSR; russ.) — Durch Na-org. Synth. mit Na-Trimethylsilylacetylenid (**I**) werden *Trimethylsilyläthinylsilane*, *-germane* u. *-stannane* dargestellt.

Versuche: *[Trimethylsilyläthinyl]-dimethyläthylsilan*, $C_9H_{20}Si_2$, Kp.$_{57}$ 77—78°, durch Lösen von 0,92 g Na in 3,92 g Trimethyläthinylsilan (**II**) in 50 ml abs. Ae. u. Versetzen der erhaltenen **I**-Lsg. mit 5,4 g Bis-[dimethyläthylsilyl]-sulfat; $D_4^{20}$ 0,7836; $n_D^{20}$ 1,4203; 62,3% (Ausb.). — *Bis-[trimethylsilyläthinyl]-methylvinylsilan*, $C_{13}H_{24}Si_3$, Kp.$_4$ 85—86°, durch tropfenweise Zugabe von 2,82 g Methylvinyldichlorsilan zu **I** (0,92 g Na, 3,92 g **II**) in 50 ml Ae. u. 2std. Erhitzen auf 40°; $D_4^{20}$ 0,8427; $n_D^{20}$ 1,4620; 57,8%. — *Bis-[trimethylsilyläthinyl]-äthylsilan*, $C_{12}H_{24}Si_3$, Kp.$_5$ 84—85°, analog aus **I** u. Äthyldichlorsilan; $D_4^{20}$ 0,8360; $n_D^{20}$ 1,4562; 51,5%. — *Tris-[trimethylsilyläthinyl]-silan*, $C_{15}H_{28}Si_4$, F. 56—58° (Hexan), aus **I** u. $SiHCl_3$; 45,8%. — *Tetrakis-[trimethylsilyläthinyl]-german*, F. 176°, aus **I** u. $GeCl_4$; 59,0%. — *Tetrakis-[trimethylsilyläthinyl]-stannan*, Zers. 140°, aus **I** u. $SnCl_4$; 38,4%. Helmut Schäfer 980△

*1314* **Organophosphorthioester aus Disulfiden und primären sowie sekundären Phosphinen.** Martin Grayson und Charles E. Farley. (J. org. Chemistry **32** (1967) 1, 236—38; Chem. Dep., Central Res. Div., American Cyanamid Co., Stamford, Conn.; engl.) — Vf. fanden, daß primäre u. sekundäre Phosphine in Ggw. von Radikalinhibitoren (RI) zu *Dithiophosphonig-* bzw. *-phosphinigsäureestern* in hohen Ausb. reagieren. In Abwesenheit von RI reagieren Dialkyldisulfide weiter zu *Trithiophosphon-* bzw. *-phosphinsäureestern*, wobei der zusätzliche Schwefel dem Mercaptan entstammt, das in den entsprechenden KW-Stoff übergeht. Bei Rk. in wss. Medium werden mit überschüssigem Disulfid, nachweislich über die Stufe der Thiophosphinigsäureester, *Thiolphosphinsäureester* gebildet. Die jeweiligen Rk.-Mechanismen werden erörtert.

Versuche: *Dicyclohexylthiophosphinigsäurephenylester*, $C_{18}H_{27}PS$, Kp.$_{0,1}$ 175—179°, aus Diphenyldisulfid (**IV**) u. Dicyclohexylphosphin (**I**) in Ggw. von Hydrochinon (**VIII**); 92% (Ausb.). — *Diisobutylthiophosphinigsäure-n-butylester*, $C_{12}H_{27}PS$, Kp.$_{0,17}$ 156—166°, aus Diisobutylphosphin (**III**) u. Di-n-butyldisulfid (**II**); 91%. — *Dicyclohexylthiophosphinigsäure-n-butylester*, $C_{16}H_{31}PS$, Kp.$_{0,15}$ 126—133°, aus **I** u. **II**; 52%. — *Diisobutylthiophosphinigsäure-p-tolylester*, $C_{15}H_{25}PS$, Kp.$_{0,17}$ 110—115°, aus **III** u. Di-p-tolyldisulfid; 81%. — *Diisobutylthiophosphinigsäurephenylester*, $C_{14}H_{23}PS$, Kp.$_{0,12}$ 94—98°, aus **III** u. **IV**; 93%. — *Diisobutylthiophosphinigsäure-β-äthoxycarbonyläthylester*, $C_{13}H_{27}O_2PS$, Kp.$_{0,18}$ 123—128°, aus **III** u. Bis-[2-äthoxycarbonyläthyl]-disulfid (**VI**); 87%. — *Cyclohexyldithiophosphonigsäurediphenylester*, $C_{18}H_{21}PS_2$, Kp.$_{0,15}$ 183—189°, aus **IV** u. Cyclohexylphosphin; 90%. — *n-Butyldithiophosphonigsäurediphenylester*, $C_{16}H_{19}PS_2$, Kp.$_{0,30}$ 175—180°, aus **IV** u. n-Butylphosphin (**V**); 93%. — *n-Butyldithiophosphonigsäuredi-n-butylester*, $C_{12} \cdot H_{27}PS_2$, Kp.$_{0,25}$ 96—110°, aus **II** u. **V**; 23%. — *Dicyclohexyldithiophosphinsäure-n-butylester*, $C_{16}H_{31}PS_2$, Kp.$_{0,15}$ 167—175°, aus **II** u. **I**; 90%. — *Diisobutyldithiophosphinsäure-n-butylester*, $C_{12}H_{27}PS_2$, Kp.$_{0,05}$ 97—103°, aus **II** u. **III**; 97%; daneben 95% *Butan*. — *Diisobutyldithiophosphinsäure-β-äthoxycarbonyläthylester*, $C_{13}H_{27}O_2PS_2$, Kp.$_{0,20}$ 152—157°, aus **III** u. **VI** in Ggw. von Azo-bis-[isobutyronitril] (**VII**); 67%. — *n-Butyltrithiophosphonsäuredi-n-butylester*, $C_{12}H_{27}PS_3$, Kp.$_{0,17}$ 138—144°, aus **II** u. **V** in Ggw. von **VII**; 87%. — *Dicyclohexylthiophosphinsäure-S-phenylester*, $C_{18}H_{27}OPS$, F. 91—93° (PAe.), aus **I** u. **IV** in Ggw. von **VIII** in tert.-Butanol/W. (80:20); 90%. P. Boroffka 980

*1315* **Phosphorylierung von α-Epoxiden mit Acylphosphaten.** È. A. Parfenov, G. A. Serebrennikova und N. A. Preobraženskij. (Ž. obšč. Chim. **37/99** (1967) 10, 2363—64; Inst. org. chim. AN Ukr. SSR; russ.) — Ag-Bis-p-nitrobenzylphosphat reagiert mit Palmitinsäurechlorid in Toluol zu *Palmitoyl-bis-[p-nitrobenzyl]-phosphat* (**I**), das mit 1.2-Epoxyoctadecan zu *Bis-p-nitrobenzyl-[2-(palmitoyloxy)-octadecyl]-phosphat* (**II**) umgesetzt wird.

Versuche: *Palmitoyl-bis-[p-nitrobenzyl]-phosphat* (**I**), $C_{30}H_{43}N_2O_9P$, F. 170—171°; 87,8% (Ausb.). — *Anilinium-bis-p-nitrobenzylphosphat*, $C_{20}H_{20}N_3O_8P$, F. 158,5 bis 159,5° ($CHCl_3$/A.), aus **I** u. Anilin; 98,6%; neben *Palmitinsäureanilid*. — *Bis-p-nitrobenzyl-[2-(palmitoyloxy)-octadecyl]-phosphat*, $C_{48}H_{79}N_2O_{10}P$, F. 48—57° ($CH_3OH$/Aceton), aus **I** u. 1.2-Epoxyoctadecan in Toluol in Ggw. von $BF_3$-Ätherat; 32,2%. U. Eibisch 980

*1316* **Isomere Ester der Selenothiophosphorsäure.** N. I. Zemljanskij und N. M. Černaja. (Ukrainskij chim. Ž. **33** (1967) 2, 182—83; L'vovskij gos, univ. im. Iv. Franko; russ.) — Über das K-Salz (**I**) des *Selenothiophosphorsäure-di-O-phenylesters* werden das *Ni-* (**III**) u. *Pb-Salz* sowie durch Alkylierung mit $C_2H_5Br$ der *Se-Äthylester* dargestellt. Durch Rk. mit Na-Äthylmercaptid wird der isomere *S-Äthylester gebildet*.

Versuche: *Di-O-phenylselenothiophosphorsäure, K-Salz* (**I**), $C_{12}H_{10}KO_2PSSe$, F. 190—191° (Aceton/Ae.), durch 3–4std. Kochen von Di-O-phenylchlorselenophosphat (**II**) mit KHS in abs. Toluol; 81,9% (Ausb.). *Ni-Salz* (**III**), $C_{24}H_{20}NiO_4P_2S_2Se_2$, F. 123–124°, durch 15–20 Min. langes Schütteln von **I** mit $(CH_3COO)_2Ni \cdot 4H_2O$ u. Extrahieren mit $CCl_4$; 92%. *Pb-Salz*, $C_{24}H_{20}O_4 \cdot P_2PbS_2Se_2$, F. 147–147,5° (Bzl.), analog **III** mit Pb-Acetat. *Se-Äthylester*, $C_{14}H_{15}O_2PSSe$, Kp.$_{0,01}$ 62–64°, durch 3–4std. Erwärmen von **I** mit $C_2H_5Br$ auf 40–50°; 22%. *S-Äthylester*, $C_{14}H_{15}O_2PSSe$, Kp.$_{0,02}$ 74–75°, durch 5std. Erhitzen von **II** in abs. Ae. mit Na-Äthylmercaptid auf dem W.-Bad. Ch. Maniewski 980△

*1317* **Reaktion von Epihalogenhydrinen mit Trialkylphosphiten.** V. S. Abramov und R. N. Savinceva. (Ž. obšč. Chim. **37**/**99** (1967) 12, 2784–85; russ.) – Triäthylphosphit reagiert mit Epijodhydrin unter Arbuzov-Umlagerung zu *β.γ-Epoxypropylphosphonsäurediäthylester*, Kp.$_{13}$ 131–135°; $D_4^{20}$ 1,1373; $n_D^{20}$ 1,4405; 45% (Ausb.). – Analog ergibt Tripropylphosphit *β.γ-Epoxypropylphosphonsäuredipropylester*, Kp.$_8$ 143–144°; $D_4^{20}$ 1,0759; $n_D^{20}$ 1,4413; 44%. – Tributylphosphit gibt *β.γ-Epoxypropylphosphonsäuredibutylester*, Kp.$_3$ 142 bis 143°; $D_4^{20}$ 1,0423; $n_D^{20}$ 1,4444; 42%. – Die Rk. von Epichlorhydrin mit Triäthylphosphit führt dagegen zu *Methylphosphonsäurediäthylester* [Kp.$_{11}$ 82–83°; $D_4^{20}$ 1,0545; $n_D^{20}$ 1,4152; 23,6%] u. *Diäthylvinylphosphat* [Kp.$_{13}$ 98°; $D_4^{20}$ 1,0783; $n_D^{20}$ 1,4128; 27,2%]. E. Dumkow 980

## C-2. Isocyclische Verbindungen

*1318* **Öffnung des Dreiringes in 5.7-Di-tert.-butyl-spiro-[2.5]-octadien-(4.7)-on-(6) unter Einwirkung von Magnesiumhalogeniden.** V. V. Eršov, I. S. Belostockaja und A. A. Volod'kin. (Izvest. Akad. Nauk SSSR, Ser. chim. **1967**, 4, 930–32; Inst. chim. fiz. AN SSSR; russ.) – Durch Rk. von 5.7-Di-tert.-butyl-spiro-[2.5]-octadien-(4.7)-on-(6) (**I**) mit Mg-Halogeniden werden *2.6-Di-tert.-butyl-4-[β-halogenäthyl]-phenole* erhalten.

Versuche: 2.6-Di-tert.-butyl-phenole: *4-[β-Jodäthyl]-*, $C_{16}H_{25}JO$, F. 101–103°, durch Zugabe von **I** in Ae. zu $MgJ_2$ in Ae. u. ½std. Stehen; 85% (Ausb.); daneben *4-[β-Hydroxyäthyl]-*, F. 101–101,5°; 8%. – *4-[β-Bromäthyl]-*, F. 79–80°, aus **I** u. $MgBr_2$; 78%. – *4-[β-Chloräthyl]-*, $C_{16}H_{25}ClO$, F. 64–66°, aus **I** u. $MgCl_2$; a) wie vorst.; 8%; b) durch 24std. Erhitzen; 86%. H. Dalmer 1060△

*1319* **Arylamide und N-Acetyl-arylamide der 4-Chlorbenzolsulfonsäure.** S. I. Burmistrov, N. P. Gural', V. L. Dubina und V. I. Markov. (Ukrainskij chim. Ž. **33** (1967) 2, 183–84; Dnepropetrovskij chim.-technolog. inst.; russ.) – Durch Rk. von 4-Chlorbenzolsulfochlorid (**I**) mit Arylaminen werden *4-Chlorbenzolsulfonylarylamide* dargestellt, die zu den entsprechenden *N-Acetyl-Verb.* acetyliert werden.

Versuche: 4-Chlorbenzolsulfonyl-arylamide (**A**), eine warme wss. Sodalsg. wird mit den Arylaminen u. **I** versetzt u. ½ Std. auf 95° erhitzt; quant. Ausb.: *-3-tolyl-*, $C_{13}H_{12}ClNO_2S$, F. 113°. – *-2-methoxyphenyl-*, $C_{13}H_{12}ClNO_3S$, F. 96°. – *-4-methoxyphenyl-*, $C_{13}H_{12}ClNO_3S$, F. 141–142°. – *-2-äthoxyphenyl-*, $C_{14}H_{14}ClNO_3S$, F. 126°. – *-4-äthoxyphenyl-*, $C_{14}H_{14}ClNO_3S$, F. 137–137,5°. – *-2-chlorphenyl-*, $C_{12}H_9 \cdot Cl_2NO_2S$, F. 77–78°. – *-3-hydroxyphenyl-*, $C_{12}H_{10}Cl \cdot NO_3S$, F. 183,5–184°. – *-2.5-dichlorphenyl-*, $C_{12}H_8Cl_3 \cdot NO_2S$, F. 144,5–145°. – *-3-chlor-4-methylphenyl-*, $C_{13}H_{11} \cdot Cl_2NO_2S$, F. 124°. – *-2.4-dimethylphenyl-*, $C_{14}H_{14}ClNO_2S$, F. 124°. – *-3-chlor-2-methylphenyl-*, $C_{13}H_{11}Cl_2NO_2S$, F. 103°. – N-Acetyl-4-chlorbenzolsulfonyl-arylamide, durch 3std. Kochen der entsprechenden **A** mit Acetanhydrid u. Na-Acetat; nahezu quant. Ausb.: *-4-tolyl-*, $C_{15}H_{14}ClNO_3S$, F. 139–140°. – *-3-tolyl-*, $C_{15}H_{14} \cdot ClNO_3S$, F. 136–137°. – *-2-tolyl-*, $C_{15}H_{14}ClNO_3S$, F. 87–88°. – *-2-chlorphenyl-*, $C_{14}H_{11}Cl_2NO_3S$, F. 181,5 bis 182°. – *2-methoxyphenyl-*, $C_{15}H_{14}ClNO_4S$, F. 147–148°. – *-2-äthoxyphenyl-*, $C_{16}H_{16}ClNO_4S$, F. 148–149°. – *-3-chlor-2-methylphenyl-*, $C_{15}H_{13}Cl_2NO_3S$, F. 123–125°. – *-3-chlor-4-methylphenyl-*, $C_{15}H_{13}Cl_2NO_3S$, F. 170°. – *-α-naphthyl-*, $C_{18}H_{14}ClNO_3S$, F. 174–175°. – *-β-naphthyl-*, $C_{18}H_{14}ClNO_3S$, F. 183–184°. Ch. Maniewski 1090△

*1320* **Chlormethylierung von 4-[N-Arensulfonylmethyl-amino]-anisolen.** D. D. Mysyk und S. I. Burmistrov. (Ukrainskij chim. Ž. **33** (1967) 2, 185–88; Dnepropetrovskij chim.-technolog. inst.; russ.) – Die Chlormethylierung von 4-[N-(Arylsulfonyl)-methylamino]-anisolen (**A**) mit Dichlordimethyläther (**I**) in Ggw. von $SnCl_4 \cdot 5H_2O$ in $CHCl_3$ oder Dichloräthan bzw. von $ZnCl_2$ in Essigsäure liefert *4-[N-(Arylsulfonyl)-methyl-amino]-2-chlormethylanisole* (**B**). Die **B** werden durch Sommelet-Rk. in die entsprechenden Aldehyde umgewandelt. Die Struktur der Chlormethylierungsprod. wurde am Beispiel von *4-[N-(p-Toluolsulfonyl)-methyl-amino]-2-chlormethylanisol* (**IV**) durch Red. in Ggw. von Raney-Ni zu *4-[N-(p-Toluolsulfonyl)-methylamino]-2-methylanisol* u. durch Ox. des nach Sommelet erhaltenen Aldehyds zu *5-[N-(p-Toluolsulfonyl)-methylamino]-2-methoxybenzoesäure* bewiesen.

Versuche: 4-[N-(Arylsulfonyl)-methyl-amino]-anisole (**A**), durch Acylierung von p-Anisidin mit den entsprechenden Arylsulfochloriden u. anschließende Methylierung mit $(CH_3)_2SO_4$ in wss. alkal. Lsg.: *Benzolsulfonyl-* (**II**), $C_{14}H_{15}NO_3S$, F. 69–71° (verd. $CH_3COOH$). – *p-Chlorbenzolsulfonyl-*, $C_{14}H_{14}ClNO_3S$, F. 77–78° (A.). – *4-[p-Toluolsulfonylamino]-2-methylanisol* (**III**), $C_{15}H_{17}NO_3S$, F. 83–85° (wss. A.), durch Tosylierung von 4-Amino-2-methylanisol. – 4-[N-(Arylsulfonyl)-methylamino]-2-chlormethylanisole (**B**), a) ein Gemisch aus $SnCl_4 \cdot 5H_2O$ u. **I** wird mit **A** in $CHCl_3$ versetzt u. nach 48std. Stehen mit W. zerlegt; 62–70% (Ausb.); b) $ZnCl_2$ wird unter Erwärmen in Essigsäure gelöst, die abgekühlte Lsg. wird mit **A** u. **I** versetzt u. nach 5–8std. Erwärmen auf 50–55° mit W. verdünnt: *p-Toluolsulfonyl-* (**IV**), $C_{16}H_{18}ClNO_3S$, F. 94,5–96,5° (A.); nach b) 74%. – *Benzolsulfonyl-*, $C_{15}H_{16}ClNO_3S$, F. 101 bis 103,5° (A.); nach b) 79%. – *p-Chlorbenzolsulfonyl-*, $C_{15}H_{15}Cl_2NO_3S$, F. 81–82° (A.); nach b) 76%. – *p-Brombenzolsulfonyl-*, $C_{15}H_{15}BrClNO_3S$, F. 82–83,5° (A.); nach b) 82%. – *4-[N-(p-Toluolsulfonyl)-methylamino]-2-methylanisol*, $C_{16}H_{19}NO_3S$, F. 89–90° (A.), a) durch Methylierung von **III** mit $(CH_3)_2SO_4$; b) durch 5std. Erwärmen von **IV** in A. mit Raney-Ni; 85%. – 5-[N-(Arylsulfonyl)-methylamino]-2-methoxybenzaldehyde, durch 5std. Kochen der entsprechenden **B** mit Hexamethylentetramin in wss. Essigsäure, Zugabe von W., kurzes Kochen u. Reinigung über das Bisulfitderiv.: *Benzolsulfonyl-*, $C_{15}H_{15}NO_4S$, F. 86–87,5°; 42%. – *p-Chlorbenzolsulfonyl-*, $C_{15}H_{14}ClNO_4S$, F. 117,5–118°; 64%. – *p-Brombenzolsulfonyl-*, $C_{15}H_{14}BrNO_4S$, F. 125,5 bis 127,5°; 62%. – *p-Toluolsulfonyl-* (**V**), $C_{16}H_{17}NO_4S$, F. 116,5–117,5°; 56%. – *5-[p-Toluolsulfonylamino]-2-hydroxybenzoesäure* (**VI**), $C_{14}H_{13}NO_5S$, F. 185° (wss. $CH_3COOH$), durch Tosylierung von 5-Aminosalicylsäure in Soda-Lsg. bei 70–80°. – *5-[N-(p-Toluolsulfonyl)-methylamino]-2-methoxybenzoesäure*, $C_{16}H_{17}NO_5S$, F. 145 bis 147° (wss. $CH_3COOH$), a) durch 1std. Erhitzen von **I** mit $CrO_3$ in Essigsäure auf 80–90°; 45%; b) durch Methylierung von **VI** mit $(CH_3)_2SO_4$ in wss.-alkal. Lösung. Ch. Maniewski 1090△

*1321* **Thiomethylierung von Ammoniak.** Ithamar E. Pollak und Gerald F. Grillot. (J. org. Chemistry **32** (1967) 9, 2891–92; Dep. of Chem., Syracuse Univ., Syracuse, N.Y.; engl.) – $NH_4OH$ reagiert mit 3 Val 37%ig. HCHO-Lsg. u. 3 Val Thiophenolen zu *Tris-[arylmercaptomethyl]-aminen.*

Versuche: Amine: *Tris-[phenylmercaptomethyl]-*, $C_{21}H_{21}NS_3$, F. 31–32° (Bzl. bzw. Bzl./A.), aus $NH_4OH$, 37%ig. HCHO-Lsg. u. Thiophenol in sd. A.; 75% (Ausb.). – *Tris-[p-tert.-butylphenylmercaptomethyl]-*, $C_{33}H_{45}NS_3$; Öl; 66%. – *Tris-[naphthyl-(2)-mercaptomethyl]-*, $C_{33}H_{27} \cdot NS_3$, F. 67–68° (Bzl. bzw. Bzl./A.); 80,5%. – *Tris-[p-chlorphenylmercaptomethyl]-*, $C_{21}H_{18}Cl_3NS_3$, F. 112–114° (Bzl. bzw. Bzl./A.); 67%. – *Tris-[m-tolylmercaptomethyl]-*, $C_{24}H_{27}NS_3$; Öl; 85%. – *Tris-[mesitylmercaptomethyl]-*, $C_{30}H_{39}NS_3$, F. 68,5–69,5° (Bzl. bzw. Bzl./A.); 46,5%. – *Tris-[p-nitrophenylmercaptomethyl]-*, $C_{21}H_{18} \cdot N_4O_6S_3$, F. 149–151° (Bzl. bzw. Bzl./A.); 21,5%. – *Tris-[benzylmercaptomethyl]-*, $C_{24}H_{27}NS_3$, F. 45–47° (Bzl. bzw. Bzl./A.); 55%. Hans Köhne/Berlin 1090△

*1322* **Salpetersäureoxydation von Polyalkylbenzolen.** Elbert W. Crandall, Ronald Beasley, Larry L.

Lambing und Roy Moriconi. (J. org. Chemistry **32** (1967) 1, 134–36; Kans. State Coll., Pittsburg; engl.) — 2-substituierte p-Xylole liefern bei der Ox. mit $HNO_3$ vorwiegend 3-substituierte, daneben 2-substituierte *p-Toluylsäuren*. 4-substituierte m-Xylole geben nur 4-substituierte *m-Toluylsäuren*. Die Ox. einer Methylgruppe in o-, m- bzw. p-Stellung zum Substituenten erfolgt am leichtesten in der Reihenfolge Cl > Br > F > $NO_2$, Br > Cl > $NO_2$ > F bzw. Br > Cl > F > $NO_2$.

Versuche: *2-Fluor-p-xylol* (**I**), $C_8H_9F$, Kp. 136 bis 137°, durch Erwärmen von p-Xylidin in HCl (1:1), Kühlen auf —5°, 1/4std. Zugabe von $NaNO_2$ in W. u. Zugabe von $NH_4BF_4$ in kaltem W.; 43% (Ausb.). — *4-Fluor-m-xylol* (**III**), Kp. 142—143°, analog vorst. Verb. aus m-Xylidin (**II**); 46%. — *4-Chlor-m-xylol* (**IV**), Kp. 186 bis 187°, durch Diazotieren von **II** mit $NaNO_2$ in W. bei —5° u. Gießen in CuCl in konz. HCl; 52%. — p-Toluylsäuren (FF. aus W. oder W./A.): *3-Fluor-*, $C_8H_7FO_2$, F. 159—160°, a) durch 20std. Kochen (117°) von **I** in 45%ig. $HNO_3$; 19%; daneben *2-Fluor-*, $C_8H_7FO_2$, F. 181 bis 182°; 10%; b) analog a) in 8 Std.; 9%. — Analog: *3-Chlor-*, $C_8H_7ClO_2$, F. 199—201°, a) aus 2-Chlor-p-xylol in 20 Std.; 44% [*Amid*, F. 157—158°]; daneben *2-Chlor-* [**V**, $C_8H_7ClO_2$, F. 150—152°; 26%. *Amid*, F. 179 bis 180°]; b) analog a) in 8 Std.; 22,7%; daneben 7,3% **V**; c) bei 80°; 20,7%; daneben 6,4% **V**. — *3-Brom-*, $C_8H_7 \cdot BrO_2$, F. 204—205°, a) aus 2-Brom-p-xylol in 20 Std.; 47% [*Amid*, F. 164—166°]. Daneben *2-Brom-* (**VI**), $C_8H_7BrO_2$, F. 138—139°; 24% [*Amid*, F. 135—136°]. b) in 8 Std.; 41,6%. Daneben 12% **VI**; c) in 48 Std. bei 80°; 23%. — *3-Nitro-*, $C_8H_7NO_4$, F. 189—190°, aus 2-Nitro-p-xylol in 20 Std.; 27%. — m-Toluylsäuren: *4-Brom-*, $C_8H_7BrO_2$, F. 209—210°, a) in 15 Std. aus 4-Brom-m-xylol; 58,5%; b) in 20 Std. u. Subl. des Rohprod.; 56%; daneben *4-Bromisophthalsäure*, F. 291—292°. — *4-Chlor-*, $C_8H_7ClO_2$, F. 210°, a) aus **IV** in 15 Std.; 33,4%; b) in 20 Std. u. Subl.; 44%; daneben *4-Chlorisophthalsäure*, F. 290—292°; 1,5%. — *4-Nitro-*, $C_8H_7NO_4$, F. 217 bis 218°, in 15 bzw. 20 Std. aus 4-Nitro-m-xylol; 22,5 bzw. 27%. — *4-Fluor-*, $C_8H_7FO_2$, F. 164—165°, a) aus **III** in 15 Std.; 26,2%; b) in 20 Std. u. Subl.; 36%; daneben *4-Fluorisophthalsäure* (?), F. 280—281°; 1,7%. — *4-Brom-3.5-dimethylbenzoesäure*, $C_9H_9BrO_2$, F. 209 bis 210° (wss. Methanol), durch 20std. Kochen von Brommesitylen in 10%ig. $HNO_3$; 22%; daneben *2-Brom-3.5-dimethylbenzoesäure*, $C_9H_9BrO_2$, F. 140—141° (W.); 16%.
H. Miele 1210△

*1323* **Reaktion von Formaldehyd mit N-Methyl-p-toluidin.** W. V. Farrar. (Chem. and Ind. **1937**, 39, 1644; Univ. of Manchester, Inst. of Sci. and Technology; engl.) — 15 g N-Methyl-p-toluidin (**I**) u. 20 ml 40%ig. HCHO-Lsg. in 90 ml 2 n HCl ergaben nach 2 Tagen bei 20° etwa 75% **I** u. *N-Methyl-N-[2-methylamino-5-methylbenzyl]-toluidin* (**II**; $C_{17}H_{22}N_2$, F. 64°). Bei längerer Rk.-Dauer steigt die Ausb., es entsteht eine kleine Menge *2.5.8.11-Tetramethyl-dibenzo-[c.g]-5.11-diazacyclooktadien* (**III**, F. 149°). Nach 14 Tagen ist die Gesamtausb. an **II** u. **III** fast quantitativ. **II** wird durch 6std. Kochen mit 2 n HCl u. HCHO fast quant. in **III** umgewandelt u. liefert ein *Acetylderiv.* ($C_{19}H_{24}N_2O$, F. 130°). Die Nitrierung blieb erfolglos. G. Behrendt 1310

*1324* **Reaktion von Grignard-Reagenzien mit Arylmercaptomethylarylaminen und mit Tris-[phenylmercaptomethyl]-aminen.** Ithamar E. Pollak und Gerald F. Grillot. (J. org. Chemistry **32** (1967) 9, 2892—93; Dep. of Chem., Syracuse Univ., Syracuse, N.Y.; engl.) — Grignard-Reagenzien spalten die C–S-Bindung von Arylmercaptomethylaminen. N-Phenylmercaptomethyl-N-methylanilin (**I**) bzw. N-Phenylmercaptomethyl-N-methyl-p-toluidin (**II**) geben mit Grignard-Reagenzien *N-Methyl-N-alkylaniline*. Aus N.N-Bis-[phenylmercaptomethyl]-anilin (**III**) werden analog *N.N-Dialkylaniline* erhalten. Tris-[phenylmercaptomethyl]-amin (**IV**) reagiert mit Grignard-Reagens zu *tert.-Aminen*. Mit 1 Val $C_6H_5MgBr$ gibt **IV** ein *Gemisch* aus *Tribenzylamin*, *Dibenzylphenylmercaptomethylamin* u. *Bis-[phenylmercaptomethyl]-benzylamin*. Phenylmercaptogruppen scheinen sich also nicht selektiv ersetzen zu lassen.

Versuche: *N-Methyl-N-n-propylanilin*, $Kp._{1-2}$ 58—60°, aus **I** u. $C_2H_5MgBr$ in THF; 79,5% (Ausb.). *Pikrat*, F. 107—109°. — *N-Methyl-N-n-pentylanilin*, $Kp._{4-5}$ 107—108°; 83%. *Pikrat*, F. 106—108°. — *N-Methyl-N-benzylanilin*, $Kp._{1-2}$ 108—112°; 85%. *Pikrat*, F. 106—108°. — *N-Methyl-N-p-dimethylaminobenzylanilin*, $C_{16}H_{20}N_2$, F. 68—70° (A.); 86%. — *N-Methyl-N-p-dimethylaminobenzyl-p-toluidin*, $C_{17}H_{22}N_2$, $Kp._{1-2}$ 180 bis 181°, aus **II** u. p-Dimethylaminophenyl-MgBr; 77%. — *N.N-Di-n-pentylanilin*, $Kp._{1-2}$ 95—102°, aus **III** u. n-Butyl-MgBr; 84%. — *N.N-Di-n-hexylanilin*, $Kp._{5-6}$ 138—140°; 85%. — *N.N-Bis-[buten-(3)-yl-(1)]-anilin*, $C_{14}H_{19}N$, $Kp._{5-6}$ 90—93°; 81%. — *N.N-Di-isobutylanilin*, $Kp._{5-6}$ 78—83°; 77%. — *N.N-Dibenzylanilin*, F. 67—70°; 86%. *1.3.5-Trinitrobenzoladdukt*, F. 91,5 bis 92,5° (A.). — *N-n-Pentylanilin*, $Kp._{18}$ 140—141°, aus N-Phenylmercaptomethylanilin u. n-Butyl-MgBr; 75%. — *N-Benzylanilin*, F. 33—36°, $Kp._{1-2}$ 114—118°; 89%. — *Tri-n-pentylamin*, $Kp._{1-2}$ 90—95°, aus **IV** u. n-Butyl-MgBr; 81%. — *Triisobutylamin*, $Kp._{760}$ 183°, $Kp._{80}$ 115°; 79%. — *Tribenzylamin*, F. 87—89° (A.); 91%. *Hydrochlorid*, F. 210—225°. Hans Köhne/Berlin 1310△

*1325* **Reaktion von Amin-Anionen mit p-Toluolsulfonylazid. Eine neue Azid-Synthese.** W. Fischer und J.-P. Anselme. (J. Amer. chem. Soc. **89** (1967) 20, 5284—85; Dep. of Chem., Univ. of Mass., Boston, Mass.; engl.) — Die Meth., Diazoalkane aus entsprechenden Carbanionen u. Tosylazid (**I**) darzustellen, wird erweitert zur Darst. von *Aziden*. Dabei werden entsprechende Amine (bzw. Aniline) durch Grignardierung in Anionen übergeführt, die mit **I** die gewünschten *Azide* ergeben. Auf diese Weise wurden dargestellt: *Phenyl-* ($Kp._1$ 31—32°; 44%. *Triphenylphosphinaddukt*, F. 131—132°), *p-Tolyl-* ($Kp._2$ 50 bis 52°; 49%. *Triphenylphosphinaddukt*, F. 134—135°), *p-Chlorphenyl-* ($Kp._3$ 71—73°; 48%. *Triphenylphosphinaddukt*, F. 119—120°) u. *Benzylazid* ($Kp._4$ 62—63°; 26%). p-Nitranilin gab nur sehr geringe Mengen an *p-Nitrophenylazid*, aus Benzamid wurde kein Benzazid erhalten.
P. Boroffka 1310

*1326* **Synthese von Äthylenimino-p-benzochinonyl-α-alaninäthylestern.** V. S. Martynov, A. N. Makarova und A. Ja. Berlin. (Ž. obšč. Chim. **37/99** (1967) 1, 70 bis 76; Inst. ėksper. i klin. onkologii Akad. med. Nauk SSSR; russ.) — Durch Einw. von Äthylenimin (**I**) auf α-Carbäthoxy-β-[p-benzochinonyl-(2)]-N-acetyl-α-alaninäthylester (**II**) wurden *α-Carbäthoxy-β-[5-äthylenimino-p-benzochinonyl-(2)]-* (**XI**) u. *α-Carbäthoxy-β-[3.5-bis-(äthylenimino)-p-benzochinonyl-(2)]-N-acetyl-α-alaninäthylester* (**XII**) dargestellt, aus **I** u. β-[p-Benzochinonyl-(2)]-N-acetyl-α-alaninäthylester (**III**) wurde *β-[3.6-Bis-(äthylenimino)-p-benzochinonyl-(2)]-N-acetylalaninäthylester* erhalten. **II** wurde aus 2-Acetoxy-5-nitrobenzylchlorid (**IV**) u. Äthoxymagnesium-acetamidomalonester (**V**) über *2-Hydroxy-5-nitro-* (**VI**) u. *2-Hydroxy-5-aminobenzyl-acetamidomalonester* (**VII**) dargestellt. Die Darst. von **III** erfolgte aus **VI** über *2-Hydroxy-5-nitrobenzyl-acetamidomalonsäureäthylester* (**VIII**), dessen Hydrolyse u. Decarboxylierung zu *β-[2-Hydroxy-5-nitrophenyl]-N-acetyl-α-alaninäthylester* (**IX**) führte. Hydrierung von **II** gab *β-[2.5-Dihydroxyphenyl]-α-alanin*.

Versuche: *2-Acetoxy-5-nitrobenzylchlorid* (**IV**), $C_9H_8ClNO_4$, F. 78—79°, aus 2-Chlormethyl-5-nitrophenol u. Acetanhydrid (**X**) in Ggw. von konz. $H_2SO_4$, 4—5 Std. bei Zimmertemp.; 89% (Ausb.). — *2-Hydroxy-5-nitrobenzyl-acetamidomalonsäure, Diäthylester* (**VI**), $C_{16} \cdot H_{20}N_2O_8$, F. 205,5—206°, durch 2 1/2—3std. Erhitzen von Acetamidomalonsäurediäthylester u. Mg in abs. A. u. Umsetzen des entstandenen **V** mit **IV**; 81%. *Äthylester* (**VIII**), $C_{14}H_{16}N_2O_8$, F. 136—137° (Zers.), aus **VI** u. 2 n NaOH, 1/2 Std. bei Zimmertemp., nachfolgendes Erhitzen auf 60—70° u. Zugabe von verd. HCl; 85%. — Benzyl-acetamidomalonsäurediäthylester: *2-Hydroxy-5-amino-* (**VII**), $C_{16}H_{22}N_2O_6$, F. 184—184,5°, durch 2—3std. Rühren von **VI** mit Al-Amalgam in 90%ig. A. u. Erhitzen bis zum Sieden; 88%. — *2-Acetoxy-5-nitro-*, $C_{18}H_{22}N_2O_9$, F. 139—140°, aus **VI** u. **X** in Ggw. von $H_2SO_4$. — α-Carbäthoxy-N-acetyl-α-alaninäthylester: *-β-[p-benzochinonyl-(2)]-* (**II**), $C_{16}H_{19}NO_7$, F. 138 bis 138,5°, durch $K_2Cr_2O_7$-Ox. von **VII** in 20%ig. $H_2SO_4$

bei 60–70°; 87,7%. — *-β-[5-äthylenimino-p-benzochinonyl-(2)]-* (**XI**), $C_{18}H_{22}N_2O_7$, F. 152–153°, durch Zugabe von **I** zu **II** in A. bei –10°, 1/2std. Stehen bei 0° u. Zugabe von Ae.; 64,3%. — *-β-[3.5-bis-(äthylenimino)-p-benzochinonyl-(2)]-* (**XII**), $C_{20}H_{25}N_3O_7$, F. 171–172°, a) aus **II** in A. u. überschüssigem **I** bei 50° u. kurzes Aufkochen; 39%; b) analog aus **XI**; 90%. — N-Acetyl-α-alaninäthylester: *β-[2-Hydroxy-5-nitrophenyl]-* (**IX**), $C_{13}H_{16}N_2O_6$, F. 150–151°, durch 3–5 Min. langes Erhitzen von **VIII** auf 170°; 70,6%. — *β-[p-Benzochinonyl-(2)]-* (**III**), $C_{13}H_{15}NO_5$, F. 88–89°, durch Hydrierung von **IX** in 75%ig. Essigsäure in Ggw. von Pd/Kohle bei 50 bis 60°, Filtrieren, Zugabe von $H_2SO_4$ u. Ox. mit wss. $K_2Cr_2O_7$ bei 60–70°; 46%. — *β-[3.6-Bis-(äthylenimino)-p-benzochinonyl-(2)]-*, $C_{17}H_{21}N_3O_5$, F. 129–130°, aus **III** u. **I** analog **XII**; 46%. — *β-[2.5-Dihydroxyphenyl]-α-alanin, Hydrobromid*, $C_9H_{12}BrNO_4$, F. 273–275° (Zers.), durch Hydrierung von **II** in A. in Ggw. von Pd/Kohle, Filtrieren, Abdest. des A. u. Kochen mit HBr; 87,5%. *Hydrat*, F. 232–233°, durch Neutralisieren der Hydrobromid-Lsg. mit $NH_4OH$; 93%.

N. Kucharczyk 1350△

*1327* **Isomerisierung von Neobarenen zu Barenen.** L. I. Zacharkin, V. N. Kalinin und L. S. Podvisockaja. (Izvest. Akad. Nauk SSSR, Ser. chim. **1967**, 10, 2310–16; Inst. élementoorg. soedinenij AN SSSR; russ.) — *Neobarene* [m-$B_{10}H_{10}C_2RR'$] werden durch Na zu *Neobaren-Dianionsalzen* [m-$B_{10}H_{10}C_2RR'$]$^{2-}$ 2Na$^+$ red., die leicht zu *Baren-Dianionsalzen* [o-$B_{10}H_{10}C_2RR'$]$^{2-}$ · 2Na$^+$ isomerisieren u. bei der Ox. *Barene* [o-$B_{10}H_{10}C_2RR'$] geben. Neobaren- u. Baren-Dianionen entstehen auch bei Einw. von Anion-Radikalen vom Typ des Naphthalin-Na oder Diphenyl-Na.

Versuche: *1.7-Diphenylneobaren* (**I**), $C_{14}H_{20}B_{10}$, F. 116–117° (Hexan), Kp.$_2$ 172–174°, durch 12std. Erhitzen von 1.2-Diphenylbaren (**II**) im Autoklaven auf 415–425° unter Ar; 54% (Ausb.). — *1.1'-Bis-neobaren* (**III**), $C_4H_{22}B_{20}$, F. 270–270,5° (Hexan), analog aus 1.1'-Dibaren; 88%. — *1.2-Diphenylbaren* (**II**), F. 146 bis 147° (Hexan), durch Zugabe von **I** zu Naphthalin-Na in THF, Eintragen von Na, 3std. Rühren u. Einleiten von Luft bis zur Entfärbung; 93%. — *1-Phenylbaren*, analog aus 1-Phenylneobaren; 85%. — *C.C'-Diphenyl-dicarbadodekaboran-Anion* (**IV**), a) durch Rk. von **I** mit Naphthalin-Na in THF; b) durch 10std. Erhitzen von **II** mit alkohol. NaOH; c) durch 10 Min. langes Rühren von **II** mit Na in fl. $NH_3$. *N-Methylpyridiniumsalz*, $C_{20}H_{29}$ · $B_{10}N$, F. 157–159° (A., A.–W.), durch Umsetzung von **IV** mit N-Methylpyridiniumjodid in Wasser. Analog: *Methyltriphenylphosphoniumsalz*, $C_{33}H_{39}B_{10}P$, F. 159 bis 160° (A.–W.). Kochen von **IV**-Na-Salz in W. → *Toluol*. — *Baren*, durch Zugabe von Na zu Neobaren in fl. $NH_3$ bei –50°, Versetzen mit $KMnO_4$ bei –50° u. 10 Min. langes Rühren; 90%. — Analog: *1-Methylbaren*; 85%. — *1.2-Dimethylbaren*; 40%. — *1-Barenylneobaren*, $C_4H_{22}B_{20}$, F. 225–226° (Hexan), durch 10 Min. langes Rühren von 1,4 g **III** mit 0,25 g Na in 60 ml fl. $NH_3$ u. 15 ml Ae. bei –50° u. portionsweises Eintragen von 2 g $KMnO_4$; 0,34 g. Daneben *1.1'-Dibaren*, F. 311–312° (Hexan); 0,28 g.

Helmut Schäfer 1380△

*1328* **Nucleophile Substitution in der Baren- und Neobarenreihe.** L. I. Zacharkin und V. N. Kalinin. (Izvest. Akad. Nauk SSSR, Ser. chim. **1967**, 11, 2577 bis 2578; Inst. élementoorg. soed. AN SSSR; russ.) — Bei der Rk. von Brom- u. Jodbarenen u. -neobarenen mit $Cu_2Cl_2$ entstehen die entsprechenden *Chlorbarene* bzw. *-neobarene*.

Versuche: *Chlorbaren*, durch 5–15std. Erhitzen von Brom- oder Jodbaren mit $Cu_2Cl_2$ (1:1,5 Mol) im Autoklaven auf 250–350°; 80–95% (Ausb.). — *Chlorneobaren*, analog vorst. Verb.; 80–95%. — *1-Methyl-12-chlorbaren*, F. 141–142° (Hexan), durch 8std. Erhitzen von 1-Methyl-12-jodbaren mit $Cu_2Cl_2$ auf 290–300°; 85%. — *8-Chlor-9.10.12-trijodbaren*, $C_2H_8B_{10}ClJ_3$, F. 299–301° (Heptan–Toluol), durch 5std. Erhitzen von 8.9.10.12-Tetrajodbaren mit $Cu_2Cl_2$ auf 300–310°; 80%. — *1-Phenyl-9.12-dichlorbaren*, $C_8H_{14}B_{10}Cl_2$, F. 98,5 bis 99,5° (Hexan), durch 20std. Erhitzen von 1-Phenyl-9.12-dijodbaren mit $Cu_2Cl_2$ auf 290–300°; 83%.

Helmut Schäfer 1380△

*1329* **Organoalkoxycyclosilazane.** K. A. Andrianov, G. V. Kotrelev, B. D. Lavruchin und L. N. Orobinskaja. (Izvest. Akad. Nauk SSSR, Ser. chim. **1967**, 10, 2275–81; Inst. élementoorg. soed. AN SSSR; russ.) — Bei der Ammonolyse von Phenylmethoxy- (**I**), Phenyläthoxy- (**II**) u. Methyläthoxydichlorsilan (**III**) entstehen als Hauptprod. *Phenyldimethoxyaminosilan* (**IV**) u. *Si-Triphenyl-Si-trimethoxycyclotrisilazan* (**V**) bzw. *Phenyldiäthoxyaminosilan* (**VI**), *Si-Triphenyl-Si-triäthoxycyclotrisilazan* (**VII**) u. *Si-Tetraphenyl-Si-tetraäthoxycyclotetrasilazan* bzw. *Si-Trimethyl-Si-triäthoxycyclotrisilazan* (**VIII**). Die therm. Zers. von **IV** u. **VI** u. die Rk. von **V**, **VI** u. **VIII** mit KOH werden untersucht. Das NMR-Spektrum von **VIII** ist angegeben.

Versuche: *Phenyldimethoxyaminosilan* (**IV**), $C_8$ · $H_{13}NO_2Si$, Kp.$_1$ 66–68°, durch Einleiten von $NH_3$ in **I** in abs. Bzl. bei < 30°; D.$_4^{20}$ 1,0811; $n_D^{20}$ 1,4980; 14% (Ausb.). Daneben *Polyphenylsilazan* {[$C_6H_5Si(NH)_{1,5}$]$_n$; glasförmig} u. *Si-Triphenyl-Si-trimethoxycyclotrisilazan* (**V**; $C_{21}H_{27}N_3O_3Si_3$, Kp.$_1$ 250–252°, F. 109–113°; Isomerengemisch; 8%). — *Phenyldiäthoxyaminosilan* (**VI**), $C_{10}H_{17}NO_2Si$, Kp.$_1$ 87–89°, analog **IV** aus **II**; D.$_4^{20}$ 1,0248; $n_D^{20}$ 1,4840; 10%. Daneben *Si-Triphenyl-Si-triäthoxycyclotrisilazan* (**VII**; $C_{24}H_{33}N_3O_3Si_3$, Kp.$_1$ 256 bis 259°, F. 77–78°; 17%) u. *Si-Tetraphenyl-Si-tetraäthoxycyclotetrasilazan* ($C_{32}H_{44}N_4O_4Si_4$, Kp.$_1$ 289–292°; $n_D^{20}$ 1,5485; 11%). — *Si-Trimethyl-Si-triäthoxycyclotrisilazan* (**VIII**), $C_9H_{27}N_3O_3Si_3$, 2 Isomere mit F. 100–101° u. F. 112–112,5°, aus **III**; 39%. Daneben *lineare Si-Trimethyl-Si-triäthoxysilazane* u. *polymere Silazane*. — *Phenyltrimethoxysilan*, a) Kp.$_1$ 65–70°, durch 8std. Erhitzen von 4,13 g **IV** auf 180–190°; $n_D^{20}$ 1,4745; 1,82 g; b) Kp. 202°, durch 40 Min langes Erhitzen von **V** mit KOH auf 120°; $n_D^{20}$ 1,4714; daneben $NH_3$. — *Phenyltriäthoxysilan*, a) Kp. 230–234°, durch 22std. Erhitzen von **VI** auf 180 bis 190°; $n_D^{20}$ 1,4632; b) Kp. 233–236°, durch 1std. Erhitzen von **VII** mit KOH auf 120°; $n_D^{20}$ 1,4589; daneben $NH_3$. — *Methyltriäthoxysilan*, Kp. 142°, durch langsames Erhitzen von **VIII** mit KOH auf 135°; $n_D^{20}$ 1,3860; daneben $NH_3$.

Helmut Schäfer 1380△

*1330* **Synthese von Polyphosphinoxiden.** M. J. Kabačnik, T. Ja. Medved', Ju. M. Polikarpov und K. S. Judina. (Izvest. Akad. Nauk SSSR, Ser. chim. **1967**, 3, 591–95; Inst. élementoorg. soed. AN SSSR; russ.) — Durch Rk. von Chlormethyl-diaryl (alkyl)-phosphinoxiden mit Diaryl-(alkyl)-phosphinigsäurealkylestern werden *Tetraaryl-(alkyl)-methylendiphosphindioxide* dargestellt. Bei der Rk. von α-Chlorvinyl-diphenylphosphinoxid(**VII**) mit Diphenylphosphinigsäure (**VI**) u. nachfolgender HCl-Abspaltung entsteht *Tetraphenyl-vinylendiphosphindioxid*. Daraus entsteht durch Rk. mit **VI** *1.1.2-Tris-[diphenylphosphinyl]-äthan*, daß auch durch Rk. von α.β-Dichlorvinyl-diphenylphosphinoxid (**VIII**) mit **VI** oder durch Rk. von Trichloräthylen (**IX**) mit **VI** dargestellt werden kann.

Versuche: *Chlormethyl-diphenylphosphinoxid*, F. 133–135° (A.), durch 4std. Erhitzen von Diphenylchlorphosphin (**I**) mit Paraformaldehyd (**II**) auf 160–170° im Rohr; 56% (Ausb.). — *Diphenylphosphinigsäureäthylester* (**IV**), Kp.$_3$ 128–130°, durch Zugabe von Triäthylamin (**III**) in Ae. zu **I** in Ae. unter Kühlung, tropfenweise Zugabe von A. in Ae. bei 0–5°, Filtrieren, Einengen u. Dest.; $n_D^{20}$ 1,5900; D.$_4^{20}$ 1,0722; 80%. — *Tetraphenyl-methylendiphosphindioxid*, $C_{25}H_{22}O_2P_2$, F. 181–182° (Aceton), durch Erhitzen vorvorst. Verb. mit **IV** unter $N_2$ bis zur Entw. von $C_2H_5Cl$ bei 180–200°, danach 2std. Erhitzen auf 240 bis 250°; 58%. — *Chlormethylphosphonsäuredibutylester*, $C_9H_{20}ClO_3P$, durch tropfenweise Zugabe von Butanol zu Chlormethylphosphonsäuredichlorid bei 0° u. mehrstd. Stehen; $n_D^{20}$ 1,4435; D.$_4^{20}$ 1,084; 55%. — *Diphenylphosphinyl-methyl-phosphonsäure*, $C_{13}H_{14}O_4P_2$, F. 217–219° (A.), durch 5std. Erhitzen nachst. Esters mit HCl (1:1) auf 120–130° im Rohr; 20,3%. *Dibutylester*, $C_{21}H_{30}O_4P_2$, F. 43–45° (Ae.), durch Erhitzen vorst. Verb. mit **IV** unter $N_2$ bis zur Entw. von $C_2H_5Cl$, 1/2std. Erhitzen auf 225°, Lösen in Ae., Zugabe von Hexan u. Dest. des erhaltenen Öls bei 180–190°/4 · $10^{-4}$ mm; 37%. — *α-Chlorbenzylphosphonsäuredibutylester*, $C_{15}H_{24}ClO_3P$, Kp.$_3$ 179–181, aus α-Chlorbenzylphosphonsäuredichlorid u. Butanol;

$n_D^{20}$ 1,4983; $D_4^{20}$ 1,1050; 56%. — *Diphenyl-α-chlorbenzylphosphinoxid* (**X**), $C_{19}H_{16}ClOP$, F. 197—198°, durch 3std. Erhitzen von Benzaldehyd mit **I** auf 190—200° im Rohr; 69%. — *Chlormethyl-äthyl-phenylphosphinoxid* (**V**), $C_9H_{12}ClOP$, Kp.$_1$ 129—131°, durch 2std. Erhitzen von Äthylphenylchlorphosphin mit **II** auf 160—170° im Rohr; 46%. — Diphosphindioxide: *Tetraphenyl-benzyliden-*, $C_{31}H_{26}O_2P_2$, F. 306—307° ($CHCl_3$), durch Erhitzen von **X** mit **IV** unter $N_2$ auf 200° bis zur Gas-Entw. u. 1/4std. Erhitzen auf 210°; 20%. — *Äthyltriphenyl-methylen-*, $C_{21}H_{22}O_2P_2$, F. 200—202° (Bzl.), durch 1 1/2std. Erhitzen von **V** mit **IV** unter $N_2$ auf 200°; 50%. — *symm.-Diäthyldiphenyl-methylen-*, $C_{17}H_{22}O_2P_2$, durch 1 1/2std. Erhitzen von **V** mit Äthylphenylphosphinigsäureäthylester unter $N_2$ auf 170°; 22%. — *Tetraphenyl-chloräthylen-*, $C_{26}H_{23}ClO_2P_2$, F. 186—188° (Bzl.), durch 5std. Erhitzen von **VII** mit **VI** in Bzl. auf 100° im Rohr; 90%. — *Tetraphenylvinylen-*, $C_{26}H_{22}O_2P_2$, F. 312—313° (A.), durch 2std. Erhitzen vorst. Verb. mit **III** in Bzl. auf 110° im Rohr; 88%. — *1.1.2-Tris-[diphenylphosphinyl]-äthan*, $C_{38}H_{33}O_3P_3$, F. 207—208°, a) durch 4 1/2std. Erhitzen von 6 g vorst. Verb. mit 5,6 g **VI** im Rohr auf 140°, Waschen mit Ae., Lösen in Bzl., Waschen der Bzl.-Lsg. mit 10%ig. Alkalilauge, Einengen, Fällen mit Ae. u. Erhitzen von 3,13 g des *Dimeren* [*Benzolat*, $C_{82}H_{72}O_6P_6$], auf 190°/1 mm bis zur Gew.-Konstanz; 0,19 g; b) durch 5std. Erhitzen von **VII** mit **VI** u. **III** im Rohr auf 150—160°, dann weiter nach a); 72%; c) durch 1std. Erhitzen von **VIII** mit **VI** u. **III** in Toluol im Rohr auf 120° u. 2std. Erhitzen auf 140°; d) durch 6std. Erhitzen von **VI** mit **IX** u. **III** im Rohr auf 150°. — *α.α.β-Trichloräthyl-diphenylphosphinoxid*, $C_{14}H_{12}Cl_3OP$, F. 104—106° (Ae.), durch 3std. Einleiten von $Cl_2$ in eine Lsg. von **VII** in $CCl_4$ bei 40—50° unter UV-Bestrahlung; 77%. — *α.β-Dichlorvinyldiphenylphosphinoxid* (**VIII**), $C_{14}H_{11}Cl_2OP$, F. 121—123° (Ae.), durch 1std. Erhitzen vorst. Verb. mit **III** in Bzl. im Rohr auf 140 bis 150°; 44%. H. Dalmer 1380△

*1331* **Reaktion von Triphenylphosphindihalogeniden mit Grignard- und Organolithiumverbindungen.** Donald B. Denney und Frank J. Gross. (J. org. Chemistry **32** (1967) 11, 3710—11; Dep. of Chem., Rutgers, State Univ., New Brunswick, N.J.; engl.) — Vf. fanden, daß unter geeigneten Rk.-Bedingungen *Triphenylphosphindibromid* bzw. *-dichlorid* mit Butyl-Li, -MgBr, Phenyl-Li, -MgBr oder Methyl-MgJ zu *quart. Triphenylphosphoniumsalzen* reagieren kann. Hauptprod. ist jedoch stets *Triphenylphosphin* u. *Alkyl-* bzw. *Phenylhalogenid*. P. Boroffka 1380

*1332* **Veresterung von Arsonsäuren.** G. S. Levskaja und A. F. Kolomiec. (Ž. obšč. Chim. **37/99** (1967) 4, 905 bis 907; VNJJ fitopatologii; russ.) — Die Veresterung von Phenylarsonsäure (**I**) mit Butanol (**II**), Äthylenglykolmonomethyl- u. -monophenyläther sowie mit β-Chloräthanol in sd. Bzl. lieferte die entsprechenden *Phenylarsonsäuredialkylester*. Diphenylarsinsäure u. Dimethylarsinsäure gaben mit **II** *Diphenyl-* bzw. *Dimethylarsinsäurebutylester*. Säuren, Na-Acetat, Salze u. Schwermetalloxide haben keinen promotierenden Einfl. auf die Veresterung.

Versuche: Phenylarsonsäureester: *Dibutylester*, $C_{14}H_{23}AsO_3$, durch azeotrope Veresterung von **I** mit **II** in Bzl.; $n_D^{20}$ 1,5060; $D_4^{20}$ 1,2044. Analog: *Bis-[β-methoxyäthylester]*, $C_{12}H_{19}AsO_5$; $n_D^{20}$ 1,5280; $D_4^{20}$ 1,3804. *Bis-[β-phenoxyäthylester]*, $C_{22}H_{23}AsO_5$; $n_D^{20}$ 1,5787. *Bis-[β-chloräthylester]*, $C_{10}H_{13}AsCl_2O_3$; $n_D^{20}$ 1,5560; $D_4^{20}$ 1,5438. — Analog: Arsonsäuredibutylester: *p-Nitrophenyl-*, $C_{14}H_{22}AsNO_5$; $n_D^{20}$ 1,5312; $D_4^{20}$ 1,3300. — *o-Nitrophenyl-*, $C_{14}H_{22}AsNO_5$; $n_D^{20}$ 1,5300; $D_4^{20}$ 1,3311. — *p-Hydroxyphenyl-*, $C_{14}H_{23}AsO_4$; $n_D^{20}$ 1,5570. — *Diphenylarsinsäurebutylester*, $C_{16}H_{19}AsO_2$, F. 67°; 100% (Ausb.). — *Dimethylarsinsäurebutylester*, $C_6H_{15}AsO_2$, Kp.$_1$ 132°; 100%. N. Kucharczyk 180

*1333* **Trimethylenmethan durch Photolyse von 3-Methylencyclobutanon.** Paul Dowd und Krishna Sachdev. (J. Amer. chem. Soc. **89** (1967) 3, 715—16; Cambridge, Mass., Harvard Univ., Mallinckrodt Chem. Lab.; engl.) — Bei der Photolyse verd. Lsg. von 3-Methylencyclobutanon (**I**) in Perfluordimethylcyclobutan oder Perfluormethylcyclohexan bei —196° (20 Min., λ 270 bis 310 mμ) entsteht das Diradikal *Trimethylenmethan*; das ESR-Spektrum stimmt mit dem eines früher [Dowd, J. Amer. chem. Soc. **88** (1966) 2587] aus 4-Methylen-$\Delta^1$-pyrazolin erhaltenen Prod. überein. **I** wurde durch $CF_3COOH$/Chinaldin-katalysierte Ox. von 3-Methylencyclobutanol mit DMS in Ggw. von Dicyclohexylcarbodiimid bei 15° u. 0,01 mm dargestellt u. durch Kurzweg-Dest. u. Gaschromatographie an Carbowax gereinigt. NMR-, IR-, UV- u. Massenspektren s. Original. H. Lettau 1810

*1334* **Eine neue 1.4-Eliminierungsreaktion von 1-Chlor-2-alkyl-perfluorcycloalkenen mit Alkoholationen.** J. D. Park und R. J. McMurthy. (J. org. Chemistry **32** (1967) 8, 2397; Univ. of Colo., Boulder, Colo; engl.) — Rk. von 1-Chlor-2-äthyl-tetrafluorcyclobuten-(1) (**I**) bzw. *-hexafluorcyclopenten-(1)* (**II**) mit methanol. KOH führt unter 1.4-Eliminierung zu *1-Methoxy-2-chlor-3-äthyliden-difluorcyclobuten-(1)* bzw. *-tetrafluorcyclopenten-(1)*, die als Gemische geometr. Isomere isoliert werden. Behandeln von 1-Chlor-2-methyltetrafluorcyclobuten-(1) (**IV**) bzw. -hexafluorcyclopenten-(1) (**V**) mit äthanol. KOH liefert *1-Äthoxy-2-chlor-3-methylen-difluorcyclobuten-(1)* bzw. *-tetrafluorcyclopenten-(1)*. Rk. von *1-Chlor-2-isopropyltetrafluorcyclobuten-(1)* mit überschüss. Isopropyl-MgBr (**VI**) gibt *1-Isopropyl-2-chlor-3-isopropyliden-difluorcyclobuten-(1)*. Rk.-Mechanismen werden diskutiert. NMR-Daten sind tabelliert.

Versuche: *1-Brom-2-chlor-hexafluorcyclopenten-(1)*, $C_5BrClF_6$, Kp.$_{629}$ 101°, durch Leiten von 1.2-Dichlorhexafluorcyclopenten (**III**) u. überschüss. HBr durch ein mit $BaSO_4$/C (25:75) beschicktes Pyrexrohr bei ca. 225°; 22% (Ausb.); daneben *1.2-Dibrom-hexafluorcyclopenten-(1)*, $C_5Br_2F_6$, Kp.$_{629}$ 119°; 16%. — *1-Chlor-2-äthyl-hexafluorcyclopenten-(1)* (**II**), $C_7H_5ClF_6$, Kp.$_{628}$ 112,5°, durch 1std. Zutropfen von 3 m $C_2H_5MgBr$-Lsg. in THF zu **III** in THF bei 0°; $n_D^{28}$ 1,3644; 83%. — *1-Methoxy-2-chlor-3-äthyliden-difluorcyclobuten-(1)* (geometr. Isomere 40:60), $C_7H_7ClF_2O$, durch 1std. Zutropfen von KOH in abs. Methanol zu **I** in abs. A. unter Eiskühlung; 78% (roh). — Analog: *1-Methoxy-2-chlor-3-äthylidentetrafluorcyclopenten-(1)* (geometr. Isomere 74:26), $C_8H_7ClF_4O$, aus **II**; 83%. — *1-Äthoxy-2-chlor-3-methylendifluorcyclobuten-(1)*, $C_7H_7ClF_2O$, aus **IV** u. KOH in abs. A.; ca. 40%ig. Umwandlung; daneben wenig *1-Methyl-2-chlor-3.3-diäthoxy-difluorcyclobuten-(1)* (?), $C_9H_{13}ClF_2O_2$. — *1-Äthoxy-2-chlor-3-methylen-tetrafluorcyclopenten-(1)*, $C_8H_7ClF_4O$, aus **V** u. äthanol. KOH u. präparative Gaschromatographie; $n_D^{28}$ 1,4391; 64% (roh). — *1-Chlor-2-isopropyltetrafluorcyclobuten-(1)*, $C_7H_7ClF_4$, Kp.$_{630}$ 122°, aus 1.2-Dichlor-tetrafluorcyclobuten u. ca. 2 m **VI**-Lsg. in THF; $n_D^{28}$ 1,3746; 45%. — *1-Isopropyl-2-chlor-3-isopropyliden-difluorcyclobuten-(1)*, $C_{10}H_{13}ClF_2$, Kp.$_{629}$ 180° (Zers.), aus vorst. Verb. u. ca. 2 m **VI**-Lsg. in THF; $D_4^{28}$ 1,00, $n_D^{28}$ 1,4591; 34%. H. Miele 1810△

*1335* **Reaktion magnesiumorganischer Verbindungen mit 2.4.6-Tri-tert.-butylphenoxyl.** V. V. Eršov, A. A. Volod'kin und M. V. Tarchanova. (Izvest. Akad. Nauk SSSR, Ser. chim. **1967**, 11, 2470—73; Inst. chim. fiz. AN SSSR; russ.) — *2.4.6-Tri-tert.-butylphenol* (**I**; F. 129—130°) entsteht in 70—90%ig. Ausb. bei der Rk. von 2.4.6-Tri-tert.-butylphenoxyl (**II**) mit $CH_3MgBr$ oder $C_2H_5MgBr$. Als Nebenprod. werden in 5—14%ig. Ausb. bei Verw. von $CH_3MgBr$ *4-Methyl-2.4.6-tri-tert.-butylcyclohexadien-(2.5)-on-(1)* (**III**; $C_{19}H_{32}O$, F. 66—67°) u. *2-Methyl-2.4.6-tri-tert.-butylcyclohexadien-(3.5)-on-(1)* (**IV**; $C_{19}H_{32}O$, F. 56—58°) bzw. bei Verw. von $C_2H_5MgBr$ *4-Äthyl-2.4.6-tri-tert.-butylcyclohexadien-(2.5)-on-(1)* ($C_{20}H_{34}O$, F. 65—66°), *2-Äthyl-2.4.6-tri-tert.-butylcyclohexadien-(3.5)-on-(1)* ($C_{20}H_{34}O$, F. 40—42°) u. *n-Butan* erhalten. Die UV-Absorptionsspektren von **I**, **III** u. **IV** bei 220—340 nm sind angegeben. Die Rk. wird ausgeführt durch 2std. Schütteln von 1 g **I** mit 10 g $PbO_2$ in 40 ml Bzl. bei Abwesenheit von Luft, Eindampfen, Lösen des erhaltenen **II** in 30 ml abs. Ae. u. Zugabe von $CH_3MgBr$ bzw. $C_2H_5MgBr$ in Äther. Helmut Schäfer 1960△

*1336* **Ringverkleinerung bei der Clemmensen-Reduktion eines cyclischen β-Triketons.** M. L. Kaplan. (J. org. Chemistry **32** (1967) 7, 2346—48; Bell Telephone Labor.,

Incorp., Murray Hill, N.J.; engl.) – Durch 25std. Kochen von 1.1.3.3.5.5-Hexamethylcyclohexantrion (I) mit Zn-Amalgam u. HCl in Toluol erhält man ca. 50% *2.2.4.4-Tetramethyl-5-isopropylcyclopentandion-(1.3)* (**II**, $C_{12}H_{20}O_2$, F. 30°). Max. der IR- u. NMR-Spektren werden angegeben u. bestätigen die Struktur. I. Jaehn 1970

*1337* **Stereochemie der Favorskii-Umlagerung von Chlormethylketonen.** Herbert O. House und Forrest A. Richey jun. (J. org. Chemistry **32** (1967) 7, 2151–57; MIT, Cambridge, Mass.; engl.) – Umsetzung von *cis-2-Methylcyclohexancarbonsäure* (*cis*-I) mit $SOCl_2$, Überführen des *Säurechlorids* (*cis*-**IV**) mit $CH_2N_2$ in *cis-1-Diazoacetyl-2-methylcyclohexan* (*cis*-**V**) u. Behandeln mit HCl gibt *cis-1-Chloracetyl-2-methylcyclohexan* (*cis*-**VI**). Analog wird, ausgehend von *trans*-**I**, *trans*-**VI** dargestellt. Rk. von cis- oder trans-**VI** mit $NaOCH_3$ in Methanol oder 1.2-Dimethoxyäthan (DMA) liefert als Hauptprod. durch nicht stereospezif. Favorskii-Umlagerung *trans-1.2-Dimethyl-cyclohexancarbonsäure-(1)-methylester* (*trans*-**VIII**) u. *cis*-**VIII** in etwa gleichen Mengen. Eine planare Zwischenstufe, wahrscheinlich ein Enolat-Anion, wird angenommen. Rk.-Mechanismen werden diskutiert.

Versuche: *cis-2-Methylcyclohexancarbonsäure* (*cis*-I), F. 19–21°, Kp.$_{0,25}$ 77–78°, durch Hydrieren von o-Toluylsäure in Essigsäure an $PtO_2$ bei Raumtemp. u. 50 p.s.i.; $n_D^{24}$ 1,4631; 89,5% (Rohausb.). *Piperazinsalz*, F. 94–96°, aus Piperazin u. rohem cis-**I** in Aceton; aus Aceton Prismen; 80%. – *Gemisch* (95:5) *aus cis*-**I**-*Methylester* (cis-**II**) u. *trans*-**II**, durch Zers. vorst. Salzes, Kurzwegdest. u. Verestern mit äther. $CH_2N_2$. – *trans-2-Methylcyclohexen-(4)-carbonsäure-(1)*, F. 60–64°, aus Butadien u. trans-Crotonsäure; aus Pentan Prismen. – *trans-2-Methyl-cyclohexancarbonsäure* (*trans*-I), F. 52 bis 53°, a) durch 1std. Hydrieren von 828 mg vorst. Verb. in A. unter Normalbedingungen an $PtO_2$; 833 mg (roh); b) durch 6std. Kochen von rohem cis-**I** mit KOH in Äthylenglykol u. Aufarbeiten zur freien Säure; 89%. *Piperazinsalz* (**III**), F. 133,5–136°; aus Aceton Nadeln; 67%. – *cis-2-Methylcyclohexancarbonsäurechlorid* (*cis*-**IV**), Kp.$_1$ 40–41°, durch Stehen von cis-**I** u. $SOCl_2$ in Bzl. bei Raumtemp. über Nacht u. Dest.; $n_D^{25}$ 1,4700; 63%; Zugabe zu überschüss. Methanol → *cis*-**II** (enthält 5% *trans*-**II**). – *cis-1-Diazoacetyl-2-methylcyclohexan* (*cis*-**V**), F. ca. –10° (Pentan bei –78°), durch 33std. Stehen von cis-**IV** u. $CH_2N_2$ in Ae. bei 0°; gelb; 83%. – *cis-1-Chloracetyl-2-methylcyclohexan* (*cis*-**VI**), $C_9H_{15}ClO$, durch Einleiten von HCl in cis-**V** in Pentan unter Eiskühlung; 65,5% (enthält ca. 5% *trans*-**VI**). – *trans-2-Methyl-cyclohexancarbonsäurechlorid* (*trans*-**IV**), Kp.$_{1,2}$ 41–42°, durch 20std. Stehen von trans-**I** u. $SOCl_2$ in $CH_2Cl_2$ bei Raumtemp.; $n_D^{25}$ 1,4635; 88,5%. – *trans-1-Diazoacetyl-2-methyl-cyclohexan* (*trans*-**V**), F. 48 bis 49° (Subl. bei 27°/0,05 Torr), durch 69std. Stehen von trans-**IV** u. $CH_2N_2$ in Ae. bei 0°; aus Pentan bei Trockeneistemp. gelbe Platten; 82%. – *trans-1-Chloracetyl-2-methyl-cyclohexan* (*trans*-**VI**), $C_9H_{15}ClO$, F. ca. 10°, analog cis-**VI** aus trans-**V**; 80,5%. – *trans-2-Methylcyclohexyl-(1)-essigsäuremethylester*, $C_{10}H_{18}O_2$, Kp.$_{0,01}$ 85°, a) durch Zutropfen von Ag-Benzoat in Triäthylamin zu trans-**V** in Methanol; 89%; b) analog a) mit trans-**V** in tert.-Butanol, 17,5std. Kochen des Rohprod. in Bzl. in Ggw. von p-Toluolsulfonsäure u. Verestern des Rohprod. mit $CH_2N_2$. – *trans-2-Methyl-1-methoxyacetylcyclohexan* (*trans*-**VII**), $C_{10}H_{18}O_2$, durch Behandeln von trans-**V** in Methanol mit wenig 70%ig. $HClO_4$ u. 10 Min. langes Rühren; Öl. – Analog: *cis-2-Methyl-1-methoxyacetyl-cyclohexan* (*cis*-**VII**), aus 100 mg cis-**V**; 128 mg. – Durch Zugabe von 1,25 m $NaOCH_3$-Lsg. in DMA zu Pentamethylbenzol (als Standard) u. cis-**VI**, 5 Min. langes Rühren, Verteilen zwischen W. u. $CH_2Cl_2$, Konzentrieren der getrockneten organ. Phase u. Gaschromatographie werden erhalten: 38% *trans-1.2-Dimethylcyclohexancarbonsäure-(1)-methylester* (*trans*-**VIII**) u. 34% *cis*-**VIII**. – Analog: aus cis-**VI** mit 0,985 m methanol. $NaOCH_3$-Lsg. in 3 Min. 46% *trans*-**VIII** u. 42% *cis*-**VIII**. – Aus *trans*-**VI** mit $NaOCH_3$ in DMA bzw. Methanol in 310 bzw. 55 Min.: 2 bzw. 0% *trans*-**II**, 19 bzw. 28% trans-**VIII**, 19 bzw. 27% cis-**VIII**, 2 bzw. 3% *trans-α-[2-Methylcyclohexyl-(1)]-α-methoxyacetaldehyd* u. 6 bzw. 1% trans-**VII**.

H. Miele 2000△

*1338* **Synthese von trans-2.2-Dibrom-3-methylcyclopropancarbonsäuremethylester.** G. C. Joshi und D. Devaprabhakara. (Indian J. Chem. **5** (1967) 12, 653–54; Kanpur, Indian Inst. of Technol., Dep. of Chem.; engl.) – Die Rk. von trans-Crotonsäuremethylester (I) mit $CHBr_3$ in Ggw. von K-tert.-Butylat liefert als einziges Rk.-Prod. ein *Dimeres* (*2-Methyl-Δ³-penten-1.3-dicarbonsäuredimethylester*, $C_{10}H_{16}O_4$, Kp.$_{0,1}$ 53–54°; $n_D^{26}$ 1,4500), dessen Hydrolyse *2-Äthyliden-3-methylglutarsäure* (F. 126–127°) ergibt. Die Titelverb. wird aus I mit Phenyl-[tribrommethyl]-Hg dargestellt. Spektralmax. vgl. Original. L. Biste 2010

*1339* **Tetracyclohexylsilan: Die Auflösung eines Rätsels.** Leonard Spialter, Glen R. Buell, Charles W. Harris und J. Dudley Austin. (J. organometallic Chem. [Amsterdam] **8** (1967) 1, 69–77; Wright-Patterson AFB, O., Aerospace Res. Lab., Chem. Res. Lab.; engl.) – Die Titelverb. ist außer durch Hydrieren von Tetraphenylsilan durch eine Kondens.-Rk. erhältlich. Dazu werden Cyclohexyllithium (I) u. frisch dest. Cyclohexylchlorid (IV) unterhalb –10° mit Tricyclohexylfluorsilan (III) in THF umgesetzt.

Versuche: *Cyclohexyl-Li* (**I**), aus **IV** mit Li (enthält 0,8% Na); 85% (Ausb.). – *Cyclopentylmethylchlorid*, Kp.$_{755}$ 141–143°, aus Cyclopentylcarbinol (aus Cyclopentyl-MgCl u. $CH_2O$) u. $SOCl_2$ in Py.; $D_4^{22}$ 0,9811, $n_D^{22}$ 1,4612; 65%. – *Cyclohexylchlorid* (**IV**), aus Cyclopentylcarbinol mit $PCl_5$; $d_4^{22}$ 0,9938, $n_D^{22}$ 1,4612; 80%. – *Cyclopentyl-essigsäure*, durch Carbonierung von Cyclopentylmethyl-Li (**II**, aus vorvorst. Verb. analog **I**); 50%. *Amid*, F. 143–144°, über das Säurechlorid mit $NH_3$. – *Cyclohexylcarbonsäure*, F. 30,5–31,5°, aus **I** mit $CO_2$; 50%. – *Tricyclohexyl-fluorsilan* (**III**), F. 43–45° (Pentan/Isopropanol), a) durch 18std. Kochen von **I** mit Dicyclohexyldifluorsilan in Pentan; 62%; b) durch Hydrieren von Triphenylfluorsilan in Methylcyclohexan an Rh/Kohle bei 1500 psi. $H_2$/100°; 87%. – *Tricyclohexyl-[cyclohexyloxy]-silan*, F. 203–204°, aus Tricyclohexylchlorsilan mit Na-Cyclohexanolat. – *Tricyclohexyl-[cyclopentylmethyl]-silan*, $C_{24}H_{44}Si$, F. 178–180° (Butanol), a) aus **II** u. **III** in THF bei –10°; 55%; b) durch Hydrieren nachst. Verb. in Methylcyclohexan an Rh/Kohle bei 1500 psi. $H_2$/100°; 90%. – *Triphenyl-[cyclopentylmethyl]-silan*, $C_{24}H_{26}Si$, F. 64–66° (Pentan/Isopropanol), durch Rk. von **II** mit Triphenyl-fluor-silan in THF bei –20°; 42%. – *Tetracyclohexyl-silan*, $C_{24}H_{44}Si$, F. 279 bis 280°, a) durch Umsetzen von **I** mit **III** u. Hydrolyse; Spuren (daneben nach Hydrolyse *Tricyclohexylsilanol*); b) durch Rk. von **I** mit **III** in Ggw. von **IV** in THF bei –10°; 22%. P. Haußmann 2180

*1340* **Hydrierungsprodukte von Tetraphenylmethan. Tetrasubstituierte Cyclohexylphenylmethane.** Glen R. Buell und Leonard Spialter. (J. org. Chemistry **32** (1967) 10, 3223–24; Chem. Res. Labor., Aerospace Res. Labor., Wright-Patterson Air Force Base, O.; engl.) – In Abhängigkeit von den Rk.-Bedingungen wird Tetraphenylmethan (I) an Rh partiell hydriert. So wird aus **I** [F. 284–285°, aus Tetracyclohexylmethan nach l.c.; 8% (Ausb.)] an Rh–C in Methylcyclohexan bei 92°/500 psi *Cyclohexyltriphenylmethan* [**II**; $C_{25}H_{26}$, F. 137 bis 138° (Hexan u. Subl.); 15%] gebildet, während sich **I** analog **II** bei 95° zu *Dicyclohexyldiphenylmethan* [$C_{25}H_{32}$, F. 195–196° (Hexan u. Subl.); 74%] hydrieren läßt. Weitere Hydrierung vorst. Verb. bei 97,5° gibt *Tricyclohexylphenylmethan* [$C_{25}H_{38}$, F. 240–242° (Hexan u. Subl.); 19%]. W. Senf 2210△

*1341* **Reaktion von Triphenylmethyl mit Diazomethan.** Donald B. Denney und Neil F. Newman. (J. Amer. chem. Soc. **89** (1967) 18, 4692–94; School of Chem., Rutgers, The State Univ., Brunswick, N.J.; engl.) – Als Hauptprod. bei der Rk. von *Triphenylmethyl* [aus Tritylchlorid mit Hg in Bzl. unter $N_2$; 70–77% (Ausb.)] mit $CH_2N_2$ in Bzl. bzw. Ae. wird *1.1.1.3.3.3-Hexaphenylpropan* [**I**; F. 218,5–219,8° (Methanol–Aceton); 5,4 bis 29,4%] isoliert. Daneben entstehen noch, in Abhängigkeit von der Konz. der Ausgangsstoffe, *Triphenylmethan* [**II**; F. 88–91° (Bzl.–Hexan); 11,1–25,3%], *Triphenyläthylen* (**III**; 14,5–32,7%) u. *1.1.2-Triphenyläthan* (4,5 bis 8,9%). 1.1.1-Triphenyläthan wird nicht erhalten. Der Mechanismus der Rk., die vermutlich über das 2.2.2-Triphenyläthyl-Radikal verläuft, wird diskutiert. Bei 250° zersetzt sich **I** quant. zu **II** u. **III**.

W. Senf 2210△

*1342* **Reaktionen von Phenolen mit Acetanhydrid-Dimethylsulfoxid.** George R. Pettit und Thomas H. Brown. (Canad. J. Chem. **45** (1967) 11, 1306–08; Ariz. State Univ., Tempe.; engl.) — Rk. von β-Naphthol (**I**) mit Acetanhydrid (EA)/DMS liefert ein Gemisch aus *β-Naphthylacetat*, *1-[Methylmercaptomethyl]-2-acetoxynaphthalin* u. *1.1-Bis-[methylmercaptomethyl]-2-oxo-1.2-dihydronaphthalin*; aus α-Naphthol (**II**) entstehen nur *α-Naphthylacetat* u. *2.2-Bis-[methylmercaptomethyl]-1-oxo-1.2-dihydronaphthalin*.

Versuche: Durch 20std. Stehen von **I** in DMS/EA bei Raumtemp., Aufarbeiten u. Chromatographie an Silicagel werden erhalten: (a) durch Eluieren mit PAe./Bzl. (4:1) *β-Naphthylacetat*, F. 68°; 16% (Ausb.); b) mit PAe./Bzl. (2:1 bis 1:2) *1-[Methylmercaptomethyl]-2-acetoxynaphthalin*, $C_{14}H_{14}O_2S$, F. 89° (PAe.); 18%; c) mit Bzl. *1.1-Bis-[methylmercaptomethyl]-2-oxo-1.2-dihydronaphthalin*, F. 69–70° (Bzl./PAe.); 11%. — Analog aus **II** nach Chromatographie mit PAe. bzw. PAe./Bzl. 30% *α-Naphthylacetat* (F. 43°) u. 21% *2.2-Bis-[methylmercaptomethyl]-1-oxo-1.2-dihydronaphthalin* (F. 50°).

H. Miele 2700△

*1343* **Lithiierung von 1-Aminonaphthalin und Darstellung einiger 8-substituierter 1-Tritionaphthaline.** C. Eaborn, P. Golborn und R. Taylor. (J. organometallic Chem. [Amsterdam] **10** (1967) 1, 171–74; Brighton, Sussex Univ., School of Mol. Sci.; engl.) — Die Lithiierung von 1-Aminonaphthalin (**I**) u. anschließende Rk. mit tritiiertem W. gibt *Tritio-1-aminonaphthalin* (**II**), das durch Desaminierung ohne nennenswerten Verlust an Tritium in $C_{(8)}$-Stellung *8-Tritionaphthalin* (**III**) gibt, das auch durch eine Überkreuzmetallisierung von 1-Bromnaphthalin mit n-$C_4H_9Li$ (BL) u. Rk. mit tritiiertem W. erhalten wird. Die Aufnahme von Tritium (u. entsprechend von Li) in $C_{(8)}$ von **III** beträgt im ersten Falle nur etwa 30% des Zweiten. Die Detritiierungsrate mit $CF_3COOH$ bei 70° ist in beiden Fällen ident., woraus auf Abwesenheit von 2-Tritionaphthalin geschlossen wird, so daß wahrscheinlich auch keine Lithiierung in $C_{(2)}$ von **I** eingetreten ist. Erfahrungsgemäß wird 2-Tritio-1-aminonaphthalin während der Desaminierung mit der Diazotisierungssäure nicht detritiiert. Eine Metallisierung in 4- bzw. 5-Stellung wird mit der Begründung ausgeschlossen, daß **II** in *8-Substituiert-1-tritionaphthalin* (**IV**, F, Cl oder $CH_3$), unter Feststellung der Detritiierungsraten der Prod., überführbar ist, wobei die Raten mit denjenigen für unabhängig bzw. langwieriger dargestellte **IV** ident. sind.

Versuche: *n-Butyllithium* (BL), aus n-$C_4H_9Br$ in Ae. nach Gilman et al. (1949). Naphthaline: *1-Amino-tritio-* (**II**), F. 49,5° (verd. A.), durch ½std. Zusetzen von BL in Ae. zu **I**, 50std. Kochen unter $N_2$ u. Zusetzen von tritiiertem W.; 98% (Ausb.). — *8-Chlor-1-tritio-*, Kp.$_{15}$ 128°, durch Red. von 8-Chlor-1-nitronaphthalin zu *8-Chlor-1-aminonaphthalin* (F. 95°; 82%), Diazotieren, Rk. mit $CuBr_2$, in 48%ig. HBr, Aufarbeiten zu *8-Chlor-1-bromnaphthalin* (F. 96°; 25%) u. Rk. als Grignard-Reagenz mit tritiiertem W.; $n_D^{20}$ 1,6322; b) durch Diazotieren von **II** u. Umsetzen mit $HgCl_2$ u. NaCl; 57%. — *8-Fluor-1-tritionaphthalin*, Kp.$_{12}$ 83°, a), durch Diazotieren von **II** u. Umsetzen mit $NaBF_4$; 25%; b) durch Überführen von 8-Chlor-1-aminonaphthalin in 8-Fluor-*1-chlornaphthalin* (F. 44°; 21%) u. Hydrolyse des dargestellten Grignard-Reagenz mit tritiiertem $H_2O$; $n_D^{20}$ 1,5938. — *8-Methyl-1-tritionaphthalin*, Kp.$_{10}$ 105–106°a) durch Diazotisieren von **II**, Umsetzen mit $CuBr_2$ in 48%ig. HBr zum *8-Bromderiv.* u. Rk. dessen Grignard-Reagenzes mit DMS $n_D^{20}$ 1,6145; 23%; b) durch Rk. der Grignard-Verb. von 8-Chlor-1-tritionaphthalin mit DMS in THF. — *8-Amino-1-naphtholactam*, F. 181° (DAe./wss. A.), durch Lithiieren von **I**, Zusetzen zu Trockeneis in Ae. bei 0° u. 2std. Rühren; 80%. — *1-Tritionaphthalin* (**III**), F. 80°, a) durch Lithiieren von **I** u. Hydrolyse mit tritiiertem W. zu 8-Tritio-**I** (98%), Diazotieren, Zusetzen von wss. Harnstoff, Umsetzen mit $CuBr_2$ in 48%ig. HBr, Fraktionieren des *8-Brom-1-tritionaphthalin* (Kp.$_5$ 121°; $n_D^{20}$ 1,6583; 37%) u. Hydrolyse dessen Grignard-Reagenzes; 81%; b) durch 4std. Kochen von 1-Bromnaphthalin mit BL in Ae. unter $N_2$ u. Zusetzen von tritiiertem W.; 81%.

H. Gleinig 2700△

*1344* **Über β-Naphthylselensäure.** I. N. Brago, L. V. Kaabak und A. P. Tomilov. (Ž. vses chim. Obšč im. D. I. Mendeleeva **12** (1967) 4, 472; Moskau, Plechanov-Inst. für Landwirtsch.; russ.) — Vf. untersuchten die Bldg. von β-Naphthylselensäure (**I**) aus β-Naphthylcyanselensäure durch Umsetzung mit $KMnO_4$ bei 25° in Essigsäure u. die Red. von **I** mit Glukose durch Aufnahme von UV-Spektren u. durch analyt. Untersuchungen. Die Ausb. an **I** beträgt 50%. E. Winkler 2700

*1345* **Anomale Hydrocyanierung.** Ernest Wenkert, Robert L. Johnson und Linda L. Smith. (J. org. Chemistry **32** (1967) 10, 3224–25; Dep. of Chem., Ia. State Univ., Ames, Ia.; engl.) — Rk. von Cyclohexen-(2)-on (**II**) mit NaCN in sd. A.-W. gibt nicht das erwartete 3-Cyancyclohexanon, sondern *9-Amino-1.5-dioxo-1.2.3.4.4a.4b.5.6.7.8-decahydro-8aH-fluoren* (**I**), dessen Struktur durch verschiedene Deriv. sowie durch eine unabhängige Synthet. bewiesen wird.

Versuche: 1.2.3.4.4a.4b.5.6.7.8-Decahydro-8aH-fluorenone-(1): *9-Amino-5-oxo-* (**I**), $C_{13}H_{17}NO_2$, F. 193–194° (W.) a) aus 5 g **II** u. NaCN; 3 g (Ausb.); b) aus 1,5 g **II** u. 3-Cyancyclohexanon in sd. Phosphat-Puffer (pH 10,3); 0,9 g. *Hydrochlorid*, F. 135° (Aceton), mit HCl in Methanol. — *9-Acetamido-5-oxo-* (**III**), $C_{15}H_{19}NO_3$, F. 117° (Hexan-Äthylacetat), aus 0,2 g **I** mit Acetanhydrid-Py.; 0,15 g. — *9-Amino-5-hydroxy-*, $C_{13}H_{19}NO_2$, F. 214–215° (Hexan-$CHCl_3$), aus 0,5 g **I** mit $NaBH_4$; 0,2 g. — *9-Acetamido-5-acetoxy-*, $C_{17}H_{23}NO_4$, F. 132 bis 133° (Ae.), aus vorst. Verb. analog **III**; 0,19 g.

W. Senf 2750 △

*1346* **1.4.9.10-Tetrahydroanthracen durch stufenweise Reduktion von 9.10-Dihydroanthracen mit Lithium in Ammoniak.** Ronald G. Harvey. (J. org. Chemistry **32** (1967) 1, 238–40; Univ., Chicago, Ill.; engl.) — Red. von 9.10-Dihydroanthracen (**I**) in THF/fl. $NH_3$ mit Li liefert *1.4.9.10-Tetrahydroanthracen* (**II**); daneben entsteht *1.4.5.8.9.10-Hexahydroanthracen* (**III**), das bei der Red. von **I** mit Li in alkohol. $NH_3$ zum Hauptprod. wird. Die Bldg. von **II** wird in Abhängigkeit von den Rk.-Bedingungen untersucht.

Versuche: *1.4.9.10-Tetrahydroanthracen* (**II**), $C_{14}H_{14}$, F. 105–106,4° (Bzl.), durch Zugabe von **I** in abs. THF zu fl. $NH_3$ (metallfrei) bei −70° unter He, Zugabe von 2,5 Val Li bei −33° u. 2std. Rk. unter Rückfluß; 76% (Ausb.); daneben 15% **I** u. 9% **III**. — *1.4.5.8.9.10-Hexahydroanthracen* (**III**), $C_{14}H_{16}$, F. 151–152° (Bzl.), durch Behandeln von 180 g **I** in A./abs. THF/$NH_3$ mit 6 Val Li bei −70°; 80%; daneben 8% **II**.

H. Miele 2800△

*1347* **Versuchte Darstellung neuer Phenanthrenchinon-typen.** Melvin S. Newman und Robert L. Childers. (J. org. Chemistry **32** (1967) 1, 62–66; Ohio State Univ., Columbus; engl.) — *4.5-Dihydroxyphenanthren* (**I**) wird aus 4.5-Dimethoxy-9.10-dihydrophenanthren durch Erhitzen mit S u. Demethylierung mit Pyridinhydrochlorid (Py · HCl) dargestellt. Ähnlich werden *2.7-Dihydroxy-* (**II**) u. *2.5-Dihydroxy-phenanthren* (**III**) erhalten. Ox. von **I**–**III** zu den betreffenden *Chinonen* nach verschiedenen Meth. gelang nicht; Ox. mit Fremys-Salz (FS) führt zu *5-Hydroxyphenanthrenchinon-(1.4)*, *7-Hydroxyphenanthrenchinon-(1.2)* (**IV**) bzw. *7-Hydroxyphenanthrenchinon-(1.4)*. Die Bldg. von *1.8-Dibromphenanthrenchinon-(2.7)* bei der Ox. von *1.8-Dibrom-2.7-dihydroxyphenanthren* mit Pb(IV)-acetat (FS ist unwirksam) wird UV-spektroskop. nachgewiesen; eine Isolierung gelang nicht.

Versuche: *2-Nitro-3-methyl-anisol*, F. 49–50° (A.), durch 8std. Zugabe von 90%ig. $HNO_3$ in 15%ig. Oleum zu m-Kresol in 15%ig. Oleum bei < 50°, Rühren über Nacht, Dampfdest. (unter Desulfonierung) bei 140° Innentemp., Extrahieren des *2-Nitro-m-kresols* in Xylol, Zugabe von $K_2CO_3$ u. 2std. Zugabe von Dimethylsulfat bei Siedetemp.; 55% (Ausb.). — *3-Methoxy-anthranil-*

*säure*, F. 168—170°, durch Ox. vorst. Verb. nach Hall u. Turner (1951) zu *3-Methoxy-2-nitrobenzoesäure* [F. 252 bis 253°; 49%] u. Zugabe in konz. $NH_4OH$ zu $FeSO_4 \cdot 7H_2O$ in W. bei 80°; 87% — *2.2'-Bis-[brommethyl]-6.6'-dimethoxy-biphenyl*, F. 111—112°, nach Hall u. Turner (l. c.) durch Diazotieren vorst. Verb., $LiAlH_4$-Red. der erhaltenen *6.6'-Dimethoxy-diphensäure* in THF zu *2.2'-Bis-[hydroxymethyl]-6.6'-dimethoxybiphenyl* [F. 155 bis 157°; 81%] u. Behandeln mit $PBr_3$; 83%. — Phenanthrene: *4.5-Dimethoxy-9.10-dihydro-*, F. 125—128° (Methanol), durch 1std. Zugabe vorst. Verb. in Ae. zu $C_6H_5Li$ in Ae.; 55%. — *4.5-Dimethoxy-*, $C_{16}H_{14}O_2$, F. 126—127° (A.), durch 2std. Erhitzen vorst. Verb. mit S auf 225°; 61%. *Pikrat*, F. 187—188°. — *4.5-Dihydroxy-* (I), $C_{14}H_{10}O_2$, F. 182,5—183,5°, durch 1½std. Erhitzen vorst. Verb. mit Py · HCl auf 210°; aus Bzl. Prismen; 79%. — *2.7-Dihydroxy-* (II), F. 260—262°, durch $LiAlH_4$-Red. von 3-Methoxybenzaldehyd zu *3-Methoxybenzylalkohol*, Behandeln mit $SOCl_2$ u. Kuppeln mit Mg zu *3.3'-Dimethoxy-dibenzyl*, Rk. mit Hg (II)-Acetat u. $J_2$ zu *2.2'-Dijod-5.5'-dimethoxydibenzyl*, Erhitzen mit Cu-Bronze zu *2.7-Dimethoxy-9.10-dihydrophenanthren* u. Erhitzen mit S. — *2.5-Dihydroxy-* (III), F. 174—176°, analog I aus 2.5-Dimethoxyphenanthren u. Py · HCl in 2 Std. bei 210°; 61%. — *5-Hydroxy-phenanthrenchinon-(1.4)*, $C_{14}H_8O_3$, F. 163—165° (Zers.), durch ½std. Rühren von I in Aceton mit FS in 0,05 m $KH_2PO_4$-Lsg. bei Raumtemp.; aus PAe. purpurfarbene Kristalle; 56%. — *5-Acetoxy-phenanthrenchinon-(1.4)*, $C_{16}H_{10}O_4$, F. 133—135°, durch 1std. Erhitzen vorst. Verb. mit Na-Acetat in Acetanhydrid auf dem Dampfbad; aus PAe./Skellysolve B gelbe Krist.; 93%. — *Phenanthrenchinon-(1.4)*, F. 148—149°, durch Ox. von Phenanthrol-(4) in Aceton mit FS in 0,17 m $KH_2PO_4$-Lsg. — *7-Hydroxyphenanthrenchinon-(1.2)* (IV), $C_{14}H_8O_3$, F. 247—250° (Zers.; A.), durch Zugabe von FS in 0,05 m $KH_2PO_4$-Lsg. zu II in Aceton bei Raumtemp.; dunkelrote Prismen; 94%. — *1.2.7-Triacetoxy-phenanthren*, $C_{20}H_{16}O_6$, F. 155—156° (Skellysolve C/Bzl.), durch 5 Min. langes Erhitzen (Dampfbad) von 0,08 g IV, Na-Acetat, Zn-Staub u. Acetanhydrid; 0,12 g. — *1.2.4.7-Tetraacetoxy-phenanthren*, $C_{22}H_{18}O_8$, F. 184—185° (A.), durch ¼std. Rk. von IV mit Acetanhydrid in Ggw. von konz. $H_2SO_4$ bei Raumtemp.; 72%. — *7-Hydroxy-phenanthrenchinon-(1.4)*, $C_{14}H_8O_3$, F. 222° (Zers.), durch Zugabe von FS in 0,05 m $KH_2PO_4$-Lsg. zu III in Aceton bei Raumtemp. u. Zugabe von FS nach 30 Min.; rot; 16%. — *4.5-Dihydroxy-1.3.6.8-tetrabrom-phenanthren*, $C_{14}H_6Br_4O_2$, F. 220—260° (Dunkelfärbung; A.), durch Zugabe von 0,1 m $Br_2$ in Essigsäure zu I in Essigsäure bei 80°; 70%. — *2.7-Dihydroxy-1.8-dibrom-phenanthren*, $C_{14}H_8Br_2O_2$, F. 267—270° (Dunkelfärbung; A.), analog vorst. Verb. aus II; 71%. — Analog: *2.5-Dihydroxy-1.6.8-tribrom-phenanthren*, $C_{14}H_7Br_3O_2$, F. 218—220°, aus III u. 0,3 m $Br_2$ in Essigsäure; 79%. H. Miele 2850△

*1348* **Synthese von 3.4-Dimethoxy-9.10-dimethyl-1.2-benzanthracen und 9.10-Dimethyl-1.2-benzanthrachinon-(3.4).** Melvin S. Newman und Charles C. Davis. (J. org. Chemistry **32** (1967) 1, 66—68; Ohio State Univ., Columbus; engl.) — *9.10-Dimethyl-1.2-benzanthrachinon-(3.4)* (II) wird durch Hydroxylierung von 9.10-Dimethyl-1.2-benzanthracen (I) zu *3.4-Dihydro-3.4-dihydroxy-9.10-dimethyl-1.2-benzanthracen* u. anschließende Ox. mit DMSO/Acetanhydrid dargestellt. Red. von II mit Zn/Alkali- u. Methylierung gibt *3.4-Dimethoxy-9.10-dimethyl-1.2-benzanthracen* (VI). Vers. zur Darst. von II aus 3-Methoxy-9.10-dimethyl-1.2-benzanthracen oder VI durch direkte Ox. bzw. nach vorhergehender Ätherspaltung lieferten komplexe Gemische. VI wird nach bekannten Meth. aus 3-Methyl-3-[3.4-dimethoxynaphthyl-(1)]-phthalid dargestellt, das durch Kondens. von o-Acetylbenzoesäure (III) mit 1.2-Dimethoxy-naphthalin (IV) in 90%ig. Methansulfonsäure (V) erhältlich ist.

Versuche: *3-Methoxy-9.10-dimethyl-1.2-benzanthracen*, nach Smith et al. (1951) aus 3-Methyl-3-[4-methoxynaphthyl-(1)]-phthalid. — *3-Methyl-3-[3.4-dimethoxynaphthyl-(1)]-phthalid*, $C_{21}H_{18}O_4$, F. 127,5—128° (Toluol/PAe., Ae./PAe.), durch Zugabe von IV zu III in 90%ig. V; 50% (Ausb.). — *2-{α-[3.4-Dimethoxy-naphthyl-(1)]-äthyl}-benzoesäure*, $C_{21}H_{20}O_4$, F. 152—154° (Toluol/PAe.), durch 12std. Kochen von vorst. Verb., 90%ig. HCOOH, Zn-Staub u. W.; 100%. — *3.4-Dimethoxy-9.10-dimethyl-1.2-benzanthracen* (VI), $C_{22}H_{20}O_2$, F. 51,8—52,5°, durch Zugabe von HF zu vorst. Verb. im Polyäthylengefäß, 20 Min. langes Rühren, Gießen auf Eis u. Zugabe in abs. Toluol zu $CH_3MgBr$ in Ae.; aus Hexan/Toluol bei —80° hellgelbe Krist.; 55%; b) durch Zugabe von 20%ig. KOH zu II u. Zn-Staub in A., ¼std. Kochen u. Behandeln mit Dimethylsulfat u. 20%ig. KOH bei 0°; 14%. — *9.10-Dimethyl-1.2-benzanthrachinon-(3.4)* (II), $C_{20}H_{14}O_2$, F. 152—153° (Aceton), aus I durch Hydroxylierung mit $OsO_4$ zu *3.4-Dihydroxy-3.4-dihydro-9.10-dimethyl-1.2-benzanthracen* (F. 172,5—173,5°) nach Hadler u. Kryger [ibid. **25** (1960) 1896], Lösen in DMSO, Zugabe von Acetanhydrid u. 46std. Rühren bei Raumtemp.; rot; 47%. *Chinoxalinderiv.*, F. 170,5—172,5. — *3-[o-Methoxycarbonyl-phenyl]-1.4-dimethylnaphthoesäure-(2)-methylester*, $C_{22}H_{20}O_4$, F. 110—110,5°, durch Behandeln von 3-[o-Carbamoylphenyl]-1.4-dimethylnaphthoesäure [nach Hadler u. Kryger (l.c.)] u. konz. $H_2SO_4$ in Dioxan mit Isoamylnitrit bei 0°, Zugabe von W. nach 45 Min., Erwärmen bis zum Ende der Gasentw., Aufarbeiten, Aufnehmen in Acetanhydrid/konz. $H_2SO_4$, ¼std. Behandeln mit $NaNO_2$ bei 20°, Aufarbeiten u. Behandeln mit $CH_2N_2$; 48%. H. Miele 2910△

*1349* **Photochemische Umlagerung von o-Divinylbenzol.** Martin Pomerantz. (J. Amer. chem. Soc. **89** (1967) 3, 694—96; Cleveland, Ohio, Case Inst. of Technology, Dep. of Chem.; engl.) — Bei 10std. UV-Bestrahlung von o-Divinylbenzol (I) in Pentan entsteht in 3—5%ig. Ausb. *Benzobicyclo-[3.1.0]-hexen-(2)* (II). Vf. untersucht die D-Verteilung im analog aus $\beta.\beta.\beta'.\beta'$-$D_4$-I (III) erhaltenen II-$D_4$ durch Vgl. der NMR-Spektren u. zeigt, daß bei der I → II-Umlagerung keine H-Verschiebung erfolgt. III wird durch Wittig-Rk. aus o-Phthalaldehyd u. Triphenylphosphinmethylen-$D_2$, letzteres durch H–D-Austausch von Methyltriphenylphosphoniumbromid in überschüssigem $D_2O$ in Ggw. von NaOD u. nachfolgende Rk. mit tert.-Butyl-Li in Pentan/Ae. dargestellt. H. Lettau 2950

*1350* **Bicyclo-[6.2.0]-decatetraen-(1.3.5.7).** J. A. Elix, M. V. Sargent und F. Sondheimer. (J. Amer. chem. Soc. **89** (1967) 1, 180; Univ. Chem. Labor., Cambridge, England; engl.) — *Bicyclo-[6.2.0]-decatetraen-(1.3.5.7)* (I) wird durch 2std. Bestrahlen von 7.8-Dimethylencyclooctatrien-(1.3.5) in Methanol mit einer 125 W Hg-Mitteldrucklampe bei Raumtemp. u. Chromatographie an $SiO_2$ als gelbe, instabile Fl. in ca. 10%ig. Ausb. erhalten. Die Struktur von I wird durch katalyt. Hydrierung zu *Bicyclo-[6.2.0]-decan* sowie die spektralen Eig. gesichert. Bestrahlen von 7-Methylen-8-brommethylencyclooctatrien-(1.3.5) liefert ebenfalls I. H. Miele 2950△

*1351* **Einfügungsreaktionen von Nortricyclen mit Diazoessigsäureäthylester.** R. R. Sauers und R. J. Kiesel. (J. Amer. chem. Soc. **89** (1967) 18, 4695—98; School of Chem., Rutgers, The State Univ., New Brunswick, N.J.; engl.) — Der Dreiring von Nortricyclen (I) wird durch Diazoessigsäureäthylester (II) bei Bestrahlung nicht gespalten. Es werden *Nortricyclyl-(3)*-(III) u. *-(4)-essigsäureäthylester* (IV) neben vermutlich *Nortricyclyl-(2)-essigsäureäthylester* (V) gefunden. Das Verhältnis der Prod. beträgt III:IV:V wie 14,8:1:2,8. Der erwartete *Tricyclo-[3.2.1.0$^{3,6}$]-octan-4-carbonsäureäthylester* (VI) wird nicht gebildet, wird aber wie auch die anderen Rk.-Prod. auf anderem Wege dargestellt. Jedoch gelang die Darst. von VI aus 2.3-Epoxynorbornyl-(5)-essigsäureäthylester mit NaH nicht.

Versuche: *Cyclohexylessigsäureäthylester-III-Gemisch*, durch Bestrahlen von I, II u. Cyclohexan; Verhältnis 3:2. — *4-Chlornorcampher-p-tosylhydrazon*, $C_{14}H_{17}ClN_2O_2S$, F. 176—178° (A.–W.), aus 4-Chlornorcampher u. Tosylhydrazin in heißem Eisessig; 70% (Ausb.). — Nortricyclene: *4-Chlor-*, $C_7H_9Cl$, Kp. 142—144°; aus vorst. Verb. mit n-Butyl-Li in THF bei 0—5°, dann Pyrolyse bei 175—225°; 62%. — *4-Carboxy-*, $C_8H_{10}O_2$, F. 156—158° ($CH_2Cl_2$-Pentan), aus vorst. Verb. u. Li in Cyclohexan, dann Carboxylieren mit Trockeneis; 67%. *Chlorid*, $Kp._4$ 47°, mit $SOCl_2$; 72%. — *4-Äthoxycarbonyl-methyl-* (IV), $C_{11}H_{16}O_2$, $Kp._{1,5}$ 64—66°, aus vorst. Chlorid

u. $CH_2N_2$ in Ggw. von Triäthylamin in Ae. (→ *Diazoketon*) u. Umlagerung mit $Ag_2O$ in sd. A.; 62%. — *3-Äthoxycarbonylmethyl-* (**III**), Kp.$_{2,5}$ 80—81°, analog **IV** aus Nortricyclyl-(3)-carbonylchlorid (Kp.$_4$ 49—50°, aus der Säure; 83%); 60%. — Tricyclo-[3.2.1.0$^{3,6}$]-octane: *4-Äthoxycarbonyl-* (**VI**), $C_{11}H_{16}O_2$, Kp.$_{0,2}$ 82—85°, aus **A** mit K-tert.-Butylat in Bzl.; 12%. — *4-Carboxy-*, $C_9H_{12}O_2$, F. 76 bis 78° (Pentan u. Subl.), aus **VI** in wss.-äthanol. KOH; 93%. — *4-Brom-*, $C_8H_{11}Br$, Kp.$_{2,2}$ 52°, aus dem Ag-Salz vorst. Verb. mit $Br_2$ in PAe. bei —10°; 29%. — *Unsubstituiert*, durch Na/fl.-$NH_3$-Red. vorst. Verbindung. — *Norbornen-(5)-yl-(2)-essigsäureäthylester* [Isomerengemisch (IG)], Kp.$_{0,25}$ 68—70°; aus den Säuren über die Chloride. — *5- u. 6-Hydroxynorbornyl-(2)-essigsäureäthylester* (IG), Kp.$_{0,2}$ 107—108°, aus vorst. Verb. u. $BH_3$ in THF, dann $H_2O_2$–NaOH; 71%. *p-Tosylat* (**A**; IG), mit Tosylchlorid in Pyridin. W. Senf 2950△

*1352* **Reaktionen von sauren Reagentien mit Dien-Chinon-Addukt-Epoxiden.** H. S. Wilgus, III, E. N. Oftedahl, W. J. Musliner und J. W. Gates jun. (J. org. Chemistry **32** (1967) 10, 3208—09; Eastman Kodak Co., Rochester, N.Y.; engl.) — Behandeln von 2-arylsubstituierten Naphthochinon-(1.4)-epoxiden-(2.3) mit $H_2SO_4$ oder $BF_3$-Ätherat (**I**) liefert unter Ringverengung die entsprechenden *2-Arylindandione-(1.3)*. Alkylierung von 4-[p-Tolyl]-tricyclo-[5.2.1.0$^{2,6}$]-decen-(8)-dion-(3.5) (**X**) mit $CH_3I$ liefert *4-Methyl-4-[p-tolyl]-tricyclo-[5.2.1.0$^{2,6}$ decen-(8)-dion-(3.5)* u. *5-Methoxy-4-[p-tolyl]-tricyclo-[5.2.1. 0$^{2,6}$]-decadien-(4.8)-on-(3)*; letzteres wird alkal. zu *3-[2′-(p-Tolyl)-propionyl]-norbornen-(5)-carbonsäure-(2)* gespalten. Rk. von 4-Phenyl-tricyclo-[5.2.1.0$^{2,6}$]-decen-(8)-dion-(3.5) (**XI**) mit Diphenyljodoniumchlorid (**XII**) liefert *4.4-Diphenyl-tricyclo-[5.2.1.0$^{2,6}$]-decen-(8)-dion-(3.5)*. Behandeln von *2-Phenyl-naphthochinon-(1.4)-epoxid-(2.3)* (**IX**) mit **I** gibt *2-Phenyl-indandion-(1.3)*.

Versuche: Naphthochinon-(1.4)-epoxide-(2.3), nach Alder et al. [Chem. Ber. **93** (1960), 1896]; *2-Phenyl-5.8-methano-4a.5.8.8a-tetrahydro-* (**II**). — *2-[p-Tolyl]-5.8-methano-4a.5.8.8a-tetrahydro-* (**III**). — *2-[p-Methoxyphenyl]-5.8-methano-4a.5.8.8a-tetrahydro-* (**IV**), F. 164 bis 165 (A.); 88% (Ausb.). — *2-Phenyl-5.8-methano-4a.5.6.7.8.8a-hexahydro-* (**V**). — *2-[p-Tolyl]-5.8-methano-4a.5.6.7.8.8a-hexahydro-* (**VI**), F. 143—145° (A.), durch Hydrieren (4 Min.) von **III** in Äthylacetat an Pd/Kohle bei 40 lb; 98%. — *2-Phenyl-5.8-äthano-4a.5.8.8a-tetrahydro-* (**VII**). — *2-[p-Tolyl]-5.8-äthano-4a.5.8.8a-tetrahydro-* (**VIII**), F. 167 bis 168° (A.); 41%. — *2-Phenyl-* (**IX**), F. 63—64° (A.); 64%. — Tricyclo-[5.2.1.0$^{2,6}$]-decen-(8)-dione-(3.5) (FF. aus A.): *4-[p-Tolyl]-* (**X**), F. 243—245°, a) durch Zugabe von warmer $H_2SO_4$/W. (1:1) zu **III** in Dioxan/ bei 75°; 71%; b) durch Zugabe von **I** zu **III** in sd. Bzl.; 95%. — *4-Phenyl-* (**XI**), F. 245—246° (Zers.), a) aus **II** in 93%ig. $H_2SO_4$ in 30 Min. bei Siedetemp.; 44%; b) aus **II** u. **I** durch 5 Min. langes Kochen in Bzl.; 100%. — *4-[p-Methoxy-phenyl]-*, F. 226,5—227,5° (Zers.), aus **IV** in HCl/Essigsäure in 5 Min. bei 90°; 39%. — Tricyclo-[5.2.1.0$^{2,6}$]-decandione-(3.5): *4-Phenyl-*, F. 252—254°, aus **V** u. **I** durch 5 Min. langes Kochen in Bzl.; 87%. — *4-[p-Tolyl]-*, F. 255,5—258°, aus **VI** in 85%ig. $H_2SO_4$ in 2 Std. bei 90°; 83%. — Tricyclo-[5.2.2.0$^{2,6}$]-undecen-(8)-dione-(3.5): *4-Phenyl-*, F. 249—251°, aus **VII** durch 5 Min. langes Kochen mit **I** in Bzl.; 81%. — *4-[p-Tolyl]-*, F. 260—262°, aus **VIII** u. HBr/Essigsäure in 35 Min. bei 90°; 58%. — *2-Phenyl-indandion-(1.3)*, F. 147 bis 149°, aus **IX** durch 3 Min. langes Kochen mit **I** in Bzl.; 87%. — *4-Methyl-4-[p-tolyl]-tricyclo-[5.2.1.0$^{2,6}$]-decen-(8)-dion-(3.5)*, $C_{18}H_{18}O_2$, F. 131—132° ($CHCl_3$/PAe.), durch Erwärmen von **X** mit $Ba(OH)_2 \cdot 8\,H_2O$ in W. auf 85°, Eindampfen im Rotationsverdampfer bei 60°/20 Torr u. Zugabe von $CH_3J$ in DMSO; 39%; daneben *5-Methoxy-4-[p-tolyl]-tricyclo-[5.2.1.0$^{2,6}$]-decadien-(4.8)-on-(3)*, $C_{18}H_{18}O_2$, F. 140,5—141,5° ($CHCl_3$/PAe.); 55,5%. — *3-[2′-(p-Tolyl)-propionyl]-norbornen-(5)-carbonsäure-(2)*, $C_{18}H_{20}O_3$, F. 151—153° (Bzl./Ligroin), durch 12std. Kochen vorvorst. Verb. in A. mit KOH. — *4.4-Diphenyltricyclo-[5.2.1.0$^{2,6}$]-decen-(8)-dion-(3.5)*, $C_{22}H_{18}O_2$, F. 169—170°, a) durch Zugabe von Tricyclo-[5.2.1.0$^{2,6}$]-decen-(8)-dion-(3.5) zu Na in tert.-Butanol unter $N_2$, Zugabe von **XII** nach einigen Min. u. 18std. Kochen; aus Äthylacetat oder A. Nadeln; 46%; b) durch 5std. Kochen von K-tert.-Butylat, **XI** u. **XII** in tert.-Butanol unter $N_2$; 50%. — *4-[p-Methoxyphenyl]-tricyclo-[6.2.1.0$^{2,7}$]-undecadien-(4.9)-dion-(3.6)*, $C_{18}H_{16}O_2$, nach Porter et al. [ibid. **29** (1964) 588]; 90%. — Analog: *4-[p-Tolyl]-tricyclo-[6.2.2.0$^{2,7}$]-dodecadien-(4.9)-dion-(3.6)*, $C_{19}H_{18}O_2$; 73%. H. Miele 2950△

*1353* **Einige Diels-Alder-Reaktionen des Naphthacens.** John S. Meek, Frederick M. Dewey und Melvin W. Hanna. (J. org. Chemistry **32** (1967) 1, 69—72; Univ. of Colo., Boulder; engl.) — Diels-Alder-Kondens. von Naphthacen (**I**) mit Äthylen liefert *5.12-Dihydro-5.12-äthano-naphthacen*. Mit Acrylnitril (**II**), Acrylsäuremethylester (**III**), Allylalkohol (**IV**) u. Acrylamid (**V**) werden 13-substituierte *5.12-Dihydro-5.12-äthano-naphthacene* erhalten, wobei die *syn-* u. *anti-Isomeren* in fast gleichem Verhältnis entstehen.

Versuche: 5.12-Dihydro-5.12-äthano-naphthacene: *Unsubstituiert*, $C_{20}H_{16}$, F. 170—172° (Bzl.), durch Beschicken eines Stahlautoklaven mit **I** u. Hydrochinon (**VI**) in Toluol, Aufpressen von 300 p.s.i. $C_2H_4$ u. 41std. Erhitzen auf 200—225° u. 550 p.s.i.; 43% (Ausb.). — *syn-13-Cyan-* (*syn-* **VIII**, F. 185—188°) u. *anti-13-Cyan-*(*anti-* **VIII**, F. 203,5—206°) (54:46, gaschromatograph.), $C_{21}H_{15}N$, durch 3std. Erhitzen von **I**, **II** u. wenig **VI** auf 160—164° im Bombenrohr; 85%. — *syn-13-Methoxycarbonyl-*, (*syn-***IX**), $C_{22}H_{18}O_2$, F. 167,5 bis 169° (A., Methanol), durch Sättigen von syn-**VIII** in Ae. mit trockenem HCl unter Eiskühlung, Zugabe von Methanol, $^1/_4$std. Überleiten von HCl, 1tägiges Stehen bei —40° im verschlossenen Gefäß; 64%. *anti-***IX**, $C_{22}H_{18}O_2$, F. 182—184° (Methanol), analog syn-**IX** aus 0,14 g anti-**VIII** u. 1wöchiges Stehen bei Raumtemp.; 0,08 g. *syn-***IX** u. *anti-***IX** (57 ± 2:43 ± 2), durch 11std. Erhitzen von 0,4 g **I**, 5,2 g **III** u. 0,05 g p-tert.-Butyl-brenzcatechin (**VII**) auf 126—135° im Bombenrohr. — *syn-13-Hydroxymethyl-* (*syn-***X**), $C_{21}H_{18}O$, F. 161—162,5° (Bzl./PAe.), aus **I**, **IV** u. wenig **VI** im Bombenrohr in 20 Std. bei 149—153°, 7 Std. bei 182° u. 60 Std. bei 202°. *anti-***X**, $C_{21}H_{18}O$, F. 150,5 bis 153° (Bzl./PAe., Methanol), durch $LiAlH_4$-Red. von anti-**IX**; 68%. *syn-* u. *anti-***X** (57 ± 2:43 ± 2), durch 28std. Erhitzen von 0,4 g **I**, 5 ml **IV** u. 0,05 g **VII** auf 204—208° im Bombenrohr. — *syn-13-Carbamoyl-* (*syn-***XI**), $C_{21}H_{17}NO$, F. 265—267° (Methanol), durch 11std. Kochen von **I**, **V** u. wenig **VII** in Xylol [daneben *anti-***XI**, $C_{21}H_{17}NO$, F. 266—268,6° (Methanol)]; gibt durch 1std. Erhitzen mit $P_2O_5$ auf 135—140° (Bad) *syn-***VIII**; 91% (roh). H. Miele 2950△

*1354* **Synthese und Reaktionen von 3.9-Diisocyanaten und Diisothiocyanaten in der 2.4.8.10-Tetraoxa-3.9-diphospha-[5-spiro-5]-undecanreihe.** Philip M. Pivawer, Arthur D. Bliss und Rudi Rätz. (J. heterocyclic Chem. **4** (1967) 4, 599—603; Chemicals Group, Olin Res. Center, New Haven, Conn.; engl.) — 3.9-Dichlor-2.4.8.10-tetraoxa-3.9-diphospha-[5-spiro-5]-undecan-3.9-dioxid (**I**) bzw. -3.9-disulfid (**II**) geben mit NaCNS *3.9-Diisothiocyanato-2.4.8.10-tetraoxa-3.9-diphospha-[5-spiro-5]-undecan-3.9-dioxid* (**III**) bzw. *-3.9-disulfid* (**IV**). Mit NaCNO reagieren **I** bzw. **II** nicht. 3.9-Dichlor-2.4.8.10-tetraoxa-3.9-diphospha-[5-spiro-5]-undecan (**V**) gibt mit NaCNO in fl. $SO_2$ *3.9-Diisocyanato-2.4.8.10-tetraoxa-3.9-diphospha-[5-spiro-5]-undecan* (**VI**), das mit $SO_3$ zu *3.9-Diisocyanato-2.4.8.10-tetraoxa-3.9-diphospha-[5-spiro-5]-undecan-3.9-dioxid* (**VII**) ox. wird. Mit S in sd. Xylol gibt **VI** je nach Rk.-Zeit *3.9-Diisocyanato-2.4.8.10-tetraoxa-3.9-diphospha-[5-spiro-5]-undecan-3-sulfid* (**IX**) bzw. *-3.9-disulfid* (**VIII**). **VII** bzw. **VIII** lassen sich nicht aus 3.9-Diamino-2.4.8.10-tetraoxa-3.9-diphospha-[5-spiro-5]-undecan-3.9-dioxid (**X**) bzw. -3.9-disulfid (**XI**) u. $COCl_2$ bzw. Oxalylchlorid darstellen. **V** bildet mit $Cl_2$ schon bei —40° *$(ClCH_2)_2C[CH_2OP(O)Cl_2]_2$*. Aus **VII** bzw. **VIII** u. W. entstehen **X** bzw. **XI**. **VI** ist gegen W. bei 25° stabil. Von sd. W. wird **VI** unter Ringöffnung zersetzt. Aus **VII**, **VIII**, **VI**, **III** bzw. **IV** werden mit Alkoholen bzw. Aminen entsprechende bifunktionelle *Carbaminate* bzw. *Harnstoffe* erhalten.

Versuche: 2.4.8.10-Tetraoxa-3.9-diphospha-[5-spiro-5]-undecane: *3.9-Dichlor-* (**V**), $C_5H_8Cl_2O_4P_2$, F. 124—125°, Kp.$_1$ 128—134°, nach Birum; 66% (Ausb.). — *3.9-Diisocyanato-*(**VI**), $C_7H_8N_2O_6P_2$,

F. 110,5—111° (Heptan/Bzl.), Kp.$_{0,1}$ 114—117°, aus V u. 4 Val NaCNO in sd. fl. $SO_2$; 96%. — *3.9-Bis-[3-n-butylureido]-*, $C_{15}H_{30}N_4O_6P_2$, F. 196—200° (Zers.), aus VI u. n-Butylamin in Bzl.; 89%. — *3.9-Diisocyanato-, 3.9-Dioxid* (VII), $C_7H_8N_2O_8P_2$, F. 190—192° (Zers.), aus V u. NaCNO in sd. $SO_2$ u. Rk. mit $SO_3$; 97%. — *3.9-Diamino-, 3.9-Dioxid* (X), $C_5H_{12}N_2O_6P_2$, F. 303—305° (W.), a) aus VII u. W.; 92%; b) aus I, Triäthylamin u. $NH_3$-Gas in $CHCl_3$; 50%. — *3.9-Diisocyanato-, 3.9-Disulfid* (VIII), $C_7H_8N_2O_6P_2S_2$, F. 188—190° (Xylol), a) aus VI u. S in sd. Xylol in 110 Std.; 87%; b) aus IX u. S in sd. Xylol in 48 Std.; 69%. — *3.9-Diamino-, 3.9-Disulfid* (XI), $C_5H_{12} \cdot N_2O_4P_2S_2$, F. 247—248° (A.), a) aus VIII u. W. bei 50°; 98%; b) aus II u. $NH_3$-Gas in $CHCl_3$ bei 0°; 99%. — *3.9-Diisocyanato-, 3-Sulfid* (IX), $C_7H_8N_2O_6P_2S$, F. 135 bis 138°, aus VI u. S in sd. Xylol in 48 Std.; 66%; daneben 30% (VIII). — *3.9-Diisothiocyanato-, 3.9-Disulfid* (IV), $C_7H_8N_2O_4P_2S_4$, F. 245—246° ($CH_3CN$), aus II u. KCNS in abs. $CH_3CN$; 85%. — *3.9-Bis-[Methoxycarbonylamino]-, 3.9-Disulfid*, $C_9H_{16}N_2O_8P_2S_2$, F. 218—220° ($CH_3OH$), aus VIII u. $CH_3OH$; 98%. — *3.9-Bis-[3-phenylureido]-, 3.9-Dioxid*, $C_{19}H_{22}N_4O_8P_2$, F. 182—185° (verd. NaOH/10%ig. HCl), aus VII u. Anilin in Ae.; 90%. — *3.9-Diureido-, 3.9-Dioxid*, $C_7H_{14}N_4O_8P_2$, F. 257° (verd. NaOH/10%ig. HCl); 100%. — *3.9-Bis-[3-n-butylureido]-, 3.9-Dioxid*, $C_{15}H_{30}N_4O_8P_2$, F. 128—136° (Aceton); 81%. — *3.9-Bis-[3-(3.4-Dichlorphenyl)-ureido]-, 3.9-Dioxid*, $C_{19}H_{18}Cl_4N_4 \cdot O_8P_2$, F. 230—234° (verd. NaOH)/10%ig. HCl); 91%. — *3.9-Bis-[morpholinocarbonylamino]-, 3.9-Dioxid*, $C_{15}H_{26}N_4 \cdot O_{10}P_2$, F. 230—233° (verd. NaOH/10%ig. HCl); 10%. — *3.9-Bis-[methoxycarbonylamino]-, 3.9-Dioxid*, $C_9H_{16}N_2 \cdot O_{10}P_2$, F. 247—249° ($CH_3OH$); 87%. — *3.9-Diureido-, 3.9-Disulfid*, $C_7H_{14}N_4O_6P_2S_2$, F. 203—208° (verd. NaOH/10%ig. HCl); 98%. — *3.9-Bis-[3-phenylureido]-, 3.9-Disulfiddiacetonkomplex*, $C_{19}H_{22}N_4O_6P_2S_2 \cdot 2\ C_3H_6O$, F. 200 bis 204° (Aceton); 99%. — *3.9-Bis-[thioureido]-, 3.9-Disulfid*, $C_7H_{14}N_4O_4P_2S_4$, F. 173° (Zers.; $CH_3COOH$), aus IV u. fl. $NH_3$; 98%. — *3.9-Bis-[3.3-dimethylthioureido]-, 3.9-Disulfid*, $C_{11}H_{22}N_4O_4P_2S_4$, F. 166° ($CHCl_3$); 98%. — *3.9-Bis-[piperidyl-(4)-thiocarbonylamino]-, 3.9-Disulfid*, $C_{17}H_{32}N_4O_4P_2S_4$, F. 156° (A); 74%. — *Pentaerythrit*, F. 258 bis 260°, aus 5,56 g VI, W. u. Essigester bei Raumtemp. u. Rk. mit viel W.; 0,7 g. Hans Köhne/Berlin 2950△

*1355* **Brückenchemie der Paracyclophane. Mono- und Dichlorformylierung von [2.2]-Paracyclophan (Di-p-xylylen) mit Oxalylchlorid.** E. Hedaya und L. M. Kyle. (J. org. Chemistry **32** (1967) 1, 197—99; Union Carbide Res. Inst., Tarrytown, N.Y.; engl.) — Radikal. Rk. von [2.2]-Paracyclophan (I) mit Oxalylchlorid (II) u. Methanolyse liefert, je nach den Rk.-Bedingungen, *1-Methoxycarbonyl-* bzw. *1.9-* u. *1.10-Dimethoxycarbonyl-[2.2]-paracyclophan*, Die UV-Spektren der Tetracyanäthylenkomplexe werden mit ähnlichen Deriv. von I verglichen. Rk.-Mechanismen werden diskutiert.

Versuche: [2.2]-Paracyclophane: *1-Methoxycarbonyl-*, $C_{18}H_{18}O_2$, F. 96,5—97,5° (Hexan), durch Zutropfen von Benzoylperoxid (BP) in II zu I u. II in Chlorbenzol bei 90°, 24std. Erhitzen auf 90° u. Aufarbeiten; 25% (Ausb.). — *1-Carboxy-*, F. 187—188° (wss. A.), durch Verseifen vorst. Verb. in 95%ig. Äthanol. — *1.9-* u. *1.10-Dimethoxycarbonyl-*, $C_{20}H_{20}O_4$, F. 90—130°, durch dreimalige Zugabe von BP zu I u. II in Chlorbenzol bei 80—90° in 24std. Abständen; 14,7%. H. Miele 2950△

## C-3. Heterocyclische Verbindungen

*1356* **Ein vom Adamantan abgeleitetes α-Lactam.** Erach R. Talaty, Aubry E. Dupuy jun. und Albert E. Cancienne jun. (J. heterocyclic Chem. 4 (1967) 4, 657—58; Dep. of Chem., La State Univ. in New Orleans, New Orleans, La.; engl.) — Adamantyl-(1)-essigsäure gibt mit $SOCl_2$ das *Säurechlorid*, das mit $Br_2$ in sd. $CCl_4$ *Adamantyl-(1)-bromessigsäurechlorid* (I) bildet. I reagiert mit 2 Val 1-Aminoadamantan zu *Adamantyl-(1)-brom-N-[adamantyl-(1)]-acetamid* [F. 202—204° (n-Heptan); 90% (Ausb.)], das mit K-tert.-Butylat in Ae. bei 0° *1.3-Bis-[adamantyl-(1)]-aziridinon-(2)* [II, F. ca. 180° (Sublimation bei 105—110°/ca. 0,025 Torr; n-Heptan); 72%] bildet. II ist bei 0° gegen K-tert.-Butylat beständig. In sd. Xylol kann II noch nach 3,5 Std. nachgewiesen werden. In sd. $CH_3OH$ ist II erst nach 30 Std. völlig zersetzt. Hans Köhne/Berlin 3030△

*1357* **Synthese von Oxetanen durch Photoaddition von Benzophenon an Furane.** Carlos Rivas und Eliseo Payo. (J. org. Chemistry **32** (1967) 9, 2918—20; Dep. of Chem., Inst. Venezolano de Invest. Cientificas, Caracas, Venezuela; engl.) — Die Photolyse von Benzophenon (I) u. Furanen führt stets zu nur einem an der substituierten Doppelbindung des Furans gebildeten *Addukt*, im Falle von 2.4-disubstituierten Furanen werden jedoch je 50% des Addukts an jeder Doppelbindung erhalten. Demgegenüber liefert Benzaldehyd zwei isomere Oxethane. Die Strukturen der erhaltenen Oxethane vom Typ *6.6-Diphenyl-2.7-dioxabicyclo-[3.2.0]-$\Delta^3$-hepten* werden durch die NMR-Spektren bzw. den diskutierten Rk.-Mechanismus erhärtet.

Versuche: 6.6-Diphenyl-2.7-dioxabicyclo-[3.2.0]-$\Delta^3$-heptene: *5-Methyl-*, $C_{18}H_{16}O_2$, F. 142—143° (Bzl.-PAe.), durch 2std. Bestrahlen von I in 3-Methylfuran mit einer 450 W Hanauer Lampe bei —10° unter Einleiten von $N_2$ u. Eindampfen; 98% (Ausb.). — *1-Methyl-*, F. 129—130°, analog vorst. Verb. aus 2-Methylfuran; 98%. — *1-[Hydroxymethyl]-*, F. 134—135°, mit 2-[Hydroxymethyl]-furan; 80%. — *1.4-Dimethyl-*, F. 135°, mit 2.4-Dimethylfuran u. Trennen der Isomere mit $CCl_4$; 50%; daneben 50% *3.5-Dimethyl-6.6-diphenyl-2.7-dioxabicyclo-[3.2.0]-$\Delta^3$-hepten*, F. 145°. H. Gleinig 3040△

*1358* **Sauerstoffhaltige Heterocyclen.** 5. Mitt. **Alkylierung von Furanverbindungen mit tert. Chloriden und Cinnamylchlorid.** Ju. I. Tarnopol'skij, I. S. Šrajber und V. N. Belov. (Chim. geterocikličeskich Soedinenij **1967,** 1, 10—11; Moskovskij chim.-technol. inst. im. Mendeleeva; russ.) — Silvan wurde mit tert.-Butylchlorid, 2-Phenyl-2-chlorpropan (I) u. Cinnamylchlorid (II) sowie Furan mit I u. II in Ggw. von $ZnCl_2$ u. Zn-Acetat alkyliert.

Versuche: *2-[2-Phenylpropyl-(2)]-furan*, $C_{13}H_{14}O$, Kp.$_{21}$ 124—125°, durch Zugabe von $ZnCl_2$ zu I u. Furan, Rühren bis zum Dunkelwerden der Lsg. u. portionsweise Zugabe von Zn-Acetat bei < 15°; $n_D^{20}$ 1,5250; $D_4^{20}$ 1,0081; 40% (Ausb.). — Analog: *2-tert.-Butyl-5-methylfuran*, $C_9H_{14}O$, Kp.$_{760}$ 140°; $n_D^{20}$ 1,4465; $D_4^{20}$ 0,8732; 12,5%. — *2-[2-Phenylpropyl-(2)]-5-methylfuran*, $C_{14}H_{16}O$, Kp.$_{10}$ 119—120°; $n_D^{20}$ 1,5311; $D_4^{20}$ 1,0183; 60%. — *2-Cinnamylfuran*, $C_{13}H_{12}O$, Kp.$_{10}$ 138—140°; $n_D^{20}$ 1,5738; $D_4^{20}$ 1,0444; 31%. — *2-Cinnamyl-5-methylfuran*, $C_{14}H_{14}O$, Kp.$_{1,5}$ 125°; $n_D^{20}$ 1,5671; $D_4^{20}$ 1,0301; 37%. E. Schmunk 3061△

*1359* **Synthese von Dialkylaminomethylfurfurolen.** L. I. Vereščagin, R. I. Katkevič und S. P. Koršunov. (Chim. geterocikličeskich Soedinenij **1967**, 1, 12—13; Inst. nefte- i uglechim. sint. pri Irkutskom univ. im. Ždanova; russ.) — *5-[Dialkylaminomethyl]-furfurylalkohole* (A) werden durch Mannich-Rk. aus Furfurylalkohol (I) dargestellt. Diese Aminomethylierung gelingt auch bei 2-[Furyl-(2)]-äthanol (II). Die A liefern bei der Ox. mit $MnO_2$ *5-[Dialkylaminomethyl]-furfurole*. Diese in der Kälte stabilen Verb. reagieren sehr schwer mit 2.4-Dinitrophenylhydrazin, bilden aber mit Isonicotinsäurehydrazid leicht die entsprechenden *Hydrazone*.

Versuche: Furfurylalkohole, durch 14std. Kochen von I mit dem entsprechenden Aminhydrochlorid u. Paraformaldehyd (III) in A.: *5-Piperidinomethyl-*, $C_{11}H_{17}NO_2$, Kp.$_2$ 145°; $n_D^{20}$ 1,5199; 62,4% (Ausb.). — *5-[Dimethylaminomethyl]-*, $C_8H_{13}NO_2$, Kp.$_{15}$ 128—133°; $n_D^{20}$ 1,4900; 53,0%. — *5-[Diäthylaminomethyl]-*, $C_{10}H_{17}NO_2$, Kp.$_{15}$ 142—146°; $n_D^{20}$ 1,4766; 54,8%. — *2-[5-(Dimethylaminomethyl)-furyl-(2)]-äthanol*, $C_9H_{15}NO_2$, Kp.$_6$ 116—117° analog vorst. Verb. aus $(CH_3)_2NH$ u. II; $n_D^{20}$ 1,4869; 75,1%. *Methojodid*, F. 200 bis 201°. — Furfurole: durch Kochen der A in abs. Bzl. mit $MnO_2$: *5-Piperidinomethyl-*, $C_{11}H_{15}NO_2$, Kp.$_1$ 126—127°; $n_D^{20}$ 1,5379; 88,4%. *Isonicotinoylhydrazon*, $C_{17}H_{20}N_4O_2$, F. 165,5—166,5°. — *5-[Dimethylaminomethyl]-*, $C_8H_{11}NO_2$, Kp.$_2$ 78°, Reinigung über die Bisulfitverb.; $n_D^{20}$ 1,5211; 83,6%. *Isonicotinoylhydrazon*, $C_{14}H_{16} \cdot N_4O_2$, F. 122—123°. — *5-[Diäthylaminomethyl]-*, $C_{10}H_{15} \cdot$

$NO_2$, $Kp._1$ 82°, Reinigung über die Bisulfitverb.; $n_D^{20}$ 1,5086; 73,5%. *Isonicotinoylhydrazon*, $C_{16}H_{20}N_4O_2$, F. 127 bis 128°. *Pikrat*, $C_{10}H_{15}NO_2 \cdot C_6H_3N_3O_7$, F. 99—100° (A.). E. Schmunk 3061△

*1360* **5-Acetoacetyl-furan-2-carbonsäureester durch Friedel-Crafts-Acylierung von Furan-2-carbonsäure-methylester und -äthylester.** Raffaele Ercoli, Enrico Mantica, Giovanna Claudia, Santambrogio Chiozzotto und Elio Santambrogio. (J. org. Chemistry **32** (1967) 9, 2917—18; Palermo, Univ., Ind. Chem. Dep.; engl.) — Furan-2-carbonsäuremethyl- (**I**) bzw. äthylester (**II**) reagiert mit $SnCl_4$ in Acetanhydrid (**III**), im Gegensatz zu den Beobachtungen von H. Gillman et al. (1933), G. Modena et al. (1955) u. P. A. Finnan et al. [J. chem. Soc. [London] **1963**, 2723], in vielen Fällen zum entsprechenden *Diketoester* (**A**, *5-Acetoacetylfuran-2-carbonsäureester*) als Hauptprod., während die Bldg. der *Ketoester* (**B**), neben bedeutenden Mengen von **A**, nur in kurzen Rk. mit geringer Umsetzung vorherrscht. Obwohl die deutliche Unterscheidung der analyt. Daten u. F. von **A** u. **B** schwierig ist, wird die Struktur der **A** durch diskutierte chem. Umsetzungen, wie Lösen in kalter wss. $Na_2CO_3$ u. Regeneration mittels $CO_2$, Bldg. des Cu-Chelats u. saure Hydrolyse zur *Essigsäure* u. der *5-Acetylfuran-2-carbonsäure*, sowie spektroanalyt. Daten gestützt.

Versuche: *5-Acetoacetylfuran-2-carbonsäure*, F. 228—230° (Zers.; sd. W.), durch $^1/_4$std. Erhitzen des Äthylesters mit 1 n NaOH auf 95—98°, Einleiten von $CO_2$ in die kalte Lsg. u. Ansäuern des Filtrats mit 1 n HCl; 70% (Ausb.)., *Methylester*, F. 111—112° (A.), durch $1^1/_2$std. Zutropfen von $SnCl_4$ zu **I** in **III** bei 2°; 58%. *Methylester-Cu-Chelat*, $C_{20}H_{18}CuO_{10}$, F. 252,5—253,5° (Bzl.), durch Rk. des Methylesters mit Cu-Acetat in 50%ig. A. u. $CHCl_3$-Extraktion. *Äthylester*, F. 87—88°, durch Rk. von **II** mit $SnCl_4$ u. **III** in Bzl. bei 13—20°; 4%. *Cu-Chelat*, $C_{22}H_{22}CuO_{10}$, F. 234,5—235,5° (Bzl.). — *5-Acetylfuran-2-carbonsäure*, $C_7H_6O_4$, F. 206—207° (A.-W.), durch 1std. Kochen des Esters mit wss. äthanol. 1 n NaOH. *Methylester*, $C_8H_8O_4$, F. 101—102° (A.), nach Gilman et al. durch Rk. von **I** mit $SnCl_4$ u. **III** in Bzl. bei 13—20°. *Oxim*, $C_8H_9NO_4$, F. 89,5—93,5° (W.). *Äthylester*, $C_9H_{10}O_4$, F. 71 bis 71,5° (A.), a) analog Methylester mit **II**; 10%; b) neben Äthylester. *Oxim*, $C_9H_{11}NO_4$, F. 129—131° (verd. A.). H. Gleinig 3061△

*1361* **Darstellung von 2(5H)-Furanonen und von von ihnen abgeleiteten Farbstoffen.** John A. Ford jun., Charles V. Wilson und William R. Young. (J. org. Chemistry **32** (1967) 1, 173—77; Res. Labor., Eastman Kodak Comp., Rochester, N.Y.; engl.) — Alkalisalze von mit einer elektronenanziehenden Gruppe substituierten Essigsäuren reagieren mit α-Halogencarbonylverb. in sd. alkohol. Lsg. über die entsprechenden *α-Oxoalkylacetate* zu *$\Delta^3$-Dihydrofuranonen-(2)*, die infolge der Rk.-Fähigkeit ihrer Methylengruppe als Farbstoffzwischenstufen interessant sind. Eine Reihe von Deriv. (*Hydrazone*, *Azomethine*, *Mono-*, *Di-* u *Trimethincyanine*) wird dargestellt. Die Absorptionsmax. im UV-, IR- u. sichtbaren Bereich sowie die NMR- u. Massenspektren werden angegeben.

Versuche (FF. korr.): $\Delta^3$-Dihydrofuranone-(2): *3-Cyan-4-phenyl-* (**I**), $C_{11}H_7NO_2$, F. 164—167° ($CH_3CN$), aus Cyanessigsäure, ω-Bromacetophenon u. NaOH in sd. A.; 39,4% (Ausb.). — *3-Cyan-4-[p-bromphenyl]-*, $C_{11}H_6BrNO_2$, F. 215—218° ($CH_3CN$); 32,1%. — *3-[p-Nitrophenyl]-4-[p-bromphenyl]-*, $C_{16}H_{10}BrNO_4$, F. 214,5—216° (DMF); 19,2%. — *3.4-Bis-[p-nitrophenyl]-* (**II**), $C_{16}H_{10}N_2O_6$, F. 207—208,5° ($CH_3CN$); 46,6%. — *4-Methyl-3-[p-nitrophenyl]-*, $C_{11}H_9NO_4$, F. 142—144° ($CH_3CN$), a) aus p-Nitrophenylessigsäure (**III**), Chloraceton (**IV**) u. KOH in sd. $CH_3OH$ in Ggw. von NaJ; 34%; b) aus nachst. Verb. in sd. $CH_3OH$ in Ggw. von **III** u. 10%ig. KOH; 65%. — *p-Nitrophenylessigsäure-β-oxopropylester*, F. 85,5—87,5° ($CCl_4$), aus **III**, **IV** u. KOH in $CH_3OH$ bei Raumtemp.; 5,1%. — *4-Cyan-3-phenyl-2.5-dihydrofuran-2.5-dion-2-phenylhydrazon*, $C_{17}H_{11}N_3O_2$, F. 256—258° (n-Butanol), aus **I** u. Benzoldiazoniumchloridlsg. in Aceton/28%ig. $NH_4OH$; 22%;. — *3-Carbamoyl-2-phenylmaleinsäureanhydrid*, $C_{11}H_7NO_4$, F. 158—159° ($CHCl_3$), durch Rühren von vorst. Verb. mit konz. $H_2SO_4$ u. Gießen auf Eis; 2%. — *4-Cyan-3-phenyl-2.5-dihydrofuran-2.5-dion-2-[p-(N-äthyl-N-2-hydroxyäthyl-amino)]-phenylhydrazon*, $C_{21}H_{20}N_4O_3$, F. 195—196° (THF/$CH_3CN$), analog vorvorst. Verb.; 17,7%. — $\Delta^3$-Dihydrofuranone-(2): *3-Cyan-5-[p-dimethylaminophenylimino]-4-phenyl-*, $C_{19}H_{15}N_3O_2$, F. 247—248° (Dioxan), aus **I** u. N.N-Dimethyl-p-nitrosoanilin in sd. Dioxan; 51,6%. — *5-[p-Dimethylaminophenylimino]-3.4-bis-[p-nitrophenyl]-*, $C_{24}H_{18}N_4O_6$, F. 220—221° (Äthylacetat), analog vorst. Verb.; 5,1%. — *3-Cyan-4-phenyl-5-{2-[1.3.3-trimethylindolinyliden-(2)]-äthyliden}-*, $C_{24}H_{20}N_2O_2$, F. 279 bis 281° (Py.), aus **I** u. 2-[2-Oxoäthyliden]-1.3.3-trimethylindolin; 9,2%. — *5-Benzyliden-3-cyan-4-phenyl-*, $C_{18}H_{11} \cdot NO_2$, F. 203—205° (Toluol), aus **I** u. Benzaldehyd in sd. Toluol in Ggw. von Eisessig/Piperidin; 82,3%. — Analog: *3-Cyan-5-p-dimethylaminobenzyliden-4-phenyl-*, $C_{20}H_{16}N_2 \cdot O_2$, F. 235—237° (Chlorbenzol); 79,0%. — *5.5'-Terephthalyliden-bis-[3-cyan-4-phenyl-*, $C_{30}H_{16}N_2O_4$, F. 393 bis 396°; 95,8%. — *3-Cyan-5-p-dimethylaminocinnamyliden-4-phenyl-*, $C_{22}H_{18}N_2O_2$, F. 169—171° (Toluol); 34,0%. — *3-Cyan-5-[2.5-dihydroxybenzyliden]-4-phenyl-*, $C_{18}H_{11}NO_4$, F. 312—314° (THF); 31,3%. — *5-Benzyliden-4-methyl-3-[p-nitrophenyl]-*, $C_{18}H_{13}NO_4$, F. 229—231° (Chlorbenzol) 83,3%. — *5-Cinnamyliden-3-cyan-4-phenyl-*, $C_{20}H_{13}NO_2$, F. 243—244° (Chlorbenzol); 29,4%. — *3-Cyan-5-{1H.5H-benzo-[ij]-chinolizinyl-(9)-methylen}-4-phenyl-*, $C_{24}H_{16} \cdot N_2O_2$, F. 254° (Zers.; Chlorbenzol); 67,6%. — *5-[p-Dimethylaminobenzyliden]-3.4-bis-[p-nitrophenyl]-*, $C_{25}H_{19}N_3O_6$, F. 322—323° (Dioxan); 86,7%. — *3-Cyan-5-cyclohexyliden-4-phenyl-*, $C_{17}H_{15}NO_2$, F. 130—133° (A.); 45,3%. — *5-[Bis-(p-dimethylaminophenyl)-methylen]-3-cyan-4-phenyl-*, $C_{28}H_{25}N_3O_2$, F. 258—260° (Chlorbenzol), Sintern bei 233°, aus **I** u. Bis-[4-dimethylaminophenyl]-diäthoxymethan in sd. Xylol; 47,8%. — *3-Cyan-5-[α-methylbenzyliden]-4-phenyl-*, $C_{19}H_{13}NO_2$, F. 171—173° (A.), aus **I** u. Acetophenondiäthylketal; 9,8%. — *3-Cyan-5-dimethylaminomethylen-4-phenyl-* (**V**), $C_{14}H_{12}N_2O_2$, F. 221—223° ($CH_3CN$), aus **I**, DMF u. $POCl_3$; 86,6%. — *3-Cyan-5-hydroxymethylen-4-phenyl-* (**VI**), $C_{12}H_7NO_3$, F. 218—221° ($CH_3CN$), aus **V** in sd. $CH_3OH$ in Ggw. von NaOH; 94,7%; *2.4-Dinitrophenylhydrazon*, $C_{18}H_{11}N_5O_6$, F. 212—214° ($CH_3CN$); 50%. — *3-Cyan-5-[3-äthylbenzthiazolyliden-(2)-äthyliden]-4-phenyl-*, $C_{22}H_{16}N_2O_2S$, F. 279—281° (Py.), aus **V** u. 3-Äthyl-2-methylbenzthiazoliumjodid in sd. $CH_3OH$ in Ggw. von Piperidin; 58%. — *3-Cyan-5-[2.2-dicyanäthyliden]-4-phenyl-, Triäthylaminsalz*, $C_{21}H_{22}N_4O_2$, F. 149—151° (Äthylacetat), aus **V**, Malonitril u. Triäthylamin in sd. A.; 50,8%. — *2-[3-Cyan-2.5-dihydro-2-oxo-4-phenylfuryliden-(5)-methyl]-cyclopentadienyliden-triphenylphosphoran*, $C_{35}H_{24}NO_2P$, F. 241—242° (Chlorbenzol), aus **V** u. Cyclopentadienyliden-triphenylphosphoran in sd. Py.; 69,1%. — *Bis-[4-cyan-3-phenyldihydrofuranon-(5)]-monomethin, Pyridinsalz*, $C_{28}H_{17}N_3O_4$, F. 276—277° (Py.), a) aus **I** u. Triäthylorthoformiat in sd. Py.; 32,8%; b) aus **I** u. **VI** in sd. Py.; 28%. — *Bis-[4-cyan-3-phenyldihydrofuranon-(5)]-trimethin, Triäthylaminsalz*, $C_{31}H_{29} \cdot N_3O_4$, F. 220—221° (2-Butanon), aus **I**, 1.3.3-Trimethoxypropen u. Triäthylamin in sd. Py.; 36,2%. — *[4-Cyan-3-phenyldihydrofuranon-(5)]-[(3.4-bis-(p-nitrophenyl)-dihydrofuranon-(5)]-monomethin, Triäthylaminsalz*, $C_{34}H_{30} \cdot N_4O_8$, F. 275—276° (Py.), aus **II** u. **V** in sd. Py.; 43%. A. Jungbluth 3061△

*1362* **2-Halogenäthylester von Carbonsäuren und Thiolcarbonsäuren der Furanreihe.** B. V. Kurgan, A. A. Gruze, É. Ja. Lukevič und S. A. Giller. (Chim. geterocikličeskich Soedinenij **1967**, 1, 18—21; Inst. org. sint. AN Latv. SSR, Riga; russ.) — Durch Einw. von Äthylenchlorhydrin (**I**) oder β-Chloräthylmercaptan (**II**) auf 5-Nitrofuran-2-carbonsäurechlorid (**III**) bzw. 3-[5-Nitrofuryl-(2)]-acrylsäurechlorid (**IV**) werden die *2-Chloräthylester* der entsprechenden Carbon- bzw. Thiolsäuren erhalten. Benzoyl- (**V**), Furan-2-carbonsäure- u. 3-[Furyl-(2)]-acrylsäurechlorid reagieren mit Äthylensulfid (**VI**) zu den β-Chloräthylestern der entsprechenden Thiolsäuren. Mit Äthylenoxid reagierten **V** u. Säurechloride der Furanreihe dagegen nicht.

Versuche: 2-Chloräthylester: *5-Nitrofuran-2-carbonsäure-*, $C_7H_6ClNO_5$, F. 59—60°, durch Lösen von **III** in Toluol, Zugabe äquimol. Mengen **I** u. Triäthylamin (**VII**) u. 4std. Kochen; 95,5% (Rohausb.). — *3-[5-Nitrofuryl-(2)]-acrylsäure-*, $C_9H_8ClNO_5$, F. 89—90° (Toluol/PAe.), analog vorst. Verb.; 95%. — *Thiolbenzoesäure-*, $C_9H_9ClOS$, Kp.$_5$ 141—145°, durch 10std. Erhitzen von **V** mit **VI** auf 50—60°; 76%. — Analog: *Furan-2-thiolcarbonsäure-*, $C_7H_7ClO_2S$, F. 38—39°, Kp.$_{1-2}$ 117—118°; 74%. — *3-[Furyl-(2)]-thiolacrylsäure-*, $C_9H_9ClO_2S$, Kp.$_{1-2}$ 136—139°; 69%. — *5-Nitrofuran-2-thiolcarbonsäure-*, $C_7H_6ClNO_4S$, F. 51—52° (Hexan), durch Lösen von **III** in abs. A. u. Zutropfen äquimol. Mengen Py. bei 0° u. **II** in Ae. bei 0—2° u. 1std. Rühren bei 0—2°; 77%. — *3-[5-Nitrofuryl-(2)]-thiolacrylsäure-*, $C_9H_8ClNO_4S$, F. 104 bis 105° (Heptan), durch Lösen von **IV** in Toluol u. Zutropfen von **VII** in Toluol u. **II** u. 5std. Kochen; 80%. — 2-Jodäthylester, durch Lösen von 0,01 Mol des 2-Chloräthylesters in 100 ml Aceton, Versetzen mit 5 g NaJ · 2 $H_2O$ u. 40—90std. Kochen; *5-Nitrofuran-2-carbonsäure-*, $C_7H_6J \cdot NO_5$, F. 90—91° (Heptan), 60 Std. (Rk.-Zeit) 90%. — *3-[5-Nitrofuryl-(2)]-acrylsäure-*, $C_9H_8JNO_5$, F. 89—90° (Heptan), 90 Std.; 74%. — *Furan-2-thiolcarbonsäure-*, $C_7H_7JO_2S$, F. 63—64° (Hexan oder Hexan/Ae. 1:3), 50 Std.; 71%. — *3-[Furyl-(2)]-thiolacrylsäure-*, $C_9H_9JO_2S$, F. 64—66° (Hexan), 50 Std.; 32%. — *5-Nitrofuran-2-thiolcarbonsäure-*, $C_7H_6JNO_4S$, F. 76—78° (Hexan), 40 Std.; 92%. — *3-[5-Nitrofuryl-(2)]-thiolacrylsäure-*, $C_9H_8JNO_4S$, F. 125—127° (Heptan); 50 Std.; 57%.

E. Schmunk 3061△

*1363* **Lithium-Ammoniak-Reduktion von Benzofuranen.** Stephen D. Darling und Klaus D. Wills. (J. org. Chemistry **32** (1967) 9, 2794—97; Dep. of Chem., Univ. of Southern Calif. Los Angeles, Calif.; engl.) — Die Red. von *5-Methoxy-2-methyl-* (**I**) bzw. *5-Methoxybenzofuran* (**II**) mit Li in fl. $NH_3$ in Ggw. von A. führt zu einer Ringspaltung unter Bldg. von *Phenolen.* Wird A. im Überschuß eingesetzt, so liefern **I** u. **II** bzw. *2.3-Dihydro-5-methoxy-2-methyl-* (**III**) oder *2.3-Dihydro-5-methoxybenzofuran* (**IV**) die entsprechenden *5-Methoxy-2.3.4.7-tetrahydrobenzofurane*; jedoch wird bei **III** daneben *2.3.4.5.6.7-Hexahydro-2-methylbenzofuran* erhalten.

Versuche: Benzofurane: *5-Methoxy-2-methyl-* (**I**), Kp.$_{24}$ 130—140°, nach Bernatek (1953) aus **V**; 48,6% (Ausb.). — *5-Methoxy-* (**II**), F. 33—34,5°, Kp.$_{25}$ 119—120°, nach Tanaka (1951). — *2.3-Dihydro-5-methoxy-2-methyl-* (**III**), $C_{10}H_{12}O_2$, Kp.$_{0,3}$ 68—70°, durch Cyclisieren von **V** nach Taibell (1944) durch 18std. Kochen mit Eisessig in Ggw. von konz. $H_2SO_4$ unter $N_2$; 59%. — *2.3-Dihydro-5-methoxy-* (**IV**), Kp.$_{0,2}$ 63—64°, durch Hydrieren von **II** an Pd in A.; 95,6%. — 4-Methoxyphenole: *2-Allyl-* (**V**), Kp.$_{0,3}$ 105—107°, a) durch 2std. Kochen des nach H. L. Goering u. R. R. Jacobsen [J. Amer. chem Soc. **80** (1958) 3277] aus 4-Methoxyphenol mit Allylchlorid, $K_2CO_3$ u. KJ erhaltenen *Allyl-4-methoxyphenyläthers* (Kp.$_{23}$ 134—135°; 93,7%) mit N.N-Dimethylanilin; 80%; b) durch Rk. von 1,62 g **I** mit Li/$NH_3$ u. tert. Butanol in Ggw. von Ae.; 0,3 g; daneben 1,43 g eines *75:25-Gemischs* aus **III** u. **I**. — *2-Äthyl-*, durch Rk. von 0,92 g **II** mit Li/$NH_3$ u. tert. Butanol in Ggw. von Ae.; 0,40 g. — *2-Propyl-*, Kp.$_{23}$ 154—160°, durch Rk. von **I** mit Li in $NH_3$ u. A.; 90%. — 2.3.4.7-Tetrahydrobenzofurane: *5-Methoxy-2-methyl-*, $C_{10} \cdot H_{14}O_2$, Kp.$_{0,3}$ 68—70°, a) durch Rk. von **I** mit Li in fl. $NH_3$ u. A.; 80%; daneben 3% *2.3.4.5.6.7-Hexahydro-2-methylbenzofuran* ($C_9H_{14}O$, Kp.$_{17}$ 74—75°). — *5-Methoxy-*, $C_9H_{12}O_2$, Kp.$_{0,7}$ 65—67°, a) aus **II**; 88%; b) aus **IV**; 98%.

H. Gleinig 3061△

*1364* **Dimethylaminomethylierung einiger Verbindungen der Furanreihe.** Ja. L. Gol'dfarb, A. P. Jakubov und L. I. Belen'kij. (Izvest. Akad. Nauk SSSR, Ser. chim. **1967**, 11, 2509—12; Inst. org. chim. im. Zelinskogo AN SSSR; russ.) — Es werden *Dimethylaminomethylfurane* u. *-thiophene* dargestellt.

Versuche: *2-Methylmercaptomethyl-5-dimethylaminomethylfuran*, $C_9H_{15}NOS$, Kp.$_{0,5}$ 74—75°, durch Zugabe von 2-Methylmercaptomethylfuran zu Bis-[dimethylamino]-methan (**I**) u. Paraformaldehyd (**II**) in Eisessig, 4std. Erhitzen auf 95—110° u. 18std. Stehen bei 20° (Meth. **A**); D.$_4^{20}$ 1,0324; $n_D^{20}$ 1,5168; 86% (Ausb.). *Methojodid*, $C_{10}H_{18}JNOS$, F. 112—113° (A.). — *2-Isopropylmercaptomethyl-5-dimethylaminomethylfuran*, $C_{11} \cdot H_{19}NOS$, Kp.$_{1,6}$ 92—95°, Kp.$_{28}$ 144—145°, a) nach **A** aus 2-Isopropylmercaptomethylfuran, **I** u. **II**; D.$_4^{20}$ 0,9899; $n_D^{20}$ 1,5044; 90%; b) durch 4std. Erhitzen von 19,5 g 94%ig. HCOOH mit 19,5 g DMF u. 28,5 g 5-Isopropylmercaptomethylfuran-2-aldehyd auf 135—140° u. 2std. Erhitzen auf 155—170° (Meth. **B**); 37,5%. *Methojodid*, $C_{12}H_{22}JNOS$, F. 141,5—142,5° (A.). — *2-tert.-Butylmercaptomethyl-5-dimethylaminomethylfuran*, $C_{12} \cdot H_{21}NOS$, Kp.$_{0,4}$ 78—79°, Kp.$_1$ 95—98°, nach **A** aus 2-tert.-Butylmercaptomethylfuran, **I** u. **II** oder nach **B** aus 5-tert.-Butylmercaptomethylfuran-2-aldehyd, HCO · OH u. DMF; D.$_4^{20}$ 0,9779; $n_D^{20}$ 1,5018; 89 bzw. 57%. *Methojodid*, $C_{13}H_{24}JNOS$, F. 131,5—132,5° (A.). — *2-Benzylmercaptomethyl-5-dimethylaminomethylfuran*, $C_{15}H_{19} \cdot NOS$, Kp.$_{0,3}$ 134—135°, nach **A** aus 2-Benzylmercaptomethylfuran, **I** u. **II**; D.$_4^{20}$ 1,0751; $n_D^{20}$ 1,5631; 81%. *Methojodid*, $C_{16}H_{22}JNOS$, F. 110—111° (A.). — *2-n-Cetylmercaptomethyl-5-dimethylaminomethylfuran*, $C_{24}H_{45}NOS$, Kp.$_{0,25}$ 214—216°, F. 26,5—27,5° ($CH_3OH$), nach **A** aus 2-n-Cetylmercaptomethylfuran, **I** u. **II**; 85%. *Methojodid*, $C_{25}H_{48}JNOS$, F. 86—88° (A.). — *2-Dimethylaminomethylfuran*, Kp.$_{17}$ 45—50°, durch tropfenweise Zugabe von 40,8 g **I** zu 12 g **II** in 300 ml Eisessig, Erhitzen bis zur Lsg., Zugabe von 20,4 g Furan bei 20°, 5std. Rühren bei 20—100°, 18std. Stehen bei 20° u. 7std. Erhitzen auf 115—117°; $n_D^{20}$ 1,4612; 45%. Daneben *2.5-Bis-[dimethylaminomethyl]-furan*, Kp.$_{17}$ 105—109°; D.$_4^{20}$ 0,9362; $n_D^{20}$ 1,4742; 24%. — *2.5-Dimethyl-3-dimethylaminomethylfuran*, $C_9H_{15}NO$, Kp.$_{12}$ 72—74°, durch Lösen von **I** u. **II** in Eisessig, Zugabe von 2.5-Dimethylfuran u. 4std. Erhitzen auf 95—110°; D.$_4^{20}$ 0,9200; $n_D^{20}$ 1,4668; 27% (daneben 6% nachst. Verb.). *Methojodid*, $C_{10}H_{18} \cdot JNO$, F. 209—211° (A.). — *2.5-Dimethyl-3.4-bis-[dimethylaminomethyl]-furan*, Kp.$_1$ 73—74°; D.$_4^{20}$ 0,9241; $n_D^{20}$ 1,4730. *Bis-methojodid*, $C_{14}H_{28}J_2N_2O$, F. 218,5 bis 219,5° (A.-Isopropanol). — *Bis-[5-dimethylaminomethylfuryl-(2)-methyl]-sulfid*, $C_{16}H_{24}N_2O_2S$, F. 58—59° (PAe.), aus nachst. Verb., **I** u. **II**; 57%. *Bis-methojodid*, $C_{18}H_{30} \cdot J_2N_2O_2S$, F. 163—165° (W.-Isopropanol). — *Bis-[α-furfuryl]-sulfid*, $C_{10}H_{10}O_2S$, Kp.$_9$ 130—131°, durch Kondens. von α-Furfurylmercaptan (**III**) mit α-Furfurylchlorid; 90%. — *n-Cetyl-α-furfurylsulfid*, $C_{21}H_{38}OS$, F. 35 bis 35,5° ($CH_3OH$), durch Kondens. von **III** mit n-Cetylbromid; 99%. — *2-Methyl-5-dimethylaminomethylthiophen*, $C_8H_{13}NS$, Kp.$_{15}$ 83—84°, durch 8std. Erhitzen von 2-Methylthiophen mit **I** u. **II**; D.$_4^{20}$ 0,9833; $n_D^{20}$ 1,5150; 65%. *Methojodid*, $C_9H_{16}JNS$, F. 182,5—183,5° (A.). — *2.5-Dimethyl-3-dimethylaminomethylthiophen*, $C_9H_{15}NS$, Kp.$_{18}$ 79—81°, aus 2.5-Dimethylthiophen, **I** u. **II** durch 8std. Erhitzen; $n_D^{20}$ 1,5088; 4%. *Methojodid*, $C_{10}H_{18}JNS$, F. 224,5—225,5° (A.).

Helmut Schäfer 3061△

*1365* **Heterocyclensynthesen unter Einbeziehung der Acetylendicarbonsäureester-Addukte von Thiosalicylsäurederivaten.** Ned D. Heindel, Velmer B. Fish, Michael R. Ryan und Arthur R. Lepley. (J. org. Chemistry **32** (1967) 9, 2678—81; Dep. of Chem., Leigh Univ., Bethlehem, Pa.; engl.) — Substituierte Phenylmercaptofumarsäuredimethylester (**A**), z. B. *2-Carboxamido-* (**I**), entstehen beim Erwärmen von Acetylendicarbonsäuredimethylester (**II**) mit o-Mercaptobenzamid (**III**) oder Thiosalicylsäuremethylestern in $CH_3OH$. In Ggw. von $NaOCH_3$ cyclisiert **I** zu *2-Methoxycarbonylmethyl-2-methoxycarbonyl-1.3-benzothiazinon-(4)* (**IV**). Analog entstehen die entsprechenden 3-Hydroxybenzo-[b]-thiophen-2-carbonsäuremethylester (**B**) beim Einleiten von $NH_3$ zu den **A** in $CH_3OH$; ein Rk.-Mechanismus wird vorgeschlagen. Die Konstit. von **IV**, sowie der **A** u. **B** sind durch NMR- u. IR-Spektren sichergestellt. Die NMR-Daten der **A** sind tabelliert.

Versuche: Phenylmercaptofumarsäuredimethylester (**A**): *2-Carboxamido-* (**I**), $C_{13}H_{13}NO_5S$, F. 143,5 bis 144,5° ($CH_3OH$), durch Kochen von **II** mit **III** in abs. $CH_3OH$; 55% (Ausb.). — *2-Methoxycarbonyl-* (**V**), $C_{14}H_{14} \cdot O_6S$, Kp.$_{0,90}$ 178—180°; 75%. — *5-Chlor-2-methoxycarbonyl-*, $C_{14}H_{13}ClO_6S$, F. 103—104° (Bzl.); 76%. — *2-Carboxy-*, $C_{13}H_{12}O_6S$, F. 127° (Bzl.), aus **II** u. Thiosalicylsäure; 58%. — *5-Brom-2-methoxycarbonyl-*, $C_{14}H_{13}BrO_6S$, F. 96—98° (Bzl./$CH_3OH$); 69%. — *2-Methoxycarbonylmethyl-2-methoxycarbonyl-1.3-benzothiazinon-(4)* (**IV**), $C_{13} \cdot$

$H_{13}NO_5S$, F. 168—169° ($CH_3OH$), a) durch Kochen von II mit III in $CH_3OH$ in Ggw. von $NaOCH_3$; 59%; b) aus I in $CH_3OH/NaOCH_3$. — 3-Hydroxybenzo-[b]-thiophen-2-carbonsäuremethylester (**B**): *Unsubstituiert*, $C_{10}H_8O_3S$, F. 107—108° ($CH_3OH$), a) durch Einleiten von $NH_3$ zu V in $CH_3OH$; 76%; b) durch 1std. Kochen von Thiosalicylsäuremethylester mit α-Chloressigsäuremethylester u. $NaOCH_3$ in $CH_3OH$ über *S-Methoxycarbonylmethylthiosalicylsäuremethylester* [F. 51 bis 54° ($CH_3OH$); 77%] u. 10std. Kochen mit $NaOCH_3$ in $CH_3OH$; 76%. — *5-Chlor-*, $C_{10}H_7ClO_3S$, F. 154—155° [Dimethylformamid (DMF)], analog vorst. Verb. nach a); 82%. — *5-Brom-*, $C_{10}H_7BrO_3S$, F. 174,5—176° ($CH_3OH$); 80%. — *α-[Piperidinyl-(1)]-α'-[2-methoxycarbonylphenylmercapto]-bernsteinsäuredimethylester* (?), $C_{19}H_{25}NO_6S$, F. 85—88° ($CH_3OH$), durch 1std. Kochen von V mit Piperidin in $CH_3OH$; 18%; daneben *Verb.* $C_{13}H_{10}O_5S$, F. 170—220° (Zers.; DMF); 30%. G. O. Jäger 3071△

*1366* **Synthese und Reaktionen von 5-Bromskatol und 5-Brom-1.3-dimethylindol.** Wayland E. Noland und Charles Reich. (J. org. Chemistry **32** (1967) 3, 828 bis 832; Minneapolis, Minn., Univ. of Minneapolis, School of Chem.; engl.) — *5-Brom-3-methylindol* (*5-Bromskatol*; I) wird aus 5-Bromindol (II) durch Vilsmeier-Rk. u. Red. mit $LiAlH_4$ dargestellt. Aus N-Methyl-5-bromindol resultiert in gleicher Rk.-Folge *N-Methyl-3-hydroxymethyl-5-bromindol*. *5-Brom-1.3-dimethylindol* läßt sich aus I mit $CH_3J$ darstellen u. reagiert mit Mg zu *1.3-Dimethylindolyl-(5)-MgBr* (III). Dieses liefert mit $CO_2$ *1.3-Dimethylindolcarbonsäure-(5)*, die zum *Methylester* umgesetzt wird u. mit $O_2$ oder mit Borsäuretrimethylester (IV)/$H_2O_2$ *1.3-Dimethyl-5-hydroxyindol*. I gibt mit p-Benzochinon (V) unter Angabe von 2 H ein *2:1-Addukt*. Vers. zur Darst. von 2-Methyl-5-bromindol scheiterten.

Versuche: *5-Bromindol-3-aldehyd*, F. 211° (A.), durch Zugabe von $POCl_3$ zu DMF, Kühlen auf 10° u. Zugabe von II; 98% (Ausb.). — *5-Brom-3-methylindol* (I), $C_9H_8BrN$, F. 79,5—80,5° (PAe.), durch Zutropfen vorst. Verb. in THF zu $LiAlH_4$ in THF; 78%. — *2.9-Dibrom-7b.14b-dimethyl-5a.7b.12a.14b-tetrahydrobisindolo-[2.3-b:2'.3'-b']-benzo-[1.2-d:4.5-d']-difuran*, $C_{24}H_{18}Br_2N_2O_2$, F. 265—266° (Dioxan; Zers.), durch 72std. Rühren von I u. V in Eisessig; 38%. — *1-Benzyl-5-bromindol*, $C_{15}H_{12}\cdot BrN$, F. 87—88° (wss. A.), durch Rk. von II, Na in fl. $NH_3$ u. Benzylchlorid; 64%. — *5-Brom-1-methylindol*, $C_9H_8BrN$, Kp.$_{4,8}$ 148°, durch Rk. von II, $CH_3J$ u. Na in fl. $NH_3$ mit etwas $Fe(NO_3)_3$; 32%. — *5-Brom-1-methyl-3-formylindol*, $C_{10}H_8BrNO$, F. 138° ($CH_2Cl_2$/PAe.), durch Zugabe von $POCl_3$ zu DMF u. Zutropfen von vorst. Verb. bei 10°; 35%. — *5-Brom-1-methyl-3-hydroxymethylindol*, $C_{10}H_{10}BrNO$, F. 100—101° (Ae./PAe.), durch Zutropfen vorst. Verb. in THF zu $LiAlH_4$; 6%. — *5-Brom-1.3-dimethylindol*, $C_{10}H_{10}BrN$, Kp.$_{1,5}$ 148°, durch Rk. von I, $CH_3J$ u. Na in fl. $NH_3$ in etwas $Fe(NO_3)_3$; 66%. — *1.3-Dimethylindol-5-carbonsäure*, $C_{11}H_{11}NO_2$, F. 237° (Aceton/W.), durch Zutropfen von vorst. Verb. zu Mg in THF, 5std. Kochen, Einleiten von $CO_2$, 2std. Kochen, Stehen über Nacht u. Hydrolysieren mit $H_2SO_4$; 38%. *Methylester*, $C_{12}H_{13}NO_2$, F. 76° ($CH_3OH$/W.), durch 3std. Kochen in $CH_3OH$ mit konz. HCl; 48%. — *1.3-Dimethyl-5-hydroxyindol* (*Physostigmol*), $C_{10}H_{11}NO$, F. 98—100° (PAe.), a) durch Durchleiten von reinem $O_2$ durch eine Lsg. von III in THF; 2%; b) durch Zugeben einer Lsg. von III in THF zu IV in Ae. unter $N_2$ bei —80° u. Zugabe von $H_2O_2$; 1%. A. Jochum 3081

*1367* **1-Methylphosphol.** Louis D. Quin und Jay G. Bryson. (J. Amer. chem. Soc. **89** (1967) 23, 5984—85; Dep. of Chem., Duke Univ., Durham, N.C.; engl.) — Die Titelverb. wird in mehrstufiger Synth. dargestellt. NMR-, UV-Spektrum u. Verh. gegenüber wss. HCl vgl. Original. Mit $CS_2$ werden keine Komplexe gebildet.

Versuche: *1-Methyl-3.4-dibromphospholan*, $C_5H_9\cdot Br_2P$, F. 46,5—49°, aus 1-Methyl-2.5-dihydrophosphol-1-oxid mit $Br_2$ u. Red. mit $HSiCl_3$; 65% (Ausb.). *Benzylbromidsalz*, $C_{12}H_{16}Br_3P$, F. 171,5—172,5° (Essigsäureäthylester). — *1-Methylphosphol*, $C_5H_7P$, Kp.$_{317}$ 82—85° (Zers.; instabil), aus vorst. Verb. mit K-tert.-Butylat; 24%. *Methojodid*, $C_6H_{10}JP$, F. 190—194° (Methanol/Essigsäureäthylester). P. Boroffka 3091

*1368* **Nitrophenyläther von Cyclophosphinsäuren.** B. A. Arbuzov, A. O. Vizel' und M. A. Zvereva. (Izvest. Akad. Nauk SSSR, Ser. chim. **1967**, 4, 929—30; Inst. org. i fiz. chim. im. Arbuzova AN SSSR; russ.) — Durch Rk. von 1-Chlor- (**A**) oder 1-Brom-1-oxophospholenen (**B**) mit Na-Nitrophenolaten (**C**) werden *1-Oxo-1-[nitrophenyloxy]-phospholene-(2)* u. -(*3*) erhalten.

Versuche: 1-Oxophospholene-(3): durch tropfenweise Zugabe von **A** oder **B** in Toluol oder $CH_2Cl_2$ zu **C** in Toluol u. 1½—2std. Rühren bei 110°: *1-[p-Nitrophenyloxy]-*, $C_{10}H_{10}NO_4P$, F. 98—99°; 66,2% (Ausb.). — *1-[o-Nitrophenyloxy]-3-methyl-*, $C_{11}H_{12}NO_4P$, Kp.$_{0,06}$ 176 bis 178°; $n_D^{20}$ 1,5670; $D_4^{20}$ 1,3050; 60,3%. — *1-[m-Nitrophenyloxy]-3-methyl-*, $C_{11}H_{12}NO_4P$, Kp.$_{0,045}$ 172 bis 175°; $n_D^{20}$ 1,5685; $D_4^{20}$ 1,3075; 65,9%. — *1-[o-Nitrophenyloxy]-3.4-dimethyl-*, $C_{12}H_{14}NO_4P$, F. 86—88°; 46,6%. — 1-Oxophospholene-(2): *1-[p-Nitrophenyloxy]-*, $C_{10}\cdot H_{10}NO_4P$, F. 105—107°; 48,1%. — *1-[o-Nitrophenyloxy]-*, $C_{10}H_{10}NO_4P$, Kp.$_{0,037}$ 173—176°; $n_D^{20}$ 1,5760; $D_4^{20}$ 1,3557; 63,4%. H. Dalmer 3091△

*1369* **Ein cyclischer Sulfinatester. Darstellung und Reaktionen von 1.2-Benzoxathianoxid-(2).** Edwin N. Givens und Lyle A. Hamilton. (J. org. Chemistry **32** (1967) 9, 2857—61; Paulsbero, N.J., Mobil Oil Corp., Res. Dep.; engl.) — Die Chlorierung von *β-[o-Hydroxyphenyl]-äthylmercaptan* (I) liefert den cycl. Sulfinatester, *1.2-Benzoxathianoxid-(2)* (II), dessen Struktur, bes. in Unterscheidung zum isomeren 2.3-Dihydrobenzothiophendioxid-(1.1), durch analyt. u. physikal. Daten, sowie Peroxid-Ox. zum bekannten *1.2-Benzoxathiandioxid-(2.2)* (III) [vgl. Truce u. Hoeger (1954)] gesichert wird. Die Instabilität von II erfordert Kühlraumlagerung. Die Bedeutung hydroxyl. Lsgm. für die Rk. wird mit dem Ergebnis diskutiert, daß Essigsäure (**Es**) ein geeignetes Lsgm. ist, während stärker nucleophile, hydroxyl. Lsgm., wie wss. **Es**, Methanol oder tert. Butanol eine Ox. zu *Sultonen*, wie *6-Chlor-*, *8-Chlor-* oder *6.8-Dichlor-1.2-benzoxathiondioxid-(2.2)* verursachen, die aus den alkohol. Lsgm. isoliert werden. Die Rk. wird unter verschiedenen Bedingungen untersucht u. der Rk.-Mechanismus diskutiert. Einige *Intermediärverb.* des Rk.-Verlaufs werden als Ursachen der Prod. u. ihrer Verteilung vorgeschlagen.

Versuche: *β-[o-Hydroxyphenyl]-äthyl-mercaptan* (I), $C_8H_{10}OS$, Kp.$_{0,3}$ 116—117°, durch Kochen von *β-[o-Methoxyphenyl]-äthanol* mit 47%ig. HBr in **Es**, Kochen des erhaltenen *2.3-Dihydrobenzofurans* mit 47%ig. HBr in **Es**, Zusetzen von Thioharnstoff u. Kochen über Nacht; 69% (Ausb.). — *1.2-Benzoxathianoxid-(2)* (II), $C_8H_8O_2S$, Kp.$_{0,05}$ 120—140°, durch 10 Min. lange Rk. von I mit $Cl_2$ in Eisessig; 85%. — *1.2-Benzoxathiandioxid-(2.2)* (III), $C_8H_8O_3S$, F. 113—114° (Bzl./Hexan), durch ¼std. Kochen von II mit 30%ig. $H_2O_2$ in **Es**. — *Gemisch aus 6-Chlor-* ($C_8H_7ClO_3S$, F. 133—135°), *8-Chlor-* ($C_8H_7ClO_3S$, F. 153—155°) u. *6.8-Dichlor-1.2-benzoxathiandioxid* ($C_8H_6Cl_2O_3S$, F. 125—126°) sowie III, a) durch Rk. von II mit $Cl_2$ in tert.-Butanol bei 30° im Dunkeln; 10—94%; b) analog a) aus I in 60%ig. **Es**; 31—42%; daneben 58—100% nachst. Verb.; c) aus I in Methanol/Acetonitril; 42%; d) aus nachst. Verb. in Methanol/Acetonitril analog a); 35%. — *β-[o-Hydroxyphenyl]-äthyldisulfid*, aus I mit Cl in **Es** in Ggw. von Methanol. H. Gleinig 3112△

*1370* **Reaktion von Imidazol und Acrylnitril.** Thomas J. Schwan. (J. heterocyclic Chem. **4** (1967) 4, 633—34; Chem. Div., Norwich Pharmacal Co., Norwich, N.Y.; engl.) — Durch Rk. von Imidazol mit Acrylnitril bei 90°, anschließende Hydrierung u. Rk. mit HCl wird *3-[Imidazolyl-(1)]-propylamindihydrochlorid* (I) dargestellt. I wird auch nach Lure' et al. [1939] aus N-[3-Imidazolyl-(1)-propyl]-phthalimid erhalten.

Versuche (F. korr.): *3-[Imidazolyl-(1)]-propylamindihydrochlorid* (I), $C_6H_{11}N_3\cdot 2HCl$, F. 149—150° (abs. A.), a) aus Acrylnitril u. Imidazol bei 90—100°, Hydrieren an Raney-Ni in $CH_3OH$/konz. $NH_4OH$ u. Rk. mit HCl-Gas in $CH_3OH$; 87% (Ausb.); b) aus nachst. Verb. in 100%ig. $N_2H_4\cdot H_2O$ in sd. A. u. Rk. mit sd. 10%ig. HCl; 45%. *Dipikrat*, $C_{18}H_{17}N_9O_{14}$, F. 242—243° (Zers.), aus I u. Pikrinsäure in sd. A.; 96%. — *N-[3-*

*Imidazolyl-(1)-propyl]-phthalimid*, $C_{14}H_{13}N_3O_2$, F. 107 bis 109° (Xylol), aus N-[3-Brompropyl]-phthalimid u. dem Ag-Salz von Imidazol in sd. Xylol; 47%.

Hans Köhne/Berlin 3122△

*1371* **Nucleoside. 42. Mitt. Eine Nucleosid-Umlagerung. Bildung von 2-Oxo-Δ⁴-imidazolin-4-carbonsäure-nucleosiden.** Brian A. Otter und Jack J. Fox. (J. Amer. chem. Soc. **89** (1967) 14, **3663**—64; Sloan-Kettering Inst. for Cancer Res., Cornell Univ., New York, N.Y.; engl.) — 41. vgl. Tetrahedron Letters [London] **1966,** 4927. — Das aus 1-β-D-Arabinofuranosyl-5-fluoruracil in 0,1 n NaOH in der Wärme erhaltene offenkettige *6.2'-Anhydroureid-deriv.* wird bei 20std. Erhitzen in n-NaOH auf 60° in *1-β-D-Arabinofuranosyl-2-oxo-Δ⁴-imidazolin-4-carbonsäure* [I, $C_9H_{12}N_2O_7$, F. 230—233° (Zers.; W.); 54% (Ausb.). *Tri-O-acetat*, F. 250—252°. *Methylester*, F. 100—102°] umgewandelt. I entsteht analog auch direkt aus 1-β-D-Arabinofuranosyl-5-bromuracil (II). Der aus I mit überschüssigem $CH_2N_2$ gebildete *1-β-D-Arabinofuranosyl-3-methyl-2-oxo-Δ⁴-imidazolin-4-carbonsäuremethylester* (F. 135—137°) gibt ein *Tri-O-acetat* (F. 116—118°), das auch durch Methylieren von II mit $CH_2N_2$ zum *3-Methylderiv.* (F. 151—153°; 70%), Behandeln mit n-NaOH bei 55°, erneutes Methylieren des erhaltenen sirupartigen Prod. mit überschüssigem $CH_2N_2$ u. Acetylieren erhalten wird. I-Methylester gibt mit überschüssigem $NaJO_4$ u. dann Phenylhydrazin (III) ein *Bis-phenylhydrazon* (IV, F. 110—120°), aus dem sich durch Rk. mit III/$CH_3COOH$ in geringer Menge *2-Oxo-Δ⁴-imidazolin-4-carbonsäuremethylester* (V) gewinnen ließ. Das bei der Kondens. von synthet. V mit Tetra-O-acetyl-α-D-glukopyranosylbromid in $CH_3NO_2$ in Ggw. von $Hg(CN)_2$ anfallende *Tetra-O-acetylderiv.* (F. 108—110°; 20%) wird durch $NaOCH_3$ zu *1-β-D-glukopyranosyl-2-oxo-Δ⁴-imidazolin-4-carbonsäuremethylester* (F. 213—214°) desacetyliert; dieser liefert mit $NaJO_4$ u. dann III ein mit IV ident. Bis-phenylhydrazon, womit die Struktur von I bewiesen ist. Die 2-Oxo-Δ⁴-imidazolinnucleoside sind als Ausgangsmaterialien für die Synth. von therapeut. u. biol. akt. Verb. von Interesse. H.-E. Toussaint 3122

*1372* **Synthese einer Reihe von 4'-substituierten 1.1a.3.3a.4.5.5.5a.5b.6-Dekachloroktahydro-1.3.4-metheno-2H-cyclobuta-[c.d]-pentalen-[2-spiro-2']-oxazolidinonen-(5').** C. W. Roberts, G. D. Travis und J. P. Heeschen. (J. org. Chemistry **32** (1967) 10, 3194—96; Polymer and Chemicals Res. Labor., Dow Chemical Co., Midland, Mich.; engl.) — 1.1a.3.3a.4.5.5.5a.5b.6-Dekachlorooktahydro-1.3.4-metheno-2H-cyclobuta-[c.d]-pentalenon-(2) (I, F. 348—349,5°) gibt mit Aminosäuren in sd. Xylol am W.-Abscheider *4'-substituierte 1.1a.3.3a.4.5.5.5a.5b.6-Dekachloroktahydro-1.3.4-metheno-2H-cyclobuta-[c.d]-pentalen-[2-spiro-2']-oxazolidinone-(2)*.

Versuche (F. korr.): 1.1a.3.3a.4.5.5.5a.5b.6-Dekachloroktahydro-1.3.4-metheno-2H-cyclobuta-[c.d]-pentalen-[2-spiro-2']-oxazolidinone-(5'): *4'-Isopropyl-*, F. 186—187° (Toluol), aus I u. DL-Valin in sd. m-Xylol am W.-Abscheider; 87% (Ausb.). — *Unsubstituiert*, F. 270° (Zers.); 78%. — *4'-Methyl-*, F. 195—196°; 71%. — *4'-Isobutyl-*, F. 204—205°; 53%. — *4'-sek.-Butyl-*, F. 158—159°; 70%. — *4'-β-Methylmercaptoäthyl-*, F. 155—157°; 38%. — *4'-Benzyl-*, F. 171—173°; 32%. Hans Köhne/Berlin 3132△

*1373* **Δ²-Isoxazolinone-(5).** Francesco De Sarlo und Giuliano Dini. (J. heterocyclic Chem. 4 (1967) 4, 533—37; Inst. di Chim. organ., Univ. di Firenze, Firenze, Italien; engl.) — α-Formylpropionsäureäthylester (I) gibt mit $NH_2OH$ in saurer Lsg. bei 15—20° *4-Methyl-Δ²-isoxazolinon-(5)* (II). II wird beim Erwärmen leicht zu *α-Cyanpropionsäure* isomerisiert. Unterhalb von 0° ist II stabil. II gibt mit $CH_2N_2$ in Ae. *4-Methyl-5-methoxyisoxazol* u. *2.4-Dimethyl-Δ²-isoxazolinon-(5)*. Durch Erhitzen von II auf 80° u. anschließende Methylierung wird *α-Cyanpropionsäuremethylester* erhalten. Das nach Chi u. Yang [1936] aus α-Formylbuttersäureäthylester (III) u. $NH_2OH$ erhaltene Prod. besteht zum größten Teil aus *α-Cyanbuttersäure* (IV), da 4-Äthyl-Δ²-isoxazolinon-(5) (V) leicht therm. zu IV isomerisiert wird. V wurde nicht in reinem Zustand isoliert. Durch Rk. von III u. $NH_2OH$ bei Raumtemp. u. anschließendes Methylieren mit $CH_2N_2$ werden *4-Äthyl-5-methoxyisoxazol* u. *2-Methyl-4-äthyl-Δ²-isoxazolinon-(5)* erhalten. α-Formylphenylessigsäureäthylester (VI) u. $NH_2OH$ bilden *4-Phenyl-Δ²-isoxazolinon-(5)* (VII). VII ist lichtempfindlich. Mit $NaOC_2H_5$ in A. gibt VII ein *Na-Salz*. Beim Erwärmen von VII mit wss. NaOH bzw. mit $NaOC_2H_5$ in A. entstehen *Phenylmalonsäure* bzw. *Benzylcyanid*.

Versuche: *4-Methyl-Δ²-isoxazolinon-(5)* (II), $C_4H_5NO_2$, F. 58—60°, Kp.$_{0,1}$ 64—65°, aus I u. 2 Val $NH_2OH \cdot HCl$ in W.; 11% (Ausb.); daneben 48% *Propionsäure* u. 22% *Propionsäureäthylester*. *Na-Salz*, F. 205—210°, aus II u. $NaOC_2H_5$ in $C_2H_5OH$. — *α-Cyanpropionsäuremethylester*, Kp.$_{15}$ 71°, aus II bei 60° u. Rk. mit $CH_2N_2$. — *4-Methyl-5-methoxyisoxazol*, $C_5H_7NO_2$, Kp.$_{20}$ 61°, Kp.$_{0,5}$ 26—29°, aus II u. $CH_2N_2$ in Ae.; 42,4%; daneben 24,9% *2.4-Dimethylisoxazolinon-(5)* (Kp.$_{0,2}$ 67°). — *4-Äthyl-5-methoxyisoxazol*, $C_6H_9NO_2$, Kp.$_{20}$ 60°, Kp.$_{0,2}$ 28—30°, aus III u. 2 Val $NH_2OH \cdot HCl$ in W. u. Rk. mit $CH_2N_2$ in Ae.; 6—7%; daneben 14—15% *2-Methyl-4-äthylisoxazolinon-(5)* (Kp.$_{0,2}$ 69—70°). — *4-Phenyl-Δ²-isoxazolinon-(5)* (VII), $C_9H_7NO_2$, F. 135—137° (Zers.; A.), aus 26,5 g VI u. $NH_2OH \cdot HCl$ in sd. A.; 20,35 g. *Na-Salz*, $C_9H_6NaNO_2$, F. 215—217° (Zers.; A.), aus VII u. $NaOC_2H_5$. — *Phenylmalonsäure*, a) aus VII u. 2 n NaOH bei 50°; 46,5%; b) aus Phenylcyanessigsäure analog a); 74,5%; daneben 11,5% *Benzylcyanid*. — *Benzylcyanid*, a) aus VII u. $NaOC_2H_5$ in A. bei 50°; b) analog a) aus Phenylcyanessigsäure; 76%. — *4-Phenyl-5-methoxyisoxazol*, $C_{10}H_9NO_2$, F. 43—45° ($CH_3OH$), aus VII u. $CH_2N_2$ in Ae.; 66%; daneben 15% *2-Methyl-4-phenylisoxazolinon-(5)*. Hans Köhne/Berlin 3132△

*1374* **Benz- und Naphthazole. 17. Mitt. Asymmetrische Formazane der Benzthiazol- und Benzoxazol-Reihe.** N. P. Bednjagina, N. V. Serebrjakova und G. N. Lipunova. (Chim. geterocikličeskich Soedinenij **1967,** 2, 342—45; Ural'skij politechn. inst. im. Kirova; russ.) — Durch Rk. von Aryldiazoniumsalzen mit Acet- oder Benzaldehyd-[benzthiazolyl-(2)]- bzw. -[benzoxazolyl-(2)]-hydrazon wurden *1-[Benzthiazolyl-(2)]-* bzw. *1-[Benzoxazolyl-(2)]-3-methyl(phenyl)-5-arylformazane* dargestellt.

Versuche: *2-Hydrazinobenzthiazol* (I), $C_7H_7N_3S$, F. 195—196°, durch Kochen von 2-Chlorbenzthiazol mit Hydrazinhydrat. — *Acetaldehyd-[benzthiazolyl-(2)]-hydrazon* (II), $C_9H_9N_3S$, F. 194—195° (n-Heptan), durch Zugabe von Acetaldehyd zu I in A. u. ¹/₂std. Erwärmen auf 30°; 90% (Ausb.). — *Benzaldehyd-[benzthiazolyl-(2)]-hydrazon* (III), $C_{14}H_{11}N_3S$, F. 221—222° (A.), durch Erhitzen von I in A. mit Benzaldehyd; quantitativ. — 1-[Benzthiazolyl-(2)]-formazane, durch Zugabe der Diazoniumsalzlsg. zu einer gekühlten Lsg. von II bzw. III in A., Neutralisieren mit 2 n NaOH (pH 5—6) u. Stehenlassen: *3-Methyl-5-[p-tolyl]-*, $C_{16}H_{15}N_5S$, F. 136 bis 137° (PAe.); rotbraun; 75%. — *3-Methyl-5-[p-nitrophenyl]-*, *Aceton-Solvat*, $C_{15}H_{12}N_6O_2S \cdot C_3H_6O$, F. 229 bis 230° (Aceton); braune Nadeln; 53%. — *3-Methyl-5-[o-carboxyphenyl]-*, *Hydrat*, $C_{16}H_{13}N_5O_2S \cdot H_2O$, F. 228—229° (A.); rote Nadeln; 41%. — *3-Phenyl-5-[p-tolyl]-*, *Hydrat*, $C_{21}H_{17}N_5S \cdot 1{,}5H_2O$, F. 161—162° (A.), braune Nadeln; 81%. — *3-Phenyl-5-[p-nitrophenyl]-*, $C_{20}H_{14}N_6O_2S$, F. 213—214° (A.); dunkelbraune Nadeln; 84%. — *2-Hydrazinobenzoxazol* (IV), $C_7H_7N_3O$, F. 153—154°, durch Kochen von Benzoxazol-2-sulfonsäure mit Hydrazinhydrat. — *Acetaldehyd-[benzoxazolyl-(2)]-hydrazon* VI, $C_9H_9N_3O$, F. 159—164° (verd. A.), durch Rk. von IV mit Acetaldehyd in Ae.; quantitativ. — *Benzaldehyd-[benzoxazolyl-(2)]-hydrazon* (V), $C_{14}H_{11}N_3O$, F. 208—209° (A.); quantitativ. — 1-[Benzoxazolyl-(2)]-formazane, durch Zugabe der entsprechenden Diazoniumsalzlsg. zu einer gekühlten Lsg. von VI bzw. V in A., 20 min. langes Rühren, Zutropfen von 2 n NaOH bis pH 5—6 u. Verdünnen mit W.: *3-Methyl-5-[p-tolyl]-*, *Hydrat*, $C_{16}H_{15}N_5O \cdot H_2O$, F. 115—116° (verd. A.); rotbraun; 51%. — *3-Methyl-5-[p-nitrophenyl]-*, *Hydrat*, $C_{15}H_{12}N_6O_3 \cdot H_2O$, F. 193—195° (wss. Aceton) braun; 55%. — *3-Methyl-5-[o-carboxyphenyl]-*, *Hydrat*, $C_{16}H_{13}N_5O_3 \cdot H_2O$, F. 157—158° (verd. A.); violett-braun; 30%. — *3-Phenyl-5-[p-tolyl]-*, $C_{21}H_{17}N_5O$, F. 158—159° ($CH_3OH$); dunkelbraun; 50%. — *3-Phenyl-5-[p-nitrophenyl]-*, $C_{20}H_{14}N_6O_3$, F. 174—175° ($CH_3OH$); braunviolett; 57%. E. Schmunk 3142△

*1375* **Struktur und Eigenschaften der Reaktionsprodukte aus Trialkylphosphiten und Dialkylphosphiten mit Äthylidenacetylaceton und Äthylidenacetessigester.** B. A. Arbuzov, N. A. Polekaeva und V. S. Vinogradova. (Izvest. Akad. Nauk SSSR, Ser. chim. **1967**, 10, 2281–90; Chim. inst. im. Butlerova Kazanskogo gos. univ. im. Ul'janova-Lenina; russ.) — Die Rk. von Trimethyl- (**I**) u. Triäthylphosphit (**II**) mit 3-Äthylidenpentandion-(2.4) (**III**) u. α-Äthylidenacetessigsäureäthylester (**IV**) liefert *2.2.2-Trimethoxy-4-acetyl-* (**V**), *2.2.2-Triäthoxy-4-acetyl-* (**VI**), *2.2.2-Trimethoxy-4-carbäthoxy-* (**VII**) u. *2.2.2-Triäthoxy-4-carbäthoxy-3.5-dimethyl-1-oxa-2-phosphacyclopenten-(4)* (**VIII**). Bei der Rk. von **III** u. **IV** mit Dimethyl- (**IX**) u. Diäthylphosphit (**X**) entstehen *2-Methoxy-4-acetyl-* (**XI**), *2-Methoxy-4-carbäthoxy-* (**XII**) u. *2-Äthoxy-4-carbäthoxy-2-oxo-3.5-dimethyl-1-oxa-2-phosphacyclopenten-(4)* (**XIII**). Bei der Einw. von A., Acetanhydrid oder W. auf **V**–**VIII** wird der Ring an der P–O-Bindung aufgespalten, wobei entsprechende *Phosphonsäureester* entstehen. Die Struktur der Verb. wird UV-, IR- u. NMR-analyt. bestätigt. Die UV-Absorptionsspektren von **V**, **VIII**, **XIII** u. *3-Carbäthoxypentanon-(4)-yl-(2)-phosphonsäurediäthylester* (**XIV**: steht im Gleichgew. mit der Enolform) bei 220–360 nm sowie die IR-Absorptionsspektren von **V**, **VIII**, **XI** u. **XIII** bei 600–1800 $cm^{-1}$ sind angegeben.

Versuche: 3.5-Dimethyl-1-oxa-2-phosphacyclopentene-(4): *2.2.2-Triäthoxy-4-carbäthoxy-* (**VIII**), $Kp._{0,01}$ 81–85°, $Kp._1$ 95–97°, durch tropfenweise Zugabe von 16,2 g **II** zu 15 g **IV** unter $N_2$ bei 45–50°, 10 Tage langes Stehen u. 6std. Erhitzen auf 50°; $D._0^{20}$ 1,0779–1,0769; $n_D^{20}$ 1,4625–1,4617; 50% (Ausb.). — Analog: *2.2.2-Trimethoxy-4-acetyl-* (**V**), $Kp._{0,01}$ 90–92°, aus **I** u. **III**; $D._0^{20}$ 1,1469; $n_D^{20}$ 1,4820. — *2.2.2-Triäthoxy-4-acetyl-* (**VI**), $Kp._{0,01}$ 84–89°, aus **II** u. **III**; $D._0^{20}$ 1,0749; $n_D^{20}$ 1,4730. — *2.2.2-Trimethoxy-4-carbäthoxy-* (**VII**), $Kp._{0,01}$ 90–93°, aus **I** u. **IV**; $D._4^{20}$ 1,1393; $n_D^{20}$ 1,4670. — *3-Carbäthoxypentanon-(4)-yl-(2)-phosphonsäurediäthylester* (**XIV**), $C_{12}H_{23}O_6P$, $Kp._2$ 132–134°, $Kp._1$ 122–123°, a) durch 4 Tage langes Stehen von 5,9 g **VIII** mit 1,8 ml abs. A. unter $N_2$ u. 6std. Erhitzen auf 60°; $D._4^{20}$ 1,1094; $n_D^{20}$ 1,4550; 1,1 g; b) durch 4std. Kochen von 4,6 g **VIII** mit 0,26 ml W. in 15 ml Bzl.; $D._0^{20}$ 1,1238; $n_D^{20}$ 1,4497; 2,4 g. — *3-Acetylpentanon-(4)-yl-(2)-phosphonsäurediäthylester*, $Kp._{1,5}$ 118,5°, analog durch Alkoholyse von **VI**; $D._0^{20}$ 1,1173; $n_D^{20}$ 1,4593; ca. 25%. — *3-Carbäthoxy-4-acetoxypenten-(3)-yl-(2)-phosphonsäuredimethylester*, $C_{12}H_{21}O_7P$, $Kp._{0,02}$ 90–92°, durch 4½std. Erhitzen von 3,5 g **VII** mit 1,3 g Acetanhydrid auf 70°; $D._4^{20}$ 1,1654; $n_D^{20}$ 1,4610; 1,8 g. — *3-Acetyl-4-acetoxypenten-(3)-yl-(2)-phosphonsäuredimethylester*, $C_{11}H_{19}O_6P$, $Kp._{0,02}$ 107–107,5°, aus **V** u. Acetanhydrid; $D._4^{20}$ 1,1797; $n_D^{20}$ 1,4747. — *3-Acetylpentanon-(4)-yl-(2)-phosphonsäuredimethylester* (**XV**), $C_9H_{17}O_5P$, durch Schütteln von **V** mit W. in abs. Ae. unter $N_2$; $D._4^{20}$ 1,1667; $n_D^{20}$ 1,4610. — *3-Carbäthoxypentanon-(4)-yl-(2)-phosphonsäuredimethylester* (**XVI**), $C_{10}H_{19}O_6P$, durch Hydrolyse von **VII**; $D._0^{20}$ 1,1914; $n_D^{20}$ 1,4510. *2.4-Dinitrophenylhydrazon*, $C_{16}H_{23}N_4O_9P$, F. 117,5–118° (A.). — 2-Oxo-3.5-dimethyl-1-oxa-2-phosphacyclopentene-(4): *2-Äthoxy-4-carbäthoxy-* (**XIII**), $C_{10}H_{17}O_5P$, $Kp._2$ 124°, a) durch 7std. Erhitzen von 10 g **IV** mit 8,9 g **X** im Rohr auf 120–130°; $D._4^{20}$ 1,1513; $n_D^{20}$ 1,4640; 9,5 g; b) durch 30std. Erhitzen von **XIV** im Rohr auf 120–125°; $D._0^{20}$ 1,1425; $n_D^{20}$ 1,4585. — *2-Methoxy-4-acetyl-* (**XI**), $C_8H_{13}O_4P$, $Kp._{0,02}$ 95–97°, $Kp._1$ 113–114°, a) durch Dest. von **XV**; $D._0^{20}$ 1,2067; $n_D^{20}$ 1,4860; b) durch 7std. Erhitzen von **III** mit **IX** im Rohr auf 120 bis 130°; $D._0^{20}$ 1,2058. — *2-Methoxy-4-carbäthoxy-* (**XII**), $C_9H_{15}O_5P$, $Kp._{0,02}$ 97–99°, a) durch Dest. von **XVI**; $D._0^{20}$ 1,1918; $n_D^{20}$ 1,4660; b) durch 7std. Erhitzen von **IV** mit **IX** im Rohr auf 120–130°; $D._0^{20}$ 1,1944; $n_D^{20}$ 1,4690.
Helmut Schäfer 3142△

*1376* **Umwandlung von 2.5-Diphenyl-1.3.4-oxadiazol in 3.5-Diphenyl-4-aryl-1.2.4-triazole.** Ja. A. Levin und M. S. Skorobogalova. (Chim. geterocikliceskich Soedinenij **1967**, 2, 339–41; Inst. organ. chim. AN SSSR, Kazan'; russ.) — Die Rk. von 2.5-Diphenyl-1.3.4-oxadiazol (**I**) mit aromat. Aminen liefert *3.5-Diphenyl-4-aryl-1.2.4-triazole*. Die Rk. erfordert wesentlich härtere Bedingungen als die entsprechende Rk. mit 2.5-Dimethyl-1.3.4-oxadiazol. Benzidin u. 4-Aminopyridin konnten nicht zur Rk. gebracht werden.

Versuche: 3.5-Diphenyl-1.2.4-triazole, durch mehrstd. Erhitzen von **I** mit der äquimol. Menge des aromat. Amins unter $N_2$ im Rohr: *4-Phenyl-*, $C_{20}H_{15}N_3$ F. 291–292°; 6 Std., 180–190° (Rk.-Bedingungen); 86,5% (Ausb., bezogen auf umgesetztes **I**). — *4-[o-Tolyl]-*, $C_{21}H_{17}N_3$, F. 184–185°; 7 Std., 310°; 77,5%. — *4-[m-Tolyl]-*, $C_{21}H_{17}N_3$, F. 248–249°; 7 Std., 310°; 92%. — *4-[p-Tolyl]-*, $C_{21}H_{17}N_3$, F. 291–292°; 4 Std., 270°; 67%. — *4-[o-Methoxyphenyl]-*, $C_{21}H_{17}N_3O$, F. 280–282°; 6 Std., 300°; 29%. — *4-[p-Methoxyphenyl]-*, $C_{21}H_{17}N_3O$, F. 241–242°; 4 Std., 270°; 62%. — *4-[p-Chlorphenyl]-*, $C_{20}H_{14}ClN_3$, F. 252,5–254°; 7 Std., 310°; 85%. — *4-[p-Äthoxyphenyl]-*, $C_{22}H_{19}N_3O$, F. 210–211,5°; 3 Std., 300°; 54%. — *4-[α-Naphthyl]-*, $C_{24}H_{17}N_3$, F. 235–237°; 7 Std., 310°; 74%.
E. Schmunk 3153△

*1377* **Über die Ringöffnung von 2-Imino-3-alkyl-5-aryl-1.3.4-oxdiazolinen mit Acylhydrazinen.** Heinz Gehlen und Helmut Segeletz. (Z. Chem. 7 (1967) 4, 158–59; Chem. Inst. der Pädagogischen Hochschule Potsdam; dt.) — Beim Erhitzen einer wss.-alkohol. Lsg. der Titelverb., Carbonsäurehydrazid u. HCl entstehen die *Hydrochloride der 1.5-Diacyl-2-alkyl-diaminoguanidine* $R_1$–C(O)–NH–N($R_2$)–C(NH)–NH–NH–C(O)–$R_3$) in 3–60 Min. u. 60–85% Ausbeute. — $R_1 = C_6H_5$, $R_2 = CH_3$, $R_3 = C_6H_5$, F. 183–184°; *Hydrochlorid*, F. 230–238°. — $C_6H_5$, $CH_3$, *Benzyl*, F. 171–172°; *-HCl*, F. 206–212°. — $C_6H_5$, $CH_3$, *Valeryl*, F. 159,5–160°; *-HCl*, F. 202 bis 203°. — $C_6H_5$, $CH_3$, *3.4-Dimethoxy-phenyl*, F. 180°; *-HCl*, F. 232–234°. — *3.4-Dimethoxy-phenyl*, $CH_3$, $C_6H_5$, F. 189°; *-HCl*, F. 235–242°. — Analoge Rk. von *2-Imino-3-alkyl-5-aryl-1.3.4-oxdiazolinen* mit Phenylhydrazin- u. Semicarbazidhydrochlorid erfolgt unter Bldg. von *1-Acyl-2-alkyl-5-phenyl-* bzw. *1-Acyl-2-alkyl-5-carbamoyl-diaminoguanidinen*.
W. Kohl 3163

*1378* **1.2.4-Dithiazolthione-(3) und Derivate.** J. W. Mac Donald und D. M. McKinnon. (Canad. J. Chem. **45** (1967) 11, 1225–29; Univ. of Manitoba, Winnipeg; engl.) — Die Sulfurierung von N-Aroylisothiocyanaten (**A**), -thionocarbamaten oder -dithiocarbamaten liefert *5-Aryl-1.2.4-dithiazolthione-(3)* (**B**). Die Darst. von 5-Alkylderiv. gelang nicht. Die Sulfurierung von Cinnamoylisothiocyanat (**III**) gibt *6-Phenyl-4-hydroxy-5.6-dihydro-1.3-thiazinthion-(2)*. Die **B** bilden leicht Addukte mit $CH_3J$ u. reaktiven Acetylenen (**C**), wobei in letzterem Falle *2-Thioacylimino-1.3-dithiole* entstehen.

Versuche: 5-Aryl-1.2.4-dithiazolthione-(3) [**B**; FF. aus Bzl./A. (1:1)], durch 20–120 Min. langes Kochen der betreffenden **A** mit $P_2S_5$ in $CS_2$: *5-[p-Tolyl]-*, $C_9H_7NS_3$, F. 119°, in 90 Min.; 19% (Ausb.). — *5-[o-Tolyl]-*, $C_9H_7NS_3$, F. 94–95°, in 90 Min.; 14%. — *5-[2.5-Dimethylphenyl]-*, $C_{10}H_9NS_3$, F. 93°, in 30 Min.; 11%. — *5-[p-Methoxyphenyl]-*, $C_9H_7 \cdot NOS_3$, F. 103°, in 30 Min.; 10%. — *5-[o-Chlorphenyl]-*, $C_8H_4ClNS_3$, F. 89–91°, in 2 Std.; 8%. — *5-[p-Chlorphenyl]-*, $C_8H_4ClNS_3$, F. 126°, in 2 Std.; 7%. — *5-[Furyl-(2)]-*, $C_6H_3NOS_3$, F. 164°, in 20 Min.; 23%. — *5-[Thienyl-(2)]-*, $C_6H_3NS_4$, F. 145° (Vakuumsubl.), in 20 Min.; 9%. — *5-[Naphthyl-(1)]-*, $C_{12}H_7NS_3$, F. 91° (Nitromethan), in 2 Std.; 11%. — *5-[Naphthyl-(2)]-*, $C_{12}H_7NS_3$, F. 172°, in 30 Min.; 6%. — *5-Phenyl-1.2.4-dithiazolthion-(3)* (**I**), $C_8H_5NS_3$, F. 136°, a) durch 2std. Kochen von N-Benzoyldithiocarbaminsäuremethylester u. $P_2S_5$ in Bzl.; 62%; b) analog a) aus 5 g N-Benzoylthiocarbaminsäure-O-methylester; 0,1 g; daneben *Methylbenzoat*, **II** u. S; c) analog vorst. Verb.; 15%. — *6-Phenyl-4-hydroxy-5.6-dihydro-1.3-thiazinthion-(2)*, $C_{10}H_9NOS_2$, F. 123°, durch 1½std. Kochen von **III** u. $P_2S_5$ in $CS_2$; aus A. gelbe Platten. — *Verb. vom F. 75–80°*, durch 1½std. Kochen von 2-Phenyl-1.3-thiazolindion-(4.5) mit $P_2S_5$ in Bzl.; aus A. hellgelbe Platten. — *Thiobenzamid* (**II**), durch Behandeln von 1 g **I** in sd. A. mit $NH_3$; 0,3 g. — *N-Phenyl-thiobenzamid*, durch Kochen von 1,05 g **I** u. 0,45 g Anilin in A.; 0,42 g. — 1.3-Dithiole, durch Erhitzen der **B** mit den **C** bis zur Homogenität, Verdünnen mit A. nach 5 Min., Kühlen u. Kristallisation aus Bzl.

oder Nitromethan: *2-Thiobenzoylimino-5-äthoxycarbonyl-*, $C_{13}H_{11}NO_2S_3$, F. 133°; 61%. — *2-Thiobenzoylimino-4-phenyl-5-äthoxycarbonyl-*, $C_{19}H_{15}NO_2S_3$, F. 138°; 52%. — *2-Thiobenzoylimino-4.5-dimethoxycarbonyl-*, $C_{14}H_{11}NO_4S_3$, F. 155°; 59%. — *2-[Thiothenoyl-(2)-imino]-5-äthoxycarbonyl-*, $C_{11}H_9NO_2S_4$, F. 130°; 56%. — *2-Thiobenzoylimino-4.5-benzo-*, $C_{14}H_9NS_3$, F. 171°, durch langsame Zugabe von Anthranilsäure zu **I** u. Isoamylnitrit in sd. Bzl.; aus Bzl. grüngelbe Platten; 25%. — *3-Methylmercapto-5-phenyl-1.2.4-dithiazoliumjodid*, $C_9H_8JNS_3$, Zers. > 90°, durch 16std. Stehen von **I** in $CH_3J$; dunkelviolette Nadeln. H. Miele 3183△

*1379* **Reaktion von Kupferacetyleniden mit 2-Jodpyridin.** I. L. Kotljarevskij, V. N. Andrievskij und M. S. Švarcberg. (Chim. geterocikličeskich Soedinenij **1967,** 2, 308–09; Inst. chim. kinetiki gorenija Sibirskogo otd. AN SSSR, Novosibirsk; russ.) — Durch Rk. von 2-Jodpyridin (**I**) mit Cu-Acetyleniden werden *2-Aryläthinylpyridine* dargestellt.

Versuche: Pyridine: *2-Phenyläthinyl-*, Kp.$_3$ 162–164°, durch 1std. Erhitzen von 5,0 g **I** mit 4,3 g Cu-Phenylacetylenid in 70 ml abs. Py. unter $N_2$ auf 120° u. Gießen in 100 ml konz. HCl + 200 ml Eiswasser; 85,8% (Ausb.). — Analog: *2-[p-Methoxyphenyläthinyl]-*, $C_{14}H_{11}NO$, aus **I** u. Cu-p-Methoxyphenylacetylenid; $n_D^{20}$ 1,6645; 67,8% (2 Std.). *Pikrat*, $C_{14}H_{11}NO \cdot C_6H_3N_3O_7$, F. 161–162° (50%ig. Aceton). — *2-[p-Nitrophenyläthinyl]-*, F. 155,5–156,5°, aus **I** u. Cu-p-Nitrophenylacetylenid; 52,0%. — *2-[Hexin-(1)-yl]-*, $C_{11}H_{13}N$, Kp.$_1$ 79–81°; $n_D^{20}$ 1,5397; 94,6%. *Pikrat*, $C_{11}H_{13}N \cdot C_6H_3N_3O_7$, F. 85–86° (60%ig. Methanol). — *2-[p-Diphenylyläthinyl]-*, $C_{19}H_{13}N$, F. 119,5–120,5° (PAe.), durch 1std. Erhitzen von **I** mit Cu-p-Diphenylylacetylenid in Py. auf 120° u. Reinigen über das Hydrochlorid; 54,0%. — *2-[4-(p-Diphenylyl)-butadiin-(1.3)-yl]-*, $C_{21}H_{13}N$, F. 135–136° (Bzl.–PAe.), analog aus **I** u. Cu-1-[p-Diphenylyl]-butadiin-(1.3); 7,0%. Helmut Schäfer 3231△

*1380* **Photochemie von Pyridin-1-oxiden mit 4ständiger Nitro-, Nitroso- oder Hydroxylaminogruppe.** Chikara Kaneko, Sachiko Yamada und Ichiro Yokoe. (Chem. pharmac. Bull. [Tokyo] **15** (1967) 3, 356–58; Res. Inst. of Med. Engineering, Tokyo Medico-Dental Univ., Yushima, Bunkyo-ku, Tokyo; engl.) — Während die UV-Bestrahlung von 4-Nitropyridin-1-oxid (**I**) in A. oder Isopropanol unter $N_2$ fast quant. *4-Hydroxylaminopyridin-1-oxid* (**II**) liefert, führt die Rk. unter Durchleiten von $O_2$ allein zum *Nitrat* [$C_5H_5NO_2 \cdot HNO_3$, F. 98 bis 100° (Zers.; A./Ae.); 65% (Ausb.)] von *4-Hydroxypyridin-1-oxid* [**III**, $C_5H_5NO_2$, F. 238–240° (Zers.; abs. A.), aus dem Nitrat mit 10%ig. $K_2CO_3$]. Nach der stetigen Änderung der IR-Spektren der Lsg. von **I** während der UV-Bestrahlung in Ggw. von $O_2$ bis zum Vorliegen nur eines Absorptionsmaximums bei 269 mμ entsteht **III**-Nitrat ($\lambda_{max}$ 244 u. 267 mμ) vermutlich erst durch Hydrolyse bei der Aufarbeitung, u. *4-Nitratoxypyridin-1-oxid* fällt als Vorprod. an. **II** ist in A. unter $N_2$ stabil, zerfällt jedoch in sehr verd. Lsg. ($8 \cdot 10^{-5}$ m) in Ggw. von $O_2$ bereits im Dunkeln zu *4.4'-Azoxypyridin-1.1'-dioxid* (**IV**, F. 234°), während unter gleichzeitiger UV-Bestrahlung zunächst **I** u. dann dessen Folgeprod. gebildet werden. In höherkonz. Lsg. (0,01 m) wird aus **II** auch im UV-Licht **IV** erhalten. Die UV-Bestrahlung von 4-Nitrosopyridin-1-oxid (**V**; F. 139°) gibt unabhängig von der Konz. der Lsg. u. der Ggw. von $O_2$ in langsamer Rk. **II**, womit **V** als Zwischenprod. der photochem. Rk. von **I** zu **II** ausgeschlossen wird. Verschiedene radikal. Mechanismen werden erörtert.
H.-E. Toussaint 3231

*1381* **Oxydation von 2-Äthyl-3.5-dimethylpyridin zu Dinicotinsäure.** C. R. Adams. (J. heterocyclic Chem. **4** (1967) 1, 137–38; Birlinghoven, Germany, Shell Grundlagenforschung GmbH; engl.) — *Dinicotinsäure* (**I**) entsteht in guten Ausb. bei der Ox. von 2-Äthyl-3.5-dimethylpyridin (**II**) mit überschüssiger konz. $H_2SO_4$ in Ggw. von 0,1 Val Se bei 300°. Die Ausb. an **I** sinken bei Verw. geringerer Mengen an $H_2SO_4$ ab. Beim schnellen Erhitzen von **II** u. $SeO_2$ mit konz. $H_2SO_4$ auf 375° werden neben **I** (17%) noch *Nicotinsäure* (17%) u. *5-Methylnicotinsäure* (25%) erhalten. Analog **II** liefern 3.5-Dimethyl- bzw. 4-Äthyl-3.5-dimethyl- (**III**) u. 2-Propyl-3.5-dimethylpyridin (**IV**) **I** in Ausb. von 72 bzw. 50 bzw. 84%. Die geringere Ausb. bei der Ox. von **III** führt Vf. auf die langsamere Decarboxylierung der intermediär gebildeten *Pyridintricarbonsäure-(3.4.5)* zurück. Rk. von **II** mit anderen Ox.-Syst. ($Te/H_2SO_4$; $Mo/HNO_3/H_2SO_4$; $Cu \cdot (NO_3)_2$ bzw. $Na_2Cr_2O_7$/verd. $HNO_3$ im Autoklaven Luft/Bi-Molybdat bzw. Co-Molybdat bzw. Bi-Phosphat) verringern die Ausb. an **I**.

Versuche: *Dinicotinsäure* (**I**), $C_7H_5NO_4$, F. 331 bis 333°, durch Zutropfen von **II** zu Se in 95%ig. $H_2SO_4$ bei 300°; 88% (Ausb.). — *Nicotinsäure* (**III**), durch 21std. Erhitzen von **I** in **IV** auf 256°; 65%.
G. O. Jäger 3231△

*1382* **Synthese von [1-Methylpiperidyliden-(3)]-bis-[thienyl-(2)]-methan-Citrat (Bithiodin).** A. A. Ponomarev und N. I. Martem'janova. (Chim. geterocikličeskich Soedinenij **1967,** 1, 174–75; Saratovskij gos. univ. im. Černyševskogo; russ.) — Durch Einw. von [Thienyl-(2)]-MgBr (**I**) auf 1-Methylpiperidin-3-carbonsäureäthylester wird *[1-Methylpiperidyl-(3)]-bis-[thienyl-(2)]-carbinol* dargestellt u. mittels 85%ig. HCOOH zum *[1-Methylpiperidyliden-(3)]-bis-[thienyl-(2)]-methan* dehydratisiert.

Versuche: *1-Methylpiperidin-3-carbonsäureäthylester*, Kp.$_{10}$ 82–85°, durch Zugabe von $(CH_3)_2SO_4$ zu Nicotinsäureäthylester in sd. Bzl., 1std. Kochen, Gießen in PAe., Kühlen, Abdekantieren u. Hydrierung an Raney-Ni in $CH_3OH$ bei 50–60°/100 at; $D._4^{20}$ 0,981, $n_D^{20}$ 1,4505; 85,1% (Ausb.). — *[1-Methylpiperidyl-(3)]-bis-[thienyl-(2)]-carbinol*, $C_{15}H_{19}NOS_2$, F. 137–139°, durch Zugabe vorst. Verb. zu **I** in abs. Ae. unter Kühlung, 2–3std. Erhitzen auf dem W.-Bad u. Stehen über Nacht; 75,1%. — *[1-Methylpiperidyliden-(3)]-bis-[thienyl-(2)]-methan*, $C_{15}H_{17}NS_2$, Kp.$_6$ 178–180°, durch Zugabe vorst. Verb. zu 85%ig. HCOOH u. 10 Min. langes Erhitzen; 83,7%. *Citrat*, $C_{21}H_{25}NO_7S_2$, F. 139° (Zers.; A.), durch 7–10 Min. langes Erhitzen vorst. Verb. mit Citronensäure in $CH_3OH$; 90%. H.-J. Graubaum 3231△

*1383* **Individuelle Iminoxylbiradikale mit Silicium- und Schwefel-Atombrücken.** E. G. Rozancev, G. F. Pavelko, A. L. Bučačenko und M. B. Nejman. (Izvest. Akad. Nauk SSSR, Ser. chim. **1967,** 10, 2306–10; Inst. chim. fiz. AN SSSR; russ.) — Es werden *Iminoxylobiradikale* mit S- u. Si-Brückenatomen dargestellt. Die EPR-Spektren der Verb. sind angegeben. Die Heteroatome, die die Iminoxyloradikale verbinden, beeinflussen die Hyperfeinstruktur der EPR-Spektren stark.

Versuche: *Bis-[2.2.6.6-tetramethyl-1-oxylopiperidyl-(4)-oxy]-sulfid*, $C_{18}H_{34}N_2O_4S$, F. 141° (A.–W.), durch Zugabe von 1,03 g $SCl_2$ in 20 ml abs. Bzl. zu 3,4 g 2.2.6.6-Tetramethyl-4-hydroxypiperidin-1-oxyl (**I**) u. 1,58 g Piperidin in 30 ml abs. Bzl. bei 4–5° u. 1std. Rühren bei 20°; 13,3% (Ausb.). — *Bis-[2.2.6.6-tetramethyl-1-oxylopiperidyl-(4)]-sulfit*, $C_{18}H_{34}N_2O_5S$, F. 104° (A.–W.), analog aus **I** u. $SOCl_2$; 20,5%. — *Bis-[2.2.6.6-tetramethyl-1-oxylopiperidyl-(4)]-sulfat*, $C_{18}H_{34}N_2O_6S$, F. 145° (Zers.; A.), aus **I** u. $SO_2Cl_2$; 4,5%. — *Bis-[2.2.6.6-tetramethyl-1-oxylopiperidyl-(4)-oxy]-dimethylsilan*, $C_{20}H_{40}N_2O_4Si$, F. 52–53° (Hexan), durch Zugabe von 0,74 g Dimethyldichlorsilan in 20 ml Bzl. zu 2,0 g **I** u. 2 ml $(C_2H_5)_3N$ in 30 ml Bzl. in 1 Std. u. 5std. Kochen; 29,0%. — *Bis-[2.2.6.6-tetramethyl-1-oxylopiperidyl-(4)-oxy]-diphenylsilan*, $C_{30}H_{44}N_2O_4Si$, F. 69–70°, analog aus **I** u. Diphenyldichlorsilan; 21,3%. — *Bis-[2.2.6.6-Tetramethyl-1-oxylopiperidyl-(4)-oxy]-diallylsilan*, $C_{24}H_{44}N_2O_4Si$, F. 57,5–58,0° (Hexan, –70°), durch 3std. Stehen von **I** mit Diallyldichlorsilan in Bzl. in Ggw. von Py. u. 1std. Kochen; rot; 44,2%. — *1.1-Bis-[2.2.6.6-tetramethyl-1-oxylopiperidyl-(4)-oxy]-1-silacyclobutan*, $C_{21}H_{40}N_2O_4Si$, F. 92–93°, durch 3std. Kochen von **I** mit 1.1-Dichlor-1-silacyclobutan in Bzl. in Ggw. von $(C_2H_5)_3N$; 5,0%.
Helmut Schäfer 3231△

*1384* **Reaktion von aromatischen N-Oxiden mit Indolen in Gegenwart von Acylierungsmitteln.** Masatomo Hamana und Itsumaro Kumadaki. (Chem. pharmac. Bull. [Tokyo] **15** (1967) 3, 363–66; Fac. of Pharmaceut. Sci., Kyushu Univ., Katakasu, Fukuoka; engl.) — Die Rk. von Indol (**I**) mit Chinolin-1-oxid (**II**) in Ggw. von

Benzoylchlorid (**III**) in sd. $CHCl_3$ liefert *3-[Chinolyl-(2)]-indol* (**V**, F. 190—191°; 67% Ausb.), in Ggw. von p-Toluolsulfochlorid (**IV**) 57% **V**, in sd. Acetanhydrid (10 Std.) *1-Acetyl-3-[chinolyl-(2)]-indol* (F. 194—194,5°; 10%). Aus 1-Methylindol (**VI**) u. **II** werden analog in sd. $CHCl_3$ (7 Std.) in Ggw. von **III** *1-Methyl-3-[chinolyl-(2)]-* (**VII**, F. 182—183°; 56%) u. etwas *1-Methyl-3-[chinolyl-(4)]-indol* (F. 146—147°; 10%), mit **IV** 12% **VII** u. 55% *Carbostyril* erhalten. Die Kondens. von **VI** mit 4-Chlorchinolin-1-oxid in Ggw. von **III** gibt *1-Methyl-3-[4-chlorchinolyl-(2)]-indol* (F. 157,8—158°; 54%), das über Pd/Kohle zu **VII** hydriert wird. **VI** u. 2-Chlorchinolin-1-oxid reagieren analog in Ggw. von **III** zu 1-Methyl-3-[2-chlorchinolyl-(4)]-indol (**VIII**, F. 140—140,5°; 65%); daneben fällt *1-Benzoyloxy-2-hydroxy-4-[1-methylindolyl-(3)]-1.4-dihydrochinolin* (F. 293—293,5°; 10%) an, welches durch alkohol. KOH u. dann sd. $POCl_3$ in **VIII** umgewandelt wird. *2-Phenyl-3-[chinolyl-(2)]-indol* (F. 273—274°) stellt mit 40% das Hauptprod. der Rk. von 2-Phenylindol mit **II** u. **III** in sd. $CHCl_3$ dar. Skatol reagiert unter gleichen Bedingungen nicht mit **II**. Aus **I** u. Nicotinsäureäthylester-N-oxid wird in Ggw. von **III** *2-[Indolyl-(3)]-pyridin-5-carbonsäureäthylester* (F. 169—170°; 30%) gebildet. Bei den von **I** u. **IV** ausgehenden Rk. fällt stets in geringer Menge auch *1-[p-Toluolsulfonyl]-2.3'-diindolyl* an.
H.-E. Toussaint 3231

*1385* **Synthetische Farbstoffe.** 75. Mitt. **Kondensation von Pyrrol-2-aldehyd mit Arylchinaldiniumsalzen.** G. T. Piljugin, A. P. Rud'ko und I. N. Černjuk. (Chim. geterocikličeskich Soedinenij **1967**, 5, 868—71; Černovickij gos. univ.; russ.) — Durch 1std. Kochen von 1-Arylchinaldiniumsalzen mit Pyrrol-2-aldehyd in abs. Py. u. Ausfällen mit Ae. werden nachst. 1-Aryl-2-{β-[pyrrolyl(2)]-vinyl}-chinoliniumsalze erhalten: *1-Phenyl-, Perchlorat*, $C_{21}H_{17}ClN_2O_4$, F. 204—205° (Zers.; Isobutanol); kirschrot, glänzend; 78,5% (Ausb.). — *1-[p-Tolyl]-6-methyl-, Perchlorat*, $C_{23}H_{21}ClN_2O_4$, F. 234—235° (Zers.; Isobutanol); kirschrote Nadeln; 86%. — *1-Phenyl-benzo-[f]-, Jodid*, $C_{25}H_{19}JN_2$, F. 225—227° (Zers.; Isobutanol); braun; 62,6%. — *1-[p-Tolyl]-benzo-[f]-, Jodid*, $C_{26}H_{21}JN_2$, F. 257—259° (Zers.; Isobutanol); braun; 95%. — *1-[p-Methoxyphenyl]-benzo-[f]-, Perchlorat*, $C_{26}H_{21}ClN_2O_5$, F. 258—260° (Zers.; Isobutanol oder A.), 50 Min. langes Kochen; dunkelgrüne glänzende Nadeln; 88%. — *1-[o-Chlorphenyl]-benzo-[f]-, Perchlorat*, $C_{25}H_{18}Cl_2N_2O_4$, F. > 300° (Zers.; Isobutanol, A. oder Aceton); dunkelrot, glänzend; 62,5%. — *1-[Naphthyl-(2)-(2)]-benzo-[f]-, Perchlorat*, $C_{29}H_{21}ClN_2O_4$, F. 214—217° (Zers.; Isobutanol), 2std. Kochen; braun; 82,7%. — *1-[Naphthyl-(1)]-, Perchlorat*, $C_{25}H_{19}ClN_2O_4$, F. 210—213° (Zers.; Isobutanol), 1½std. Kochen; dunkelbraun, glänzend; 95,5%. — *1-[Naphthyl-(1)]-6-methyl-, Perchlorat*, $C_{26}H_{21}ClN_2O_4$, F. 221—223° (Zers.; Isobutanol oder Aceton); braun, glänzend; 87%. — *1-[Naphthyl-(1)]-6-methoxy-, Perchlorat*, $C_{26}H_{21}ClN_2O_5$, F. 205—208° (Zers.; Isobutanol), 2std. Kochen; braun; 95%. — UV-Spektren sind angegeben. H.-J. Graubaum 3231△

*1386* **Synthese von 2-Methyldecahydroisochinolinolen-(7) aus 4-Hydroxyhexahydrohomophthalsäurediäthylester und ihre Konfigurationsanalyse.** Shoshichiro Kimoto, Masao Okamoto, Takaaki Mizumoto und Yasuhiro Fujiwara. (Chem. pharmac. Bull. [Tokyo] **15** (1967) 3, 370—72; Kyoto College of Pharmacy, Nakanchicho-Yamashina-Misasagi, Higashiyama-ku, Kyoto; engl.) — Aus dem öligen neutralen Prod. der Hochdruckhydrierung von 4-Hydroxyhomophthalsäurediäthylester (F. 70°) bei hoher Temp. wird mit $N_2H_4$ in A. ein *4-Hydroxyhexahydrohomophthalsäuredihydrazid* (**Ia**, F. 198 bis 200°) neben einem *-diäthylester* abgeschieden, der mit $N_2H_4$ in A. bei 110° im Rohr ein Isomeres (**Ib**, F. 250 bis 252°) gibt. Durch Hydrolyse von **Ia** in sd. verd. HCl erhält man ein *4-Hydroxyhexahydrohomophthalsäure-(2 → 4)-lacton* (**II**; F. 117—120°), dessen *all-cis*-Konfig. durch die Hydrogenolyse in $CH_3COOH$ in Ggw. von $HClO_4$ über $PtO_2$ zu cis-Hexahydrohomophthalsäure (F. 147°) bestätigt wird. **II** reagiert mit $CH_3NH_2$ in $CH_3OH$ (mehrere Tage) zu einem öligen *4-Hydroxyhexahydrohomophthalsäure-bis-methylamid*, das bei 160° zu einem *1:2-Gemisch* aus 2 isomeren *4-Hydroxyhexahydrohomophthalsäure-N-methylimiden* (**IIIa**, F. 115°; **IIIb**, F. 129°) cyclisiert wird. **IIIa** gibt durch Red. mit $LiAlH_4$ ein *cis-2-Methyl-7-hydroxydecahydroisochinolin* (*cis*-**IVa**; *Methojodid*, F. 266°. *Pikrat*, F. 154—156°), **IIIb** analog ein bisher unbekanntes *trans*-**IVa** (*Methojodid*, F. 251 bis 252°. *Pikrat*, F. 189—191°). Bei der Bldg. von **IIIb** tritt die Inversion am $C_{(2)}$ vermutlich während des Ringschlusses ein; **IIIa** geht durch Erhitzen mit $NaOC_2H_5$ in A., Ansäuern u. Erhitzen mit Acetanhydrid in **IIIb**-*Acetat* (F. 114—116°) über. Nach den KMR-Spektren, den Geschw.-Konst. der $CrO_3$-Ox. u. nach stereochem. Überlegungen weisen cis-**IVa** eine α-äquatoriale, das früher beschriebene cis-**IVb** eine β-äquatoriale, trans-**IVa** eine axiale u. das ebenfalls früher beschriebene trans-**IVb** eine äquatoriale OH-Gruppe am $C_{(7)}$ auf.
H.-E. Toussaint 3231

*1387* **Heterocyclische Chinone. 1-Aza-anthrachinone und 4-Aza-phenanthrenchinone.** Kenneth H. Dudley und Robert L. McKee. (J. org. Chemistry **32** (1967) 10, 3210—11; Univ. of N.C., Chapel Hill, N.C.; engl.) — Durch katalyt. Hydrierung von 2-Amino-naphthochinon (1.4) (**I**) bzw. 4-Amino-naphthochinon-(1.2) (**II**) zu den Hydrochinonen, Umsetzung mit Äthoxymethylenmalonsäurediäthylester (**III**) u. Ox. der Chinhydrone mit Fe(III)-Salz werden *N-[Naphthochinon-(1.4)-yl-(2)]*- bzw. *N-[Naphthochinon-(1.2)-yl-(4)]-aminomethylenmalonsäurediäthylester* dargestellt, die in sd. Dowtherm A (DT) zu *3-Äthoxycarbonyl-1.4.5.10-tetrahydrobenzo-[g]-chinolintrion-(4.5.10)* bzw. *3-Äthoxycarbonyl-1.4.5.6-tetrahydrobenzo-[h]-chinolintrion-(4.5.6)* cyclisiert werden.

Versuche: Aminomethylenmalonsäurediäthylester: *N-[Naphthochinon-(1.4)-yl-(2)]-*, $C_{18}H_{17} \cdot NO_6$, F. 151,5—152,5° (nach Schmelzen u. Wiederverfestigen bei 142°), durch Hydrieren von **I** in abs. A./Essigsäure an 10%ig. Pd/Kohle bei Normaldruck, schnelles Filtrieren in **III**, 2,5—3std. Kochen, Eindampfen < 50°/2—5 Torr, 15—20 Min. langes Digerieren mit heißem Bzl., Waschen mit PAe. u. 3—5 Min. langes Schütteln des rohen *Chinhydrons* in A./Chlf. mit $FeCl_3 \cdot 6\,H_2O$ in stark verd. HCl; orangefarbene Nadeln; 50% (Ausb.). — *N-[Naphthochinon-(1.2)-yl-(4)]-*, $C_{18}H_{17}NO_6$, F. 176 bis 189° (Zers.), analog vorst. Verb. aus **II** u. **III**; aus viel abs. A. metall. glänzende, orangefarbene Plättchen; 49%. — *3-Äthoxycarbonyl-1.4.5.10-tetrahydrobenzo-[g]-chinolintrion-(4.5.10)*, $C_{16}H_{11}NO_5$, F. 226—228,5°, durch ¾std. Kochen vorvorst. Verb. in DT; aus Toluol gelbe Nadeln; aus abs. A. gelbe Prismen; 50%. — *3-Äthoxycarbonyl-1.4.5.6-tetrahydrobenzo-[h]-chinolintrion-(4.5.6)*, $C_{16}H_{11}NO_5$, F. 183—186°, Wiederverfestigung u. erneuter F. 233—235°, durch ¾std. Kochen von 3 g vorvorst. Verb. in DT; aus Toluol metall. glänzende goldene Platten; 1,3 g. *Chinoxalinderiv.*, $C_{22}H_{15}N_3O_3$, F. 178 bis 179,5°, durch Zugabe von o-Phenylendiamin in Essigsäure; aus abs. A. kanariengelbe Mikronadeln.
H. Micle 3231△

*1388* **Neue Synthesewege. Benz-[h]-indolo-[2.3:a]-chinolizin-Ringsystem.** I. W. Elliott und Yvonne G. Bryant. (J. heterocyclic Chem. **4** (1967) 1, 127—29; Nashville, Tenn., Fisk Univ., Dep. of Chem.; engl.) — *5.6.8.9.14.14b-Hexahydrobenz-[h]-indolo-[2.3:a]-chinolizin* (**I**) entsteht bei der oxydativen Cyclisierung von 2-{2-[Indolyl-(2)]-äthyl}-1.2.3.4-tetrahydroisochinolin (**II**) u. nachfolgender $NaBH_4$-Red., sowie bei der Rk. von Tryptophylbromid (**III**) mit 3.4-Dihydroisochinolin (**IV**). Vers. zur Synth. von **I** durch Cyclisierung von 1-Phenyl-2-[2-hydroxyäthyl]-1.2.3.4-tetrahydro-β-carbolin in Ggw. von $H_2SO_4$ bzw. Polyphosphorsäure führen nur zur Bldg. von Polymeren. Die Konstit. von **I** ist durch das UV-Spektrum sowie durch ein unabhängige Synth. aus **III** u. 1-Chlorisochinolin (**V**) u. nachfolgender $NaBH_4$-Red. des gebildeten *8.9-Dihydrobenz-[h]-indolo-[2.3:a]-chinoliziniumbromids* (**VI**) gesichert.

Versuche: *2-{2-[Indolyl-(3)]-äthyl}-1.2.3.4-tetrahydroisochinolin* (**II**), nach Huffmann [1958] in THF; 42% (Ausb.). — *8.9-Dihydrobenz-[h]-indolo-[2.3:a]-chinoliziniumbromid* (**VI**), F. 312—315° (Zers.), durch Erhitzen von **III** mit **V**. — *5.6.8.9.14.14b-Hexahydrobenz-[h]-indolo-[2.3:a]-chinolizin* (**I**), $C_{19}H_{18}N_2$, F. 166—167°, a) durch 5std. Kochen von 2,4 g **II** mit Hg(II)-Acetat in

5%ig. $CH_3COOH$, Stehenlassen über Nacht mit $NaBH_4$ u. 25std. Trocknen des *Äthanol-Solvates* ($C_{19}H_{18}N_2 \cdot C_2H_6O$, F. 125—127° (wss. A.); 0,47 g] über $P_2O_5$ im Vakuum. *Hydrat*, $C_{19}H_{18}N_2 \cdot H_2O$, F. 95—98°. *Methojodid*, F. 263—264°; b) durch $^1/_2$std. Erhitzen von **III** mit 0,65 g **IV** auf 100°; 0,3 g; c) durch Stehenlassen von **III** mit 0,65 g **IV** in $CH_3OH$ u. Rk. des *Hydrobromides* ($C_{19}H_{19}BrN_2$, F. 246—247°; 0,3 g) mit verd. NaOH; d) durch Zugeben von $NaBH_4$ zu 0,4 g **VI** in wss. $CH_3OH$; 0,1 g. — *1-Phenyl-2-[2-hydroxyäthyl]-1.2.3.4-tetrahydro-β-carbolin*, $C_{19}H_{20}N_2O$, F. 138—139° (wss. $CH_3OH$), durch 24std. Erhitzen von 0,7 g 1-Phenyl-β-carbolin mit 2-Chloräthanol auf dem Dampfbad, Verdünnen mit Ae., Lösen des *1-Phenyl-2-[2-hydroxyäthyl]-β-carboliniumchlorides* [(?), F. 268—269°; 0,5 g]. wss. $CH_3OH$ u. Zugabe von $NaBH_4$; 0,3 g. G. O. Jäger 3231△

*1389* **Synthese und Reaktionen von 1.2.3.5.6.10b-Hexahydroimidazolo-[5.1 : a]-isochinolinthion-(3).** Lawrence E. Katz und Frank D. Popp. (J. heterocyclic Chem. 4 (1967) 4, 635—37; Dep. of Chem., Clarkson Coll. of Technol., Potsdam, N.Y.; engl.) — 1-Cyan-2-benzolsulfonyl-1.2-dihydroisochinolin (**I**) gibt mit heißer 50%ig. NaOH *1-Carbamoylisochinolin* (**II**). Das Hydrobromid von **II** wird zu *1-Carbamoyl-1.2.3.4-tetrahydroisochinolin* hydriert, das von $LiAlH_4$ zu *1-Aminomethyl-1.2.3.4-tetrahydroisochinolin* (**III**) red. wird. Aus **III** u. $CS_2$ entsteht *1.2.3.4-Tetrahydroisochinolinyl-(1)-methyldithiocarbaminsäure*, die beim Erhitzen über den Schmelzpunkt oder mit Säure zu *1.2.3.5.6.10b-Hexahydroimidazo-[5.1:a]-isochinolinthion-(3)* (**IV**) cyclisiert wird. Mit Chloressigsäure (**XI**) bzw. $CH_3J$ gibt **IV** *1.5.6.10b-Tetrahydro-2H-3-carboxymethylmercaptoimidazo-[5.1:a]-isochinoliniumchlorid* (**V**) bzw. *1.5.6.10b-Tetrahydro-2H-3-methylmercaptoimidazo-[5.1:a]-isochinoliniumjodid*. **V** wird von $NH_4OH$ zu *1.2.3.5.6.10b-Hexahydroimidazo-[5.1:a]-isochinolinon-(3)* (**X**) hydrolysiert, das auch aus **III** u. $COCl_2$ erhalten wird. **IV** gibt mit $KJ/J_2$ *Bis-[1.5.6.10b-tetrahydroimidazo-[5.1:a]-isochinolinyl-(3)]-disulfiddiperjodid* (**VI**), das in wss. Aceton wieder zu **IV** hydrolysiert wird. Bei längerem Kochen von **VI** in wss. Aceton entsteht *3-Isopropylmercapto-2H-imidazo-[5.1:a]-isochinoliniumjodid*, das auch aus **IV** u. Isopropyljodid (**VII**) erhalten wird. 1-Cyan-2-äthoxycarbonyl-1.2-dihydroisochinolin (**VIII**) bildet beim Hydrieren in Eisessig *1-Äthoxycarbonylaminomethyl-2-äthoxycarbonyl-1.2.3.4-tetrahydroisochinolin* (**IX**), das mit heißer 50%ig. NaOH **X** gibt.

Versuche (F. korr.): *1-Carbamoylisochinolin* (**II**), F. 168—170°, aus **I** u. heißer 50%ig. NaOH; 95% (Ausb.). — *1-Carbamoyl-1.2.3.4-tetrahydroisochinolin*, F. 180 bis 183°, aus **II** u. HBr-Gas in Bzl. (→ 97% *Hydrobromid*), Hydrieren in 70%ig. A. an $PtO_2$ bei 3 at $H_2$ u. Rk. mit $NH_4OH$; 78%. *Hydrochlorid*, $C_{10}H_{13}ClN_2O$, F. 285 bis 286° (A.). — *1-Aminomethyl-1.2.3.4-tetrahydroisochinolin* (**III**), aus vorst. Verb. u. $LiAlH_4$ in sd. THF; 30%. *Hydrochlorid*, F. 176—182°. *Hydrochloriddihydrat*, F. 281°. — *1.2.3.4-Tetrahydroisochinolyl-(1)-methyldithiocarbaminsäure*, $C_{11}H_{14}N_2S_2$, F. 130—132° bis 147—150° (Zers.), a) aus **III**-Hydrochloriddihydrat, $CS_2$ u. $NH_4OH$ in sd. 50%ig. A.; 48%; b) aus vorvorst. Verb. u. $CS_2$ in $C_2H_5OH$. — *1.2.3.5.6.10b-Hexahydroimidazo-[5.1:a]-isochinolinthion-(3)* (**IV**), $C_{11}H_{12}N_2S$, F. 155—156° (Bzl), a) aus **III** u. $CS_2$ in sd. 55%ig. A. u. Rk. mit HCl in sd. 55%ig. A.; 72%; b) durch Erhitzen von vorst. Verb. über den Schmelzpunkt; c) aus **VI** u. sd. wss. Aceton; 47%. — *1.5.6.10b-Tetrahydro-2H-3-carboxymethylmercaptoimidazo-[5.1:a]-isochinoliniumchlorid* (**V**), $C_{13}H_{15}ClN_2O_2S$, F. 242—246° (A.), aus **IV** u. **XI** in heißem W.; 99%. — *1.2.3.5.6.10b-Hexahydroimidazo-[5.1:a]-isochinolinon-(3)* (**X**), F. 146—147°, a) aus **V** u. heißem verd. $NH_4OH$; 95%; b) aus **III** u. $COCl_2$ in Ae.; c) aus **IX** u. heißer 50%ig. NaOH; 81%. — *1.5.6.10b-Tetrahydro-2H-3-methylmercaptoimidazo-[5.1:a]-isochinoliniumjodid*, $C_{12}H_{15}JN_2S$, F. 193—196° (A.), aus **IV** u. sd. $CH_3J$. — *Bis-[1.5.6.10b-tetrahydroimidazo-[5.1:a]-isochinolinyl-(3)]-disulfiddiperjodid* (**VI**), $C_{22}H_{24}J_4N_4S_2$, F. 157—160° (Aceton), aus **IV** u. $KJ/J_2$ in wss. Aceton; 78%. — *3-Isopropylmercapto-2H-imidazo-[5.1:a]-isochinoliniumjodid*, $C_{14}H_{15}JN_2S$, F. 242—244° (A.), a) aus 0,07 g **VI** u. sd. wss. Aceton in 18 Std.; 0,023 g; b) aus **IV** u. sd. **VII**. — *1-Äthoxycarbonylaminomethyl-2-äthoxycarbonyl-1.2.3.4-tetrahydroisochinolin* (**IX**), F. 95—97° (Bzl./Hexan), durch Hydrieren von **VIII** in Eisessig an $PtO_2$ bei 4 at $H_2$; 47%. Hans Köhne/Berlin 3231△

*1390* **Transanulare Cyclisierungsreaktionen bei ringförmigen Aminoalkoholen mittlerer Größe.** Anthony J. Sisti und Sonald L. Lohner. (J. org. Chemistry 32 (1967) 6, 2026—29; Dep. of Chem., Adelphi Univ., Garden City, N.Y.; engl.) — N-Methyl-1-azacyclodecanol-(6) (**I**) bildet mit HJ bzw. Pikrinsäure in abs. A. ein *Jodid* (**II**) bzw. ein *Pikrat* (**III**). **II** bzw. **III** gehen in sd. A. in *N-Methyl-1-azoniabicyclo-[4.4.0]-decanjodid* (**IV**) bzw. *-pikrat* über. **IV** wird zum Strukturbeweis auch aus Chinolizidin u. $CH_3J$ dargestellt. Aus **IV** u. $HClO_4$ entsteht *N-Methyl-1-azoniabicyclo-[4.4.0]-decanperchlorat*, das auch aus **II** u. $HClO_4$ in sd. abs. A. erhalten wird. Analog werden aus N-Cyclohexyl-1-azacyclooctanol-(5) (**V**) bzw. N-Methyl-1-azacyclononanol-(5) (**VI**) *N-Cyclohexyl-1-azoniabicyclo-[3.3.0]-octanjodid, -pikrat* u. *-perchlorat* bzw. *N-Methyl-1-azoniabicyclo-[4.3.0]-nonanjodid* (**VII**), *-pikrat* bzw. *-perchlorat* dargestellt. Die Struktur von **VII** wird durch Darst. aus Indolizidin u. $CH_3J$ bewiesen. N-Methyl-1-azacyclododecanol-(5) gibt mit Säuren in heißem A. nur *Dehydratisierungsprodukte*.

Versuche: *N-Cyclohexyl-1-azacyclooctanol-(5)* (**V**), $Kp._{0,5}$ 115°, aus N-Cyclohexyl-1-azacyclooctanon-(5) u. $LiAlH_4$ in THF; 96% (Ausb.). *Jodid*, $C_{13}H_{26}JNO$, F. 280° (Zers.; A./Ae.), aus **V** u. 57%ig. HJ in abs. A. bei 0°; ca. 100%. *Pikrat*, $C_{19}H_{28}N_4O_8$, F. 116—117° (A./Ae.), aus **V** u. Pikrinsäure in abs. A. bei Raumtemp.; 90%. *Perchlorat*, $C_{13}H_{26}ClNO_5$, F. 140° (A./Ae.), aus **V** u. 70%ig. $HClO_4$ in abs. Ae./abs. A. bei 0°; 71%. — *N-Cyclohexyl-1-azoniabicyclo-[3.3.0]-octan, Jodid*, $C_{13}H_{24}JN$, F. 292 bis 295° (Zers.; A.), aus **V** u. 57% HJ in sd. abs. A.; 82%. *Pikrat*, $C_{19}H_{26}N_4O_7$, F. 78° (A.), aus **V** u. Pikrinsäure in sd. abs. A.; 93%. *Perchlorat*, $C_{13}H_{24}ClNO_4$, F. 242—243° (A.), aus **V** u. 70%ig. $HClO_4$ in sd. abs. A.; 87%. — *1-Azabicyclo-[4.3.0]-nonan (Indolizidin)*, Kp. 160°, nach Reinecke u. Kray (J. org. Chemistry 29 (1964) 1736]. — *N-Methyl-1-azacyclononanol-(5)* (**VI**), $Kp._{0,05}$ 50°, aus N-Methyl-1-azacyclononanon-(5) u. $LiAlH_4$ in THF; 98%. *Jodid*, $C_9H_{20}JNO$, F. 145° (A./Ae.), aus **VI** u. 57%ig. HJ in abs. A. bei 0°; 80%. *Pikrat*, $C_{15}H_{22}N_4O_8$, F. 150° (Aceton/Ae.), aus **VI** u. Pikrinsäure in abs. A. bei Raumtemp.; 90%. — *N-Methyl-1-azoniabicyclo-[4.3.0]-nonan, Jodid* (**VII**), F. 328° (A./Ae.), aus **VI** u. 57%ig. HJ in sd. abs. A.; 82%. *Pikrat*, $C_{15}H_{20}N_4O_7$, F. 318° (Zers.), aus **VI** u. Pikrinsäure in sd. abs. A.; 89%. *Perchlorat*, $C_9H_{18}ClNO_4$, F. 308—309° (A.), a) aus **VI** u. 70%ig. $HClO_4$ in sd. abs. A.; 90%; b) aus **VII** u. 70%ig. $HClO_4$ in abs. A. bei Raumtemp.; 80%. — *1-Aza-6-benzylbicyclo-[4.4.0]-decan*, nach Reinecke et al. [Tetrahedron Letters [London] 40 (1965) 3549]; 89%. *Pikrat*, $C_{22}H_{26}N_4O_7$, F. 201—202° (A.). *Methojodid*, $C_{17}H_{26}JN$, F. 261° (Zers.; A.), aus der Base u. $CH_3J$ in sd. abs. $CH_3OH$; 92%. — *N-Methyl-1-aza-6-benzylidencyclodecan*, $Kp._{0,2}$ 122°, aus vorst. Methojodid u. $NaOC_2H_5$ in sd. abs. A.; 91%. *Pikrat*, $C_{23}H_{28}N_4O_7$, F. 168—169° (A.). — *N-Methyl-1-azacyclodecanol-(6)* (**I**), $Kp._{0,15}$ 74°, aus N-Methyl-1-azacyclodecanon-(6) u. $LiAlH_4$ in TNF; 90%. *Jodid* (**II**), $C_{10}H_{22}JNO$, F. 128—129° (A./Ae.), aus **I** u. 57%ig. HJ in abs. A. bei 0°; 80%. *Pikrat* (**III**), $C_{16}H_{24}N_4O_8$, F. ca. 150° (A./Ae.), aus **II** u. Pikrinsäure in abs. A.; 88%. — *N-Methyl-1-azoniabicyclo-[4.4.0]-decan, Jodid* (**IV**), F. 339° (A.), aus **II** u. 57%ig. HJ in sd. abs. A.; 89%. *Pikrat*, $C_{16}H_{22}N_4O_7$, F. 239° (Zers.; A.), aus **II** u. Pikrinsäure in sd. abs. A.; 91%. *Perchlorat*, $C_{10}H_{20}ClNO_4$, F. 284—285° (A.), a) aus **II** u. 70%ig. $HClO_4$ in sd. abs. A.; 89%; b) aus **IV** u. 70%ig. $HClO_4$ in abs. A. bei Raumtemp.; 89%. Hans Köhne/Berlin 3231△

*1391* **Benzomorphane. Optisch aktive Verbindungen und trans-Isomere.** B. F. Tullar, L. S. Harris, R. L. Perry, Anne K. Pierson, A. E. Soria, W. F. Wetterau und N. F. Albertson. (J. med. Chem. 10 (1967) 3, 383—86; Sterling-Winthrop Res. Inst., Rensselaer, N.Y.; engl.) — Die Trennung von (±)-cis- (**II**) bzw. (±)-trans-2′-Hydroxy-5.9-dimethyl-6.7-benzomorphan (**I**) sowie von (±)-cis- bzw. (±)-trans-5-Äthyl-2′-hydroxy-9-methyl-6.7-benzomorphan durch Kristallisation mit (+)- bzw. (−)-Weinsäure bzw.

Chininsäure in die opt.-akt. Isomeren wird beschrieben. Verschiedene *rac. N-alkylierte trans-Benzomorphane* sowie deren *Salze* u. die opt.-akt. *2-[3.3-Dimethylallyl]-5.9-dimethyl-*, *2-[3.3-Dimethylallyl]-5-äthyl-9-methyl-* sowie *2-Cyclopropylmethyl-5.9-dimethyl-2'-hydroxy-6.7-benzomorphane* u. deren *Hydrochloride* werden auf ihre narkot., antagonist. u. analget. Wrkg. getestet; die biolog. Aktivitäten werden diskutiert.

Versuche: 2'-Hydroxy-5.9-dimethyl-6.7-benzomorphane: (−)-*cis-Unsubstituiert*, $C_{14}H_{19}NO$, F. 260−262° (A.), durch Zugabe von $NH_4OH$ zum nachst. Tartrat in 50%ig. wss. A.; $[\alpha]_D^{25}$ −69,3° (c = 1; Methanol); 7,6 g (Ausb.). (+)-*Tartrat*, F. 305−308°, aus 21,7 g **II** u. (+)-Weinsäure in W.; 13,3 g. — (+)-*cis-Unsubstituiert*, F. 260−262° (A.); $[\alpha]_D^{25}$ +70,1° (c = 1; A.); 4,5 g. —(−)-*Tartrat*, F. 305−308°, durch Zugabe von $NH_4OH$ zur Mutterlsg. vorst. Verb., Lösen des Nd. in W. u. Zufügen von (−)-Weinsäure; 8,4 g. — (−)-*trans-Unsubstituiert*, $C_{14}H_{19}NO$, F. 202−204° (abs. A.), aus 21,7 g **I** u. Chininsäure in A.; $[\alpha]_D^{25}$ −54,2° (c = 1; A.); 7,5 g. — (+)-*trans-Unsubstituiert*, F. 202−204°, aus dem Hydrobromid; $[\alpha]_D^{25}$ +54,7° (c = 1; A.); 4,5 g. (+)-*Hydrobromid*, F. > 325° (W.; abs. A.), durch Einengen der Mutterlauge vorst. Verb. im Vakuum, Lösen des Rückstandes in W., Zugabe von $NH_4OH$, Stehen bei 5°, Isolieren des Nd., Lösen in einer Lsg. von HBr in abs. A. u. Stehen bei 5°; 7,0 g. — (±)-*trans-O.N-Bis-[cyclopropylcarbonyl]-*, $C_{22}H_{27}NO_3$, F. 105−110° (Hexan), aus I u. Cyclopropylcarbonylchlorid in Py.; 85%. — (±)-*trans-2-Cyclopropylcarbonyl-* (**III**), $C_{18}H_{23}NO_2$, F.163 bis 165,5° (Isopropanol; Ae.), aus 8,7 g **I** über vorst. Verb. u. 5std. Kochen mit N.N-Diäthylaminoäthylamin in Butanol; 9,2 g. — (±)-*trans-2-Cyclopropylmethyl-*, *Äthansulfonat*, F. 233−235° (A.), durch $LiAlH_4$-Red. von 5,8 g vorvorst. Verb. in THF u. Behandeln des Rückstands mit Äthansulfonsäure in Ae.; 3,4 g. *Hydrochlorid*, F. 262 bis 264°. — (+)-*trans-2-Cyclopropylmethyl-*, *Hydrochlorid*, F. > 300° (Zers.); $[\alpha]_D^{25}$ +110,0° (c = 1; A.). — (−)-*trans-2-Cyclopropylmethyl-*, *Hydrochlorid*, F. > 300° (Zers.); $[\alpha]_D^{25}$ −109,6° (c = 0,5; A.). — (+)-*cis-2-Cyclopropylmethyl-*, F. 195,0−196,4°; $[\alpha]_D^{25}$ +118,2° (c = 1; A.). — (−)-*cis-2-Cyclopropylmethyl-*, F. 195,0−196,8°; $[\alpha]_D^{25}$ −117,2° (c = 1; A.). — (±)-*trans-O.N-Bis-(cyclobutylcarbonyl]-*, $C_{24}H_{31}NO_3$. F. 166−169°; 91,5%. — (±)-*trans-2-Cyclobutylmethyl-*, *Hydrochlorid*, F. 272,6−274,8° (Isopropanol; Zers.), durch $LiAlH_4$-Red. vorst. Verb. in THF. — (±)-*trans-2-[3.3-Dimethylallyl]-* (**IV**), F. 96 bis 130°, aus 3,7 g **I** u. 3.3-Dimethylallylbromid in DMF in Ggw. von $NaHCO_3$; 11,8 g. *Hydrobromid*, F. 240,4−241,0° (A.; Zers.). — (+)-*trans-2-[3.3-Dimethylallyl]-*, *Hydrochlorid*, F. 254,5−255°; $[\alpha]_D^{25}$ +115,4° (c = 1,2; Essigsäure). — (−)-*trans-2-[3.3-Dimethylallyl]-*, *Hydrochlorid*, F. 254,0−256,0°; $[\alpha]_D^{25}$ −116,3° (c = 1,2; Essigsäure). — (+)-*cis-2-[3.3-Dimethylallyl]-*, F. 180,4−182°; $[\alpha]_D^{25}$ +135,5° (c = 1; $CHCl_3$). — (−)-*cis-2-[3.3-Dimethylallyl]-*, F. 180,6−182,2°; $[\alpha]_D^{25}$ −138,0° (c = 1; $CHCl_3$). — (±)-*cis-2-[Butadien-(2.3)-yl]-*, F. 152−156° (Äthylacetat/Hexan), durch 4std. Kochen von 5,4 g **II** u. 4-Brombutadien-(1.2) in DMF in Ggw. von $NaHCO_3$; 3,4 g. — (±)-*trans-2-[Butadien-(2.3)-yl]-*, F. 110−113°. — (±)-*trans-2-Cyclopropylmethyl-2'-methoxy-5.9-dimethyl-6.7-benzomorphan. Hydrochlorid*, F. 242−243° (Isopropanol), durch 24std. Stehen von **III** u. $CH_3J$ in Aceton u. KOH in W., $LiAlH_4$-Red. des Rückstands in THF u. Überführen in das Hydrochlorid; 60%. — 5-Äthyl-2'-hydroxy-9-methyl-6.7-benzomorphane: (−)-*cis-Unsubstituiert*, $C_{15}H_{21}NO$, F. 250−252° (abs. A.), aus nachst. Deriv. mit $NH_4OH$; $[\alpha]_D^{25}$ −44,1° (c = 1,2%; Essigsäure); 50 g. *Chininsäuresalz*, F. 247−248°, aus 164 g Racemat u. Chininsäure in A.; 115 g. (−)-*Hydrobromid*, F. 287−289° (Isopropanol). — (+)-*cis-Unsubstituiert*, $C_{15}H_{21}NO$, F. 247−249°, durch Einengen der Mutterlauge vorst. Verb. u. Zugabe von $NH_4OH$; $[\alpha]_D^{25}$ +44,1° (c = 1,2; Essigsäure); 83 g. (+)-*Hydrobromid*, F. 287−289° (Isopropanol), durch Eindampfen einer Lsg. von 25 g Rohbase u. 62%ig. HBr in Isopropanol; 23 g. (−)-*trans-Form*, $C_{15}H_{21}NO$, F. 231−232° (A.), durch Lösen von 10 g nachst. Deriv. in 50%ig. A. u. Fällen mit $NH_4OH$; $[\alpha]_D^{25}$ −30,1° (c = 1,2%; Essigsäure); 6,6 g. (+)-*Tartrat*, F. 293−295° (W.), durch Lösen von 23,1 g Racemat u. (+)-Weinsäure in W. bei 70° u. Abkühlen unter Rühren in 3 Std.; 10,4 g. (+)-*trans-Form*, F. 231 bis 232° (A.), aus dem Deriv.; 6,6 g. (−)-*Tartrat*, F. 292 bis 294°, aus der Mutterlauge vorst. Verb. mit $NH_4OH$ u. Krist. mit (−)-Weinsäure aus W.; 12,5 g. (±)-*trans-O.N-Bis-[cyclopropylcarbonyl]-deriv.*, $C_{23}H_{29}NO_3$, F. 135 bis 137°; 100%. — (±)-*trans-2-Cyclopropylmethyl-*, durch $LiAlH_4$-Red. vorst. Verb. in THF. *Hydrochlorid*, F. 271 bis 273° (Isopropanol). — (±)-*trans-2-[3.3-Dimethylallyl]-*, $C_{20}H_{29}NO$, F. 131−132° (Ae./Hexan), analog **IV** u. Isolierung über das Hydrochlorid; 82%. *Hydrochlorid*, F. 230−232° (W.; Zers.). — (+)-*trans-2-[3.3-Dimethylallyl]-*, *Hydrochlorid*, F. 237,0−238,0°; $[\alpha]_D^{25}$ +90,7° (c = 1,2; Essigsäure). — (+)-*cis-2-[3.3-Dimethylallyl]-*, *Hydrochlorid*, F. 218,8−221,0°; $[\alpha]_D^{25}$ +90,7° (c = 1,2; Essigsäure). — (−)-*cis-2-[3.3-Dimethylallyl]-*, *Hydrochlorid*, F. 219,0−220,0°; $[\alpha]_D^{25}$−91,7° (c=1,2%; Essigsäure). K. Stühmer 3231

*1392* **Bororganische Verbindungen. 172. Mitt. Allylboran–Acetylen-Kondensation unter Bildung von Verbindungen der 3-Borabicyclononan-[3.3.1]-Reihe.** B. M. Michajlov, Ju. N. Bubnov und S. I. Frolov. (Izvest. Akad. Nauk SSSR, Ser. chim. **1967**, 10, 2290−97; Inst. org. chim. im. Zelinskogo AN SSSR; russ.) — Triallylboran (**I**) reagiert mit Acetylen-Verb. bei 100−130° unter Bldg. von *3-Borabicyclo-[3.3.1]-nonen-(6)-Deriv.*, die zu *3-Borabicyclo-[3.3.1]-nonanderiv.* hydriert werden. Die Verb. werden durch Acidolyse in *Cyclohexen-* u. *Cyclohexan-Deriv.* übergeführt.

Versuche: 3-Borabicyclo-[3.3.1]-nonene-(6): *3-Allyl-* (**II**), $C_{11}H_{17}B$, Kp.$_7$ 75−76°, Kp.$_2$ 42−45°, durch Einleiten von $C_2H_2$ in **I** bei 130°; $D._4^{20}$ 0,9157; $n_D^{20}$ 1,4990; 73% (Ausb.); daneben $C_3H_6$. — *3-Methoxy-* (**III**), $C_9H_{15}BO$, Kp.$_8$ 73−74°, durch langsame Zugabe von $CH_3OH$ zu **II** u. 10 Min. langes Kochen; $D._4^{20}$ 0,9626; $n_D^{20}$ 1,4878; 91,6%. — *3-Allyl-6.7-dideutero-*, $C_{11}H_{15}D_2B$, Kp.$_{10}$ 82−83°, aus **I** u. $C_2D_2$; $D._4^{20}$ 0,906; $n_D^{20}$ 1,4964; 96,4%. — *3-Methoxy-6.7-dideutero-*, $C_9H_{13}\cdot D_2BO$, Kp.$_{10}$ 69−71°, aus vorst. Verb. u. $CH_3OH$; $D._4^{20}$ 0,975; $n_D^{20}$ 1,4861; 95,5%. — *3-Allyl-7-methyl-* (**IV**), $C_{12}H_{19}B$, Kp.$_{10}$ 88−89°, durch 4½std. Schütteln von **I** mit Propin bei 132°; $D._4^{20}$ 0,8814; $n_D^{20}$ 1,4930; 83,5%. — *3-Methoxy-7-methyl-* (**V**), $C_{10}H_{17}BO$, Kp.$_2$ 41−42°, aus **IV** u. $CH_3OH$; $D._4^{20}$ 0,9430; $n_D^{20}$ 1,4846; 86%; daneben $C_3H_6$. — *3-n-Propyl-7-methyl-*, $C_{12}H_{21}B$, Kp.$_3$ 71−71,5°, durch Hydrierung von **IV** an Pt-Schwarz in Octan; $D._4^{20}$ 0,8703; $n_D^{20}$ 1,4814; 90%. — 3-Borabicyclo-[3.3.1]-nonane: *3-n-Propyl-* (**VI**), $C_{11}H_{21}B$, Kp.$_{7,5}$ 80−80,5°, durch 12std. Hydrierung von **II** an $PtO_2$ in Hexan; $D._4^{20}$ 0,868; $n_D^{20}$ 1,4782; 75%. — *3-Methoxy-* (**VII**), $C_9H_{17}BO$, Kp.$_7$ 65−67°, durch 5std. Hydrierung von **III** an Pt; $D._4^{20}$ 0,9458; $n_D^{20}$ 1,4758; 86,4%. — *3-Methoxy-7-methyl-* (**VIII**), $C_{10}H_{19}BO$, Kp.$_2$ 47−47,5°, durch Hydrierung von **V** an Raney-Ni in n-Hexan bei 73°/54 at; $D._4^{20}$ 0,938; $n_D^{20}$ 1,4768; 89%. — Cyclohexene-(1): *cis-3.5-Dimethyl-*, $C_8H_{14}$, Kp.$_{763}$ 121−121,3°, durch 1std. Erhitzen von **III** mit Caprinsäure auf 200−210° unter Abdest. des Rk.-Prod.; $D._4^{20}$ 0,7896; $n_D^{20}$ 1,4381; 86,5% (7std. Kochen der Verb. mit Pd-Schwarz in THF gibt ca. 35% *m-Xylol*, 56% *cis-* u. 9% *trans-1.3-Dimethylcyclohexan*). — *cis-1.3.5-Trimethyl-*, Kp.$_{130}$ 87−88°, durch Erhitzen von **V** mit Stearinsäure auf 210−240°; 90,5% [Erhitzen mit Pd/Kohle auf 300° im Ar-Strom gibt *Mesitylen*, anschließende $KMnO_4$-Ox. gibt *Trimesinsäure*, F. 375° (Zers.)]. — *Diallyl-[2-methylpentadien-(1.4)-yl]-boran*, $C_{12}\cdot H_{19}B$, Kp.$_2$ 54−55°, durch Schütteln von **I** mit Propin bei 20°; $D._4^{20}$ 0,844; $n_D^{20}$ 1,4879; 70%; 4std. Erhitzen auf 140° gibt 88% **IV**. — *Methoxyallyl-[2-methylpentadien-(1.4)-yl]-boran*, $C_{10}H_{17}BO$, Kp.$_{15}$ 91−92°, durch Zugabe von $CH_3OH$ zu vorst. Verb.; $D._4^{20}$ 0,889; $n_D^{20}$ 1,4722; 90,1%; daneben $C_3H_6$. — Cyclohexane: *cis-1.3-Dimethyl-*, Kp.$_{747}$ 120−120,3°, durch Erhitzen von 12,9 g **VII** mit 45 g Benzoesäure auf 190−210°; $D._4^{20}$ 0,7662; $n_D^{20}$ 1,4228; 8,35 g. — *cis-1.3-Bis-[hydroxymethyl]-*, Kp.$_2$ 114−115°, F. 54−56°, durch Zugabe von 30%ig. $H_2O_2$ zu **VI** in 3 n NaOH, 12std. Stehen u. ¼std. Erhitzen auf 80°; 91,7% (daneben 71,3% *n-Propanol*). *Bis-phenylurethan*, F. 129−130°. *Bis-p-nitrobenzoat*, F. 150,5−151,5°. *Bis-p-toluolsulfonat*, F. 72−73°; Nadeln. —

*cis-1.3-Dicarboxy-*, F. 167—167,8°, durch Ox. vorst. Verbindung. — *cis-1.3.5-Trimethyl-*, Kp.$_{749}$ 137,5°, durch Erhitzen von **VIII** mit Benzoesäure auf 170—210°; $D._4^{20}$ 0,7696; $n_D^{20}$ 1,4262; 85%.
Helmut Schäfer 3241△

*1393* **Darstellung und Eigenschaften gewisser Pyridylpyrimidine und Bidiazine als mögliche Chelatisierungsmittel für Eisen(II).** John J. Lafferty und Francis H. Case. (J. org. Chemistry **32** (1967) 5, 1591—96; Temple Univ., Philadelphia, Pa.; engl.) — Die Synth. der Titelverb. werden beschrieben u. die Bldg. stabiler Chelate mit Fe(II)-Ionen untersucht. Spektralmax. vgl. Original.

Versuche: 2-[α-Pyridyl]-4.6-dihydroxypyrimidine, durch Kochen von Picolinamidin mit entsprechenden Malonsäurediäthylestern in Na-Äthylatlsg. u. Zugabe von HCl: *Unsubstituiert*, F. 264—265° (A.); 62% (Ausb.). — *5-Methyl-*, F. 270—272° (A.); 64%. — *5-Phenyl-*, F. 300—301° (A.); 61%. — 2-[α-Pyridyl]-pyrimidine: *4.6-Dichlor-*, F. 153—154° (Cyclohexan), durch Kochen des entsprechenden vorst. Diols mit $POCl_3$; 63%. — *4.6-Dichlor-5-methyl-*, F. 149—150° (Hexan); 47%. — *4.6-Dichlor-5-phenyl-*, F. 156—157° (Cyclohexan); 42%. — *4-Chlor-6-phenyl-*, F. 107—108° (Hexan); 58%. — *4-Chlor-6-[α-pyridyl]-* (**I**), F. 146—147° (Hexan); 53%. — *Unsubstituiert*, Kp.$_{0,75}$ 130—131°, durch Dehydrohalogenierung vorst. Verb. an Pd–Kohle in A. in Ggw. von Na-Acetat bei 30 psi. $H_2$; 52%. *Pikrat*, F. 189—190° (A.). — *5-Methyl-*, F. 79—80° (Hexan); 39%. — *5-Phenyl-*, F. 159—160° (Bzl.); 37%. — *4-Phenyl-*, F. 76—77° (Ae.); 40%. — *4-[α-Pyridyl]-*, F. 103—104° (A.); 44%. — *6-[α-Pyridyl]-4-hydroxy-*, $C_{14}H_{10}N_4O$, F. 219—220° (A.), aus Picolinamidinhydrochlorid, Picolinoylessigsäureäthylester u. wss. NaOH; 50%. — *4-Methyl-*, $C_{10}H_9N_3$, F. 69—70° (Ae.), analog vorst. Verb. mit Formylacetondimethylacetal; 60%. — *4-Phenyl-6-[α-pyridyl]-*, $C_{20}H_{14}N_4$, F. 207—208° (A.), analog vorst. Verb. mit Pyridalacetophenon; 70%. — *2-[α-Pyridyl]-5.6.7.8-tetrahydrochinazolin*, $C_{13}H_{13}N_3$, F. 82—83° (Cyclohexanon), aus Picolinamidin, 2-Formylcyclohexanon u. Piperidin; 24%. — *1.3-Bis-[α-pyridyl]-propandion-(1.3)*, $C_{13}H_{10}N_2O_2$, F. 105—106° (Ae.), aus Picolinsäuremethylester u. 2-Acetylpyridin in Ggw. von Na-Methylat; 63%. — *4-Phenyl-6-[α-pyridyl]-pyrimidin*, $C_{15}H_{11}N_3$, F. 102—103° (Ae.), aus 1-Phenyl-3-[α-pyridyl]-propandion-(1.3) u. Formamidin; 28%. — *4.6-Bis-[α-pyridyl]-pyrimidin*, $C_{14}H_{10}N_4$, F. 113—114° (Ae.), aus 1.3-Bis-[α-pyridyl]-propandion-(1.3) analog vorst. Verb.; 30%. — *4-Methyl-6-[α-pyridyl]-pyrimidin*, $C_{10}H_9N_3$, F. 39—40° (PAe.), aus 1-[α-Pyridyl]-butandion-(1.3) u. Formamidin; 25%. — *2-Picolinoylcyclohexanon*, $C_{12}H_{13}NO_2$, F. 70—73° Kp.$_1$ 135—137°, aus Picolinsäuremethylester u. Cyclohexanon mit NaH in Bzl.; 28%. — *2.4-Bis-[α-pyridyl]-5.6.7.8-tetrahydrochinazolin*, $C_{18}H_{16}N_4$, F. 136—137° (Cyclohexanon), aus vorst. Verb. mit Picolinamidinhydrochlorid in Piperidin; 36%. — *4-Methoxy-2.6-bis-[α-pyridyl]-pyrimidin*, $C_{15}H_{12}N_4O$, F. 139—140° (Ae.), aus **I** mit Na-Methylat; 74%. — *4-[Piperidyl-(1)]-2.6-bis-[α-pyridyl]-pyrimidin*, $C_{19}H_{19}N_5$, F. 179—180° (Cyclohexan), aus **I** mit Piperidin in sd. Methanol; 38%. — *2.4-Bis-[α-pyridyl]-chinazolin*, $C_{18}H_{12}N_4$, F. 139—140° (Cyclohexan), durch Umsetzen von 2-Aminophenyl-[α-pyridyl]-keton mit dem gemischten Anhydrid aus Picolinsäure u. Chlorameisensäureäthylester u. Erhitzen des *N-[2-Picolinoylphenyl]-picolinamids* mit $NH_4$-Acetat auf 165°; 54%. — *N-[2-Nitrobenzyl]-picolinsäureamid*, $C_{13}H_{11}N_2O_3$, F. 97—98° (Ae.), aus 15,2 g 2-Nitrobenzylamin u. Chlorameisensäureäthylester/Picolinsäure; 12,9 g. — *N-[2-Aminobenzyl]-picolinsäureamid*, $C_{13}H_{13}N_3O$, F. 115 bis 116°, durch Hydrierung vorst. Verb. an Raney-Ni; 40%. — *2-[α-Pyridyl]-chinazolin*, $C_{13}H_9N_3$, F. 86—87° (Hexan), aus vorst. Verb. bei 250—280° u. Ox. des *2-[α-Pyridyl]-3.4-dihydro-chinazolins*; 6%. — *2.2′-Bipyrazin*, $C_8H_6N_4$, F. 183—184° (Hexan), durch Umsetzen von Pyrazincarbonsäure mit Cu-Diacetat u. Pyrolyse des Cu-Salzes; 7%. — *4.4′-Bipyrimidin*, $C_8H_6N_4$, F. 203 bis 204°, aus Pyrimidin-4-carbonsäure analog vorst. Verb.; 5%. — *3.3′-Bipyridazin*, $C_8H_6N_4$, F. 224—226° (Ae.), durch 24std. Kochen von Pyridazin mit Pd–Kohle; 10%. — *2-Brom-4-phenylpyrimidin*, $C_{10}H_7BrN_2$, F. 84—85° (Bzl.), aus 2-Hydroxy-4-phenyl-pyrimidin u. $POBr_3$ bei 150°; 58%. — *4.4′-Diphenyl-2.2′-bipyrimidin*, $C_{20}H_{14}N_4$, F. 155—156°, aus vorst. Verb. mit Cu in sd. DMF; 20%.
G. Heller 3262

*1394* **Pyrazolo-(1.5:a)-pyrimidine aus 3(5)-Aminopyrazol und Acetessigester.** Helmut Dorn und Alfred Zubek. (Z. Chem. **7** (1967) 9, 343; Inst. für Org. Chem. DAW, Berlin-Adlershof; dt.) — Aus 3(5)-Aminopyrazol u. Acetessigester in A. oder n-Propanol erhält man leicht Bicyclen. Sie sind in NaOH lösl., mit Säure unverändert fällbar, die OH-Gruppe kann mit $POCl_3$ gegen Cl ausgetauscht werden.

Versuche: 5-[1-Hydroxycarbonylisopropenylamino]-pyrazole: *Unsubstituiert*, *Äthylester* (**I**), F. 101°. — *4-Brom-*, *Äthylester*, F. 135°. — *1-Tosyl-*, *Methylester*, F. 125°. *Äthylester*, F. 123°. — *7-Hydroxy-5-methyl-pyrazolo-[1.5:a]-pyrimidin*, F. 300—306°, a) aus vorst. Methyl- oder Äthylester mit Polyphosphorsäure; b) aus **I** bei 120°; c) aus 3(5)-Amino-pyrazol mit Acetessigsäureäthylester; 100% (Ausb.). — *5-Methyl-7-chlor-pyrazolo-[1.5:a]-pyrimidin*, F. 36°, aus vorst. Verb. mit $POCl_3$.
G. Behrendt 3272

*1395* **Neue Synthese von Thiazolo-[3.2:a]-pyrimidinonen.** H. F. Andrew und C. K. Bradsher. (J. heterocyclic Chem. **4** (1967) 4, 577—81; Dep. of Chem., Duke Univ., Durham, N.C.; engl.) — 2-Thiouracil (**I**) bzw. 6-Methyl-2-thiouracil reagieren mit Bromaceton (**II**) oder Phenacylbromid zu *2-Acetonylmercapto-* (**VIII**) bzw. *6-Methyl-2-acetonylmercapto-3.4-dihydropyrimidinon-(4)-hydrobromid* (**IX**) oder *2-Phenacylmercapto-* (**III**) bzw. *6-Methyl-2-phenacylmercapto-3.4-dihydropyrimidinon-(4)-hydrobromid* (**IV**). **III** bzw. **IV** gehen beim Umkristallisieren aus A./Ae. in dimeres *2-Phenacylmercapto-* (**V**) bzw. *6-Methyl-2-phenacylmercapto-3.4-dihydropyrimidinon-(4)-hydrobromid* (**VI**) über. **VIII, IX, V** bzw. **VI** werden von schwachen Basen in die entsprechenden *3.4-Dihydropyrimidinone-(4)* umgewandelt. 6-Methyl-2-acetonylmercapto- (**VII**) bzw. 6-Methyl-2-phenacylmercapto-3.4-dihydropyrimidinon-(4) geben mit konz. $H_2SO_4$ *3.7-Dimethyl-* bzw. *3-Phenyl-7-methyl-5H-thiazolo-[3.2:a]-pyrimidinon-(5)*. Aus 2-Acetonylmercapto- bzw. 2-Phenacylmercapto-3.4-dihydropyrimidinon-(4) entstehen analog *3-Methyl-* bzw. *3-Phenyl-7H-thiazolo-[3.2:a]-pyrimidinon-(7)*.

Versuche (F. korr.): *2-Acetonylmercapto-3.4-dihydropyrimidinon-(4)*, $C_7H_8N_2O_2S$, F. 161—162° ($CHCl_3$/Ligroin), aus dem Hydrobromid u. $NaHCO_3$ in W./$CHCl_3$; 82% (Ausb.). *Hydrobromid* (**VIII**), $C_7H_9BrN_2O_2S$, F. ca. 320° (Zers.; A./Ae.), aus **I** u. **II** in sd. Aceton; 82%. — *2-Phenacylmercapto-3.4-dihydropyrimidinon-(4)*, $C_{12}H_{10}N_2O_2S$, F. 168—169° (Bzl.) analog vorst. Verb.; 93%. *Hydrobromid* (**III**), $C_{12}H_{11}BrN_2O_2S$, F. 185—186°; 84%. — *6-Methyl-2-acetonylmercapto-3.4-dihydropyrimidinon-(4)* (**VII**), $C_8H_{10}N_2O_2S$, F. 144—145° (Bzl./Ligroin); 85%. *Hydrobromid* (**IX**), $C_8H_{11}BrN_2O_2S$, F. 248—254° (Zers.; A./Ae.); 93%. — *6-Methyl-2-phenacylmercapto-3.4-dihydropyrimidinon-(4)*, $C_{13}H_{12}N_2O_2S$, F. 169—170° (Bzl.); 100%. *Hydrobromid* (**IV**), $C_{13}H_{13}BrN_2O_2S$, F. 212—213°; 96%. — *Dimeres 2-Phenacylmercapto-3.4-dihydropyrimidinon-(4)-hydrobromid* (**V**), $C_{24}H_{21}BrN_4O_4S_2$, F. 183 bis 183,5° (A./Ae.), aus **III** durch Lösen in A. u. Fällen mit Ae.; 100%. — *Dimeres 2-Phenacylmercapto-6-methyl-3.4-dihydropyrimidinon-(4)-hydrobromid* (**VI**), $C_{26}H_{25}BrN_4O_4S_2$, F. 201—202° (A./Ae.); 100%. — Thiazolo-[3.2:a]-pyrimidine: *3.7-Dimethyl-5-oxo-5H-*, F. 136,5—137,5° (Bzl./Ligroin), aus **VII** u. konz. $H_2SO_4$ bei 30°; 93%. — *3-Phenyl-7-methyl-5-oxo-5H-*, $C_{13}H_{10}N_2OS$, F. 203—204° (Bzl./Ligroin); 94%. — *3-Methyl-7-oxo-7H-*, $C_7H_6N_2OS$, F. 282—284° (Xylol); 70%; daneben 19% *3-Methyl-5H-thiazolo-[3.2:a]-pyrimidinon-(5)*, F. 128—129° (Bzl./Ligroin). — *3-Phenyl-7-oxo-7H-*, $C_{12}H_8N_2OS$, F. 239 bis 240° (Xylol); 86%.
Hans Köhne/Berlin 3272△

*1396* **Reaktion von aktiven Methylenverbindungen mit Schwefelkohlenstoff in Gegenwart von Ammoniak. 1. Mitt. Reaktion von Cyclohexanon.** Tatsuo Takeshima, Toshio Hayashi, Motomu Muraoka und Takahiro Matsuoka. (J. org. Chemistry **32** (1967) 4, 980—84; Dep. of Chem., Fac. of Sci., Shizuoka Univ., Shizuoka, Japan; engl.) — In Ggw. von $NH_4OH$ reagiert Cyclohexanon (**V**) mit $CS_2$ zu *Cyclohexylidenammonium-2-cyclo-*

*hexylidenamino-Δ¹-cyclohexen-1-dithiocarboxylat* (**I**), das in $CH_3OH$ oder DMF in *2-Cyclohexylidenamino-Δ¹-cyclohexen-1-dithiocarbonsäure-[1-aminocyclohexylester]* (**II**) übergeführt wird. In saurem Medium bilden beide Verb. *4-Thiono-1.2.5.6.7.8-hexahydro-4H-3.1-benzothiazin-[2-spiro-1']-cyclohexan* (**III**). Die Struktur der dargestellten Verb. wird chem., durch Deriv. sowie spektroskop. (UV- u. IR-Banden s. Orig.) bewiesen. 2-Cyclohexylidencyclohexanon (**VI**) reagiert mit $CS_2$ u. $NH_3$ nicht zu **I**—**III**, jedoch reagiert 4-Methylcyclohexanon (**VII**) analog **V**. 2- u. 3-Methylcyclohexanon zeigen ster. Hinderung. In Ggw. von $NaNH_2$ werden aus **V** u. $CS_2$ neben **I**—**III** noch *2.4-Dithiono-1.2.5.6.7.8-hexahydro-4H-3.1-benzothiazin* (**IV**), *1-[2-(Δ¹-Cyclohexenyl)-Δ¹-cyclohexenyl]-thioharnstoff* sowie *Verb.* $C_{40}H_{56}N_4S_5$ isoliert. **I**—**IV** bilden Metallsalze, die HgCl-Deriv. reagieren nicht mit $AgNO_3$. **VI** führt mit $CS_2$ in Ggw. von $NaNH_2$ zu *9-Thiono-10-aza-1.2.3.4.5.6.7.8.9.10-decahydrophenanthren*.

Versuche (F. korr.): *4-Thiono-1.2.5.6.7.8-hexahydro-4H-3.1-benzothiazin-[2-spiro-1']-cyclohexan* (**III**), $C_{13}H_{19}NS_2$, F. 197—198° (Methanol), a) aus **V** u. $CS_2$ in $NH_4OH$; 90% (Ausb.); b) aus **I** oder **II** mit sd. methanol. $H_2SO_4$; 100%. *$HgCl_2$-Deriv.*, $C_{13}H_{19}Cl_2HgNS_2$, F. ca. 234° (Zers.), mit $HgCl_2$ in konz. HCl bzw. Methanol. *Benzoylderiv.*, *Hydrochlorid*, $C_{20}H_{24}ClNOS_2$, F. 138° ($CH_3COOH$/Aceton). *Pikrat, Hydrochlorid*, $C_{19}H_{21}ClN_4 \cdot O_6S_2$, F. 165—166° (Zers.; A./Methanol). *Pikrat*, F. ca. 232° (Zers.). — *2-Cyclohexylidenamino-Δ¹-cyclohexen-1-dithiocarbonsäure, Cyclohexylidenammoniumsalz* (**I**), $C_{19} \cdot H_{20}N_2S_2$, F. 115—116° u. 135—136°; daneben **III**. *1-Aminocyclohexylester* (**II**), $C_{19}H_{30}N_2S_2$, F. 143—144° u. 162° (Zers.; Py. oder Methanol), aus **I** in sd. DMF; 100%. [*N-Methylderiv.*, $C_{20}H_{32}N_2S_2$, F. 204—205° (A./Aceton), mit p-Toluolsulfonsäuremethylester. *N-Äthylderiv.*, $C_{21}H_{34}N_2S_2$, F. 201—202° (Bzl.), mit Diäthylsulfat. *N-Benzylidenderiv.*, $C_{26}H_{34}N_2S_2$, F. 183—184° (Methanol/$CHCl_3$), mit Benzaldehyd in $CHCl_3$. *Hg-Deriv.*, analog **III**]. — *Cyclohexanon* (**V**) a) neben **III** nach b); b) durch $KMnO_4$-Ox. von **III**. *2.4-Dinitrophenylhydrazon*, F. 161 bis 162°. — *Cyclohexandion-(1.2)*, neben **V** nach b). *2.4-Dinitrophenylosazon*, F. 227—229° (Zers., Py.). — *2-Methylcyclohexanon*, durch Rk. von **III** mit Raney-Ni in sd. Äthanol. *2.4-Dinitrophenylhydrazon*, F. 137—138° (Methanol). *Semicarbazon*, $C_8H_{15}N_3O$, F. 186—190° u. 193—197° (Zers., A.). — *N-Cyclohexyl-2-methylcyclohexylamin, Hydrochlorid*, $C_{13}H_{26}ClN$, F. 265—266° (Pentanol), a) neben vorst. Verb.; b) aus 32g vorst. Verb. u. Cyclohexylamin in sd. KF-Lsg. u. Red. mit Pd in Tetralin; ca. 4 g; c) analog b) mit $LiAlH_4$. — *o-Toluidin, Pikrat*, $C_{13}H_{10}N_4O_6$, F. 168—169° (Methanol), neben vorvorst. Verb. u. Rk. mit Pikrylchlorid. — *6.4'-Dimethyl-4-thiono-1.2.5.6.7.8-hexahydro-4H-3.1-benzothiazin-[2-spiro-1']-cyclohexan*, $C_{15}H_{23}NS_2$, F. 194—195° (methanol. $CH_3 \cdot COOH$), analog **III** aus **VII**. — *2.4-Dithiono-1.2.5.6.7.8-hexahydro-4H-3.1-benzothiazin* (**IV**), $C_8H_9NS_3$, F. 202 bis 203° (Zers.; Bzl.), analog **III** mit $NaNH_2$; daneben **I**, **II**, **III** u. *Verb.* $C_{40}H_{56}N_4S_5$ [F. 185—186° (Methanol)]. *N-HgCl-Deriv.*, $C_8H_8ClHgNS_3$, F. ca. 140° (Zers.), mit $HgCl_2$ in Äthanol. — *1-[2-(Δ¹-Cyclohexenyl)-Δ¹-cyclohexenyl]-thioharnstoff*, F. 275—276° (A.), neben **IV**. — *9-Thiono-10-aza-1.2.3.4.5.6.7.8.9.10-decahydrophenanthren*, $C_{13}H_{17}NS$, F. ca. 250° (Zers., DMF), aus **VI** (Kp.$_{20}$ 152 bis 155°) u. $CS_2$ mit $NaNH_2$. W. Senf 3292△

*1397* **Synthese von Bis-[5.5-dimethyl-2-oxo-1.3.2-P$^V$-dioxaphosphorinanyl]-sulfid.** J. Michalski, M. Mikołajczyk, B. Młotkowska und A. Zwierzak. (Angew. Chem. **79** (1967) 23, 1069, dt.; int. Edit. **6** (1967) 12, 1079—80; engl.; Inst. für Organ. Synth., Techn. Hochsch., Łódź, Polen.) — Die bisher nur schwer erhältliche Titelverb. wurde nunmehr leicht durch Rk. von 5.5-Dimethyl-2H-1.3.2-P$^V$-dioxaphosphorinan-2-oxid (**I**) mit $SCl_2$ in Ggw. von Triäthylamin, mit N-Chlorthiopiperidin sowie auch mit 2-Chlorthio-5.5-dimethyl-1.3.2-P$^V$-dioxaphosphorinan-2-oxid (**II**) erhalten; letztere Rk., bei der das bisher als hypothet. Zwischenprod. angenommene **II** mit **I** zur Titelverb. reagiert, gibt nach Ansicht der Vf. den Beweis, daß Phosphonyl-sulfensäurechloride >P(O)SCl mit Estern dreiwertiger Phosphorsäuren >P–O–R(H) zunächst die Thiol-Form des Monothiopyrophosphat-Syst. bilden.

Versuche: *Bis-[5.5-dimethyl-1.3.2-P$^V$-dioxaphosphorinanyl]-sulfid-2.2'-dioxid* $C_{10}H_{20}O_6P_2S$, F. 185—188° (Bzl./$CHCl_3$), aus **I** u. $SCl_2$; 61% (Ausb.). P. Boroffka 3343

*1398* **Reaktion von Bis-[diäthylamino]-dialkylsilanen mit Glykolen.** K. A. Andrianov, T. K. Džašiasvili, V. V. Astachin und G. N. Šumakova. (Ž. obšč. Chim. **37(99)** (1967) 4, 928—30; Inst. ėlementoorg. soed. AN SSSR; russ.) — Die Rk. von Bis-[diäthylamino]-dimethylsilan (**I**) mit Butandiol-(1.4) (Erhitzen auf 150 bis 160°) lieferte *2.2-Dimethyl-1.3-dioxa-2-silacycloheptan* [$C_6H_{14}O_2Si$, Kp. 142—143°; $n_D^{20}$ 1,4220; 80% (Ausb.)], analog entstand aus **I** u. Diäthylenglykol *2.2-Dimethyl-1.3.6-trioxa-2-silacyclooctan* ($C_6H_{14}O_3Si$, Kp. 168°; $n_D^{20}$ 1,4335; 85%). Erhitzen von **I** mit Äthylenglykol auf 140—150° gab *2.2.7.7-Tetramethyl-1.3.6.8-tetraoxa-2.7-disilacyclodecan* ($C_8H_{20}O_4Si_2$, Kp. 178°, F. 55°; 91%). **I** reagierte mit Propandiol-(1.2) bei 150—155° zu *2.2.5.7.7.10-Hexamethyl-1.3.6.8-tetraoxa-2.7-disilacyclodecan* ($C_{10} \cdot H_{24}O_4Si_2$, Kp. 162—163°; $n_D^{20}$ 1,4310; 79%). N. Kucharczyk 3390△

## C–4. Naturstoffe

*1399* **Nucleophile Verdrängung einer exo-p-Toluolsulfonsäureestergruppe an Pentofuranose. Neuer Weg zu 3-Desoxy-D-erythro-pentose.** Jacques Defaye und Jean Hildesheim. (Carbohydrate Res. [Amsterdam] **4** (1967) 2, 145—56; Inst. de Chim. des Substances Naturelles, C. N. R. S., Gif-sur-Yvette; franz.) — Die aus 1.2-O-Isopropyliden-5-O-triphenylmethyl-D-xylofuranose zugängliche *1.2-O-Isopropyliden-3-O-p-toluolsulfonyl-5-O-triphenylmethyl-D-xylofuranose* [(**I**), $C_{34}H_{34}O_7S$, F. 128°; $[\alpha]_D^{21}$ −51,3° (c = 1,5; $CHCl_3$)] liefert durch 63std. Erhitzen mit KSCN in DMF auf 140° *3-Desoxy-1.2-O-isopropyliden-3-thiocyanato-D-ribofuranose* [(**II**), $C_9H_{13}NO_4S$, F. 101,5—102,5°; $[\alpha]_D^{24}$ +50° (c = 0,5; $CHCl_3$); 13,5% (Ausb.)]. Desulfuriert man das Rk.-Gemisch ohne Reinisolierung von **II** mit Raney-Ni in sd. A. u. hydrolysiert dann mit sd. 0,05 n HCl, so läßt sich die Ggw. von *3-Desoxy-D-erythro-pentose* (25—30% bezogen auf **I**; daneben *Xylose*) nachweisen. Analog wird 1.2-O-Isopropyliden-3-O-p-toluolsulfonyl-D-xylofuranose [$C_{15}H_{20} \cdot O_7S$, F. 87—88° (Ae.–PAe.), durch 8std. Rühren von **I** in 0,16%ig. methanol. HCl; $[\alpha]_D^{24}$ −15° (c = 0,8 $CH_3 \cdot OH$)] in *3-Desoxy-1.2-O-isopropyliden-D-erythro-pentofuranose* [$C_8H_{14}O_4$, F. 73—75°, $[\alpha]_D^{24}$ −6° (c = 0,5; $CH_3OH$); 45%] übergeführt, u. aus 1.2-O-Isopropyliden-3-O-p-toluolsulfonyl-D-glucofuranose (**III**) wird mit 12% Ausb. *3-Desoxy-1.2-O-isopropyliden-D-ribo-hexofuranose* gewonnen. In 5-Desoxy-1.2-O-isopropyliden-3-O-p-toluolsulfonyl-D-xylofuranose u. 1.2;5.6-Di-O-isopropyliden-3-O-p-toluolsulfonyl-D-glucofuranose gelingt eine nucleophile Substitution des p-Toluolsulfonylrestes mit KSCN dagegen nicht. 3.5-Anhydro-1.2-O-isopropyliden-D-xylofuranose gibt mit KSCN in DMF nach 63 Std. bei 140° nur 12% *5-Desoxy-1.2-O-isopropyliden-5-thiocyanato-D-xylofuranose* [$C_9H_{13}NO_4S$, F. 108—110° (Ae.); $[\alpha]_D^{22}$ −16° (c = 0,4; $CH_3OH$)], während die restliche Ausgangsverb. unverändert wiedergewonnen wird. Damit ist eine Bldg. von **II** über ein Oxetanderiv. unwahrscheinlich gemacht; die Begünstigung der nucleophilen Substitution am $C_{(3)}$ in **I** durch die freie OH-Gruppe am $C_{(5)}$ geht vermutlich auf eine H-Bindung zwischen diesem OH u. einem O der Sulfonylgruppe am $C_{(3)}$ zurück. In **III** ist die Ausbldg. einer solchen H-Bindung räumlich erschwert, was die niedrige Ausb. erklärt. Vers. zur Red. von 1.2;5.6-Di-O-isopropyliden-D-ribo-3-hexulofuranosehydrazon [$C_{12}H_{20} \cdot N_2O_5$, Kp.$_{0,02}$ 99°, $n_D^{18}$ 1,4845, $[\alpha]_D^{20}$ +394° (c = 0,54; $CH_3OH$); 70%] bzw. -p-toluolsulfonylhydrazon [$C_{19}H_{26} \cdot N_2O_7S$, F. 179,5—181° (Bzl.–Ae.), $[\alpha]_D^{21}$ +230° (c = 0,8; $CH_3OH$); 50%] nach Wolff-Kishner bzw. Caglioti zum 3-Desoxyderiv. waren erfolglos. H.-E. Toussaint 3400

*1400* **Reaktion von Laevoglucosan mit unterphosphoriger Säure. Ein neuer Typ phosphorhaltiger Kohlenhydratderivate.** N. K. Kočetkov, È. E. Nifant'ev und I. P. Gudkova. (Ž. obšč. Chim. **37/99** (1967) 1, 277; Moskovskij gos. univ. im. Lomonosova; russ.) — Die Rk. von

Laevoglucosan mit $H_2PO_2$ u. $NaHPO_2$ (1:2:1,5; 40 Std., 85–90°) liefert nach Umfällen mit Ae. aus $CH_3OH$ bzw. nach Chromatographie an Cellulose in Isopropanol–$NH_4OH$–W. (7:1:2) *6-Desoxyglucose-6-phosphonigsäure-Na-Salz* ($C_6H_{12}NaO_7P$; 30% Ausb.) bzw. *-$NH_4$-Salz* [$C_6H_{16}NO_7P$, $[\alpha]_D^{24}$ +7,23° → +4,23° (c = 1,2; W.)].
H.-E. Toussaint 3400

*1401* **Synthese von 5-Carboxy-2'-desoxyuridin.** Norbert Isenberg und Charles Heidelberger. (J. med. Chem. **10** (1967) 5, 970–71; Univ. of Wis., Madison, Wis.; engl.) — *5-Carboxy-2'-desoxyuridin* (I) wird durch Rk. von 5-Brom-2'-desoxyuridin (II) mit Butyl-Li (III) u. anschließende Carboxylierung dargestellt. Ox. von Thymidin mit aktivem $MnO_2$ zu I gelang nicht.

Versuche: *5-Carboxy-2'-desoxyuridin* (I), $C_{10}H_{12}N_2O_7$, F. 158–159° (W.), a) durch Lösen von trockenem II in THF bei 50° unter $N_2$, Zugabe von III bei –65° Zugabe von festem $CO_2$ nach 1 Min., langsames Erwärmen nach 5 Min. auf 22°, Ansäuern mit verd. HCl, Neutralisieren mit $NH_4OH$, Passieren einer Dowex-50($H^+$)-Säule, Neutralisieren mit $NH_4OH$ u. Ionenaustauscher-Chromatographie an Dowex-1-Formiat mit W. → 0,4 m HCOOH; 27% (Ausb., bezogen auf umgesetztes II); b) durch Hydrolyse von 20 mg 5-Trifluormethyl-2'-desoxyuridin mit wss. NaOH bei pH 10; 2 mg. — *3'.5'-Diacetyl-5-carboxy-2'-desoxyuridin*, $C_{14}H_{16}N_2O_9$, F. 136 bis 138° (A.), aus I mit Acetanhydrid u. Py.; 58%. — *5-Carboxyuracil*, a) durch 8–9std. Rk. von I oder vorst. Verb. mit $SF_4$ in Ggw. von W. im Stahlautoklaven bei Raumtemp., 70–75° bzw. 120°; daneben *5-Trifluormethyluracil*; b) durch 48std. Rühren von Thymin in 0,1 n HCl mit aktivem $MnO_2$; 61%. H. Miele 3450△

*1402* **Synthese von Acronycin.** James R. Beck, Richard N. Booher, Alfred C. Brown, Russell Kwok und Albert Pohland. (J. Amer. chem. Soc. **89** (1967) 15, 3934–35; Eli Lilly Res. Labor., Indianapolis, Ind.; engl.) — Das durch $ZnCl_2$–NaCl-Schmelze von 3-Brompropion-[3.5-dimethoxyanilid] bei 150° erhaltene *5.7-Dimethoxy-3.4-dihydrocarbostyril* [F. 194–195°; 30% (Ausb.)] wird mit 2-Jodbenzoesäure in Ggw. von CuJ in Nitrobenzol bei 170° in *1-[2-Carboxyphenyl]-5.7-dimethoxy-3.4-dihydrocarbostyril* (F. 227–229°; 53%) übergeführt. Cyclisierung mit Polyphosphorsäure bei 100° u. anschließende Rk. in sd. methanol. HCl gibt *β-[1.3-Dimethoxy-9-oxoacridanyl-(4)]-propionsäuremethylester* (F. 244–245°; 83%). Durch Hydrolyse mit $BCl_3$ in $CH_2Cl_2$ wird *β-[1-Hydroxy-3-methoxy-9-oxoacridanyl-(4)]-propionsäuremethylester* (F. 194–195°; 80%) erhalten. Das nach Rk. mit $CH_3Li$ in THF bei –20° dargestellte *1-Hydroxy-3-methoxy-4-[3-methyl-3-hydroxybutyl]-9-oxoacridan* (I; F. 213–214°; 82%) wird durch Pyridinhydrochlorid-Schmelze bei 200° zu *6-Hydroxy-3.3-dimethyl-7-oxo-2.3.7.12-tetrahydro-1H-pyrano-[2.3:c]-acridin* [II; F. 278–280° (Zers.)] kondensiert. Rk. mit $CH_3J$ gibt *Nordihydroacronycin* [III; F. 213–215°; 20% (bezogen auf I)]. Durch Rk. von 1.3-Dihydroxyacridanon-(9) mit 3.3-Dimethylallylchlorid u. anschließende Cyclisierung mit $ZnCl_2$ in sd. Trifluoressigsäure wird II (18%) dargestellt. Dehydrierung von III mit 2.3-Dichlor-5.6-dicyanbenzochinon in sd. Toluol gibt *Noracronycin* (40%), das zu *Acronycin* methyliert wird.
W. Senf 3500△

*1403* **Identifizierung von Aristolochin.** T. R. Govindachari und N. Viswanathan. (Indian J. Chem. **5** (1967) 12, 655; Indien, Bombay 63, Goregaon, CIBA Res. Centre; engl.) — Das von Krishnaswamy et al. (1935) aus den Wurzeln von *Aristolochia indica* isolierte *Aristolochin* ($C_{36}H_{38}N_2O_6$) konnte als *l-Curin* identifiziert werden. Das IR-Spektrum wird diskutiert.
L. Biste 3500

*1404* **Neue Analgetika und Molekularumlagerungen in der Morphin–Thebain-Gruppe.** 1. Mitt. **Vom 6.14-endo-Äthenotetrahydrothebain abgeleitete Ketone.** K. W. Bentley und D. G. Hardy. (J. Amer. chem. Soc. **89** (1967) 13, 3267–73; Res. Lab., Reckitt and Sons Ltd., Kingston-upon-Hull, England; engl.) — Bei der Diels-Alder-Addition an Thebain (I) liefert Acrolein *7α-Formyl-*, Methylvinylketon *7α-Acetyl-* (II), Äthylvinylketon *7α-Propionyl-*, Acrylsäureäthylester *7α-Äthoxycarbonyl-* (III), Acrylsäuremethylester *7α-Methoxycarbonyl-* u. Acrylnitril ein 1:1-Gemisch von *7α-Cyano-* u. *7β-Cyano-6.14-endo-äthenotetrahydrothebain*, während Crotonaldehyd u. Isopropenylmethylketon kein Addukt geben. Neben II u. III wird sehr wenig der 7β-Diastereomeren erhalten. Stellung u. Konfig. der $C_7$-Substituenten wurden durch basenkatalysierte Umlagerung von II u. seinem 7β-Isomeren untersucht.

Versuche: 6.14-endo-Äthenotetrahydrothebaine: *7α-Acetyl-* (II), $C_{23}H_{27}NO_4$, F. 122° (Methanol), durch 1std. Kochen von I in Methylvinylketon; 93% (Ausb.). *Hydrochlorid*, $C_{23}H_{27}NO_4 \cdot HCl$, F. 262° (A.). *Hydrobromid*, $C_{23}H_{27}NO_4 \cdot HBr$, F. 270° (90%ig. A.). *Methojodid, Hydrat*, $C_{23}H_{27}NO_4 \cdot CH_3J \cdot H_2O$, F. 172° (wss. A.), durch 7tägiges Kochen mit Methyljodid in Aceton. — *7β-Acetyl-*, $C_{23}H_{27}NO_4$, F. 200–202° (A.), neben II; 0,5%. *Hydrochlorid*, $C_{23}H_{27}NO_4 \cdot HCl$, F. 266° (A./Ae.). *Hydrobromid*, $C_{23}H_{27}NO_4 \cdot HBr$, F. 254° (A.). — *7α-Formyl-*, $C_{22}H_{25}NO_4$, F. 106° (wss. Methanol), durch 4std. Erhitzen von 25 g I in Bzl. mit Acrolein auf 65 bis 70°; 17 g. — *7α-Propionyl-*, $C_{24}H_{29}NO_4$, F. 42–45° (Methanol), a) durch 4std. Erhitzen von I mit Äthylvinylketon bei Ggw. von Hydrochinon auf 100°; b) aus 10 g III mit Äthyl-MgBr in Ae.; 0,4 g. — *7α-Äthoxycarbonyl-* (III), $C_{24}H_{29}NO_5$, F. 124° (Methanol), durch 6std. Kochen von 500 g I in Acrylsäureäthylester; 500 g. *Hydrochlorid*, $C_{24}H_{29}NO_5 \cdot HCl$, F. 258° (A.). *Methojodid*, $C_{24}H_{29}NO_5 \cdot CH_3J$, F. 240° (A.), analog II. — *7β-Äthoxycarbonyl-*, $C_{24}H_{29}NO_5$, F. 106–108° (Methanol), neben III; 9 g. *Hydrochlorid*, $C_{24}H_{29}NO_5 \cdot HCl$, F. 198–200°. — *7α-Carboxy-*, *Hydrochlorid, Hydrat*, $C_{22}H_{25}NO_5 \cdot HCl \cdot H_2O$, F. 246–247°, aus 50 g III mit konz. HCl; 47 g. *Freie Säure, Sesquihydrat*, $C_{22}H_{25}NO_5 \cdot 1{,}5H_2O$, F. 230° (A.), durch Extraktion der auf pH 6,1 gebrachten Lsg. vorst. Verb. mit Äther. — *7α-Chlorcarbonyl-* (IV), *Hydrochlorid*, $C_{22}H_{24}ClNO_4 \cdot HCl$, F. 270° (Zers.), aus 70 g vorst. Verb. mit Oxalylchlorid in Bzl.; 70 g. — *7α-Methoxycarbonyl-*, $C_{23}H_{27}NO_5$, F. 148° (Methanol), durch Kochen von I in Acrylsäuremethylester. — *7β-Cyano-*, $C_{22}H_{24}N_2O_3$, F. 196–197° (Methanol), durch 3std., Kochen von 100 g I in Acrylnitril; 45 g. — *7α-Cyano-*. $C_{22}H_{24}N_2O_3$, F. 183–184° (A.), neben vorst. Verbindung — *7α-Butyryl-* (V), *Hydrat*, $C_{25}H_{31}NO_4 \cdot H_2O$, F. 84°, a) aus 5,0 g IV durch Rk. mit Dipropyl-Cd in $CH_2Cl_2$; 2,8 g; daneben *7β-Butyryl-Isomeres* (F. 128–130°; 35 mg) u. *1.3-Bis-[6.14-endo-äthenotetrahydrothebainyl-(7α)]-1-oxo-2-äthyl-3-hydroxyhexan* ($C_{50}H_{62}N_2O_8$, F. 130 bis 133°; 350 mg); b) aus III mit Propyl-MgBr in Äther. — *7α-Valeryl-*, $C_{26}H_{33}NO_4$, F. 87–90°, analog V nach a). — *7α-Isovaleryl-*, $C_{26}H_{33}NO_4$, F. 89–90°. — *7α-(4-Methylpentanoyl)-*, $C_{27}H_{35}NO_4$, F. 98–100°. — *7α-Önanthyl-*, $C_{28}H_{37}NO_4$, F. 210°, analog V nach b); 6%. — *7α-Vinylacetyl-, Sesquihydrat*, $C_{25}H_{29}NO_4 \cdot 1{,}5H_2O$, F. 99° (wss. Methanol); 5%. — *7α-Tetrahydrofurylacetyl-, Hydrat*, $C_{27}H_{33}NO_5 \cdot H_2O$, F. 125° (wss. A.); 6%. — *7α-[4-Tetrahydrofurylbutyryl]-, Dihydrat*, $C_{29}H_{37}NO_5 \cdot 2H_2O$, F. 98° (wss. Methanol); 4%. — *7α-Cyclohexylcarbonyl-, Trihydrat*, $C_{28}H_{35}NO_4 \cdot 3H_2O$, F. 230° (wss. Methanol); 7%. — *7α-Benzoyl-* (*Nepenthon*), $C_{28}H_{29}NO_4$, F. 155° (Methanol), aus 10 g Isomerengemisch der 7-Cyanverb. mit Phenyl-MgBr in Ae.; 1,1 g. — *7α-[2-Methylbenzoyl]-*, $C_{29}H_{31}NO_4$, F. 223°. — *7α-[4-Methylbenzoyl]-*, $C_{29}H_{31}NO_4$, F. 196°. — *1.3-Bis-[6.14-endo-äthenotetrahydrothebainyl-(7α)]-1-oxo-3-hydroxybutan* $C_{46}H_{54}N_2O_8$, F. 150–151° (Methanol), durch Rühren von II mit $MgJ_2$ in Bzl./Ae.; daneben ein *Umlagerungsprod.* von II. — *1.3-Bis-[6.14-endo-äthenotetrahydrothebainyl-(7α)]-1-oxobuten-(3)*, $C_{46}H_{52}N_2O_7$, F. 234° (Methanol), a) bei wiederholter Dünnschichtchromatographie vorst. Verb. an $Al_2O_3$; b) durch Erhitzen von 70 mg 7α-[1-Hydroxy-1-methyläthyl]-6.14-endo-äthenotetrahydrothebain mit Ameisensäure; 50 mg. — *„Chargetransfer-Komplex"*, F. 205–206° ($CHCl_3$), aus 5 g nachst. Verb. u. p-Benzochinon; 5,0 g. — *Thebainmethojodid*, F. 124°, aus 1 g vorst. Verb. mit $NaBH_4$; 0,6; daneben 0,12 g *Hydrochinon*, F. 170°.
W. Meise 3500

*1405* **Neue Analgetika und Molekularumlagerungen in der Morphin-Thebain-Gruppe.** 2. Mitt. **Vom 6.14-endo-Ätheno- und vom 6.14-endo-Äthano-tetrahydrothebain abgeleitete Alkohole.** K. W. Bentley, D. G. Hardy und

B. Meek. (J. Amer. chem. Soc. 89 (1967) 13, 3273–80; engl.) — 1. vgl. vorst. Referat. — Ausgehend von 6.14-Endo-ätheno- u. 6.14-Endo-äthano-tetrahydrothebainverb. werden mit Grignard-Verb. sek. u. tert.-Alkohole dargestellt. Die Konfig. der Verb. werden ermittelt. Viele der dargestellten Verb. zeigen eine hohe analget. Wrkg., die bei *7α-[1-Hydroxy-1-phenäthyl-äthyl]-6.14-endo-ätheno-tetrahydrothebain* das 500fache des Morphins erreicht. Für 7α-Acetyl-6.14-endo-ätheno-tetrahydrothebain (I) wird der Name Thevinon vorgeschlagen. Daraus werden die anderen Namen abgeleitet. Die an der Phenylmethyläthergruppierung demethylierten, phenol. tert. Alkohole sollen Alkylorvinole genannt werden.

Versuche: 6.14-endo-Ätheno-tetrahydrothebaine: *7α-[1-Hydroxy-1-methyläthyl]-*, *(19-Methylthevinol)*, $C_{24}H_{31}NO_4$, F. 166° (A.), a) aus 10 g I mit sd. äther. Methyl-MgJ-Lsg.; 10 g (Ausb.); b) analog a) aus 10 g 6.14-endo-Ätheno-7α-äthoxycarbonyl-tetrahydrothebain (Thevinonsäureäthylester); 9,8 g. — *7β-[1-Hydroxy-1-methyläthyl]-*, $C_{24}H_{31}NO_4$, F. 190° (A.), analog vorst. Verb. nach a) aus dem 7β-Acetylderivat. — *7α-[1-Hydroxyäthyl]-* (**II**). *(R)-Form*, $C_{23}H_{29}NO_4$, F. 82° (verd. Methanol), a) durch Kochen von **I** mit Al-Isopropylat in Isopropanol unter Abdest. von Aceton; b) aus **I** mit $NaBH_4$. *Hydrochlorid*, F. 210°. *O-Formylderiv.*, $C_{24}H_{29} \cdot NO_5$, F. 110° (verd. Methanol), durch 1std. Kochen mit Ameisensäure. *O-Acetylderiv.*, $C_{25}H_{31}NO_5$, F. 170° (verd. A.), mit Essigsäureanhydrid. *Phenylglyoxalsäureester-monohydrat*, $C_{31}H_{33}NO_6 \cdot H_2O$, F. 206° (Methanol), aus 5 g mit Phenylglyoxalylchlorid in Py.; 3,5 g. *(S)-Form*, $C_{23} \cdot H_{29}NO_4$, F. 81° (verd. Methanol), a) neben der (R)-Form nach a) u. b); b) aus den Mutterlaugen von **III**; 12 g (daneben ein *Phenol vom F. 201–203°*). *Hydrochlorid*, F. 240°. *O-Formylderivathemihydrat*, $C_{24}H_{29}NO_5 \cdot {}^1/_2\, H_2O$, F. 148 (verd. Methanol). *O-Acetylderiv.*, $C_{25}H_{31}NO_5$, F. 120° (verd. Methanol). *Phenylglyoxalsäureesterhydrat*, $C_{31}H_{33}NO_6 \cdot H_2O$, F. 96 u. 170°. — *Atrolactinsäure*, F. 114 bis 115°, aus dem (R)-**II** bzw. (S)-**II**-Phenylglyoxalsäureester mit Methyl-MgJ; $[\alpha]_D^{20}$ –5,4°. — *7α-[1-Hydroxy-1-methylbutyl]-*, *(19-Propylthevinol)*. *(R)-Form* (**III**), $C_{26}H_{35} \cdot NO_4$, F. 176° (A.), aus 50 g **I** mit n-Propyl-MgJ; 24 g. *Hydrochlorid*, F. 217°. *Methojodidhemihydrat*, $C_{27}H_{38}J \cdot NO_4 \cdot 0{,}5\, H_2O$, F. 188–190° (A.), durch 7tägiges Kochen mit Methyljodid in Aceton. *(S)-Form*, $C_{26}H_{35}NO_4$, F. 148 bis 149° (Methanol), aus 15 g 7α-Butyryl-6.14-endo-ätheno-tetrahydrothebain mit Methyl–MgJ; 10,1 g (enthält ca. 10% **III**). — *7α-[1-Hydroxy-1-methylpropyl]-*, *(19-Äthylthevinol)*. *(R)-Form*, $C_{25}H_{33}NO_4$, F. 74 u. 135°, a) aus **I** mit Äthyl-MgBr; b) durch Hydrieren von 5 g **IV** an $PtO_2$; 5 g. *Hydrochlorid*, F. 245° *(S)-Form*, $C_{25}H_{33}NO_4$, F. 165°, a) aus 7α-Propionyl-6.14-endo-ätheno-tetrahydrothebain mit Methyl-MgJ; b) durch Hydrieren von **V**. — *7α-[1-(R)-Hydroxy-1-methylpropen-(2)-yl]-* (**IV**), $C_{25}H_{31}NO_4$, F. 155° (Methanol), aus **I** mit Vinyl-MgBr. — *7α-[1-(S)-Hydroxy-1-methylpropin-(2)-yl]-* (**V**, *19-Äthinylthevinol*), $C_{25}H_{29}NO_4$, F. 185–186° (Methanol), aus 38 g **I** mit Li-Acetylid/Äthylendiamin; 14,6 g. — *7α-[1-Hydroxypropyl]-*, *Hydrobromidtrihydrat*, $C_{24}H_{32}BrNO_4 \cdot 3\, H_2O$, F. 90°. — *7α-[1-Hydroxy-n-butyl]-*, *Hydrogentartrattrihydrat*, $C_{25}H_{33}NO_4 \cdot C_4H_6O_6 \cdot 3\, H_2O$, F. 176°. — *7α-[1-Hydroxy-nonyl]-*, $C_{30}H_{43}NO_4$, F. 78°. *Hydrogentartrat*, F. 155°. — *7α-[α-Hydroxy-benzyl]-*, $C_{28}H_{31}NO_4$, F. 210°. — *7α-[1-Hydroxy-1-benzylmethyl]-*, $C_{29}H_{33}NO_4$, F. 95°. *Hydrogentartrat*, F. 125°. — *7α-[1-Hydroxy-1-phenäthyl-methyl]-*, $C_{30}H_{35}NO_4$, F. 80°. *Hydrochlorid*, F. 166°. — *7α-[1-Hydroxy-4-äthoxybutyl]-*, *Hydrogentartrattrihydrat*, $C_{27}H_{37} \cdot NO_5 \cdot C_4H_6O_6 \cdot 3\, H_2O$, F. 100°. — *7α-[1-Hydroxy-4-(α-tetrahydrofuryl)-butyl]-*, $C_{29}H_{39}NO_5$, F. 114°. — *7α-[1-Hydroxy-1-cyclohexyl-methyl]-*, $C_{28}H_{37}NO_4$, F. 98°. — *7α-[1-Hydroxy-1-isopropyl-äthyl]-*, $C_{26}H_{35}NO_4$, F. 165°. *Hydrochlorid*, F. 218°. — *7α-[1-Hydroxy-n-butyl-äthyl]-*, $C_{27}H_{37} \cdot NO_4$, F. 150°. — *7α-[1-Hydroxy-1-isobutyl-äthyl]-*, $C_{27}H_{37} \cdot NO_4$, F. 150°. *Hydrochlorid*, F. 188°. — *7α-[1-Hydroxy-1-tert.-butyl-äthyl]-*, $C_{27}H_{37}NO_4$, F. 216°. — *7α-[1-Hydroxy-1-n-amyl-äthyl]-*, $C_{28}H_{39}NO_4$, F. 103°. *Hydrochlorid*, F. 250°. — *7α-[1-Hydroxy-1-isoamyl-äthyl]-*, $C_{28}H_{39}NO_4$, F. 126° *Hydrochlorid*, F. 258°. — *7α-[1-Hydroxy-1-tert.-amyl-äthyl]-*, *Hydrochloriddihydrat*, $C_{28}H_{39}NO_4 \cdot HCl \cdot 2\, H_2O$, F. 188°. — *7α-[1-Hydroxy-1-n-hexyl-äthyl]-*, *Hydrochloridtrihydrat*, $C_{29}H_{41}NO_4 \cdot HCl \cdot 3\, H_2O$, F. 270°. — *7α-[1-Hydroxy-1-n-heptyl-äthyl]-*, *Hydrochloriddihydrat*, $C_{30}H_{43}NO_4 \cdot HCl \cdot 2\, H_2O$, F. 256°. — *7α-[1-Hydroxy-1-n-oktyl-äthyl]-*, $C_{31}H_{45}NO_4$. *Hydrochlorid*, F. 262°. — *7α-[1-Hydroxy-1-phenyl-äthyl]-*, (**VI**, *19-Phenylthevinol*), $C_{29}H_{33} \cdot NO_4$, F. 208°. *Hydrochlorid*, F. 194°. *Methojodid, Hemihydrat*, $C_{30}H_{36}JNO_4 \cdot {}^1/_2\, H_2O$, F. 194–196°, durch 7tägiges Kochen von **VI** mit Methyljodid in Aceton. *Isomeres von* **VI**, $C_{29}H_{33}NO_4$, F. 152°. *Hydrochlorid*, F. 230°. — *7α-[1-Hydroxy-1-benzyl-äthyl]-*, $C_{30}H_{35}NO_4$, F. 187°. — *7α-[1-Hydroxy-1-phenyläthyl-äthyl]-*, $C_{31}H_{37}NO_4$, F. 146°. *Hydrochlorid*, F. 236°. — *7α-[1-Hydroxy-1-(3-phenylpropyl)-äthyl]-*, *Dihydrat*, $C_{32}H_{39}NO_4 \cdot 2\, H_2O$, F. 94°. *Hydrochlorid*, F. 235°. — *7α-[1-Hydroxy-1-(o-tolyl)-äthyl]-*, $C_{30}H_{35}NO_4$, F. 239°. *Hydrochlorid*, F. 190°. — *7α-[1-Hydroxy-1-(p-tolyl)-äthyl]-*, $C_{30}H_{35}NO_4$, F. 197°. *Hydrochlorid*, F. 250°. — *7α-[1-Hydroxy-1-(p-fluorbenzyl)-äthyl]-*, $C_{30} \cdot H_{34}FNO_4$, F. 148°. — *7α-[1-Hydroxy-1-(p-chlorbenzyl)-äthyl]-*, $C_{30}H_{34}ClNO_4$, F. 180°. — *7α-[1-Hydroxy-1-(p-methoxybenzyl)-äthyl]-*, $C_{31}H_{37}NO_5 \cdot H_2O$, F. 117°. — *7α-[1-Hydroxy-1-styryl-äthyl]-*, F. 92°. *Hydrochlorid*, $C_{31} \cdot H_{36}ClNO_4$, F. 248°. — *7α-[1-Hydroxy-1-allyläthyl]-*, $C_{26}H_{33}NO_4$, F. 160°. *Hydrochlorid*, F. 260°. — *7α-[1-Hydroxy-1-cyclohexyläthyl]-*, $C_{29}H_{39}NO_4$, F. 201°. *Hydrochlorid*, F. 202°. — *7α-[1-Hydroxy-1-cyclopentyl-äthyl]-*, $C_{28}H_{37}NO_4$, F. 86°. *Hydrochlorid*, F. 240°. — *7α-[1-Hydroxy-1-(2-äthoxyäthyl)-äthyl]-*, *Dihydrat*, $C_{27}H_{37}NO_5 \cdot 2\, H_2O$, F. 107°. *Hydrochlorid*, F. 248°. — *7α-[1-Hydroxy-1-(2-phenoxyäthyl)-äthyl]-*, *Hemihydrat*, $C_{31}H_{37}NO_5 \cdot {}^1/_2 H_2O$ F. 221°. *Hydrochlorid*, F. 260°. — *7α-[1-Hydroxy-1-(3-tetrahydrofuryl-(2)-propyl)-äthyl]-*, $C_{30}H_{41}NO_5$, F. 128°. *Hydrochlorid*, F. 185°. — *7α-[1-Hydroxy-1-(tetrahydrofuryl-(2)-methyl)-äthyl]-*, $C_{28}H_{37}NO_5$, F. 140°. — *7α-[1-Hydroxy-1-äthyl-propyl]-*, $C_{26}H_{35}NO_4$, F. 152°. *Hydrochlorid*, F. 130°. — *7α-[1-Hydroxy-1-phenylpropyl]-*, $C_{30}H_{35}NO_4$, F. 166°. — *7α-[1-Hydroxy-1-(n-propyl)-butyl]-*, $C_{28}H_{39}NO_4$, F. 209°. *Hydrochlorid*, F. 186°. — *7α-[1-Hydroxy-1-(n-butyl)-amyl-]*, *Hydrogentartratdihydrat*, $C_{30}H_{43}NO_4 \cdot C_4H_6O_6 \cdot 2\, H_2O$, F. 62°. — *7α-[1-Hydroxy-1-benzyl-2-phenyläthyl]-*, $C_{36}H_{39}NO_4$, F. 190°. *Hydrochlorid*, F. 190°. — *7α-[1-Hydroxy-1.1-diphenyl-methyl]-*, $C_{34}H_{35}NO_4$, F. 220°. *Hydrochlorid*, F. 266°. — *7α-[α-Hydroxy-α-propyl-benzyl]-*, $C_{31}H_{37}NO_4$, F. 177°. *Hydrochlorid*, F. 210°. — *7α-[α-Hydroxy-α-benzyl-benzyl]-*, $C_{35}H_{37}NO_4$, F. 210°. *Hydrochlorid*, F. 220°. — *7α-[α-Hydroxy-α-cyclohexyl-benzyl]-*, $C_{34}H_{41}NO_4$, F. 232°. *Hydrochlorid*, F. 239°. — *7α-[α-Hydroxy-α-allyl-benzyl]-*, $C_{31}H_{35} \cdot NO_4$, F. 217°. — 6.14-endo-Äthano-tetrahydrothebaine: *7α-Acetyl-* (**VII**), $C_{23}H_{29}NO_4$, F. 134–136° (A.), durch Hydrieren von 5 g **I** an Pd/Kohle bei 50°/58psi $H_2$; 3,8 g. — *7β-Acetyl-*, $C_{23}H_{29}NO_4$, F. 166° (A.), analog vorst. Verbindung. — *7α-Formyl-*, $C_{22}H_{27}NO_4$, F. 98°. — *7α-[1-(R)-Hydroxyäthyl]-*, $C_{23}H_{31}NO_4$, F. 49–51° (verd. Methanol), durch Hydrieren von **II** (R-Form). *O-Tosylat, Hemihydrat*, $C_{30}H_{37}NO_6S \cdot {}^1/_2\, H_2O$, F. 157° (Bzl./Methanol). — *7α-[1-Hydroxy-1-methyl-äthyl]-*, *(Dihydro-19-methylthevinol)*, $C_{24}H_{33}NO_4$, F. 142° (A.), a) durch Hydrierung; b) aus **VII** mit Methyl-MgJ. — *7α-Hydroxymethyl-*, $C_{22}H_{29}NO_4$, F. 124°. — *7α-[1-Hydroxy-1-äthyläthyl]-*, $C_{25}H_{35}NO_4$, F. 146°. — *7α-[1-Hydroxy-1-propyl-äthyl]-*, $C_{26}H_{37}NO_4$, F. 187°. — *7α-[1-Hydroxy-1-isopropyl-äthyl]-*, $C_{26}H_{37}NO_4$, F. 158°. — *7α-[1-Hydroxy-1-n-butyl-äthyl]-*, $C_{27}H_{39}NO_4$, F. 147°. — *7α-[1-Hydroxy-1-sek.-butyl-äthyl]-*, $C_{27}H_{39}NO_4$, F. 164°. — *7α-[1-Hydroxy-1-isobutyläthyl]-*, $C_{27}H_{39}NO_4$, F. 170°. — *7α-[1-Hydroxy-1-tert.-butyl-äthyl]-*, $C_{27}H_{39}NO_4$, F. 188°. — *7α-[1-Hydroxy-1-n-amyl-äthyl]-*, F. 113°. — *7α-[1-Hydroxy-1-isoamyl-äthyl]-*, $C_{28}H_{41}NO_4$, F. 126°. — *7α-[1-Hydroxy-1-benzyl-äthyl]-*, $C_{30}H_{37}NO_4$, F. 146°. — *7α-[1-Hydroxy-1-phenyl-äthyl]-*, $C_{29}H_{35}NO_4$, F. 202°. — *7α-[1-Hydroxy-1-cyclohexyl-äthyl]-*, $C_{29}H_{41} \cdot NO_4$, F. 195°. — *19-Propylthevinolmethinmonohydrat*, $C_{27} \cdot H_{37}NO_4 \cdot H_2O$, F. 90–95° (verd. A.), aus dem **III**-Methojodid mit sd. 20%ig. KOH. — *19-Phenylthevinolmethin*, $C_{30}H_{35}NO_4$, F. 160°, aus dem **VI**-Methojodid mit 20%ig. KOH. W. Meise 3500

*1406* **Neue Analgetika und Molekularumlagerungen in der Morphin–Thebain-Gruppe. 3. Mitt. Alkohole der 6.14-endo-Äthenotetrahydrooripavin-Reihe und abgeleitete Analoge des N-Allylnormorphins und -norcodeins.** K. W. Bentley und D. G. Hardy. (J. Amer. chem. Soc. 89 (1967) 13, 3281–92; engl.) — 2. vgl. vorst. Referat. —

*7α-[1-Hydroxyalkyl]-6.14-endo-ätheno-* (**G**) bzw. *-6.14-endo-äthano-tetrahydrothebaine* (**H**) werden durch Erhitzen mit KOH in Diäthylenglykol auf 200—220° unter Ätherspaltung zu den entsprechenden *Tetrahydronororipavinen* umgesetzt, die bis zu 12000mal so stark analget. wirksam sind wie Morphin; durch Acetylierung der phenol. Gruppe wird die analget. Wrkg. im allg. wieder herabgesetzt. *7α-[1-Hydroxybenzyl]-* u. *7α-[1-Hydroxy-allyl]-substituierte Tetrahydrooripavinderiv.* sind unter diesen heftigen Rk.-Bedingungen nicht zugänglich. Mit BrCN entstehen aus **G**, **H** bzw. aus *7α-Acetyl-6.14-endo-ätheno-tetrahydrothebain* (**III**) die entsprechenden *N-Cyannorverb.* (**C**). Die *7α-[1-Hydroxyalkyl]-substituierten* **C** werden durch Erwärmen mit KOH in Diäthylenglykol auf etwa 160° zu den *sek. Basen* umgesetzt; bei Erhitzen auf 210° wird gleichzeitig die Phenoläthergruppe gespalten. **G** u. **H** liefern mit **VI** nach Hydrolyse zunächst die entsprechenden symm. *N.N'-Methylen-bis-norbasen* (**D**), aus denen bei Erwärmen in Essigsäure neben *$CH_2O$* wiederum die sek. Basen entstehen. Symm. bzw. unsymm. **D** können durch Rk. einer sek. Base mit $CH_2O$ u. Umsetzung des entstandenen *Carbinolamins* mit derselben bzw. einer anderen sek. Base hergestellt werden. Symm. **D** reagieren mit aktiven Alkylhalogeniden zu den entsprechenden *N-Alkyl-norbasen.* Auch aus den sek. Basen werden mit Alkylhalogeniden direkt oder mit Säurechloriden über die *N-Acylderiv.* u. durch deren Red. mit $LiAlH_4$ zahlreiche *N-Alkyl-6.14-endo-ätheno-* bzw. *-endo-äthano-tetrahydronorthebaine* u. *N-Alkyl-6.14-endo-ätheno-* bzw. *-endo-äthano-tetrahydronororipavine* hergestellt, deren analget. bzw. morphin-antagonist. Wrkg. untersucht wird; eine der neuen Basen wirkt 150mal stärker als Nalorphin. — **A** = 6.14-endo-ätheno-tetrahydronorthebain; **E** = 6.14-endo-ätheno-tetrahydronororipavin.

Versuche: 6.14-endo-Ätheno-tetrahydrooripavine: *7α-[1-Hydroxy-1-methyläthyl]-* (**VIII**), $C_{23}H_{29}\cdot NO_4$, F. 266° (wss. 2-Äthoxyäthanol), durch Kochen von 8 g *7α-[1-Hydroxy-1-methyläthyl]-6.14-endo-ätheno-tetrahydrothebain* (**IX**) KOH in Diäthylenglykol; 4,2 g (Ausb.). *Hydrochlorid,* F. 290°. *O-Acetylderiv.,* $C_{25}H_{31}\cdot NO_5$, F. 191° (A.), mit Acetanhydrid in wss. NaOH. *Acetylderivathydrochlorid,* F. 261°. — *7α-[Hydroxymethyl]-,* $C_{21}H_{25}NO_4$, F. 219° analog **VIII**. *Hydrochlorid,* F. 287°. — *7α-[1-(R)-Hydroxyäthyl]-,* $C_{22}H_{27}NO_4$, F. 298°. *Hydrochlorid,* F. 272°. — *7α-[1-(S)-Hydroxyäthyl]-,* $C_{22}H_{27}NO_4$, F. 280°. *Hydrochlorid,* F. 290°. — *7α-[1-(R)-Hydroxybenzyl]-, Hydrat,* $C_{27}H_{29}NO_4\cdot H_2O$, F. 160°. *Hydrochlorid,* F. 300°. — *7α-[1-(R)-Hydroxy-3-phenyl-n-propyl]-,* $C_{29}H_{33}\cdot NO_4$, F. 120°. *Hydrochlorid,* F. 290°. — *7α-[1-(R)-Hydroxy-1-methyl-n-propyl]-,* $C_{24}H_{31}NO_4$, F. 268°. *Hydrochlorid,* F. 282°. *O-Acetylderiv.,* $C_{26}H_{33}NO_5$, F. 154°. *Hydrochlorid,* F. 252°. — *7α-[1-Hydroxy-1-äthyl-n-propyl]-, Hemihydrat,* $C_{25}H_{33}NO_4\cdot 0{,}5\,H_2O$, F. 157°. *Hydrochlorid,* F. 310°. *O-Acetylderiv.,* $C_{27}H_{35}NO_5$, F. 179°. — *7α-[1-(R)-Hydroxy-1-methyl-n-butyl]-, Hydrat,* $C_{25}H_{33}NO_4\cdot H_2O$, F. 215° *Hydrochlorid* F. 267°. *O-Acetylderiv.,* $C_{27}H_{35}NO_5$, F. 196° (A.), mit Acetanhydrid/Na-Acetat. *Acetylderivathydrochlorid,* F. 206°. *O-Propionylderiv.,* $C_{28}H_{37}NO_5$, F. 130° (wss. A.), mit Propionsäureanhydrid/Na-Propionat. — *7α-[1-(R)-Hydroxy-1-methyl-n-amyl]-, Hydrat,* $C_{26}H_{35}NO_4\cdot H_2O$, F. 174°. *Hydrochlorid* F. 272°. — *7α-[1-(R)-Hydroxy-1-methyl-isoamyl]-, Hydrat,* $C_{26}H_{35}NO_4\cdot H_2O$, F. 217°. *Hydrochlorid,* F. 292°. *O-Acetylderiv.,* $C_{28}H_{37}NO_5$, F. 152°. *Acetylderivathydrochlorid,* F. 238°. — *7α-[1-(R)-Hydroxy-1-methyl-n-hexyl]-, Hemihydrat,* $C_{27}H_{37}\cdot NO_4\cdot 0{,}5\,H_2O$, F. 106°. *Hydrochlorid,* F. 278°. — *7α-[1-(R)-Hydroxy-1-methyl-isohexyl]-,* $C_{27}H_{37}NO_4$, F. 132°. *Hydrochlorid,* F. 258°. *O-Acetylderiv.,* $C_{29}H_{39}NO_5$, F. 126°. *Acetylderivathydrochlorid,* F. 244°. — *7α-[1-Hydroxy-1-methyl-n-heptyl]-,* $C_{28}H_{39}NO_4$, F. 288°. *Hydrochlorid,* F. 265°. — *7α-[1-(R)-Hydroxy-1-methylbenzyl]-, Hydrat,* $C_{28}H_{31}NO_4\cdot H_2O$, F. 252°. *Hydrochlorid,* F. 286°. — *7α-[1-(R)-Hydroxy-1-methyl-3-phenyl-n-propyl]-,* $C_{30}H_{35}\cdot NO_4$, F. 226°. *Hydrochlorid,* F. 255°. — *7α-[1-(R)-Hydroxy-1-methyl-cyclopentylmethyl]-,* $C_{27}H_{35}NO_4$, F. 302°. *Hydrochlorid,* F. 248°. — *7α-[1-(R)-Hydroxy-1-methyl-cyclohexylmethyl]-,* $C_{28}H_{37}NO_4$, F. 242°. *Hydrochlorid,* F. 263°. *O-Acetylderiv., Hydrat,* $C_{30}H_{39}NO_5\cdot H_2O$, F. 193°. *Acetylderivathydrochlorid,* F. 262°. — 6.14-endo-Äthano-tetrahydrooripavine: *7α-[1-(R)-Hydroxy-1-methyl-n-butyl]-,* $C_{25}H_{35}NO_4$, F. 116 u. 205°, analog **VIII**. — *7α-[1-(R)-Hydroxy-1-methyl-isohexyl]-,* $C_{27}\cdot H_{39}NO_4$, F. 180°, analog **VIII**. — 7α-Acetyl-6.14-endo-ätheno-tetrahydronorthebaine: *N-Cyan-* (**V**), $C_{23}H_{24}N_2O_4$, F. 236° (2-Äthoxyäthanol) durch 12std. Kochen von 50 g **III** mit BrCN in W./$CHCl_3$; 48 g. — *N-Aminocarbonyl-,* $C_{23}H_{26}N_2O_5$, F. 220° (Methanol), durch 2std. Kochen von **V** in 2 n HCl. — *Unsubstituiert, Hydrochlorid, Hemihydrat,* $C_{22}H_{25}NO_4\cdot HCl\cdot 0{,}5\,H_2O$, F. 350° (W.), a) durch Zugabe von $NaNO_2$-Lsg. zu vorst. Verb. (aus 40 g **V**) u. Zugabe von $NH_3$; 25 g; b) durch Einengen einer Lsg. von 10 g **III** u. **VI** in Aceton, Aufnahme des Rückstandes in 1 n HCl u. Stehenlassen; 8,2 g. *Freie Base, Hydrat,* $C_{22}H_{25}NO_4\cdot H_2O$, F. 73° (W.). *Pikrat,* $C_{28}H_{28}N_4O_{11}$, F. 273° (A.). *N-Acetylderiv., Hydrat,* $C_{24}H_{27}NO_5\cdot H_2O$, F. 101° (Methanol), durch Erhitzen der Base mit Acetanhydrid. *N-Cyclopropylcarbonylderiv.,* $C_{26}H_{29}NO_5$, F. 197°, aus der Base mit Cyclopropylcarbonylchlorid/$K_2CO_3$. — *N-Allyl-* (**X**), *Hydrochlorid, Hydrat,* $C_{25}H_{29}NO_4\cdot HCl\cdot H_2O$, F. 233°, durch 18std. Kochen von 20 g vorst. Verb., Allylbromid u. $Na_2CO_3$ in A.; 22 g. — *N-Propyl-, Hydrochlorid, Hydrat,* $C_{25}H_{31}NO_4\cdot HCl\cdot H_2O$, F. 263°. — *N-Propin-(2)-yl-, Hydrochlorid,* $C_{25}H_{27}\cdot NO_4\cdot HCl$, F. 225°. — *N-Isobutyl-, Hydrochlorid, Hydrat,* $C_{26}H_{33}NO_4\cdot HCl\cdot H_2O$, F. 305°. — *N-3.3-Dimethylallyl-, Hydrochlorid Sesquihydrat,* $C_{27}H_{33}NO_4\cdot HCl\cdot 1{,}5\,H_2O$, F. 256°. — *N-2-Methylallyl-, Hydrochlorid, Sesquihydrat,* $C_{26}H_{31}NO_4\cdot HCl\cdot 1{,}5\,H_2O$, F. 308°. — *N-2-Phenyläthyl-, Hemihydrat,* $C_{30}H_{33}NO_4\cdot 0{,}5\,H_2O$, F. 137°. *Hydrochlorid,* F. 245°. 7α-[1-Hydroxy-1-methyläthyl]-**A**: *N-Cyan-* (**XI**), $C_{24}H_{28}N_2O_4$, F. 228° (wss. 2-Äthoxyäthanol), durch 24std. Kochen von 15 g **IX** mit BrCN in $CH_2Cl_2$ 14,8 g. — *N-Unsubstituiert* (**XII**), $C_{23}H_{29}NO_4$, F. 163° (W.), durch 10—15 Min. langes Erwärmen von 57 g **XI** u. KOH in Diäthylenglykol auf 165—170°; 41 g. *Hydrochlorid,* F. 290°. — *N-Allyl-* (**XIII**), $C_{26}H_{33}NO_4$, F. 104° (PAe.), a) durch 18std. Kochen von 3,4 g **XII**, Allylbromid u. $Na_2CO_3$ in A.; 3,0 g; b) aus 10 g **X** u. $CH_3MgJ$ in Ae.; 8,9 g; c) durch 16std. Kochen von 1 g **XIV** u. Allylbromid mit $K_2CO_3$ in A.; 1 g. — *N-Methyl-,* F 166°, durch 6std. Kochen von 1 g **XIV** mit $CH_3J/K_2CO_3$ in A.; 1 g — *N-Äthyl-,* $C_{25}H_{33}NO_4$, F. 142°. — *N-n-Propyl-,* $C_{26}H_{35}\cdot NO_4$, F. 157°. *Hydrochlorid,* F. 286°. — *N-n-Butyl-, Hemimethanolat,* $C_{27}H_{37}NO_4\cdot 0{,}5\,CH_3OH$, F. 124°. — *N-Isobutyl-,* $C_{27}H_{37}NO_4$, F. 76°. *Hydrochlorid,* F. 294°. — *N-n-Amyl-,* $C_{28}H_{39}NO_4$, F. 135°. — *N-Propin-(2)-yl-, Sesquihydrat,* $C_{26}H_{31}NO_4\cdot 1{,}5\,H_2O$, F. 163°. *Hydrochlorid,* F. 276°. — *N-2-Methylallyl-, Hydrochlorid,* F. 248°. — *N-[3.3-Dimethylallyl]-, Hydrochlorid,* $C_{28}H_{37}NO_4\cdot HCl$, F. 172°. — *N-Benzoylmethyl-,* $C_{31}H_{35}NO_5$, F. 170°. — *N-Cyclobutylmethyl-,* $C_{28}H_{37}NO_4$, F. 179°. — *N-Cyclopropylcarbonyl-,* $C_{27}H_{33}NO_5$, F. 214° (Methanol) a) aus 5 g **XII** u. Cyclopropylcarbonylchlorid durch 6std. Rühren mit $K_2CO_3$ in Ae.; 3,5 g; b) analog a) aus 1 g **XIV**; 1,0 g. — *N-Cyclopropylmethyl-,* $C_{27}H_{35}NO_4$, F. 124° (Methanol), aus 2 g vorst. Verb. durch 5std. Kochen mit $LiAlH_4$ in THF; 1,4 g. *Hydrochlorid,* $C_{27}H_{35}NO_4\cdot HCl$, F. 266°, durch Behandeln der äthanol. Lsg. mit HCl. — *N.N'-Methylen-bis-* (**XIV**), $C_{47}H_{58}N_2O_8$, F. 286° (2-Äthoxyäthanol), a) durch Einengen einer Lsg. von 10 g **IX** u. **VI** in Aceton u. Lösen des Rückstandes in 1 n HCl; 8,4 g; b) aus 3 g **XII** u. $CH_2O$; 2,65 g. — *7α-Hydroxymethyl-6.14-endo-ätheno-tetrahydronorthebain,* $C_{21}H_{25}NO_4$, F. 131°. — 7α-[1-(R)-Hydroxyäthyl]-**A**: *N-Cyan-,* $C_{23}H_{26}N_2O_4$, F. 200°. — *N-Unsubstituiert, Hydrochlorid,* $C_{22}H_{27}NO_4\cdot HCl$, F. 275°. — *N-Allyl-, Hydrochlorid, Hydrat,* $C_{25}H_{31}\cdot NO_4\cdot HCl\cdot H_2O$, F. 293°. — *N-Cyclopropylcarbonyl-,* $C_{26}H_{31}NO_5$, F. 185°. — *N-Cyclopropylmethyl-, Hydrochlorid* $C_{26}H_{33}NO_4\cdot HCl$, F. 254. — 7α-[1-(S)-Hydroxyäthyl]-**A**: *N-Cyan-,* $C_{23}H_{26}N_2O_4$, F. 208°. *N-Unsubstituiert,* $C_{22}H_{27}NO_4$, F. 102°. *Hydrochlorid,* F. 218°. — *N-n-Propyl-, Hydrochlorid* $C_{25}H_{33}NO_4\cdot HCl$ F. 315°. — *N-Isobutyl-, Hydrochlorid* $C_{26}H_{35}NO_4\cdot HCl$, F. 300° — *N-Allyl-, Hydrochlorid, Hydrat,* $C_{25}H_{31}NO_4\cdot HCl\cdot H_2O$, F. 277°. — *N-Propin-(2)-yl-, Hydrochlorid, Hydrat,* $C_{25}H_{29}NO_4\cdot HCl\cdot H_2O$, F. 260°. — *N-Cyclopropylcarbonyl-* $C_{26}H_{31}NO_5$, F. 180°. — *N-Cyclopropylmethyl-, Hydrochlorid,* $C_{26}H_{33}\cdot NO_4\cdot HCl$, F. 254°. — *N-3.3-Dimethylallyl-,* $C_{27}H_{35}NO_4$, F. 115°. *Hydrochlorid,* F. 230°. — 7α-[1-(R)-Hydroxy-1-methyl-n-propyl]-**A**: *N-Cyan-,* $C_{25}H_{30}N_2O_4$, F. 198°,

*N-Unsubstituiert*, $C_{24}H_{31}NO_4$, F. 155°. – *N-Äthyl-*, $C_{26}H_{35}NO_4$, F. 150°. – *N-n-Propyl-*, $C_{27}H_{37}NO_4$, F. 142°. *Hydrochlorid*, F 282°. – *N-n-Butyl-*, $C_{28}H_{39}NO_4$, F 100°. – *N-Isobutyl-, Hydrochlorid, Hydrat* $C_{28}H_{39}NO_4 \cdot HCl \cdot H_2O$, F. 268°. – *N-Allyl-, Hydrochlorid*, $C_{27}H_{35}NO_4 \cdot HCl$, F. 286°. – *N-Propin-(2)-yl-*, $C_{27}H_{33}NO_4$, F. 158°. *Hydrochlorid*, F. 293°. – *N-[2-Methylallyl]- Hydrogentartrat, Hydrat*, $C_{28}H_{37}NO_4 \cdot C_4H_6O_6 \cdot H_2O$, F. 242°. – *N-[3.3-Dimethylallyl]-*, $C_{29}H_{39}NO_4$, F. 126°. – *N-Cyclopropylcarbonyl-*, $C_{28}H_{35}NO_5$, F. 212°. – *N-[Cyclopropylmethyl]-*, $C_{28}H_{37}NO_4$, F. 113°. – *N-[Acetonyl]-*, $H_{27}H_{35}NO_5$, F. 160°. *Hydrochlorid*, F. 125°. – *N-Benzoylmethyl]-*, $C_{32}H_{37}NO_5$, F. 166°. *Hydrochlorid*, F. 155°. – *N.N'-Methylen-bis-*, $C_{49}H_{62}N_2O_8$, F. 252°. – 7α-[1-(R)-Hydroxy-1-methyl-n-butyl]-**A**: *N-Cyan-*, $C_{26}H_{32}N_2O_4$, F. 200°. – *N-Unsubstituiert*, $C_{25}H_{33}NO_4$, F. 173°. *Hydrochlorid*, F. 260°. *N-Äthyl-, Hydrochlorid*, $C_{27}H_{37}NO_4 \cdot HCl$, F. 189°. – *N-n-Propyl-, Hydrogentartrat, Hydrat*, $C_{28}H_{39}NO_4 \cdot C_4H_6O_6 \cdot H_2O$, F. 254°. – *N-n-Butyl-*, $C_{29}H_{41}NO_4$, F. 110°. – *N-Isobutyl-*, $C_{29}H_{41}NO_4$, F. 174°. *Hydrochlorid*, F. 310°. – *N-n-Amyl-*, $C_{30}H_{43}NO_4$, F. 123°. – *N-Allyl-*, $C_{28}H_{37}NO_4$, F. 118°. *Hydrochlorid*, F. 163°. – *N-Propin-(2)-yl-*, $C_{28}H_{35}NO_4$, F. 162°. – *N-[2-Methylallyl]-, Hydrochlorid*, $C_{29}H_{39}NO_4 \cdot HCl$, F. 277°. – *N-[3.3-Dimethylallyl]-*, $C_{30}H_{41}NO_4$, F. 106°. *Hydrochlorid*, F. 160°. – *N-Cyclopropylcarbonyl-*, $C_{29}H_{37}NO_5$, F. 185°. – *N-Cyclopropylmethyl-*, $C_{29}H_{39}NO_4$, F. 130°. – *N.N'-Methylen-bis-*, $C_{51}H_{66}N_2O_8$, F. 269°. – 7α-[1-(R)-Hydroxy-1-methyl-isobutyl]-**A**: *N-Cyan-*, $C_{26}H_{32}N_2O_4$, F. 230°. – *N-Unsubstituiert*, $C_{25}H_{33}NO_4$, F. 169°. – *N-Cyclopropylcarbonyl-*, $C_{29}H_{37}NO_5$, F. 177° (191°). – *N-Cyclopropylmethyl-*, $C_{29}H_{39}NO_4$, F. 132°. – 7α-[1-(R)-Hydroxy-1-methyl-n-amyl]-**A**: *N-Cyan-*, $C_{27}H_{34}N_2O_4$, F. 144°. – *N-Unsubstituiert*, $C_{26}H_{35}NO_4$, F. 110°. *Hydrochlorid*, F. 285. – *N-Allyl-, Hemihydrat*, $C_{29}H_{39}NO_4 \cdot 0{,}5\,H_2O$, F. 102°. *Hydrochlorid*, F. 255°. – *N-Propin-(2)-yl-*, $C_{29}H_{37}NO_4$, F. 152°. *Hydrochlorid*, F. 267°. – 7α-[1-(R)-Hydroxy-1-methyl-isoamyl]-**A**: *N-Cyan-*, $C_{27}H_{34}N_2O_4$, F. 170°. – *N-Unsubstituiert*, $C_{26}H_{35}NO_4$, F. 131°. *Hydrochlorid*, F. 284°. – *N-Allyl-*, $C_{29}H_{39}NO_4$, F. 102°. *Hydrochlorid*, F. 277°. – *N.N'-Methylen-bis-*, $C_{53}H_{70}N_2O_8$, F. 224°. – 7α-[1-(R)-Hydroxy-1-methyl-n-hexyl]-**A**: *N-Cyan-*, $C_{28}H_{36}N_2O_4$, F. 129°. – *N-Unsubstituierte* $C_{27}H_{37}NO_4$, F. 135°. *Hydrochlorid*, F. 238°. – *N-[2-Methylallyl]-*, $C_{31}H_{43}NO_4$, F. 100°. – *N-[3.3-Dimethylallyl]-, Hydrochlorid, Hydrat*, $C_{32}H_{45}NO_4 \cdot HCl \cdot H_2O$, F. 230°. – *N-2-Methyl-cyclopropylmethyl-*, $C_{32}H_{45}NO_4$, F. 118°. – *N.N'-Methylen-bis-*, $C_{55}H_{74}N_2O_8$, F. 186°. – 7α-[1-(R)-Hydroxy-1-methyl-isohexyl]-**A**: *N-Cyan-*, $C_{28}H_{36}N_2O_4$, F. 164°. – *N-Unsubstituiert*, $C_{27}H_{37}NO_4$, F. 134°. – *N-Äthyl-*, $C_{29}H_{41}NO_4$, F. 110°. – *N-n-Propyl-*, $C_{30}H_{43}NO_4$, F. 90°. *Hydrochlorid*, F. 220°. – *N-n-Butyl-, Hydrochlorid*, $C_{31}H_{45}NO_4 \cdot HCl$, F. 201°. – *N-Isobutyl-*, $C_{31}H_{45}NO_4$, F. 72°. *Hydrochlorid*, F. 301°. – *N-n-Amyl-*, $C_{32}H_{47}NO_4$, F. 101°. – *N.N'-Methylen-bis-*, $C_{55}H_{74}N_2O_8$, F. 200°. – 7α-[1-(R)-Hydroxy-1-methyl-n-nonyl)-**A**: *N-Cyan-*, $C_{31}H_{42}N_2O_4$, F. 108°. – *N-Unsubstituiert, Hydrogentartrat, Hydrat*, $C_{30}H_{43}NO_4 \cdot C_4H_6O_6 \cdot H_2O$, F. 286°. – *N-[3.3-Dimethylallyl]-*, $C_{35}H_{51}NO_4$. F. 96°. – 7α-[1-(R)-Hydroxy-1-methyl-cyclopentylmethyl]-**A**: *N-Cyan-*, $C_{28}H_{34}N_2O_4$, F. 210°. – *N-Unsubstituiert*, $C_{27}H_{35}NO_4$, F. 110°. – *N-[3.3-Dimethylallyl]-, Hydrat*, $C_{32}H_{43}NO_4 \cdot H_2O$, F. 112°. – 7α-[1-(R)-Hydroxy-1-methyl-cyclohexylmethyl]-**A**: *N-Cyan-*, $C_{29}H_{36}N_2O_4$, F. 213°. – *N-Unsubstituiert*, $C_{28}H_{37}NO_4$, F. 203° *Hydrochlorid*, F. 288°. – *N-Äthyl-*, $C_{30}H_{41}NO_4$, F. 171°. – *N-n-Propyl-*, $C_{31}H_{43}NO_4$, F. 180°. – *N-n-Butyl-, Hemihydrat*, $C_{32}H_{45}NO_4 \cdot 0{,}5\,H_2O$, F. 157°. – *N-n-Amyl-*, $C_{33}H_{47}NO_4$, F. 151°. – *N-Allyl-, Hemihydrat*, $C_{31}H_{41}NO_4 \cdot 0{,}5\,H_2O$, F. 204°. *Hydrochlorid*, F. 219°. – *N-Propin-(2)-yl-*, $C_{31}H_{39}NO_4$, F. 172°. – *N-[2-Methylallyl]-, Hemihydrat*, $C_{32}H_{43}NO_4 \cdot 0{,}5\,H_2O$, F. 203°. – *N-[3.3-Dimethylallyl]-*, $C_{33}H_{45}NO_4$, F. 190°. – *N-Cyclopropylcarbonyl-*, $C_{32}H_{41}NO_5$, F. 220°. – *N-Cyclopropylmethyl-, Hydrat*, $C_{32}H_{43}NO_4 \cdot H_2O$, F. 228°. – *N-[2-Methyl-cyclopropylcarbonyl]-*, $C_{33}H_{43}NO_5$. F. 258°. – *N-[2-Methylcyclopropylmethyl]-*, $C_{33}H_{45}NO_4$, F. 98°. – *N.N'-Methylen-bis-*, $C_{57}H_{74}N_2O_8$, F 228°. – 7α-[1-(R)-Hydroxy-1-methyl-2-phenyläthyl]-**A**: *N-Cyan-*, $C_{30}H_{32}N_2O_4$, F. 216°. – *N-Unsubstituiert*, $C_{29}H_{33}NO_4$, F. 85°. – *N-Allyl-*, F. 78°. *Hydrochlorid, Hydrat*, $C_{32}H_{37}NO_4 \cdot HCl \cdot H_2O$, F. 148°. – 7α-[1-(R)-Hydroxy-1-methyl-3-phenyl-n-propyl]-**A**: *N-Cyan-*, $C_{31}H_{34}N_2O_4$, F. 98°. – *N-Unsubstituiert* (**II**), $C_{30}H_{35}NO_4$, F. 138°. – *N-Äthyl-*, $C_{32}H_{39}NO_4$, F. 159°. – *N-n-Propyl-*, $C_{33}H_{41}NO_4$, F. 122°. – *N-n-Butyl-, Hydrochlorid, Hydrat*, $C_{34}H_{43}NO_4 \cdot HCl \cdot H_2O$, F. 195°. – *N-Allyl-*, $C_{33}H_{39}NO_4$, F. 127°. – *N-3.3-Dimethylallyl-, Hydrochlorid*, $C_{35}H_{43}NO_4 \cdot HCl$, F. 210°. – *N-Hydroxymethyl-* (**IV**), $C_{31}H_{37}NO_5$, F. 123° (Methanol/wss. $CH_2O$), aus 2 g **II** u. $CH_2O$; 1,9 g. – *N.N'-Methylen-bis-*, $C_{61}H_{70}N_2O_8$, F. 243° (n-Propanol), a) aus 19-Phenäthylthevinol u. Azodicarbonsäurediäthylester; b) durch Kochen von 1 g **IV** in A.; 0,8 g; c) durch Kochen von 0,93 g **II** u. **IV** in A.; 1,7 g. – 7α-[1-(R)-Hydroxy-1-methyl-4-phenyl-n-butyl]-**A**: *N-Cyan-*, $C_{32}H_{36}N_2O_4$, F. 212°. – *N-Unsubstituiert*, $C_{31}H_{37}NO_4$, F. 138°. – *N-3.3-Dimethylallyl-*, $C_{36}H_{45}NO_4$, F. 189°. – *N-Allyl-7α-[1-(R)-hydroxy-1-methyl-buten-(3)-yl]-***A** *Hydrochlorid*, $C_{28}H_{35}NO_4 \cdot HCl$, F. 275°. – *N-Allyl-7α-[1-(R)-hydroxy-1-methyl-4-äthoxy-n-butyl]-***A**, *Hydrochlorid, Hydrat*, $C_{30}H_{41}NO_5 \cdot HCl \cdot H_2O$, F. 130°. – *N-Allyl-7α-[1-(R)-hydroxy-1-methyl-5-phenoxy-n-amyl]-***A**, $C_{35}H_{43}NO_5$, F 136°. *Hydrochlorid*, F. 285°. – 7α-[1-(R)-Hydroxy-1-methyl-p-methylbenzyl]-**A**; *N-Cyan-*, $C_{30}H_{32}N_2O_4$, F. 210°. – *N-Unsubstituiert*, $C_{29}H_{33}NO_4$, F 190°. – *N-Allyl-*, $C_{32}H_{37}NO_4$ F. 201°. – 6.14-endo-Äthanotetrahydronorthebaine (**B**): *N-Cyclopropylmethyl-7α-hydroxymethyl-*, $C_{25}H_{33}NO_4$, F. 107°. – 7α-[1-Hydroxy-1-methyläthyl]-**B**: *N-Cyan-*, $C_{24}H_{30}N_2O_4$, F. 205°. – *N-Unsubstituiert*, $C_{23}H_{31}NO_4$, F. 146°. – *N-Cyclopropylmethyl-*, $C_{27}H_{37}NO_4$, F. 123°. – 7α-[1-(R)-Hydroxy-1-methyl-n-propyl]-**B**: *N-Cyan-*, $C_{25}H_{32}N_2O_4$, F. 170°. – *N-Unsubstituiert*, $C_{24}H_{33}NO_4$, F. 143. – 7α-[1-(R)-Hydroxy-1-methyl-n-butyl]-**B**: *N-Cyan-*, $C_{26}H_{34}N_2O_4$, F. 199°. – *N-Unsubstituiert*, F. 168°. *Hydrochlorid, Hemihydrat*, $C_{25}H_{35}NO_4 \cdot HCl \cdot 0{,}5\,H_2O$, F. 265°. – *N-Cyclopropylmethyl-*, $C_{29}H_{41}NO_4$, F. 99°. – 7α-[1-(R)-Hydroxy-1-methyl-n-amyl]-**B**: *N-Cyan-*, $C_{27}H_{36}N_2O_4$, F. 153°. – *N-Unsubstituiert*, $C_{26}H_{37}NO_4$, F. 136°. – *N-Cyclopropylmethyl-*, $C_{30}H_{43}NO_4$, F. 102°. – 7α-[1-(R)-Hydroxy-1-methyl-isoamyl]-**B**: *N-Cyan-*, $C_{27}H_{36}N_2O_4$, F. 180°. – *N-Unsubstituiert*, $C_{26}H_{37}NO_4$, F. 128°. – 7α-[1-(R)-Hydroxy-1.2.2.2-tetramethyläthyl]-**B**: *N-Cyan-*, $C_{27}H_{36}N_2O_4$, F. 207°. – *N-Unsubstituiert*, $C_{26}H_{37}NO_4$, F. 199°. – *N-Cyclopropylcarbonyl-*, $C_{30}H_{41}NO_5$. F. 176°. – *N-Cyclopropylmethyl-*, $C_{30}H_{43}NO_4$, F. 109°. – 7α-[1-(R)-Hydroxy-1-methyl-n-hexyl]-**B**: *N-Cyan-*, $C_{28}H_{38}N_2O_4$, F. 142°. – *N-Unsubstituiert, Hydrochlorid*, $C_{27}H_{39}NO_4 \cdot HCl$, F. 241°. – *N- Cyclopropylmethyl-*, $C_{31}H_{45}NO_4$, F. 78°. – *N-Cyan-7α-[1-(R)-hydroxy-1-methyl-isohexyl]-***B**, $C_{28}H_{38}N_2O_4$, F. 152°. – 7α-[1-(R)-Hydroxy-1-methyl-cyclohexylmethyl]-**B**: *N-Cyan-*, $C_{29}H_{38}N_2O_4$, F. 216°. – *N-Unsubstituiert*, $C_{28}H_{39}NO_4$, F. 174°. – *N-Cyclopropylcarbonyl-*, $C_{32}H_{43}NO_5$, F. 235°. – 7α-[1-Hydroxy-1-methyläthyl]-6.14-endo-ätheno-tetrahydronororipavine: *N-Cyan-* (**VII**), $C_{23}H_{26}N_2O_4$, F. 275° (wss. 2-Äthoxyäthanol), aus 15 g **VIII**; 14,8 g. – *N-Unsubstituiert* (**I**), $C_{22}H_{27}NO_4$, F. 284° (Methanol), a) durch 30–40 Min. langes Rühren von 100 g **XI** in einer Lsg. von KOH in Diäthylenglykol bei 200 bis 220°; 80 g; b) aus 5 g **VII**; 3,1 g; c) aus **XII**. *Hydrochlorid*, F. 308°. – *N-Allyl-*, $C_{25}H_{31}NO_4$, F. 120° (Methanol); a) aus 3,4 g **I**; 3,0 g; b) aus 2 g **XIII**; 0,8 g. – *N-Äthyl-*, $C_{24}H_{31}NO_4$, F. 228°. – *N-n-Butyl-*, $C_{26}H_{35}NO_4$, F. 172°. – *N-n-Amyl-, Hydrochlorid, Hemihydrat*, $C_{27}H_{37}NO_4 \cdot HCl \cdot 0{,}5\,H_2O$, F. 196°. – *N-Propargyl-*, $C_{25}H_{29}NO_4$, F. 120°. *Hydrochlorid*, F. 240°. – *N-[3.3-Dimethylallyl]-, Hydrochlorid, Dihydrat*, $C_{27}H_{35}NO_4 \cdot HCl \cdot 2\,H_2O$, F. 212°. – *N-Cyclopropylcarbonyl-*, $C_{26}H_{31}NO_5$, F. 290°. – *N-Cyclopropylmethyl-*, $C_{26}H_{33}NO_4$, F. 234°. *Hydrochlorid*, F. 248°. – 7α-Hydroxymethyl-**E**: *N-Unsubstituiert, Hydrochlorid, Hydrat*, $C_{20}H_{23}NO_4 \cdot HCl \cdot H_2O$, F. 264°. – *N-Allyl-, Hydrochlorid, Dihydrat*, $C_{23}H_{27}NO_4 \cdot HCl \cdot 2H_2O$, F. 281°. – 7α-[1-(R)-Hydroxyäthyl]-**E**: *N-Unsubstituiert*, $C_{21}H_{25}NO_4$, F. 296°. – *N-Allyl-*, $C_{24}H_{29}NO_4$, F. 265°. – *N-Cyclopropylmethyl-*, F. 92°. *Hydrochlorid, Hydrat*, $C_{25}H_{31}NO_4 \cdot HCl \cdot H_2O$, F. 251°. 7α-[1-(R)-Hydroxy-1-methyl-n-propyl]-**E**: *N-Unsubstituiert*, $C_{23}H_{29}NO_4$, F. 277°. – *N-Äthyl-*, $C_{25}H_{33}NO_4$, F. 260°. –

*N-n-Propyl-*, $C_{26}H_{35}NO_4$, F. 187°. — *N-n-Butyl-*, $C_{27}H_{37} \cdot NO_4$, F. 162°. — *N-3.3-Dimethylallyl-*, $C_{28}H_{37}NO_4$, F. 208°. *N-Cyclopropylcarbonyl-*, $C_{27}H_{33}NO_5$, F. 254°. — *N-Cyclopropylmethyl-*, $C_{27}H_{35}NO_4$, F. 117°. — 7α-[1-(R)-Hydroxy-1-methyl-n-butyl]-E: *N-Unsubstituiert*, $C_{24} \cdot H_{31}NO_4$, F. 260°. *Hydrochlorid*, F. 305°. — *N-Äthyl-*, $C_{26}H_{35}NO_4$, F. 219°. — *N-n-Propyl-*, $C_{27}H_{37}NO_4$, F. 214°. — *N-n-Butyl-*, $C_{28}H_{39}NO_4$, F. 136°. — *N-n-Amyl-*, $C_{29}H_{41} \cdot NO_4$, F. 141°. — *N-Allyl-*, $C_{27}H_{35}NO_4$, F. 126°. *Hydrochlorid*, F. 254°. — *N-3.3-Dimethylallyl-*, $C_{29}H_{39}NO_4$, F. 190°. — *N-Cyclopropylcarbonyl-*, $C_{28}H_{35}NO_5$, F. 270°. — *N-Cyclopropylmethyl-*, $C_{28}H_{37}NO_4$, F. 180°. *Hydrochlorid*, F. 262°. — 7α-[1-(R)-Hydroxy-1-methyl-n-amyl]-E:, *N-Unsubstituiert*, $C_{25}H_{33}NO_4$, F. 210°. — *N-Allyl-*, $C_{28}H_{37}NO_4$, F. 122°. *Hydrochlorid*, F. 263°. — 7α-[1-(R)-Hydroxy-1-methyl-n-hexyl]-E: *N-Cyclopropylcarbonyl-*, $C_{30}H_{39}NO_5$, F. 236°. — *N-Cyclopropylmethyl-*, $C_{30}H_{41}NO_4$. — 7α-[1(R)-Hydroxy-1-methyl-isohexyl]-E: *N-Unsubstituiert*, $C_{26}H_{35}NO_4$, F. 262°. — *N-Äthyl-*, $C_{28}H_{39}NO_4$, F. 179°. — *N-n-Propyl-*, $C_{29}H_{41}NO_4$, F. 175°. — *N-n-Butyl-*, *Hemihydrat*, $C_{30}H_{43}NO_4 \cdot 0{,}5\,H_2O$, F. 141°. — *N-n-Amyl-*, *Hemihydrat*, $C_{31}H_{45}NO_4 \cdot 0{,}5\,H_2O$, F. 122°. — *N-3.3-Dimethylallyl-* $C_{31}H_{43}NO_4$, F. 225°, *N-Cyclopropylcarbonyl-*, $C_{30}H_{39}NO_5$, F. 240°. — *N-Cyclopropylmethyl-* $C_{30}H_{41}NO_4$, F. 110°. *Hydrochlorid*, F. 258°. — 7α-[1-(R)-Hydroxy-1-methyl-cyclohexylmethyl]-E: *N-Unsubstituiert*, $C_{27}H_{35}NO_4$, F. 310°. — *N-n-Propyl-*, *Hydrochlorid*, $C_{30}H_{41}NO_4 \cdot HCl$, F. 275°. — *N-Allyl-*, *Hydrochlorid*, $C_{30}H_{39}NO_4 \cdot HCl$, F. 251° — *N-Propargyl-*, *Hydrochlorid*, $C_{30}H_{37}NO_4 \cdot HCl$, F. 202°. — *N-Cyclopropylcarbonyl-*, $C_{31}H_{39}NO_5$, F. 268°. — *N-Cyclopropylmethyl-*, $C_{31}H_{41}NO_4$, F. 134° (198°). *Hydrochlorid*, F. 180°. — 6.14-endo-Äthano-tetrahydronororipavine (F): *N-Cyclopropylmethyl-7α-[1-hydroxy-1-methyläthyl]-*, $C_{26}H_{35}NO_4$, F. 185°. — 7α-[1-(R)-Hydroxy-1-methyl-n-butyl]-F: *N-Unsubstituiert*, $C_{24}H_{33}NO_4$, F 239° — *N-Cyclopropylmethyl-*, $C_{28}H_{39}NO_4$, F. 179°. — *N-Cyclopropylmethyl-7α-[1-(R)-hydroxy-1-methyl-n-amyl]*-F, $C_{29}H_{41}NO_4$, F. 178°. — *N.N'-Methylen-7α-[1-hydroxy-1-methyläthyl]-7'α-[1-(R)-hydroxy-1-methyl-3-phenyl-n-propyl]-bis-[6.14-endo-ätheno-tetrahydronorthebain]*, $C_{54}H_{64}N_2O_8$ F. 218—220° (n-Propanol a) durch Kochen von 0,76 g **XII** u. **IV** in A.; 1,41 g; b) durch Behandeln von 1g **XII** mit $CH_2O$ u. darauf mit **II**; 1,9 g. *Formaldehyd. 2.4-Dinitrophenylhydrazon*, F. 165°, durch Umsetzen von **XIV** mit HCl/2.4-Dinitrophenylhydrazon. *Dimedonderiv.*, F. 189°; daneben **XII**.

W. Meise 3500

*1407* **Neue Analgetika und Molekularumlagerungen in der Morphin–Thebain-Gruppe.** 4. Mitt. **Säurekatalysierte Umlagerungen von Alkoholen der 6.14-endo-Äthenotetrahydrothebain-Reihen.** K. W. Bentley, D. G. Hardy und B. Meek. (J. Amer. chem. Soc. **89** (1967) 13, 3293—3303; engl.) — 3. vgl. vorst. Referat. — *7α-[1-Hydroxy-1-methylalkyl]-6.14-endo-ätheno-* bzw. *-äthanotetrahydrothebaine* ergeben beim Erwärmen mit HCOOH bzw. mit verd. oder konz. HCl verschiedene Dehydratisierungs- u. Umlagerungsprod.; das Ausmaß der Rk. hängt jeweils vom Alkylsubstituenten u. von der Natur der 6.14-Brücke ab. So entsteht aus *7α-[1-Hydroxy-1-methyläthyl]-6.14-endo-ätheno-tetrahydrothebain* (**I**) beim Kochen in HCOOH nach 45 Min. als Hauptprod. *7α-Isopropenyl-6.14-endo-ätheno-tetrahydrothebain* (**II**), nach 3 Std. *14-[3-Methylbuten-(2)-yl]-codeinon* (**VIII**); bei 6std. Erwärmen mit 6 n HCl auf 45° liefern **I** u. **VIII** *7α-[1-Hydroxy-1-methyläthyl]-6.14-endo-ätheno-dihydrocodein* (**XIII**), bei 45 Min. langem Erhitzen mit 10 n HCl auf 100° ergibt **I** ebenso wie **II**, **VIII** oder **XIII** *5.14-Äthano-18-isopropylidenthebainon* (**XIV**) neben einem weiteren Isomeren, das bei anderen Alkylsubstituenten Hauptprod. ist. Red. der *14-Alkenylcodeinone* mit $NaBH_4$ ergibt *14-Alkenylcodeine*, evtl. im Gemisch mit *14-Alkenyldihydrocodeinonen*. *14-[3-Methylbuten-(2)-yl]-codein* (**XI**) liefert beim Kochen mit konz. HCl ein *Sinomenilanderivat*. Die Struktur der Verb. wird durch NMR-, IR- u. UV-Spektren sowie in einigen Fällen durch Ozonisierung u. einige weitere Rk. bewiesen; Rk.-Mechanismen vgl. Original. Die Verb. haben teils geringere, teils bis zu 15mal stärkere analget. Wrkg. als Morphin.

Versuche: 6.14-endo-Ätheno-tetrahydrothebaine: *7α-Isopropenyl-* (**II**), $C_{24}H_{29}NO_3$, F. 151° (Methanol), a) durch 45 Min. langes Kochen von 10 g 7α-[1-Hydroxy-1-methyläthyl]-6.14-endo-ätheno-tetrahydrothebain (**I**) mit HCOOH; 3,8 g; daneben 3,8 g **VIII**; b) aus **III** u. Methyltriphenylphosphoniumbromid/Li-Butyl. *Hydrochlorid*, F. 198—200° (A./Ae.). — *7α-Acetyl-* (**III**), F. 121°, aus vorst. Verb. u. $O_3$; daneben mit Dimedon *Methylen-bis-dimedon*, F. 186°, bzw. mit 2.4-Dinitrophenylhydrazin *Formaldehyd-2.4-dinitrophenylhydrazon*, F. 166°. — *7α-[1-Phenylvinyl]-* (**V**), $C_{29}H_{31}NO_3$, F. 145 bis 146° (Methanol), durch 1,5 Min. langes Kochen von 10 g 7α-[1-(R)-Hydroxy-1-phenyläthyl]-6.14-endo-ätheno-tetrahydrothebain (**IV**) mit HCOOH; 1,8 g; daneben 5,3 g **X**. — *7α-[1-Methylpropen-(1)-yl]-*, $C_{25}H_{31} \cdot NO_3$, F. 120—121° (wss. Methanol), a) durch 2std. Kochen von 1 g 7α-[1-(R)-Hydroxy-1-methyl-n-propyl]-6.14-endo-ätheno-tetrahydrothebain mit HCOOH; 0,6 g; b) analog aus der entsprechenden 7α-[1-(S)-]-Verbindung. — *7α-[1-Methylbuten-(1)-yl]-* (**VI**), $C_{26}H_{33}NO_3$, F. 110° (wss. Methanol), a) durch 3std. Kochen von 10 g 7α-[1-(R)-Hydroxy-1-methyl-n-butyl]-6.14-endo-ätheno-tetrahydrothebain mit HCOOH; 6,8 g; b) analog aus der 7α-[*1-(S)*-]-Verbindung. — *Propionaldehyd-2.4-dinitrophenylhydrazon*, F. 146°, durch Ozonolyse von **VI** u. Rk. mit 2.4-Dinitrophenylhydrazon. — *n-Propyliden-bis-dimedon*, F. 154°, analog vorst. Derivat. — *7α-[1-Methyl-n-penten-(1)-yl]-*, $C_{27}H_{35}NO_3$, F. 75° (Methanol). — *7α-[1-Methyl-n-hexen-(1)-yl]-*, *Hemihydrat*, $C_{28}H_{37}NO_3 \cdot 0{,}5H_2O$, F. 180° (Methanol). — *7α-[1.4-Dimethyl-n-penten-(1)-yl]-*, *Hydrochlorid*, *Hydrat*, $C_{28}H_{37}NO_3 \cdot HCl \cdot H_2O$, F. 170° (W.). — *7α-[1-Methoxy-1-methyläthyl]-*, $C_{25}H_{33}NO_4$, F. 97—99° (wss. Methanol), a) aus 500 mg **VIII** durch Rk. mit Orthoameisensäuretrimethylester; b) aus 1 g **I** mit $KNH_2/CH_3J$; 500 mg. — 6.14-endo-Ätheno-tetrahydronorthebaine: *N-[2-Methylallyl)-7α-(1-methylpropen-(1)-yl]-*, $C_{28}H_{35}NO_3$, F. 110° (Methanol). — *N-Propargyl-7-[1-methyl-n-penten-(1)-yl]-*, *Hemihydrat*, $C_{29} \cdot H_{35}NO_3 \cdot 0{,}5H_2O$, F. 108° (Methanol). — *N-Cyan-7α-[1-methylbuten-(1)-yl]-*, $C_{26}H_{30}N_2O_3$, F. 138° (Methanol), aus 5 g **VI** durch 24std. Kochen mit BrCN in $CH_2Cl_2$; 4 g. — 6.14-endo-Äthano-tetrahydrothebaine: *7α-Isopropenyl-*, *Hemihydrat*, $C_{24}H_{31}NO_3 \cdot 0{,}5H_2O$, F. 127° (PAe.), durch 10 Min. langes Kochen von 2 g 7α-[1-Hydroxy-1-methyläthyl]-6.14-endo-äthano-tetrahydrothebain (**VII**) mit HCOOH; 0,8 g. — *7α-Isopropyl-*, *Pikrat*, $C_{24}H_{33}NO_3 \cdot C_6H_3N_3O_7$, F. 194° (2-Äthoxyäthanol), aus **II** u. $H_2$/Pd. — *7α-[1-Methylbuten-(1)-yl]-*, F. 65 bis 67° (PAe.), a) durch 20 Min. langes Kochen von 5 g 7α-[1-(R)-Hydroxy-1-methyl-n-butyl]-6.14-endo-äthano-tetrahydrothebain in HCOOH; 3 g; b) aus **VI** u. $H_2$/Pd. *Hydrochlorid*, $C_{26}H_{35}NO_3 \cdot HCl$, F. 218—219°. — *7α-[1-Methylpropen-(1)-yl]-*, *Hydrochlorid*, *Hemihydrat*, $C_{25} \cdot H_{33}NO_3 \cdot HCl \cdot 0{,}5H_2O$, F. 222—223° (A.). — *7α-[1-Methylbuten-(1)-yl]-6.14-endo-ätheno-tetrahydrooripavin*, *Hydrochlorid*, *Hemihydrat*, $C_{25}H_{31}NO_3 \cdot HCl \cdot 0{,}5H_2O$, F. 122° (A./Ae.), durch 2std. Kochen von 7α-[1-(R)-Hydroxy-1-methyl-n-butyl]-6.14-endo-ätheno-tetrahydrooripavin mit HCOOH, Hydrolyse der O-Formyl-Verb. mit KOH u. Zugabe von äthanol. HCl. — Codeinone: *14-[3-Methylbuten-(2)-yl]-* (**VIII**), $C_{23}H_{27}NO_3$, F. 139 bis 140° (Methanol), a) aus 10 g **I**; 6,5 g; b) aus 1 g **II**; 0,75 g. *Hydrochlorid*, F. 286—288°. — *Aceton-2.4-dinitrophenylhydrazon* (**IX**), F. 125°, durch Ozonolyse von **VIII** u. Rk. mit 2.4-Dinitrophenylhydrazin. — *7.8-Dihydro-14-[3-methyl-n-butyl]-*, $C_{23}H_{31}NO_3$, F. 125—126°, aus **VIII** u. $H_2$/Pd. — *14-[3-Phenylbuten-(2)-yl]-* (**X**), $C_{28}H_{29} \cdot NO_3$, F. 156—157° (wss. 2-Äthoxyäthanol), a) durch 1/2std. Kochen von **IV** mit HCOOH; b) durch 5 Min. langes Erhitzen von **IV** mit 2 n HCl auf 100°. *Pikrat*, $C_{28}H_{29}NO_3 \cdot C_6H_3N_3O_7$, F. 160—161° (2-Äthoxyäthanol). *Oxim*, $C_{29}H_{30}N_2O_3$, F. 182° (2-Äthoxyäthanol). — *7.8-Dihydro-14-[3-phenylbuten-(2)-yl]-*, $C_{28}H_{31}NO_3$, F. 160—162° (Methanol), aus 9,5 g **X** u. $NaBH_4$ in Py.; 1,1 g; daneben 1,2 g **XII**. — *14-[3-Phenylpenten-(2)-yl]-*, $C_{29}H_{31}NO_3$, F. 176—177° (2-Äthoxyäthanol), durch 1/2std. Kochen von 7α-[1-(S)-Hydroxy-1-phenyl-n-propyl]-6.14-endo-ätheno-tetrahydrothebain mit HCO · OH. — Norcodeinone: *N-Propargyl-14-[3-methylbuten-(2)-yl]-*, $C_{25}H_{27}NO_3$, F. 126° (Methanol). — *N-[3.3-Di-*

*methylallyl*]-*14*-[*3-methylbuten*-(*2*)-*yl*]-, $C_{27}H_{33}NO_3$, F. 123° (Methanol). — Codeine: *14*-[*3-Methylbuten*-(*2*)-*yl*]- (**XI**), $C_{23}H_{29}NO_3$, F. 168—169° (wss. 2-Äthoxyäthanol), durch Kochen von 10 g **VIII** mit $NaBH_4$ in 2-Äthoxyäthanol; 8,9 g. — *14*-[*3-Phenylbuten*-(*2*)-*yl*]- (**XII**), $C_{28} \cdot H_{31}NO_3$, F. 172° (wss. 2-Äthoxyäthanol), analog **XI** aus 10 g **X**; 8,5 g. — *7α*-[*1-Hydroxy-1-methyläthyl*]-*6.14-endo-ätheno-dihydro-* (**XIII**), $C_{23}H_{29}NO_4$, F. 265° (A.), a) durch 6std. Erwärmen von 20 g **I** mit 6 n HCl auf 45°; 13,3 g; b) analog aus **VIII**. *Hydrochlorid, Hydrat,* $C_{23}H_{29}NO_4 \cdot HCl \cdot H_2O$, F. 262° (A.). — 5.14-Äthano-18-isopropyliden-thebainone: *Unsubstituiert, Hemimethanolat* (**XIV**), $C_{23}H_{27}NO_3 \cdot 0{,}5CH_3OH$, F. 138° (Methanol), a) durch ³/₄std. Erhitzen von **I** auf 100° mit 10 n HCl (ergibt mit $O_3$ **IX**); b) analog aus **XIII**; c) analog aus **II**; d) analog aus **VIII**. *Hydrochlorid,* $C_{23}H_{27}NO_3 \cdot HCl$, F. 320° (W.). *Pikrat, Sesquihydrat,* $C_{23}H_{27}NO_3 \cdot C_6H_3N_3O_7 \cdot 1{,}5H_2O$, F. 224° (wss. 2-Äthoxyäthanol). *4-O-Methylderiv.* (**XV**), $C_{24}H_{29}NO_3$, F. 176—177° (aus Methanol), mit Dimethylsulfat/KOH. *4-O-Äthylderiv.*, $C_{25}H_{31}NO_3$, F. 126—127° (wss. Methanol), mit Diäthylsulfat/KOH. — *7.8-Dihydro-*, $C_{23}H_{29}NO_3$, F. 142° (Methanol), a) durch 2std. Erhitzen von **VII** mit 10 n HCl auf 100°; b) aus **XIV** u. Zn/Essigsäure. *Hydrochlorid, Sesquihydrat,* $C_{23} \cdot H_{29}NO_3 \cdot HCl \cdot 1{,}5H_2O$, F. 245° (W.). *4-O-Methylderiv.*, $C_{24}H_{31}NO_3$, F. 168—169°, a) durch Methylierung vorst. Verb.; b) aus **XV** u. Zn/Essigsäure. — *3-O-Desmethyl-*, $C_{22}H_{25}NO_3$, F. 268° (Methanol), a) durch Kochen von 5 g **XIV** mit HBr; 3 g; b) ebenso aus **VII**. *Hydrochlorid,* $C_{22} \cdot H_{25}NO_3 \cdot HCl$, F. 342° (wss. Methanol). — 5.14-Äthano-18-isopropyliden-northebainone: *N-Allyl-, Hydrochlorid,* $C_{25}H_{29}NO_3 \cdot HCl$, F. 186—188° (wss. Methanol), durch 2std. Erhitzen von 1 g N-Allyl-7α-[1-hydroxy-1-methyläthyl]-6.14-endo-ätheno-tetrahydronorthebain mit 10 n HCl auf 100°; 0,38 g. — *N-Propargyl-, Hydrochlorid, Hydrat,* $C_{25}H_{27}NO_3 \cdot HCl \cdot H_2O$, F. 155°. — *N-*[*3.3-Dimethylallyl*]-, *Hydrochlorid, Hydrat,* $C_{27}H_{33}NO_3 \cdot HCl \cdot H_2O$, F. 196°. — *N-Cyclopropylmethyl-, Hydrochlorid, Hydrat,* $C_{26}H_{31}NO_3 \cdot HCl \cdot H_2O$, F. 206°. — *N-Allyl-3-O-desmethyl-*, $C_{24}H_{27}NO_3$, F. 260° (Zers.; Methanol), durch 3std. Kochen von N-Allyl-7α-[1-hydroxy-1-methyläthyl]-6.14-endo-ätheno-tetrahydronororipavin mit 4 n-HCl. — *5.14-Äthano-18-*[*methylbenzyliden*]-*thebainon*, $C_{28}H_{29}NO_3$, F. 290° (wss. 2-Äthoxyäthanol), als Nebenprod. nach ¹/₂std. Kochen von 20 g **IV** mit konz. HCl; 320 mg. *O-Methyläther,* $C_{29}H_{31}NO_3$, F. 168—169° (wss. 2-Äthoxyäthanol), mit Dimethylsulfat/KOH. *O-Äthylderiv.*, $C_{30}H_{33}NO_3$, F. 144° (wss. A.), mit Diäthylsulfat/KOH. — 5′.5′-Dimethylcyclopentano-[1′.2′:8.14]-(—)-sinomenilane: *6α-Formyl-* (**XVI**), $C_{23}H_{29}NO_3$, F. 200° (wss. 2-Äthoxyäthanol), a) durch ³/₄std. Kochen von 5 g **XI** mit konz. HCl; 1,5 g; b) aus **XVII** u. NaOH. *Perchlorat,* $C_{23}H_{29}NO_3 \cdot HClO_4$, F. 241—242° (wss. A.). — *6α-Hydroxymethyl-*, aus 500 mg **XVI** u. $NaBH_4$; 500 mg. *3.5-Dinitrobenzoat,* $C_{30}H_{33}N_3O_8$, F. 190°. — *6-Methylen-*, $C_{23}H_{29}NO_2$, F. 107—108°, durch 2 Min. langes Kochen von **XVIII** mit konz. HCl. — 5′.5′-Dimethylcyclopentano-[1′.2′:8.14]-(—)-dihydrosinomenilene-(5): *6-Formyl-* (**XVII**), $C_{23}H_{29} \cdot NO_3$, F. 157—158° (wss. Methanol), aus **XV** u. Na-Äthylat. — *6-Hydroxymethyl-* (**XVIII**), $C_{23}H_{31}NO_3$, $Kp._{0,2}$ 190 bis 200° (Badtemp.), aus 1 g **XVII** u. $NaBH_4$; 1 g. — *8.14-Dihydro-6α.7α-epoxy-5′-methyl-5′-phenylcyclopentano-*[*1′.2′*:*8.14*]*-desoxycodein D*, $C_{28}H_{31}NO_3$, F. 234° (wss. 2-Äthoxyäthanol), durch ³/₄std. Kochen von 2 g **XII** mit konz. HCl; 0,3 g; daneben mehrere nichtidentifizierte Nebenprodukte.
W. Meise 3500

*1408* **Neue Analgetika und Molekularumlagerungen in der Morphin–Thebain-Gruppe.** 5. Mitt. **Derivate des 7.8-Dihydrocyclohexeno-[1′.2′:8.14]-codeinons.** K. W. Bentley, D. G. Hardy, C. F. Howell, W. Fulmor, J. E. Lancaster, J. J. Brown, G. O. Morton und R. A. Hardy jun. (J. Amer. chem. Soc. **89** (1967) 13, 3303—11; engl.) — 4. vgl. vorst. Referat. — Beim Erwärmen von *7α-*[*1-Hydroxyalkyl*]*-6.14-endo-ätheno-tetrahydrothebainen* (**A**) mit konz. HCl entstehen über die *14-Alkenylcodeinone* durch Umlagerungen als stabile Endprod. neben geringen Mengen *7.8-Dihydro-5.14-äthano-18-alkylidenthebainonen 5′-Alkyl-* bzw. *5′.6′-Dialkyl-7.8-dihydro-*$\Delta^{4'}$*-* bzw. *-*$\Delta^{5'}$*-cyclohexeno-*[*1′.2′*:*8.14*]*-codeinone*, deren Struktur nach Diskussion der möglichen Rk.-Mechanismen durch NMR-, UV- u. IR-Spektren u. durch einige chem. Rk. bewiesen wird. Im Falle der *5′-Phenylverb.* (**II** bzw. **III**) läßt sich jedes der beiden Isomeren mit Säure in ein Gleichgew.-Gemisch umwandeln. Durch Ätherspaltung mit HBr oder durch Rk. der entsprechenden *Oripavinderiv.* mit sd. HCl werden analoge Deriv. des *Dihydromorphinons* hergestellt. Durch Red. der Carbonylgruppe mit $NaBH_4$ gelangt man zu den entsprechenden *Codein-* bzw. *Morphinderivaten. N-Cyantetrahydro-nor-thebaine* erfahren dieselbe Umlagerung bei längerem Stehen in kalter konz. HCl; die entsprechenden sek. Basen wurden durch Umsetzung der tert. Basen mit Azodicarbonsäuredimethylester (**I**) u. saure Hydrolyse oder aus den *N.N′-Methylen-bis-alkoholen* mit HCl hergestellt u. in üblicher Weise N-alkyliert. Alle Verb. zeigen geringere analget. u. Morphin-antagonist. Wrkg. als die entsprechenden **A**.

Versuche: 7.8-Dihydro-$\Delta^{4'}$-cyclohexeno-[1′.2′:8.14]-codeinone: *5′-Phenyl-* (**II**), $C_{28}H_{29}NO_3$, F. 161—163° (Methanol), a) durch ¹/₂std. Erhitzen von 5 g 7α-[1-(R)-Hydroxy-1-phenyläthyl]-6.14-endo-ätheno-tetrahydrothebain (**IV**) mit konz. HCl u. A. auf 100°, Abfiltrieren des Hydrochlorids, Lösen in heißem 50%ig. A., Alkalisieren mit $NH_3$, Krist. aus A. u. Chromatographieren des erhaltenen Basengemisches (F. 149—151°) an saurem $Al_2O_3$; 204 mg (Ausb.); daneben 23 mg **V** u. 20 mg **III**; b) analog aus der 1-(S)-Verb.; c) analog aus 14-[3-Phenylbuten-(2)-yl]-codeinon (**V**); d) neben **III** beim Erwärmen von **III** mit p-Toluolsulfonsäure in Essigsäure. — *5′-Phenyl-6′-methyl-*, $C_{29}H_{31}NO_3$, F. 224 bis 226° (2-Äthoxyäthanol), a) durch 1std. Erhitzen von 7α-[1-(S)-Hydroxy-1-phenyl-n-propyl]-6.14-endo-ätheno-tetrahydrothebain mit konz. HCl auf 100°; b) analog aus 14-[3-Phenylpenten-(2)-yl]-codeinon. — *5′-Methyl-*, $C_{23}H_{27}NO_3$, F. 112—114° (n-Hexan), durch 1¹/₂std. Erhitzen von 0,50 g 7α-[1-Hydroxy-1-methyläthyl]-6.14-endo-ätheno-tetrahydrothebain mit konz. HCl, Zugabe von W., Abfiltrieren von 175 mg *18-Isopropyliden-5.14-äthano-thebainonhydrochlorid* (F. 310—315°), Alkalisieren u. Chromatographieren an $Al_2O_3$; 165 mg. — 7.8-Dihydro-5′-methyl-$\Delta^{5'}$-cyclohexeno-[1′.2′:8.14]-codeinone: *6′-Methyl-* (**VI**), $C_{24}H_{29}NO_3$, F. 199° (A.), aus der 1-(R)- oder 1-(S)-Verbindung. *Hydrochlorid,* F. 284°. — *6′-Äthyl-* (**VII**), $C_{25}H_{31}NO_3$, F. 229—230° (A.). *Hydrochlorid,* F. 282°. — *6′-n-Propyl-*, $C_{26}H_{33}NO_3$, F. 144°. *Hydrochlorid,* F. 260°. — *6′-Isopropyl-*, F. 80°. *Hydrochlorid,* $C_{26}H_{33}NO_3 \cdot HCl$, F. 289°. — *6′-n-Butyl-*, F. 68°. *Hydrochlorid,* $C_{27}H_{35}NO_3 \cdot HCl$, F. 306°. — *6′-Isobutyl-* (**VIII**), $C_{27}H_{35}NO_3$, F. 195°. *Hydrochlorid,* F. 254°. — *6′-n-Amyl-*, $C_{28}H_{37}NO_3$, F. 104°. *Hydrochlorid,* F. 248°. — *6′-Benzyl-*, F. 80°. *Hydrochlorid, Dihydrat,* $C_{30}H_{33}NO_3 \cdot HCl \cdot 2H_2O$, F. 315°. — *7.7-Dimethyl-6′-isobutyl-*, $C_{29}H_{39}NO_3$, F. 169—170° (Methanol), aus 1 g **VIII** u. K-tert.-Butylat mit $CH_3J$; 0,4 g. — *7-Hydroximino-6′-isobutyl-*, $C_{28}H_{34}N_2O_4$, F. 238—240° (Methanol), aus 1 g **VIII** u. Na-Äthylat mit Isoamylnitrit; 0,8 g. — *7-Oxo-6′-isobutyl-*, $C_{27}H_{33}NO_4$, F. 198—200° (Bzl.), aus 0,5 g vorst. Verb. mit $H_2SO_4$; 0,28 g. — 7.8-Dihydro-$\Delta^{5'}$-cyclohexeno-[1′.2′:8.14]-codeinone: *5′-Äthyl-6′-methyl-*, $C_{25}H_{31}NO_3$, F. 198° (A.), analog **VI**. — *5′-Phenyl-* (**III**), $C_{28}H_{29}NO_3$, F. 212—214°, a) bei der Behandlung von **IV** mit konz. HCl; b) bei der Isomerisierung von **II** mit p-Toluolsulfonsäure in Eisessig. — 7.8-Dihydro-5′-methyl-$\Delta^{5'}$-cyclohexeno-[1′.2′:8.14]-norcodeinone: *N-Cyan-6′-äthyl-*, $C_{25}H_{28}N_2O_3$ F. 277 bis 279°, durch 18std. Stehen von 12,2 g N-Cyan-7α-[1-(R)-hydroxy-1-methyl-n-butyl]-6.14-endo-ätheno-tetrahydronorthebain in konz. HCl; 10,5 g. — *6′-Äthyl-*, $C_{24} \cdot H_{29}NO_3$, F. 210—212° (wss. A.), a) durch 18std. Kochen von 37,5 g vorst. Verb. mit KOH in 2-Äthoxyäthanol; 23,5 g; b) analog a) mit konz. HCl aus 5 g; 3,6 g. — *N-Allyl-6′-äthyl-*, $C_{27}H_{33}NO_3$, F. 131—133° (wss. A.), a) durch 18std. Kochen von 8 g vorst Verb. mit Allylbromid/$K_2CO_3$ in Aceton; 4,9 g; b) mit konz. HCl. — *6′-Isobutyl-*, $C_{26}H_{33}NO_3$, a) durch ³/₄std. Kochen von 2,5 g **VIII** mit **I** in Aceton u. darauf Kochen mit wss.-äthanol. HCl; 2,2 g; b) durch 3std. Erhitzen von 2,5 g N.N′-Methylen-bis-7α-[1-(R)-hydroxy-1.4-dimethylpentyl]-6.14-endo-ätheno-tetrahydronorthebain mit konz. HCl auf 100°; 1,8 g (ergibt mit $CH_3J$ **VIII**). — 7.8-Dihydro-5'.6'-dimethyl-$\Delta^{5'}$-cyclohexeno-[1'.2':8. 14]-norcodeinone: *N-Cyan*, $C_{24}H_{26}N_2O_3$, F. 265 bis 272°. — *N-Cyclopropylmethyl-*, $C_{27}H_{33}NO_3$, F. 137 bis 140°. — 7.8-Dihydro-5'-methyl-6'-äthyl-$\Delta^{5'}$-cyclohexeno-[1'.2':8.14]-norcodeinone: *N-2-Methylallyl-*, $C_{28}H_{35}NO_3$, F. 126—129°. — *N-[3.3-Dimethylallyl]-*, $C_{29}H_{37}NO_3$, F. 109—113°. — *N-n-Butyl-*, $C_{28}H_{37} \cdot NO_3$, F. 123—124°. — *N-n-Hexyl-*, $C_{30}H_{41}NO_3$, F. 129 bis 131°. — *N-n-Octyl-*, $C_{32}H_{45}NO_3$, F. 103—104°. — *N-Cyclobutylmethyl-*, $C_{29}H_{37}NO_3$, F. 146—147°. — 7.8-Dihydro-5'-methyl-$\Delta^{5'}$-cyclohexeno-[1'.2':8. 14]-norcodeinone: *N-Cyan-6'-n-propyl-*, $C_{26}H_{30}N_2O_3$, F. 218—219°. — *N-Äthyl-6'-n-propyl-*, $C_{27}H_{35}NO_3$, F. 50°. *Hydrochlorid*, F. 142—145°. — *N.6'-Di-n-propyl-*, $C_{28}H_{37}NO_3$, F. 50°. *Hydrochlorid*, F. 140—144°. — *N-Allyl-6'-n-propyl-*, $C_{28}H_{35}NO$, *Hydrochlorid*, F. 140 bis 144°. — *N-Allyl-6'-isopropyl-*, *Hydrochlorid*, $C_{28}H_{35}NO_3 \cdot HCl$, F. 260°. — *N-Cyan-6'-n-butyl-*, $C_{27}H_{32}N_2O_3$, F. 202 bis 205°. — 6'-Isobutyl-$\Delta^{5'}$-cyclohexeno-[1'.2': 8.14]-norcodeinone: *N-Cyan-*, $C_{27}H_{32}N_2O_3$, F. 223 bis 225°. — *N-Äthyl-*, $C_{28}H_{37}NO_3$, F. 65°. — *N-Allyl-*, $C_{29} \cdot H_{37}NO_3$. *Hydrochlorid*, F. 140—144°. — 7.8-Dihydro-5'-methyl-$\Delta^{5'}$-cyclohexeno-[1'.2':8.14]-morphinone: *6'-Äthyl-*, *Hydrat*, $C_{24}H_{29}NO_3 \cdot H_2O$, F. 110° (wss. 2-Äthoxyäthanol), a) durch 1std. Kochen von 5 g **VII** mit HBr; 3,1 g; b) analog aus 7α-[1-(R)-Hydroxy-1-methyl-n-butyl]-6.14-endo-ätheno-tetrahydrothebain; c) aus 7α-[1-(R)-Hydroxy-1-methyl-n-butyl]-6.14-endo-ätheno-tetrahydrooripavin. — *6'-n-Propyl-*, *Hydrat*, $C_{25} \cdot H_{31}NO_3 \cdot H_2O$, F. 114—115°. *Hydrochlorid*, F. 248 bis 250°. — *6'-Isobutyl-*, *Hydrat*, $C_{26}H_{33}NO_3 \cdot H_2O$, F. 128 bis 129°. *Hydrochlorid*, F. 265—267°. — *7.8-Dihydro-5'-phenyl-$\Delta^{4'}$-cyclohexeno-[1'.2':8.14]-morphinon*, *Hydrat*, $C_{27}H_{27}NO_3 \cdot H_2O$, F. 235°. *Hydrochlorid*, F. 276—278°. — N-Cyclopropylmethyl-7.8-dihydro-5'-methyl-$\Delta^{5'}$-cyclohexeno-[1'.2':8.14]-normorphinone: *6'-Äthyl-*, *Hydrochlorid*, *Hydrat*, $C_{27}H_{33}NO_3 \cdot HCl \cdot H_2O$, F. 185—187°. — *6'-Isobutyl-*, $C_{29}H_{37}NO_3$, F. 263—265°. *Hydrochlorid*, F. 289—290°. *7.8-Dihydro-5'-phenyl-$\Delta^{4'}$-cyclohexeno-[1'.2':8.14]-codein*, $C_{28}H_{31}NO_3$, F. 191° (A.), durch Red. von 5 g **II**/**III**-Gemisch mit $NaBH_4$ in heißem A.; 5 g. — 7.8-Dihydro-5'-methyl-$\Delta^{5'}$-cyclohexeno-[1'.2':8.14]-codeine: *6'-Methyl-*, *Hydrat*, $C_{24} \cdot H_{31}NO_3 \cdot H_2O$, F. 143°. — *6'-Äthyl-*, $C_{25}H_{33}NO_3$, F. 166°. — *6'-Äthyl-O-desmethyl-*, $C_{24}H_{31}NO_3$, F. 78°. — *6'-Isobutyl-*, $C_{27}H_{37}NO_3$, F. 184°. — *N-Allyl-7.8-dihydro-5'-methyl-6'-äthyl-$\Delta^{5'}$-cyclohexeno-[1'.2':8.14]-norcodein*, $C_{27} \cdot H_{35}NO_3$, F. 45°. — *5'-Phenyl-$\Delta^{4'}$-cyclohexeno-[1'.2':8.14]-dihydrodesoxycodein C*, *Hydrochlorid*, $C_{28}H_{31}NO_2 \cdot HCl$, F. 266—270° (Zers.; 80%ig. Essigsäure), durch Erwärmen von **II** mit $N_2H_4 \cdot H_2O$ in Diäthylenglykol u. darauf mit KOH. — *6'-Isobutyl-5'-methyl-$\Delta^{5'}$-cyclohexeno-[1'.2':8.14]-dihydrodesoxycodin C*, $C_{27}H_{37}NO_2$, F. 127—129° (Methanol), ebenso aus 1,5 g **VIII**; 1,2 g. *Pikrat*, $C_{27}H_{37}NO_2 \cdot C_6H_3N_3O_7$, F. 186° (A.). — *6-Acetoxy-6'-isobutyl-5'-methyl-$\Delta^{5'}$-cyclohexeno-[1'.2':8.14]-$\Delta^{6}$-desoxycodein*, $C_{29} \cdot H_{37}NO_4$, F. 132° (Methanol), aus 1,5 g **VIII** mit Acetanhydrid/Na-Acetat; 1,0 g (ergibt mit wss.-äthanol. HCl wieder **VIII**). W. Meise 3500

*1409* **Neue Analgetika und Molekularumlagerungen in der Morphin-Thebain-Gruppe.** 6. Mitt. **Basenkatalysierte Umlagerungen in den 6.14-endo-Ätheno-tetrahydrothebain-Reihen.** K. W. Bentley, D. G. Hardy, H. P. Crocker, D. I. Haddlesey und P. A. Mayor. (J. Amer. chem. Soc. **89** (1967) 13, 3312—21; engl.) — 5. vgl. vorst. Referat. — 7α- bzw. *7β-Acetyl-6.14-endo-ätheno-tetrahydrothebain* (**I** bzw. **II**) lagern sich in einer reversiblen Rk. mit starken Basen zu *18-Acetyl-4-(O).6-dehydro-5.14-äthano-6-O-methylthebainol* (**III**) um; bei gleichzeitiger Zugabe von $CH_3J$ reagiert das nicht isolierte Zwischenprod. aus **I**, **II** bzw. **III** weiter zu *7-Acetyl-5.7-dehydro-6.14-endo-ätheno-3.6-di-O-methyl-dihydrothebainol* (**VI**), während mit $CH_3MgJ$ *7-[1-Hydroxy-1-methyläthyl]-5.7-dehydro-6.14-endo-ätheno-6-O-methyl-dihydrothebainol* (**VII**) entsteht. *7α-Acetyl-6.14-endo-äthano-tetrahydrothebain* (**XIX**) u. die aus **I** abgeleiteten *N-Allyl-* bzw. *N-Propargyl-norbasen* geben ähnliche Umlagerungen. Erwärmen von *7α-Äthoxycarbonyl-* (**IX**) bzw. *7-Cyan-6.14-endo-ätheno-tetrahydrothebain* (**XIV**) mit K-tert.-Butylat führt zu *7-Äthoxycarbonyl-* (**X**) bzw. *7-Cyan-5.7-dehydro-6.14-endo-ätheno-6-O-methyl-dihydrothebainol* (**XV**); bei Verw. eines anderen Alkoholates erfolgt gleichzeitig Umesterung. **XIV** ergibt mit $CH_3MgJ$ **XV**. Mit *Äthyl-* u. *n-Propyl-*Grignard-Verb. lagert sich **IX** ebenfalls zu **X** um; **X** reagiert dann teilweise zum entsprechenden tert. Alkohol. Alle erwähnten Umlagerungsprod. werden im sauren Medium zu den entsprechenden *18-substituierten 5.14-Äthano-thebainonderiv.* hydrolysiert; dabei ergeben die tert. Alkohole durch W.-Abspaltung *18-Alkylidensubstituenten*. *18-Acetyl-5.14-äthano-thebainon* (**XX**) ergibt mit KOH *5.14-Äthano-6.18-[2'-oxoäthano]-thebainol*, das nach Quaternisierung mit KOH dieselbe Methinbase liefert wie *18-Acetyl-5.14-äthano-thebainon-methojodid* (**XXI**). Während die aus *18-Isopropyliden-4-O-methyl-6.14-äthano-thebainon-methojodid* (**XXVI**) mit KOH entstehende Methinbase nicht weiter nach Hofmann abgebaut werden konnte, entstand beim Hofmann-Abbau von 18-Acetyl-5.14-äthano-4-O-methyl-thebainon-methin-methojodid (**XXXV**) *18-Acetyl-5.14-äthano-7.8. 9.10-tetradehydrothebenon* (**XXXIII**). Einige weitere Grignard- u. a. Rk. u. Red. von olefin. u. CO-Doppelbindungen mit katalyt. $H_2$ oder $NaBH_4$ s. Versuchsteil. Rk.-Mechanismen sowie NMR- u. einige IR- u. UV-Werte vgl. Original.

Versuche: 4-(O).6-Dehydro-5.14-äthano-6-O-methylthebainole: *18-Acetyl-* (**III**), $C_{23}H_{27}NO_4$, F. 170° (A.), a) durch 1std. Kochen von 50 g **I** mit 50 g KOH in Methanol/W.; 40 g (Ausb.); b) analog aus **II**. — *18-[1-Hydroxyäthyl]-* (**IV**), *Hydrat*, $C_{23}H_{29}NO_4 \cdot H_2O$, F. 215° (wss. 2-Äthoxyäthanol), durch 1/2std. Erhitzen von 10 g **III** mit $NaBH_4$ in 2-Äthoxyäthanol auf 100°; 9 g. — *18-[1-Hydroxy-1-methyläthyl]-* (**V**), $C_{24}H_{31}NO_4$, F. 217 bis 218° (A.), aus 35 g **III** u. $CH_3Li$ in Ae. unter $N_2$; 27,8 g. — 5.7-Dehydro-6.14-endo-ätheno-6-O-methyl-dihydrothebainole: *7-Acetyl-4-O-methyl-* (**VI**), $C_{24}H_{29} \cdot NO_4$, F. 116° (PAe.), a) aus **I** u. K-tert.-Butylat mit $CH_3J$ (Meth. **A**); b) analog aus **III**. — *7-[1-Hydroxy-1-methyläthyl]-* (**VII**), F. 215°, aus **II** u. $CH_3MgJ$. — *7-[1-Hydroxy-1-methyl-n-butyl]-*, $C_{26}H_{35}NO_4$, F. 202—203° (Methanol), aus **I** u. n-Propyl-MgJ; daneben *7α-[1-(R)-Hydroxy-1-methyl-n-butyl]-* u. *7α-[1-Hydroxyäthyl]-6.14-endo-äthenotetrahydrothebain*. — *7-[1-Hydroxy-1-methyläthyl]-4-O-methyl-* (**VIII**), $C_{25}H_{33}NO_4$, F. 140° (Methanol), aus 3,79 g **VI** u. $CH_3MgJ$; 3,8 g. — *7-Äthoxycarbonyl-* (**X**), *Hydrat*, $C_{24}H_{29}NO_5 \cdot H_2O$, F. 186° (Methanol), a) aus 15 g **IX** u. K-tert.-Butylat in tert.-Butylalkohol; 14 g; b) aus **IX** mit Äthyl-MgBr oder n-Propyl-MgCl; daneben **XI** u. **XII**. — *7-Äthoxycarbonyl-4-O-methyl-* (**XIII**), $C_{25}H_{31}NO_5$, F. 100°, aus **IX** nach **A**. — *7-Isopropoxycarbonyl-*, $C_{25}H_{31}NO_5$, F. 177—178° (wss. 2-Äthoxyäthanol), aus **IX** mit Na-Isopropylat in Isopropanol. — *7-n-Propoxycarbonyl-*, $C_{25}H_{31}NO_5$, F. 137° (Methanol), analog aus **IX**. — *7-Isobutoxycarbonyl-*, *Hemihydrat*, $C_{26}H_{33}NO_5 \cdot 0,5\ H_2O$, F. 84° (wss. Methanol). — *7-n-Butoxycarbonyl-*, $C_{26}H_{33}NO_5$, F. 138° (wss. Methanol). — *7-n-Amyloxycarbonyl-*, $C_{27}H_{35}NO_5$, F. 146° (Methanol). — *7-Furfuryloxycarbonyl-*, $C_{27}H_{29}NO_6$, F. 211° (A.). — *7-Tetrahydrofurfuryloxycarbonyl-*, *Hydrochlorid*, $C_{27}H_{33} \cdot NO_6 \cdot HCl$, F. 236° (A.). — *7-Cyclohexyloxycarbonyl-*, $C_{28}H_{35}NO_5$, F. 200° (A.). — *7-[2'-Diäthylaminoäthoxycarbonyl]-*, *Dihydrochlorid*, *Hydrat*, $C_{28}H_{38}N_2O_5 \cdot 2\ HCl \cdot H_2O$, F. 238° (A.). — *7-[2'-Morpholino-äthoxycarbonyl]-*, *Dihydrochlorid*, *Tetrahydrat*, $C_{28}H_{36}N_2O_6 \cdot 2\ HCl \cdot 4\ H_2O$, F. 221° (A.). — *7-[2'-Äthoxyäthoxycarbonyl]-*, *Hydrochlorid*, $C_{26}H_{33}NO_6 \cdot HCl$, F. 270° (A.). — *7-Cyan-* (**XV**), $C_{22}H_{24} \cdot N_2O_3$, F. 234° (Methanol), a) aus 10 g **XIV** u. $CH_3MgJ$ in Ae.; 9,3 g; b) aus **XIV** u. K-tert.-Butylat in tert.-Butylalkohol. — *7-Cyan-4-O-methyl-* (**XVI**), $C_{23}H_{26}N_2O_3$, F. 187° (Methanol), aus 6 g **XIV** nach **A**; 5 g. — *7-Cyan-4-O-äthyl-* (**XVII**), $C_{24}H_{28}N_2O_3$, F. 120° (wss. Methanol), analog mit Äthylbromid. — *7-Cyan-4-O-acetyl-*, $C_{24}H_{26} \cdot N_2O_4$, F. 217° (Methanol), analog mit Acetylchlorid. — 5.7-Dehydro-6.14-endo-äthano-6-O-methyl-dihydrothebainole: *7-[1-Hydroxy-1.2-dimethylpropyl]-* (**XVIII**), $C_{26}H_{37}NO_4$, F. 253—256° (Chlf.), aus **XIX** u. Isopropyl-MgCl. — *7-[1-Hydroxy-1-methyl-n-amyl]-*, $C_{27} \cdot H_{39}NO_4$, F. 169—170°. — *7-[1-Hydroxy-1-methyl-n-propyl]-*, $C_{25}H_{35}\ NO_4$, F. 215—216°. — *7-[1-Hydroxy-1.4-dimethylpentyl]-*, $C_{28}H_{41}NO_4$, F. 178—179°. — 5.14-Äthanothebainone: *18-Acetyl-* (**XX**), $C_{22}H_{25}NO_4$, F. 200° (Methanol), a) durch Lösen von 20 g **III** in 2 n HCl u. Alkalisieren (Meth. **B**); 18 g; b) aus **I** u. $BBr_3$ in $CH_2Cl_2$. *Hydrat*, $C_{22}H_{25}NO_4 \cdot H_2O$, F. 169—170° (wss. 2-Äthoxyäthanol). *Methojodid, Hydrat* (**XXI**), $C_{22}H_{25}NO_4 \cdot CH_3J \cdot H_2O$, F. 202—205° (A.), durch 2tägiges Kochen mit $CH_3J$ in Methanol. *Oxim*, $C_{22}H_{26}N_2O_4$, F. 253—255° (A.). — *18-Acetyl-3-O-methyl-* (**XXII**), $C_{23}H_{27}NO_4$, F. 183° (wss. 2-Äthoxyäthanol), a) aus 50 g **XX** in wss. KOH mit Dimethylsulfat; 48 g; b) aus **VI** nach **B** *Methojodid, Hemihydrat* (**XXIII**), $C_{23}H_{27}NO_4 \cdot CH_3J \cdot 0{,}5\,H_2O$, F. 245° (A.). *Oxim*, $C_{23}H_{28}N_2O_4$, F. 247—248° (A.). — *18-[1-Hydroxyäthyl]-* (**XXIV**), *Hydrat*, $C_{22}H_{27}NO_4 \cdot H_2O$, F. 248° (wss. 2-Äthoxyäthanol), a) aus 10 g **IV** nach **B**; 9 g; b) aus **XX** u. $NaBH_4$. — *18-[1-Hydroxy-1-methyläthyl]-* (**XXV**), *Hydrat*, $C_{23}H_{29}NO_4 \cdot H_2O$, F. 129 bis 132° (wss. A.), aus 3 g **V** u. 1 n HCl bei 25°; 2,2 g. — *18-[1-Hydroxyäthyl]-4-O-methyl-, Hemihydrat*, $C_{23}H_{29}NO_4 \cdot 0{,}5\,H_2O$, F. 271° (Methanol), a) aus **XXII** u. $NaBH_4$; b) als Öl aus **XXIV** in wss. KOH mit Dimethylsulfat. — *18-Isopropyliden-, Hydrochlorid*, $C_{23}H_{27}NO_3 \cdot HCl$, F. 320° (W.), a) durch 1/2std. Kochen von **XXV** in 5 n HCl; b) aus **VII** u. kalter 2 n HCl; c) durch 1/2std. Kochen von 1,5 g **V** mit 5 n HCl; 1,4 g. *Freie Base*, F. 138—139°. — *18-Isopropyliden-4-O-methyl-*, $C_{24}H_{29}NO_3$, F. 178° (Methanol), aus **VIII** nach **B**. *Methojodid* (**XXVI**), $C_{24}H_{29}NO_3$, F. 236° (A.), durch 3tägiges Kochen von 9 g Base mit $CH_3J$; 12 g. — *18-Pentyliden-(2')-4-O-methyl-, Hemihydrat*, $C_{26}H_{33}NO_3 \cdot 0{,}5\,H_2O$, F. 70° (wss. Methanol), durch Rk. von **VI** mit n-Propyl-MgCl u. Behandlung mit 2 n HCl. — *18-[1'-Methyl-2'-phenyläthyliden]-4-O-methyl-, Hydrat*, $C_{30}H_{33}NO_3 \cdot H_2O$, F. 142° (70%ig. A.), analog mit Benzyl-MgBr. — *18-[1'-Cyclohexyläthyliden]-4-O-methyl-*, $C_{29}H_{37}NO_3$, F. 98° (A.), analog mit Cyclohexyl-MgCl. — *18-Pentyliden-(3')-* (**XI**), *Hydrochlorid*, $C_{25}H_{31}NO_3 \cdot HCl$, F. 285—287°, analog aus **IX** u. Äthyl-MgBr; daneben **X**. — *18-Heptyliden-(4')-* (**XII**), *Hydrochlorid*, $C_{27}H_{35}NO_3 \cdot HCl$, F. 291°, analog mit n-Propyl-MgCl; daneben **X**. — *18-Äthoxycarbonyl-*, $C_{23}H_{27}NO_5$, F. 168° (Methanol), durch 5 Min. langes Erhitzen von 2 g **X** mit 2 n HCl auf 100°; 1,7 g. — *18-Äthoxycarbonyl-4-O-methyl-*, $C_{24}H_{29}NO_5$, F. 78° (wss. Methanol), aus **XIII**. — *18-[2'-Äthoxyäthoxycarbonyl]-, Hydrochlorid*, $C_{25}H_{31}NO_6 \cdot HCl$, F. 254—256° (A./Ae.), aus *7-[2'-Äthoxyäthoxycarbonyl]-5.7-dehydro-6.14-endo-ätheno-6-O-methyl-dihydrothebainol*. — *18-Cyan-*, $C_{21}H_{22}N_2O_3$, F. 200° (Methanol), aus **XV**. — *18-Cyan-4-O-methyl-*, $C_{22}H_{24}N_2O_3$, F. 284° (A.), aus **XVI**. — *18-Cyan-4-O-äthyl-, Hydrat*, $C_{23}H_{26}N_2O_3 \cdot H_2O$, F. 200° (wss. Methanol), aus **XVII**. — 4-(O).6-Dehydro-5.14-äthano-6-O-methyl-dihydrothebainole: *18-Acetyl-* (**XXVII**), $C_{23}H_{29}NO_4$, F. 158—160° (A.), a) aus 20 g **III** mit $H_2$/Rh-$Al_2O_3$; 14 g; b) durch Kochen von 8,8 g **XIX** mit KOH in Methanol; 4,5 g; c) aus 10 g **III** mit $H_2$/Pd; daneben 3,4 g *18-Acetyl-5.14-äthano-dihydrothebainon-Δ⁶-enolmethyläther* (**XXVIII**), $C_{23}H_{29}NO_4$, F. 161—163° (A.). — *18-[1-Hydroxyäthyl]-* (**XXIX**), $C_{23}H_{31}NO_4$, F. 165 bis 166° (A.), aus **XXVII** u. $NaBH_4$. — 4-(O)-6-Dehydro-5.14-äthano-6-O-methyl-northebainole: *N-Allyl-18-acetyl-* (**XXX**), $C_{25}H_{29}NO_4$, F. 129—130° (wss. Methanol), als Nebenprod. (1,1 g) beim Kochen von 11 g N-Allyl-7α-acetyl-6.14-endo-ätheno-tetrahydronorthebainhydrochlorid (**XXXI**) mit KOH in Methanol. — *N-Propargyl-18-acetyl-* (**XXXII**), $C_{25}H_{27}NO_4$, F. 177 bis 179° (Methanol), beim Kochen von N-Propargyl-7α-acetyl-6.14-endo-äthenotetrahydronorthebainhydrochlorid mit KOH in Methanol. — 5.14-Äthano-northebainone: *N-Allyl-18-acetyl-, Hemihydrat*, $C_{24}H_{27}NO_4 \cdot 0{,}5\,H_2O$, F. 110—112° (A.), aus **XXX** oder **XXXIV** nach **B**. *Dimethylketal* (**XXXIV**), $C_{26}H_{33}NO_5$, F. 106—107° (Methanol), beim Kochen von 11 g **XXXI** mit KOH in Methanol; 2,6 g; daneben 1,1 g **XXX**. — *N-Propargyl-18-acetyl-*, $C_{24}H_{25}NO_4$, F. 114° (Methanol), aus **XXXII** nach **B**. — 5.14-Äthano-dihydrothebainone: *18-Acetyl-, Hydrochlorid, Hydrat*, $C_{22}H_{27}NO_4 \cdot HCl \cdot H_2O$, F. 197—198°, a) durch 1std. Stehenlassen von **XXVII** in 1 n HCl. *Freie Base*, $C_{22}H_{27}NO_4$, F. 205—207° (A.); b) analog aus **XXVIII** oder aus dem Gemisch **XXVII**/**XXVIII** (durch Hydrierung von **III**). — *18-Acetyl-4-O-methyl-*, $C_{23}H_{29}NO_4$, F. 165—166°, (A.), durch Lösen von 5 g des **XXVII**/**XXVIII**-Gemisches in 2 n HCl, Alkalisieren u. Rk. mit Dimethylsulfat; 2 g. — *18-[1-Hydroxyäthyl]-, Hydrochlorid, Trihydrat*, $C_{22}H_{29}NO_4 \cdot HCl \cdot 3\,H_2O$, F. 257° (Zers.; W.), durch Stehenlassen von **XXIX** in 2 n HCl. — *18-[3'-Methylbutyliden-(2')]-, Hydrochlorid, Trihydrat*, $C_{25}H_{33}NO_3 \cdot HCl \cdot 3\,H_2O$, F. 199—201° (W.), durch 10 Min. langes Erwärmen von **XVIII** in 1,5 n HCl auf 100°. — 5.14-Äthano-4-O-methyl-thebainonmethine: *18-Isopropyliden-*, $C_{25}H_{31}NO_3$, F. 152° (Bzl./PAe.), durch Kochen von **XXVI** mit 15%ig. KOH. *Methojodid*, $C_{25}H_{31}NO_3 \cdot CH_3J$, F. 180° (Methanol), mit $CH_3J$. — *18-Acetyl-, Hydrochlorid, Hydrat*, $C_{24}H_{29}NO_4 \cdot HCl \cdot H_2O$, F. 210° (A./Ae.), aus **XXIII** u. KOH. *Methojodid* (**XXXV**), F. 283° (A.), $C_{24}H_{29}NO_4 \cdot CH_3J$. mit $CH_3J$. — *18-Acetyl-5.14-äthano-7.8.9.10-tetradehydrothebenon* (**XXXIII**), $C_{21}H_{20}O_4$, F. 167—168° (PAe.), aus **XXXV** u. KOH. — *5.14-Äthano-6.18-[2'-oxo-äthano]-thebainol*, $C_{22}H_{25}NO_4$, F. 275—276° (2-Äthoxyäthanol), durch Erwärmen von **XX** in 2-Äthoxyäthanol/W. oder in W./A. mit KOH. *Methojodid* (**XXXVI**), $C_{22}H_{25}NO_4 \cdot CH_3J$, F. 268—270° (W.), durch 5std. Kochen von **XXXIII** mit $CH_3J$ in 2-Äthoxyäthanol. — *5.14-Äthano-6.18-[2'-oxoäthano]-thebainolmethin*, $C_{23}H_{27}NO_4$, F. 204° (Methanol), a) durch Kochen von **XXI** in 20%ig. KOH; b) aus **XXXVI** u. KOH. W. Meise 3500

*1410* **Struktur von Ulein: Relative Stereochemie.** A. J. Gaskell und J. A. Joule. (Chem. and Ind. **1967**, 25, 1089—90; Chem. Dep., Univ., Manchester; engl.) — Nach den Ergebnissen von Abbaurk. (Hofmann-Abbau), sowie massenspektroskop. u. NMR-spektroskop. Unters. an *3-Epiulein* (**I**), *3-Epidasycarpidon* (**II**) — isoliert als Nebenprod. aus dem Extrakt von *A. Subincanum* —, sowie von *Ulein* (**III**) u. *Dasycarpidon* (**IV**) kommt diesen Verb. nachst. Konstit. zu:

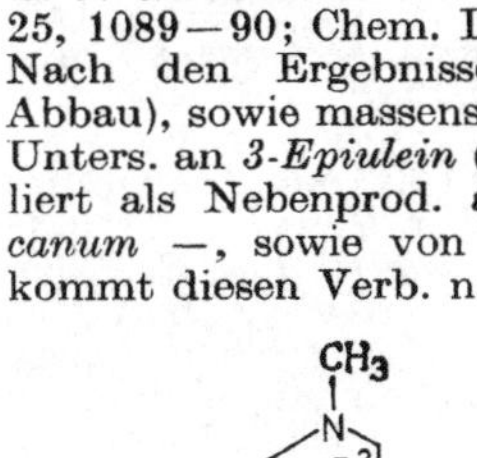

I $R^1 = H$; $R^2 = C_2H_5$; $R^3 = CH_2$

II $R^1 = H$; $R^2 = C_2H_5$; $R^3 = O$

III $R^1 = C_2H_5$; $R^2 = H$; $R^3 = CH_2$

IV $R^1 = C_2H_5$; $R^2 = H$; $R^3 = O$

Die UV- u. IR-Daten der Verb. sind tabelliert. G. O. Jäger 3500△

*1411* **Sesquiterpenoide.** 8. Mitt. **Struktur und absolute Konfiguration von Kessan.** Hiroshi Hikino, Yasuko Hikino, Yasuyoshi Takeshita, Kazuko Shirata und Tsunematsu Takemoto. (Chem. pharmac. Bull. [Tokyo] **15** (1967) 3, 321—24; Pharmaceut. Inst., Tohoku Univ., School of Med., Kita-u-bancho, Sendai; engl.) — 7. vgl. Tetrahedron [London] **23** (1967), 553. — Das aus japan. Baldrian isolierte *Kessan* [**I**, $C_{15}H_{26}O$, Kp.$_6$ 110—112°; $D._4^{25}$ 0,970, $n_D^{25}$ 1,491; $[\alpha]_D$ —7,2° (c = 10; $CHCl_3$)] wird durch 6std. Erhitzen mit S auf 230—250° zu *S-Guajazulen* [blaues Öl. *1.3.5-Trinitrobenzoladdukt*, F. 147—149° (A.); violette Nadeln] dehydriert. Während die $LiAlH_4$-Red. von 2-Epi-α-kessyl-p-toluolsulfonat [$C_{22}H_{32}O_4S$, F. 96 bis 97° (Bzn.)] allein zu **I** führt, liefert die Wolff-Kishner-Red. von α-Kessylketonsemicarbazon (4std. Erhitzen mit KOH in Triäthylenglykol auf 190—200°) ebenso wie die von Isokessylketon (4std. Erhitzen mit Hydrazinhydrat, KOH u. Triäthylenglykol auf 190 bis 200°) ein präp. nicht zu trennendes *2:3-Gemisch* [$C_{15}H_{26}O$, Kp.$_5$ 106°; $D._4^{25}$ 0,975, $n_D^{25}$ 1,491; $[\alpha]_D$ +10,2° (c = 10,1; $CHCl_3$)] aus **I** u. *Isokessan* (**II**). Eine Tosylierung von α-Kessylalkohol gelang nicht. Nach den chem. Rk., den IR- u. KMR-Spektren wird für **I** eine Konfig. angegeben; **II**, das bisher nicht rein isoliert werden konnte, stellt das $C_{(1)}$-Epimer (*cis*-Verknüpfung der Ringe) dar. H.-E. Toussaint 3600

*1412* **Sesquiterpenoide.** 9. Mitt. **Struktur und absolute Konfiguration von Kessanol und 8-Epikessanol.** Hiroshi Hikino, Yasuko Hikino, Yasuyoshi Takeshita, Kazuko Shirata, Masayasu Ono und Tsunematsu Takemoto. (Chem. pharmac. Bull. [Tokyo] **15** (1967) 3, 324—28; engl.) — 8. vgl. vorst. Referat. — Die durch alkal. Hydrolyse ihrer in japan. Baldrian vorkommenden Acetate erhaltenen Alkohole *Kessanol* [**I**, $C_{15}H_{26}O_2$, F. 121

bis 122° (Bzn.); $[\alpha]_D$ +11,4° (c = 10,2; $CHCl_3$). *Acetat*, $C_{17}H_{28}O_3$; $D._4^{25}$ 1,051, $n_D^{25}$ 1,488; $[\alpha]_D$ −15,6° (c = 10,2; $CHCl_3$). *Benzoat*, $C_{22}H_{30}O_3$, F. 66—67° (Bzn.); $[\alpha]_D$ +14,3° (c = 6,4; $CHCl_3$)] u. *8-Epikessanol* [**II**; $C_{15}H_{26}O_2$, F. 142,5—143° (Bzn.); Nadeln; $[\alpha]_D$ −6,8° (c = 5,9; $CHCl_3$). *Acetat*, $C_{17}H_{28}O_3$, F. 60,5—61,5°; $[\alpha]_D$ −19,4° (c = 8,7; $CHCl_3$). *Benzoat*, $C_{22}H_{30}O_3$, F. 103—104° (Bzn.); Prismen, $[\alpha]_D$ −38,6° (c = 5,1; $CHCl_3$)] werden beide durch $CrO_3$ in verd. $H_2SO_4$ zu *Kessan-8-on* [**III**, $C_{15}H_{24}O_2$; $D._4^{25}$ 1,038, $n_D^{25}$ 1,496; $[\alpha]_D$ +100,6° (c = 9,8; $CHCl_3$)] oxydiert. Die $LiAlH_4$-Red. von **III** gibt ein 3:2-Gemisch aus **I** u. **II**, die Red. mit Na in A. vorwiegend **II** neben wenig **I**. Die opt. Dispersion von **III** weist einen ähnlichen positiven Cotton-Effekt wie bei 2β-Acetoxykessan-8-on auf. Das durch $CrO_3$-Ox. von „Kessylglykol" (**IV**) erhaltene *Kessan-2.8-dion* wird durch $LiAlH_4$ zu einem *Gemisch* (F. 200—201°; Nadeln) der epimeren *Kessan-2α.8-diole* red., dessen zähfl. Tosylierungsprod. bei der Red. mit $LiAlH_4$ neben *Kessan* wiederum ein Gemisch aus **I** u. **II** gibt. **IV**-2-Acetat konnte nicht tosyliert werden. Nach den chem. Rk., den IR- u. KMR-Spektren stellen **I** u. **II** 2-Desoxyderiv. von **IV** dar, woraus für $C_{(8)}$ bei **I** *R*-, bei **II** *S*-Konform. folgt. H.-E. Toussaint 3600

*1413* **Chemischer Beweis für das Hopangerüst von Zeorin.** Itiro Yosioka, Tsutomu Nakanishi und Isao Kitagawa. (Chem. pharmac. Bull. [Tokyo] **15** (1967) 3, 353—55; Fac. of Pharmaceut. Sci., Osaka Univ., Toyonaka, Osaka; engl.) — Das durch $CrO_3$-Ox. von Zeorin erhaltene *Zeorinon* gibt mit $POCl_3$ in Py. über Nacht ein durch Chromatographie an mit $AgNO_3$ imprägniertem Silicagel u. Elution mit n-Hexan/Bzl. (10:1) zu trennendes Gemisch aus *Zeorininon a* (**IIa**, $C_{30}H_{48}O$, F. 196,5—197,5°) u. *Zeorininon b* (**IIb**, $C_{30}H_{48}O$, F. 215—215,5°). Nach den IR- u. KMR-Spektren weist **IIa** eine 21-Isopropyliden-, **IIb** eine 21-Isopropenylgruppe auf. **IIb** wird in n-Hexan/A. (1:2) über Adams-Katalysator zu *α-Desoxyzeorinon* (**α-I**, $C_{30}H_{50}O$, F. 238—239°) hydriert, dessen Red. nach Huang-Minlon (Nagata-Variante B) zu *Hopan* (F. 188—191°) führt. Analog liefert **IIa** durch Hydrieren **β-I** ($C_{30}H_{50}O$, F. 204—207°), dessen *21β*-Konfig. durch die Red. zu *Isohopan* (*Moretan*, F. 188 bis 190°) bestätigt wird. Die Identität der Triterpen-KW-Stoffe wird bes. verläßlich durch Gas/Flüssig-Chromatographie nachgewiesen. H.-E. Toussaint 3600

*1414* **Steroide. 333. Mitt. Syntheseuntersuchungen von Insektenhormonen. 5. Mitt. Die Synthese von Crustecdyson (20-Hydroxyecdyson).** G. Hüppi und J. B. Siddall. (J. Amer. chem. Soc. **89** (1967) 25, 6790—92; Inst. of Steroid Chem., Syntex Res., Palo Alto, Calif.; engl.) — 4. vgl. Chem. Commun. **1967**, 899. — Die Synthese von

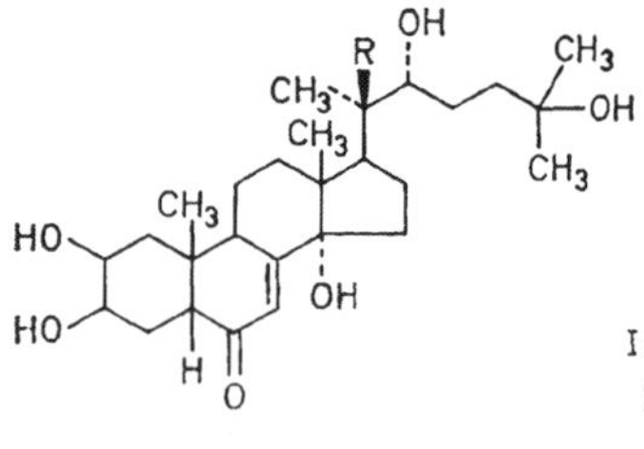

Ia R = OH
b R = H

*Crustecdyson* (**Ia**), einem Verwandten von Ecdyson wird beschrieben. (20S)-2β.3β-Diacetoxy-5α-hydroxy-20-methoxycarbonyl-$\Delta^7$-pregnen-6-on wird durch säurekatalysierte Acetylierung u. stereospezif. $CrCl_2$-Red. in das *5α-H-Deriv.* (F. 200—202°) umgewandelt, aus dem durch milde alkal. Hydrolyse u. nachfolgende Umsetzung mit Aceton/p-Toluolsulfonsäure das *Acetonid* **IIa** (F. 255 bis 257°; $[\alpha]_D$ +19°) entsteht. Die Red. von **IIa** mit Li-Tri-tert.-butoxy-AlH liefert den *6β-Alkohol* **IIb** (F. 214 bis 216°; $[\alpha]_D$ −6°), aus dem mit $LiAlH_4$ das *6β-22-Diol* **IIc** (F. 242—244°; $[\alpha]_D$ −21°) gewonnen wird. Die stufenweise Ox. von **IIc** mit $CrO_3$/Py. führt zum *6-Keton* **IId** (F. 258—260°; $[\alpha]_D$ +10°), aus dem durch DMS/Diäthylcarbodiimid/Pyridiniumtrifluoracetat-Ox. der *Aldehyd* **IIe** (F. 250—252°; $[\alpha]_D$ +8°) gebildet wird. Die selektive Enolacetylierung von **IIe** mit Essigsäureanhydrid/Na-Acetat liefert das *$\Delta^{20(22)}$-Enolacetat* **III** (F. 185—189°), aus dem mit m-Chlorperbenzoesäure ein Gemisch nicht trennbarer *Epoxide* **IV** (F. 190—205°) erhalten wird. Die

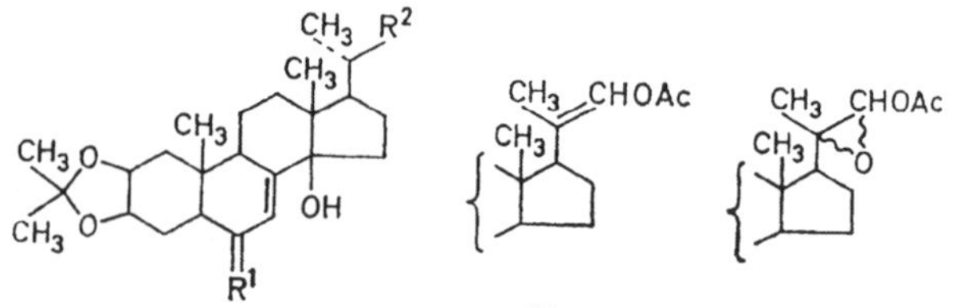

IIa $R^1$ = O; $R^2$ = COOMe — III — IV

b $R^1$ = H/OH; $R^2$ = COOMe

c $R^1$ = H/OH; $R^2$ = $CH_2OH$

d $R^1$ = O; $R^2$ = $CH_2OH$

e $R^1$ = O; $R^2$ = CHO

Hydrolyse von **IV** mit 1%ig. $KHCO_3$-Lsg. in wss. Methanol gibt ein *Gemisch isomerer Hydroxyaldehyde*, aus dem durch Chromatographie an Silicagel *(20R)*-**Va** (F. 228—231°) u. *(20S)*-**Vb** (F. 234—237°) abgetrennt werden. **Va** u. **Vb** ergeben die entsprechenden *Tetrahydropyranyl-*

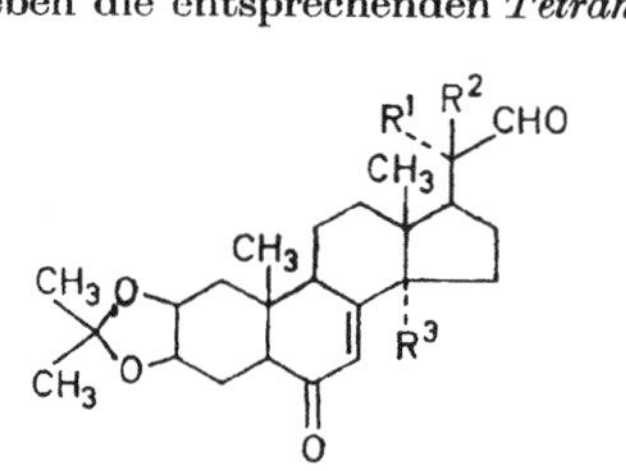

Va $R^1$ = Me; $R^2$ = OH; $R^3$ = H
b $R^1$ = OH; $R^2$ = Me; $R^3$ = H
c $R^1$ = Me; $R^2$ = OTHP; $R^3$ = H
d $R^1$ = OTHP; $R^2$ = Me; $R^3$ = H
e $R^1$ = Me; $R^2$ = OTHP; $R^3$ = OH
f $R^1$ = OTHP; $R^2$ = Me; $R^3$ = OH

OTHP = Tetrahydropyranyloxy-

*äther* *(20R)*-**Vc** (F. 229—233°) u. *(20S)*-**Vd** (F. 211,5 bis 215°), aus denen durch $SeO_2$-Hydroxylierung am $C_{14\alpha}$ *(20R)*-**Ve** (F. 230—234°) u. *(20S)*-**Vf** (F. 226—230°) gebildet werden. Die selektive Alkylierung von **Ve** in THF mit 3 Äquivalenten des Chlormagnesiumderiv. von 3-Methyl-3-[tetrahydropyranyl-(2)-oxy]-butin liefert in

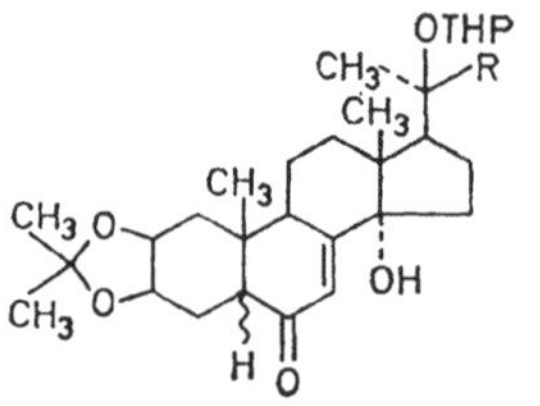

VI 5α-H, R = (22R)-CH(OH)C≡CC$(CH_3)_2$OTHP
b 5β-H, R = (22R)-CH(OH)C≡CC$(CH_3)_2$OTHP
c 5β-H, R = (22R)-CH(OH)$CH_2CH_2$C$(CH_3)_2$OTHP

55%ig. Ausb. **VIa**. Beim Lösen von **VIa** in wss. Methanol in Ggw. von $K_2CO_3$ entsteht ein 3:1-Gemisch aus **VIb** u. **VIa**, aus dem **VIb** chromatograph. abgetrennt wird. Die selektive Hydrierung der Dreifachbindung in **VIb** in A. an Pd/Kohle führt zu **VIc**, aus dem durch Hydrolyse mit 0,05 n HCl **Ia** [F. 240—242° (Methanol/Essigsäureäthylester)] gewonnen wird. Vgl. des chromatograph. Verh. u. der biolog. Aktivität an *Samia cynthia* von natürl. u. synthet. **Ia** zeigen keine Unterschiede. Max. der IR-, UV- u. NMR-Spektren vgl. Original. G. Westphal 3700△

# D. Makromolekulare Chemie

*1415* **Kinetik der radikalischen Polymerisation.** 22. Mitt. **Mechanismus der Reaktion zwischen Phenolen und Polyvinylacetat-Radikalen.** M. Simonyi, F. Tüdös, S. Holly und J. Pospišil. (Europ. Polymer J. **3** (1967) 4, 559—72; Centr. Res. Inst. for Chem. of the Hungar. Acad. of Sci., Budapest; engl.) — 21. vgl. Europ. Polymer J. **3** (1967) 101. — Der Geschw.-bestimmende Schritt in der Rk. zwischen *Hydrochinon* (**I**) bzw. *Brenzcatechin* (**II**) u. *Polyvinylacetatradikalen* (50°) besteht nach Ansicht der Vf. in der H-Abstraktion von den Phenolen. Als experimentelle Beweise führen sie die sehr geringe Reaktivität der alkylierten oder acylierten Deriv. von **I** bzw. **II** sowie den kinet. Isotopeneffekt an. Da zwischen deuterierten Phenolen u. Feuchtigkeitsspuren im Medium rascher Isotopenaustausch stattfindet, läßt sich der Isotopeneffekt nur bei Sättigung des Monomeren mit schwerem W. messen. Für das Verhältnis der Rk.-Geschw.-Konst. $k_H$ (Phenol) u. $k_D$ (deuteriertes Phenol) erhielten die Vf. 9,1 ± 0,5 für **I** u. 12,3 ± 1,0 für **II**. Elektronenabstoßende Gruppen in den Phenolen erhöhen den kinet. Isotopeneffekt ($\log (k_H/k_D) = 0{,}70-0{,}40\ \Sigma\sigma^+_{korr}$). Die unterschiedlichen Reaktivitäten der beiden isomeren Phenole werden u. a. mit Hilfe von IR-spektroskop. Unters. diskutiert. Es wird für möglich gehalten, daß direkte Wechselwrkg. zwischen den Sauerstoffatomen der ortho-Verb. für die Unterschiede verantwortlich sind. Bernhard A. Wolf 4001

*1416* **Ein Fall eines möglichen Primärradikal-Abbruches in homogener Polymerisation.** B. M. Mandal, U. S. Nandi und S. R. Palit. (J. Polymer Sci., Part B **5** (1967) 8, 677—79; Ind. Assoc. for the Cultivat. of Sci., Jadavpur, Calcutta; engl.) — Kinet. Unters. der durch *Fe* · $(ClO_4)_3$ (**I**)–*Thioharnstoff* (**II**) ausgelösten Polymerisation von *Methylmethacrylat* in *tert.-Butylalkohol* bei 40° ergaben, daß es sich um einen radikal. Prozeß handelt; die Polymerisationsgeschw. ist 2. Ordnung bez. des Monomeren u. nahezu unabhängig von der Konz. der Starterkomponenten, obwohl die Bldg. von · $S{-}C(NH_2){=}NH$ aus **I** u. **II** eine Rk. 2. Ordnung ist. Der Polymerisationsgrad der entstehenden Prod. liegt, je nach der Starterkonz., etwa 4—12mal tiefer als bei normalen radikal. Polymerisationen vergleichbarer Geschwindkeit. Die Starterausb. betragen 7,5—20%. Diese Befunde werden diskutiert u. als Auswrkg. eines ausschließlich durch Primärradikale verursachten Kettenabbruches betrachtet. Bernhard A. Wolf 4001

*1417* **Graphische Bestimmung von Geschwindigkeitskonstanten der Elementarreaktionen der nichtstationären Polymerisation.** Tsutomu Kagiya, Masatsugu Izu, Sueo Machi und Kenichi Fukui. (Bull. chem. Soc. Japan **40** (1967) 5, 1049—54; Faculty of Engineering, Kyoto Univ., Sakyo-ku, Kyoto; engl.) — An den Beispielen der strahlungsinduzierten Festkörperpolymerisation von *3.3-Bis-chlormethyl-oxetan*, der Polymerisation von *β-Propiolacton* (mit Pyridinkatalysator) u. Strahlungspolymerisation von *Äthylen* wird eine allg. Meth. zur graph. Deutung kinet. Daten in Abhängigkeit von der Geschw.-Konst. der Elementarrk. (Start, Wachstum, Kettenübergang, Abbruch) u. der Ausgangskonz. demonstriert. Die dazu abgeleitete Beziehung liefert eine Gerade, deren Anstieg $k_p$ u. deren Ordinatenabschnitt $k_t$ ergibt. $k_p$ u. $k_t$ sind die durch Gleichungen der Art $R_p = k_p[P^*][M]$ definierten Geschw.-Konstanten. Dabei bedeuten R die Wachstumsgeschw., [P*], [M] die Konz. der Radikale u. Monomere u. die Indizes p bzw. t bezeichnen die Wachstums- bzw. Abbruchreaktionen. U. Rueß 4001

*1418* **Schnell-Methode zur Bestimmung der Θ-Bedingungen von Polymerlösungen.** G. Talamini und G. Vidotto. (Makromolekulare Chem. [Basel] **110** (1967), 111—22; Montecatini Edison S.p.A., Padova; engl.) — Zur Ermittlung der Θ-Temp. von einkomponentigen Lsgm. schlagen die Vf. die Extrapolation der Entmischungstemp. $T_p$ von Lsg. frakt. Polymerproben gleicher Konz. u. verschiedenen Molgew. auf unendliche Kettenlänge vor nach der theoret. mit Hilfe der Beziehungen von Flory u. Huggins erhaltenen Abhängigkeit $1/T_p = 1/\Theta[1 + (K-K')/(\Psi_1 x^{0,6})]$; K, K′ u. $\Psi_1$ sind Konst., x ist das Verhältnis der Molvol. vom Polymeren u. Lösungsmittel. Die Auswertung von Literaturdaten in $1/T_p$ gegen $1/x^{0,6}$ Diagrammen ergab in Übereinstimmung mit der obigen Gleichung Gerade mit dem Ordinatenabschnitt 1/Θ. Für die x-Abhängigkeit des Vol.-Bruches des Fällungsmittels γ im Mischlsgm., bei dem bei konst. Temp. u. Konz. Entmischung der Lsg. frakt. Polymerer eintritt, erhielten die Vf., ausgehend von der thermodynam. Behandlung der Phasentrennung für ternäre Syst. durch Scott, in analoger Weise $\gamma = \gamma_\Theta + (K'-K)/\beta x^{0,6}$; K′, K u. β sind Konst., $\gamma_\Theta$ ist die Θ-Zus. des Lösungsmittels. Messungen an den Syst. *Polymethylmethacrylat/Toluol/n-Propanol* u. *Polymethylmethacrylat/Aceton/n-Hexan* bei 25° bestätigten ebenso wie verschiedene Literaturangaben die abgeleitete Beziehung u. lieferten $\gamma_\Theta$-Werte, die mit den auf andere Weise erhaltenen gut übereinstimmen. Die Temp.-Abhängigkeit von $\gamma_\Theta$ wurde für das Mischlsgm. Toluol/n-Propanol annähernd linear gefunden; die Extrapolation auf $\gamma_\Theta = 0$ bzw. 1 ergab Temp.-Werte, die sehr nahe bei der Θ-Temp. der beiden Lsgm.-Komponenten liegen. Bernhard A. Wolf 4006

*1419* **Wirkung von Lösungsmitteln auf die Kinetik der Äthylenpolymerisation.** István Czájlik, József Váradi und Attila Baán. (Magyar kém. Folyóirat [Ung. Z. Chem.] **73** (1967) 5, 236—39; Budapest, Müanyagipari Kutató Intézet; ung.) — Die Kinetik der Äthylenpolymerisation mit dem Katalysatorsyst. $TiCl_4$–$(C_2H_5)_2$–AlCl in n-Heptan, Toluol, Chlorbenzol u. 1.2-Dichloräthan wurde untersucht. Zusammenhänge zwischen der Ausgangskonz. des Katalysators, der maximalen Polymerisationsgeschw. u. der zu ihrer Erreichung notwendigen Zeit wurden festgestellt. Der Ablauf der kinet. Kurven der Polymerisation ist in den verschiedenen Lsgm. unterschiedlich, was damit erklärt wird, daß sich das akt. Katalysatorsyst. in den einzelnen Lsgm. mit unterschiedlichen Geschw. bildet. Die erhaltenen Polymeren sind ident., woraus geschlossen wird, daß die Qualität der akt. Zentren von der stofflichen Beschaffenheit des als Medium verwendeten Lsgm. unabhängig ist. T. Wein 4010△

*1420* **Polybenzyle.** 3. Mitt. **Oligomere des Polymethylendurols und Polymethylenmesitylens.** Francesco Bottino, Giorgio Montaudo und Pietro Maravigna. (Ann. Chimica **57** (1967) 8—9, 972—91; Ist. di Chim. ind. dell'Univ.; ital.) — Die Kondens. von Chlormethyldurol (**I**) mit Durol (1:7) in Nitroäthan in Ggw. von $SnCl_4$ bei 50° führt zu *Didurylmethan* [**II**; $C_{21}H_{28}$, F. 152—153° (A.)]; aus Bis-[chlormethyl]-durol (**III**) u. Durol (1:8) bei 120° wird in Ggw. katalyt. Mengen Zn-Pulver *1.4-Bis-[durylmethyl]-durol* [**IV**; $C_{32}H_{42}$, F. 253 bis 254° (Dioxan)] gewonnen. Das „tetramere" *4.4′-Bis-[durylmethyl]-didurylmethan* [$C_{43}H_{56}$, F. 305—307° (Nitrobenzol–Chlorbenzol)] stellt man durch Schmelzen von **II** mit 4-Chlormethyldidurylmethan [**V**; $C_{22}H_{29}Cl$, F. 130 bis 132° (PAe.)] (1:5) in Ggw. von Zn dar, u. *1.4-Bis-[4-(durylmethyl)-durylmethyl]-durol* [$C_{54}H_{70}$, F. 335—337° (Chlorbenzol)] ist aus **III** u. **II** (1:8) zugänglich. Bei der Chlormethylierung von **II** fallen neben **V** auch *4.4′-Bis-[chlormethyl]-didurylmethan* [$C_{23}H_{30}Cl_2$, F. 211—213° (Dioxan)] u. *4-[4-Chlormethyldurylmethyl]-4′-[durylmethyl]-didurylmethan* [$C_{44}H_{57}Cl$, F. 289—291° (Xylol)] an.

Analog wird aus **IV** durch Chlormethylieren in $CCl_4$–$CH_3COOH$ mit Paraformaldehyd in Ggw. von $ZnCl_2$ *1-[4-Chlormethyldurylmethyl]-4-[durylmethyl]-durol* [$C_{33}H_{43}Cl$, F. 210–212° (Xylol)] erhalten. Aus dem Rk.-Gemisch der Autokondens. von **I** in Nitrobenzol bei 20° in Ggw. von $SnCl_4$ läßt sich *1-{4-[4-Chlormethyldurylmethyl]-durylmethyl}-4-{4-[durylmethyl]-durylmethyl}-durol* [$C_{55}H_{71}Cl$, F. 300–302° (Chlorbenzol)] isolieren. Die Kondens. von Tris-[chlormethyl]-mesitylen [$C_{12}H_{15}Cl_3$, F. 168–170° (Bzl.)] mit Mesitylen bei 80–100° in Ggw. von Zn unter $N_2$ liefert *Tris-[mesitylylmethyl]-mesitylen* [$C_{39}H_{48}$, F. 208–210° (Xylol)]; durch Autokondens. von Chlormethylmesitylen wird *Cyclotetra-mesitylylmethyl* [$C_{40}H_{48}$, F. 400° (Xylol)] erhalten. Ferner werden zum Vgl. *Dimesitylylmethan* [$C_{19}H_{24}$, F. 130–132° (A.)] u. *Bis-[mesitylylmethyl]-mesitylen* [$C_{29}H_{36}$, F. 150–152° (Dioxan-$CH_3OH$)] dargestellt. Die Verb. sind als Modellzwischenprod. der Polykondens. von Benzylverb. von Interesse (KMR-Spektren vgl. Orig.). H.-E. Toussaint 4010

*1421* **Polybenzyle.** 5. Mitt. **Kinetik der Polykondensation von Derivaten des Benzylchlorids.** Giorgio Montaudo, Paolo Finocchiaro und Riccardo Passerini. (Ann. Chimica **57** (1967) 8–9, 1006–17; ital.) — 3. vgl. vorst. Referat. — Die Polykondens. von *α-Chloräthylbenzol* (**I**) in Masse oder in Nitrobenzol-Lsg. in Ggw. von $SnCl_4$ oder $AlCl_3$ verläuft wie im Fall des Benzylchlorids (**II**) nach dem von Brown [1953] für die Alkylierung von Aromaten entwickelten Mechanismus, d. h. trotz des im Vgl. zu **II** leichter isonisierbaren Cl in **I** treten keine echten Carboniumionen in Rk., u. in bezug auf das Monomer ist die Rk. 2. Ordnung. Analog verhalten sich *p-Chlor-* u. *2.6-Dichlorbenzylchlorid*, die jedoch nur in Ggw. von $AlCl_3$ (nicht $SnCl_4$) eine Polykondens. eingehen. *Benzhydrylchlorid* liefert dagegen unter den Rk.-Bedingungen Carboniumionen durch direkte Ionisation; hier ist die Dissoziation des Monomer/Katalysatorkomplexes der geschw.-bestimmende Schritt, u. die Rk. ist in bezug auf das Monomer 1. Ordnung. H.-E. Toussaint 4010

*1422* **Kinetischer Nachweis zweier Arten von Ionenpaaren bei der anionischen Polymerisation von Styrol in Tetrahydropyran.** L. Böhm, W. K. R. Barnikol und G. V. Schulz. (Makromolekulare Chem. [Basel] **110** (1967) 222–32; Inst. für phys. Chem. der Univ. Mainz; dt.) — Vf. verfolgten kinet. die durch *Na-Naphthalin* angeregte Polymerisation des *Styrols* in *Tetrahydropyran* im Temp.-Bereich von −40 bis +50°. Die Geschw.-Konst. $k_{W(\pm)}$ der über das Ionenpaar erfolgenden Polymerisation wurde gemessen, indem die elektrolyt. Dissoziation durch Zusatz von *Tetraphenylbornatrium* unterdrückt wurde. Oberhalb von 20° ergibt die Auftragung nach Arrhenius eine Gerade, darunter weicht $k_{W(\pm)}$ in zunehmendem Maße von der Arrhenius-Geraden ab. Der Effekt wird auf das Auftreten des schneller polymerisierenden solvatgetrennten Ionenpaares (**I**) zurückgeführt. Für die Aktivierungsenergie $E_c$ u. den Frequenzfaktor $A_c$ des Kontaktionenpaares (**II**) erhielten die Vf. mit guter Näherung aus dem geraden Teil der Kurve $E_c$ = 7,9 kcal/Mol u. $A_c$ = 6,9. Dieses Ergebnis stimmt recht gut überein mit den E- u. A-Werten für die anion. Polymerisation in sehr schwach polaren Lösungsmitteln. Zur vollständigeren Auswertung der Meßdaten u. zur Abschätzung der übrigen kinet. u. der thermodynam. Größen ermittelten sie mit Hilfe einer elektron. Rechenmaschine den Satz von Parametern, der die Vers.-Ergebnisse optimal wiedergibt. Die beste Anpassung wurde mit folgenden Werten erhalten: $E_c$ = 7,96 kcal/Mol, $A_c$ = 6,90; $E_s$ = 5,5 kcal/Mol, $A_s$ = 5,8; $\Delta H$ = −6,0 kcal/Mol, $\Delta S$ = −25,2 cal Grad$^{-1}$Mol$^{-1}$. $E_s$ u. $A_w$ sind die Arrhenius-Konst. für das solvatgetrennte Ionenpaar, $\Delta H$ u. $\Delta S$ beziehen sich auf das Gleichgew. **II** ⇌ **I**. Bernhard A. Wolf 4010

*1423* **Copolymerisationsverhalten extrem sperriger α-substituierter Styrole.** H. Lüssi. (Makromolekulare Chem. [Basel] **110** (1967), 100–10; Forsch.-Labor. der Emser Werke AG, Domat/Ems, Graubünden; dt.) — Bei 60° wird die mittels *Azo-isobutyronitril* gestartete Copolymerisation von *Methacrylonitril* (**I**) mit *Atropasäuremethylester* (**II**), *α-Methoxystyrol* (**III**), *Diphenyläthylen* (**IV**) u. *Stilben* (**V**) untersucht. Unter der Annahme, daß der vorletzte Grundbaustein die Reaktivität der wachsenden Polymerkette beeinflussen kann u. daß nie mehr als zwei α-substituierte Styrolgrundbausteine unmittelbar aufeinanderfolgen können wurde folgende für die Copolymerisation von extrem sperrigen Monomeren allg.-gültige Beziehung abgeleitet: $f = [(r_1F + 1)\, r_1'F/(r_1'F + 1) + 1]\,(r_2' + F)/(2r_2' + F)$. F bzw. f bedeuten die Monomerverhältnisse im Ansatz bzw. im Polymeren; $r_1 = k_{11}/k_{12}$; $r_1' = k_{11}'/k_{12}'$; $r_2' = k_{22}'/k_{21}'$. Die gestrichenen Geschw.-Konst. beziehen sich auf die Additionsrk. an ein Radikal dessen vorletzte Monomereinheit von der letzten verschieden ist (z. B. $\text{-}M_2M_1^* + M_1 \xrightarrow{k_{11}'} \text{-}M_2M_1M_1^*$). Für das Syst. **I–II** erhielt der Vf. $r_I$ = 0,19; $r_I'$ = 0,19; $r_{II}'$ = 0,25; für **I–III** $r_I$ = 0,55; $r_1'$ = 1,5; $r_{III}'$ = 0; für **I–IV** $r_I$ = 0,33; $r_I' = \infty$; $r_{IV}'$ = 0 u. für das Syst. **I–V** $r_I \sim 70$; $r'_V$ = 0. Die ermittelten Copolymerisationsparameter lassen sich durch die Q- u. e-Werte der Monomeren u. zusätzliche „ster. Parameter" ausdrücken, welche angeben um welchen Faktor die Geschw.-Konst. $k_{12}$, $k_{12}'$ u. $k_{22}'$ infolge auftretender ster. Hinderung erniedrigt wurden. Bernhard A. Wolf 4010

*1424* **Kinetik der Polymerisation von 2-Methyl-1.4-epoxycyclohexan.** Pier Luigi Magagnini, Franco Sardelli, Fulvio Adruzzi und Paolo Giusti. (Ann. Chimica **57** (1967) 12, 1493–1509; Pisa, Univ., Ist die Chim. ind. ed appl.; ital.) — Die durch Syst. aus $FeCl_3$ u. $SOCl_2$ katalysierte Polymerisation von 2-Methyl-1.4-epoxycyclohexan (**I**) in Dichloräthan-Ae. (6:1) bei 0 bis 30° verläuft in bezug auf **I**, $FeCl_3$ bzw. $SOCl_2$ nach Zeitgesetzen mit der Rk.-Ordnung 2; 1 bzw. 0,25, d. h. analog den früher für 1.4-Epoxycyclohexan gefundenen Verhältnissen. Die Aktivierungsenergie des Gesamtprozesses ergibt sich zu 15 (*exo*-**I**) bzw. 12,8 kcal/Mol (*endo*-**I**). Vers. im Vakuum sowie mit hochgereinigten Ausgangsprod. ließen keinen Einfl. von Spuren von Fremdsubstanzen oder Feuchtigkeit erkennen. Wie Ansätze mit gestaffelter **I**-Zugabe bzw. mit erneutem **I**-Zusatz nach beendeter Polymerisation andeuten, findet während des Prozesses eine partielle Desaktivierung des Katalysatorsyst. statt; der Effekt tritt um so deutlicher auf, je höher das Ausgangsverhältnis von **I** zu Katalysator war, u. geht vermutlich auf Wechselwrkg. zwischen wachsenden Makrokationen u. bereits gebildeten Polymerketten zurück. H.-E. Toussaint 4020

## E. Biologische, physiologische und medizinische Chemie

*1425* **β-[Phenothiazinyl-(10)]-propionylhydrazone von Aldosen.** 14. Mitt. **Über Phenothiazinderivate.** H. Bräuniger und W. Delzer. (Pharmazie **22** (1967) 12, 680 bis 681; Pharmazeut.-chem. Inst. der Univ. Rostock; dt.) — 13. ibid. **20** [1965] 492. — Vf. berichten über die Darst. von *β*-[Phenothiazinyl-(10)]- u. *β*-[2-Chlorphenothiazinyl-(10)]-propionylhydrazonen mit D-Glucose, D-Galaktose, D-Mannose, D-Xylose u. L-Arabinose. Durch Auftreten von Mutarotation bei einigen Verb. in Py.-Lsg. wird auf Umlagerungen zu Hydrazon- u. N-Glykosidformen geschlossen.

Versuche: *D-Glucose-[β-phenothiazinyl-(10)]-propionylhydrazon* (**IV**), $C_{21}H_{25}N_3O_6S$, F. 118–119°, $[\alpha]_D^{20}$ −12,50 (c = 3,04; Py.; keine Mutarotation); eine Lsg. von D-Glucose in W. mit *β-Phenothiazinyl-(10)-propionsäurehydrazid* (**I**) in A. versetzt u. das Gemisch im W.-Bad 5 Std. auf 50–60° erwärmt, anschließend die Lsg. einige Tage im Kühlschrank stehengelassen, ausgefallenes Hydrazon abgesaugt, mit A. gewaschen u. in Trockenpistole in alkoholfreier Form erhalten; **83,9%** (Ausbeute). — *D-Galaktose-[β-phenothiazinyl-(10)]-propionylhydrazon*, $C_{21}H_{25}N_3O_6S$, F. 116–117°; $[\alpha]_D^{19}$ +10,4° (nach 10 Min.)

→ + 6,3° (nach 24 Std.; c = 1,91; Py.); aus D-Galaktose u. **I** analog 1., farblose Kristalle; 96,2%. — *D-Mannose-[β-phenothiazinyl-(10)-propionyl]-hydrazon*, $C_{21}H_{25}N_3O_6S$, F. 125—127°, $[\alpha]_D^{20}$ —42,5° (nach 10 Min.) —31,0° (nach 30 Std.; c = 0,98; Py.); aus D-Mannose u. **I** analog **IV**, nach zweitägigem Stehen das Hydrazon in quant. Ausb.; F. des Roh-Prod. 145—150°, umkrist. aus A. u. Trocknen in der Trockenpistole farblose Nadeln; 91,7%. — *D-Xylose-[β-(phenothiazinyl-(10)-propionyl)]-hydrazon*, $C_{20}H_{23}N_3O_5S$, $[\alpha]_D^{20}$ —5,8° (c = 2,94; Py.; keine Mutarotation); aus D-Xylose in W. u. **I** in A. mehrere Std. auf dem W.-Bad erwärmt, alkohol. Lsg. im Vakuum eingedampft ergibt sprödes, amorphes Prod.; 35,9%. — *L-Arabinose-[β-(phenothiazinyl-(10)-propionyl]-hydrazon*, $C_{20}H_{23}N_3O_5S$, $[\alpha]_D^{19}$ +19,2° (c = 1,37; Py.; keine Mutarotation); aus L-Arabinose u. **I** werden wie vorst. Hydrazon erhalten; 95,7%. — *D-Glucose-[β-(2-chlorphenothiazinyl-(10)-propionyl]-hydrazon*, $C_{21}H_{24}N_3O_6SCl$, F. 125—135° (Zers.), $[\alpha]_D^{19}$ —10,5° (c = 1,76; Py.; keine Mutarotation); aus D-Glucose in W. u. einer Lsg. von *β-[2-Chlorphenothiazinyl]-(10)-propionsäurehydrazid* (**II**) auf dem W.-Bad 3 Std. erhitzt u. anschließender Aufbewahrung im Kühlschrank Hydrazon krist. abgeschieden, aus A. farblose Kristalle. *D-Galaktose-[β-(2-chlorphenothiazinyl-(10)]-propionylhydrazon*, $C_{21}H_{24}N_3O_6SCl$, F. 107—108°, $[\alpha]_D^{19}$ +13,7° (c = 2,73; Py.; keine Mutarotation); wie oben aus D-Galaktose u. **II**, feine seidig glänzende Nadeln aus A.; 91,2%. — *D-Mannose-[β-(2-chlorphenothiazinyl-(10)]-propionyl-hydrazon*, $C_{21}H_{24}N_3O_6SCl$, F. 125—135° (Zers.), $[\alpha]_D^{20}$ —39,6° (nach 15 Min.) 29,4° (nach 24 Std.; c = 1,65; Py.), aus D-Mannose u. **II** lange, farblose Nadeln; 74,5%. — *L-Arabinose-[β-(2-chlorphenothiazinyl-(10)]-propionyl-hydrazon*, $C_{20}H_{22}N_3O_5SCl$, $[\alpha]_D^{19}$ +9,3° (nach 10 Min.) +15,5° (nach 24 Std.; c = 2,00; Py.), aus L-Arabinose u. **II**, amorphe Substanz, die sich in keinem Lsgm. zur Krist. bringen läßt; 92,9%. — *2.3.4.5.6-Pentaacetyl-al-D-glucose-[β-(2'-chlorphenothiazinal-(10')]-propionylhydrazon*, $C_{31}H_{34}N_3O_{11}SCl$, $[\alpha]_D^{20}$ +38,3° (c = 1,80; Chloroform), aus Pentaacetyl-al-N-glucose u. **II** in A. gelöst u. 5 Std. auf 50° erwärmt, Lsg. im Vakuum zur Trockene eingedampft ergibt sprödes, amorphes Pulver; 92,5%. — *2.3.4.5.6-Pentaacetyl-al-D-glucose-[β-(phenothiazinyl-(10)-propionyl]-hydrazon* (**III**), $C_{31}H_{35}N_3O_{11}S$, $[\alpha]_D^{20}$ +27,8° (c = 1,93; Chloroform), aus Pentaacetyl-al-D-glucose u. β-(10-Phenothiazinyl)-propionsäurehydrazid wie **III**)- zur Rk. gebracht, alkohol. Lsg. im Vakuum zum Sirup eingeengt, der keine Neigung zur Kristallisation zeigt; 66,9%. R. Heyde 4100

*1426* **Synthese von Benzophenonen und Diphenylen nach Art der Biogenese.** J. L. Douglas und T. Money. (Canad. J. Chem. **45** (1967) 17, 1990—93; Vancouver, Univ. of Brit. Columbia, Chem. Dep.; engl.) — Bei der Biosynth. der meisten natürlichen *Benzophenone* (**I**) wird Claisen-Kondens. der intermediären *β-Triketoderiv.* **II** (R = S-Enzym) angenommen. *Phenyldipyron* **III** kann als Modell der postulierten Vorstufe **II** dienen u. unter alkal. Bedingungen in **I** u. *Diphenyl* umgewandelt werden, deren Konstit. vor allem durch NMR-Spektren erhärtet wurde.

Versuche: *Phenyldipyron* (**III**), $C_{14}H_8O_5$, F. 255 bis 262° (Zers.), aus 9 g Bis-2.4-dichlorphenylenalonat u. Acetophenon in Bzl. u. Chromatographie an Kieselsäure;

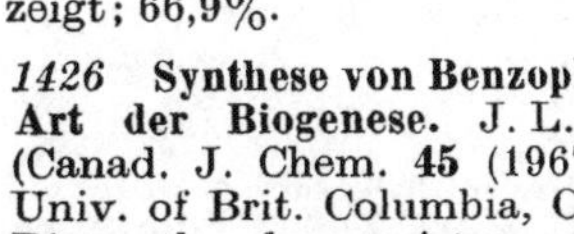


II

III

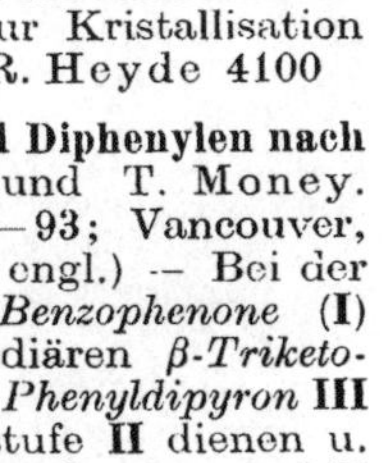


gelb (Essigsäure); 0,53 g (Ausb.). — *2.4.6-Trihydroxy-3-methoxycarbonylbenzophenon*, $C_{15}H_{12}O_6$, F. 151—153°, aus **III** durch Erhitzen mit Mg-Methoxid in sd. $CH_3OH$ (1 Std.), Ansäuern des Konzentrats mit verd. HCl, Äthylacetatextraktion u. Silicageldünnschichtchromatographie (Aceton); 19%. — *2-Methoxycarbonyl-3-hydroxy-5-methoxydiphenyl*, $C_{15}H_{14}O_4$, F. 103—104° (n-Hexan), aus **III** mit 1 n KOH in $CH_3OH$ (16 Std., Raumtemp., $N_2$) u. Silicagelsäulenchromatographie (Bzl.–PAe. 3:1 → Bzl.–$CHCl_3$ 1:1; 5 Fraktionen; Fraktion 2 2,8%. — *2.4-Dimethoxycarbonyl-3.5-dihydroxydiphenyl*, $C_{16}H_{14}O_6$, F. 127 bis 128° (Cyclohexan), aus Fraktion 4 vorst. Chromatographie durch Dünnschichtchromatographie; 13,6%. — *2-Methoxycarbonyl-3.5-dihydroxydiphenyl*, $C_{14}H_{12}O_4$, F. 121—122° (Cyclohexan–Bzl., 1:1), aus vorst. Dünnschichtchromatographie; 8,7%. — Angabe von UV-, IR- u. NMR-Spektren. K. Maier 4100

*1427* **Carborane.** 3. Mitt. **Bor-haltige Acridine.** M. A. Davis und A. H. Soloway. (J. med. Chem. **10** (1967) 4, 730—32; Neurosurg. Res. Labor., Mass. Gen. Hosp., Boston, Mass.; engl.) — 2. vgl. ibid. **9** (1966) 792. — Die Synth. von *9-(p-Carboranyl)-anilinoacridin* (**I**) u. *N.N-(2-Hydroxyäthyl-p-carboranylphenyl)-9-aminoacridin* (**II**) wird beschrieben. Die Toxizität sowie der Geh. der beiden Verb. in Tumorgeweben u. verschiedenen Organen von Mäusen nach i. p. Applikation wird mitgeteilt.

Versuche: *Tosyläthylcarboran*, $C_{11}H_{23}B_{10}O_3S$, F. 117—118°; aus Butin-(3)-ol-(1)-p-toluolsulfonat u. Decaboran nach bekannten Methoden. — *Jodäthylcarboran*, $C_4H_5B_{10}J$, F. 132—134°; analog der vorst. Verbindung. — *N-Äthylcarboranylpyridiniumbromid*, $C_9H_{20}B_{10}BrN$, F. > 300° (Bzl.-Acetonitril); aus Bromäthylcarboran u. Pyridin. — *N-Äthylcarboranylpyridinium-p-toluolsulfonat*, $C_{16}H_{27}B_{10}NO_3S$, F. 255—257°; Darst. analog der vorst. Verbindung. — *9-Acetamidoacridin*, $C_{15}H_{12}N_2O$, F. 282 bis 283°; aus 9-Aminoacridin mit Acetanhydrid bzw. Acetylchlorid; 70 bzw. 40% (Ausb.). — *9-Carbobenzyloxyaminoacridin*, $C_{21}H_{16}N_2O_2$, F. 212° (Bzl.); aus 9-Aminoacridin u. Carbobenzyloxychlorid in Dioxan; 21%. — *9-(p-Carboranyl)-anilinoacridin* (**I**), $C_{21}H_{24}B_{10}N_2$, F. 242 bis 243° (A.–W.); aus 9-Chloracridin u. p-Aminophenylcarboran in Toluol über **I**-HCl. *Hydrochlorid*, $C_{21}H_{25}B_{10}ClN_2$, F. > 300°; 54%. — *N.N-(2-Hydroxyäthyl-p-carboranylphenyl)-9-aminoacridin* (**II**), $C_{23}H_{28}B_{10}N_2O$, F. 240° (Bzl.; nach Veränderung bei 150°); aus **I** u. Äthylenoxid in Eisessig; 45%. — Die *Säure* der Zus. ($B_{10}H_{10}\cdot C_2C_6H_5)COOH$ erhielt man durch Rk. von Butyl-Li mit Phenylcarboran, Anlagerung von $CO_2$ u. Hydrolyse. — *Hexin-(3)-säure-(1)* wurde durch Ox. von Hexin-(3)-ol-(1) mit $CrO_3/H_2SO_4$ bereitet. Ernst Frank 4160

*1428* **Eindringen in Gehirn und Gehirntumoren.** 7. Mitt. **Sufhydryl-Bor-Verbindungen, die Tumoren penetrieren.** A. H. Soloway, H. Hatanaka und M. A. Davis. (J. med. Chem. **10** (1967) 4, 714—17; Neurosurg. Res. Labor. of the Mass. Gen. Hosp., Boston, Mass.; engl.) — 5. vgl. Hacker u. Soloway, Toxicol. appl. Pharmacol. **6** (1964) 731. — Sulfhydryl-Bor-Verb. wie *Na-Dimercaptooctachlordecaborat*, $Na_2B_{10}Cl_8(SH)_2$ (**I**) sowie *Cs-Mercaptoundecahydrododecaborat*, $Cs_2B_{12}H_{11}SH$ (**II**) u. das entsprechende *Na-Salz*, $Na_2B_{12}H_{11}SH$ (**III**) wurden nach Injektion in beträchtlichen Konz. an Gehirntumoren von Mäusen gebunden, aber kaum an normale Gehirnzellen. Der Quotient der Borspiegel in Tumor u. Blut bzw. in Tumor u. Gehirn war stets > 1 u. erreichte zuweilen Werte von 20 bzw. 50. **I**—**III** sind nach i.p. Injektion etwa 10mal so tox. wie das früher beschriebene *Dodecahydrodecaborat*-Anion $B_{12}H_{12}^{2-}$ (**IV**); $DL_{50}$ war 73 mg Bor/kg gegenüber 1025 mg Bor/kg für **IV**. Kaninchen vertrugen langsame i.v. Infusion von isoton. **III**-Lsg. gut (im ganzen 200 mg Bor/kg über 5 Tage); der Quotient der Borspiegel in Hypophyse u. in Blut schwankte zwischen 5,2 u. 12,4. — Unter physiolog. Bedingungen bindet Rinderserumalbumin (**V**) sowohl **II** u. **III** wie **IV**. Die Komplexe werden weder durch Dialyse noch durch $Cl_3CCOOH$ gespalten; die **IV**–**V**-Bindung wird jedoch durch Chromatographie mit Anionenaustauschern gelöst. — Die Herst. u. Chromatographie der **V**-Aggregate von **II** u. **IV** wird beschrieben. Ernst Frank 4160

*1429* **Enzymatische Synthese von Steroidsulfaten.** 5. Mitt. **Bindung von Östrogenen an die Östrogensulfotransferase.** J. B. Adams. (Biochim. biophysica Acta [Amsterdam] **146** (1967) 2, 522—28; School of Biol., Sci., Univ. of New South Wales, Kensington, Australia; engl.) — 4. vgl. ibid. **146** (1967) 509. — Die Freisetzung von *Östron-$^{35}$S-sulfat* aus der gereinigten Östrogensulfotransferase (**I**) durch Inkubation mit *$^{35}$S-Adenosin-3'-phosphat-5'-*

*phosphosulfat* beweist, daß **I** *Östron* (**II**) gebunden enthält. *17β-Östradiol* (**III**), **II**, *17-Desoxyöstron* (**IV**) u. *16-Epiöstriol* (**V**) zeigen bei der Rk. mit **I** die gleiche $K_m$ (14 μMol), α-OH-Gruppen im Ring D erniedrigen die $K_m$-Werte (*Östriol*: 5 μMol *17-Epiöstriol*: 8 μMol). Es wird vermutet, daß die sehr feste Bindung der Steroide an **I** auf Strukturelementen von **III**, **IV** u. **V** beruht.

E. Amadori 4220

*1430* **Reaktion von trans-Cinnamoylpapain mit einer Reihe von Polyglycinamiden verschiedener Kettenlänge.** Lewis J. Brubacher und Myron L. Bender. (Biochem. biophysic. Res. Commun. **27** (1967) 2, 176—82; Evanston, Ill., Northwestern Univ., Dep. of Chem.; engl.) — Es wurde die Reaktionsfähigkeit einer Reihe neutraler Polyglycinamide (**I**) bei der Entacylierung von *trans-Cinnamoylpapain* (**II**) untersucht. Die nucleophile Reaktivität bei der Entacylierung stellt ein empfindliches Maß des Bindungsvermögens an einen Teil des akt. Zentrums dar. Die Entacylierungen von **II** in **I**-Ggw. verlaufen zu > 90% nach 1. Ordnung. *Diglycinamid-(Hydrochlorid*, $C_4H_{10}ClN_3O_2$, F. 191—193°) zeigt erheblich größere Rk.-Fähigkeit als *Glycinamid*, während weitere Verlängerung des Nucleophils (*Triglycinamidacetat*, $C_8H_{16}N_4O_5$, Zers. ab. 160°; *Tetraglycinamidacetat*, hygroskop.) die Reaktivität nur mehr geringfügig steigert.

K. Maier 4230

*1431* **Umwandlung von o-Cumarsäure in 4-Hydroxycumarin durch Fusarium sp.** H. S. Shieh und A. C. Blackwood. (Canad. J. Biochem. **45** (1967) 12, 2045 bis 2046; Macdonnald Coll., McGill Univ., Montreal, Quebec; engl.) — *Fusarium solani* wurde auf einer Saccharose u. o-Cumarsäure (**I**) enthaltenden Nährlsg. inkubiert. Nach neun Tagen konnte im Ae.-lösl. Extrakt des Mediums eine Verb. nachgewiesen werden, die hinsichtlich des Verh. bei der Papierchromatographie, dem Farbtest, dem Absorptionsspektrum u. dem F. die gleichen Eig. wie 4-Hydroxycumarin (**II**) hatte. Es wurde gefunden, daß über 50% von **I** in **II** umgewandelt werden.

M. Lorenz 4320

*1432* **Verwendung biochemischer Mutanten von Bacillus subtilis und anderen Mikroorganismen zur Gewinnung von Inosinsäure und verwandten Verbindungen.** Yonosuke Ikeda. (Abh. dtsch. Akad. Wiss. Berlin, Kl. Med. **1966** (1967) 2, 425—29; Inst. of Appl. Microbiol., Univ. of Tokyo, Bunkyo-ku, Tokyo; engl.) — Vortrag über folgende Probleme: Isolierung von Mikroorganismen, die 5′-Nucleotide (5′-AMP, 5′-GMP, 5′-CMP, 5′-UMP, cycl. Adenosin 3′.5′-phosphat) akkumulieren; Akkumulierung von Hypoxanthin(**I**)-Deriv. (Inosin [**IV**]) durch Adenin (**II**) benötigende Mutanten von *B. subtilis*; Akkumulierung von **I**-Deriv. durch **II** benötigende Mutanten anderer Mikroorganismen (*Saccharomyces cerevisiae, Streptomyces coelicolor, Corprinus lagopus, Collybia velutipes*); Vers. zur Erhöhung der Akkumulation von 5′-Nucleotiden bei Verw. Nucleotidase-negativer u. nicht repressierbarer Mutanten. Umwandlung von Adenin in Adenosin durch Purin (**III**) benötigende Mutanten von B. subtilis; Umwandlung von **IV** in 5′-IMP durch mikrobielle Enzyme (Nucleosidphosphotransferase); Akkumulierung von 5′-Xanthosinmonophosphat durch eine Guanin benötigende Mutante von *Micrococcus glutamicus*; Akkumulierung von 5-Aminoimidazol-4-[N-succinylcarbonsäureamid]-ribosid durch eine **III** benötigende Mutante von B. subtilis. — 19 Literaturangaben.

M. Lorenz 4320

*1433* **Potentielle antiinfektiöse Agenzien. 1. Mitt. Chinolin, Phenol- und β-Aminoketon-Derivate.** Robert Armen Magarian und W. Lewis Nobles. (J. pharmac. Sci. **56** (1967) 8, 987—92; Univ. of Mississippi, School of Pharmacy, Dep. of Pharmaceut. Chem.; engl.) — Aus Hydroxychinolinen, Hydroxyisochinolinen, Phenolen, Bisphenolen u. Ketonen wurden Mannich-Basen zur Prüfung auf antimikrobielle Wrkg. hergestellt.

Versuche (F. korr.): *Mannich-Basen*, Herst. nach ibid. **51** (1962) 878 unter Verwendung von 37%ig. wss. $CH_2O$. — 5-substituierte-7-{3-Azabicyclo-[3.2.2]-nonyl-(3)-methyl}-8-hydroxychinoline: *nichtsubstituierte*, $C_{18}H_{22}N_2O$, F. 130—132° (A.-W.), 80% (Ausb.). — *5.7-Bis-*, $C_{27}H_{37}N_3O$, F. 156—158° (Pyridin-W.), 76%. — *5-Chlor-*, $C_{18}H_{21}ClN_2O$, F. 112—114° (Aceton), 73%. — *6-{3-Azabicyclo-[3.2.2]-nonyl-(3)-methyl}-5-hydroxyisochinolin*, $C_{18}H_{22}N_2O$, F. 186,5—188° (abs. A.), 30%. — 3.3′-Disubstituierte 5.5′-diallyl-4.4′-dihydroxydiphenyle: *3.3′-Bis-hexamethyleniminomethyl*, $C_{32}H_{44}N_2O_2$, F. 104—106° (Isopropanol), 50%. — *3.3′-Bis-{3-azabicyclo-[3.2.2]-nonyl-(3)-methyl}*, $C_{36}H_{48}N_2O_2$, F. 183—185° (Pyridin-W.), 38%. *3.3′-Bis-{3-azabicyclo-[3.2.1]-octyl-(3)-methyl}*, $C_{34}H_{44}N_2O_2$, F. 151—152° (Pyridin-W.), 38%. — *3.3′-Bis-[4-p-chlorphenyl-3-methylpiperazinomethyl]*, $C_{42}H_{48}Cl_2N_4O_2$, F. 211 bis 212,5° (Bzl.-abs. A.), 37%. — *3.3-Bis-[4.4-pentamethylenpiperidinomethyl]*, $C_{40}H_{56}N_2O_2$, F. 141—142° (A.-W.), 39%. — 3.3′disubstituierte-4.4′-dihydroxydiphenyle: *3.3′-Bis-{3-azabicyclo-[3.2.2]-nonyl-(3)-methyl}*, $C_{30}H_{40}N_2O_2$, F. 241—242° (Pyridin), 63%. — *3.3′-Bis-{3-azabicyclo-[3.2.1]-octyl-(3)-methyl}*, $C_{28}H_{36}N_2O_2$, F. 198,5 bis 200,5° (Pyridin-abs. A.), 86%. — *3.3′-Bis-hexamethyleniminomethyl*, $C_{26}H_{36}N_2O_2$, F. 116—118° (Isopropanol), 63%. — *3.3′-Bis-pyrrolidinomethyl*, $C_{22}H_{28}N_2O_2$, F. 132—134° (Pyridin-W.). — *3.3′-Bis-[4-p-chlorphenyl-3-methylpiperazinomethyl]*, $C_{36}H_{40}Cl_2N_4O_2$, F. 275—277° (Pyridin-abs. A.), 66%. — *3.3′-Bis-[4.4-pentamethylenpiperidinomethyl]*, $C_{34}H_{48}N_2O_2$, F. 220—222° (Pyridin-A.), 86%. — *3.3′-Bis-[4-p-tolyl-3-methylpiperazinomethyl]*, $C_{38}H_{16}N_4O_2$, F. 271,5—273,5° (Pyridin-W.), 98%. — 3-substituierte 4-Hydroxydiphenyle: *3-Azabicyclo-[3.2.2]-nonyl-(3)-methyl*, $C_{21}H_{25}NO$, F. 133 bis 134,5° (abs. A.), 65%. — *3-Azabicyclo-[3.2.1]-octyl-(3)-methyl*, $C_{20}H_{23}NO$, F. 102—104° (abs. A.), 59%. — *Hexamethyleniminomethyl, Hydrochlorid*, $C_{19}H_{24}ClNO$, F. 182,5—184,5° (Isopropanol), 69%. *4-Chlorphenyl-3-methylpiperazinomethyl*, $C_{24}H_{25}ClN_2O$, F. 147,5—149° (abs. A.-W.); 46%. — *4.4-Pentamethylenpiperidinomethyl*, $C_{23}H_{29}NO$, F. 99—101°, 67%. — *2-{3-Azabicyclo-[3.2.2]-nonyl-(3)-methyl}-6-phenylphenol*, $C_{21}H_{25}NO$, F. 120 bis 122° (abs. A.), 33%. — 2-substituierte 6-Allylphenole: *2-{3-Azabicyclo-[3.2.2]-nonyl-(3)-methyl}, Hydrochlorid*, $C_{18}H_{26}ClNO$, F. 218—220° ($CH_3OH$-Ae.), 34%. — *2-{3-Azabicyclo-[3.2.2]-nonyl-(3)-methyl}-4-methyl*, $C_{19}H_{27}NO$, F. 92—94° (abs. A.), 64%. — *2-{3-Azabicyclo-[3.2.1]-octyl-(3)-methyl}-4-methyl, Hydrochlorid*, $C_{18}H_{26}ClNO$, F. 188—188,5° (abs. A.-Ae.), 44%. — *4-{3-Azabicyclo-[3.2.2]-nonyl-(3)-methyl}-2-allyl-6-methylphenol, Hydrochlorid*, $C_{19}H_{28}ClNO$, F. 236,5—237° (A.), 40%. — *4-{3-Azabicyclo-[3.2.1]-octyl-(3)-methyl}-2-allyl-6-methylphenol, Hydrochlorid*, $C_{18}H_{26}ClNO$, F. 220,5 bis 221,5° (abs. A.-Ae.), 38%. — *4-Nitro-β-[4.4-pentamethylenpiperidino]-propiophenon, Hydrochlorid*, $C_{19}H_{27}ClN_2O_3$, F. 222,5—224,5° (abs. A.), 59%. — *4-Fluor-, Hydrochlorid*, $C_{19}H_{27}ClFNO$, F. 216,5—218,5° (abs. A.), 97%. — *3-Nitro-, Hydrochlorid*, $C_{19}H_{27}ClN_2O_3$, F. 220,5—222° (abs. A.), 41%. — *2-[β-(4.4-Pentamethylenpiperidino)-propionyl]-thiophen, Hydrochlorid*, $C_{17}H_{29}ClNOS$, F. 220,5 bis 222,5° (A.), 93%.

K. Maier 4330

*1434* **Antimykotische 2-Alkylmercaptobenzoesäuren.** L. Amoretti und G. Pagani. (Farmaco [Pavia] Ediz. sci. **22** (1967) 11, 917—22; Parma, Univ., Ist. di Chim. Farmaceut. e Tossicol.; ital.) — Durch Red. der entsprechenden Disulfide werden einige *Chlor-* u. *Methyl-2-mercaptobenzoesäuren* u. daraus deren *S-Alkylderiv.* dargestellt. Einige dieser Verb. zeigen gute fungistat. Wrkg. gegen *Trichophyton mentagrophytes*, während bei *Candida albicans, C. tropicalis* u. *Saccharomyces cerevisiae* prakt. keine Wrkg. festgestellt wird (Tabelle).

Versuche: 2-Mercaptobenzoesäuren: *Unsubstituiert, S-n-Butylderiv.*, F. 100—101°. *S-n-Pentylderiv.*, F. 105°. *S-Isoamylderiv.*, F. 86—87°. *S-n-Hexylderiv.*, F. 96—97°. *S-n-Heptylderiv.*, $C_{13}H_{20}O_2S$, F. 92° (Äthylacetat). *S-n-Octylderiv.*, F. 80°. *S-Allylderiv.*, F. 113—114°. *S-[2.2-Dichlorvinyl]-deriv.*, F. 173°. *S-Benzylderiv.*, F. 189°. *S-[4-Chlorbenzyl]-deriv.*, F. 216—217°. — *3-Chlor-*, F. 196—197° (Bzl.). *S-n-Hexylderiv.*, $C_{13}H_{17}ClO_2S$, F. 50—52° (PAe.). — *4-Chlor-*, F. 195—196°. *S-n-Hexylderiv.*, $C_{13}H_{17}ClO_2S$, F. 103—104° (PAe.). — *5-Chlor-*, F. 193—194°. *S-n-Hexylderiv.*, $C_{13}H_{17}ClO_2S$, F. 92° (Bzn.). — *6-Chlor-*, F. 106—108°. *S-n-Hexylderiv.*, $C_{13}H_{17}ClO_2S$, F. 49—50° (PAe.). — *4-Methyl-*, F. 151 bis 152° (PAe.). *S-n-Hexylderiv.*, $C_{14}H_{20}O_2S$, $Kp._{0,3}$ 155 bis 157°. — *6-Methyl-*, F. 110—111° (Bzl.). *S-n-Hexylderiv.*, $C_{14}H_{20}O_2S$, F. 99—100° (verd. A.).

F. Heller 4330

*1435* **Pyridoxin-Chemie.** 13. Mitt. **Synthese und antagonistische Eigenschaften von in 5-Stellung modifizierten Pyridoxol-Analogen.** W. Korytnyk, B. Paul, A. Block und C. A. Nichol. (J. med. Chem. **10** (1967) 3, 345 bis 52; Buffalo, N.Y., Roswell Park Mem. Inst., Dep. of Exp. Therapeut.; engl.) — 12. vgl. Analyt. Biochem. [New York] **17** [1966] 66. — Ausgehend von am $C_{(5)}$ substituierten Deriv. des 2.2.8-Trimethyl-4H-m-dioxino-[4.5:c]-pyridin (**I**) werden nach bekannten Meth. *5-substituierte 2-Methyl-3-hydroxy-4-hydroxymethylpyridine* dargestellt. Der Einfl. von Länge, Verzweigung u. Art der Substituenten auf das Wachstum von *Saccharomyces carlsbergensis* ATTC Nr. 9080 infolge Ausschaltung von Vitamin-$B_6$-Syst. wird untersucht u. bei Verlängerung der Hydroxyalkylgruppen am $C_{(5)}$ eine starke Hemmung festgestellt (Tabelle u. eingehende Diskussion).

Versuche: 2.2.8-Trimethyl-4H-m-dioxino-[4.5:c]-pyridine: *5-[3-Chlorpropyl]-* (**Ia**), *Hydrochlorid*, $C_{13}H_{19}Cl_2NO_2$, F. 181—183°, durch Zutropfen von $SOCl_2$ in Bzl. zu **I**-5-[3-Hydroxypropyl]-deriv. in Bzl.; ca. 100% (Ausb.). — *5-n-Propyl-* (**Ib**), $C_{13}H_{19}NO_2$, F. 37 bis 38° (nach Vakuumsublimation bei 30°), durch Alkalisieren vorst. Verb. mit $Na_2CO_3$-Lsg., Extrahieren mit Ae. u. 2½std. Kochen mit $LiAlH_4$ in THF; 67%. — *5-[2-Carboxyäthyl]-* (**Ic**), *Methylester*, aus **Ib** u. $CH_2N_2$; Öl [*Hydrochlorid*, $C_{14}H_{20}ClNO_4$, F. 168—170°]. *Amid* (**Id**), $C_{13}H_{18}N_2O_3$, F. 164° (Äthylacetat), durch Sättigen des Methylesters in A. bei 0° mit $NH_3$ u. Stehen im Rohr bei Raumtemp. für 10 Tage; 73%. — *5-[3-Carboxypropyl]-* (**Ie**), $C_{14}H_{19}NO_4$, F. 160—161° (A.), durch Zugeben von **Ia** zu NaCN in DMSO bei 140°, ½std. Erhitzen auf 140° u. 3std. Kochen des öligen Nitrils mit alkohol. KOH; 90%. — *5-[4-Hydroxybutyl]-* (**If**), $C_{14}H_{21}NO_3$, F. 84° (Äthylacetat/PAe.), durch 2std. Rühren von **Ie** u. $LiAlH_4$ in THF bei Raumtemp. unter $N_2$; 63%. — *5-Chlormethyl-*, *Hydrochlorid* (**Ig**), aus dem 5-Hydroxymethylderiv. mit $SOCl_2$. — *5-Cyanmethyl-*, $C_{12}H_{14}N_2O_2$, F. 90—91° (PAe.), a) durch Kochen von 5,28 g **Ig** u. KCN in Aceton für 20 Min.; 3,4 g; b) aus **Ig** u. NaCN in DMSO bei 80° (¾ Std.), dann bei 140° (¼ Std.); 91%. — *5-Carboxymethyl-* (**Ih**), $C_{12}H_{15}NO_4$, F. 194° (A.), durch 3std. Kochen von 0,7 g vorst. Verb. u. alkohol. KOH; 0,35 g. — *5-[2-Hydroxyäthyl]-* (**Ii**), $C_{12}H_{17}NO_3$, F. 167—169°, analog **If** aus 0,23 g **Ih**; aus Äthylacetat Nadeln; 0,098 g. — *5-[2-Nitrovinyl]-* (**Ik**), $C_{12}H_{14}N_2O_4$, F. 172—173°, aus dem **I**-5-Formylderiv. (**Ij**) durch Schütteln mit $CH_3NO_2$ u. wenig Methylaminhydrochlorid in abs. A.; aus Ae. gelbe Nadeln; 50%. — *5-Acetyl-*, $C_{12}H_{15}NO_3$, F. 107—108° (nach Vakuumsublimation), a) durch ½std. Stehen von **Ij** u. $CH_2N_2$ in Ae./$CH_3OH$ bei 0° u. Chromatographie (Chr.) an $Al_2O_3$; 12%; b) aus **I**-5-Carbonsäure u. $CH_3Li$ in Ae. bei ca. 0° u. 1½std. Kochen; 41%. *Oxim*, $C_{12}H_{16}N_2O_3$, F. 194° (Äthylacetat). — *5-[1-Hydroxyäthyl]-* (**Il**), $C_{12}H_{17}NO_3$, F. 125—128° (A.), a) aus 0,570 g **Ij** u. $CH_3Li$ in Ae.; 271 mg; b) aus vorst. Keton u. $NaBH_4$ in verd. A.; 80%. — *5-[1-Methyl-1-hydroxyäthyl]-* (**Im**), $C_{13}H_{19}NO_3$, F. 125—126° (A.), durch Zugeben von **I**-5-Carbonsäuremethylester zu $CH_3MgJ$ in Ae. u. 1std. Kochen; 66,4%. — *5-Methyl-* (**In**), $C_{11}H_{15}NO_2$, F. 88—89° (PAe.), durch Alkalisieren von **Ig** mit $NaHCO_3$-Lsg., Extrahieren mit Äthylacetat, Hydrieren des Chlormethylderiv. an Pd-Kohle in A. bei Raumtemp. u. 2,1 kg/cm² u. Reinigen über das *Hydrochlorid* (F. 215—216°); 91%. — *5-[2-Acetamido-2.2-diäthoxycarbonyl]-* (**Io**), $C_{20}H_{28}N_2O_7$, F. 117 bis 118° (Ae./PAe.), aus **Ig** u. Na-Diäthylacetamidomalonat in abs. A. bei Raumtemp.; 95,2%. — 2-Methyl-3-hydroxy-4-hydroxymethylpyridine: *5-n-Propyl-*, *Hydrochlorid* (**II**) durch ½std. Erhitzen von **Ia** u. 0,1 n HCl auf dem Dampfbad u. Eindampfen im Vakuum; Öl. *Pikrat*, *½-Hydrat*, $C_{16}H_{18}N_4O_9 \cdot ½H_2O$, F. 109° (A.), aus dem rohen Hydrochlorid; 78%. — *5-[2-Aminocarbonyläthyl]-*, *Hydrochlorid*, $C_{10}H_{15}ClN_2O_3$, F. 150—151° (A./Ae.), analog **II** aus 0,40 g **Id**; 0,22 g. — *5-[2-Äthoxycarbonyläthyl]-*, *Hydrochlorid*, $C_{12}H_{17}ClNO_4$, F. 140—142°, analog **II** aus 1,2 g **Ic** u. 3std. Kochen mit abs. alkohol. HCl; aus abs. A./Ae. Nadeln; 1,3 g. — *5-[3-Carboxypropyl]-*, *Hydrochlorid*, $C_{11}H_{16}ClNO_4$, F. 208—209° (A./Ae.), analog **II** aus 20 mg **Ie**; 17,5 mg. — *5-[4-Hydroxybutyl]-*, *Hydrochlorid*, analog **II** aus **If**; nicht isoliert. — *5-[2-Hydroxyäthyl]-*, *Hydrochlorid*, $C_9H_{14}ClNO_3$, F. 109 bis 111° (Äthylacetat), aus 70 mg **Ii** analog **II** (2std. Kochen); 65 mg. — *5-Acetyl-*, *Oxim*, $C_9H_{12}N_2O_3$, F. 195—196° (Zers.; Äthylacetat/Ae.), durch Claisen-Kondens. von **I**-5-Carbonsäureäthylester u. Äthylacetat, Ketonspaltung u. Oximierung. — *5-[2-Nitrovinyl]-*, $C_9H_{10}N_2O_4$, F. 197—198° (Zers.; $CH_3OH$/Ae.), durch 1½std. Erhitzen von **Ik** u. 20%ig. Essigsäure auf dem Dampfbad u. Eindampfen im Vakuum. — *5-[2-Aminoäthyl]-*, *Dihydrochlorid*, $C_9H_{16}Cl_2N_2O_2$, F. 204—205,5° (Zers.; $CH_3OH$/Ae.), durch Zutropfen von **Ik** in Ae. zu $LiAlH_4$ in Ae. unter $N_2$, 8std. Kochen u. Hydrolyse des öligen Amins analog **II** (2std. Erhitzen); 61,3%. — *5-[1-Hydroxyäthyl]-*, *Hydrochlorid*, $C_9H_{14}ClNO_3$, F. 160°, analog **II** aus 0,21 g **Il**; aus A./Ae. Nadeln; 0,21 g. — *5-[2-Hydroxyisopropyl]-*, *Hydrochlorid*, *¼-Hydrat*, $C_{10}H_{16}ClNO_3 \cdot ¼ H_2O$, F. 173 bis 174° ($CH_3OH$/Ae.), analog **II** aus **Im**; 92%. — *5-Methyl-*, *Hydrochlorid*, $C_8H_{12}ClNO_2$, F. 143—144° (A./Ae.), analog **II** aus **In**; 91%. — *5-[2-Carboxy-2-aminoäthyl]-*, $C_{10}H_{14}N_2O_4$, F. 248—249° (Zers.; verd. A.), durch 2std. Schütteln von **Io** u. konz. HCl, 2std. Kochen, Eindampfen im Vakuum u. Neutralisieren mit $NH_4OH$; 61,5%. *Methylester*, *Dihydrochlorid*, $C_{11}H_{18}Cl_2N_2O_4$, F. 194 bis 195° (Zers.; A./Ae.), aus der Säure in $CH_3OH$ durch Zugeben von $SOCl_2$ bei —15°, 1std. Kochen u. Eindampfen im Vakuum; 67%. F. Heller 4330

*1436* **Erythromycin-Reihe.** 2. Mitt. **Acylierung von Erythromycinoxim und 9-Amino-3-O-cladinosyl-5-O-desosaminyl-6.11.12-trihydroxy-2.4.6.8.10.12-hexamethylpentadecanolid-(13.1) mit Dicarbonsäureesterchloriden.** Z. Tamburasev, G. Vazdar und S. Djokic. (Croat. chem. Acta **39** (1967) 4, 273—76; Zagreb, Yugoslavia, Res. Dep. Pliva; engl.) — 1. vgl. Tetrahedron Letters [London] **17** [1967] 1645. — Durch Rk. von Erythromycinoxim u. Erythromycylamin mit Bernstein- u. Adipinsäureesterchloriden in Ggw. von $NaHCO_3$ in abs. Aceton werden bei Raumtemp. die an der Oximino- bzw. Aminogruppe substituierten *Monoacylderiv.* erhalten. Bei höherer Temp. tritt eine zweite Acylgruppe in den Desosaminrest unter Bldg. der entsprechenden *Bis-acylderivate*. Die neuen Verb. verhalten sich im biolog. Test ähnlich wie Erythromycin.

Versuche ($[\alpha]_D^{20}$ in Aceton, c = 2, u. $pK_a$-Werte in DMF/W. (66:34) in []): *Erythromycinoxim*, *3-Methoxycarbonylpropionylderiv.* (**I**), $C_{42}H_{74}N_2O_{16}$, F. 108—112°, durch Zutropfen von 3-Methoxycarbonylpropionylchlorid in Aceton zu Erythromycinoxim u. $NaHCO_3$ in abs. Aceton u. 1std. Rühren bei Raumtemp.; 70—80% (Ausb.); [—125,7°; 8,31]. *3-Äthoxycarbonylpropionylderiv.*, $C_{43}H_{76}N_2O_{16}$, F. 99—102°; [—124,3; 8,18]. *5-Methoxycarbonylpentanoylderiv.*, $C_{44}H_{78}N_2O_{16}$, F. 89—94°; [—109,3°; 8,3]. *5-Äthoxycarbonylpentanoylderiv.*, $C_{45}H_{80}N_2O_{16}$, F. 82—86°; [—110,0°; 8,18]. *Bis-3-methoxycarbonylpropionylderiv.*, $C_{47}H_{80}N_2O_{19}$, F. 173 bis 176°, analog **I** mit 2,5 Mol Säurechlorid u. 8std. Kochen; [—109,7°; 6,7]. *Bis-3-äthoxycarbonylpropionylderiv.*, $C_{49}H_{84}N_2O_{19}$, F. 160—162°; [—109,8°; 6,61]. *Bis-5-methoxycarbonylpentanoylderiv.*, $C_{51}H_{88}N_2O_{19}$, F. 78 bis 83°; [—99,0°; 6,57]. *Bis-5-äthoxycarbonylpentanoylderiv.*, $C_{53}H_{92}N_2O_{19}$, F. 72—76°; [—104,7°; 6,56]. — *Erythromycylamin*, *3-Methoxycarbonylpropionylderiv.*, $C_{42}H_{76}N_2O_{15}$, F. 114—119°; [—120,7°; 8,43]. *3-Äthoxycarbonylpropionylderiv.*, $C_{43}H_{78}N_2O_{15}$, F. 103—105°; [—122,4°; 8,39]. *5-Methoxycarbonylpentanoylderiv.*, $C_{44}H_{80}N_2O_{15}$, F. 102—105°; [—115,1°; 8,4]. *5-Äthoxycarbonylpentanoylderiv.*, $C_{45}H_{82}N_2O_{15}$, F. 91—95°; [—114,8°; 8,21]. *Bis-3-methoxycarbonylpropionylderiv.*, $C_{47}H_{82}N_2O_{18}$, F. 95 bis 101°; [—108,3°; 6,8]. *Bis-3-äthoxycarbonylpropionylderiv.*, $C_{49}H_{86}N_2O_{18}$, F. 160—162°; [—110,1°; 6,62]. — *Bis-5-methoxycarbonylpentanoylderiv.*, $C_{51}H_{90}N_2O_{18}$, F. 88—90°; [—91,1°; 6,9]. *Bis-5-äthoxycarbonylpentanoylderiv.*, $C_{53}H_{94}N_2O_{18}$, F. 69—71°; [—99,9°; 6,61]. F. Heller 4340

*1437* **Chemie von Benzolglykolen.** 17. Mitt. **Neue Synthese von Streptamin.** Norio Kurihara, Takashi Kurokawa und Minoru Nakajima. (Agric. biol. Chem. [Tokyo] **31** (1967) 10, 1166—70; Dep. of Agric. Chem., Coll. of Agric., Univ., Kyoto; engl.) — 16. vgl. Liebigs Ann. Chem. **701** (1967) 225. — Beschreibung der Synth. von *Streptamin* [**I**; *Scylloinosadiamin-(1.3)*], einem Hydrolyseprod. von Streptomycin, aus Condurit-F-dibromid über dessen Diazo-Derivat. Gleichzeitig wird ein neues Isomeres von **I**, *rac. Inosadiamin-(1.2)*, synthetisiert. Seine Konstit. wird aus den Zwischenprod. der Synth. u. dem NMR-Spektrum geschlossen. NMR-Daten vgl. Original.

Versuche (F. unkorr.): Inosite: *Tetraacetyl-2.3-dibrom-2.3-didesoxymuco-*, $C_{14}H_{18}Br_2O_8$, F. 123 bis 125° (A.), durch Zugabe von $Br_2$ zu 700 mg Condurit-F in Essigsäure, mehrstd. Stehen über Nacht, Einengen zur Trockene, Zugabe von Acetanhydrid u. Py. Einengen zur Trockene u. Extrahieren mit $CHCl_3$; 63% (Ausb.); daneben 300 mg *Pentaacetyl-3-brom-3-desoxymuco-inosit* [F. 178–179°]. — *2.3-Dibrom-2.3-didesoxymuco-* (**II**), $C_6H_{10}Br_2O_4$, F. 163–169° (W.), durch 3std. Erhitzen von 1,7 g vorst. Verb. mit 4 n HCl (sd. W.-Bad) u. Einengen zur Trockene; 1,1 g. — *2.3-Anhydro-4-brom-4-desoxyepi-*, $C_6H_9BrO_4$, F. 180–183° (Methanol), durch Zugabe von Na-Methylat zu vorst. Verb. in Methanol, 5std. Stehen bei Raumtemp., Behandlung mit Amberlite IR-45 bzw. IR-120 u. Einengen zur Trockene; 53%. — *Triacetyl-2.3-anhydro-4-brom-4-desoxyepi-*, $C_{12}H_{15}BrO_7$, F. 137° u. F. 150–151° (dimorphe Krist. aus A.), durch mehrstd. Stehen eines Gemisches aus vorst. Verb. u. Acetanhydrid/Py. bei Raumtemp., Gießen in Eiswasser u. Extrahieren mit $CHCl_3$; 73%. — *Pentaacetyl-2-brom-2-desoxymyo-*, $C_{16}H_{21}BrO_{10}$, F. 201–203° (A.), durch 3std. Erhitzen von 100 mg vorst. Verb. mit 1%ig. $H_2SO_4$ auf dem W.-Bad, Kühlen, Umsetzung mit Amberlite IR-45, Einengen zur Trockene, 2tägiges Stehen des Rückstands mit Acetanhydrid/Py. bei Raumtemp., Filtrieren u. Einengen zur Trockene; 10 mg; daneben 40 mg *Pentaacetyl-1-brom-1-desoxymucoinosit* [$C_{16}H_{21}Br \cdot O_{10}$, F. 126–127° (A.)]. — *Pentaacetyl-2-desoxymyo-*, F. 199–200° (A.), durch Hydrieren von 50 mg vorst. Verb. in Methanol in Ggw. von Raney-Ni u. Amberlite IR-45 ($OH^-$) bei Raumtemp., Filtrieren, Einengen zur Trockene u. nachfolgendes Acetylieren; 10 mg. — *Tetraacetyl-1.3-diazido-1.3-didesoxyscyllo-*, $C_{14}H_{18}N_6O_8$, F. 178–179° (A.), a) durch 30std. Kochen von 2,3 g **II** mit $NaN_3$ in 75%ig. DMF, Einengen zur Trockene, Extrahieren mit Aceton, Einengen zur Trockene, 12std. Stehen des Rückstandes mit Acetanhydrid/Py. bei Raumtemp., Filtrieren u. Einengen zur Trockene; 700 mg; daneben aus der Mutterlauge 685 mg *rac. Tetraacetyl-1.2-diazido-1.2-didesoxyinosit* [**III**; $C_{14}H_{18}N_6O_8$, F. 107–108° (A.)]; b) analog aus 50 mg **IV** (in Ggw. von $NH_4Cl$); 10 mg; daneben 8 mg **III**. — *Hexaacetylstreptamin*, F. 330°, a) durch Hydrieren vorst. Verb. in Methanol in Ggw. von $PtO_2$ bei Raumtemp., Filtrieren, Einengen zur Trockene, 3std. Kochen des Rückstandes mit Acetanhydrid/Na-Acetat, Filtrieren u. Einengen; 24%; daneben 54% *Heptaacetylstreptamin* [$C_{20}H_{28}N_2O_{11}$, F. 258–259°]; b) durch 3std. Erhitzen von 30 mg des Heptaacetats mit 6 n HCl (sd. W.-Bad), Einengen zur Trockene u. mehrstd. Stehen mit Acetanhydrid/Py. bei Raumtemp.; 20 mg. — *rac. Hexaacetylinosadiamin-(1.2)*, $C_{18}H_{26}N_2O_{10}$, F. 169–171° (Essigester/Ae.), durch Hydrieren von **III** in Methanol, Filtrieren, Einengen u. Acetylieren mit Acetanhydrid/Py.; 49%. K. P. Hilgetag 4340△

*1438* **Chemische Zusammensetzung von Bupleurum aureum.** A. T. Troščenko und T. I. Limasova. (Chim. prirodnych Soedinenij **3** (1967) 2, 145–46; Novosibirsk, inst. organ. chim. Sib. otdel. AN SSSR; russ.) — Unters. der oberird. Teile von *Bupleurum aureum* Fisch. ergaben in der 1. Fraktion von PAe. schuppige Krist. F. 73–74°, die als *Nonakosanon-(10)* identifiziert wurden. Sein Geh. in der Pflanze beträgt 0,1%. Die 2. Fraktion, ein Alkohol stellt farblose Nadeln F. 78,5–80° dar, sein Aceton ist *Hexakosanol-(1)*. Der Geh. in der Pflanze beträgt 0,04%. Die 3. Fraktion wurde als *d-Spinasterin* ermittelt. Weiterhin wurden Flavonglykosid, Quercetin, Ramnose, Glucose isoliert. Frühere Angaben über hohen Saponingeh. fanden keine Bestätigung. M. Gordienko 4420

*1439* **Chemische Untersuchung von in der Türkei gewachsenem Peganum harmala L.** Hüsamettin Kutlu und Hayriye Amâl. (Instanbul Univ. Eczacilik Fak. Mecmuasi [J. Fac. Pharmacy Instanbul Instanbul Univ.] **3** (1967) 3, 133–47; türk.) — In den Samen von *Peganum harmala L.* werden gefunden ca. 8,4(%) W., 7,05 Asche, 0,78 säureunlösl. Asche, 9,061 sulfathaltige Asche, 14,24 gebundenes Öl, keine Sterine, Tannine, Kohlenhydrate, Saponine, Anthrachinone u. Flavone. Die Höchstmenge an Trockenextrakt (34,90%) wird mit $CH_3OH$ erhalten, darin wird der Gesamtalkaloidgeh. durch $H_2SO_4$-Titration zu 7,012(%), mit Reinecke-Salz gravimetr. zu 6,40 u. titrimetr. mit $AgNO_3$ zu 7,10 bestimmt. Von den Alkaloiden fluoreszieren violett *Harmin* (**I**, $C_{13}H_{12}N_2O$), grün *Tetrahydroharmin* (**II**, $C_{13}H_{16}N_2O$), gelb ein Alkaloid der Formel $C_{13}H_{16}N_2O_2$. Spektrophotometr. wird der Geh. an **I**(**II**) im $CH_3OH$-Extrakt zu 1,965 (3,957)% bestimmt. R. K. Müller 4420

*1440* **Isolierung von Prenyletin aus Haplopappus baylahuen.** G. Schwenker, P. Kloss und W. Engels. (Pharmazie **22** (1967) 12, 724–25; Karlsruhe, Univ., Pharmazeut.-chem. Inst. u. Forschungslab. Firma Dr. Willmar Schwabe; dt.) — Vf. isolieren aus *Haplopappus baylahuen* in 1% Ausb. eine krist. Substanz, F. 147°. NMR-, Massenspektrum, Elementaranalyse sowie Bldg. von Deriv. beweisen die Identität mit *Prenyletin* (Äsculetin-7-[3'.3'-dimethylallyl]-äther). U. Geiger 4420

*1441* **Einfluß der Alkalibehandlung auf die chemische Heterogenität und die physikalischen Eigenschaften einiger Carrageenans.** Olav Smidsrød, Bjørn Larsen, Alberto J. Pernas und Arne Haug. (Acta chem. scand. **21** (1967) 10, 2585–98; Norwegian Inst. of Seaweed Res., NTH, Trondheim; engl.) — Die aus *Chondrus crispus*, *Gigartina stellata* u. *G. skottsbergii* gewonnenen Carrageenans (**I**) werden der Einw. von Alkali (**II**) (1 n KOH, 1 Std. bei 100°) unterzogen. Die **II**-Behandlung führt bei allen **I** zu einem höheren Geh. an *3.6-Anhydro-D-galaktose* (**III**), einer erniedrigten Intrinsic-Viskosität u. einem leicht erhöhten $SO_4$-Gehalt. Der ausgeprägteste Effekt ist die Zunahme der Gelstärke. Während die **I**-Fraktionen ursprünglich Mol. sehr unterschiedlicher Löslichkeit enthalten, sind nach der **II**-Einw. nur zwei Fraktionen nachweisbar. Eine wird durch $< 0,15$ mol. KCl gefällt, die andere ist bis zu einer Konz. von 1,5 mol. KCl löslich. Die chem. u. physikal. Eig. dieser Fraktionen variieren von Alge zu Alge. Der **III**-Geh. ist jedoch nicht der alleinige die Löslichkeit der **I**-Deriv. beeinflussende Faktor. H. Nürnberger 4420

*1442* **Pflanzengummis.** 1. Mitt. **Identifizierung stickstoffhaltiger Verbindungen in Neem (Azadirachta indica)-Gummi und Isolierung von D-Glucosamin.** S. Usha Lakshmi und T. N. Pattabiraman. (Indian J. Biochem. **4** (1967) 3, 181–83; Dep. of Chem., Univ. Coll. of Sci., Osmania Univ., Hyderabad; engl.) — Es wird das Vork. von Aminozuckern in 9 Pflanzengummis untersucht. Lediglich im Neem-Gummi wird D-Glucosamin (**I**) nachgewiesen u. daraus isoliert. Der **I**-Geh. beträgt 2,94 ± 0,28 g/100 g Gummi. **I** liegt z. T. in acetylierter Form vor. Der N-Geh. von Neem-Gummi beträgt 3%, der Eiweißgeh. nach der Biuret- bzw. Lowry-Meth. 19,8 bzw. 17,25%. H. Nürnberger 4420

*1443* **Gleichzeitiges Vorkommen von Monoglucosiden und Monogalactosiden des Cyanidins und Peonidins in der amerikanischen Preiselbeere, Vaccinium macrocarpon.** T. Fuleki und F. J. Francis. (Phytochemistry **6** (1967) 12, 1705–08; Amherst, Mass., Univ. of Mass., Dep. of Food Sci. and Technol.; engl.) — Neben *Cyanidin-* u. *Peonidin-3-galactosid* sowie *Cyanidin-* u. *Peonodin-3-arabinosid* konnten durch papierchromatograph. Trennung mit dem neuen Laufmittelsyst. Butanol/Bzl./Ameisensäure/W. (100:19:10:25) aus der amerikan. Preiselbeere *Vaccinium macrocarpon* auch geringe Mengen (< 1%) *Cyanidin-* u. *Peonidin-3-glucosid* isoliert u. identifiziert werden. Gottfried Schreiber 4420△

*1444* **Aus Rhodotypos kerrioides Sieb. und Zucc. (Rosaceae) isoliertes Flavonolosid. Vorkommen von Narcissin, Linarin und Diosmin in verschiedenen Arten.** Victor Plouvier. (C. R. hebd. Séances Acad. Sci., Sér. D **264** (1967) 1, 145–48; Paris, Muséum d'Histoire naturelle, Labor. de Chim. appliquée aux Corps organisés; franz.) — Vf. isolierte aus den Blättern von *Rhodotypos kerrioides* ein *Flavonoid* (**I**; F. 185°, $[\alpha]_D$ −62,5° [c = 1%, Pyridin]), das bei der Hydrolyse ein *Flavonolaglykon* (**II**) u. *Glucose* u. *Rhamnose* in äquimol. Mengen ergibt. **II** (F. 243°) ist mit 2 Methoxygruppen in $C_{(7)}$ u. $C_{(4')}$ u. 3-Hydroxygruppen versehen u. verhält sich ähnlich wie *Ombuin*. Aus den Blättern von *Bupleurum ranunculoides* L. *var. gramineum* Vill. wurde *Narcissin* (*Isorhamnetin-3-rutosid*) isoliert, andere Bupleurum-Arten enthalten es nicht. Dagegen enthalten *B. montanun* Coss. u. Dur. u. *Phytolacca dioica* L. *Rutosid*. *Linarin* wurde aus *Viola papilionacea*, *Daphne laureola* u. *Scrofularia nodosa* isoliert; *Diosmin* konnte aus 20 verschiedenen Arten in 6 Pflanzenfamilien isoliert werden. J. Elich 4420

*1445* **Flavonoide aus Baptisia australis (Leguminosae).** P. Lebreton, K. R. Markham, W. T. Swift, III, Oung-Boran und T. J. Mabry. (Phytochemistry **6** (1967) 12, 1675–80; Lyon, Fac. des Sci.; engl.) – Durch Extraktion von Stengeln, Blättern u. Blüten von *Baptisia australis* mit Methanol werden *Apigenin-7-O-β-D-glucosid*, 0,8% *Luteolin-7-O-β-D-glucosid* [(**I**), *Sesquihydrat*, $C_{21}H_{20}O_{11} \cdot 1^1/_2\ H_2O$, F. 240–280° (wss. A.); $[\alpha]_D$ −81° (c = 0,78, A.)], *Formononetin* [(**II**), F. 255–260°. *Monoacetat*, F. 171–172°], 0,2% (aus Blättern) u. 0,8% (aus Wurzeln) **II**-*7-O-β-D-glucosid* [(**III**), $C_{22}H_{22}O_9$, F. 211 bis 216° (wss. A.); $[\alpha]_D$ −44° (c = 0,886, Py.). *Tetraacetat*, $C_{30}H_{30}O_{13}$, F. 184°; $[\alpha]_D$ −28,5° (c = 0,531 g/100 ml $CHCl_3$)] u. 0,01% *Afrormosin* [(**IV**), F. 212–220°. *Monoacetat*, F. 167° (Methanol)] isoliert u. zusammen mit **IV**-*7-O-β-D-glucosid* identifiziert. Aus Wurzeln von *B. australis* werden neben **II**, **II**-*7-O-β-glucosid* u. wahrscheinlich auch **IV** noch 0,5% des Chromanocumarins *Trifolirhizin* [*Monohydrat*, $C_{22}H_{22}O_{10} \cdot H_2O$, F. 140° (Methanol); $[\alpha]_D$ −174° (c = 0,526, A.). *Tetraacetat*, $C_{30}H_{30}O_{14}$, F. 187 bis 189°; $[\alpha]_D$ −125° (c = 0,51, A.)] isoliert. Hydrolyse der Glucoside mit Säure oder β-Glucosidase liefert die entsprechenden *Aglykone* u. *Glucose*. IR-, UV- u. KMR-Spektren vgl. Original. Gottfried Schreiber 4420△

*1446* **Vergleichende Biochemie der Flavonoide.** 6. Mitt. **Flavonoidverteilung in den Bignoniaceae und Gesneriaceae.** J. B. Harborne. (Phytochemistry **6** (1967) 12, 1643–51; Liverpool, Univ., Phytochem. Unit.; engl.) – 5. vgl. ibid. **6** [1966] 589. – In 16 Arten von Bignoniaceae werden keine 3-Desoxyanthocyanine (**A**) gefunden. Einige enthalten *Cyanidin-3-rutinosid* (**I**). Die orangefarbenen u. gelben Blütenblätter einiger Arten enthalten *Carotinoide* (**B**). In den meisten Arten kommen *Flavone* (**C**), weniger *Flavonole* (**D**) vor. In zahlreichen Arten von Gesneroideae kommen **A** sowie **C** in Blütenblättern u./oder Blättern als *7-Glykoside* vor. IR-Spektren vgl. Original. Gottfried Schreiber 4420△

*1447* **Strychnosalkaloide.** 17. Mitt. **Alkaloide von Strychnos Jobertiana Baill. und Strychnos rondeletoides Spruce: Auftreten eines neuen Alkaloids, Jobertin (O-Acetyldiabolin B), in Strychnos Jobertiana.** Franco Delle Monache, Ermanno Corio und G. B. Marini-Bettòlo. (Ann. Ist. super. Sanità **3** (1967) 5, 564–66; Labor. di Chim. Biol.; engl.) – Vgl. ibid. **3** [1967], 190. – Aus dem wss.-methanol. Extrakt aus der Wurzelrinde von *S. Jobertiana* werden *Diabolin* (**I**), *Pikrat*, F. 237–240° u. *O-Acetyldiabolin B* (**II**), $C_{23}H_{26}N_2O_4 \cdot H_2O$, F. 87–91° (Essigester/PAe.), gemeinsam mit ungesätt. Säuren isoliert. **II** erhält den Namen *Jobertin*. In *S. rondeletoides* kommt nur **I** vor. Quart. Alkaloide werden in beiden Spezies nur in Spuren gefunden. **II** kann zu **I** verseift werden u. ist mit *Henningsamin* stereoisomer. W. Holland 4420

*1448* **Alkaloide der zwei Menispermaceen von Laos: Cyclea barbata (Wall.) Miers und Tiliacora triandra (Roxb.) Diels.** R. R. Paris und S. K. Sasorith. (Ann. pharmac. franc. **25** (1967) 9–10, 627–33; Fac. de Pharmazie, Lab. de Mat. med., Paris; franz.) – Durch Mazeration mit A./Ae./$CHCl_3$ u. mit Ae./$CHCl_3$, Konzentrieren, Extraktion mit 0,5 n-$H_2SO_4$, Versetzen mit $NH_3$ u. Extraktion mit $CHCl_3$ werden aus den Wurzeln von *Cyclea barbata* 2,81%, aus den Stämmen 0,11% u. aus den Blättern 0,09% Alkaloide erhalten. Von den ca. 12 Basen wird durch mehrfache Krist. aus Aceton u. A. *Tetrandrin* ($C_{38}H_{42}N_2O_6$, F. 198°, $[\alpha]_D$ +264° ± 2° ($CHCl_3$; c = 2). *Pikrat*, F. 280°) erhalten. – Die Wurzeln von *Tilicorda triandra* ergaben nach demselben Verf. 3,99%, die Stämme 0,17% u. die Blätter 0,04% Alkaloide. Durch Chromatographie an $Al_2O_3$ wird von den 4 chromatograph. sichtbaren Basen ein neues *Bis-benzylisochinolin-Alkaloid* [$C_{34}H_{34}N_2O_5$, F. 175°, $[\alpha]_D$ +408° (c = 1; A.). – *Hydrochlorid*, F. 245°] isoliert, das *Tiliandrin* genannt wird. UV-, IR- u. NMR-Werte sowie pharmakolog. Vers. vgl. Original. W. Meise 4420

*1449* **Alkaloide.** 58. Mitt. **Alkaloide aus sechs Aspidosperma-Arten.** R. R. Arndt, S. H. Brown, N. D. Ling, P. Roller, Carl Djerassi, J. M. Ferreira, F. B. Gilbert, Edson C. Miranda, S. E. Flores, Apparicio P. Duarte und E. P. Carrazzoni. (Phytochemistry **6** (1967) 12, 1653–58; Stanford, Calif., Stanford Univ., Dep. of Chem.; engl.) – Vgl. Tetrahedron [London] **21** [1965], 1141. – Folgende *Alkaloide* wurden aus sechs Aspidosperma-Arten isoliert u. durch IR-, UV- u. KMR-Spektren (vgl. Original) identifiziert: *A. rigidum*: *Picralin*, *Deacetylpicralin*, (−)-*Carapanaubin*, *Reserpilin* (**I**). – A. nitidum (Rinde): *10-Methoxydihydrocorynantheol* [F. 161–162°; $[\alpha]_D^{26,5}$ −10,8° (Py.)]. – A. marcgravianum (Holz): *Aricin*, **I**, (−)-*Demethoxyaspidospermin*, (+)-*Aspidocarpin*, *O.O-Dimethyllirioresinol-B* [F. 121–122° (Methanol); $[\alpha]_D^{24,7}$ +46,0° (c = 1,61, $CHCl_3$)], (−)-*Lirioresinol-C* [$C_{22}H_{26}O_8$, F. 177–183° (Aceton/Hexan); $[\alpha]_D$ −34,8°]. – *A. pyricollum* (Rinde): *Ulein*, *Apparicin*, *Dasycarpidon*. (Früchte): (+)-*Stemmadenin*. – *A. nigricans*: (+)-*Ulein* (**II**), *Dihydroulein*. – *A. tomentosum*: **II**, (+)-*12-Hydroxy-N-acetylaspidospermatidin* [(**III**), $C_{20}H_{24}N_2O_2$, F. 162–163° (Methanol), $[\alpha]_D^{22}$ +170° (c = 0,24, A.). *O-Methylderiv.* (*Aspidospermatin*), durch Rk. von **III** mit Dimethylsulfat u. $K_2CO_3$ in Aceton]. 20std. Hydrieren von **III** an Pt in A. bei Raumtemp. liefert *Dihydro-12-hydroxy-N-acetylaspidospermatidin* [$C_{20}H_{26}N_2O_2$, F. 222–224° (Zers., A.)]. IR-, UV-, KMR- u. Massenspektren vgl. Original. Gottfried Schreiber 4420△

*1450* **Insektizides Alkaloid, Cocculolidin aus Cocculus trilobus DC.** 2. Mitt. **Die Struktur von Cocculolidin.** Kojiro Wada, Shingo Marumo und Katsura Munakata. (Agric. biol. Chem. [Tokyo] **31** (1967) 4, 452–60; Labor. of Pesticides Chem., Fac. of Agric., Univ., Nagoya; engl.) – Vf. identifizieren an Hand der von Braun-Rk. bzw. durch Abbaurk. die Struktur des aus frischen Blättern von *Cocculustrilobus* DC. extrahierten insekticiden Alkaloids *Cocculolidin* (**I**). **I** ist ein bisher unbekanntes Erythrina-Alkaloid mit einem α.β-ungesätt. γ-Lactonring. Die Massenspektren von **I** u. Dihydro-β-erythroidin werden diskutiert. IR- u. UV-Maxima sowie NMR-Daten vgl. Original.

Versuche: *Cocculolidin* (**I**), $C_{15}H_{19}NO_3$, F. 144 bis 146° ($CCl_4$) nach Wada u. Munakata [ibid. **31** (1967) 336]; $[\alpha]_D^{25}$ 237° (c = 1; $CHCl_3$). *Methojodid*, $C_{16}H_{22}JNO_3 \cdot {}^1/_2C_2H_5OH$, F. 261–264° (Zers., A.), durch 1std. Kochen von **I** mit Methyljodid in Methanol u. Kühlen; aus A. Prismen. *Hydrochlorid*, F. 247–251° (Zers.), durch Ansäuern einer methanol. Lsg. von **I** mit konz. HCl/Ae. u. mehrstd. Stehen. – *Dihydrococculolidin* (**II**), $C_{15}H_{21}NO_3$, F. 121–121,5°, durch 1std. Rk. an **I** mit $NaBH_4$ in Methanol bei Raumtemp., Einengen im Vakuum, Lösen in W. u. Extrahieren mit $CHCl_3$; aus $CCl_4$/Ae. Nadeln. – *Tetrahydrococculolidin*, $C_{15}H_{23}NO_3$, F. 187–189°, durch Hydrieren von 300 mg **II** in Essigsäure in Ggw. von $PtO_2$ bei 31°, Filtrieren, Einengen im Vakuum u. Extrahieren mit $CHCl_3$; aus $CCl_4$ Prismen; 100 mg (Ausb.). – *Dihydrococculolidineol, Hemimethanolat*, $C_{15}H_{25}NO_3 \cdot {}^1/_2CH_3OH$, F 92–95°, a) durch 1std. Kochen von 1 g **II** mit $LiAlH_4$ in Dioxan, Zugabe von W. u. Extrahieren mit $CHCl_3$; aus n-Hexan/Methanol Prismen; 350 mg; b) analog aus nachst. Verbindung. – *Oxodihydrococculolidin*, $C_{15}H_{19}NO_4$, F. 223–225°, durch Zugabe von wss. $KMnO_4$ zu 200 mg **II** u. $MgSO_4 \cdot 7H_2O$ in W. unter Eiskühlung u. Rühren, 0,5std. Rühren bei Raumtemp., Zugabe von gesätt. $Na_2SO_3$-Lsg. in 5%ig. $H_2SO_4$, Einengen im Vakuum, Ansäuern mit 5%ig. HCl u. Extrahieren mit $CHCl_3$; aus Essigester Prismen; 30 mg. – *Verb.* **III**, $C_{15}H_{14}N_2O_2$, F. 169–171,5°, durch 1std. Kochen eines Gemisches aus 850 mg **I** u. 450 mg BrCN in $CHCl_3$ u. Einengen; 20 mg. – Verb. **IV**, F. 97

bis 99°, durch 4std. Erhitzen von 330 mg **I**, Hydrochlorid in 85%ig. $H_3PO_4$ bei 170°, Zugabe von W., Alkalisieren mit NaOH u. Extrahieren mit $CHCl_3$; 200 mg. *Pikrat,*

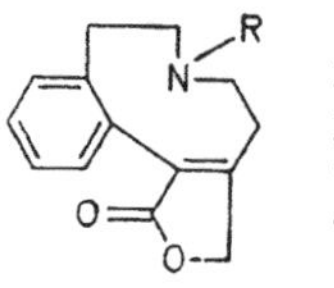


III R: CN
IV R: H
V R: $CH_3CO$
VI R: CHO

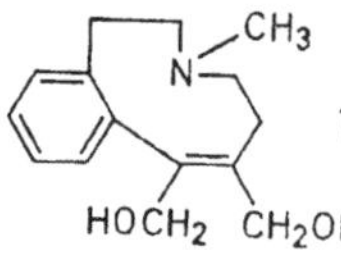


VII

$C_{20}H_{18}N_4O_9$, F. 207–210° (Zers.); aus A. gelbe Prismen. – *Verb.* **V**, $C_{16}H_{17}NO_3$, F. 173–175°, durch 1/4std. Kochen eines Gemisches aus 70 mg **IV** u. Acetanhydrid in Bzl., Einengen im Vakuum u. Extrahieren mit $CHCl_3$; aus Bzl. Prismen; 50 mg. – *Verb.* **VI**, $C_{15}H_{15}NO_3$, F. 163 bis 165°, durch Zutropfen von Acetanhydrid zu **IV** in 85%ig. Ameisensäure, 1,5std. Rühren bei Raumtemp., Zugabe von Eiswasser, Einengen im Vakuum u. Extrahieren mit $CHCl_3$; aus Essigester Prismen. – *Verb.* **VII**, $C_{15}H_{21}NO_2$, F. 117–119°, aus **VI** u. $LiAlH_4$; aus n-Hexan/Methanol Prismen. – *Phthalsäureanhydrid*, F. 100 bis 110°, durch Zugabe von 3%ig. wss. $KMnO_4$ zu 180 mg **IV** in 10%ig. NaOH, Erwärmen auf 80°, Zugabe von gesätt. $Na_2SO_3$-Lsg. in 5%ig. $H_2SO_4$ u. Extrahieren mit Ae.; Nadeln; 10 mg. K.-P. Hilgetag 4420△

*1451* **Identität von Vellosin und Refraktin.** Raymond-Hamet, Kendall Foley und Maurice Shamma. (C. R. hebd. Séances Acad. Sci., Sér. D **265** (1967) 1, D-71–74; Labor. Dr. Raymond-Hamet, 14, rue de la Glacière, 75-Paris 13°; franz.) – Vf. vergleichen Proben der Alkaloide *Vellosin* (**I**) (Freund et al. [1893]) u. *Refraktin* (**II**) (Djerassi et al. J. Amer. chem. Soc. **84**, [1962], 1499). **I** u. **II** zeigen auf Adsorbosil (Ae.; Ae./$CH_3OH$ 9:1 u. Aceton/$CHCl_3$) ident. Dünnschichtchromatogramme, sowie ident. NMR-, UV- u. IR-Spektren u. stimmen in F. u. Misch-F. überein.
A. Méthou 4420

*1452* **Struktur von Siphonaxanthin und Siphonein, den Hauptcarotinoiden siphonaler Grünalgen.** Hans Kleinig und Kurt Egger. (Phytochemistry **6** (1967) 12, 1681 bis 1686; Heidelberg, Univ., Botan. Inst.; dt.) – Durch Extraktion der Alge *Caulerpa prolifera* mit Aceton werden neben *Neoxanthin Siphonaxanthin* (**I**) u. *Siphonein* isoliert. Durch Veräherung u. Acetylierung werden die funktionellen Gruppen ermittelt. **I** besitzt 8 konjugierte C-Doppelbindungen, eine konjugierte Ketogruppe, eine prim., eine sek. allylständige u. eine sek. nicht allylständige Hydroxylgruppe. Alle ermittelten Eig. von **I** stehen in Einklang mit der vorgeschlagenen Strukturformel eines *3.3'.16-Trihydroxy-7.8-dihydro-8-oxo-α-carotins.* Siphonein leitet sich von **I** durch Veresterung der prim. Hydroxylgruppe am C-Atom 16 mit Laurinsäure ab. Gottfried Schreiber 4420△

*1453* **Alkaloidproduktion in künstlichen Kulturen verschiedener Arten von Claviceps Tul.** Antonio Tonolo. (Ann. Ist. super. Sanità **3** (1967) 5, 613–28; Labor. di Chim. Biol., Centro Internazionale di Chim. Microbiol.; ital.) – Von künstlich sklerotierten Stämmen der Arten *Claviceps paspali* (**I**) u. *C. purpurea* (**II**) werden Alkaloide in Nährlsg. mit hohem osmot. Druck produziert: von **I** *Lysergsäureamid* u. *-α-hydroxyäthylamid*, von **II** *Ergotamin.* Die Phylogenese der *Claviceps*-Arten u. die Beziehungen zu den Wirtspflanzen wird erörtert.
W. Holland 4460

*1454* **Succinanilsäuren und Derivate.** A. Baruffini, P. Borgna und G. Pagani. (Farmaco [Pavia], Ediz. sci. **22** (1967) 10, 781–95; Ist. di Chim. Farmaceut. e Tossicol., Univ., Pavia; ital.) – Zahlreiche, im Phenylkern substituierte Succinanilsäuren sowie deren Ester, Amide u. Imide werden dargestellt u. auf 50%ig. Hemmung der Hill-Rk. u. auf phytotox. Wrkg. untersucht. Nur im Post-emergence-Test sind eine Reihe der Verb., z. T. selektiv, wirksam.

Versuche: Succinanilsäuren: *Unsubstituiert*, $C_{10}H_{11}NO_3$, F. 148° (W.), durch 30 Min. langes Erhitzen von Anilin (**I**) u. Bernsteinsäureanhydrid (**II**) auf 120°. *Äthylester* (**III**), $C_{12}H_{15}NO_3$, F. 56° (Ae./PAe.), durch Einleiten von HCl in eine alkohol. Lsg. von N-Phenylsuccinimid (**IV**) u. Verdünnen mit Wasser. *Amid*, $C_{10}H_{12}$·$N_2O_2$, F. 181° (W.), durch Einleiten von $NH_3$ in eine Lsg. von **IV** in sd. A. u. Eindampfen (Meth. A.). *N-n-Butylamid*, $C_{14}H_{20}N_2O_2$, F. 170° (Bzl.), durch 1std. Kochen von **III** mit n-Butylamin in Alkohol. – *3-Chlor-*, $C_{10}H_{10}ClNO_3$, F. 150° (W.). *Äthylester* (**V**), $C_{12}H_{14}ClNO_3$, F. 95° (80%ig. A.). *Amid*, $C_{10}H_{11}ClN_2O_2$, F. 172° (80%ig. A.), durch 12std. Kochen von **V** mit $NH_3$ u. $NH_4Cl$ in Dioxan u. Eindampfen (Meth. B). *N-n-Butylamid*, $C_{14}H_{19}ClN_2O_2$, F. 134° (Bzl.). – *4-Chlor-*, $C_{10}H_{10}ClNO_3$, F. 167° (W.). *Äthylester*, $C_{12}H_{14}ClNO_3$, F. 114° (PAe.). *Amid*, $C_{10}H_{11}ClN_2O_2$, F. 200° (Essigester), nach Meth. B. *N-n-Butylamid*, $C_{14}H_{19}ClN_2O_2$, F. 190° (80%ig. A.). – *3-Trifluormethyl-*, $C_{11}H_{10}F_3NO_3$, F. 123° (80%ig. A.). *Äthylester*, $C_{13}H_{14}F_3NO_3$, F. 105° (80%ig. A.). *Amid*, $C_{11}H_{11}F_3N_2O_2$, F. 152° (80%ig. A.), nach Meth. A. *N-n-Butylamid*, $C_{15}H_{19}F_3N_2O_2$, F. 118° (80%ig. A.). – *3-Äthoxy-*, $C_{12}H_{15}NO_4$, F. 137° (Essigester). *Äthylester*, $C_{14}H_{19}$·$NO_4$, F. 83° (PAe.). *Amid*, $C_{12}H_{16}N_2O_3$, F. 168° (Aceton), nach Meth. A. *N-n-Butylamid*, $C_{16}H_{24}N_2O_3$, F. 111° (80%ig. A.). – *2.4-Dichlor-*, $C_{10}H_9Cl_2NO_3$, F. 153° (A.). *Äthylester*, $C_{12}H_{13}Cl_2NO_3$, F. 79° (Aceton). *Amid*, $C_{10}H_{10}$·$Cl_2N_2O_2$, F. 198° (Aceton), nach Meth. A. *N-n-Butylamid*, $C_{14}H_{18}Cl_2N_2O_2$, F. 162° (Bzl.). – *3.4-Dichlor-*, $C_{10}H_9Cl_2$·$NO_3$, F. 160° (Essigester/PAe.). *Äthylester*, $C_{12}H_{13}Cl_2NO_3$, F. 119° (PAe.). *Amid*, $C_{10}H_{10}Cl_2N_2O_2$, F. 182° (80%ig. A.), nach Meth. B). *N-n-Butylamid*, $C_{14}H_{18}Cl_2N_2O_2$, F. 138° (80%ig. A.). – *3-Trifluormethyl-4-chlor-*, $C_{11}H_9ClF_3$·$NO_3$, F. 136° (PAe.). *Äthylester*, $C_{13}H_{13}ClF_3NO_3$, F. 110° (Bzl.). – N-Phenylsuccinimide: *Unsubstituiert*, $C_{10}$·$H_9NO_2$, F. 156° (W.), durch 6std. Kochen von **I** u. **II** in $CH_3COOH$. – *3'-Chlor-*, $C_{10}H_8ClNO_2$, F. 142° (A.). – *4'-Chlor-*, $C_{10}H_8ClNO_2$, F. 170° (A.). – *3'-Trifluormethyl-*, $C_{11}H_8F_3NO_2$, F. 100° (PAe.). – *3'-Äthoxy-*, $C_{12}H_{13}NO_3$, F. 119° (W.). – *2'.4'-Dichlor-*, $C_{10}H_7Cl_2NO_2$, F. 129° (A.). – *3'.4'-Dichlor-*, $C_{10}H_7Cl_2NO_2$, F. 191° (Bzl.). – *3'-Trifluormethyl-4'-chlor-*, $C_{11}H_7ClF_3NO_2$, F. 139° (A.). W. Holland 4495

*1455* **Struktur und Biogenese der Phäomelanine.** 1. Mitt. **Isolierung und Eigenschaften der Pigmente aus Federn.** Giuseppe Prota und Rodolfo A. Nicolaus. (Gazz. chim. ital **97** (1967) 5, 665–84; Napoli, CNR, Centro Naz. di Chim. delle Sost. Organ. Natur.; ital.) – Durch Extrahieren von roten Federn der Hühnerrasse New Hampshire mit Alkali, Ansäuern u. Chromatographie (Chr.) des Nd. werden die Pigmente P1 bis P4, aus dem Überstand durch Chr. an Dowex-50 W (H-Form) u. an Sephadex G 25 die Pigmente A, B1, B2, C1, D, E1 u. F1 isoliert. Die Pigmente E1 u. F1 sind mit den früher durch Säureextraktion der Federn erhaltenen violetten Pigmenten E1 u. F1 ident.; ihre Artefaktnatur wird durch die Überführung der gelben Pigmente B1, B2 u. C1 durch Behandlung mit Säure in die früher beschriebenen roten Pigmente X4, X6 u. X3 wahrscheinlich gemacht. P1 ist ein dunkles Pulver, P2–P4 sind rotbraune Pulver von wechselnder Zus. u. ohne charakterist. UV-Absorption. Alle Pigmente der P-Gruppe enthalten ebenso wie die gelben Pigmente C, H, N, O u. geringe Mengen S; Fe konnte im Gegensatz zu Angaben anderer Autoren nicht nachgewiesen werden. Das als Hauptprod. (17 mg/100 g Federn) erhaltene C1 gibt bei der Rk. mit Säuren 7,5% $CO_2$ unter Übergang in das Pigment X3; bei der therm. Decarboxylierung werden 12,2% $CO_2$ erhalten. Der N liegt zur Hälfte in Form von $NH_2$-Gruppen vor, jedoch werden bei der sauren Hydrolyse keine Aminosäuren erhalten. Nach Ox. mit $HCO_3H$ werden sehr geringe Mengen *Asparaginsäure, Cysteinsäure* u. *Glycin*, nach Ox. mit alkal. $KMnO_4$ sehr geringe Mengen *Pyrrol-2.3-dicarbonsäure* u. *Pyrrol-2.3.5-tricarbonsäure* nachgewiesen. Letztere entstehen unter gleichen Bedingungen auch aus 3.4-Dihydroxyphenylalanin (**I**). Das gleiche Verh. bei der Ox. zeigt auch das Pigment P2. Bei der Ox. von **I** u. Cystein (**II**) in Ggw. von Pilz-Polyphenoloxidase (Tyrosinase) entsteht ein mit F1 u. dem früher aus **I** u. **II** mit alkal. $K_3[Fe(CN)_6]$ erhaltenen gelben Pigment prakt. ident. Pigment Xs. Die Biogenese der wahrscheinlich aus **I** u. **II** durch oxidative Kupplung

gebildeten Phäomelanine wird besprochen. — Chromatograph. Trennung u. Spektren vgl. Original.
F. Heller 4520

*1456* **Synthese von am $C_{(3)}$, $C_{(11)}$, $C_{(17)}$ und $C_{(20)}$ oxydierten $\Delta^5$-Pregnenen.** G. Halperin und Michael Finkelstein. (J. europ. Stéroides 2 (1967) 5, 369—82; Jerusalem, Israel, Hebrew Univ., Hodassah Med. School; engl.) — Zum Vgl. mit im Urin bei kongenitaler Adrenohyperplasie auftretenden Steroiden werden nach bekannten Meth. *3.11.17.20-Tetrahydroxy-*, *3.17.20-Trihydroxy-11-oxo-*, *3.11.17-Trihydroxy-20-oxo-* u. *3.17-Dihydroxy-11.20-dioxopregnene* dargestellt.

Versuche: *3.11β.17α-Triacetoxy-$\Delta^{3.5}$-pregnadien-20-on* (I), $C_{27}H_{30}O_7$, F. 157—160° (W./$CH_3OH$), durch $1^1/_2$std. Kochen von 790 mg 21-Desoxycortisol mit Acetylchlorid/Acetanhydrid unter $N_2$, Eindampfen im Vakuum unter Nachgeben von Toluol u. Reinigen von 300 mg des rohen Enolacetats (960 mg) durch Chromatographie (Chr.) an $SiO_2$; $[\alpha]_D^{20}$ —82 ± 2° (c = 0,42; A.); 143 mg (Ausb.). — *$\Delta^5$-Pregnen-3β.11β.17α.20α-tetrol* (**II**), $C_{21}H_{34}O_4$, F. 233—235° (Äthylacetat), durch 18std. Stehen von 14 mg **IIa** mit 1 n NaOH in $CH_3OH$ bei Raumtemp. unter Ausschluß von Licht u. $O_2$; $[\alpha]_D^{19}$ —66 ± 3° (c = 1,04; $CH_3OH$); 8 mg. *3.20-Diacetat* (**IIa**), $C_{25}H_{38}O_6$, F. 183—185° (Aceton/Hexan), durch Red. von 660 mg rohem **I** mit $NaBH_4$ in A. bei 0°, dann bei Raumtemp., weitere Red. mit $LiAlH_4$ in sd. THF, Trennung der Epimeren durch Verteilungs-Chr. u. Acetylieren des rohen **II** (90 mg) mit Acetanhydrid/Py. bei 38°; $[\alpha]_D^{15}$ —73,6 ± 5° (c = 0,68; Chlf.); 76 mg. — *$\Delta^5$-Pregnen-3β.11β.17α.20β-tetrol* (**III**), $C_{21}H_{34}O_4$, F. 222—225° (Aceton), durch Chr. des neben **IIa** erhaltenen rohen **III** (240 mg) an $SiO_2$; $[\alpha]_D^{17}$ —67 ± 4° (c = 0,68; A.). *3.20-Diacetat* (**IIIa**), $C_{25}H_{38}O_6$, F. 197—199° (Aceton/Hexan), aus 100 mg rohem **III** u. Acetanhydrid/Py. bei 38° u. Chr. an $SiO_2$; $[\alpha]_D^{15}$ —24,3 ± 2° (c = 1,11; Chlf.); 45 mg. — *$\Delta^5$-Androsten-3β.11β.17β-triol*, F. 227—230° ($CH_3OH$), a) durch Ox. von 8,4 mg **II** mit $HJO_4$ in A./Py. u. Red. mit $NaBH_4$ in A.; 3,5 mg; b) analog a) aus **III**. — *3β.17α.20α-Trihydroxy-$\Delta^5$-pregnen-11-on* (**IV**), $C_{21}H_{32}O_4$, F. 238° (Äthylacetat/Hexan), analog **II** aus 40 mg **IVa**; $[\alpha]_D^{25}$ —41,7 ± 5° (c = 0,48; $CH_3OH$); 20 mg. *3.20-Diacetat* (**IVa**), $C_{25}H_{36}O_6$, F. 210° ($CH_3OH$), durch Ox. von 42 mg **IIa** mit $CrO_3$/Py. bei Raumtemp.; $[\alpha]_D^{15}$ —41,4 ± 4° (c = 0,70; Chlf.); 23 mg. — *3β.17α.20β-Trihydroxy-$\Delta^5$-pregnen-11-on*, $C_{21}H_{32}O_4$, F. 235—236° (Äthylacetat/Hexan), analog **II** aus 20 mg Diacetat; $[\alpha]_D^{27}$ —29 ± 2° (c = 1,04 A.) 12 mg. *3.20-Diacetat*, $C_{25}H_{36}O_6$, F. 181—183° (Aceton/Hexan), analog **IV** aus 20 mg **IIIa**; $[\alpha]_D^{15}$ —10,8 ± 1° (c = 1,20; Chlf.); 10 mg. — *3β.11β.17α.21-Tetrahydroxy-$\Delta^5$-pregnen-20-on* (**V**), F. 229—231°, neben **Va**; 40 mg. *3-Acetat* (**Va**), $C_{23}H_{34}O_6$, F. 197—200° ($CH_3OH$), durch 1std. Kochen von 970 mg 17.20.20.21-Bis-methylendioxy-3β-acetoxy-$\Delta^5$-pregnen-11β-ol in verd. Essigsäure u. Chr. an $SiO_2$; $[\alpha]_D^{17}$ —11,7 ± 1° (c = 1,02; Chlf.); 180 mg. **Va**-*21-Mesylat* (**Vb**), $C_{24}H_{36}O_8S$, F. 199 bis 201° ($CH_3OH$), aus 600 mg **Va** u. Mesylchlorid/Py. bei 0—4°; $[\alpha]_D^{22}$ —8 ± 1° (c = 1; Chlf.); 389 mg. — *3β.11β.17α-Trihydroxy-$\Delta^5$-pregnen-20-on*, $C_{21}H_{32}O_4$, F. 269 bis 272° ($CH_3OH$), analog **II** aus 250 mg 3-Acetat; $[\alpha]_D^{15}$ —29,1 ± 3° (c = 0,97; Dioxan/A., 9:1); 156 mg. *3-Acetat*, $C_{23}H_{34}O_5$, F. 242—246° (Aceton/PAe.), durch $^1/_4$std. Kochen von 400 mg **Vb** u. NaJ in Aceton u. 1std. Erhitzen des 21-Jodderiv. mit $NaHSO_3$ in W. auf dem W.-Bad; $[\alpha]_D^{25}$ —51,9 ± 5° (c = 0,52; Chlf.); 170 mg. — *3β.17α-Dihydroxy-$\Delta^5$-pregnen-11.20-dion*, $C_{21}H_{30}O_4$, F. 249 bis 256° (Aceton/$CH_3OH$), analog **II** aus 88 mg 3-Acetat; $[\alpha]_D^{20}$ +18,8 ± 6° (c = 0,85; A./Dioxan, 5:1); 51 mg. *3-Acetat*, $C_{23}H_{32}O_5$, F. 143—145° (Äthylacetat/Hexan), aus 100 mg vorst. 3-Acetat u. $CrO_3$ in verd. Essigsäure; $[\alpha]_D^{17}$ —46,4 ± 3° (c = 0,88; Chlf.); 55 mg.
F. Heller 4560

*1457* **Gaschromatographie einiger natürlicher Östrogene mit Elektroneneinfang.** A. Rado, B. Desfosses und M. F. Jayle. (J. europ. Stéroides 2 (1967) 5, 317—32; Paris, Fac. de Méd., Labor. de Chim. Biol.; franz.) — *Methyl-* u. *Monochloracetylderiv.* von *Östrogenen* (**I**) wurden synthet. u. gaschromatograph. an XE 60- u. Dow-Corning-Silicone-Gummi-Säulen (stationäre Phase), unter Verwendung eines Elektroneneinfangdetektors zur quant. Best., charakterisiert; Angabe von Retentionszeit, Peak, Auftrennung u. Nachw.-Empfindlichkeit. 3-Methyl-16- u./oder 17-Monochloracetylderiv. eigneten sich für die Gaschromatographie besser als Ester mit Monochloracetylgruppen in allen verfügbaren Stellungen. Die Nachw.-Grenze schwankte von 1—10 ng. Der Detektor sprach auf Mengen von 1—200 ng linear an. Elektronenaffinität einiger freier **I** u. das gaschromatograph. Verh. von Pentafluorphenylhydrazonderiv. einiger **I** mit Ketogruppen werden beschrieben.

Versuche: Monochloracetate, aus 100 mg **I** in 5 ml Dioxan, ca. 500 mg Monochloressigsäureanhydrid u. 0,2 ml Pyridin (Kühlung) (über Nacht, Raumtemp., W.-Zusatz, Ae.-Extraktion, Umkrist. aus $CH_3OH$; Ausb. ca. 80%. — *Östron-*, $C_{20}H_{23}ClO_3$, F. 165—166°; $[\alpha]_D^{25}$ +117° (Pyridin). — *17-Desoxoöstron-*, $C_{20}H_{25}ClO_2$, F. 125 bis 126°, $[\alpha]_D^{25}$ +65° (Pyridin). — *Östradiol-*, $C_{20}H_{26}\cdot Cl_2O_4$, F. 132—134°, $[\alpha]_D^{25}$ +22° (Pyridin). — *Östriol-*, nicht krist. erhalten. — *16-Epiöstriol-*, $C_{24}H_{27}Cl_3O_6$, F. 128 bis 130°, $[\alpha]_D^{25}$ +45,5° (Pyridin). — *Östradiol-17α-3-methyläther-*, $C_{21}H_{27}ClO_3$, F. 109—111°. — *17β-Verb.*, $C_{21}H_{27}ClO_3$, F. 119—120°. $[\alpha]_D^{25}$ +28,7° (Pyridin). — *16-Ketoöstradiol-17β-3-methyläther-*, $C_{21}H_{25}ClO_4$, F. 140 bis 141°, $[\alpha]_D^{25}$ —51,8° (Pyridin). — *16α-Hydroxyöstron-3-methyläther-*, $C_{21}H_{25}ClO_4$, F. 104—106°, $[\alpha]_D^{25}$ +131° (Chlf.). — *Östriol-3-methyläther-bis-*, $C_{23}H_{28}Cl_2O_5$, F. 96 bis 98°. $[\alpha]_D^{25}$ —1,7° (Pyridin). — *16-Epiöstriol-3-methyläther-bis-*, $C_{23}H_{28}Cl_2O_5$, F. 174—176°, $[\alpha]_D^{25}$ +50° (Pyridin). — *17-Epi-östriol-3-methyläther-bis-*, $C_{23}H_{28}Cl_2O_5$, F. 103—105°. — *16.17-Epi-östriol-3-methyläther-*. — *Östriol-3-äthyläther-bis-*, $C_{24}H_{30}Cl_2O_5$, F. 75—77°, $[\alpha]_D^{25}$ —5,5° (Pyridin). — Pentafluorphenylhydrazone: aus 100 mg **I** in 20 ml $CH_3OH$ u. 200 mg Pentafluorphenylhydrazin in $CH_3OH$–Essigsäure (9:1) (über Nacht, Raumtemp.), Verd. mit W., Hexanextraktion, Umkrist. aus $CH_3OH$; ca. 85%. — *Östron-3-methyläther-17-*, F. 183 bis 185°, $[\alpha]_D^{25}$ +100° (Pyridin). — *Östron-3-methyläther-16-*, F. 196—198°. — *Östron-17-*, F. 195—197°. — *16-Keto-östron-3-methyläther-16.17-di-*, unrein.
K. Maier 4560

*1458* **Thiaminsäure.** Tomiyoshi Fushimi, Yukio Hara, Shojiro Yurugi, Yutaka Asahi. (Annu. Rep. Takeda Res. Lab. **26** (1967) 15—20; jap.) — Die aus Kaninchenmuskel isolierte *Thiaminsäure* wird als (+)-*Betainform* (**I**) aus L-(+)-Asparaginsäurediäthylester (**II**), 3-Acetyl-3-mercapto-propanol (**III**) u. Formaldehyd über die Zwischenstufe **IV** synthetisiert. **I** racemisiert rasch.

I

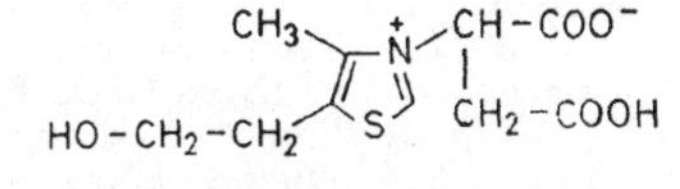


Versuche: *3-[1.2-Di-äthoxycarbonyl-äthyl]-3a-methyl-perhydro-furo-[2.3-d]-thiazol* (**IV**), durch Zugabe eines Gemisches aus 2 ml 35%ig. wss. Formaldehyd u. alkal. **III**-Lsg. (aus 3 g 3-Acetyl-3-chlor-propanol u. NaSH bereitet) zu einem Gemisch aus 4,8 g **II**-Hydrochlorid u. 18 ml 5%ig. NaOH unter Eiskühlung u. Rühren u. Extraktion mit Essigester; $[\alpha]_D^{32}$ —31° (c = 0,8; A.); 84% (Ausb.). — *3-[1.2-Di-äthoxycarbonyl-äthyl]-4-methyl-5-[2-hydroxy-äthyl]-thiazoliumchlorid*, durch Lösen von 5 g **IV** in 120 ml A., Zugabe von 60 ml 1%ig. HCl u. 12 g Aktivkohle, 6std. Durchleiten von Luft unter Schütteln, Filtrieren, Waschen mit 50 ml A. u. Eindampfen der Filtrate bei vermindertem Druck; $[\alpha]_D^{22}$ +28,5° (c = 0,8; A.); 63%. — (+)-*Thiaminsäure-betain* (**I**), $C_{10}H_{13}\cdot NO_5S$, F. 161—162° (Zers.; A.), a) durch Lösen von 2 g vorst. Verb. in 10 ml 5%ig. HCl, 2std. Erhitzen auf 60°, Abkühlen, Einstellen von pH 3,5 durch Zugabe von $Ag_2O$ unter Rühren, Filtrieren u. Eindampfen; $[\alpha]_D^{21}$ +82° (c = 0,12; A.); 0,5 g; b) durch Ox. von 3-[1.2-Di-äthoxycarbonyl]-4-methyl-5-[2-hydroxy-äthyl]-thiazolin-thion-(2).
L. Lamza 4587△

*1459* **Stero-Gallensäure und Gallenalkohole. 87. Mitt. Isolierung einer neuen Gallensäure, Haemulcholsäure aus der Galle von Parapristipoma trilineatum.** Takahiko

Hoshita, Shigeo Hirofuji, Takeshi Sasaki und Taro Kazuno. (J. Biochemistry [Tokyo] **61** (1967) 1, 136—41; Dep. of Biochem., Hiroshima Univ. School of Med., Hiroshima; engl.) — Aus der Galle eines marinen *Knochenfisches* (*Parapristipoma trilineatum*) wird eine neue Gallensäure, *Haemulcholsäure*, $C_{24}H_{40}O_5$, F. 251 bis 252°, $[\alpha]_D^{24}$ —10° (c = 0,5, Methanol), für die die Struktur 3α.7α.22β-Trihydroxy-5β-molansäure bestimmt wird, isoliert. UV-Spektren s. Original.
V. Bigl 4594

*1460* **Stero-Gallensäure und Gallenalkohole.** 89. Mitt. **Schicksal des 4β-Wasserstoff des Cholesterins während der Biogenese der 5α-Gallenalkohole.** Takahiko Hoshita. (J. Biochemistry [Tokyo] **61** (1967) 5, 633—35; Dep. of Biochem., Hiroshima Univ., School of Med., Hiroshima; engl.) — 87. vgl. vorst. Referat. — 14 Tage nach i.p. Injektion von *4β-³H-4-¹⁴C-Cholesterin* in Karpfen werden markiertes *5-Cyprinol* u. *27-Desoxy-52-cyprinol*, die das meiste des verabreichten ³H schon verloren haben, aus der Gallenfl. der Gallenblase isoliert. Die Red. der Doppelbindung des Cholesterin findet nach seiner Isomerisierung von $\Delta^5$- nach der $\Delta^4$-Stellung statt. V. Bigl 4594

*1461* **N- und O-substituierte Benzilsäureamide: Synthesen und pharmakologische Eigenschaften.** W. Chiti und C. Superbi. (Farmaco [Pavia], Ediz. sci. **22** (1967) 12, 1057—68; Labor. di Ric., Ibis, Firenze; ital.) — Eine Anzahl O-Alkyl-N-dialkylaminoalkylbenzilsäureamide wird dargestellt. DieVerb. zeigen deutliche myolyt., aber nur geringe analget. u. Antiacetylcholinwirkung. Lediglich *N-[β-Dimethylaminoäthyl]-α-äthoxy-α.α-diphenylacetamid* ist analget. wirksam bei geringer akuter Toxizität.

Versuche: α.α-Diphenylacetamidhydrochloride: *α-Chlor-N-[γ-dimethylaminopropyl]-* (**I**), $C_{19}H_{23}ClN_2O \cdot HCl$, F. 80°, durch Rk. von dem aus Benzilsäure u. $PCl_5$ erhaltenen Säurechlorid in Bzl. mit N.N-Dimethylpropylendiamin. — *α-Chlor-N-[β-dimethylamino-isopropyl]-* (**II**), $C_{19}H_{23}ClN_2O \cdot HCl$, F. 160° (Dioxan). — *α-Methoxy-N-[β-dimethylaminoäthyl]-*, $C_{19}H_{24}N_2O_2 \cdot HCl$, F. 177° (Isopropanol), durch 3—4std. Kochen der α-Chlorverb. mit Na-Methylatlsg., Filtrieren, Eindampfen Aufnehmen in verd. KOH, Ausäthern u. Einleiten von HCl. — *α-Äthoxy-N-[β-dimethylaminoäthyl]-*, $C_{20}H_{26}N_2O_2 \cdot HCl$, F. 176° (Isopropanol). — *α-Isopropoxy-N-[β-dimethylaminoäthyl]-*, $C_{21}H_{28}N_2O_2 \cdot HCl$, F. 157° (Isopropanol). — *α-Butoxy-N-[β-dimethylaminoäthyl]-*, $C_{22}H_{30}N_2O_2 \cdot HCl$, F. 175—177° (Isopropanol). — *α-Isobutoxy-N-[β-dimethylaminoäthyl]-*, $C_{22}H_{30}N_2O_2 \cdot HCl$, F. 208° (Isopropanol). — *α-Allyloxy-N-[β-dimethylaminoäthyl]-*, $C_{21}H_{26}N_2O_2 \cdot HCl$, F. 188° (Isopropanol). — *α-Propargyloxy-N-[β-dimethylaminoäthyl]-*, $C_{21}H_{24}N_2O_2 \cdot HCl$, F. 172° (Isopropanol). — *α-Äthoxy-N-[γ-dimethylaminopropyl]-*, *Base*, $C_{21}H_{28}N_2O_2$, F. 72—74° (PAe.). — *α-Hydroxy-N-[γ-dimethylaminopropyl]-*, $C_{19}H_{24}N_2O_2$, F. 98° (Methanol/W.), durch Lösen von **I** in verd. KOH. — *α-Hydroxy-N-[β-dimethylaminoisopropyl]-*, $C_{19}H_{24}N_2O_2 \cdot HCl$, F. 230° (W.), durch Lösen von **II** in warmem Wasser. — Diphenylessigsäurepyrrolidide: *α-Chlor-*, $C_{18}H_{18}ClNO$, F. 108° (PAe.), durch 1std. Stehen u. 2std. Kochen von α-Chlordiphenylessigsäure u. Pyrrolidin in Bzl., Filtrieren u. Eindampfen. — α-Hydroxy-, $C_{18}H_{19}NO_2$, F. 106° (Isopropanol), durch 1std. Kochen vorst. Verb. mit n KOH. — *α-[β-Dimethylaminoäthoxy]-*, *Hydrochlorid*, $C_{22}H_{28}N_2O_2 \cdot HCl$, F. 158° (Essigester), durch 12std. Kochen vorst. Verb. mit $NaNH_2$ u. β-Chloräthyldimethylamin in Toluol. W. Holland 4607

*1462* **Tetrahydroisochinoline (THI).** 1. Mitt. **Bronchodilatorische Wirkung und Struktur-Wirkungs-Beziehungen.** Yoshio Iwasawa und Akio Kiyomoto. (Jap. J. Pharmacol. **17** (1967) 2, 143—52; Biol. Res. Labor., Tanabe Seiyaku Co. Ltd., Toda-shi, Saitama; engl.) — 1-Aryl-, 1-Aralkyl-, 1-Hetaryl- u. 1-Hetarylmethyl-6.7-dihydroxy-1.2.3.4-tetrahydroisochinoline werden auf bronchodilator. Wrkg. untersucht. Erforderlich für die Wrkg. sind der Tetrahydroisochinolinring, die beiden Hydroxylgruppen in 6- u. 7-Stellung sowie eine 1-Benzylgruppe. Die wirksamste Verb., *1-(3.4.5-Trimethoxybenzyl)-6.7-dihydroxy-1.2.3.4-tetrahydroisochinolin*, gefolgt von der 1-[Pyridyl-(4)-methyl]-verb., ist 10mal so wirksam wie Isoproterenol. Substitution in 2- oder 3-Stellung des Isochinolinringes senkt die Wrkg. erheblich, die 1-Verb. ist fast ausschließlich wirksam. Die Verb. sind β-sympathomimet. Mittel. W. Holland 4607

*1463* **Neue Methode zur Herstellung von Bis-[4-aminophenyl]-sulfon und Antilepra-, Antituberkulose- und antibiotische Aktivität einiger neuer mit diesem Arzneimittel verwandter Derivate.** 1. Mitt. Peter P. T. Sah, S. A. Peoples, S. T. Kwan und Hamilton J. Sah. (Arzneimittel-Forsch., Beih. **17** (1967) 4, 425—31; Davis, Univ. of Calif., School of Med., Dep. of Physiol. Sciences; engl.) — Beschreibung eines billigen, von Toluol u. konz. $H_2SO_4$ ausgehenden Verfahrens.

Versuche: Bis-[4-alkylphenyl]-sulfone: *Methyl-* (**I**), F. 157—158°, a) aus Toluol von 80° durch Eintropfen konz. $H_2SO_4$ unter kräftigem Schütteln, Zusatz von $P_2O_5$, dann Erhitzen auf 80°, 135° u. 180° (24 Std.) u. kalt Ausgießen auf Eis; Blättchen, Nädelchen ($CH_3OH$); 80% (Ausb.); b) durch Einleiten von Toluoldämpfen bei 80° in konz. $H_2SO_4$ u. 24 Std. Erhitzen auf 160—180°. — Analog *Äthyl-*, *n-Propyl-*, *Isopropyl-*, *n-Butyl-*, *sek.-Butyl-*, *Isobutyl-*, *tert. Butyl-*, *n-Amyl-*, *Isoamyl*-Deriv. aus den Alkylbenzolen. — *Diphenylsulfon-4.4'-dicarbonsäure* (**II**), $C_{14}H_{10}O_6S$, kein F. $< 300°$, aus **I** in verd. $H_2SO_4$ durch Eintropfen wss. $K_2Cr_2O_7$-Lsg. bei 60° u. 6—8 Std. Erhitzen auf dem W.-Bad; mkr. Blättchen (verd. Aceton); 90—99%. — *...di-[carbonsäureamid]*, $C_{14}H_{12}O_4N_2S$, kein F. $< 250°$, a) aus vorst. Verb. u. $POCl_3$ oder $SOCl_2$ durch Erwärmen im Sandbad u. kalt Zugabe konz. $NH_4OH$-Lsg.; mkr. Blättchen (Aceton—$CH_3OH$); b) aus Säure durch Verestern durch Dest. mit abs. $CH_3OH$ oder A. u. Rk. des Diesters mit gesätt. äthanol. $NH_3$; fast 100%. — *4.4'-Diaminodiphenylsulfon* (**III**), a) aus vorst. Verb. durch Hofmannschen Abbau in $CH_3OH$ ($\leqq 60°$), Reinigung übers Diacetylderiv.; 85—90% (Hypochloritmeth.), 60—70% (Hydrobromidmeth.); b) aus **II** durch Curtius-Abbau (Ester, Hydrazid, Azid, Urethan oder Harnstoff); c) aus **II** durch Schmidtsche Rk.; schlechte Ausbeuten. — *Bis-[4-L-ascorbamidophenyl]-sulfon*, $C_{24}H_{24}O_{12}N_2S$, F. 163—165° (Zers.), aus 24,8 g **III** durch Eintragen in warme methanol. L-Ascorbinsäurelsg., 10 Min. Rückfl. u. 3 täg. Stehen (Raumtemp., Lichtausschluß); schmale Platten; $[\alpha]_D^{23}$ +39,4° (abs. A., c = 0,2—0,5%) Red. angesäuerter $J_2$-Lsg. u. von Tollens-Reagens, keine Blaufärbung mit $FeCl_3$; > 50 g. — *Bis-[4-p-sulfanilamidophenyl]-sulfon* (**VIII**), F. 141 bis 142° (Zers.), a) aus 2 Mol p-Acetaminobenzolsulfonylchlorid (**IV**) u. 1 Mol **III** in trockenem Aceton u. Ggw. methanol. NaOH, Ansäuern mit Eisessig, Abdest. u. Hydrolyse des *Bis-[4-p-acetamidobenzolsulfonamidophenyl]-sulfons* (F. 284—286°; ca. 80%); Blättchen (Aceton—$CH_3OH$); 75%; b) aus 2 Mol p-Nitrobenzolsulfonylchlorid u. 1 Mol **III** durch Kondens. zu *Bis-[4-p-nitrobenzolsulfonamidophenyl]-sulfon* (80%) u. Red. mit aktiviertem Fe; 75%; c) aus 1 Mol **IV** u. 1 Mol 4-Nitro-4'-aminodiphenylsulfon in Aceton in Ggw. von 1 Mol methanol. NaOH, Red. von *4-Nitro-4'-p-acetaminobenzolsulfonamidodiphenylsulfon* (F. 279—280°, ca. 75%) mit Zn-Staub u. 70%ig. Essigsäure zu *4-Amino-4'-p-acetaminobenzolsulfonamidodiphenylsulfon*, Kondens. mit **IV** zu *Bis-[4-p-acetaminobenzolsulfonamidophenyl]-sulfon* (**V**) (F. 292 bis 293°; 75%) u. Hydrolyse; ca. 70%; d) aus 4-Nitro-4'-aminodiphenylsulfon durch Acetylierung zu *4-Nitro-4'-acetaminodiphenylsulfon*, Red. zu *4-Amino-4'-acetaminodiphenylsulfon*, Kondens. mit p-Nitrobenzolsulfonylchlorid (**VI**) zu *4-Acetamino-4'-p-nitrobenzolsulfonamidodiphenylsulfon*, Kondens. mit **VI** zu *Bis-[4-p-nitrobenzolsulfonamidophenyl]-sulfon* u. Red. mit aktiviertem Fe-HCl; e) aus **IV** durch Kondens. mit Anilin zu *p-Acetaminobenzolsulfoanilid*, F. 214°, Kondens. von 2 Mol Anilid u. 1 Mol $SOCl_2$ in Ggw. von $AlCl_3$ u. $CS_2$ zu *Bis-[4-p-acetaminobenzolsulfonamidophenyl]-sulfoxid* (50%), Ox. mit $CrO_3$—Eisessig zu *Bis-[4-p-acetaminobenzolsulfonamidophenyl]-sulfon* u. Hydrolyse; f) aus 2 Mol **IV** u. 1 Mol Bis-[4-aminophenyl]-sulfoxid durch Kondens. in Aceton u. Ggw. von $NaHCO_3$ zu *Bis-[4-p-acetaminobenzolsulfonamidophenyl]-sulfoxid*, Ox. in Eisessig mit $H_2O_2$ zu

V u. Hydrolyse (fast 100%); g) aus 2 Mol **VI** u. 1 Mol Bis-[4-aminophenyl]-sulfid oder Thioanilin (**VII**) in Aceton in Ggw. methanol. 2 n NaOH, Ox. des *Bis-[p-nitrobenzolsulfonamidophenyl]-sulfids* mit $CrO_3$–Eisessig zu *Bis-[4-p-nitrobenzolsulfonamidophenyl]-sulfon* u. Red. mit Fe–HCl; h) wie vorst., jedoch mit Bis-[4-aminophenyl]-sulfoxid anstelle von **VII**, Ox. mit $H_2O_2$–Eisessig, Red. mit $SnCl_2$–konz. HCl u. Identifizierung des Endprod. als *Dibenzoyl-* u. *Dipropionyl-Deriv.* sowie als *Dipikrat.* — **VIII**, *Vitamin C-Deriv.*, $C_{36}H_{32}N_4O_{16}S_3$, Zers. 150—160°, aus L-Ascorbinsäure in sd. abs.-methanol. Lsg. durch Erhitzen mit **VIII** in trockenem Aceton u. 3täg. Stehen (kühl, Lichtausschluß) nach Chlf.-Zugabe; 90%. — *Bis-[4-hydrazinophenyl]-sulfon* (**X**), *Dihydrochlorid*, Zers. 262—265°, aus **III** in verd. Essigsäure–HCl durch Diazotieren bei —10° u. Red. mit $SnCl_2$–konz. HCl bei 0°; Blättchen, Nadeln (W.); > 90%. *Freie Base*, F. 193 bis 195°, Plättchen. *Vitamin $K_3$-Deriv.* (**IXa** *Enol-*, **IXb** Ketoform = *Bishydrazon*), *Bis-[4.2'-methylnaphthochinoyl-(1'.4')-hydrazonophenyl]-sulfon*, $C_{34}H_{26}N_4O_4S$, Zers. 234—235°, a) durch Kondens. von **X** mit 2 Mol

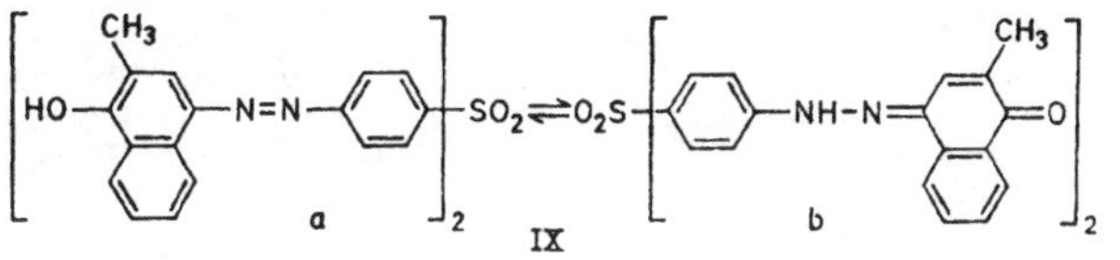

IX

Vitamin $K_3$ in Essigsäure–Na-Acetat; rotviolette Blättchen; > 95%; b) aus diazotiertem **III** durch Kuppeln mit 2-Methylnaphthol-(1), mehrfaches Umkrist. aus Aceton–$CH_3OH$ u. Ansäuern mit Essigsäure. *Phthiocol-Deriv.*, $C_{34}H_{26}N_4O_6S$, F. 190° (Zers.), a) analog aus **X** u. 2-Methyl-3-hydroxynaphthochinon-(1.4); bräunlichrote Platten (A.); b) aus Phthiocol u. tetrazotiertem **III**. — *2-Methyl-1.3-dihydroxynaphthalin*, aus 1.3-Dihydroxynaphthalin durch Chlorieren mit $SO_2Cl_2$ zu *4-Chlor-1.3-dihydroxynaphthalin*, Überführen in *4-Chlor-1.3-dihydroxynaphthaldehyd-(2)* nach Reimer Tiemann u. Clemmensen-Reduktion. — **IV**, *D-Glucuronsäure-Deriv.*, *Bis-[4-glucuronolactonhydrazinophenyl]-sulfon*, *Di-Na-Salz*, $C_{24}H_{28}N_4Na_2O_{14}S$, a) aus 1 Mol **X**-Dihydrochlorid u. 2 Mol Na-D-Glucuronat in verd. Essigsäure, Umlösen aus verd. NaOH–verd. HCl, Titration mit methanol. NaOH u. Fällen mit abs. Ae.; b) aus 1 Mol **X**-Base u. 2 Mol D-Glucuronolacton durch Kondens. in sd. Eisessig–halt. A. u. Überführen ins Di-Na-Salz wie vorstehend. — *Bis-[4-succinylamidophenyl]-sulfon*, $C_{20}H_{18}N_2Na_2O_8S$, aus 1 Mol **III** u. 2 Mol Bernsteinsäureanhydrid durch Erhitzen in oder ohne A., Umlösen aus NaOH–HCl, Neutralisation u. Fällen wie vorstehend. Analoge: *Bis-[4-methylsuccinyl-*. *Bis-[4-dimethylsuccinyl-*. *Bis-[4-äthylsuccinyl-*. *Bis-[4-diäthylsuccinyl-*. — Substituierte Bis-[4-phthalamidophenyl]-sulfone, Di-Na-Salze: *unsubstituiert*, $C_{28}H_{18}N_2Na_2O_8S$, aus 1 Mol **III** u. 2 Mol Phthalsäureanhydrid. — *3'-Chlor-*, $C_{28}H_{16}Cl_2N_2 \cdot Na_2O_8S$. — *4'-Chlor-*, $C_{28}H_{16}Cl_2N_2Na_2O_8S$. — *3'-Brom-*, $C_{28}H_{16}Br_2N_2Na_2O_8S$. — *4'-Brom-*, $C_{28}H_{16}Br_2N_2Na_2O_8S$. — *3'-Nitro-*, $C_{28}H_{16}N_4Na_2O_{12}S$. — *4'-Nitro-*, $C_{28}H_{16}N_4Na_2 \cdot O_{12}S$. — Bis-[4-p-alkoxyphenyl-thiocarbamidophenyl]-sulfone: *Äthoxy*, $C_{30}H_{30}N_4O_4S_3$, aus p-Äthoxyanilin durch Kondens. mit $CS_2$ zu *Bis-[4-äthoxyphenyl]-thioharnstoff* (ca. 80%), Spaltung mit heißem Acetanhydrid zu p-Äthoxyacetanilid u. p-Äthoxyphenylisothiocyanat (Trennung durch W.-Dampfdest.) u. Rk. von 2 Mol des letzteren mit 1 Mol **III** in sd. $CH_3OH$; Blättchen Nadeln (Aceton–$CH_3OH$). — *Methoxy-*, $C_{28}H_{26}N_4O_4S_3$. — *n-Propoxy-*, $C_{32}H_{34}N_4O_4S_3$. — *Isopropoxy-*, $C_{32}H_{34}N_4O_4S_3$. — *n-Butoxy-*, $C_{34}H_{38}N_4O_4S_3$. — *sek. Butoxy-*, $C_{34}H_{38}N_4O_4S_3$. — *Isobutoxy-*, $C_{34}H_{38}N_4O_4S_3$. — *tert. Butoxy-*, $C_{34}H_{38}N_4O_4S_3$. — *Chlor-*, $C_{26}H_{20}Cl_2N_4O_2S_3$. — *Brom-*, $C_{26}H_{20}Br_2N_4O_2S_3$. — *Fluor-*, $C_{26}H_{20}F_2N_4O_2S_3$. — *Nitro-*, $C_{26}H_{20}N_6O_6S_3$, aus 1 Mol **III** u. 2 Mol p-Nitrophenylisothiocyanat. — *m-Nitro*, $C_{26}H_{20}N_6O_6S_3$. K. Maier 4610

*1464* **Rhodanierungsversuche an Derivaten der Barbitursäure.** 31. Mitt. **Über organische Rhodanverbindungen.** M. Schüssler und R. Pohloudek-Fabini. (Pharmazie **22** (1967) 12, 682—85; Pharmazeut. Institut der Ernst-Moritz-Arndt-Universität Greifswald; dt.) — 30. vgl. ibid. **22** [1967] 620. — Es wird der Einfl. verschiedener Substituenten in 1-, 3- u. 5-Stellung der Barbitursäure (**A**) auf die Möglichkeit ihrer Rhodanierung u. die Stabilität der Rhodanverb. untersucht. Die Rhodanderiv. von **A** u. 1.3-disubstituierten **A** konnten infolge ihrer großen Zersetzlichkeit nicht rein erhalten werden, ist dagegen nur am $C_{(1)}$ substituiert, sind reine Rhodanverb. isolierbar. Stabile 5-Rhodanderiv. der **A** werden erhalten, wenn am $C_{(5)}$ ein höherer aliphat., zykl. oder aromat. Rest steht. Ist der Substituent am $C_{(5)}$ $-CH_3$, $-NO_2$, $-COCH_3$, –Allyl oder –Crotonyl, so erfolgt keine Rhodanierung. Aus *5-Äthyl-5-[4-aminophenyl]-barbitursäure* (**III**) entstand eine 3'-Rhodanverb., die sich beim Vers. der Reindarst. zu *5-Äthyl-5-(2-aminobenzthiazol-6-yl)-barbitursäure* umlagerte.

Versuche: Barbitursäuren (**A**): *1.3-Diphenyl-*, $C_{16}H_{12}N_2O_3$, F. 245—246° (A.), aus Malonsäure (**I**), N.N'-Diphenylharnstoff u. $PCl_5$ in $CHCl_3$; farblose Nadeln; 75% (Ausb.). — *5-Acetyl-*, $C_6H_6N_2O_4$, F. 296 bis 300° (Zers.), aus **I**, Harnstoff (**II**) u. $H_2SO_4$ in Acetanhydrid bei 100°; farblose Körner; 51%. — *5-Amino-*, $C_4H_5N_3O_3$, F. 315° (Zers.), durch Eintragen von 5-Brombarbitursäure in fl. $NH_3$; farblose Prismen; 82%. — *5-Phenoxy-*, $C_{10}H_8N_2O_4$, F. 200° (Zers.), aus **II** u. Phenoxymalonsäurediäthylester durch Kondens. mit $NaOC_2H_5$ in abs. A.; farblose Körner; 60%. — *1-Phenyl-5-äthyl-*, $C_{12}H_{12}N_2O_3$, F. 185—186,5° (50%ig. A.), farblose Blättchen; 65%. — *1-Phenyl-5-n-butyl-*, $C_{14}H_{16}N_2O_3$, F. 143 bis 145° (Bzl.; 50%ig. $CH_3OH$), farblose Blättchen; 72%. — *5-Äthyl-5-(4-aminophenyl)-* (**III**), $C_{12}H_{13}N_3O_3$, F. 234 bis 235°, aus der Nitroverb. durch Red. mit Hydrazinhydrat/Raney-Ni in A.; farblose Prismen; 86%. — *5-Äthyl-5-[3-aminophenyl]-*, $C_{12}H_{13}N_3O_3$, F. 208,5—209°, analog vorst. Verb.; farblose Rauten; 75%. — 5-Rhodanbarbitursäuren: *Unsubstituiert* (**IV**), F. 230° (Zers.), aus Barbitursäure u. $NH_4SCN$ in Eisessig durch Versetzen mit $Br_2$ unter Kühlung, $^1/_2$std. Stehen u. Gießen in W.; farblose Prismen; 60%. — *1-Methyl-* (**V**), $C_6H_5N_3O_3S$, F. 170° (Zers.) (Bzl./Essigester), durch Eintragen von 1-Methylbarbitursäure in eine aus $Pb(SCN)_2$, abs. Bzl. u. $Br_2$ bereitete Rhodanlsg., 36std. Schütteln im Dunkeln; farblose Körner; 66%. — *1-Phenyl-*, $C_{11}H_7 \cdot N_3O_3S$, F. 210° (Zers.) ($CH_3OH$/Bzl. — 4:1), analog **V**; farblose Körner; 77%. — *5-Amino-*, $C_5H_4N_4O_3S$, F. 235° (Zers.) (W.), analog **IV** in Methanol; farblose Körner; 60%. — *5-Äthyl-*, $C_7H_7N_3O_3S$, F. 149—152° (Bzl./Aceton — 9:1), analog **V**; farblose Prismen; 82%. — *5-Propyl-*, $C_8H_9N_3O_3S$, F. 148—149,5° (W. u. Bzl.), analog **IV** in Essigsäuremethylester; farblose Körner; 73%. — *5-n-Butyl-*, $C_9H_{11}N_3O_3S$, F. 154—156° (W. u. Bzl.), analog **IV** in Methanol; farblose Prismen; 82%. — *5-Isopentyl-*, $C_{10}H_{13}N_3O_3S$, F. 118—120° (Bzl./Cyclohexan), analog **IV** in Methanol; farblose Blättchen; 83%. — *5-Cyclohexyl-*, $C_{11}H_{13}N_3O_3S$, F. 164—167° (50%ig. A.), analog **IV**; farblose Prismen; 84%. — *5-Benzyl-*, $C_{12}H_9 \cdot N_3O_3S$, F. 172—176° (Bzl.), analog **IV** in Methanol; farblose Körner; 51%. — *5-Phenyl-*, $C_{11}H_7N_3O_3S$, F. 185° (Zers.) (50%ig. $CH_3OH$ u. Essigester/Bzn.), analog **IV**; farblose Prismen; 84%. — *5-Phenoxy-*, $C_{11}H_7N_3O_4S$, F. 155° (Zers.), analog **IV** in Methanol unter Zusatz von NaBr; farblose Prismen; 79%. — *1-Phenyl-5-äthyl-*, $C_{13}H_{11}N_3O_3S$, F. 116—118,5° (Bzl./Bzn. — 8:2), analog **V**; farblose Körner; 71%. — *1-Phenyl-5-n-butyl-*, $C_{15}H_{15} \cdot N_3O_3S$, F. 166,5—167,5° (Bzl. u. 70%ig. $CH_3OH$), analog **V**; farblose Nadeln; 90%. — *5-Äthyl-5-[2-aminobenzthiazolyl-(6)]-barbitursäure*, $C_{13}H_{12}N_4O_3S$, F. 262 bis 264° (25%ig. A.), durch Rhodanierung von **III** analog **IV** in Methanol unter Zusatz von NaBr, Aufkochen des Rk.-Prod. in angesäuertem W. u. Neutralisieren; farblose Nadeln; 93%. A. Büge 4627

*1465* **Stoffwechsel von 2-Diäthylamino-6.7-dimethoxy-(3H)-chinazolinon-(4).** M. Schach von Wittenau und Timothy F. Brewer. (J. med. Chem. **10** (1967) 4, 729 bis 730; Med. Res. Labor., Chas. Pfizer & Co., Inc., Groton, Conn.; engl.) — Das blutdrucksenkende *2-Diäthylamino-6.7-dimethoxy-(3H)-chinazolinon-(4)* (**I**) läßt

sich mit Hilfe der Fluoreszenz-Max. bei 405 u. 445 mμ nach Aktivierung bei 330 mμ bestimmen. Verwandte Deriv. des (3H)-Chinazolinons-(4) wie *2-Äthyl-amino-6.7-dimethoxy-* (**II**), *2-Amino-6.7-dimethoxy-* (**III**), *2-Diäthylamino-6-methoxy-7-hydroxy-* (**IV**), *2-Diäthyl-amino-6-hyhdoxy-7-methoxy-* (**V**), *2-Äthylamino-6(?)-meth-oxy-7(?)-hydroxy-* (**VI**) u. *2-Diäthylamino-6.7-dihydroxy-* (**VII**) haben andere Maxima (angegeben für **II**, **III**, **IV** u. **VII**). Konz. von **I** im Plasma von Hunden u. Vers.-Personen erreichten nach oraler Verabfolgung Werte von 2—4 μg/ml, die mehr oder weniger schnell abfielen (Halbwertszeit 0,5—1 Stunde). Das schnelle Absinken der Konz. von **I** im Plasma u. Körper von Ratten nach i.v. Injektion deutet auf Stoffwechselveränderungen. Im Harn der Vers.-Personen fand man die Stoffe **II**—**VI** neben wenig **I**. Die Isolierung u. Reinigung der Verb. erfolgte mit Hilfe gewöhnlicher Extraktions-Meth. u. Dünnschichtchromatographie. Nach Behandlung von **I** mit Rattenleberhomogenat wurde nur **II** aufgefunden.
Ernst Frank 4630

*1466* **Aluminiumoxid-Eliminierungsreaktionen an Cardenolidtridigitoxosiden. Synthese von $\Delta^{16}$-Digitoxintetraacetat.** G. Rabitzsch und K. Dressler. (Pharmazie **22** (1967) 12, 723—24; Berlin, Inst. f. Kreislaufforschung der Dt. Akademie der Wissenschaften Berlin-Buch; dt.) — *Gitoxin* (**I**) wurde durch 6std. Behandlung mit Essigsäureanhydrid/Pyridin (1:1) bei 100° in das *Pentaacetat* (**II**) überführt. Abbau zu *$\Delta^{16}$-Digitoxintetraacetat* (**III**) erfolgte durch 15std. Adsorption von **II** an aktiviertes $Al_2O_3$ neutral unter Bzl. bei 20°; Elution mit $CHCl_3/CH_3OH$, Chromatographie an vorbehandeltem $Al_2O_3$ u. Umkristallisation aus Ae./Pentan. Ausb. 30%, durch Wiederholung bis 80%. Johanna Schulz 4630

# F. Pharmazeutische Chemie

*1467* **Abgeleitete Neutronenaktivierungsanalyse bei der Arzneimitteluntersuchung.** W. A. Skinner, M. A. Leaffer und R. M. Parkhurst. (J. pharmac. Sci. **57** (1968) 2, 338—40; Dep. of Pharm. Chem., Stanford Res. Inst., Menlo Park, CA; engl.) — Die Anwendung der Neutronenaktivierungsanalyse auf Cl-haltige Arzneimittel wird durch Nullwertprobleme (background) stark begrenzt, wobei Auswaschen des Papiers u. des Silicagels eine Herabsetzung des Nullwerts bewirkt. Nullwertprobleme bei Br-Aktivierungsanalysen Br-haltiger Arzneimittel sind weniger störend als bei Cl, verlangen aber eine Extraktion der Probe nach der Aktivierung u. anschließende Zählung in einem anderen Gefäß. Die so erreichte Nachweis-Grenze für Br- von $\approx 1 \cdot 10^{-2}$ μg ist weniger empfindlich als die spektrofluorimetr. u. gaschromatograph. Meth. für bestimmte Arzneimittel. U. Drehmann 4840

*1468* **Analyse von Arzneimittelzersetzungsprodukten.** 20. Mitt. **Chromatographie von Acetarsol-Zersetzungsprodukten.** Ewaryst Pawełczyk, Stefan Domeracki und Teresa Bałundo. (Chem. analit. [Warszawa] **13** (1968) 4, 791—98; Kat. Chem. Farmac., Akad., Med., Poznan; pol.) — Bei der aufsteigenden Papierchromatographie auf Mathias SS 2043 B-Filterpapierstreifen u. mit W.–Ammoniak–Methanol–Aceton–n-Pentanol (3:0,5: 2:2:2,5) als mobiler Phase wurde die Selektivität der Trennung durch 2-dimensionale Chromatographie u. spektrophotometr. bestätigt. Spektrophotometrie u. Chromatographie zur Best. des *Acetarsol*(**I**)-Verlustes sind in alten Lsg. durchführbar, während die direkte photometr. Meth. wegen Störungen durch Zers.-Prod. nicht angewendet werden kann. Nach chromatograph. Trennung wird **I** mit 10 ml 0,5%ig. $K_2CO_3$-Lsg. 30 Min. eluiert u. die Absorption bei 253 nm gemessen. Die analyt. Kurve verläuft zwischen 1 u. 30 μg/ml nach dem Beerschen Gesetz. Der Best.-Fehler liegt bei ± 0,284%.
U. Drehmann 4846

*1469* **Gaschromatographische Bestimmung von Trisulfapyrimidinen in Tabletten.** John W. Turczan. (J. pharmac. Sci. **57** (1968) 1, 142—44; Brooklyn, N.Y., U.S. Dep. of Health, Educ. and Welfare, District Labor.; engl.) — Mit einer Genauigkeit von 1—2% werden *Sulfadiazin, Sulfamerazin* u. *Sulfamethazin* einzeln u. im Gemisch nach saurer Hydrolyse zu Sulfanilsäure u. dem entsprechenden heterocycl. Amin durch Isolierung u. Gaschromatographie der Amine bestimmt.
F. Schwarz 4846

*1470* **Analytische Untersuchungen an Aminozuckern und deren verwandten Verbindungen.** 1. Mitt. **Kolorimetrische Bestimmung von Chondroitinsulfat mit p-Nitrobenzoldiazoniumsalz und deren Anwendung bei pharmazeutischen Zubereitungen.** Shuntaro Ogawa, Minoru Morita, Akemi Nakajima und Akiyoshi Yoshida. (J. pharmac. Soc. Japan [Yakugakuzasshi] **88** (1968) 7, 866—70; Res. Labor., Rohto Pharmaceutical Co., Ltd., Osaka; jap., Auszug: engl.) — Vf. entwickelten eine einfache Best.-Meth. für saure Mucopolysaccharide, speziell für *Chondroitinsulfat* (**I**), mittels p-Nitrobenzoldiazoniumfluorborat. Diese Meth. bringt eine Verkürzung der Hydrolyseperiode u. eine Stabilisierung der Färbung mit sich u. empfiehlt sich bei allen **I** enthaltenden Präparationen. K. Ziegenhorn 4846

*1471* **Analytische Untersuchungen an Aminozuckern und deren verwandten Verbindungen.** 2. Mitt. **Reaktionsmechanismus zwischen Chondroitinsulfat und p-Nitrobenzoldiazoniumsalz.** Shuntaro Ogawa, Minoru Morita, Akemi Nakajima und Akiyoshi Yoshida. (J. pharmac. Soc. Japan [Yakugakuzasshi] **88** (1968) 7, 871 bis 876; Osaka, Ikuno-ku, Nishia-jiro-cho, Tatsumi, Rohto Pharmaceut. Co., Ltd., Research Labs.; jap.) — Vf. untersuchen den Mechanismus der Farbrk. zwischen *Chondroitinschwefelsäure* u. p-Nitrobenzoldiazoniumsalz u. stellen die Bldg. von 1.3-Bis-[p-nitrophenyl]-triazen fest. Es wird angenommen, daß dessen Entstehung außer einer Umlagerung die Rk. des Diazoniumsalzes mit der Aminogruppe des Galaktosamins zugrunde liegt.
K. Ziegenhorn 4846

*1472* **Quantitative Bestimmung der Alkaloide in Tinctura Strychni unter Anwendung des kombinierten Verfahrens der Chromatographie und der Spektrophotometrie.** V. Vukčević-Kovačević und Z. Bozin. (Sci. pharmac. [Wien] **36** (1968) 3, 180—84; Zagreb, Univ., Inst. Pharm. Chem.; dt.) — Vf. beschreiben ein Verf. für die quant. Best. der *Alkaloide* (**I**) in *Tinctura Strychni*. Es basiert auf der Trennung der **I** von den Ballaststoffen in der Tinktur mittels modifizierter Papierchromatographie (0,1 n HCl als Fließmittel) u. auf der zusätzlichen Messung der Lichtabsorption der isolierten **I** im UV-Bereich. **I** werden aus dem Chromatogramm mittels 0,1 n HCl eluiert. Die Extinktion wird bei 300 nm ($E_m$) u. bei 253 nm ($E_n$) gemessen. Aus den abgelesenen Werten wird der %-Geh. der einzelnen **I** (*Strychnin* u. *Brucin*) in der Tinktur rechner. ermittelt. K. Ziegenhorn 4846

*1473* **Differentialdiagnose von Perparin und Papaverinhydrochlorid. Perparin-Bestimmung in nicht-wäßrigem Milieu.** Orhan N. Yalcindag und Erten Onur. (Bull. Soc. Pharmac. Bordeaux **107** (1968) 1, 31—37; Inst. central d'Hygiène, Sect. contrôle des médicaments, Ankara; franz.) — Vf. beschreiben eine erfolgreiche papier- u. dünnschichtchromatograph. u. vor allem mikrokristallograph. Differenzierung von *Perparin* (**I**; Antispasmodikum) u. *Papaverin*. Die Unterscheidungsmöglichkeit mittels Farbrk. ist ungenügend. Die Best. von **I** mit Perchlorsäure in $CHCl_3$ führt zu genauen Resultaten.
K. Ziegenhorn 4846

*1474* **IR-Spektroskopie von Chloramphenicolpalmitat. Durch die KBr-„disk"-Technik verursachte polymorphe Veränderung.** Laszlo Borka und Kjell Backe-Hansen. (Acta pharmac. suecica **5** (1968) 4, 271—78; Norwegian Government's Pharmacopoeia Labor., Blindern, Oslo; engl.) — *Chloramphenicolpalmitat* (**I**) existiert in 2 Modifikationen vom F. α-**I** 86—88° u. β-**I** 91—92°, von denen nur α-**I** physiolog. akt. ist. Eine quant. Analyse von α-I/β-I-Gemischen auf Grund der Differenzen im IR-Spektrum im Bereich 11–12 μ ist möglich mit Hilfe der Nujol-Suspensions-, aber nicht mit der KBr-Preß-Technik. Im Verlauf des Zerreibens der Proben wandelt sich β-I in α-I um. D. Pankow 4848

*1475* **Aminolyse von Benzylpenicillin durch aliphatische Diamine.** Michael A. Schwartz. (J. pharmac. Sci. **57** (1968) 7, 1209–11; School of Pharm., State Univ. of New York at Buffalo, Buffalo, N.Y.; engl.) – Die Kinetik der Rk. von *Benzylpenicillin* (**I**) mit den *aliphat. Diaminen* $NH_2(CH_2)_nNH_2$ (n = 2–6) wird bei 35° verfolgt, indem die Geschw. des **I**-Verlustes nach der Meth. von Brandriss u. a. [1962] oder durch Messung der Veränderung der opt. Rotation bei 313 nm, die durch Öffnung des β-Lactamringes von **I** stark abnimmt, bestimmt wird. Die $pK_a'$-Werte der Diamine werden bei Ionenstärke 0,5 durch potentiometr. Titration gemessen. Das Verhältnis der spezif. Geschw.-Konst. der Rk. von **I** mit den aliphat. Diaminen zur Gesamtkonz. der in der Lsg. vorhandenen Diamine ist linear, wobei Neigung der Geraden u. Schnittpunkt mit der Ordinate im Diagramm pH-abhängig sind. Die Kinetik der Rk. zeigt bez. des Diamins Rk.-Abschnitte erster sowie zweiter Ordnung; letztere sind abhängig von der Basizität. Die Aminolyse von **I** besteht in einem Basen-katalysierten Angriff von **I** durch das Diamin. Infolge intramol. Basenkatalyse der Aminolyse von Penicillinen durch Aminogruppen von Proteinen findet eine relativ schnelle Konjugation des Arzneimittels an das Protein statt (Bldg. eines Penicilloyl-Protein-Konjugates). Dadurch wird ein Antigen gebildet, das wahrscheinlich für die Penicillinallergie bestimmend ist. D. Pankow 4848

---

*1476* Ciba Akt.-Ges., Basel (Erfinder: Max Wilhelm, Allschwil), Schweiz, **1-Isopropylamino-2-hydroxy-3-[o-propargyloxyphenoxy]-propan,** F. 48–52°, *Hydrochlorid,* F. 96–97°, erhält man durch Rk. von 1-Amino-2-hydroxy-3-[o-propargyloxyphenoxy]-propan mit Isopropylbromid in Ggw. von N-Äthyldiisopropylamin in A. u. anschließend mit HCl. – *Heilmittel.* (**Schwz.P. 448995** vom 17/12. 1964, ausg. 11/4. 1968.) – 2 S. R. Bollinger 4846

*1477* Ciba Akt.-Ges., Basel (Erfinder: Max Wilhelm, Allschwil), Schweiz, **1-Isopropylamino-2-hydroxy-3-[o-propargyloxyphenoxy]-propan,** F. 48–52°, *Hydrochlorid,* F. 96–97°, erhält man durch Rk. von o-Propargyloxyphenol mit 3-Isopropylamino-2-hydroxy-1-chlorpropan in Ggw. von $K_2CO_3$ in Aceton. *o-Propargyloxyphenol,* $Kp._{14}$ 120–130°, aus Brenzcatechin mit Propargylbromid in Ggw. von $K_2CO_3$ in Aceton. – *Heilmittel.* (**Schwz.P. 448996** vom 17/12. 1964, ausg. 11/4. 1968.) – 2 S. R. Bollinger 4846

*1478* Ciba Akt.-Ges., Basel (Erfinder: Max Wilhelm, Allschwil, Karl Schenker, Binningen, Paul Schmidt, Therwil, Schweiz, und Hans Ulrich Daeniker, Clifton, N.J., USA), **1-Isopropylamino-2-hydroxy-3-[o-allyloxyphenoxy]-propan (I)** erhält man durch Rk. von o-Allyloxyphenol mit einer Verb. der allg. Formel $X^1CH_2CH(X^2)CH_2NHCH(CH_3)_2$ ($X^1$ = verestertes OH; $X^2$ = OH oder $X^1$ u. $X^2$ zusammen eine Sauerstoffbrücke) oder durch Rk. eines Esters des 3-[o-Allyloxyphenoxy]-2-hydroxypropanols mit Isopropylamin. – o-Allyloxyphenol gibt mit 3-Isopropylamino-2-hydroxy-1-chlorpropan → **I**, F. 78–81°, *Hydrochlorid,* F. 107 bis 109°. – *Heilmittel.* (**Schwz.PP. 451114** u. **451115** vom 10/9. 1964, ausg. 15/5. 1968.) – 2 S. – 2 S. R. Bollinger 4846

*1479* American Cyanamid Co., New York, N.Y. (Erfinder: Raymond George Wilkinson, Montvale, und Robert Gordon Shepherd, Ridgewood, N.J.), USA, **Herstellung von Hydroxydiaminen.** Zu Port.P. 38176; C. **1962,** 12202 ist nachzutragen: *N-[N'-(α-Methyl-β-hydroxyäthyl)-β-methyl-β-aminoäthanol, Mesoform,* F. 137–145°; *Dihydrochlorid,* F. 201,5–204,5°; *dl-Form, Dihydrochlorid,* F. 184–186,5°. – *N-[N'-(α-Äthyl-β-hydroxyäthyl)-β-aminoäthyl]-β-äthyl-β-aminoäthanol,* $Kp._{0,6}$ 165–170°; *Mesoform,* F. 134,5–136°; *dl-Form, Dihydrochlorid,* F. 171,5–174,5°; *Mesoform, Dihydrochlorid,* F. 202–203°. – *N-[N'-(Isopropyl)-β-aminoäthyl]-β-äthyl-β-aminoäthanol,* $Kp._{0,005}$ 85–86°. – *N-Äthyl-N-[N'-(isopropyl)-β-aminoäthyl]-β-äthyl-β-aminoäthanol,* $Kp._{0,03}$ 82 bis 83°. – *N-[N'-(α-Äthyl-β-hydroxyäthyl)-γ-aminopropyl]-β-äthyl-β-aminoäthanol,* $Kp._{0,08}$ 130–170°; *Mesoform, Dihydrochlorid,* F. 139–142°; *dl-Form,* $Kp._{0,3}$ 150–170°. – *N-Äthyl-N-[N'-äthyl-N'-(α-äthyl-β-hydroxyäthyl)-β-aminoäthyl]-β-äthyl-β-aminoäthanol,* $Kp._{0,07}$ 125 bis 140°. – Mittel gegen *Tuberkulose.* (**Schwz.P. 449652** vom 27/2. 1961, ausg. 11/4. 1968. U.S. Prior. 2/6. u. 20/12. 1960.) – 4 S. R. Bauereis 4846

*1480* J. R. Geigy Akt.-Ges., Basel (Erfinder: Rudolf Pfister und Alfred Sallmann, Basel), Schweiz, **Herstellung von Malonsäuremonohydraziden** der allg. Formel $R^1$–CH(COOH)–CO–N($C_6H_4$–$R^2$)–NH–$C_6H_4$–$R^2$, [$R^1$ = KW-Stoffrest mit ≦ 8 C-Atomen; $R^2$ = H, Halogen). Zu Brit.P. 1080148 sind als weitere Herst.-Verf. die Hydrolyse von Verb. der allg. Formel $R^1$–CH(COOH)–CO–N($C_6H_4$–$R^1$)–N($C_6H_4$–$R^2$)–CO–$CF_3$ mit mindestens 2 Äquivalenten eines Alkali- oder Erdalkalihydroxids bzw. die Rk. von Verb. der allg. Formel $R^1$–CH(COOX)–CO–N($C_6H_4$–$R^2$)–N($C_6H_4$–$R^2$)–Y mit Na in fl. $NH_3$ nachzutragen (Y = H, Benzyloxycarbonylrest; X = H, Benzyl; beide Reste sind jedoch nicht gleichzeitig H). – *Entzündungshemmer; Heilmittel* für *rheumat. Krankheiten.* (**Schwz.PP. 442345** vom 4/12. 1964, ausg. 31/1. 1968, **443338** u. **443339** vom 4/12. 1964, ausg. 15/2. 1968.) – 3 S. – 3 S. – 2 S. A. Jahn 4846

*1481* Lannacher Heilmittel G.m.b.H., Lannach (Erfinder: Alfred Pongratz, Graz, und Konrad Zirm, Lannach), Österreich, **Herstellung von Estern des p-Acetaminophenols** erfolgt durch Rk. des p-Acetaminophenols mit einer organ. Säure. – Beispiel: p-Acetaminophenol gibt mit Nicotinsäureanhydrid *p-Acetaminophenol-nicotinsäureester,* F. 156–156,5°. – Analog wurden erhalten der *Isonicotinsäureester,* F. 184,5–185,5°; *Diphenylessigsäureester,* F. 156–158°. – *Antipyretika, Analgetika.* (**Schwz.P. 445522** vom 29/1. 1964, ausg. 29/2. 1968. Oe. Prior. 13/5. 1963.) – 2 S. R. Bauereis 4846

*1482* Merck & Co., Inc., Rahway, N. J. (Erfinder: John Beeh Bicking, Lansdale, Pa.), USA, **Sulfinylalkancarbonsäuren** der allg. Formel **I** (R = H, niedrigmol.

I 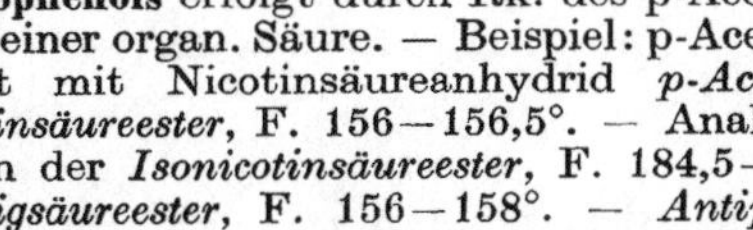


Alkyl, das halogeniert sein kann; X, $X^1$ = H, Halogen, niedrigmol. Alkyl, niedrigmol. Alkoxy, 1.3-Butadienyl; n = 1–4) werden hergestellt durch Ox. der entsprechenden Phenylthioalkancarbonsäuren. – *2.3-Dichlor-4-(2-methylenbutyryl)-phenylsulfinylessigsäure,* $C_{13}H_{12}Cl_2O_4S$, F. 140–142°, aus 2.3-Dichlorphenylthioessigsäure, F. 128–133°, über 2.3-Dichlor-4-butyrylthioessigsäure, $C_{12}\cdot H_{12}Cl_2O_3S$, F. 126–129,5°, 2.3-Dichlor-4-[2-dimethylaminomethylbutyryl]-phenylthioessigsäurehydrochlorid, F. 164–166°, u. 2.3-Dichlor-4-(2-methylenbutyryl)-phenylthioessigsäure, $C_{13}H_{12}Cl_2O_3S$, F. 131–134°. – *3-Chlor-4-methacryloylphenylsulfinyl)-essigsäure,* aus 3-Chlor-4-propionylphenylthioessigsäure, $C_{11}H_{11}ClO_3S$, F. 89–91,5°, über 3-Chlor-4-[2-(piperidyl-1-methyl)-propionyl]-phenylthioessigsäurehydrochlorid, F. 153–155°, u. 3-Chlor-4-methacryloylphenylthioessigsäure, $C_{12}H_{11}Cl\cdot O_3S$, F. 110–112°. – *3-Methyl-4-methacryloylphenylsulfinylessigsäure,* aus 3-Methyl-4-propionylphenylthioessigsäure, $C_{12}H_{14}O_3S$, F. 93,5–94,5°, über 3-Methyl-4-[2-(piperidyl-1-methyl)-propionyl]-phenylthioessigsäurehydrochlorid, F. 172–174°, u. 3-Methyl-4-methacryloylphenylthioessigsäure, $C_{13}H_{14}O_3S$, F. 87,5–89,5°. – *3-(3-Chlor-4-methacryloylphenylsulfinyl)-propionsäure,* aus 3-(3-Chlorphenylthio)-propionsäure, $C_9H_9ClO_2S$, F. 79,5 bis 81,5°, über 3-(3-Chlor-4-propiophenylthio)-propionsäure, $C_{12}H_{13}ClO_3S$, F. 73–75,5°. – 3-{3-Chlor-4-[2-piperidyl(1)-methylpropionyl]-phenylthio}-propionsäurehydrochlorid u. 3-(3-Chlor-4-methacryloylphenylthio)-propionsäure, $C_{13}H_{13}ClO_3S$, F. 81–83°. – *Diuretika.* (**Schwz.P.**

**451921** vom 13/5. 1965, ausg. 15/5. 1968. U.S. Prior. 13/5. 1964.) — 6 S. A. Debo 4846

*1483* Centre National de la Recherche Scientifique et Institut National de la Santé et de la Recherche Médicale (Erfinder: Paul Rumpf, Germaine Thuillier und Jean-Eugène Thullier), Paris, Frankreich, **Carbonsäureamide** der Formel A–Y–$CH_2$–C(O)N($Z^1$)–$C_nH_{2n}$–Am (A = ggf. substituiertes Phenyl; Y = O, $SO_2$; $Z^1$ = H, niederes Alkyl; n = 1—4; Am = $NH_2$, prim. oder sek. Aminrest) werden hergestellt durch Rk. von A–Y–$CH_2$–C(O)O$Z^2$ mit HN($Z^1$)–$C_nH_{2n}$–Am ($Z^2$ = Alkyl, Aralkyl) in einem inerten Lsgm. in äquimol. Mengen. — *p-Chlorphenoxyessigsäure-diäthylaminoäthylamid*, $Kp._1$ 199—202°; *Hydrochlorid*, F. 119—121°, 75% (Ausb.); *p-Methoxyphenoxyessigsäure-diäthylaminoäthylamid*, F. 35°, $Kp._{0,5}$ 173°; *-Hydrochlorid*, F. 118°, 68%; *p-Äthoxyphenoxyessigsäure-diäthylaminoäthylamid*, $Kp._2$ 202—204°; *-Hydrochlorid*, F. 131°; *p-Butoxyphenoxyessigsäure-diäthylaminoäthylamid*, $Kp._{0,15}$ 204—206°; *-Hydrochlorid*, F. 104—105°. — *Lokalanästhetika, Antidepressiva, Analgetika.* (**Schwz.P. 442274** vom 26/1. 1966, ausg. 31/1. 1968. F. Prior. 2/2. 1965.) — 2 S. A. Debo 4846

*1484* Farbwerke Hoechst Akt.-Ges. vormals Meister Lucius & Brüning, Frankfurt/M., (Erfinder: Rudi Weyer, Frankfurt/M., Walter Aumüller, Kelkheim/Taunus, Helmut Weber und Gerhard Korger, Frankfurt/M.), **Benzolsulfonylcyclohexylharnstoffe** der allg. Formel I (R u. $R^1$ = H, Halogen, Alkyl,

I 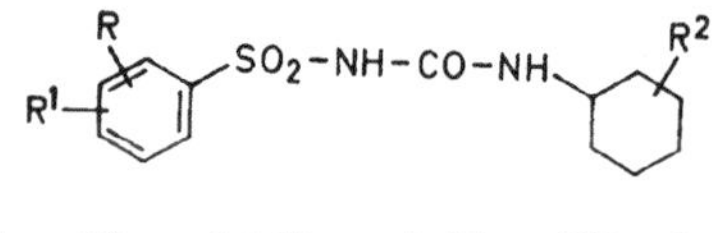

Alkoxy; ist $R^1$ = H, so ist R = Azido, $CF_3$ oder Acyl; $R^2$ = Alkyl) erhält man durch Rk. der entsprechenden Benzolsulfenyl- oder Benzolsulfinylharnstoffe mit Ox.-Mitteln. — Aus N-Benzolsulfenyl-N'-4-äthylcyclohexylharnstoff mit $KMnO_4$ in Aceton → *N-Benzolsulfonyl-N'-(4-äthylcyclohexyl)-harnstoff*, F. 149—151°. — *Antidiabetika.* (**Schwz.P. 441280** vom 11/9. 1963, ausg. 15/1. 1968. D. Prior. 14/9. 1962 u. 23/1. 1963.) — 2 S. R. Bollinger 4846

*1485* Farbenfabriken Bayer Akt.-Ges., Leverkusen (Erfinder: Ernst Grigat, Köln, und Rolf Pütter, Düsseldorf), **Herstellung von Iminokohlensäureesterderivaten.** Zu D.A.S. 1212520; C. **1967**, 4-1715 ist nachzutragen: Analog erhält man vorst. Deriv., wenn man die Rk. an Stelle von Hydroxylamin bei —100 bis +150° mit Verb. der allg. Formel $R_1$–NH–X durchführt ($R_1$ = H, ggf. substituiertes Alkyl, Aryl, heterocycl. Rest; X = OH, –N($R_2$)$_2$, –N($R_3$)–CO–NH–$R_1$; $R_2$ = H, ggf. substituiertes Alkyl, Aryl, heterocycl. Rest oder beide $R_2$ bilden zusammen mit dem N-Atom einen heterocycl. Rest oder ein mit einer Doppelbindung an N gebundenen aliphat., araliphat. oder aromat. Rest; $R_3$ = H, $C_1$–$C_3$-Alkyl). — (A = Iminokohlensäureester): *O-p-Tolyl-A-N.N-dimethylhydrazid*, F. 122—123°. — *O-p-Tolyl-A-N-phenylhydrazid*, F. 150—151°. — *O-p-Tolyl-A-N-morpholid*. — *O-p-Tolyl-A-N-piperidid*. — *O-Phenyl-A-N.N-dimethylhydrazid*, F. 96—98°. — *O-β.β.β-Trichloräthyl-A-N.N-dimethylhydrazid*, F. 77—78°. — *O-[3-Chlorphenyl]-A-N.N-dimethylhydrazid*. — *O-p-Methylphenyl-A-N-2.5-dichlorphenylhydrazid*, F. 119 bis 121°. — *O-Phenyl-di-[A-N.N-dimethylhydrazid]-*, F. 130 bis 131°. — *O-[4-Acetylphenyl]-A-N.N-dimethylhydrazid*, F. 125—127°. — *$C_6H_5$–O–C(=NH)–NH–NH–CO–$NH_2$*, F. 162°. — *p-$CH_3$–$C_6H_4$–O–C(=NH)–NH–NH–CO–$NH_2$*, F. 175—177° (Zers.). — *$C_6H_4$–[O–C(=NH)–NH–NH–CO–$NH_2$]$_2$*, F. 182—183° (Zers.). — *4-Cl-2-[COO$C_2H_5$]–$C_6H_3$–O–C(=NH)–NH–NH–CO–$NH_2$*, F. 230—233° (Zers.). — *2-$CH_3$O–$C_6H_4$–O–C(=NH)–NH–CO$NH_2$*, F. 160—161° (Zers.). — *O-[p-Tolyl]-A-N-benzalimid*, F. 174 bis 176°. — *O-[p-Tolyl]-A-N-cyclohexylimid*, F. 192 bis 193°. — *O-Phenyl-A-N-semicarbazid*, F. 162°. — *O-[p-Tolyl]-A-N-semicarbazid*, F. 175—177° (Zers.). — *O-Phenyl-bis-[A-N-semicarbazid,]* F. 182—183° (Zers.). — *O-Chinolinyl-A-semicarbazid*. — *O-[5-Chlor-2-äthoxycarboxyphenyl]-A-semicarbazid*, F. 230—233° (Zers.). — *O-[2-Methoxyphenyl]-A-semicarbazid*, F. 160—161° (Zers.). — *O-[4-Acetylphenyl]-A-semicarbazid*, F. 172 bis 174° (Zers.). — *O-[3-Chlorphenyl]-A-semicarbazid*, F. 168 bis 169° (Zers.). — *O-[β.β.β-Trichloräthyl]-A-semicarbazid*, F. 169—171° (Zers.). — *O-[3-Chlorphenyl]-A-N-[4-phenylsemicarbazid*, F. 129—130°. — *O-[p-Tolyl]-A-N-[4-phenylsemicarbazid]*, F. 146—147°. — *O-[β.β.β-Trichloräthyl]-A-N-[2-methylsemicarbazid,]* F. 189—191°. — *O-[2.4-Dimethylphenyl]-A-hydroxylamid*, Hydrochlorid (I), F. 153° (Zers.). — *O-[3-Chlorphenyl]-A-hydroxylamid-*I, F. 138° (Zers.). — *O-Phenyl-A-hydroxylamid*, F. 98 bis 99° (Zers.); I, F. 140° (Zers.). — *O-Phenylen-bis-[A-hydroxylamid]*, F. 131—132° (Zers.); Dihydrochlorid, F. 178—179° (Zers.). — *O-[4-Acetylphenyl]-A-hydroxylamid*, F. 131—132°; I, F. 164—165°. — Zwischenprod. für *Heilmittel.* (**Schwz.P. 446303** vom 19/11. 1964, ausg. 15/3. 1968. D. Prior. 3/12. 1963, 16/1., 26/2. u. 28/4. 1964.) — 8 S. C. Lüttgen 4846

*1486* Laboratoire d'Analyses et de Recherches Biologiques Mauvernay-Centre Européen de Recherches Mauvernay-C.E.R.M. (Erfinder: Roland Yves Mauvernay und Norbert Busch), Riom, Puy-de-Dôme, Frankreich, **Herstellung von Aminen** der allg. Formel A–CH(OR)–$CH_2$–B (A = Alkyl, Aryl, Aralkyl, deren Alkylkette ggf. durch O unterbrochen ist; R = Alkyl, Aralkyl, Heterocyclus; B = Aminogruppe) erfolgt durch Rk. einer Verb. der allg. Formel A–CH=$CH_2$ mit einem Alkohol der Formel R–OH in Ggw. von tert.-Butylhypobromit u. Umsetzung des Zwischenprod. mit einem Amin. — Beispiel: Durch Rk. von Vinylbenzol mit Methanol in Ggw. von tert.-Butylhypobromit u. Umsetzung des Zwischenprod. mit $(CH_3)_2NH$ erhält man *N.N-Dimethyl-[2-phenyl-2-methoxy]-äthylamin, Ci* (Ci = *Citrat*), F. 116—117°. — Analog wurden erhalten: *N-[2-Phenyl-2-methoxy]-äthyl-morpholin, Hy* (Hy = *Hydrochlorid*), F. 173—175°; *N-[2-Phenyl-2-methoxyäthylpyrrolidin, Ci*, F. 90—91°; *N-Phenyl-[2-phenyl-2-methoxy]-äthylamin, Hy*, F. 188—189°; *N-Allyl-[2-phenyl-2-methoxy]-äthylamin, Hy*, F. 147°; *N-β-Hydroxyäthyl-N-methyl-[2-phenyl-2-methoxy]-äthylamin, Hy*, F. 146°; *N-[2-Phenyl-2-methoxy]-äthyl-N'-[β-(3'.4'.5'-trimethoxybenzoyl)-oxyäthyl]-piperazin, Dihy*, F. 176—177°; *N.N-Diäthyl-[2-phenyl-2-äthoxy]-äthylamin, Ci*, F. 77—78°; *N-[2-Phenyl-2-äthoxy]-äthylpyrrolidin, Ci*, F. 62°; *N-[2-Phenyl-2-äthoxy]-äthyl-piperidin, Hy*, F. 137°; *N-[2-Phenyl-2-äthoxy]-äthyl-morpholin, Hy*, F. 185 bis 187°; *N-[2-Phenyl-2-äthoxy]-äthyl-piperazin, Dim* (M = *Maleat*), F. 182—183°; *N-[2-Phenyl-2-äthoxy]-äthyl-N'-methyl-piperazin, Dihy*, F. 157°; *N-[2-Phenyl-2-äthoxy]-äthyl-N'-β-hydroxyäthyl-piperazin, Dihy*, F. 164°; *N-[2-Phenyl-2-äthoxy]-äthyl-N'-[β-(3'.4'.5'-trimethoxy-benzoyl)-oxyäthyl]-piperazin, Dim*, F. 178—179°; *N.N-Dimethyl-[2-phenyl-2-benzyloxy]-äthylamin, Ci*, F. 101°; *N-[2-Phenyl-2-benzyloxy]-äthyl-morpholin, Hy*, F. 147°; *N-[2-Phenyl-2-(1-phenyl)-äthoxy]-äthyl-morpholin, Hy*, F. 169°; *N-[2-Phenyl-2-(1-phenyl)-äthoxy]-äthyl-N'-methyl-piperazin, Dihy*, F. 157°; *N.N-Dimethyl-[2-phenyl-2-(2-phenyl)-äthoxy]-äthylamin, Ci*, F. 90—91°; *N-[2-Phenyl-2-(2-phenyl)-äthoxy]-äthyl-piperidin, Hy*, F. 138°; *N-[2-Phenyl-2-(2-phenyl)-äthoxy]-äthyl-N-β-hydroxyäthyl-piperazin, Dihy*, F. 176°; *N-[2-Phenyl-2-(2-phenyl)-äthoxy]-äthyl-N'-[β-(3'.4'.5'-trimethoxybenzoyl)-oxyäthyl]-piperazin, Dim.*, F. 140°; *N-[2-Phenyl-2-methoxy]-äthyl-N'-benzhydryl-piperazin, Dihy*, F. 190°; *N-[2-Phenyl-2-methoxy]-äthyl-N'-benzyl-piperazin, Dihy*, F. 205°; *N-[2-Phenyl-2-methoxy]-äthyl-N'-p-chlorbenzyl-piperazin, Dihy*, F. 197°; *N-[2-Phenyl-2-methoxy]-äthyl-N'-o-chlorbenzyl-piperazin, Dihy*, F. 186°; *N-[2-Phenyl-2-äthoxy]-äthyl-N'-p-chlorbenzyl-piperazin, Dihy*, F. 185°; *N-[2-Phenyl-2-isobutoxy]-äthyl-N'-β-hydroxyäthyl-piperazin, Dihy*, F. 167°; *N-[2-Phenyl-2-isobutoxy]-äthyl-N'-methyl-piperazin, Dihy*, F. 176°; *N-[2-Phenyl-2-isobutoxy]-äthyl-morpholin, Hy*, F. 154°; *N-[2-Phenyl-2-isoamyloxy]-äthyl-morpholin, Hy*, F. 153°; *N-[2-Phenyl-2-n-butoxy]-äthyl-morpholin, Hy*, F. 135°; *N.N-Dimethyl-[2-phenyl-2-isobutoxy]-äthylamin, Ci*, F. 92°; *N-[2-Phenyl-2-n-propoxy]-äthyl-morpholin, Hy*, F. 152°; *N-[2-Phenyl-2-isobutoxy]-äthyl-piperidin, Hy*, F. 136°; *N-[2-Phenyl-2-n-propoxy]-äthyl-pyrrolidin, Hy*, F.

123°; N.N-Diäthyl-[2-phenyl-2-isobutoxy]-äthylamin, Ci, F. 57°; N-[2-Phenyl-2-n-propoxy]-äthyl-N'-β-hydroxyäthyl-piperazin, Dihy, F. 169°; N-[2-Phenyl-2-n-butoxy]-äthyl-N'-methyl-piperazin, Dihy, F. 167°; N'-Methyl-N-[2-phenyl-2-propoxy]-äthyl-piperazin, Dihy, F. 187°; N.N-Diäthyl-[2-phenyl-2-n-propoxy]-äthyl-amin, Ci, F. 74°; N-Methyl-N-[2-phenyl-2-isobutoxy]-äthyl-morpholiniumjodid, F. 107°; N-Methyl-N-[2-phenyl-2-isoamyloxy]-äthyl-morpholiniumjodid, F. 124°; N.N.N-Trimethyl-N-[2-phenyl-2-isobutoxy]-äthyl-morpholiniumjodid, F. 121°; N.N.N-Trimethyl-N-[2-phenyl-2-isoamyloxy]-äthyl-morpholiniumjodid, F. 120°; N-β-Hydroxyäthyl-[2-phenyl-2-methoxy]-äthylamin, Hy, F. 136°; N-Benzyl-[2-phenyl-2-methoxy]-äthylamin, F. 171°; N.N-Diäthyl-[2-phenyl-2-isobutoxy]-äthylamin, Ci, F. 78°; N-[2-Phenyl-2-(2-phenyl)-äthoxy]-äthyl-pyrrolidin, Ci, F. 101°; N-Äthyl-N-[2-(3'.4'.5'-trimethoxybenzoyl)-äthyl]-N-[2-phenyl-2-methoxy]-äthylamin, Hy, F. 124°; N-[2-Phenyl-2-methoxy]-äthyl-N'-[β-(3'.4'.5'-trimethoxybenzoyl)-oxyäthyl]-piperazin, Dihy, F. 167°; N-[2-Phenyl-2-äthoxy]-äthyl-N'-p-tert.-butylbenzyl-piperazin, Dihy, F. 209°; N-[2-Phenyl-2-benzyloxy]-äthyl-N'-methyl-piperazin, Dihy, F. 177°; N-[2-o-Methylbenzyl-2-methoxy]-äthyl-morpholin, Hy, F. 181°; N.N-Dimethyl-[2-o-methylbenzyl-2-methoxy]-äthylamin, Ci, Hydrat, F. 95°; N.N-Dimethyl-2-benzyloxy-propylamin, Ci, F. 112°; N-[2-Benzyloxy]-propyl-N'-β-hydroxyäthyl-piperazin, Dihy, F. 171°; N-[2-Benzyloxy]-propyl-N-[β-(3'.4'.5'-trimethoxybenzoyl)-oxyäthyl]-piperazin, Dihy, F. 152°; N-[2-Benzyloxy]-propyl-N'-[β-(α-butyryl)-oxyäthyl]-piperazin, Dihy, F. 148—149°; N.N-Diäthyl-[2-benzyloxy]-propylamin, Ci, F. 98°; N-[2-p-Chlorbenzyloxy]-propyl-morpholin, Hy, F. 139—140°; N.N-Dimethyl-[3-phenyl-2-methoxy]-propylamin, Ci, F. 108°; N.N-Diäthyl-[3-phenyl-2-methoxy]-propylamin, Ci, F. 90°; N-[3-Phenyl-2-methoxy]-propyl-N'-β-hydroxyäthyl-piperazin, Dihy, F. 176°; N-[3-p-Fluorphenyl-2-methoxy]-propyl-morpholin, Hy, F. 140°; N-[3-p-Fluorphenyl-2-methoxy]-propyl-pyrrolidin, Ci, F. 94°; N-[3-p-Fluorphenyl-2-methoxy]-propyl-N'-[β-(3'.4'.5'-trimethoxybenzoyl)-oxyäthyl]-piperazin, Dim, F. 176—177°; N-[3-p-Chlorphenyl-2-äthoxy]-propyl-pyrrolidin, Ci, Hydrat, F. 87°; N-[3-p-Chlorphenyl-2-methoxy]-propyl-N'-β-hydroxyäthyl-piperazin, Dihy, F. 168—170°; N.N-Dimethyl-[3-m-chlorphenyl-2-methoxy]-propylamin, Ci, F. 115—116°; N-[3-m-Chlorphenyl-2-methoxy]-propyl-morpholin, M, F. 101°; N-[3-o-Chlorphenyl-2-methoxy]-propyl-N'-β-hydroxyäthyl-piperazin, Dihy, F. 163°; N.N-Diäthyl-[3-o-chlorphenyl-2-methoxy]-propyl-amin, Ci, F. 82°; N-[2-m-Trifluormethylphenyl-2-methoxy]-propyl-piperidin, Hy, F. 129°; N-β-Phenyläthyl-[3-m-trifluormethyl-phenyl-2-methoxy]-propyl-amin, Hy, F. 166°; N-[3-p-Toluyl-2-methoxy]-propyl-piperidin, Hy, F. 155°; N-[3-p-Toluyl-2-methoxy]-propyl-pyrrolidin, Ci, Hydrat, F. 85°; N-[3-o-Toluyl-2-methoxy]-propyl-morpholin, Hy, F. 130°; N.N-Dimethyl-[3-(2.4-dimethyl)-phenyl-2-methoxy]-propyl-amin, Ci, F. 75°; N-[3-(2.4-Dimethyl)-phenyl-2-methoxy]-propyl-N'-methyl-piperazin, Dihy, F. 166°; N-[3-(2.3-Dimethyl)-phenyl-2-methoxy]-propyl-N'-β-hydroxyäthyl-piperazin, Dihy, F. 167°; N-[3-(2.3-Dimethyl)-phenyl-2-methoxy]-propyl-N'-[β-(3'.4'.5'-trimethoxybenzoyl]-oxy-äthyl]-piperazin, Dim, F. 161°; N-[3-p-Fluorphenyl-2-methoxy]-propyl-N'-β-hydroxyäthyl-piperazin, Dihy, F. 160°; N-[3-p-Chlorphenyl-2-methoxy]-propyl-piperazin, Dim, F. 187°; N-[3-p-Chlorphenyl-2-methoxy]-propyl-N'-methyl-piperazin, Dihy, F. 170°; N-[3-m-Chlorphenyl-2-methoxy]-propyl-N'-methyl-piperazin, Dihy, F. 172°; N-[3-m-Trifluormethylphenyl-2-methoxy]-propyl-N-β-hydroxyäthyl-piperazin, Dihy, F. 169°; N-[3-o-Chlorphenyl-2-methoxy]-propyl-N'-benzyl-piperazin, Dihy, F. 175°; N-[3-(2.4-Dimethyl)-phenyl-2-methoxy]-propyl-N-β-hydroxy-äthyl-piperazin, Dihy, F. 176°; N-[3-p-Chlorphenyl-2-methoxy]-propyl-N'-[β-(α-phenylbutyryl)-oxyäthyl]-piperazin, Dihy, F. 173°; N-β-Phenyläthyl-[3-m-chlorphenyl-2-methoxy]-propylamin, Hy, F. 159°; N.N-Dimethyl-[4-phenyl-2-methoxy]-butylamin, Ci, F. 107°; N-[4-Phenyl-2-methoxy]-butyl-morpholin, Hy, F. 142°; N-[4-Phenyl-2-methoxy]-butyl-piperidin, Hy, F. 151°. N.N-Diäthyl-[4-p-chlorphenyl-2-methoxy]-butylamin, Ci, F. 95°; N-[4-p-Chlorphenyl-2-methoxy]-butyl-morpholin, Hy, F. 132°; N-[4-p-Chlorphenyl-2-methoxy]-butyl-pyrrolidin, Ci, F. 96°; N.N-Diäthyl-[4-o-chlorphenyl-2-methoxy]-butylamin, Ci, F. 85°; N-[4-o-Chlorphenyl-2-methoxy]-butyl-morpholin, Hy, F. 145°; N-[4-o-Chlorphenyl-2-methoxy]-butyl-pyrrolidin, Ci; F. 61°; N-[4-Phenyl-2-methoxy]-butyl-N'-β-hydroxy-äthyl-piperazin, Dihy, F. 141°; N-[4-o-Chlorphenyl-2-methoxy]-butyl-N'-β-hydroxyäthyl-piperazin, Dihy, F. 176°; N-[4-p-Chlorphenyl-2-methoxy]-butyl-N'-β-hydroxyäthyl-piperazin, Dihy, F. 172°; N-[4-Phenyl-2-methoxy]-butyl-N'-[β-(α-phenylbutyryl)-oxyäthyl]-piperazin, Dim, F. 154 bis 155°; N-[4-o-Chlorphenyl-2-methoxy]-butyl-N'-[β-(3'.4'.5'-trimethoxybenzoyl)-oxyäthyl]-piperazin, Dihy, F. 178 bis 179°; N.N-Dimethyl-[4-p-chlorphenyl-2-methoxy]-butyl-amin, Ci, F. 112°; N-[4-p-Chlorphenyl-2-methoxy]-butyl-N'-[β-(α-phenylbutyryl)-oxyäthyl]-piperazin, Dim, F. 152°; N-[4-Phenyl-2-methoxy]-butyl-N'-β-chloräthyl-piperazin, Dihy, F. 146°; N.N-Dimethyl-[5-phenyl-2-methoxy]-pentylamin, Ci, F. 85°; N-[5-Phenyl-2-methoxy]-pentyl-morpholin, Hy, F. 132°; N-[5-Phenyl-2-methoxy]-pentyl-N'-methyl-piperazin, Dihy, F. 186°; N-[5-Phenyl-2-methoxy]-pentyl-N'-β-hydroxyäthyl-piperazin, Dihy, F. 169°; N.N-Diäthyl-[5-phenyl-2-methoxy]-pentyl-amin, Ci, F. 61°; N.N-Dimethyl-[3-benzyloxy-2-methoxy]-propyl-amin, Ci, F. 79—80°; N-[3-Benzyloxy-2-methoxy]-propyl-piperidin, M, F. 83—84°; N-[3-Benzyloxy-2-methoxy]-propyl-morpholin, M, F. 90°; N-[3-Benzyloxy-2-methoxy]-propyl-N'-β-hydroxyäthyl-piperazin, Dihy, F. 179°; N-[3-Benzyloxy-2-methoxy]-propyl-N'-[β-benzhydryloxyäthyl]-piperazin, Dim, F. 166—168°; N-[3-Benzyloxy-2-methoxy]-propyl-N-[3'.4'.5'-trimethoxybenzyl]-piperazin, Dim, F. 167°; N.N-Diäthyl-[3-o-chlorbenzyloxy-2-methoxy]-propylamin, Ci, Hydrat, F. 60°; N-[3-o-Chlorbenzyloxy-2-methoxy]-propyl-morpholin, M, F. 94—95°; N.N-Dimethyl-[3-p-chlorbenzyloxy-2-methoxy]-propylamin, Ci, F. 79—80°; N-[3-p-Chlorbenzyloxy-2-methoxy]-propyl-N'-methyl-piperazin, Dihy, F. 200°; N-[3-p-Chlorbenzyloxy-2-methoxy]-propyl-N'-β-hydroxyäthyl-piperazin, Dihy, F. 162—163°; N.N-Dimethyl-[3-(2.4-dichlorbenzyloxy)-2-methoxy]-propylamin, Ci, F. 101—103°; N-[3-p-Chlorbenzyloxy-2-methoxy]-propyl-N'-[β-[(3'.4'.5'-trimethoxybenzoyl]-oxyäthyl]-piperazin, Dim, F. 161—163°; N.N-Dimethyl-[3-benzhydryloxy-2-methoxy]-propylamin, Ci, F. 94 bis 95°; N.N-Diäthyl-[3-benzhydryloxy-2-methoxy]-propyl-amin, Ci, F. 80—82°; N-[3-Benzhydryloxy-2-methoxy]-propyl-N'-methyl-piperazin, Dihy, F. 210°. — *Analgetika, gefäßerweiternde Mittel, Antidepressiva, Vagolytika.* (**Schwz.P. 447208** vom 7/7. 1965, ausg. 29/3. 1968. Brit. Prior. 20/7. 1964.) — 14 S. R. Bauereis 4846

*1487* Merck & Co., Inc., Rahway (Erfinder: Donald Floyd Reinhold, Meyer Sletzinger, North Plainfield, und John Martin Chemerda, Watchung), N.J., USA, **Herstellung von L-α-Alkyl-3.4-dihydroxyphenylalaninen** durch Rk. von Vanillyl-, Veratryl- oder 3.4-Dihydroxybenzylmethylketon mit $NH_4CN$, Herst. des Aminonitrils, Hydrolyse der CN- zur COOH-Gruppe u. ggf. Desalkylierung der Ring-OH-Gruppen, dad. gek., daß man die opt. Isomeren des Aminonitrils oder seiner Deriv. mit einer opt. akt. Camphersulfonsäure spaltet u. das unerwünschte Isomere nach Racemisierung oder Regenerierung des Ketons in das Verf. zurückführt. — Man versetzt 33,2 (g) $NH_3$ in Isopropanol bei $\geqq 15°$ mit 350 Vanillylmethylketon u. 53 HCN. Nach 18std. Rühren bei 25° wird das Prod. abfiltriert: 374 *DL-α-Amino-α-vanillylpropionitril* (**I**), F. 125,5—127°. — **I**-*l-10-Camphersulfonat*, $[\alpha]_{546}$ —27,4° (c = 2; $CH_3OH$). *L-α-Amino-α-vanillylpropionitril*(**II**)-*l-10-Camphersulfonat*, $[\alpha]_{546}$ 19,5°. **II**, F. $[\alpha]_{546}$ +9,8 (c = 1; Dioxan). *L-α-Acetamido-α-vanillylpropionitril*, F. 197—200°; $[\alpha]_{546}$ —49,1° (c = 1; $CH_3OH$). *L-α-Amino-α-vanillylpropionamidhydrochlorid. L-α-Methyl-3.4-dihydroxyphenylalanin*, F. 296—299°. *Cu-Salz*, $[\alpha]_{546}$ 151°. — *Heilmittel* mit *antihypertensiver Wirkung.* (**D.P.[DDR] 50620** Kl. 12q vom 9/10. 1961, ausg. 5/10. 1966 [Ausschließungspatent.]) — 11 S.
K.-D. Stolp 4846

*1488* Merck & Co., Inc., Rahway (Erfinder: Donald Floyd Reinhold, Meyer Sletzinger, North Plainfield, und John Martin Chemerda, Plainfield), N.J., USA, **Herstellung von α-Alkanoylamino-α-arylmethylalkanonitrilen** (**I**; Arylmethyl = Vanillyl, Veratryl oder 3.4-Dihydroxybenzyl), dad. gek., daß man α-Amino-α-arylmethylalkylnitrile mit Alkansäureanhydriden um-

setzt u. die opt. Antipoden von **I** nach Impfen mit ≧ 5 Gew.-% des D- oder L-Isomeren aus einer übersätt. Lsg. auskrist. läßt. — 1 g DL-α-Amino-α-vanillylpropionitril (F. 125,5—127°) wird mit Acetanhydrid umgesetzt: *DL-α-Acetamido-α-vanillylpropionitril*, F. 179 bis 182°; Ausb. 96%. *L-Form*, $[\alpha]_{546}$ —49° (c = 1; $CH_3OH$), F. 197—200°. (**D.P.[DDR] 56797** Kl. 12q vom 9/10. 1963, ausg. 5/7. 1967 [Ausschließungspatent].) — 8 S.
K.-D. Stolp 4846

*1489* Merck & Co., Inc., Rahway, N.J., USA, **Herstellung von m-Chlorphenoxyessigsäuren** der allg. Formel *p-[$R^1$-S-$CH_2$-CH($R^2$)CO]-$C_6H_3$(Cl)-O-$CH_2$-COOH* ($R^1$= ggf. COOH-substituierter Alkylrest; $R^2$ = Alkylrest) durch Rk. von Verb. der allg. Formel p-[$CH_2$ =C($R^2$)-CO]-$C_6H_3$(Cl)-O-$CH_2$-COOH mit Verb. der allg. Formel R-SH. — 4,03 (g) 3-Chlor-4-[2′-methylidenbutyryl]-phenoxyessigsäure u. 12,4 $C_2H_5SH$ werden in Ae. bei Raumtemp. umgesetzt: 4,65 *3-Chlor-4-[2′-(äthylmercaptomethyl)-butyryl]-phenoxyessigsäure*, F. 88—90°. — Analog folgende 3-Chlorphenoxyessigsäuren: *4-[2′-(Carboxymethylmercaptomethyl)-propionyl]-*, F. 102°. — *4-(2′-Carboxymethylmercaptomethyl)-butyryl]-*, F. 75°. — *Diuretika, Natriuretika, Chloruretika.* (**Oe.P. 251565** vom 17/1. 1962, ausg. 10/1. 1967. U.S. Prior. 19/1. 1961.) — 6 S.
K.-D. Stolp 4846

*1490* Sandoz Akt.-Ges., Basel (Erfinder: Franz Troxler und Albert Hofmann, Bottmingen), Schweiz, **Indan-Derivate** der allg. Formel $(C_6H_5)_2CHCH_2CH_2NH$ · CH($R^1$)$CH_2$A ($R^1$ = H oder Alkyl; A = Indanyl) erhält man durch Red. von Amiden der allg. Formel $(C_6H_5)_2CHCH_2CONHCH(R^1)CH_2A$ mit $LiAlH_4$. Die erhaltenen Verb. können ggf. in ihre Säure-Additions-Salze übergeführt werden. — Indan-5-aldehyd gibt mit Nitroäthan *5-[2-Methylnitrovinyl]-indan*, $Kp._{0,01}$ 130—131° (das *4-Deriv.*, $Kp._{0,01}$ 110—115°), daraus durch Red. mit $LiAlH_4$ *5-[2-Aminopropyl]-indan*, $Kp._{0,01}$ 60—65° (das *4-Deriv.*, $Kp._{0,02}$ 85—90°), daraus durch Rk. mit Diphenylpropionsäurechlorid *5-[N-(3.3-Diphenylpropionyl)-2-aminopropyl]-indan*, Öl (das *4-Isomere*, F. 109—111°), daraus durch Red. mit $LiAlH_4$ *5-[N-(3.3-Diphenylpropyl)-2-aminopropyl]-indan*, Öl, *Hydrochlorid*, F. 198—200° (das *4-Isomere*, Öl, *Hydrochlorid*, F. 195—197°); ähnlich: *5-[2-Nitrovinyl]-indan*, F. 73—75°; *5-[2-Aminoäthyl]-indan*, $Kp._{0,01}$ 100—105°; *5-[N-(3.3-Diphenylpropionyl)-2-aminoäthyl]-indan*, F. 100—102° u. *5-[N-(3.3-Diphenylpropyl)-2-aminoäthyl]-indan*, Öl, *Hydrochlorid*, F. 183—185°. — *Heilmittel.* (**Schwz.P. 451924** vom 1/2. 1965, ausg. 15/5. 1968.) — 3 S. R. Bollinger 4846

*1491* Imperial Chemical Industries Ltd., London (Erfinder: Ralph Howe, Leslie Harold Smith, Macclesfield, Ches., und John Stuart Stephenson, Flackwell Heath, High Wycombe), Großbritannien, **Tetrahydronaphthalin- und Indan-Derivate.** Zu Brit.P. 1005026; C. **1967,** 41-1712 ist nachzutragen: Durch Hydrierung von *2-N-[Phenylpropyl-(2)]-aminoacetyl-5.6.7.8-tetrahydronaphthalin-Hydrobromid*, F. 227—228°, erhält man *2-N-[1-Phenylpropyl-(2)]-amino-1-[5.6.7.8-tetrahydronaphthyl-(2)]-äthanol*, *Hydrogenoxalat*, F. 158 bis 159°; ähnlich: *2-N-[1-Hydroxy-2-methylpropyl-(2)]-amino-1-[5.6.7.8-tetrahydronaphthyl-(2)]-äthanol*, F. 118—119° u. *2-[1-Hydroxy-2-methylpropyl-(2)-amino]-1-indanyl-(5)-äthanol*, F. 115—116°; ferner *5-Isopropylaminoacetyl-indan-Hydrochlorid*, F. 221°; *5-sek.-Butylaminoacetyl-indan-Hydrochlorid*, F. 180°, *tert.-Butylamino-Deriv.*, F. 237—238° u. *5-n-Butylamino-Deriv.*, F. 209—210°; *5-[2′-(3′.4′-Dimethoxyphenyl)-äthylaminoacetyl]-indan-Hydrobromid*, F. 215—216° u. *2-tert.-Butylaminoacetyl-5.6.7.8-tetrahydronaphthalin-Hydrochlorid*, F. 240—241°. *Therapeutika.* (**Schwz.P. 450402** vom 27/3. 1963, ausg. 30/4. 1968. Brit. Prior. 28/3. 1962 u. 19/3. 1963.) — 4 S.
R. Bollinger 4846

*1492* Imperial Chemical Industries Ltd., London (Erfinder: Ralph Howe, Leslie Harold Smith, Macclesfield, Ches., und John Stuart Stephenson, Flackwell Heath, High Wycombe), Großbritannien, **Tetrahydronaphthalin- und Indan-Derivate.** Zu Brit.P. 1005026; C. **1967,** 41-1712 ist nachzutragen: Durch Hydrierung von 2-N-Benzyl-N-isopropylamino-1-naphthyl-(2)-äthanol-Hydrochlorid, F. 154°, erhält man *2-Isopropylamino-1-[5.6.7.8-tetrahydronaphthyl-(2)]-äthanol-Hydrochlorid*, F. 157°, *freie Base*, F. 84—85°; ähnlich: *2-{N-[1-Phenylpropyl-(2)]-amino}-1-[5.6.7.8-tetrahydronaphthyl-(2)]-äthanol*, *Hydrogenoxalat*, F. 158—159° u. *2-Isopropylamino-1-[3-methyl-5.6.7.8-tetrahydronaphthyl-(2)]-äthanol*, F. 108°. — *Therapeutika* (**Schwz.P. 450404** vom 27/3. 1963, ausg. 30/4. 1968. Brit. Prior. 28/3. 1962 u. 19/3. 1963.) — 3 S.
R. Bollinger 4846

*1493* Parke, Davis & Co., Detroit (Erfinder: James Stanley Kaltenbronn, Ann Arbor), Mich., USA, **Herstellung von Estern der 4- und 5-Arylnaphthalin-1-essigsäure.** Ergänzend zu Schwz.P. 440246; C. **1967,** 46-1674 wird die Herst. folgender 1-Naphthalinessigsäure(**I**)-ester beschrieben: *4-Phenyl-**I**-methyl-*, $Kp._{0,1}$ 167—175°. — *4-[m-Methylphenyl]-Verb.*; *4-Phenyl-**I**-propyl-*. — *4-Phenyl-**I**-äthyl-*; $Kp._{0,1}$ 175—185°. — *4-Phenyl-**I**-2-dimethyl-* u. *-2-diäthylaminoäthylester.* — *3-Diäthylaminopropyl*-Verb. u. deren Hydrochloride. — Zwischenprod. u. *entzündungshemmende Stoffe.* (**Schwz.P. 441267** vom 1/5. 1964, ausg. 15/1. 1968. U.S. Prior. 2/5. 1963.) — 4 S. O. Müller-Meiningen 4846

*1494* Ciba Akt.-Ges., Basel (Erfinder: Paul Schmidt, Therwil, Max Wilhelm und Kurt Eichenberger, Basel), Schweiz, **Amine** der allg. Formel **I** (A = sek.-

I 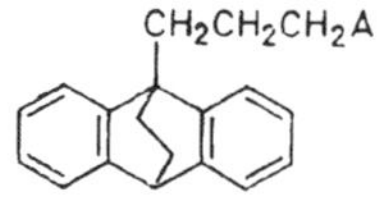


oder tert.-Aminogruppe), die mindestens in einer der Stellungen 1—8 oder 10 ein Halogenatom tragen, erhält man aus der entsprechenden Verb., die in **9**-Stellung den Rest X trägt (X = ein der Gruppe $-CH_2CH_2CH_2A$ entsprechender Rest, worin ein dem N-Atom benachbartes C-Atom eine Oxogruppe trägt) durch Red. der Oxogruppe zur $CH_2$-Gruppe. — Aus 10-Chlor-9-anthraldehyd erhält man durch Red. mit $NaBH_4$ *9-Hydroxymethyl-10-chloranthracen*, F. 203—205°, daraus durch Rk. mit $SOCl_2$ das *9-Chlormethyl-Deriv.*, F. 168—170°, daraus durch Rk. mit Malonsäurediäthylester u. NaH *1-[10-Chlor-9-anthryl]-2.2-äthandicarbonsäurediäthylester*, F. 88—93°, daraus durch Ansäuern u. Decarboxylierung *β-[10-Chlor-9-anthryl]-propionsäure*, F. 190—194°, daraus durch Rk. mit $C_2H_4$ im Autoklav bei 170° *β-[10-Chlor-9.10-dihydro-9.10-äthano-(1.2)-9-anthryl]-propionsäure*, F. 280°, daraus durch Rk. mit $SOCl_2$ das *Säurechlorid*, F. 145—150°, daraus durch Rk. mit Dimethylamin das *Dimethylamid*, F. 143—147°, daraus durch Red. mit $LiAlH_4$ das *9-γ-Dimethylaminopropyl-10-chlor-9.10-dihydro-9.10-äthano-(1.2)-anthracen*, *Hydrochlorid*, F. 225 bis 226°; ähnlich: *2-Chlor-9-γ-dimethylaminopropyl-9.10-dihydro-9.10-äthano-(1.2)-anthracen-hydrochlorid*, F. 171 bis 173°; *2-Chlor-9-hydroxymethyl-anthracen*, F. 140 bis 145°; *2-Chlor-9-chlormethylanthracen*, F. 140—143°; *1-[2-Chlor-9-anthryl]-2-äthandicarbonsäure*, F. 210°; *β-[2-Chlor-9.10-dihydro-9.10-äthano-(1.2)-9-anthryl]-propionsäure*, F. 170°; *β-[3-Chlor-9.10-dihydro-9.10-äthano-(1.2)-9-anthryl]-propionsäuredimethylamid*, *Maleinat*, F. 154—156°; *β-[3-Chlor-9-anthryl]-propionsäure*, F. 189—190°; *β-[3-Chlor-9.10-dihydro-9.10-äthano-(1.2)-anthryl]-propionsäure*, F. 197—199°; *3-Chlor-9-[γ-monomethylaminopropyl]-* u. *2-Chlor-9-γ-methylaminopropyl-9.10-dihydro-9.10-äthano-(1.2)-anthracen*, *Hydrochlorid*, F. 223—225°, sowie *β-[2-Chlor-9.10-dihydro-9.10-äthano-(1.2)-9-anthryl]-propionsäuremethylamid*, F. 189—190°. — *Heilmittel.* (**Schwz. P. 448069** vom 10/12. 1965, ausg. 29/3. 1968. **Zusatz zu Schwz.P. 399442; C. 1967, 2-1865.**) — 4 S.
R. Bollinger 4846

*1495* J. R. Geigy Akt.-Ges. (Erfinder: André R. Gagneux und Franz Häfliger), Basel, Schweiz, **Guanidinderivate** der allg. Formel AdXalkN($R^1$)C(=NH)·N$R^2R^3$ (Ad = 1-Adamantyl, X = O, S, NH, Alkylimino, alk = Alkylen, $R^1$ = H, Alkyl, $R^2$ u. $R^3$ = H, Alkyl, wobei nur $R^2$ oder $R^3$ Alkyl sein können) erhält man durch Rk. eines Amins der allg. Formel AdXalkN($R^1$)H

mit einem Cyanamid der allg. Formel N≡CNR²R³ oder eines Amins der allg. Formel HNR²R³ mit einem Cyanamid der allg. Formel AdXalkN(R¹)C≡N. — Aus β-(Adamant-1-yloxy)-äthylamin-Hydrochlorid mit Cyanamid in A. *N-[β-(Adamant-1-yloxy)-äthyl]-guanidin, Hydrochlorid*, F. 184—185°. — *Heilmittel.* **(Schwz.P. 447152** vom 31/7. 1964, ausg. 29/3. 1968.) — 3 S.
R. Bollinger 4846

*1496* Sandoz Akt.-Ges., Basel (Erfinder: Ernst Jucker, Ettingen, John Gmünder, Muttenz, und Richard Berthold, Reinach), Schweiz, **9-[4-(4-Fluorphenyl)-4-oxobutyl]-1.3.5-trioxo-2.4.9-triazaspiro-[5.5]-undecan(I)-derivate,** die in 2-Stellung durch R¹ u. in 4-Stellung durch R² substituiert sind, erhält man durch saure Hydrolyse entsprechender 9-[4-(4-Fluorphenyl)-4.4-alkylendioxy-butyl]-deriv. [R¹ u. R² = H oder niedere Alkylreste]. 9-[4-(4-Fluorphenyl-4.4-äthylendioxybutyl]-1.3.5-trioxo-2.4.9-triazaspiro-[5.5]-undecan (F. 134—137° aus Isopropanol) → **I**, F. 176—179° (Methanol-W.). — *2-Methyl-***I**, F. 93—94° (Essigester). — *2.4-Dimethyl-***I**, F. 104—106° (Aceton). — *Sedative u. neurolept. Mittel.* **(Schwz.P. 444168** vom 29/7. 1964, ausg. 15/2. 1968.) — 4 S. A. Jahn 4846

*1497* Sandoz Akt.-Ges., Basel (Erfinder: Ernst Jucker, Ettingen, Anton Ebnöther, Reinach, Jean-Michel Bastian, Birsfelden, Erwin Rissi, Basel, und André Stoll, Birsfelden), Schweiz, **Herstellung von 4H-Benzo-[4.5]-cyclohepta-[1.2-b]-thiophen Derivaten** erfolgt durch Rk. eines 4H-Benzo-[4.5]-cyclohepta-[1.2-b]-thiophen-4-on mit einem Säureamid oder Lactam der allg. Formel $R^1$–$CH_2$–CO–$NR^2R^3$ ($R^1$ = H; $R^2$ u. $R^3$ = niedermol. Alkyl; $R^2$ zusammen mit $R^1$ oder $R^3$ = Alkylen ≦ $C_5$ in gerader Kette), Red. des entstandenen Prod. u. Abspaltung von W. aus dem Rk.-Produkt. — Beispiel: *Thenyl-diäthyl-phosphonat*, $Kp._{0,06}$ 120—124° gibt mit o-Phthalaldehydsäure *o-[2-Thienyl-(2')-vinyl]*-**I** (**I** = *benzoesäure*, F. 133—135°. Durch Red. dieser Säure mit Na-Amalgam erhält man *o-[2-Thienyl-(2')-äthyl]*-**I**, F. 110—111°. Durch Ringschluß dieser Verb. in Ggw. von Polyphosphorsäure erhält man **II**-4-on (**II** = *9.10-Dihydro-4H-benzo-[4.5]-cyclohepta-[1.2-b]-thiophen*), $Kp._{0,05}$ 125—140°. Durch Rk. dieses Ketons in Ggw. von $LiHN_2$ mit N.N-Dimethylessigsäureamid erhält man *4-Hydroxy-4-[N.N-dimethylcarbamoyl-methyl]*-**II**, F. 105—107°. Durch Red. dieser Verb. mit $LiAlH_4$ erhält man *4-Hydroxy-4-[2'-dimethylamino-äthyl-(1')]*-**II**, *Tartrat*, F. 181 bis 182°. Durch Abspaltung von W. aus dieser Verb. mit HCl/Eisessig erhält man *4-[2'-Dimethylamino-äthyliden-(1')]*-**II**, *Hydrochlorid, Isomer A*, F. 218—221° (Zers.). — Analog wurden erhalten: 3-Brom-*5-chlor-phthalid*, F. 108 bis 110°, → *4-Chlorphthalaldehydsäure*, F. 184—186°, → *4-Chlor-2-[2'-thienyl-(2'')-vinyl]*-**I**, F. 198—200°, → *4-Chlor-2-[2'-thienyl-(2'')-äthyl]*-**I**, F. 127—128°, → *7-Chlor-***II***-4-on*, F. 63—64°, → *7-Chlor-4-hydroxy-4-[N.N-dimethylcarbamoyl-methyl]*-**II**, F. 128—130°, → *7-Chlor-4-hydroxy-4-[2'-dimethylaminoäthyl-(1')]*-**II**, F. 119,5—121°, → *7-Chlor-4-[2'-dimethylamino-äthyliden-(1')]*-**II**, *Hydrochlorid*, F. 231,5—233,5°; *4-Hydroxy-4-[1'-methyl-2'-oxopyrrolidyl-(3')]*-**II**, F. 73—86°, → *4-Hydroxy-4-[1'-methylpyrrolidyl-(3')]*-**II**, F. 155—159°, → *4-[1'-Methylpyrrolidylen-(3')]*-**II**, *Hydrochlorid*, F. 258—260° (Zers.); *7-Chlor-4-hydroxy-4-[1-methyl-2-oxopyrrolidyl-(3')]*-**II**, F. 165—167°, → *7-Chlor-4-hydroxy-4-[1-methylpyrrolidyl-(3)]*-**II**, F. 90—94°, → *7-Chlor-4-[1-methyl-pyrrolidyliden-(3)]*-**II**, *Hydrochlorid*, F. 235—237° (Zers.); *5-Chlorphthalaldehydsäure*, F. 136—138°, → *5-Chlor-2-[2-thienyl-(2)-vinyl]*-**I**, F. 152—153°, → *5-Chlor-2-[2-thienyl-(2)-äthyl]*-**I**, F. 134—135°, → *6-Chlor-***II***-4-on*, $Kp._{0,1}$ 185 bis 195°, F. 107—108°, → *6-Chlor-4-hydroxy-4-[1-methyl-2-oxopyrrolidyl-(3)]*-**II**, F. 114—115°, → *6-Chlor-4-hydroxy-4-[1-methylpyrrolidyl-(3)]*-**II**, F. 169—171°, → *6-Chlor-4-[1-methyl-pyrrolidyliden-(3)]*-**II**, *Hydrochlorid*, F. 300 bis 305° (Zers.); *4-Hydroxy-4-[(1-pyrrolidinyl)-carbonyl-methyl]*-**II**, F. 170,5—171,5°, → *4-Hydroxy-4-[2-(1-pyrrolidinyl)-äthyl]*-**II**, F. 139,5—141,5°, → *4-[2-(1-Pyrrolidinyl)-äthyliden]*-**II**, *Hydrochlorid*, F. 208,5—209,5°; *4-Hydroxy-4-[piperidino-carbonyl-methyl]*-**II**, F. 136 bis 137°, → *4-Hydroxy-4-[2-piperidino-äthyl]*-**II**, F. 185 bis 186,5°, → *4-[2-Piperidinoäthyliden]*-**II**, *Hydrochlorid*, F. 220,5—221,5° (Zers.). — *Antidepressiva.* **(Schwz.P. 441375** vom 2/4. 1964, ausg. 15/1. 1968.) — 7 S.
R. Bauereis 4846

*1498* Parke, Davis & Co., Detroit, Mich., USA (Erfinder: John Frederick Cavalla, Isleworth, Middx., Großbritannien), **Herstellung von Pyrrolidinderivaten** durch Erhitzen eines 4-Pyrrolidons mit Hydrazin oder Semicarbazid mit einem Katalysator auf 150 bis 210°. — Durch Erhitzen von 1.5-Dimethyl-3-[m-methoxyphenyl]-3-propyl-4-pyrrolidon, Hydrochlorid, mit Hydrazin u. KOH erhält man *1.5-Dimethyl-3-[m-methoxyphenyl]-3-propyl-pyrrolidin* (**I**), $Kp._{0,4}$ 114—118°. Durch Krist. mit opt. akt. Säuren erhält man die opt. akt. Deriv. [—]-*Di-p-toluyl-L[+]-tartrat* von [—]-**I**, F. 134°, $[\alpha]_D^{21,5}$ —90°, [—]-**I**, $Kp._1$ 120°, $[\alpha]_D^{21,5}$ —19,8°, [+]-*Di-p-toluyl-D[—]-tartrat* von [+]-**I**, F. 134°, $[\alpha]_D^{26}$ +89,7°, [+]-**I**, $Kp._{0,9}$ 120°, $[\alpha]_D^{26}$ +16,5°. — *Analgetika.* — Vgl. Oe.PP. 238185—238187; C. **1968,** 27-1905 u. Israel.A.S. 17388; C. **1965,** 39-1845. **(Schwz.P. 441317** vom 19/6. 1962, ausg. 15/1. 1968.) — 3 S.
R. Bauereis 4846

*1499* Sandoz Akt.-Ges., Basel (Erfinder: Albert Hofmann und Franz Troxler, Bottmingen), Schweiz, **Herstellung von Indolderivaten,** die im Phenylrest durch die Gruppe –$CH_2$–CHR–$NH_2$ substituiert sind (R = H, niedermol. Alkyl) erhält man durch Red. der entsprechenden Nitrovinylverbindung. — Beispiel (*Indol* = **I**). — 3.4-Dimethyl-5-nitrobrombenzol, F. 65—67°, gibt mit Oxalsäurediäthylester u. $KOC_2H_5$ 4-Brom-2-methyl-6-nitro-phenylbrenztraubensäureäthylester-kaliumenolat. Durch Cyclisierung dieser Verb. mit $Na_2S_2O_4$ erhält man *6-Brom-4-methyl-***I***-2-carbonsäureäthylester*, F. 162—164°. Durch Verseifung dieser Verb. erhält man *6-Brom-4-methyl-***I***-2-carbonsäure*, F. 250—252°. Durch Decarboxylierung in Ggw. von CuCN erhält man aus dieser Säure *6-Cyan-4-methyl-***I**, F. 121—124°. Durch Red. dieser Verb. mit $NaH_2PO_2$ u. Raney-Ni erhält man 4-Methyl-**I**-6-aldehyd. Durch Rk. dieses Aldehyds mit Nitroäthan erhält man *4-Methyl-6-[2'-methyl-2'-nitrovinyl]*-**I**, F. 163 bis 165°. Durch Red. dieser Verb. mit $LiAlH_4$ erhält man *4-Methyl-6-[2'-aminopropyl]*-**I**, F. 145—147°. — Analog wurden erhalten: *3-Methyl-5-cyan-***I**, F. 120—121°, $Kp._{0,001}$ 155—160°, → *3-Methyl-***I***-5-aldehyd*, F. 85—86°, → *3-Methyl-5-[2'-methyl-2'-nitro-vinyl]*-**I**, F. 140—141° → *3-Methyl-5-[2'-aminopropyl]*-**I**, F. 96—98°; *4-Brom-2.2'-dinitro-2'-methyl-styrol*, F. 145—146°, → *2-Methyl-6-brom-***I**, F. 130—131°, → *2-Methyl-6-cyan-***I**, F. 84—85°, → *2-Methyl-6-formyl-***I**, F. 138—139°, → *2-Methyl-6-[2'-methyl-2'-nitrovinyl]*-**I**, F. 130—132°, → *2-Methyl-6-[2'-aminopropyl]*-**I**, F. 124—126°. — *Blutdrucksenkende Mittel.* **(Schwz.P. 442303** vom 26/6. 1964, ausg. 31/1. 1968.) — 4 S. R. Bauereis 4846

*1500* Endo Laboratories, Inc., Garden City (Erfinder: Karl Schoen und Irwin J. Pachter, New York), N.Y., USA, **Herstellung von 5-Amino-methyl-4.5.6.7-tetrahydro-4-oxo-indolderivaten** erfolgt durch Rk. eines Amins mit einem 4.5.6.7-Tetrahydro-4-oxo-indol in Ggw. von $CH_2O$. Beispiel: Rk. von 4.5.6.7-Tetrahydro-2.3-dimethyl-4-oxo-indol mit Piperidin u. $CH_2O$ → *4.5.6.7-Tetrahydro-2.3-dimethyl-5-piperidino-methyl-4-oxoindol*, F. 179°, *Hydrochlorid*, F. 202—204° (Zers.), $C_{16}H_{24}N_2O$, HCl, $C_2H_5OH$. Analog folgende 4.5.6.7-Tetrahydro-4-oxo-indole (**I**): *2.3-Dimethyl-5-dimethylaminomethyl-***I**, *Hydrochlorid*, F. 230°; *2.3-Dimethyl-5-[N'-hydroxyäthylpiperazino]-methyl-***I**, *Dihydrochlorid*, F. 215°; *2.3-Dimethyl-5-[4-methylpiperidino]-methyl-***I**, F. 154—157°, *Hydrochlorid*, F. 162°; *2.3-Dimethyl-5-[2-methylpiperidino]-methyl-***I**, F. 155—160°; *3-Äthyl-2-methyl-5-dimethylaminomethyl-***I**, F. 170—175°; *3-Äthyl-2-methyl-5-piperidinomethyl-***I**, F. 148 bis 151°; *3-Äthyl-2-methyl-5-diäthylaminomethyl-***I**, F. 139—140°; *3-Äthyl-2-methyl-5-dibutylaminomethyl-***I**, F. 159—163°; *3-Äthyl-2-methyl-5-[4-methylpiperidino]-methyl-***I**, F. 159—163°; *3-Äthyl-2-methyl-5-pyrrolidinomethyl-***I**, F. 165—168° (Zers.); *3-Äthyl-2-methyl-5-morpholinomethyl-***I**, F. 180—181°; *3-Butyl-2-methyl-5-dimethylaminomethyl-***I**, F. 132—134°; *3-Amyl-2-methyl-5-dimethylaminomethyl-***I**, F. 186,5—187,5°; *2-Methyl-5-dimethylaminomethyl-3-propyl-***I**, F. 150°; *2-Methyl-5-piperidinomethyl-3-propyl-***I**, F. 162—164°; *2-Methyl-3-*

*phenyl*-**I**, F. 260—261,5°; *2.3-Diphenyl*-**I**, F. 304—307° (Zers.) → *5-Dimethylaminomethyl-2.3-diphenyl*-**I**, F. 142 bis 146°; *1-Butyl-3-äthyl-2-methyl-5-dimethylaminomethyl*-**I**, F. 68—72°; *1.2.3.4.5.6.7.8-Octahydro-3-dimethylaminomethyl-4-oxocarbazol*, F. 172—173,5°. — *Sedativa, Tranquillizer*. (**Schwz.P. 447171** vom 12/10. 1965, ausg. 29/3. 1968.) — 7 S. R. Bauereis 4846

*1501* Merck & Co., Inc., Rahway (Erfinder: Dale Richard Hoff, Cranford), N.J., USA, **Herstellung von Imidazolen** der allg. Formel **I** (R = Niederalkyl oder

I 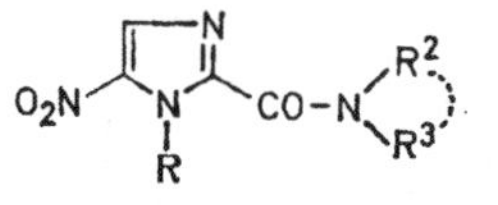 II 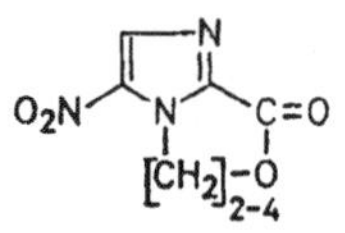

$-[CH_2]_{2-4}-OH$; $R^2$ = H oder Niederalkyl; $R^3$ = H, Niederalkyl, Hydroxyalkyl, Aryl, Aralkyl, Heteroaryl, $NH_2$, $-NH \cdot C_6H_5$, Carboxamidoalkyl oder Glucoseaminrest; $-N(R^2)R^3$ kann auch einen Morpholino-, Piperidino-, Piperazino- oder Pyrrolidinorest bedeuten), dad. gek., daß man ein 1-Niederalkyl-5-nitroimidazol-2-carbonylhalogenid, einen 1-Niederalkyl-5-nitroimidazol-2-carbonsäureester oder ein Lacton der allg. Formel **II** mit einer Verb. der allg. Formel $H-N(R^2)R^3$ umsetzt. — 1-Methyl-5-nitroimidazol-2-carbonylchlorid + $NH_3$ (in Bzl.) → *1-Methyl*-**III** (**III** = *5-nitroimidazol-2-carboxamid*), F. 222—224°. — Analog: *1-Äthyl*-**III**. — *1-Propyl*-**III**. — *1.N'.N'-Trimethyl*-**III**, F. 125—127°. — *1.N'-Dimethyl-N'-phenyl*-**III**, F. 106—108°. — *N-[1-Methyl-5-nitroimidazol-2-carbonyl]-morpholin*, F. 148—150°. — *N'-Phenyl-1-methyl*-**III**, F. 192—194°. — *N'-[2-Thiazolyl]-1-methyl*-**III**, F. 275—285°. — *1-Methyl-4-[1-methyl-5-nitroimidazol-2-carbonyl]-piperazin*, F. 114—115°. — *1-Phenyl-2-[1-methyl-5-nitroimidazol-2-carbonyl]-hydrazin*, F. 206—207°. — *N'-[2-Hydroxyäthyl]-1-methyl*-**III**, F. 87—88°. — *1-Methyl-5-nitroimidazol-2-carbonylhydrazin*, F. 155—156°. — *1.N'-Dimethyl*-**III**, F. 109—110°. — *N'-Benzyl-1-methyl*-**III**, F. 173—175°. — *1-[2-Hydroxyäthyl]-2-styryl-5-nitroimidazol*, F. 156—158°, + Tolyolsulfonylchlorid (in Py.) → *1-[2-p-Toluolsulfonyloxy]-äthyl-2-styryl-5-nitroimidazol*, F. 179—181°, + $KMnO_4$ → *1-[2-Hydroxyäthyl]-5-nitroimidazol-2-carbonsäure-γ-lacton*, F. 200—201,5°, + $NH_3$ (in $CH_3OH$ bei 50°) → *1-[2-Hydroxyäthyl]*-**III**, F. 163,5—164,5°, + Essigsäureanhydrid (in Py.) → *1-[2-Acetoxyäthyl]*-**III**. — *1-[2-Benzoyloxyäthyl]*-**III**. — *1-[2-Propionyloxyäthyl]*-**III**. — *Bernsteinsäurehalbester von 1-[2-Hydroxyäthyl]*-**III**. — *N-[1-(2-Hydroxyäthyl)-5-nitroimidazol-2-carbonyl]-pyrrolidin*, F. 83—85°. — *Nα-[1-methyl-5-nitroimidazol-2-carbonyl]-glycinamid*, F. 242—243°. — *N-[1-Methyl-5-nitroimidazol-2-carbonyl]-glucosamin*; dessen *Isopropanol-Solvat*, F. 201—204°. — *N'-[2.3-Dihydroxypropyl]-1-methyl*-**III**, F. 119—126°. — *1.N'-Di-[2-hydroxyäthyl]*-**III**, F. 100—108°. — Gegen *Histomoniasis* u. *Trichromoniasis* wirksame *Heilmittel*. (**Schwz.P. 444871** vom 7/8. 1964, ausg. 29/2. 1968. U.S. Prior. 7/8. 1963.) — 7 S. O. Schön 4846

*1502* J. R. Geigy Akt.-Ges., Basel (Erfinder: André R. Gagneux, Franz Häfliger, Basel, und Conrad H. Eugster, Wallisellen), Schweiz, **Derivate der 3-Hydroxy-5-isoxazolessigsäure (I)**. Die α-Halogen-**I** erhält man durch Rk. des 3-Benzyloxy-5-isoxazolcarboxaldehyds (**II**; mit HCN), worauf das entstandene Cyanhydrin mit einem Alkanol in Ggw. von HCl in den entsprechenden 3-Benzyloxy-5-isoxazolylglykolsäurealkylester übergeführt wird; dieser wird nach der Acylierung mit Alkalihalogenid zum 3-Benzyloxy-α-halogen-5-isoxazolessigsäurealkylester umgesetzt, der dann mit 48%ig. HBr hydrolysiert wird. — Die α-Halogen-**I** gibt beim Stehen mit konz. wss. $NH_3$ die α-Amino-**I**, die in Ggw. eines sauren Kondens.-Mittels mit einem Alkanol verestert wird. — Aus 12,2 (g) **II**, 6,5 abs. HCN u. 0,01 NaCN → *3-Benzyloxy-5-isoxazolcarboxaldehydcyanhydrin*, (Ausb.) 100%, F. 102—103°; daraus mit abs. A. u. HCl nach 48 Std. bei 20° → *3-Benzyloxy-5-isoxazolglykolsäureäthylester*, F. 49—55°; 95%; daraus mit Toluolsulfonylchlorid in Kollidin → *3-Benzyloxy-5-isoxazolglykolsäureäthylester-p-toluolsulfonat*, F. 75—78°; 60%; daraus mit NaBr in Dimethylsulfoxid nach 3 Std. bei 30° → *3-Benzyloxy-α-brom-5-isoxazolessigsäureäthylester*, 77%; daraus mit 48%ig. HBr in Eisessig bei 30° nach 15 Std. → *α-Brom*-**I**, 100%; daraus mit konz. wss. $NH_3$ nach 5 Std. bei 20° → *α-Amino*-**I**; *Monohydrat*, F. 144—145°; *Monohydrat* des $NH_4$-*Salzes*, F. 120° (Zers.); daraus mit HCl ges. A. nach 90 Std. bei 20° → *α-Amino-3-hydroxy-5-isoxazolessigsäureäthylesterhydrochlorid*, F. 186 bis 193° (Zers.). — Analog: *α-Amino-3-hydroxy-5-isoxazolessigsäuremethylesterhydrochlorid*, F. 152—153° (Zers.). — *Heilmittel* gegen *Schlafstörungen, Angst-* u. *Erregungszustände*. (**Schwz.PP. 450429** vom 23/3. 1965, ausg. 30/4. 1968 u. **449626** vom 4/6. 1965, ausg. 11/4. 1968.) — 3 S. — 3 S. O. Schön 4846

*1503* Spezialchemie G.m.b.H., & Co., München (Erfinder: Rudolf Hänsel, Berlin, und Frank Werny, Wilmington, Del., USA), **Herstellung von substituierten Dihydro-α-pyronen** durch Hydrierung von Phenyl-α-pyronen in Ggw. von Essigsäure u. Katalysatoren, die nicht hydrierend auf die 2. Doppelbindung im Lactonring u. nicht spaltend auf diesen selbst wirken. — Beispiel: Durch Hydrierung von 4-Methoxy-6-[p-methoxystyryl]-α-pyron in Eisessig in Ggw. von koll. Pd nach Paal erhält man *4-Methoxy-6-[p-methoxy-styryl]-dihydro-α-pyron*, F. 98,5—99°, $C_{15}H_{16}O_4$. Durch Lactonspaltung erhält man daraus eine *Säure*, F. 136—139°, $C_{15}H_{18}O_4$. — Analog erhält man *4-Methoxy-6-[3.4-methylendioxystyryl]-dihydro-α-pyron*, F. 107—111°. — *Sedativa, Ataraktika*. (**Schwz.P. 442350** vom 13/7. 1964, ausg. 31/1. 1968. **Brit.P. 1080743** vom 14/7. 1964, ausg. 23/8. 1967. D. Prior. 18/7. 1963.) — 3 S. — 5 S. R. Bauereis 4846

*1504* Fisons Pharmaceuticals Ltd., Felixstowe, Suffolk (Erfinder: Colin Fitzmaurice, Holmes Chapel, Hugh Cairns, Sandbach, Ches., Richard Hazard, Manchester, und John King, Sandbach, Ches.), Großbritannien, **Herstellung von Chromonderivaten** der allg. Formel **I** (R = durch OH oder COOH substituiertes

I 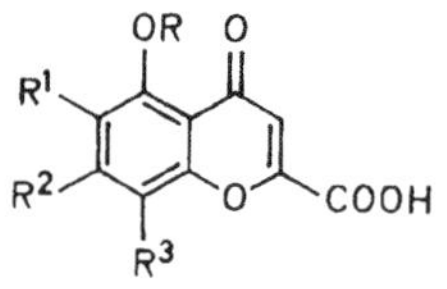

Alkyl, Alkyl, Aralkyl, unterbrochen durch O-Atome u. ggf. substituiert durch OH, O-Heterocyclus, der ggf. durch OH oder Alkyl substituiert ist; $R^1$, $R^2$ u. $R^3$ = H, Halogen, niedermol. Alkyl oder OR oder $R^1$ u. $R^2$ = zusammen mit den anliegenden C-Atomen ein O-Heterocyclus) erfolgt durch Rk. einer Acetylendicarbonsäure mit einem m-Hydrochinonderiv. u. Cyclisierung des Zwischenprodukts. — *Mittel gegen Asthma, Heufieber, Urtikaria*. (**Schwz.P. 444882** vom 25/9. 1964, ausg. 29/2. 1968. Brit. Prior. 27/9. 1963 u. 18/6. 1964.) — 3 S. R. Bauereis 4846

*1505* Parke, Davis & Co., Detroit (Erfinder: Ivan Conrad Nordin und Robert Ford Parcell, Ann Arbor), Mich., USA, **2-Phenoxy-2-phenylacetamide** der allg. Formel $C_6H_5OCH(C_6H_5)C(=O)-NHANR^1R^2$ (A = Alkylen, $R^1$ u. $R^2$ = Alkyl oder Cycloalkyl bzw. zusammen mit dem N ein heterocycl. Ring) erhält man durch Rk. von 2-Phenoxy-2-phenylessigsäure oder einem reaktionsfähigen Deriv. mit einem Diamin der allg. Formel $H_2NAR^1R^2$. — Aus 2-Phenoxy-2-phenylessigsäureäthylester erhält man durch Rk. mit 4-[2.6-Dimethylpiperidino]-butylamin bei 110° *N-[4-(2.6-Dimethylpiperidino)-butyl]-2-phenoxy-2-phenylacetamid*, F. 81—83°, ähnlich folgende *N-[R]-2-phenoxy-2-phenylacetamide*: R = *5-[2.6-Dimethylpiperidino]-pentyl-*, F. 100—102°; *3-[2.6-Dimethylpiperidino]-propyl-*, F. 95—97,5°; *6-[2.6-Dimethylpiperidino]-hexyl-*, Kp.$_{0,16}$ 225—228°; *3-[2.5-Dimethylpyrrolidino]-propyl-*, Kp.$_{0,15}$ 206—208°, F. 65 bis 65,5°; *3-[Cyclohexylisopropylamino]-propyl-*, Kp.$_{0,25}$ 225 bis 226,5°; *3-[2.2.4.6-Tetramethylpiperidino]-propyl-*, Kp.$_{0,25}$ 221—222°; *3-[2-Äthylpiperidino]-propyl-*, Kp.$_{0,1}$ 212—213°; *3-[2-Methylpiperidino]-propyl-*, Kp.$_{0,1}$ 196 bis 198°; *7-[2.6-Dimethylpiperidino]-heptyl-*, F. 84—85,5°;

*4-[Diisopropylamino]-butyl-*, Kp.$_{0,11}$ 203—205°, F. 52 bis 55°; *3-[5-Äthyl-2-methylpiperidino]-propyl-*, Kp.$_{0,1}$ 201 bis 202°; *4-[2-Äthylpiperidino]-butyl-*, Kp.$_{0,15}$ 213°; *5-[2.6-Dimethylpiperidino]-3-methylpentyl-*, Kp.$_{0,15}$ 220°; *2-[Diisopropylamino]-äthyl-*, Kp.$_{0,05}$ 172—175°; *3-[Diisopropylamino]-propyl-*, Kp.$_{0,22}$ 202—204°; *3-[Diäthylamino]-propyl-*, Kp.$_{0,2}$ 181—182°; *3-[Piperidino]-propyl-*, F. 62 bis 64°; *3-[Dimethylamino]-propyl-*, *Hydrochlorid*, F. 148 bis 149°; *2-[Diäthylamino]-äthyl-*, Kp.$_{0,1}$ 169—170°; *2-[2.6-Dimethylpiperidino]-äthyl-*, F. 117—119°; *3-[Pyrrolidino]-propyl-*, F. 63—64°; *2-[Piperidino]-äthyl-*, F. 62—64°; *2-[Dimethylamino]-äthyl-*, F. 101—102° u. *4-[2.6-Diäthylpiperidino]-butyl-*, Kp.$_{0,3}$ 215—220°. Ferner ist noch beschrieben die Herst. folgender Ausgangs-Verb.; *4-[2.6-Dimethylpiperidino]-butyronitril*, Kp.$_{14}$ 140—150°; *4-[Diisopropylamino]-*, Kp.$_{17}$ 97—103°, *4-[2-Äthylpiperidino]-*, Kp.$_{12}$ 138—142° u. *4-[2.6-Diäthylpiperidino]-butyronitril*, Kp.$_{8}$ 145—149°; *5-[2.6-Dimethylpiperidino]-valeronitril*, Kp.$_{20}$ 164—166°; *6-[2.6-Dimethylpiperidino]-capronitril*, Kp.$_{16}$ 169—172°; *7-[2.6-Dimethylpiperidino]-önanthonitril*, Kp.$_{17}$ 179—189°; *3-[2.5-Dimethylpyrrolidino]-*, Kp.$_{11}$ 98—100°; *3-[Cyclohexylisopropylamino]-*, Kp.$_{9}$ 141—143°, *3-[2.2.4.6-Tetramethylpiperidino]-*, Kp.$_{8}$ 130 bis 131°, *3-[2-Äthylpiperidino]-*, Kp.$_{12}$ 131—132° u. *3-[5-Äthyl-2-methylpiperidino]-propionitril*, Kp.$_{0,15}$ 78—80°; *2-[2.6-Dimethylpiperidino]-acetonitril*, Kp.$_{14}$ 103—105°; *3-[2.5-Dimethylpyrrolidino]-*, Kp.$_{10}$ 81—83°, *3-[Cyclohexylisopropylamino]-*, Kp.$_{9}$ 124—127°, *3-[2.2.4.6-Tetramethylpiperidino]-*, Kp.$_{8}$ 121—122°, *3-[2-Äthylpiperidino]-*, Kp.$_{12}$ 113—115° u. *3-[5-Äthyl-2-methylpiperidino]-propylamin*, Kp.$_{40}$ 122—122,5°; *4-[Diisopropylamino]-*, Kp.$_{17}$ 97—107°, *4-[2-Äthylpiperidino]-*, Kp.$_{12}$ 126—127° u. *4-[2.6-Diäthylpiperidino]-butylamin*, Kp.$_{8}$ 134—136°; *5-[2.6-Dimethylpiperidino]-pentylamin*, Kp.$_{0,25}$ 86—88°; *6-[2.6-Dimethylpiperidino]-hexylamin*, Kp.$_{20}$ 159—164°; *7-[2.6-Dimethylpiperidino]-heptylamin*, Kp.$_{0,16}$ 92—94°; *2-[2.6-Dimethylpiperidino]-äthylamin*, Kp.$_{14}$ 99—105°; *5-[2.6-Dimethylpiperidino]-3-methylpentylamin*, Kp.$_{0,1}$ 78 bis 78,5°, u. *2.6-Diäthylpiperidin*, Kp.$_{9}$ 52—54°. — *Heilmittel.* (**Schwz.P. 451907** vom 22/4. 1966, ausg. 15/5. 1968. U.S. Prior. 23/4. 1965.) — 5 S.

R. Bollinger 4846

*1506* Glaxo Group Ltd., übert. von: Thomas Walker, Wembley, Rupert Frederick Keith Meredith, Rhondda, und Alexander Crawford Ritchie, Harrow, Großbritannien, **Herstellung von Emetin.** 2-Benzyl-6.7-dimethoxy-1-[6′.7′-dimethoxy-1′.2′.3′.4′-tetrahydroisochinol-1yl-acetonyl]-1.2.3.4-tetrahydroisochinolinhydrochlorid, hergestellt nach U.S.P. 3105835; C. **1967**, 28-1763, Isomeres A, gibt mit Methylvinylketon → *2-Benzyl-1-[6′.7′-dimethoxy-2′-(3-ketobutyl-1)-1′.2′.3′.4′-tetrahydro-isochinol-1′-yl-acetonyl]-6.7-dimethoxy-1.2.3.4-tetrahydroisochinolin*, das mit $CH_3ONa$ in Bzl. u. anschließend mit W. behandelt wird → *3-Acetyl-2-hydroxy-9.10-dimethoxy-2-[2′-benzyl-6′.7′-dimethoxy-1′.2′.3′.4′-tetrahydroisochinol-1′-yl-methyl]-1.2.3.4.6.7-hexahydro-11b-[H]-benzo[a]-chinolizin* (**III**), F. 148—149°, *Hydrochlorid* (**I**), $C_{36}H_{46}O_6N_2Cl_2$. $2H_2O$, F. 198° (Zers.). Analog das *Isomere B*, F. 187—189°, dessen **I**, F. 178 bis 179°, daraus durch Lösen in wss. Soda-Lsg. (**II**), Extrahieren mit Bzl., Eindampfen des Extraktes, Erhitzen des Rückstandes auf dem W.-Bad mit 11n-$H_2SO_4$ unter $N_2$ (2$^1/_2$ Std.) u. Einstellen mit **II** auf pH 10 → *3-Acetyl-9.10-dimethoxy-2-[2′-benzyl-6′.7′-dimethoxy-1′.2′.3′.4′-tetrahydroisochinol-1′-yl-methyl]-1.4.6.7-tetrahydro-11b[H]-benzo-[a]-chinolizin, Isomeres B*, $C_{36}H_{42}O_5N_2$, F. 132 bis 133,5°. Analog das *Isomere A* mit $^1/_2H_2O$, F. 145—146°. — Aus **III** mit Ca in fl. $NH_3$ → *3-Acetyl-1.2.3.4.6.7-hexahydro-9.10-dimethoxy-2-[2-benzyl-1.2.3.4-tetrahydro-6.7-dimethoxyisochinol-1-yl-methyl]-11b-[H]-benzo-[a]-chinolizin*, $C_{36}H_{44}O_5N_2$, F. 107—109°, dessen **I**, $C_{36}H_{44}O_5N_2 \cdot 2HCl$. $2H_2O$, F. 206—208° (Zers.); analog *Isomeres B*, $C_{36}H_{44}O_5N_2 \cdot 2H_2O$, F. 142,5—144°, dessen *Perchlorat*, $C_{36}H_{44}O_5N_2 \cdot 2HClO_4 \cdot 2H_2O$, F. 180—181°; daraus in wasserfreiem Methanol bei 0° mit HCl-Gas gesätt., mit Äthandithiol versetzt u. nach 2 Std. mit HCl behandelt → das *entsprechende Thioketal, Isomeres A*, $C_{38}H_{48}O_4N_2S_2 \cdot 2HCl \cdot 3^1/_2H_2O$, F. 205—208°. Analog das *Isomere B* als *Hydrobromid*, $C_{38}H_{48}O_4N_2S_2 \cdot HBr \cdot 3H_2O$, F. 212°; daraus durch 16std. Kochen mit Raney-Ni in Xylol → *N-Benzylisoemetin, Isomeres A*, dessen *Hydrojodid*, F. 198—202°, Analog aus dem Isomeren B, → *N-Benzylemetin*, $C_{36}H_{46}N_2O_4 \cdot 2HBr \cdot 3H_2O$, F. 211—213° (Zers.); daraus durch Hydrieren in Ggw. von verd. HCl u. Pd-Tierkohle → *(±)-Emetin-hydrobromid*, $C_{29}H_{40}O_4N_2 \cdot 2HBr \cdot 3H_2O$, F. 228—232° (Zers.). Analog: *(±)-Isoemetin-***I**, $C_{29}H_{40}O_4N_2 \cdot 2HCl \cdot 2H_2O$, F. 254—256°. — *Pharmazeutika.* (**U.S.PP. 3234227** vom 23/5. 1961, ausg. 8/2. 1966 u. **3282944** vom 23/5. 1961, ausg. 1/11. 1966. **Schwz.P. 444159** vom 26/5. 1961, ausg. 15/2. 1968. Alle Brit. Prior. 27/5. 1960.) — 6 S. — 6 S. — 6 S.

C. Lüttgen 4846

*1507* Imperial Chemical Industries Ltd., London (Erfinder: Ralph Howe Macclesfield, Ches.), Großbritannien, **Herstellung von 1.4-Benzodioxanderivaten** erfolgt durch Red. von 1.4-Benzodioxanyl-[2]-glyoxal in Ggw. eines Amins der allg. Formel $NHR^1R^2$ ($R^1$ = H; $R^2$ = $CH_3$, Äthyl, n-Propyl, Isopropyl, n-Butyl, oder $R^1$ u. $R^2$ = $CH_3$, Äthyl, n-Propyl, Isopropyl, n-Butyl, Isobutyl, oder $R^1$ = $CH_3$; $R^2$ = Äthyl, n-Propyl). — Beispiel: Red. von 1.4-Benzodioxanyl-[2]-glyoxalhydrat, F. 92—94° mit $NaBH_4$ in Ggw. von Isopropylamin → *1-[1.4-Benzodioxanyl-(2)]-2-isopropylaminoäthanol*, F. 88 bis 89°, Hydrochlorid, F. 180—181°. — *Koronararterien erweiternde Mittel.* (**Schwz.P. 447205** vom 17/6. 1965, ausg. 29/3. 1968.) — 2 S.

R. Bauereis 4846

*1508* Rhône-Poulenc Soc. An., Paris (Erfinder: Jean Clément Louis Fouche, Bourg la Reine, Hauts-de-Seine), Frankreich, **Herstellung von Dibenzo-[a.d]-cycloheptadienen,** die in 2-Stellung durch Halogene, eine CN-, $CF_3$-, Alkyl-, Alkoxy-, Alkylmercapto-, Alkansulfinyl- oder Alkansulfonyl-Gruppe u. in 11-Stellung durch einen ggf. N′-substituierten Piperazinorest substituiert sind, a) durch Rk. von reaktionsfähig veresterten 11-Hydroxydibenzocycloheptadienen mit entsprechend substituierten Piperazinen, b) durch Rk. von 11-Piperazinodibenzocycloheptadienen mit akt. Estern zur N′-Substitution des Piperazins, c) durch Ox. von 2-[Alkylmercapto]- oder 2-[Alkylsulfinyl]-Verb. zu den entsprechenden Sulfoxiden oder Sulfonen. — Man setzt 16,4 (g) 2-Methoxy-11-hydroxydibenzo-[a.d]-cycloheptadien in $CHCl_3$ mit $SOCl_2$ zu 2-Methoxy-11-chlordibenzo-[a.d]-cycloheptadien um, das in benzol. Lsg. mit 27,3 1-Methylpiperazin nach Kochen, Zusatz von W. u. Ae. u. Behandlung der Ae.-Phase mit 1 n Methansulfonsäure 9,8 des *Hydrochlorids* (= *HCl*), F. 203—205°, von *2-Methoxy-11-[4-methylpiperazino]-dibenzo-[a.d]-cyclohepta-dien* liefert. — Analog folgende 2-Chlordibenzo-[a.d]-cycloheptadiene: *11-[4-Methylpiperazino]-*, F. 115°. — *11-[4-Benzylpiperazino]-*, F. 138°. — *11-Piperazino-*, F. 114°. — *11-[4-(4-Methoxybenzyl)-piperazino]-*, *HCl*, F. 232°. — *11-[4-Äthylpiperazino]-*, F. 96°. — *11-[4-Allylpiperazino]-*, *Di-HCl*, F. 210—212°. — *11-[4-(Propin-(2)-yl)-piperazino]-*, F. 100°. — *11-[4-(2-Hydroxyäthyl)-piperazino]-*, F. 128°. — 11-[4-Methylpiperazino]-dibenzo-[a.d]-cycloheptadiene: *2-Brom-*, F. 126°. — *2-Cyan-*, F. 175°. — *2-Methyl-*, F. 95°. — *2-Methylmercapto-*, F. 102°. — *2-Methansulfinyl-*, F. 136°. — *2-Methansulfonyl-*, *saures Dimaleinat*, F. 100°. — 2-Methylmercaptodibenzo-[a.d]-cycloheptadiene: *11-[4-(4-Methoxybenzyl)-piperazino]-*, *HCl*, F. 203—205°. — *11-Piperazino-*, *Di-HCl*, F. 198—200°. — *Neuroleptika, Sedativa, Antidepressiva*, auch *antihistamin., antiserotonin., analget., spasmolyt.* u. *antiemet.* wirksam. (**D.P.[DDR] 55024** Kl. 12p vom 23/1. 1966, ausg. 5/4. 1967 [Ausschließungspatent]. F. Prior. 27/1. u. 30/11. 1965.) — 9 S.

K.-D. Stolp 4846

*1509* Rhône-Poulenc Soc. An., Paris (Erfinder: Jean Clément Louis Fouche, Bourg-la Reine), Frankreich, **Herstellung von Dibenzo-[a.d]-cycloheptatrienen,** die in 10-Stellung einen ggf. N′-substituierten Piperazinrest tragen, a) durch Rk. von reaktionsfähig verestertem 10-Hydroxydibenzocycloheptatrien mit dem Alkalisalz eines entsprechenden Piperazins, b) durch Rk. von 10-Halogendibenzocycloheptatrienen mit dem Halogen-Mg-Deriv. des Piperazins in Hexamethylphosphotriamid, c) durch N′-Substitution an 10-Piperazinodibenzocycloheptatrienen mit reaktionsfähig verestertem Alkohol. — Butyl-Li [aus 123 (g) Butylbromid] wird nach Rk. mit 90 1-Methylpiperazin mit 48,8 10-Brom-dibenzo-[a.d]-cycloheptatrien in Ae. umgesetzt: 18,5 *10-[4-Methylpiperazino]-dibenz-[a.d]-cycloheptatrien,* F. 133—135°, *Tartrat,* F. 180°. — Analog folgende Dibenzo-[a.d]-cycloheptatriene: *10-[4-Äthylpiperazino]-, Fumarat,* F. 210—220°. — *10-[4-Benzylpiperazino]-,* F. 178 bis 180°. — *10-Piperazino-,* F. 118—119°. *Fumarat,* F. 260°. — *10-[4-n-Propylpiperazino]-,* F. 193—197°. — *10-[4-(2-Hydroxyäthyl)-piperazino]-,* F. 99—101°. — *10-[4-(2'-Hydroxy-2-äthoxyäthyl)-piperazino]-, Fumarat,* F. 105°. — *10-[4-Allylpiperazino]-, Fumarat,* F. 188—192°. — *10-[4-Propin-(2)-ylpiperazino]-,* F. 139—140°. — *10-[4-(4-Methoxybenzyl)-piperazino]-, Fumarat,* F. 160°. — *Neuroleptika,* mit *Antihistamin-, Antiserotonin-* u. *analget. Wirksamkeit.* (**D.P.[DDR] 55025** Kl. 12p vom 23/3. 1966, ausg. 5/4. 1967 [Ausschließungspatent]. F. Prior. 26/3. 1965 u. 17/2. 1966.) — 7 S.

K.-D. Stolp 4846

*1510* Rhône-Poulenc Soc. An., Paris (Erfinder: Jean Clément Louis Fouché, Bourg-la-Reine, Hauts-de-Seine), Frankreich, **Herstellung von Dibenzo-[a.d]-cycloheptatrienen,** die in 2-Stellung durch X u. in 11-Stellung durch –A–Z substituiert sind (X = Halogen, Alkyl-, Alkoxy-, Alkylmercapto, Alkansulfinyl- oder -sulfonylrest; A = gesätt., zweiwertige aliphat. KW-Stoff-Gruppe; Z = Amino- oder N-heterocycl. Reste) durch Rk. von entsprechenden, in 11-Stellung durch einen reaktionsfähigen Esterrest substituierten Dibenzo-[a.d]-cycloheptatrienen mit Verb. der allg. Formel H–Z, Substitution am heterocycl. Rest oder Ox. des Alkylmercaptorestes entsprechend substituierter Dibenzo-[a.d]-cycloheptatriene. — 2-Methoxy-11-[3-methansulfonyl-propyl]-dibenzo-[a.d]-cycloheptatrien u. $(CH_3)_2NH$ werden in Bzl. 17 Std. bei 100° im Autoklaven erhitzt. Nach Aufarbeiten des Rk.-Gemisches erhält man *2-Methoxy-11-[3-dimethylaminopropyl]-dibenzo-[a.d]-cycloheptatrien, Maleinat,* F. 132°. — Analog folgende 2-Chlordibenzo-[a.d]-cycloheptatriene: *11-[3-Methylaminopropyl]-, Hydrochlorid* (= *HCl*), F. 186—188°. — *11-[3-Diäthylaminopropyl]-, HCl,* F. 145°. — *11-[3-Pyrrolidinopropyl]-, HCl,* F. 210—214°. — *11-[3-Piperidinopropyl]-, Methansulfonat,* F. 170—172°. — *11-[3-(4-Hydroxypiperidino)-propyl]-, HCl,* F. 145°. — *11-[3-(4-Methylpiperazino)-propyl]-,* FF. 198° u. 215—220°. — *11-[3-(4-Hydroxyäthylpiperazino)-propyl]-, Di-HCl,* F. 240—242°. — *11-[3-(4-Hydroxyäthoxyäthylpiperazino)-propyl]-, Di-HCl,* F. 230—232°. — *11-[3-(4-Benzylpiperazino)-propyl]-, Bis-methansulfonat,* F. 230—231°. — *11-[3-(4-Cinnamylpiperazino)-propyl]-,* F. 106—107°. — 11-[3-Dimethylaminopropyl]-dibenzo-[a.d]-cycloheptatriene: *2-Chlor-, HCl,* F. 186—188°. — *2-Brom-,* F. 74—76°. *Maleinat,* F. 155—157°. — *2-Methylmercapto-, Maleinat,* F. 116°. — *2-Methansulfonyl-, Oxalat,* F. 130°. — *2-Methansulfinyl-, Oxalat,* F. 160°. — *2-Methoxy-11-[2-dimethylaminopropyl]-dibenzo-[a.d]-cycloheptatrien,* F. 96°. — *Neuroleptika, Sedativa, Tranquillizer.* (**D.P.[DDR] 56238** Kl. 12o vom 14/6. 1966, ausg. 5/6. 1967 [Ausschließungspatent]. F. Prior. 18/6. 1965 u. 4/5. 1966.) — 13 S.

K.-D. Stolp 4846

*1511* Rhône-Poulenc Soc. An., Paris (Erfinder: Jean Clément Louis Fouché, Bourg-la-Reine, Hauts-de-Seine), Frankreich, **Herstellung von Dibenzo-[a.d]-cycloheptadienen,** die in 2-Stellung durch X u. in 11-Stellung durch einen ggf. N-substituierten Piperidyl-(4)-Rest substituiert sind (X = H, Halogen, $CF_3$-, Alkyl-, Alkoxy- oder Alkylmercaptogruppe), dad. gek., daß man entsprechende 11-[Piperidyl-(4)]-dibenzo-[a.d]-cycloheptadiene mit akt. Estern N-substituiert oder entsprechende 11-[Pyridyl-(4)]-dibenzo-[a.d]-cycloheptatriene hydriert. — Man hydriert 14,1 (g) 1-Methyl-4-[dibenzo-(a.d)-cycloheptatrienyl-(11)]-pyridiniumbromid in einem A./W.-Gemisch in 5 Std. bei Raumtemp. unter Normaldruck in Ggw. von 1,4 Adams-Pt. Nach Aufarbeitung erhält man 10,9 *11-[1-Methylpiperidyl-(4)]-dibenzo-[a.d]-cycloheptadien,* F. 105—106°. — Analog folgende Dibenzo-[a.d]-cycloheptadiene: *11-[1-Benzylpiperidyl-(4)]-,* F. 132—133°. — *11-[Piperidyl-(4)]-,* F. 138—139°. — *11-[1-Äthylpiperidyl-(4)]-,* F. 94—95°. — *11-[1-Hydroxyäthylpiperidyl-(4)]-,* F. 108—110°. — *11-[1-Propylpiperidyl-(4)]-,* F. 162—163°. — *11-[1-Hydroxyäthoxyäthylpiperidyl-(4)]-,* F. 154—155°. — *11-[1-Allylpiperidyl-(4)]-,* F. 80—82°. — *11-[1-Propargylpiperidyl-(4)]-,* F. 104 bis 105°. — *11-[1-(4-Methoxybenzyl)-piperidyl-(4)]-,* F. 132 bis 133°. — *2-Chlor-11-[1-(4-methoxybenzyl)-piperidyl-(4)]-, Hydrochlorid,* FF. 210° u. 224—228°. — *2-Chlor-11-[1-benzylpiperidyl-(4)]-,* F. 156—158°. — 11-[1-Methylpiperidyl-(4)]-dibenzo-[a.d]-cycloheptadiene: *2-Chlor-,* F. 85—86°. — *2-Methoxy-, Fumarat,* F. 207—209°. — *2-Methylmercapto-, Oxalat,* F. 165 bis 169°. — *2-Brom-, Hydrochlorid,* F. 208—212°. — *Tranquillizer, Neuroleptika, Sedativa.* (**D.P.[DDR] 56791** Kl. 12p vom 31/8. 1966, ausg. 5/7. 1967 [Ausschließungspatent]. F. Prior. 31/8. 1965, 4/2. u. 21/7. 1966.) — 9 S.

K.-D. Stolp 4846

*1512* Istituto de Angeli S. p. A. (Erfinder: Gianfranco Pala), Mailand, Italien, **Herstellung von 1-Naphthylessigsäureestern des N.N'-Di-[β-hydroxyäthyl]-piperazins (I)** durch Veresterung der beiden Komponenten bzw. ihrer reaktionsfähigen Derivate. — Man kocht 3,52 (g) N.N'-Di-[β-hydroxyäthyl]-piperazin, 2,8 $NaHCO_3$ u. 8,90 α-Methyl-1-naphthylacetylchlorid in 60 ml abs. Bzl. 5 Std. → 10,75 (= 85%) *Dihydrochlorid des α-Methyl-***I**, $C_{34}H_{38}N_2O_4 \cdot 2HCl$, F. 220—221°. — Analog: **I**-*dihydrochlorid*, $C_{32}H_{34}N_2O_4 \cdot 2HCl$, F. 232 bis 233°. — *α-Äthyl-***I**-*dihydrochlorid*, $C_{36}H_{42}N_2O_4 \cdot 2HCl$, F. 236—237°. — *α-n-Propyl-***I**-*dihydrochlorid*, $C_{38}H_{46}N_2O_4 \cdot 2HCl$, F. 213—214°. — *α-n-Butyl-***I**-*dihydrochlorid*, $C_{40} \cdot H_{50}N_2O_4 \cdot 2HCl$, F. 208—210°. — Ferner nachst. Ausgangsstoffe: α-Methyl-1-naphthylessigsäure + $SOCl_2$ → 96% *α-Methyl-1-naphthylacetylchlorid*, $C_{13}H_{11}ClO$, Kp.$_{0,1}$ 120—124°. — *1-Naphthylacetylchlorid* (**II**), $C_{12}H_9ClO$, Kp.$_{15}$ 175—176°. — *α-Äthyl-***II**, $C_{14}H_{13}ClO$, Kp.$_1$ 130—135°. — *α-n-Propyl-***II**, $C_{15}H_{15}ClO$, Kp.$_{0,5}$ 132—135°. — *α-n-Butyl-***II**, $C_{16}H_{17}ClO$, Kp.$_{0,55}$ 143—147°. — *α-Propyl-1-naphthylessigsäuremethylester*, Kp.$_{0,8}$ 133—135°. — *α-Propyl-1-naphthylessigsäure-β-chloräthylester*, Kp.$_{0,9}$ 165 bis 168°. — *Spasmolytika.* (**Schwz.P. 448099** vom 30/11. 1964, ausg. 29/3. 1968. Brit. Prior. 28/4. 1964.) — 5 S.

O. Schön 4846

*1513* Haco Akt.-Ges., Gumligen (Erfinder: Max Matter und Fritz Rudolf Staehelin, Muri), Schweiz, **N-Pyrimidylanthranilsäuresäure-Derivate** der allg. Formel **I** erhält man durch Rk. von Anthranilsäure mit entsprechenden Halogenpyrimidinderiv. ($R^1$ u. $R^2$ = H, Halogen, niedere Alkyl-, Alkoxy-, Alkylamino-, Dialkylamino-, Aryl-, Aralkyl-, Aryloxy-, Aralkoxy-, Arylamino- oder Aralkylaminorest; $R^3$ = H, Halogen, H, $NO_2$ oder niederer Alkylrest).

I

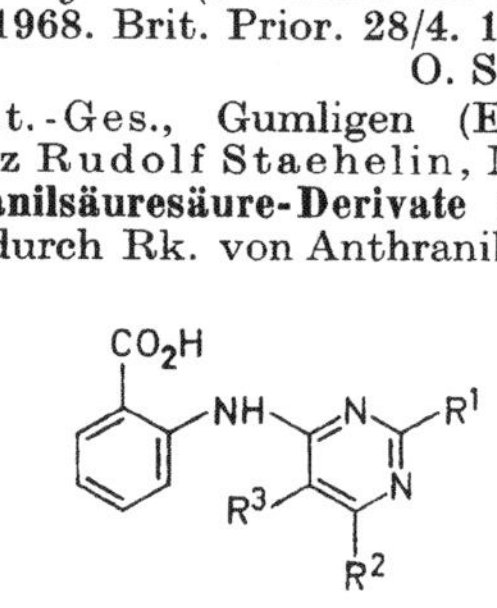

Es wurden erhalten: Anthranilsäuren: *N-[6-Chlor-4-pyrimidyl]-.* — *N-[2-Methyl-6-chlor-4-pyrimidyl]-,* F. 229° (Zers.). — *N-[2.6-Dichlor-4-pyrimidyl]-,* sintert bei 173° (Zers.). — *N-[2-Methoxy-6-chlor-4-pyrimidyl]-,* Zers. 175°. — *N-[2-Butoxy-6-chlor-4-pyrimidyl]-,* F. 178° (Bzl.). — *N-[2-Methylamino-6-chlor-4-pyrimidyl]-,* F. 225° (Zers.). — *N-[2-n-Butylamino-6-chlor-4-pyrimidyl]-,* F. 214° (Zers.). — *N-[5-Nitro-6-chlor-4-pyrimidyl]-,* F. ca. 180° (Zers.). — *N-[5.6-Dichlor-4-pyrimidyl]-,* Prismen, F. 240° (Zers.). — *N-[2-Dimethylamino-6-chlor-4-pyrimidyl]-,* F. (Zers.) 212° (Essigester, A.). — *N-[2-Diäthylamino-6-chlor-4-pyrimidyl]-,* F. (Zers.) 192°. — *N-[6-Butoxy-4-pyrimidyl]-,* Nädelchen, F. (Zers.) 169° (Essigester). — *N-[2-n-Butylamino-4-pyrimidyl]-,* F. 287° (Zers.). — *N-[2.6-Dimethoxy-4-pyrimidyl]-,* F. 165° (verd. A. oder Bzl.). — *Analget.-antiphlogist. Mittel.* (**Schwz.P. 451945** vom 15/12. 1964, ausg. 15/5. 1968.) — 4 S.

A. Jahn 4846

*1514* J. R. Geigy Akt.-Ges., Basel (Erfinder: Werner Kung, Allschwil, und Daniel Prins, Oberwil), Schweiz, **Phenthiazin(I)-Derivate** der allg. Formel **II** erhält man durch Ox. entsprechender Mercaptoverb. mit $HJO_4$

oder einem im Rk.-Medium lösl. Perjodat ($R^1$ u. $R^4$ = niedere Alkylreste; $R^2$ u. $R^3$ = H oder $R^1$; $R^4$ kann mit $R^2$ zusammen eine Alkylengruppe mit 3-n oder 4-n Kettengliedern; $R^4$ kann zusammen mit $R^3$ einen Alkylenrest mit 4—6 Kettengliedern bedeuten; m = 1 oder 2;

II 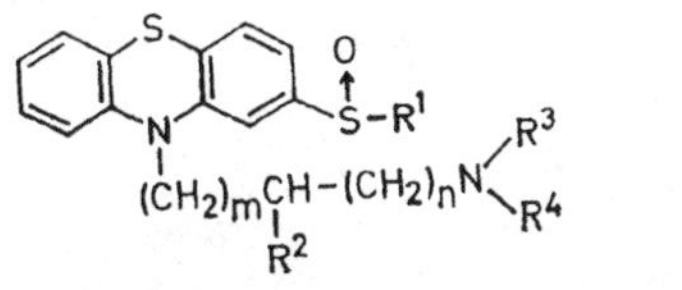

n = 0, 1 oder 2; m + n = 1, 2 oder 3). — *3-Methylsulfinyl-10-[2-(1-methyl-2-piperidyl)-äthyl*-**I**, F. 128—131° (Äthylacetat). — *Potenzierungsmittel für Narkotika, Hypnotika* oder *Analgetika*; ferner *Spasmolytika* u. *Neuroplegika*. (**Schwz.P. 451158** vom 28/12. 1965, ausg. 15/5. 1968.) — 2 S. A. Jahn 4846

*1515* C. H. Boehringer Sohn (Erfinder: Helmut Stähle, Karl Heinz Hauptmann und Karl Zeile), Ingelheim/Rh., **Herstellung substituierter 2-Phenylamino-1.3-diazacyclopentene-[2]**, deren Phenylkern durch Halogen, Alkyl u./oder $CF_3$ substituiert ist, erfolgt entweder durch Rk. des entsprechend substituierten Phenylisothiuroniumsalzes mit Äthylendiamin (**I**) bei 60—140° in Ggw. eines Lsgm. oder durch Erhitzen des entsprechend substituierten Phenylthioharnstoffs mit (überschüssigem) **I** im Vakuum. Man kann aber auch eine Verb. der allg. Formel $H_2N$–$CH_2$–$CH_2$–NH–C(X)–NH–Ar, X = O, S; Ar entsprechend substituiertes Phenyl, pyrolysieren. — Man erhitzt 20 g *N-[2-Chlor-4-methylphenyl]-thioharnstoff* mit 10 ml **I** auf dem sd. W.-Bad 30 Min. im W.-Strahlvakuum → *2-[2-Chlor-4-methylphenyl]-amino-1.3-diazacyclopenten-(2)* (**II**), F. 150—151°; *Nitrat*, F. 161—162°. — Analog 1.3-Diazacyclopentene-(2): *2-[2.6-Dichlorphenyl]-amino-*, F. 137—138°; *Hydrochlorid*, F. 308 bis 310°, bzw. 311—315°. — *2-[2-Chlor-4-tert.-butylphenyl]-amino-*, F. 161—162°; *Nitrat*, F. 128—129°. — *2-[2-Chlor-6-methylphenyl]-amino-*, F. 143—145°; *Hydrochlorid*, F. 217—220°. — *2-[2-Methyl-4-chlorphenyl]-amino-*, F. 133°; *Hydrochlorid*, F. 199—201°. — *2-[2-Chlor-4-äthylphenyl]-amino-*, F. 124—125°; *Nitrat*, F. 126—127°. — *2-[2-Chlor-6-äthylphenyl]-amino-*; *Hydrochlorid*, F. 200°. — *2-[2-Trifluormethylphenyl]-amino-*; *Hydrochlorid*, F. 196—198°. — *2-[2.4-Dichlor-6-methylphenyl]-amino-*, *Oxaat*, F. 261—263°. — *2-[2.6-Dichlor-4-methylphenyl]-amino-*, F. 156°. — *2-[2.4-Dimethyl-6-chlorphenyl]-amino-*; *Oxalat*, F. 210°. — *2-[2.6-Dimethyl-4-chlorphenyl]-amino-*; *Oxalat*, F. 165°. — *2-[2.6-Dibromphenyl]-amino-*, F. 126 bis 129°; *Hydrochlorid*, F. 292—294°. — *2-[2-Fluor-4-chlorphenyl]-amino-*, F. 134—137°; *Nitrat*, F. 128—129,5°. — *2-[3.5-Dichlorphenyl]-amino-*; *Nitrat*, F. 135°; *Hydrochlorid*, F. 192°. — *2-[3.4-Dichlorphenyl]-amino-*; *Nitrat*, F. 126—127°. — *2-[2.4.6-Trimethylphenyl]-amino-*, F. 156 bis 157,5°; *Hydrochlorid*, F. 117—121°. — Aus 2-Chlor-4-methylphenylisothiocyanat u. **I** in abs. Bzl. → *N-[2-Chlor-4-methylphenyl]-N'-[β-aminoäthyl]-thioharnstoff*, F. 123—125°; daraus durch 1,5std. Erhitzen auf 155° → **II**. — *Blutdrucksenkende Heilmittel*. — Vgl. Port.P. 43032; C. **1968**, 1-1607. (**Schwz.PP. 451169** u. **451172** vom 14/9. 1964, ausg. 15/5. 1968. Beide D. Prior. 4/10. 1963 u. 31/7. 1964.) — 4 S. — 3 S. O. Schön 4846

*1516* J. R. Geigy Akt.-Ges., Basel (Erfinder: Walter Schindler, Riehen, und Hans Blattner, Basel), Schweiz, **Herstellung von Thiepin- und Oxepinderivaten** erfolgt nach folgendem Beispiel: Die Li-Verb. von 11-Methyldibenzo-[b.f]-thiepin-10-[11H]-on gibt mit 3-Dimethylamino-propylchlorid *11-[3'-Dimethylamino-propyl]-11-methyldibenzo-[b.f]-thiepin-10[11H]-on*, Kp.$_{0,002}$ 165—170°, *Hydrochlorid*, F. 185—190°. — Analog wurde *11-[2'-Dimethylamino-äthyl]-11-methyldibenzo-[b.f]-thiepin 10[11H]-on*, Kp.$_{0,01}$ 160—163°, *Hydrochlorid*, F. 170 bis 174°, erhalten. — *Antidepressiva*. (**Schwz.P. 443344** vom 3/12. 1964, ausg. 15/2. 1968.) — 3 S. R. Bauereis 4846

*1517* F. Hoffmann-La Roche & Co. Akt.-Ges., Basel, Schweiz (Erfinder: Giles Allan Archer, Essex Fells, and Leo Henryk Sternbach, Upper Montclair, N.J., USA), **Herstellung von Benzodiazepinderivaten** der allg. Formel **I** ($R^1$ = Cl oder $NO_2$; $R^2$ = $[CH_2]_2$ oder

I 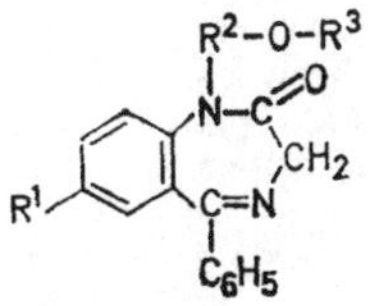

$[CH_2]_3$; $R^3$ = H, $CH_3$ oder $C_2H_5$), dad. gek., daß man ein in 1-Stellung unsubstituiertes **I** mit einer Verb. der allg. Formel X–$R^2$–O–$R^3$ (X = Halogen, Tosyloxy u. dgl.) umsetzt. — 7-Chlor-1.3-dihydro-5-phenyl-2H-1.4-benzodiazepin-2-on + $NaOCH_3$ + 3-Brompropanol → *7-Chlor-1.2-dihydro-1-[3'-hydroxypropyl]-5-phenyl-2H-1.4-benzodiazepin-2-on*, F. 156—158°. — Analog nachst. 1.3-Dihydro-5-phenyl-2H-1.4-benzodiazepin-2-one: *7-Chlor-1-[2'-hydroxyäthyl]-*, F. 159—160°. — *1-[2'-Hydroxyäthyl]-7-nitro-*, F. 239—240°. — *7-Chlor-1-[2'-äthoxyäthyl]-*, F. 156—158°; *Monohydrochlorid*, F. 212—214° (Zers.). — *Muskelrelaxierende, sedativ* u. *antikonvulsiv* wirksame *Heilmittel*. (**Schwz.P. 444872** vom 23/7. 1965, ausg. 29/2. 1968. U.S. Prior. 13/8. 1964. **Zusatz zu Schwz.P. 418341; C. 1938, 36-1785.**) — 3 S. O. Schön 4846

*1518* Dr. Karl Thomae G. m. b. H. (Erfinder: Günther Schmidt), Biberach/Riss, **Herstellung von 5.6-Dihydro-11H-pyrido-[2.3-b]-[1.4]-benzodiazepinen (I)**. Zu D.A.S. 1205106; C. **1966**, 35-1763 sind nachst. **I** nachzutragen: *5-Dimethylaminoäthyl*-**I**, *Dihydrochlorid*, $C_{16}H_{22}Cl_2N_4$, F. 230° (Zers.). — *9-Chlor*-**I**, $C_{12}H_{10}ClN_3$, F. 182 bis 183°. — *5-Methyl-9-chlor*-**I**, $C_{13}H_{12}ClN_3$, F. 104—106°. — *5-Äthyl-9-chlor*-**I**, $C_{14}H_{14}ClN_3$, F. 92—94°. — *5-n-Propyl-9-chlor*-**I**, $C_{15}H_{16}ClN_3$, F. 78—79°, Kp.$_{0,05}$ 173—175°; *Hydrochlorid*, F. 198—201° (Zers.). — *5-Benzyl-9-chlor*-**I**, $C_{19}H_{16}ClN_3$, F. 136°. — *5-Dimethylaminoäthyl-9-chlor*-**I**, $C_{16}H_{19}ClN_4$, F. 99—101°. — *5-[γ-Dimethylaminopropyl]*-**I**, $C_{17}H_{22}N_4$, F. 89—91°, Kp.$_{0,15}$ 180°. — *5-Benzyl*-**I**, $C_{19}H_{17}N_3$, F. 138—139°. — *5-[β-Morpholinoäthyl]*-**I**, $C_{18}H_{22}N_4O$, F. 138—139°. — *5-[γ-(4-Methylpiperazino]-propyl]*-**I**, $C_{20}H_{27}N_5$, Kp.$_{0,01}$ 214°. — *5-Piperidinoäthyl*-**I**, $C_{19}H_{24}N_4$, Kp.$_{0,04}$ 208—210°. — *5-[γ-(4-Methylpiperazino)-propyl]-8-chlor-*,**I**, $C_{20}H_{26}ClN_5$, F. 100—101°, Kp.$_{0,01}$ 223—225°. — *5-[γ-(4-Methylpiperazino)-propyl]-8-methyl*-**I**, $C_{21}H_{29}N_5$, F. 96—97°, Kp.$_{0,01}$ 203—206°. — *Hustenstillend, sekretionssteigernd, antipyret., antiphlogist., histaminolyt.* u. *reserpinantagonist.* wirkende Verbindungen. (**Schwz.P. 450442** vom 20/8. 1964, ausg. 30/4. 1968. D. Prior. 22/8. 1963.) — 5 S. O. Schön 4846

*1519* Dr. A. Wanderer Akt.-Ges., Bern (Jean Schmutz, Muri, und Fritz Hunziker, Bern), **10.11-Dihydro-11-oxo-dibenzo-[b.f]-[1.4]-thiazepin-5.5-dioxid-derivate**, die in 10-Stellung durch –X–Y u. in beiden Benzolringen durch $R^1$ u. $R^2$ substituiert sind, erhält man durch Ox. entsprechender Sulfide u. ggf. nachfolgende Quaternierung [X = KW-Stoffrest mit ≤ 4 C-Atomen; Y = Dialkylaminorest oder ggf. weitere Heteroatome enthaltende cycl. Alkyleniminoreste; $R^1$ u. $R^2$ = H, Halogen, OH, $CF_3$, Alkyl-, Alkoxy-, Alkylmercaptoreste mit je 1—3 C-Atomen]. — (10.11-Dihydro-11-oxo-dibenzo-[b.f]-[1.4]-diazepin-5.5-dioxid = **I**) *10-[β-(Dimethylamino)-äthyl]*-**I** (**II**), F. 141—142° (Aceton–PAe.). — *10-[γ-(Dimethylamino)-propyl]*-**I** (**III**), F. 114—115° (Ae.–PAe.). — *2-Chlor*-**II**, F. 135—136° (Aceton–PAe.). — *7-Chlor*-**II**, F. 115—123° (Aceton–PAe.). — *8-Chlor*-**II**, *Hydrochlorid*, F. 249—252° ($CH_3OH$–Ae.). — *2-Chlor*-**III**, F. 97—100° (Ae.–PAe.) — *7-Chlor*-**III**, *Hydrochlorid*, F. 267—272° ($CH_3OH$–Ae.). — *Antihistaminika, Spasmolytika, Neuroplegika, Thymoleptika*. (**Schwz.P. 442312** vom 2/4. 1963, ausg. 31/1. 1968.) — 2 S. A. Jahn 4846

*1520* N. V. v/h Koopman c. v. Enschede (Erfinder: René Eugène Joseph Rutten, Herzogenbusch, und Cornelis Gerardus Koopman, Boekelo), Niederlande, **Basisches Wismutgylcyrrhizinat** der Formel $C_{41}H_{61}O_{14}\cdot COOBi(OH)_2$ erhält man durch Rk. von Bi-Nitrat in

verd. $HNO_3$ mit der wss. Lsg. von $NH_4$-Glycyrrhizinat bei pH 4–5. – *Heilmittel.* (**Schwz.P. 451122** vom 17/3. 1964, ausg. 15/5. 1968. Niederl. Prior. 27/3. 1963.) – 2 S.
R. Bollinger 4846

*1521* Sandoz Akt.-Ges., Basel (Erfinder: Jürg Rutschmann, Oberwil, und Emil Schreier, Therwil), Schweiz, **Herstellung von α-Apopikropodophyllinsäurehydrazid (I)** erfolgt durch Rk. von α- oder β-Apopikropodophyllin oder eines niederen Alkylesters davon mit Hydrazin u. ggf. Umsetzung des Hydrazids mit einer Carbonylverbindnung. – Beispiel: α-Apopikropodophyllin gibt mit Hydrazin **I**, F. 172–173° (Zers.), $[\alpha]_D$ –126°. Diese Verb. gibt mit Acetaldehyd das *Äthylidenhydrazid*, F. 220–221° (Zers.), $[\alpha]_D$ –197°. – Analog wurden hergestellt: *α-Apopikropodophyllinsäure-isopropylidenhydrazid*, F. 214–215° (Zers.), $[\alpha]_D$ –242°; *-n-dodecylidenhydrazid*, $[\alpha]_D$ –91°; *-benzylidenhydrazid*, F. 208–209° (Zers.), $[\alpha]_D$ –36,5°. – *Antimitotika.* (**Schwz.P. 447202** vom 16/11. 1964, ausg. 29/3. 1968.) – 3 S.
R. Bauereis 4846

*1522* Sandoz Akt.-Ges., Basel (Erfinder: Jürg Rutschmann, Oberwil, und Emil Schreier, Therwil), Schweiz, **Herstellung von α-Apopikripodophyllinsäurehydraziden** erfolgt durch Red. entsprechender Hydrazone mit komplexen Metallhydriden. – Beispiel: Red. von α-Apopikropodophyllinsäure-äthylidenhydrazid mit Na · $BH_4$ gibt *α-Apopikropodophyllinsäure-äthylhydrazid*, F. 160–161° (Zers.), $[\alpha]_D$ –158°. – Analog wurden erhalten: *α-Apopikropodophyllinsäure-isopropylhydrazid*, F. 166–167° (Zers.), $[\alpha]_D$ –145°; *-benzylhydrazid*, F. 115 bis 116°, $[\alpha]_D$ –184°. – *Antimitotika*, (**Schwz.P. 447203** vom 20/11. 1964, ausg. 29/3. 1968.) – 3 S.
R. Bauereis 4846

*1523* Sandoz Akt.-Ges., Basel (Erfinder: Franz Troxler, Bottmingen), Schweiz, **Herstellung neuer Ketone der Lysergsäurereihe.** Man setzt 9.10-Dihydro-d-lysergsäurepiperidid in sd. Bzl. mit einer frischen Lsg. von Li-Phenyl um → *6-Methyl-8-benzoylergolin*, F. 220 bis 221°; $[\alpha]_D^{20}$ –120° (c = 0,5 in Py.). – *Sedativa* u. *Tonika.* (**Schwz.P. 451179** vom 13/11. 1964, ausg. 15/5. 1968.) – 2 S.
O. Schön 4846

*1524* Sandoz Akt.-Ges., Basel (Erfinder: Franz Troxler, Bottmingen), Schweiz, **Lysergsäurederivate** der allg. Formel **I** erhält man durch Rk. entsprechender

I 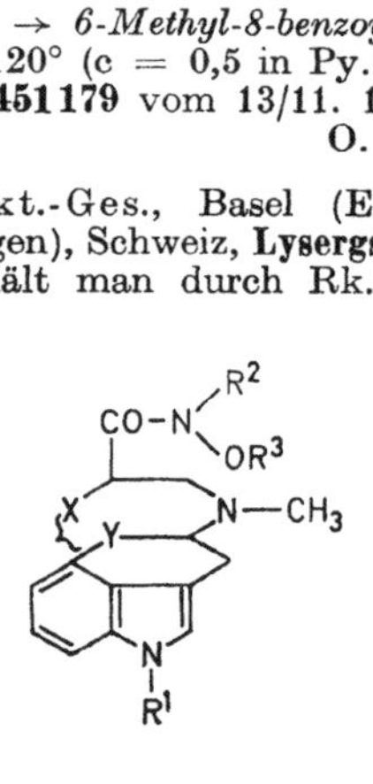

funktioneller Carbonsäurederiv. mit Hydroxylaminderiv. der allg. Formel $R^2$–$NHOR^3$ [$R^1$ = H, $CH_3$, $R^2$ = H, niederes Alkyl; $R^3$ = R oder (in 1-Stellung durch niederes Alkyl substituiertes) 2-Hydroxyäthyl; $\widehat{x\,y}$ = >C=CH- oder >CH-$CH_2$-]. – d-Lysergsäurechlorid, Hydrochlorid + N.O-Diäthylhydroxylamin → *6-Methylergolenyl-(8)-N-äthyl-hydroxamsäureäthylester, Bioxalat*, F. 190 bis 191°, $[\alpha]_D^{20}$ +24° (c = 0,6 in W.). – *Bimaleinat*, F. 152–153°, $[\alpha]_D^{20}$ +29° (c = 0,5 in W.). – *6-Methylergolen-(8)-hydroxamsäureäthylester, Bimaleinat*, F. 170°, $[\alpha]_D^{20}$ +63° (c = 0,5 in W.). – *6-Methyl-ergolinyl-(8)-hydroxamsäure, Hydrochlorid*, $[\alpha]_D^{20}$ –45° (c = 0,5 in W.). – *1.6-Dimethylergolenyl-(8)-N-äthylhydroxamsäureäthylester, Bimaleinat*, F. 159–161°, $[\alpha]_D^{20}$ +16° (c = 0,25 in W.). – *6-Methylergolinyl-(8)-N-äthylhydroxamsäureäthylester*, Prismen, F. 149–151° (Ae.–PAe.), $[\alpha]_D^{20}$ –114° (c = 0,5 in Py.). – *Heilmittel.* (**Schwz.P. 444172** vom 15/4. 1964, ausg. 15/2. 1968.) – 3 S.
A. Jahn 4846

*1525* Sandoz Akt.-Ges., Basel (Erfinder: Franz Troxler, Bottmingen), Schweiz, **$\Delta^{8,9}$-Ergolen-8-carbonsäurederivate** erhält man durch Rk. von 6-Methyl-$\Delta^{8,9}$-ergolen-8-carbonsäure mit Alkylhalogeniden der allg. Formel R-Hal in fl. $NH_3$ in Ggw. eines alkal. Kondens.-Mittels [R = niederes Alkyl; Hal = Br, J]. – Beispiel für die Herst. von *1.6-Dimethylderiv.*, F. 238–240° (Zers.), $[\alpha]_D^{20}$ –189° (c = 0,5 in 0,1 n-NaOH). – *Heilmittelzwischenprodukte.* (**Schwz.P. 444173** vom 28/4. 1964, ausg. 15/2. 1968.) – 3 S.
A. Jahn 4846

*1526* Sandoz Akt.-Ges., Basel (Erfinder: Franz Troxler und Albert Hofmann, Bottmingen), Schweiz, **1.6-Dimethyl-$\Delta^{8,9}$-ergolenderivate,** die an $C_8$ durch -CON($R^1$)($R^2$) substituiert sind, erhält man durch Einführung des 1-$CH_3$-Restes mittels $CH_3J$ in fl. $NH_3$ in Ggw. von alkal. Kondens.-Mitteln (Alkaliamiden, -alkoholaten). – (1.6-Dimethyl-$\Delta^{8,9}$-ergolen = **I**) **I**-*8-carbonsäurediäthylamid*, Nadeln, F. 119–120°, $[\alpha]_D^{20}$ –122° (c = 0,5 in Py.). – **I**-*8-carbonsäure(+)-butanolamid-(2')*, Nadeln, F. 102–103° ($CHCl_3$), $[\alpha]_D^{20}$ –185° (c = 0,5 in Py.). – **I**-*8-carbonsäure(+)-hexanolamid-(2')*, *Bimaleat*, Nadeln, F. 162–163° ($CH_3OH$), $[\alpha]_D^{20}$ –133° (c = 0,5 in W.). – **I**-*8-carbonsäurepropanolamid-(3')*, *Bimaleinat*, F. 157–158° ($CH_3OH$-Ae.), $[\alpha]_D^{20}$ –140° (c = 0,7 in W.). – **I**-*8-carbonsäure-l-[3'-methylbutanolamid-(2')]*, *Bimaleat*, Nadeln, F. 162–163° ($CH_3OH$), $[\alpha]_D^{20}$ –138° (c = 0,6 in W.). – *Heilmittel.* (**Schwz.P.** *444174* vom 26/5. 1964, ausg. 15/2. 1968.) – 6 S. A. Jahn 4846

*1527* Tetsuo Sato, Oata-ku, Tokio, und Yoshiharu Ishido, Kawasaki-shi, Kanagawa-ken, Japan, **Purinnucleoside** erhält man durch Erhitzen von äquimol. Mengen von Purinen oder deren Deriv. mit 1-Acylderiv. von Zuckern in Ggw. von acylabspaltenden Katalysatoren bis zum F. u. Entfernen der Säure im Vakuum. Katalysatoren sind $H_2SO_4$, deren Amide, HCl, $POCl_3$ mit W.-Geh. 0–1 Vol.-%, Sulfonsäuren, Lewis-Säuren außer $ZnCl_2$. Die Deacylierung kann mit Alkalimetallen (Na) in alkohol. Lsg. ($CH_3OH$) erfolgen. – 2-Methylmercapto-6-chlorpurin + 1.2.3.5-Tetra-O-acetyl-β-D-ribofuranose (I) → *9-β-D-Ribofuranoxyl-2-methylmercapto-6-chlorpurin*, F. 180–181°. – Theophyllin + **I** → *7-β-D-Ribofuranosyltheophyllin*, F. 189–190°. – *Heilmittel.* (**Schwz.P. 446352** vom 19/3. 1964, ausg. 15/3. 1968. Jap. Prior. 19/3. 1963.) – 6 S. A. Jahn 4846

*1528* Daiichi Seiyaku Co. Ltd., Tokio (Erfinder: Genkichi Ohta, Tokio, Toshio Takekoshi, Ichikawa-shi, und Masao Shimizu, Tokio), Japan, **Herstellung von Steroido-[2.3-c]-furazanen** der allg. Formel **I**

I 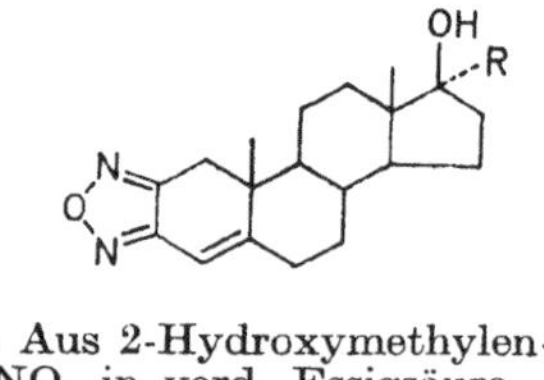

(R = H, $CH_3$). – Aus 2-Hydroxymethylen-17α-methyltestosteron u. $NaNO_2$ in verd. Essigsäure → *2-Hydroximino-17α-methyltestosteron*, $C_{20}H_{29}NO_3$, F. 236° (Zers.); $[\alpha]_D$ +89° (in Py.); daraus mit Hydroxylaminhydrochlorid u. Py. nach 2 Std. in sd. Methanol → *2.3-Dihydroximino-17α-methylandrost-4-en-17β-ol*, $C_{20}H_{30}N_2O_3$, F. 252–253°; $[\alpha]_D$ +112,3° (in Py.); daraus mit KOH bei 170–180° in Äthylenglykol nach 15 Min. → *17β-Hydroxy-17α-methylandrost-4-eno-[2.3-c]-furazan*, F. 182 bis 183°; $[\alpha]_D$ +144° (in $CHCl_3$). – Analog: 2-Hydroxymethylentestosteron → *2-Hydroximinotestosteron*, $C_{19}H_{27}$ · $NO_3$, F. 236–238° (Zers.); $[\alpha]_D$ +100,6° (in Py.), → *2.3-Dihydroximinoandrost-4-en-17β-ol*, F. 259–260° (Zers.); $[\alpha]_D$ +121,8° (in Py.), → *17β-Hydroxyandrost-4-eno-[2.3-c]-furazan*, $C_{19}H_{26}N_2O_2$, F. 175–176°; $[\alpha]_D$ +181° (in $CHCl_3$). – *Anabol.* wirksame *Heilmittel.* (**Schwz.P. 451947** vom 15/6. 1965, ausg. 15/5. 1968. Jap. Prior. 18/6. 1964.) – 4 S. O. Schön 4847

*1529* Roussel-Uclaf Soc. An., Paris, Frankreich, **Herstellung von 3-Oxo-13β-alkyl-17β-hydroxy-4-gonenen.** Man behandelt z. B. 25 g 3-Oxo-17β-hydroxy-13β-äthyl-4.9-gonadien in einem Gemisch aus 175 ($cm^3$) fl. $NH_3$, 100 tert. Butanol u. 150 Tetrahydrofuran 10 Min. mit 1,4 (g) Li → 15 *3-Oxo-17β-hydroxy-13β-äthyl-5(10)-gonen,*

F. 110°, $[\alpha]_D^{20}$ +151° (c = 1 in Dioxan). 3 hiervon behandelt man 3 Std. bei Raumtemp. mit einem Gemisch aus 15 ($cm^3$) Methanol u. 3 HCl → *3-Oxo-17β-hydroxy-13β-äthyl-4-gonen*, F. 155°, $[\alpha]_D^{20}$ +48° (c = 1 in A.). — Analog: → *3-Oxo-17β-hydroxy-13β-n-propyl-5(10)-gonen*, F. 131°, $[\alpha]_D^{20}$ +149° (c = 1 in Dioxan) → *3-Oxo-17β-hydroxy-13β-n-propyl-4-gonen*, F. 163°, $[\alpha]_D^{20}$ +65° (c = 1 in A.). — *Therapeutika*. (**Niederl.P. 123603** vom 17/12. 1964, ausg. 15/1. 1968. F. Prior. 14/1. 1964.) — 6 S. F. Böhm 4847

*1530* Ciba Akt.-Ges., Basel (Erfinder: Ernst Vischer, Basel, Bruno Fechtig, Hans Bickel, Binningen, Rolf Bosshardt, Arlesheim, und Jakob Urech, Basel), Schweiz, **Herstellung von Derivaten des Cephalosporin C (I).** Zu Brit.P. 1014883; C. **1968**, 17-1852, sind nachzutragen: *N-Phenylcarbamyl-*I. — *7-[4-(1-Phenyl-2.5-dioxoimidazolidin-4-yl)-butyryl]-aminocephalosporansäure*. — *7-[4-(1-Naphthyl-2.5-dioxoimidazolidin-4-yl)-butyryl]-aminocephalosporansäure*. — *N-(n-Butylcarbamyl)-*I. — *7-[4-(1-n-Butyl-2.5-dioxo-imidazolidin-4-yl)-butyryl]-aminocephalosporansäure*. — IR-Absorptionsspektren. — *Antibiotika*. (**Schwz.P. 451155** vom 22/6. 1962, ausg. 15/5. 1968.) — 8 S. A. Jahn 4848

*1531* Upjohn Co., übert. von: Fred Kagan und Robert D. Birkenmeyer, Kalamazoo, Mich., USA, **Herstellung von cyclischen Carbonaten und Thiocarbonaten des Lincomycins** durch Rk. von Lincomycin mit N.N'-Carbonyldiimidazol oder 4.4'-Carbonyl-di-1.2.4-triazol bzw. mit N.N'-Thiocarbonyl-diimidazol oder 4.4'-Thiocarbonyl-di-1.2.4-triazol. — Genannt werden: *Cycl. Lincomycincarbonat* u. cycl. *Lincomycinthiocarbonat*, F. 183—184°, $C_{19}H_{32}N_2O_6S_2$. — *Antibiotika*. (**U.S.P.** *3284438* vom 20/4. 1964, ausg. 8/11. 1966. **Schwz.P.** *443347* vom 30/3. 1965, ausg. 15/2. 1968. U.S. Prior. 20/4. 1964.) — 2 S. — 2 S. R. Bauereis 4848

---

*1532* **Benger Laboratories Ltd.**, Großbritannien, *Pharmazeutische Aerosole*. **F.P.[Méd.] 3 384** vom 29/11. 1963, ausg. 28/3. 1966. Brit. Prior. 30/11. 1962. — C. **1966**, 39-1850 [D.A.S. 1 208 036].)

*1533* **Ciba Akt.-Ges.**, Basel (Erfinder: **Karl Schenker**, Basel, **Max Wilhelm**, Allschwil, **Paul Schmidt**, Therwil, und **Hans Ulrich Daeniker**, Reinach) Schweiz, *1-Isopropylamino-2-hydroxy-3-[o-allyloxyphenoxy]-propan*. (**Ung.P. 154 304** vom 8/9. 1965, ausg. 23/10. 1967. Brit. Prior. 10/9. 1964. — C. **1968**, 14-1707 [D.A.S. 1 242 596].)

*1534* **Lipha Lyonnaise Industrielle Pharmaceutique**, Lyon, Frankreich, *Herstellung von α-substituierten Carbonsäuren*. (**Oe.P. 248 430** vom 26/7. 1963, ausg. 25/7. 1966. F. Prior. 27/7., 4/12. 1962 u. 19/4. 1963. — C. **1967**, 49/50-2449 [F.PP. 1 342 159, 82 715 u. 83 531].)

*1535* **Abbott Laboratories**, USA (Erfinder: **Harold Elmer Zaugg, Robert William De Net** und **Raymond John Michaels jun.**), USA, *Herstellung von N-substituierten α.α-Diaryl-β-alkylaminopropionsäureamiden*. (**F.P. 1 374 663** vom 4/11. 1963, ausg. 20/1. 1965. U.S. Prior. 5/11. 1962. — C. **1966**, 38-1716 [U.S.P. 3 152 178].)

*1536* **F. Hoffmann-La Roche & Co. Akt.-Ges.**, Basel, Schweiz, *Herstellung von N-substituierten Benzoesäureamiden*. (**Oe.P. 246 143** vom 19/6. 1964, ausg. 12/4. 1966. U.S. Prior. 3/7. 1963. — C. **1968**, 8-1670 [Brit.P. 1 018 807].)

*1537* **F. Hoffmann-La Roche & Co. Akt.-Ges.**, Basel, Schweiz, *Herstellung von N-substituierten Säureamiden*. (**Oe.P. 246 144** vom 2/7. 1964, ausg. 12/4. 1966. U.S. Prior. 3/7. 1963. — C. **1968**, 24-1781 [Brit.P. 1 025 044].)

*1538* **Science Union et Cie., Soc. Française de Recherche Médicale**, Suresnes, Frankreich, *Herstellung von Dihydroxybenzoesäurederivaten*. (**Oe.P. 248 443** vom 8/10. 1964, ausg. 25/7. 1966. Brit. Prior. 14/10. 1963. — C. **1967**, 43-1653 [D.A.S. 1 229 538].)

*1539* **Orgamol Akt.-Ges.**, Evionnaz (Erfinder: **François Molnar** und **Albert Lachavanne**, Martigny), Schweiz, *Herstellung von Dioldicarbamaten*. (**Oe.P. 249077** vom 8/11. 1962, ausg. 26/9. 1966.) — C. 1966, 9-2558 [D.A.S. 1 196 638] u. C. **1967**, 9-2793 [D.A.S. 1 214 214].)

*1540* **Chinoin Gyógyszeres Vegyészeti Termekek Gyára, R. T.** (Erfinder: **Zoltán Ecsery, Erzsébet Müller, József Knoll** und **Eva Somfai**), Budapest, Ungarn, *Herstellung von Phenylisopropylaminen*. (**Oe.PP. 251 559** u. **251 560** vom 13/4. 1963, ausg. 10/1. 1967. Beide Ung. Prior. 30/3. 1962. — C. **1967**, 31-1732 [D.A.S. 1 227 447].)

*1541* **Tanabe Seiyaku Co. Ltd.**, Osaka, Japan, *Herstellung von L-Ornithin-L-asparaginat*. (**Oe.P. 246 344** vom 23/4. 1963, ausg. 12/4. 1966. Jap. Prior. 23/4. 1962. — C. **1966**, 38-1713 (Brit.P. 965 637].)

*1542* **Egyesült Gyógyszer és Tápszergyár** (Erfinder: **László Pallos** und **László Magdányi**), Budapest, Ungarn, *Herstellung von 3-[3.'4'-Dihydroxyphenyl]-2-methylalanin*. (**Oe.P. 248 422** vom 5/6. 1964, ausg. 25/7. 1966. Ung. Prior. 13/6. 1963. — C. **1966**, 37-1811 [Ung. P. 151 431] u. C. **1968**, 12-1644 [D.P.[DDR] 36 929].)

*1543* **Hermann Engelhard**, Göttingen, *Herstellung von Dibenzocycloheptadienonoxim-O-äthern*. (**Oe.P. 249 025** vom 19/8. 1964, ausg. 25/8. 1966. D. Prior. 11/9. 1963 u. 29/7. 1964. — C. **1966**, 48. 1755 [D. A. S. 1 204 217] u. C. **1966**, 30-1659 [D.A.S. 1 198 353].)

*1544* **Imperial Chemical Industries Ltd.**, London, Großbritannien, *Herstellung von Naphthalinderivaten*. (**Oe.PP. 244 948, 244 949** vom 22/11. 1963, ausg. 10/2. 1966. Brit. Prior. 23/11. 1962, **244 950** vom 22/11. 1963, ausg. 10/2. 1966. Brit. Prior. 28/10. 1963, u. **246 734** vom 22/11. 1963, ausg. 10/5. 1966. Brit. Prior. 23/11. 1962. — C. **1966**, 30-1664 [D.P.[DDR] 39 511].)

*1545* **Imperial Chemical Industries Ltd.**, London, Großbritannien, *Herstellung von 1-[β-Naphthyl]-2-aminoäthanolderivaten*. (**Oe.P. 245 564** vom 21/12. 1962, ausg. 10/3. 1966. Brit. Prior. 22/12. 1961 u. 23/3. 1962. — C. **1967**, 33-1827 [Brit.P. 1 005 025].)

*1546* **Sandoz Akt.-Ges.**, Basel, Schweiz, *Herstellung von bicyclischen Oxaazaverbindungen*. (**Oe.P. 246 169** vom 23/7. 1964, ausg. 12/4. 1966. U.S. Prior. 25/7. 1963. — C. **1966**, 47-1820 [D.P.[DDR] 39 644].)

*1547* **Sandoz Akt.-Ges.**, Basel, Schweiz, *Herstellung von Benzocyclohepta-[1.2:b]-thiophenen*. (**Oe.P. 244 965** vom 29/8. 1963, ausg. 10/2. 1966. Schwz. Prior. 31/8. 1962 u. 8/7. 1963. — C. **1967**, 31-1735 [D.A.S. 1 227 026].)

*1548* **VEB Arzneimittelwerk Dresden**, Radebeul (Erfinder: **Karl-Heinz Heidenbluth**, Radebeul, **Reingard Scheffler**, Dresden, **Heinz Tönjes**, Radebeul, und **Joachim Schmidt**, Magdeburg), *Herstellung von Isoindolin-2-carbonsäureamiden*. (**Oe.P. 249 666** vom 18/3. 1964, ausg. 25/10. 1966. D. Prior. 18/10. 1963. — C. **1966**, 46-1716 [D.P.[DDR] 45 356].)

*1549* **J. R. Geigy Akt.-Ges.**, Basel, Schweiz, *Herstellung von Imidazolderivaten*. (**Oe.P. 249670** vom 8/6. 1965, ausg. 25/10. 1966. Schwz. Prior. 9/6. 1964. — C. **1968**, 11-1713 [D.A.S. 1 228 615].)

*1550* **Rhône-Poulenc Soc. An.**, Seine, Frankreich (Erfinder: **Jacques Georges Robert** und **Cornel Crisan**), *1-[2'-(3''-Carboxypropionyloxy)-äthyl]-2-methyl-5-nitroimidazol*. (**F.P. 1 393 963** vom 7/7. 1961, ausg. 7/7. 1965. — C. **1966**, 34-1733 [D.P.[DDR] 37 796].)

*1551* **Dieter Eilhauer, Wilhelm Höfling** und **Karl-Heinz Meinicke**, Deutschland, *Isonicotinsäure- oder 2-Alkylisonicotinsäurethioamidsalze*. (**UdSSR.P. 181 115** vom 15/6. 1963, ausg. 28/5. 1966. — C. **1966**, 26-1704 [D.P.[DDR] 36 367].)

*1552* **Chas. Pfizer & Co., Inc.** (Erfinder: **Barry Malcolm Bloom** und **Robert Edward Carnahan**), USA, *Herstellung von N-Benzyl-β-[isonicotinoylhydrazino]-propioamid*. (**UdSSR.P. 178 761** vom 7/7. 1959, ausg. 12/3. 1966. — C. **1966**, 39-1904 [U.S.P. 3 040 061].)

*1553* **Pfizer Corp.**, Brüssel, Belgien, *Herstellung von 2-Guanidinoalkylbenzo-1.4-dioxanen*. (**Oe.P. 251 599** vom 22/5. 1963, ausg. 10/1. 1967. Brit. Prior. 22/5. 1962. — C. **1968**, 20-1662 [U.S.P. 3 247 221].)

*1554* **Takeda Chemical Industries Ltd.**, Japan, *Barbitursäurederivate*. (**F.P.[Méd.] 2 672** vom 4/10. 1962, ausg. 23/8. 1965. Jap. Prior. 5/10. 1961, 26/4. u. 26/7. 1962. — C. **1966**, 36-1720 [Brit.P. 973 923].)

*1555* **VEB Arzneimittelwerk Dresden**, Radebeul (Erfinder: **Helmut Wunderlich** und **Wolfgang Lugenheim**, Dresden), *Herstellung von Phenothiazinen-Derivaten*. (**Oe.P. 248 439** vom 20/8. 1963, ausg. 25/7. 1966. D. Prior. 12/9. 1962. — C. **1967**, 35-1822 [D.P.[DDR] 44 971].)

*1556* **Asta-Werke Akt.-Ges., Chemische Fabrik**, Bradewede (Erfinder: **Herbert Arnold, Rolf Rebling**, Bielefeld, **Norbert Brock**, Uerentrup, und **Hans-Dieter Lenke**, Bielefeld), *Herstellung von Phenothiazine-Derivaten*. (**D.P.[DDR] 55 023** Kl. 12p vom 2/10. 1965, ausg. 5/4. 1967 [Ausschließungspatent]. — C. **1968**, 18-1696 [D.A.S. 1 243 199].)

*1557* **Rhône-Poulenc Soc. An.**, Frankreich (Erfinder: **Jacques Georges Robert**), *3-Nitrophenothiazin*. (**F.P. 1 403 606** vom 7/12. 1960, ausg. 2/11. 1965. — C. **1966**, 33-1703 [Brit.P. 969 358].)

*1558* **F. Hoffmann-La Roche & Cie. Soc. An.**, Schweiz (Erfinder: **Giles Allan Archer, Rodney Ian Fryer, Earl Reeder** und **Leo Henryk Sternbach**), *Herstellung von Benzodiazepinen*. (**F.P. 1 388 222** vom 17/2. 1964, ausg. 26/5. 1965. U.S. Prior. 19/2. 1963. — C. **1966**, 13-1788 [Port.P. 42 076].)

*1559* **J. R. Geigy Akt.-Ges.**, Basel, Schweiz, *Herstellung von Dibenzo-[b.f]-thiepinen*. (**Oe.P. 246 166** vom 30/4. 1964, ausg. 12/4. 1966. Schwz. Prior. 4/5. 1963. — C. **1968**, 1-1630 [D.A.S. 1 228 272].)

*1560* **J. R. Geigy Akt.-Ges.**, Basel, Schweiz, *Herstellung von Thiepin- und Oxepinderivaten*. (**Oe.P. 249 072** vom 4/12. 1964, ausg. 26/9. 1966. Schwz. Prior. 5/12. 1963 u. 23/4. 1964. — C. **1968**, 5-1722 [D.A.S. 1 235 327].)

*1561* **Spofa sdružení podniků pro Zdravotnickou výrobu** (Erfinder: **Miroslav Protiva, Edita Aderová** und **Jan Metys**), Prag, ČSSR, *Herstellung von Dibenz-[b.e]-thiepinen*. (**Oe.P. 244 982** vom 1/4. 1964, ausg. 10/2. 1966. Tschech. Prior. 4/4. 1963. — C. **1967**, 28-1765 (D.A.S. 1 214 245].)

*1562* **F. Hoffmann-La Roche & Co. Akt.-Ges.**, Basel, Schweiz, *Herstellung von Benzodiazepin-Derivaten*. (**Oe.P. 247 356** vom 31/3. 1964, ausg. 10/6. 1966. — C. **1967**, 38-1773 [U.S.P. 318 065].)

*1563* **F. Hoffmann-La Roche & Co. Akt.-Ges.**, Basel, Schweiz, *Herstellung von Benzodiazepin-Verbindungen*. (**Oe.P. 249 067** vom 12/10. 1964, ausg. 26/9. 1966. U.S. Prior. 25/10. 1963. — C. **1968**, 23-1884 [U.S.P. 3 247 186].)

*1564* **F. Hoffmann-La Roche & Co. Akt.-Ges.**, Basel, Schweiz, *Herstellung von Benzodiazepin-Derivaten*. (**Oe.P. 249 684** vom 10/8. 1964, ausg. 25/10. 1966. — C. **1967**, 17-1792 [D.P.[DDR] 42 047].)

*1565* **F. Hoffmann-La Roche & Co. Akt.-Ges.**, Basel, Schweiz, *Herstellung von Benzo-1.4-diazepin-Derivaten*. (**Oe.PP. 246 164** u. **246 165** vom 27/7. 1962, ausg. 12/4. 1966. Beide U.S. Prior. 28/7. 1961. — C. **1967**, 22-1740 [D.P.[DDR] 42 977].)

*1566* **J. R. Geigy Akt.-Ges.**, Basel, Schweiz, *Herstellung von Pyrido-[2.1:c]-benzo-1.4-diazepinen (I)*, (**Oe.P. 250 973** vom 24/3. 1965, ausg. 12/12. 1966. U.S. Prior. 25/3. 1964. — C. **1968**, 24-1789 [Brit.P. 1 042 210].)

*1567* **J. R. Geigy Akt.-Ges.**, Basel, Schweiz, *Herstellung von Benzothiadiazepin-Derivaten*. (**Oe.P. 250 972** vom 26/1. 1965, ausg. 12/12. 1966, U.S. Prior. 27/1. 1964. — C. 1968, 24-1790 [Brit.P. 1 048 868].)

*1568* **J. R. Geigy Akt.-Ges.**, Basel, Schweiz, *Benzothiadiazepin-Verbindungen*. (**Oe.P. 251 590** vom 26/1. 1965, ausg. 10/1. 1967. U.S. Prior. 27/1. 1964. — C. **1968**, 24-1791 [Brit.P. 1 048 869].)

*1569* **Spofa sdružení podniků pro zdravotnickou výrobu** (Erfinder: **Jiří Novák** und **František Šorm**), Prag, ČSSR, *Herstellung von Analogen natürlicher Nucleoside*. (**Oe.P. 244 509** vom 24/9. 1962, ausg. 10/1. 1966. Tschech. Prior. 4/10. 1961. — C. **1967**, 33-1847 [Brit.P. 985 246].)

*1570* **Sandoz Akt.-Ges.**, Basel, Schweiz, *Herstellung eines Polypeptids*. (**Oe.P. 248 631** vom 31/5. 1961, ausg. 10/8. 1966. Schwz. Prior. 2/6. 1960. — C. **1966**, 29-1712 [Schwz.P. 390 933].)

*1571* **Sandoz Soc. An.**, Schweiz (Erfinder: **Roger Boissonnas, Stephan Guttmann** und **Janos Pless**), *Polypeptid*. (**F.P.[Méd.] 3 890** vom 9/12. 1964, veröff. 7/3. 1966. Schwz. Prior. 13/9. u. 1/10. 1963. — C. **1966**, 30-1694 [D.P.[DDR] 41 485].)

*1572* **Beecham Group Ltd.**, Großbritannien, *Penicillin-Derivate*. (**F.P. [Méd.] Add. 68** vom 14/10. 1963, veröff. 11/1. 1965. Brit. Prior. 17/10. 1962. Zusatz zu F.P.[Méd.] 1 033; C. 1967, 18-1822. — C. **1966**, 35-1805 [D.A.S. 1 205 103] u. C. **1967**, 6-1770 [Brit.P. 978 299].)

*1573* **Løvens Kemiske Fabrik Produktionsaktieselskab**, Ballerup, Dänemark, *Herstellung des Antibiotikums WG 696*. (**Oe.P. 245 169** vom 20/12. 1963, ausg. 10/2. 1966. Brit. Prior. 3/1. u. 22/1. 1963. — C. **1966**, 35-1811 [D.A.S. 1 205 655].)

1574 **Dow Corning Corp.**, USA (Erfinder: **Robert L. Merker**), *Bakterizide und fungizide Silylacetylene*. (**F.P. 1 403 705** vom 6/5. 1964, ausg. 3/11. 1965. U.S. Prior. 28/6. 1963. – C. **1966**, 34-2592 [D.A.S. 1 208 040].)

1575 **Herbert C. Stecker**, USA, *Herstellung von Trifluoralkoxyanilide*. (**F.P. 1 372 456** vom 19/4. 1963, ausg. 4/1. 1965. U.S. Prior. 20/4. 1962. – C. **1966**, 28-1716 [U.S.P. 3 142 703].)

1576 **Chinoin Gyógyszer és Vegyészti Termékek Gyára R. T.**, Budapest (Erfinder: **Endre Jeney, Tibor Zsolnai**, Debrecen, **György Lugosi**, Felsőgőd, **Péter Szentmiklosi, György Csermely, Mária Bakonyi** und **György Körmöczy**, Budapest), Ungarn, *Herstellung von 3.4-Dichlorbenzolsulfonsäureanilide n.* (**Oe.P. 247 306** vom 3/8. 1964, ausg. 10/6. 1966. Ung. Prior. 24/8. 1963. – C. **1966**, 30-1709 [D.P.[DDR] 39 649].)

1577 **E. Merck Akt.-Ges.**, Darmstadt, *Herstellung von N¹-Acyl-2-sulfapyrimidinen*. (**Oe.P. 245 572** vom 9/7. 1963, ausg. 10/3. 1966. D. Prior. 1/6. 1963. – C. **1967**, 37-1723 [Brit.P. 1 012 628].)

1578 **A/B Astra, Apotekarnes Kemiska Fabriker**, Schweden (Erfinder: **Sven Axel Eriksson**), *Röntgenkontrastmittel*. (**F.P.[Méd.] 3 723** vom 12/6. 1962, veröff. 10/1. 1966. Schwed. Prior. 30/3. 1961. – C. **1966**, 26-1750 [D.A.S. 1 201 514].)

# G. Analytische Chemie, Laboratoriumspraxis

## G–1. Allgemeine Verfahren und Apparate

*1579* **Verbesserte Kühlmethoden für Detektoren.** V. M. Farmer und D. P. Forse. (Infrared Physics 8 (1968) 1, 37–47; E.M.I. Electronics Ltd., Feltham, Middlesex; engl.) — Vf. beschreiben einen Joule-Thomson-Kryostaten, mit dessen Hilfe Temp. < 90 °K in 3 Sek. erreicht werden können. Die Verw. eines Fl.-Kälteübertragungssyst. wirkt wie ein therm. Filter, das auch bei schnellen Abkühlzeiten unerwünschte Temp.-Änderungen „glättet". Die theoret. Analyse solcher Syst. wird durchgeführt u. mit Ergebnissen prakt. Beispiele belegt. J. Pickardt 5012

*1580* **Ellipsometer zum Nachweis von Öl oder Quecksilber auf Oberflächen in Vakuumsystemen.** R. W. Fane, W. E. J. Neal und R. M. Rollason. (Appl. Physics Letters **12** (1968) 8, 265–66; Univ. of Aston, Birmingham engl.) — Zur Best. von Öl- oder Hg-Schichten in einer Dicke von wenigen Å auf dünnen u. ultradünnen, aufgedampften Filmen in Ultrahochvakuumsyst. kann ein Ellipsometer verwendet werden. H.-D. Schenke 5032

*1581* **Vorrichtung zur Dosierung bestimmter Flüssigkeitsvolumina.** G. R. Gray. (Lab. Pract. **17** (1968) 6, 717; CSIRO Wool Res. Labor., Ryde, Sydney, Australia; engl.) — Beschreibung einer einfachen Vorrichtung. J. Pickardt 5044

*1582* **Bestimmung der scheinbaren Dichte grobporöser Stoffe.** Jiří Medek. (Chem. Listy **62** (1968) 3, 334–39; Hornický úst. ČSAV, Praha; tschech.) — Die pyknometr. Verdrängungsmeth. zur Best. der scheinbaren D. von porösen Materialien (Baustoffe u. keram. Erzeugnisse, synthet. Schaumstoffe, Koks) wurde durch eine Vorr. zum Auffangen größerer Luftblasen, die sich beim Eindringen der Fl. in grobe Poren auf der Stoffoberfläche bilden u. durch Auftrieb abgerissen werden, auf grobporöse Proben (Porendurchmesser > $10^{-3}$ cm) erweitert Wesentlicher Bestandteil der Vorr. ist ein feines Drahtnetz (Drahtdicke 0,3 mm, Maschenweite 0,9 mm), mit dem die entweichenden Luftblasen aufgefangen werden. Die Best. der scheinbaren D. erfolgt durch Wägen der verdrängten Fl. (W.). K. Kámen 5056△

*1583* **Geometrie der „Kegel" in Kegel-Platten-Viskosimetern.** D. C.-H. Cheng und J. B. Davis. (Rheol. Acta (Ergänzungsh. z. Kolloid-Z.) **7** (1968) 1, 85–87; Warren Spring Labor., Stevenage, Herfordshire, England; engl.) — An Hand von Profilmessungen wurde die Geometrie von 18 Kegeln in kommerziellen Viskosimetern bestimmt, die Ergebnisse werden diskutiert. J. Pickardt 5058

*1584* **Verwendung eines Rheogoniometers.** 3. Mitt. **Schwingungsscherkraft zwischen parallelen Platten.** K. Walters und R. A. Kemp. (Rheol. Acta (Ergänzungsh. z. Kolloid-Z.) **7** (1968) 1, 1–8; Univ. Coll. of Wales, Aberystwyth; engl.) — Die Brauchbarkeit des Weissenberg-Rheogoniometers bei der Charakterisierung viskoelast. Fl. wird diskutiert. Eine Theorie für Vers. mit freien u. erzwungenen Schwingungen im Parallelplattensyst. wird entwickelt. Die Vorteile der Parallelplattengeometrie im Falle von Vers. mit erzwungenen Schwingungen werden betont, u. es wird auf den beschränkten Wert von Vers. mit freien Schwingungen hingewiesen. J. Pickardt 5058

*1585* **Mikro-Siede- und Schmelzpunktsbestimmung durch Differentialthermoanalyse.** G. Kerr und P. S. Landis. (Analytic. Chem. **40** (1968) 7, 1176; Mobil Res. and Dev. Corp., Princeton, N.J.; engl.) — Zur Best. der Phasenübergangstemp. von 2- bis 5-μl-Proben wird ein Differentialthermoanalysator (Du Pont Modell 900) verwendet. Die Probe wird mit Hilfe einer 10-μl-Spritze auf die Standardkapillare der Anlage aufgebracht. Das Vgl.-Thermoelement befindet sich in einem Siliconöl mit hohem Siedepunkt. H.-D. Schenke 5064

*1586* **Apparatur zur Messung elektrischer Widerstände zwischen 5 und 100 °K.** J. P. Lauriat und P. Pério. (Rev. Physique appl. **3** (1968) 2, 185–92; Suppl. zu: J. Physique; Fac. des Sci., Orsay; franz.) — Vf. beschreiben eine Kühlkammer von $8{,}5 \cdot \pi \cdot 1{,}6^2$ cm³, mit einer Temp.-Konstanz u. -Homogenität < 0,1 °K. Die App. kann zur Messung u. Registrierung von Supraleitungsübergängen dienen. Unter Verw. von $N_2$ an Stelle von He als Kühlmittel kann die obere Temp.-Grenze auf 300 °K ausgedehnt werden. J. Pickardt 5066

*1587* **Einsetzung einer $BF_3$-Sonde statt des LiJ-Kristalls in Neutronen-rem-Meßgeräten.** D. E. Hankins. (Health Physics **14** (1968) 5, 518–20; Los Alamos Sci. Labor., Univ. of Calif., Los Alamos, N.Mex.; engl.) — Durch Substitution des *LiJ*-Krist. im Detektor des 10-in.-Bereich-Neutronen-rem-Meters durch eine $BF_3$-Sonde wird die γ-Sensitivität des Geräts reduziert, das aber nicht für alle Bereiche anwendbar bleibt, da die 2- u. 3-in.-Bereiche wesentlich beeinflußt werden. Die Effektivität der $BF_3$-Sonde ist ca. 25% größer als die des *LiJ*-Krist. u. bei der Betriebsspannung des Geräts (1800 V) wurden keine γ-Strahlen gemessen. *Cd*-Scheibchen verbessern die Richtungsansprechbarkeit. U. Drehmann 5068

*1588* **Durchgangs-Alpha-Hand- und Schuhmonitor mit Luftproportionalzählern.** W. F. Splichal jun. (Health Physics **14** (1968) 5, 520–21; Savannah River Labor., I. E. du Pont de Nemours and Co., Aiken, S.C.; engl.) — Beschreibung eines α-Monitors am Ausgang eines kontrollierten Gebiets zur Überprüfung von Händen u. Schuhen des radioakt. arbeitenden Personals. Der Schuhteil hat 4 Luftproportionalzähler u. die beiden Handzähler haben eine Nachw.-Fläche von 120 sq.in. u. sind 1 in. weiter als der Fußteil. Beide Monitore ermöglichen eine Meterablesung des Kontaminationsniveaus, einen Audiopuls für jedes α-Ereignis, u. eine Meterübertragung kann bei jedem Aktivitätsniveau den Alarmpunkt leicht festsetzen. Der beschriebene Monitor ist gegen Erschütterungen wenig empfindlich. Die Nullrate beträgt für die Schuhseite 15–25 I/Min. u. für die Handseite 5–16 I/Minute. U. Drehmann 5068

*1589* **Porosimeter zur Bestimmung der Größe von Defekten in Zirkoniumoxid- oder anderen isolierenden Filmen „in situ".** B. Cox. (J. nuclear Mater. [Amsterdam] **24** (1968) 1, 1–11; Atomic Energy of Canada Ltd., Chalk River, Ontario; engl.) — Vf. beschreibt ein Hg-Porosimeter zur Best. von Poren u. Rissen in dünnen Oxidschichten auf Zr-Legierungen. Die Größenverteilung von Defekten im Oxid wurde für eine Probe, die in Hg eintauchte, durch Messen der Widerstandskomponente der Impedanz der Oxidschicht in Abhängigkeit vom Druck (bis 7031 kp/cm²) bestimmt. Es wird gezeigt, daß diese Defekte tatsächlich vorliegen u. nicht durch das Gerät hervorgerufen wurden. J. Pickardt 5070

*1590* **Entwicklungsrichtungen in der Verwendung spektroskopischer Instrumente.** A. Lee Smith. (Analytic. Chem. **39** (1967) 11, 26A–33A; Dow Corning Corp.,

Midland, Mich.; engl.) — Vf. erörtert die Frage, ob in den Industrielabor. das gesamte wissenschaftliche Personal offenen Zugang zu den kostspieligen spektroskop. Geräten (UV-, IR-, NMR-Geräte u. Massenspektrometer) haben sollte oder ob ihre Handhabung Spezialisten vorbehalten bleiben sollte. Gerhard Schulze 5081

*1591* **Bedeutung der „Empfindlichkeit" in der Spurenanalyse.** J. E. Barney II. (Talanta [London] **14** (1967) 11, 1363—66; Midwest Res. Inst., Kansas City, Mo.; engl.) — Die Begriffe „Verhältnis der Änderung des Ausgangssignals, die durch Vergrößerung der Menge des zu bestimmenden Stoffes hervorgerufen wird, zum Umfang dieser Vergrößerung" u. „kleinste Menge eines Stoffes, die mit Sicherheit nachgewiesen werden kann" werden erörtert. Für den ersten Begriff wird der Name „Empfindlichkeit" (sensitivity), für den zweiten der Name „Nachweisbarkeit" (detectability) vorgeschlagen. Mathemat. Beziehungen, die den Vgl. der Nachweisbarkeit bei zwei verschiedenen analyt. Meth. gestatten, werden angegeben. Gerhard Schulze 5081

*1592* **Elektronisches Rechnen in der analytischen Chemie. 3. Mitt. Algol-Prozeduren zur Korrelationsrechnung.** G. Gottschalk. (Talanta [London] **14** (1967) 11, 1315 bis 1332; Osram-Studienges. Berlin; dt.) — 2. vgl. C. **1968,** 14-1844. — Die mathemat. Struktur der zur Ermittlung von Realität u. Straffheit des Zusammenhanges von Datenreihen im Rahmen vorgegebener Korrelationsfunktionen erforderlichen Rechenprozesse wird beschrieben. Die Korrelationsrechnung u. der Vgl. der Korrelationskoeff. werden als zwei universell verwendbare Prozeduren in ALGOL formuliert; sie lassen sich in ein für spezielle Problemstellungen leicht aufzustellendes Rahmenprogramm einbauen. An einem Beispiel (Brauchbarkeit von zwei verschiedenen Adsorptionsmitteln zur selektiven Entfernung eines störenden Bestandteiles aus einer Lsg.) wird gezeigt, wie u. mit welchem Zeitbedarf 6 Korrelationsansätze u. 9 Vgl. von Korrelationskoeff. programmiert u. ausgewertet werden können. Gerhard Schulze 5082

*1593* **Statistische Methode zur Ermittlung der kleinsten bestimmbaren Konzentration in einer Probe.** P. A. St. John, W. J. McCarthy und J. D. Winefordner. (Analytic. Chem. **39** (1967) 12, 1495—97; Dep. of Chem., Univ. of Fla., Gainesville, Fla.; engl.) — Eine Gleichung für das Signal/Rausch-Verhältnis an der unteren Best.-Grenze wird mitgeteilt, die die statist. Berechnung dieser Best.-Grenze ermöglicht. Gerhard Schulze 5082

*1594* **Furfurol-p-nitrophenylhydrazone als Alkaliindikatoren.** Masao Kambe, Eiji Shindo und Mamoru Morito. (Japan Analyst **16** (1967) 10, 1015—18; Nagoya, Kitaku, Plant of Isekyu-shoten Co., Ltd.; jap., Auszug: engl.) — Von den untersuchten Verb. erweisen sich *5-Nitro-2-furfurol-p-nitrophenylhydrazon* (**II**) u. *5-Methyl-2-furfurol-p-nitrophenylhydrazon* (**III**) als verwendbar. Die Deriv. werden mit dem bereits früher untersuchten *Furfurol-p-nitrophenylhydrazon* (**I**) (C. **1967,** 19-1955) verglichen: Farbumschlag bei **I** von Gelb nach Rot, bei **II** von Gelb nach Blau, bei **III** von Gelb nach Rot; Umschlagsbereich bei pH 10,0—11,8, 10,8—12,2 bzw. 10,8—12,0; $pK_a$ 12,2, 11,6 bzw. 12,0. Die Farbe des Komplexes ist über mehr als 60, 10 bzw. 60 Min. stabil. I. Degen 5086

*1595* **7-Chlor-4-nitrobenzol-2-oxa-1.3-diazol, neues fluorimetrisches Reagenz für Aminosäuren und andere Amine.** P. B. Ghosh und M. W. Whitehouse. (Biochem. J. **108** (1968) 1, 155—56; Dep. of Med. Chem., John Curtin School of Med. Res., Austral. Nat. Univ., Canberra; engl.) — 7-Chlor-4-nitrobenzol-2-oxa-1.3-diazol (**I**) gibt mit Aminen u. Aminosäuren kräftig fluoreszierende Verb. (Anregungswellenlänge bei 464 nm, Max. des Fluoreszenzlichts ca. 512 nm), die sich zur quant. Best. eignen. Vorteile der Verw. von **I** im Vgl. mit ähnlichen Reagenzien zur Best. von Aminosäuren sind geringerer meßtechnischer Aufwand, größere Stabilität u. bessere W.-Löslichkeit von **I** bei annähernd gleicher Empfindlichkeit. Die Nitrogruppe steigert nicht nur die Fluoreszenz um den Faktor 100, sondern verändert auch die Absorptions- u. Emissionsfrequenzen. W.-D. Thomitzek 5086

*1596* **Anwendung der Tropfentechnik bei der Fällung aus homogener Lösung zur Untersuchung der Keimbildung.** O. E. Hileman jun. (Talanta [London] **14** (1967) 1, 138—40; McMaster Univ., Dep. of Chem., Hamilton, Ontario; engl.) — Das Verf. der Fällung aus homogener Lsg. wurde erfolgreich mit der Tropfenmeth. zur Unters. der Keimbldg. kombiniert. Nachst. Rk. wurden erfolgreich durchgeführt: Ni(II)–Salicylaldehyd–Hydroxylamin (**I**), Ni(II)–Cyclohexandion (**II**)–I, Ni(II)–Cycloheptadion (**III**)–I, Pd(II)–**II**–I u. Pd(II)–**III**–I. Beim ersten Syst. konnte eine 1000fache Übersättigung erreicht werden, bevor Keimbldg. eintrat. G. Gawalek 5088

*1597* **Azidobasische Indikatoren für Titrationen in wasserfreier Essigsäure.** Z. Stránský und V. Stužka. (Chem. zvesti **22** (1968) 5, 341—46; Olomuc, Katedra organické, analytické a fyzikální chemie Přírodovědecké fakulty University Palackého; tschech.) — Die Verw. der Oxazin-Farbstoffe 9-Diäthylamino-5H-benzo-[a]-phenoxazon-(5) (**I**), 9-Dimethylamino-5H-benzo-[a]-phenoxazon-(5) (**II**) u. 9H-Benzo-[a]-phenoxazon-(9) (**III**) als Indikatoren zur Best. schwacher Basen in Ggw. wasserfreier Essigsäure wird beschrieben. Die Relativkonst. der Basizität der angeführten Indikatoren wurden in Bezug auf Antipyrinperchlorat/Acetat-Puffersyst. bestimmt; sie betragen bei **I** 1,53, bei **II** 0,82 u. bei **III** $0{,}7 \cdot 10^{-2}$. Aus den Vers. geht hervor, daß für die Basenbest. mit pKa · (H20) 7—6 der Indikator **I**, mit pKa(H20) ca. 5 der Indikator **II** u. mit pKa(H20) 3—2 der Indikator **III** geeignet ist. Z. Kuča 5090△

*1598* **Theorie und Anwendung anionenselektiver Membranelektroden.** E. Pungor. (Analyt. Chem. **39** (1967) 13, 28A—45A; Dep. of Analyt. Chem., Univ. of Chem. Ind., Veszprem, Hungary; engl.) — Übersicht. — 28 Literaturangaben. Gerhard Schulze 5092

*1599* **Potentiometrische pH-Wert-Titration: Bedeutung einer inerten Atmosphäre in Reaktionsgefäßen beim Arbeiten mit alkalischen Titrierlösungen.** B. Ballantyne. (Experienta [Basel] **24** (1968) 329—30; Dep. of Anatomy, School of Med., Univ., Leeds, Yorkshire; engl.) — Vf. zeigt, daß bei der Titration von Cholinesterase mit einer alkal. Titrierlsg. wegen der Aufnahme sauer reagierender Substanzen aus der Luft ein zu hoher Wert gefunden wird. Da wegen der örtlichen u. zeitlichen Schwankungen der Luftzus. ein konst. Korrekturfaktor nicht möglich ist, kann der Fehler am bequemsten ausgeschaltet werden, wenn die Titration in inerter Atmosphäre durchgeführt wird. H.-D. Schenke 5092

*1600* **Potentiometrische Titration mit Chelatbildnern unter Verwendung einer Metalloxid-Indikatorelektrode.** Tsuyoshi Nomura und Genkichi Nakagawa. (Japan Analyst **16** (1967) 12, 1314—19; Nagoya, Shôwa-ku, Inst. of Technol., jap., Auszug: engl.) — Vf. titrierten verschiedene Metallionen in Ggw. einer Pt-Spiralelektrode, die mit $MnO_2$ überzogen war, mit EDTA oder EGTA. In Ggw. einer kleinen Menge Mn ist das Potential der Elektrode bei 25° durch die Gleichung $E = E_0 - 0{,}0296 \log [Mn^{2+}] - 0{,}1183\,pH$ gegeben, bei der die Konz. der Aktivität gleichgesetzt wurde. Die Titrationen müssen in neutralem oder alkal. Medium durchgeführt werden, weil die Beständigkeitskonst. des Mn-EDTA-Komplexes nicht sehr groß ist. In alkal. Lsg. stellt sich das Gleichgew. der Elektrode schneller ein als in neutraler. $Cl^-$ stört das Verf. nicht. Cu, Cd, Pb, Zn u. Co können mit EDTA bei pH ca. 7 in einem Succinatmedium u. Cu, Cd, Zn, Co, Ca u. Sr bei pH ca. 9 in Ggw. von $NH_3$ titriert werden. Ca kann mit EGTA bei pH ca. 9 $(NH_3)$ in Ggw. eines 5fachen Mg-Überschusses bestimmt werden. I. Degen 5092

*1601* **Elektrometrische Titration verdünnter EDTA-Lösungen.** C. O. Huber und D. R. Tallant. (J. electroanalyt. Chem. Interfacial Electrochem. [Lausanne] **18** (1968) 4, 421—25; Univ. of Wisconsin-Milwaukee, Milwaukee, Wis.; engl.) — $2{,}5 \cdot 10^{-6}$ m Di-Na-Äthylendiamintetraacetat (EDTA) können mit $10^{-4}$ m $Pb^{2+}$-Lsg.

in $10^{-3}$ m Acetatpuffer mit einem Fehler von 0,1% durch Potentiometrie bei konst. Strom oder > $10^{-4}$ m EDTA durch amperometr. Titration (+1,3 V, SCE) mit einem Fehler von 0,3% bestimmt werden. Die Ggw. von $10^{-3}$ m $Cl^-$, $SO_4^{2-}$, $NO_3^-$, $ClO_4^-$ oder $Ca^{2+}$ wirkt sich nicht nachteilig aus. $PO_4^{3-}$ stört, läßt eine Auswertung aber noch zu, $Mn^{2+}$ wird zu $MnO_2$ ox. u. verhindert die Bestimmung.
E. Bomke 5092

*1602* **Anwendung der oszillographischen Polarographie in der quantitativen Analyse. 25. Mitt. Neue Methode zur Auswertung der Ergebnisse in der oszillopolarographischen Analyse.** E. Tvrzická, J. Doležal und P. Beran. Collect. czechoslov. chem. Commun. **33** (1968) 7, 2322 bis 2326; Inst. für Analyt. Chem., Karlsuniv., Prag; dt.) — 24. vgl. C. **1968,** 45-2004. H.-D. Schenke 5098

*1603* **Bestimmung dielektrischer Größen von verlustarmen Stoffen im Bereich zwischen 8 und 140 GHz.** Werner Zeil und Eberhard Sistig. (Z. Naturforsch. **23a** (1968) 8, 1232—34; Lehrst. für Phys. Chem. der Univ. Ulm; dt.) — Mit Quarz u. Saphir als Testsubstanzen wurde die Meßgenauigkeit der DK im Frequenzbereich zwischen 126 u. 140 GHz bei Benutzung der Impedanzmeth. bestimmt u. den zwischen 8 u. 40 GHz gemessenen Werten gegenübergestellt. Zudem sind die zwischen 8 u. 70,9 GHz an einigen Hochpolymeren (Teflon, Polystyrol, Acrylglas, Polyäthylen) sowie Styropor-Granulaten erhaltenen dielektr. Daten aufgeführt. Es wird sichergestellt, daß die Best. der DK nach der Impedanzmeth. — unter Benutzung der $H_{10}$-Welle — bis 140 GHz noch mit einer Genauigkeit von etwa 2% möglich ist, falls sich das Material exakt in den Hohlleiter einpassen läßt. Für viele, leicht verformbare Kunststoffe dürfte diese Grenze bereits bei 90 GHz liegen. Für dielektr. Unters. oberhalb 100 GHz sind daher andere Meßmeth. vorzuziehen. Herbert Weber 5100

*1604* **Funktionsweise eines Kreuzspul-NMR-Spektrometers.** James D. Macomber. (Spectroscopy Letters **1** (1968) 3, 131—37; La. State Univ., Baton Rouge, La.; engl.) — Einführung in die NMR-Spektroskopie u. Erklärung der Arbeitsweise eines Spektrometers.
J. Pickardt 5102

*1605* **Charakteristische Resonanzbanden für in der Kernresonanzspektroskopie verwendete Lösungsmittel.** D. N. Henty und S. Vary. (Chem. and Ind. **1967, 42,** 1782—84; Chem. Dep., Southampton Univ.; engl.) — Für 80 Lsgm. werden die charakterist. Resonanzbanden u. die Bereiche, in denen sie auftreten können, in Form einer Übersichtskarte zusammengestellt.
Gerhard Schulze 5102

*1606* **Ionenoptik von Massenspektrometern. 1. Mitt. Elektrostatische Felder.** B. S. Prahallada Rao. (J. Physics, D (Brit. J. appl. Physics) [2] **1** (1968) 1, 99 bis 112; Atomic Energy Res. Establ., Harwell, Didcot, Berks.; engl.) — Die ionenopt. Eig. von Analysatoren mit radialem elektrostat. Feld werden erneut untersucht u. in Abhängigkeit von verschiedenen Parametern graph. dargestellt. J. Pickardt 5106

*1607* **Methode zur Messung der anomalen Dispersion des Brechungsindex eines absorbierenden Stoffes.** Chantal Boyrivent, Alain Boyrivent und François Gaume. (C. R. hebd. Séances Acad. Sci., Sér. A et B **267** (1968) 16, B 775—77; Fac. des Sci. de Lyon, Villeurbanne, Rhône; franz.) — Theoret. Ableitung einer Meth. zur Ermittlung der Dispersionskurve auf Grund von Reflexionsfaktormessungen. J. Pickardt 5108

*1608* **Ermittlung der Nachweisgrenze und der optimalen instrumentellen Bedingungen bei der Präzisions-Absorptionsspektralphotometrie von Substanzen in kondensierter Phase.** J. J. Cetorelli und J. D. Winefordner. (Talanta [London] **14** (1967) 7, 705—13; Dep. of Chem., Univ. of Fla., Gainesville, Fla.; engl.) — Ein Ausdruck für das Signal–Rausch-Verhältnis bei der Präzisions-Spektralphotometrie von Mol. in der kondensierten Phase wird abgeleitet u. zur Berechnung der theoret. nachweisbaren Mindestkonz. sowie zur Ermittlung der besten apparativen Meßbedingungen verwendet. Dabei werden Ein- u. Zweistrahlgeräte betrachtet. Die theoret. berechneten Nachw.-Grenzen verschiedener organ. Verb. (Phenanthren, 1.2-Benzanthracen, p-Nitrophenol) werden mit den prakt. ermittelten Werten (Konz., die die Extinktion 0,002 ergeben) verglichen. Solange die Strahlung intensiv genug u. die Wurzel aus dem mittleren Signal–Rausch-Verhältnisquadrat der durch die Kompensationslsg. einfallenden Strahlung bekannt ist, ist der Ausdruck für die theoret. nachweisbare Mindestkonz. sehr einfach u. für jede Substanz mit bekannten Extinktionskoeff. leicht zu berechnen. Der Einfl. apparativer Parameter auf die theoret. nachweisbare Mindestkonz. wird ermittelt. Nur die Spaltbreite am Monochromator, die Anzahl der Ablesungen für Probe- u. Kompensationslsg. u. die Frequenz-Bandbreite des elektr. Anzeigesyst. haben einen wesentlichen Einfl. auf diesen Wert, wenn die Wellenlänge am Monochromator fest eingestellt ist.
Gerhard Schulze 5116

*1609* **Einfluß von Acidität und Extraktionsverhältnis bei Lösungsmittelextraktionsverfahren für die Atomabsorptionsspektrometrie.** D. C. Munro. (Appl. Spectroscopy **22** (1968) 3, 199—200; Res. Stat., Canada Dep. of Agricult., Charlottetown; engl.) — Bei Atomabsorptionsverf. unter Anwendung der Lsgm.-Extraktion ist es notwendig, die Extraktionsausb. von Standard- u. Probelsg. zu überprüfen, um sicher zu sein, daß diese Ausb. konst. sind. Faktoren wie Acidität u. Extraktionsverhältnis müssen für Standard- u. Probelsg. übereinstimmen, da sonst infolge unterschiedlicher Extraktionsausb. größere Fehler auftreten können, was am Beispiel der Extraktion von Cu mit $NH_4$-Pyrrolidindithiocarbamat in MIBK aufgezeigt wird.
H. Kuchenbecker 5116

*1610* **Informationen über Flammenphotometrie.** 7. Mitt. J. Ramírez-Muñoz. (Inform. Quím. analít. **21** (1967) 2, 75—76 u. 57; Beckman Instruments, Inc., Fullerton, Calif.; span.) — 6. vgl. C. **1968,** 44-1758. — Hinweise auf neue Periodica u. neuere Meth. der Atomfluoreszenzspektrometrie. — 14 Literaturangaben.
W. Grimmich 5118

*1611* **Nomogramm zur Berechnung der verschiedenartigsten Beziehungen bei der Einspeisung in der Flammenphotometrie.** J. Ramírez-Muñoz. (Inform. Quím. analít. **21** (1967) 2, 58—60; Beckman Instruments, Inc., Fullerton, Calif.; span.) W. Grimmich 5118

*1612* **Intermittierende Zerstäubung für die Flammenspektrometrie nach dem Eintauchprinzip.** W. Neu, R. Herrmann und H. Kirchhof. (Messtechnik [Braunschweig] **76** (1968) 7, 154—59; Univ.-Hautklinik Gießen; dt.) — Zur Unterdrückung von Untergrundeinfl. bei Atomemissions- bzw. Atomfluoreszenzverf. wird eine intermittierende (modulierte) Fl.-Zufuhr zum Zerstäuber bzw. der Flamme empfohlen. Die modulierte Fl.-Zufuhr bringt auch Vorteile für die Atomabsorptionsverf., indem sich Spurenbest. leichter durchführen lassen. Die Fl.-Modulation erfolgt nach dem Prinzip des Eintauchverf. (Ansaugkapillare wird mit Hilfe eines Exzenters period. in die Probefl. eingetaucht); die Modulationseig. werden untersucht. H. Kuchenbecker 5118

*1613* **Anwendung der Fouriertransformation zur Bestimmung der Spektralverteilung einer Atomlinie auf Grund photometrischer Messungen der Fabry-Pérot-Ringe. Unsymmetrische Linie.** Nicole Fourcade, Jean Roig, Jean-Pierre Dinguirard und Irène Gajac. (C. R. hebd. Séances Acad. Sci., Sér. A et B **266** (1968) 11, B 691—94; Fac. des Sci., Montpellier; franz.) — Die Anwendung der von Vf. ibid. Ser. B **265** (1967) 1303, angegebenen Meth. auf unsymmetr. Linien wird abgeleitet. J. Pickardt 5118

*1614* **Temperatur-, Spannungs- und elektrische Feldverteilung im Plasma eines Gleichstrombogens einer Uranmatrix in Luft und bei Atmosphärendruck.** R. Avni. (Spectrochim. Acta [Oxford], Part B **23** (1968) 9, 597 bis 617; Atomic Energy Commiss., Nuclear Res. Centre, Negev, Beer-Sheba, Israel; engl.) — Mit dem 2-Linienverf., wobei die Elemente Zn, Cu u. Fe benutzt werden, wird die axiale Temp.-Verteilung des Plasmas ermittelt u. eine Temp.-Steigerung von Anode zu Kathode mit einer isothermen Zone im Zentrum beobachtet. Zur

Messung der Spannungs- u. Feldverteilung wird nach einer neuen Meth. ein Gitter aus W-Drähten durch das Plasma hindurchgezogen u. die Spannung oszillograph. gemessen. Die Querschnittsabmessungen der Plasmazonen wurden mit Hilfe einer Filmkamera ermittelt. Es werden die genaue Durchführung der Vers., die Meßmeth. u. die Ergebnisse mitgeteilt. H. Bensch 5118

*1615* **Direkte spektrochemische Gleichstrombogenmethode zur Bestimmung von 39 Verunreinigungen in einer Uranmatrix.** R. Avni. (Spectrochim. Acta [Oxford], Part B **23** (1968) 9, 619–34; Israel Atomic Energy Commiss., Nuclear Res. Centre, Negev, Beer-Sheba; engl.) — Beim direkten Abbrennen der $U_3O_8$-Probe ohne Trägerzusatz wird nur das Licht der Kathodenschicht des Plasmas zur Analyse verwendet. Dadurch wird die Intensität der Linien der Matrix um die Hälfte verringert, die der Verunreinigungen um das 10fache gesteigert. Es wird eine genaue Arbeitsvorschrift angegeben u. die Ergebnisse von Messungen der axialen Intensitätsverteilung für einige, sowie Nachw.-Grenzen für eine größere Anzahl von Elementen werden mitgeteilt. Die Genauigkeit der Meth. wird für Geh. von 10–50 ppm mit ±12% angegeben. H. Bensch 5118

*1616* **Computergesteuerte Aufzeichnung röntgenographischer Polfiguren.** G. R. Love. (Trans. metallurg. Soc. AIME **242** (1968) 4, 746–47; ORNL, Oak Ridge, Tenn.; engl.) — Von Vf. ist ein Programm geschrieben worden, daß die vollautomat. Umwandlung von zeitabhängig bestimmten Röntgenintensitäten in fertige konventionelle Polfiguren erlaubt. W. Laqua 5126

*1617* **Computergesteuerte Aufzeichnung von Polfiguren durch Verwendung eines Druckers zur Datenausgabe.** George L. Montgomery. (Trans. metallurg. Soc. AIME **242** (1968) 4, 762–63; Res. and Dev. Dep., Steel Co. of Canada, Ltd., Hamilton, Ontario; engl.) — Die von Vf. beschriebene Meth. zur computergesteuerten Aufzeichnung von Polfiguren aus röntgenograph. Daten ist zwar weniger exakt als die von Heckler et al. (ibid. **239** (1967) 1241) mitgeteilte Meth., besitzt aber den Vorteil, daß sie schneller ist u. daß auf einen Aufzeichner verzichtet werden kann. W. Laqua 5126

*1618* **Schnelle Präzisionsbestimmung der Zusammensetzung durchgehender fester Lösungssysteme durch Röntgenverfahren.** Paul Cherin, E. A. Davis und C. Bielan. (Analytic. Chem. **40** (1968) 3, 611–13; Xerox Corp., Rochester, N.Y.; engl.) — Die Nettointensität der Röntgenfluoreszenzstrahlung eines Bestandteils der festen Lsg. wird gegen die Emission physikal. Gemische eingestellt. Die festen Lsg. werden anschließend als Sekundärstandards für Debye-Scherrer-Aufnahmen verwendet. Die Meth. wird angewendet auf das Syst. $(Cd_{1-x}Zn_x)S$. Die Genauigkeit der Meth. wird begrenzt durch die Genauigkeit des Sekundärstandards. H.-D. Schenke 5126

*1619* **Anwendung feinfokussierter Ionenstrahlen hoher Stromdichte.** A. R. Hill. (Nature [London] **218** (1968) 5137, 202–03; Mullard Res. Labor., Redhill, Surrey; engl.) — Vf. berichtet über einige Anwendungen eines Abtast-Ionenmikroskops. J. Pickardt 5128

*1620* **Durch thermische Impedanzschwankungen bewirktes Rauschen bei niederen Frequenzen in kupferdotierten Germanium-Infrarotdetektoren.** G. Baker und D. E. Charlton. (Infrared Physics **8** (1968) 1, 15–24; Mullard Ltd., Millbrook Estate, Southampton; engl.) — Cu-dotierte Ge-Detektoren großer Fläche (1 $cm^2$), die in Kryostaten mit fl.He betrieben werden, zeigen bei Frequenzen < 800 Hz ein $1/f^3$-Rauschen. Es wird angenommen, daß Temp.-Schwankungen, hervorgerufen durch schwankende therm. Impedanz zwischen Probe u. He-Bad, dafür verantwortlich ist. 3 Experimente zum Beweis dieser Annahme werden beschrieben u. die Ergebnisse diskutiert. J. Pickardt 5130

*1621* **Beeinflussung der Meßeffektivität durch verschiedene Färbung der Meßproben bei Gebrauch eines plastischen Bohrloch-Szintillators.** M. Zaduban und H. O. Seidel. (Mikrochim. Acta [Wien] **1968**, 4, 693–98; Radiobiol. Labor., P. J. Šafárik Univ., Košice, ČSSR; dt.) — Der Einfl. der Lsg.-Färbung auf die Aktivitätsmessung der $\beta$-Strahlung wird an Aktivitätsmessungen von $^{40}K$ in durch Metallsalzlsg. gefärbten 20%ig. KCl-Lsg. untersucht. In Abhängigkeit von der Farbe u. der Farbintensität der Meßprobe kommt es zu Veränderungen der gemessenen Impulsrate gegenüber der farblosen Standardlösung. K. Henning 5130

*1622* **Messung der Quantenausbeute bei Edelgasszintillatoren für Röntgenstrahlen.** A. E. Kiss und N. Patla. (J. Physics, D (Brit. J. appl. Physics) [2] **1** (1968) 5, 617–24; Sir John Cass College, Aldgate, London; engl.) — Werte für die Quantenausb. in Kr-, Ar- u. Ne-Szintillationszählern für Cr-, Co- u. Cu–K-Strahlung werden durch Vgl. mit einem Proportionalzähler erhalten u. als Energieumwandlungswrkg.-Grad der Gasatome u. statist. Verluste im Sekundärelektronenvervielfacher analysiert. Unter bes. geometr. u. Arbeitsbedingungen werden maximale Wrkg.-Grade von 14% für Kr, 4,3% für Ar u. 3,5% für Ne bei $CuK_\alpha$-Strahlung gemessen. Die Werte nehmen mit größerwerdender Wellenlänge ab. Wird ein starkes elektr. Feld an das Gas angelegt, so nähern sich die prakt. Wrkg.-Grade durch Gasverstärkungsprozesse 100%. H.-D. Schenke 5130

*1623* **Zufügen von Wasser zu Szintillatoren mit Dioxan- und Toluolgehalt.** N. Pinaud, P. Serres, L. Commanay und J. L. Teyssier. (Int. J. appl. Radiat. Isotopes **19** (1968) 4, 369–75; Fac. de Méd. et de Pharm., Toulouse; franz.) — Es wird gezeigt, daß bei einem toluolhaltigen Fl.-Szintillator der W.-Geh. erhöht werden kann, wenn an Stelle von reinem Toluol ein Gemisch von 80% Dioxan + 20% Toluol verwendet wird. Der dabei eintretende Verlust an Lichtausb. kann durch Zugabe von 100 g Naphthalin pro Liter weitgehend ausgeglichen werden. W. Reusse 5130

*1624* **Anwendung der Binomialverteilung zur Verminderung von Zählfehlern bei der Aktivierungsanalyse.** P. C. Jurs und T. L. Isenhour. (Analytic. Chem. **39** (1967) 12, 1388–94; Dep. of Chem., Univ. of Wash., Seattle, Wash.; engl.) — Zur Unters. der statist. Natur des theoret. Minimalfehlers in der Aktivierungsanalyse wurde die Binomialverteilung auf den radioakt. Zerfall angewendet. Gleichungen werden für verschiedene Fälle abgeleitet, wobei ein konst. Untergrund, Zerfallsstörungen, bekannte u. unbekannte Zerfallsgemische sowie die vergleichende Aktivierungsanalyse unter gleichzeitigen u. aufeinanderfolgenden Meßbedingungen berücksichtigt werden. Ein iteratives Rechenprogramm zur Lösung dieser Gleichungen wird mitgeteilt u. zusammen mit Anwendungsbeispielen auf komplizierte radioakt. Gemische erörtert. Gerhard Schulze 5132

*1625* **Erfahrungen bei der Radionuklid-Analyse durch $\gamma$-Spektrometrie und Computer.** P. E. Brown und I. J. Davis. (Radiochim. Acta [Frankfurt/M.] **9** (1968) 1, 41–47; Harwell, AERE, UKAEA, Res. Group, Chem. Div.; engl.) — Routineanalysen von Radionukliden durch $\gamma$-Spektrometrie u. anschließende Auswertung mit Hilfe elektron. Rechenmaschinen können zu Ergebnissen führen, die durchaus mit denen konventioneller naßchem. Meth. vergleichbar sind. Vf. beschreiben ein derartiges Analysenverf. u. weisen auf weitgehende Möglichkeiten der Automation hin. D. Ertel 5132

*1626* **Hochauflösende Methode zum Zerschneiden und für die Radioaktivitätszählung von Polyacrylamidgelen.** Robert H. Gray und Dale M. Steffensen. (Analyt. Biochem. [New York] **24** (1968) 1, 44–53; Dep. of Bot., Univ. of Ill., Urbana, Ill.; engl.) — Bei einer neuen Meth. zum Aufschneiden von Polyacrylamidgelen (**A**) u. zur Radioaktivitätszählung in Makromol., die auch für doppeltmarkierte Verb. geeignet ist, werden die **A** dehydriert u. gleichmäßig mit einem rotierenden Mikrotom in Schnitte von 250; 125; 62,5 oder < 50 $\mu$m zerteilt. Nach Auflsg. der Gelschnitte in $H_2O_2$ u. Zählung in Brayscher Lsg. werden für $^{14}C$ u. $^{35}S$ Zähleffektivitäten von ca. 90% u. für $^3H$ von ca. 33% gefunden. U. Drehmann 5132

*1627* **Radiometrische Fehler bei verschiedenen Varianten der Isotopenverdünnungsmethode.** V. I. Šamaev. (Ž.

analitičeskoj Chim. **22** (1967) 7, 988—92; Mosk. chim.-technol. inst. im Mendeleewa; russ., Auszug: engl.) — Allg. Betrachtung über Fehler bei der Isotopenverdünnung mit radiometr. Korrektur.
Herbert Hoffmann 5132

*1628* **Theoretische und experimentelle Analyse eines großen Bunsen-Kalorimeters mit Diphenyloxidfüllung, 1. Mitt. Theoretischer Teil.** H. Peters und E. Tappe. (Mber. dtsch. Akad. Wiss. Berlin **10** (1968) 2, 88—101; Inst. für phys. Chem. der Dt. Akad. der Wiss.; dt.) — Vf. geben eine ausführliche theoret. Analyse der meßtechn. Eig. eines großen Bunsen-Kalorimeters für Präzisionsverbrennungsmessungen. Folgende Probleme werden untersucht: Deformierbarkeit u. Druckempfindlichkeit des Syst., Strömungswiderstände in der Hg-Leitung, Verzögerungen, die auf Wärmeleitung beruhen, Verunreinigungen des Betriebsmittels, Veränderlichkeit des Hahnvol., Abreißfehler, Wägefehler u. Verdampfung des Hg sowie Kalorimeterumgebung u. Thermostat. Das zeitliche Verhalten des kalorimetr. Syst. ist durch Wärmeleitungsphänomene bestimmt. Verzögerungen beim Phasenübergang des Diphenyläthers sind nicht merklich. Während der Hauptperiode erfährt das Kalorimeter eine zeitweilige Temp.-Erhöhung, die zu einer Unsicherheit von 0,003% Anlaß gibt. Der Einfl. der Reinheit des Betriebsmittels ist sehr gering. Bei den 4 letztgenannten Faktoren, die sich alle in einer Erhöhung der Meßwertstreuung auswirken, ist die Inkonstanz der Thermostatentemp. am wichtigsten; sie kann innerhalb von 10 Min. einen Fehler von ca. 1 mg Hg hervorrufen.
H.-D. Schenke 5136

*1629* **Theoretische und experimentelle Analyse eines großen Bunsen-Kalorimeters mit Diphenyloxidfüllung. 2. Mitt. Experimenteller Teil.** H. Peters und E. Tappe. (Mber. dtsch. Akad. Wiss. Berlin **10** (1968) 2, 102—11; dt.) — 1. vgl. vorst. Referat. — Als maximal erreichbare Standardabweichung ergeben sich 0,3 J für eine kalorimetr. Bestimmung. Den größten Beitrag zur Meßwertstreuung liefert die Schwankung der Thermostatentemp.; es folgen hydrostat. Effekte des Hg u. Variationen des Hahnvolumens. Störungen, die auf dem spontanen Ausgleich eingefrorener Nichtgleichgew.-Zustände beruhen, können nicht beobachtet werden. Vf. stellen Betrachtungen über die Wärmeaustauschrechnung bei Bunsen-Kalorimetern an. H.-D. Schenke 5136

*1630* **Thermohygrometrische Analyse.** J. E. Still und R. C. Chirnside. (Nature [London] **219** (1968) 5150, 200; General Electric Co., Ltd., Hirst Res. Centre, Wembley; engl.) — Vf. bestimmen geringe Mengen W., das beim programmierten Aufheizen einer Probe abgegeben wird, mit dem früher [Proc. S. A. C. Conf., Nottingham, 405 (1965)] beschriebenen elektrolyt. Hygrometer. H.-D. Schenke 5136

*1631* **Dynamische Theorie für die Dünnschichtchromatographie.** B. G. Belenky, V. V. Nesterov, E. S. Gankina und N. M. Smirnov. (J. Chromatogr. [Amsterdam] **31** (1967) 2, 360—68; Inst. of High Molecular Compounds, Leningrad; engl.) — Die dynam. Theorie stellt eine zweidimensionale nichtideale u. Nichtgleichgew.-Theorie dar. Eine grundlegende Differentialgleichung wurde abgeleitet u. eine fundamentale Lösung dafür erhalten, aus der folgt, daß die Konz. der Substanz in der Chromatographiezone durch eine zweidimensionale Gauss-Verteilung beschrieben werden kann. Ihr Anisotropiegrad hängt vom Nichtgleichgew.-Charakter des Prozesses ab. Auf Grund der Theorie werden die Besonderheiten der Dünnschichtchromatographie erörtert. Der Einfl. der experimentellen Bedingungen auf die Wirksamkeit der Trennung u. Empfindlichkeit des Nachw. wird vorausgesagt u. verifiziert. Der wichtigste Faktor ist die Korngröße. Die Abhängigkeit der kinet. Ausbreitung (Ausdehnung der Flecke) auf die $R_F$-Werte wird gezeigt. Bei $R_F = 0,5$ besitzt dieser Wert sein Maximum. Weiterhin wird gezeigt, daß der kinet. Verzögerungsparameter $\tau$ direkt aus dem Chromatogramm gemessen werden kann. Auf der Grundlage der Theorie wird eine genaue Meth. ausgearbeitet, mit der kleine Substanzmengen in Chromatographieflecken bestimmt werden können. Die Messung wird mit Hilfe einer zweidimensionalen Densitometrie aufgeführt. Eine Variante dieser Meth. ergibt die Best. der Flächengröße des Fleckes mit Hilfe einer photograph. Technik. Gerhard Schulze 5138

*1632* **Vergleich zwischen Quarz und Kieselgel als Träger für die Dünnschichtchromatographie.** Gerhard Ackermann und Hans-Peter Frey. (J. Chromatogr. [Amsterdam] **33** (1968) 1, 53—57; Inst. für Anorg. u. Analyt. Chem. der Bergakad. Freiberg/Sachsen; dt.) — Im Vgl. zu Kieselgel, das einen ausgeprägt hydrophilen Charakter, eine sehr große u. energiereiche Oberfläche u. ein großes Porenvol. besitzt, wurde Quarz (aus Seesand hergestellt, Korngröße zu 95% unter 20 $\mu$m, spezif. Oberfläche ca. 5 $m^2$/g) als Trägermaterial in der Dünnschichtchromatographie geprüft. Danach ist Quarzmehl als schwach polarer Träger geeignet. Durch mechan. Aktivierung kann die Trennleistung beeinflußt werden, wobei die Art der Beeinflussung von der Natur des Trennvorganges abhängig ist (Verteilung oder Adsorption). — Diskussion. Gerhard Schulze 5138

*1633* **Reproduzierbarkeit von $R_k$-Werten auf Kieselgel in der Dünnschichtchromatographie.** M. S. J. Dallas. (J. Chromatogr. [Amsterdam] **33** (1968) 1, 58—61; Unilever Res. Labor., The Frythe, Welwyn, Herts.; engl.) — Vf. zeigt, daß im allg. $R_k$-Werte (Differenz zwischen $R_M$-Wert eine Probesubstanz u. $R_M$-Wert einer Standardsubstanz) von der Aktivität u. Qualität des Adsorptionsmittels weniger stark abhängen als $R_F$- oder relative $R_F$-Werte. Mit Triglyceriden auf $AgNO_3$-imprägnierten Kieselgelschichten erhaltene Ergebnisse werden mitgeteilt. — Diskussion.
Gerhard Schulze 5138

*1634* **Chromatographische Eigenschaften von Aluminiumoxiden unterschiedlicher Struktur.** H. Halpaap und W. Reich. (J. Chromatogr. [Amsterdam] **33** (1968) 1, 70—79; Chem. Forsch., E. Merck AG, Darmstadt; dt.) — Durch Glühen von Hydrargillit auf Temp. bis 1150° wird eine Reihe von Misch-Aluminiumoxiden hergestellt, deren Strukturen nach Debye-Scherrer-Aufnahmen u. deren spezif. Oberflächen nach der BET-Meth. bestimmt werden. Es treten deutliche Unterschiede im chromatograph. Verh. auf, die sich bes. bei isomeren Verb. zeigen. Die Verw. eines neuen $Al_2O_3$-Typs mit geringerer spezif. Oberfläche wird für die Dünnschichtchromatographie empfohlen. Gerhard Schulze 5138

*1635* **Chromatographische Eigenschaften von Kieselgelen unterschiedlicher Porenstruktur.** H. Halpaap und K. Klatyk. (J. Chromatogr. [Amsterdam] **33** (1968) 1, 80—98; dt.) — Vgl. vorst. Referat. — Vf. beschreiben Trennungen von Polystyrolen u. von Steroiden an Kieselgelen von 10 Å bis 1000 Å Porendurchmesser nach den beiden Prinzipien der Adsorption bzw. der Verteilung u. Molekularsiebwrkg. in der Säule u. auf der Schicht. Die Verw. von Kieselgelen unterschiedlicher Hohlraumstruktur führt zu neuen Trenneffekten. — Diskussion.
Gerhard Schulze 5138

*1636* **Vorrichtung zum streifenförmigen Auftragen von Substanzen auf Dünnschichtchromatogramme.** Marc J. Rosenstein. (J. Chromatogr. [Amsterdam] **34** (1968) 1, 114—15; Harvard Coll., Cambridge, Mass.; engl.) —
J. Pickardt 5138

*1637* **Auswahl geeigneter experimenteller Bedingungen für die Polyamid-Dünnschichtchromatographie.** H. Wagner, L. Hörhammer und K. Macek. (J. Chromatogr. [Amsterdam] **31** (1967) 2, 455—65; Inst. für Pharm. Arzneimittellehre der Univ. München; dt.) — Am Beispiel der ein-, zwei- u. dreiwertigen Phenole sowie von o- u. p-Kresol untersuchen Vf., welche experimentellen Bedingungen für die Polyamid-Dünnschichtchromatographie optimale Trenneffekte ergeben. Es zeigte sich, daß zwischen Polyamiden verschiedener Herkunft bedeutende Unterschiede bestehen. Zur Festigung der Schichten erwies sich ein Zusatz von Cellulose als vorteilhaft. Von den untersuchten Syst. ergaben die wasserhaltigen Resultate, die analog denen der Phasenumkehr bei der fl.-fl.-Chromatographie sind, während die nichtwss. Syst. ihre Trennwrkg. wie Syst. mit stationärer, mehrhydrophiler Phase ausüben. Die Polyamid-Dünnschichtchro-

matographie läßt sich auch zweidimensional ausführen. Der Trennmechanismus wird eingehend diskutiert.
Gerhard Schulze 5138

*1638* **Bildung von Elektronen–Donor–Akzeptor-Komplexen als Prinzig für die spezifische Adsorption.** H. Stetter und J. Schroeder. (Angew. Chem. **80** (1968) 24, 1035; dt.; int. Edit. **7** (1968) 12, 948–49; engl.) – Durch Veresterung von merzerisierter Cellulose mit den Säurechloriden der β-Pentamethylphenylpropionsäure u. der β-(9-Phenanthryl)-propionsäure in Py. wurden die Celluloseester dieser beiden Säuren mit einem Acylgeh. von 2–3 pro Glucoseeinheit erhalten. Die Verw. dieser Celluloseester in der Dünnschichtchromatographie ermöglicht eine wesentlich bessere Trennung von aromat. Nitroverb. u. Chinonen auf Grund der Bldg. von farbigen Elektronen-Donor–Akzeptor-Komplexen, die auf der Platte leicht erkannt werden können.
Autorreferat 5138△

*1639* **Reproduzierbarkeit der $R_F$-Werte auf imprägnierten Papieren.** J. Churáček. (J. Chromatogr. [Amsterdam] **33** (1968) 1, 45–48; Chem.-Technol. Hochschule, Pardubice; dt.) – Vers. ergaben, daß als Ursachen für eine schlechte Reproduzierbarkeit der $R_F$-Werte bei Verw. von imprägniertem Papier der Beobachter (Divergenz bei einer Vers.-Reihe mit Studenten 3,36, bei erfahrenen Forschern unter gleichen Bedingungen –1,38), die Technik der Imprägnierung u. Trocknung sowie die mangelnde Qualität der Chemikalien, bes. des DMF, in Frage kommen. Bei Verw. von Formamid (**I**) an Stelle von DMF ergibt sich eine bessere Reproduzierbarkeit, was nicht nur auf die größere Reinheit des **I**, sondern auch auf seine stärkere Flüchtigkeit zurückgeführt wird.
Gerhard Schulze 5138

*1640* **Bemerkungen zu den Verhältnissen an der Grenze zwischen der festen und der flüssigen Phase in der Papierchromatographie.** Jan Michal und Gerhard Ackermann. (J. Chromatogr. [Amsterdam] **33** (1968) 1, 38–39; Inst. für Erzforsch., Prag; Inst. für Anorg. u. Analyt. Chem. der Bergakad. Freiberg/Sachsen; dt.) – Vf. untersuchen den Aufbau der stationären Phase in der Papierchromatographie u. geben eine Deutung des Ablaufs einer Trennung, nach der die einzelnen Komponenten eines Fließmittelsgemisches verschieden schnell wandern u. somit Bedingungen entstehen, unter denen alle denkbaren Trennungsprinzipien wirksam werden können (Verteilungs-, Ionenaustausch- u. Adsorptionsvorgänge).
Gerhard Schulze 5138

*1641* **Trennungen mit Lösungsmitteln vom Verteilungstyp auf Papier, das mit Adsorptionsmittel beladen wurde.** V. C. Weaver. (J. Chromatogr. [Amsterdam] **33** (1968) 1, 49–52; W. & R. Balston Ltd., Springfield Mill, Maidstone, Kent; engl.) – Die Verw. der mit Silicagel als Adsorptionsmittel beladenen Papiere wurde am Beispiel der Trennung einfacher Zucker, Phenole u. Aminosäuren mit Lsgm., die in der Verteilungschromatographie benutzt werden, gezeigt. Die Ergebnisse lassen erkennen, daß diese Art von Papieren sich unter Anwendung der aufsteigenden Technik zur Schnelltrennung polarer Verb. eignet. Es werden unter den beschriebenen Bedingungen saubere Flecke erhalten. Gerhard Schulze 5138

*1642* **Probleme der Reproduzierbarkeit von $R_F$-Werten in der Flüssig–flüssig-Chromatographie.** Edward Soczewiński und Regina Mańko. (J. Chromatogr. [Amsterdam] **33** (1968) 1, 40–44; Dep. of Inorg. and Analyt. Chem., Med. Acad., Lublin; engl.) – Der Einfl. der Änderung des Verteilungskoeff. der gelösten Substanz u. des Querschnittsverhältnisses der beweglichen u. stationären Phase in der idealen Fl.-Verteilungschromatographie wird erörtert. Bei Verw. von formamid-imprägniertem Papier u. unpolaren Lsgm. als Entwickler zeigte sich, daß der Beladungsgrad (definiert als ml Formamid/g trockenes Papier) die $R_F$-Werte über das Vol.-Verhältnis der beiden fl. Phasen beeinflußt.
Gerhard Schulze 5138

*1643* **Amphotere Ionenaustauscherharze.** 2. Mitt. **Einfache Trennverfahren für Kationen am N-Methyl-β-aminopropionsäure-Harz.** G. Kühn und E. Hoyer. (Z. analyt. Chem. **228** (1967) 3, 166–70; Karl-Marx-Univ., Inst. für Anorg. Chem., Leipzig; dt.) – 1. vgl. C. **1967**, 58-0007; 3. vgl. C. **1968**, 47-0571. – Ein Ionenaustauscher mit N-Methyl-β-aminopropionsäure-Harz tauscht durch Komplexbldg. $Cu^{2+}$, $UO_2^{2+}$, $Bi^{3+}$, $Cr^{3+}$ u. $Fe^{3+}$ selektiv aus, während $Ni^{2+}$, $Co^{2+}$, $Zn^{2+}$, $Mn^{2+}$, $Cd^{2+}$, $Pb^{2+}$, $Be^{2+}$, $Tl^{+}$, $NH_4^{+}$, Alkali-, Erdalkali- u. Seltenerdmetallionen nicht ausgetauscht werden. Daraus ergeben sich Arbeitsvorschriften für die Trennung der bin. Gemische $Cu^{2+}/Zn^{2+}$, $UO_2^{2+}/Nd^{3+}$, $Bi^{3+}/Cu^{2+}$, $Cr^{3+}/Mn^{2+}$, $Fe^{3+}/Cu^{2+}$, $Fe^{3+}/Cd^{2+}$, $Cu^{2+}/Co^{2+}$, $Bi^{3+}/Pb^{2+}$, $Cr^{3+}/Cu^{2+}$, $Fe^{3+}/Mn^{2+}$, $Fe^{3+}/Ni^{2+}$ u. $Fe^{3+}/Nd^{3+}$, sowie für die Abtrennung von $Cu^{2+}$, $UO_2^{2+}$, $Bi^{3+}$, $Fe^{3+}$ u. $Cr^{3+}$ von den übrigen untersuchten Ionen. K. Dorfner 5138

*1644* **Ionenaustauscher mit Phosphor in ihrer funktionellen Gruppe. Anwendung der selektiven Sorptionseigenschaften dieser Austauscher zur quantitativen Trennung von Uran, Thorium und einiger anderer Elemente.** Milan Marhol. (Z. analyt. Chem. **231** (1967) 4, 265–72; Řež u Prahy, Czechoslovak Acad. of Sci., Nucl. Res. Inst.; engl.) – An den Kationenaustauschern „VAP-1", einem $H_3PO_4$-Ester von Polyvinylalkohol, u. „PCOOH-1", einer Polystyrolphosphonsäure, werden in der $H^+$-Form die Trennung von $UO_2^{2+}$, u. $Th^{4+}$ von $Fe^{3+}$, $La^{3+}$, $Pr^{3+}$, $Sm^{3+}$–$Gd^{3+}$, $Y^{3+}$, $Pb^{3+}$, $Pb^{2+}$, $Cu^{2+}$, $Zn^{2+}$, $Mg^{2+}$, $Cd^{2+}$, $Mn^{2}$, $Ni^{2+}$ u. $Co^{2+}$ in salpetersaurem Medium untersucht. $UO_2^{2+}$ u. $Th^{4+}$ werden aus einem Medium > 0,4 n $HNO_3$ oder HCl selektiv ausgetauscht. Da die untersuchten zwei- u. dreiwertigen Ionen unter diesen Bedingungen nicht ausgetauscht werden, ergeben sich eine Reihe von Trennungen. Bei Abwesenheit von $UO_2^{2+}$- u. $Th^{4+}$-Ionen kann man die zweiwertigen on 0,2 n $HNO_3$- oder HCl-Lsg. quant. von den dreiwertigen trennen, u. zwar leichter als mit $-SO_3H$-haltigen Austauschern.
K. Dorfner 5138

*1645* **Verdrängungs-Ionenaustausch-Trennung von ternären Seltenerdgemischen mit chelatbildenden Elutionsmitteln.** D. B. James, J. E. Powell und H. R. Burkholder. (J. Chromatogr. [Amsterdam] **35** (1968) 3, 423 bis 429; Saint Louis, Mich., Mich. Chem. Corp.; engl.) – Vf. zeigen durch mathemat. Ableitungen, daß die Trennung eines tern. Gemisches durch Verdrängungs-Kationenaustausch-Chromatographie mit chelatbildenden Elutionsmitteln durch ein Abstands/Zeit-Diagramm beschrieben werden kann, in dem die durchwanderte Strecke gegen die zur Durchwanderung der Länge der aufgegebenen Mischung benötigte Zeit aufgetragen wird. Die ursprüngliche Zus. des Gemisches u. die Trennfaktoren sind die einzigen Voraussetzungen der Berechnung. Die Punkte der vollständigen Trennung einer jeden der drei Komponenten oder der Punkt einer jeden teilweisen Trennung kann bestimmt werden.
K. Dorfner 5138

*1646* **Verwendung von Sephadex G-10 in der Chromatopolarographie.** A. J. W. Brook. (Chem. and Ind. **1968**, 42, 1434–35; Chem. Defence Exp. Establishment, Porton Down, Salisbury, Wilts; engl.) – Sephadex G-10 kann zur Gelchromatographie von Verb. verwendet werden, die OH- oder $NH_2$-Gruppen enthalten, da es dann zur H-Brückenbindung mit dem Gel kommt. Dadurch lassen sich auch Isomerengemische, wie o-, m- u. p-Nitrophenol; 2.6-, 2.4-Dinitrophenol u. Pikrinsäure u. 2.6-Dinitro-p-kresol u. 4.6-Dinitro-o-kresol sowie auch Pyridin-2-aldoxim, p-Nitroanilin, 4-Hydroxy-3-methoxybenzaldoxim trennen. Als Elutionsmittel werden Phosphatpuffer, Natronlauge u. Dimethylformamid verwendet.
K. Hennig 5138

*1647* **Computer und Laborchromatographen.** John Hadley und James L. Book. (Erdöl Kohle Erdgas-Petrochem. **21** (1968) 2, 93–97; El Paso Prod. Comp., Odessa, Tex.; engl.) – Es wird ein Verf. zur automat. Behandlung u. Verarbeitung der von Gaschromatographen erhaltenen Analysenergebnisse beschrieben. Das Verf. wird mit „manuellen" Meth. verglichen. J. Pickardt 5138

*1648* **Bemerkungen zum Gleichstromentladungsdetektor.** B. J. Richardson und C. Narain. (J. Chromatogr. [Amsterdam] **26** (1967) 1, 248–51; Brit. Oxygen Co., London; engl.) – Der von Fisher u. McCarty [Analytic. Chem. **37** (1965) 1208] beschriebene Detektor ist nach Umbau u. Auswahl einer optimalen Betriebsweise zur empfindlichen Best. von *CO* u. $CO_2$ geeignet. In $N_2$ als

Trägergas lassen sich bei Probevol. von 5 ml noch 2 vpm CO u. 1 vpm $CO_2$ erfassen.
K. Metzner 5138

*1649* **Analytische Leistungsfähigkeit einer vollständig aus Glas bestehenden Kombination von Flammenionisationsdetektor und mit Natrium beschichtetem thermoionischem Detektor.** J. Janák, V. Svojanovský und M. Dressler. (Collect. czechoslov. chem. Commun. **33** (1968) 3, 740–49; Inst. of Instr. Analyt. Chem., Czechoslov. Acad. of Sci., Brno; engl.) – Vf. bestimmen die Zeit, innerhalb der der Untergrundstrom konst. wird, die Beständigkeit des Ansprechens bei einer Meßzeit von 8 Std. u. die Lebensdauer des Detektors. Untersucht wird ferner der Einfl. des Schleifenmaterials auf den Untergrundstrom u. die Detektorempfindlichkeit. Der Wrkg.-Grad der Ionisierung für KW-Stoffe wird mit demjenigen von P-, Halogen-, As-, Sn-haltigen Verb., Phosphin u. Arsinen verglichen. Er nimmt mit der Zahl der Halogentatome pro Mol. zu. H.-D. Schenke 5138

*1650* **Einfacher thermionischer Natrium-Detektor für organische Halogen- und Phosphorverbindungen.** George G. Guilbault und Charles Herrin. (Analytica chim. Acta [Amsterdam] **37** (1967) 3, 412–14; La. State Univ., Dep. of Chem., New Orleans, La.; engl.) – Wenn zwischen Brenner u. Elektrode eines Flammenionisationsdetektors zusätzlich eine Sonde aus Nichrom eingebaut wird, die mit einem Mantel aus Na-Salz umgeben ist, zeigt der Detektor eine erhöhte Empfindlichkeit gegenüber Halogen- u. P-Verb. u. nur für diese (Konstruktionsskizze). Renate Lehmann 5138

*1651* **Beitrag zur Untersuchung der Oberflächenvorgänge bei der Verteilungsgaschromatographie. 1. Mitt. Einfluß der Retentionsvolumina und der Kovats-Indizes beim Polyäthylenglykol 20000.** Jean Bonastre, Philippe Grenier und Paul Cazenave. (Bull. Soc. chim. France **1968**, **3**, 1266–73; College sci. Univ. de Pau; franz.) – Vf. untersuchen den Einfl. des Imprägnierungsgrades eines inerten Trägers mit einem Lsgm. mittlerer Polarität auf die Retentionsindizes. Wegen der starken Adsorption von Alkanen an der Gas–Fl.-Grenzschicht u. der Verw. ihrer Retentionsindizes zur Aufstellung der Kovats-Indizes wird ein theoret. Retentionsindex definiert, der von Adsorptionseffekten unabhängig ist.
J. Pickardt 5138

*1652* **Identifizierung und quantitative Spurenbestimmung durch Kombinierung von Chromatograph und Massenspektrometer.** D. Jolv. (Z. analyt. Chem. **236** (1968) 259 bis 278; Comp. Française de Raffinage, Harfleur; franz.) – Die Anwendung eines derartigen Syst. zur Identifizierung u. Best. von Spuren in Konz. < 0,01% mit einer Genauigkeit von ± 2,5% wird beschrieben; z. B. konnten 10 ppm Bzl. in gesätt. KW-Stoffen auf ± 0,2 ppm genau bestimmt werden, die Nachw.-Grenze betrug 0,1 ppm. Als techn. Beispiele werden Spurenbest. in Prod. hoher Reinheit (99,99%), z. B. Cyclopentadien in Isopren (Geh. < 100 ppm, Nachw.-Grenze 0,5 ppm) sowie die Best. S-haltiger Verb. in Gemischen von $C_4$- bis $C_{16}$-Polymerenbruchstücken beschrieben. J. Pichardt 5138

*1653* **Tropfgerät für einen serologischen Mikrotitrierapparat.** C. J. Sanderson. (Labor. Pract. **17** (1968) 1, 60–61; St. Lucia, Australia, Univ. of Queensland, Veterinary School, Dep. of Preventive Med.; engl.) – Bau u. Funktion eines Gerätes, das aus 12 Spritzen gleichzeitig 0,025-ml-Tropfen abgibt, u. seine Handhabung werden beschrieben. Auch die Wiederfüllung der Spritzen erfolgt gleichzeitig durch nur einen Handgriff. Der Abstand zwischen den Spritzen ist so bemessen, daß die Tropfen jeweils reihenweise in die Vertiefungen der Mikrotitrierplatte nach Takatsky fallen. Die Anwendung dieser Gerätekombination bei der Virus-Hämagglutination u. beim Komplementbindungstest werden als Beispiele beschrieben. F. Bister 5142

*1654* **Bindungsuntersuchungen durch Einstellung von Dialysegleichgewichten. Beschreibung eines genauen und schnellen Verfahrens.** Rapier H. McMenamy. (Analyt. Biochem. [New York] **23** (1968) 1, 122–28; Dep. of Biochem. and Surgery, State Univ. of N.Y., Buffalo, N.Y.; engl.) – Durch Verw. dünner, gut bewegter Lsgm.-Schichten wird eine Gleichgew.-Einstellung bei 4° in 6 Std. u. bei 18° in 4 Std. erreicht. 30 Bindungsunters. können gleichzeitig durchgeführt werden.
H.-D. Schenke 5142

*1655* **Bestimmung der Konzentration osmotisch aktiver Stoffe in biologischen Flüssigkeiten.** M. M. Sokolova. (Labor. Delo **1967**, 10, 589–91; Inst. evoljucionnoj fiziol. i biol. im. Sečenova AN SSSR, Leningrad; russ.) – Es wurde eine Meth. der Gefrierpunktsbest. ausgearbeitet. Dabei wurden ein Halbleiter-Mikrothermowiderstand u. eine Brückenschaltung verwendet. Bestimmt wurde die osmot. Konz. einer 1%ig. NaCl-Lsg. u. die von Humanserum. Die Genauigkeit liegt bei einer Osmolarität von 1,05–1,12. M. Wiedemann 5142

*1656* **Einige instrumentelle Gesichtspunkte der Untersuchung der Thermolumineszenz mit spektraler Verteilung.** P. Görlich, H. Karras, G. Kötitz und P. Ullmann. (Rev. roum. Physique **13** (1968) 1, 33–43; engl.) – Vf. beschreiben eine Laborapp. zur Unters. integraler u. selektiver Glow-Kurven u. Thermolumineszenzspektren von 200–1100 nm in einem weiten Temp.-Bereich (90–800°K). Die Thermolumineszenzspektren von $CaF_2$, $SrF_2$ u. $BaF_2$, dotiert mit $Tm^{3+}$ u. $Y^{3+}$, wurden bei verschiedenen Temp. gemessen.
J. Pickardt 5144

## G–2. Analyse der Elemente und anorganischen Verbindungen

*1657* **Derivatographische Untersuchung von in geschmolzener Phase ablaufenden Reaktionen. Reaktionen mit Chrom(III)-oxid und Phosphaten.** Béla Lóránt. (Z. analyt. Chem. **233** (1968) 6, 408–15; Inst. für Chem. u. Lebensmittelunters., Budapest; dt.) – Derivatograph. Unters. der Rk. von Cr(III)-Oxid u. Phosphaten mit Halogeniden, Sulfat u. Nitrat in geschmolzener Phase ergeben, daß dabei Halogene, S- bzw. N-Oxide ausgetrieben werden, wodurch Gew.-Veränderungen auftreten. Beim Glühen analyt. Fällungen von Cr-Oxidhydrat oder Phosphaten, die mit solchen Salzen verunreinigt sind, muß das beachtet werden. Auf eine derivatograph. Nitrat- u. Sulfatbest. nebeneinander wird hingewiesen. H.-D. Schenke 5151

*1658* **Wasserbestimmung in monomeren und kurzkettigen Silanolen mit Hilfe einer modifizierten Karl Fischer-Titrationsmethode.** Gene E. Kellum und Robert C. Smith. (Analatic. Chem. **39** (1967) 14, 1877–79; Dow Corning Corp., Midland, Mich.; engl.) – Die beschriebene Meth. gestattet die W.-Best. (< 0,2%) in monomeren u. kurzkettigen Silanolen, da durch Kühlung der Probe u. Verw. eines höheren Alkohol (2-Äthyl-1-hexanol)/Py.-Gemisches als Verdünnungsmittel die Geschw. störender Nebenrk., wie Alkoholyse u. intermol. Silanolkondens., weiter herabgesetzt wird. Die Titrationsendpunkte werden graph. ermittelt, wobei eine Differential-Rk.-Geschw.-Titration u. die Extrapolation auf die Zeit Null benutzt werden. Die Probemengen betrugen 0,06–0,12 g, die untere Best.-Grenze lag bei 0,01% $H_2O$. Gerhard Schulze G 240

*1659* **Bestimmung von Wasserspuren in Kohlenwasserstoffen durch Gaschromatographie an einem Gel mit einem Elektroneneinfangdetektor.** Gianrico Castello und Stelio Munari. (J. Chromatogr. [Amsterdam] **31** (1967) 1, 202–04; Ist. di Chim. Ind., Univ. di Genova; engl.) – Durch Verw. mikroporöser polymerer „Poropal"-Perlen als stationäre Phase in der Gaschromatographie können kleine $H_2O$-Mengen in KW-Stoffen wegen der geringen Retentionszeit des W. schnell u. genau bestimmt werden. Wenn Porapak Q teilweise durch Zusatz von 2–5% einer unpolaren fl. Phase (SE-30 Methylsilicon oder Apiezon L) inaktiviert wird, ergeben auch schwerere KW-Stoffe (Octane u. Decane) brauchbare Elutionszeiten bei scharfer Auflösung. Der dadurch bedingte Verlust an Schärfe des $H_2O$-Peaks infolge Schweifbldg. läßt sich durch Zusatz einer polaren fl. Phase zum Träger (ca. 3% Carbowax 20 M) ausschalten. Die Meth. weist eine hohe Empfindlichkeit auf, da wegen der großen Beladungskapazität der stationären Phase große Probevol. (z. B. für eine 5 ft. lange Säule von $^1/_8$ in. ⌀ 150 $\mu$l) ohne Verlust an Auflsg.-Vermögen injiziert werden können. Mit Wärmeleitfähigkeitsdetektor u. He als Trägergas konnten in 150 $\mu$l-Proben 3 ppm $H_2O$ bestimmt werden. Die Eichkurve ist bis herauf zu 400 ppm linear. Bei Verw. eines Elektroneneinfangdetektors u. $N_2$ als Trägergas konnte die Empfindlichkeit um den Faktor 10 verbessert werden. Die Best.-Grenze (relative Standardabweichung ca. 10%) lag bei 0,5—0,7 ppm $H_2O$. Gerhard Schulze G 240

*1660* **Mikrobestimmung von Wasser in Kohlenwasserstoff-Lösungsmitteln durch Reaktion mit N-Benzylidenanilin unter Verwendung der Ultraviolett-Spektralphotometrie.** Ignazio Renato Beliobono. (Analytic. Chem. **39** (1967) 11, 1298—99; Ist. di chim. fis. dell'Univ., Milan, Italy; engl.) — Die beschriebene Meth. beruht auf der Beobachtung, daß selbst Mengen von 0,05 ppm $H_2O$ in spektrograph. reinen KW-Stoffen die Hydrolyse einer Schiffschen Base (N-Benzylidenanilin, **I**) durch UV-Bestrahlung bewirken können. 5 ml einer unter entsprechenden Vorsichtsmaßnahmen hergestellten (4—5) · $10^{-4}$ m **I**-Lsg. in n-Hexan wird zu der Probelsg. mit 0,2 bis 1,6 $\mu$Mol W. gegeben u. mit n-Hexan auf 50 ml aufgefüllt (Lsg. A). Eine 2. Lsg. (Lsg. B) wird analog hergestellt, jedoch die W.-haltige Probelsg. durch W.-freies n-Hexan ersetzt. Schließlich bereitet man sich eine 3. Lsg., die die Hydrolyseprod. von **I**, Anilin u. Benzaldehyd, in je (4—5) · $10^{-5}$ m Konz. in n-Hexan enthalten (Lsg. C). Lsg. A wird dann in der Küvette bei 262 nm mit einer $H_2$-Lampe 3 Std. lang oder mit einer 500 W-Hg-Bogenlampe 1 Std. lang bestrahlt. Anschließend ermittelt man die Extinktionen (E) der Lsg. A, B u. C bei 235 oder 262 nm u. ber. den $H_2O$-Geh. nach ppm $H_2O = (E_A - E_B)/(E_C - E_B)\ xc \cdot V \cdot 18{,}0/\nu \cdot \delta \cdot 10^{-3}$ mit c = molare **I**-Konz. in Lsg. B, V = Vol. des Meßkolbens in ml, $\nu$ = Vol. der Probe, $\delta$ = D. der Probe. Mit $\delta$ = 0,7 g/ml, $\nu$ = 0,9 ml u. c = 4,0 · $10^{-5}$ m betrug der wahrscheinliche Fehler bei 262 nm ± 0,0015, die Best.-Grenze 0,05 ± 0,02 ppm $H_2O$. Die Nachw.-Grenze wurde zu 0,003 ppm $H_2O$ ermittelt. Die Meth. wird mit der Karl Fischer-Titration verglichen. Gerhard Schulze G 240

*1661* **Bestimmung von Wasser in Acrolein und dessen Gemischen mit Isopropylalkohol oder Xylol.** V. A. Terent'ev. (Zav. Labor. **34** (1968) 9, 1078—79; Novokujbyševskij filial NII sintet. spirtov i org. prod.; russ.) — Die Best. erfolgt spektralanalyt. bei etwa 5230 $m^{-1}$ (Spektrometer IKS-14, Prisma LiF, Quarzküvetten). Die Vgl.-Küvette wird mit Acrolein (**I**) gefüllt, dessen abs. Trockenheit nicht erforderlich ist. Gebracht werden die IR-Absorptionsspektren von W. in **I** (0—1,38% W.) u. Isopropylalkohol (IPA) (0,1—2,0% W.) sowie Xylol; die Abhängigkeit des Absorptionskoeff. im Max. der W.-Bande 5235—5230 $cm^{-1}$ für die Gemische **I**/Xylol u. **I**/IPA sowie abs. Best.-Werte des W. in **I**, **I**/IPA u. **I**/Xylol. E. Pfluger G 240

*1662* **Spektralphotometrische Nitratbestimmung mit p-Diaminodiphenylsulfon und Diphenylamin–p-Diaminodiphenylsulfon.** E. Szekely. (Talanta [London] **14** (1967) 8, 941—50; Negev Inst. for Arid Zone Res., Beer Sheva, Israel; engl.) — Zur Best. von $NO_3^-$ mit p-Diaminodiphenylsulfon (**I**), die auf der Bldg. von gelbem, in Säure stabilem 3.3'-Dinitro-4.4'-diaminodiphenylsulfon beruht, wird die halogenidfreie Probelsg. mit 30 bis 300 $\mu$g $NO_3^-$/ml tropfenweise unter Rühren mit 4 ml einer Lsg. von 2 g **I**/l konz. $H_2SO_4$ versetzt. 2 Min. lang auf dem sd. W.-Band erhitzt u. nach Abkühlen auf Raumtemp. u. Verdünnen auf 25 ml bei 410 nm photometriert. Das Beersche Gesetz ist in diesem Konz.-Bereich erfüllt; der molare Extinktionskoeff. beträgt 2400. Die Meth. eignet sich für Routinebest. von Makromengen $NO_3^-$. Halogenide müssen als Ag-Salze, $Cl_2$, $Br_2$, $BrO_3^-$ u. $JO_3^-$ nach Red. mit $HSO_3^-$ durch festes $Ag_2SO_4$ u. $NO_2^-$ mit Harnstoff entfernt werden; Fe(II) wird mit $(NH_4)_2S_2O_8$ oxydiert. Zur Best. von Mikromengen $NO_3^-$ (0,25—2,7 $\mu$g $NO_3^-$/ml in 3 Arbeitsbereichen je nach Arbeitstemp.) wird das Verf. modifiziert, indem u. a. Diphenylamin zugesetzt u. bei 600 nm photometriert wird. Die Meth. läßt sich als spezif. für $NO_3^-$ ansehen u. in Ggw. von $NO_2^-$ anwenden. Zur $NO_3^-$-Best. in W.-Proben u. in konz. $H_2SO_4$ werden Arbeitsvorschriften mitgeteilt. Gerhard Schulze G 243

*1663* **Konduktometrische Titration von Perchlorat mit Tetraphenylarsoniumchlorid.** R. J. Baczuk und W. T. Bolleter. (Analytic. Chem. **39** (1967) 1, 93—95; Bacchus Works, Hercules, Inc., Magna, Ut.; engl.) — Die Probe mit einem Geh. von etwa 1—1,5 mMol $ClO_4^-$ wird in 200 ml W. gelöst, mit HCl oder NaOH auf pH 7 eingestellt u. mit 0,05 m $(C_6H_5)_4AsCl$ bei einer Geschw. von 2 ml/Min. titriert. Bei der Best. von $NH_4ClO_4$ beträgt die Genauigkeit ±0,16% im Vertrauensbereich von 95%. Die Ergebnisse sind vergleichbar mit denen anderer Meth. ($TiCl_3$-Red. u. $NH_4$-Titration in nicht wss. Lsg.). $J^-$ u. $MnO_4^-$ stören. K. Henning G 247

*1664* **Bestimmung von Sulfidspuren nach einer kinetischen Methode.** A. K. Babko, L. V. Markova und M. L. Kaplan. (Zav. Labor. **34** (1968) 9, 1053—54; Inst. obšč. i neorg. chim. AN USSR; russ.) — Die Best. erfolgt in alkal. Lsg. durch Rk. von $Na_2S$ mit einer Photoschicht. Es bildet sich $Ag_2S$. Die Schwärzung der Photoschicht wird auf einem Mikrophotometer gemessen. Die Empfindlichkeit des Nachw. beträgt 0,05 $\mu$g $S^{2-}$/0,5 ml. Am besten haben sich die Photopapiere der Typen II u. I bewährt. Die Best. wird von Ionen der Schwermetalle gestört, die unlösl. Sulfide bilden u. durch Red.-Mittel (A., Aceton). Gebracht wird die prakt. Durchführung der Meth. u. abs. Best.-Werte mit den Fehlergrenzen von —6 bis +6% relativ. E. Pfluger G 253

*1665* **Verwendung von oberflächenaktiven Stoffen in der analytischen Chemie. 1. Mitt. Volumetrische Bestimmung von Sulfat mit Sulfonazo III.** Kyoji Tôel und Toshiko Kobatake. (Japan Analyst **17** (1968) 5, 589—92; Dep. of Chem., Fac. of Sci., Okayama Univ., Tsushima, Okayama-shi; jap., Auszug: engl.) — $SO_4^{2-}$ kann in Ggw. eines anion. Tensids, das die Bldg. von $BaSO_4$ begünstigt, mit $Ba^{2+}$-Lsg. titriert werden. Die Farbe von Sulfonazo III wechselt am Äquivalenzpunkt von rosa nach blau. Bei der Analyse von Meerwasser wurden allerdings keine befriedigenden Ergebnisse erhalten. W. Grimmich G 253

*1666* **Bestimmung von Mikromengen Selen in metallischem Germanium und Germaniumoxid besonderer Reinheit.** V. I. Rigin, N. N. Mel'ničenko und V. K. Janickij. (Zav. Labor. **33** (1967) 11, 1370—72; Sibirskij gos. proekt. NII cvetnoj metallurg.; russ.) — Das Verf. basiert auf der Ox. der Phenylhydrazin-p-sulfonsäure durch Se(IV). Die Farbe des Rk.-Prod. nach der Azokupplung der Ox.-Prod. mit Na-Naphthionat wird gemessen. Bei einer Acidität > 4,5 n HCl geht prakt. das gesamte Reagenz in das Diazoniumsalz (**I**) über. Bei Zimmertemp. benötigt die **I**-Bldg. 20—25 Min.; die Verb. ist bis zu 1 Std. beständig. Die Azokupplung dauert 5—10 Min. bei einem pH von 1,5—4. Die Analysenvorschrift für die Se-Best. u. der Einfl. verschiedener Faktoren auf die Farbstoffbldg. werden mitgeteilt. E. Pfluger G 254

*1667* **Phosphatbestimmung mit elektrischer Endpunktanzeige und ihre Anwendung zur Analyse organischer Substanzen.** 2. Mitt. B. Griepink und J. Slanina. (Mikrochim. Acta [Wien] **1967,** 1, 27—30; Analyt.-chem. Labor. der Reichsuniv., Utrecht; dt.) — 1. vgl. C. **1966,** 39-2066. — Nach Mineralisierung u. Lösen der Probe (0,5—1,5 mg) wird die Lsg. neutralisiert u. mit verd. $HNO_3$ auf pH 3—4 eingestellt. Zur Zers. der Polyphosphate wird 10—20 Min. lang gekocht u. unter Rühren u. Eiskühlung mit $CO_3^{2-}$-freier NaOH-Lsg. 5—6 eingestellt. Nun wird mit $La^{3+}$-Lsg. titriert, wobei durch NaOH-Zusatz pH 5 eingehalten werden muß. Sinkt der pH-Wert innerhalb 1 Min. nicht mehr ab, ist der Endpunkt erreicht. Bei Ggw. von Ba wird $Li_2SO_4$, bei Ggw. von Cd, Hg u. Ag wird KJ zugesetzt. $F^-$, $S^{2-}$, $SO_3^{2-}$, $NO_2^-$, Acetat u. $BO_3^{3-}$ stören die Bestimmung. Herbert Hoffmann G 264

*1668* **Metallchelataustausch in der organischen Phase.** 1. Mitt. **Theorie: Anwendung in der Spektralphotometrie**

**und Komplexchemie.** Jaromír Růžička und Jiří Starý. (Talanta [London] **14** (1967) 8, 909—20; Dep. of Nucl. Chem., Fac. of Techn. and Nucl. Phys., Prague; engl.) — Durch organ. Lsgm. aus der wss. Phase extrahierte Metallchelate können mit in demselben Lsgm. gelösten anderen Chelatbildnern oder den Metallchelaten reagieren. Der Austausch der Metallchelate in der organ. Phase kann für folgende Zwecke verwendet werden: 1. Unters. der Austauschgleichgew. u. der Zus. der Metallchelate, 2. Best. von Extraktionskonst., 3. Darst. neuer, in organ. Lsgm. lösl. Innerkomplexe u. 4. spektralphotometr. Best. kleiner Metallmengen. Theorie u. experimentelle Durchführung werden behandelt. Die Extraktionskonst. von Ag- u. Zn-Diäthyldithiocarbamat in $CCl_4$ wurden mit Hilfe der Extraktionskonst. der entsprechenden Dithizonate bestimmt. Ein Mischkomplex aus As(III) mit Dithizon u. Diäthyldithiocarbamat wurde dargestellt, seine Stabilität, opt. Eig. u. Zus. wurden untersucht. Auf Grund der Bldg. dieses Komplexes wird eine photometr. Meth. zur Best. von bis herauf zu 40 $\mu$g As vorgeschlagen. Gerhard Schulze G 265

*1669* **Chemisch-spektralanalytische Methode der Analyse von hochreinem Antimon durch Sublimieren von $SbBr_3$.** V. V. Malachov, N. P. Protopopova, V. A. Truchačeva und I. G. Judelevič. (Izvest. sibirskogo Otd. Akad. Nauk SSSR, Ser. chim. Nauk **1968**, 4, 78—83; Inst. neorg. chim. SO AN SSSR, Novosibirsk; russ., Auszug: engl.) — Mikrobeimengungen von Sb wurden nach der Umsetzung von metall. Sb mit Br in $CCl_4$ an einem Kohlenstoffkollektor konzentriert. Der Einfl. der Temp., der Prozeßdauer u. a. auf die Wirksamkeit der Subl. u. der Konzentrierung wird untersucht. Die chem.-spektralanalyt. Meth. erlaubt die Best. von Ag, Au, Ba, Be, Ca, La, Mg, Mn, Pb, Pt, Tl, Fe, In, Al, Ga, Cd, Zn, Cu, Co, Ni u. Cr mit einer Empfindlichkeit von $10^{-7}$ bis $10^{-5}$% im hochreinen Sb. J. J. Pohl G 266

*1670* **Empfindlichkeit des Elektroneneinfangdetektors gegenüber Metall-Trifluoracetylacetonaten.** Taitiro Fujinaga und Yochinori Ogino. (Bull. chem. Soc. Japan **40** (1967) 2, 434; Chem. Inst., Kyoto Univ., Sakyo-ku, Kyoto; engl.) — Vf. stellten eine lineare Gesetzmäßigkeit zwischen der Detektorempfindlichkeit u. der Wellenlänge des Absorptionsmax. im UV-Spektrum für diese Verb. fest. [4 mm × 0,75 m-Stahlsäule, gepackt mit 1% Apiezon L auf glasartigem C (80—100 mesh), Säulentemp. 85°, Trägergas 50 $mLN_2$/Min., Probenmenge 3 $\mu$l $10^{-4}$ m Bzl.-Lsg., Detektortemp. 170°.] Renate Lehmann G 270

*1671* **Potentiometrische Bestimmung von Calcium mit EGTA unter Verwendung von Silber als Indikatorelektrode.** Tsuyoshi Nomura und Genkichi Nakagawa. (Japan Analyst **16** (1967) 12, 1309—14; Nagoya-shi, Shôwa-ku, Nagoya Inst. of Technol.; jap., Auszug: engl.) — Die Probelsg. wird zur Herst. eines reversiblen Potentials gegenüber der Ag-Elektrode mit einer geringen Menge $Ag^+$ versetzt. Das Potential folgt der Gleichung $E = E_0 + 0{,}0592 \log [Ag^+]$ (25°). Während der Titration hängt der bereits titrierte Anteil $a = C_Y/C_M$ mit $[Ag^+]$ über die Gleichung $a = 1 - [Ag^+] \cdot K_{AgY} \cdot \alpha_{(M)}/(C_{Ag} - [Ag^+]) \cdot K_{MY} + (C_{Ag} - [Ag^+]) \cdot a_Y/[Ag^+] \cdot K_{AgY} \cdot C_M$ zusammen. Aus dieser Gleichung folgt, daß der Endpunkt der Titration um so schärfer wird, je kleiner die Werte $K_{AgY}\alpha_{(M)}K_{MY}$ u. $\alpha_{(Y)}K_{AgY}C_{(M)}$ sind. Die optimalen Bedingungen der Titration (pH, Konz. des Indikatorions) können also berechnet werden. In Ggw. eines 10fachen Mg-Überschusses wird Ca durch Titration bei pH 10 bestimmt. I. Degen G 283

*1672* **Radiochemische Abtrennung von Strontium durch Isotopenaustausch.** I. H. Qureshi, M. S. Shahid und S. M. Hasany. (Talanta [London] **14** (1967) 8, 951—56; Atom. Energy Centre, Lahore, Pakistan; engl.) — Zur schnellen Abtrennung kleiner Mengen von akt. Sr durch Isotopenaustausch wurde eine Anzahl von Parametern, wie Schüttelzeit, Sr-Konz. in der festen u. fl. Phase sowie Herst. u. Alterung der Nd. untersucht u. optimiert. Unter den besten Bedingungen wurden Austauschausb. von 96% mit $SrSO_4$ u. 94% mit Sr-Oxalat als Nd. erhalten. Unters. zur Dekontaminierung mit 15 Leitisotopen zeigten, daß der Sulfatnd. selektiver als der Oxalatnd. ist, wobei die Kontaminierung durch die meisten Elemente unter 1% lag. Nur $^{140}Ba$, $^{140}La$ u. $^{110}Ag$ zeigten hohe Kontaminierung. Das Verf. wurde zur Best. von $^{90}Sr$ in Regenwasser angewendet. Gerhard Schulze G 284

*1673* **Amperometrische Bestimmung von Zink mit Natriumtellurit.** G. S. Deshmukh und V. S. Sankara Rao. (Chem. and Ind. **1968**, 42, 1434; Div. of Anal. Chem., Banaras Hindu Univ., Varanasi, India; engl.) — Die Titration wird in Ggw. eines $NH_4Cl/NH_4NO_3$-Puffers pH 6,5 bei einer Pufferkonz. von 0,01—0,03 m u. einer Spannung von —1,4 V, gemessen gegen SCE, ausgeführt. Im Verlauf der Titration fällt ein weißflockiges Zn-Tellurit aus. Bei 1—2 mg Zn beträgt der Fehler ± 0,7%. K. Henning G 288

*1674* **Anwendung des substöchiometrischen Radioisotopenverdünnungsprinzips auf die Coulometrie bei konstantem Potential und die Solventextraktion.** A. R. Landgrebe, L. T. McClendon, J. R. Devoe, P. A. Pella und W. C. Purdy. (Analytica chim. Acta [Amsterdam] **39** (1967) 2, 151—59; NBS, Washington, D.C.; engl.) — Die Meth. der Isotopenverdünnung wurde auf die Elektrolyse bei konst. Potential u. auf die Solventextraktion mit Dithizon zur Spurenbest. von Cd angewendet. Dazu wurde eine Meth. entwickelt, die die Prüfung gestattet, ob das substöchiometr. Prinzip befolgt wird. Falls letzteres nicht zutrifft, bleibt die Möglichkeit der Best. mit Hilfe von Eichkurven. Um eine unabhängige Überprüfung der potentialkontrollierten Coulometrie vorzunehmen u. ein Mittel zum Vgl. für die Isotopenverdünnungsmeth. zu schaffen, wurde ein Stromintegrationsverf. benutzt. Zur Empfindlichkeitssteigerung des Extraktionssyst. für Cd ($CHCl_3$/Dithizon) diente eine Mikrotechnik. Cd wurde in Zn-Probe nach der Zusatzmeth. bestimmt. Gerhard Schulze G 289

*1675* **Spektrophotometrische Schnellbestimmung von Zink in Cadmiummetall.** Yoshihiro Ishihara, Toshikazu Naniwa, Seiji Yokokura und Shoji Uchida. (Japan Analyst **17** (1968) 8, 991—96; Mitsubishi Metal Mining Co., Ltd., Kitabukuro, Omiya-shi, Saitama-ken; jap., Auszug: engl.) — Die Probe wird in Säure gelöst, die Lsg. eingedampft, der Rückstand mit W. aufgenommen u. die Lsg. mit Acetatpuffer auf pH 6 gebracht. Bi, Sb u. Sn bleiben im Rückstand. Zur wss. Lsg. gibt man Xylenolorange u. photometriert den Zn-Komplex bei $\lambda_{max}$ = 570 nm. Das Beersche Gesetz gilt bis zu 60 $\mu$g Zn/50 ml. Störungen durch Cd, Cu, Pb, Al u. Fe werden durch Zugabe von KJ, $(NH_4)HF_2$ u. $Na_2S_2O_3$ beseitigt. Störungen durch Co u. Ni konnten nicht umgangen werden. 17 ppm Zn in Cd wurden mit einem Variationskoeff. von 2% bestimmt. W. Grimmich G 289

*1676* **Oszillopolarographische Bestimmung kleiner Mengen Blei in Cadmium.** Kamihiko' Itsuki, Eiichi Honma und Tadao Suwa. (Japan Analyst **17** (1968) 8, 1022—25; Mitsubishi Metal Co., Ltd., Naojima-machi, Kagawa-gun, Kagawa-ken; jap., Auszug: engl.) — 5 g Probe werden in $HCl/HNO_3$ gelöst, die Lsg. wird eingedampft, der Rückstand mit HCl-Lsg. aufgenommen, nochmals eingedampft u. mit 100 ml 1 n HCl-Lsg. aufgenommen. In dieser Lsg. kann Pb oszillopolarograph. bestimmt werden. Nach der Meth. lassen sich ≤ 0,0005% Pb in Cd bestimmen. W. Grimmich G 289

*1677* **Neutronenaktivierungsanalyse durch Zusatz eines Standards und Solventextraktion. Bestimmung von Verunreinigungen in Aluminium.** A. Alian und A. Haggag. (Talanta [London] **14** (1967) 9, 1109—19; Nucl. Chem. Dep., Atom. Energy Establ., Inshas, U.A.R.; engl.) — Ein Trennungsgang zur aktivierungsanalyt. Best. der Verunreinigungen in Al wurde entwickelt, der auf selektiver Extraktion u. Zusatz eines Standards beruht. Dazu wurden Vorunters. zur Extrahierbarkeit von Sc, Co, Hf, Fe, Sn, Cd, Zn, Ag, Cr, Ce, Cs u. Rb mit Tributylphosphat u. Tri-n-decylamin aus sauren Lsg. angestellt u. daraus die optimalen Bedingungen zur Trennung dieser Elemente in Fraktionen, die für die $\gamma$-spektrometr. Analyse geeignet sind, abgeleitet. Für alle Elemente wurden Ausb. von ca. 90% erzielt. Gerhard Schulze G 294

*1678* **Bestimmung von Gallium in Legierungen auf Niob-Basis.** K. S. Pevzner und T. V. Čerkašina. (Zav. Labor. **34** (1968) 8, 937; Gos. NI i proektnyj inst. redkometall. prom.; russ.) — Best. von $> 5\%$ Ga mittels komplexometr. Titration in Ggw. von Nb; der Einfl. des Nb wird durch Zusatz von Weinsäure (I) neutralisiert. Die Leg. wird durch Schmelzen mit $K_2S_2O_7$ aufgeschlossen, in 15%ig. I gelöst u. nach dem Verd. mit W. mit 25%ig. NaOH-Lsg. auf pH 5 eingestellt. Nach Zusatz von 1 g Urotropin u. 5 ml 1 n Essigsäure wird ein Überschuß 0,01 m Komplexon III-Lsg. (K III) zugesetzt u. nach Aufkochen der Überschuß mit $ZnCl_2$ gegen Xylenolorange von Gelb auf Rot titriert. Der mittlere quadrat. Fehler liegt bei 50% Ga bei 0,5% u. bei 5% Ga bei 1%.
E. Pfluger G 295

*1679* **Systematische Untersuchungen über die Trennung von $^{90}Sr/^{90}Y$ und von $^{140}Ba/^{140}La$ unter Verwendung von Dowex-50 als Ionenaustauscher und Milchsäure als Komplexbildner.** K. H. Lieser und K. Bächmann. (Z. analyt. Chem. **225** (1967) 3, 379—91; Eduard-Zintl-Inst., TH, Darmstadt; dt.) — Am Ionenaustauscher Dowex 50X8 (100—200 mesh) werden für Sr, Y, Ba u. La die Einstellung der Ionenaustauschgleichgew. als Funktion der Zeit u. die pH-Abhängigkeit der Verteilungskoeff. bestimmt. Daraus ergeben sich eine Trennung Sr/Y durch Elution des Y mit 0,2 m Milchsäure bei pH 4,6 u. eine Trennung Ba/La durch Elution des La mit 0,5 m Milchsäure von pH 4,6. K. Dorfner G 301

*1680* **Trennung von Seltenerdmetallen aus der Atomkernspaltung an Kationenaustauschern.** Karl-Erich Seyb. (Z. analyt. Chem. **266** (1967) 1, 159—70; Inst. für Anorg. Chem. u. Kernchem. der Univ., Mainz; dt.) — Am Beispiel des Elementenpaares Y/Tb wird der Einfl. der Arbeitsbedingungen auf die Trennung der Seltenerdmetalle am Kationenaustauscher Dowex 50X8 durch Elution mit α-Hydroxyisobuttersäure (I) nochmals untersucht. Optimale Bedingungen sind: 1. Hohe Konz. u. kleiner pH-Wert der I; 2. Temp. von 50—83°; 3. Trägerzusatz von $> 1\ mg/mm^2$ Säulenquerschnitt vermeiden; 4. Durchflußgeschw. $< 10$ ml/Stunde.
K. Dorfner G 303

*1681* **Polarographische Bestimmung von Seltenerdmetallionen in Lösungen, die Ammoniumlactat enthalten.** J. Inczédy und L. Erdey. (Acta chim. Acad. Sci. hung. **51** (1967) 4, 349—57; Inst. of Gen. Chem., Polytechn. Univ. Budapest; engl.) — Seltenerdmetalle in Milchsäure/$NH_4$-Lactat-Lsg. vom pH 9 ersetzen in Cu- oder Zn-EDTA-Komplexen das komplexierte Metall fast vollständig. Durch polarograph. Best. der freien Metallionen können die Seltenerdmetallionen indirekt bestimmt werden. K. Alker G 303

*1682* **Photometrische Bestimmung von Seltenerdelementen mit Arsenazo III bei Gegenwart von Komplexon III.** M. E. Vdovenko und S. L. Lisičenok. (Zav. Labor. **33** (1967) 11, 1372—73; Inst. obšč. neorg. chim. AN USSR; russ.) — EDTA behindert die Bldg. des La-Komplexes mit Arsenazo III (I). Bei einem Verhältnis [La]:[EDTA] = 1:1 verringert sich die Extinktion bei pH 3 um 15%; bei 5fachem Überschuß wird der La-I-Komplex zu mehr als 50% zerstört. Ein 20facher EDTA-Überschuß bei pH 2,5 ± 0,1 übt auf die Komplexbldg. des La mit I keinen Einfl. aus. Die Meth. ist auch für andere Seltenerdmetalle anwendbar. Mitgeteilt werden abs. Werte der La-Best. u. die Abhängigkeit der Extinktion von verschiedenen Einfl.-Faktoren. E. Pfluger G 303

*1683* **Schnellmethode zur Bestimmung von Seltenerdmetallen in Betriebslösungen.** V. D. Bludov, N. S. Kosenko und Ju. I. Merisov. (Zav. Labor. **33** (1967) 11, 1380; russ.) — Für die Best. von Pr, Nd, Ho u. Er in Lsg., die bis 300 g Seltenerdoxide/l, bis 150 g andere Elemente/l u. bis 30 g freies $HNO_3$/l enthalten, wird ein spektrophotometr. Schema unter Verw. des Stylometers FES—1 verwendet, das nach der Meth. der Verhältnismessung arbeitet. Zur Kompensation der Absorption der Störelemente wird ein Interferenzfilter mit dem Durchlässigkeitsmax. bei 556,9 nm eingesetzt. Die Betriebslsg. wird in eine Küvette von 600 × 20 × 5 mm gefüllt u. die Absorption bestimmt, u. zwar für Pr bei 444,6 (nm), Nd bei 575,2, Ho bei 536,8 u. Er bei 523,0. Die Extinktion wird nach $D = \log I_{H_2O}/I_p$ gefunden, worin $I_{H_2O}$ u. $I_p$ die Differenzablesung des Potentiometers beim Photometrieren von W. u. der Probelsg. sind.
E. Pfluger G 303

*1684* **Trennung der Lanthaniden und Actiniden an Ionenaustauschern unter Verwendung von Hydroxyäthylendiamintriessigsäure. 4. Mitt. Nachweis eines negativen Komplexes vom Typ $MeY_2H^{(3-n)-}$ zwischen den Lanthaniden und HEDTA.** E. Merciny und G. Duyckaerts. (J. Chromatogr. [Amsterdam] **35** (1968) 4, 549—61; Liège, Univ. de Liège; franz.) — 3. vgl. ibid. **31**(1967) 2, 510; 2. vgl. C. **1968,** 1-1822. — Durch Elektrochromatographie u. Adsorption an einem Anionenaustauscherharz wird bei pH $> 2,85$ ein charakterist. Komplex vom Typ $MeY_2H_n^{(3-n)-}$ nachgewiesen. Eu u. Am werden in wss. $2 \cdot 10^{-2}$ m HEDTA- plus $10^{-3}$ m $KNO_3$-Lsg. bei 300 V, 1,4 mA bei pH 1,5, 2,4, 2,75, 2,85, 2,95 u. 3,3 verschieden lange auf ihre Wanderung untersucht. Am wandert bei pH $< 2$ zur Kathode u. pH $> 2$ zur Anode. Eu wandert bei pH 1,5 zur Kathode u. bei pH 2,85 zur Anode. Am Ionenaustauscher Dowex 1-X4 (50—100 mesh, $Cl^-$-Form) werden in $10^{-2}$ m HEDTA- plus 0,15 m KCl-Lsg. bei pH 2,22—8,05 das Eintauschverhalten von Eu u. Tu im „batch"-Verf. untersucht. Aus der Existenz des neuen Komplexes ergeben sich Möglichkeiten zur Erklärung gewisser Anomalien des Elutionsverhaltens von Seltenerdelementen an einem HEDTA-Kationenaustauscher.
K. Dorfner G 303

*1685* **Radiochemische Trennungen. 5. Mitt. Abtrennung von Lanthan, Barium, Cäsium und Tellur aus den Cer-Zerfallsprodukten.** A. Maštalka, V. A. Chalkin und N. A. Lebedev. (Collect. czechoslov. chem. Commun. **33** (1968) 7, 2332—36; Inst. of Nucl. Res., Czechoslov. Acad. of Sci., Prague-Řež; engl.) — 4. vgl. ibid. **32** (1967) **4, 1604.** — Nach der Abtrennung des Ce an einer mit Silicagel u. Tributylphosphat gefüllten Säule werden Cs mit Ammoniumwolframatophosphat, die Lanthaniden u. Ba durch Ionenaustauschchromatographie u. Te durch Red. mit $SO_2$ isoliert. H.-D. Schenke G 304

*1686* **Substöchiometrisches Radioisotopenverdünnungsverfahren zur Bestimmung der Seltenerdmetalle.** G. B. Briscoe und A. Dodson. (Talanta [London] **14** (1967) 9, 1051—60; Dep. of Chem., Univ. of Aston in Birmingham, Birmingham; engl.) — Eine Theorie zur Beschreibung der Gleichgew.-Bedingungen für die Extraktion von Lsg., die Spuren von Metallionen u. stöchiometr. Mengen an EDTA enthalten, mit Thenoyltrifluoraceton wird entwickelt u. durch experimentelle Unters. untermauert. Als Anwendung wird die Best. von μg-Mengen Ce, Tb u. Tm beschrieben. Gerhard Schulze G 315

*1687* **Polarimetrische Bestimmung von Zirkonium.** O. N. Perti und I. Parkash. (Indian J. appl. Chem. **30** (1967) 5—6, 144—46; M.N.R. Engng. Coll., Allahabad, India; engl.) — $Zr^{4+}$ wird als $NH_4$-Tetraoxalatokomplex gelöst, mit Cinchonin gefällt u. der opt. akt. Komplex in Py./W. (7:3) gelöst. Aus dem Drehwinkel R kann der Geh. an $Zr^{4+}$ (W) ber. werden: W = 17,07 R + 0,2478 [mg $Zr^{4+}$/50 ml]. Es können 3,35—24,12 mg $Zr^{4+}$/50 ml Lsg. bestimmt werden. U. Geisler G 322

*1688* **Phasenanalyse von Verbindungen des Systems $CaO$–$ZrO_2$–$SiO_2$.** V. V. Beljavskaja und L. A. Kuprijanova. (Zav. Labor. **34** (1968) 8, 913—16; Gos. NI i proektnyj inst. redkometall. prom.; russ.) — Im Syst. $CaO$–$ZrO_2$–$SiO_2$ (A) können vorhanden sein: *CaO, $ZrO_2$, $SiO_2$, $CaZrO_3$, $ZrSiO_4$, $CaSiO_3$, $Ca_2SiO_4$* u. *$Ca_3ZrSi_2O_9$*. Die Probe wird nach folgendem Schema mit verschiedenen Lsgm. behandelt u. in der Lsg. bzw. im Rückstand *Ca*, Zr u. *Si* bestimmt. 1. Behandlung mit A./Glycerin-Lsg.; in Lsg. geht nur freies CaO. 2. Behandlung mit W. bei 80°; in Lsg., gehen $Ca_2SiO_4$ u. freies CaO. 3. Behandlung mit 2%ig. HCl-Lsg. in Lsg.; gehen $Ca_2SiO_4$, $CaSiO_3$ u. freies CaO. 4. Behandlung mit HCl (1:1) bei Siedetemp.; als Rückstand verbleiben $ZrO_2$, $SiO_2$, $ZrSiO_4$. Behandlung des Rückstandes nach 4. mit $H_2F_2$; ungelöst bleiben $ZrO_2$ u. $ZrSiO_4$. Nach Behandlung dieses Rückstandes mit $H_2F_2$ + $H_2SO_4$ verbleibt nur $ZrSiO_4$. Gebracht werden abs. Best.-

Ergebnisse von Gemischen vorst. Verb.; Betriebsproben des **A** mit geringen Geh. an $Fe_2O_3$, $Al_2O_3$, $TiO_2$ u. Cl als Beimengungen geben ebenfalls zufriedenstellende Ergebnisse. E. Pfluger G 322

*1689* **Bestimmung des Triäthylbleiions in wässeriger Lösung mit Natriumtetraphenylborat.** Shinichi Imura, Kiyoshi Fukutaka und Takahiko Yamada. (Japan Analyst **16** (1967) 12, 1351–54; Yamaguchi-ken, Tsuno-gun, Tokyo Ethyl Co.; jap., Auszug: engl.) — $(C_2H_5)_3Pb^+$ wird in wss. Lsg. in Ggw. von $(C_2H_5)_2Pb^{2+}$ u. $Pb^{2+}$ bei pH 4–5 durch Zusatz eines bekannten Überschusses an $Na[B(C_6H_5)_4]$ (**I**) ausgefällt. Nach Filtration wird überschüssiges **I** bei pH 11 durch Titration mit Benzalkoniumchlorid gegen Titangelb bestimmt. Der Fehler des Verf. ist +1,9 bis –0,2%. I. Degen G 328

*1690* **Trennung der radioaktiven Isotopen Zirkonium-97 und Niob-97.** L. N. Pankratova, N. P. Rudenko und L. S. Gudym. (Vestnik Moskovskogo Univ., Ser. II **23** (1968) 5, **41**–43; NII Jadernoj Fiz.; russ., Auszug: engl.) — $ZrO_2$ wurde nach Bestrahlung auf dem Sandbad in einem Gemisch von konz. $HNO_3$ u. HF gelöst. Nb wird aus 10 n $HNO_3$-Lsg. zu 29% an Glaswolle absorbiert. Eine Erhöhung der Zr-Konz. von 0,0055 bis 1,11 mg/ml führt zu einer Blockierung von Silicatgruppen, der Sorptionsgrad von Nb wird herabgesetzt. Zr wird mit 10 m $HNO_3$, Nb nachher mit Oxalsäure ausgewaschen. Bei hohen Zr-Konz. müssen lange Kolonnen verwendet werden. J. J. Pohl G 331

*1691* **Polarographie von Molybdän in Asparaginsäurelösung.** C. M. Gupta und J. K. Gupta. (Talanta [London] **15** (1968) 2, 274–76; Dep. of Chem., Univ. of Rajasthan, Jaipur, India; engl.) — In 0,01 m Asparaginsäure-Lsg. gibt Mo(VI) bei pH 4 eine Stufe ($E_{1/2}$ –0,62 V, SCE), jedoch zwei bei niedrigeren pH-Werten. Die Elektrodenrk. ist irreversibel. Im Bereich $10^{-3}$–$10^{-5}$ m ist die Best. in Ggw. von Co(II), Ni, Cu(II), Mn(II), Th, W, Cr(VI) bei einer Genauigkeit von 2% möglich. E. Bomke G 336

*1692* **Photometrische Bestimmung von Mikrogrammengen Uran mit Rhodamin B.** H. H. Ph. Moeken und W. A. H. van Neste. (Analytica chim. Acta [Amsterdam] **37** (1967) 4, 480–83; Eurochemie, Mol, Belgium; engl.) — Zur Best. von 0,02–3 µg U/ml in Nitratproben gibt man zu 3 ml der fast neutralen Probelsg. 2 ml Benzoatpuffer (12 g Benzoesäure + 1 mMol $Na_2$-EDTA werden in 100 ml 0,5 n NaOH-Lsg. gelöst, mit W. auf 1 l aufgefüllt u. mit 5 m $HNO_3$ auf pH 4,5 eingestellt) u. 5 ml Reagenzlsg. (160 ml Lsg. A werden zu 200 ml Ae. gegeben u. auf 1 l mit Lsg. B aufgefüllt. Lsg. A besteht aus 4,5 g Benzoesäure in 200 ml MIBK, Lsg. B aus 1 g Rhodamin B, das mit 1 l Bzl. u. 1 l W. 5 Min. lang geschüttelt wird; die organ. Phase wird nach Filtration über Papierfilter verwendet). Dann wird 2 Min. lang geschüttelt, zentrifugiert u. die Extinktion der organ. Phase bei 555 nm gegen die Reagenzlsg. gemessen. Der molare Extimktionskoeff. beträgt 102700 $cm^2$/m Mol. Die relative Standardabweichung liegt im angegebenen Unters.-Bereich zwischen 20–0,6%. Die Nachw.-Grenze beträgt 0,02 µg/ml im Vertrauensbereich von 99%. K. Henning G 339

*1693* **Genaue Uranbestimmung in reinem Uran und in Uranverbindungen durch coulometrische Titration bei konstantem Strom.** Jerzy Malinowski. (Talanta [London] **14** (1967) 2, 263–65; Internat. Atomic Energy Agency, Seibersdorf, Österr.; engl.) — Für die U-Best. in U-Metall sowie in $UO_2$, $UO_3$ u. $U_3O_8$ wird das von Pszonicki (Talanta [London] **13** (1966) 3, 403) beschriebene Verf. bez. der Endpunktsbest. durch coulometr. Titration bei konst. Strom modifiziert. Der Variationskoeff. des Verf. beträgt 0,003%. E. Bomke G 339

*1694* **Anreicherung von Uran(VI) an Cellulosephosphat.** T. Bruce und R. W. Ashley. (Analyst **92** (1967) 1091, 137; Atomic Energy of Canada Ltd., Chalk River, Ontario; engl.) — Die U(VI)-haltige Lsg. wird durch Chromedia P 81-Scheiben gegeben u. nach dem Trocknen röntgenfluoreszenzspektrometr. die Konz. bestimmt. Die Fluoreszenzintensität wird bei 495 nm gemessen u. ist der U-Menge im Bereich von 1–10 µg nahezu proportional. Auf Grund von Testreihen wurde festgestellt, daß U quant. an Cellulosephosphat aus Lsg. absorbiert wird, die 50 µg U/l enthalten. G. Gawalek G 339

*1695* **Spektralanalyse von Mangan durch Verdampfung in Luft.** V. N. Muzgin und L. A. Gladyševa. (Zav. Labor. **34** (1968) 9, 1076–77; Ural'skij politechn. inst. im. Kirova; russ.) — Die Anwendung der Meth. der Verdampfung (Vd) in Luft mit 1% Trägersubstanz (NaCl) erhöht die Empfindlichkeit der Best. von Bi, Cd, Cu u. Sn. Das metall. Mn wird in $MnO_2$ übergeführt (Auflsg. des Mn in reiner $HNO_3$, eindampfen der Lsg. u. erhitzen bei 250°). Die Probe wird dann in eine Graphithülse von 4 mm ⌀ u. 8 mm Länge eingelegt u. die Hülse in die Elektrodenbacken eingepreßt u. bei 1400° verdampft. Das erhaltene Kondensat auf dem Elektrodenempfänger wird bei 6 A 35 Sek. lang angeregt. Gebracht werden die Vd-Kurven der Begleitelemente u. der Grundmasse $MnO_2$, die Abhängigkeit der Schwärzung durch Cd, Pb u. Cu vom relativen Zusatz (Mn bzw. Na) u. die Eichkurven für die Best. der Begleitstoffelemente. Der relative Fehler der Best. für alle Elemente liegt bei 10–15%. E. Pfluger G 350

*1696* **Mikromethode zur Beobachtung hängender Schmelzen: System $Na_3MnO_4$–NaOH–$H_2O$.** Hermann Lux und Michael Seliger. (Mikrochim. Acta [Wien] **1968,** 4, 683–85; Anorg.-chem. Labor., TH München; dt.) — Die bereits führ angewandte Extinktionsmessung an hängenden Schmelzen (F. Brändl, Dissertation Univ. München 1962) wird unter Verw. einer unter W. plangeschliffenen 1,5 mm dicken gesinterten $ThO_2$-Scheibe von ⌀ 5 mm zur Best. von $Na_3MnO_4$-Geh. in wss. NaOH-Mischungen im Bereich von 300–400° mit einer Monla-Niedervoltlampe ausgeführt. Das Syst. bildet bei 305° u. 11,2 Gew.-% $Na_3MnO_4$ ein Eutektikum. K. Henning G 350

*1697* **Verwendung von Anionenaustauschern zur quantitativen Trennung der Kationen der dritten analytischen Gruppe.** 2. Mitt. **Trennung von Mangan und Zink.** Janusz Gera. (Chem. analit. [Warszawa] **13** (1968) 4, 763 bis 765; Poznań, Kat. Chem. Ogólnej Wyższej Szkoły Rolniczej; pol.) — Zur Trennung wird eine Lsg. der Probe in 15%ig. A. auf eine Anionenaustauschersäule (Lewatit MN, Oxalatform) gegeben. Zn wird mit 0,4 n NaOH-Lsg., die 3%ig. an $H_2O_2$ ist, Mn mit 0,5 n $H_2SO_4$ eluiert. Die Konz.-Verhältnisse der Ionen können von 1:1 bis 1:20 variiert werden. I. Degen G 350

*1698* **Anwendung der Dünnschichtchromatographie zur Trennung anorganischer Ionen.** 2. Mitt. **Trennung von radioaktivem Mn und Hg im ppm-Bereich als Spuren in einer festen Matrix aus Al und Ag.** Giorgio Bottura. (Ann. Chimica **57** (1967) 2, 148–58; Bologna, Univ.; ital.) — 1. vgl. C. **1966,** 10-1975. — Vf. verwendet mit HCl (1:1) gereinigte u. mit NaOH- oder NaCl-Lsg. vorbehandelte Silicagel-G-Schichten. Die quant. Trennung Al/$^{54}$Mn gelang durch Eluieren der Silicagel/NaOH-Schichten mit einer 0,1 m wss.-alkohol. Lsg. von 8-Hydroxychinaldin (40 Min.) oder 5.7-Dibrom-8-hydroxychinaldin (50 Min.) oder der entsprechenden 5.7-Dichlorverb. (35 Min.), die quant. Trennung Ag/$^{203}$Hg durch 30 Min. langes Eluieren der Silicagel/HCl- oder Silicagel/NaCl-Schichten mit 0,1 m methanol. Lsg. aus Äthylendiamin, Di- oder Triäthylamin, Tributylamin, Acetylaceton oder TTA. Bei einem Neutronenfluß von $10^7$ bis $10^8$ n · $cm^{-2}$ · $s^{-1}$ konnten bei 1–5std. Bestrahlen im RB 1-Montecuccolino-Reaktor noch 1 ppm Mn in Al u. 10 ppm Hg in Ag nachgewiesen werden. L. Johannsen G 350

*1699* **Radiochemische Trennungen mit Hilfe der Ringofenmethode.** 2. Mitt. **System $^{99}$Mo/$^{99m}$Tc.** D. Klockow. (Talanta [London] **14** (1967) 7, 817–21; Chem. Labor. der Univ. Freiburg i. Br.; dt.) — 1. vgl. C. **1968,** 10-1926. — Die Trennung von $^{99}$Mo u. $^{99m}$Tc mit Hilfe der Ringofenmeth. gelingt am besten auf Rundfiltern, die mit Berliner Blau oder $MnO_2$ imprägniert wurden. Mo bleibt im Zentrum des Filters fixiert, Tc wird mit 70–90%ig. Ausb. im Ring konzentriert. Die Dekontaminierungsfaktoren erreichen Werte von ≧ $10^3$. Wenn nach einer Trennung genügend $^{99m}$Tc nachgebildet worden ist, kann es erneut vom Mutternuklid abgemolken werden. Die Halbwertszeit des abgetrennten $^{99m}Tc$ wurde zu 6,06 ± 0,05 Std. ermittelt. Gerhard Schulze G 351

*1700* **Photometrische Rheniumbestimmung mit Dimethylglyoxim nach Abtrennung vom Grundmaterial durch Extraktion und Ionenaustausch.** H.-G. Döge und H. Große-Ruyken. (Mikrochim. Acta [Wien] **1967**, 1, 98 bis 103; Inst. für Metallphys. u. Reinstmetalle der DAW, Berlin; dt.) — Nach Aufschluß mit HF + $HNO_3$ oder Lösen wird Re mit Py. extrahiert. Danach wird das Py. mit $H_2O$ bzw. $K_2C_2O_4$-Lsg. aus einer Ionenaustauschersäule (Wofatit SBW, $Cl^-$-Form) ausgewaschen u. das Re mit $HClO_4$ eluiert. Diese Lsg. wird nach Zusatz von Dimethylglyoxim- u. $SnCl_2$-Lsg. bei 440 nm photometriert. Im Konz.-Bereich 1—100 $\mu$g beträgt die Standardabweichung für die Re-Best. in Mo bei Geh. von 1 bis 10 ppm 8%. Die Meth. wurde zur Re-Best. in Mo, W, Erzen u. Flugstäuben verwendet. R. Stolz G 352

*1701* **Beiträge zur quantitativen Dünnschichtchromatographie. 6. Mitt. Spektralphotometrische Bestimmung des Eisens mit MDCM. Trennung Fe(II)–Fe(III).** G. Pokorny. (Mikrochim. Acta [Wien] **1968**, 2, 386—89; Inst. für anorg. u. anal. Chem., Univ., Graz; dt.) — 5. vgl. C. **1969**, 12-1753. — Die Trennung von Fe(II) u. Fe(III) im $\mu$g-Bereich ist mittels Dünnschichtchromatographie auf Cellulosepulver mit den Fließmitteln 6 n HCl/A., n-Propanol, n-, sek.-, tert. oder Isobutanol (25:75) möglich, wobei nach einer Trennzeit von 90—390 Min. $R_F$ Fe(III) > $R_F$ Fe(II) ist. Nach Absaugen des Trägermaterials wird das Fe photometr. mit MDCM (Morpholinium-morpholin-N-dithiocarbonat) nach zweimaliger $CHCl_3$-Extraktion bei 510 nm ($\varepsilon$ = 3300) bestimmt. Die Varianz beträgt beim 1. Fließmittel bei 10 $\mu$g Fe(II) 3,7% u. beim 3. 3,2%; für 10 $\mu$g Fe(III) 5,3 bzw. 4,3%.
K. Henning G 354

*1702* **Untersuchung von Redoxtitrationen mit Metallchelatverbindungen. 1. Mitt. Bestimmung von Eisen mit dem Co(III)-Nitrilotriacetat-Komplex.** Shigeru Shimomura und Yoshiko Fukumoto. (Japan Analyst **17** (1968) 8, 964—68; Tokushima-shi, Sho-machi, Univ., Fac. of Pharmac. Sci.; jap., Auszug: engl.) — 0—2 ml der 0,1 n Fe(II)-Probelsg. wurden unter $N_2$ mit 55 ml Phosphatpufferlsg. (pH 2,5) u. 5 ml 0,4 m Nitrilotriessigsäurelsg. (NTA) in eine Titrationsküvette gegeben. Die Titration wurde mit Co(III)-NTA unter $CO_2$ durchgeführt. Der Titrationsendpunkt wurde photometr. bei 550 nm bestimmt. Die Best. kann auch in Ggw. von 30 ml 0,1 m Ascorbinsäure durchgeführt werden. Die Co(III)-NTA-Lsg. ist relativ haltbar. Die Haltbarkeit kann durch kalte u. dunkle Lagerung verbessert werden.
I. Degen G 354

*1703* **Spektralphotometrische Bestimmung von Nickel mit 1-(2-thiazolylazo)-2-naphthol (TAN).** Hiroko Wada und Genkichi Nakagawa. (Analyt. Letters **1** (1968) 11, 687—95; Nagoya Inst. of Technol., Nagoya, Japan; engl.) — $Ni^{2+}$ bildet bei pH 4—10 mit TAN einen roten 1:2-Chelatkomplex, der bei 595 nm sein Absorptionsmax. hat ($\varepsilon_{595}$ = 4,6 · $10^4$). $Co^{2+}$ stört u. muß vorher mit $KJO_4$ zu $Co^{3+}$ ox. werden. $Fe^{3+}$ wird mit Pyrophosphat maskiert. Zur Best. werden in einen 100 ml-Scheidetrichter 5—10 ml der Probelsg. gegeben, die 1—10 $\mu$g Ni enthalten können. Nach Zufügen von 2—6 ml 25%ig. $Na_4P_2O_7$-Lsg. u. 4—5 ml 0,5%ig. $KJO_4$-Lsg. wird für einige Min. auf dem W.-Bad erwärmt u. mit 10 ml 2 m $NH_4Cl/NH_3$-Puffer ein pH von 9—10 eingestellt. Der Überschuß an $JO_4^-$ wird durch Erwärmen auf 80° zerstört. Man gibt 0,3 ml 0,2%ig. TAN-Lsg. zu, erwärmt, kühlt ab u. extrahiert mit 10 ml $CHCl_3$. Es schließt sich Auswaschen mit Na-Diäthylthiocarbamatlsg. u. mit verd. HCl an. Dadurch ist die Best. von 1—20 $\mu$g Ni in Ggw. von 100—200 $\mu$g Co, Cu, Zn, Cd, Mn, Cr u. Fe möglich. Das Beersche Gesetz gilt bis 2 $\mu$g Ni/ml.
P. Wild G 356

*1704* **Thiamin als photometrisches Reagenz für Kupfer. 1. Mitt. Neuer Fluoreszenznachweis für Kupfer mit Thiamin.** Yasuhiro Yamane, Yoko Yamada und Shigeru Kunihiro. (Japan Analyst **17** (1968) 8, 973—76; Fac. of Pharm. Sci., Univ. of Chiba, Yayoi-cho, Chiba-shi; jap., Auszug: engl.) — Vf. beschreiben eine Tüpfelrk. u. eine Extraktionsmeth. zum Nachw. von 0,3 $\mu$g Cu/Fleck bzw. 6 $\mu$g Cu/ml. $Cu^{2+}$ wird mit $[NH_3OH] \cdot Cl$ zu $Cu^+$ red. u. bei pH 7 mit der Reagenzlsg. versetzt. Das Rk.-Prod. kann mit Isoamylalkohol extrahiert werden. Die Fluoreszenz wird bei 365 nm gemessen. $S^{2-}$ stört. W. Grimmich G 358

*1705* **Bestimmung von Kupfer und Nickel in reinem Eisen und Gallium durch Aktivierungsanalyse.** J. Borák, M. Křivánek, F. Kukula und V. Vinš. (Chem. Zvesti **22** (1968) 9, 701—06; Lachema, n.p., Brno; tschech.) — Es wird eine einfache analyt. Meth. zur Best. von Ni u. Cu in hochreinem Fe zu. Ga ausgearbeitet, die auf der Abtrennung der durch Neutronenbestrahlung aktivierten Matrix auf Ionenaustauschern oder durch Extraktion mit Ac. beruht u. die Arbeitsweise beschrieben. Ni u. Cu werden zunächst an Dowex 1 durch Eluieren mit 8 n u. 3,5 n HCl getrennt; Ni von den anderen Elementen durch Fällen mit Dimethylglyoxin, Extraktion mit Chloroform u. Umfällen mit Dimethylglyoxin gereinigt; Cu durch Extraktion mit Natriumdiäthyldithiocarbamid im alkal. Medium in Ggw. von EDTA u. Citronensäure bestimmt. Die Empfindlichkeit der Meth. beträgt 5 · $10^{-2}$ $\mu$g Ni u. 5 · $10^{-3}$ $\mu$g Ni. O. Rösner G 358

*1706* **o-Vanillinoxim als analytisches Reagenz. 2. Mitt. Gravimetrische Bestimmung von Kupfer und Nickel und deren Abtrennung von anderen Metallen.** D. P. Goel, K. C. Trikha und R. P. Singh. (Proc. Indian Acad. Sci., Sect. A **68** (1968) 2, 82—87; Dep. of Chem., Univ. of Delhi, Delhi, India; engl.) — o-Vanillinoxim (**I**) bildet mit $Cu^{2+}$ u. $Ni^{2+}$ einen grauweißen bzw. grünen 2:1-Komplex, der schwerlösl. in heißem W. ist. Zur gravimetr. Best. wird der bis zu 35 mg Ni(II) oder Cu(II) enthaltenden Lsg. (pH 2,5—9,5) das doppelte der theoret. erforderlichen Menge an **I** zugesetzt u. nach einer halben Std. über eine Fritte G 4 heiß filtriert. Durch geeignete Wahl des pH u. durch Maskieren lassen sich störende Elemente, wie Fe(III), Sb(III), Bi(III) u. Sn(II), beseitigen. Auch über eine Best. bei gleichzeitiger Anwesenheit von Cu(II) u. Ni(II) wird berichtet. P. Wild G 358

*1707* **Spurenbestimmung von Metallioneninhibitoren im System Glucose/Glucose-Oxydase.** E. Clifford Toren jun. und F. Joseph Burger. (Mikrochim. Acta [Wien] **1968**, 3, 538—45; Dep. of Chem., Duke Univ., Durham, N.C.; engl.) — Die Mikrobest. von Ag, Hg(II) u. Pb(II) wird auf Grund der Verminderung der enzymat. aeroben Ox. der Glucose zur Gluconsäure u. $H_2O_2$ durchgeführt. In Ggw. von Meerrettich-Peroxydase läßt sich die rasche Ox. von o-Dianisidin durch $H_2O_2$ photometr. bei 440 nm verfolgen. Der Fehler beträgt beim Ag im Bereich von 0,005—0,2 $\mu$g/ml 14 ng u. beim Hg(II) von 0,1—0,4 $\mu$g/ml 34 ng. Unterhalb 260 $\mu$g/ml reagiert Pb(II) ohne nennenswerte Hemmung. K. Henning G 359

*1708* **Nephelometrische Bestimmung von Gold mit Dithienyl-2-ketoxim.** William J. Holland und Jesse Gerard. (Analytica chim. Acta [Amsterdam] **43** (1968) 1, 71—75; Univ. of Windsor, Windsor, Ontario, Canada; engl.) — Di-thienyl-2-ketoxim bildet mit Au einen gelben Komplex, $Au(C_9H_6NOS_2)_2OH$, der bei Zugabe von Gelatine als Schutzkoll. eine stabile Suspension ergibt u. zur Best. von $\mu$g-Mengen Au benutzt werden kann. Von 34 untersuchten Ionenarten stören bei 5fachem Überschuß nur Bi(III), Fe(III), Ru(III), Pd(II), Rh(III), Ag(I), $Br^-$ u. $J^-$. Bei höheren Konz. an Fremdionen kann Au vor der Best. aus 6 n HCl mit Isopropyläther extrahiert werden. P. Scharner G 360

*1709* **Schnelle Extraktion von Gold mit Mesityloxid.** V. M. Shinde und S. M. Khopkar. (Analytic chim. Acta [Amsterdam] **43** (1968) 1, 146—49; Indian Inst. of Technol., Bombay; engl.) — Au(III) läßt sich durch Mesityloxid quant. aus Lsg. extrahieren, die 4,5—5,5 m an HCl sind. Anschließend wird es aus der organ. Phase mit 1 m $NH_4OH$ reextrahiert u. mit der $SnCl_2$-Meth. bestimmt. $Tl^+$, $Pb^{2+}$, $Ce^{3+}$, $Ba^{2+}$ u. $SO_4^{2-}$ stören in 20fachem, $Co^{2+}$, $Bi^{3+}$, Be, Acetat, Tartrat, Ascorbinsäure u. EDTA in 10fachem Überschuß nicht; Hg, Sb, Cr, Mn, Malonat u. Thiosulfat stören die Extraktion.
P. Scharner G 360

*1710* **Spektrophotometrische Bestimmung von Platin in Versuchskatalysatoren.** T. D. Rees und S. R. Hill. (Talanta [London] **15** (1968) 11, 1312—14; ICI, Agricult. Div., Res. and Dev. Dep., Billingham, Co. Durham; engl.) — Die Bedingungen zur Best. von Pt nach der $SnCl_2$-Meth. wurden untersucht, Arbeitsvorschriften werden mitgeteilt. Das Absorptionsmax. des Pt–Sn-Komplexes in wss. Lsg. liegt bei 403 nm. Die Lsg. soll 1,1—3,3 m an HCl sein, das Beersche Gesetz gilt für 0—2 mg/100 ml. Störungen durch Cr, Mo u. Ni werden beseitigt, indem man den Komplex selektiv mit Isoamylalkohol (**I**) extrahiert u. die Extinktion in der **I**-Schicht mißt. P. Scharner G 362

*1711* **Verwendung flüssiger Ionenaustauscher in der anorganischen Dünnschichtchromatographie.** R. J. T. Graham, L. S. Bark und D. A. Tinsley. (J. Chromatogr. [Amsterdam] **35** (1968) 3, 416—22; Salford, Lancs., Univ. of Salford; engl.) — Zn(II), Pd(II) u. Rh(II) werden mit 3 m HCl-Lsg. auf Cellulose-Dünnschichten (imprägniert mit den fl. Anionenaustauscher Primene JM-T · HCl) oder auf Ionenaustauscher-Cellulosen mit 1—9 m HCl-Lsg. chromatographiert. Die $R_F$-Werte werden bestimmt u. deren Reproduzierbarkeit untersucht. Der Mechanismus der Chromatographie wird unter dem Gesichtspunkt der Bildung komplexer Anionen u. der Unterdrückung der Ionisation dieser Komplexe diskutiert. K. Dorfner G 365

*1712* **Dioxime aus Großring-1.2-Diketonen und ihre Anwendung für die Bestimmung von Wismut, Nickel und Palladium.** J. Bassett, G. B. Leton und A. I. Vogel. (Analyst **92** (1967) 1094, 279—89; London, Woolwich Polytechn., Chem. Dep.; engl.) — Vf. beschreiben die Darst. alicycl. vic-Dioxime (**I**) mit 5—12 C-Atomen aus den entsprechenden 1.2-Diketonen u. gehen auf ihre Anwendung zur gravimetr. Best. von Bi in Ggw. verschiedener komplexbildender Agentien ein. Die Abhängigkeit der Fällung des Bi vom pH u. der Einfl. von Fremdionen werden untersucht. Für die Bi-Dioximverb. wird eine Polymerstruktur angenommen. In gleicher Weise wird die Anwendung von **I** zur gravimetr. Best. von Ni u. Pd durchgeführt. IR- u. UV-Spektren der Ni(II)- u. Pd(II)-Komplexe werden diskutiert. G. Gawalek G 365

*1713* **Spektralphotometrische Bestimmung von Osmium mit Ammoniumrhodanid.** Mohsin Qureshi und Kishore N. Mathur. (Z. analyt. Chem. **242** (1968) 3, 159—65; Chem. Labor., Aligarh Muslim Univ., Aligarh, India; engl.) — Os bildet mit $NH_4SCN$ in wss. Lsg. bei pH 1,1—4,2 einen braunen Komplex, dessen Absorptionsmax. bei 440 nm liegt. Der Komplex läßt sich mit blauer Farbe in Isoamylalkohol extrahieren ($\lambda_{max}$ 600 nm). Zur Best. wird eine Probe, die 75—375 μg 05/25 ml W. enthalten kann, mit 0,2 ml 4 n $H_2SO_4$ u. 1 ml 2%ig. $NH_4SCN$-Lsg. versetzt. Es wird 30 Min. lang auf dem sd. W.-Bad erwärmt u. nach Abkühlen auf Raumtemp. u. Verdünnen die Extinktion bei 440 nm gegen W. gemessen. Fe(III), Pd(II), Pt(IV) u. $CN^-$ stören. Die Best. ist auch in Ggw. von Fe(III) u. Pd(II) möglich, wenn Fe(III) vorher durch Pyrophosphat gefällt u. Pd(II) durch Citronensäure komplexiert wird. Der Fehler liegt bei ±1,5%. P. Wild G 366

*1714* **Untersuchung der Osmium- und Rutheniumdestillation mit radioaktiven Tracern.** K. S. Chung und F. E. Beamish. (Talanta [London] **15** (1968) 8, 823—29; Univ. of Toronto, Toronto, Ontario; engl.) — Die Dest.-Eig. von Os u. Ru, die mit radioakt. Tracern u. inakt. Verb. untersucht wurden, werden mitgeteilt. Die Tracerlsg. wurden aus den Hexachloro- u. Hexabromoverb. sowie aus gereinigten Metallschwämmen hergestellt. Os kann von Ru quant. getrennt werden durch 40 Min. lange Dest. aus einer Lsg. von 30%ig. $H_2O_2$ u. 12 n $H_2SO_4$ bei 110°. Ist Os als $OsCl_6^{2-}$ oder $OsBr_6^{2-}$ anwesend, beobachtet man langsame u. unvollständige Destillation. Die optimalen Bedingungen zum Lösen von Os u. Ru enthaltenden, säureunlösl. Materialien werden diskutiert. P. Scharner G 366

*1715* **Bestimmung von Phosphor in Gesteinen und Mineralen durch Aktivierungsanalyse.** P. Henderson. (Analytica chim. Acta [Amsterdam] **39** (1967) 4, 512—15; Oxford, Univ. of Oxford, Dep. of Geol. and Mineral.; engl.) — Zur P-Best. in den Standardgesteinen G1, W1 u. T1 werden folgende Trennverf. angewandt: Schmelzaufschluß mit $Na_2O_2$ + NaOH in einem Ni-Tiegel, in dem vorher $(NH_4)_2HPO_4$-Trägerlsg. eingedampft worden war; Fällung als $ZrO(H_2PO_4)_2$, anschließend als $(NH_4)_3PO_4 \cdot 12\,MoO_3$ u. als $NH_4MgPO_4$; dann Überführung in β-Meßschälchen. Nach der Aktivitätsmessung wird der Nd. in HCl gelöst u. die Trennausb. nach dem Ammoniummolybdatverf. photometr. bestimmt. Folgende Ergebnisse wurden erhalten: G1 386 ± 49 ppm, W1 519 ± 32 ppm, T1 747 ± 98 ppm. C. Herold 5158

*1716* **Kaliumbestimmung in Erzen und Mineralien durch Atomabsorptions-Flammenphotometrie.** A. S. Bažov, Ju. A. Lazarev, T. F. Simson, P. A. Koka und B. M. Najdenov. (Ž. analitičeskoj Chim. **22** (1967) 6, 849—51; Kaz. NII mineral'nogo syr'ja, Alma-Ata; russ., Auszug: engl.) — Nach einer apparativen Bestrachtung wird auf die flammenphotometr. K-Best. im Gebiet von 0,05 bis 20 μg/ml eingegangen. Zur Auswertung wird die Abhängigkeit $I_0$–I von der Konz. herangezogen. Auf den Einfl. von Sr, Na, Fe, Si u. Li auf die Best. wird eingegangen. Bis zu einem 500fachen Überschuß ist ihr Einfl. unbedeutend. Der Fehler beträgt bei mittleren K-Konz. 1%. Herbert Hoffmann 5158

*1717* **Spektrophotometrische Bestimmung von Titan in silicathaltigem Material durch Solventextraktion mit N-Benzoylphenylhydroxylamin.** Hajime Ishii und Hisahiko Einaga. (Japan Analyst **17** (1968) 8, 976—81; Nat. Inst. for Res. in Inorg. Materials, Sci. and Technol. Agency, Bunkyo-ku, Tokyo; jap., Auszug: engl.) — Ti bildet mit dem Reagenz einen 1:2-Komplex, der aus 8 n HCl-Lsg. mit Bzl. extrahiert u. bei 380 nm photometriert werden kann (ε = 7100). V(IV), V(V) u. Cr(VI) stören, Cr(III) u. a. in silicat. Material vorkommenden Elemente stören nicht. W. Grimmich 5158

*1718* **Salicylidenamino-2-thiophenol als neues Reagenz zur photometrischen Bestimmung von Zinn: Anwendung zur Analyse von Erzen, Gesteinen und Mineralien.** G. R. E. C. Gregory und P. G. Jeffery. (Analyst **92** (1967) 1094, 293—99; Warren Spring Labor., Stevenage, Herts.; engl.) — Das durch Umsetzung von 2-Aminothiophenol mit Salicylaldehyd herstellbare Salicylidenamino-2-thiophenol (**I**) gibt mit Ag, Cu, Mo, Sn u. a. Metallen farbige Komplexe. Unter bestimmten Bedingungen reagiert es selektiv mit Sn. Zur Herst. dieses Komplexes wird eine HCl-saure Lsg., die < 50 μg Sn enthält, mit 2 Tropfen 2.4-Dinitrophenol-Lsg. versetzt, mit 2,5 n NaOH-Lsg. neutralisiert, mit W. verd. u 2 ml Milchsäure-Lsg. zugefügt. Nach dem Lösen etwa ausgefallener Metalloxide werden 1 ml $Na_2S_2O_3$-Lsg. u. 5 ml **I**-Lsg. zugegeben. Dann wird 20 Min. lang geschüttelt u. mit 10 ml Xylol extrahiert. Die Extinktion wird bei 415 nm gemessen. Einige Metallionen, bes. Cu, stören. G. Gawalek 5158

*1719* **Photometrische Bestimmung von Vanadin in Magnetit, Ilmenit, Chromit und Eruptivgestein.** Iwaji Iwasaki, Takejiro Ozawa und Seiko Yoshida. (Japan Analyst **17** (1968) 8, 986—90; Dep. of Chem., Fac. of Sci., Tokyo Inst. of Technol., Meguro-ku, Tokyo; jap., Auszug: engl.) — Chromite werden mit $Na_2O_2$ im $Al_2O_3$-Tiegel aufgeschlossen u. in $H_2SO_4$-Lsg. gelöst. Cr(VI) wird mit Fe(II) red. u. der Fe(II)-Überschuß mit $HNO_3$ ox., $SiO_2$ wird mit HF entfernt. Die anderen Mineralien werden im Pt-Tiegel mit $H_2SO_4$/HF aufgeschlossen u. in W. gelöst. Die Probelsg. werden mit 2%ig. NaF-Lsg. (Markierung von Ti), 0,1 n $KMnO_4$-Lsg. (Ox. von V), konz. HCl-Lsg. (bis zur Gesamtkonz. von 6 Val/l) u. 15 ml 0,067%ig. N-Benzoyl-N-phenylhydroxylaminlsg. in $CHCl_3$ versetzt u. 30 Sek. lang geschüttelt. Die $CHCl_3$-Schicht wird filtriert u. bei 532 nm photometriert. Der Variationskoeff. betrug 0,42 bzw. 3,3% bei V-Geh. von 0,38 u. 0,025%. W. Grimmich 5158

*1720* **Phasenanalyse von Tantal–Niob-Erzen.** A. B. Kroškina und S. M. Černikova. (Zav. Labor. **33** (1967) 11, 1378—79; VNII mineralnogo syr'ja; russ.) — Die quant. Best. von Nb u. Ta in den Mineralien Columbit

(I) u. Mikrolith (II) wird beschrieben. Das Prinzip des Verf. besteht in der selektiven Auflsg. des **II** in 4 n HF. Dabei gehen $Nb_2O_5$ u. $Ta_2O_5$ aus dem **II** zu 98% in Lsg.; aus dem **I** werden 14% des $Ta_2O_5$ u. 7% des $Nb_2O_5$ herausgelöst. 0,1—5 g werden in einer Pt-Schale mit 50 ml 4 n HF 1,5 Std. lang bei ca. 20° behandelt. Nach der Filtration wird der Rückstand mit 2%ig. HF gewaschen. Im Filtrat werden $Nb_2O_5$ u. $Ta_2O_5$ aus **II** u. teilweise aus **I** bestimmt; im unlösl. Rückstand ist $Nb_2O_5$ u. $Ta_2O_5$ im **I** vorhanden. Die Berechnung der wahren Nb- bzw. Ta-Geh. in **I** u. **II** u. abs. Analysenwerte verschiedener Anreicherungsprod. werden mitgeteilt.
E. Pfluger 5158

*1721* **Spektrographische Bestimmung von Begleitspuren in Ton–Yttrium-Granaten.** M. Z. Nesanelis, E. S. Zolotovickaja und V. K. Ševčenko. (Zav. Labor. **34** (1968) 9, 1068—70; VNII monokristallov; russ.) — Für die Best. von *Pb, Si, Fe, Mg, Ni, Co, Cu* u. *Mn* in Ton–Yttrium-Granaten ($3Y_2O_3 \cdot 5Al_2O_3$) wurde der Einfl. der Trägersubstanz u. der Fluorierung der Probe auf die Verdampfung der Grundmasse u. der Begleitstoffe untersucht. Als beste Trägersubstanz werden 2 Gew.-% $Ga_2O_3$ u. als Fluorierungsmittel feindisperses Ftoroplast-4 (I) verwendet. Gebracht werden die Verdampfungskurven von Si, Mg, Pb u. der Grundmasse mit u. ohne $Ga_2O_3$ u. I sowie der Einfl. von $Ga_2O_3$ u. I auf die Intensität der Spektrallinien der Elemente. Der mittlere quadrat. Fehler liegt bei 20—25%. Die Nachw.-Grenze für Si, Mg u. Fe $5 \cdot 10^{-4}$(%); für Ni, Co, Pb u. Mn 1 bis $3 \cdot 10^{-4}$; für Cu $5 \cdot 10^{-5}$.
E. Pfluger 5158

*1722* **Bestimmung von Mikrogrammengen der sechs Metalle der Platingruppe in Eisen- und Steinmeteoriten.** J. G. Sen Gupta. (Analytica chim. Acta [Amsterdam] **42** (1968) 3, 481—88; Geolog. Surv. of Canada, Ottawa, Ontario; engl.) — Zur Best. der Platinmetalle in 5 Stein- u. 3 Eisenmeteoriten wurden die Proben in $HClO_4$ gelöst. Ru u. Os konnten durch Dest. mit $H_2O_2$–$H_2SO_4$ bzw. $NaBrO_3$–$H_2SO_4$ abgetrennt u. mit Thioharnstoff bzw. 1.4-Diphenyl-3-thiosemicarbazid photometr. bestimmt werden. Pd, Pt, Rh u. Ir wurden am Ionenaustauscher von Begleitelementen getrennt; Pd wurde in Ggw. von Pt, Rh u. Ir mit Arsenazo III bestimmt. Die Best. von Pt, Rh u. Ir erfolgte nach chem. Trennung jeweils mit $SnCl_2$. Die Ergebnisse wurden mit publizierten verglichen, die mit Hilfe der Neutronenaktivierungsanalyse u. spektrograph. Meth. für gleiche u. a. Meteoriten derselben Klasse erhalten wurden. Mit wenigen Ausnahmen ist die Übereinstimmung befriedigend.
P. Scharner 5158

*1723* **Bestimmung von Palladium, Platin und Rhodium in geologischen Materialien durch Schmelzverfahren und Emissionsspektrographie.** Joseph Haffty und Leonard B. Riley. (Talanta [London] **15** (1968) 1, 111—17; Denver, Colo., Federal Center, U.S. Geolog. Survey; engl.) — Ein Verf. zur Best. von Pd bis zu 4 ppb, Pt bis zu 10 ppb u. Rh bis zu 5 ppb in 15 g-Proben wird beschrieben. Durch Schmelzverf. werden die Pt-Metalle in einer Au-Perle angereichert; dann wird die Perle in wenig Königswasser gelöst u. die Lsg. mit 1 m HCl aufgefüllt. Die Lsg. wird durch opt. Emissionsspektrographie des Rückstandes analysiert, der beim Verdampfen von 200 $\mu$l auf ein Paar flachen Graphitelektroden zurückbleibt. Diese Meth. erfordert weniger Arbeitsgänge mit der Probe als die meisten bekannten Vorschriften für diese Elemente. Ergebnisse für 8 Standardgesteine des US Geolog. Survey werden mitgeteilt.
P. Scharner 5158

*1724* **Komplexometrische Mikrobestimmung der Wasserhärte nach der Methode der bürettenlosen Titration.** V. A. Duchota und P. N. Fedoseev. (Izvest. vysšich učebnych Zavedenij [Kiew], Techn. leg. Prom. **1967**, 4, 63—66; Kievskij technolog. inst. leg. prom.; russ.) — Die quant. Best. der Ca-, Mg- u. Gesamthärte mit einem Rk.-Papier wird beschrieben. Die Meth. ist einfach u. benötigt nur ein Minimum an Gefäßen u. Reagenzien; die Dauer der Best. liegt bei 5—7 Min.; die Ergebnisse sind nicht schlechter im Vgl. zu maßanalyt. Verf.; die Einführung des Verf. vereinfacht wesentlich die maßanalyt. Best.-Methoden. Die Best. der Ca- u. Mg-Härte u. der Gesamthärte erfolgt durch Titration mit Trilon-Papier (EDTA, Di-Na-Salz). Für Ca wird als Indikator Fluorexon + KCl (1:100) verwendet; für Mg u. die Gesamthärte dient Eriochromschwarz T + NaCl (1:100) als Indikator. Vf. bringen für jedes Best.-Verf. die Durchführung u. abs. Werte der Härtebest. u. die erreichbaren minimalen Fehlerbereiche.
E. Pfluger 5162

*1725* **Analytische Schnellmethoden zur Untersuchung von Metallen und anorganischen Rohstoffen.** 16. Mitt. **Photometrische Bestimmung von Uranspuren in Wässern nach vorangehender Abtrennung am Chelataustauscher.** Z. Šulcek und P. Povondra. (Collect. czechoslov. chem. Commun. **32** (1967) 9, 3140—48; Geol. Inst., Tschechoslovak. Akad. der Wiss., Prag; dt.) — 15. vgl. ibid. **29** (1964) 1538. — Aus einer Lsg., die $\mu$g-Mengen U(VI), Th, Zr u. Fe(III) enthält, wird bei pH 6—8 in Ggw. von EDTA an Dowex A-1 ($NH_4^+$-Form) ausschließlich U sorbiert, das mit 4 m HCl-Lsg. wieder eluiert u. mit Arsenazo III photometr. bestimmt werden kann. Die Best.-Grenze liegt bei 5 ppb in Oberflächen- u. Mineralwässern.
W. Grimmich 5162

## G–3. Analyse organischer Verbindungen

*1726* **Neue Methode zur Handhabung flüssiger Proben in der organischen Elementaranalyse.** Robert Culmo und Richard Fyans. (Mikrochim. Acta [Wien] **1968**, 4, 816—18; Perkin-Elmer Corp., Norwalk, Conn.; engl.) — Zur Einwaage fl. Proben für die automat. CHN-Analyse werden Al-Schälchen verwendet, die sich mit einer Presse hermet. verschließen lassen. Zwischen 35 u. 290° sd. Fl. lassen sich auf diese Weise gut analysieren.
K. Henning 5176

*1727* **Meßanordnung zur automatischen Ultramikrobestimmung von Schwefel in organischen Verbindungen.** W. Walisch und G. Humme. (Mikrochim. Acta [Wien] **1968**, 4, 748—64; Inst. für organ. Chem., Univ. des Saarlandes, Saarbrücken; dt.) — Die Verbrennung erfolgt in einem leeren Rohr mit Düsen u. Wirbelkammern. Die Verbrennungsprod. werden vom Trägergas $O_2$ fast ohne Nachlauf in ein Absorptionsrohr getrieben, an Quarzwolle absorbiert, dort von $H_2O_2$ zu $SO_4^{2-}$ ox. u. mit 0,02 n $CH_3COOH$, die 3% $H_2O_2$ enthält, in ein Titrationsgefäß gespült u. dort mit $BaCl_2$-Lsg. gegen Carboxyarsenazo automat. titriert. Im Photometer wird ein Interferenzfilter der Wellenlänge 645 nm eingesetzt, so daß der als Empfänger dienende Photowiderstand seinen Widerstandswert im Endpunkt der Titration stark ändert. Diese Änderung wird als Spannungsänderung einem volltransistorisierten Differenzverstärker zugeführt, der die Anzeige u. den Motor einer Kolbenbürette speist. Bei $SO_4^{2-}$-Titrationen liegt die Nachw.-Grenze bei 0,5 $\mu$g S, u. die Genauigkeit beträgt $\pm 0{,}15\%$ absolut.
K. Henning 5176

*1728* **Verbrennung und Bestimmung anorganischer schwefel- und fluorhaltiger sowie organischer phosphor-, arsen-, vanadin- und bleihaltiger Substanzen nach Wickbold unter Anwendung eines Metallbrenners.** Heinz Wiele und Günter Kasten. (Z. analyt. Chem. **235** (1968) 4, 335—41; Kali-Chemie A.G., Hannover; dt.) — Ein Metallbrenner zum Wickbold-App. wird beschrieben, der die Verbrennung der Substanzen im $O_2$-Strom, welche bei Verw. einer Quarzapp. nicht möglich ist, gestattet.
J. Pickardt 5176

*1729* **Identifizierung organischer Verbindungen.** 70. Mitt. **Nachweis und Bestimmung der Anzahl der Hydroxylgruppen in Dispersionen von Azofarbstoffen durch Acetylierung und Ermittlung der $\Delta R_{Mr}$-Werte.** J. Gasparič und I. Gemzová. (J. Chromatogr. [Amsterdam] **35** (1968) 3, 362—69; Pardubice-Rybitví, Res. Inst. for Org. Synth.; engl.) — 69. vgl. Mikrochim. Acta [Wien] (1968) 452; 66. vgl. C. **1968**, 35-2145. — Es werden papierchromatograph. die $R_F$-Werte der ursprünglichen u. der acetylierten Prod. ermittelt. Daraus werden die $R_{Mr}$-Werte als Differenz zwischen ursprünglicher u. acetylierter Substanz errechnet. Untersucht wurden 38 Azofarbstoffe.
E. Boye 5178

*1730* **Anormale Ergebnisse bei der Bestimmung von Methoxygruppen in den Reaktionsprodukten von N.N-Dimethylhydrazin mit Derivaten α.β-ungesättigter Säuren.** A. I. Lebedeva und N. A. Platonova. (Ž. analitičeskoj Chim. **23** (1968) 2, 297—99; Inst. vysokomolekuljarnych soedinenij AN SSSR, Leningrad; russ., Auszug: engl.) — Die Best. der Methoxy(**I**)-Gruppen nach Vieböck in Methojodiden, die durch Wechselwrkg. von N.N-Dimethylhydrazin mit den Deriv. der α.β-ungesätt. Säuren entstehen, führen zu falschen stöchiometr. Werten. Bei Abwesenheit von **I**-Gruppen in den untersuchten Verb. sind die Ergebnisse viel niedriger als die theoret. Werte. Bei gleichzeitigem Vork. von O-Methyl- u. N-Methyl-Gruppen, liegen die experimentellen Werte für **I** höher als die theoret. berechneten. Die erhaltenen Werte für **I** erhöhen sich mit der Siedezeit der Probe mit HJ(**II**). Erwärmen von Vanillin (**III**) mit **II** beeinflußt die Analyse des **III** nicht. Vf. kommt zum Ergebnis, daß die Best. der **I**-Gruppen nach Vieböck zur quant. Analyse nicht geeignet ist, sie kann aber als Anhaltspunkt für die Best. der Struktur der qual. Zus. einer Verb. dienen. M. Sidillo 5178

*1731* **Trennung von $C_4$-Kohlenwasserstoffen durch Chromatographie am Fließbett.** Arlette Clayer, Louis Agneray, Gérard Vandenbussche und Maurice Bruni. (Z. analyt. Chem. **236** (1968) 250—59; Soc. de Rech. techn. et ind., Boulogne, France; franz.) — Durch Chromatographie an einer Säule, in der eine granulierte feste Phase abwärts rieselt ($C_{22}$-Körner mit Dinonylphthalat), konnten $C_4$-KW-Stoffgemische getrennt werden. Desorption erfolgt am Boden der Kolonne durch Erhitzen. Als Beispiele werden die Trennung von Isobutan/Buten-(2) u. n-Butan/Buten-(2) beschrieben. Die Restkonz. der getrennten Gase betrug ca. 50 ppm. J. Pickardt G 550

*1732* **Gaschromatographische Trennung von niedermolekularen Fluorkohlenwasserstoffen.** Robert N. Bright und Richard A. Matula. (J. Chromatogr. [Amsterdam] **35** (1968) 2, 217—22; Ann Arbor, Mich., Univ. of Mich., Coll. of Engng.; engl.) — Gaschromatograph. werden an den Poropak-Typen T, N, R, S u. Q (50—80 mesh) bei Säulenlängen von 5—10 ft. u. Temp. von 100, 150 u. 175° die Retentionszeiten der Fluor-KW-Stoffe $CF_4$, $C_2F_6$, $C_2F_4$, $C_3F_8$, $CF_3{-}C{\equiv}C{-}CF_3$, $C_3F_6$, Cyclo-$C_4F_8$, $C_4F_{10}$, trans-, cis-$C_4F_8$-(2), Cyclo-$C_4F_6$, $CF_2{=}CF{-}CF{=}CF_2$, iso-$C_4F_8$ u. $CF_3{-}C(CF_3){=}CF_2$ bestimmt. Die Trennung gelingt bei 150° an Poropak T mit He als Trägergas. K. Dorfner G 550

*1733* **Papierchromatographie aliphatischer Epoxide.** Jiří Novák. (J. Chromatogr. [Amsterdam] **35** (1968) 1, 83—91; Forsch.-Inst. der Chem. Technik, Ústí nad Labem; dt.) — Vf. verwenden die aufsteigende Papierchromatographie an imprägniertem Whatman-Papier Nr. 3 zur Trennung von *cycloaliphat. Epoxiden* (**A**), aus Furfurol, Tetrahydrofurfurol oder Cyclohexanol hergestellten *Glycidäthern* u. aus Cyclohexanol dargestellten *3-Chlor-2-hydroxypropyläthern*. Die Trennung erfolgt nach dem Verf. von Ulbrich u. Makes [ibid. **15** (1964) 371]. Zum Nachw. der **A** sind $K_2[PtJ_6]$-Lsg. oder Dragendorffs Reagenz nach Quaternisierung mit überhitzten Py.-Dämpfen u. das $JO_4^-$-Benzidin-Verf. am besten geeignet. U. Feist G 600

*1734* **Automatische Bestimmung organischer Säuren.** J. Carles. (J. Chromatogr. [Amsterdam] **35** (1968) 2, 158—67; Toulouse, Inst. catholique, Labor. de Physiol. végétale; franz.) — Die Best. von *Hippur-*, *Essig-*, *Adipin-*, *Ameisen-*, *Fumar-*, *Milch-*, *Bernstein-*, *Pyrrolidoncarbon-*, *Ketoglutar-*, *Malon-*, *Dimethylglycerin-*, *Aconit-*, *Oxal-*, *Glykol-*, *Citramal-*, *Äpfel-*, *Citronen-*, *Glycerin-* u. *Weinsäure* wird in einem Flüssigchromatographen automat. an Celite 535 durchgeführt. Die programmierte Gradientenelution erfolgt mit einem Technicon-Auto-Analyzer mit $CHCl_3$ (rein oder mit 4, 8, 12 u. 50% Butanol). Es kann noch $< 1$ $\mu$Val erfaßt werden. K. Dorfner G 800

*1735* **Dünnschichtchromatographie von Fettsäuren auf silanisiertem Kieselgel.** Dieter Heusser. (J. Chromatogr. [Amsterdam] **33** (1968) 1, 62—69; Kontroll-Labor., E. Merck AG, Darmstadt; dt.) — Fettsäurehydroxamate u. -ester sowie freie Fettsäuren wurden auf silanisiertem Kieselgel (hergestellt durch Umsetzung von Kieselgel mit Dichlordimethylsilan) nach dem Prinzip der umgekehrten Phasen-Chromatographie getrennt, wobei eine gute Reproduzierbarkeit erreicht wurde. Ein dünnschichtchromatograph. Analysengang, bei dem nacheinander die niederen (Capron-, Capryl- u. Caprinsäure), die ungesätt. u. die höheren Fettsäuren (Laurin-, Myristin-, Palmitin- u. Stearinsäure) getrennt u. nachgewiesen werden, wurde ausgearbeitet. Gerhard Schulze G 810

*1736* **Chromatographisches Verhalten isomerer, langkettiger aliphatischer Verbindungen.** 3. Mitt. **Dünnschichtchromatographie von Stellungsisomeren substituierter Fettsäuren und Alkohole.** L. J. Morris, D. M. Wharry und E. W. Hammond. (J. Chromatogr. [Amsterdam] **33** (1968) 3—4, 471—79; Unilever Res. Labor., Colworth House, Sharnbrook, Bedford; engl.) — 2. vgl. C. **1969**, 13-1833. — Das Wanderungsverh. von 5 vollständigen Reihen disubstituierter Octadecanderiv. (Ketostearate, Hydroxystearate, Acetoxystearate, Octadecandiole u. Octadecandiacetate) wird an 5 verschiedenen dünnschichtchromatograph. Adsorbentien untersucht, das von 2 monosubstituierten Reihen (Hydroxy- u. Acetoxyoctadecane) u. das der fast vollständigen Reihen der entsprechenden 5 Eikosanderiv. an einem Adsorbens. Die Chromatogramme aller disubstituierter Reihen sind mehr oder weniger einander ähnlich u. zeigen deutliche u. systemat. Änderungen in den Beweglichkeiten der Stellungsisomeren. Diskussion der die Wanderungsunterschiede verursachenden Faktoren. H.-D. Schenke G 810

*1737* **Bestimmung organischer Stoffe durch Oxydation mit Permanganat.** 7. Mitt. **Oxydation von Oxal-, Ameisensäure und Formaldehyd.** A. Berka und J. Konopásek. (Mikrochim. Acta [Wien] **1968**, 2, 405—17; Inst. für anal. Chem., Karls-Univ., Prag; dt.) — 6. vgl. C. **1968**, **44-1849**. — Die Ox. von Oxal- (**I**), Ameisensäure (**II**) u. HCOH (**III**) mit $MnO_4^-$ wird in Abhängigkeit von der Acidität der wss. Phase untersucht, wobei das überschüssige $MnO_4^-$ mit zugesetztem $Mn^{2+}$ $MnO(OH)_2$ bildet, das abfiltriert u. direkt mit $H_2P_2O_7^{2-}$ zu $[Mn\cdot(H_2P_2O_7)_3]^{3-}$ umgesetzt u. mit 0,1 Hydrochinonlsg. gegen Diphenylamin oder potentiometr. titriert wird. Die Ox. von **I** ist von pH $< 7$ bis zum Bereich 3 n $H_2SO_4$ möglich u. verläuft bei pH $< 3$ augenblicklich. Die Ox. von **II** erfolgt sowohl in schwachsaurem (pH $> 3$) als auch in stark alkal. Milieu, empfohlen wird pH 5. Die Ox. von **III** erfolgt in beiden Medien nur sehr langsam, so daß die Ox. in 3 n $H_2SO_4$ erst nach 10 Min. beendet ist. Bei der Titration in 3 n $H_2SO_4$ ist die Best. von **I** in Ggw. von **II** u. **III** auf Grund der unterschiedlichen Rk.-Geschw. ohne weiteres möglich. K. Henning G 810

*1738* **Trennung von Diastereoisomeren mit Hilfe der Gaschromatographie. Einfluß der Substituenten der asymmetrischen Kohlenstoffatome auf die Trennung α-substituierter Propionate von DL-2-n-Alkanolen.** S. Julia, J. Irurre und M. Sanz-Burata. (Afinidad **24** (1967) 247, 15—17; Labor. de Sint. organ., I.Q.S.; span.) — Vf. untersuchen die Trennung folgender Verb. an Säulen mit Polybutylenglycolsuccinat (15%) mit $H_2$ als Trägergas $H_2$ bei 130°: L-α-Acetyllactate: *DL-Butyl-2-* (Auflösung) 0,39; *DL-2-Pentyl-* 0,47; *DL-2-Hexyl-* 0,67; *DL-2-Heptyl-* 0,78; *DL-2-Octyl-* 0,92. L-α-Acetoxypropionate: *DL-Butyl-2-* 0,50; *DL-2-Pentyl-* 0,71; *DL-2-Hexyl-* 0,84; *DL-2-Heptyl-* 0,95; *DL-2-Octyl-* 1,0; *DL-2-Decyl-* 1,0. Ferner wurde der Einfl. der Substituenten am asymm. C-Atom der Milchsäure verglichen: D.L-2-Heptyl-Deriv.: *L-Lactat* keine Trennung; *L-α-Acetoxypropionat* 0,89; *L-α-Propoxypropionat* 0,94; *L-α-Butoxypropionat* 0,96. J. Pickardt G 810

*1739* **Analyse ein- und zweibasiger Säuren mit Hilfe der Papierchromatographie.** B. E. Kuvaev und N. S. Imjanitov. (Zav. Labor. **33** (1967) 11, 1382—83; VNII neftechim. processov, Leningrad; russ.) — 3—40 $\mu$g der Probe werden als Lsg. (0,001—0,002 ml) auf das Papier aufgebracht. Bei einbasigen Säuren (Monocarbonsäuren $C_1$—$C_{11}$) wird als mobile Phase Butanol/A./25%ig.

$NH_3$-Lsg./W. (4:1:1:4) verwendet. Nach einer Laufzeit von 15—17 Std. werden die Chromatogramme 5 Min. lang auf 100° erhitzt. Für zweibasige Säuren (α.ω-Dicarbonsäuren $C_2-C_{10}$) dient Isoamylacetat/89%ig. HCOOH/W. (7:2,4:0,6) als Laufmittel. Nach 15—17 Std. Laufzeit werden die Chromatogramme 2—3 mal je 10 Min. lang mit Dampf behandelt u. an der Luft getrocknet. Als Indikator dient Methylrot. Die Flecke werden aus dem Chromatogramm ausgeschnitten u. durch Wägung quant. ausgewertet.
E. Pfluger G 820

*1740* **Untersuchungen über die Protonisierung des Succinations.** N. P. Komar', O. S. Musailov und Ty V'et Šang. (Ž. analitičeskoj Chim. **22** (1967) 7, 973—83; Charkowskij gos. univ. im Gorkogo; russ., Auszug: engl.) — Nach theoret. Betrachtungen wird eine neue „metrolog." Meth. zur Unters. der Protonisierung in wss. Lsg. vorgeschlagen. Die Aktivitätskoeff. für Bernsteinsäure, Succinat u. Hydrosuccinat in den Syst. W./KCl, NaCl, $KNO_3$ u. $NaClO_4$ bei 25 + 0,1 werden mitgeteilt.
Herbert Hoffmann G 820

*1741* **Quantitative Bestimmung von O.O.S-Trimethylthiophosphat in Gegenwart von Dimethyldithiophosphorsäure.** I. Ja. Jamaleev und M. V. Pal'janova. (Zav. Labor. **33** (1967) 11, 1381—82; russ.) — Das Verf. beruht auf der alkal. Hydrolyse der P-S-Bindung nach $(CH_3O)_2P{\leqslant}^{S}_{SCH_3} + K^+ + OH^- \rightarrow (CH_3O)_2P{\leqslant}^{S}_{OH} + SCH_3^- + K^+ \rightarrow (CH_3O)_2P{\leqslant}^{S}_{OK} + CH_3SH$. Die Verseifung erfolgt mit 1 n alkohol. KOH-Lsg.; der KOH-Überschuß wird mit 0,5 n wss. HCl-Lsg. zurücktitriert. Die Dimethyldithiophosphorsäure wird vorher mit einer stärkeren KOH-Lsg. neutralisiert. Der relative Fehlerbereich beträgt + 1,82 bis —3,4%.
E. Pfluger G 980

*1742* **Bestimmung von Phenolen durch die kinetische Methode.** 1. Mitt. **Phenole in wässerigen Lösungen.** Włodzimierz Rodziewicz, Irena Kwiatkowska und Edmund Kwiatkowski. (Chem. analit. [Warszawa] **13** (1968) 4, 783—86; Gdansk, Kat. Chem. Nieorg. Politechniki; pol.) — Zur Best. nach der kinet. Meth. von Burgess u. Latham (Analyst **91**, [1966] 343) wurden 20 ml der Phenollsg., die 0,05 m an $KBrO_3$ u. 0,1 m an KBr war, mit 10 ml 0,5 m $H_2SO_4$, die 10 mg Methylorange/l enthielt, versetzt. Beide Lsg. wurden vorher auf 0° abgekühlt u. nach dem Mischen bei 0° aufbewahrt. Der Phenolgeh. wurde aus der zur Entfärbung der Methylorange notwendigen Zeit bestimmt. Die Abhängigkeit der Entfärbungszeit des Indikators vom Geh. an Phenol, o-Kresol, p-Kresol oder 2.6-Xylenol ist in wss. Lsg. bis zu einer Konz. von $5 \cdot 10^{-3}$ Mol/l linear. Die Konz. anderer Phenole kann mit diesem Verf. nur annähernd bestimmt werden. I. Degen G 1060

*1743* **Dünnschichtchromatographischer Nachweis einiger Halogen- und Nitrophenole durch Brom.** 2. Mitt. **Nachweis geringer Mengen von Phenolen und Dicyclohexylharnstoffderivaten in Proben von aktivierten Phthaloyl-L-aminosäureestern.** G. Tadema und P. H. Batelaan. (J. Chromatogr. [Amsterdam] **36** (1968) 2, 205—14; Labor. of Org. Chem., State Univ., Utrecht; engl.) — 1. vgl. ibid. **33** (1968) 460. — Vf. untersuchen die dünnschichtchromatograph. Trennung verschiedener aktivierter Phthaloyl-L-aminosäureester von Halogen- u. Nitrophenolen, die als Verunreinigungen vorliegen, an mit Amylopektin imprägniertem Silicagel G. Als Laufmittel werden Bzl./A. (95:5) (**A**), n-Hexan/A. (95:5) (**B**) oder Äther/n-Hexan (1:1) (**C**) verwendet. Die $R_F$-Werte der Substanzen sind für jedes Syst. angegeben. Syst. **C** ist zur Trennung der Ester von den entsprechenden Phenolen ungeeignet. Die Sichtbarmachung der Flecken erfolgt durch Einw. von $Br_2$ u. nachfolgendes Besprühen mit einer wss. KJ-Lösung. Durch die gleiche oder eine analoge Meth. können auch andere Verunreinigungen wie Dicyclohexylharnstoffe u. N-Acyldicyclohexylharnstoffe nachgewiesen werden. U. Feist G 1060

*1744* **Bestimmung von Phthalsäurederivaten mit Hilfe von N-Äthylpiperidinlösung.** Vladimír Ulbrich und Jindřich Smrčka. (Chem. Průmysl **17**(**42**) (1967) 3, 147—49; Pardubice, Výzkumný ústav syntetických pryskyřic a laků; tschech.) — Die Meth. beruht auf der Titration mit N-Äthylpiperidin-Maßlsg. in Aceton/Acrylnitril (1:5) unter Verw. einer Te-Indikator- u. einer Kalomel-Vgl.-Elektrode. Sie eignet sich zur Best. niedriger u. hoher Konz. u. liefert gut reproduzierbare Werte.
Vladimír Kratochvíl G 1220△

*1745* **Die Bestimmung von N.N-Dimethyl- und N.N-Diäthyl-p-phnylendiamin durch Titration mit Natriumnitrit-Maßlösung.** Miroslav Matrka, Eva Věříšová und Antonín Spěvák. (Chem. Listy **62** (1968) 4, 460—463; Forschungs-Inst. für org. Synthesen, Pardubice-Rybitví; tschech., Auszug: russ., dt.) — Vf. beschreiben eine neue Meth. zur schnellen potentiometr. Best. von N.N-Dimethyl-p-phenylendiamin (**I**) u. N.N-Diäthyl-p-phenylendiamin (**II**) mit $NaNO_2$-Lösung. Die optimalen Bedingungen für den Verlauf der Diazotierung werden untersucht. Die Best. von **I** wird in 3—5 n HCl durchgeführt. Bei der Best. von **II** in 0,1—5 n HCl tritt wegen des höheren Redox-Potentials keine Ox. auf. Im Wendepunkt der Titrationskurve beträgt die relative Änderung des Potentials je 0,1 ml 0,1 n $NaNO_2$-Lsg. etwa 80—100 mV.
V. Hofmann G 1310△

*1746* **Trennung und Identifizierung von Brückenkopfsubstituierten Methyl- und Äthyladamantanen.** R. W. Warren, Abraham Schneider und E. J. Janoski. (Appl. Spectroscopy **22** (1968) 2, 115—20; Sun Oil Co., Marcus Hook, Pa.; engl.) — Vf. analysieren die Rk.-Prod. einer durch Al-Halogenide katalysierten Isomerisierung von *Perhydroacenaphthen* (**I**), *-fluoren* (**II**), *-anthracen* (**III**) u. *-phenanthren* (**IV**) mit Hilfe einer Kombination von Gaschromatographie an Carbowax 20 M, IR- u. NMR-Spektroskopie sowie Massenspektrometrie. 6 Verb. konnten isoliert u. als *1.3-Dimethyl-* (aus **I**, Endprod.), *1-Äthyl-* (aus **I**, Zwischenprod.), *1.3.5-Trimethyl-* (aus **II**, Endprod.), *1-Äthyl-3-methyl-* (aus **II**, Zwischenprod.), *1.3.5.7-Tetramethyl-* (aus **III** u. **IV**, Endprod.) u. *1.3-Dimethyl-5-äthyladamantan* (aus **III** u. **IV**, Zwischenprod.) identifiziert werden. Die Ergebnisse der Messungen werden ausführlich diskutiert, IR- u. NMR-Spektren sind angegeben. U. Feist G 2210

*1747* **Dünnschichtchromatographie des Biphenyls und der Terphenyle auf graphitiertem Ruß.** F. Onuška und J. Janák. (J. Chromatogr. [Amsterdam] **32** (1968) 2, 403—05; Chem. Werke Chemko, Strážske, ČSSR; dt.) — Biphenyl, o-, m- u. p-Terphenyl sowie o.m-Quaterphenyl lassen sich auf graphitiertem Ruß mit gut reproduzierbarem $R_F$-Wert dünnschichtchromatograph. trennen. Als Laufmittel dient $CCl_4$. Die $R_F$-Werte betrugen 0,70 ± 0,03, 0,48 ± 0,02, 0,30 ± 0,09, 0,21 ± 0,05 u. 0,03 ± 0,01 für die Verb. in obiger Reihenfolge. Die Sichtbarmachung erfolgt durch Sublimierung aus dem Ruß auf ein mit Tetracyanchinodimethan in Acetonitril getränktes Papier. J. Steinke G 2210

*1748* **Gaschromatographische Analyse von Polyphenylen.** S. Lukáč. (Collect. czechoslov. chem. Commun. **33** (1968) 8, 2429—35; Czechoslov. Academy of Sci., Prague-Řež; engl.) — Unter Verw. einer Stahlsäule von 2 m Länge u. 2 mm ⌀ mit 1% SE-30 auf Gaschrom P (silanisiert, 100/120 mesh) u. Temp.-Programmierung (5 u. 7,5°/min zwischen 130 u. 300°) u. $N_2$ als Trägergas wurden Gemische von Bi-, Ter- u. Quaterphenylen getrennt. Folgende Verb. wurden untersucht (Retentionsindizes in Klammern): *Bi-* (1 375), *4.4'-Dimethylbi-* (1 585), *o-* (1850), *m-* (2117) u. *p*-Ter- (2150), *o.o-* (2345), *o.m-* (2550), *o.p-* (2616), *m.m-* (2880), *m.p-* (2950) u. *p.p-*Quaterphenyl (3010), *1.2.3-* (2350), *1.2.5-Triphenylbenzol* (2910) u. *Triphenylen* (2415).
J. Pickardt G 2210

*1749* **Elektrochemische Oxydation einiger aromatischer Amine in Acetonitrilmedium.** 2. Mitt. **Benzidin; N.N.N.N'-Tetramethylbenzidin- und 1.4-Phenylendiamin-Derivate.** Vladimír Dvořák, Ivan Němec und Jaroslav Zýka. (Microchem. J. [New York] **12** (1967) 3, 324—49; Dep. of Analyt. Chem., Charles Univ., Prague; engl.) — 1. vgl. C. **1968**, 4-1657. — Das polarograph. Verh. von *Benzidin*, *N.N.N'.N' - Tetramethylbenzidin*, *1.4 - Phenylendiamin*, *N.N.N'.N' - Tetramethyl - 1.4 - phenylendiamin*, *N.N' - Diphenyl-1.4-phenylendiamin*, *N.N'-Bis-*[*4-dimethylamino-*

*phenyl]-1.4-phenylendiamin, 4-Dimethylamino-N-methyl-diphenylamin, 4-Dimethylaminodiphenylamin* u. *4-Aminodiphenylamin* wurde in Acetonitril an der rotierenden Pt-Elektrode untersucht u. die Möglichkeit gezeigt, die Ox.-Stufe dieser Verb. zu ihrer polarograph. Best. zu benutzen, wobei der Einfl. des W. in Lsgm. u. die Acidität des Mediums berücksichtigt wurden. Die Coulometrie bei konst. Stromstärke wurde zur Unters. der in der Rk. ausgetauschten Elektronen verwendet. Die bei der Elektrodenrk. entstandenen Prod. werden diskutiert. Gerhard Schulze G 2510

*1750* **Elektrochemische Oxydation einiger aromatischer Amine in Acetonitrilmedium.** 3. Mitt. **4.4'-Diaminodiphenylamin, seine N-Methylderivate und Tris-[4-dimethylaminophenyl]-amin.** Vladimír Dvořák, Ivan Němec und Jaroslav Zýka. (Microchem. J. [New York] **12** (1967) 3, 350–70; engl.) — 2. vgl. vorst. Referat. — Die l.c. beschriebenen Unters. wurden auf die Verb. *4.4'-Diaminodiphenylamin* u. seine methylierten Deriv. *4.4'-Bis-[dimethylamino]-N-methyldiphenylamin, 4.4'-Bis-[dimethylamino]-diphenylamin, 4-Dimethylamino-4'-aminodiphenylamin* u. *4.4'-Diaminodiphenylamin* sowie *Tris-[4-dimethylaminophenyl]-amin* ausgedehnt. Die Beziehungen zwischen dem polarograph. Verh. u. den Struktur der reagierenden Verb. der in dieser u. der vorangegangenen Mitt. behandelten Substanzen werden erörtert. Gerhard Schulze G 2510

*1751* **Trennung und Identifizierung isomerer α-Naphtholmonosulfonsäuren durch Dünnschichtchromatographie.** V. J. R. de Deyne. (J. Chromatogr. [Amsterdam] **31** (1967) 1, 260; Chem. Res. Labor., Gevaert-Agfa N. V., Mortsel, Belgium; engl.) — An Kieselgel $HF_{254}$-Schichten (1 Std. lang bei 120° aktiviert) wurden die isomeren α-Naphtholmonosulfonsäuren unter Verw. von Methylenchlorid/konz. $NH_3$-Lsg./Methanol (80:6:30) oder Acetonitril/konz. $NH_3$-Lsg. (80:6) bei Laufzeiten von 3 bzw. 2 Std. aufsteigend chromatographiert. Die Sichtbarmachung erfolgte durch Betrachten im UV-Licht oder durch Besprühen mit diazotierter p-Sulfanilsäure. Die $R_r$-Werte (relative Laufstrecken) werden tabellar. angegeben. Die Flecke bleiben klein (⌀ < 0,5 cm), die Nachw.-Grenze liegt bei 0,1 $\mu g$ für die einzelnen Isomeren. Gerhard Schulze G 2700

*1752* **Chromatographische Untersuchung der Sulfonierung der 3-Hydroxy-2-naphthoesäure und deren Produkte.** J. Marek und D. Marková. (Collect. czechoslov. chem. Commun. **32** (1967) 10, 3553–59; Forsch.-Inst. für chem. Technik, Ústí n. L.; dt.) — Bei der Papierchromatographie (Whatman No. 4-Papier) mit n-Propanol/$NH_3$-Lsg. (2:1) als Laufmittel lassen sich die bei der Sulfurierung von 3-Hydroxy-2-naphthoesäure (**I**) entstehenden 5-(**II**) u. 7-Sulfonsäurederiv. (**III**) von **I** ($R_F$ 0,86) trennen, während **II** u. **III** nahezu gleiche $R_F$-Werte besitzen (0,50 bzw. 0,48). Da jedoch nur **III** zum 4-Jodderiv. (**IV**), dessen $R_F$-Wert 0,63 beträgt, selektiv jodiert werden kann, ist eine chromatograph. Trennung von **II** u. **III** über dieses Prod. möglich. Das 4-Jodderiv. von **I** (**V**) mit $R_F$ 0,89 unterscheidet sich nur wenig im $R_F$-Wert von **I**. Der Nachw. der Verb. auf dem Chromatogramm erfolgt durch ihre Fluoreszenz bei UV-Bestrahlung oder durch Besprühen mit p-Nitrobenzoldiazoniumchloridlösung. Die Azokupplung tritt in allen Fällen in 4-Stellung ein, bei den jodierten Säuren unter Verdrängung des Jods. Aus der Geschw. der Farbentw. nach Besprühen mit Diazoniumsalzlsg. wird auf die relative Kupplungsgeschw. geschlossen ($\mathbf{I} \approx \mathbf{V} > \mathbf{III} \approx \mathbf{IV} > \mathbf{II}$); es zeigt sich, daß die Substitution des J durch die Azogruppe ebenso leicht erfolgt wie die des H. Gerhard Schulze G 2700

*1753* **Anwendung der Elektrolumineszenzmethode zur Bestimmung von aromatischen Kohlenwasserstoffen.** B. Fleet, G. F. Kirkbright und C. J. Pickford. (Talanta [London] **15** (1968) 6, 566–70; Chem. Dep., Imp. Coll., London; engl.) — Vf. beschreiben die quant. Best. von *Anthracen, Pyren, 9-Phenylanthracen, Coronen* u. *Rubren* durch Elektrolumineszenzmessungen. An die $10^{-3}-10^{-4}$ m Lsg. der KW-Stoffe in DMF wurde zwischen 2 Pt-Elektroden eine kleine Wechselspannung angelegt, u. die Elektrolumineszenz- u. Fluoreszenzemissionsspektren wurden aufgenommen. Das Auftragen der Logarithmen von Emissionsintensität u. Konz. gegeneinander ergibt eine Gerade. U. Feist G 2910

*1754* **Bromometrische Bestimmung der 6-Vinylcarbazole.** 2. Mitt. **Methode nach Kaufmann.** Jan Pielichowski und Tadeusz Talik. (Chem. analit. [Warszawa] **12** (1967) 3, 621–23; Zakł. Chem. Org. Wyższej Szk. Ekonom., Wrocław; pol.) — 1. vgl. ibid. **11** (1966) 5, 905. — Die Meth. beruht auf der quant. Addition von $Br_2$ an die Vinyl-Gruppe. Es wird festgestellt, daß das Verf. genau ist u. sich über einen weiten Konz.-Bereich anwenden läßt. Die Standardabweichung beträgt ± 0,004. M. Sidillo G 3081

*1755* **Anwendung eines „äußeren Schweratom-Effektes" in der Spektrophosphorimetrie.** 2. Mitt. **Azakohlenwasserstoffe.** M. Zander. (Z. analyt. Chem. **227** (1967) 5, 331 bis 338; Rütgerswerke u. Teerverwertung AG, Castrop-Rauxel; dt.) — 1. vgl. ibid. **226** (1967) 3, 251. — Eine Mischung von 10 Teilen EPA [A./Isopentan/Ae. (2:5:5)] u. 1 Vol.-Teil $CH_3J$ (= JEPA) wird als Lsgm. in der Spektrosphosporimetrie von Aza-KW-Stoffen verwendet u. die Wrkg. des Schweratomeffektes von $CH_3J$ auf die KW-Stoffe untersucht. Während die Phosphoreszenzspektren von EPA u. JEPA in den meisten Fällen übereinstimmen (z. B. Chinolin), beobachtet man bei anderen Heterozyklen interessante Ausnahmen. Bei Isochinolin wird durch JEPA die Intensität erheblich gesteigert u. das Spektrum charakterist. verändert. Dadurch können neue Nachw.-Meth. erhalten u. die Nachw.-Grenzen erweitert werden. F. Glombitza G 3231

*1756* **Trennung von Oxy- und Thiobarbituraten durch Dünnschichtchromatographie.** Hans Kündig. (Analyt. Biochem. [New York] **23** (1968) 1, 6–12; Univ. Med. School, Johannesburg, Südafrika; engl.) — In 45 Min. läßt sich bei komatösen Patienten eine Trennung bzw. der Nachw. von Barbital ($R_F$ 0,41), *Pheno-* (0,44), *Pento-* (0,55), *Amo-* (0,56), *Seco-* (0,60), *Hexo-* (0,65); *Methohexital* (0,77) u. *Thiopental* (0,80) erreichen. Auf Kieselgel G (Merck) wird als Fließmittel $CHCl_3$/Aceton (85:15) u. als Sprühmittel Hg(I)-Nitrat bzw. Cu-Sulfat/Diäthylamin-Reagenz verwendet. Vf. weist auf den Zusammenhang zwischen Höhe des $R_F$-Wertes u. Wrkg.-Dauer der Medikamente hin. F. Büchele G 3272

*1757* **Perjodatoxydation von Kohlenhydraten.** 1. Mitt. **Quantitative Bestimmung von Monosacchariden.** Cl. Franzke, K. S. Grunert und H. Obrikat. (Z. Lebensmittel-Unters. u. Forsch. **136** (1968) 5, 261–71; Berlin, Humboldt-Univ., Inst. für Lebensmittelchem.; dt.) — Untersucht werden die Saccharidbest. mit Hilfe der Ameisensäuremessung, der Ermittlung des Perjodatverbrauchs u. der jodometr. Sulfit–Cyanid-Methode. Dabei wird festgestellt, daß die beiden letzten Meth. der ersten vorzuziehen sind. Die Ox.-Zeiten betragen 1 bis 6 Std., die Abweichungen von Sollwert liegen zwischen −0,2 u. +3,2%. I. Liske G 3400

*1758* **Trennung und quantitative Bestimmung von Sacchariden durch Ionenaustauscherchromatographie unter Verwendung von Borsäure-Glycerin-Puffern.** Earl F. Walborg jun. und Roberta S. Lantz. (Analyt. Biochem. [New York] **22** (1968) 1, 123–33; Houston, Univ. of Tex., M. D. Anderson Hosp.; engl.) — Die Trennung von Di- u. Trisacchariden gelang durch Elution mit Borsäure/Glycerin-Puffer (pH 6,7) an Dowex 1-X4. Die Best. der Bestandteile erfolgt nach der Meth. von Walborg u. Christensson [ibid. **13** (1965) 186]. I. Liske G 3400

*1759* **Terpene.** 120. Mitt. **Indisches Firebrick-Material als Trägersubstanz für GLC-Trennsäulen im Vergleich zu Celite.** V. K. Kulkarni, T. K. Sankpal, B. V. Bapat und B. B. Ghatge. (J. Chromatogr. [Amsterdam] **32** (1968) 4, 648–56; Nat. Chem. Labor., Poona 8 (India); engl.) — 96. vgl. C. **1969**, 9-1681. — Von mehreren untersuchten Proben von ind. Firebrick-Pulver ergibt eines nach Behandeln mit konz. KCl u. konz. Lauge u. Glühen bei 600° ein dem Celite 545 gleichwertiges Trägermaterial. Es ist mechan. stabil, hat eine spezif. Oberfläche von ca. 2 g/m², ein Schüttgew. von 0,78 g/ml, ermöglicht niedrige

HETP-Werte u. zeigt schon bei ringer Beladung (4 bis 15% Polydiäthylenglykolsebacat, 170°) keine katalyt. Effekte. Empfindliche Terpene können ohne Zers. chromatographiert werden. G. Bock G 3600

*1760* **Bestimmung von Vitamin $B_6$ durch Bromierung. Bestimmung von Vitamin $B_6$ in reiner Lösung.** Yoshiichi Takeuchi, Akiko Kawabata und Yosaburo Iwasa. (J. agric. chem. Soc. Japan [Nippon Nogei-Kagaku Kaishi] **42** (1968) 2, 68—71; Dep. of Agricult. Chem., Coll. of Agricult., Univ. of Osaka Prefecture, Sakai, Osaka; jap.) — Die Best. von Pyridoxin (I) durch direkte Titration mit Br oder N-Bromsuccinimid mit Stärke als Indikator ist wenig geeignet, weil der Endpunkt nicht scharf erkannt werden kann. Gute Ergebnisse werden erhalten mit einer Pt-Kalomelelektrode. Am Endpunkt verursacht Zugabe eines Tropfens n/50 Br- oder n/100 N-Bromsuccinimid-Lsg. einen Potentialsprung von mindestens 70 mV. Die Meth. besitzt eine Genauigkeit von 1,5% u. ist geeignet bei Best. in reinen Lsg. mit I-Konz. über 2,5 $\mu$g/ml. W. Hiller G 3850

*1761* **Wasserbestimmung und Spektrophotometrie des wasserlöslichen Vitamin $K_3$.** G. Ferré, A. Palomo, A. L. Palomo und A. Vilarrodona. (Afinidad **24** (1967) 247, 19; Dep. de Invest. de Lisac, S.A.; span.) — Die W.-Best. bei der Additionsverb. aus $NaHSO_3$ u. 2-Methyl-1.4-naphthochinon (I) wurde nach folgenden Meth. durchgeführt: Trocknen bei 100—105° ergab Gew.-Verluste von ca. 30%, wobei eine Zers. des Prod. auftrat; Trocknen bei 40—65° zeigte gute Ergebnisse; die Karl-Fischer-Meth. ergab richtige Werte (2 Mol. Krist.-W.); die Meth. der azeotropen Dest. wurde am Beispiel von I · $NaHSO_3$ u. 2-Äthyl-3-amino-4(3H)-chinazolon · HCl untersucht. UV-Spektren von I in wss. $NaHCO_3$-Lsg. zeigten Maxima bei 249, 261 u. 335 nm. Die spektrophotometr. Best. ist bei 335 nm u. 20° in wss. $Na_2CO_3$-Lsg. mit 1,25% $NaHCO_3$ (pH 9,61) möglich, der Fehler beträgt ±1,5%. J. Pickardt G 3850

*1762* **Computerprogramm zur Berechnung von Aminosäure-Analysendaten.** Wesley C. Starbuck, Charles M. Mauritzen, Carolyn McClimans und Harris Busch. (Analyt. Biochem. [New York] **20** (1967) 3, 439—62; Dep. of Pharmacol. and Biomathematics Res. Facility, Baylor Univ. Coll. of Med., Houston, Tex.; engl.) — Ein Programm zur Berechnung der Werte von Aminosäureanalysen, die mit Hilfe von Integratoren oder durch Handauswertung gewonnen wurden, in FORTRAN für die IBM-Rechenanlagen 7094 u. 1410 wird mitgeteilt. Das in zwei Teile unterteilte Programm umfaßt im ersten Teil die Aminosäureanalyse von Proteinhydrolysaten, im zweiten Teil die Zus. von Peptiden. Gerhard Schulze G 4080

*1763* **Methoden zur quantitativen Bestimmung von, Plasmaproteinen durch Immunpräzipitation.** W. Becker. W. Rapp, H. G. Schwick und K. Störiko. (Z. klin. Chem. **6** (1968) 3, 113—22; Behringwerke AG, Marburg/Lahn; dt.) — Es werden unter Berücksichtigung der Verhältnisse im Blutserum des Menschen folgende Best.-Meth. eingehend beschrieben: photometr. Verf., lineare u. radiale Immundiffusion sowie Elektroimmundiffusion. Neben Hinweisen auf die Anwendung der Plasmaproteinbest. bei verschiedenen Krankheiten werden die mathemat. Grundlagen u. die Problematik der Standardisierung dieser Meth. beschrieben. Die mittleren Normalwerte nebst Standardabweichungen u. die Variationsbreite für 25 Proteine im Serum gesunder Erwachsener sind in einer Tabelle zusammengefaßt. P. Ziska G 4080

*1764* **Ligandenaustauschchromatographie von Nucleotiden, Nucleosiden und Nucleinsäurebasen.** Gerald Goldstein. (Analyt. Biochem. [New York] **20** (1967) 3, 477—83; Analyt. Chem. Div., ORNL, Oak Ridge, Tenn.; engl.) — Zur Schnelltrennung der Nucleinsäurekomponenten durch Ligandenaustauschchromatographie wird ein $Cu^{2+}$-beladenes Chelatharz (Chelex 100) verwendet. Nucleotide werden auf der Säule nicht zurückgehalten u. lassen sich mit W. eluieren. Schwach bas. Nucleoside u. Basen werden nur schwach zurückgehalten u. können ebenfalls durch Elution mit W. getrennt werden, während man stärker bas. Nucleoside durch Elution mit 1 n $NH_3$-Lsg. abtrennt. Nucleinsäurebase werden stärker gebunden, ihre Elution u. Trennung erfolgt mit 2,5 n $NH_3$-Lösung. Gerhard Schulze G 4090

*1765* **Sequenzanalyse bestimmter Bereiche der 16S- und 23S-ribosomalen RNS.** P. Fellner und F. Sanger. (Nature [London] **219** (1968) 5151, 236—38; MRC Labor. of Molecular Biol., Cambridge; engl.) — Die 16S- u. 23S-ribosomalen RNS scheinen weitgehend homogen zu sein, so weit es wenigstens die methylierten Sequenzen betrifft. Die Methylierung ist sehr spezif.; die Zahl der Methylgruppen pro RNS ist im allgemeinen nicht größer als 2. H.-D. Schenke G 4090

*1766* **Terminale Nucleosid-Bestimmung von Ribonucleinsäure durch Liganden-Austauscherchromatographie.** C. A. Burtis und Gerald Goldstein. (Analyt. Biochem. [New York] **23** (1968) 3, 502—12; ORNL., Oak Ridge, Tenn.; engl.) — Zur Best. der 5′-gebundenen Endgruppe einer RNS wird die 2′- oder 3′-Phosphatgruppe mittels alkal. Phosphatase abgespalten u. die RNS anschließend mit 1 n KOH-Lsg. bei 37° 16 Std. lang hydrolysiert. Das Gemisch von 2′- u. 3′-Nucleotiden u. dem terminalen Nucleosid wird an einer mit Cu beladenen Ligandenaustauscher-Säule nach einer von Vf. früher beschriebenen Technik chromatograph. getrennt. Dabei lassen sich Cytidin u. Adenosin einwandfrei von den in einer Front laufenden Nucleotiden trennen, während das für Uridin u. Guanosin erst nach Rechromatographie möglich ist. Für die Unters. wurden *Polyadenylsäure, Polycytidylsäure, Polyguanylsäure, Polyuridylsäure* sowie *t-RNS* aus Hefe u. *E. coli* als Modellverb. verwendet. Die Best. läßt sich mit einer Standardabweichung von 3—4% durchführen. P. Ziska G 4090

*1767* **Analyse von organischen Stickstoffverbindungen.** 9. Mitt. **Reaktion kleiner Mengen Salpetersäure mit Salicylsäure in konzentrierter Schwefelsäure und Anwendung zur Bestimmung kleiner Mengen von Nitraten und Salpetersäureestern durch Ultraviolettabsorptionsspektrophotometrie.** Yazaemon Morita und Yukitoshi Kogure. (J. chem. Soc. Japan, pure Chem. Sect. [Nippon Kagaku Zasshi] 88 (1967) 11, 1179—84; Gov. Chem. Ind. Res. Inst., Tokyo, Shibuya-ku, Tokyo; jap., Auszug: engl. S. A 69.) — 8. vgl. C. **1967**, 37-1883. — $HNO_3$ u. seine Ester (z. B. Äthyl- oder Cellulosenitrat) reagieren mit Salicylsäure (I) in konz. $H_2SO_4$ im Mol.-Verhältnis 1:1 unter Bldg. von 3- u. 5-Nitro-I. Die Lsg. besitzt ein Absorptionsmax. bei 254, das zur photometr. Best. der Nitrate herangezogen werden kann. Bei der therm. Zers. mit konz. $H_2SO_4$ bildet sich aus 3-Nitro-I ohne zusätzliches Red.-Mittel eine äquimol. Menge $NH_3$. Die entsprechende Zers. des Isomerengemisches verläuft nicht quantitativ. In diesem Fall ist zur quant. Entw. von $NH_3$ ein zusätzliches Red.-Mittel erforderlich. W. Grimmich 5180

## G–4. Analyse biologischer Materialien, forensische Analyse

*1768* **Analytische Methoden für Zellfraktionen.** 9. Mitt. **Messung und Überführung kleiner Flüssigkeitsvolumina.** Norman G. Anderson. (Analyt. Biochem. [New York] **23** (1968) 2, 207—18; ORNL., Oak Ridge, Tenn.; engl.) — Vf. beschreiben eine Meth., bei der kleine Fl.-Mengen mit Hilfe von Kunststoffröhrchen gemessen u. übertragen werden; der Fl.-Meniskus wird durch Zentrifugalkräfte abgeflacht, ebenso wird das gemessene Vol. quant. ausgeleert. Die Reproduzierbarkeit der Meth. beträgt 1%; die Meth. ist unabhängig von Oberflächenspannung, Luftblasen u. über einen weiten Bereich, von der Viskosität. J. Pickardt 5201

*1769* **Volumenreduktionsmethode für die röntgenspektrographische Untersuchung von Spurenelementen in Pflanzengewebe.** A. A. Theisen und A. Pinkerton. (J. Sci. Food Agric. **19** (1968) 1, 5—9; Oregon State Univ., Corvallis; engl.) — Eine Meth. zur Best. von Mn, Fe u. Zn wird beschrieben, bei der Interelementeffekte red. werden u. die daher bes. zur Best. von Fe u. Mn in solchen Konz. geeignet ist, die groß genug sind, damit diese Effekte stören können. J. Pickardt 5206

*1770* **Trennung und Bestimmung der galaktolipiden Komponenten in Blättern der Puffbohne.** M. A. B. Maxwell und J. P. Williams. (J. Chromatogr. [Amsterdam] **35** (1968) 2, 223—29; Ontario, Univ. of Toronto, Toronto, Dep. of Bot.; engl.) — Die Lipide werden mit $CHCl_3$/Methanol aus den Blättern von *Vicia faba* L. extrahiert. Die einzelnen Lipide werden an einer Silicagel-Säule in vier Fraktionen getrennt [25 ml $CHCl_3$; 25 ml 0,4% $CH_3COOH$ in $CHCl_3$; 40 ml 0,4% $CH_3COOH$ +3% $CH_3OH$ in $CHCl_3$; 25 ml 0,4% $CH_3COOH$ in $CH_3OH$/$CHCl_3$ (1:1)]. Die Fraktionen drei u. vier mit Galaktolipiden werden dünnschichtchromatograph. an Silicagel weiter aufgetrennt (Fließmittel: $CHCl_3/CH_3OH/W$. 65:25:4). Der Nachw. erfolgt mit Molybdatophosphorsäure. W. Fester 5206

*1771* **Ionenaustauschchromatographie von Nucleotiden an Polyäthylenimin-Cellulose.** D. D. Christianson, J. W. Paulis und J. S. Wall. (Analyt. Biochem. [New York] **22** (1968) 1, 35—46; Northern Reg. Res. Labor., Peoria, Ill.; engl.) — Zur Isolierung u. Identifizierung von freien Nucleotiden (I) aus Pflanzenextrakten ohne vorherige Reinigung eignet sich die Säulenchromatographie an Polyäthylenimin (**PEI**)-Cellulose (**II**). Zur Herst. von **PEI-II** verwenden Vf. mikrokrist. **II**, da diese schärfere Trennungen als faserförmige **II** erlaubt. Bei Verw. eines konkaven Gradientensyst. aus LiCl u. Borsäure, in welchem sich Ionenstärke u. pH-Wert unabhängig ändern, lassen sich Zucker-I von den entsprechenden Diphosphor-I u. Desoxyribo-I von Ribo-I trennen. Die Leistungsfähigkeit der Meth. wird an der Auftrennung eines Gemisches von *AMP, ADP, ADP-Glucose, 3'-UMP, 5'-CMP, -CDP, -GMP, -GDP, -TMP, -UMP, -UDP, -UDP-Glucose, D-GMP* u. *-GDP*, sowie eines Maiskornextraktes demonstriert. Purin- u. Pyrimidinbasen sowie Nucleoside stören die Trennung nicht, da sie nur leicht an **PEI-II** gebunden u. daher vor den **I** eluiert werden. P. Ziska 5206

*1772* **Spektrophotometrische Bestimmung von Stickstoff in kleinen Mengen biologischen Materials.** M. H. Hashmi, Ahmad Iftikhar Ajmal und Abdur Rashid. (Mikrochim. Acta [Wien] **1968**, **4**, 860—65; West Regional Labor., Pakistan Council of Sci. and Ind. Res., Lahore, West Pakistan; engl.) — $RuCl_3$-Triphenylphosphin (**I**) reagiert mit $NH_4^+$ bei pH 8,1 unter Bldg. eines grün gefärbten Komplexes, dessen Extinktion nach Extraktion mit Bzl. bei 620 nm gemessen werden kann. Zur Best. des N-Geh. in biolog. Material wird mit $H_2SO_4$ aufgeschlossen, mit $H_2O_2$ ox., mit 4 n NaOH-Lsg. auf pH 6,4 eingestellt u. mit W. auf 50 ml aufgefüllt. 0,2 bis 1 ml dieser Lsg. mit 5—25 $\mu$g N werden mit W. auf 1,7 ml verd., 0,3 ml 1%ig. $NaHCO_3$-Lsg. u. 2 ml Reagenzlsg. sowie 3 ml Bzl. hinzugegeben, extrahiert u. nach 20 Min. die Extinktion gemessen. Die Erfassungsgrenze liegt bei 1 $\mu$g. K. Henning 5208

*1773* **Identifizierung von 9.10-Methylenhexadecansäure in einigen aeroben „Actinomycetalen" durch ein kombiniertes gaschromatographisch-massenspektrometrisches Verfahren.** Alessandro Ballio, Salvatore Barcellona und Tito Salvatori. (J. Chromatogr. [Amsterdam] **35** (1968) 2, 211—12; Neapel, Ist. Chim. Univ. Labor. di Chim. delle Sostanze Naturali; engl.) — Bei der gaschromatograph. Trennung der Fettsäurekomponenten aerober „Actinomycetalen" tritt bei Verw. einer 3 m × 6 mm-Säule mit 15% Diäthylenglykolsuccinat auf silanisiertem Chromosorb W bei 180° mit He als Trägergas hinter Methylheptadecanoat eine unbekannte Komponente auf, die durch Methyl-16-methylheptadecanoat leicht verunreinigt ist. Durch weitere Gaschromatographie an einer 3 m × 4 mm-Trennsäule mit 2% Apiezon L auf Chromosorb W konnte es bei 170° von diesem abgetrennt u. massenspektrometr. als 9.10-Methylenhexadecansäure identifiziert werden. K. Dorfner 5208

*1774* **Chromatographische Trennung von biologisch wichtigen Phosphatestern.** Joseph Lerner und Abner I. Schepartz. (J. Chromatogr. [Amsterdam] **35** (1968) 1, 37—42; Agric. Res. Serv., US Dep. of Agric., Philadelphia, Pa.; engl.) — Die Auftrennung von Zuckerphosphaten u. Nucleotiden sowohl in Gruppen als auch einzeln gelingt durch Chromatographie an Dowex 1 X 8 ($Cl^-$-Form, pH ≈ 6). Bei Verw. einer stufenweisen Gradientenelution mit je 300 ml 0,003, 0,001 u. 0,02 n HCl- sowie 0,1, 0,2 u. 0,5 m $NH_4Cl$-Lsg. lassen sich von einer 1 × 14 cm langen Säule folgende 6 Gruppen eluieren: *Vitamin* $B_{12}$, *CMP, NAD, AMP* u. *Pyridoxalphosphat*; NADP, *Adenosin-2'.3'-, Glucose-6-, Glucose-1-, Fructose-1-, Fructose-6-phosphat, GMP, TMP, UMP* u. *CDP*; *ADP-Glucose, ADP, FMN, Coenzym A* u. *FAD*; *UDP* u. *TDP*; *GDP, CTP* u. *UTP*; *GTP* u. *ATP*. Einige Nucleotide, die sich innerhalb einer Gruppe überlappen, wie CMP u. AMP, GMP, TMP u. UMP, UDP u. TDP, GDP u. UTP sowie ATP u. GTP lassen sich durch lineare Gradienteneluation an Dowex 1 X 8 ($Cl^-$- oder $HCOO^-$-Form) mit HCl, HCOOH, $HCOONH_4$- oder $NH_4Cl$-Lsg. getrennt isolieren. P. Ziska 5208

*1775* **Nachweis und Identifizierung von Zwischenprodukten des Pentose-Phosphat-Cyclus und verwandter Verbindungen.** T. Wood. (J. Chromatogr. [Amsterdam] **35** (1968) 3, 352—61; Dep. of Biochem., McGill Univ., Montreal, Que.; engl.) — Die Zwischenverb. wurden mit Ba gefällt, in die Na-Salze umgewandelt, papierchromatographiert u. mit spez. Farbreagenzien ($NH_4$-Molybdat, 3.4-Dinitrobenzoesäure, Orcin, Phloroglucin, Harnstoff/HCl, Triphenyltetrazolium) nachgewiesen. Der Zuckerrest wurde nach Hydrolyse mit saurer Phosphatase bestimmt. $R_F$-Werte in 4 Lsgm. sind angegeben für: *Ribulose-5-phosphat, Xylulose-5-phosphat, Sedoheptulose-7-phosphat, Glucose-6-phosphat, Ribose-5-phosphat, Erythrose-4-phosphat*, die entsprechenden Zucker, *Xylose*, ferner *Sedoheptulosan, 6-Phosphogluconsäure, Dihydroxyaceton-phosphat, Glyceraldehyd-phosphat, Ribulose-1.5-diphosphat, Phosphoribulose-pyrophosphat*. Eine neue Farbrk. für Erythrose-4-phosphat (Harnstoff/HCl) wurde ausgearbeitet. M. Wiedemann 5208

*1776* **Spektrophotometrische Bestimmung von Mikrogrammengen Protein ohne Störung durch Nucleinsäuren.** William E. Groves, Francis C. Davis jun. und Bruce H. Sells. (Analyt. Biochem. [New York] **22** (1968) 2, 195—210; St. Jude Children's Res. Hosp., Memphis, Tenn.; engl.) — Das Absorptionsspektrum von Hefe-Nucleinsäure (**I**) zwischen 2000 u. 3000 Å zeigt bei 2600 Å ein Max. u. bei 2300 Å ein Minimum. Die Extinktionen bei 2240 u. 2333 Å sind zahlenmäßig gleich. Diese Erscheinung wird zur Best. von Protein (**II**) in Ggw. von **I** ausgenutzt. Durch Differenzbldg. der bei 2240 u. 2333 Å gemessenen Extinktionen wird die Extinktion der **I** eliminiert. Es wurde nachgewiesen, daß die Extinktion vor allem durch die Aminosäuren Tryptophan, Tyrosin, Phenylalanin, Histidin, Methionin, Cystin u. Cystein hervorgerufen wird. Am Beispiel von Eiweiß-Lysozym u. Rinderserumalbumin wurden die Folin-Lowry- u. die Mikrobiuret-Meth. mit dem oben beschriebenen Verf. verglichen. P. Ziska 5208

*1777* **Dünnschichtchromatographische Trennung von Porphyrinen, Hämin und Lipoiden auf Kieselgel H-Platten zur Bestimmung der Erythrozytenporphyrine als Methylester.** Manfred Doss und Udo Bode. (J. Chromatogr. [Amsterdam] **35** (1968) 2, 248—56; Marburg, Univ., Hyg.-Inst.; dt.) — Die Porphyrine lyophilisierter Erythrozyten wurden in die Methylester übergeführt u. mit $CHCl_3$ extrahiert. Die Auftrennung des Extraktes erfolgte an Kieselgel H mit Bzl./Essigsäureäthylester/$CH_3OH$ (85:13,3:1,7). Kopro- u. Uroporphyrin konnten nicht getrennt werden. Der Nachw. der Porphyrine erfolgt im UV-Licht (355 nm), der der übrigen Verb. durch Besprühen mit $H_2SO_4$. W. Fester 5212

*1778* **Bestimmung von δ-Aminolävulinsäure im Plasma.** J. Julian Chisolm jun. (Analyt. Biochem. [New York] **22** (1968) 1, 54—64; Johns Hopkins Univ. School of Med., Baltimore, Md.; engl.) — Die Best. von δ-Aminolävulinsäure (**I**) beruht auf der von Mauzerall u. Granick [J. biol. Chemistry **219** (1956) 435] ausgearbeiteten

Meth. zur Best. von I im Harn. Aus dem Plasma von venösem, mit Heparin versetztem Blut werden die Plasmaproteine mit 70%ig. $HClO_4$-Lsg. gefällt. Überschüssiges $HClO_4$ wird als $KClO_4$ entfernt. Nach Chromatographie an Dowex 1X8 u. Dowex 50X8 wird I mit Acetylaceton kondensiert u. das entstehende Pyrrol mit modifiziertem Ehrlich-Reagenz umgesetzt. Die Extinktion wird dann bei 525 u. 55 nm gemessen. Für I beträgt das Verhältnis $E_{525}/E_{555}$ immer 0,68 ± 0,02. Abweichungen von diesem Wert deuten auf Verunreinigungen hin. Die Meth. eignet sich vor allem zur Unters. von Patienten mit akuter Bleivergiftung oder intermittierender Porphyrie, da bei diesen der I-Geh. 4—20mal höher ist als bei gesunden Personen. P. Ziska 5214

*1779* **Halbautomatisches, fluorimetrisches Verfahren zur Bestimmung von Corticosteroiden im Plasma.** J. Townsend und V. H. T. James. (Steroids **11** (1968) 4, 497 bis 511; St. Mary's Hosp. Med. School, London; engl.) — Die fluorimetr. Best. von Plasma-Corticosteroiden, die auf der säureinduzierten Fluoreszenz des Cortisons (I) beruht, wird mit Ausnahme der Extraktion des I durch ein Gemisch von $CH_2Cl_2$ mit äthanol. $H_2SO_4$ automat. durchgeführt. Die Werte für Human-Plasmaproben liegen um 1,4 μg/100 ml höher als die bei einer Chromatographie von I u. Corticosteron gefundenen. Die Reproduzierbarkeit beträgt ca. ± 1,0 μg/100 ml. In 1 Std. können 20 Analysen durchgeführt werden.
H.-D. Schenke 5214

*1780* **Quantitative Bestimmung von γ-Globulin in Humanserum durch Säulenchromatographie.** Elizabeth Roboz Einstein, Karen Richard und Prisca Cerutti. (Analyt. Biochem. [New York] **22** (1968) 1, 1—10; Dep. of Neurol., Univ. of Calif., San Francisco; engl.) — Zur Mikrobest. von γ-Globulin (I) in Seren werden die anderen Serumbestandteile durch Chromatographie an einer mit 0,2 m Na-Phosphat-Puffer (pH 6,6) äquilibrierten Säule von DEAE-Sephadex A-50 (0,5 g) entfernt. Die unverd. oder mit physiolog. Salzlsg. 1:50 verd. Seren werden dazu auf Mikrosäulen gegeben u. die I mit 4 ml 0,025 m Na-Phosphat-Puffer (pH 7,0) eluiert. Das konz. Eluat erwies sich nach der Elektrophorese auf Celluloseacetat-Streifen als einheitlich. Durch Doppeldiffusion u. Immunelektrophorese gegen die Antiseren der Immunglobuline IgG, IgM u. IgA konnte nachgewiesen werden, daß es sich um reines IgG handelt. Zum Serum zugesetztes I konnte mit dieser Meth. zu 97% wiedergefunden werden. P. Ziska 5214

*1781* **Demonstration der Mikroheterogenität von menschlichem Serumgammaglobulin durch isoelektrische Fokussierung.** Erkki Valmet. (Sci. Tools [Stockholm] **15** (1968) 1, 8—11; Bromma, Sweden, LKB-Produkter AB; engl.) — Durch isoelektr. Fokussierung im pH-Bereich von 10,5—5,5 lassen sich menschliche Serum-γ-globuline verschiedener Herkunft in eine große Anzahl von Fraktionen zerlegen. Vf. schlägt vor, zur näheren Charakterisierung einer γ-Globulinfraktion den isoelektr. Punkt oder Bereich anzugeben (also z. B. pI 7,86 γG-Globulin oder pI 7,8—8,0 γG-Globulin).
Guntram Seltmann 5214

*1782* **Quantitative Analyse von Phospholipiden der Rattenleber durch ein zweiteiliges Dünnschichtchromatographie-Verfahren.** N. M. Neskovic und D. M. Kostic. (J. Chromatogr. [Amsterdam] **35** (1968) 2, 297—300; Belgrad, Inst. of Biochem.; engl.) — Die Trennung erfolgte an Silicagel H/Florisil (54 + 6). Man entwickelt 3 cm weit mit $CHCl_3/CH_3OH$/30%ig. wss. $NH_3$-Lsg./W. (140:50:7:3), trocknet u. entwickelt. Trocknung an Luft, dann weiter mit $CHCl_3/CH_3OH$/Essigsäure/W. (160:20:4:1,5). Der Nachw. erfolgt mit $J_2$-Dampf, Besprühung mit 40%ig. $H_2SO_4$-Lsg. oder Ammoniummolybdat/ /$HClO_4$-Reagenz. Die Flecke zeigten keine Schwanzbildung. W. Fester 5228

*1783* **Verwendung der wiederholten Chromatographie an Sephadex zur Isolierung argininreicher Histone.** Gérard Biserte, Monique Bonte, Pierre Sautiere, Arlette Martinage, Yves Moschetto und Paul Boulanger. (J. Chromatogr. [Amsterdam] **35** (1968) 2, 168—78; Lille, I.N.S.E.R.M. sur la Biochim. des Protéines; franz.) — Kalbsthymushistone werden nach einem chromatograph. Arbeitsschema durch Gelfiltration an Sephadex G 100 durch Elution mit 0,02 n HCl/4 m Harnstofflsg., durch wiederholte Chromatographie an Sephadex G 50, durch Stärkegel-Elektrophorese in 0,05 m Na-Lactat/ 4 m Harnstofflsg. von pH 3,1 bei 2 V/cm u. durch Polyacrylamidgel-Elektrophorese im Gemisch aus 13,2 g/l p-Alanin u. 8 ml/l Essigsäure von pH 4,3 gereinigt. In den gereinigten Histonen werden Asparaginsäure, Threonin, Serin, Glutaminsäure, Prolin, Glycin, Alanin, Cystein, Valin, Methionin, Isoleucin, Leucin, Tyrosin, Phenylalanin, Lysin, Histidin, Arginin u. ε-N-Lysin quant. bestimmt. Eines der Histone ist reich an Arginin u. Lysin.
K. Dorfner 5228

*1784* **Wirksame Extraktion von Gallensäurenkonjugaten mit Tetraheptylammoniumchlorid (THAC), einem flüssigen Ionenaustauscher.** Alan F. Hofmann. (J. Lipid Res. 8 (1967) 1, 55—57; Rockefeller Univ., New York; engl.) — Lsg. von THAC in Äthylacetat oder $CHCl_3$ extrahieren quant. polare, anion. Lipoide wie Steroide oder Salzkonjugate der Gallensäuren (I) aus wss. Lsg. durch Anionenaustausch $THA^+Cl^-$ nichtwss. Phase → $THA^+R$ $Na^+R^-$ wss. Phase → $Na^+Cl^-$ ($R^-$ = Lipoidanion). Untersucht wurde die Extraktion von Gallensäurekonjugaten mit Glycin u. Taurin aus menschlichem Serum u. Galle. Die Wirksamkeit wurde durch radioakt. Unters. der wss. Phase kontrolliert. Nach der 3. Extraktion wurde keine Radioaktivität mehr nachgewiesen. Die Ergebnisse sind graph. ausgewertet. H. Schaaf 5232

## G–5. Analyse technischer Produkte

*1785* **Identifizierung eines unbekannten Bestandteils bei der Elektronenstrahlmikrosondenanalyse von Einschlüssen in bestrahlten Oxidbrennstoffen.** G. Yates und J. I. Bramman. (J. nuclear Mater. [Amsterdam] **27** (1968) 1, 88—93; UKAEA, Thurso, Scotland; engl.) — Eine Meth. zur eindeutigen Identifizierung eines Elements aus nur einem Peak seines charakterist. Spektrums wird beschrieben. Die Ordnungszahl der Interferenzen der einzelnen Linien des angeregten Röntgenspektrums einer Probe völlig unbekannter Zus. muß bestimmt werden. — Es konnte gezeigt werden, daß Cl als Spurenbestandteil für bislang nicht identifizierte Peaks verantwortlich ist, die bei der Analyse von Spaltprod.-Ansammlungen in bestrahlten Oxidbrennelementen auftreten.
J. Pickardt 5241

*1786* **Bestimmung von Bor in Polyphenylen.** Farhang Sefidvash. (Analytic. Chem. **40** (1968) 7, 1165—66; Dep. of Techn. Phys., TU, Otaniemi, Helsinki; engl.) — Beste Meth. zur Best. von Borester-7 (Trihexylanglykoldiborat) in Dowtherm-A (26,5% Diphenyl + 73,5% Diphenyloxid) ist die Messung der bei 1412 $cm^{-1}$ u. bei 1370 $cm^{-1}$. H.-D. Schenke 5241

*1787* **Chemische Analyse als Waffe gegen die Wasserverunreinigung.** A. A. Rosen. (Analytic. Chem. **39** (1967) 12, 26A—33A; Federal Water Pollut. Control Administrat., Cincinnati, O.; engl.) — Vf. erörtert die Bedeutung der chem. Analyse zur Best. von Verunreinigungen im W. durch industrielle u. behördliche Kontroll-Laboratorien. Gerhard Schulze 5242

*1788* **Kontinuierliche Messung von Restchlor.** Thomas C. Yip und Ralph L. Carr jun. (Water Sewage Works **115** (1968) 2, 60—62; BIF Chem. Labor., Rhode Island, Providence; engl.) — Vf. besprechen Meth. zur kontinuierlichen Messung von Restchlor: die photometr. Meth. mit o-Tolidin, die potentiometr. Best. des Ox.-Red.-Potentials u. die amperometr. $Cl_2$-Best. mit elektropolarograph. Depolarisation. Die amperometr. Meth. stellt das geeignetste Verf. dar, da sie zuverlässig, reproduzierbar u. spezif. für $Cl_2$ ist. Fremde Ionen stören kaum. Farbe u. Trübungen der Unters.-Lsg. sind bedeutungslos.
E. Boye 5242

*1789* **Schnellmethode zur Mikrobestimmung von Phosphin in Luft mit Prüfröhrchen.** Yoshitaka Kobayashi und Takeshi Meguro. (Japan Analyst **16** (1967) 12, 1359—64; Yokohama-shi, Minami-ku, Yokohama Nat. Univ., Fac. of Engng.; jap., Auszug: engl.) — Vf.

benutzten zur Best. Röhrchen, die mit Kieselgel u. $AuCl_3$ gefüllt waren. Die $PH_3$-Konz. wurde nach Durchleiten einer definierten Menge Luft durch das Röhrchen durch Messen der Länge der entfärbten Zone im Röhrchen bestimmt. $PH_3$ kann nach diesem Verf. im Bereich von 0,03—150 ppm bestimmt werden. Der relative Fehler der Best. ist $\pm 5\%$. Der Einfl. von Probemenge, Temp. des Röhrchens, Zeit u. Fremdgasen auf die Best. wurde untersucht. I. Degen 5242

*1790* **Spektrophotometrische Bestimmung primärer aromatischer Amine mit Thiotrithiazylchlorid. Anwendung zur Bestimmung von Toluol-2.4-diisocyanat in Luft.** Vaughn Levin, B. W. Nippoldt und R. L. Rebertus. (Analytic. Chem. **39** (1967) 6, 581—84; Minn. Min. and Manufact. Co., St. Paul, Minn.; engl.) — Die Farbrk. zwischen prim. aromat. Aminen u. Thiotrithiazylchlorid (I) wird bei Raumtemp. entweder durch direkte Umsetzung von festem **I** mit einer Lsg. des Amins in Methanol/$CHCl_3$ oder durch Perkolation der Aminlsg. an mit getrocknetem Sand vermischtem **I**. Wegen des nach kurzer Zeit auftretenden Farbzerfalls müssen die Eichkurven sehr schnell aufgenommen werden. Die Anwendung dieser Ergebnisse auf die Best. des Toluol-2.4-diisocyanats in Luft ist noch bei Konz. < 0,01 ppm möglich. D. Meyer 5242

*1791* **Bestimmung der Zusammensetzung von Kobalt-Zink-Ferriten $Zn_x^{2+}Fe_{1-x}^{3+}[Co_{1-x}^{2+}Fe_{1+x}^{3+}]O_4$ durch eine Papierimprägnierungsmethode.** Janusz Supiński. (Chem. analit. [Warszawa] **13** (1968) 4, 833—40; Poznań, Kat. Chem. Ogólnej Wyż. Szk. Rolniczej; pol.) — Zur Best. werden 3 imprägnierte Filterpapierstreifen (Whatman No 1) aneinandergeheftet, die von unten nach oben, mit $BaF_2$, $BaSO_4$ u. $\alpha$-Nitroso-$\beta$-naphthol sowie mit $(UO_2)_2 \cdot [Fe(CN)_6]$ imprägniert sind. Nach dem Auftragen der Probelsg. auf den untersten Streifen wird das Chromatogramm mit $CH_3COOH$-Lsg. entwickelt. Auf dem untersten Streifen wird nach dem Besprühen mit $K_4[Fe(CN)_6]$ Fe sichtbar, auf dem mittleren Streifen erscheint Co u. auf dem oberen Streifen Zn. Der Geh. wird aus der Fleckengröße berechnet. I. Degen 5243

*1792* **Atomabsorptionsspektrometrische Bestimmung von Indium in Schwefelkiesen, Abbränden und Zwischenprodukten der chlorierenden Röstung.** H. Spitzer und G. Tesik. (Z. analyt. Chem. **241** (1968) 3, 218—23; Duisburger Kupferhütte, Zentrallabor.; dt.) — In wird aus der Probelsg., die 6 n an HBr ist, durch Extraktion mit Diisopropyläther abgetrennt. Nach Rückextraktion mit 0,5 n HCl wird das In durch Extraktion aus 3 n HBr in MIBK überführt. Die Atomabsorption dieses Extraktes wird bei 304 nm unter Verw. einer Luft/$C_2H_2$-Flamme gemessen. Der Variationskoeff. beträgt 32% bei In-Geh. von 2 g/t u. 15% bei 10 g/t. H. Kuchenbecker 5245

*1793* **Gaschromatographie nach Bogenschmelzen zur Bestimmung von Sauerstoff in Metallen.** Hitoshi Kamada, Koichi Iwata und Iichi Ogahara. (Japan Analyst **16** (1967) 11, 1203—09; Tokyo, Bunkyo-ku Univ. of Tokyo, Fac. of Engng., Dep. of Ind. Chem.; jap., Auszug: engl.) — Gasförmige Komponenten in Metallen, wie $O_2$, $H_2$, $N_2$, fallen als CO, $H_2$ bzw. $N_2$ an u. werden gaschromatograph. getrennt. Zur Verbesserung der Geschw. u. Genauigkeit der Meth. ist an den Gaschromatographen ein digitaler Integrator angeschlossen. Die Eichkurve des Verf. wurde durch Injizieren von CO in Ar erstellt. Die mit diesem Verf. erhaltenen Werte stimmen gut mit den Werten, die mit der Vakuumschmelzmeth. erhalten wurden, überein. Für eine Messung sind 4,5 Min. erforderlich. I. Degen 5245

*1794* **Bestimmung von Sauerstoff in Ferrosilicium durch 16-MeV-Neutronenaktivierung.** Daido Ishii, Hideo Mori und Yoji Hirose. (Japan Analyst **16** (1967) 12, 1370—73; Nagoya-shi, Chikusa-ku, Univ., Fac. of Engng.; jap., Auszug: engl.) — Bei der Best. wurde Au als innerer Standard benutzt. Vf. untersuchten den Einfl. von $^{16}N$, $^{197m}Au$ u. $^{28}Al$ auf die Messungen. Die Eichkurve wurde durch stufenweisen Zusatz von $SiO_2$ zur Probe u. Messung des Verhältnisses $S_N/S_{Au}$ erstellt. I. Degen 5245

*1795* **Photometrische Bestimmung von Phosphor in Ferrovanadin.** Takashi Shimanuki. (Japan Analyst **16** (1967) 11, 1141—45; Tokyo, Chiyoda-ku, Toshiba Denko Co., Ltd.; jap., Auszug: engl.) — Zur Best. von P in Ggw. größerer Mengen V u. in Ggw. von As wird die 50—100 mg V enthaltende Probe mit 2 ml $HNO_3$ u. 7 ml $HClO_4$ abgeraucht. Der dabei auftretende Nd. wird durch Erhitzen mit W. (30 ml) in Lsg. gebracht. Nach Zusatz von 5 ml 10%ig. $(NH_4)_6Mo_7O_{24}$-Lsg. wird die Lsg. mit W. auf 50 ml aufgefüllt u. nach 10 Min. mit 6—7 ml 4%ig. $Na_2S_2O_3$-Lsg. u. einer organ. Säure oder deren Salz (Oxalsäure, Citronensäure) versetzt. Nach sofortiger Extraktion mit MIBK wird die Extinktion der organ. Phase bei 420 nm gemessen. Nach einem anderen Verf. wird nach dem Abrauchen der Probe mit 1—2 ml $HNO_3$ u. 1 ml $H_2SO_4$ (1:1) mit 10 ml HCl u. 2 ml HBr zur Trockne abgedampft. Der Rückstand wird nach dem Auflösen in 6 ml $HClO_4$ u. 30 ml W. zur Ox. des V mit einigen Tropfen $H_2O_2$ (30%ig.) versetzt. Dann wird nach vorst. Verf. extrahiert. I. Degen 5245

*1796* **Indirekte chelatometrische Molybdänbestimmung in Ferromolybdän.** Ladislav Šůcha. (Chem. Průmysl **17**[42] (1967) 6, 324—26; Praha, Vysoká škola chemickotechnol.; tschech.) — Molybdate werden in wss. Lsg. durch Zusatz eines Überschusses an Bleisalzen u. durch Rücktitration des Pb mit EDTA-Lsg. unter visueller Endpunktsermittlung mit Xylenolorange bestimmt, u. zwar ohne den Nd. des Pb-Molybdates abzutrennen. Die Meth. ist für die Best. des Mo-Geh. in Ferromolybdän nach der Abtrennung des Fe durch Ausfällung mit Alkalimetallhydroxid verwendbar. Der relative Fehler der Best. ist < 1. J. Schneider 5245△

*1797* **Spektrometrische Bestimmung des Borgehaltes in Stahl im Bereich von 5—10 · $10^{-4}$%.** Paul Höller und Karl Slickers. (Arch. Eisenhüttenwes. **39** (1968) 2, 129—34; Hüttenwerk Oberhausen AG, Oberhausen; dt.) — Es wird gezeigt, daß zur spektrometr. B-Best. die Linien 2496,7, 2088,9 u. 1826,4 Å ungeeignet sind. Hingegen ergeben die Mo-gestörte B-Linie 2089 u. die Cu-gestörte B-Linie 1825 Å gleiche Eichfunktionen mit hinreichend kleinen Streumaßen u. Nachw.-Grenzen. Die Linie 1825 Å kann an jedem größeren Vakuumspektrometer installiert werden. Die Anregungsbedingungen sind auch für die Analyse der übrigen Stahlbegleiter geeignet. W. Wesly 5245

*1798* **Ermittlung des Bleigehaltes von Automatenstahl.** Othmar Georg Koch. (Arch. Eisenhüttenwes. **39** (1968) 2, 135—38; Neunkirchen, Saar; dt.) — Von mehreren Labor. ausgeführte Best. von Pb in Automatenstahl unter Verw. von synthet. Lsg. u. 2 Stahlproben mit Hilfe von 5 Verf. (gravimetr. Best. nach dem $SO_4^{2-}/CrO_4^{2-}$-Verf., photometr. Best. als Jodid, Dithiocarbamat bzw. Dithizonat, polarograph. Best.) zeigen, daß alle Verf. die gleiche Standardabweichung der Einzelwerte aufweisen. Die beiden erstgenannten Verf. zeigen im Vgl. mit den übrigen Verf. eine höhere Standardabweichung der Labor.-Mittelwerte u. eine schwierigere Ausführbarkeit. Für höchste Genauigkeit wird empfohlen, Relativverf. anzuwenden u. eine Eichprobe oder -lsg. in den Analysengang einzubeziehen. W. Wesly 5245

*1799* **Photometrische Bestimmung von Vanadin im Stahl.** C. L. Luke. (Analytica chim. Acta [Amsterdam] **37** (1967) 2, 276—69; Bell Telephone Labor., Inc., Murray Hill, N.J.; engl.) — Die Stahlprobe wird in Königsw. unter Zusatz von HF gelöst, die Lsg. mit $HClO_4$ versetzt u. bis auf 0,25 ml eingedampft. Man nimmt unter Erwärmen in HCl auf, kühlt ab, versetzt mit festem $Na_2S_2O_5$, erhitzt auf 70°, fügt nach schnellem Abkühlen 45 ml W. u. tropfenweise 0,3%ig. $KMnO_4$-Lsg. zur Ox. des V(IV) zu. Nach 5 Min. versetzt man mit $\alpha$-Benzoinoximlsg. u. nimmt die extraktions-photometr. Best. nach weiteren 5 Min. bei 550 nm vor. U. Geisler 5245

*1800* **Bestimmung von Vanadin in Stählen und Erzen mittels N-Furoylphenylhydroxylamin.** A. T. Pilipenko, É. A. Špak und G. T. Kurbatova. (Ž. analitičeskoj Chim. **22** (1967) 7, 1014—20; Kiev, Gos. univ. im. G. T. Ševčenko; russ., Auszug: engl.) — V(V) bildet mit

N-Furoylphenylhydroxylamin (HFn) in sauren Medien farbige Komplexe, die mit $CHCl_3$ extrahiert werden können. Untersucht wird die Zus. der Komplexe in 4 n HCl u. bei pH 4; die Zus. entspricht den Formeln $VOFn_2Cl$ u. $VO_2Fn \cdot HFn$ u. in den $CHCl_3$-Extrakten $VOFn_2Cl$ u. $VO_2Fn$. Die Extrakte in $CHCl_3$ haben in stark HCl-saurem Medium einen Absorptionskoeff. von 5650 bei $\lambda_{max}$ = 530 nm. Es wird eine Meth. zur V-Best. in Stählen u. Erzen bis herunter zu $5 \cdot 10^{-4}$% V angegeben. E. Pfluger 5245

*1801* **Methoden zur Analyse von Stahlzusätzen. 6. Mitt. Volumetrische Bestimmung von Niob in Ferroniob und der Oxinatmethode.** Rokuro Kajiyama, Masao Watanabe und Katsumasa Yamaguchi. (Japan Analyst **16** (1967) 11, 1156–59; Kanagawa-ken, Kawasaki-shi, Daishigawara, Kawasaki Plant of Nippon Yakin Kogyo Co., Ltd.; jap., Auszug: engl.) – 5. vgl. C. **1969, 19**-**1579.** – Die Probe wird mit $K_2S_2O_7$ geschmolzen. Nb u. Ta werden von den übrigen Elementen durch Hydrolyse abgetrennt. Der Nd. wird in $KOH/H_2O_2$ gelöst u. das überschüssige $H_2O_2$ durch Kochen zerstört. Nach Zusatz von Ammoniumtartrat (**I**) wird mit W. verd. u. ein aliquoter Teil der Lsg. (ca. 25 mg Nb) mit EDTA u. weiterem **I** versetzt. Nb wird bei pH 4,5 als $NbO(C_9H_6 \cdot ON)_3$ ausgefällt u. nach dem Auflösen des Nd. in HCl durch Titration mit $KBrO_3$ bestimmt. Übliche Verunreinigungen der Probe, wie < 7,5% Al, Mn u. Sn, < 5% Ti u. W, stören das Verf. nicht. I. Degen 5245

*1802* **Photokolorimetrische Bestimmung geringer Gehalte an Niob in Massenstählen.** V. F. Mal'cev, E. N. Paščenko und N. č. Volkova. (Ukrainskij chim. Ž. **34** (1968) 10, 1087; VNITI; russ.) – *Brenzcatechinviolett* (PV) bildet mit Nb bei pH 1,5–4,7 einen Komplex mit $\lambda_{max}$ bei 600 nm. Nb reagiert mit dem PV im Verhältnis 2:1. Die maximale Komplexbldg. wird nach 23 min erreicht. Fe(III)-Mengen stören u. werden mit salzsaurem Hydroxylamin u. Ascorbinsäure maskiert. Die Auflsg. des Stahles erfolgt in Königsw., das Messen der Extinktion auf dem Gerät FĖK-56-2 mit Lichtfilter N 8 u. 50-mm-Küvetten. Vf. bringen die abs. Nb-Best.-Werte in legierten Stählen mit 0,02–0,11% Nb. Dauer der Nb-Best. ca. 6 Std.; der relative Best.-Fehler liegt bei 2–5%. E. Pfluger 5245

*1803* **Bestimmung von Wasserdampf in Garkupferdraht nach Reduktion mit Aluminium.** Charles L. Thomas und John C. Gifford. (Trans. metallurg. Soc. AIME **242** (1968) 6, 1009–11; American Smelting and Refining Co., South Plainfield, N.J.; engl.) – Durch Auflösen der Probe in geschmolzenem Al wird W. zu $H_2$ red., das anschließend massenspektroskop. bestimmt wird. Mengen ≧ 1 ppm W. konnten so ermittelt werden. Eine Beziehung zwischen gemessenem W.-Dampfgeh. u. spezif. Gew. der Cu-Proben wird aufgezeigt. J. Pickardt 5245

*1804* **Bestimmung von Eisen in Kupfer–Aluminium-Legierungen durch Atomabsorptionsspektroskopie. Geeignete Resonanzlinien des Eisens.** Kenneth E. Smith und C. W. Frank. (Analytica chim. Acta [Amsterdam] **42** (1968) 2, 324–26; Dep. of Chem., Univ. of Iowa, Ja.; engl.) – Die Empfindlichkeit (0,01–1,79 ppm Fe/1% Absorption) u. die entsprechenden Konz.-Bereiche für 31 Fe-Resonanzlinien werden unter Verw. einer Luft/$C_2H_2$-Flamme ermittelt. Die Absorption keiner dieser Linien wird durch Al oder Cu merklich gestört. Die Auswahl der zu verwendenden Linie richtet sich im wesentlichen nach dem Fe-Geh. der Probe. H. Kuchenbecker 5245

*1805* **Schnellanalyse von Plattierungsbädern durch eine thermometrische Methode mit direkter Ablesung.** I. Sajó und B. Sipos. (Talanta [London] **14** (1967) 2, 203–13; Res. Inst. for Ferrous Metallurg., Budapest; engl.) – Die bei der Rk. zwischen der zu bestimmenden Verb. u. einem zugefügten Reagenz entwickelte Wärme wird gemessen. Als Zusatz werden Reagenzien ohne Mischungswärme verwendet, so daß die Temp.-Skala direkt in Konz.-Einheiten geeicht werden kann. Eine Best. dauert nur 5 Min., die Genauigkeit ist die gleiche wie bei den klass. Methoden. Als Beispiele werden die Analysen von Vernickelungs- u. Verchromungsbädern beschrieben, (App., Schaltschema). G. Schatz 5245

*1806* **Chromatographische Identifizierung und Bestimmung der Nitrierungsprodukte von Chlorbenzol.** Karel Obruba und František Navrátil. (Chem. Průmysl **17** [42] (1967) 3, 155–57; Výzk. úst. organ. syntéz, Pardubice-Rybitví; tschech.) – Zur Trennung, Identifizierung u. Best. von *2.4-Dinitrochlorbenzol* (**I**) u. *2.6-Dinitrochlorbenzol* (**II**) neben anderen Prod. der Chlorbenzolnitrierung (2- u. 4-Nitrochlorbenzol, 2.4.6-Trinitrochlorbenzol) wurde eine Meth. entwickelt, bei der die einzelnen Komponenten chromatograph. getrennt u. **I** u. **II** polarograph. bestimmt werden. 1 ml der Probelsg. in Aceton mit einem Geh. von 8–10 mg **I** + **II** wird auf eine lose 0,6 mm-Dünnschicht von $Al_2O_3$ auf Glas aufgetragen u. mit Hexan/Aceton (10:1) entwickelt. Nach 10 Min. werden die Verb. im UV-Licht oder mit folgenden einzelnen Lsg. sichtbar gemacht: 5%ig. $SnCl_2$-Lsg. in 15%ig. HCl + Ehrlichs Reagenz (1:1) bzw. 1n NaOH-Lsg. in Aceton bzw. 1 n NaOH-Lsg. in 80%ig. $C_2H_5OH$. Die Partien des Chromatogrammes mit **I** u. mit **II** werden quant. entnommen u. einzeln im Soxhlet-App. mit sd. Aceton 30 Min. lang extrahiert (längere Extraktion hat Minusfehler zur Folge). Nach Gelatine- u. $NH_4Cl$-Zugabe wird der Extrakt polarographiert u. der Geh. an **I** bzw. **II** an Hand einer Eichkurve berechnet. Der relative Fehler beträgt –2%. K. Kámen 5246△

*1807* **Bestimmung der Verunreinigungen in technischem o-Chloranilin mit Hilfe der Dünnschichtchromatographie.** V. P. Vorožeeva. (Zav. Labor. **33** (1967) 11, 1382; NII chimikatov dlja polimern. materialov; russ.) – o-Chloranilin kann als Verunreinigungen Anilin, p-Chloranilin u. 2.4-Diaminochlorbenzol enthalten. Das Gemisch kann in Form der freien Basen getrennt werden. Verwendet werden Mikroglasplatten (7,6 × 2,5 cm) mit Silicagel/Gips als Sorbent (als $CHCl_3$-Suspension aufgetragen). Ein Gemisch aus Dibutylester oder Bzl. mit Eisessig (9:1) dient als mobile Phase. Als Identifizierungsreagenz wird p-Dimethylaminobenzaldehyd verwendet. E. Pfluger 5246

*1808* **Schnellbestimmung des Gesamtschwefelgehaltes fester Brennstoffe.** W. Thürauf und H. Assenmacher. (Brennstoff-Chem. **48** (1967) 7, 206–07; Bergbau-Forsch. GmbH, Essen; dt.) – Bei der Best. des Gesamt-S-Geh. fester Brennstoffe durch Verbrennen der Substanz im $O_2$-Strom bei 1250–1350°, Absorption des entstehenden $SO_2$ in $H_2O_2$-Lsg. u. Titration des entstandenen $H_2SO_4$ kann die mit $H_2O_2$ gefüllte Vorlage mit Fritte durch ein Glasrohr (Skizze) mit Schliff, gefüllt mit 2–3 g Quarz- oder Glaswolle als Trägermaterial für die 3%ig. $H_2O_2$-Lsg. ersetzt werden. Verbrennung u. Absorption benötigen höchstens 5 Min., alsdann wird die Schliffverbindung gelöst u. $H_2SO_4$ mit W. vom Träger quant. in das Titrationsgefäß gespült. Die neue Vorlage ermöglicht infolge des geringen Widerstandes eine Steigerung der $O_2$-Durchflußgeschw. auf > 40 l/Std., S-Best. mit größeren Einwaagen bei S-Geh. < 0,01 %u. sofortige Durchführung einer neuen Best. nach Abnahme der Vorlage. Außer bei festen Brennstoffen ist die App. bei allen Substanzen anwendbar, in denen S durch Verbrennen im $O_2$-Strom u. Absorption des $SO_2$ bestimmt wird. W. Morneweg 5247

*1809* **Bestimmung von Vanadin und Nickel in Ölasche durch spektrographische Analyse.** A. Pethö. (Acta chim. Acad. Sci. hung. **51** (1967) 2, 151–59; Hungarian Trust for Petroleum and Gas Ind., Budapest; engl.) – Rohöle werden zunächst gereinigt u. durch Zentrifugieren entwässert. 200 g des gereinigten Öls werden in einer Quarzschale vorsichtig in Ggw. von konz. $H_2SO_4$ dest., bis ein teeriger Rückstand bleibt. Hierauf wird in einem Muffelofen bei 550° verascht, bis kein C mehr vorhanden ist. 30 mg Ölasche (**A**) werden mit 90 mg $SiO_2$-Pulver, das 1% Co als inneren Standard enthält, u. 240 mg Graphitpulver von spektraler Reinheit in einem Achatmörser 5 Min. lang verrieben. Anregung des spektrograph. Gemischs erfolgt durch niedergespannten Wechselstrom in der Bohrung einer Graphitelektrode. Die Empfindlichkeit für V u. Ni bezogen auf **A** liegt bei 0,005%. Die Anregungsparameter, Analysen u. die bei verschiedenen Konz.

angewendeten Bezugslinien werden zusammen mit der Reproduzierbarkeit angegeben. Die Meth. ermöglicht die Verw. von Standardeichkurven u. Computern bei der Auswertung. W. Morneweg 5247

*1810* **Bestimmung von n-Paraffinen im Kerosinbereich durch Molekularsiebe und Verteilungschromatographie.** G. C. Blytas und D. L. Peterson. (Analytic. Chem. **39** (1967) 12, 1434—37; Shell Dev. Co., Emeryville, Calif.; engl.) — Eine Kerosinprobe wird mit Hilfe eines Trägergasstromes durch eine auf 350° erhitzte Mol.-Siebkolonne geleitet, wobei die n-Paraffine zurückgehalten werden. Die verzweigtkettigen Paraffine (**A**) passieren die Kolonne u. werden anschließend verbrannt. Über das entstehende $CO_2$ wird die Beendigung des Durchganges von A angezeigt. Nunmehr werden die n-Paraffine durch Erhöhen der Kolonnentemp. auf ca. 550° ausgetrieben u. anschließend in einem temperaturprogrammierten Gaschromatographen analysiert. D. Meyer 5247

*1811* **Gaschromatographische Bestimmung von Normalparaffinen in Kerosin.** H. S. Knight. (Analytic. Chem. **39** (1967) 12, 1452—53; Shell Dev. Co., Emeryville, Calif.; engl.) — Die Kerosinfraktion wird auf ein Mol.-Sieb 5Å gegeben u. ca. 30 Min. auf 100—120° erwärmt, wobei die n-Paraffine vom Sieb aufgenommen werden. Es wird dann von verzweigtkettigen Verb. freigewaschen. Anschließend wird das Sieb mit verdünnter HF zerstört, u. die n-Paraffine werden mit Isooctan extrahiert u. gaschromatograph. identifiziert. D. Meyer 5247

*1812* **Schnellbestimmung von Aromatenspuren in Paraffinen.** J. C. Suatoni. (Analytic. Chem. **39** (1967) 12, 1505—06; Gulf Res. and Dev. Co., Pittsburgh, Pa.; engl.) — Mit Hilfe einer Silicagel/Phosphor-Kolonne werden die Aromaten von den Paraffinen getrennt u. anschließend über Eichkurven die Fluoreszenz bestimmt. Die Meth. erlaubt die Erfassung eines Aromatengeh. von 0,002—2 Vol.-%. Sie ist genau u. erfordert einen geringeren Zeitaufwand als die Silicagel-Gaschromatographie-Methode. D. Meyer 5247

*1813* **Photometrische Bestimmung von geringen Mengen Alkylbenzolsulfonat.** Satori Utsumi, Shunsuke Ito, Wataru Machida und Akinori Isozaki. (Japan Analyst **16** (1967) 11, 1213—18; Tokyo, Chiyoda-ku, Nihon Univ., Fac. of Sci. and Engng.; jap., Auszug: engl.) — Zur Best. in W. wird der Komplex, den die Verb. mit Methylenblau (**I**) bildet, einmal mit 10 ml 1.2-Dichloräthan, 1.1'.2-Trichloräthan oder $CHCl_3$ extrahiert. Die Extinktion der organ. Phase wird bei ca. 660 nm gemessen. Bei Extraktion mit $CHCl_3$ können Anionen, die die Best. stören, durch einmaliges Auswaschen des Extraktes mit saurer **I**-Lsg. entfernt werden. Die Empfindlichkeit des Verf. ist jedoch bei Verw. der anderen Lsgm. höher. Es können in 10 ml W. 0,1—4 ppm der Verb. bestimmt werden. I. Degen 5249

*1814* **Dünnschichtchromatographische Bestimmung von ultraviolettes Licht absorbierenden Substanzen in Paraffinwachsen.** Ronald S. Dobies. (J. Chromatogr. [Amsterdam] **35** (1968) 3, 370—75; N.J., Bound Brook, Amer. Cyanamid Comp.; engl.) — Die Vers. wurden durchgeführt mit den UV-Licht absorbierenden Substanzen *2-Hydroxy-4-methoxy-*, *-4-n-octoxy-* (**I**), *-4-n-decyloxy-* u. *-4-n-dodecyloxybenzophenon.* 50 g Paraffinwachs werden geschmolzen, mit 200 ml Hexan gemischt u. in Scheidetrichter mit 100 ml einer Lsg. aus 28 g KOH in 500 ml A./W. (1:1) 2 Min. kräftig geschüttelt. Die wss. Phase wird abgetrennt, die darüberstehende Phase 3mal mit je 50 ml KOH-Lsg. ausgeschüttelt. Die Extrakte werden mit HCl angesäuert, dann werden 150 ml W. zugegeben, u. es wird mit 50 ml $CCl_4$ extrahiert. Die obere Phase wird 5mal mit $CCl_4$ extrahiert. Die $CCl_4$-Extrakte werden auf 10 ml eingedampft. Je 20 µl werden zur Trennung für die Dünnschichtchromatographie verwendet. Die quant. Best. erfolgte densitometrisch. Bei einem Testvers. mit 0,01% **I** wurden 0,0093 u. 0,0098% **I** wiedergefunden. E. Boye 5249

*1815* **Vergleich von Methoden zur Fraktionierung von Polyoxyäthylenglykolen durch Gas-, Flüssigkeits- und Dünnschichtchromatographie.** D. Falgoux, P. Mangin, J. Engel und C. Grainger. (Z. analyt. Chem. **236** (1968), 228—40; Soc. Naphthachim., Lavéra, Bouches du Rhône; franz.) — Mit Hilfe der Gaschromatographie an SE 30 auf Chromosorb P konnte für Molgew. ≦ 400 eine sehr gute Trennung festgestellt werden. Bei Prod. mit höheren Molgew. tritt wegen der erforderlichen höheren Temp. z. T. Zers. ein. Die Chromatographie in fl. Phase an $SiO_2$-Säulen mit Methyläthylketon als Eluierungsmittel oder die Gelpermeationschromatographie an Sephadex LH 20 mit $CH_3OH$ lieferte gute Ergebnisse; sie ist bes. zur präparativen Trennung geeignet u. gestattet quant. Messungen. Die Dünnschichtchromatographie von Proben, die mit Acetylchlorid verestert wurden, ermöglichte ebenfalls gute Trennung, auch für Molgew. bis zu 1000, die quant. Ergebnisse sind jedoch ungenau. J. Pickardt 5249

*1816* **Quantitative Bestimmung von Aminen in Polyäthylen.** S. E. Paskvitovskaja, M. D. Medvedeva und V. I. Gusev. (Plastičeskie Massy **1967**, 7, 55—56; russ.) — Photometr. Meth. zur Best. von Antioxydantien (A) des Amintyps in Polyäthylen (PÄ.) werden beschrieben. Die Best. von Abkömmlingen des Naphthylamins [z. B. Phenyl-α-naphthylamin (**I**)] beruht auf Diazotierung u. anschließendem Kuppeln mit p-Nitroanilinhydrochlorid unter Bldg. einer farbigen Verb. u. Extinktionsmessung. Für Abkömmlinge der p-Phenylendiamine [z. B. Di-β.β'-Naphthyl-p-phenylendiamin (**II**), Diphenyl-p-phenylendiamin (**III**)] wird die Eig. der Diamine, mit Metallen veränderlicher Wertigkeit farbige Verb. zu bilden, benützt. Die Stabilisatoren werden aus gepulvertem PAe. mit Aceton–Toluol oder A.–Toluol extrahiert. Gebracht werden abs. Werte der Best. von **II** in Konzentraten u. PAe., von **III** u. **I** nebeneinander ion PAe., Eichkurven von Konzentraten u. PAe. für **II**, für **I** bei Ggw. von **III** u. von bei Ggw. **III** von **I**. E. Pfluger 5250

*1817* **Spektrophotometrische Bestimmung der Zusammensetzung von Äthylen–Styrol-Copolymeren durch die Extinktions-Verhältnis-Methode.** Aleksander Janik und Danuta Czechowicz. (Chem. analit. [Warszawa] **13** (1968) 4, 827—32; Inst. Ciężkiej Synt. Org. Blachownia Śl.; pol.) — Vf. benutzen zur Best. eine Meth., bei der die Schichtdicke der Probe nicht bekannt sein muß. Der Koeff. der Gleichung wurde nach 3 verschiedenen Meth. bestimmt. Das Verf. kann auch zur photometr. Analyse anderer bin. Gemische benutzt werden, deren Komponenten Absorptionsbanden bei verschiedenen Wellenlängen aufweisen. I. Degen 5250

*1818* **Quantitative Bestimmung von freiem, elementarem Schwefel in Vulkanisaten durch Dünnschichtchromatographie.** J. R. Davies und S. T. Thuraisingham. (J. Chromatogr. [Amsterdam] **35** (1968) 4, 513—18; Natural Rubber Producers Res. Assoc., Welwyn Garden City, Herts.; engl.) — Vf. trennten freies S von den im Acetonextrakt vorliegenden S-haltigen Verb. durch Dünnschichtchromatographie an Kieselgel G unter Verw. von n-Heptan als Laufmittel. Der Nachw. erfolgt mit einer Lsg. von 3% $NaN_3$ in 0,1 n $J_2$-Lösung. Der $R_F$-Wert beträgt 0,7, die Nachw.-Grenze ca. 0,2 µg S. Die Messung der Fleckengröße erlaubt eine Best. von freiem S mit einem Fehler von $< \pm 4$ Relativ-%. Die Meth. kann auch auf Rohmischungen angewandt werden. P. Kurzmann 5250

*1819* **Bestimmung von Metallen in Wolle durch Atomabsorptionsspektroskopie.** F. R. Hartley und A. S. Inglis. (Analyst **93** (1968) 1107, 394—97; CSIRO, Wool Res. Labor., Div. of Protein Chem., Parkville (Melbourne), Victoria; engl.) — Cr, Cu, Hg, Sn, Zn, Ca, Sr u. Ba in Wolle werden durch Atomabsorptionsspektroskopie bestimmt. Die Auswertung erfolgt beim Ca nach dem Zusatzverf., bei allen anderen Elementen mit Hilfe von Eichkurven. Die Best. lassen sich mit einer Richtigkeit u. Reproduzierbarkeit von ±3% durchführen. Die Aufbereitung erfolgt durch Hydrolyse mit HCl; zur Aufstellung der Eichkurven werden Wollehydrolysate mit entsprechenden Metallmengen versetzt. Folgende Flammen werden verwendet: $C_2H_2$/Luft für Cr (3578,7; 4254,3 u. 4289,7 Å), $H_2$/Luft für Sn (2354,8 Å), Leuchtgas/Luft für Cu (2942,1 Å), Hg (2536,5 Å) u. Zn (2138,6 Å), $C_2H_2/N_2O$ für Ca (4226,7 Å), Sr (4607,2 Å) u. Ba (5535,6Å). H. Kuchenbecker 5251

*1820* **Bestimmung sekundärer und untergeordneter Pflanzennährstoffe in Düngemitteln durch Atomabsorption.** 4. Mitt. C. H. McBride. (J. Assoc. off. analyt. Chemists **51** (1968) 4, 847–51; Armour Agricult. Chem. Co., Decatur, Ga.; engl.) — Zusammenfassende Übersicht über die in der 1.–3. Mitt. beschriebenen vergleichenden Untersuchungen. Auf Grund der Ergebnisse wird vorgeschlagen, die Best. von Ca, Cu, Fe, Mg, Mn u. Zn durch Atomabsorptionsspektrophotometrie als offizielle Meth. (AOAC; final action) anzunehmen. H. Kuchenbecker 5253

*1821* **Herbizidbestimmung. Extraktion, Vorreinigung und Elektroneneinfang-Gaschromatographie von Fenac-Rückständen in Böden.** M. L. Beall, E. A. Woolson, T. J. Sheets und C. I. Harris. (J. agric. Food Chem. **15** (1967) 2, 208–12; Beltsville, Md., U.S. Dep. of Agricult., Res. Serv., Crops Res. Div.; engl.) — Fenac (isomere Mischung polychlorierter Phenylessigsäuren, **I**) wurde aus Böden entweder im Soxlet-App. oder mit Schüttelkolben nach Einstellung des pH-Wertes auf 2,0 mit HCl mit Benzol/Methyläthylketon extrahiert. Nach Ausschütteln mit $CCl_4$ u. W. wurde **I** mit $BCl_3$ u. Methanol verestert u. gaschromatograph. mit Elektroneneinfangdetektor bestimmt. Die Schüttelkolbenextraktion gab bessere Ausb. als die im Soxlet-Apparat. L. Kramar 5253

*1822* **Bestimmung von Terbacil-Rückständen mit Hilfe mikrocoulometrischer Gaschromatographie.** H. L. Pease. (J. agric. Food Chem. **16** (1968) 1, 54–56; E. I. du Pont de Nemours & Co., Wilmington, Del.; engl.) — Das Herbizid Terbacil (3-tert.-Butyl-5-chlor-6-methyluracil) wird aus Erdreich, Pflanzen oder tier. Geweben mit 1% NaOH-Lsg. extrahiert, danach in organ. Lsgm. überführt u. gaschromatograph. mit einem mikrocoulometr. Detektor-Syst. bestimmt. Die Empfindlichkeit liegt bei einer Probemenge von 25 g bei 0,04 ppm. $>$ 90% werden wiedergefunden. W.-D. Thomitzek 5253

*1823* **Nachweis von Malathion-Rückständen im Weizen.** Zivka Radović-Prošić. (Hrana i Ishrana **9** (1968) 1, 22 bis 25; Beograd, Vojno-med. akad., Hig. zav.; serbokroat.) — Zur Malathion(**I**)-Best. im Weizen wurde die modifizierte „Malation-Panel"-Meth. (Analyst, 1960, 85:1017, 915) angewendet. **I** wurde dabei, statt mit $CCl_4$, mit PAe. (Kp. 30–40°) im Soxhlet, aus dem grob gemahlenen Weizen extrahiert. Bestimmt wurden 50–250 $\gamma$ **I** in einer Konz. von 2–10 ppm. Die besten Werte erhielt man bei 200 $\gamma$ bzw. 8 ppm (97 $\pm$ 3%). Die Reinigung der Extrakte nach P. Koivistoinen et al. (vgl. C. **1966,** 41-3221) führte zu einer Verschlechterung der Ergebnisse. H. Cnobloch 5253

*1824* **Bestimmung von hydrolytischen Stoffwechselprodukten phosphororganischer Insektizide im Harn von Kühen unter Verwendung eines verbesserten Thermoionisationsdetektors.** L. E. St. John jun. und D. J. Lisk. (J. agric. Food Chem. **16** (1968) 1, 48–49; Dep. of Entomol., Cornell Univ., Ithaca, N.Y.; engl.) — Die im Säugetierorganismus phosphororgan. Insektizide gebildeten Hydrolyseprod. Dimethyl-, Diäthyl-, Thio- u. Dithiophosphat werden im Harn von Kühen bestimmt, indem aus dem angesäuerten Harn die Säuren mit Ae. extrahiert, mit $CH_2N_2$ methyliert u. schließlich gaschromatograph. mit einem sehr empfindlichen u. selektiven, umgebauten Flammenionisationsdetektor bestimmt werden. W.-D. Thomitzek 5253

*1825* **Bestimmung von Rückständen von Phorat und seinem sauerstoffanalogen Sulfon in Pflanzengeweben durch Gesamtphosphorbestimmung.** Arthur J. Manuel. (J. agric. Food Chem. **16** (1968) 1, 57–59; American Cyanamid Co., Princeton, N.J.; engl.) — Das Insektizid Phorat (O.O-Diäthyl-S-äthylthiomethyldithiophosphat) u. seine Abbauprod. in Pflanzen werden mit Bzl. aus den Geweben extrahiert, an einer Säule mit $Na_2CO_3$, Celite 545 u. Aktivkohle (60:20:10) gereinigt u. mit m-Chlorperbenzoesäure oxydiert. Die Mischung wird an einer $SiO_2$-Säule chromatographiert. In den Fraktionen wird nach Ox. das entstandene $PO_4^{3-}$ mit der Molybdänblau-Meth. bestimmt. W.-D. Thomitzek 5253

*1826* **Ammoniakbestimmung in Rohstoffen und Nahrungsmitteln tierischer Herkunft.** Božej Havelka. (Průmysl Potravin **18** (1967) 5, 271–74; Ústr. štát. veterin. úst., Bratislva; slowak.) — Zur Qualitätsbewertung von rohem u. eingelegtem Schlachtvieh- bzw. Fischfleisch sowie von Selchwaren ist bes. die Mikrodest. des frei extrahierbaren $NH_3$ geeignet. Der $NH_3$-Geh. in den Proben nimmt mit den fortschreitenden organolept. Probenänderungen proportional zu, was zur Qualitätsprüfung des vorst. Materials an Hand der zu diesem Zweck ausgearbeiteten Kriterien ausgenutzt werden kann. Zur Gesamtbeurteilung sind jedoch die Ergebnisse dieses Verf. mit jenen der sonstigen üblichen Komplexmeth. zu ergänzen. K. Kámen 5255△

*1827* **Bestimmung von Acrylnitril-, Schwefelkohlenstoff-, Tetrachlorkohlenstoff- und Äthylendichlorid-Rückständen in Getreide nach dem Begasen.** S. G Heuser und K. A. Scudamore. (Chem. and Ind. **1968, 34,** 1154–57; Slough, Bucks, Pest Infestat. Labor., Agric. Res. Council; engl.) — Vf. beschreiben ein Verf. zur Best. von Pestizidrückständen in Getreide nach dem Begasen mit Acrylnitril, $CS_2$, $CCl_4$ u. Äthylendichlorid. Durch mehrstd. Behandlung des Probematerials mit Aceton/W. (5:1) gelingt es, die genannten Verb. zu extrahieren u. anschließend im Extrakt gaschromatograph. zu bestimmen. A. M. Fretzdorff 5255

*1828* **Enzymatisch-photometrische Bestimmung von D-Glucose und D-Fructose in Verbraucherzucker.** J. Tschersich und W. Mauch. (Z. Zuckerind. **18** (93) (1968) **3,** 107–10; Berlin, Inst. für Zuckerind.; dt.) — Das Enzym Hexokinase katalysiert die Übertragung eines Phosphatrestes von ATP auf D-Glucose bzw. D-Fructose unter Bldg. von Glucose-(**I**) bzw. Fructose-6-phosphat (**II**) u. ADP. **I** wird von (**II**)–I-Dehydrogenase durch $H^+$-Abgabe ox., während NADP durch $H^+$-Aufnahme zu NADPH red. wird, dessen Extinktion bei 340 oder 366 nm bestimmt wird. **II** wird durch Phosphoglucoseisomerase in **I** umgewandelt, das mit NADP zu 6-Phosphoglucose-$\delta$-lacton u. NADPH reagiert. Der NADPH-Wert ist ein Maß für die Fructose-Menge. Modellvers. ergaben eine Standardabweichung von 2,5%, die untere Best.-Grenze liegt bei 0,01005% Invertose. I. Liske 5255

*1829* **Untersuchung von Zuckern in Kakaopulver durch zweidimensionale Dünnschichtchromatographie.** C. V. Pasupathy und R. O. B. Wijesekera. (J. Chromatogr. [Amsterdam] **35** (1968) 1, 117–18; Colombo, Ceylon Inst. of Sci. and Ind. Res., Sect. of Nat. Prod.; engl.) — Auf borsäureimprägnierten Silicagelplatten wurde der Zuckerextrakt zunächst mit n-Butanol/Py./W. (6:4:3) oder n-Propanol/Äthylacetat (**I**)/W. (7:1:2) u. in der zweiten Dimension mit Aceton/HCOOH/A. (3:1:1) oder I/$CH_3COOH$/W. (6:3:2) getrennt. Zum Sprühen diente eine Mischung von Anilin in A. (4%ig.), Diphenylamin in A. (4%ig.) u. $H_3PO_4$ (5:5:1) allein bzw. mit einem Zusatz von Harnstofflsg. u. HCl. Identifiziert werden konnten *Glucose, Fructose, Saccharose, Melibiose, Raffinose* u. *Stachyose.* Getrennt wurden außerdem eine Ketose, eine Aldopentose u. red. Trisaccharide. I. Liske 5255

*1830* **Gaschromatographischer Vergleich verschiedener Branntweine.** F. Drawert, W. Heimann und G. Tsantalis. (Z. analyt. Chem. **228** (1967) 3, 170–80 Forsch.-Inst. für Rebenzüchtung Geilweilerhof, Siebeldingen/Pfalz; dt.) — Auf gaschromatograph. Trennsäulen in Verbindung mit Flammenionisationsdetektoren wurden durch Direktinjektion von 5–20 $\mu$l verschiedener Branntweine Acetaldehyd, Essigsäuremethylester, Essigsäureäthylester, Methanol, Propanol-(1), 2-Methylpropanol-(1), Butanol-(1), Butanol(-2), 2-Methylbutanol-(1), 3-Methylbutanol-(1) u. Hexanol-(1) aufgetrennt u. bestimmt. Von 24 Branntweinen werden die Ergebnisse mitgeteilt. Das Verf. gestattet, an Hand der Analysenwerte Obstbrände, Weinbrände u. Getreidebrände deutlich voneinander zu unterscheiden. Auch kann z. B. zwischen Cognacs u. Weinbränden bzw. zwischen schott., amerikan. u. kanad. Whiskies unterschieden werden. K. Herrmann 5255

# H. Angewandte Chemie

## H-3. Anorganische Industrie

*1831* **Ausziehen von Edelmetallen aus Schlämmen der Ni- und Cu-Elektrolyse durch Extraktion mit Aminen.** V. I. Dolgich, P. I. Bobikov, B. F. Borbat und M. B. Ferberg. (Cvetnye Metally **40** (1967) 2, 27—32; russ.) — Verarbeitet wurden außer den vorst. Schlämmen noch Kuchen nach der Auslaugung von sulfatisiertem Schlamm der Cu-Elektrolyse; Chlorieren der Rohstoffe erfolgt in HCl-Lsg. mit elementarem Cl bei 80° u. einem Verhältnis fest:fl. = 1:8. Aus Ni- u. Cu-Schlamm werden alle Pt-Metalle u. *Au* fast 100%ig. gelöst, während aus den Kuchen *Rh, Ru* u. *In* nur zu 35—74% extrahiert werden. Ein Zusatz von 50 g NaCl/dm³ wirkt sich günstig auf den Übergang der Pt-Metalle in die Lsg. aus. Der optimale Cl-Verbrauch liegt bei 1,3 kg/kg Schlamm u. die HCl-Konz. soll > 80 g/dm³ sein. Infolge der Löslichkeit von *AgCl* in Chloridlsg. gehen aus den Ni- u. Cu-Schlämmen 86 bzw. 33% des Ag in die Lösung. Die extraktive Trennung der edlen Metalle von den Buntmetallen erfolgt mit *prim. Aminen* in Kerosin in 6stufigen Extraktoren. Die wss. Lsg. enthält 7 g HCl/dm³; die organ. Phase besteht aus *Amin ANP* in *Kerosin* (33% Amin u. 2% Isoamylalkohol); wss. Phase:organ. Phase = 4,5:1. Die Extraktion von Pt u. *Pd* erreicht 100%. Ag wird fast vollständig, *Se* zu 30% extrahiert. Gebracht werden die Vers.-Ergebnisse tabellar. in abs. Werten vom Ausgangsstoff bis zu den Endprodukten. E. Pfluger H 270

*1832* **Kinetik der gemeinsamen Fällung von Au, Ag und Cu aus Cyan-Lösungen.** O. K. Ščerbakov und I. A. Kakovskij. (Cvetnye Metally **40** (1967) 2, 10—13; russ.) — Beschreibung der gemeinsamen Ausfällung von *Au* u. *Ag* , Au u. *Cu* u. Ag u. Cu bei 25°, 100 U/min (Scheibenverf.) $N_2$-Spülung; Konz. der Lsg.: (Mol./dm³) KOH $10^{-3}$; KCN $5 \cdot 10^{-3}$; K-Cyanoaurat $3 \cdot 10^{-4}$; $KAg(CN)_2$ $6{,}6 \cdot 10^{-4}$; $NaCu(CN)_2$ $6{,}4 \cdot 10^{-4}$ u. $1{,}1 \cdot 10^{-2}$. Die Erhöhung der Ag-Zementation bei Ggw. von Cu u. bes. bei Ggw. von Au unterscheidet sich durch komplizierte Vorgänge. Die Erscheinungen sind nicht durch kinet. diffusionsartige, sondern durch strukturelle Vorgänge an der Oberfläche bedingt. Gebracht werden die *kinet. Kurven* (**kK**) der gemeinsamen *Abscheidung* (**A**) von Au u. Ag auf amalgamiertem (**am**) u. nichtamalgamiertem (**nam**) Zn, die **kK** der **A** von Au u. Cu auf **am** u. **nam** Zn u. die Abhängigkeit der RGK der Zementation von Cu u. Ag bei ihrer gleichzeitigen **A** von der Cu-Konz. in der Lösung. E. Pfluger H 270

*1833* **Rösten von Zn-Konzentrat in der Wirbelschicht bei hohen $SO_2$-Konzentraten in der Gasphase.** A. P. Snurnikov, V. F. Larin, E. V. Margulis und S. M. Krasavina. (Cvetnye Metally **40** (1967) 2, 21—24; russ.) — Ausgangsprod. ist ein Zn-Konzentrat der Körnung 0,1 bis 0,2 mm u. 58,21 (%) Zn; 3,46 Fe; 0,81 Cu; 2,18 Pb; 0,3 Cd; 0,03 As; 1,4 $SiO_2$, 33,08 $S_{ges.}$. Das Rösten erfolgt bei unterschiedlichem $SO_2$-$O_2$-Verhältnis (50—90% $SO_2$) im Eintrittsgas. Der Abbrand wurde auf in W. lösl. u. säurelösl. Zn, das in Sulfat-, Sulfid-, Ferrit-, Oxid- u. Silicatform vorhanden ist, untersucht. Ein hoher Ox.-Grad von Zn wird nur bei 800° erreicht. Bei 900° wird durch Verringerung der $SO_2$-Konz. eine höhere Ox. von ZnS u. gleichzeitig ein höherer Sulfatisierungsgrad des ox. Zn erreicht. Die höchste $SO_3$-Ausb. wird mit 66(%) $SO_2$ u. 33 $O_2$ im Einlaufgas erzielt. Beim Auslaugen des Abbrandes können mit W. bis zu 40%, mit $H_2SO_4$ (10 g/dm³) bis zu 96,6% des Zn gewonnen werden. Eine Röstdauer von > 1 Std. verändert nur wenig die Ox. des ZnS u. erhöht nur gering die Sulfatisierung. E. Pfluger H 288

*1834* **Aluminiumherstellung unter Verwendung eines mit 5% -Lithiumfluorid versetzten Hallbades.** R. A. Lewis. (J. Metals **19** (1967) 4, 30—36; Pormanente, Calif., Kaiser Aluminium Corp.; engl.) — Vers. ergaben, daß ein Zusatz von LiF zum Elektrolyten in der Al-Elektrolysezelle die Produktivität der Zelle u. die Ausb. verbessert. Mit einem Zusatz von 5% LiF bei gleichzeitigem Zusatz von $CaF_2$ konnte die Leistung der Zelle um 10—12% gesteigert werden. Die besten Ergebnisse wurden bei Badtemp. erreicht, die um 10—20° niedriger lagen als bei den üblichen Elektrolyten. F. Vier H 294

*1835* **Wahl der legierenden Elemente bei der Bildung warmfester Legierungen auf Ti-Basis.** V. V. Glazova. (Izvest. Akad. Nauk SSSR, Metally **1967,** 1, 168—74; Moskva; russ.) — Unters. der Abhängigkeit der plast. Verformungsgeschw. von der Konz. in den Syst. *Ti–Zr, Ti–Sn,* $Ti_3Sn$*–Zr* u. *Ti–Zr–Sn* bei konst. Sn-Geh. von 5, 15 u. 25%. Diese Syst. zeichnen sich durch einen weiten Bereich fester Lsg. auf Basis α-Ti u. durch ein Minimum an allotropen Umwandlungen aus. Elemente, die die Temp. der allotropen Umwandlung von Ti erhöhen, bewirken auch eine Steigerung der Warmfestigkeit. Berechnung der charakterist. Temp. u. der *Versetzung* (**A**) der Atome aus der Gleichgew.-Lage für die Mehrzahl der Ti-Leg.-Elemente u. Empfehlungen der Elementauswahl für das Legieren. Legieren von Ti mit Sn führte zu einer Erhöhung der **A**; dies bewirkt eine Schwächung der Bindungskräfte zwischen den Atomen im Gitter der festen Lsg.; der Zusatz von Sn zu Leg. mit 5 u. 10% Zr führt zu keiner wesentlichen Veränderung der chem. Rk.-Charakteristik. Bei Zusatz von Sn zu Ti-Leg. mit 20% Zr fällt **A**. Dies bewirkt eine Erhöhung der Bindungsfestigkeit im Gitter der festen Lösungen. Der unterschiedliche Einfl. des Legierens mit Sn von reinem Ti u. den Leg. Ti + Zr kann auch durch die chem. Rk. zwischen den Leg.-Elementen verursacht sein, die zu einer Verringerung der Beweglichkeit der Atome im Gitter führt. E. Pfluger H 321

*1836* **Chlorieren von armen Zinnkonzentraten.** A. I. Perfil'ev. (Ukrainskij chim. Ž. **33** (1967) 1, 107—10; Inst. obšč. i neorgan. chim. AN USSR; russ.) — Als Rohstoffe dienten arme u. reiche Schlämme sowie geröstete Konzentrate mit Sn-Geh. von 5,7, 16,4 u. 40,82% entsprechend. Die *Chlorierung* (**C**) der Rohstoffe verläuft vollständig bei 3fachem Überschuß von der theoret. erforderlichen $MgCl_2 \cdot 6H_2O$ (**I**)-Menge nach; $SnO_2 + MgCl_2 + C = SnCl_2 + MgO + CO + 6\,H_2O$. Die Ursache des hohen Reagenzienverbrauches liegt in der Pyrolyse von **I**, die bei tieferer Temp. abläuft als **C**; die optimale Temp. liegt bei 780—800°. Ein Zusatz von $NH_4Cl$ verzögert die **I**-Pyrolyse, so daß nur die 1,5fache **I**-Menge notwendig ist. Die **C**-Dauer beträgt ca. 1 Std.; die Rk. mit $NH_4Cl$ verläuft nach: $SnO_2 + 2\,NH_4Cl + C = SnCl_2 + 2\,NH_3 + CO + H_2O$. Es ist nur die stöchiometr. Menge $NH_4Cl$ erforderlich. Für die **C** eines gebrannten Schlammes mit 5,7(%) Sn besteht der Einsatz aus 82 Schlamm, 5,7 **I**, 4,1 $NH_4Cl$ u. 8,2 Red.-Kohle. E. Pfluger H 327

*1837* **Reduktion von $V_2O_5$ durch Al.** V. I. Musichin, Ju. L. Pliner, B. I. Sergin, G. F. Ignatenko, B. M. Lepinskich und E. A. Rubinštejn. (Izvest. Akad. Nauk SSSR, Metally **1967,** 1, 208—12; Sverdlovsk; russ.) — Verf. zur Best. der Kinetik von *aluminotherm. Prozessen* (**A**; Herst. von *V–Al-Leg.*) bei hohen Temp.; ein Tropfen Al wird in die zu untersuchende Oxidschmelze eingebracht u. die Veränderung der Temp. im Verlauf der Red. fixiert. Anschließend wird auf Grund des Zusammenhanges zwischen der Temp. des Rk.-Prod., dessen Wärmeinhalt u. der Wärmetönung des **A** die Menge Al bestimmt, die während einer bestimmten Zeit in Rk. getreten ist; damit wird die RG des Prozesses ermittelt. Der **A** der V-Red. verläuft nach $2/5\,V_2O_5 + 4/3\,Al = 4/5\,V + 2/3\,Al_2O_3$. Als Schmelze wird ein Gemisch aus je 50% $V_2O_5$ u. CaO verwendet. Gebracht werden die abs. Zahlenwerte der thermodynam. Kennzahlen u. ein App.-Schema. Die Geschw. des Erschmelzens einer *V—Al-Leg.* [85(%) V, 14 Al] aus der Schmelze beträgt 190 kg/m² · min; die Temp. der Schmelze im Moment der Beendigung der **A** liegt bei ca. 2500°K. Die RG der Rk. ist $5{,}3 \cdot 10^{-3}$ (g/cm² · s) u. die von den Vf. bestimmte experimentelle Kennzahl lag bei $3{,}8 \cdot 10^{-3}$. E. Pfluger H 330

*1838* **Produkte der Reaktion von Alkoholen mit Phosphorpentoxid.** 1. Mitt. **Identität und Extraktionswirksam-**

**keit der verschiedenen Produkte.** M. Zangen, Y. Marcus und E. D. Bergmann. (Separat. Sci. 2 (1967) 2, 187 bis 197; Israel Atom-Energy Comm., Yavne; engl.) — Für die Gewinnung von *U* aus Phosphatlsg. werden zu einer Suspension von 1 Mol $P_4O_{10}$ in Kerosin 4 Mol eines Alkylalkohols unter Rühren gegeben. Bei Verw. von *n-Octanol* bzw. *2.6.8-Trimethyl-4-nonanol* entsteht ein Gemisch von *Trioctyl-*, *Dioctyl-*, *Monooctylphosphat*, *Dioctylpyrophosphat*, *Dioctyltriphosphat*, *Di-* u. *Monooctyltrimetaphosphat* bzw. *Tri-* u. *Di-(trimethylnonyl)-phosphat*, *Di-(trimethylnonyl)-pyrophosphat*, *Mono-(trimethylnonyl)-phosphat* u. *Mono-(trimethylnonyl)-trimetaphosphat*. Zur Extraktion von $U^{4+}$ aus $H_3PO_4$ eignen sich im allg. die einzelnen, chromatograph. getrennten Verb. wesentlich schlechter als die Gemische. W. Wesly H 339

*1839* **Einfluß von Faktoren auf die Absorption von Uran aus natürlichen Wässern und Carbonatlösungen mittels Anionenaustauschern.** V. S. Dement'ev. (Izvest. Akad. Nauk Kaz.SSR, Ser. chim. **17** (1967) 2, 12—18; russ.) — Best. der U-Menge (Gewinnung von *U*), die in einer Ionenaustauscherkolonne beim Durchlaufen bis zur Sättigung absorbiert wird. Als *Anionenaustauscher* (**AAT**) wurden geprüft der starkalkal. *AV-17* u. der schwachalkal. *AN-2F*. Im Syst. der Carbonatgleichgew. muß die Ggw. von $HCO_3^-$ berücksichtigt werden, die mit dem pH der Lsg. zusammenhängt u. den Absorptionsgrad des U im *Uranylcarbonatkomplex* nach den Rk. $HCO_3^- \rightleftharpoons H^+ + CO_3^{2-}$, $K = 4 \cdot 10^{-11}$; $UO_2^{2+} + 2CO_3^{2-} \rightleftharpoons [UO_2(CO_3)_2]^{2-}$, $K = 10^{16}$; $[UO_2(CO_3)_2]^{2-} + CO_3^{2-} \rightleftharpoons [UO_2(CO_3)_3]^{4-}$, $K = 10^{17}$ bestimmt. Bei der Filtration von W. geht gemeinsam mit der *U-Absorption* (**UA**) eine Aufnahme von organ. Stoffen vor sich, die die **UA** nicht behindern. Gebracht werden abs. Werte u. graph. Darst. über die **UA** mit *AV-17* in Abhängigkeit vom pH, der $Cl^-$-, $HCO_3^-$ u. $SO_4^{2-}$-Konz. u. von der Lsg.-Verdünnung an U bei konst. Salzkonz. u. bei allg. Lsg.-Verdünnung. E. Pfluger H 339

*1840* **Pyrophosphat-Elektrolyt zum Vernickeln von Erzeugnissen komplizierter Profile.** V. I. Lajner, B. L. Rejzin und L. I. Derjabina. (Vestnik Mašinostr. **47** (1967) 1, 52—53; russ.) — Der Einfl. der Konz. von *Ni*, $(P_2O_7)^{4-}_{geb}$, das pH u. der Temp. auf die kathod. Polarisation, die Stromausb. u. die Qual. der Nd. u. die Herst. des *Elektrolyten* aus $NiSO_4 \cdot 7H_2O$ u. $K_4P_2O_7 \cdot 3H_2O$ werden untersucht. Als Glänzerzusätze wurden geprüft: *Thioharnstoff*, *Chloramin*, *β-Naphthol*, *Furfurol*, *2.6-Disulfonaphthalinsaures-Na* u. *Sacharin* (**I**). Beschreibung der vorst. Einfl.-Faktoren, Begründung der Erscheinungen u. Auswertung. Auf Grund der Vers. wird nachst. Elektrolyt empfohlen: 0,25 (mol/l) Ni, 0,38 $(P_2O_7)^{4-}_{geb}$; 0,05 $CNS^-$; 0,5 g/l **I**; pH, 9,5—9; Stromdichte 1,5—1 A/dm² u. 60°. E. Pfluger H 356

*1841* **Einfluß organischer Zusätze auf die Auflösungsgeschwindigkeit von Eisen in schwefelsauren Elektrolyten.** R. R. Šarmajtis und Ju. Ju. Matulis. (Trudy Akad. Nauk Lit. SSR, Ser. B **1967**, **2** (49), 15—26, Inst. chim. i chim. technol. AN Litov. SSR; russ., Auszug: engl.) — Die Kontaktverdrängung von Cu-Ionen ist das Haupthindernis für die unmittelbare *Verkupferung* von metall. Fe in $H_2SO_4$-sauren Cu-Bädern. Vf. untersuchten den Einfl. von > 40 Zusätzen auf die Auflsg.-Geschw. von Fe u. die Kontaktabscheidung von Cu in gewöhnlichen Verkupferungselektrolyten u. bestimmten die „Schutzzahlen" u. Inhibitoreffekte. Geringe Konz. an Thioharnstoff u. einigen Deriv. stimulieren den Kontaktaustausch zwischen Cu- u. Fe-Ionen. Mit steigender Konz. sinkt die Rk.-Geschw., geht durch ein Minimum u. steigt wieder linear an. Zur Erklärung dieser Erscheinung wird ein Mechanismus der inhibierenden u. stimulierenden Wrkg. von Thioharnstoff u. seinen Deriv. auf die Rk.-Geschw. des Kontaktaustausches in Abhängigkeit von der Konz. an Zusätzen vorgeschlagen. Allylharnstoff u. Prod. der Mannichrk. mit Acetylen sowie einige ihrer Gemische verzögern anfangs fast völlig die Auflsg. von Fe in $H_2SO_4$-sauren C-Bädern. Diese Inhibitoren haben große prakt. Bedeutung für die Verkupferung von Fe- u. Stahlgegenständen. H. Berge H 358

---

*1842* Mine Safety Appliances Co., übert. von: Frederick Tepper, Butler, Pa., USA, **Herstellung von Cäsium** durch Umsetzung von *Pollucit* mit *Na* bei 900 bis 1300 °F in Abwesenheit von mit Alkalimetallen reagierender Atmosphäre u. unter Verw. von wenigstens 5 Mol Na pro Molekulargewicht *Cs*. Der Pollucit wird in Stückform von wenigstens 3/8 Zoll ⌀ verwendet. Das gebildete Cs wird durch Filtration vom festen Rückstand u. vermischt mit Na gewonnen. (**U.S.P. 3322531** vom 8/9. 1960, ausg. 30/5. 1967.) — 3 S. M. Neckermann H 277

*1843* Pittsburgh Plate Glass Co., übert. von: Irvin C. Klimaszewski, Pensacola, Fla., USA, **Herstellung von Zirkonium** durch Red. von dampfförmigem $ZrCl_4$ mittels Alkalimetall. Das $ZrCl_4$ wird in einem Raum verdampft, von dem es über einen gasdurchlässigen mit inertem Material gefüllten Durchgang in den Red.-Raum gelangt. Dort wird es durch Berührung mit dem geschmolzenen *Alkalimetall* zu schwammförmigem *Zr* reduziert. Neben Alkalimetallen können auch *Mg* oder *Erdalkalimetalle* als Red.-Mittel verwendet werden. — Abbildung. (**U.S.P. 3318688** vom 13/2. 1962, ausg. 9/5. 1967.) — 2 S. M. Neckermann H 322

*1844* United Aircraft Corp., East Hartford, übert. von: Elihu F. Bradley, West Hartford, Conn., Robert I. Jaffee, Dean N. Williams, Columbus, und Edwin S. Bartlett, Worthington, O. USA, **Nioblegierung** besteht aus 20—40(%) *Ta*, insgesamt 10—20 *W* u./oder *Mo*, jedoch nicht über 15 Mo, ggf. insgesamt 0,5 bis 7 *Hf* u./oder *V*, Rest Nb. Die Leg. ist gut verformbar bei Raumtemp., ox.-beständig u. warmfest bis 2200°F u. weist eine erhöhte Rekristallisationstemp. auf, u. zwar 2400—2500° F für die beginnende u. 2700 bis 2800° für die vollständige Rekristallisation. Verwendet wird die Leg. bes. für die Herst. von *Turbinen-Schaufeln* u. *-Flügel* in Gasturbinen mit Eingangstemp. von 1600—1900°F. — 7 Beispiele. (**U.S.P. 3297438** vom 6/4. 1964, ausg. 10/1. 1967.) — 4 S. C. F. Gross H 331

*1845* General Electric Co., N.Y., übert. von: Lutfi H. Amra, Cleveland, O., USA, **Nioblegierung** besteht aus 4—15(%) *W*, 0,5—5 *Re*, 0—5 *Hf*, 0—3 *Mo*, 0—5 *Ta*, 0—3 *Zr*, 0—0,1 *C*, 0—0,5 *Y*, 0—0,01 *B*, 0—0,1 $O_2$ u./oder $N_2$, Rest Nb. Die Leg. ist gut verformbar bei Raumtemp. sowohl im geschweißten als auch im rektistallisierten Zustand u. zeichnet sich durch gute Festigkeit bei 2000—2500°F aus. — 5 Beispiele. (**U.S.P. 3346380** vom 4/1. 1965, ausg. 10/10. 1967.) — 2 S. C. F. Gross H 331

*1846* National Research Corp., Cambridge, Mass., übert. von: George D. Kneip jun., Houston, Tex., USA, **Nioblegierung** besteht aus 30—60(%), bes. 42 bis 43,5, *Ti*, 0,5—2,0 *Y*, 0,01—0,10 $O_2$ u. $N_2$, Rest Nb. Die *supraleitfähige* Leg. ist duktil u. läßt sich gut zu Draht u. Band (Dicke < ca. 15 mils) verarbeiten. Sie zeichnet sich bes. durch eine wesentlich erhöhte krit. Stromdichte bei angelegten Magnetfeldern von 10—40 kGauß aus. — 1 Magnetfeld-Krit. Stromdichte-Diagramm. (**U.S.P. 3310398** vom 14/8. 1964, ausg. 21/3. 1967.) — 3 S. C. F. Gross H 331

*1847* National Research Corp., Cambridge, Mass., übert. von: George D. Kneip jun., Houston, Tex., USA, **Nioblegierung** besteht aus 25—33(%) *Zr*, 0,1 bis 1,0 *Ga*, 0,01—0,1 $O_2$ u. $N_2$, Rest Nb. Die duktile *supraleitfähige* Leg. läßt sich gut zu Draht u. Band (Dicke < ca. 15 mils) verarbeiten. Sie zeichnet sich bes. bei 4,2°K u. einem angelegten Magnetfeld von 20 kGauß durch eine krit. Stromdichte von $> 2 \cdot 10^5$ A/cm² aus. — 1 Magnetfeld-Krit. Stromdichte-Diagramm. (**U.S.P. 3314786** vom 14/8. 1964, ausg. 18/4. 1967.) — 3 S. C. F. Gross H 331

*1848* Chase Brass & Copper Co., Inc., Cleveland, O., übert. von: William H. Davenport, Woodbury, Conn. USA, **Gewinnung von Rhenium** aus Re-haltigem Material durch Erhitzen in einem $O_2$ u. wasserdampfhaltigen Gasstrom, der das Re in verflüchtigungsfähiges *Re-Oxid* überführt. Das ReO wird mit dem Gasstrom weggetragen u. durch Kondens. des W.-Dampfes in dem kondensierten W. aufgelöst u. aus der Lsg. das Re gewonnen. Als Ausgangsmaterial kann Re-Schrott mit *W-Re-Leg.* oder *Ammoniumperrhenat* verwendet werden. —

Abbildung. (**U.S.P. 3348942** vom 8/3. 1965, ausg. 24/10. 1967.) — 4 S. M. Neckermann H 352

*1849* Dow Chemical Co., übert. von: George S. Foerster, Midland, Mich., und Edward L. Hill, Littleton, Colo., USA, **Kupferlegierung** besteht aus 5 bis 25(%) *Sb*, 1—10 *Mg*, Rest Cu, mit der Maßgabe, daß die Geh. an den Bestandteilen so aufeinander abgestimmt sind, daß die Zus. im Bereich ABCD des tern. Diagramms liegt. Beim Erschmelzen der Leg. an Luft wird zunächst Mg unter einer Flußmitteldecke geschmolzen, worauf Cu u. zuletzt Sb zugesetzt wird. Die duktile Leg. zeichnet sich durch einen niedrigen F. (z. B. ca. 720°) aus u. wird bes. zur Herst. von *Formgußteilen* verwendet. — 1 tern. Diagramm. (**U.S.P. 3318693** vom 30/12. 1964, ausg. 9/5. 1967.) — 3 S. C. F. Gross H 358

*1850* Anaconda Co., New York, N.Y., übert. von: Charles Arentzen, Theodore G. Fuhnor und Francis L. Holdeneed, Anaconda, Mont., USA, **Herstellung von Kupfer** aus $Cu_2S$ u. *FeS*-haltigen *Cu-Erz*-Konzentraten. Die Erze werden abgeröstet, damit das FeS ganz u. das $Cu_2S$ z. T. in das entsprechende Metalloxid übergeführt werden. Das Röstprod. wird in Ggw. von schlackebildenden Stoffen mit so viel *S* eingeschmolzen, daß das vorhandene $Cu_2S$ u. $Cu_2O$ unter Bldg. von *Cu* miteinander reagieren, während das Fe verschlackt wird. — Abbildung. (**U.S.P. 3351462**, vom 29/1. 1965, ausg. 7/11. 1967.) — 5 S. M. Neckermann H 358

*1851* Treadwell Corp., New York, übert. von: Edward S. Roberts, Ridgewood, N.Y., USA, **Gewinnung von reinem Kupfer** aus wss. Cu-Salzlsg. durch Rk. mit *HCN* in Ggw. eines Red.-Mittels, wie $SO_2$. Das ausgefällte *CuCN* wird mit $H_2$ bei 190—600° zu metall. *Cu* u. HCN red., wobei der $H_2$-Geh. genügend hoch angesetzt wird, um eine Zers. des gebildeten HCN zu verhindern. — Abbildung. (**U.S.P. 3321303** vom 6/9. 1966, ausg. 23/5. 1967.) M. Neckermann H 358

*1852* Mueller Brass Co., übert. von: Thomas E. Fearnside, Port Huron, Mich., USA, **Kupfer-Zink-Legierung** besteht aus 55,70—57,70(%) Cu, 0,70—1,3 *Si*, 2,0—3,0 *Mn*, 1,6—2,4 *Ni*, 0,50—1,0 *Pb*, 0—<0,25 *Fe*, Rest Zn u. übliche Verunreinigungen, wie *Sn* u. *Al*. Die Warmformgebung der Leg. erfolgt durch Strangpressen, Pressen oder Ziehen bes. bei 1200 1300°F. Nach Lösungsglühen bei 1350—1450°F u. Abschrecken in W. wird die Leg. bei 500—800° ausgehärtet u. luftgekühlt, ohne daß Kornvergröberung eintritt. Das Gefüge zeichnet sich durch gleichmäßig verteilte Silicidteilchen aus, die eine kugelförmige bis längliche Form mit abgerundeten Kanten u. Ecken aufweisen. Die Leg. findet daher Verw. für *Lager* u. wegen der verbesserten Beständigkeit gegen Kavitationserosion auch für *Hochdruck-Fl.-Pumpen*. — 6 Schliffbilder, 2 Abb. geätzter Verformungsproben. (**U.S.P. 3337335** vom 8/6. 1964, ausg. 22/8. 1967.) — 5 S. C. F. Gross H 358

*1853* United States of America, Secretary of Navy, übert. von: Horace G. MacKerrow, Vallejo, Calif., William G. N. Heer, El Paso, Tex., und Peter M. Burke, Los Altos, Calif., USA, **Silberlegierung** besteht aus ca. 36(%) Ag, ca. 20 *Cu*, ca. 25—30 *Zn*, ca. 5—8 *Ni*, ca. 7 *Cd*, wobei die Geh. dieser Bestandteile jeweils um $\pm 2$ variieren können, sowie aus 0,02 Li. Die Leg. zeichnet sich durch ein Schmelzintervall von 1200 bis 1425°F u. gute Benetzbarkeit von Cu aus. Sie findet Verw. als *Lot* zum Löten von Rohrarmaturen aus Cu bzw. Cu-Ni-Leg. mit solchen aus Bronze, bes. an Bord von Schiffen. (**U.S.P. 3320054** vom 4/2. 1965, ausg. 16/5. 1967.) — 2 S. C. F. Gross H 359

*1854* William V. Youdelis, Edmonton, Alberta, Canada, **Dentalsilberamalgam** besteht aus (1) 30—40(%) einer amalgamierbaren bin. Ag-*Sn*-Leg. mit 25 Sn, wobei $\leqq 7$ der Ag-Sn-Leg. durch $\leqq 5$ *Cu* u. $\leqq 2$ *Zn* ersetzt sein können, (2) 5—25 einer im wesentlichen nicht amalgamierbaren Ag-Leg. mit $\geqq 50$ Ag (z. B. aus 72 Ag, Rest Cu; 50—95 Ag, Rest *Cd*, Zn oder *Al*) in Form einzelner, in dem abgebundenen Amalgam dispergierter unversehrter, bes. kugeliger Teilchen (Teilchengröße $\leqq 36\ \mu$) u. (3) 40—60 *Hg*. Beim Anmischen des Amalgams wird mit Hg-Überschuß u. einem Hg/Leg.-Pulvergemisch-Verhältnis zwischen 1:1 u. 14:1 gearbeitet. Das abgebundene Amalgam zeichnet sich durch eine Druckfestigkeit von 60000—65000 p.s.i.g., eine Härte von 110—115 d.p.h. u. eine Fließrate von 0,5—2% in 21 Std. aus. (**U.S.P. 3305356** vom 31/10. 1963, ausg. 21/2. 1967. Can. Prior. 30/8. 1963.) — 3 S. C. F. Gross H 359

*1855* J. F. Jelenko & Co., Inc., New Rochelle, übert. von: John P. Nielsen, New York, N.Y., und Joseph J. Tucillo, Norwalk, Conn., USA, **Goldlegierung** besteht aus 0,1—1,1(%) *Ni*, 0,10—1,00 *Al*, 0,5—4 *Ag*, 1—10 *Pt*, 1—10 *Pd*, Rest 80—90 Au, mit der Maßgabe, daß der Gesamtgeh. an Au, Pt u. Pd 94—99 ausmacht. Die Korngröße der Leg. liegt bes. bei ca. 150—300 $\mu$. Die Leg. zeichnet sich durch hohen Verformungswiderstand u. hohe Kriechfestigkeit bei 1650—1925°F u. eine gute Benetzbarkeit durch fl. Porzellanmassen aus. Sie findet daher Verw. zur Herst. von *Dentalkronen* u. *-brücken* mit Porzellanverblendung. (**U.S.P. 3340050** vom 3/2. 1965, ausg. 5/9. 1967.) — 1 S. C. F. Gross H 360

*1856* Treadwell Corp., New York, übert. von: Sidney B. Tuwiner, Baldwin, N.Y., USA, **Gewinnung von Gold, Silber, Kupfer und Zink** aus Erzen durch Laugung mit *Alkalicyanid*-Lösung. Die hierbei entstehende Lauge, läßt man an einer Seite einer Ionenaustauschermenbran eines Elektrodialysators vorbeiströmen, während auf der anderen Seite der Membran eine Waschlsg. vorbeiströmt, die durch Waschen des gelaugten Materials mit einer Lsg. erhalten wird, die aus der Waschlsg. im Elektrodialysator entsteht. Durch den genannten Vorgang werden die Metallcyanide aus der Waschlsg. in die Lauge übergeführt. — Abbildung. (**U.S.P. 3357823** vom 8/5. 1964, ausg. 12/12. 1967.) — 7 S. M. Neckermann H 360

---

*1857* **Snam S. p. A.** (Erfinder: **Mario Guadalupi**), Mailand, Italien, *Gewinnung von* $NH_3$. (**Ung.P. 153 708** vom 6/8. 1965, ausg. 23/2. 1967. It. Prior. 7/8. 1964. — C. **1968**, 14-2187 [D.A.S. 1 244 746].)

*1858* **Soc. Edison Settore-Chimico** (Erfinder: **Ugo Gardelle, Giorgio Morandi und Alberto Omacini**), Mailand, Italien, *Herstellung von Alkalimetallsalzen und* $Cl_2$. (**Oe.P. 252 277** vom 11/8. 1962, ausg. 10/2. 1967. It. Prior 11/8. u. 2/11. 1961. — C. **1966**, 25-2153 [F.P. 1 331 048].)

*1859* **Allied Chemical Corp.**, New York, N.Y. (Erfinder: **Aubrey W. Michener jun.**, Rockaway, **Emery J. Carlson**, Summit, und **Raymond H. Koo**, Newark, N.J.), USA, *Reinigen einer wäßrigen Aluminiumsulfatlösung*. (**Schwz.P. 448 039** vom 22/10. 1963, ausg. 29/3. 1968. U.S. Prior. 31/10. 1962. — C. **1967**, 30-2197 [Brit.P. 995 209].)

*1860* **Gulf Research & Development Co.**, USA (Erfinder: **William Louis Kehl** und **Meredith Marvin Stewart**) *Herstellung von Aluminiumoxidhydrat*. (**F.P. 1 385 680** vom 19/12. 1963, ausg. 5/5. 1965. U.S. Prior. 21/12. 1962. — C. **1966**, 27-1933 [D.A.S. 1 199 743].)

*1861* **Associated Electrical Industries Ltd.**, Großbritannien, *Herstellung von Metallphosphiden und -arseniden*. (**F.P. 1 321 427** vom 12/9. 1961, ausg. 14/6. 1963. Brit. Prior. 14/9. 1960. — C. **1966**, 38-2109 [Brit.P. 949 945].)

*1862* **Titangesellschaft m.b.H.**, Deutschland (Erfinder: **Lancelot Watson Rowe** und **Richard Algimantas Slepetys**), *Mit Wasser benetzbares Rutilpigment*. (**F.P. 1 313 376** vom 22/12. 1961, ausg. 26/4. 1963. U.S. Prior. 22/12. 1960 — C. **1966**, 33-3054 [Oe.P. 233 144].)

*1863* **Farbenfabriken Bayer Akt.-Ges** Deutschland (Erfinder: **Gerhard Heinze, Herbert Knopf** und **Klaus Schubert**), *Kontinuierliche Herstellung von Chromtrioxid*. (**F.P. 1 320 576** vom 26/4. 1962, ausg. 31/5. 1963. D. Prior. 29/4. 1961. — C. **1966**, 26-2103 [D.A.S. 1 203 748].)

*1864* **Commissariat à l'Énergie Atomique**, Paris (Erfinder: **Jakub Burko**, Paris, **Alain Pigeot**, Maisons-Laffitte, **Claude Jouannaud**, Villeneuve les Avignon, und **Patrick Nollet**, La Celle-St. Cloud), Frankreich, *Herstellung von Uranoxid in Körnerform*. (**Oe.P. 242 666** vom 21/5. 1962, ausg. 27/9. 1965. F. Prior. 5/6. 1961. — C. **1966**, 34-2122 [Brit.P. 986 852].)

## H-6. Organische Industrie

*1865* **Mechanismus der Reaktion von Alkanen mit Stickstoffdioxid in der Dampfphase. Kinetik und chemische Besonderheiten der langsamen Reaktion von $C_3H_8$ mit $NO_2$.** A. P. Ballod, S. I. Molčanova und V. Ja. Štern. (Neftechimija **7** (1967) 1, 115—23; AN SSSR, Inst. neftechim. sint. im. Topčieva; russ.) — Vgl. ibid. **6** (1966) 904. — Nach den l.c. beschriebenen Meth. wird unter stat. Bedingungen im Vakuum die Kinetik der langsamen Rk. von *Propan* (**I**) mit $NO_2$ in der Dampfphase untersucht. Die Rk.-Ordnung hängt von der Temp. ab. Sie ist bei 225—250° (300—350°) bez. **I** 1,0 (0,75), bez. $NO_2$ 1,1 (1,6). Aus der linaren Beziehung von log $W_{Nitr.}$ ($W_{Nitr.}$ = Nitrierungsgeschw.) u. 1/T (T = abs. Temp.) bei 200—400° (**I**:$NO_2$ = 4:1 bis 1:2) ergibt sich die Aktivierungsenergie zu $30{,}0 \pm 2{,}0$ kcal/Mol. Bei 250° sind Nitroalkane (Nitromethan, Nitroäthan,

1- u. 2-Nitropropan) die Endprod. der langsamen Rk., bei 300° werden sie schon weiter umgewandelt u. die Bldg. von höheren Nitroalkanen unterbleibt. Die Anreicherung von *Acetaldehyd* (**II**) erreicht ein Max. (Sättigung) bei einem *Umwandlungsgrad* (**UG**) des $NO_2$ von ca. 30%; die ersten meßbaren Mengen Aceton treten nach 10 Sek. bei gleichem **UG** auf. Anscheinend ist an seiner Bldg. NO beteiligt, da sie bei NO-Zusatz zunimmt. Zwischenprod. der langsamen Rk. sind **II**, Isopropanol u. Methylnitrit. Der Radikalmechanismus der Bldg. u. des Zerfalls der Nitroalkane wird in Gleichungen dargestellt. R. K. Müller H 520

*1866* **Katalytische Dehydrierung von 2.3-Butylenglykol.** O. K. Bogdanova, I. P. Belomestnych, A. A. Balandin, M. S. Kuznecova und N. V. Vojkina. (Doklady Akad. Nauk SSSR **174** (1967) 3, 598–600; Inst. organ. chim. im. Zelinskogo AN SSSR; russ.) — Vf. untersuchen die Kinetik der katalyt. Dehydrierung von *2.3-Butylenglykol* (**I**). Sie fanden, daß sich das Verhältnis von gebildetem Acetoin:Diacetyl bei Temp.-Erhöhung (von 316 auf 406°) zugunsten des Diacetyls verschiebt. Die experimentell bestimmte Aktivierungsenergie für die Dehydrierung von **I** zu Acetoin beträgt 12,94 kcal/Mol u. für die Dehydrierung des Acetoins zu *Diacetyl* 20,16 kcal/Mol. Das bedeutet, daß die Abspaltung des zweiten $H_2$-Mol. das limitierende Stadium der Dehydrierung von **I** ist. G. Mögel H 720

*1867* **Synthesen von Acryl- und Methacrylsäuren durch Flüssigphasenoxydation von Acrolein und Methacrolein mit molekularem Sauerstoff.** 3. Mitt. **Untersuchung des beschleunigenden Agens für die Produktlösung bei der Flüssigphasenoxydation von Methacrolein.** Mamoru Asao. (J. chem. Soc. Japan, ind. Chem. Sect. [Kōgyō Kagaku Zasshi] **70** (1967) **9**, 1486–89; Res. Dep. of Mitsubishi Rayon Co., Ltd., Tokyo, Japan; jap., Auszug: engl.) — 2. vgl. ibid. **69** (1966) 2125. — Die Selektivität der *Methacrylsäure* in der Flüssigphasenox. von Methacrolein (**I**) mit $O_2$ bei Atmosphärendruck ist $< 60\%$ infolge ungenügender Zers. von *Permethacrylsäure*. Hydrochinon, $FeCl_2$, $FeCl_3$, NaJ u. a. beschleunigen diese Zers. stark. Unverändertes **I** wird durch Dest. entfernt. Die Rk.-Mechanismen werden diskutiert. R. Hintsche H 810

*1868* **Synthesen von Acryl- und Methacrylsäuren durch Flüssigphasenoxydation von Acrolein und Methacrolein mit molekularem Sauerstoff.** 4. Mitt. **„Ausreifen" der Produktlösungen aus der Flüssigphasenoxydation von Methacrolein mit molekularem Sauerstoff bei Atmosphärendruck.** Mamoru Asao. (J. chem. Soc. Japan, ind. Chem. Sect. [Kōgyō Kagaku Zasshi] **70** (1967) 9, 1489–92; jap., Auszug: engl.) — 3. vgl. vorst. Referat. — Zers. der Permethacrylsäure erfolgt durch Hydrochinon, $FeCl_2$, $FeCl_3$. *Methacrylsäure*-Selektivitäten von 65–69% werden bei 20%ig. Umwandlung von Methacrolein bei 22–25° erhalten. R. Hintsche H 810

*1869* **Synthesen von Acryl- und Methacrylsäuren durch Flüssigphasenoxydation von Acrolein und Methacrolein mit molekularem Sauerstoff.** 5. Mitt. **Flüssigphasenoxydation von Methacrolein mit molekularem Sauerstoff unter Druck.** Mamoru Asao. (J. chem. Soc. Japan, ind. Chem. Sect. [Kōgyō Kagaku Zasshi] **70** (1967) 9, 1493 bis 1497; jap., Auszug: engl.) — 4. vgl. vorst. Referat. — Die Ox. unter Druck verläuft bei 20° gleich der bei Normaldruck. Bei 40° werden in Cyclohexan mit Ag-Naphthenatkatalysatoren *Methacrylsäure*-Selektivitäten von 62% bei 40%ig. Methacroleinumwandlung erreicht. R. Hintsche H 810

*1870* **Synthesen von Acryl- und Methacrylsäuren durch Flüssigphasenoxydation von Acrolein und Methacrolein mit molekularem Sauerstoff.** 6. Mitt. **Flüssigphasenoxydation von Acrolein mit molekularem Sauerstoff.** Mamoru Asao. (J. chem. Soc. Japan, ind. Chem. Sect. [Kōgyō Kagaku Zasshi] **70** (1967) 9, 1497–1500; jap., Auszug: engl.) — 5. vgl. vorst. Referat. — Die Ox. verläuft unter Atmosphärendruck sehr langsam. Die *Acrylsäure*(**I**)-Bldg. wird durch Hydrochinon gefördert bzw. selektiviert. In Bzl. wird 74%ig. **I**-Selektivität bei 45–60%ig. Methacrolein-Umwandlung gefunden. R. Hintsche H 810

*1871* **Synthesen von Acryl- und Methacrylsäuren durch Flüssigphasenoxydation von Acrolein und Methacrolein mit molekularem Sauerstoff.** 7. Mitt. **Synthese von Acrylsäure und Acrylsäuremethylester über β-Acetoxy- oder β-Methoxy-propionaldehyd.** Mamoru Asao. (J. chem. Soc. Japan, ind. Chem. Sect. [Kōgyō Kagaku Zasshi] **70** (1967) 9, 1501–04; jap., Auszug: engl.) — 6. vgl. vorst. Referat. — Folgende Selektivitäten der Zwischen- oder Endprod. bei Synth. von *Acrylsäure* (**I**) u. **I**-*methylester* werden gefunden: 1. *β-Acetoxypropionaldehyd* (**II**) durch Addition von Essigsäure an die C=C-Bindung von Acrolein (**III**): 96–97%, 2. *β-Acetoxypropionsäure* (**IV**) durch Ox. von **II**: 98–99%, 3. **I** durch Abspaltung von Essigsäure aus **IV**: 95–97%, Gesamtselektivität des 1. Verf.: 89–93%; 4. *β-Methoxypropionaldehyd* (**V**) durch Addition von Methanol an die C=C-Bindung von **III**: 96–98%, 5. *β-Methoxypropionsäure* (**VI**) durch Ox. von **V**: 96–97%, 6. **I** plus **I**-*methylester* durch Eliminierung von Methanol aus **VI**: 92–93%, Gesamtselektivität des 2. Verf.: 85–92%. Demnach ist das 1. Verf. vorzuziehen. — 24 Literaturangaben. R. Hintsche H 810

*1872* **Chlorierung von Aldehyden.** 9. Mitt. **Oxydation von Chloracetaldehyd durch $Cl_2$ im wäßrigen Medium.** B. G. Jasnickij und A. P. Zajcev. (Ž. prikl. Chim. **40** (1967) 4, 792–98; Char'kov, NI chim.-farmac. inst.; russ.) — Vgl. C. **1966**, 36-0807. — Die Ox. von *Chloracetaldehyd* (**I**) durch $Cl_2$ in wss. Medium verläuft im Dunkeln sehr langsam, wird aber durch UV-Bestrahlung sehr beschleunigt, bes. bei Ggw. von $HgCl_2$ als Sensibilisator. Als sek. Rk. erfolgt dabei eine photochem. Hydrolyse von *Chloressigsäure* (**II**). Bei 30–35° verläuft die Hydrolyse von **II** äußerst langsam, so daß die Ox. von **I** prakt. quant. zu **II** führt. Bei Rektifizierung der Rk.-Masse bei 100–150 Torr übersteigen die Verluste an **II** nicht 2%. Als Zwischenprod. wird ein Komplex angenommen, bei dem 2 HCl-Mol. durch H-Bindungen an **II** angelagert sind. R. K. Müller H 810

*1873* **Katalytische Reaktion von Nitrobenzol mit Kohlenwasserstoffen.** N. S. Kozlov und N. K. Matveeva. (Doklady Akad. Nauk SSSR **172** (1967) 3, 600–02; Permskij selchoz. inst. im. Prjanišnikova; russ.) — Unters. der Umsetzungen von Gemischen aus *Nitrobenzol* (**I**) + KW-Stoffen, aber auch der KW-Stoffe u. von **I** einzeln an einem $Cu/Al_2O_3$-, Ni-, Al-Pt- u. einem V-Katalysator. Dabei werden n-Hexan, Cyclohexan, Cyclohexen u. Hexen-1 als KW-Stoffe verwendet. Die *Anilinausb.* u. die KW-Stoffzus. des Katalysates (aromat., cycloparaffin., paraffin. u. ungesätt. KW-Stoffe) werden für die Katalysatoren wiedergegeben. Wesentlichen Einfl. auf die Anilin- u. Bzl.-Ausb. hat die chem. Natur der KW-Stoffe. Dem Umsetzungsgrad in Bzl. u. dem Red.-Grad des **I** zu Anilin nach lassen sich die KW-Stoffe (mit Ausnahme des Hexen-1) in folgende Reihe eingliedern: Cyclohexen > Cyclohexan > n-Hexan. G. Mögel H 1310

*1874* **Cycloalkylierung aromatischer $C_6$–$C_{10}$-Kohlenwasserstoffe mit Chlorcyclo- und Methylchlorcyclohexan.** S. D. Mechtiev, É. T. Sulejmanova und F. A. Agaev. (Doklady Akad. Nauk Azerbajdž. SSR **23** (1967) 7, 17–21; INChP; russ.) — Nach theoret. Betrachtungen wird über die Umsetzung von Bzl., Toluol, Äthyl-, Isopropyl-, sek.-Butyl- u. tert.-Butylbenzol, o-, m- u. p-Xylol u. Mesitylen mit $C_6H_{11}Cl$ u. $CH_3C_6H_{10}Cl$, Molverhältnis (6–12):1, in Ggw. von 5 bzw. 20% $AlCl_3$, Temp. 0–60° u. Rk.-Zeiten von 30 Min. berichtet. Die Ausb. an *Cyclo-* bzw. *Methylcyclohexylaromaten* liegen bei 40–95%. Die Identifizierung der Cycloalkylaromaten erfolgte durch IR-Spektroskopie. — 20 Literaturangaben. Herbert Hoffmann H 1810

*1875* **Einfluß des Trägers und der Temperatur auf die Reaktionsrichtung und die Aktivität des Kupfers bei der Dehydrierung von Cyclohexanol.** N. P. Emel'janov, R. I. Bel'skaja und R. Ja. Semjačko. (Doklady Akad. Nauk Beloruss. SSR **11** (1967) 3, 233–36; AN Beloruss. SSR, Inst. fiz.-org. chim.; russ.) — Bei der Dehydrierung von *Cyclohexanol* (**I**) zu *Cyclohexanon* wirken Cu-Katalysatoren auf MgO u. ZnO als Träger stark selektiv, solche auf $\gamma$-$Al_2O_3$ deutlich weniger. Die Nebenrk. der Dehydratisierung von **I** zu Cyclohexen wird bei den Syst. Cu–ZnO u. Cu–MgO (mit 3–3,5% Cu) prakt. nicht beobachtet, an Cu-$\gamma$-$Al_2O_3$ ist sie gering u. von der Temp. prakt. unabhängig. Die optimale Temp. für die Dehydrierung von **I** beträgt bei Cu–ZnO u. Cu–MgO 280–300°, bei Cu-$\gamma$-$Al_2O_3$ 260–300°. R. K. Müller H 1950

*1876* **Gewinnung von 9.10-Phenanthrenchinon aus kokschemischem Phenanthren.** G. D. Charlampovič und O. A. Morockij. (Koks i Chim. **1967**, 1, 39–43; Uralskij politechn. inst.; russ.) — Beschreibung der Dampfphasenox. von reinem Phenanthren zu 9.10-*Phenanthrenchinon* (**I**) mit Hilfe von Luft-$O_2$ über einem $V_2O_5$–$K_2SO_4$–$SiO_2$-Katalysator, wobei der Katalysator durch der Luft beigemengtes $SO_2$ ständig modifiziert wird. Als optimale Bedingungen wurden gefunden: Katalysatorzus. $V_2O_5$:$K_2SO_4$:$SiO_2$ = 1:4,2:14,4–1:4,9:12,6, 383°, Kontaktzeit 0,05–0,065 Sek., Verhältnis Luft:Rohstoff 105 bis 115 $m^3$/kg, $SO_2$-Geh. der Luft 0,04–0,043 Vol.-%. Bei diesen Bed. wird eine Ausb. von 25–26% erzielt. Weiterhin wird eine Meth. zur Abtrennung von **I** über eine feste **I**-Bisulfitverb. dargelegt. Eine Technologie zur Prod. von **I** wird beschrieben. G. Mögel H 2850

---

*1877* Allied Chemical Corp., New York, N.Y., übert. von: Louis G. Anello, Basking Ridge, und Richard F. Sweeney, Randolph Township, Morris County, N.J., USA, **Herstellung von Pentafluorjodäthan** erfolgt durch Rk. von 1.2-Dijodtetrafluoräthan mit $SbF_3Cl_2$ bei ca. 60–130°, bes. 80–110°; Ausb. 65%. Zwischenprodukt. (**U.S.P. 3351671** vom 5/5. 1966, ausg. 7/11. 1967.) — 2 S. A. Jahn H 560

*1878* Asahi Kasei Kogyo K. K., Osaka, Japan (Erfinder: Victor Gallafent), **Herstellung von 1.2-Dichloräthan** aus Äthylen, HCl u. $O_2$ in der Gasphase bei 80–300° an Träger-Katalysatoren, die a) Au, Au-Chlorid, b) Cu, $CuCl_2$ u. c) (Erd-)Alkalichlorid, ein Chlorid eines Metalls der Ordnungszahl 57–71 oder ≧ 89 enthalten. Der Katalysator enthält z. B. $AuCl_3$, $CuCl_2$ u. NaCl im Molverhältnis 0,1:10:1 u. ermöglicht eine Äthylenumwandlung bei 215° von 78,5%. (**Brit.P. 1124196** vom 31/1. 1967, ausg. 21/8. 1968.) — 5 S. A. Jahn H 560

*1879* Knapsack Akt.-Ges., Knapsack (Erfinder: Kurt Sennewald, Wilhelm Vogt und Herbert Baader), **2.2-Dichlorbutan** (Kp. 102–104°) erhält man durch Anlagerung von HCl an Butin-(2) bei 1–50 at u. –50 bis +100°. — Vgl. D.A.S. 1205960; C. **1967**, 1-2674. (**Brit.P. 1038750** vom 13/7. 1965, ausg. 10/8. 1966. D. Prior. 15/7. 1964. **D.A.S. 1245349** Kl. 12o vom 15/7. 1964, ausg. 27/7. 1967.) — 2 S. R. Bollinger H 560

*1880* Knapsack Akt.-Ges., Knapsack, **Herstellung von 2.2-Dichlorbutan** durch Behandeln von 2-Chlorbuten-(2) mit HCl-Gas bei 50–100° u. 30–40 at HCl-Druck, bis kein Druckabfall mehr erfolgt. Das überschüssige HCl-Gas bläst man ab u. wäscht das Rk.-Prod.; Ausb. 93,4%. (**Oe.P. 257555** vom 24/11. 1965, ausg. 10/10. 1967. D. Prior. 25/11. 1964.) — 2 S. F.-W. Schränkler H 560

*1881* Knapsack Akt.-Ges., Knapsack, **Herstellung 2.2.3-Trichlorbutan** (**I**) durch Umsetzen von 1 (Mol) fl. Buten-(2) mit 1,5–2 $Cl_2$ unter Verw. des als Nebenprod. entstehenden 2.3-Dichlorbutans (**II**) als Verdünnungsmittel bei 0–50° unter Bestrahlung mit UV-Licht. Der entstehende HCl wird mit $N_2$ ausgeblasen. In einer ersten Dest.-Stufe wird bei Unterdruck der restliche HCl entfernt, in der zweiten Dest.-Stufe wird bei Unterdruck **II** abdest., mit frischem $Cl_2$ vermischt u. im Kreislauf erneut der Rk.-Zone zugeführt. In der dritten Dest.-Stufe wird reines **I** am Kopf der Dest.-Kolonne von im Sumpf zurückbleibendem 1.2.3-Trichlorbutan abdestilliert. — Verf.-Schema. (**Oe.P. 256798** vom 2/11. 1965, ausg. 11/9. 1967. D. Prior. 3/11. 1964.) — 3 S. F.-W. Schränkler H 560

*1882* Knapsack Akt.-Ges., Knapsack, **Herstellung von 2.2.3-Trichlorbutan** durch Umsetzung einer Mischung von d-, l- u. meso-2.3-Dichlorbutan (**I**) mit $Cl_2$ bei –20 bis –50°, indem man 40–80% der stöchiometr. Menge $Cl_2$ in **I** löst u. die Mischung mit UV-Licht bestrahlt. Das Rk.-Prod. wird entweder durch Ausblasen mit $N_2$ von HCl befreit oder mit einem ungesätt. KW-Stoff, wie Buten-(2), vermischt u. destilliert. (**Oe.P. 258867** vom 20/10. 1965, ausg. 11/12. 1967. D. Prior. 21/10. 1964.) — 3 S. F.-W. Schränkler H 560

*1883* Jozef Demiančok, Bratislava, ČSSR, **Kontinuierliche Herstellung von Butylchlorid** (**I**) durch Zers. von Alkalichloriden mit $H_2SO_4$ in Ggw. von tert.-Butanol (**II**) bei Temp. unter dem Kp. von **II**. — 50 g KCl werden mit 132 g 50%ig. $H_2SO_4$ in Ggw. von 500 **II** 2 Std. bei 70° zersetzt. **I** wird bei Unterdruck in die Vorlage abgesaugt, wo es kondensiert. Der nichtkondensierte Dampfrückstand wird in Butanol aufgenommen; Ausb. an **I** 99,5%. (**Tschech.P. 121196** vom 3/4. 1963, ausg. 15/12. 1966.) — 2 S. J. Hejný H 560△

*1884* Stanislav Heřmánek und Jaromír Plešek, Prag, ČSSR, **Deuteriertes Chloroform, Bromoform und Fluoroform,** die als Lsgm. bei der Strukturermittlung organ. Verb. an Hand der IR-Spektren u. bes. der NMR-Spektren geeignet sind, werden hergestellt, indem man ein Gemisch von trockenem Alkali- oder Erdalkali-Trichlor-, -Tribrom- bzw. -Trifluoracetat mit D-Oxid (**I**) auf eine zwischen dem Kp. des entstehenden Halogenoforms u. 250° liegende Temp., bes. 120–160°, erhitzt. Zweckmäßig wird **I** im Überschuß verwendet u. das deuterierte Prod. als azeotrop. Gemisch mit **I** kontinuierlich abgeleitet, wobei man das regenerierte **I** in den Rk.-Raum zurückführt. — Zum Beispiel werden aus 200 g Na-Trichloracetat (**II**), erhalten durch Neutralisation einer methanol. Trichloressigsäure-Lsg. mit methanol. NaOH bei Abdest. von Methanol u. W. unter vermindertem Druck u. Trocknen im Hochvakuum von $10^{-2}$ Torr, u. 150 g **I** während 2–3 Std. bei 145° 117 g $CDCl_3$ (Ausb. 90%, auf **II** bezogen) gebildet; das Prod. weist einen durch IR-Spektroskopie festgestellten Reinheitsgrad von 99,2% auf. (**Tschech.P. 120259** vom 23/10. 1962, ausg. 15/10. 1966.) — 2 S. J. Milka H 560△

*1885* Kurashiki Rayon Co. Ltd., Japan (Erfinder: Akio Mitsutani), **Herstellung von Isopren und Isobuten** durch katalyt. Zers. von 4.4-Dimethyl-1.3-dioxan (**I**) in der Gasphase, dad. gek., daß man zu **I** vor dessen Zers. tert.-Butanol (**II**) zugibt; die Rk. erfolgt beim Durchleiten der Gase bei 200° über einen Katalysator aus aktivierter Phosphorsäure. Man erhält aus **I** > 80% *Isopren* u. aus **II** ≈ 94% *Isobuten*. (**F.P. 1428308** vom 6/3. 1965, ausg. 22/4. 1966. Jap. Prior. 7/3. 1964.) — 2 S. F.-W. Schränkler H 570

*1886* Allied Chemical Corp., New York, N.Y., USA, **Herstellung von Chlortrifluoräthylen** durch Erhitzen eines Gemisches aus $H_2$ u. $CCl_2F \cdot CClF_2$ im Molverhältnis 0,75–1,25 in Ggw. eines $CuO/Cr_2O_3/BaO$-Katalysators (Gew.-Verhältnis Ba/Cr/Cu = 1/1,5/1,5 bis 1/8/9, bes. 1/2/2 bis 1/6/7) bei 325–425°, bes. 350–400°. — Beispiele. (**Oe.P. 248404** vom 28/9. 1964, ausg. 25/7. 1966. U.S. Prior. 1/10. 1963.) — 5 S. K.-D. Stolp H 570

*1887* Allied Chemical Corp., New York, N.Y., USA, **Herstellung von Tetrafluoräthylen** durch Erhitzen eines Gemisches aus $CF_2Cl \cdot CF_2Cl$ u. $H_2$ im Molverhältnis 1/0,75 bis 1/1,25 in Ggw. eines $CuO/Cr_2O_3/BaO$-Katalysators (Gew.-Verhältnis Ba/Cr/Cu = 1/1,5/1,5 bis 1/8/9, bes. 1/2/2 bis 1/6/7) bei 350–450°, bes. 375–430°; Ausb. 65%. — Beispiele. (**Oe.P. 248405** vom 28/9. 1964, ausg. 25/7. 1966. U.S. Prior. 1/10. 1963.) — 5 S. K.-D. Stolp H 570

*1888* Hans Rudolf Hefti, Zürich, Schweiz, **Herstellung von Mannit** aus d-Glucose, auch Stärkehydrolysaten, durch katalyt. Hydrierung der wss. Lsg. in Ggw. von Raney-Ni u. überschüssigem NaOH bei 20–80° u. pH 11–12, zuletzt ≧ 10. (**Tschech.P. 125537** vom 30/11. 1965, ausg. 15/12. 1967. Schwz. Prior. vom 1/4. 1965.) — 2 S. M. Březina H 630△

*1889* Farbwerke Hoechst Akt.-Ges. vormals Meister Lucius & Brüning, Frankfurt/M.-Hoechst, **Herstellung von Acetaldehyd** durch Ox. von Äthylen mit $O_2$ in Ggw. von W. u. Katalysatoren bei 50–200°, dad. gek., daß der feste Katalysator aus einem Edelmetall der

VIII. Gruppe des Periodensyst., z. B. Pd, besteht, der dispers auf einen inerten Träger (Bentonit) aufgebracht wird. Dem W. werden schwach bas. reagierende Salze, z. B. Phosphate, Carbonate u. Acetate der Alkalimetalle, zugegeben. (**Oe.P. 255393** vom 24/3. 1965, ausg. 10/7. 1967. D. Prior. 26/3. 1964.) — 3 S.
F.-W. Schränkler H 670

*1890* Charles Frank Howlett Tipper, Oxton, Birkenhead (Erfinder: Charles Frank Howlett Tipper und Crauford John Matthews), **Herstellung α.β-äthylenisch ungesättigter Verbindungen** durch Ox. von gesätt. Verb. der allg. Formel $R^1CH(R^2)$–$CH(R^3)C(O)R^4$ mit einem $O_2$ enthaltenden Gas in der Gasphase an einem Übergangsmetalloxid-Katalysator oder einer sauerstoffhaltigen Komplexverb. eines Metalls der Gruppe VI A des Period. Syst. ($R^1$, $R^2$ u. $R^3$ = H oder niedere Alkylreste; $R^4$ = H, OH oder niedere Alkoxygruppe). — Als Katalysator eignet sich bes. $Bi_9PMo_{12}O_{52}$. Isobutyraldehyd → *Methacrolein* + *Aceton*. (**Brit.P. 1124797** vom 22/7. 1965, ausg. 21/8. 1968.) — 4 S. A. Jahn H 670

*1891* Vendelín Macho, Milan Polievka, Nováky, und František Gregor, Prievidza, ČSSR, **Mesityloxid** wird hergestellt, indem man Acetondämpfe bei 80—450° über einen Katalysator leitet, der 5—40 (Gew.-%) Cr u. 60—95 Zn, vorzugsweise als deren sauerstoffhaltige Verb., u. ggf. ≦ 10 Alkalimetalloxide als Aktivierungszusatz enthält. (**Tschech.P. 122761** vom 30/11. 1965, ausg. 15/4. 1967.) — 2 S. J. Milka H 710△

*1892* W. R. Grace & Co., New York, N.Y., USA, **Herstellung von Acrylsäure(I)-estern** u. deren α-$C_1$—$C_5$-Alkylderiv. durch Rk. von entsprechenden Säuren mit einem molaren Überschuß einer Verb. der allg. Formel $R_2SO_4$ in Ggw. katalyt. Mengen einer starken Mineralsäure (R = Alkyl-, Cycloalkyl- oder Arylrest). — **I** + Diäthylsulfat → **I**-*Äthylester* (Ausb. 92%, Umwandlung 49%). — *Meth*-**I**-*isopropylester* (Umwandlung 94%, Ausb. 77%). — *Meth*-**I**-*äthylester* (Umwandlung 98%, Ausb. 76%). (**Brit.P. 1122500** vom 23/8. 1966, ausg. 7/8. 1968. U.S. Prior. 22/10. 1965.) — 4 S.
A. Jahn H 810

*1893* Lonza Akt.-Ges., Gampel, Schweiz, **Herstellung von Methacrylsäureverbindungen**, dad. gek., daß man α-Hydroxyisobuttersäure(**II**)-Verb. mit unter Rk.-Bedingungen nicht decarboxylierenden Carbonsäuren, Kp. > 180°, u./oder deren Deriv., bes. inneren Anhydriden von Dicarbonsäuren, auf 180—320° erhitzt u. das Rk.-Prod. mit einem Inertgas aus dem Rk.-Raum abführt. — Man versetzt ein Gemisch aus 80 (g) Phthalsäureanhydrid, 50 Dimethylphthalat, 0,5 NaOH, 0,3 Brenzcatechin u. 0,3 Hydrochinonmonomethyläther bei 250—270° mit 0,41 Mol **II** u. treibt die Rk.-Prod. mit $N_2$ aus dem Rk.-Gefäß: Gemisch aus 90% *Methacrylsäure* (**I**) u. 10% **I**-*Methylester*, Gesamtausb. 95,2%. — Analog: **I**-*Amid*, Ausb. 31,6%. (**Oe.P. 250931** vom 7/9. 1964, ausg. 12/12. 1966. Schwz. Prior. 17/9. 1963.) — 7 S.
K.-D. Stolp H 810

*1894* UCB (Union Chimique Chemische Bedrijven) Soc. An., Brüssel (Erfinder: Cyrille Van Eygen, Boitsfort, und Raymond Carpentier, Waterloo), Belgien, **Herstellung von Fluorverbindungen** der allg. Formel *R′-CO₂-X-OC(O)R″* ($R'CO_2$ = Perfluoralkansäure-Rest; $R''CO_2$ = polymerisierbarer Alkensäurerest; Y = Rest eines 2wertigen aliphat. oder aromat. Alkohols) durch Rk. von Verb. der Formel $R''CO_2$–Y–OH mit Verb. der Formel R′COX (X = OH oder Halogen). — 0,1 (Mol) Äthylenglykolmonoacrylat, 0,1 Py., 0,5 g Hydrochinon u. 0,1 Perfluoroctanoylchlorid werden in Ae. bei ≦ 25° umgesetzt, das Filtrat wird aufgearbeitet: *Äthylenglykolacrylatperfluoroctanoat*, $Kp._{746}$ 242°; $n_D^{24,5}$ 1,34718; 91% (Ausb.). — Analog folgende Methacrylatperfluoroctanoate: *Diäthylenglykol-*, $Kp._{750}$ 295°; $n_D^{24,5}$ 1,36194; 76%. — *Pentamethylenglykol-*, $Kp._{750}$ 296°; $n_D^{27}$ 1,36402; 95,7%. — *Äthylenglykol-*, $Kp._{746}$ 253°; $n_D^{24,5}$ 1,34821; 93%. — *Propylenglykol-(1.2)-*, $Kp._{755}$ 255°; 97%. — *Butandiol-(1.4)-*, $Kp._{763}$ 302°; 84%. — *Propandiol-(1.3)-*, $Kp._{763}$ 271—273°; 87%. — *2.2-Dimethylpropandiol-(1.3)-*, $Kp._{755}$ 234°; $n_D^{24,5}$ 1,37705; 93,5%. — *2-Methyl-2-propylpropandiol-(1.3)-*, $Kp._{755}$ 296°; $n_D^{24,5}$ 1,36795; 98%. — *2.2-Diäthylpropandiol-(1.3)-*, $Kp._{750}$ 298,5°; $n_D^{26}$ 1,37026; 87,1%. — Propandiol-(1.3)-acrylatperfluoroctanoate: *2.2-Diäthyl-*; 92%. — *2.2-Dimethyl-*, 90%. — *Propylenglykol-(1.2)-acrylatperfluoroctanoat*, $Kp._{750}$ 241°, $n_D^{24,5}$ 1,34716; 95%. — *2.2-Dimethylpropandiol-(1.3)-methacrylatperfluorbutyrat*, $Kp._{755}$ 234°; $n_D^{24,5}$ 1,37705; 93,5%. (**D.P.[DDR] 56778** Kl. 12o vom 7/7. 1966, ausg. 5/7. 1967 [Ausschließungspatent]. Brit. Prior. 7/7. 1965.) — 4 S.
K.-D. Stolp H 810

*1895* Farbwerke Hoechst Akt.-Ges. vormals Meister Lucius & Brüning, Frankfurt/M.-Hoechst, **Herstellung ungesättigter Nitrile**, bes. *Acrylnitril*, durch Umsetzung von Olefinen, wie Äthylen, mit HCN, dad. gek., daß man das Olefin in einem polaren Lsgm., z. B. Acetonitril, in Ggw. von 0,1—15 Gew.-%, bezogen auf das Katalysatorgew., eines auf einer Trägersubstanz (Bentonit) niedergeschlagenen Pd-Katalysators bei 2 bis 300 atm u. 0—200° mit HCN u. $O_2$ enthaltendem Gas (Luft) umsetzt. (**Oe.P. 257568** vom 7/5. 1965, ausg. 10/10. 1967. D. Prior. 9/5. 1964.) — 2 S.
F.-W. Schränkler H 810

*1896* Badische Anilin- & Soda-Fabrik Akt.-Ges., Ludwigshafen (Erfinder: Heinz Nohe, Ludwigshafen, Christof Palm und Rolf Platz, Mannheim), **Herstellung von Acrylnitril und Methacrylnitril** durch Ox. von Propylen bzw. Isobutylen mit $O_2$ oder $O_2$ enthaltenden Gasen in Ggw. von $NH_3$ u. Sn-Salzen von Bormolybdatoheteropolysäuren. — Beispiele. (**Oe.P. 246120** vom 29/5. 1964, ausg. 12/4. 1966. D. Prior. 1/6. 1963.) — 5 S.
K.-D. Stolp H 810

*1897* Österreichische Stickstoffwerke Akt.-Ges. (Erfinder: Heinz König), Linz, Österreich, **Herstellung ungesättigter aliphatischer Nitrile** durch Rk. olefin. KW-Stoffe mit $NH_3$ u. Luft u./oder $O_2$ bei höheren Temp. unter Verw. eines Katalysators der allg. Formel $(Me)_a \cdot Bi_bMoO_c$ (Me = Ca u./oder Sr; a = 0,3—0,75; b = 0,1 bis 0,66; c = 2,95—4,75; a + b = 0,55—1,1) mit $SiO_2$ als Träger, welches als Beschichtung auf krist. Kontaktkernen, bes. Al-Silicat, Korund, Quarz, Feldspat, Granit, Sintermagnesit oder SiC, ⌀ = 1—8 mm, Porosität ≦ 10%, aufgebracht ist. — Man rührt eine Lsg. von 24 (g) $CaCO_3$ u. 27,7 $Bi(NO_3)_3 \cdot 5H_2O$ in 300 ml W./$HNO_3$ (1/1) in eine Mischung aus 63,6 Ammoniummolybdat, 200 W. u. 142 30%ig. koll. Kieselsäurelsg. ein, versprüht das Gemisch auf 1 kg auf 200° vorerhitztes Korund u. erhitzt das Material 16 Std. auf 600° (Zus. des Katalysators: $Ca_{0,67}Bi_{0,16}MoO_{3,91}$). Über diesen Katalysator leitet man bei 480° ein Gasgemisch aus Propylen (**I**), $NH_3$, W.-Dampf u. Luft im Vol.-Verhältnis **1**:1:1:8; **I**-Umsatz zu *Acrylnitril* 60%. — Weitere Beispiele. (**Oe.P. 248410** vom 9/8. 1963, ausg. 25/7. 1966.) — 4 S. K.-D. Stolp H 810

*1898* National Distillers and Chemical Corp., New York, N.Y., USA, **Herstellung von 2-Methylenglutarsäure** durch Hydrolyse von 2-Methylenglutarsäurenitril mit W. in Ggw. von Mineralsäure oder Alkalihydroxid. (**Brit.P. 1122448** vom 15/9. 1966, ausg. 7/8. 1968. U.S. Prior. 22/9. 1965.) — 3 S.
A. Jahn H 820

*1899* Vianova Kunstharz Akt.-Ges., Wien (Erfinder: Harald Rauch-Puntigam, Graz), Österreich, **Herstellung von Maleinsäuremonoureid** durch Umsetzen von Maleinsäureanhydrid mit Harnstoff, dad. gek., daß die Rk. bei 50—150° in Maleinsäuremonoalkylestern, wie Maleinsäuremonobutylester, erfolgt. (**Oe.P. 256868** vom 13/9. 1965, ausg. 11/9. 1967.) — 2 S.
F.-W. Schränkler H 820

*1900* Kay Fries Chemicals, Inc., New York, N.Y., USA, **Herstellung von Natriumcyanoacetat** durch Rk. von Alkalimetallhydroxid (NaOH) mit HCN in wss. Na-Chloracetat-Lsg., bes. zunächst bei 25—40° (→ Alkalicyanid) u. später bei 50—120°. — Fließschema. (**Brit.P. 1120168** vom 27/8. 1965, ausg. 17/7. 1968. U.S. Prior. 27/8. 1964.) — 5 S. A. Jahn H 820

*1901* Österreichische Stickstoffwerke Akt.-Ges., Linz (Erfinder: Walter Müller, Leonding, Johann Schweighofer und Ferdinand Weinrotter, Linz), Österreich, **Herstellung von Milchsäurenitrat** (**I**) durch Rk. von 1 (Mol) Propen (**II**) mit ≧ 1 $N_2O_4$ u. ≧ 1 $O_2$ bei —10 bis 40°, bes. 15—30°, in Ggw. von $SeO_2$ oder $V_2O_5$. —

In 1 $N_2O_4$ werden 1 **II** u. $1 O_2$ (Geschw. 5 l/Std.) geleitet u. absorbiert (Temp. 25°), worauf das Rk.-Gemisch am Dünnschichtverdampfer von N-Oxiden befreit wird: **I**, $Kp._{20}$ 115—120°, Ausb. 91%; liefert mit $CH_3OH$ *Milchsäuremethylester-O-nitrat*, $Kp._{10}$ 62°. (**Oe.P. 250930** vom 2/10. 1964, ausg. 12/12. 1966.) — 3 S.
K.-D. Stolp H 850

*1902* Rohm and Haas Co., Philadelphia, Pa., USA, **Herstellung von Diaminen** durch Ozonisierung von Verb. der allg. Formel $R-CH=CH(CH_2)_nCN$ u. red. Aminierung des Ozonisierungs-Prod. (R = H, $C_1-C_{10}$-Alkyl-, $C_2-C_8$-Alkenyl- oder $C_4-C_8$-Alkadienylrest; n = 7—11). — Ölsäurenitril → *Nonamethylendiamin*, $Kp._1$ 98—102°. — Undecennitril → *1.10-Diaminodecan*, F. 60—61,5°. — Erucanitril → *1.13-Diaminotridecan*, $Kp._{1,5}$ 150—153°, F. 50—50,5°. (**Brit.P. 1122468** vom 9/3. 1966, ausg. 7/8. 1968. U.S. Prior. 8/4. 1965.) — 3 S.
A. Jahn H 910

*1903* Jozef Aloys Thoma, Vaals, und Johannes Wilhelmus Gielkens, Sittard, Niederlande, **Herstellung von Methionin** durch einstufige Rk. von β-Methylmercaptopropionaldehyd mit einem Cyanid u. $NH_3$ bzw. einem Ammoniumsalz, wobei γ-Methylmercapto-α-aminobutyronitril entsteht, welches hydrolysiert wird, dad. gek., daß die Rk. in wss. Medium vorgenommen wird, welches während der ganzen Rk.-Zeit mit $NH_3$ gesätt. gehalten wird; Rk.-Temp. 0—75°, bes. 45—55°. Nach Beendigung der Rk. wird die Fl. durch Abkühlung in 2 Schichten geteilt; die eine dieser Schichten, reich an Aminonitril, wird hydrolysiert, während die andere, reich an W., in die Rk. wieder eingesetzt wird. — Beispiele. (**Tschech.P. 124382** vom 2/7. 1965, ausg. 15/9. 1967. Niederl. Prior. 4/7. 1964.) — 3 S.
Z. Cirman H 950△

*1904* Chugai Seiyaku K. K., Tokio, Japan, **Herstellung von L-Threonin** durch Züchten des Bakterienstamms Proteus in einem wss. Nährmedium, das neben anorgan. Salzen u. einer N- u. C-Quelle- u./oder DL-Homoserin enthält. (**Brit.P. 1097908** vom 22/6. 1965, ausg. 3/1. 1968. Jap. Prior. 1/7. 1964.) — 3 S. A. Jahn H 950

*1905* American Home Products Corp., New York, N.Y., USA, **Herstellung von N-Acyloxy-N-acylaminoessigsäurehalogeniden oder Anhydriden** durch Rk. von N-Acyloxy-N-acylaminoessigsäure mit Halogenierungs- oder Acylierungsmitteln. *N-Acetoxy-N-acetylaminoessigsäure*(**I**)-*chlorid*. — **I**-*Anhydrid*. (**Brit.P. 1117614** vom 11/8. 1965, ausg. 19/6. 1968. U.S. Prior. 11/9. 1964 u. 29/6. 1965.) — 4 S. A. Jahn H 950

*1906* Farbwerke Hoechst Akt.-Ges. vormals Meister Lucius & Brüning, Frankfurt/M., **Herstellung von N-Acyl-β-aminopropionsäuren** durch Rk. von Acrylsäureestern mit Carbonsäureamiden, die mindestens 1H-Atom am N-Atom enthalten, bei 20—120° in Ggw. von (Erd)Alkalisalzen dieser Amide als Katalysator, Verseifung des Esters in alkal. $C_1-C_4$- alkohol. Lsg. u. Freisetzen der Säure mit Mineralsäure. N-Methyl-β-aminopropionsäuren: *N-Oleyl-*, viskoses braunes Öl. — *N-[o-sek.-Butylphenoxyacetyl]-*. — *N-Stearyl-*. (**Brit.P. 1117495** vom 29/12. 1965, ausg. 19/6. 1968. D. Prior. 30/12. 1964.) — 4 S. A. Jahn H 950

*1907* Monsanto Chemicals Ltd., London, Großbritannien (Erfinder: Richard Allen Baxter), **Substituierte Thiophenole** erhält man nach folgendem Beispiel: Durch Rk. von p-Nitrothiophenol mit Aceton u. Zn-Amalgam erhält man das *4-Isopropylaminobenzolthiol*, $Kp._{0,05}$ 70°, $C_9H_{13}NS$. — Zwischenprod. für Schmierölzusatzmittel. (**Brit.P. 1098389** vom 8/10. 1965, ausg. 10/1. 1968.) — 3 S. R. Bauereis H 1090

*1908* Jan Pinkava, Prag, ČSSR, **Gewinnung von K-Benzoat** bei der Herst. von Terephthalsäure durch Zers. von $KHSO_3$ mit einem 80%ig. Überschuß an Benzoesäure (**I**). Nach Entfernung von $SO_2$ wird überschüssige **I** sublimiert. — 12 (Gew.-Teile) **I** werden in 25 W. suspendiert, die Suspension wird erwärmt, 25 $KHSO_3$-Lsg. (mit einem Geh. von 2,55—2,91 g $SO_2$) werden zugegeben. Durch das Gemisch wird ein inertes Gas geleitet, die Fl. nach Zers. des Bisulfits eingedampft u. aus dem gewonnenen *K-Benzoat* **I** sublimiert. (**Tschech.P. 120310** vom 11/6. 1964, ausg. 15/10. 1966.) — 2 S.
J. Hejný H 1210△

*1909* Otto Joklik, Wien, Österreich, **Herstellung von Phthalsäureanhydrid** durch katalyt. Ox. von Rohnaphthalin (**I**) mit Luft-$O_2$ in der Gasphase über feste oder fließende Kontakte, dad. gek., daß man vor dem Eintritt in den Reaktor γ-Strahlen von ≧ 1 MeV aus einer $^{60}Co$-Quelle mit einer Dosisleistung von 500000—800000 Röntgen/Std. auf **I** u. $O_2$ einwirken läßt; die Bestrahlungsdauer ist umgekehrt proportional der Dosisleistung der Strahlenquelle. Die dadurch angeregten u. ionisierten Reaktanten werden über einen Trägerkatalysator geleitet, der aus 8(%) $V_2O_5$, 0,5 $MoO_3$, 0,4 $WoO_3$ u. 0,4 $SnO_4$, bezogen auf den fertigen Katalysator, besteht. Er ist auf einem bei 1200° geglühten keram. Träger in Form von Kugeln von 4—5 mm ⌀ aus 69,3(%) $SiO_2$, 26,1 $Al_2O_3$, 2,1 $TiO_2$, 1,1 $Fe_2O_3$ u. 1,3 Erdalkalien niedergeschlagen. Die künstliche akt., stabförmige γ-Strahlenquelle besitzt eine Schutzhülle aus nichtrostendem Stahl u. wird durch Fernbedienung bewegt. Sie ist in der Mittelachse des Zuführungsrohres angeordnet, das zur gleichmäßigen Gasverteilung u. zur Wirbelbldg. Hindernisse u. einen kegelförmigen, durchlöcherten Verteilerschirm am Eintritt in den Reaktor besitzt. — Vorrichtung. (**Oe.P. 258892** vom 13/9. 1965, ausg. 11/12. 1967.) — 7 S.
F.-W. Schränkler H 1220

*1910* Soc. Edison, Mailand (Erfinder: Natale Ferlazzo, Franco Faletti, Mailand, und Guidobaldo Cevidalli, Seveso), Italien, **Herstellung von Benzolcarbonsäuren**, wie *Terephthalsäure*, durch Ox. von in $CH_3COOH$ gelöstem Mono- oder Polymethylbenzol, wie Toluol, Xylol, mittels $O_2$ oder $O_2$ enthaltenden Gasen bei erhöhter Temp., dad. gek., daß man unter Aufrechterhaltung einer Temp. von 80—120° 0,1—1 Mol pro Mol der zu oxydierenden Verb. das entsprechende Aldehyd-Ox.-Zwischenprod. als Aktivator einsetzt. 1,5—15 Gew.-% Co-Acetattetrahydrat, bezogen auf die zu oxydierende Verb. u. ber. als Oxid, dienen als Katalysator. Der Aldehyd, z. B. Benzaldehyd bei der Ox. von Toluol, Toluylaldehyd bei der Ox. von Xylol, wird kontinuierlich mit der zu oxydierenden Substanz zugegeben. (**Oe.P. 256076** vom 21/4. 1964, ausg. 10/8. 1967. It. Prior. 26/4. 1963.) — 3 S. F.-W. Schränkler H 1220

*1911* Chemische Werke Witten G. m. b. H. (Erfinder: Hans Leo Hülsmann und Gustav Renckhoff), Witten, **Herstellung von Arylestern von Di- oder Polycarbonsäuren** durch Umesterung bes. der Methylester dieser Säuren mit ggf. alkyl- u./oder aralkylsubstituierten Phenolen u./oder Naphtholen in Ggw. von Sb-Verb. u./oder Mg oder Al u./oder Sn-Verb. u./oder Titansäureestern bei > 160° unter Abdest. von ca. 50 bis 75% der berechneten $CH_3OH$-Menge, wonach man eine den Methylestergruppen äquivalente Acetanhydridmenge zusetzt u. die Rk. zu Ende führt. — *Diphenylterephthalat*, F. 198,5°; 94% (Ausb.). — *Diphenylisophthalat*, $Kp._{0,6}$ 228°, F. 137°; 92%. (**Oe.P. 244936** vom 1/4. 1964, ausg. 10/2. 1966. D. Prior. 7/8. 1963.) — 3 S.
K.-D. Stolp H 1220

*1912* Dr. Beck & Co. G. m. b. H., Hamburg, **Herstellung von Polycarbonsäureanhydriden** durch Rk. von Estern aus polyfunktionellen Polyphenolen u. flüchtigen Monocarbonsäuren, bes. mit ≦ 6 C-Atomen, mit Trimellitsäureanhydrid (**I**; je 1 Äquivalent **I** pro phenol. OH-Gruppe) in Ggw. von Carbonsäuresalzen, bes. $CH_3 \cdot COOK$, bei 180—300°, bes. 200—250°. — Man setzt 194 (g) Hydrochinonacetat, 384 **I** u. 4 $CH_3COOK$ unter $N_2$ bei 200° u. 300 Torr unter Abdest. von $CH_3COOH$ um. Das Prod. wird aus Acetanhydrid umkrist., F. 267°. — Weitere Beispiele. (**Oe.P. 245556** vom 4/4. 1964, ausg. 10/3. 1966.) — 3 S. K.-D. Stolp H 1230

*1913* Inventa Akt.-Ges. für Forschung und Patentverwertung, Zürich (Erfinder: Albert Gehring, Tamins, und Richard Sailer, Rial), Schweiz, **Herstellung von p-Hydroxybenzoesäure**, indem man K-Phenolat als Granulat oder Preßlinge von 5—30 mm ⌀ oder Kantenlänge mit im Kreislauf geführtem, vorgewärmtem Inertgas unter Druck auf 200° erhitzt, anschließend

$CO_2$ zugibt u. stufenweise dessen Partialdruck erhöht, wobei die Temp. des Inertgases so geregelt wird, daß die Rk.-Temp. bei 197—203° gehalten wird. — Verf.-Schema. (**Oe.P. 258273** vom 4/8. 1965, ausg. 10/11. 1967. Schwz. Prior. 6/8. 1964.) — 4 S.
F.-W. Schränkler H 1250

*1914* Kyowa Hakko Kogyo K. K., Tokyo, Japan, **Herstellung von α-Arylazoformylessigsäuren** der allg. Formel $HO_2C$–CH(CHO)N=N–Ar (Ar = aromat. Rest) durch Kuppeln aromat. diazotierter Amine mit Formylessigsäure in wss. Lsg. bei pH 3—9. — *Äthyl-phenylazoformylacetat, Phenylhydrazon*, $C_{17}H_{18}O_2N_4$, F. 215 bis 216°. — *Äthyl-p-nitrophenylazoformylacetat, 2.4-Dinitrophenylhydrazon* (**H**), $C_{17}H_{15}O_8N_7$, F. 255—257°. — *Äthyl-p-methoxyphenylazo-formylacetat*, **H**, rötliche Krist., $C_{18}H_{18}O_7N_6$, F. 226—229°. — *Äthyl-α-[1-naphthylazo]-formylacetat*, **H**, $C_{21}H_{18}O_6N_6$, rötliche Nadeln, F. 229,5 bis 231,5°. — *Äthyl-α-[2-naphthylazo]-formylacetat*, $C_{15}\cdot O_{14}O_3H_2$, orange Nadeln, F. 121,5—123°. — *Äthyl-α-[8-natriumsulfonaphthyl-2-azo]-formylacetat*, **H**, $C_{21}H_{18}\cdot O_9N_6S$, orange Nadeln, F. 304—306° (Zers.). (**Brit.P. 1122136** vom 24/1. 1967, ausg. 31/7. 1968. Jap. Prior. 24/1. 1966.) — 5 S. A. Jahn H 1310

*1915* Ciba Akt.-Ges. Basel (Erfinder: **Max Wilhelm**, Allschwil), Schweiz, **Herstellung von 1-Isopropylamino-2-hydroxy-3-[o-propargylphenoxy]-propan** a) durch Umsetzen von in 1-Stellung durch eine reaktionsfähige Gruppe verestertem 3-[o-Propargyloxyphenoxy]-1.2-dihydroxypropan oder von 3-[o-Propargyloxyphenoxy]-1.2-epoxypropan mit Isopropylamin, b) durch Einführen des Isopropylrestes in die $NH_2$-Gruppe von 1-Amino-2-hydroxy-3-[o-propargyloxyphenoxy]-propan, c) durch Rk. von o-Propargyloxyphenol mit in 1-Stellung durch eine reaktionsfähige Gruppe verestertem 3-Isopropylamino-1.2-dihydroxypropan oder mit 3-Isopropylamino-1.2-epoxypropan. (**Ung.P. 153905** vom 16/12. 1965, ausg. 23/5. 1967. Schwz. Prior. 17/12. 1964 u. 9/9. 1965.) F. Landsberger H 1320△

*1916* Ciba Akt.-Ges. Basel (Erfinder: Adrian Marxer, Muttenz), Schweiz, **Herstellung von 1.2-Diphenyl-2-propionyloxy-3-[dimethylaminomethyl]-buten-(3)** u. dessen *Salzen* durch Propionylieren von 1.2-Diphenyl-3-[dimethylaminomethyl]-buten-(3)-ol-(2) u. Umwandlung des erhaltenen Prod. in die freie Base u. ggf. letzterer in Salze. (**Ung.P. 154135** vom 22/2. 1966, ausg. 23/8. 1967. Schwz. Prior. 26/2. u. 28/6. 1965.)
F. Landsberger H 1320△

*1917* František Jošt und Vladimír Bažant, Prag, ČSSR, **Herstellung von cyclischen Ketonen** durch einstufige Hydrierung entsprechender Phenole im Gaszustand an einem festen Katalysator auf Basis von Metallen der Pt-Gruppe auf akt. oder inakt. Träger (z. B. Oxid oder Hydroxid von Metallen der II. oder III. Gruppe des Period. Syst.) bei 100—300° u. ≦ 300 at. — **14,3** (g) $PdCl_2\cdot 2H_2O$ u. 1000 $Al(NO_3)_3\cdot 9H_2O$ werden in 5 l W. gelöst u. nach Filtrieren auf ca. 20%ig. Lsg. verdünnt. Zu dieser Lsg. werden unter Rühren 325 NaOH in 1,5 l W. gegeben. Nach ca. 12 Std. wird der Nd. 2mal dekantiert, abgesaugt u. bei 110° getrocknet. Nach 2std. Aktivierung mit $H_2$ bei 350° enthält der Katalysator 5 (Gew.-%) Pd auf $Al_2O_3$. Nach Hydrieren bei 150° bei einem Verhältnis $H_2$:Phenol = 7:1 werden 88 *Cyclohexanon*, 8 Cyclohexanol, 2 Phenol u. 2 Cyclohexan gewonnen. (**Tschech.P. 123285** vom 21/10. 1964, ausg. 15/6. 1967.) — 3 S. J. Hejný H 1960△

*1918* Inventa Akt.-Ges. für Forschung und Patentverwertung, Zürich (Erfinder: Alfred Buck, Chur), Schweiz, **Herstellung von Cyclohexanon und Cyclohexanol** durch Ox. von Cyclohexan in fl. Phase bei erhöhter Temp. u. erhöhtem Druck in Ggw. von Katalysatoren mittels eines im Kreislauf geführten Ox.-Gases, welches nach dem Durchgang durch den Reaktor wieder auf eine $O_2$-Konz. von ≦ 10 Vol.-% gebracht, mittels Kompressor verdichtet u. in den Reaktor gepumpt wird, dad. gek., daß beim Verdichten des im Kreislauf geführten aufgefrischten Ox.-Gases vor dem Eintritt in den Reaktor mittels Kompressor das Druckverhältnis von Kompressorausgangsdruck zu Kompressoransaugedruck < 1,10:1 gehalten wird. (**Oe.P. 254168** vom 16/2. 1965, ausg. 10/5. 1967. Schwz. Prior. 25/3. 1964.) — 3 S.
F.-W. Schränkler H 1960

*1919* Roussel-Uclaf Soc. An., Paris, Frankreich, **Herstellung von 1.3-Dioxo-2-alkylcyclopentanen** durch Cyclisierung von Verb. der allg. Formel $RCH_2COCH\cdot(COOR')CH_2COOR'$ (R, R' = niedermol. Alkylreste), alkal. Hydrolyse u. Decarboxylierung. — Ausgehend vom Propionylbernsteinsäureäthylester erhält man über 4-Äthoxycarbonyl- (F. 105°) u. 4-Carboxy- (F. 160°) das *1.3-Dioxo-2-methylcyclopentan*, F. 214°. — Analog folgende 1.3-Dioxocyclopentane: *2-Äthyl-*, F. 175°. — *2-Propyl-*, F. 180°. — *2-Isopropyl-*, F. 218°. — Vgl. F.PP. 1363281; C. **1968**, 4-2147 u. 1367498; C. **1968**, 3-2649. (**Oe.P. 247848** vom 24/4. 1964, ausg. 27/6. 1966. F. Prior. 26/4., 10/7. u. 20/12. 1963.) — 7 S.
K.-D. Stolp H 1970

*1920* Roussel-Uclaf Soc. An., Paris, Frankreich, **Herstellung von 1.3-Dioxo-2-alkylcyclopentanen** durch Umsetzung von Verb. der allg. Formel $RCH_2COCH_2\cdot CH_2COOR^1$ (R, $R^1$ = niedermol. Alkylreste) mit Alkalitert.-alkoholat. — Man erhält folgende 1.3-Dioxocyclopentane: *2-Äthyl-*, F. 175°. — *2-Propyl-*, F. 180°. — *2-Methyl-*, F. 214°. — *2-Isopropyl-*, F. 214°. — Vgl. F.PP. 1363281; C. **1968**, 4-2147 u. 1367498; C. **1968**, 3-2649. (**Oe.P. 247849** vom 24/4. 1964, ausg. 27/6. 1966. F. Prior. 26/4. 1963 u. 17/2. 1964.) — 5 S.
K.-D. Stolp H 1970

*1921* Abbott Laboratories, USA (Erfinder: Frederik Hendrik van Munster), **Herstellung von Cyclohexylamin** durch Umsetzung von Phenol (**I**) mit $NH_3$ u. $H_2$ im Molverhältnis 1:1:3, wobei $NH_3$ als wss. Lsg. eingesetzt wird, bei 70—150° u. 1,05—10,5 kg/cm² unter Verw. von 0,2—2 Gew.-%, bezogen auf **I**, metall. Rh, das auf einem Trägermaterial niedergeschlagen ist. (**F.P. 1427543** vom 30/3. 1965, ausg. 21/4. 1966. U.S. Prior. 13/4. 1964.) — 3 S. F.-W. Schränkler H 2110

*1922* F. Hoffmann-La Roche & Co. Akt.-Ges. Basel, Schweiz (Erfinder: Alan Martin Krubiner, Cedar Grove, und Eugen Paul Oliveto, Glen Ridge, N.J., USA), **Herstellung von 3-[1'-Hydroxyäthyl]-3a-β-methylbenz[e]-indenen** durch Umsetzen von 3-Oxo-3a-β-methylbenz[e]-indenen, in welchen nicht 3-ständige Oxogruppen geschützt sind, mit Äthylidentriphenylphosphoran, ggf. Abspalten der Schutzgruppen, Red. der Oxogruppen zur OH-Gruppe, deren Umwandlung in niedere Alkoxy- oder Tetrahydropyranyloxygruppen u. Rk. des 3-Äthyliden-3a-β-methylbenz[e]-indens mit $BH_3$ u. dann mit $H_2O_2$. (**Ung.P. 154345** vom 1/7. 1966, ausg. 23/10. 1967. U.S. Prior. 1/7. 1965.)
F. Landsberger H 2910△

*1923* Studiengesellschaft Kohle m.b.H. (Erfinder: Paul Heimbach und Günter Wilke), Mülheim, **Herstellung substituierter 8-, 10- und/oder 12-gliedriger Kohlenstoffringe** durch katalyt. Cooligomerisation von ggf. substituierten 1.3-Diolefinen (**I**) mit ≧ 1 anderen **I** oder cycl. oder acycl. ungesätt. KW-Stoffen. — **4,34** (g) Ni-Acetylacetonat u. 9,19 Tris-[o-phenylphenyl]-phosphit werden in einer Lsg. von 10 Butadien (**II**) in 85 ml Bzl. bei 0—20° mit 4,43 $C_2H_5OAl(C_2H_5)_2$ red., wonach in diese Lsg. bei 60° 680 **II** u. 165 Isopren eingeleitet werden. Man erhält 766 Prod. der Zus.: 15,5 *4-Vinylcyclohexen* (**III**), 4,3 *monosubstituiertes* **III**, 5,2 *p-Dipren*, 610 *Cyclooctadien-(1.5)*, $Kp._{14}$ 59,5°, $n_D^{20}$ 1,4910, 119,5 *1-Methyl-*, 7,4 *Dimethylcyclooctadien-(1.5)*, 1,1 *Cyclododecatrien-(1.5.9)*, 1,8 *1-Methyl-*, 0,7 *Dimethyl-* u. 0,4 *Trimethylcyclododecatrien-(1.5.9)*. — Analog erhält man folgende Cyclooctadiene-(1.5): *1-Phenyl-*, $Kp._{14}$ 155°; $n_D^{20}$ 1,5764. — *3-Methoxy-*, $Kp._{20}$ 80°; $n_D^{20}$ 1,4887. — *1.2-Dimethyl-*, $Kp._{18}$ 78,5°; $n_D^{20}$ 1,4941. — *Methylcyclodecan*, $Kp._{13}$ 92°. — *Bicyclo-[10.8.0]-eicosatrien-[cis-cis-trans-$\Delta^{1.10}$.3.7]* (**IV**), F. 89—94°, u. durch Hydrierung von **IV** *Bicyclo-[10.8.0]-eicosadien-[cis-cis-$\Delta^{1.10}$.3]*, F. 77,5—80°, bzw. *Bicyclo-[10.8.0]-eicosen-[cis-$\Delta^{1.10}$]*, F. 63,5—64°; Umlagerung von **IV** gibt *3.4-Divinylbicyclo-[10.4.0]-hexadecen-[cis-$\Delta^{1.6}$]*, dessen Hydrierung *3.4-Diäthylbicyclo-[10.4.0]-hexadecen-[cis-$\Delta^{1.6}$]*, $Kp._{0,1}$ 135—139°; $n_D^{20}$ 1,5045. — *Phenylcyclodecan*, $Kp._{20}$ 122,5°. — *Tricyclo-[10.2.1.0^{2.11}]-pentadecadien-[cis-trans-4.8]* (**V**), F. 19,5 bis

20°; durch Isomerisierung von **V** *cis-4.5-Divinyltricyclo-[6.2.1.0$^{2.7}$]-undecan*, $Kp._{20}$ 147°; $n_D^{20}$ 1,5120; durch Hydrierung von **V** *Tricyclo-[10.2.1.0$^{2.11}$]-pentadecan*, $Kp._{20}$ 167°; $n_D^{20}$ 1,5110. — *Cyclohexylcyclodecan*, $Kp._{11}$ 172 bis 174°. — *n-Octylcyclodecan*, $Kp._{17}$ 182,5°, $n_D$ 1,4482. — *1-Äthylcyclooctadien-(1.5)*, $Kp._{16}$ 76°; $n_D^{20}$ 1,4900. — *8-Methylcyclooctadienyl-(3)-carbonsäureäthylester*, $Kp._{15}$ 133°; $n_D^{20}$ 1,484. (**D.P.**[**DDR**] **56788** Kl. 12o vom 28/9. 1966, ausg. 5/7. 1967 [Ausschließungspatent]. D. Prior. [Bundesrepublik Deutschland] 29/9. 1965.) — 8 S.
K.-D. Stolp H 2950

*1924* Jiří Pelčík, Babice, Miroslav Matoušek, Újezd, und František Kiss, Brno, ČSSR, **Herstellung von Adamantan** durch Isomerisieren von Tetrahydrodicyclopentadien bei Ionen-Bestrahlung, bes. in Ggw. von Katalysatoren, bei —10 bis +190°, ggf. unter Rühren, bes. im Vakuum. Als Katalysatoren werden Lewis-Säuren von Elementen der III. Gruppe des Period. Syst. verwendet. (**Tschech.P. 122147** vom 29/7. 1965, ausg. 15/3. 1967.) — 3 S. J. Hejný H 2950△

*1925* Badische Anilin- & Soda-Fabrik Akt.-Ges., Deutschland (Erfinder: Eckart Titzenthaler), **Herstellung von Äthylenoxid** aus Äthylen u. $O_2$. Den Katalysator erhält man durch Aufbringen einer reduzierbaren Ag-Verb., wie Ag-Lactat, auf einen inerten Träger aus Al-Silicat-Kugeln, zusammen mit 0,5—12 (Atom-%), bezogen auf Ag, einer Metallverb. der II. Gruppe des Periodensyst., z. B. Ba-Lactat, u. 0,1—4, bezogen auf Ag, einer Al- oder B-Verb., wie Al-Lactat u. Ba-Borat. Die reduzierten Verb. werden anschließend durch Erhitzen an der Luft aktiviert. (**F.P. 1427415** vom 12/3. 1965, ausg. 20/4. 1966. D. Prior. 12/3. 1964.) — 4 S.
F.-W. Schränkler H 3030

*1926* Rhône-Poulenc Soc. An., Paris (Erfinder: Jean-Claude Brunie und Noël Crenne, Lyon), Frankreich, **Herstellung von Epoxidverbindungen** durch Rk. von Olefinen mit Alkyl-, Cycloalkyl- oder Aralkylhydroperoxiden in Ggw. von Borsäureestern, bes. niedermol. Alkylorthoborat. — Man versetzt 50 (g) Cyclohexen (**I**), 5,2 96%ig. Cyclohexylhydroperoxid (**II**) u. 10 ml Methylborat (**III**) unter $N_2$ u. Abdest. des $CH_3OH$/**III**-Azeotrops (Kp. 55°) in 2 Std. mit 110 ml **III**, 20,8 **II** u. 25 **I**, dest. noch 2,5 Std., entfernt **III**, dest. nach Zusatz von 100 ml $CH_3OH$ die Azeotrope **III**/$CH_3OH$ u. **I**/$CH_3 \cdot OH$ u. danach $CH_3OH$ bei $Kp._{100}$ u. aus dem Rückstand bei $Kp._{92}$ 53—94° 12,8 *Epoxycyclohexan* (**IV**) u. 3,06 Cyclohexanol (**V**) u. bei $Kp._{92}$ 94—105° 1,46 **IV** u. 16,5 **V** ab; **IV**-Ausb. 67,5%, **V**-Ausb. 91%. — Analog: *Epoxycyclooctan*, 75%. — *Epoxycyclododecan*, 61%. — *Epoxynonane*, 91%. (**D.P.**[**DDR**] **54694** Kl. 12o vom 1/6. 1966, ausg. 20/3. 1967 [Ausschließungspatent]. F. Prior. 1/6. 1965.) — 3 S. K.-D. Stolp H 3030

*1927* Badische Anilin- & Soda-Fabrik Akt.-Ges., Ludwigshafen/Rh. (Erfinder: Friedrich Becke, Heidelberg, und Bruno Sander, Ludwigshafen), **Herstellung von Diepoxiden** der allg. Formel *O-CH₂-C(R)-CO-NH-CH(OH)-CH(OH)-NH-CO-C(R)-CH₂-O* (R = H oder $C_{1-4}$-Alkylrest) durch Rk. von Verb. der allg. Formel O-CH₂-CH(R)-CO-NH₂ mit Glyoxal (**I**) bei pH 7—8 in Ggw. von organ. Suspensionsmitteln oder Lsgm. u. 5—35 Gew.-% Wasser. — 87 (Teile) Glycidamid, 71 41%ig. wss. neutrales **I**, 150 Acetaldehyddimethylacetal u. 50 $CH_3OH$ werden bei pH 7—7,1 u. Raumtemp. gerührt: 99,5 *Glykolbisglycidamid*, F. 143—144°. (**Oe.P. 249021** vom 19/6. 1964, ausg. 25/8. 1966. D. Prior. 25/6. 1963.) — 3 S. K.-D. Stolp H 3030

*1928* Badische Anilin- & Soda-Fabrik Akt.-Ges. (Erfinder: Richard Sinn, Walter Sanne und Hubert Kindler), Ludwigshafen/Rh., **Herstellung von Äthylenimin,** dad. gek., daß man die wss.-alkal. Lsg. von β-Aminoäthanolschwefelsäureester mit W.-Dampf von 5—100 at u. 150—310° bis zu Rk.-Temp. von 180—280° mischt, das Gemisch unmittelbar danach um 0,5—10 at entspannt, durch ein Strömungsrohr führt u. danach durch Entspannen auf < 120° abkühlt; Ausb. 77—81%. — Beispiele. (**Oe.P. 247858** vom 3/7. 1964, ausg. 10/6. 1966. D. Prior. 5/7. 1963.) — 3 S.
K.-D. Stolp H 3030

*1929* Imperial Chemical Industries of Australia and New Zealand Ltd., Melbourne (Erfinder: Asbjorn Baklien, Kingsbury, und Jan Kolm, Kew), Victoria, Australien, **Herstellung von Aziridinen** der Formel *R-CH(OH)-CH₂-N-CH(R')-CH(R'')* (R = ggf. substituierte Phenyl-, Naphthyl-, $HOCH_2$-, Benzyl-, $C_6H_5 \cdot OCH_2$-, $C_6H_5$-S-$CH_2$- oder heterocycl. Gruppe; R', R'' = H oder Alkylrest) durch Rk. von Verb. der Formel HN-CH(R')-CH(R'') mit Verb. der Formel R-CH-CH₂-O in Ggw. polarer Lsgm. u. starker Basen bei 50—150°, bes. 90—130°. — Man setzt 43 (g) Äthylenimin, 120 Styroloxid u. 2 NaOH in A. im Autoklaven bei 110° um: *1-[2'-Hydroxy-2'-phenyläthyl]-aziridin*, F. 77° ($CCl_4$); Ausb. 80%. — Analog folgende Aziridine: *1-[2'-Hydroxy-2'-(thienyl-(2''))-äthyl]-*, $Kp._{0,005}$ 72—76°. — *1-[2'-Hydroxy-2'-(pyridyl-(4''))-äthyl]-*, $Kp._{0,01}$ 103—106°. — *1-[2'-Hydroxy-3'-phenylmercaptopropyl]-*, $Kp._{0,01}$ 140 bis 144°. — *1-[2'-Hydroxy-3'-phenoxypropyl]-*, $Kp._{0,005}$ 132—134°. — *1-[2'-Hydroxy-2'-phenyläthyl]-2-methyl-*, F. 106—108°. (**D.P.**[**DDR**] **58742** Kl. 12p vom 19/7. 1966, ausg. 20/11. 1967 [Ausschließungspatent]. Aust. Prior. 19/7., 26/7., 31/8. u. 8/9. 1965.) — 5 S.
K.-D. Stolp H 3030

*1930* Martin Košík und Zdeněk Maňásek, Bratislava, ČSSR, **Herstellung von Furfurol** durch säurekatalysierte Zers. von pentosanhaltigen Rohstoffen bei niedriger Temp., dad. gek., daß festes Holzmaterial, z. B. Buchenholzsägespäne, mit einer Abfall-Lsg. von Pentosanen, Pentosen, Furfurol u. einer Mineral- oder organ. Säure, z. B. mit einem bei der Herst. von Buchencellulose anfallenden Vorhydrolysat, imprägniert wird, wonach man das Material trocknet u. hydrolysiert. (**Tschech.P. 122949** vom 19/10. 1964, ausg. 15/5. 1967.) — 2 S.
J. Milka H 3061△

*1931* Chinoin Gyógyszer-és Vegyészeti Termékek Gyára R.T. (Erfinder: Sándor Szöke, István Geri und Vilma Szántó), Budapest, Ungarn, **Herstellung von O-[Furoyl-(2)]-N-methyl-N-dichloracetyl-4-aminophenol** durch Rk. von Dichloracetyl-4-hydroxy-N-methylanilid mit $POCl_3$ u. Rk. des erhaltenen N-Dichloracetyl-N-methyl-p-aminophenoldichlorphosphats mit Furan-2-carbonsäure in Ggw. von organ. Lsgm. (Tetrahydrofuran). (**Ung.P. 154516** vom 9/7. 1966, ausg. 23/12. 1967.) F. Landsberger H 3061△

*1932* VEB Leuna-Werke „Walter Ulbricht", Leuna, **Kontinuierliche Herstellung von Dioxolanen** durch Rk. von Gemischen aus mehrwertigen Alkoholen u. Ketonen im Molverhältnis 1:1 bis 1:4 in mit sauren Ionenaustauschern gefüllten, beheizbaren Säulen. — Man leitet durch eine Säule aus 250 (Gew.-Teilen) Wofatit P 3600 Hexantriol u. 3950 Cyclohexanon bei 65°: 2375 entsprechendes *Dioxolan*, $Kp._{13}$ 153—156°. — Analog: *2-Cyclohexyl-4-methylol-1.3-dioxolan*, aus Glycerin u. Cyclohexanon; Ausb. 40%. — Glycerin u. Aceton geben *2.2-Dimethyl-4-methylol-1.3-dioxolan*, $Kp._{12}$ 81 bis 83°. (**Oe.P. 249055** vom 8/3. 1965, ausg. 26/9. 1966. D. Prior. 30/11. 1964.) — 2 S.
K.-D. Stolp H 3102

*1933* Hickson & Welch Ltd., Castleford (Erfinder: Asim Kumar Sarkar, Adel), Großbritannien, **Herstellung von 1.3-Diarylpyrazolinen** durch Kondens. von Verb. der Formel $(X^1)(X^2)(X^3)C_6H_2$-$NHNH_2$ ($X^1$—$X^3$ = H, Halogen, COOH, COOR', $CONH_2$, $SO_2R^2$, CN, Alkyl- oder Alkyloxygruppe; $R^2$ = Alkylrest) mit Verb. p-(Z-$CH_2$-$CH_2$-CO)-$C_6H_4$-NH-R (Z = Halogen oder substituierte Aminogruppe; R = Acylrest). — Man kocht 0,05 (Mol) 4-Hydrazinobenzoesäurehydrochlorid u. 0,05 4-Acetylamino-β-chlorpropiophenon bei pH 1 6 Std. in A.: 4,7 g *1-[4-Carboxyphenyl]-3-[4-acetylaminophenyl]-pyrazolin*, F. > 315°. — Analog folgende 3-[Acetylaminophenyl]-pyrazoline: *1-[4-Äthylcarboxyphenyl]-*. — *1-[3-Chlorphenyl]-*, F. 228—230°. — *1-[3-Trifluormethylphenyl]-*, F. 252—253°. — *1-[4-Chlorphenyl]-*, F. 248—252°. — *1-[4-Methoxyphenyl]-*, F. 248—250,5°. —

*1-[2-Chlorphenyl]-*, F. 198–200°. — *1-[4-(β-Hydroxyäthyl)-sulfonyl]-*. — *1-[4-(β-Acetoxyäthyl)-sulfonyl]-*, F. 178 bis 180°. — *1-[2-Methyl-5-chlorphenyl]-*, F. 182–183°. — *1-[4-Amidocarboxy]-*. — *1-[4-Cyanphenyl]-*. — *1-[3-Chlorphenyl]-3-[propionylaminophenyl]-pyrazolin*, F. 219 bis 221°. — *Opt. Aufheller*. (**D.P.[DDR] 55026** vom 29/10. 1965, ausg. 5/4. 1967 [Ausschließungspatent]. Brit. Prior. 5/11. 1964.) — 5 S. K.-D. Stolp H 3122

*1934* Chinoin Gyógyszer és Vegyészeti Termékek Gyára R. T. (Erfinder: Lajos Guczoghy und Mária Puklics), Budapest, Ungarn, **Herstellung von 2-[Thiazolyl-(4')]-benzimidazol** durch Hydrieren von 2-[2'-Chlorthiazolyl-(4')]-benzimidazol oder N-[o-Nitrophenyl]-2-chlorthiazol-4-carbonsäureamid in Ggw. von Pd. (**Ung.P. 154519** vom 8/9. 1965, ausg. 23/9. 1967.)
F. Landsberger H 3142△

*1935* Sandoz Akt.-Ges., Basel (Erfinder: Ernst Jucker, Ettingen, Adolf Lindenmann, Basel, und Fulvio Gadient, Birsfelden), Schweiz, **Herstellung von 2-[2-Methyl-3-nitrophenylamino]-nicotinsäure** durch Kondens. von 2-Chlornicotinsäure mit 2-Amino-6-nitrotoluol in Ggw. eines Cu-Katalysators u. alkal. Kondens.-Mittels, Ansäuren des Rk.-Gemisches u. ggf. Überführen der Säure in ihre *Alkali-* oder *Erdalkalisalze*. (**Ung.P. 154814** vom 19/9. 1966, ausg. 23/12. 1967. Schwz. Prior. 20/9. 1965 u. 20/6. 1966.) F. Landsberger H 3231△

*1936* Österreichische Stickstoffwerke Akt.-Ges., Linz (Erfinder: Ferdinand Weinrotter, Linz, Walter Müller, Leonding, Alfred Schmidt, Walter Böhler und Johann Schweighofer, Linz), Österreich, **Katalytische Herstellung von Melamin (I)** aus einem Gemisch aus Cyansäure (**II**) u. $NH_3$ bei normalem Druck in Ggw. eines Katalysators, z. B. Mischoxide von $P_2O_5$ mit $B_2O_3$ auf Silicagel, dad. gek., daß das Gemisch mit 10 bis 15 Vol.-% **II** mit einer Eingangstemp. von 290–320° u. einer Strömungsgeschw. von 3–8 Normallitern/$cm^2$ Katalysatorquerschnittsfläche u. Std. durch eine nicht gekühlte ruhende Katalysatorschicht von 10–50 cm Höhe geleitet wird, deren Horizontalausdehnung der geringen Durchströmungsgeschw. u. dem gewünschten Umsatz angepaßt ist. Man erhält **I** in einer Reinheit von > 99% bei guter Ausbeute. (**Oe.P. 256117** vom 4/4. 1963, ausg. 10/8. 1967.) — 4 S.
F.-W. Schränkler H 3313

*1937* Österreichische Stickstoffwerke Akt.-Ges., Linz (Erfinder: Alfred Schmidt, Ferdinand Weinrotter, Linz, Walter Müller, Leonding, Walter Böhler, Linz, und Franz Narbeshuber, Schwechat), Österreich, **Herstellung von Melamin** durch Umsetzen von Cyansäuregas im Gemisch mit einem Trägergas, bes. $NH_3$, $N_2$ oder $CO_2$, über Katalysatoren der Zus. $B_2O_3 \cdot x\,P_2O_5$ u. $SiO_2 \cdot x\,P_2O_5$ (x = 1,05–1,5) bei 280–400° u. ggf. ≦ 10 at; Ausb. ≦ 92%. (**Oe.P. 250369** vom 21/9. 1961, ausg. 10/11. 1966.) — 3 S.
K.-D. Stolp H 3313

*1938* Österreichische Stickstoffwerke Akt.-Ges., Linz (Erfinder: Walter Böhler, Linz, Walter Müller, Leonding, Alfred Schmidt und Ferdinand Weinrotter, Linz), Österreich, **Herstellung von Melamin** durch Rk. von Cyansäuregas im $NH_3$-Strom bei Normaldruck u. 380–480° über Katalysatoren (Schichthöhe 20–40 cm) der Zus. $Al_2O_3 \cdot SO_3$, $TiOSO_4$, $ZrOSO_4$ u. $Fe_2O_2 \cdot SO_3$; Ausb. 95%. — Beispiele. (**Oe.P. 250976** vom 4/4. 1963, ausg. 12/12. 1966.) — 3 S.
K.-D. Stolp H 3313

*1939* Deutsche Akademie der Wissenschaften zu Berlin (Erfinder: Alfred Wende und Heinz Priebe), Berlin, **Herstellung von Triglycidylisocyanurat (III)** durch Rk. von Cyanursäure (**I**) mit überschüssigem Epichlorhydrin (**II**) oder **II**-Homologen in Ggw. tert.-amin. Ionenaustauscher bei 100–150°. — 51,6 (g) **I**, 3336 **II** u. 8 ml Dimethylanilin werden 5 Std. bei 117° erhitzt. Überschüssiges **II** wird bei $Kp._{12}$ abdest. u. **III** mit Ae. oder A. ausgefällt, F. 96°; Epoxidäquivalent 110. (**Oe.P. 244975** vom 13/3. 1964, ausg. 10/2. 1966.) — 2 S.
K.-D. Stolp H 3313

*1940* Stamicarbon N. V., Heerlen, Niederlande, **Herstellung von ε-Caprolactam,** indem man ε-Caprolacton oder dessen Polymeres bei erhöhtem Druck bei 200 bis 475° mit $NH_3$ umsetzt, wobei Dioxan als Lsgm. verwendet wird. — 2 Tabellen. (**Oe.P. 256808** vom 3/11. 1965, ausg. 11/9. 1967. Niederl. Prior. 5/11. 1964.) — 3 S.
F.-W. Schränkler H 3370

*1941* Milan Bareš und Jiří Zajíc, Prag, ČSSR, **Herstellung von reinen Monofettsäureestern der Saccharose.** Die Rk. wird bei Beginn der Bldg. höherer Ester durch Entfernung einer Rk.-Komponente, z. B. Fettsäuremethylester, durch Extraktion mit nichtpolarem Lsgm., z. B. n-Pentan, Bzn. oder PAe., beendet. — 342 (Teile) Saccharose werden in 2736 Dimethylsulfoxid bei 90° gelöst u. 270 Palmitinsäuremethylester zugegeben. Nach Zugabe von 3 $K_2CO_3$ wird bei 90° u. 22–23 Torr 20 Min. erwärmt. Dann wird das Rk.-Gemisch vom $K_2CO_3$ abgeschieden, sofort auf 40° gekühlt u. mehrfach mit n-Hexan extrahiert (n-Hexan:Rk.-Gemisch = 1:1), wobei der unumgesetzte Methylester entfernt wird. Das Lsgm. wird durch Vakuumdest. entfernt, der Rückstand bei 100° getrocknet u. in 1000 (ml) n-Butanol u. 10%ig. NaCl-Lsg. gelöst. Nach Rühren wird die Butanolschicht mit 100 10%ig. NaCl-Lsg. gewaschen, getrocknet, das Lsgm. abdest. u. der Rückstand aus Aceton umkrist.; Ausb. 70–80% *Saccharosemonopalmitat*. (**Tschech.P. 120754** vom 15/7. 1965, ausg. 15/12. 1966.) — 3 S.
J. Hejný H 3400△

---

*1942* **Imperial Chemical Industries Ltd.** (Erfinder: **Kenneth Stanley Revell**), *Herstellung von Chlorfluorkohlenwasserstoffen*. (**Aust.P. 271 820** vom 8/8. 1962, ausg. 12/1. 1967. Brit. Prior. 25/8. 1961. — C. **1965,** 10-2455 [Brit.P. 941 144].)

*1943* **Pittsburgh Plate Glass Co.** (Erfinder: **Frederick E. Dehn** und **William L. Deppe**), *Äthylendichlorid*. (**Aust.P. 274 671** vom 25/3. 1963, ausg. 18/5. 1967. U.S. Prior. 27/3. 1962. — C. **1968,** 24-2503 [Brit.P. 1 020 721].)

*1944* **E. I. du Pont de Nemours & Co.** (Erfinder: **Francis Newton Thayer**), USA, *Äthylenherstellung*. (**F.P. 1 241 052** vom 24/11. 1959, ausg. 20/12. 1960. U.S. Prior. 24/11. 1958. — C. **1966,** 37-2599 [Can.P. 695 214].)

*1945* **Shell Internationale Research Mij. N.V.** (Erfinder: **Michel Poons, Henricus J. van der Plas, Gerhard G. Baijle** und **Arien Kwantes**), *Entfernen von Alkinen aus Kohlenwasserstoffegemischen*. (**Aust.P. 272 970** vom 31/10. 1963, ausg. 23/2. 1967. Niederl. Prior. 2/11. 1962. — C. **1966,** 8-2341 [D.A.S. 1 194 402].)

*1946* **Badische Anilin- & Soda-Fabrik Akt.-Ges.**, Deutschland (Erfinder: **Willi Danz, Otto Frey, Erich Kittel, Ferdinand Markert** und **Walter Teltschik**), *Herstellung von Acetylen*. (**F.P. 1 319 860** vom 16/4. 1962, ausg. 24/5. 1963. D. Prior. 15/4. 1961. — C. **1966,** 25-2474 [Oe.P. 232 972].)

*1947* **Montecatini Soc. Gen. per l'Industria Mineraria e Chimica** (Erfinder: **Giacomo Fauser**), *Acetylen*. (**Aust.P. 275 563** vom 24/10. 1962, ausg. 22/6. 1967. It. Prior. 25/10. 1961. — C. **1966,** 38-2450 [Ung.P. 151 457].)

*1948* **Imperial Chemical Industries Ltd.** (Erfinder: **Fred Dean** und **James W. Spoors**), *Trimethylhexanoylperoxid*. (**Aust.P. 273 828** vom 6/3. 1962, ausg. 6/4. 1967. Brit. Prior. 9/3. 1961. — C. **1967,** 1-3063 [Brit.P. 986 891].

*1949* **Commercial Solvents Corp.** (Erfinder: **Ambert D. Riley** und **Wilton O. Bell jun.**), *Äthylalkohol*. (**Aust.P. 274 689** vom 27/11. 1962, ausg. 18/5. 1967. U.S. Prior. 12/12. 1961. — C. **1966,** 17-2504 [D.A.S. 1 173 075].)

*1950* **Crown Zellerbach Corp.,** San Francisco, Calif. (Erfinder: **Robert John Herschler,** Camas, Wash.), USA, *Dialkylsulfoxide*. (**Schwz.P. 452 991** vom 20/10. 1961, ausg. 31/5. 1968. U. S. Prior. 7/11. 1960. — C. **1966,** 39-2698 [Brit.P. 945 427].)

*1951* **Pennsalt Chemicals Corp.,** USA (Erfinder: **Murray Hauptschein** und **Milton Braid**), *Organische Halogensulfate*. (**F.P. 1 231 263** vom 15/5. 1959, ausg. 28/9. 1960. U.S. Prior. 16/5. 1958. — C. **1966,** 29-2521 [Can.P. 696 239].)

*1952* **Shell Internationale Research Mij. N. V.,** Niederlande (Erfinder: **Albert Theodore Kister**), *Herstellung α.β-ungesättigter Aldehyde*. (**F.P. 1 332 610** vom 28/5. 1962, ausg. 20/11. 1963. U.S. Prior. 29/5. 1961. — C. **1966,** 27-2414 [Brit.P. 971 952].)

*1953* **Rohm & Haas Co.,** Philadelphia (Erfinder: **Robert Kumin,** Yardley), Pa., USA, *Carbonsaure Salze mit Dissoziations-Konstante über $10^{-6}$*. (**Schwz.P. 439 249** vom 10/10. 1963, ausg. 15/12. 1967. U.S. Prior. 31/1. 1963. — C. **1969,** 2-2143. [Brit.P. 1 033 030].)

*1954* **Farbenfabriken Bayer Akt.-Ges.,** Deutschland (Erfinder: **Karl Eiter**), *Herstellung von trans-2-Decen-9-on-1-säure*. (**F.P. 1 335 097** vom 2/7. 1962, ausg. 4/12. 1963. D. Prior. 5/7. 1961. — C. **1966,** 29-1672 [Brit.PP. 969 815, 969 816 u. 969 817].)

*1955* **Shell Internationale Research Mij. N. V.,** Niederlande, *Herstellung von Carbonsäurealkenylestern*. (**F.P. 1 330 746** vom 12/3. 1962, ausg. 23/10. 1963. Brit. Prior. 14/3. 1961 u. 16/2. 1962. — C. **1966,** 25-2499 [Brit.P. 969 017].)

*1956* **Ruhrchemie Akt.-Ges.,** Oberhausen, *Gewinnung von Nitrilen*. (**Oe.P. 228 771** vom 12/5. 1961, ausg. 12/8. 1963. D. Prior. 23/6. 1960. — C. **1966,** 33-2481 [Can.P. 686 293].)

*1957* **Distillers Co. Ltd.** (Erfinder: **John L. Barclay, Edward J. Gasson** und **David J. Hadley**), *Ungesättigte aliphatische Nitrile*. (**Aust.P. 274 799** vom 25/3. 1964, ausg. 25/5. 1967. Brit. Prior. 30/4. 1963. — C. **1967,** 17-2578 [Brit.P. 987 960].)

*1958* **Soc. Edison** (Erfinder: **Nicola Giordano, Giorgio Caporali** und **Natale Ferlazzo**), Mailand, Italien, *Herstellung ungesättigter Nitrile*. (**Schwz.P. 443 269** vom 13/7. 1962, ausg. 15/2. 1968. It. Prior. 14/7. 1961. — C. **1969,** 1-2317 [D.A.S. 1 255 105].)

*1959* **Eastman Kodak Co.,** Rochester, N.Y., übert. von: **Edgar Lamar McDaniel und Howard Seth Young,** Kingsport, Tenn., USA, *Herstellung von Acry säurenitril aus Olefinen, Ammoniak und Sauerstoff*. (**U.S.P. 3 253 014** vom 31/7. 1961, ausg. 24/5. 1966. — C. **1969,** 2-2223 [Brit.P. 1 012 225].)

*1960* **Farbenfabriken Bayer Akt.-Ges.** (Erfinder: **Kuno Wagner** und **Hans Holtschmidt**), Leverkusen, *Ameisensäurehaltige Additionsverbindungen tertiärer organischer Basen.* (**Schwz.P. 448 045** vom 11/2. 1965, ausg. 29/3. 1968. D. Prior. 14/3. 1964. — C. **1967,** 44-2510 [D.A.S. 1 233 398].)

*1961* **Österreichische Stickstoffwerke Akt.-Ges.** (Erfinder: **Heinz König**), *Herstellung von Oxydationskatalysatoren.* (**Aust.P. 272 140** vom 7/8. 1962, ausg. 19/1. 1967. Oe. Prior. 24/8. 1961. — C. **1966,** 32-2414 [Brit.P. 967 878].)

*1962* **Pittsburgh Plate Glass Co.,** Pittsburgh, Pa., USA (Erfinder: **Malcolm Korach** und **Donald Richard Nielsen**), *Percarbonsäuren.* (**Brit.P. 1 066 376** vom 17/6. 1964, ausg. 26/4. 1967. U.S. Prior. 5/7. 1963. — C. **1968,** 7-2590 [D.A.S. 1 237 568].)

*1963* **Ciba Akt.-Ges.,** Basel (Erfinder: **Klaus Artz,** Muttenz und **Paul Physser,** Binningen), Schweiz, *β-Cyanäthylchloralkyläther.* (**Schwz.P. 451 105** vom 21/5. 1963, ausg. 15/5. 1968. — C. **1966, 43-2740** [D.A.S. 1 212 509] u. C. **1967,** 6-2598 [Brit.P. 1 012 891].)

*1964* **Hibernia-Chemie G.m.b.H.,** Deutschland, *Herstellung von γ-Ketocarbonsäurenitrilen.* (**F.P. 1 333 660** vom 18/9. 1962, ausg. 27/11. 1963. D. Prior. 9/10. 1961. — C. **1966,** 28-2449 [Oe.P. 236 358].)

*1965* **Hibernia-Chemie G.m.b.H.** (Erfinder: **Karl Schmitt, Josef Disteldord, Werner Hübel** und **Klaus Rindtorff**), *Ketocarbonsäurenitrile.* (**Aust.P. 275 204** vom 9/10. 1962, ausg. 8/6. 1967. D. Prior. 9/10. 1961. — C. **1966,** 28-2449 [Oe.P. 236 358].)

*1966* **Stamicarbon N. V.,** Heerlen (Erfinder: **Johannes Joseph Steggerda,** Geleen), Niederlande, *Herstellung von Carbamoylchlorid.* (**Schwz.P. 441 273** vom 29/1. 1963, ausg. 15/1. 1968. Niederl. Prior. 31/1. 1962. — C. **1965,** 7/8-2626 [D.A.S. 1 167 815].)

*1967* **Morton Chemical Co.** USA (Erfinder: **James T. Venerable, James Miyashiro** und **Philip L. Weyna**), *Herstellung von Alkylisothiocyanaten.* (**F.P. 1 325 463** vom 18/6. 1962, ausg. 31/7. 1963. U.S. Prior. 29/6. 1961. — C. **1966,** 25-2515 [Oe.P. 236 359].)

*1968* **Shunichi Yamada** (Erfinder: **Shunichi Yamada, Kazuo Achiwa, Shiro Terashima** und **Akio Iwaki**), Tokio, Japan, *Trennung der optisch aktiven Komponenten von DL-α-Alkyl-α-aminosäuren.* (**Schwz.P. 439 317** vom 20/4. 1964, ausg. 15/12. 1967. Jap. Prior. 23/4. 1963. — C. **1969,** 2-2239 [Brit.P. 1 051 045].)

*1969* **Kyowa Hakko Co. Ltd.,** Tokio (Erfinder: **Shukuo Kinoshita,** Tokio, **Hirotoshi Samejima,** Tokio, **Chuzo Fujita,** Sagamihara-shi, und **Takashi Nara,** Tokio), Japan, *Fermentative Herstellung von l-Homoserin.* (**D.A.S. 1 231 653** Kl. 6b vom 8/8. 1961, ausg. 5/1. 1967. Jap. Prior. 12/9. 1960. — C. **1967,** 31-2533 [Brit.P. 978 593].)

*1970* **Kyowa Hakko Kogyo Co. Ltd.,** Tokio (Erfinder: **Shukuo Kinoshita,** Tokio, **Hirotoshi Samejima,** Tokio, **Chuzo Fujita,** Sagamihara-shi, und **Takashi Nara,** Tokio), Japan, *Herstellung von l-Threonin.* (**D.A.S. 1 232 914** Kl. 6b vom 27/5. 1961, ausg. 26/1. 1967. Jap. Prior. 27/5. 1960. — C. **1965,** 36-2923 [U.S.P. 3 099 604].)

*1971* **F. Hoffmann-La Roche & Co. Akt.-Ges.** (Erfinder: **Peter Quitt** und **Karl Vogler**), *Herstellung von Peptiden.* (**Aust.P. 272 332** vom 9/10. 1963, ausg. 26/1. 1967. Schwz. Prior. 12/10. 1962. — C. **1968,** 9-2547 [F.P. 85 104].)

*1972* **Farbenfabriken Bayer Akt.-Ges.,** Leverkusen (Erfinder: **Konrad Lang, Friedrich Schubert,** Leverkusen, und **Dieter Goerrig,** Lohmar), *Organische Ammoniumboranate.* (**Schwz.P. 452 524** vom 27/8. 1958, ausg. 31/5. 1968. D. Prior. 21/9. 1957 u. 27/3. 1958. — C. **1962,** 17 562 [F.P. 1210 317].)

*1973* **Ciba Akt.-Ges.,** Basel, Schweiz, *Herstellung von Isotope enthaltenden aromatischen Kohlenwasserstoffen.* (**Oe.P. 228 776** vom 17/11. 1961, ausg. 12/8. 1963. Schwz. Prior. 18/11. 1960. — C. **1966,** 32-2442 [Brit.P. 961 576].)

*1974* **Hooker Chemical Corp.** (Erfinder: **Walter H. Prahl** und **Sol J. Lederman**), *Phenol.* (**Aust.P. 273 747** vom 2/7. 1962, ausg. 6/4. 1967. U.S. Prior. 25/8. 1961. — C. **1967,** 28-2621 [Can.P. 687 874].)

*1975* **Witco Chemical Co., Inc.,** Delaware (Erfinder: **Carlo Giraudi,** Wyckoff, und **Albert Sharphouse,** Fair Lawn), N.J., USA, *Herstellung wäßriger Lösungen von Benzolsulfonaten.* (**D.A.S. 1 248 646** Kl. 12o vom 20/3. 1963, ausg. 31/8. 1967. — C. **1966,** 33-2504 [Brit.P. 963 787].)

*1976* **Snia Viscosa Soc. Nazionale Industria Applicazioni Viscosa S.p.A.** (Erfinder: **Werner Muench, Luigi Notarbartolo** und **Vincenzo Ruoti**), *Hydrieren von Benzoesäure.* (**Aust.P. 273 328** vom 25/7. 1962, ausg. 16/3. 1967. It. Prior. 12/8. 1961. — C. **1966,** 25-2543 [Oe.P. 232 985].)

*1977* **Chemische Werke Witten G. m. b. H.** (Erfinder: **Gustav Renckhoff**), *Chlorierte Alkylbenzolmonocarbonsäureester.* (**Aust.P. 273 379** vom 24/1. 1964, ausg. 16,3. 1967. D. Prior. 20/2. 1963. — C. **1968,** 29-2747 [Oe.P 240 842].)

*1978* **Chemische Werke Witten G. m. b. H.** (Erfinder: **Gustav Renckhoff**), Witten/Ruhr, *Herstellung von kernchlorierten Estern von Alkylbenzolmonocarbonsäuren.* (**Schwz.P. 443 258** vom 14/10. 1963, ausg. 15/2. 1968. D. Prior. 20/2. 1963. — C. **1964,** 51-2466 [D.A.S. 1 168 412].)

*1979* **Farbenfabriken Bayer Akt.-Ges.,** Leverkusen (Erfinder: **Sigurd Hartung,** Köln, und **Herbert Grünewald,** Leverkusen), *Herstellung von 3.4-Dinitrobenzoesäure.* (**Schwz.P. 441 268** vom 14/7. 1964, ausg. 15/1. 1968. D. Prior. 8/8. 1963. — C. **1966,** 30-2420 [D.A.S. 1 206 884].)

*1980* **Associated Lead Manufacturers Ltd.** (Erfinder: **Thomas R. Barrow**), *Bleiphthalat.* (**Aust.P. 273 537** vom 12/9. 1963, ausg. 23/3. 1967. Brit. Prior. 21/9. 1962. — C. **1966,** 22-2708 [D.A.S. 1 200 280].)

*1981* **Kyowa Hakko Kogyo Co. Ltd.,** Tokio, Japan, *Herstellung von α-Arylazocyanacetamiden.* (**Brit.P. 1 086 495** vom 8/10. 1964, ausg. 11/10. 1967. Jap. Prior. 5/11. 1963. — C. **1968,** 5-2592 [D.A.S. 1 242 628].)

*1982* **J. R. Geigy Soc. An.,** Schweiz (Erfinder: **John D. Spivack** und **Martin Dexter**), *Alkylbenzyldiäthylentriaminessigsäuren.* (**F.P. 1 324 516** vom 27/4. 1962, ausg. 12/7. 1963. U.S. Prior. 28/4. 1961. — C. **1966, 25-2549** [Brit.P. 950 384].)

*1983* **Halcon International, Inc.** (Erfinder: **Harold Huckins jun.**), *Styrol.* (**Aust.P. 271 679** vom 22/6. 1962, ausg. 5/1. 1967. U.S. Prior. 23/6. 1961. — C. **1968,** 15-2677 [Brit.P. 1 010 716].)

*1984* **Abbott Laboratories** (Erfinder: **Rudolph G. Sundberg, Wayne E. Trussell** und **Robert R. Smutney**), *Cyclohexylsulfamate.* (**Aust.P. 272 529** vom 8/4. 1964, ausg. 2/2. 1967. U.S. Prior. 2/5. 1963. — C. **1968,** 21-2804 [Brit.P. 1 024 710].)

*1985* **Snia Viscosa Nazionale Industria Applicazioni Viscosa S. p. A.** (Erfinder: **Luigi Notarbartolo** und **Vincenzo Ruoti**), *Hexahydrobenzoesäure.* (**Aust.P. 273 251** vom 31/7. 1962, ausg. 9/3. 1967. It. Prior. 19/8. 1961. — C. **1969,** 1-2390 [Schwz.P. 420 126].)

*1986* **Scholven-Chemie Akt.-Ges.,** Gelsenkirchen (Erfinder: **Karl Schmitt,** Herne, **Fritz Gude,** Wanne-Eickel, **Klaus Rindtorff jun.,** Recklinghausen, und **Josef Disteldorf,** Wanne-Eickel), *Herstellung von Diisocyanaten.* (**Schwz.P. 454 123** vom 2/7. 1965, ausg. 14/6. 1968. D. Prior. 21/7. 1964. — C. **1969,** 2-2301 [Brit.P. 1 036 980].)

*1987* **Hibernia-Chemie Gl.m. b. H.** (Erfinder: **Karl Schmitt, Josef Disteldorf** und **Werner Habel**), *Trialkylcyclohexane.* (**Aust.P. 272 899** vom 10/12. 1962, ausg. 23/2. 1967. D. Prior. 18/10. 1961. — C. **1966,** 21-2652 [Oe.P. 237 592].)

*1988* **Robert Neville Haszeldine,** Disley, Cheshire, **Alan Richard Parkinson,** Bolton, Lancashire, und **John Michel Birchall,** Cheadle Hulme, Cheshire, Großbritannien, *Polyfluorierte aromatische Verbindungen.* (**Brit.P. 1 054 622** vom 18/9. 1961, ausg. 11/1. 1967. — C. **1967,** 6-2626 [Can.P. 690 877].)

*1989* **Snia Visvosa Soc. Nazionale Industria Applicazioni Viscosa S.p.A.** (Erfinder: **Werner Muench, Francesco Siclari, Giuliana Silvestri, Teresa Argenziano** und **Roberto Lacuone**), *Phenylketone.* (**Aust.P. 274 848** vom 27/5. 1963, ausg. 25/5. 1967. It. Prior. 7/6. 1962. — C. **1966,** 28-2494 [Can.P. 692 097].)

*1990* **Snia Viscosa Soc. Nazionale Industria Applicazioni Viscosa S.p.A.** (Erfinder: **Werner Muench, Francesco Siclari, Giuliana Silvestri, Milan T. Argenziano** und **Roberto Iacuone**), *Dicyclohexylketon.* (**Aust.P. 274 696** vom 23/7. 1963, ausg. 18/5. 1967. It. Prior. 1/8. 1962. — C. **1968,** 34-2527 [Oe.P. 243 242].)

*1991* **Upjohn Co.** (Erfinder: **Daniel Lednicer**), Kalamazoo, Mich., USA, *Herstellung von Dihydronaphthalinen.* (**Schwz.P. 435 249** vom 27/8. 1962, ausg. 31/10. 1967. U.S. Prior. 5/9. 1961. — C. **1969,** 2-2310 [Brit.P. 1 021 186].)

*1992* **Ilford Ltd.** (Erfinder: **Geoffrey Ernest Ficken**), Ilford, Essex, Großbritannien, *Herstellung von 3-Pyrazolidinonderivaten.* (**Schwz.P. 441 340** vom 20/11. 1964, ausg. 15/1. 1968. **Belg.A.S. 656 081** vom 20/11. 1964, bekanntgemacht 16/3. 1965. Beide Brit. Prior. 21/11. 1963. — C. **1967,** 38-3265 [Brit.P. 1 025 430].)

*1993* **Sankyo Co. Ltd.** (Erfinder: **Genshun Sunagawa, Hideo Nakao, Junichi Nakazawa, Nobuo Soma, Yasunobu Sato, Mitsuo Watatani, Yasuhiro Matsumoto** und **Shinsaku Kobayashi**), Tokio, Japan, *Herstellung von neuen 1H-Cycloheptimidazol-2-onen.* (**Schwz.P. 451 166** vom 17/9. 1963, ausg. 15/5. 1968. Jap. Prior. 17/9. 1962 u. 16/8. 1963. — C. **1967,** 26-2739 [Jap.A.S. 2 663/1965].)

*1994* **Chemische Werke Hüls Akt.-Ges.** (Erfinder: **Wolfgang Seeliger**), Marl, *Herstellung von 2-Alkyl- bzw. Aryl-$\Delta^2$-oxazolinen.* (**Schwz.P 445 496** vom 20/5. 1965, ausg. 29/2. 1968. D. Prior. 23/5. 1964. — C. **1969,** 1-2423 [D.A.S. 1 263 007].)

*1995* **Imperial Chemical Industries Ltd.** (Erfinder: **Roy Duffy** und **Alexander H. McQuillan**), *Bipyridyle.* (**Aust.P. 274 096** vom 7/11. 1963, ausg. 20/4. 1967. Brit. Prior. 12/11. 1962. — C. **1968,** 29-2800 [F.P. 1 386 310].)

*1996* **Imperial Chemical Industries Ltd.** (Erfinder: **Frank R. Bradbury** und **James Adrian Jarvis**), *Bipyridyle.* (**Aust.P. 274 579** vom 10/2. 1964, ausg. 11/5. 1967. Brit. Prior. 13/2. 1963. — C. **1967,** 20-2650 [D.A.S. 1 225 181].)

*1997* **Imperial Chemical Industries Ltd.** (Erfinder: **Ralph Santorre Fanshowe** und **Allan William Olleveant**), *Umsetzungsprodukte aus Pyridinen und Metallen.* (**Aust.P. 272 194** vom 25/9. 1963, ausg. 19/1. 1967. Brit. Prior. 3/10. 1962. — C. **1968,** 21-2829 [F.P. 1 377 598].)

*1998* **Sandoz Patents Ltd.,** Toronto, Ontario, Kanada (Erfinder: **Ernst Jucker,** Ettingen, **Adolf J. Lindenmann,** Basel, und **John Gmunder,** Muttenz, Schweiz), *Herstellung von Piperidylhydrazinen.* (**Brit.P. 1 066 805** vom 24/12. 1963, ausg. 26/4. 1967. Schwz. Prior. 11/1. 1963. — C. **1969,** 1-2433 [Schwz.P. 424 779].)

*1999* **Badische Anilin- & Soda-Fabrik Akt.-Ges.,** Ludwigshafen (Erfinder: **Franz Reicheneder,** Ludwigshafen, und **Karl Dury,** Kirchheimbolanden), *Pyridazonimine.* (**D.A.S. 1 275 064** Kl. 12p vom 19/3. 1963, ausg. 14/8. 1968. — C. **1968,** 35-2658 [F.P. 1 393 668].)

*2000* **Norwich Pharmacal Co.** (Erfinder: **John C. Howard**), *Uracile.* (**Aust.P. 272 737** vom 5/2. 1963, ausg. 16/2. 1967. U.S. Prior. 7/2. 1962. — C. **1964,** 47-2303 [Port.P. 40 517].)

*2001* **Ciba Ltd.** (Erfinder: **Eduard Moergeli**), *1.3.5-Triazine.* (**Aust.P. 273 935** vom 2/7. 1963, ausg. 13/4. 1967. Schwz. Prior. 3/7. 1962. — C. **1967,** 5-2730 [D.A.S. 1 215 163].)

*2002* **Ciba Soc. An.,** Schweiz, *1.2.4-Triazin-Derivate.* (**F.P. 1 323 080** vom 27/3. 1962, ausg. 28/6. 1963. Schwz. Prior. 28/3. 1961. — C. **1966,** 25-2582 [Brit.P. 954 415].)

*2003* **Imperial Chemical Industries Ltd.,** (Erfinder: **Stanley Arthur Ridgwell**), *Schwefelhaltige Triazine.* (**Aust.P. 271 905** vom 10/4. 1962, ausg. 12/1. 1967. Brit. Prior. 18/4. 1961. — C. **1966,** 38-2517 [Brit.P. 964 985].)

*2004* **Henkel & Cie. G. m. b. H.** (Erfinder: **Manfred Budnowski**), Düsseldorf, *Herstellung von kristallisiertem Triglycidylisocyanurat.* (**Schwz.P. 453 373** vom 15/7. 1965, ausg. 14/6. 1968. **Oe.P. 254 883** vom 15/7. 1965, ausg. 12/6. 1967. **F.P. 1 451 424** vom 16/7. 1965, veröff. 25/7. 1966. Alle D. Prior. 16/7. 1964. — C. **1967,** 1-3097 [D.A.S. 1 211 650].)

*2005* **Chemische Werke Hüls Akt.-Ges.,** Deutschland, *Herstellung von S enthaltenden härtbaren Diepoxiden.* (**F.P. 1 338 065** vom 25/10. 1962, ausg. 27/12. 1963. D. Prior. 4/11. 1961. — C. **1966,** 25-2567 [Brit.P. 949 153].)

*2006* **Stamicarbon N. V.,** Niederlande, *Herstellung von ω-Lactamen.* (**F.P. 1 322 840** vom 23/12. 1961, ausg. 26/6. 1963. Niederl. Prior. 23/12. 1960. — C. **1966,** 25-2585 [Oe.P. 232 982].)

*2007* **Snia Viscosa Soc. Nazionale Industria Applicazoni Viscosa S.p.A.** (Erfinder: **Werner Muench, Luigi Notarbartolo, Guiseppe Messina** und **Mario Taverna**), *Caprolactam.* (**Aust.P. 270 829** vom 23/10. 1962, augs. 17/11. 1966. It. Prior. 9/11. 1961. — C. **1969,** 2-2367 [U.S.P. 3 200 112].)

*2008* **Continental Oil Co.** (Erfinder: **Paul A. Lobo** und **Donald C. Coldiron**), *Trialkylaluminiumverbindungen.* (**Aust.P. 273 606** vom 16/12. 1963, ausg. 23/3. 1967. U.S. Prior. 28/12. 1962 u. 18/10. 1963. — C. **1967,** 45-2343 [D.A.S. 1 232 144].)

*2009* **Albright & Wilson (Aust.) Pty. Ltd.** (Erfinder: **Harold Coates** und **Peter A. T. Hoye**), *Organozinnverbindungen.* (**Aust.P. 274 814** vom 8/8. 1963, ausg. 25/5. 1967. Brit. Prior. 15/8. 1962. — C. **1967,** 39-2421 [D.A.S. 1 227 904].)

## H–8. Farbstoffe

*2010* **Azokupplungsreaktionen.** 1. Mitt. **Kupplungsreaktion mit I-Säure.** Takuo Ikeda, Osamu Manabe und Hachiro Hiyama. (J. chem. Soc. Japan, ind. Chem. Sect. [Kōgyō Kagaku Zasshi] **70** (1967) 3, 319–23;

Sumitomo Chemical Co., Ltd., Osaka; jap., Auszug: engl.) — Zur Best. der Reaktivität der I-Säure mit aromat. Diazoverb. werden *p-Diazotoluol* (**I**) oder *p-Diazochlorbenzol* (**II**) mit I-Säure u. NW-Säure (1-Naphthol-4-sulfonsäure) bei verschiedenen pH-Werten gekuppelt. Die erhaltenen Farbstoffe werden papierchromatograph. getrennt u. ihre Ausb. kolorimetr. bestimmt. Das relative Verhältnis der wirklichen RGK $k_{OH}/k_{NW}$ beträgt 85,8 bei Rk. mit **I** u. 212 bei Rk. mit **II** bei pH $< 7$.
K. Frederich 6842

*2011* **Azo-Kupplungsreaktionen.** 2. Mitt. **Kupplungsreaktion mit γ-Säure.** Takuo Ikeda, Osamu Manabe und Hachiro Hiyama. (J. chem. Soc. Japan, ind. Chem. Sect. [Kōgyō Kagaku Zasshi] **70** (**1967**) **3**, **323** bis **326**; jap., Auszug: engl.) — 1. vgl. vorst. Referat. — Die Kupplungsrk. der γ-Säure mit Diazoverb. wird kinet. untersucht. Das relative Verhältnis der wirklichen RGK $k_{OH}/k_{NW}$ beträgt 25,8 bei Verw. von *p-Diazotoluol* u. 63,0 im Falle von *p-Diazochlorbenzol*. Die Ergebnisse werden mit den bei der Kupplung mit I-Säure erhaltenen (vgl. vorst. Ref.) verglichen. In dem untersuchten pH-Bereich 4,5—8,9 werden keine 4-Azo- u. 2.8-Disazofarbstoffe gebildet. K. Frederich 6842

*2012* **Azo-Kupplungsreaktionen.** 3. Mitt. **Kupplungsreaktion mit H-Säure.** Takuo Ikeda, Osamu Manabe und Hachiro Hiyama. (J. chem. Soc. Japan, ind. Chem. Sect. [Kōgyō Kagaku Zasshi] **70** (1967) 3, 327—28; jap., Auszug: engl.) — 2. vgl. vorst. Referat. — Bei kinet. Unters. über die Kupplungsrk. der H-Säure mit *p-Diazotoluol* (**I**) u. *p-Diazochlorbenzol* (**II**) wird festgestellt, daß das Verhältnis der wirklichen RGK $k_{OH}/k_{NW}$ bei Verw. von **I** als Diazokomponente im pH-Bereich 4,5—8,7 fast konst. ist u. 80,5 beträgt, während beim Kuppeln von **II** mit H-Säure $k_{OH}/k_{NW}$ mit steigendem pH-Wert abnimmt. Unter den gegebenen Vers.-Bedingungen wird wenig Disazofarbstoff gebildet.
K. Frederich 6842

*2013* **Gelbe Azo-Pigmente aus 3-Trifluormethylanilin-6-sulfonsäure.** Kan Inukai und Kenzo Hosokawa. (J. chem. Soc. Japan, ind. Chem. Sect. [Kōgyō Kagaku Zasshi] **70** (1967) 3, 329—31; Governm. Ind. Res. Inst.; jap., Auszug: engl.) — 3-Trifluormethylanilin-6-sulfonsäure wird diazotiert u. mit Acetoacetaniliden, die im aromat. Ring mit H, $CH_3$, $OCH_3$, Cl, $NO_2$, F, $CF_3$ substituiert sind, gekuppelt. Mit $BaCl_2$ bzw. $CaCl_2$ werden die gelben Farbstoffe in die entsprechenden Salze übergeführt. Der Einfl. der Substituenten auf Farbton, Lichtechtheit u. weitere Eig. der Pigmente werden untersucht. Die Pigmente mit Methyl- u. Methoxygruppen zeigen ausgezeichnete Lichtechtheiten.
K. Frederich 6842

*2014* **Pyrazol-Hydroazin-Küpenfarbstoffe.** 2. Mitt. **Halogenierung eines Pyrazol-Hydroazin-Küpenfarbstoffs.** Yoshio Nagai, Jiro Kimijima und Nobuyuki Gotoh. (J. chem. Soc. Japan, ind. Chem. Sect. [Kōgyō Kagaku Zasshi] **70** (1967) 1, 72—75; Inst. of Ind. Sci., Univ. of Tokyo, Tokyo; jap., Auszug: engl.) — 1. vgl. ibid. **70** (1967) 66. — Die Bromierung des blauen Küpenfarbstoffes (**I**) in Eisessig führt zu einem Monobromderiv., die Bromierung in Oleum führt schon unter milden Bedingungen zu einem Tribromderivat. Bei der Chlorierung in Eisessig entsteht als stabiles Zwischenprod. eine Aziniumverb., die durch $Na_2S_2O_4$ in alkal. Lsg. zum Monochlorderiv. von **I** red. wird. Die Halogenderiv. verbessern die Farbechtheit bei der Hypochloritbleiche beträchtlich. Bei der Bromierung von 2-[1'-Amino-2'-anthrachinonyl]-pyrazolanthron (Vorstufe von **I**) mit Brom in Oleum entsteht ein Dibromprod.; dieses liefert beim Ringschluß das 13.17-Dibrom-Deriv. von **I**, bei dem keine Steigerung der Chlorechtheit im Vgl. mit **I** festzustellen ist. R. Held 6854

---

*2015* Farbwerke Hoechst Akt.-Ges. vormals Meister Lucius & Brüning, Frankfurt/M. (Erfinder: Erich Dietz, Kelkheim/Taunus, und Karl Schilling, Frankfurt/M.), **Herstellung von wasserunlöslichen Monoazofarbstoffen.** Man kuppelt Diazoniumverb. von Aminen der allg. Formel $R-HN-O_2S-C_6H_4-NH_2$, $R-HN-O_2S-$ steht in m- oder p-Stellung zur Aminogruppe; R = H, Alkyl, Acetyl, Hydroxyalkyl, Alkenyl, Cycloalkyl, Aralkyl; der Bzl.-Kern kann durch Alkyl, Alkoxy oder Halogen substituiert sein, mit 5-Acetoacetylaminobenzimidazolonen, die im Bzl.-Kern des Benzimidazolonrestes durch Alkyl, Alkoxy oder Halogen substituiert sein können. — Pigmentfarbstoffe, die sich zur Herst. von Druckfarben u. Farblacken, zum Färben von Kautschuk, von natürlichen Harzen, von Polymerisat- u. Kondens.-Kunststoffen, zum Spinnfärben sowie zum Färben u. Bedrucken nach den üblichen Pigmentfärbe- oder Pigmentdruckverf. in licht-, wetter- u. lösungsmittelechten Tönen eignen. — 21,6 (Gew.-Teile) 1-Amino-2-methoxybenzol-5-sulfonsäuremethylamid diazotiert man in 300 Eiswasser u. 60 5 n HCl mit 20/5 n $NaNO_2$-Lsg. u. füllt mit Eiswasser auf 750 Vol.-Teile auf. Ferner löst man 24,5 5-Acetoacetylaminobenzimidazolon (**I**) in 150 2 n NaOH u. 600 W. u. läßt beide Lsg. gleichzeitig unter Rühren u. ca. gleicher Geschw. in ca. 30 Min. zu einer Puffermischung tropfen, die aus 250 W., 100 4 n Na-Acetat-Lsg., 150 2 n Essigsäure u. 15 einer 10%ig. wss. Lsg. des Rk.-Prod. aus 1 Mol Oleylalkohol u. 30 Mol Äthylenoxid besteht, u. erhitzt dann noch durch Einleiten von Dampf 1 Std. auf 90—95°. Man erhält 46 eines rotstichiggelben Pigmentfarbstoffs. Ähnlich die Azofarbstoffe: *1-Amino-2-methylbenzol-5-sulfonsäureanilid* → **I**, rotstichiggelb. *1-Amino-2.5-dimethoxybenzol-4-sulfonsäureäthylamid* → **I**, gelb. — Weitere Tabellenbeispiele, mit gelben u. rotstichiggelben Pigmentfarbstoffen. (**Schwz.P. 449812** vom 15/4. 1964, ausg. 30/4. 1968. **Zusatz zu Schwz.P. 420422; C. 1968, 36-2729. Belg.A.S. 646790** vom 20/4. 1964, bekanntgemacht 20/10. 1964. **Zusatz zu Belg.A.S. 622476.** Beide D. Prior. 18/4. 1963.) — 4 S. — 12 S. O. Roick 6842

*2016* Farbwerke Hoechst Akt.-Ges. vormals Meister Lucius & Brüning (Erfinder: Fritz Meininger, Anni Signon, Frankfurt/M., und Klaus Berner, Hofheim/Taunus), **Herstellung von metallhaltigen Disazofarbstoffen.** Man erhält Cu-, Co- oder Cr-Komplexverb. von Disazofarbstoffen in der Form der freien Säuren der allg. Formel **I** dadurch, T= Rest

I

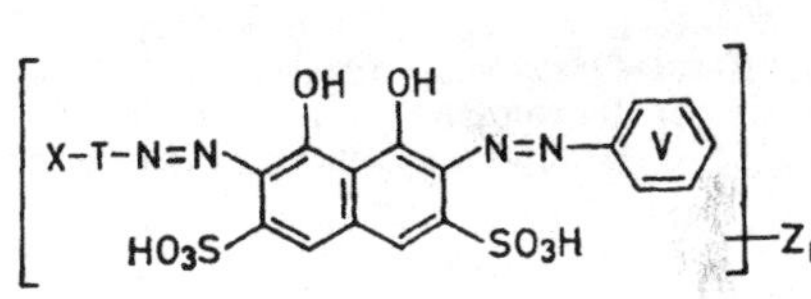


II

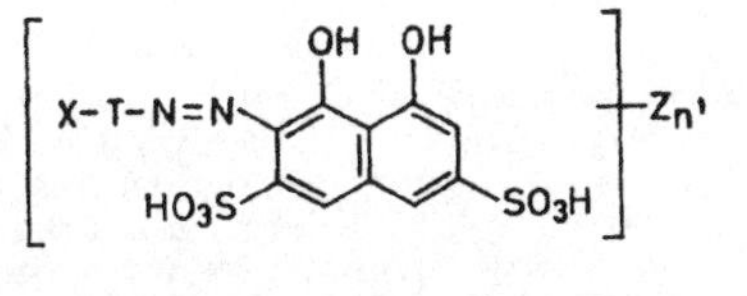


einer Diazokomponente der Bzl.- oder Naphthalinreihe; X = in o-Stellung zur Azobrücke gebundenes OH-, COOH; Z = $-SO_2-CH_2-CH_2-O-SO_3H$, $-SO_2-CH{=}CH_2$; n = 1, 2; der Bzl.-Ring V kann noch Substituenten tragen, indem man Cu-, Co- oder Cr-Komplexverb. von Monoazofarbstoffen **II**, n' = 0, 1, 2, mit diazotierten Aminen der Bzl.-Reihe in schwach alkal., neutralem oder schwach saurem Medium bes. bei 10—40° kuppelt, wobei man die Komponenten so wählt, daß die metallierten Disazofarbstoffe eine oder zwei Gruppen des Restes Z enthalten. — Die entstandenen *Reaktivfarbstoffe* färben Cellulosematerialien wasch- u. lichtecht rotstichigblau bis schwarz. — Zur entmethylierenden Kupferung wird der Monoazofarbstoff 2-Aminoanisol-4-β-hydroxyäthylsulfonschwefelsäureester (**III**) → 1.8-Dihydroxynaphthalin-3.6-disulfonsäure (**IV**) in wss. Lsg. 12 Std. mit $CuSO_4$ bei pH 5 u. 85—90° verrührt, worauf die Cu-Komplexverb. bei pH 6 in 8—10 Std. mit diazotiertem **III** gekuppelt wird; der Farbstoff, ein in W. blaulösl. blauschwarzes Pulver, färbt Cellulosefasern (**A**) marineblau. — Kuppelt man die Cu-Komplexverb. des Monoazofarbstoffs 2-Aminophenol-4-β-hydroxyäthylsulfonschwefelsäureester (**V**) → **IV** mit diazotierter 1-Aminobenzol-2.4-di-

sulfonsäure, so färbt der Farbstoff **A** dunkelblau. — Der Monoazofarbstoff **V** → **IV** wird bei pH 5 durch 3std. Verrühren bei 80° in wss. Lsg. mit Cr-Alaun in die blaue Lsg. des 2:1-Cr-Komplexfarbstoffes übergeführt u. diese bei pH 5 mit diazotiertem 4-Nitro-1-aminobenzol zu einem Farbstoff gekuppelt, der **A** grünstichig grau bis schwarz färbt. — Weitere Tabellenbeispiele. (**F.P. 1460224** vom 13/12. 1965, veröff. 17/10. 1966. **Schwz.P. 446565** vom 9/12. 1965, ausg. 15/3. 1968. **Belg.A.S. 673656** vom 13/12. 1965, bekanntgemacht 13/6. 1966. Alle D. Prior. 12/12. 1964.) — 6 S. — 5 S. — 17 S.
O. Roick 6842

*2017* Farbenfabriken Bayer Akt.-Ges., Leverkusen (Erfinder: Hermann Wunderlich, Köln), **Herstellung von Azofarbstoffen** der allg. Formel $V–N=N–Y–N(R)(CH_2)_n–OOC–Z–COOR^1$, V = Rest einer carbocycl. oder heterocycl. Diazokomponente; Y = Aryl, in dem sich die Azo- u. die $–N(R)(CH_2)_n$-Gruppe in p-Stellung zueinander befinden; Z = aromat.-carbocycl. Rest; R = H, Alkyl, Acyl; $R^1$ = aliphat. Rest; n = **2**, **3**; V, Y, Z, R u. $R^1$ enthalten keine $SO_3H$- u. COOH-Gruppen, können jedoch beliebige nichtionogene Substituenten tragen. — Die Ausgangskomponenten werden bes. in saurem, wss. oder organ. oder organ.-wss. Medium gekuppelt. — Die in W. schwer bis unlösl. Farbstoffe eignen sich zum Färben u. Bedrucken von synthet. Fasern, bes. aus synthet. Polyamiden (**N**), Polyestern (**P**) u. Celluloseestern. — Man diazotiert 5-Amino-3-phenylthiadiazol(1.2.4) u. kuppelt mit dem Umesterungsprod. aus N-Äthyl-N-β-hydroxyäthylanilin u. Terephthalsäuredimethylester, $C_6H_5–N(C_2H_5)–CH_2–CH_2–OOC–C_6H_4–COOCH_3$. Der Farbstoff färbt **N** blaustichig rot. — Diazotiertes 2-Chlor-4-nitroanilin, gekuppelt mit dem Umesterungsprod. aus N-Butyl-N-β-hydroxyäthylanilin u. Phthalsäuredimethylester gibt einen Farbstoff, der **P** aus wss. Dispersion wasch- u. sublimierecht rot färbt. — Weitere Tabellenbeispiele mit Farbstoffen, die **P** gelb, orangefarben u. rot färben. (**Schwz.P. 446561** vom 14/11. 1963, ausg. 15/3. 1968. D. Prior. 22/12. 1962.) — 4 S.
O. Roick 6842

*2018* Farbenfabriken Bayer Akt.-Ges., Leverkusen, **Herstellung von wasserunlöslichen, einen Thiadiazolrest enthaltenden Monoazofarbstoffen** der allg. Formel **I**; V = Rest eines in 4-Stellung gebundenen

I 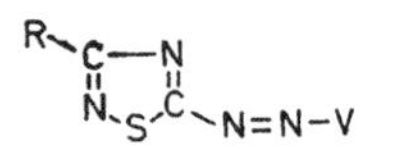


1-Aryl-3-alkyl-5-pyrazolons oder 3-Hydroxydiarylamins; R = Aryl, Alkyl; V u. R enthalten keine $SO_3H$- oder COOH-Gruppen, können aber nichtion. Substituenten tragen. Die Kupplung erfolgt in saurem, neutralem bis schwach alkal. wss., organ. oder wss. organ. Medium. — Die Farbstoffe eignen sich zum Färben u. Bedrucken von hydrophoben Textilmaterialien, z. B. aus Polyestern, Celluloseestern, Polyamiden oder Polypropylen (**Ppro**). — Die Azofarbstoffe *5-Amino-3-phenyl-1.2.4-thiadiazol* (**II**) → *1-Phenyl-3-methyl-5-pyrazolon* (**III**), *1-[3'-Chlorphenyl]-3-methyl-5-pyrazolon*, *1-[2'.5'-Dichlorphenyl]-3-methyl-5-pyrazolon* (**IV**), *1-[4'-Nitrophenyl]-* oder *1-[3'-Sulfonamido]-3-methyl-5-pyrazolon* färben **Ppro** Lsgm.-, reib-, sublimier-, naß-, rauchgas- u. lichtechtorange. — Der Azofarbstoff **II** → *3-Hydroxydiphenylamin* (**V**), färbt naß-, sublimier-, Lsgm.-, rauchgas- u. lichtecht violett. — Die Azofarbstoffe *5-Amino-3-methyl-1.2.4-thiadiazol* → **IV**, **III**, **V** oder *3-Hydroxy-4'-methyldiphenylamin* färben Ni-modifiziertes **Ppro** gelborange, orange u. violett. — Der Monoazofarbstoff *5-Amino-3-[3'-nitrophenyl]-1.2.4-thiadiazol* → **IV** eignet sich zum orangefarbenen Spinnfärben von metallmodifiziertem **Ppro**. — Färbevorschriften. (**Brit.P. 1055489** vom 1/10. 1964, ausg. 18/1. 1967. D. Prior. 4/10. 1963.) — 4 S. O. Roick 6842

*2019* Eastman Kodak Co., Rochester, N.Y. (Erfinder: David Jefferson Wallace, James Madison Straley und Max Allen Weaver, Kingsport, Tenn.), USA, **Herstellung von Thiazolylazofarbstoffen** der allg. Formel $S–A–N=C–N=N–R^1–N(R^2)–R^3–N(X)–Y$ (S und C ringförmig verbunden) erfolgt durch Kuppeln von diazotierten 2-Aminothiazolen mit Verb. der allg. Formel $H–R^1–N(R^2)–R^3–N(X)–Y$ ($R^1$ = Aryl; $R^2$ = H, Alkyl, Aryl; $R^3$ = Alkyl; A = ggf. substituiertes Vinylen; X u. Y = Acyl, Sulfonyl). — Es wurden folgende Rk.-Prod. erhalten: Diazotiertes 2-Amino-5-nitrothiazol(**I**) + N-[2-(N'-Äthyl-m-toluidino)-äthyl]-dimethansulfonamid, F. 77—78,5°. — **I** + N-[2-(N'-Äthyl-m-toluidino)-äthyl]-diacetamid. — **I** + N-Benzoyl-N-[2-(N'-äthyl-m-toluidino)-äthyl]-methansulfonamid, F. 138—139,5°. — Die Verb. färben Celluloseacetat oder Polyester violett. — 45 weitere violett u. rosa färbende Tabellenfarbstoffe. (**Schwz.P. 444994** vom 24/5. 1966, ausg. 29/2. 1968. U.S. Prior. 24/5. 1965.) — 5 S.
A. Jahn 6842

*2020* Imperial Chemical Industries Ltd., London, Großbritannien, **Herstellung von Azofarbstoffen** der allg. Formel $X–[N=N–CH(CO–NH–Z)–C(Y)=N–R]_n$ erfolgt durch Rk. von Verb. der allg. Formel $X–[N=N–CH(CO\cdot NHZ)–CO–Y]_n$ mit Aminen der allg. Formel $R–NH_2$ (X = aromat. oder heterocycl. Rest; Y = Alkyl, ggf. substituiertes Aryl; Z = ggf. substituiertes Aryl; R = ggf. substituiertes Alkyl, Cycloalkyl; n = ganze Zahl). — Die Farbstoffe lösen sich in organ. Lsgm. u. färben Holz. — Die Rk.-Prod. aus Acetoacetanilid (**I**) ← **3.3'**-Dichlorbenzidin → **I** u. 3-Octadecylaminopropylamin, Dodecylaminopropylamin oder 3-Dimethylaminopropylamin, $C_{42}H_{50}Cl_2N_{10}O_2$, wurden hergestellt. (**F.P. 1481733** vom 1/6. 1966, veröff. 10/4. 1967. Brit. Prior. 1/6. 1965 u. 6/5. 1966.) — 5 S. A. Jahn 6842

*2021* Imperial Chemical Industries Ltd., London (Erfinder: R. Baker und Ian Durham Ratte, Manchester), Großbritannien, **Herstellung von Azofarbstoffen** der allg. Formel **I** durch Kuppeln der entsprechen-

1 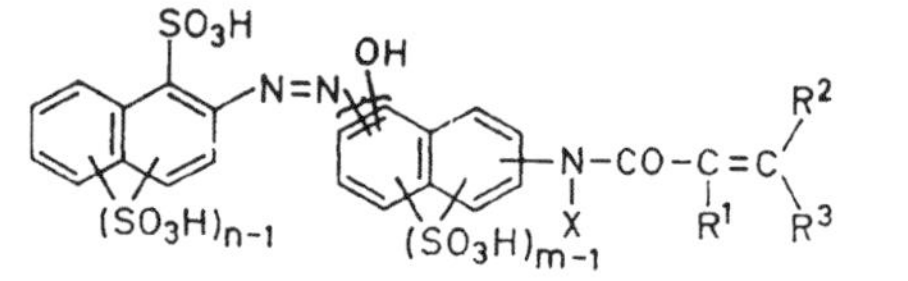


den Diazoniumverb. von Naphthylaminosulfonsäuren mit Aminonaphtholen u. Acylierung mit Verb., die sich von einer Säure der allg. Formel $HOOC–C(R^1)=C(R^2)–R^3$ ableiten; X = H, Alkyl; $R^1$ u. $R^2$ = H, Cl; $R^3$ = $R^1$, $CH_3$, –COOH; m u. n = 1—3. — Folgende Farbstoffe wurden erhalten: 2-Naphthylamin-1-sulfonsäure (**II**) → 1-Acryloylamino-8-naphthol-3.6-disulfonsäure-di-Na-Salz, färbt Cellulose (**C**) leuchtend rot. — **II** → 2-Amino-8-naphthol-6-sulfonsäure + Acrylsäure, färbt **C** rot. — **II** → 1-Amino-8-naphthol-3.6-disulfonsäure + 3-Chloracrylsäure, färbt **C** rot. — **II** → 2-Amino-5-naphthol-7-sulfonsäure (**III**) + α.β.β-Trichloracrylsäure, färbt **C** orange. — **II** → **III** + Acrylsäure, färbt **C** orange. — 2-Naphthylamino-1.5-disulfonsäure (**IV**) → 2-Amino-8-naphthol-3.6-disulfonsäure + Acrylsäure, färbt **C** rot. — 2-Naphthylamino-1.5.7-trisulfonsäure(**V**) → 1-Amino-7-naphthol + Acrylsäure, färbt **C** rötlich orange. — **V** → **III** + Acrylsäure, färbt **C** orange. — **V** → **III** + Maleinsäure, färbt **C** orange. — **II** → 1-Amino-8-naphthol-4.6-disulfonsäure (**VI**) + Acrylsäure, färbt **C** rot. — **II** → **VI** + α-Chloracrylsäure, färbt **C** rot. — **II** → **VI** + Crotonsäure, färbt **C** rot. — **IV** → **VI** + β-Chlorcrotonsäure, färbt **C** rot. — **IV** → 2-Methylamino-5-naphthol-7-sulfonsäure + Acrylsäure, färbt **C** orange. (**Brit.P. 988901** vom 29/1. 1962, ausg. 14/4. 1965. **D.A.S. 1221384** Kl. 22a vom 29/1. 1963, ausg. 21/7. 1966. Brit. Prior. 29/1. 1962 u. 2/1. 1963. **U.S.P. 3225027** vom 18/1. 1963, ausg. 21/12. 1965. Brit. Prior. 29/1. 1962.) — 7 S. — 5 S. — 3 S.
A. Jahn 6842

*2022* Imperial Chemical Industries Ltd., London, Großbritannien (Erfinder: Geoffrey Griffith und Brian Neville Parsons), **Herstellung von Azo-Reaktionsfarbstoffen** der allg. Formel $T–A–N=N–E–T$ durch übliche Kondens.- u. Kupplungsrk. (A = Benzol- oder Naphthalinrest; E = Hydroxynaphthylenrest, der 1—2 $SO_3H$-Gruppen enthält u. in o-Stellung zur OH-

Gruppe an die Azogruppe gebunden ist; T = s-Triazinylrest der allg. Formel $C_3N_3ClNHR$; R = Phenylrest, der mindestens eine $SO_3H$-Gruppe enthält, u. der ggf. durch Cl, einen Methyl-, Methoxy- oder Carboxylrest substituiert ist). — Folgende für das Färben von Baumwolle geeigneten Rk.-Prod. wurden erhalten: Das Rk.-Prod. aus *1.3-Diaminobenzol-4-sulfonsäure* + *Cyanurchlorid* (**I**) + *1-Aminobenzolsulfonsäure* (**II**) wird diazotiert u. mit *1-[2′-(3″-Sulfophenylamino)-4′-chlor-s-triazin-6′-yl]-amino-8-naphthol-3.6-disulfonsäure* gekuppelt. — **I** + **II** + *1-Amino-7-[2′-sulfo-5′-aminophenylazo]-8-naphthol-3.6-disulfonsäure*. — Das Rk.-Prod. aus *1.3-Diaminobenzol-4-sulfonsäure* + **I** wird diazotiert, mit *1-[2′.4′-Dichlor-s-triazin-6′-yl]-amino-8-naphthol-3.6-disulfonsäure* (**III**) gekuppelt, u. mit **II** umgesetzt. — Tabellenbeispiele. (**Brit.P 1104913** vom 7/4. 1964, ausg. 6/3. 1968.) — 10 S.
A. Jahn 6842

*2023* Imperial Chemical Industries Ltd., London, Großbritannien (Erfinder: Alan Johnson, Peter Albert Mack, Raymond Price und Alan John Warwick), **Herstellung von 1:1-Kobaltkomplex-azofarbstoffen** erfolgt durch Rk. von metallierbaren Azofarbstoffen der allg. Formel $[X–A–N{=}N–B]–(SO_3H)_n$ mit Co(II)-Salzen u. $NH_3$, prim., sek. oder tert. Aminen bzw. mit den entsprechenden Co(II)-Aminkomplexverb. (A = ggf. substituiertes Naphthylen, Phenylen; X = OH, COOH, die in o-Stellung zur Azogruppe stehen; B = Rest einer Kupplungskomponente, die in o-Stellung zu einer OH-Gruppe oder in vicinaler Stellung zu einer enolisierten oder enolisierbaren Ketoverb. kuppelt; n = 1—3). — Die Farbstoffe eignen sich zum Färben von Cellulose(ester), natürlichen oder synthet. Polyamiden, Polyestern, Polyolefinen, Polyacrylnitril; Zwischenprod. für 1:2-Co-Komplexfarbstoffe oder Reaktivfarbstoffe. — 1:1-Co-Komplexverb. aus 1-Amino-7-(2′-hydroxy-5′-nitro-3′-sulfophenylazo)-8-naphthol-3.6-disulfonsäure, Di-K-Salz, 3 (Mol) $NH_3$ u. 2 $H_2O$, $C_{16}H_{20}N_7O_{15}S_3K_2$. — 1:1 Komplexverb. aus 1-(4′-Sulfophenyl)-3-methyl-4-(2′-hydroxy-5-sulfophenylazo)-5-pyrazolon, Di-Na-Salz, 3 $NH_3$ u. 3 $H_2O$. — 1:1-Co-Komplexverb. aus 1-(4′-Sulfophenyl)-3-methyl-4-(2″-hydroxy-3″.5″-disulfophenylazo)-5-pyrazolon, Di-K-Salz u. 3 $NH_3$. — 1:1-Co-Komplexverb. aus 2-Amino-6-(2′-hydroxy-3′-sulfo-5′-nitrophenylazo)-5-naphthol-1.7-disulfonsäure (**I**), Di-Na-Salz u. 3 $NH_3$. — 1:1-Co-Komplexverb. aus 2-Amino-7-(2′-hydroxy-3′-sulfo-5′-nitrophenylazo)-8-naphthol-6-sulfonsäure, K-Salz u. 3 $NH_3$. — 1:1-Co-Komplexverb. aus **I**, Di-Na-Salz u. 3 Pyridin. — 1:1-Co-Komplexverb. aus α-(2′-Hydroxy-3′.5′-disulfophenylazo)-β-keto-N-phenyl-n-butyramid, Na-Salz u. 3 Py. bzw. 3 Methylamin bzw. 3 Dimethylamin. — 1:1-Co-Komplexverb. aus 1-Phenyl-3-methyl-4-(2′-hydroxy-5′-sulfophenylazo)-5-pyrazolon u. 3 Pyridin bzw. Methylamin bzw. Dimethylamin. — 1:1-Co-Komplexverb. aus 2-Amino-6-(o-carboxyphenylazo)-5-naphthol-7-sulfonsäure u. 3 Py. bzw. Anilin. — 1:1-Co-Komplexverb. aus **I**, Di-K-Salz u. 3 N-Methylanilin bzw. 3 Chinolin. — 1:1-Co-Komplexverb. aus 1-(2′-Methoxy-4′-nitrophenylazo)-2-naphthol-3.6-disulfonsäure, K-Salz u. 3 $NH_3$. (**Brit.P. 1094746** vom 2/2. 1965, ausg. 13/12. 1967.) — 12 S. A. Jahn 6842

*2024* VEB Farbenfabrik Wolfen, Deutschland, **1:1-Cr-Komplexverbindungen von Azofarbstoffen** der allg. Formel **I** (X = H, Cl, OH; Y = H, COOH; Z = H, OH;

I 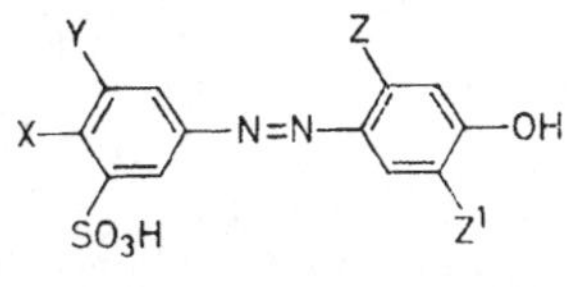


$Z^1$ = H, COOH) erhält man durch Rk. der Farbstoffe in wss. alkal. Lsg. bei 95—100° in 1—2 Std. mit K–Cr-Alaun. Die hergestellte *1:1-Cr-Komplexverb.* des Azofarbstoffs *p-Chloranilin-m-sulfonsäure* → *Salicylsäure* färbt Wolle, synthet. Polyamidfasern u. Leder (**L**) grünstichig gelb. — Die *1:1-Cr-Komplexverb.* von *5-Amino-3-sulfosalicylsäure* →*Resorcin* färbt **L** gelbbraun. (**F.P. 1499060** vom 15/11. 1966, veröff. 11/9. 1967.) — 2 S. O. Roick 6842

*2025* General Aniline & Film Corp., New York, N.Y., übert. von: David Irwin Randall, New Vernon, und Wilhelm Schmidt-Nickels, Little York, N.J., USA, **Herstellung wasserlöslicher Reaktionsfarbstoffe** der allg. Formel $D–(–COCH_2CH_2X)_n$ durch Rk. organ. Farbstoffe mit β-Chlorpropionylchlorid, α.β-Dichlorpropionylchlorid oder deren Br-Deriv. in Ggw. von $AlCl_3$ (D = über C gebundener Rest eines wasserlösl. Azo-, Anthrachinon- oder Phthalocyaninfarbstoffs; X = $SO_3H$, Cl, Br, F, J, $PO_4H_2$, Phosphon-, Phosphin-, Sulfonsäurerest, Chlor-, Dichlor-, Trichloressigsäure, Formyloxyrest; n = 1—4). — 7-[4-(β-Chlorpropionyl)-phenylazo]-8-naphthol-3.6-disulfonsäuren, Di-Na-Salze: *1-Amino-*, violetter Farbstoff. — *1-Acetylamino-*, färbt rosa. — *1-[Chloracetylamino]-*, färbt braun. — *1-[β-Chlorpropionylamino]-*, färbt violett-rot. — Ferner: *1-[4-Sulfophenyl]-3-methyl-4-[4-(β-chlorpropionyl)-phenylazo]-pyrazolon-(5)*, färbt Baumwolle gelb. (**U.S.P. 3232927** vom 31/12. 1962, ausg. 1/2. 1966.) — 6 S. A. Jahn 6842

*2026* American Cyanamid Co., Stamford, Conn., übert. von: Alexander Dziomba, South Plainfield, N.J., USA, **Herstellung eines körnigen, nichtstäubenden, öllöslichen orangen Farbstoffs.** Man diazotiert eine Mischung aus 60—40 Mol-% Anilin u. 40—60 Mol-% Toluidine, kuppelt die Diazoniumlsg. mit β-Naphthol, erhitzt das Kupplungsprod. rasch auf 90—102° unter Rühren u. schreckt das Gemisch auf < 85° ab. — 99% des Farbstoffs lösen sich in 10 Min. in „Varsol". (**U.S.P. 3356443** vom 1/4. 1964, ausg. 5/12. 1967.) — 2 S.
A. Jahn 6842

*2027* Badische Anilin- & Soda-Fabrik Akt.-Ges., Ludwigshafen/Rh. (Erfinder: Willy Braun, Heidelberg, Fritz Guellich und Karl Maier, Ludwigshafen/Rh.), **Anthrachinonfarbstoffe** der allg. Formel **I** (Z = H,

I 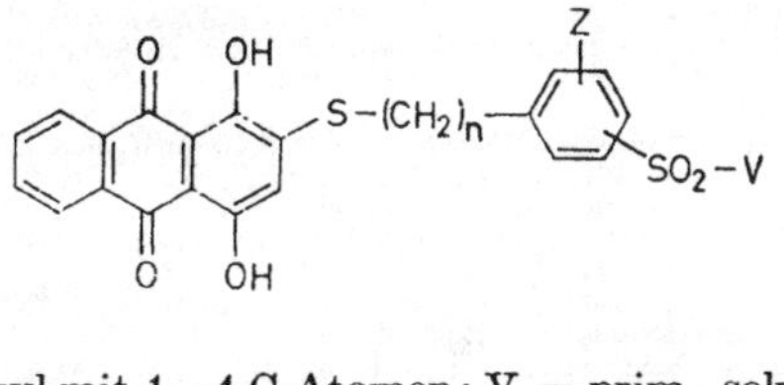


Halogen, Alkyl mit 1—4 C-Atomen; V = prim., sek. oder tert. Aminogruppe; n = 0, 1, 2) erhält man durch Behandeln von $SO_2$-V-freien Verb. der allg. Formel **I** mit mindestens stöchiometr. Mengen $ClSO_3H$ bei Temp. bis 70° u. Rk. der Sulfochloride mit mindestens äquimol. Mengen $NH_3$, prim. oder sek. Aminen. — Die Farbstoffe eignen sich zum licht-, naß- u. sublimierechten Färben u. Bedrucken von Fasern, z. B. aus synthet. Polyamiden, Polyurethanen, Wolle, Seide, Celluloseacetaten, natürlicher u. regenerierter Cellulose u. bes. aus Polyestern (**P**). — (chinizarin = **II**) 15 (Gew.-Teile) 2-Thiophenyl-**II** (**III**) rührt man 12 Std. bei Raumtemp. mit 120 $ClSO_3H$, gießt das Rk.-Gemisch auf eine Mischung aus Eis u. einer 4%ig. NaCl-Lsg., saugt ab, wäscht mit Eiswasser, suspendiert den Filterkuchen in 150 W., versetzt mit einem Gemisch aus 8 γ-Äthoxypropylamin, 6 $Na_2CO_3$ u. 50 W., rührt 3—4 Std. bei 20—30° u. erhitzt in 2 Std. auf 90—95°; Krist. aus Bzl., F. 183,5—185°. — Ähnlich Farbstoffe aus: **III** u. γ-Methoxypropylamin (**IV**), F. 184 bis 185°. — 2-o-Thiokresyl-**II** (erhältlich durch Rk. von 2-Brom-1.4-dihydroxyanthrachinon mit Thiokresol) u. **IV**, färbt **P** scharlachrot. — 2-[β-Phenyläthylthio]-**II** u. **IV**, F. 158,5—159,5° (aus Butanol), färbt **P** scharlachrot. — **III** u. γ-Dimethylaminopropylamin, F. 183—184° (aus Chlorbenzol), färbt **P** rotbraun. — Weitere Tabellenbeispiele. — Färbevorschrift für **P.** (**Brit.P. 1065477** vom 23/3. 1966, ausg. 19/4. 1967. D. Prior. 24/3. 1965.) — 6 S.
O. Roick 6864

---

*2028* **Farbenfabriken Bayer Akt.-Ges.**, Leverkusen, *Cobalt- und Chrom-2:1-Farbstoffmetallkomplexverbindungen.* (**Brit.P. 1 065 439** vom 3/9. 1965, ausg. 12/4. 1967. D. Prior. 11/9. 1964. — C. **1969**, 1-2547 [D.A.S. 1 259 483].)

*2029* **Ciba Akt.-Ges.**, Basel (Erfinder: **Henri Riat**, Arlesheim, **Raymond Gunst**, Basel, und **Gerd Hoelzle**, Liestal), Schweiz, *Herstellung faseraktiver Azofarbstoffe.* (**D.A.S. 1 231 365** Kl. 22a vom 12/11. 1963, ausg. 29/12. 1966. **Brit.P. 1 012 494** vom 13/11. 1963, ausg. 8/12. 1965, Beide Schwz. Prior. 13/11. 1962 u. 10/9. 1963. — C. **1968**, 10-2718 [F.P. 1 372 953].)

*2030* **Ciba Ltd.**, Basel, Schweiz, *Herstellung reaktiver Azofarbstoffe mit Triazolresten.* (**Brit.P. 1 002 232** vom 21/8. 1963, ausg. 25/8. 1965. Schwz. Prior. 30/8. 1962. — C. **1968**, 3-2796 [F.P. 1 366 546].)

*2031* **Ciba Akt.-Ges.**, Basel (Erfinder: **Hugo Illy**, Riehen), Schweiz, *Herstellung wasserunlöslicher Monoazofarbstoffe.* (**Schwz.P. 404 023** vom 6/1. 1961, ausg. 30/6. 1966. — C. **1967**, 5-2940 [Brit.P. 945 236].)

*2032* **Ciba Ltd.**, Basel, Schweiz, *Herstellung wasserunlöslicher Monoazofarbstoffe.* (**Brit.P. 1 008 176** vom 30/1. 1964, ausg. 27/10. 1965. Schwz. Prior. 21/2. 1963. — C. **1968**, 15-2832 [F.P. 1 383 356].)

*2033* **Ciba Ltd.**, Basel, Schweiz, *Herstellung wasserunlöslicher Monoazofarbstoffe.* (**Brit.P. 1 029 226** vom 25/3. 1964, ausg. 11/5. 1966. Schwz. Prior. 31/5. 1963. — C. **1968**, 11-2724 [Belg.A.S. 648 643].)

*2034* **Sandoz Ltd.**, (Erfinder: **Curt Müller**, Basel, und **Otto Senn**, Arlesheim), Schweiz, *Herstellung von Azofarbstoffen.* (**Brit.P. 1 098 001** vom 20/1. 1965, ausg. 3/1. 1968. Schwz. Prior. 6/2. 1964. — C. **1969**, 1-2540 [Belg.A.S. 658 588].)

*2035* **Sandoz Ltd.**, Basel (Erfinder: **Heinz Wicki**, Allschwil), Schweiz, *Herstellung von Trisazofarbstoffen.* (**Brit.P. 1 069 327** vom 27/8. 1964, ausg. 17/5. 1967. Schwz. Prior. 5/9. 1963. — C. **1969**, 1-2545 [Schwz.P. 430 004].)

*2036* **Sandoz Soc. An.**, Basel, Schweiz (Erfinder: **A. Peter** und **E. Baserga**), *Anthrachinonfarbstoffe.* (**Belg.A.S. 654 216** vom 9/10. 1964, bekanntgemacht 1/2. 1965. Schwz. Prior. 11/10., 15/10. 1963 u. 10/9. 1964. — C. **1969**, 1-2551 [D.A.S. 1 254 786].)

*2037* **Ciba Akt.-Ges.** (Erfinder: **Otto Rüttner**), Basel, Schweiz, *Herstellung von Anthrachinonfarbstoffen.* (**Schwz.P. 407 376** vom 17/4. 1962, ausg. 31/8. 1966. — C. **1966**, 42-2727 [Brit.P. 972 957].)

*2038* **Ciba Akt.-Ges.** (Erfinder: **Visvanathan Ramanathan**), Basel, Schweiz, *Herstellung von Anthrachinonfarbstoffen.* (**Schwz.P. 408 244** vom 6/4. 1962, ausg. 28/2. 1966. — C. **1967**, 15-2889 [Brit.P. 1 000 521].)

*2039* **Ciba Akt.-Ges.**, Basel (Erfinder: **Arthur Bühler**, Rheinfelden, und **Hans Ulrich Schütz**, Basel), Schweiz, *Herstellung von Anthrachinonfarbstoffen.* (**Schwz.P. 413 178** vom 29/11. 1961, ausg. 15/12. 1966. — C. **1968**, 16-2766 [D.A.S. 1 219 609].)

*2040* **Ciba Akt.-Ges.**, Basel (Erfinder: **Eduard Mörgeli**, Muttenz), Schweiz, *Herstellung von Anthrachinonküpenfarbstoffen.* (**Schwz.P. 411 183** vom 29/2. 1960, ausg. 15/11. 1966. — C. **1966**, 13-2624 [Brit.P. 933 170].)

*2041* **Ciba Akt.-Ges.** (Erfinder: **Kurt Weber**), Basel, Schweiz, *Herstellung acylaminogruppenhaltiger Küpenfarbstoffe.* (**D.A.S. 1 212 658** Kl. 22b vom 9/2. 1962, ausg. 17/3. 1966. Schwz. Prior. 10/2. 1961 u. 19/12. 1961. — C. **1967**, 11-2994 [Brit.P. 954 410].)

*2042* **Ciba Akt.-Ges.**, Basel (Erfinder: **Eduard Mörgeli**), Muttenz, Schweiz, *Herstellung von Anthrachinonküpenfarbstoffen der Phthaloylacridonreihe.* (**Schwz.P. 409 197** vom 5/1. 1962, ausg. 30/9. 1966. — C. **1967**, 9-3016 [D.A.S. 1 200 456].)

*2043* **Ciba Akt.-Ges.**, Basel (Erfinder: **Paul Rhyner**, Binningen), Schweiz, *Herstellung von Dioxydiaminoanthrachinonen.* (**Schwz.P. 405 563** vom 20/11. 1961, ausg. 29/7. 1966. — C. **1967**, 11-2995 [Brit.P. 958 924].)

*2044* **Ciba Ltd.**, Basel, übert. von: **Paul Grossmann**, Binningen, Schweiz, *Acylierte Tetraaminodihalogenanthrachinone.* (**U.S.P. 3 282 967** vom 1/5. 1962, ausg. 1/11. 1966. Schwz. Prior. 10/5. 1961. — C. **1967**, 34-2834 [D.A.S. 1 216 461].)

*2045* **Ciba Ltd.**, Basel, übert. von: **Kurt Weber**, Basel, **Paul Hugelshofer**, Muttenz, **Albert Riegler** und **Max Staeuble**, Basel, Schweiz, *Anthrachinoylaminotriazinküpenfarbstoffe.* (**U.S.P. 3 282 940** vom 24/12. 1967, ausg. 1/11. 1966. Schwz. Prior. 8/9. 1961, 1/2. 1962, 19/3. 1962 u. 3/8. 1962. — C. **1967**, 43-2464 [D.A.S. 1 217 527].)

*2046* **Ciba Akt.-Ges.** (Erfinder: **Max Stäuble** und **Kurt Weber**), Basel, Schweiz, *Herstellung von Farbstoffen der Anthrachinon- und Perylentetracarbonsäurediimidreihe.* (**D.A.S. 1 214 347** Kl. 22b vom 5/5. 1960, ausg. 14/4. 1966. Schwz. Prior. 6/5. 1959 u. 25/3. 1960. — C. **1965**, 16-2649 [Schwz.P. 389 133].)

*2047* **Badische Anilin- & Soda-Fabrik Akt.-Ges.**, Ludwigshafen/Rh. (Erfinder: **Rudolf Polster**, Frankenthal, **Rudolf Schroedel**, und **Dietwulf von Pigenot**, Ludwigshafen/Rh.), *Herstellung von Monochlorkupferphthalocyaninpigmenten.* (**Brit.P. 1 073 348** vom 13/10. 1964, ausg. 21/6. 1967. D. Prior. 18/10. 1963. — C. **1969**, 4-2276 [Schwz.P. 436 533].)

*2048* **J. R. Geigy Akt.-Ges.**, Basel, Schweiz, *Herstellung von substituierten α-Phenylaminoanthrachinonfarbstoffen.* (**Brit.P. 1 053 110** vom 17/11. 1964, ausg. 30/12. 1966. Schwz. Prior. 18/11. 1963. — C. **1969**, 8-2281 [Schwz.P. 430 007].)

*2049* **Hercules, Inc.**, Wilmington, Del. (Erfinder: **Richard Milledge Ferrill jun.**, Glens Falls, N. Y.), USA, *Halogenierung von Phthalocyaninen.* (**D.A.S. 1 271 860** Kl. 22e vom 5/2. 1964, ausg. 4/7. 1968. U.S. Prior. 12/2. 1963. — C. **1969**, 8-2285 [Brit.P. 1 068 590].)

## H–13. Schädlingsbekämpfungsmittel

*2050* Herbert Schwartz, Vineland, N.J., USA, **Mittel zur Bekämpfung des Pflanzenwachstums**, enthaltend als Wirkstoff eine Verb. der Formel **I**, in der

I 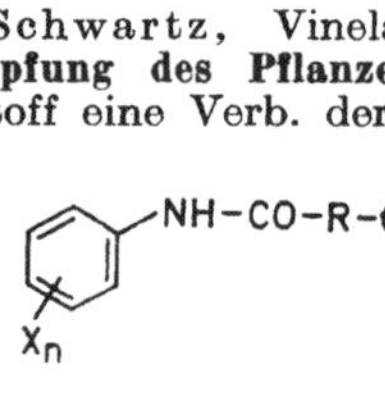


R=–$CH_2$–$CH_2$– oder die cis- oder trans-Form von –CH=CH– bedeutet, $R^1$ für substituierte niedere Alkylreste oder Alkylreste mit 1—7 C-Atomen u. X für Halogenreste oder niedere Alkylreste stehen, u. n eine ganze Zahl von 1—5 ist, mit der Maßgabe, daß, wenn n = 1, X nicht in p-Stellung zum N-Atom, wenn n = 2, die X-Reste nicht in p-Stellung zueinander stehen. — Man gewinnt z. B. Maleinanilidsäurealkylester durch Rk. der freien Säure mit dem entsprechenden Alkohol in Ggw. eines Dehydratisierungsmittels, wie konz. $H_2SO_4$ oder $P_2O_5$. — Beispiele: (-*maleinamidsäure-* = **II**) *N-(3.4-Dichlorphenyl)*-**II**-*methylester*, F. 114°; *N-(2-Chlor-6-methylphenyl)*-**II**-*methylester*, 122,5°; *N-(2.4-Dichlorphenyl)*-**II**-*methylester*, F. 67—67,5°; *N-(m-Chlorphenyl)*-**II**-*methylester*, F. 66,5—67,5°; *N-(3.4-Dichlorphenyl)*-**II**-*äthylester*, F. 80—82°; *N-(2-Chlor-6-methylphenyl)*-**II**-*äthylester*, F. 105—106,5°; *N-(2-Chlor-6-methylphenyl)*-**II**-*propylester*, F. 78—79°; *N-(2-Chlor-6-methylphenyl)*-**II**-*butylester*; *N-(2.4-Dichlorphenyl)*-**II**-*äthylester*, F. 40—42°; *N-(o-Chlorphenyl)*-**II**-*methylester*, F. 88,5—90,5°; *N-(3-Chlor-4-methylphenyl)*-**II**-*methylester*, F. 102,5—105,5°; *N-(2.3-Dichlorphenyl)*-**II**-*äthylester*, F. 91,5—92°; *N-(2-Methyl-4-chlorphenyl)*-**II**-*methylester*, F. 107°; *N-(2-Methyl-4-chlorphenyl)*-**II**-*äthylester*, F. 80 bis 82°; *N-(2.3-Dichlorphenyl)*-**II**-*methylester*, F. 115—117°; *N-(2-Methyl-3-chlorphenyl)*-**II**-*methylester*, F. 107—108°; *N-(2-Methyl-3-chlorphenyl)*-**II**-*äthylester*, F. 104—105°; *N-(2.6-Dichlorphenyl)*-**II**-*methylester*, F. 132°; *N-(2.6-Dichlorphenyl)*-**II**-*äthylester*, F. 128°; *N-(2.4-Dimethylphenyl)*-**II**-*methylester*, F. 103°; *N-(3.4-Dichlorphenyl)*-**II**-*β-hydroäthylester*, F. 123—125°; *N-(2.4-Dichlorphenyl)*-**II**-*β-cyanoäthylester*, viskos; *N-(3.4-Dichlorphenyl)*-**II**-*propylester*, F. 63—64°; *N-(3.4-Dichlorphenyl)*-**II**-*butylester*, viskos; *N-(2.4-Dichlorphenyl)*-**II**-*propylester*, viskos; *N-(2.4-Dichlorphenyl)*-**II**-*butylester*, viskos; *N-(2.4-Dichlorphenyl)-succinamidsäuremethylester*, F. 98,5—99,5°; *N-(3.4-Dichlorphenyl)-succinsäureamidmethylester*, F. 121 bis 122°; *N-(3.4-Dichlorphenyl)-fumaramidsäuremethylester*, F. 186°; *N-(2.4.6-Trichlorphenyl)*-**II**-*methylester*, F. 138,5°. (**Schwz.P. 442 862** vom 18/2. 1963, ausg. 31/1. 1968. U.S. Prior. 21/2. 1962.) — 5 S. H. Nebelsiek 7365

*2051* Shell Research Ltd., London (Erfinder: John Yates, Chesterfield, Whitstable, Herbert Paul Rosinger, Tunstall, Sittingbourne, und Johannes Thomas Hackmann, Herne Bay, Kent), Großbritannien, **Selektive Vorauflaufherbizide** zur Vernichtung von *Monokotyledonen*, enthaltend als Wirkstoffe Verb. der allg. Formel **I** (R = Alkylen mit 2—4 C-Atomen, das ggf. eine Alkylgruppe mit 1—4 C-Atomen, ein O-Atom oder eine Alkoxycarbonylgruppe trägt, Methylvinyl). — Die Wirkstoffe erhält man durch Rk. von 2.6-Dichlorthio-

I 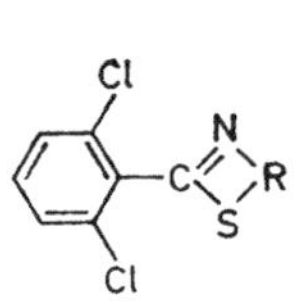


benzamid mit einer Halogenverb. oder einem Schwefelsäureester oder durch Cyclisierung eines 2.6-Dichlorbenzamids mit $P_2S_5$. — Als Beispiele werden folgende 2.6-Dichlorphenyl-(**II**)-Verb. genannt: *2-*__II__*-thiazolin*, F. 73°, *Hydrobromid*, F. 225° (Zers.); *2-*__II__*-5.6-dihydro-1.3-thiazin*, F. 104—105°, *Hydrobromid*, F. 196—198° (Zers.), *Hydrochlorid*, F. 230—233°; *2-*__II__*-1-thia-3-azacyclohepten-[2]*, F. 58—60°, *Hydrobromid*, F. 206—208°; *2-*__II__*-5-methylthiazolin*, $Kp._{12}$ 187—188°; *2-*__II__*-4-methyl-thiazolin*, $Kp._{1,5}$ 114°, *Hydrochlorid*, F. 205—206° (Zers.); *2-*__II__*-4-äthyl-thiazolin*, $Kp._{20}$ 206°; *2-*__II__*-4-methyl-thiazol*, *Hydrochlorid*, F. 175°; *2-*__II__*-thiazolinon-[4]*, F. 212°; *2-*__II__*-5-methyl-thiazolinon-[4]*, F. 273°; *2-*__II__*-5-äthyl-thiazolinon-[4]*, F. 232°; *2-*__II__*-5-n-propyl-thiazolinon-[4]*, F. 205—207°; *2-*__II__*-5-n-butyl-thiazolinon-[4]*, F. 165°; *2-*__II__*-5-äthoxycarbonyl-thiazolinon-[4]*, F. 110—113°. (**D.A.S. 1 262 667** Kl. 451 vom 17/10. 1962, ausg. 7/3. 1968. Brit. Prior. 19/10. 1961 u. 25/9. 1962.) — 5 S.

R. Bauereis 7365

*2052* Dow Chemical Co., Midland, Mich. (Erfinder: Howard Johnston, Concord, Mary Sadako Tomita, Walnut Creek, Calif., und Robert Thomas Martin, Kuau, Hawaii), USA, **Herbizides Mittel** der allg. Formel **I**, X = H, Cl, Br, Hal = Cl, Br; Z = –H, –$C_nH_{2n}OH$, –$CH_3$, –$C_2H_4OC_yH_{2y+1}$, –M–B, –E, –$C_2H_4OE'$; n = 2—4; y = 1—4; M = Alkali-, Erdalkali-, Übergangsmetall, Al; B = ggf. alkyl- u./oder alkanolsubstituiertes $NH_4$, heterocycl. $NH_4$; E = Alkanoyl, Aryloxyalkanoyl, Aroyl, Alkylsulfonyl, Arylsulfonyl; E′ = Alkanoyl, Phosphit; die E- u. E′-Reste können durch Cl, Amino substituiert sein, als Wirkstoff in Verb. mit einem inerten Träger.

– **I** erhält man durch Rk. von Na-Methylat oder Na-2-alkoxyäthylat mit einer Polyhalogenpyridinverb. der allg. Formel **II**. – **I**-Beispiele: (*-chlorpyridin* = **III**)

I 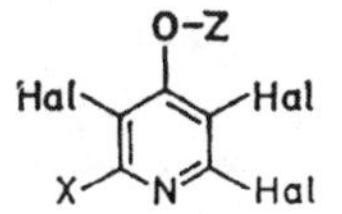

II 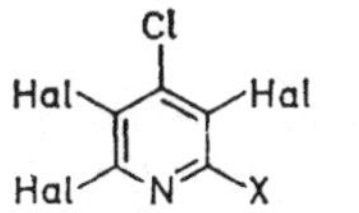

*4-Methoxy-2.3.5.6-tetra*-**III**, F. 107–109°. – *4-Methoxy-2.3.5-tri*-**III**, F. 60–64°. – *4-(2-n-Butoxyäthoxy)-2.3.5-tri*-**III**, Öl, $Kp._3$ 168°. – *4-(2-Methoxyäthoxy)-2.3.5-tri*-**III**, $Kp._{1,0}$ 133–135°. – *4-(2-Methoxyäthoxy)-2.3.5.6-tetra*-**III**, F. 51–52°. (**D.A.S. 1274401** Kl. 451 vom 9/3. 1964, ausg. 1/8. 1968.) – 7 S. H. Nebelsiek 7365

*2053* Növényvédelmi Kutató Intézet (Erfinder: György Matolcsy und Ahmed Gomaa El-Adarosi), Budapest, Ungarn, **Herstellung von 3-[N-(2′.2′.2′-Trichlor-1′-hydroxyäthyl)-amino]-1.2.4-triazol** durch Rk. von 3-Amino-1.2.4-triazol mit Chloral oder Chloralhydrat. – *Unkrautvertilgungsmittel.* (**Ung.P. 155289** vom 13/6. 1967, ausg. 23/3. 1968.)
F. Landsberger 7365△

*2054* Scherico Ltd., Luzern, Schweiz (Erfinder: Howard E. Harris, Bloomfield, und Hershel Herzog, Wayne Township, N.J., USA), **Unkrautbekämpfungsmittel,** enthaltend als Wirkstoff ein 3-R-4-Hydroxybenzonitril (**I**), worin R ein gesätt., gerad- oder verzweigtkettiger KW-Stoffrest mit 1–12 C-Atomen, dessen Alkyl- oder Aryläther oder dessen Carbonsäure- oder Sulfonsäureester oder dessen Salz, ggf. im Gemisch mit einem oder mehreren Unkrautbekämpfungsmitteln (**II**). *Man erhält* **I** *durch Rk. eines Hydrobenzaldehyds mit Hydroxylaminhydrochlorid u. Dehydratisierung des entstandenen Hydroxybenzaldoxims.* **I**-Beispiele: (*-4-hydroxybenzonitril* = **III**) *3-Äthyl*-**III**, *3-Cyclohexyl*-**III**, *3.5-Dimethyl*-**III**, *3.5-Diäthyl*-**III**, *3.5-Dicyclohexyl*-**III**; **II**-Beispiele: *N-Phenyl-N′.N′-dimethylharnstoff, 2-Chlor-4.6-bis-(äthylamino)-symm.-triazin, 3-(sec.-Butyl)-5-brom-6-methyluracil, 3-Isopropyl-5-brom-6-methyluracil, 2.3.6-Trichlorbenzoesäure.* (**Schwz.P. 450060** vom 18/1. 1965, ausg. 30/4. 1968. U.S. Prior. 28/1. 1964.) – 10 S.
H. Nebelsiek 7365

*2055* Deutsche Gold- und Silber-Scheideanstalt vormals Roessler (Erfinder: Werner Schwarze und Hermann Schulz), Frankfurt/M., **Herstellung von symm.-Triazinen** der allg. Formel **I** [$R^1$, $R^2$, $R^3$ u. $R^4$ = H,

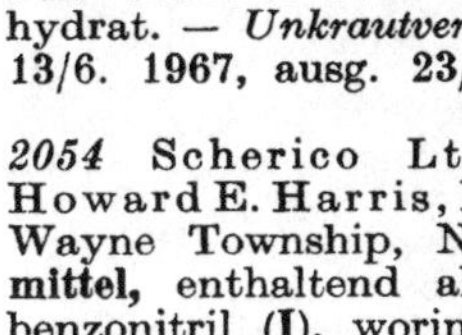

I

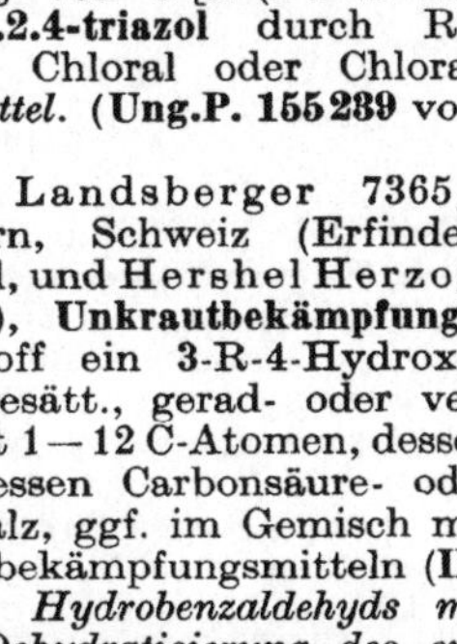

II

(substituierte) Alkyl-, Alkenylreste, die – ggf. unter Einschluß eines weiteren Heteroatoms – einen 5- oder 6gliedrigen Ring bilden können; X = $-CN$, $-N_3$, $-SO_3 \cdot Me$, wobei Me ein Alkalimetall oder $NH_4$ bedeutet], dad. gek., daß man eine Verb. der allg. Formel **II** ($R^5$, $R^6$ u. $R^7$ = Niederalkyl; $Y^-$ = Säurerest) mit einem Alkali- oder $NH_4$-Salz von HCN, $HN_3$ oder $H_2SO_3$ in Ggw. eines Lsgm. umsetzt. – Man trägt z. B. in eine auf 80–90° erhitzte Mischung aus 46 (g) KCN u. 120 Acetamid 52,9 [2.4-Bis-äthylamino-6-trimethylammonium-symm.-triazinyl]-chlorid ein → 91% *2.4-Bis-äthylamino-6-cyan-1.3.5-triazin*, F. 218–219°. – Analog nachst. 1.3.5-Triazine: *2.4-Bis-isopropylamino-6-cyan-*, F. 168–169°. – *2-Äthylamino-4-isopropylamino-6-cyan-*, F. 173–174°. – *2.4-Bis-diäthylamino-6-cyan-*, F. 60,5–62,5°. – *2.4-Bis-isopropylamino-6-azido-*, $C_9H_{16}N_8$, F. 94–95°. – Ferner: *Na-Salz* der *2.4-Bis-äthylamino-1.3.5-triazin-6-sulfonsäure*, $C_7H_{12}N_5NaO_3S$, F. > 360°; daraus durch Ansäuern mit HCl auf pH 3 → *2.4-Bis-äthylamino-6-sulfo-1.3.5-triazin*, $C_7H_{13}N_5O_3S$. – *Herbizide.* (**Schwz.P. 437328** vom 6/10. 1962, ausg. 30/11. 1967. Brit. Prior. 12/4. u. 8/6. 1962.) – 2 S. O. Schön 7365

*2056* Cosan Chemical Corp., Clifton, N.J., USA, **Arylmercurimercaptide** werden hergestellt durch Rk. von Ar–Hg–X mit R–SH (Ar = aromat. Rest; X = OH, $OOCCH_3$; R = ggf. substituiertes Alkaryl, Aralkyl oder Alkyl). – *Phenylmercuri*(**I**)*-4-nonylthiophenolat*, 100% (Ausb.); **I**-*benzylmercaptid*, 95%. – *Germizide.* (**Brit.P. 1121920** vom 2/11. 1966, ausg. 31/7. 1968. U.S. Prior. 22/12. 1965.) – 4 S. A. Debo 7370

*2057* Chas. Pfizer & Co., Inc., Brooklyn, N.Y. (Erfinder: Philip Newton Gordon, Old Lyme, Conn.), USA, **Fungizide Pflanzenschutzmittel,** enthaltend als Wirkstoff eine Verb. der allg. Formel **I**, in der R für eine Alkyl- oder Alkenylgruppe mit 6–16 C-Atomen steht u. n = eine ganze Zahl von 2–4 ist, oder deren Säureanlagerungssalz. – Man erhält **I** durch Rk. eines 2-Mercaptoimidazolins, -tetrahydropyrimidins oder -tetra-

I 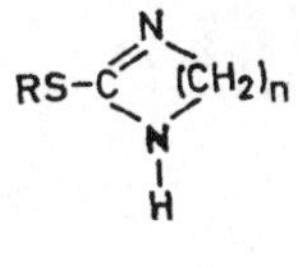

hydroazepins mit einem Alkyl- oder Alkenylhalogenid entsprechender Kettenlänge. – Beispiele: *2-Decylmercapto-1.4.5.6-tetrahydropyrimidin-hydrobromid*, F. 50–52°; *2-Dodecylmercapto-1.4.5.6-tetrahydropyrimidin-hydrobromid*, F. 55–60°; *2-Tetradecylmercapto-1.4.5.6-tetrahydropyrimidin-hydrobromid*, F. 68–71°; *2-Tetradecylmercapto-1.4.5.6-tetrahydropyrimidin*; *2-Hexadecylmercapto-1.4.5.6-tetrahydropyrimidin-hydrobromid*, F. 79 bis 81°; *2-Nonylmercapto-4.5.6.7-tetrahydro-1.3-diazepin-hydrobromid*, F. 68–71°; *2-Octylmercapto-4.5.6.7-tetrahydro-1.3-diazepin-hydrobromid*, F. 104–106°. (**D.A.S. 1272618** Kl. 451 vom 24/12. 1958, ausg. 11/7. 1968. U.S. Prior. 26/12. 1957 u. 22/12. 1958.) – 6 S.
H. Nebelsiek 7370

*2058* J. R. Geigy Akt.-Ges., Basel, Schweiz, **Herstellung fungizider Verbindungen** der allg. Formel **I** ($R^1$ = $-NHR^2$; $R^2$ = $C_{4-15}$-Alkyl, das durch Halogen, Alkoxy-, Alkylthio-, Monoalkylamino-, Benzylamino-, Alkoxypolyäthylenoxyalkylreste oder $-[CH_2]_y-NHR^3$ substituiert sein kann; $R^3$ = $C_{1-20}$-Alkyl, Chlorphenyl oder alkylsubstituierter Azacyclopenten-(5)-yl-rest (**IV**); y = 1–6; n = 3–13) durch Rk. äquivalenter Mengen einer Verb. der allg. Formel **I** ($R^1$ = A-$R^4$; A = O oder S;

I 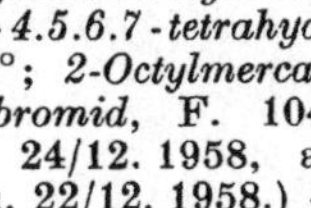

$R^4$ = $C_{1-8}$-Alkyl) mit einem prim. Amin der allg. Formel $NH_2R^2$. – Ein Gemisch aus 12,7 (Teilen) O-Methylcaprolactim (**V**), 18,5 n-Dodecylamin, 200 A. u. 1,0 $(C_2H_5)_3N$ wird 20 Std. gekocht → *7-Dodecylamino*-**II** (**II** = *3.4.5.6-Tetrahydro-2H-azepin*), F. 53–54°, *Hydrochlorid* (**III**), F. 148–149°. – Analog: *7-Laurylamino*-**II**, F. 52–54, **III**, F. 149–150°; *7-Octylhydrazino*-**II**, $Kp._{0,03}$ 128–131°, **III**, F. 146–150°, aus **V** u. Monooctylhydrazin; ferner folgende Verb. der allg. Formel **I**, in der $n = 5$, $R^2 = n\text{-}C_6H_{13}$, $Kp._{0,002}$ 105–109°, **III**, F. 146 bis 147°; $R^2 = n\text{-}C_8H_{17}$, $Kp._{0,001}$ 110–117°, **III**, F. 152–154°; $R^2 = n\text{-}C_2H_4\text{–}NH\text{–}C_6H_{13}$, $Kp._{0,002}$ 113–115°; $R^2 = n\text{-}C_2H_4\text{–}NH\text{–}C_8H_{17}$, $Kp._{0,003}$ 130–131°; $R^2 = [CH_2]_3\text{–}O\text{–}[CH_2]_2\text{–}O\text{–}[CH_2]_2\text{–}O\text{–}C_2H_5$, $Kp._{0,01}$ 142–147; $R^2 = [CH_2]_3\text{–}NH\text{–}C_6H_4Cl(\text{-m})$, $Kp._{0,0001}$ 150°; $R^2 = [CH_2]_3\text{–}NH\text{–}C_6H_4Cl(\text{-m})$, $Kp._{0,0001}$ 160°; $R^2 = [CH_2]_3\text{–}NH\text{–}C_6H_4 \cdot Cl(\text{-p})$, $Kp._{0,0001}$ 150°, **III**, F. 218–220°; $R^2 = \text{–}CH(C_6H_5)\text{–}CH_2\text{–}CH(CH_3)_2$, Kp. 106–107°; $R^2 = CH_2C_6H_5$, F. 76 bis 77°; $R^2 = C_{14}H_{29}$, F. 56–58°; $R^2 = \text{–}NH\text{–}C_4H_9$, $Kp._{12}$ 144–155°, **III**, F. 153–157°; $R^2 = \text{–}NH\text{–}C_6H_{13}$, $Kp._{0,01}$

105–109°, **III**, F. 155–158°; $R^2$ = *–NH–*$C_8H_{17}$, Kp.$_{0,03}$ 128–131°, **III**, F. 146–150°; $R^2$ = *–NH–*$C_{10}H_{21}$, Kp.$_{0,01}$ 145–149°; $R^2$ = *–NH–*$C_{12}H_{25}$, Kp.$_{0,01}$ 159–163°; $R^2$ = *–NH–*$CH_2$–$C_6H_5$, Kp.$_{0,01}$ 140–145°, *Oxalat*, F. 156 bis 157°; *n = 3*, $R^2$ = $C_8H_{17}$, F. 49–50°, Kp.$_{0,001}$ 101 bis 103°; $R^2$ = $C_{12}H_{25}$, F. 64–65°, Kp.$_{0,01}$ 129–132°; $R^2$ = –$CH_2$–$C_6H_5$, F. 81–82°, Kp.$_{0,01}$ 125–129°; $R^2$ = –$[CH_2]_2$*–NH*-**IV**, F. 195–201°; $R^2$ = –$[CH_2]_6$*–NH*-**IV**, F. 198–203°; *n = 7*, $R^2$ = $C_6H_{13}$, Kp.$_{0,1}$ 121–124°; $R^2$ = $C_8H_{17}$, Kp.$_{0,005}$ 113–114°; $R^2$ = $C_{10}H_{21}$, Kp.$_{0,1}$ 146–149°; $R^2$ = $C_{12}H_{25}$, Kp.$_{0,001}$ 150°; $R^2$ = $C_{14}H_{29}$, F. 54–56°. (**Brit.P. 1049344** vom 9/7. 1963, ausg. 23/11. 1966. **U.S.P. 3255181** vom 25/6. 1963, ausg. 7/6. 1966. Beide Schwz. Prior. 10/7. 1962.) – 10 S. – 4 S.

C. Lüttgen 7370

*2059* Merck & Co., Inc., Rahway, N.J., übert. von: Joseph R. Wagner, Moraga, Calif., USA, Thomas W. Humphreys, London, Ontario, Canada, und Herbert H. Royse, Oakdale, Calif., USA, **Fungizide Mittel** erhält man nach folgendem Beispiel: Durch Rk. von Thiazol-4-carbonsäure mit $SOCl_2$ u. Umsetzung des entstandenen Säurechlorids mit 3-Nitro-4-aminobiphenyl erhält man *N-[2-Nitro-4-biphenyl]-4'-thiazolcarboxamid*, F. 215–217°. Durch Hydrierung dieser Verb. in Ggw. von Pd/C erhält man *2-[4'-Thiazolyl]-5(6)-phenyl-benzimidazol*, F. 216 bis 217°. – Analog wurde erhalten: *4-Phenyl-phenyl-benzoat*, F. 150–152°, → *4'-Nitro-4-phenyl-phenyl-benzoat*, F. 215 bis 216,5°, *4-Hydroxy-4'-nitrobiphenyl*, F. 204–206°, → *4-Methoxy-4'-nitrobiphenyl*, F. 109–109,5° → *4-[4'-Methoxyphenyl]-acetanilid*, F. 207–208°, → *4-[4'-Methoxyphenyl]-o-nitroacetanilid*, F. 136–137°, → *4-[4'-Methoxyphenyl]-o-nitroanilin*, F. 166–168°, → *p-[4'-Methoxyphenyl]-o-nitro-N-thiazol-carbonylanilid*, F. 205–207°, → *2-[4'-Thiazolyl]-5(6)-[4'-methoxyphenyl]-benzimidazol*, F. 250°; *N-2-Fluorbiphenyl-[thiazol-4-amidin]*, F. 151–152°, → *2-[4'-Thiazolyl]-5(6)-[2'-fluorphenyl]-benzimidazol, Hydrochlorid*, F. 245°; *N-[4'-Nitrophenyl]-imidazol*, F. 195 bis 198°, → *N-[4'-Aminophenyl]-imidazol*, F. 141–143°, → *2-[4'-Thiazolyl]-5(6)-[4'-imidazolyl]-benzimidazol*; *N-4-[2'-Thiazolyl]-phenyl-[thiazol-4-amidin]*, F. 150–153°, → *2-[4'-Thiazolyl]-5(6)-[2'-thiazolyl]-benzimidazol, Hydrochlorid*, F. 206–207°; *N-[p-Dimethylamino]-4'-thiazolcarboxanilid, Hydrochlorid*, F. 181–183° → *N-[p-Dimethylamino-o-nitro]-4'-thiazolcarboxanilid*, F. 210,5 bis 211°, → *2-[4'-Thiazolyl]-5(6)-dimethylamino-benzimidazol*, F. 231–234°; *N-4'-Fluorphenyl-[thiazol-4-amidin]*, F. 103,5–104,5°, → *2-[4'-Thiazolyl]-5-(6)-fluorbenzimidazol*, F. 251–253°; *N-3.4-Difluorphenyl-[thiazol-4-amidin]*, F. 116–118°, → *2-[4'-Thiazolyl]-5.6-difluor-benzimidazol*, F. 250°. (**U.S.P. 3370957** vom 12/5. 1964, ausg. 27/2. 1968.) – 12 S.

R. Bauereis 7370

*2060* Hercules, Inc. (Erfinder: Joel Dexter Jamison), Wilmington, Del., USA, **Insektizides Mittel,** enthaltend als Wirkstoff ein O.O-Dialkyl-S-halogen-1-phthalimidoäthyl-phosphorodithioat (**I**), in welchem der Rest -alcoyle 1–2 C-Atome enthält, u. -halogen- für Br oder Cl steht. – Man erhält die **I** durch Rk. von N-(1.2-Dihalogen-äthyl)-phthalimid mit einem Salz des Dialkyldithiophosphats. – **I**-Beispiele: (*-phosphorodithioat* = **II**) *O.O-Dimethyl-S-(2-brom-1-phthalimidoäthyl)*-**II**, F. 102 bis 103°; *O.O-Diäthyl-S-(2-brom-1-phthalimidoäthyl)*-**II**, F. 73–74°; *O.O-Dimethyl-S-(2-chlor-1-phthalimidoäthyl)*-**II**, F. 76–77°; *O.O-Diäthyl-S-(2-chlor-1-phthalimidoäthyl)*-**II**, F. 62–64°. (**Schwz.P. 452273** vom 10/12. 1965, ausg. 31/5. 1968. U.S. Prior. 10/12. 1964.) – 3 S.

H. Nebelsiek 7375

*2061* Allied Chemical Corp., New York, N.Y. (Erfinder: Peter Edward Newallis, Morris Plains,

I 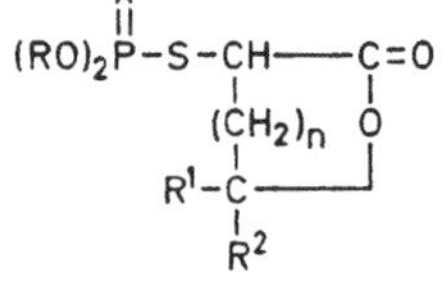

und Julian Alphonse Otto, Stockholm, N.J.), USA, **Schädlingsbekämpfungsmittel** unter Verw. von Lacton-deriv. von organ. Thiophosphaten der allg. Formel **I**, in der R einen ggf. substituierten Alkylrest, X ein S- oder O-Atom u. $R^1$ u. $R^2$, die gleich oder verschieden sind, je ein H-Atom, einen ggf. substituierten Alkylrest oder unsubstituierten oder substituierten Arylrest bedeuten u. n = 0, 1, 2 oder 3 ist. – Man erhält **I** z. B. durch Rk. eines α-Halogenlactons mit einem Alkali- oder $NH_4$-Salz der Dialkoxyphosphorthionsäure. Beispiele: *α-(Diäthoxyphosphino-thioylthio)-γ-butyrolacton*; *α-(Diäthoxyphosphinothio)-γ-valerolacton*; *α-(Dimethoxyphosphino-thioylthio)-valerolacton* (**Schwz.P. 451598** vom 14/10. 1964, ausg. 15/5. 1968. U.S. Prior. 16/10. 1963.) – 6 S.

H. Nebelsiek 7375

*2062* Shell Internationale Research Mij. N.V., Den Haag (Erfinder: Johannes Thomas Hackmann, Enschede, Niederlande, und Jack Wood, Sittingbourne, Großbritannien), **Heterocyclische Phosphorsäureester** der allg. Formel **I** [A = C=O; B = C=O, $SO_2$; $R^1$ u. $R^2$ =

I 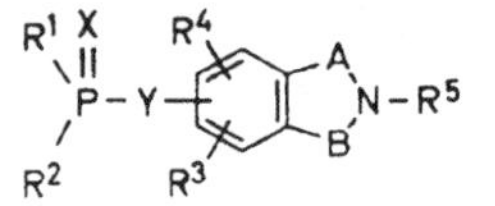

Alkyl, Alkoxy; $R^3$ u. $R^4$ = H, Halogen, Nitro, Alkyl; $R^5$ = H, (substituierter) KW-Stoffrest; X u. Y = O oder S] erhält man durch Rk. einer entsprechenden Hydroxy-verb. mit einem Phosphorsäureesterhalogenid oder durch Rk. eines Diazoniumfluoborats mit Alkalisalz eines Dithiophosphorsäureesters. Die als Ausgangsstoffe benötigten 5-Hydroxy-1.3-isoindole (**II**) erhält man durch Rk. von 4-Hydroxyphthalsäure mit einem Amin. Genannt werden: 2-Methyl-**II**, F. 238–239°; 2-Äthyl-**II**, F. 197–199,5°; 2-Propyl-**II**, F. 139,5–141,5°; 2-Isopropyl-**II**, F. 179–182,5°; 2-Allyl-**II**, F. 143–144,5°; 2-n-Butyl-**II**, F. 123–124°; 2-sek.-Butyl-**II**, F. 161,5 bis 163°; 2-tert.-Butyl-**II**, F. 185–187°; 2-Isobutyl-**II**, F. 144–146°; 2-Cyclohexyl-**II**, F. 282–284°; 2-Phenyl-**II**, F. 250–252°; 2-[2-Methylphenyl]-**II**, F. 229,5–230,5°; 2-[3-Methylphenyl]-**II**, F. 228,5–231°; 2-[4-Methylphenyl]-**II**, F. 249–252,5°; 2-[3.4-Dimethylphenyl]-**II**, F. 230–232,5°; 2-[2-Chlorphenyl]-**II**, F. 214–217°; 2-[3-Chlorphenyl]-**II**, F. 242–244°; 2-[4-Chlorphenyl]-**II**, F. 263–238°; 2-[2-Bromphenyl]-**II**, F. 194,5–196°; 2-[4-Bromphenyl]-**II**, F. 240–242,5°; 2-(2.3-Dichlorphenyl]-**II**, F. 256–258,5°; 2-[2-Methyl-3-chlorphenyl]-**II**, F. 236,5–238°; 2-[4-Methyl-3-chlorphenyl]-**II**, F. 225 bis 227°; 2-[2-Methyl-5-chlorphenyl]-**II**, F. 245–247,5°; 2-[2-Methyl-6-chlorphenyl]-**II**, F. 158–160°; 2-[2-Methoxyphenyl]-**II**, F. 180–185°; 2-[3-Methoxyphenyl]-**II**, F. 202–204,5°; 2-[4-Methoxyphenyl]-**II**, F. 248–250°; 2-[2-Nitrophenyl]-**II**, F. 244–247°; 2-[3-Nitrophenyl]-**II**, F. 280–282°; 2-[4-Nitrophenyl]-**II**, F. 305–307°; 2-[3-Nitro-4-methylphenyl]-**II**, F. 272,5°; 2-[2-Nitro-4-methylphenyl]-**II**, F. 270–273°; 2-[5-Nitro-2-methylphenyl]-**II**, F. 302,5–303°; 2-[4-Nitro-2-methylphenyl]-**II**, F. 271,5–274°; 2-[2-Chlor-4-nitrophenyl]-**II**, F. 221–223°; 2-[3-Acetylphenyl]-**II**, F. 218–220°; 2-[4-Äthoxycarbonylphenyl]-**II**, F. 201–203°; 2-[4-Methylthiophenyl]-**II**, F. 237–238°; 2-[2-Methylthiophenyl]-**II**, F. 243–245°; 2-[3-Trifluormethylphenyl]-**II**, F. 215–217°; 2-[4-Cyanophenyl]-**II**, F. 286–288°; 2-[p-Diphenyl]-**II**, F. 310 bis 310,5°; 2-[4-Acetamidophenyl]-**II**, F. 308–310°; 2-Benzyl-**II**, F. 189–192°; 2-α-Methylbenzyl-**II**, F. 177,5 bis 179°; 2-[2.4-Dimethylbenzyl]-**II**, F. 174–177,5°; 2-[3.4-Dimethylbenzyl]-**II**, F. 212–215°; 2-[2-Chlorbenzyl]-**II**, F. 172–175,5°; 2-[4-Chlorbenzyl]-**II**, F. 203–206°; 2-[2.4-Dichlorbenzyl]-**II**, F. 181,5–184,5°; 2-[3.4-Dichlorbenzyl]-**II**, F. 205–207,5°; 2-[3-Nitrobenzyl]-**II**, F. 213–214,5°; 2-[4-Nitrobenzyl]-**II**, F. 221–224°; 2-Carboxy-methyl-**II**, F. 229–232°; 2-Methoxycarbonylmethyl-**II**, F. 142–143°; 2-n-Propoxycarbonylmethyl-**II**, F. 93–95°; 2-Isopropoxycarbonylmethyl-**II**, F. 109 bis 112°; 2-n-Butoxycarbonylmethyl-**II**, F. 68–74°; 2-Isobutoxycarbonylmethyl-**II**, F. 90–93°; 2-[2-Phenyläthoxy]-carbonylmethyl-**II**, F. 60–63°; 6-Nitro-2-methyl-**II**, F. 221–223°; 4-Chlor-2-methyl-**II**, F. 239 bis 242°; 4-Hydroxy-2-methyl-1.3-isoindoldion, F. 167,5 bis 169,5°; 4-Hydroxy-2-isopropyl-1.3-isoindoldion, F. 86 bis

80°; 4-Hydroxy-2-isobutyl-1.3-isoindoldion, F. 111 bis 117°. — Durch Rk. von **II** mit Diäthylphosphorsäureesterchlorid → *5-Diäthoxyphosphinyloxy-1.3-isoindoldion*, Ausb. 51,4%. Analog folgende 1.3-Isoindoldione (**III**): *5-Diäthoxyphosphinyloxy-2-isopropyl-***III**, 90%; *5-Diäthoxyphosphinyloxy-2-isobutyl-***III**, 50,6%; *4-Diäthoxyphosphinyloxy-2-isobutyl-***III**, 86,5%; *4-Diäthoxyphosphinyloxy-2-isopropyl-***III**, 70%; *5-Diäthoxyphosphinyloxy-6-nitro-2-methyl-***III**, 70%, F. 70—71°; *5-Diäthoxyphosphinyloxy-2-methyl-***III**, 76,7%; *4-Dimethyloxyphosphinothioyloxy-2-methyl-***III**, 30%; *4-Dimethoxyphosphinothioyloxy-2-isobutyl-***III**, 83,3%; *4-Dimethoxyphosphino-thioyloxy-2-isopropyl-***III**, 73%; (5-Dimethoxyphosphino-thioyloxy-1.3-isoindoldione = **IV**): *2-Methyl-***IV**, F. 58—60°, 81%; *2-Äthyl-***IV**, F. 42,5—44,5°, 81%; *2-Propyl-***IV**, F. 42—44°, 41%; *2-Isopropyl-***IV**, F. 64—66°, 71%; *2-Allyl-***IV**, F. 35,5—37,5°, 66%; *2-sek.-Butyl-***IV**, F. 38—41,5°, 25%; *2-tert.-Butyl-***IV**, F. 50—52°, 31%; *2-Cyclohexyl-***IV**, F. 124—127°, 36%; *2-n-Propoxycarbonylmethyl-***IV**, F. 30—31°, 66%; *2-n-Butoxycarbonylmethyl-***IV**, F. 38—40°, 90%; *2-Isobutoxycarbonylmethyl-***IV**, F. 63—64°, 48%; 2-[*2-Phenyläthoxy*]*-carbonylmethyl-***IV**, Öl, 55%; *2-Phenyl-***IV**, F. 111,5—114°, 75%; *2-*[*2-Methylphenyl*]*-***IV**, F. 112 bis 114°; 53%; *2-*[*3-Methylphenyl*]*-***IV**, F. 95—96°, 53%; *2-*[*4-Methylphenyl*]*-***IV**, F. 97,5—99°; 55%; *2-*[*3.4-Dimethylphenyl*]*-***IV**, F. 99,5—100,5°, 48%; *2-*[*2-Chlorphenyl*]*-***IV**, F. 88—90°, 50,5%; *2-*[*3-Chlorphenyl*]*-***IV**, F. 100 bis 102°, 65%; *2-*[*4-Chlorphenyl*]*-***IV**, F. 104—107°, 57,5%; *2-*[*2-Bromphenyl*]*-***IV**, F. 88—90°, 47%; *2-*[*4-Bromphenyl*]*-***IV**, F. 108—111°, 31%; *2-*[*2.3-Dichlorphenyl*]*-***IV**, F. 81 bis 84°, 9%; *2-*[*2-Methyl-3-chlorphenyl*]*-***IV**, F. 107—109°, 25%; *2-*[*4-Methyl-3-chlorphenyl*]*-***IV**, F. 121—122,5°, 49%; *2-*[*2-Methyl-5-chlorphenyl*]*-***IV**, F. 119—121,5°, 46%; *2-*[*2-Methyl-6-chlorphenyl*]*-***IV**, F. 102—104°, 30%; *2-*[*2-Methoxyphenyl*]*-***IV**, F. 171—173,5°, 59%; *2-*[*3-Methoxyphenyl*]*-***IV**, F. 87—89°, 55%; *2-*[*4-Methoxyphenyl*]*-***IV**, F. 117,5—120°, 48%; *2-*[*2-Nitrophenyl*]*-***IV**, F. 117—119°, 40%; *2-*[*3-Nitrophenyl*]*-***IV**, F. 156—158°, 41%; *2-*[*4-Nitrophenyl*]*-***IV**, F. 142—145°, 31%; *2-*[*3-Nitro-4-methylphenyl*]*-***IV**, F. 151—153,5°, 45%; *2-*[*2-Nitro-4-methylphenyl*]*-***IV**, F. 87—88°, 40%; *2-*[*5-Nitro-2-methylphenyl*]*-***IV**, F. 162—166°, 44%; *2-*[*4-Nitro-2-methylphenyl*]*-***IV**, F. 136—138° 43%; *2-*[*2-Chlor-4-nitrophenyl*]*-***IV**, F. 112 bis 116°, 40%; *2-*[*3-Acetylphenyl*]*-***IV**, F. 102,5—104°, 40%; *2-*[*4-Äthoxycarbonylphenyl*]*-***IV**, F. 120—123°, 43%; *2-*[*4-Methylthiophenyl*]*-***IV**, F. 103,5—105°, 37%; *2-*[*Methylthiophenyl*]*-***IV**, F. 139—142°, 57,5%; *2-*[*3-Trifluormethylphenyl*]*-***IV**, F. 136—137,5°; *2-*[*4-Cyanophenyl*]*-***IV**, F. 127—129°, 53%; *2-p-Diphenyl-***IV**, F. 197—199°, 46%; *2-*[*4-Acetamidophenyl*]*-***IV**, F. 149—153°, 32%; *2-Benzyl-***IV**, Öl, 73,5%; *2-*[*2.4-Dimethylbenzyl*]*-***IV**, F. 97,5—99°, 59%; *2-*[*3.4-Dimethylbenzyl*]*-***IV**, Öl, 42%; *2-*[*2-Chlorbenzyl*]*-***IV**, F. 113,5—115°, 41%; *2-*[*2.4-Dichlorbenzyl*]*-***IV**, F. 102—106°, 46%; *2-*[*3.4-Dichlorbenzyl*]*-***IV**, F. 79—81°, 29%; *2-*[*3-Nitrobenzyl*]*-***IV**, F. 72—77°, 18%; *2-*[*4-Nitrobenzyl*]*-***IV**, F. 72—74°, 29%; *5-Dimethylphosphinothioyloxy-2-methyl-***III**, F. 147—149°; *6-Nitro-2-methyl-***IV**, F. 146—147°, 80%; *4-Chlor-2-methyl-***IV**, F. 109—110°, 80%; *5-Diäthoxyphosphinothioyloxy-2-phenyl-***III**, F. 93—94,5°, 65,5%; *5-Dimethoxyphosphinothioylthio-2-methyl-***III**, F. 120—124°; *6-Diäthoxyphosphinyloxy-N-methylsaccharin*, 97%; *6-Dimethoxyphosphinothioyloxy-N-methylsaccharin*, F. 124—125°. — *Insektizide.* (**Brit.P. 1055093** vom 10/12. 1963, ausg. 11/1. 1967. **Schwz.P. 450808** vom 8/12. 1964, ausg. 30/4. 1968. Brit. Prior. 10/12. 1963 u. 8/10. 1964.) — 23 S.
R. Bauereis 7375

*2063* Imperial Chemical Industries Ltd., London, Großbritannien (Erfinder: Arthur John Floyd), **O.S-Dialkyl-S-[4.6-diamino-symm.-triazin-2-ylmethyl]-dithiophosphate** erhält man durch Einführung eines Alkylrestes mittels Alkylierungsmitteln in entsprechende O-Alkyl-S-[4.6-diamino-symm.-triazinyl-(2)-methyl]-dithiophosphorsäuren. — Es wurden erhalten: O-Methyl-S-(4.6-diamino-symm.-triazin-2-yl)-dithiophosphate: *S-Methylester*, F. (Zers.) 180° (wss. Methanol). — *S-Äthylester*, F. 150—151°. — *S-Propylester*. — *Pestizide.* (**Brit.P. 1063072** vom 28/9. 1962, ausg. 30/3. 1967. **Zusatz zu Brit.P. 899701**). — 3 S. A. Jahn 7375

*2064* Abbott Laboratories, North Chicago, Ill., USA, **Nitrofurylsubstituierte Oxadiazole** erhält man aus O-Acyl-5-nitro-2-furylamidoximen durch W.-Abspalten. — O-Acetyl-5-nitro-2-furylamidoxim, F. 165°, wird 15 Min. auf 170° erhitzt → *5-Methyl-A*, F. 105° (A = 3-[5-Nitro-2-furyl]-1.2.4-oxadiazol). Analog: *5-Äthyl-A*, F. 98°, *5-Phenyl-A*, F. 200°, *5-*[*3-Chlorphenyl*]*-A*, F. 150°, *5-*[*4-Chlorphenyl*]*-A*, F. 194°, *5-*[*2.5-Dichlorphenyl*]*-A*, F. 152°, *5-Chlormethyl-A*, F. 110°, *5-Brommethyl-A*, F. 131°, *5-Jodmethyl-A*, F. 129°, *5-Dichlormethyl-A*, F. 40°, *5-*[*α-Bromäthyl*]*-A*, F. 79°, *5-*[*γ-Chlorpropyl*]*-A*, F. 68°, *5-*[*3'-Pyridyl*]*-A*, F. 192°, *5-Benzyl-A*, *5-Propenyl-A*, F. 145°, *5-Carbomethoxyäthyl-A*, F. 107°. — *Mittel gegen Bakterien, Pilze u. Würmer.* (**Brit.P. 1025439** vom 7/10. 1964, ausg. 6/4. 1966. U.S. Prior. 9/10. 1963.) — 4 S.
C. Lüttgen 7375

*2065* Sumitomo Chemical Co. Ltd., Osaka (Erfinder: Kenzo Ueda, Nishinomiya-shi, Sadao Horie, Suita-shi, Toshio Mizutani, Ikeda-shi, Katsuji Nodera, Keimei Fujimoto, Minoo-shi, und Yositosi Okuno, Nishinomiyamishi), Japan, **Herstellung von Cyclopropancarbonsäureestern** durch Rk. eines Dicarbonsäureimids mit einer Cyclopropancarbonsäure. Beispiel: Rk. von N-[Hydroxymethyl]-succinimid mit Chrysanthemoylchlorid → *N-*[*Chrysanthemoxymethyl*]*-succinimid.* Analog: *N-*[*Chrysanthemoxymethyl*]*-α-isopropyliden-succinimid*, F. 88—90°; *N-*[*Chrysanthemoxymethyl*]*-α-benzyliden-succinimid*, F. 153—155°. — *Insektizide.* (**Schwz.P. 449620** vom 8/7. 1965, ausg. 11/4. 1968. Jap. Prior. 8/7., 11/7. u. 15/7. 1964.) — 7 S.
R. Bauereis 7375

*2066* Monsanto Co., St. Louis, Mo., übert. von: Victor Mark, Norristown, Pa., USA, **Schädlingsbekämpfungsmittel** enthaltend als Wirkstoff eine Verb. der allg. Formel (**I**) (Z = O oder S; p = 1 oder 2; R =

I 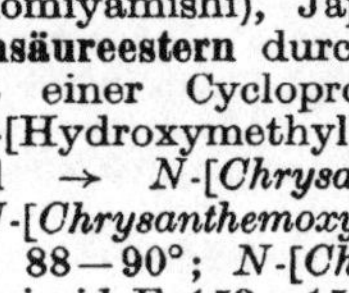

$C_{1-8}$-Alkyl, Alkenyl, Chloralkyl, Oxaalkyl). Beispiel: Durch Rk. von Pentachlor-5-methylcyclopentadien mit 3.6-Epoxy-1-cyclohexen erhält man eine Verb. der allg. Formel **I**. — *Insektizide, Fungizide, Herbizide.* (**U.S.P. 3305563** vom 11/12. 1963, ausg. 21/2. 1967.) — 4 S.
R. Bauereis 7375

*2067* Hooker Chemical Corp., Niagara Falls, N.Y., USA (Erfinder: Paul Edwin Hoch), **Herstellung von tricyclischen Ketonen** der allg. Formel **I** ($X^{1,3,5,6}$ = H,

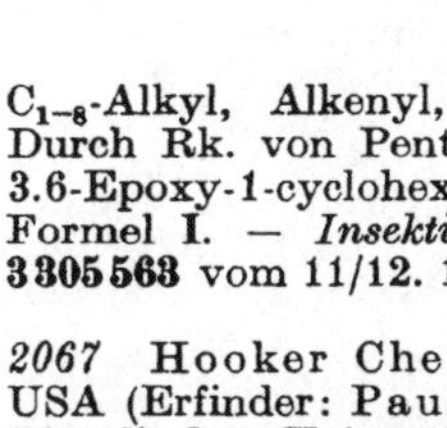

I

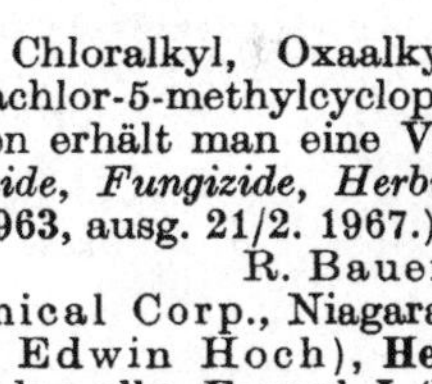

II

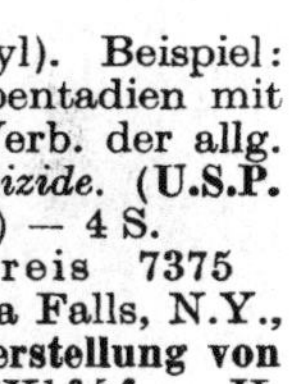

III

Halogen, Alkyl, Alkenyl, halogeniertes Alkenyl, ≧ 2 X = Halogen; $X^4$ = H, Halogen; $X^2$ = Halogen; $R^1$ u. $R^2$ = H, Alkyl, halogeniertes Alkyl; n = 0—4) erfolgt nach folgendem Beispiel: Erhitzen von 5.6-Di-[hydroxymethyl]-1.2.3.4.7.7-hexachlorbicyclo-[2.2.1]-hept-2-en (Diels-Alder-Addukt von cis-2-Buten-1.4-diol u. Hexachlorcyclopentadien) mit NaOH in $CH_3OH$ → *Prod.*, F. 157—158°, der Formel **II**. Durch Erhitzen dieser Verb. mit konz. $H_2SO_4$ → *Prod.* der Formel **III**, F. 198—204°, $C_9H_7O_2Cl_5$. Durch Krist. dieser Verb. aus A. u. $CCl_4$ 2 isomere Verb. mit F. 195—196° u. 217—220°. Durch Chlorierung 2 Verb. der Formel $C_9H_5O_2Cl_7$, Sirup, bzw. F. 129,5—131,5°. — *Insektizide.* (**Brit.P. 1087817** vom 1/12. 1964, ausg. 18/10. 1967. U.S. Prior. 2/12. 1963.) — 20 S.
R. Bauereis 7375

*2068* Dow Chemical Co., übert. von: Henry Tolkmith, Midland, Mich., USA, **Cyclische Phosphorverbindungen** der allg. Formel **I** (R u. R[1] = niederes

I

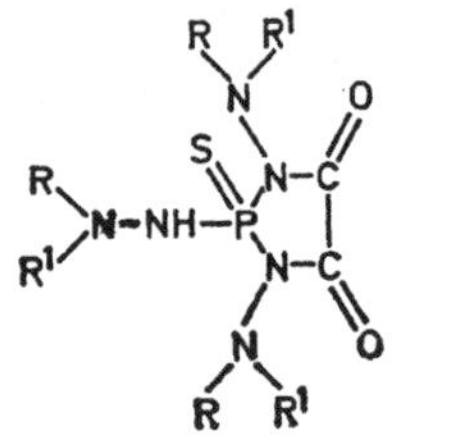

Alkyl, R[1] auch Phenyl oder Tolyl) erhält man durch Rk. von Oxalylchlorid (**II**) mit einem Thiophosphorsäuretrihydrazid in Ggw. eines Halogenwasserstoff-Akzeptors u. einer inerten Fl., bes. Bzl., Hexan, Ae., Toluol, bei −30 bis +100°. – Zu einer Lsg. von 0,45 (Mol) Triäthylamin u. 0,45 2.2.2′.2′.2″.2″-Hexamethylthiophosphorsäuretrihydrazid in Bzl. gibt man in 6 Std. eine Suspension von 0,2 **II** in Bzl. → *2-[2.2-Dimethylhydrazino]-1.3-bis-[dimethylamino]-1.3.2-diazaphospholidin-4.5-dion-2-sulfid*, F. 175–177°. Analog: *2-[2.2-Diäthylhydrazino]-1.3-bis-[diäthylamino]-* u. *2-[2-Methyl-2-n-butylhydrazino]-1.3-bis-[N-methyl-N-n-butylamino]-1.3.2-diazaphospholidin-4.5-dion-2-sulfid*. – *Parasitizide*. (**U.S.P. 3258484** vom 12/2. 1964, ausg. 28/6. 1966.) – 2 S. C. Lüttgen 7375

*2069* Nepera Chemical Co., Inc., übert. von: Godfrey Wilbert, Carmel, und Henry Wetstein, Monroe, N.Y., USA, **Pyridylthiolcarbonate** der allg. Formel **I** (R[1] = niedrigmol. Alkyl, Alkenyl, substituiertes

I

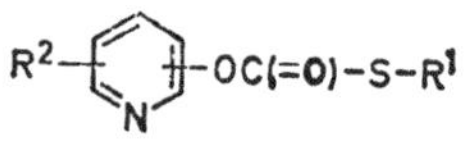

Phenyl, heterocycl. Rest; R[2] = H, niedrigmol. Alkyl) erhält man durch Rk. eines Hydroxypyridins mit einem substituierten Alkyl- oder Arylchlorthiolformiat der allg. Formel **II** Cl–C(=O)–S–R[1] bei 0–5°. – Aus 3-Hydroxypyridin u. Methylchlorthiolformiat → *S-Methyl-O-(3-pyridyl)-thiolcarbonat*, F. 47–48° (Hexan). – Analog: *S-Phenyl-O-(3-pyridyl)-thiolcarbonat*, $C_{12}H_9NO_2S$, F. 60 bis 62°. – *Herbizide* u. *Pestizide*. (**U.S.P. 3284459** vom 27/11. 1964, ausg. 8/11. 1966.) – 1 S. A. Ullrich 7375

*2070* **Deutsche Gold- und Silber-Scheideanstalt vormals Roessler**, Frankfurt/M. (Erfinder: **Werner Schwarze**), Deutschland, *Unkrautbekämpfungsmittel*. (**Oe.P. 248 174** vom 14/11. 1963, ausg. 11/7. 1966. **F.P. 1 377 686** vom 4/12. 1963, ausg. 19/2. 1965. Beide D. Prior. 2/7. 1963. **UdSSR.P. 181 560** vom 31/1. 1964, ausg. 15/6. 1966. – C. **1966, 35**-3216 [D.P.[DDR] 38 032].)

*2071* **J. R. Geigy Akt.-Ges. Chemische Fabriken**, Basel (Erfinder: **Enrico Knüsli**, Riehen, und **Jürg Rumpf**, Binningen), Schweiz, *Unkrautbekämpfungsmittel*. (**D.P.[DDR] 42 045** Kl. 451 vom 29/1. 1962, ausg. 25/10. 1965 [Ausschließungspatent]. Schwz. Prior. 1/2. 1961. – C. **1968**, 6-3003 [Schwz.P. 393 827].)

*2072* **Shell Internationale Research Mij. N. V.**, Niederlande, übert. von: **Ishihara Sangyo Kaisha Ltd.** und **Shell Sekiyu K. K.**, *Selektive Herbizide*. (**F.P. 1 402 830** vom 27/8. 1963, ausg. 27/10. 1965. Jap. Prior. 29/8. 1962. – C. **1966**, 28-2975 [Brit.P. 972 978].)

*2073* **United States Rubber Co.**, USA (Erfinder: **Rupert Alden Covey, Allen Elston Smith** und **Winchester Loomis Hubbard**), *Gemischte Schwefligsäureester*. (**F.P. 1 394 768** vom 5/12. 1963, ausg. 9/8. 1965. U.S. Prior. 14/1. 1963. – C. **1966**, 31-3094 [Brit.P. 977 127].)

*2074* **Nippon Kayaku K. K.**, Tokio (Erfinder: **Hiroshi Yammoto**, Tokio, und **Takashi Nemakawa**, Kawaguchi-shi), Japan, *Herstellung von 2-Mercapto-4.6-bis-amino-1.3.5-triazinen*. (**Ung.P. 153 194** vom 7/12. 1964, ausg. 23/7. 1966. Jap. Prior. 13/12. 1963. – C. **1967**, 9-3309 (D.P.[DDR] 45 941].)

*2075* **Buckman Laboratories, Inc.** (Erfinder: **Stanley Joseph Buckman, John Dominic Pera** und **Fred William Raths**), Memphis, Tenn., USA, *Schädlingsbekämpfungsmittel*. (**D.P.[DDR] 52 243** Kl. 451 vom 24/9. 1964, ausg. 20/12. 1966 [Ausschließungspatent]. U.S. Prior. 1/6. 1964. – C. **1966**, 36-3051 [Port.P. 42 926].)

*2076* **Soc. des Usines Chimiques Rhône-Poulenc**, Frankreich (Erfinder: **François Debarre** und **André Cometti**), *Cyclohexandiisocyanate*. (**F.P. 1 403 621** vom 6/7. 1962, ausg. 2/11. 1965. – C. **1966**, 8-2949 [D.A.S. 1 197 082].)

*2077* **Hooker Chemical Corp.**, USA (Erfinder: **Sheldon B. Greenbaum** und **Edward D. Weil**), *Stabilisierte Pestizide*. (**F.P. 1 405 272** vom 20/5. 1964, ausg. 26/11. 1945. U.S. Prior. 20/5. 1963. – C. **1966**, 26-3063 [D.A.S. 1 202 560].)

*2078* **Dr. R. Maag Akt.-Ges., Chemische Fabrik**, Dielsdorf, Schweiz, *Verhinderung von Pflanzenschädlingen*. (**F.P. 1 329 396** vom 23/7. 1962, ausg. 2/10. 1963. **Oe.P. 239 595** vom 24/7. 1962, ausg. 12/4. 1965. Beide Schwz. Prior. 26/7. 1961. – C. **1966**, 35-3231 [D.P.[DDR] 31 908].)

*2079* **Montecatini Soc. Gen. per l'Industria Mineraria e Chimica** (Erfinder: **Giuseppe Losco, Giorgio Rossi** und **Ivo Vian**), Mailand, Italien, *Ungeziefervernichtungsmittel*. (**Oe.P. 240 102** vom 23/10. 1961, ausg. 10/5. 1965. It. Prior. 26/10. 1960. – C. **1967**, 43-2763 [D.P.[DDR] 43 588].)

*2080* **Richardson-Merrill, Inc.**, USA (Erfinder: **William Mack Dillard**), *Vernichtung von Nagetieren*. (**F.P. 1 380 932** vom 21/1. 1964, ausg. 15/3. 1965. U.S. Prior. 21/1. 1963. – C. **1966**, 26-3067 [D.A.S. 1 200 059].)

*2081* **Hooker Chemical Corp.**, USA (Erfinder: **Edward David Weil, Emil J. Geering** und **Keith J. Smith**), *Herstellung von Sulfenylhalogeniden*. (**F.P. 1 374 629** vom 29/10. 1963, ausg. 18/1. 1965. U.S. Prior. 29/10. 1962. – C. **1966**, 28-2989 [U.S.P. 3 156 611].)

*2082* **Farbenfabriken Bayer Akt.-Ges.**, Deutschland (Erfinder: **Friedrich Muth, Günter Unterstenhöfer** und **Heinz Herlinger**), *Trifluormethylphenylsulfonsäuretrifluormethylphenylamide*. (**F.P. 1 379 918** vom 17/12. 1963, ausg. 8/3. 1965. D. Prior. 17/12. 1962. – C. **1966**, 34-2973 [D.A.S. 1 204 665].)

*2083* **Farbenfabriken Bayer Akt.-Ges.**, Deutschland (Erfinder: **Engelbert Kühle** und **Klauss Sasse**), *Isothiocyanate*. (**F.P. 1 364 338** vom 18/7. 1963, ausg. 21/10. 1964. D. Prior. 20/7. 1962 u. 28/3. 1963. – C. **1966**, 28-2990 [Brit.P. 966 843].)

*2084* **J. R. Geigy Soc. An.**, Schweiz (Erfinder: **Ralph Miller**), *Herbizide*. (**F.P. 1 326 054** vom 14/6. 1962, ausg. 9/8. 1963. U.S. Prior. 14/6. 1961. – C. **1966**, 31-3099 [Can.P. 694 406].)

*2085* **Rohm & Haas Co.**, Philadelphia, Pa., USA (Erfinder: **Harold Frederick Wilson, Dougal Harold McRae** und **Bruno Martino Vittimberga**), *Herbizide*. (**F.P. 1 349 517** vom 9/1. 1963, ausg. 15/4. 1964. **Oe.P. 261 983** vom 8/1. 1963, ausg. 27/5. 1968. Beide U.S. Prior. 9/1. u. 8/11. 1962. – C. **1966**, 30-2942 [D.A.S. 1 199 050].)

*2086* **Eli Lilly & Co.**, USA (Erfinder: **Quentin Francis Soper**), *Herbizide*. (**F.P. 1 298 717** vom 26/8. 1961, ausg. 30/11. 1962. U.S. Prior. 31/8. 1960. – C. **1966**, 37-3189 [Brit.P. 917 253].)

*2087* **May & Baker Ltd.**, Dagenham, Großbritannien, *Unkrautvertilgungsmittel*. (**Oe.P. 258 643** vom 28/2. 1964, ausg. 11/12. 1967. Brit. Prior. 28/2. 1963. Zusatz zu Oe.P. 242 434. – C. **1964**, 48-2096 [Port.P. 40 590].)

*2088* **Montecatini Soc. Gen. per l'Industria Mineraria e Chimica** (Erfinder: **Giovanni Pellegrini**), Mailand, Italien, *β-Aminoäthylarylketonpikrate*. (**D.P.[DDR] 35 079** Kl. 12p vom 11/6. 1963, ausg. 25/2. 1965 [Ausschließungspatent]. (**F.P. 1 359 573** vom 10/6. 1963, ausg. 7/8. 1964. Beide It. Prior. 11/6. 1962. – C. **1966**, 26-3054 [D.A.S. 1 203 790].)

*2089* **Farbenfabriken Bayer Akt.-Ges.**, Deutschland (Erfinder: **Walter Lorenz**), *Insektizide*. (**F.P. 1 335 759** vom 5/10. 1962, ausg. 9/12. 1963. D. Prior. 7/10. 1961. – C. **1966**, 25-3085 [Oe.P. 235 310].)

*2090* **Fisons Pest Control Ltd.**, Großbritannien, *Insektizide*. (**F.P. 1 335 758** vom 5/10. 1962, ausg. 9/12. 1963. Brit. Prior. 7/10. 1961 u. 31/3. 1962. – C. **1966**, 34-2974 [D.A.S. 1 207 143].)

*2091* **Shell Internationale Research Mij. N. V.**, Niederlande (Erfinder: **Donald Wesley Stoutamire**), *Herstellung von Insektiziden*. (**F.P. 1 336 725** vom 25/6. 1962, ausg. 18/12. 1963. U.S. Prior. 26/6. 1961. – C. **1966**, 26-3059 [D.A.S. 1 200 060].)

*2092* **Monsanto Co.**, übert. von: **Jack D. Early**, Florissant, und **John P. Chupp**, Kirkwood, Mo., USA, *3-[4-Halogenphenyl]-salicylanilide*. (**U.S.P. 3 249 637** vom 16/11. 1962, ausg. 3/5. 1966. – C. **1969**, 3-2509 [Schwz.P. 428 701].)

*2093* **Cooper, McDougall & Robertson Ltd.**, Berkhamsted (Erfinder: **Norman Cooper Brown**, Berkhamsted, und **Donald Thomas Hollinshead**, Hemel Hempstead), Herts., Großbritannien, *Herstellung von organischen Phosphorverbindungen*. (**Schwz.P. 444 182** vom 11/4. 1963, ausg. 15/2. 1968. Brit. Prior. 18/4. 1962. Zusatz zu Schwz.P. 412 932. – C. **1969**, 5-1370 [Brit.P. 1 030 621].)

*2094* **Stauffer Chemical Co.**, USA (Erfinder: **Karoly Szabo** und **John Gary Brady**), *Phosphonsäureester*. (**F.P. 1 334 079** vom 10/9. 1962, ausg. 27/11. 1963. U.S. Prior. 14/9. 1961. – C. **1966**, 28-2993 [Brit.P. 973 921].)

*2095* **C. H. Boehringer Sohn** (Erfinder: **Wolfgang Buck, Richard Sehring** und **Karl Zeile**), Ingelheim/Rh., *Herstellung von Estern einiger Säuren des Phosphors*. (**D.A.S. 1 276 633** Kl. 12o vom 9/6. 1964, ausg. 5/9. 1968. Zusatz zu D.A.S. 1 232 961; C. 1968, 2-2854. – C. **1969**, 5-2299 [Brit.P. 1 051 965].)

*2096* **Montecatini Soc. Gen. per l'Industria Mineraria e Chimica**, Italien (Erfinder: **Giuseppe Losco, Giorgio Rossi** und **Giannantiono Michiel**), *Thiophosphorsäureester*. (**F.P. 1 323 949** vom 16/5. 1962, ausg. 5/7. 1963. It. Prior. 18/5. 1961. – C. **1966**, 31-3110 [Brit.P. 945 026].)

*2097* **Sumitomo Chemical Co. Ltd.**, Osaka (Erfinder: **Takeaki Kato, Kenzo Ueda**, Nishinomiya-shi, **Sadao Horie**, Suita-shi, **Toshio Mizutani**, Amagasaki-shi, **Keimei Fujimoto**, Minoo-shi, und **Yositosi Okuno**, Nishinomiya-shi), Japan, *Herstellung von Chrysanthem-carbonsäureestern*. (**Schwz.P. 449 619** vom 2/12. 1964, ausg. 11/4. 1968. Jap. Prior. 3/12., 4/12., 5/12., 10/12., 17/12. u. 19/12. 1963. – C. **1969**, 8-2340 [Brit.P. 1 052 137].)

Redaktionsschluß: 20. Februar 1969

Herausgeber: Prof. Dr. Heinrich Bertsch, Berlin, und Prof. Dr. Dr. h. c. Wilhelm Klemm, Münster
Stellvertretende Herausgeber: Prof. Dr.-Ing. Dr. rer. nat. h. c. Eberhard Leibnitz, 104 Berlin, Schiffbauerdamm 19, Fernsprecher: 425571
und Prof. Dr. Bertold Reuter, 1 Berlin 30, Geisbergstraße 39, Fernsprecher: 2119091
Chefredakteure und verantwortlich für den Inhalt: Dr. Helga Völz, 104 Berlin, Schiffbauerdamm 19, Fernsprecher: 425571
und Dr.-Ing. Christian Weiske, 1 Berlin 30, Geisbergstraße 39, Fernsprecher: 2119091
Stellvertretender Chefredakteur: Dr.-Ing. Günter Pötzscher, 1 Berlin 30, Geisbergstraße 39, Fernsprecher: 2119091



Akademie-Verlag GmbH, 108 Berlin, Leipziger Str. 3—4 (Fernsprecher: 220441, Telex-Nr. 0112020) und Verlag Chemie, GmbH, 6940 Weinheim/Bergstr., Pappelallee 3 (Fernsprecher: (06201) 3635; Fernschreiber: 465516 vchwh d). Bestellnummer: 1007/140.
Das Chemische Zentralblatt erscheint wöchentlich. Preis des Jahrganges einschl. Schnellreferatedienst, Autoren-, Patent-, Sach- u. Formelregister: 3200,—; einseitig bedruckte Ausgabe: 3700,—. Abgabe der Zeitschrift nur mit sämtlichen Registern. Abbestellungen nur bis spätestens 6 Wochen vor Ablauf des Kalenderjahres.



Satz u. Druck: VEB Druckhaus „Maxim Gorki“, Altenburg, und VEB Leipziger Druckhaus, Leipzig.
Veröffentlicht unter der Lizenznummer 1273 des Presseamtes beim Vorsitzenden des Ministerrates.
Printed in Germany.

31 305

HANS-DIETER JAKUBKE / HANS JESCHKEIT

# Aminosäuren, Peptide, Proteine

## Eine Einführung

1969. Etwa 320 Seiten · 56 Abbildungen · 26 Tabellen · 13 Schemata · 8°
Leinen etwa 51,— M

Der Band „Aminosäuren, Peptide, Proteine“ ist als Einführung in ein Gebiet von Naturstoffen gedacht, dessen Erforschung in den vergangenen 20 Jahren revolutionierende Fortschritte gemacht hat — über dessen zusammenfassende Darstellung jedoch in der deutschsprachigen Literatur ein fühlbarer Mangel besteht.

Im einleitenden Aminosäurekapitel werden nach Nomenklatur- und Strukturfragen die grundlegenden physikalisch-chemischen Eigenschaften der Aminosäuren, die wichtigsten Methoden ihrer Synthese und Analyse sowie ihr Reaktionsverhalten behandelt.

Das zweite Kapitel beginnt mit einer notwendigen Nomenklaturübersicht der modernen Peptidchemie. Es folgt eine Übersicht der heute zur Verfügung stehenden Synthesemethoden, wobei neben Schutzgruppen- und Aktivierungsproblemen auch Fragen der Racemisierung während der Kupplungsreaktion eine ausführliche Behandlung erfahren. Ein besonderer Abschnitt wurde der Verwendung hochmolekularer Träger zur Peptidsynthese gewidmet.

Im Anschluß an eine übersichtliche Darstellung der wichtigsten natürlich vorkommenden Peptide wird im dritten Kapitel kurz auf das Vorkommen von Proteinen, ihre Isolierung und Reindarstellung, sowie ihr analytisches und physikalisch-chemisches Verhalten eingegangen. Es folgen Ausführungen über Aufbauprinzip und Struktur der Proteine sowie abschließend kurze Betrachtungen über die Problematik der Proteinbiosynthese.

*Bestellungen durch eine Buchhandlung erbeten*

THEORIA CUM PRAXI

AKADEMIE-VERLAG · BERLIN

FSC
www.fsc.org
MIX
Papier | Fördert gute Waldnutzung
FSC® C083411

Kolibri 360 GmbH
Ferdinand-Jühlke-Straße 7
99095 Erfurt, Deutschland
produktsicherheit@kolibri360.de